Introduction to
Probability Models
SHELDON M. ROSS
11th Edition

로스의

제 11 판

확률모형

윤복식 · 백장현 · 최기석 옮김

ELSEVIER

사이플러스 Science plus

Introduction to Probability Models, 11th edition
Sheldon Ross

ISBN : 978-0-12-407948-9
Translated Edition ISBN : 978-89-92603-84-3
Publication Date in Korea : 30 December, 2015

Translated by SCIPLUS.
Printed in Korea

옮긴이 머리말

오늘날 확률모형은 안 쓰이는 분야가 없을 정도로 보편화되어 있다. 그러나 확률모형 혹은 확률의 응용을 종합적으로 다룬 책은 흔치 않다. 사실 여러 분야에서 다양하게 응용되는 확률모형을 한권의 책으로 묶는다는 것은 상당한 모험이고 쉽지 않은 작업이다. 로스 교수의 이 책은 응용의 관점에서 확률모형을 접근한 선구적인 책으로 옮긴이들의 학창 시절부터 30년이 넘는 세월 동안 이 분야의 표준 교재이자 베스트셀러로 명성을 굳혀 왔다. 1980년 무렵 옮긴이가 이 책의 2판을 처음 대했을 때는 300여 쪽의 만만한 책이었는데, 2014년에 출판된 11판에 이르러서는 765쪽의 방대한 책이 되었다. 3년에 한 번 꼴로 개정을 하며 개정할 때마다 최신 이론과 응용을 덧붙여 온 저자의 근면함에 경의를 표할 따름이다.

이 책은 전반부에서 확률 변수와 확률 과정의 기초 이론과 응용을 소개하면서 확률의 이론적인 기초를 다지고, 후반부에 확률론에서 파생된 대표적인 응용 분야라고 볼 수 있는 대기행렬이론, 신뢰도이론, 브라운운동(금융수학), 시뮬레이션을 좀 더 깊이 있게 소개하고 있다. 엄밀한 확률 이론의 전개보다는 응용을 목표로 한 책으로 미적분학 정도의 수학적인 지식만을 요구하고 있다. 이 책은 수학 및 통계학, 경영, 경제 및 기타 사회과학, 산업공학, 컴퓨터, 전기, 전자, 컴퓨터, 통신공학 등의 분야의 학부 고학년이나 대학원 수준의 응용확률, 확률 과정, 기타 확률모형 관련 과목의 교재로 적합하다. 물론 각 분야의 현장 연구자의 참고 도서로도 유용하게 쓰일 수 있다.

지은이의 머리말에서도 언급된 바와 같이 이 책의 특장점은 확률적인 직관과 사고를 훈련시킨다는 점이다. 수학계산 전후에 확률적인 사고와 논리를 동원하면 문제를 보다 쉽게 해결할 수 있고 또한 풀어져 나온 결과의 의미를 새롭게 발견할 수도 있다. 이 방식을 숙달하면 고난도의 고등수학에 의존하지 않고도 심도 있는 확률 분석이 가능하게 된다. 이런 접근법의 두드러진 예가 조건부 확률 기법이라고 볼 수 있는데, 이 책만큼 조건부 기법을 광범위하게 다룬 책도 없을 것이다. 이 책의 두 번째 장점은 광범위한 분야에서 최신의 다양한 응용 예를 다수 포함하고 있다는 점일 것이다. 이 예들은 어느 책에서도 흉내 낼 수 없는 독특한 풀이와 착상으로 해설되어 있다. 매 장은 또한 수많은 연습 문제를 포함하고 있다. 이들을 잘 학습하고 훈련하면 자신의 분야의 확률적 모델링과 분석에 큰 도움을 받을 수 있을 것이다

이 책의 원서를 교재로 사용할 때 저자 특유의 만연체 설명을 이해하기 어려워하는 학생들을 많이 보아왔다. 명확한 개념을 잡는 데 도움을 줄 수 있는 번역서의 부재를 아쉬워하던 차에 마침 사이플러스의 제안이 있어, 확률모형을 전공하고 강의와 연구를 다년간 계속하고 있는 세 명의 선후배 교수가 팀이 되어 번역의 고행을 감내하기로 결정을 내렸다. 로스 교수가 옮긴이 중 한 명의 지도교수이기도 하여 이 작업은 특히 뜻 깊은 일이 되었다. 나름대로 알기 쉽고 정확한 내용이 되도록 꼼꼼한 번역과 감수 과정을 거쳤다고 자부하나 오타와 작은 실수가 없을 수 없다. 이에 대한 강호제현의 지적을 감사한 마음으로 받아 지체 없이 수정하거나 정오표를 배포할 것이다.

끝으로, 이처럼 산뜻한 책으로 나오기까지 기획하고 편집하고 디자인하고 교정을 보는 각 과정에서 수고를 아끼지 않은 출판사 직원분들과 박종성 대표께 깊은 감사를 표한다.

을미 세모 와우산정에서,
옮긴이를 대표하여
윤복식 적음

지은이 머리말

이 책은 기초 확률 이론과 확률 과정을 소개하기 위해 쓰였다. 공학, 컴퓨터과학, 경영과학, 자연과학, 사회과학, OR(operations research)과 같은 분야의 여러 현상의 연구에 어떻게 확률 이론이 응용되는가를 알고 싶은 사람들에게 특히 적합하다.

확률 이론을 공부하는 데 있어 일반적으로 두 가지 접근법이 있다고 생각된다. 한 가지 방법은 발견적이고 엄밀하지 않은 방식으로 학생들에게 "확률적으로 생각"하도록 직관적인 감각을 개발시키는 방법이다. 다른 방법은 측도론을 사용하여 확률을 엄밀하게 정립해 가는 방법이다. 이 책에서는 전자의 방법을 따른다. 확률론을 이해하고 또 응용하는 데 있어서 "확률적으로 생각"할 수 있는 능력이 매우 중요하기 때문에, 후자의 접근법이 주 관심사인 학생들에게도 이 책이 역시 유용할 것이다.

이 판에서 새로운 점 ● 11판은 그 자체로 중요성과 응용성을 가지면서 동시에 독자의 확률적 지식과 직관을 강화시켜 주는 데 유용한 새로운 내용과 예제들을 포함하고 있다. 새로운 내용의 예로는 2.7절을 들 수 있는데, 발생 사건 횟수의 분포를 구하기 위한 포함/배제 항등식을 다루고 있고, 3.6.6절에서는 1을 투자하여 비음의 정수만큼 수익을 얻는 투자자(또는 도박사)의 재산을 모형화하는 데 사용될 수 있는, 왼쪽 건너뜀 없는 랜덤보행을 다루고 있다. 또한 4.2절의 마코프체인에서는 어느 시점까지 주어진 상태 집합에 들어갈 확률이나 또는 그 집합에 방문된 적이 없다는 조건 하에서 어느 시점에서의 상태의 조건부 분포와 같은 양을 구하기 위해 주어진 체인을 수정하는 방법이 추가되어 있다. 7.10절의 새로운 참고 사항에서는 고전적인 보험 파산 모형의 결과가 다른 중요한 파산 모형들에서 성립한다는 것을 보여준다. 지수적인 대기행렬에 대한 새로운 내용도 포함하고 있는데, 8.3.2절의 유한용량의 대기행렬에서 바쁜 기간에 손실된 고객 수의 평균과 분산을 구하는 방법과 생성소멸 대기행렬 모형에 관한 새로운 절인 8.3.3절이 그 예가 된다. 11.8.2절은 일정한 성질을 만족하는 마코프체인의 정확한 정상분포를 시뮬레이션 하는 데 사용할 수 있는 새로운 접근법을 제공한다.

새로 첨가된 예제로는 다수의 참가자가 있는 도박 문제에 관한 예제 1.11, 반복 짝맞춤 문제에서 분산을 구하는 예제 3.20, 모집단에서 무작위 선택의 특성을 다루는 예제 3.30, 마코프체인의 정상분포를 다루는 예제 4.25를 들 수 있다.

교과 과정 ● 이상적으로, 이 책은 확률모형의 일 년 과정에서 사용될 수 있다. 또한 확률 입문에 관한 한 학기 과목(1~3장 및 다른 장에서 선택)과 기초 확률 과정 과목에서도 사용될 수 있다. 이 책은 여러 다양한 과목에서 융통성 있게 사용될 수 있도록 고안되어 있다. 예를 들어, 지은이의 경우 대기행렬 이론의 입문 과정에서 5장과 8장을 위주로 하고, 4장과 6장을 발췌하여 사용하고 있다.

예제와 연습 문제 ● 책 전체에 걸쳐 많은 예제들이 완전히 풀이되어 있고 학생들이 풀 수 있도록 수많은 연습 문제들이 제시되어 있다. 이들 중 100개 이상의 문제에 별표가 기입되어 있는데, 책의 뒷부분에 이 문제들에 대한 해답이 주어져 있다. 이 별표 문제들은 독자적인 학습과 시험 준비에 사용될 수 있을 것이다. 이 책을 교재로 사용하는 강의자들에게는 모든 문제들에 대한 해답이 들어있는 강의지침서가 무료로 제공된다.

책의 구성 ● **1장**과 **2장**은 **확률 이론의 기본**을 다루고 있다. 1장에서는 공리 구조가 설명되고 2장에서는 확률변수의 주요 개념이 소개된다. 2.6.1절에는 정규데이터의 표본평균과 표본분산의 결합분포에 대한 간단한 유도 방법이 주어져 있다.

3장은 **조건부 확률**과 **조건부 기댓값**에 관련된 주제를 다룬다. "조건주기"는 확률론의 핵심도구 중 하나인데, 이 책 전체에서 강조된다. 적절하게 사용된다면, 조건주기는 첫 대면에서 상당히 어려워 보이는 문제들을 쉽게 풀 수 있도록 해 준다. 3.6절은 (1) 컴퓨터 목록 문제, (2) 랜덤그래프, (3) 포여의 항아리 모형과 그것의 보제-아인슈타인 분포와의 관련성을 포함한다. 3.6.5절은 k-기록값과 의외의 결과인 이그나토프의 정리를 제시한다.

4장에서 **확률 과정**을 처음으로 만나게 되는데, 많은 실세계의 현상의 연구에 광범위하게 응용되고 있는 마코프체인을 다룬다. 유전학과 생산과정에 대한 응용이 제시되며 시간 가역성의 개념이 소개되고 그 유용성이 예시된다. 4.5.3절은 랜덤보행 이론을 토대로 한 충족 가능성 문제에 대한 확률적 알고리즘의 분석을 제시한다. 4.6절은 마코프체인이 일시 상태에서 머무는 평균 시간을 다룬다. 4.9절에서는 마코프체인 몬테칼로 방법을 소개한다. 4.10절에서는 최적 의사 결정을 하는 모형인 마코프 결정 과정을 소개한다.

5장에서는 확률 과정의 한 유형인 **계수과정**을 다룬다. 특히, 계수과정의 일종인 푸아송 과정을 공부한다. 이 과정과 지수분포의 밀접한 관계가 논의된다. 또한, 푸아송 과정과 비동질 푸아송 과정의 새로운 유도가 제시된다. 탐욕 알고리즘, 도로에서 만남의 최소화, 쿠폰 모으기, 에이즈 바이러스의 추적, 복합 푸아송 과정을 분석하는 예들이 이 장에 포함된다. 5.2.4절에서는 지수 확률변수의 합성곱의 간단한 유도가 주어진다.

6장에서는 생성 소멸 과정 위주로 **연속 시간에서의 마코프체인**이 고려된다. 이산 시간 마코프체인에서와 마찬가지로 시간 가역성이 중요한 개념이라는 것이 보여진다. 6.7절에서는 계산 기법으로 중요한 균등화 기법이 제시된다.

7장 재생 과정에서는 푸아송 과정보다 일반적인 **계수과정**의 한 형태를 다룬다. 재생보상 과정을 이용하여 극한값들이 얻어지고 여러 분야에 적용된다. 7.9절은 독립이고 동일하게 분포하는 확률 변수들의 열이 관찰될 때, 어떤 패턴이 일어날 때까지 시간의 분포에 관한 새로운 결과를 제시한다. 7.9.1절에서는 유한개의 특정 패턴 중 하나가 발생할 때까지의 평균시간뿐만 아니라 특정한 패턴이 나타날 때까지의 시간의 평균과 분산을 유도하기 위해 재생 과정이 어떻게 이용될 수 있는지를 보여준다. 7.9.2절에서는 확률 변수들이 동일한 가능성으로 m개 중 하나의 값을 갖는다고 가정하고, m개의 다른 값이 연속해서 나올 때까지 평균시간의 표현을 계산한다. 7.9.3절에서는 확률변수들이 연속이라고 가정하고 연속해서 m개의 증가하는 값들이 나올 때까지 평균 시간의 표현을 계산한다.

8장에서는 **대기열** 또는 **대기행렬 이론**을 다룬다. 기본적인 비용 상등관계와 극한 확률의 유형을 다루는 준비 작업 후에 지수적인 대기행렬 모형을 고려하고 그것이 어떻게 분석되는 지를 보인다. 여기에는 대기행렬들의 망이라고 알려진 중요한 모형도 포함된다. 다음으로 분포 중 일부가 임의로 주어지는 모형을 공부한다. 여기에는 단일 서버 일반 서비스 시간 대기행렬에 관련된 최적화 문제를 다루는 8.6.3절과 유한명의 잠재적인 고객이 도착원인 단일 서버 일반 서비스 시간 대기행렬을 다루는 8.8절이 포함된다.

9장은 **신뢰도 이론**을 다룬다. 이 장은 아마도 공학도와 OR 전공자에게 가장 흥밋거리가 될 것이다. 9.6.1절은 독립이 아닐 수 있는 부품들의 병렬시스템의 기대 수명의 상한을 결정하는 방법을 예시하고, 9.7.1절은 공유 집단 중 하나가 고장이 날 때 부품들이 활동 중단 상태에 들어가는 직렬구조의 신뢰도를 분석한다.

10장은 **브라운운동**과 그 **응용**을 다룬다. 옵션의 가격 결정 이론이 논의된다. 차익 거래 정리가 제시되고 선형계획의 쌍대 정리와의 관련성이 지적된다. 차익거래 정리로부터 어떻게 블랙-숄스 옵션 가격 결정 공식이 얻어지는 지를 보인다.

11장은 해석적으로 감당할 수 없는 확률모형을 분석하는 강력한 도구인 **시뮬레이션**을 다룬다. 임의의 분포를 갖는 확률 변수의 값을 생성하는 방법이 논의되고 시뮬레이션의 효율을 높여주는 분산감축법이 주어진다. 11.6.4절에서는 중요한 시뮬레이션 기법인 중요도 표본 추출이 소개되었고, 이 방법을 적용할 때 기울어진 분포가 유용함이 지적되어 있다.

감사의 글

이 책을 검토하고 유용한 조언을 준 많은 분들께 깊이 감사드린다. 이 분들의 제언 없이는 이 책을 계속 개선해 나가는 작업이 불가능했을 것이다.

차 례

제4장 마코프체인 165

제5장 지수분포와 푸아송 과정 243

제6장 연속시간 마코프체인 309

제7장 재생이론과 응용 351

제8장 대기행렬 이론 411

제9장 신뢰도 이론 477

제 1 장

확률의 소개

Introduction to Probability Theory

1.1 서론

실제 현상에 대한 현실적인 모형은 항상 무작위성이 포함될 가능성을 고려해야 한다. 대부분의 관심거리가 되는 양들은 미리 예측할 수 없는 고유의 변동성을 내재하고 있고, 이런 측면이 모형에 반영되어야 한다. 이것은 보통 모형이 본성적으로 확률적이 되도록 허용함으로써 달성될 수 있는데, 이러한 모형을 자연스럽게 확률모형이라고 부른다.

이 책의 대부분의 장들은 자연적 현상에 대한 여러 가지 다른 확률 모형에 관심을 둔다. "모형 만들기"와 만든 모형을 분석하는 것을 둘 다 숙달하기 위해서는 기초 확률이론에 대한 어느 정도의 지식을 가져야 한다. 이 장과 다음 두 장은 이 주제를 다룬다.

1.2 표본공간과 사건

결과를 미리 예측할 수 없는 실험을 수행한다고 가정한다. 실험의 결과는 미리 알 수 없어도 가능할 모든 결과들의 집합은 알 수 있다고 가정하자. 어떤 실험의 가능한 모든 결과들의 집합을 그 실험의 **표본공간**(sample space)이라고 부르고 S라고 표기한다.
몇 가지 예를 들면 다음과같다.

1. 하나의 동전을 던지는 실험의 경우

$$S = \{H, T\}$$

이다. 여기서 H는 결과가 앞면, T는 뒷면임을 의미한다.
2. 주사위를 굴리는 실험이라면 표본공간은

$$S = \{1, 2, 3, 4, 5, 6\}$$

이다. 여기서 i, $i = 1, 2, 3, 4, 5, 6$은 나온 주사위의 눈을 의미한다.
3. 실험이 두 개의 동전을 던지는 것이라면 표본공간은 다음의 네 점으로 구성된다.

$$S =\{(H, H), (H, T), (T, H), (T, T)\}$$

여기서 (H, H)는 두 동전 모두 앞면이 나온 결과이고, (H, T)는 첫 동전은 앞면 두 번째 동전은 뒷면이 나온 결과, (T, H)는 첫 동전은 뒷면 두 번째 동전은 앞면이 나온 결과, (T, T)는 두 동전 모두 뒷면이 나온 결과를 의미한다.

4. 주사위 두 개를 굴리는 실험이라면 표본공간은 다음의 36개 점으로 구성된다.

$$S = \left\{ \begin{array}{l} (1,1),(1,2),(1,3),(1,4),(1,5),(1,6) \\ (2,1),(2,2),(2,3),(2,4),(2,5),(2,6) \\ (3,1),(3,2),(3,3),(3,4),(3,5),(3,6) \\ (4,1),(4,2),(4,3),(4,4),(4,5),(4,6) \\ (5,1),(5,2),(5,3),(5,4),(5,5),(5,6) \\ (6,1),(6,2),(6,3),(6,4),(6,5),(6,6) \end{array} \right\}$$

여기서 결과 (i, j)는 첫 주사위는 i, 두 번째 주사위는 j가 나옴을 의미한다.

5. 실험이 차의 수명을 측정하는 것이라면 표본공간은 모든 양수로 구성된다. 즉,

$$S = [0, \infty)^*$$

이다.

표본공간 S의 부분집합을 **사건**(event)라고 부른다. 사건의 몇 가지 예를 들면 다음과 같다.

1′. 예 1에서 $E = \{H\}$이면 E는 동전 던지기에서 앞면이 나오는 사건이다,

2′. 예 2에서 $E = \{1\}$이면 E는 주사위 굴리기에서 1이 나오는 사건이다. $E = \{2, 4, 6\}$이면 E는 주사위 굴리기에서 짝수가 나오는 사건이다.

3′. 예 3에서 $E = \{(H, H), (H, T)\}$이면 E는 첫 동전이 앞면인 사건이다.

4′. 예 4에서 $E = \{(1, 6), (2, 5), (3, 4), (4, 3), (5, 2), (6, 1)\}$이면 E는 두 주사위 눈의 합이 7인 사건이다.

5′. 예 5에서 $E = (2, 6)$이면 E는 지동차의 수명이 2년과 6년 사이인 사건이다. ■

실험의 결과가 E에 속할 때 사건 E가 일어났다고 말한다. 표본공간 S의 임의의 두 사건 E, F에 대해 새로운 사건 $E \cup F$는 E 또는 F, 또는 두 집합 모두에 속하는 모든 결과로 구성된다. 다시 말해 사건 E 혹은 F가 일어나면 사건 $E \cup$ F가 발생하게 된다. 예를 들어 예 1에서 $E = \{H\}$이고 $F = \{T\}$이면

$$E \cup F = \{H, T\}$$

가 된다. 이 경우 $E \cup F$는 전체 표본공간 S가 된다. 예 2에서 $E = \{1, 3, 5\}$이고 $F = \{1, 2, 3\}$이라면

$$E \cup F = \{1, 2, 3, 5\}$$

가 된다. 즉 주사위가 1 또는 2 또는 3 또는 5가 나오면 사건 $E \cup F$가 일어난다. 사건 $E \cup F$는 사건 E와 사건 F의 **합집합**(union)이라고 불린다.

임의의 두 사건 E, F에 대해 E와 F의 **교집합**(intersection)이라고 불리는 새로운 사건 EF도 정의할 수 있다. EF는 $E \cap F$로도 표기 되는데 E와 F에 모두 속하는 모든 결과로 구성된다. 다시 말해 사건 E와 F가 둘 다 일어나야만 사건 EF가 발생하게 된다. 예를 들어, 예 2에서 $E = \{1, 3, 5\}$이고 $F = \{1, 2, 3\}$이라면

$$EF = \{1, 3\}$$

가 된다. 즉 주사위가 1 또는 3 이 나와야만 EF 가 일어나게 된다. 예 1 에서 $E = \{H\}$ 이고 $F = \{T\}$

---

*집합 (a, b)는 $a < x < b$인 모든 점 x, $[a, b]$는 $a \le x \le b$인 모든 점 x로 정의된다. 집합 $(a, b]$와 $[a, b)$는 각각 $a < x \le b$인 모든 점 x, $a \le x < b$인 모든 점 x로 정의된다.

이면 EF 는 어떤 결과도 포함하지 않게 되고 따라서 일어날 수 없다. 이런 사건을 **공** (null) 사건이라고 부르고 $\emptyset$ 로 표기한다. (즉, $\emptyset$ 는 아무 결과도 포함하지 않은 사건을 나타낸다.) 만약 $EF = \emptyset$ 이면 E 와 F 가 **상호배반** (mutually exclusive) 이라고 말한다.

두 개 이상의 사건의 합집합이나 교집합도 유사한 방식으로 정의된다. 사건 $E_1, E_2, \ldots$ 에 대해 이들 집합의 합집합 $\bigcup_{n=1}^{\infty} E_n$ 은 $E_n, n = 1, 2, \ldots$ 중 적어도 하나에 속하는 모든 결과들로 구성되는 사건을 의미한다. 유사하게 E_n 들의 교집합 $\bigcap_{n=1}^{\infty} E_n$ 은 $E_n, n = 1, 2, \ldots$ 모두에 속하는 결과들로 구성되는 사건으로 정의된다.

끝으로 임의의 사건 E 에 대한 **여사건** E^c 를 정의할 수 있는데, E^c 는 표본공간 S 의 결과 중 E 에 포함되지 않는 결과들로 구성된다. 예 4 에서 $E = \{(1, 6), (2, 5), (3, 4), (4, 3), (5, 2), (6, 1)\}$ 이라면 E^c 는 주사위 눈의 합이 7 이 아닐 때 발생한다. 또한 실험의 결과는 어떻든 존재하기 때문에 $S^c = \emptyset$ 임을 기억하자.

1.3 사건에 대해 정의된 확률

표본공간이 S인 실험을 생각해보자. 표본공간이 S의 각 사건에 대해 다음의 세 조건을 만족하는 숫자 $P(E)$가 정의된다고 가정한다.

(i) $0 \leqslant P(E) \leqslant 1$.

(ii) $P(S) = 1$.

(iii) 상호배반인, 즉 $n \neq m$이면 $E_n E_m = \emptyset$인, 임의의 사건열 $E_1, E_2, \ldots$에 대해

$$P\left(\bigcup_{n=1}^{\infty} E_n\right) = \sum_{n=1}^{\infty} P(E_n)$$

이제부터 $P(E)$를 사건 E의 확률이라고 부르자.

예제 1.1 동전던지기 예에서 앞면이 나올 가능성이 뒷면과 동일하다면 확률은

$$P(\{H\}) = P(\{T\}) = \tfrac{1}{2}$$

이 될 것이다. 반면에 동전이 편중되어 있어 앞면이 나올 가능성이 뒷면의 두 배라면 확률은

$$P(\{H\}) = \tfrac{2}{3}, \qquad P(\{T\}) = \tfrac{1}{3}$$

이 된다. ■

예제 1.2 주사위던지기에서 6가지 결과의 가능성이 동일하다면 확률은

$$P(\{1\}) = P(\{2\}) = P(\{3\}) = P(\{4\}) = P(\{5\}) = P(\{6\}) = \tfrac{1}{6}$$

이 된다. (iii)으로부터 짝수가 나올 확률은

$$\begin{aligned} P(\{2, 4, 6\}) &= P(\{2\}) + P(\{4\}) + P(\{6\}) \\ &= \tfrac{1}{2} \end{aligned}$$

이다. ■

참고: 여기서 확률이 표본공간의 사건에 대해 정의된 함수라는 다소 형식적인 정의를 채택하였다. 그러

나 이런 확률의 정의는 직관에 부합하는 특성을 가지고 있다. 즉, 실험이 계속 반복되면 사건 E가 일어나는 횟수의 비율은 (확률 1로) $P(E)$가 된다. ■

사건 E와 E^c는 항상 상호배반이고 $E \cup E^c = S$이므로 (ii)와 (iii)에 의해

$$1 = P(S) = P(E \cup E^c) = P(E) + P(E^c)$$

즉,

$$P(E^c) = 1 - P(E) \tag{1.1}$$

이 된다. 식 (1.1)은 어떤 사건이 일어나지 않을 확률은 1에서 일어날 확률을 뺀 것이라는 것을 말하고 있다.

이제 결과가 E 또는 F에 속하게 될 확률 $P(E \cup F)$의 공식을 유도해보자. 우선 $P(E) + P(F)$는 E에 속하는 모든 결과의 확률과 F에 속하는 모든 결과의 확률을 더한 것이다. E와 F에 동시에 속하는 결과는 $P(E) + P(F)$에는 두 번 계산되고 $P(E \cup F)$에는 한 번 계산되므로 다음과 같이 되어야 한다.

$$P(E) + P(F) = P(E \cup F) + P(EF)$$

즉

$$P(E \cup F) = P(E) + P(F) - P(EF) \tag{1.2}$$

만약 E와 F가 상호배반이라면 (즉 $EF = \emptyset$이라면) 식 (1.2)는

$$\begin{aligned} P(E \cup F) &= P(E) + P(F) - P(\emptyset) \\ &= P(E) + P(F) \end{aligned}$$

이 됨을 주목하라. 이것은 조건 (iii)에 의해서도 역시 얻어진다. (왜 $P(\emptyset) = 0$인가?)

예제 1.3 두 개의 동전을 던진다고 하자. 표본공간

$$S = \{(H, H), (H, T), (T, H), (T, T)\}$$

의 네 개의 결과가 동일한 가능성을 가지고 있어 각 확률이 $\frac{1}{4}$이라고 가정하자.

$$E = \{(H, H), (H, T)\}\text{와 } F = \{(H, H), (T, H)\}$$

라고 하자. 즉 E는 첫 번째 동전이 앞면이 나온 사건이고 F는 두 번째 동전이 앞면이 나온 사건이다.

식 (1.2)에 의해 첫 번째 또는 두 번째 동전이 앞면이 나올 확률 $P(E \cup F)$는 다음과 같이 주어진다.

$$\begin{aligned} P(E \cup F) &= P(E) + P(F) - P(EF) \\ &= \tfrac{1}{2} + \tfrac{1}{2} - P(\{H, H\}) \\ &= 1 - \tfrac{1}{4} = \tfrac{3}{4} \end{aligned}$$

물론 이 확률은 다음과 같이 직접 계산될 수도 있다.

$$P(E \cup F) = P(\{H, H), (H, T), (T, H)\}) = \tfrac{3}{4}$$ ■

임의의 세 개의 사건 E 또는 F 또는 G가 일어날 확률도 계산할 수 있다. 우선,

$$P(E \cup F \cup G) = P((E \cup F) \cup G)$$

인데 이것은 식 (1.2)에 의해

$$P(E \cup F) + P(G) - P((E \cup F)G)$$

이 된다. 이제 $(E \cup F)G$와 $EG \cup FG$는 동등하므로(각자 증명해 보라) 다음을 얻는다.

$$\begin{aligned} &P(E \cup F \cup G) \\ &\quad = P(E) + P(F) - P(EF) + P(G) - P(EG \cup FG) \\ &\quad = P(E) + P(F) - P(EF) + P(G) - P(EG) - P(FG) + P(EGFG) \\ &\quad = P(E) + P(F) + P(G) - P(EF) - P(EG) - P(FG) + P(EFG) \end{aligned} \tag{1.3}$$

귀납법을 적용하여 이것을 확장하면, 임의의 n개의 사건 $E_1, E_2, E_3, \ldots, E_n$에 대해 다음을 얻을 수 있다.

$$\begin{aligned} P(E_1 \cup E_2 \cup \cdots \cup E_n) = &\sum_i P(E_i) - \sum_{i<j} P(E_i E_j) + \sum_{i<j<k} P(E_i E_j E_k) \\ &- \sum_{i<j<k<l} P(E_i E_j E_k E_l) \\ &+ \cdots + (-1)^{n+1} P(E_1 E_2 \cdots E_n) \end{aligned} \tag{1.4}$$

식 (1.4)는 **포함-배제 항등식**(inclusion-exclusion identity)라고 알려져 있는데, n개 사건의 합집합의 확률은 이 사건들을 한 번에 하나씩 취한 것들의 확률을 모두 더하고, 한 번에 두 개씩 취한 것들의 확률을 빼고, 한 번에 세 개씩 취한 사건들의 확률을 더하는 방식으로 계속하여 계산됨을 의미한다.

1.4 조건부 확률

두 개의 주사위를 던진다고 할 때, 36개의 결과들이 동일한 가능성을 가져 각각 $\frac{1}{36}$의 확률을 갖는다고 가정하자. 첫 주사위가 4가 나왔다고 가정할 때, 이 조건 하에서 두 개의 주사위의 합이 6일 확률은 얼마인가? 이 확률을 계산하기 위해 다음과 같이 추론하자. 처음 주사위가 4라고 주어지면 이 실험에서 나올 수 있는 결과는 (4, 1), (4, 2), (4, 3), (4, 4), (4, 5), (4, 6)의 최대 6가지가 가능하다. 이 6가지 결과는 원래 발생 확률이 같았으므로 아직도 동일한 확률을 가져야 한다. 즉, 첫 주사위가 4라는 조건 하에서 각 사건 (4, 1), (4, 2), (4, 3), (4, 4), (4, 5), (4, 6)의 (조건부) 확률은 $\frac{1}{6}$이고, 표본공간의 나머지 30개 점의 (조건부) 확률은 0이 된다. 따라서 구하고자 확률은 $\frac{1}{6}$이다.

E와 F가 각각 주사위의 합이 6인 사건과 첫 주사위가 4인 사건을 나타낸다고 하자. 바로 앞에서 구한 확률은 F가 발생한 조건 하에서 E가 발생할 **조건부 확률**(conditional probability)이라고 불리고 다음과 같이 표기된다.

$$P(E|F)$$

모든 사건 E와 F에 대해 유효한 $P(E|F)$에 대한 일반 공식은 위와 동일한 방식으로 유도된다. 즉 만약 사건 F가 일어났다면 E가 일어나기 위해서는 결과가 E와 F에 모두 포함되어야 한다. 즉 그 결과가 EF에 포함되어야 한다. 이제 F가 일어났음을 알기 때문에 F가 새로운 표본공간이 되고, 따라서 사건 EF가 일어날 확률은 F의 확률에 대한 상대적인 EF의 확률과 같을 것이다. 즉,

$$P(E|F) = \frac{P(EF)}{P(F)} \tag{1.5}$$

식 (1.5)는 $P(F) > 0$일 때 제대로 정의되므로 $P(E|F)$는 $P(F) > 0$일 때만 정의됨을 기억하라.

예제 1.4 1에서 10까지의 숫자카드를 모자 속에 넣고 잘 섞은 후 한 장을 꺼냈다고 하자. 꺼낸 숫자가 5 이상이라는 정보가 주어졌다면 그 카드가 10일 조건부 확률은 얼마인가?

풀이▶ 꺼낸 카드가 10인 사건을 E라 하고 5 이상인 사건을 F라고 하자. 원하는 확률은 $P(E|F)$이므로 식 (1.5)로부터

$$P(E|F) = \frac{P(EF)}{P(F)}$$

가 된다. 그러나 카드가 5 이상이면서 동시에 10이 되는 경우는 카드가 10인 경우 밖에 없으므로 $EF = E$이 된다. 따라서

$$P(E|F) = \frac{\frac{1}{10}}{\frac{6}{10}} = \frac{1}{6}$$ ■

예제 1.5 어떤 가정에 두 명의 자식이 있다. 최소한 한 명은 아들이라고 할 때 두 명 다 아들일 확률은 얼마인가? 표본공간을 $S = \{(b, b), (b, g), (g, b), (g, g)\}$이라 하고 모든 결과가 동일한 가능성이 있다고 가정하자. [예를 들어, (b, g)는 첫 아이가 아들(boy)이고 둘째 아이가 딸(girl)임을 의미한다.]

풀이▶ 둘 다 아들인 사건을 B라 하고 최소한 한 명이 아들인 사건을 A라고 하면, 원하는 확률은 다음과 같이 계산된다.

$$\begin{aligned} P(B|A) &= \frac{P(BA)}{P(A)} \\ &= \frac{P(\{(b,b)\})}{P(\{(b,b),(b,g),(g,b)\})} = \frac{\frac{1}{4}}{\frac{3}{4}} = \frac{1}{3} \end{aligned}$$ ■

예제 1.6 베브는 컴퓨터 또는 화학 과목을 선택할 수 있다. 베브가 A를 받을 확률은 컴퓨터 과목을 들으면 $\frac{1}{2}$이고 화학 과목을 들으면 $\frac{1}{3}$이라고 한다. 공정한 동전을 던져서 과목을 선택한다고 할 때, 베브가 화학 과목을 듣고 A를 받을 확률은 얼마인가?

풀이▶ 베브가 화학 과목을 선택하는 사건을 C, 어느 과목이든 A를 받는 사건을 A라고 놓자. 그러면 원하는 확률은 $P(AC)$가 되고 이것은 식 (1.5)를 이용하여 다음과 같이 계산된다.

$$\begin{aligned} P(AC) &= P(C)P(A|C) \\ &= \tfrac{1}{2}\tfrac{1}{3} = \tfrac{1}{6} \end{aligned}$$ ■

예제 1.7 항아리에 7개의 검은 공과 5개의 흰 공이 들어있다. 항아리에서 두 개의 공을 꺼낸 후 다시 집어넣지 않는다고 하자. 각 공이 선택될 가능성이 동일하다고 가정할 때, 꺼낸 공 두 개가 모두 검은색일 확률은 얼마인가?

풀이▶ 처음 꺼낸 공과 두 번째 꺼낸 공이 검은색인 사건을 각각 F와 E라고 하자. 이제 처음 공이 검은색이라는 조건을 주면 6개의 검은 공과 5개의 흰 공이 남아 있게 되므로 $P(E|F) = \frac{6}{11}$이다. 명백히 $P(F)$는 $\frac{7}{12}$이므로 원하는 확률은 다음과 같다.

$$\begin{aligned} P(EF) &= P(F)P(E|F) \\ &= \tfrac{7}{12}\tfrac{6}{11} = \tfrac{42}{132} \end{aligned}$$ ■

예제 1.8 파티에 참가한 세 명의 신사가 방 한가운데로 자신의 모자를 던져놓고, 뒤섞은 후 무작위로 모자 하나씩를 집는다고 가정하자. 세 명의 신사 중 아무도 자신의 모자를 선택하지 못할 확률은 얼마인가?

풀이▶ 이 문제를 여사건, 즉 적어도 한 명이 자신의 모자를 집는 사건의 확률을 계산하여 풀어본다. E_i, $i = 1, 2, 3$를 i번째 사람이 자신의 모자를 집는 사건이라고 놓자. $P(E_1 \cup E_2 \cup E_3)$를 계산하기 위해 먼저 다음을 얻는다.

$$\begin{aligned} P(E_i) &= \tfrac{1}{3}, \qquad i = 1, 2, 3 \\ P(E_i E_j) &= \tfrac{1}{6}, \qquad i \neq j \\ P(E_1 E_2 E_3) &= \tfrac{1}{6} \end{aligned} \tag{1.6}$$

식 (1.6)을 확인하기 위해 우선 다음 식을 보자

$$P(E_i E_j) = P(E_i)P(E_j|E_i)$$

여기서 i번째 사람이 자신의 모자를 집는 확률 $P(E_i)$는 세 개 모자 중 어느 것이든 선택할 가능성이 동일하므로 명백하게 $\frac{1}{3}$이다. 또한 i번째 사람이 자신의 모자를 집었다는 조건을 주면 j번째 사람은 남은 두 개 모자 중에서 선택하게 되므로 자신의 모자를 집을 확률은 $\frac{1}{2}$이 된다. 즉 $P(E_j|E_i) = \frac{1}{2}$이고 따라서

$$P(E_i E_j) = P(E_i)P(E_j|E_i) = \tfrac{1}{3}\tfrac{1}{2} = \tfrac{1}{6}$$

이 된다. 이제 $P(E_1E_2E_3)$를 구하기 위해 다음과 같이 쓰자.

$$\begin{aligned} P(E_1 E_2 E_3) &= P(E_1 E_2)P(E_3|E_1 E_2) \\ &= \tfrac{1}{6} P(E_3|E_1 E_2) \end{aligned}$$

처음 두 사람이 각자 자신의 모자를 집었다면 세 번째 사람도 자신의 모자를 집게 되므로(다른 모자는 남아있지 않으므로) $P(E_3|E_1E_2) = 1$이고 따라서

$$P(E_1 E_2 E_3) = \tfrac{1}{6}$$

가 된다. 이제 식 (1.4)에서

$$\begin{aligned} P(E_1 \cup E_2 \cup E_3) &= P(E_1) + P(E_2) + P(E_3) - P(E_1 E_2) \\ &\quad - P(E_1 E_3) - P(E_2 E_3) + P(E_1 E_2 E_3) \\ &= 1 - \tfrac{1}{2} + \tfrac{1}{6} \\ &= \tfrac{2}{3} \end{aligned}$$

이 되고 따라서 아무도 자신의 모자를 집지 못할 확률은 $1 - \frac{2}{3} = \frac{1}{3}$이다. ■

1.5 독립 사건

두 사건 E와 F가 다음의 조건

$$P(EF) = P(E)P(F)$$

을 만족하면 **독립**(independent)이라고 말한다. 이것은 식 (1.5)에 의해

$$P(E|F) = P(E)$$

이 되면 (또한 $P(F|E) = P(F)$이 되면) E와 F가 독립임을 의미한다. 즉 F의 발생 여부를 아는 것이 E가 발생할 확률에 영향을 미치지 않으면(E의 발생이 F의 발생여부에 무관하면) E와 F는 독립이다.
두 사건 E와 F가 독립이 아니면 **종속**(dependent)이라고 말한다.

예제 1.9 두 개의 공정한 주사위를 던진다고 하자. E_1을 두 주사위의 합이 6인 사건이라고 하고 F를 첫 주사위가 4인 사건이라고 하자. 그러면

$$P(E_1F) = P(\{4, 2\}) = \tfrac{1}{36}$$

인 반면

$$P(E_1)P(F) = \tfrac{5}{36}\tfrac{1}{6} = \tfrac{5}{216}$$

이므로 E_1과 F는 독립이 아니다. 직관적으로 이 사실은 명백하다. 두 개의 주사위로 6을 만든다고 할 때 만약 첫 주사위가 4가(또는 1, 2, 3, 4, 5 중 하나) 나오면 합이 6이 될 가능성이 있으므로 안심이 된다. 하지만 첫 주사위가 6이 나오면 합으로 6을 만들 수 없으므로 낙담할 것이다. 다시 말해, 합이 6이 될 가능성은 첫 주사위의 결과에 종속하고 따라서 E_1과 F는 독립이 될 수 없다.
이제 E_2를 주사위의 합이 7인 사건이라고 해보자. E_2과 F는 독립인가?
답은 그렇다이다. 왜냐하면

$$P(E_2F) = P(\{(4, 3)\}) = \tfrac{1}{36}$$

이고 또한

$$P(E_2)P(F) = \tfrac{1}{6}\tfrac{1}{6} = \tfrac{1}{36}$$

이기 때문이다.
왜 두 주사위의 합이 7인 사건이 첫 주사위의 결과에 무관한지를 직관적인 설명을 해보라. ■

독립의 정의는 셋 이상의 사건으로 확장될 수 있다. 사건 $E_1, E_2, \ldots, E_n$가 모든 부분집합 $E_{1'}, E_{2'}, \ldots, E_{r'}$, $r \le n$에 대해

$$P(E_{1'}E_{2'}\cdots E_{r'}) = P(E_{1'})P(E_{2'})\cdots P(E_{r'})$$

이 되면 독립이라고 말한다. 직관적으로 말해, 사건 $E_1, E_2, \ldots, E_n$이 이들 중 어느 것(들)의 발생 여부에 대한 지식이 다른 사건(들)의 발생 확률에 영향을 주지 않으면 독립이다.

예제 1.10 (독립이 아닌 쌍별로 독립인 사건들) 1, 2, 3, 4 번호가 쓰인 4개의 공이 든 항아리에서 공을 하나 꺼낸다고 하자. $E = \{1, 2\}$, $F = \{1, 3\}$, $G = \{1, 4\}$라고 하자. 모든 4개의 결과가 동일 가능성을 가진다고 가정하면,

$$P(EF) = P(E)P(F) = \tfrac{1}{4},$$
$$P(EG) = P(E)P(G) = \tfrac{1}{4},$$
$$P(FG) = P(F)P(G) = \tfrac{1}{4}$$

이 된다. 하지만

$$\tfrac{1}{4} = P(EFG) \ne P(E)P(F)P(G)$$

이다. 따라서 E, F, G는 쌍별로 독립이지만 독립은 아니다. ■

예제 1.11 초기에 참가자 i가 n_i 단위를($n_i > 0$, $i = 1, \ldots, r$) 보유하고 있는 r명의 참가자가 있다. 각 단계마다 두 명의 참가자가 게임을 하는데 승자가 패자로부터 1단위를 받는다고 한다. 보유량이 0으로 떨어진 참가자는 게임에서 배제되고, 단 한 명이 모든 $n \equiv \sum_{i=1}^{r} n_i$ 단위를 가져 우승자가 될 때까지 게임은 계속된다. 계속되는 각 게임의 결과들이 독립이고, 각 두 참가자가 승리할 가능성이 동일하다고 가정할 때 참가자 i가 우승자가 될 확률을 구하라.

풀이▶ 우선 n명의 참가자 모두 초기에 1단위를 가지고 시작했다고 가정해보자. 참가자 i를 고려하면, 게임의 매 단계마다 1단위를 따거나 잃을 가능성이 동일하고 각 단계의 결과들은 독립이고, 또한 보유량이 0이나 n이 될 때까지 게임을 계속할 것이다. 이것이 모든 참가자에게 동일하게 적용되므로 각 참가자는 모두 동일한 우승자의 가능성을 가지게 된다. 결론적으로 각 참가자는 우승자가 될 확률 $1/n$을 가진다. 이제 이 n명의 참가자들이, r개의 팀으로 나뉘어 i 팀이 n_i, $i = 1, \ldots, r$ 참가자를 가진다고 가정하자. 즉, 참가자 $1, \ldots, n_1$이 1번 팀을 구성하고, 참가자 $n_1 + 1, \ldots, n_1 + n_2$가 2번 팀을 구성하고, ... 등등이라고 가정하자. 그러면 우승자가 i번 팀에서 나올 확률은 n_i/n이 된다. 그런데 i번 팀은 초기에 총 보유량 n_i, $i = 1, \ldots, r$을 가지고 시작했고, 다른 팀과의 게임마다 승자의 팀은 보유량이 1 증가하고 패자의 팀의 보유량은 1 감소하므로, 우승자가 i번 팀에서 나올 확률이 정확히 우리가 구하고자 하는 확률이 됨을 곧바로 알 수 있다. 또한 이 논증은 게임의 각 단계에서 참가자들이 어떻게 선택되는 지에 상관없이 결과가 성립함을 보여준다. ■

각 결과가 성공 또는 실패인 실험이 연이어 수행 된다고 가정하자. E_i, $i \geq 1$가 i번째 실험의 결과가 성공인 사건을 나타낸다고 하자. 만약 모든 $i_1, i_2, \ldots, i_n$에 대해

$$P(E_{i_1} E_{i_2} \cdots E_{i_n}) = \prod_{j=1}^{n} P(E_{i_j})$$

이면 이 연이은 실험을 **독립시행**(independent trials)이라고 부른다.

1.6 베이즈 공식

E와 F를 사건이라 하자. 사건 E를 다음과 같이 표현할 수 있다.

$$E = EF \cup EF^c$$

이유는 E에 속하기 위해서는 E와 F에 동시에 속하든가 아니면 E에는 속하지만 F에는 속하지 않아야 하기 때문이다. EF와 EF^c는 상호배반이기 때문에 다음과 같이 진행할 수 있다.

$$\begin{aligned} P(E) &= P(EF) + P(EF^c) \\ &= P(E|F)P(F) + P(E|F^c)P(F^c) \\ &= P(E|F)P(F) + P(E|F^c)(1 - P(F)) \end{aligned} \tag{1.7}$$

식 (1.7)은 사건 E의 확률이, F가 일어난 조건하에서의 E의 조건부 확률과 F가 일어나지 않은 조건 하에서의 E의 조건부 확률의 가중평균이라고 말하고 있다. 이때 각 조건부 확률에 부여된 가중값은 조건이 된 사건이 일어날 확률이다.

예제 1.12 두 개의 항아리가 있다. 첫 항아리에는 두 개의 흰 공과 일곱 개의 검은 공이 들어있고 두 번째 항아리에는 5개의 흰 공과 6개의 검은 공이 들어있다. 동전을 던져서 앞면이 나오면 첫 번째 항아

리에서 뒷면이 나오면 두 번째 항아리에서 공을 하나 꺼낸다고 하자. 흰 공이 꺼내졌다면 동전이 앞면이 나왔을 조건부 확률은 얼마인가?

풀이▶ W를 흰공이 꺼내진 사건, H를 동전이 앞면이 나온 사건이라고 놓자. 원하는 확률 $P(H|W)$는 다음과 같이 계산될 수 있다.

$$P(H|W) = \frac{P(HW)}{P(W)} = \frac{P(W|H)P(H)}{P(W)}$$
$$= \frac{P(W|H)P(H)}{P(W|H)P(H) + P(W|H^c)P(H^c)}$$
$$= \frac{\frac{2}{9}\frac{1}{2}}{\frac{2}{9}\frac{1}{2} + \frac{5}{11}\frac{1}{2}} = \frac{22}{67}$$ ■

예제 1.13 객관식 선택형 문제를 답할 때 학생이 답을 알았을 수도 있고 추측했을 수도 있다. p를 답을 안 확률이라 하고 $1 - p$를 추측할 확률이라고 하자. 선택 문항수가 m이라면, 추측을 할 경우 답을 맞힐 확률이 $1/m$이라고 하자. 학생이 답을 맞혔다고 할 때 실제로 그 문제의 답을 알았을 조건부 확률은 얼마인가?

풀이▶ C와 K를 각각 학생이 답을 맞히는 사건과 실제로 답을 안 사건이라고 하자. 그러면

$$P(K|C) = \frac{P(KC)}{P(C)} = \frac{P(C|K)P(K)}{P(C|K)P(K) + P(C|K^c)P(K^c)}$$
$$= \frac{p}{p + (1/m)(1-p)}$$
$$= \frac{mp}{1 + (m-1)p}$$

이 된다. 즉, 예를 들어 $m = 5$, $p = \frac{1}{2}$이라고 하면 학생이 답을 맞힌 문제의 답을 실제로 알았을 확률은 $\frac{5}{6}$이다. ■

예제 1.14 한 혈액검사가 어떤 병에 실제로 걸렸을 때 95%의 유효성으로 탐색해 내지만, 건강한 사람들 중 1%에 대해서도 "거짓 양성" 결과를 준다고 한다. (즉 건강한 사람이 검사를 받을 경우 0.01의 확률로 그 병에 걸렸다고 잘못 판정한다.) 만약 전체 인구 중 0.5%가 그 병에 걸려 있다면, 검사 결과가 양성인 사람이 그 병에 실제로 걸렸을 확률은 얼마인가?

풀이▶ D를 검사받은 사람이 병에 걸린 사건이라 하고 E를 검사결과가 양성인 사건이라고 하자. 원하는 확률 $P(D|E)$는 다음과 같이 얻어진다.

$$P(D|E) = \frac{P(DE)}{P(E)} = \frac{P(E|D)P(D)}{P(E|D)P(D) + P(E|D^c)P(D^c)}$$
$$= \frac{(0.95)(0.005)}{(0.95)(0.005) + (0.01)(0.995)}$$
$$= \frac{95}{294} \approx 0.323$$

따라서 검사 결과가 양성인 사람들 중 32%만이 실제로 그 병에 걸려 있게 된다. ■

식 (1.7)을 일반화해 보자. $F_1, F_2, \ldots, F_n$을 $\bigcup_{i=1}^{n} F_i = S$인 상호배반인 사건들이라고 하자. 다시 말해 $F_1, F_2, \ldots, F_n$ 중 정확히 하나가 일어날 것이다.

$$E = \bigcup_{i=1}^{n} EF_i$$

과 같이 나타내고 EF_i, $i = 1, \ldots, n$가 상호배반임을 이용하여 다음을 얻는다.

$$\begin{aligned} P(E) &= \sum_{i=1}^{n} P(EF_i) \\ &= \sum_{i=1}^{n} P(E|F_i)P(F_i) \end{aligned} \tag{1.8}$$

식 (1.8)은, 반드시 하나는 그리고 하나만 일어나야 하는 사건들 $F_1, F_2, \ldots, F_n$이 주어질 때, $P(E)$를 먼저 F_i 중 어떤 것이 일어나는가에 조건을 주어 계산할 수 있음을 보여주고 있다. 즉 $P(E)$는 각 항이 그것의 조건이 되는 사건의 확률로 가중이 되는 $P(E|F_i)$들의 가중평균과 같다.

이제 E가 발생했는데 F_j 중 어느 것이 함께 발생했는지 결정하고 싶다고 해보자. (1.8)에 의해 다음을 얻을 수 있다.

$$\begin{aligned} P(F_j|E) &= \frac{P(EF_j)}{P(E)} \\ &= \frac{P(E|F_j)P(F_j)}{\sum_{i=1}^{n} P(E|F_i)P(F_i)} \end{aligned} \tag{1.9}$$

식 (1.9)는 **베이즈 공식**(Bayes formula)으로 알려져 있다.

예제 1.15 어떤 편지가 3개의 폴더 중 하나에 동일한 가능성으로 들어 있다고 하자. 편지가 실제로 폴더 i에 들어 있을 때 폴더 i를 잠깐 조사해 보고 편지를 찾아낼 확률을 α_i, $i = 1, 2, 3$이라고 놓자($\alpha_i < 1$일 수 있다). 1번 폴더를 조사했는데 편지를 발견하지 못했다고 해보자. 편지가 1번 폴더에 들어있을 확률은 얼마인가?

풀이▶ F_i, $i = 1, 2, 3$을 편지가 i에 들어있는 사건이라고 하고, E를 1번 폴더를 조사할 때 편지를 찾아내지 못하는 사건이라고 놓자. 우리가 원하는 확률은 $P(F_1|E)$이다. 베이즈 공식으로부터 다음을 얻는다.

$$\begin{aligned} P(F_1|E) &= \frac{P(E|F_1)P(F_1)}{\sum_{i=1}^{3} P(E|F_i)P(F_i)} \\ &= \frac{(1-\alpha_1)\frac{1}{3}}{(1-\alpha_1)\frac{1}{3} + \frac{1}{3} + \frac{1}{3}} = \frac{1-\alpha_1}{3-\alpha_1} \end{aligned}$$

■

》 연습 문제

1. 상자에 빨강, 초록, 파랑의 세 개의 구슬이 들어 있다. 상자에서 구슬을 하나 꺼낸 후 다시 집어넣고 다시 두 번째 구슬을 꺼내는 실험을 생각해보자. 이 실험의 표본공간은? 각 구슬이 선택될 확률이 동일하다면 표본공간의 각 점의 확률을 구하라.

*2. 연습 문제 1에서 첫 구슬을 다시 집어넣지 않고 두 번째 구슬을 꺼낸다고 가정하고 답하라.

3. 앞면이 두 번 연달아 나올 때까지 동전을 던진다고 한다. 이 실험의 표본공간은 무엇인가? 동전이 공정하다고 가정할 때 동전을 꼭 4번 던지고 끝날 확률은 얼마인가?

4. 다음 각 사건을 사건 E, F, G를 이용하여 표현하라. E, F, G 중에서
(a) F만 발생
(b) E와 F는 발생하고 G는 발생하지 않음
(c) 적어도 하나의 사건이 발생
(d) 적어도 두 개의 사건이 발생
(e) 세 사건 모두 발생
(f) 아무것도 일어나지 않음
(g) 최대 하나의 사건이 발생
(h) 최대 두 개의 사건이 발생

***5.** 라스베가스에서 어떤 사람이 다음과 같은 방식으로 도박을 한다고 하자. 먼저 붉은색의 룰렛이 나오는 것에 $1을 걸고 이기면 끝낸다. 만약 지면 또 동일하게 거는데 이번에는 $2을 건다. 그 후 결과에 상관없이 도박을 끝낸다. 각 단계에서 이길 확률이 $\frac{1}{2}$이라면 최종적으로 이 사람이 승자가 될 확률은 얼마인가? 왜 이러한 방식이 널리 사용되지 않고 있겠는가?

6. $E(F \cup G) = EF \cup EG$임을 보여라.

7. $(F \cup G)^c = E^cF^c$임을 보여라.

8. $P(E) = 0.9$이고 $P(F) = 0.8$일 때 $P(EF) \geqslant 0.7$임을 보여라. 일반적으로 다음을 보여라.

$$P(EF) \geqslant P(E) + P(F) - 1$$

이것을 **본페로니의 부등식**(Bonferroni's inequality)이라고 부른다.

***9.** E의 모든 점이 F에 속할 때 $E \subset$ F라고 말한다. $E \subset F$이면

$$P(F) = P(E) + P(FE^c) \geqslant P(E)$$

임을 보여라.

10. 다음을 보여라.

$$P\left(\bigcup_{i=1}^{n} E_i\right) \leqslant \sum_{i=1}^{n} P(E_i)$$

이것을 **불의 부등식**(Boole's inequality)이라고 부른다.

힌트: 식 (1.2)와 수학적 귀납법을 사용하든가 아니면 $F_1 = E_1$, $F_i = E_i \bigcap_{j=1}^{i-1} E_j^c$ 라고 놓을 때 $\bigcup_{i=1}^{n} E_i = \bigcup_{i=1}^{n} F_i$ 임을 보이고 확률의 성질 (iii)을 사용하라.

11. 두 개의 공정한 주사위를 던질 때 합이 i, $i = 2, 3, \ldots, 12$일 확률을 구하라.

12. 어떤 실험의 표본공간에서 E와 F가 상호배반인 사건이라고 하자. E 또는 F가 발생할 때까지 이 실험을 반복한다고 하자. 이 새로운 실험의 표본공간은 어떤 형태이겠는가? 사건 F보다 E가 먼저 일어날 확률은 $P(E)/\,[P(E) + P(F)]$임을 보여라.

힌트: 원 실험이 n번 실행되고 n번째에서 E가 나올 확률은 $P(E) \times (1-p)^{n-1}$, $n = 1, 2, \ldots$ [여기서 $p = P(E) + P(F)$]임을 논증하라. 이 확률을 더하여 원하는 답을 구하라.

13. 크랩스(craps)라는 주사위 도박은 다음과 같이 이루어진다. 참가자가 주사위를 두 개 던져서 합이 7이나 11이면 승리하고, 2, 3, 12이면 진다. 합이 그 외의 값이면, 직전의 합과 같은 값이 나오든가(참

가자가 승리) 또는 7이 나올 때까지(참가자가 패배) 던지기를 반복한다. 참가자가 승리할 확률을 계산하라.

14. 주사위를 한번 던져 승리할 확률이 p라고 하자. A가 먼저 던져 실패하면 B가 던진다. 이렇게 둘 중 하나가 승리할 때까지 주사위를 번갈아 던질 때 각각의 승리 확률을 구하라.

15. $E = EF \cup EF^c$, $E \cup F = E \cup FE^c$임을 논증하라.

16. 연습 문제 15를 이용하여 $P(E \cup F) = P(E) + P(F) - P(EF)$임을 보여라.

***17.** 세 명이 각각 동전을 던진다. 한 명의 결과가 다른 두 명의 결과와 다르면 게임이 끝나고, 아니면 각자 동전을 다시 던진다. 동전이 모두 공정하다고 할 때, 첫 번째 던지기에서 게임이 끝날 확률은 얼마인가? 만약 동전들이 모두 앞면이 나올 확률이 $\frac{1}{4}$이 되도록 편중되어 있다면, 첫 번째 던지기에서 게임이 끝날 확률은 얼마인가?

18. 아이가 남자 또는 여자로 태어날 확률이 동일하다고 가정하자. 한 가정에 두 명의 아이가 있을 때 다음 각 조건 하에서 둘 다 여자일 확률은 얼마인가? (a) 첫 애가 딸이다. (b) 적어도 하나가 딸이다.

***19.** 두 개의 주사위를 굴렸다. 적어도 하나가 6일 확률은 얼마인가? 나온 두 개의 면이 다르다고 할 때 적어도 하나가 6일 확률은 얼마인가?

20. 세 개의 주사위를 던졌다. 3개 중 두 개에서 동일한 수가 나올 확률은 얼마인가?

21. 남자의 5%와 여자의 0.25%가 색맹이라고 한다. 색맹인 사람을 무작위로 선택했을 때 이 사람이 남자일 확률은 얼마인가? 남녀의 수는 같다고 가정하라.

22. A와 B가 상대보다 2점 이상 앞설 때까지 게임을 한다. 매 점수는 독립적으로 얻어지고 확률 p로 A가 점수를 얻는다고 하자. 점수의 합이 $2n$으로 끝날 확률은 얼마인가? A가 이길 확률은 얼마인가?

23. 사건 $E_1, E_2, \ldots, E_n$에 대해 다음을 보여라.

$$P(E_1 E_2 \cdots E_n) = P(E_1)P(E_2|E_1)P(E_3|E_1E_2)\cdots P(E_n|E_1\cdots E_{n-1})$$

24. 선거에서 A 후보가 n표를 받고 B 후보가 m표를 받았다($n > m$). 표를 셀 때 $n + m$표의 모든 나오는 순서가 동일한 가능성을 가지고 있다고 가정하자. $P_{n,m}$을 처음부터 A가 항상 앞서 있을 확률이라고 할 때 다음을 구하라.

(a) $P_{2,1}$ (b) $P_{3,1}$ (c) $P_{n,1}$ (d) $P_{3,2}$ (e) $P_{4,2}$
(f) $P_{n,2}$ (g) $P_{4,3}$ (h) $P_{5,3}$ (i) $P_{5,4}$
(j) $P_{n,m}$을 추측해 보라.

***25.** 52개의 게임 카드 한 벌에서 무작위로 두 개의 카드를 꺼냈다.
(a) 원 페어(두 카드가 동일한 숫자)가 될 확률은 얼마인가?
(b) 카드의 모양(suit)이 다르다는 조건을 줄 때 원 페어가 될 확률은 얼마인가?

26. 4개의 에이스 전부를 포함하고 있는 52개의 게임 카드 한 벌이 무작위로 13개씩 4개의 무더기로 나뉘어졌다. 사건 E_1, E_2, E_3, E_4를 다음과 같이 정의하자.

E_1 = {첫 번째 무더기에 1장의 에이스가 포함됨}

E_2 = {두 번째 무더기에 1장의 에이스가 포함됨}

E_3 = {세 번째 무더기에 1장의 에이스가 포함됨}

E_4 = {네 번째 무더기에 1장의 에이스가 포함됨}

연습 문제 23을 이용하여 $P(E_1 E_2 E_3 E_4)$, 즉 각 무더기에 에이스가 한 장씩 포함될 확률을 구하라.

***27.** 연습 문제 26에서 사건 E_1, E_2, E_3, E_4를 다음과 같이 정의했다고 하자.

$E_1 =$ {하나의 무더기에 스페이드 에이스가 포함됨}

$E_2 =$ {스페이드 에이스와 하트 에이스가 서로 다른 무더기에 포함됨}

$E_3 =$ {스페이드 에이스, 하트 에이스, 다이아몬드 에이스가 각각 다른 무더기에 포함됨}

$E_4 =$ {네 개의 에이스가 각각 다른 무더기에 포함됨}

연습 문제 23을 이용하여 $P(E_1 E_2 E_3 E_4)$, 즉 각 무더기에 에이스가 한 장씩 포함될 확률을 구하라. 이것을 연습 문제 26에서 얻은 결과와 비교하라.

28. 만약 B의 발생이 A의 발생 가능성을 높여준다면, A의 발생이 B의 발생 가능성을 높여주는가?

29. $P(E) = 0.6$이라고 하자. 다음 각 경우에 $P(E|F)$는 어떻게 되겠는가?

(a) E와 F가 상호배반이다.

(b) $E \subset F$

(c) $F \subset E$

***30.** 빌과 조지가 사격을 하러 갔다. 동시에 하나의 과녁에 발사했다. 빌이 과녁을 맞힐 확률은 0.7이고 이와 독립적으로 조지가 맞힐 확률은 0.4라고 한다.

(a) 과녁에 한 발만 명중했다면, 조지가 과녁을 맞혔을 확률은 얼마인가?

(b) 과녁에 명중했다면, 조지가 과녁을 맞혔을 확률은 얼마인가?

31. 두 개의 주사위를 던져 합이 7이 되었을 때 첫 주사위가 6일 확률은 얼마인가?

***32.** 파티에 참석한 n명의 사람이 모두 방 중앙에 자신의 모자를 던진 후, 무작위로 각각 모자를 하나씩 집는다고 하자. n명 모두 자신의 모자를 집지 못할 확률은 다음과 같음을 보여라.

$$\frac{1}{2!} - \frac{1}{3!} + \frac{1}{4!} - + \cdots \frac{(-1)^n}{n!}$$

$n \to \infty$일 때 이 값이 e^{-1}로 수렴함을 주목하라. 이 결과는 의외인가?

33. 어떤 수업에 4명의 1학년 남학생과 6명의 1학년 여학생, 그리고 6명의 2학년 남학생이 출석해 있다. 한 명의 학생을 무작위로 선택할 때 성별과 학년이 독립되려면, 몇 명의 2학년 여학생이 출석해야 하는가?

34. 존스는 룰렛 게임에서 이기기 위한 도박 전략을 고안하였다. 붉은색에만 걸기로 하는데, 이전의 10번의 게임에서 계속 검은색이 나왔을 경우에만 실제로 붉은색에 판돈을 건다. 열한 번 계속 검은색이 나올 확률이 매우 작기 때문에, 이렇게 하면 그가 이길 가능성이 높을 것이라고 존스는 추론하고 있다. 이 전략에 대해 어떻게 생각하는가?

35. 공정한 동전을 계속 던진다. 처음 네 번의 던지기 결과가 다음과 같을 확률을 구하라.

(a) H, H, H, H?

(b) T, H, H, H?

(c) T, H, H, H의 패턴이 H, H, H, H 패턴보다 먼저 일어날 확률을 구하라.

36. 두 개의 상자가 있다. 첫 상자에는 검은 공깃돌 하나와 흰 공깃돌 하나가 들어 있고 둘째 상자에는 검은 공깃돌 두 개와 흰 공깃돌 하나가 들어 있다. 먼저 상자를 무작위로 선택하고 그 선택된 상자에

서 공깃돌 하나를 꺼낸다면, 검은 돌이 꺼내 질 확률은 얼마인가?

37. 연습 문제 36에서 만약 꺼낸 돌이 흰 돌이었다면 첫 번째 상자가 선택되었을 확률은 얼마인가?

38. 항아리 1에는 두 개의 흰 공과 한 개의 검은 공이 들어 있고 항아리 2에는 한 개의 흰 공과 다섯 개의 검은 공이 들어 있다. 항아리 1에서 공 하나를 무작위로 꺼내어 항아리 2에 집어넣은 후 항아리 2에서 공 하나를 무작위로 꺼냈다. 그 공이 흰색이었다면 옮겨진 공이 흰색이었을 확률은 얼마인가?

39. 상점 A, B, C에 각각 50, 75, 100명의 종업원이 고용되어 있고 그들 중 각각 50, 60, 70 퍼센트가 여자이다. 성별에 무관하게 종업원들이 모두 동일한 사직 가능성을 가지고 있다고 가정하자. 한 명의 종업원이 사직을 했고 이 종업원이 여성이라면 이 사직자가 상점 C의 종업원일 확률은 얼마인가?

***40.** (a) 호주머니에 공정한 동전 하나와 두 면 다 앞면인 동전이 들어 있다. 둘 중 하나를 무작위로 선택하여 던졌더니 앞면이 나왔다. 이 동전이 공정한 동전일 확률은 얼마인가?

(b) 동일한 동전을 또 한 번 던졌더니 다시 앞면이 나왔다. 이제 이 동전이 공정한 동전일 확률은 얼마인가?

(c) 그 동전을 세 번째 던졌더니 뒷면이 나왔다. 이제 이 동전이 공정한 동전일 확률은 얼마인가?

41. 생쥐의 어떤 종에서 검은색이 갈색을 압도한다고 한다. 부모가 모두 검은색 쥐가 갈색의 형제 하나를 가지고 있다고 가정하자.

(a) 이 쥐가 순수한 검은색 쥐(검은 유전자와 갈색 유전자가 섞인 잡종이 아닌)일 확률은 얼마인가?

(b) 이 검은색 쥐가 갈색 쥐와 짝짓기를 해서 낳은 새끼 5마리가 모두 검은색이라면 이 쥐가 순수한 검은색 쥐일 확률은?

42. 상자에 세 개의 동전이 들어 있다. 하나는 양면이 모두 앞면인 동전이고 하나는 보통 동전, 세 번째는 앞면이 나올 확률이 75%인 동전이다. 동전 하나를 무작위로 꺼내 던졌더니 앞면이 나왔다. 그 동전이 양면이 앞면인 동전일 확률은?

43. 눈 색깔에서 푸른색 눈 유전자는 열성이다. 즉, 두 쌍의 눈 색깔 유전자가 모두 푸른색 눈이어야만 푸른색 눈이 된다. 조우(여)와 조(남)는 눈이 모두 갈색인데 그들의 어머니는 모두 푸른색 눈이라고 한다. 그들의 딸 플로는 갈색 눈인데 푸른색 눈을 가진 남자와 결혼하여 아이를 낳으려고 한다. 아이가 푸른색 눈일 확률은?

44. 1번 주머니에는 흰 공 5개와 검은 공 7개가 들어있고 2번 주머니에는 흰 공 3개와 검은 공 12개가 들어있다. 동전을 던져 앞면이 나오면 1번 주머니에서, 뒷면이 나오면 2번 주머니에서 공을 한 개 꺼낸다. 흰 공이 꺼내졌다면 동전이 뒷면일 확률은?

***45.** 주머니에 b개의 검은 공과 r개의 붉은 공이 들어있다. 공을 하나 꺼낸 후 다시 집어넣는데, 이때 그것과 같은 색깔의 공 c개를 더 집어넣는다고 한다. 다음 다시 하나의 공을 꺼낸다. 두 번째 꺼낸 공이 붉은 색일 때 첫 번째 꺼낸 공이 검은 색일 확률은 $b/(b+r+c)$임을 보여라.

46. 세 명의 죄수가 있다. 세 명 중 한 명이 무작위로 선택되었는데 그 사람만 사형을 당하고 나머지 두 명은 석방될 것이라고 간수가 말했다. A가 은밀히 간수에게 나머지 두 죄수 중 누가 석방되는지 알려달라고 하였다. 두 명 중 적어도 한명은 석방될 것이 이미 알려져 있으므로 그 정보를 누설해도 아무런 해가 없을 것이라는 것이 A의 주장이었다. 간수는 알려주기를 거절했다. 만약 A가 석방되는 한 명을 알게 된다면 A가 사형될 확률이 $\frac{1}{3}$에서 $\frac{1}{2}$로 올라갈 것이라는 것이 간수의 주장이었다. 간수의 추론에 대해 어떻게 생각하는가?

47. B를 고정된 사건이라 하자. 모든 사건 A에 대해 정의된 $P(A|B)$들이 확률의 세 가지 조건을 만족함을 보여라. 이 사실로부터 다음 결론을 얻어라.

$$P(A|B) = P(A|BC)P(C|B) + P(A|BC^c)P(C^c|B)$$

***48.** 어느 지역의 가정 중에서 60%가 자동차를, 30%가 집을, 20%가 차와 집을 모두 소유하고 있다고 한다. 한 가정을 무작위로 선택했을 때, 이 가정이 차나 집 중 하나만 소유하고 있을 확률은 얼마인가?

참고 문헌

참고 문헌 [2]는 확률이론의 초기 발달 과정의 일부를 다채롭게 소개하고 있다. 참고 문헌 [3, 4]와 [7]은 모두 현대 확률이론의 탁월한 입문서이다. 참고 문헌 [5]는 현대의 수학적 확률론의 공리적인 기초를 확립한 기념비적인 저작이다. 참고 문헌 [6]은 18세기의 가장 위대한 수학자 중 하나에 의해 저술된 확률이론과 응용에 대한 비수학적인 소개서이다.

[1] L. Breiman, "Probability," Addison-Wesley, Reading, Massachusetts, 1968.

[2] F.N. David, "Games, Gods, and Gambling," Hafner, New York, 1962.

[3] W. Feller, "An Introduction to Probability Theory and Its Applications," Vol. I, John Wiley, New York, 1957.

[4] B.V. Gnedenko, "Theory of Probability," Chelsea, New York, 1962.

[5] A.N. Kolmogorov, "Foundations of the Theory of Probability," Chelsea, New York, 1956.

[6] Marquis de Laplace, "A Philosophical Essay on Probabilities," 1825 (English Translation), Dover, New York, 1951.

[7] S. Ross, "A First Course in Probability," Eighth Edition, Prentice Hall, New Jersey, 2010.

INTRODUCTION TO **PROBABILITY MODELS**

확률변수

Random Variables

2.1 확률변수

실험의 결과 자체보다는 결과의 함수가 관심 대상일 경우가 많다. 예를 들어 주사위 던지기에서 실제의 결과 자체보다는 두 주사위의 합이 관심꺼리가 될 수 있다. 즉, 합이 7이라는 것을 알면 되고, 실제의 결과가 (1,6), (2,5), (3,4), (4,3), (5,2), 또는 (6,1)이었는지는 상관이 없을 수 있다. 관심 대상이 되는 양, 보다 명확히 표본공간 상에서 정의된 실수 값을 갖는 함수를 **확률변수**(random variable)라고 부른다.

예제 2.1 X를 두 개의 공정한 주사위의 합으로 정의된 확률변수라고 놓으면,

$$
\begin{aligned}
P\{X=2\} &= P\{(1,1)\} = \tfrac{1}{36},\\
P\{X=3\} &= P\{(1,2),(2,1)\} = \tfrac{2}{36},\\
P\{X=4\} &= P\{(1,3),(2,2),(3,1)\} = \tfrac{3}{36},\\
P\{X=5\} &= P\{(1,4),(2,3),(3,2),(4,1)\} = \tfrac{4}{36},\\
P\{X=6\} &= P\{(1,5),(2,4),(3,3),(4,2),(5,1)\} = \tfrac{5}{36},\\
P\{X=7\} &= P\{(1,6),(2,5),(3,4),(4,3),(5,2),(6,1)\} = \tfrac{6}{36},\\
P\{X=8\} &= P\{(2,6),(3,5),(4,4),(5,3),(6,2)\} = \tfrac{5}{36},\\
P\{X=9\} &= P\{(3,6),(4,5),(5,4),(6,3)\} = \tfrac{4}{36},\\
P\{X=10\} &= P\{(4,6),(5,5),(6,4)\} = \tfrac{3}{36},\\
P\{X=11\} &= P\{(5,6),(6,5)\} = \tfrac{2}{36},\\
P\{X=12\} &= P\{(6,6)\} = \tfrac{1}{36}
\end{aligned}
\tag{2.1}
$$

가 된다. 다시 말해 확률변수 X는 2와 12 사이의 정수 값을 가지며 각 정수 값이 될 확률은 식 (2.1)과 같이 주어진다. X가 반드시 2와 12 사이의 정수 중 하나가 되어야 하므로

$$1 = P\left\{\bigcup_{i=2}^{12}\{X=n\}\right\} = \sum_{n=2}^{12} P\{X=n\}$$

이 된다. 이는 식 (2.1)로부터 확인할 수 있다. ■

예제 2.2 두 번째 예로 두 개의 공정한 동전을 던지는 실험을 생각해보자. Y를 앞면이 나온 수라고 놓으면 Y는 0, 1, 2 값을 갖는 확률변수이고 각 확률은

$$P\{Y=0\} = P\{(T,T)\} = \tfrac{1}{4},$$

$$P\{Y=1\}=P\{(T,H),(H,T)\}=\tfrac{2}{4},$$
$$P\{Y=2\}=P\{(H,H)\}=\tfrac{1}{4}$$

과 같다. 물론 $P\{Y=0\}+P\{Y=1\}+P\{Y=2\}=1$이다. ■

예제 2.3 앞면이 나올 확률이 p인 동전을 처음으로 앞면이 나올 때까지 던진다고 하자. N을 던진 횟수라고 놓고 연이은 동전 던지기의 결과가 독립이라고 가정하면, N은 1, 2, 3, ... 중의 하나의 값을 갖는 확률변수이고 각각의 확률은 다음과 같이 된다.

$$\begin{aligned}
P\{N=1\}&=P\{H\}=p,\\
P\{N=2\}&=P\{(T,H)\}=(1-p)p,\\
P\{N=3\}&=P\{(T,T,H)\}=(1-p)^2p,\\
&\;\;\vdots\\
P\{N=n\}&=P\{(\underbrace{T,T,\dots,T}_{n-1},H)\}=(1-p)^{n-1}p, \qquad n\ge 1
\end{aligned}$$

이를 확인하면,

$$\begin{aligned}
P\left(\bigcup_{n=1}^{\infty}\{N=n\}\right)&=\sum_{n=1}^{\infty}P\{N=n\}\\
&=p\sum_{n=1}^{\infty}(1-p)^{n-1}\\
&=\frac{p}{1-(1-p)}\\
&=1
\end{aligned}$$

■

예제 2.4 배터리가 얼마 동안 작동하는가 알아보는 실험을 생각해보자. 배터리의 실제 수명보다는 배터리가 최소한 2년을 작동하는지 여부에 관심이 있다고 하자. 이 경우 확률변수 I를 다음과 같이 정의할 수 있다.

$$I=\begin{cases}1, & \text{배터리의 수명이 2년 이상인 경우}\\ 0, & \text{그 외의 경우}\end{cases}$$

E를 배터리가 2년 이상 유지되는 사건이라고 놓으면, 확률변수 I를 사건 E에 대한 **지시**(indicator) 확률변수라고 부른다. (I는 E의 발생 여부에 종속하여 1 또는 0이 됨을 주목하라.) ■

예제 2.5 각각의 확률이 $p_1,\dots,p_m$, $\sum_{i=1}^{m}p_i=1$ 인 m개의 결과를 갖는 독립 시행이 연속적으로 수행된다고 하자. X를 모든 결과가 적어도 한번 일어날 때까지 필요한 시행의 수라고 놓자.
$P(X=n)$을 직접 계산하는 대신 $P(X>n)$, 즉 n번이 시행 후에도 아직 결과 중 적어도 하나가 발생하지 않은 확률을 먼저 결정해보자. A_i, $i=1,\dots,m$을 처음 n번이 시행 후에도 아직 결과 i가 발생하지 않은 사건이라고 하면 다음과 같이 계산된다.

$$\begin{aligned}
P\{X>n\}&=P\left(\bigcup_{i=1}^{m}A_i\right)\\
&=\sum_{i=1}^{m}P(A_i)-\sum\sum_{i<j}P(A_iA_j)
\end{aligned}$$

$$+\sum\sum_{i<j<k}\sum P(A_iA_jA_k) - \cdots + (-1)^{m+1}P(A_1\cdots A_m)$$

이제 $P(A_i)$는 n번의 시행이 모두 i가 아닌 결과가 나올 확률이므로, 독립성에 의해

$$P(A_i) = (1-p_i)^n$$

이 된다. 유사하게 $p(A_iA_j)$는 처음 n번의 시행이 모두 i와 j가 아닌 결과를 보여줄 확률이므로

$$P(A_iA_j) = (1-p_i-p_j)^n$$

이다. 다른 확률들도 모두 유사하므로, 다음을 얻는다.

$$P\{X>n\} = \sum_{i=1}^{m}(1-p_i)^n - \sum_{i<j}\sum(1-p_i-p_j)^n$$
$$+\sum\sum_{i<j<k}\sum(1-p_i-p_j-p_k)^n - \cdots$$

$P(X=n) = P\{X>n-1\} - P(X>n)$이므로 $(1-a)^{n-1}-(1-a)^n = a(1-a)^{1-n}$을 이용하면 다음을 얻는다.

$$P\{X=n\} = \sum_{i=1}^{m}p_i(1-p_i)^{n-1} - \sum_{i<j}\sum(p_i+p_j)(1-p_i-p_j)^{n-1}$$
$$+\sum\sum_{i<j<k}\sum(p_i+p_j+p_k)(1-p_i-p_j-p_k)^{n-1} - \cdots$$ ■

위의 모든 예에서 확률변수들은 유한 개 또는 **가산**(countable)* 개의 가능한 값들을 갖고 있다. 이런 확률변수들을 **이산**(discrete) 변수라고 부른다. 물론 가능한 값들이 연속체를 이루는 **연속**(continuous) 확률변수들도 존재한다. 자동차의 수명이 범위 (a, b)내의 어느 값이든 될 수 있다고 가정할 때의 자동차의 수명이 연속변수의 예가 될 것이다.

확률변수 X의 **누적분포함수**(cumulative distribution fucntion, cdf) 또는 보다 간단히 **분포함수**(distribution fucntion) $F(\cdot)$는 임의의 실수 b, $-\infty<b<\infty$ 에 대해

$$F(b) = P\{X \le b\}$$

로 정의된다. 말로 하면 $F(b)$는 확률변수 X가 b 이하의 값을 가질 확률을 나타낸다. cdf F는 다음과 같은 성질을 갖는다.

(i) $F(b)$는 b의 비감소(nondecreasing) 함수이다.

(ii) $\lim_{b\to\infty} F(b) = F(\infty) = 1$,

(iii) $\lim_{b\to-\infty} F(b) = F(-\infty) = 0$.

성질 (i)이 사실인 이유는 $a<b$일 때 사건 $\{X \le a\}$이 사건 $\{X \le b\}$에 포함되어 더 작은 확률을 가져야하기 때문이다. 성질 (ii)와 (iii)은 X가 유한값을 가져야하기 때문에 사실이다.

X에 대한 모든 확률적 문제는 cdf $F(\cdot)$로 답할 수 있다. 예를 들어,

$$P\{a<X\le b\} = F(b) - F(a),\quad \text{모든 } a<b\text{에 대해}$$

* 집합의 원소들을 양의 정수들과 일대일 대응 관계로 놓을 수 있으면 가산 집합이다.

이 얻어지는데, 이는 먼저 $X \le b$일 확률[즉, $F(b)$]을 구한 다음 여기에서 $X \le a$일 확률[즉, $F(a)$]을 빼서 확률 $P\{a < X \le b\}$를 구할 수 있기 때문에 사실이다.

만약 X가 엄격하게 b보다 작을 확률을 구하고 싶다면 다음과 같이 계산할 수 있다.

$$\begin{aligned} P\{X < b\} &= \lim_{h \to 0^+} P\{X \le b - h\} \\ &= \lim_{h \to 0^+} F(b - h) \end{aligned}$$

여기서 $\lim_{h\to 0^+}$는 h가 0으로 감소해 갈 때의 극한을 취함을 의미한다. $P\{X < b\}$가 반드시 $F(b)$와 같지는 않음에 주목하라. $F(b)$는 X가 b와 같을 확률을 포함하기 때문이다.

2.2 이산 확률변수

앞서 언급했듯이 최대한 가산 개의 가능한 값을 갖는 확률변수를 이산 확률변수라고 말한다. 이산 확률변수 X에 대해서는 다음과 같이 **확률질량함수**(probability mass function) $p(a)$를 정의한다.

$$p(a) = P\{X = a\}$$

확률질량함수 $p(a)$는 최대한 가산 개의 a 값에 대해 양의 값을 갖는다. 즉, X가 반드시 $x_1, x_2, \ldots$ 중 하나의 값을 갖는다면

$$\begin{aligned} p(x_i) &> 0, \qquad i = 1, 2, \ldots \\ p(x) &= 0, \qquad x\text{의 모든 다른 값에 대해} \end{aligned}$$

이 되고

$$\sum_{i=1}^{\infty} p(x_i) = 1$$

이어야 한다.

누적분포함수 F는 다음과 같이 $p(a)$로 표현될 수 있다.

$$F(a) = \sum_{\text{모든 } x_i \le a} p(x_i)$$

예를 들어, X가 다음과 같은 확률질량함수를 가지고 있다고 하자.

$$p(1) = \tfrac{1}{2}, \qquad p(2) = \tfrac{1}{3}, \qquad p(3) = \tfrac{1}{6}$$

그러면 누적분포함수 F는 다음과 같이 얻어진다.

$$F(a) = \begin{cases} 0, & a < 1 \\ \frac{1}{2}, & 1 \le a < 2 \\ \frac{5}{6}, & 2 \le a < 3 \\ 1, & 3 \le a \end{cases}$$

이것은 그림 2.1에 그래프로 그려져 있다.

이산 확률변수는 흔히 확률질량함수에 따라 분류된다. 이제 이들 중 몇 가지를 알아보자.

2.2.1 베르누이 확률변수

결과가 "성공" 또는 "실패"로 나뉘는 실험을 수행한다고 해보자. 만약 결과가 성공이면 X를 1로 놓고 실

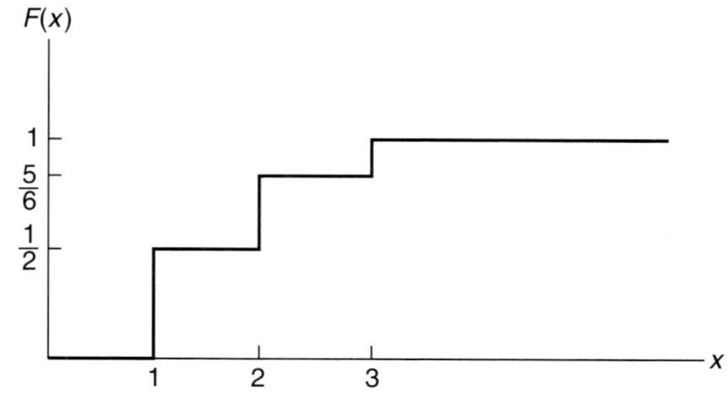

그림 2.1 $F(x)$의 그래프

패이면 0으로 놓는다면, X의 확률질량함수는 다음과 같이 주어진다.

$$\begin{aligned} p(0) &= P\{X = 0\} = 1 - p, \\ p(1) &= P\{X = 1\} = p \end{aligned} \tag{2.2}$$

여기서 p, $0 \leq p \leq 1$는 시행이 "성공"할 확률이다.

확률질량함수가 식 (2.2)와 같이 주어진 확률변수 X를 **베르누이**(Bernoulli) 확률변수라고 말한다.

2.2.2 이항 확률변수

각 시행의 결과가 확률 p로 "성공"이거나 확률 $1 - p$로 "실패"인, n번의 독립시행을 수행한다고 하자. X를 n번의 독립시행 중 성공한 횟수라고 하면, X를 **모수**(parameter) (n, p)를 갖는 **이항**(binomial) 확률변수라고 말한다.

모수 (n, p)를 갖는 이항 확률변수의 확률질량함수는 다음과 같다.

$$p(i) = \binom{n}{i} p^i (1-p)^{n-i}, \qquad i = 0, 1, \ldots, n \tag{2.3}$$

여기서

$$\binom{n}{i} = \frac{n!}{(n-i)!\,i!}$$

는 n개의 개체 중에서 i개의 개체를 선택하는 방법의 수이다. 식 (2.3)을 검증하기 위해 먼저 i개의 성공과 $n - i$개의 실패로 구성된 n개의 결과의 어느 배열도, 독립시행을 가정하면 확률 $p^i\,(1 - p)^{n-i}$을 가짐을 관찰하자. 이제 i개의 성공과 $n - i$개의 실패를 포함하는 n개의 결과는 $\binom{n}{i}$개의 다른 배열이 가능하므로 식 (2.3)이 얻어진다. 예를 들어, $n = 3$, $i = 2$일 때, 즉 세 번의 시행에서 두 번이 성공하는 경우는 $\binom{3}{2} = 3$가지가 가능하다. 다시 말해, (s, s, f)가 (성공, 성공, 실패)를 의미한다면 (s, s, f), (s, f, s), (f, s, s)의 세 가지 결과가 가능한데, 이들 각각은 확률 $p^2\,(1 - p)$을 가지고 있으므로 원하는 확률은 $\binom{3}{2}$이 된다.

이항 정리에 의해 확률의 합이 1이 됨을 기억하라. 즉,

$$\sum_{i=0}^{\infty} p(i) = \sum_{i=0}^{n} \binom{n}{i} p^i (1-p)^{n-i} = \big(p + (1-p)\big)^n = 1$$

예제 2.6 4개의 공정한 동전을 던졌다. 결과들이 독립이라고 가정할 때 두 개의 앞면과 두 개의 뒷면이 나올 확률은 얼마인가?

풀이 X를 앞면("성공")의 개수라고 하면 X는 모수$(n = 4,\ p = \frac{1}{2})$를 갖는 이항 확률변수이다. 따라서 식 (2.3)에 의해

$$P\{X = 2\} = \binom{4}{2}\left(\frac{1}{2}\right)^2\left(\frac{1}{2}\right)^2 = \frac{3}{8}$$ ■

예제 2.7 어떤 기계에 의해 제작된 각 상품은 다른 것들과 독립적으로 불량일 확률이 0.1이라고 한다. 세 개의 상품 표본 중 최대 한 개가 불량품일 확률은 얼마인가?

풀이 X를 표본 중의 불량품의 개수라고 하면 X는 모수 (3, 0.1)을 갖는 이항 확률변수가 된다. 따라서 원하는 확률은 다음과 같이 얻어진다.

$$P\{X = 0\} + P\{X = 1\} = \binom{3}{0}(0.1)^0(0.9)^3 + \binom{3}{1}(0.1)^1(0.9)^2 = 0.972$$ ■

예제 2.8 어떤 비행기 엔진이 비행 중에 다른 엔진들과 독립적으로 확률 $1 - p$로 고장 날 수 있다고 하자. 비행기는 엔진들 중 50% 이상만 작동하면 성공적으로 비행할 수 있다고 한다. p가 어떤 값을 가질 때 엔진이 네 개인 비행기가 엔진이 두 개인 비행기보다 선호되겠는가?

풀이 각 엔진이 다른 엔진의 상태와 독립적으로 작동하든가 고장난다고 가정하면 작동하는 엔진의 수는 이항 확률변수가 된다. 따라서 네 개의 엔진을 가진 비행기가 성공적인 비행을 할 확률은

$$\binom{4}{2}p^2(1-p)^2 + \binom{4}{3}p^3(1-p) + \binom{4}{4}p^4(1-p)^0$$
$$= 6p^2(1-p)^2 + 4p^3(1-p) + p^4$$

인 반면에 엔진이 두 개인 비행기의 해당 확률은

$$\binom{2}{1}p(1-p) + \binom{2}{2}p^2 = 2p(1-p) + p^2$$

이 될 것이다. 따라서 네 개의 엔진을 가진 비행기가 더 안전하려면

$$6p^2(1-p)^2 + 4p^3(1-p) + p^4 \geq 2p(1-p) + p^2$$

이 되어야 한다. 즉, 이와 동등하게

$$6p(1-p)^2 + 4p^2(1-p) + p^3 \geq 2 - p$$

이어야 하는데, 이를 간단히 하면

$$3p^3 - 8p^2 + 7p - 2 \geq 0 \quad \text{또는} \quad (p-1)^2(3p-2) \geq 0$$

이어야 한다. 이로부터 다음을 얻는다.

$$3p - 2 \geq 0 \quad \text{or} \quad p \geq \tfrac{2}{3}$$

따라서 엔진의 작동확률이 $\frac{2}{3}$ 이상일 때에는 네 개의 엔진을 가진 비행기가 더 안전하고, 이 확률이 $\frac{2}{3}$보다 작아지면 두 개의 엔진을 가진 비행기가 더 안전하다. ■

예제 2.9 눈 색깔이나 왼손잡이와 같은 개인의 특정한 형질이 한 쌍의 유전자에 의해 나뉜다고 가정하고, d는 우성 유전자, r은 열성 유전자를 나타낸다고 하자. 이제 dd 유전자를 가진 사람은 순 우성, rr을

가진 사람은 순 열성, rd를 가진 사람은 혼성이라고 부르자. 순 우성과 혼성은 외양은 유사하고, 자식은 부모로부터 각각 하나씩의 유전자를 받는다. 특정한 형질에 대해 둘 다 혼성인 부모가 네 명의 자식을 가졌다고 할 때, 네 명 중 꼭 세 명이 우성 유전자의 외양을 가질 확률은 얼마인가?

풀이▶ 자식이 부모 각각으로부터 동일한 확률로 두 개의 유전자중 하나를 물려받는다고 가정하면, 둘 다 혼성인 부모의 자식이 유전자 쌍 dd, rr, rd을 가질 확률은 각각 $\frac{1}{4}$, $\frac{1}{4}$, $\frac{1}{2}$이 될 것이다. 자식의 유전자 쌍이 dd 또는 rd이면 우성을 외양을 갖게 되므로 이런 자식의 수는 모수 $(4, \frac{3}{4})$을 갖는 이항분포를 따를 것이다. 따라서 구하려는 확률은 다음과 같다.

$$\binom{4}{3}\left(\frac{3}{4}\right)^3\left(\frac{1}{4}\right)^1 = \frac{27}{64}$$ ■

용어에 대한 참고: X가 모수 (n, p)를 갖는 이항 확률변수이면, X가 모수 (n, p)를 갖는 이항분포를 따른다(또는 갖는다)고 말한다.

2.2.3 기하 확률변수

각 시행이 성공 확률 p를 갖는 독립시행을 성공이 나올 때까지 실행한다고 하자. X를 첫 성공이 나올 때까지 필요한 시행의 횟수라고 하면, X를 모수 p를 갖는 **기하**(geometric) 확률변수라고 말한다. 이때 확률질량함수는 다음과 같이 주어진다.

$$p(n) = P\{X = n\} = (1 - p)^{n-1}p, \qquad n = 1, 2, \ldots \tag{2.4}$$

식 (2.4)는 $X = n$이 될 필요충분조건은 처음 $n - 1$ 시행이 모두 실패이고 n번째 시행이 성공인 것이고, 각 시행의 결과는 모두 독립으로 가정하고 있으므로 곧바로 얻어진다.

$p(n)$이 확률질량함수임은 다음과 같이 확인할 수 있다.

$$\sum_{n=1}^{\infty} p(n) = p\sum_{n=1}^{\infty}(1 - p)^{n-1} = 1$$

2.2.4 푸아송 확률변수

0, 1, 2, ... 중 하나의 값을 갖는 확률변수 X가, 어떤 $\lambda > 0$에 대해

$$p(i) = P\{X = i\} = e^{-\lambda}\frac{\lambda^i}{i!}, \qquad i = 0, 1, \ldots \tag{2.5}$$

이면 모수 λ를 갖는 **푸아송**(Poisson) 확률변수라고 말한다. 식 (2.5)은 확률질량함수인 이유는 다음에서 알 수 있다.

$$\sum_{i=0}^{\infty} p(i) = e^{-\lambda}\sum_{i=0}^{\infty}\frac{\lambda^i}{i!} = e^{-\lambda}e^{\lambda} = 1$$

푸아송 확률변수는 다양한 분야에서 널리 응용되고 있는데, 이는 5장에서 살펴볼 것이다.

푸아송 확률변수의 중요한 성질 중 하나는 이항 모수 중 n이 크고 p가 작은 이항 확률변수를 근사하는데 사용할 수 있다는 점이다. 이를 알아보기 위해 X가 모수 (n, p)를 갖는 이항 확률변수라 하고 $\lambda =$

np라고 놓자. 그러면

$$\begin{aligned} P\{X=i\} &= \frac{n!}{(n-i)!\,i!}p^i(1-p)^{n-i} \\ &= \frac{n!}{(n-i)!\,i!}\left(\frac{\lambda}{n}\right)^i\left(1-\frac{\lambda}{n}\right)^{n-i} \\ &= \frac{n(n-1)\cdots(n-i+1)}{n^i}\frac{\lambda^i}{i!}\frac{(1-\lambda/n)^n}{(1-\lambda/n)^i} \end{aligned}$$

이제 n이 크고 p가 작을 때,

$$\left(1-\frac{\lambda}{n}\right)^n \approx e^{-\lambda}, \qquad \frac{n(n-1)\cdots(n-i+1)}{n^i} \approx 1, \qquad \left(1-\frac{\lambda}{n}\right)^i \approx 1$$

이 되므로 n이 크고 p가 작을 때 다음이 얻어진다.

$$P\{X=i\} \approx e^{-\lambda}\frac{\lambda^i}{i!}$$

예제 2.10 이 책의 한 쪽에 있는 오타의 수가 모수 $\lambda = 1$인 푸아송 분포를 갖는다고 하자. 현재의 쪽에 적어도 하나의 오타가 있을 확률을 구하라.

풀이▶

$$P\{X \geq 1\} = 1 - P\{X = 0\} = 1 - e^{-1} \approx 0.633$$ ■

예제 2.11 고속도로에서 매일 일어나는 사고의 수가 모수 $\lambda = 3$을 갖는 푸아송 확률변수라고 한다면, 하루 동안 사고가 일어나지 않을 확률은 얼마인가?

풀이▶

$$P\{X = 0\} = e^{-3} \approx 0.05$$ ■

예제 2.12 방사성 물질 1그램에 의해 1초에 방출되는 α 입자의 수를 세는 실험을 고려하자. 과거의 경험으로부터 초당 평균 3.2개의 α 입자가 방출됨을 알고 있다면, 두 개 이하 α 입자가 관찰될 확률의 적절한 근사값은 얼마인가?

풀이▶ 방사성 물질 1그램이 매초 동안 각각 $3.2/n$의 확률로 붕괴되어 α 입자를 방출하는 커다란 수 n개의 원자로 구성되어 있다고 간주하면, 방출되는 α 입자의 수는 매우 근접하게 모수 $\lambda = 3.2$를 갖는 푸아송 확률변수가 되리라는 것을 알 수 있다. 따라서 구하려는 확률은

$$P\{X \leq 2\} = e^{-3.2} + 3.2e^{-3.2} + \frac{(3.2)^2}{2}e^{-3.2} \approx 0.382$$ ■

2.3 연속 확률변수

이절에서는 가능한 값들이 비가산 집합을 이루는 확률변수를 알아볼 것이다. X를 그러한 확률변수라고 하자. 만약 임의의 실수 집합 B에 대해

$$P\{X \in B\} = \int_B f(x)\,dx \tag{2.6}$$

이 되는 모든 실수 $x \in (-\infty, \infty)$에 대해 정의되는 비음(nonnegative)의 함수 $f(x)$가 존재하면 X를 **연속 확률변수**라고 말한다. 이 때 $f(x)$를 그 확률변수의 **확률밀도함수**(probability density function)라고 말한다.

식 (2.6)은 X가 B에 속할 확률은 확률밀도함수를 집합 B에 대해 적분함으로써 얻어진다고 말하고 있다. X가 어떤 값을 가져야하므로 $f(x)$는 다음을 만족해야 한다.

$$1 = P\{X \in (-\infty, \infty)\} = \int_{-\infty}^{\infty} f(x)\,dx$$

X에 대한 모든 확률적 질문은 $f(x)$를 이용하여 답해 질 수 있다. 예를 들어 $B = [a, b]$라고 하면 식 (2.6)에 의해 다음을 얻는다.

$$P\{a \le X \le b\} = \int_a^b f(x)\,dx \tag{2.7}$$

$a = b$라고 하면 위 식을 적용하여

$$P\{X = a\} = \int_a^a f(x)\,dx = 0$$

을 얻는다. 이 식은 연속 확률변수가 어느 **특정한** 값을 가질 확률은 0이라고 말하고 있다.

누적분포함수 $F(\cdot)$과 확률밀도함수와의 관계는 다음 식으로 표현된다.

$$F(a) = P\{X \in (-\infty, a]\} = \int_{-\infty}^{a} f(x)\,dx$$

위 식의 양변을 미분하면

$$\frac{d}{da}F(a) = f(a)$$

이 얻어진다. 즉, 밀도는 누적분포함수의 도함수이다. 밀도함수에 대한 보다 직관적인 해석은 식 (2.7)로부터 다음과 같이 얻어질 수 있다.

$$P\left\{a - \frac{\varepsilon}{2} \le X \le a + \frac{\varepsilon}{2}\right\} = \int_{a-\varepsilon/2}^{a+\varepsilon/2} f(x)\,dx \approx \varepsilon f(a)$$

여기서 ε은 작은 수이다. 위 식은 X가 점 a 주위의 길이 ε의 구간에 포함될 확률은 근사적으로 $\varepsilon f(a)$임을 의미한다. 이로부터 $f(a)$가 확률변수가 a 근처에 있을 가능성에 대한 측도임을 알 수 있다.

확률이론에 자주 등장하는 몇 개의 연속 확률변수들이 있다. 이 절의 남은 부분은 이 확률변수들에 집중한다.

2.3.1 균등 확률변수

확률변수가 다음의 확률밀도함수를 가질 때 구간 (0, 1)에서 **균등하게 분포**(uniformly distributed)되어 있다고 말한다.

$$f(x) = \begin{cases} 1, & 0 < x < 1 \\ 0, & \text{그 외의 경우} \end{cases}$$

위의 함수는 $f(x) \ge 0$이고

$$\int_{-\infty}^{\infty} f(x)\,dx = \int_0^1 dx = 1$$

이기 때문에 확률밀도함수임을 확인할 수 있다. $x \in (0, 1)$일 때만 $f(x) > 0$이기 때문에 X는 (0, 1) 내의 값만을 가져야 한다. 또한 $x \in (0, 1)$에 대해 $f(x)$가 일정하기 때문에 X는 (0, 1) 내의 어느 값 "근처"에든 존재 가능성이 동일하다. 이것을 확인하기 위해 임의의 $0 < a < b < 1$에 대해

$$P\{a \leq X \leq b\} = \int_a^b f(x)\,dx = b - a$$

임에 주목하자. 즉, X가 (0, 1) 내의 어느 특정한 부분 구간에 포함될 확률은 그 부분 구간의 길이와 같게 된다.

일반적으로 X가 다음의 확률밀도함수를 가질 때 구간 (α, β)의 균등 확률변수라고 말한다.

$$f(x) = \begin{cases} \dfrac{1}{\beta - \alpha}, & \alpha < x < \beta \text{ 일 때} \\ 0, & \text{그 외의 경우} \end{cases} \tag{2.8}$$

예제 2.13 (α, β)에서 균등인 확률변수의 누적분포함수를 계산하라.

풀이▶ $F(a) = \int_{-\infty}^{a} f(x)\,dx$이므로 식 (2.8)로부터 다음을 얻는다.

$$F(a) = \begin{cases} 0, & a \leq \alpha \\ \dfrac{a - \alpha}{\beta - \alpha}, & \alpha < a < \beta \\ 1, & a \geq \beta \end{cases}$$ ■

예제 2.14 X가 구간 (0, 10)의 균등 확률변수일 때 확률 (*a*) $X < 3$, (*b*) $X > 7$, (c) $1 < X < 6$을 구하라.

풀이▶

$$P\{X < 3\} = \frac{\int_0^3 dx}{10} = \frac{3}{10},$$
$$P\{X > 7\} = \frac{\int_7^{10} dx}{10} = \frac{3}{10},$$
$$P\{1 < X < 6\} = \frac{\int_1^6 dx}{10} = \frac{1}{2}$$ ■

2.3.2 지수 확률변수

확률밀도함수가 어떤 $\lambda > 0$에 대해 다음과 같이 주어지는 연속 확률변수를 모수 λ를 갖는 **지수** (exponential) 확률변수라고 말한다.

$$f(x) = \begin{cases} \lambda e^{-\lambda x}, & \text{if } x \geq 0 \\ 0, & \text{if } x < 0 \end{cases}$$

이 확률변수에 대해서는 5장에서 자세하게 다룰 것이므로 여기서는 누적분포함수 F만을 다음과 같이 계산 한다.

$$F(a) = \int_0^a \lambda e^{-\lambda x} dx = 1 - e^{-\lambda a}, \qquad a \geq 0$$

당연히 $F(\infty) = \int_0^\infty \lambda e^{-\lambda x} dx = 1$임을 주목하라.

2.3.3 감마 확률변수

밀도함수가 어떤 $\lambda > 0$, $\alpha > 0$에 대해

$$f(x) = \begin{cases} \dfrac{\lambda e^{-\lambda x}(\lambda x)^{\alpha-1}}{\Gamma(\alpha)}, & \text{if } x \geq 0 \\ 0, & \text{if } x < 0 \end{cases}$$

로 주어진 연속 확률변수를 모수 α, λ를 갖는 **감마**(gamma) 확률변수라고 말한다. 여기서 $\Gamma(\alpha)$는 감마 함수라고 불리고 다음과 같이 정의된다.

$$\Gamma(\alpha) = \int_0^\infty e^{-x} x^{\alpha-1}\, dx$$

α가 정수일 때, 즉 $\alpha = n$일 때 귀납법에 의해 다음을 쉽게 보일 수 있다.

$$\Gamma(n) = (n-1)!$$

2.3.4 정규 확률변수

X의 밀도함수가 다음과 같이 주어 질 때, X를 모수 μ, σ^2를 갖는 **정규**(normal) 확률변수라고(또는 X가 정규분포를 따른다고) 말한다.

$$f(x) = \frac{1}{\sqrt{2\pi}\,\sigma} e^{-(x-\mu)^2/2\sigma^2}, \qquad -\infty < x < \infty$$

이 밀도함수는 그림 2.2에서 보듯이 μ에 대해 대칭인 종(bell) 형태의 곡선이다.

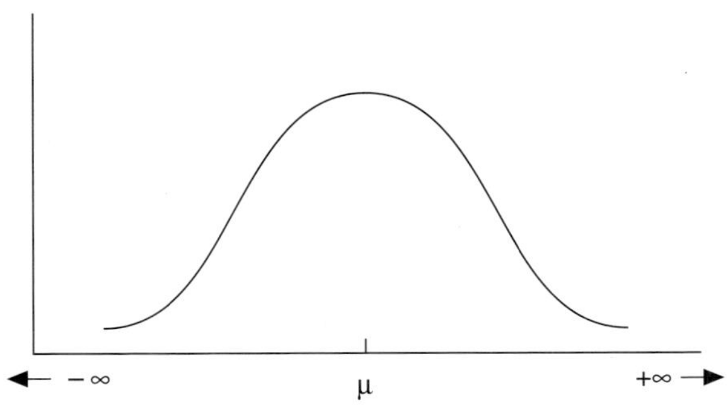

그림 2.2 정규 밀도 함수

정규 확률변수의 중요한 성질은 X가 모수 μ, σ^2를 갖는 정규분포를 따르면 $Y = \alpha X + \beta$는 모수 $\alpha\mu + \beta$, $\alpha^2\sigma^2$를 갖는 정규분포를 따른다는 것이다. 이를 증명하기 위해, 먼저 $\alpha > 0$이라 가정하면 확률변수 Y의 누적분포함수 $F_Y(\cdot)$*는 다음과 같이 계산된다.

$$\begin{aligned} F_Y(a) &= P\{Y \leq a\} \\ &= P\{\alpha X + \beta \leq a\} \\ &= P\left\{X \leq \frac{a-\beta}{\alpha}\right\} \end{aligned}$$

*둘 이상의 확률변수가 고려될 때는 확률변수 Z의 누적분포함수를 $F_Z(\cdot)$, 밀도함수를 $f_Z(\cdot)$와 같이 표기한다.

$$= F_X\left(\frac{a-\beta}{\alpha}\right)$$
$$= \int_{-\infty}^{(a-\beta)/\alpha} \frac{1}{\sqrt{2\pi}\,\sigma} e^{-(x-\mu)^2/2\sigma^2}\,dx$$
$$= \int_{-\infty}^{a} \frac{1}{\sqrt{2\pi}\,\alpha\sigma} \exp\left\{\frac{-(v-(\alpha\mu+\beta))^2}{2\alpha^2\sigma^2}\right\} dv \tag{2.9}$$

여기서 마지막 등식은 변수를 $v = \alpha x + \beta$로 대체하여 얻어진다. 식 (2.9)에서 $F_Y(a) = \int_{-\infty}^{a} f_Y(v)dv$이므로 확률밀도함수 $f_Y(\cdot)$는 다음과 같이 얻어진다.

$$f_Y(v) = \frac{1}{\sqrt{2\pi}\alpha\sigma} \exp\left\{\frac{-(v-(\alpha\mu+\beta))^2}{2(\alpha\sigma)^2}\right\}, \qquad -\infty < v < \infty$$

따라서 Y는 모수 $\alpha\mu + \beta$, $(\alpha\sigma)^2$를 갖는 정규분포를 따른다. $\alpha < 0$일 경우도 유사하게 증명된다.

위의 결과에 함축된 의미는 X가 모수 μ, σ^2를 갖는 정규분포를 따르면 $Y = (X - \mu)/\sigma$는 모수 0, 1을 갖는 정규분포를 따른다는 것이다. 이때 확률변수 Y의 분포를 **표준**(standard) 또는 **단위**(unit) 정규분포라고 말한다.

2.4 확률변수의 기댓값

2.4.1 이산적인 경우

X가 확률질량함수 $p(x)$를 갖는 이산 확률변수라고 하면, X의 **기댓값**(expected value)은 다음과 같이 정의 된다.

$$E[X] = \sum_{x:p(x)>0} xp(x)$$

다시 말해, X의 기댓값은 가능한 X의 값에 그 값을 가질 확률만큼 가중값을 준 가중평균이라고 볼 수 있다. 예를 들어, X의 확률질량함수가

$$p(1) = \tfrac{1}{2} = p(2)$$

로 주어지면 기대값

$$E[X] = 1\left(\tfrac{1}{2}\right) + 2\left(\tfrac{1}{2}\right) = \tfrac{3}{2}$$

은 단지 두 가지 가능한 값 1과 2의 통상적인 평균이다. 반면에

$$p(1) = \tfrac{1}{3}, \qquad p(2) = \tfrac{2}{3}$$

이면 기댓값

$$E[X] = 1\left(\tfrac{1}{3}\right) + 2\left(\tfrac{2}{3}\right) = \tfrac{5}{3}$$

은 가능한 값 1과 2의 가중평균이다. 이때 $p(2) = 2p(1)$이므로 2에 1의 가중값의 두 배를 주었다.

예제 2.15 X가 공정한 주사위를 굴려 나온 결과일 때 $E[X]$를 구하라.

풀이 $p(1) = p(2) = p(3) = p(4) = p(5) = p(6) = \frac{1}{6}$이므로 다음을 얻는다.

$$E[X] = 1\left(\tfrac{1}{6}\right) + 2\left(\tfrac{1}{6}\right) + 3\left(\tfrac{1}{6}\right) + 4\left(\tfrac{1}{6}\right) + 5\left(\tfrac{1}{6}\right) + 6\left(\tfrac{1}{6}\right) = \tfrac{7}{2}$$ ■

예제 2.16 (베르누이 확률변수의 기댓값) X가 모수 p를 갖는 베르누이 확률변수일 때 $E[X]$를 구하라.

풀이 $p(0) = 1 - p$, $p(1) = p$이므로

$$E[X] = 0(1 - p) + 1(p) = p$$이다.

즉, 한 번의 시행에서 성공한 횟수의 기댓값은 그 시행이 성공할 확률이다. ■

예제 2.17 (이항 확률변수의 기댓값) X가 모수 n, p를 갖는 이항분포를 따를 때 $E[X]$를 구하라.

풀이

$$\begin{aligned}
E[X] &= \sum_{i=0}^{n} ip(i) \\
&= \sum_{i=0}^{n} i \binom{n}{i} p^i (1-p)^{n-i} \\
&= \sum_{i=1}^{n} \frac{in!}{(n-i)!\,i!} p^i (1-p)^{n-i} \\
&= \sum_{i=1}^{n} \frac{n!}{(n-i)!(i-1)!} p^i (1-p)^{n-i} \\
&= np \sum_{i=1}^{n} \frac{(n-1)!}{(n-i)!(i-1)!} p^{i-1} (1-p)^{n-i} \\
&= np \sum_{k=0}^{n-1} \binom{n-1}{k} p^k (1-p)^{n-1-k} \\
&= np[p + (1-p)]^{n-1} \\
&= np
\end{aligned}$$

마지막에서 두 번째 등식은 $k = i - 1$로 놓아서 얻어진다. 즉, n번의 독립시행에서 성공 횟수의 기댓값은 n에 한 번의 시행이 성공할 확률 p를 곱한 값이다. ■

예제 2.18 (기하 확률변수의 기댓값) 모수가 p인 기하 확률변수의 기댓값을 계산하라.

풀이 식 (2.4)에 의해

$$\begin{aligned}
E[X] &= \sum_{n=1}^{\infty} np(1-p)^{n-1} \\
&= p \sum_{n=1}^{\infty} nq^{n-1}
\end{aligned}$$

을 얻는다. 여기서 $q = 1 - p$이다. 이제,

$$\begin{aligned}
E[X] &= p \sum_{n=1}^{\infty} \frac{d}{dq}(q^n) \\
&= p \frac{d}{dq} \left(\sum_{n=1}^{\infty} q^n \right)
\end{aligned}$$

$$
\begin{aligned}
&= p\frac{d}{dq}\left(\frac{q}{1-q}\right)\\
&= \frac{p}{(1-q)^2}\\
&= \frac{1}{p}
\end{aligned}
$$

이 된다. 다시 말해, 최초의 성공이 나올 때까지 수행해야 할 독립시행의 횟수의 기댓값은 1회 시행의 성공 확률의 역수와 같다. ■

예제 2.19 (푸아송 확률변수의 기댓값) 모수가 λ인 푸아송 확률변수 X의 기댓값 $E[X]$를 구하라.

풀이 식 (2.5)로부터

$$
\begin{aligned}
E[X] &= \sum_{i=0}^{\infty} \frac{ie^{-\lambda}\lambda^i}{i!}\\
&= \sum_{i=1}^{\infty} \frac{e^{-\lambda}\lambda^i}{(i-1)!}\\
&= \lambda e^{-\lambda}\sum_{i=1}^{\infty} \frac{\lambda^{i-1}}{(i-1)!}\\
&= \lambda e^{-\lambda}\sum_{k=0}^{\infty} \frac{\lambda^k}{k!}\\
&= \lambda e^{-\lambda}e^{\lambda}\\
&= \lambda
\end{aligned}
$$

를 얻는다. 여기서 상등관계 $\sum_{k=0}^{\infty} \lambda^k/k! = e^{\lambda}$을 이용하였다. ■

2.4.2 연속적인 경우

이제 연속 확률변수의 기댓값을 정의해보자. X가 확률밀도함수 $f(x)$를 갖는 연속 확률변수라고 하면, X의 기댓값은 다음과 같이 정의된다.

$$
E[X] = \int_{-\infty}^{\infty} xf(x)\,dx
$$

예제 2.20 (균등 확률변수의 기댓값) (α, β)에서 균등분포하는 확률변수의 기댓값을 계산하라.

풀이 식 (2.8)로부터

$$
\begin{aligned}
E[X] &= \int_{\alpha}^{\beta} \frac{x}{\beta-\alpha}\,dx\\
&= \frac{\beta^2-\alpha^2}{2(\beta-\alpha)}\\
&= \frac{\beta+\alpha}{2}
\end{aligned}
$$

를 얻는다. 다시 말해 (α, β)에서 균등하게 분포하는 확률변수의 기댓값은 그 구간의 중점이다. ■

예제 2.21 (지수 확률변수의 기댓값) X가 모수 λ를 갖는 지수 확률변수일 때 $E[X]$를 계산하라.

풀이▶

$$E[X] = \int_0^\infty x\lambda e^{-\lambda x}\,dx$$

인데 부분적분($dv = \lambda e^{-\lambda x}$, $u = x$)을 적용하면

$$\begin{aligned} E[X] &= -xe^{-\lambda x}\Big|_0^\infty + \int_0^\infty e^{-\lambda x}\,dx \\ &= 0 - \frac{e^{-\lambda x}}{\lambda}\Big|_0^\infty \\ &= \frac{1}{\lambda} \end{aligned}$$

■

예제 2.22 (정규 확률변수의 기댓값) X가 모수 μ, σ^2를 갖는 지수 확률변수일 때 $E[X]$를 계산하라.

풀이▶

$$E[X] = \frac{1}{\sqrt{2\pi}\sigma}\int_{-\infty}^{\infty} xe^{-(x-\mu)^2/2\sigma^2}\,dx$$

인데 x를 $(x - \mu\ ) + \mu$로 쓰면

$$E[X] = \frac{1}{\sqrt{2\pi}\sigma}\int_{-\infty}^{\infty}(x-\mu)e^{-(x-\mu)^2/2\sigma^2}\,dx + \mu\frac{1}{\sqrt{2\pi}\sigma}\int_{-\infty}^{\infty}e^{-(x-\mu)^2/2\sigma^2}\,dx$$

가 된다. $y = x - \mu$로 놓으면

$$E[X] = \frac{1}{\sqrt{2\pi}\sigma}\int_{-\infty}^{\infty} ye^{-y^2/2\sigma^2}dy + \mu\int_{-\infty}^{\infty} f(x)\,dx$$

가 된다. 여기서 $f(x)$는 정규 밀도함수이다. 대칭성에 의해 첫 번째 적분은 0이 되고 따라서 다음 결과를 얻는다.

$$E[X] = \mu\int_{-\infty}^{\infty} f(x)\,dx = \mu$$

■

2.4.3 확률변수의 함수의 기댓값

확률변수 X와 그것의 확률분포(즉, 이산의 경우는 확률질량함수, 연속의 경우는 확률밀도함수)가 주어졌다고 가정하자. 만약, X의 기댓값이 아니라 X의 어떤 함수 $g(X)$의 기댓값을 계산하고 싶다면, 어떻게 진행할 것인가? 한 가지 방법은 다음과 같다. $g(X)$ 그 자체가 또 하나의 확률변수이므로 확률분포를 가질 것이다. 그 확률분포를 X의 확률분포로부터 계산해낸다. 일단 $g(X)$의 확률분포가 구해지면 기댓값의 정의로부터 $E[g(x)]$를 계산한다.

예제 2.23 X가 다음과 같은 확률질량함수를 갖는다고 하자.

$$p(0) = 0.2, \qquad p(1) = 0.5, \qquad p(2) = 0.3$$

$E[X^2]$를 계산하라.

풀이 $Y = X^2$라고 하면, Y는 각각 다음과 같은 확률로 값 0^2, 1^2, 2^2을 가질 수 있는 확률변수가 된다.

$$p_Y(0) = P\{Y = 0^2\} = 0.2,$$
$$p_Y(1) = P\{Y = 1^2\} = 0.5,$$
$$p_Y(4) = P\{Y = 2^2\} = 0.3$$

따라서

$$E[X^2] = E[Y] = 0(0.2) + 1(0.5) + 4(0.3) = 1.7$$

이다. 다음 사실을 유념하라.

$$1.7 = E[X^2] \neq (E[X])^2 = 1.21$$

■

예제 2.24 X가 (0, 1)에서 균등분포할 때 $E[X^3]$을 구하라.

풀이 $Y = X^3$이라고 하고 Y의 분포를 구하자. $0 \leq a \leq 1$에 대해

$$\begin{aligned} F_Y(a) &= P\{Y \leq a\} \\ &= P\{X^3 \leq a\} \\ &= P\{X \leq a^{1/3}\} \\ &= a^{1/3} \end{aligned}$$

여기서 마지막 등식은 X가 (0, 1)에서 균등분포하기 때문에 얻어진다. 이제 $F_Y(a)$를 미분하여 Y의 밀도함수를 다음과 같이 얻는다.

$$f_Y(a) = \tfrac{1}{3}a^{-2/3}, \qquad 0 \leq a \leq 1$$

따라서

$$\begin{aligned} E[X^3] = E[Y] &= \int_{-\infty}^{\infty} a f_Y(a)\, da \\ &= \int_0^1 a \tfrac{1}{3} a^{-2/3}\, da \\ &= \tfrac{1}{3}\int_0^1 a^{1/3}\, da \\ &= \tfrac{1}{3}\tfrac{3}{4} a^{4/3}\Big|_0^1 \\ &= \tfrac{1}{4} \end{aligned}$$

■

이론상으로는 X의 분포를 알면 X의 어떤 함수이든 기댓값을 위와 같은 과정으로 계산할 수 있다. 하지만 보다 쉬운 방법이 있는데, 다음의 명제는 분포를 구하지 않고 $g(X)$의 기댓값을 방법을 알려준다.

명제 2.1 (a) X가 확률질량함수 $p(x)$를 갖는 이산 확률변수일 때, 임의의 실함수 g에 대해 다음이 성립한다.

$$E[g(X)] = \sum_{x:p(x)>0} g(x)p(x)$$

(b) X가 확률밀도함수 $f(x)$를 갖는 연속 확률변수일 때, 임의의 실함수 g에 대해 다음이 성립한다.

$$E[g(X)] = \int_{-\infty}^{\infty} g(x)f(x)\, dx$$

■

예제 2.25 예제 2.23에 이 명제를 적용하면 다음을 얻는다.

$$E[X^2] = 0^2(0.2) + (1^2)(0.5) + (2^2)(0.3) = 1.7$$

이것은 물론 예제 2.23의 결과와 동일하다. ■

예제 2.26 예제 2.24에 이 명제를 적용하면 다음을 얻는다.

$$\begin{aligned} E[X^3] &= \int_0^1 x^3\,dx \qquad (\,f(x) = 1, 0 < x < 1\text{이므로}\,) \\ &= \frac{1}{4} \end{aligned}$$

■

또한 다음과 같은 간단한 명제 2.1의 따름정리를 얻을 수 있다.

따름정리 2.2 a, b가 상수일 때 다음이 성립한다.

$$E[aX + b] = aE[X] + b$$

증명▶ 이산의 경우:

$$\begin{aligned} E[aX + b] &= \sum_{x:p(x)>0} (ax + b)p(x) \\ &= a \sum_{x:p(x)>0} xp(x) + b \sum_{x:p(x)>0} p(x) \\ &= aE[X] + b \end{aligned}$$

연속의 경우:

$$\begin{aligned} E[aX + b] &= \int_{-\infty}^{\infty} (ax + b)f(x)\,dx \\ &= a\int_{-\infty}^{\infty} xf(x)\,dx + b\int_{-\infty}^{\infty} f(x)\,dx \\ &= aE[X] + b \end{aligned}$$

■

확률변수 X의 기댓값 $E[\{X\}]$는 X의 **평균**(mean) 또는 **1차 모멘트**(first moment)라고도 불린다. $E[X^n]$, $n \geq 1$는 X의 ***n*차 모멘트**이다. 명제 2.1에 의해 다음을 얻는다.

$$E[X^n] = \begin{cases} \displaystyle\sum_{x:p(x)>0} x^n p(x), & X\text{가 이산인 경우} \\ \displaystyle\int_{-\infty}^{\infty} x^n f(x)\,dx, & X\text{가 연속인 경우} \end{cases}$$

또 하나의 관심꺼리인 양은 확률변수 X의 **분산**(variance)이다. 이는 Var(X)로 표기되고 다음과 같이 정의된다.

$$\text{Var}(X) = E\Big[(X - E[X])^2\Big]$$

즉, X의 분산은 X의 기댓값으로부터의 편차의 제곱의 기댓값이다.

예제 2.27 (**정규 확률변수의 분산**) X가 모수 μ와 σ^2을 갖는 정규분포를 따를 때 Var(X)를 구하라.

풀이▶ (예제 2.22에서) $E[X] = \mu$이므로

$$\begin{aligned} \text{Var}(X) &= E[(X - \mu)^2] \\ &= \frac{1}{\sqrt{2\pi}\sigma}\int_{-\infty}^{\infty} (x - \mu)^2 e^{-(x-\mu)^2/2\sigma^2}\,dx \end{aligned}$$

이다. $y = (x - \mu)/\sigma$로 대체하면

$$\mathrm{Var}(X) = \frac{\sigma^2}{\sqrt{2\pi}} \int_{-\infty}^{\infty} y^2 e^{-y^2/2}\, dy$$

이 된다. 부분적분($u = y, dv = ye^{-y^2/2}dy$)를 이용하여

$$\begin{aligned}
\mathrm{Var}(X) &= \frac{\sigma^2}{\sqrt{2\pi}} \left(-ye^{-y^2/2}\Big|_{-\infty}^{\infty} + \int_{-\infty}^{\infty} e^{-y^2/2}\, dy \right) \\
&= \frac{\sigma^2}{\sqrt{2\pi}} \int_{-\infty}^{\infty} e^{-y^2/2}\, dy \\
&= \sigma^2
\end{aligned}$$

을 얻는다. 또 Var(X)의 하나의 유도 방법은 예제 2.42에서 주어진다. ■

X가 밀도함수 f를 갖는 연속 확률변수이고 $E[X] = \mu$라고 하면,

$$\begin{aligned}
\mathrm{Var}(X) &= E[(X - \mu)^2] \\
&= E[X^2 - 2\mu X + \mu^2] \\
&= \int_{-\infty}^{\infty} (x^2 - 2\mu x + \mu^2) f(x)\, dx \\
&= \int_{-\infty}^{\infty} x^2 f(x)\, dx - 2\mu \int_{-\infty}^{\infty} x f(x)\, dx + \mu^2 \int_{-\infty}^{\infty} f(x)\, dx \\
&= E[X^2] - 2\mu\mu + \mu^2 \\
&= E[X^2] - \mu^2
\end{aligned}$$

이 얻어진다. 이산적인 경우에도 유사하게 증명할 수 있으므로, 다음의 유용한 공식을 얻는다.

$$\mathrm{Var}(X) = E[X^2] - (E[X])^2$$

예제 2.28 X를 공정한 주사위를 굴렸을 때의 결과라고 할 때 Var(X)를 계산하라.

풀이 예제 2.15에서 $E[X] = \frac{7}{2}$이다. 또한

$$E[X^2] = 1\left(\tfrac{1}{6}\right) + 2^2\left(\tfrac{1}{6}\right) + 3^2\left(\tfrac{1}{6}\right) + 4^2\left(\tfrac{1}{6}\right) + 5^2\left(\tfrac{1}{6}\right) + 6^2\left(\tfrac{1}{6}\right) = \left(\tfrac{1}{6}\right)(91)$$

이므로

$$\mathrm{Var}(X) = \frac{91}{6} - \left(\frac{7}{2}\right)^2 = \frac{35}{12}$$ ■

2.5 확률변수들의 결합분포

2.5.1 결합 분포함수

지금까지 우리의 관심은 단일 확률변수의 확률분포에 맞추어졌다. 그러나 종종 두 개 또는 그 이상의 확률변수를 다루어야 할 때가 있다. 이를 위해 우선 두 개의 확률변수 X와 Y에 대해 **결합 누적확률분포 함수**(joint cumulative probability distribution function)를 다음과 같이 정의한다.

$$F(a, b) = P\{X \le a, Y \le b\}, \qquad -\infty < a, b < \infty$$

X와 Y의 결합 분포로부터 X의 분포를 다음과 같이 얻을 수 있다.

$$\begin{aligned} F_X(a) &= P\{X \le a\} \\ &= P\{X \le a, Y < \infty\} \\ &= F(a, \infty) \end{aligned}$$

유사하게 Y의 누적분포함수는

$$F_Y(b) = P\{Y \le b\} = F(\infty, b)$$

에 의해 얻어진다.

X와 Y가 모두 이산 확률변수일 경우 X와 Y의 **결합 확률질량함수**(joint probability mass function)를

$$p(x, y) = P\{X = x, Y = y\}$$

와 같이 정의하여 편리하게 사용할 수 있다. $p(x, y)$로부터 X의 확률질량함수는

$$p_X(x) = \sum_{y:p(x,y)>0} p(x, y)$$

와 같이 얻어지고 유사하게

$$p_Y(y) = \sum_{x:p(x,y)>0} p(x, y)$$

가 된다.

만약 모든 실수집합 A와 B에 대해

$$P\{X \in A, Y \in B\} = \int_B \int_A f(x, y)\,dx\,dy$$

의 성질을 갖는 모든 실수 x, y에 대해 정의된 함수 $f(x, y)$가 존재하면 X와 Y가 **결합적으로 연속**(jointly continuous)이라고 말한다. 이 함수 $f(x, y)$를 X와 Y의 **결합 확률밀도함수**(joint probability density function)라고 말한다. $f(x, y)$를 알면 X의 확률밀도는 다음과 같이 추론하여 얻을 수 있다.

$$\begin{aligned} P\{X \in A\} &= P\{X \in A, Y \in (-\infty, \infty)\} \\ &= \int_{-\infty}^{\infty} \int_A f(x, y)\,dx\,dy \\ &= \int_A f_X(x)\,dx \end{aligned}$$

여기서

$$f_X(x) = \int_{-\infty}^{\infty} f(x, y)\,dy$$

는 결국 X의 확률밀도함수가 된다. 유사하게 Y의 확률밀도함수는

$$f_Y(y) = \int_{-\infty}^{\infty} f(x, y)\,dx$$

로 주어진다. 또한

$$F(a, b) = P(X \le a, Y \le b) = \int_{-\infty}^{a} \int_{-\infty}^{b} f(x, y)\,dy\,dx$$

를 미분하면

$$\frac{d^2}{da\,db}F(a,b) = f(a,b)$$

이 되므로 단일변수의 경우와 마찬가지로 확률분포함수를 미분하면 확률밀도함수가 된다.

X와 Y가 확률변수이고 g가 그것들의 함수일 때 명제 2.1을 다음과 같이 변형할 수 있다.

$$\begin{aligned} E[g(X,Y)] &= \sum_y \sum_x g(x,y)p(x,y) && \text{이산의 경우} \\ &= \int_{-\infty}^{\infty}\int_{-\infty}^{\infty} g(x,y)f(x,y)\,dx\,dy && \text{연속의 경우} \end{aligned}$$

예를 들어, $g(X, Y) = X + Y$이면 연속의 경우

$$\begin{aligned} E[X+Y] &= \int_{-\infty}^{\infty}\int_{-\infty}^{\infty} (x+y)f(x,y)\,dx\,dy \\ &= \int_{-\infty}^{\infty}\int_{-\infty}^{\infty} xf(x,y)\,dx\,dy + \int_{-\infty}^{\infty}\int_{-\infty}^{\infty} yf(x,y)\,dx\,dy \\ &= E[X] + E[Y] \end{aligned}$$

이 된다. 여기서 처음 적분은 $g(x, y) = x$로 놓고, 두 번째 적분은 $g(x, y) = y$로 놓고 각각 명제 2.1의 변형을 적용하여 계산된다.

동일한 사실이 이산적인 경우에도 성립하고, 2.4.3절의 따름정리와 결합되어 임의의 상수 a, b에 대해 다음 결과를 준다.

$$E[aX + bY] = aE[X] + bE[Y] \tag{2.10}$$

결합 확률분포는 n개의 확률변수에 대해서도 역시 정의될 수 있다. 상세한 과정은 $n = 2$일 경우와 동일하므로 연습 문제로 남긴다. $X_1, X_2, \ldots, X_n$이 n개의 확률변수라고 하면 임의의 n개의 상수 $a_1, a_2, \ldots, a_n$에 대해 식 (2.10)은 다음과 같이 확장될 수 있다.

$$E[a_1X_1 + a_2X_2 + \cdots + a_nX_n] = a_1E[X_1] + a_2E[X_2] + \cdots + a_nE[X_n] \tag{2.11}$$

예제 2.29 세 개의 공정한 주사위를 굴릴 때 합의 기댓값을 계산하라.

풀이▶ X를 얻어진 합이라고 놓자. X_i를 i번째 주사위의 값이라고 하면 $X = X_1 + X_2 + X_3$이므로

$$E[X] = E[X_1] + E[X_2] + E[X_3] = 3\left(\tfrac{7}{2}\right) = \tfrac{21}{2}$$

■

예제 2.30 식 (2.11)의 유용성을 보여주는 또 하나의 예로 모수 n과 p를 갖는 이항 확률변수의 기댓값을 구해보자. 이런 확률변수 X는 각각의 성공확률이 p인 n번의 독립시행에서의 성공 횟수를 나타내는 것을 기억하면 다음과 같이 표현할 수 있다.

$$X = X_1 + X_2 + \cdots + X_n$$

여기서

$$X_i = \begin{cases} 1, & i\text{번째 시행이 성공일 때} \\ 0, & i\text{번째 시행이 실패일 때} \end{cases}$$

즉, X_i는 기댓값 $E[X_i] = 1(p) + 0(1-p) = p$를 갖는 베르누이 확률변수이고 따라서

$$E[X] = E[X_1] + E[X_2] + \cdots + E[X_n] = np$$

이다. 이 유도 과정을 예제 2.17에 제시된 것과 비교해보라. ■

예제 2.31 파티에서 N명의 사람이 자신의 모자를 방 한가운데 던진다. 모자를 뒤섞은 후 각 사람이 무작위로 하나씩 하나씩 집는다. 자기 자신의 모자를 집은 사람 수의 기댓값을 구하라.

풀이▶ X를 자신의 모자를 집은 사람의 수라고 놓자. $E[X]$는 다음을 관찰하면 쉽게 구할 수 있다.

$$X = X_1 + X_2 + \cdots + X_N$$

여기서

$$X_i = \begin{cases} 1, & i\text{번째 사람이 자신의 모자를 집은 경우} \\ 0, & \text{그 외의 경우} \end{cases}$$

i번째 사람은 N개의 모자 중 어느 것이든 동일한 가능성으로 선택하므로

$$P\{X_i = 1\} = P\{i\text{번째 사람이 자신의 모자를 선택}\} = \frac{1}{N}$$

이고 따라서

$$E[X_i] = 1P\{X_i = 1\} + 0P\{X_i = 0\} = \frac{1}{N}$$

이다. 이제 식 (2.11)으로부터

$$E[X] = E[X_1] + \cdots + E[X_N] = \left(\frac{1}{N}\right) N = 1$$

을 얻는다. 따라서 파티에 얼마나 많은 사람이 있는가에 상관없이 평균적으로 단지 한 명만이 자신의 모자를 집게 된다. ■

예제 2.32 25개의 다른 유형의 쿠폰이 있는데, 쿠폰을 받을 때 마다 그 중 어느 것이든 동일한 가능성으로 받는다고 가정하자. 10개의 쿠폰을 받았을 때 포함된 유형의 수의 기댓값을 구하라.

풀이▶ X를 10개의 쿠폰에 포함된 유형의 수라고 놓자. $E[X]$를 구하기 위해 다음과 같이 놓자.

$$X = X_1 + \cdots + X_{25}$$

여기서

$$X_i = \begin{cases} 1, & 10\text{개 중 유형 } i\text{의 쿠폰이 적어도 하나 포함된 경우} \\ 0, & \text{그 외의 경우} \end{cases}$$

이제

$$\begin{aligned} E[X_i] &= P\{X_i = 1\} \\ &= P\{10\text{개 중 유형 } i\text{의 쿠폰이 적어도 하나 포함됨}\} \\ &= 1 - P\{10\text{개 중 유형 } i\text{의 쿠폰이 없음}\} \\ &= 1 - \left(\tfrac{24}{25}\right)^{10} \end{aligned}$$

여기서 마지막 등식은 각 10개의 쿠폰이 (독립적으로) 확률 $\frac{24}{25}$로 유형 i가 아닐 수 있기 때문에 얻어진다. 따라서

$$E[X] = E[X_1] + \cdots + E[X_{25}] = 25\left[1 - \left(\tfrac{24}{25}\right)^{10}\right]$$

■

2.5.2 독립 확률변수

확률변수 X와 Y가 모든 a, b에 대해

$$P\{X \le a, Y \le b\} = P\{X \le a\}P\{Y \le b\} \tag{2.12}$$

를 만족할 때 **독립**(independent)이라고 말한다. 다시 말해, 모든 a, b에 대해 사건 $E_a = \{X \le a\}$와 $F_b = \{Y \le b\}$가 독립일 때 X와 Y는 독립이다.
X와 Y의 결합 분포함수 F로 나타내면

$$F(a, b) = F_X(a)F_Y(b) \qquad \text{모든 } a, \text{b에 대해}$$

일 때 X와 Y는 독립이다. X와 Y가 이산이면 독립의 조건은

$$p(x, y) = p_X(x)p_Y(y) \tag{2.13}$$

로 축약되고 X와 Y가 결합적으로 연속일 때

$$f(x, y) = f_X(x)f_Y(y) \tag{2.14}$$

로 축약된다. 이를 증명하기 위해 먼저 이산적인 경우를 고려하자. 결합 확률질량함수 $p(x, y)$가 식 (2.13)을 만족한다고 가정하면

$$\begin{aligned} P\{X \le a, Y \le b\} &= \sum_{y \le b} \sum_{x \le a} p(x, y) \\ &= \sum_{y \le b} \sum_{x \le a} p_X(x)p_Y(y) \\ &= \sum_{y \le b} p_Y(y) \sum_{x \le a} p_X(x) \\ &= P\{Y \le b\}P\{X \le a\} \end{aligned}$$

이 되고 따라서 X와 Y는 독립이다. 식 (2.14)는 연속적인 경우의 독립성도 동일한 방식으로 증명될 수 있음을 의미하는데, 이는 연습 문제로 남긴다.

독립에 관련하여 다음의 중요한 결과를 얻는다.

명제 2.3 X와 Y가 독립이면, 임의의 함수 h와 g에 대해 다음이 성립한다.

$$E[g(X)h(Y)] = E[g(X)]E[h(Y)]$$

증명 X와 Y가 결합적으로 연속이라고 가정하면

$$\begin{aligned} E[g(X)h(Y)] &= \int_{-\infty}^{\infty} \int_{-\infty}^{\infty} g(x)h(y)f(x, y)\,dx\,dy \\ &= \int_{-\infty}^{\infty} \int_{-\infty}^{\infty} g(x)h(y)f_X(x)f_Y(y)\,dx\,dy \\ &= \int_{-\infty}^{\infty} h(y)f_Y(y)\,dy \int_{-\infty}^{\infty} g(x)f_X(x)\,dx \\ &= E[h(Y)]E[g(X)] \end{aligned}$$

이산의 경우의 증명도 유사하다. ■

2.5.3 공분산과 확률변수들의 합의 분산

임의의 두 확률변수 X와 Y의 **공분산**(covariance)은 Cov(X, Y)로 표기되고 다음과 같이 정의된다.

$$\begin{aligned}\text{Cov}(X,Y) &= E[(X-E[X])(Y-E[Y])]\\ &= E[XY - YE[X] - XE[Y] + E[X]E[Y]]\\ &= E[XY] - E[Y]E[X] - E[X]E[Y] + E[X]E[Y]\\ &= E[XY] - E[X]E[Y]\end{aligned}$$

만약 X와 Y가 독립이면 명제 2.3에 의해 Cov(X, Y) $= 0$이 된다.

이제 X와 Y가 각각 사건 A와 B의 발생 여부에 대한 지시변수인 특수한 경우를 고려해보자. 즉, 사건 A와 B에 대해

$$X = \begin{cases}1, & A\text{가 일어난 경우}\\ 0, & \text{그 외의 경우}\end{cases} \qquad Y = \begin{cases}1, & B\text{가 일어난 경우}\\ 0, & \text{그 외의 경우}\end{cases}$$

와 같이 정의한다. 그러면

$$\text{Cov}(X,Y) = E[XY] - E[X]E[Y]$$

이고 XY는 X와 Y가 모두 1이면 1이고 아니면 0이므로

$$\text{Cov}(X,Y) = P\{X=1, Y=1\} - P\{X=1\}P\{Y=1\}$$

이 된다. 이로부터

$$\begin{aligned}\text{Cov}(X,Y) > 0 &\Leftrightarrow P\{X=1, Y=1\} > P\{X=1\}P\{Y=1\}\\ &\Leftrightarrow \frac{P\{X=1, Y=1\}}{P\{X=1\}} > P\{Y=1\}\\ &\Leftrightarrow P\{Y=1|X=1\} > P\{Y=1\}\end{aligned}$$

를 얻는다. 즉, $X=1$인 결과가 $Y=1$이 될 가능성을 높여주면 X와 Y의 공분산은 양이다(대칭성에 의해 역도 사실임을 쉽게 알 수 있다).

일반적으로 Cov(X, Y)의 양일 때는 X가 증가하면 Y도 증가하는 경향이 있고, 음일 때는 X가 증가하면 Y는 감소하는 경향이 있음을 보일 수 있다.

예제 2.33 X, Y의 결합 밀도함수가 다음과 같다고 하자.

$$f(x,y) = \frac{1}{y}e^{-(y+x/y)}, \quad 0 < x, y < \infty$$

(a) 이것이 결합 밀도함수임을 검증하라.

(b) Cov(X, Y)를 구하라.

풀이 $f(x, y)$가 결합 밀도함수임을 보이기 위해서는 우선 비음(nonnegative)임을 보여야 하는데 이는 명백하다. 또한 $\int_{-\infty}^{\infty}\int_{-\infty}^{\infty} f(x,y)\,dy\,dx = 1$임을 보여야 하는데 이는 다음과 같이 증명된다.

$$\begin{aligned}\int_{-\infty}^{\infty}\int_{-\infty}^{\infty} f(x,y)\,dy\,dx &= \int_0^{\infty}\int_0^{\infty}\frac{1}{y}e^{-(y+x/y)}dy\,dx\\ &= \int_0^{\infty} e^{-y}\int_0^{\infty}\frac{1}{y}e^{-x/y}dx\,dy\\ &= \int_0^{\infty} e^{-y}dy\\ &= 1\end{aligned}$$

Cov(X, Y)를 구하기 위해 Y의 밀도함수는

$$f_Y(y) = e^{-y} \int_0^\infty \frac{1}{y} e^{-x/y} dx = e^{-y}$$

임을 관찰하자. 즉, Y는 모수 1을 갖는 지수 확률변수이고 예제 2.21에서

$$E[Y] = 1$$

임을 알 수 있다. 이제 E[X]와 E[XY]를 구해보자. 우선

$$\begin{aligned} E[X] &= \int_{-\infty}^\infty \int_{-\infty}^\infty x f(x, y)\, dy\, dx \\ &= \int_0^\infty e^{-y} \int_0^\infty \frac{x}{y} e^{-x/y} dx\, dy \end{aligned}$$

여기서 $\int_0^\infty \frac{x}{y} e^{-x/y} dx$는 모수 $1/y$를 갖는 지수 확률변수의 기댓값이므로 y가 된다. 결국

$$E[X] = \int_0^\infty y e^{-y} dy = 1$$

을 얻는다. 또한

$$\begin{aligned} E[XY] &= \int_{-\infty}^\infty \int_{-\infty}^\infty xy\, f(x, y)\, dy\, dx \\ &= \int_0^\infty y e^{-y} \int_0^\infty \frac{x}{y} e^{-x/y} dx\, dy \\ &= \int_0^\infty y^2 e^{-y} dy \end{aligned}$$

부분적분 $(dv = e^{-y} dy, u = y^2)$을 이용하면

$$E[XY] = \int_0^\infty y^2 e^{-y} dy = -y^2 e^{-y}\Big|_0^\infty + \int_0^\infty 2y e^{-y} dy = 2E[Y] = 2$$

이 된다. 결론적으로

$$\text{Cov}(X, Y) = E[XY] - E[X]E[Y] = 1$$ ■

다음은 공분산의 성질이다.

공분산의 성질

임의의 확률변수 X, Y, Z와 상수 c에 대해

1. $\text{Cov}(X, X) = \text{Var}(X)$,
2. $\text{Cov}(X, Y) = \text{Cov}(Y, X)$,
3. $\text{Cov}(cX, Y) = c\,\text{Cov}(X, Y)$,
4. $\text{Cov}(X, Y + Z) = \text{Cov}(X, Y) + \text{Cov}(X, Z)$.

처음의 세 성질은 명백하고 마지막 성질은 다음과 같이 쉽게 증명된다.

$$\begin{aligned} \text{Cov}(X, Y + Z) &= E[X(Y + Z)] - E[X]E[Y + Z] \\ &= E[XY] - E[X]E[Y] + E[XZ] - E[X]E[Z] \\ &= \text{Cov}(X, Y) + \text{Cov}(X, Z) \end{aligned}$$

네 번째 성질은 다음 결과로 쉽게 일반화 될 수 있다.

$$\text{Cov}\left(\sum_{i=1}^{n} X_i, \sum_{j=1}^{m} Y_j\right) = \sum_{i=1}^{n}\sum_{j=1}^{m} \text{Cov}(X_i, Y_j) \tag{2.15}$$

식 (2.15)로부터 확률변수들의 합의 분산에 대한 유용한 결과를 다음과 같이 얻을 수 있다.

$$\begin{aligned}
\text{Var}\left(\sum_{i=1}^{n} X_i\right) &= \text{Cov}\left(\sum_{i=1}^{n} X_i, \sum_{j=1}^{n} X_j\right) \\
&= \sum_{i=1}^{n}\sum_{j=1}^{n} \text{Cov}(X_i, X_j) \\
&= \sum_{i=1}^{n} \text{Cov}(X_i, X_i) + \sum_{i=1}^{n}\sum_{j\neq i} \text{Cov}(X_i, X_j) \\
&= \sum_{i=1}^{n} \text{Var}(X_i) + 2\sum_{i=1}^{n}\sum_{j<i} \text{Cov}(X_i, X_j)
\end{aligned} \tag{2.16}$$

만약 X_i, $i = 1, \ldots, n$가 독립인 확률변수들이라면 식 (2.16)은 다음과 같이 줄어든다.

$$\text{Var}\left(\sum_{i=1}^{n} X_i\right) = \sum_{i=1}^{n} \text{Var}(X_i)$$

정의 2.1 $X_1, ..., X_n$이 독립이고 동일한 분포를 따를 때 $\bar{X} = \sum_{i=1}^{n} X_i/n$를 **표본평균**(sample mean)이라고 부른다.

다음 명제는 표본평균과 표본평균으로부터의 편차 사이의 공분산은 영임을 보여준다. 이 사실은 2.6.1절에서 사용될 것이다.

명제 2.4 $X_1, \ldots, X_n$이 독립이고 기댓값 μ, 분산 σ^2인 동일한 분포를 따를 때, 다음이 성립한다.

(a) $E[\bar{X}] = \mu$.
(b) $\text{Var}(\bar{X}) = \sigma^2/n$.
(c) $\text{Cov}(\bar{X}, X_i - \bar{X}) = 0, i = 1, \ldots, n$.

증명 (a)와 (b)는 다음과 같이 쉽게 얻어진다.

$$E[\bar{X}] = \frac{1}{n}\sum_{i=1}^{n} E[X_i] = \mu,$$

$$\text{Var}(\bar{X}) = \left(\frac{1}{n}\right)^2 \text{Var}\left(\sum_{i=1}^{n} X_i\right) = \left(\frac{1}{n}\right)^2 \sum_{i=1}^{n} \text{Var}(X_i) = \frac{\sigma^2}{n}$$

(c)는 다음과 같이 추론하여 구한다.

$$\begin{aligned}
\text{Cov}(\bar{X}, X_i - \bar{X}) &= \text{Cov}(\bar{X}, X_i) - \text{Cov}(\bar{X}, \bar{X}) \\
&= \frac{1}{n}\text{Cov}\left(X_i + \sum_{j\neq i} X_j, X_i\right) - \text{Var}(\bar{X})
\end{aligned}$$

$$= \frac{1}{n}\text{Cov}(X_i, X_i) + \frac{1}{n}\text{Cov}\left(\sum_{j \neq i} X_j, X_i\right) - \frac{\sigma^2}{n}$$
$$= \frac{\sigma^2}{n} - \frac{\sigma^2}{n} = 0$$

마지막 등식은 X_i와 $\sum_{j \neq i} X_j$ 가 독립이므로 공분산이 0이 되는 사실을 이용하였다. ■

식 (2.16)은 분산을 계산할 때 유용하게 쓰일 수 있다.

예제 2.34 (이항 확률변수의 분산) 모수가 n, p인 이항 확률변수의 분산을 구하라.

풀이 이 확률변수는 각 시행의 성공확률이 p인 n번의 독립시행에서 성공한 횟수를 의미하므로 다음과 같이 표현할 수 있다.

$$X = X_1 + \cdots + X_n$$

여기서 X_i들은 다음과 같은 독립인 베르누이 확률변수이다.

$$X_i = \begin{cases} 1, & i\text{번째 시행이 성공인 경우} \\ 0, & \text{그 외의 경우} \end{cases}$$

이제 식 (2.16)에 의해 다음을 얻는다.

$$\text{Var}(X) = \text{Var}(X_1) + \cdots + \text{Var}(X_n)$$

그런데

$$\begin{aligned} \text{Var}(X_i) &= E[X_i^2] - (E[X_i])^2 \\ &= E[X_i] - (E[X_i])^2 \qquad X_i{}^2 = X_i\text{이므로} \\ &= p - p^2 \end{aligned}$$

이고 따라서

$$\text{Var}(X) = np(1 - p)$$

■

예제 2.35 [유한 모집단에서 표본추출: 초기하(hypergeometric) 확률변수] N명으로 구성된 모집단에서 일부가 어떤 제안에 찬성하는 상황을 고려하자. 구체적으로, p를 미지수라 할 때 Np명이 찬성하고 $N - Np$명이 반대하고 있다고 가정하자. 모집단 중에서 n명을 무작위로 뽑아 의견을 물어서 그 제안에 찬성하는 비율 p를 추정하려고 한다.

이러한 상황에서 보통 추출된 표본에서 제안에 찬성하는 비율을 p의 추정량(estimator)으로 사용하게 된다. 즉,

$$X_i = \begin{cases} 1, & \text{선택된 } i\text{번째 사람이 찬성인 경우} \\ 0, & \text{그 외의 경우} \end{cases}$$

로 정의하면 보통 p의 추정량은 $\sum_{i=1}^{n} X_i/n$이 된다. 이제 이것의 평균과 분산을 구해보자. 우선,

$$\begin{aligned} E\left[\sum_{i=1}^{n} X_i\right] &= \sum_{1}^{n} E[X_i] \\ &= np \end{aligned}$$

여기서 마지막 등식은 선택된 i번째 사람이 동일한 가능성으로 모집단의 N명 중 누구라도 될 수 있고 따라서 확률 Np/N로 찬성자가 될 수 있으므로 사실이다. 또한,

$$\mathrm{Var}\left(\sum_1^n X_i\right) = \sum_1^n \mathrm{Var}(X_i) + 2\sum_{i<j}\sum \mathrm{Cov}(X_i, X_j)$$

인데, X_i는 평균이 p인 베르누이 확률변수이므로

$$\mathrm{Var}(X_i) = p(1-p)$$

이다. 또 $i \neq j$에 대해

$$\begin{aligned}\mathrm{Cov}(X_i, X_j) &= E[X_iX_j] - E[X_i]E[X_j] \\ &= P\{X_i = 1, X_j = 1\} - p^2 \\ &= P\{X_i = 1\}P\{X_j = 1 | X_i = 1\} - p^2 \\ &= \frac{Np}{N}\frac{(Np-1)}{N-1} - p^2\end{aligned}$$

이 된다. 마지막 등식은 만약 선택된 i번째 사람이 찬성한다면, 선택된 j번째 사람은 동일한 가능성으로 모집단의 $N-1$명 중 누구라도 될 수 있는데 그들 중 $Np-1$명이 찬성자이므로 성립한다. 이제

$$\begin{aligned}\mathrm{Var}\left(\sum_1^n X_i\right) &= np(1-p) + 2\binom{n}{2}\left[\frac{p(Np-1)}{N-1} - p^2\right] \\ &= np(1-p) - \frac{n(n-1)p(1-p)}{N-1}\end{aligned}$$

이 되고 추정량의 평균과 분산은 다음과 같다.

$$E\left[\sum_1^n \frac{X_i}{n}\right] = p,$$

$$\mathrm{Var}\left[\sum_1^n \frac{X_i}{n}\right] = \frac{p(1-p)}{n} - \frac{(n-1)p(1-p)}{n(N-1)}$$

몇 가지 참고사항을 덧붙인다. 추정량의 평균이 미지수 p이므로 그것의 분산은 작을수록 좋다(왜 그런가?). 앞의 결과에서 모집단의 규모 N의 함수로 보면 분산은 N이 커짐에 따라 증가한다. $N \to \infty$일 때 분산의 극한값은 $p(1-p)/n$이 되는데 이는 의외의 결과가 아니다. 왜냐하면 N이 커지면 각 X_i는 (근사적으로) 독립인 확률변수가 되고, 따라서 $\sum_1^n X_i$는 (근사적으로) 모수 n, p를 갖는 이항분포를 따르기 때문이다.

확률변수 $\sum_1^n X_i$는 Np개의 흰 공과 $N-Np$개의 검은 공으로 구성된 모집단에서 n개의 공을 무작위로 꺼낼 때, 꺼내진 흰 공의 수로 간주할 수 있다. (찬성하는 사람을 흰 공으로 반대하는 사람을 검은 공으로 대응시킨다.) 이와 같은 확률변수를 초기하 확률변수라고 부르는데 다음과 같은 확률질량함수를 갖는다.

$$P\left\{\sum_1^n X_i = k\right\} = \frac{\binom{Np}{k}\binom{N-Np}{n-k}}{\binom{N}{n}}$$ ■

X와 Y가 독립일 때 X와 Y의 분포로부터 $X+Y$의 분포를 계산하는 것은 자주 대두되는 중요한 문제이다. X와 Y가 연속이고 각각 밀도함수 f와 g를 갖는다고 가정하고, $F_{X+Y}(a)$를 $X+Y$의 누적분포함수라고 하면 다음을 얻는다.

$$\begin{aligned}
F_{X+Y}(a) &= P\{X+Y \le a\} \\
&= \iint_{x+y \le a} f(x)g(y)\,dx\,dy \\
&= \int_{-\infty}^{\infty} \int_{-\infty}^{a-y} f(x)g(y)\,dx\,dy \\
&= \int_{-\infty}^{\infty} \left(\int_{-\infty}^{a-y} f(x)\,dx \right) g(y)\,dy \\
&= \int_{-\infty}^{\infty} F_X(a-y)g(y)\,dy \qquad (2.17)
\end{aligned}$$

식 (2.17)의 분포함수 F_{X+Y}를 분포함수 F_X와 F_Y (각각 X와 Y의 누적분포함수)의 **합성곱**(convolution)이라고 부른다.

식 (2.17)을 미분하면 다음과 같이 $X + Y$의 확률밀도함수 $f_{X+Y}(a)$를 얻는다.

$$\begin{aligned}
f_{X+Y}(a) &= \frac{d}{da} \int_{-\infty}^{\infty} F_X(a-y)g(y)\,dy \\
&= \int_{-\infty}^{\infty} \frac{d}{da}(F_X(a-y))g(y)\,dy \\
&= \int_{-\infty}^{\infty} f(a-y)g(y)\,dy \qquad (2.18)
\end{aligned}$$

예제 2.36 (두 개의 독립인 균등 확률변수의 합) X와 Y가 모두 (0, 1)에서 균등하게 분포하는 독립인 확률변수라고 할 때 $X + Y$의 확률밀도함수를 구하라.

풀이▶ 식 (2.18)에

$$f(a) = g(a) = \begin{cases} 1, & 0 < a < 1 \\ 0, & \text{그 외의 경우} \end{cases}$$

를 대입하면

$$f_{X+Y}(a) = \int_0^1 f(a-y)\,dy$$

이다. 이것은 $0 \le a \le 1$일 때

$$f_{X+Y}(a) = \int_0^a dy = a$$

이 되고 $1 < a < 2$일 때

$$f_{X+Y}(a) = \int_{a-1}^1 dy = 2-a$$

이 되어 결국 다음을 얻는다.

$$f_{X+Y}(a) = \begin{cases} a, & 0 \le a \le 1 \\ 2-a, & 1 < a < 2 \\ 0, & 0, \text{그 외의 경우} \end{cases}$$ ■

이산적인 경우에는 $X + Y$의 분포에 대한 일반적인 표현을 유도하지 않고 예제를 하나 보도록 하자.

예제 2.37 (독립인 푸아송 확률변수들의 합) X와 Y가 각각 평균이 λ_1과 λ_2인 독립인 확률변수라고 할 때 $X + Y$의 분포를 구하라.

풀이 사건 $X + Y = a$를 사건 $X = k, Y = n - k, 0 \le k \le n$ 들의 합집합으로 나타낼 수 있으므로 다음과 같이 진행한다.

$$
\begin{aligned}
P\{X+Y=n\} &= \sum_{k=0}^{n} P\{X=k, Y=n-k\} \\
&= \sum_{k=0}^{n} P\{X=k\}P\{Y=n-k\} \\
&= \sum_{k=0}^{n} e^{-\lambda_1}\frac{\lambda_1^k}{k!}e^{-\lambda_2}\frac{\lambda_2^{n-k}}{(n-k)!} \\
&= e^{-(\lambda_1+\lambda_2)}\sum_{k=0}^{n}\frac{\lambda_1^k\lambda_2^{n-k}}{k!(n-k)!} \\
&= \frac{e^{-(\lambda_1+\lambda_2)}}{n!}\sum_{k=0}^{n}\frac{n!}{k!(n-k)!}\lambda_1^k\lambda_2^{n-k} \\
&= \frac{e^{-(\lambda_1+\lambda_2)}}{n!}(\lambda_1+\lambda_2)^n
\end{aligned}
$$

즉, $X + Y$는 평균 $\lambda_1 + \lambda_2$인 푸아송 분포를 따른다. ■

독립의 개념은 세 개 이상의 확률변수들에 대해서도 정의될 수 있다. 일반적으로 모든 값 $a_1, ..., a_n$에 대해 다음이 성립하면 확률변수 $X_1, X_2, \ldots, X_n$이 독립이라고 말한다.

$$
\begin{aligned}
&P\{X_1 \le a_1, X_2 \le a_2, \ldots, X_n \le a_n\} \\
&\quad = P\{X_1 \le a_1\}P\{X_2 \le a_2\}\cdots P\{X_n \le a_n\}
\end{aligned}
$$

예제 2.38 $X_1, X_2, \ldots, X_n$이 동일한 확률분포 F와 밀도함수 $F' = f$를 갖는 독립인 확률변수들이라고 하자. $X_{(i)}$가 이들 중 i번째로 작은 확률변수라고 하면 $X_{(1)}, X_{(2)}, \ldots, X_{(n)}$를 **순서통계량**(order statistic)이라고 부른다. $X_{(i)}$의 분포를 얻기 위해 $X_{(i)}$가 x보다 작거나 같을 필요충분조건은 n개의 확률변수 $X_1, X_2, \ldots, X_n$ 중 적어도 i개가 x보다 작거나 같은 것임을 관찰하자. 이로부터

$$
P\{X_{(i)} \le x\} = \sum_{k=i}^{n}\binom{n}{k}(F(x))^k(1-F(x))^{n-k}
$$

를 얻는다. 이를 미분하여 $X_{(i)}$의 밀도함수를 다음과 같이 얻는다.

$$
\begin{aligned}
f_{X_{(i)}}(x) = f(x)&\sum_{k=i}^{n}\binom{n}{k}k(F(x))^{k-1}(1-F(x))^{n-k} \\
-f(x)&\sum_{k=i}^{n}\binom{n}{k}(n-k)(F(x))^k(1-F(x))^{n-k-1} \\
= f(x)&\sum_{k=i}^{n}\frac{n!}{(n-k)!(k-1)!}(F(x))^{k-1}(1-F(x))^{n-k} \\
-f(x)&\sum_{k=i}^{n-1}\frac{n!}{(n-k-1)!k!}(F(x))^k(1-F(x))^{n-k-1}
\end{aligned}
$$

$$= \frac{n!}{(n-i)!(i-1)!} f(x)(F(x))^{i-1}(1-F(x))^{n-i}$$

위의 밀도함수는 상당히 직관적인데, $X_{(i)}$가 x와 같으려면 n개의 $X_1, X_2, \ldots, X_n$ 중 $i-1$개가 x보다 작고, $n-i$개가 x보다 크고, 하나가 x와 같아야 하기 때문이다. 이제, X_j 중 특정한 $i-1$개가 x보다 작고, 또 다른 특정한 $n-i$개가 x보다 크고, 나머지 하나가 x와 같을 확률은 $(F(x))^{i-1}(1-F(x))^{n-i}f(x)$이다. n개의 확률변수들을 이 세 그룹으로 나누는 방법은 $n!/[(i-1)!(n-i)!]$ 가지이므로 결국 위와 같은 밀도함수를 얻게 된다. ■

2.5.4 확률변수의 함수들의 결합 확률분포

X_1과 X_2가 확률밀도함수 $f(x_1, x_2)$를 갖는 결합적으로 연속인 확률변수라고 하자. 때때로 X_1과 X_2의 함수로 표시되는 확률변수 Y_1과 Y_2의 결합분포를 구해야 할 때가 있다. 구체적으로 $Y_1 = g_1(X_1, X_2)$, $Y_2 = g_2(X_1, X_2)$라고 하고 함수 g_1과 g_2가 다음 조건을 만족한다고 가정하자.

1. 방정식 $y_1 = g_1(x_1, x_2)$, $y_2 = g_2(x_1, x_2)$는 $x_1 = h_1(y_1, y_2)$, $x_2 = h_2(y_1, y_2)$ 형태로 x_1과 x_2에 대해 유일하게 풀 수 있다.
2. 함수 g_1과 g_2는 모든 점 (x_1, x_2)에서 연속인 편도함수를 갖고 다음의 2×2 행렬식이 모든 점 (x_1, x_2)에서

$$J(x_1, x_2) = \begin{vmatrix} \dfrac{\partial g_1}{\partial x_1} & \dfrac{\partial g_1}{\partial x_2} \\ \dfrac{\partial g_2}{\partial x_1} & \dfrac{\partial g_2}{\partial x_2} \end{vmatrix} \equiv \frac{\partial g_1}{\partial x_1}\frac{\partial g_2}{\partial x_2} - \frac{\partial g_1}{\partial x_2}\frac{\partial g_2}{\partial x_1} \neq 0$$

을 만족한다.

이 두 조건 하에서 확률변수 Y_1과 Y_2는 결합적으로 연속이고 다음의 결합 밀도함수를 가짐을 보일 수 있다.

$$f_{Y_1,Y_2}(y_1, y_2) = f_{X_1,X_2}(x_1, x_2)|J(x_1, x_2)|^{-1} \tag{2.19}$$

여기서 $x_1 = h_1(y_1, y_2)$, $x_2 = h_2(y_1, y_2)$이다.

식 (2.19)의 증명은 다음과 같이 진행된다. 우선

$$P\{Y_1 \le y_1, Y_2 \le y_2\} = \iint\limits_{\substack{(x_1, x_2):\\ g_1(x_1, x_2) \le y_1 \\ g_2(x_1, x_2) \le y_2}} f_{X_1,X_2}(x_1, x_2)\, dx_1\, dx_2 \tag{2.20}$$

인데 결합 밀도함수는 식 (2.20)을 y_1과 y_2에 대해 미분하여 얻을 수 있다. 이 미분의 결과가 식 (2.19)의 우변과 같아지는 것을 증명하는 것은 고등 미적분학의 연습 문제로 이 책에서는 생략한다.

예제 2.39 X와 Y가 각각 모수 (α, λ), (β, λ)를 갖는 독립인 감마 확률변수라고 할 때, $U = X + Y$와 $V = X/(X+Y)$의 결합 밀도함수를 구하라.

풀이 X와 Y의 결합 밀도함수는

$$f_{X,Y}(x, y) = \frac{\lambda e^{-\lambda x}(\lambda x)^{\alpha-1}}{\Gamma(\alpha)} \frac{\lambda e^{-\lambda y}(\lambda y)^{\beta-1}}{\Gamma(\beta)}$$
$$= \frac{\lambda^{\alpha+\beta}}{\Gamma(\alpha)\Gamma(\beta)} e^{-\lambda(x+y)} x^{\alpha-1} y^{\beta-1}$$

이다. 이제 $g_1(x, y) = x + y$, $g_2(x, y) = x/(x + y)$이므로

$$\frac{\partial g_1}{\partial x} = \frac{\partial g_1}{\partial y} = 1, \qquad \frac{\partial g_2}{\partial x} = \frac{y}{(x+y)^2}, \qquad \frac{\partial g_2}{\partial y} = -\frac{x}{(x+y)^2}$$

이고

$$J(x, y) = \begin{vmatrix} 1 & 1 \\ \dfrac{y}{(x+y)^2} & \dfrac{-x}{(x+y)^2} \end{vmatrix} = -\frac{1}{x+y}$$

이다. 마지막으로, 방정식 $u = x + y, v = x/(x + y)$는 해 $x = uv, y = u(1 - v)$를 가지므로

$$f_{U,V}(u, v) = f_{X,Y}[uv, u(1-v)]u$$
$$= \frac{\lambda e^{-\lambda u}(\lambda u)^{\alpha+\beta-1}}{\Gamma(\alpha+\beta)} \frac{v^{\alpha-1}(1-v)^{\beta-1}\Gamma(\alpha+\beta)}{\Gamma(\alpha)\Gamma(\beta)}$$

를 얻는다. 따라서 $X + Y$와 $X/(X+Y)$는 독립이고 $X + Y$는 모수 $(\alpha + \beta, \lambda)$인 감마분포를 따르고, $X/(X+Y)$는 다음의 밀도함수를 갖는다.

$$f_V(v) = \frac{\Gamma(\alpha+\beta)}{\Gamma(\alpha)\Gamma(\beta)} v^{\alpha-1}(1-v)^{\beta-1}, \qquad 0 < v < 1$$

이것을 모수 (α, β)를 갖는 **베타 밀도함수**라고 부른다.

이 결과는 상당히 흥미롭다. 각각 (독립적으로) 모수 λ인 지수 분포의 시간만큼이 걸리는 업무가 $n + m$개가 있고 두 명의 작업자가 있다고 가정해보자. 작업자 I이 업무 1, 2, . . . , n을 수행하고 작업자 II가 나머지 m개의 작업을 수행한다고 한다. 작업자 I과 II의 총 작업시간을 각각 X와 Y라고 하면, 위의 결과를 적용하면 X와 Y는 각각 모수 (n, λ), (m, λ)를 갖는 독립인 감마 확률변수임을 알 수 있다. 또한 위의 결과는, $n + m$개의 업무를 끝내는데 필요한 총 작업시간(즉, $X + Y$)과는 독립적으로, 총 작업시간 중 작업자 1이 수행하는 작업시간의 비율은 모수 (n, m)을 갖는 베타 확률분포를 따름을 알려준다. ■

$X_1, X_2, \ldots, X_n$의 결합 밀도함수가 주어진 상황에서 다음과 같이 정의된 $Y_1, Y_2, \ldots, Y_n$의 결합 밀도함수를 구해야 한다고 하자.

$$Y_1 = g_1(X_1, \ldots, X_n), \qquad Y_2 = g_2(X_1, \ldots, X_n), \qquad \ldots,$$
$$Y_n = g_n(X_1, \ldots, X_n)$$

이 경우도 접근 방법은 동일하다. 우선, 함수 g_i들이 연속인 편도함수를 갖고 **야코비안**(Jacobian) 행렬식이 모든 $(x_1, \ldots, x_n)$에서 $J(x_1, \ldots, x_n) \neq 0$이라고 가정한다. 여기서

$$J(x_1, \ldots, x_n) = \begin{vmatrix} \dfrac{\partial g_1}{\partial x_1} & \dfrac{\partial g_1}{\partial x_2} & \cdots & \dfrac{\partial g_1}{\partial x_n} \\ \dfrac{\partial g_2}{\partial x_1} & \dfrac{\partial g_2}{\partial x_2} & \cdots & \dfrac{\partial g_2}{\partial x_n} \\ \dfrac{\partial g_n}{\partial x_1} & \dfrac{\partial g_n}{\partial x_2} & \cdots & \dfrac{\partial g_n}{\partial x_n} \end{vmatrix}$$

이다. 또한 방정식 $y_1 = g_1(x_1, \ldots, x_n)$, $y_2 = g_2(x_1, \ldots, x_n)$, $\ldots$, $y_n = g_n(x_1, \ldots, x_n)$은 $x_1 = h_1(y_1, \ldots, y_n)$, $x_2 = h_2(y_1, \ldots, y_n)$, $\ldots$, $x_n = h_n(y_1, \ldots, y_n)$ 형태의 유일한 해를 갖는다고 가정한다. 이들 가정 하에서 확률변수 Y_i들은 다음과 같이 주어지는 결합 밀도함수를 갖는다.

$$f_{Y_1,\ldots,Y_n}(y_1, \ldots, y_n) = f_{X_1,\ldots,X_n}(x_1, \ldots, x_n)|J(x_1, \ldots, x_n)|^{-1}$$

여기서 $x_i = h_i(y_1, \ldots, y_n)$, $i = 1, \ldots, n$이다.

2.6 모멘트 생성함수

확률변수 X의 **모멘트 생성함수**(moment generating function)는 모든 t에 대해 다음과 같이 정의된다.

$$\begin{aligned}\phi(t) &= E[e^{tX}] \\ &= \begin{cases} \sum_x e^{tx} p(x), & X\text{가 이산인 경우} \\ \int_{-\infty}^{\infty} e^{tx} f(x)\,dx, & X\text{가 연속인 경우}\end{cases}\end{aligned}$$

$\phi(t)$가 모멘트 생성함수라고 불리는 이유는 X의 모든 모멘트가 $\phi(t)$를 계속 미분하여 얻어질 수 있기 때문이다. 예를 들면,

$$\begin{aligned}\phi'(t) &= \frac{d}{dt}E[e^{tX}] \\ &= E\left[\frac{d}{dt}(e^{tX})\right] \\ &= E[Xe^{tX}]\end{aligned}$$

이므로

$$\phi^n(0) = E[X^n], \qquad n \geq 1$$

이고 마찬가지로

$$\phi'(0) = E[X]$$

이므로

$$\begin{aligned}\phi''(t) &= \frac{d}{dt}\phi'(t) \\ &= \frac{d}{dt}E[Xe^{tX}] \\ &= E\left[\frac{d}{dt}(Xe^{tX})\right] \\ &= E[X^2e^{tX}]\end{aligned}$$

이 된다. 일반적으로 $\phi(t)$의 n차 미분을 $t = 0$에서 평가하면 $E[X^n]$이 얻어진다. 즉,

$$\phi''(0) = E[X^2]$$

이제 몇 가지 통상적인 분포에 대해 $\phi(t)$를 계산해보자.

예제 2.40 (모수가 n, p인 이항분포)

$$\begin{aligned}\phi(t) &= E[e^{tX}] \\ &= \sum_{k=0}^{n} e^{tk} \binom{n}{k} p^k (1-p)^{n-k} \\ &= \sum_{k=0}^{n} \binom{n}{k} (pe^t)^k (1-p)^{n-k} \\ &= (pe^t + 1 - p)^n\end{aligned}$$

따라서

$$\phi'(t) = n(pe^t + 1 - p)^{n-1} pe^t$$

로부터

$$E[X] = \phi'(0) = np$$

를 얻는다. 예제 2.17에서 구한 결과와 비교해보라. 한 번 더 미분하면

$$\phi''(t) = n(n-1)(pe^t + 1 - p)^{n-2}(pe^t)^2 + n(pe^t + 1 - p)^{n-1} pe^t$$

로부터

$$E[X^2] = \phi''(0) = n(n-1)p^2 + np$$

가 된다. 따라서 X의 분산은 다음과 같이 주어진다.

$$\begin{aligned}\text{Var}(X) &= E[X^2] - (E[X])^2 \\ &= n(n-1)p^2 + np - n^2p^2 \\ &= np(1-p)\end{aligned}$$

■

예제 2.41 (평균이 λ인 푸아송분포)

$$\begin{aligned}\phi(t) &= E[e^{tX}] \\ &= \sum_{n=0}^{\infty} \frac{e^{tn} e^{-\lambda} \lambda^n}{n!} \\ &= e^{-\lambda} \sum_{n=0}^{\infty} \frac{(\lambda e^t)^n}{n!} \\ &= e^{-\lambda} e^{\lambda e^t} \\ &= \exp\{\lambda(e^t - 1)\}\end{aligned}$$

미분하면

$$\begin{aligned}\phi'(t) &= \lambda e^t \exp\{\lambda(e^t - 1)\}, \\ \phi''(t) &= (\lambda e^t)^2 \exp\{\lambda(e^t - 1)\} + \lambda e^t \exp\{\lambda(e^t - 1)\}\end{aligned}$$

이고 따라서

$$\begin{aligned}E[X] &= \phi'(0) = \lambda, \\ E[X^2] &= \phi''(0) = \lambda^2 + \lambda, \\ \text{Var}(X) &= E[X^2] - (E[X])^2 \\ &= \lambda\end{aligned}$$

가 된다. 즉 푸아송분포의 경우 평균과 분산이 모두 λ가 된다. ■

예제 2.42 (모수 λ를 갖는 지수분포)

$$\begin{aligned}\phi(t) &= E[e^{tX}]\\ &= \int_0^\infty e^{tx}\lambda e^{-\lambda x}dx\\ &= \lambda\int_0^\infty e^{-(\lambda-t)x}dx\\ &= \frac{\lambda}{\lambda-t} \qquad \text{for } t<\lambda\end{aligned}$$

위의 유도 과정에서 지수분포의 경우 $\phi(t)$가 t가 λ보다 작은 경우에만 정의되는 것을 주목하라. $\phi(t)$를 미분하면

$$\phi'(t) = \frac{\lambda}{(\lambda-t)^2}, \qquad \phi''(t) = \frac{2\lambda}{(\lambda-t)^3}$$

가 되고 따라서

$$E[X] = \phi'(0) = \frac{1}{\lambda}, \qquad E[X^2] = \phi''(0) = \frac{2}{\lambda^2}$$

가 되고 X의 분산은 다음과 같이 주어진다.

$$\text{Var}(X) = E[X^2] - (E[X])^2 = \frac{1}{\lambda^2}$$ ■

예제 2.43 (모수가 μ, σ^2인 정규분포) 표준정규 확률변수 Z의 모멘트 생성함수는 다음과 같이 얻어진다.

$$\begin{aligned}E[e^{tZ}] &= \frac{1}{\sqrt{2\pi}}\int_{-\infty}^\infty e^{tx}e^{-x^2/2}\,dx\\ &= \frac{1}{\sqrt{2\pi}}\int_{-\infty}^\infty e^{-(x^2-2tx)/2}\,dx\\ &= e^{t^2/2}\frac{1}{\sqrt{2\pi}}\int_{-\infty}^\infty e^{-(x-t)^2/2}\,dx\\ &= e^{t^2/2}\end{aligned}$$

Z가 표준정규 확률변수이면 $X = \sigma Z + \mu$는 모수가 μ, σ^2인 정규 확률변수이므로

$$\phi(t) = E[e^{tX}] = E[e^{t(\sigma Z+\mu)}] = e^{t\mu}E[e^{t\sigma Z}] = \exp\left\{\frac{\sigma^2t^2}{2}+\mu t\right\}$$

를 얻고 이를 미분하면

$$\begin{aligned}\phi'(t) &= (\mu+t\sigma^2)\exp\left\{\frac{\sigma^2t^2}{2}+\mu t\right\},\\ \phi''(t) &= (\mu+t\sigma^2)^2\exp\left\{\frac{\sigma^2t^2}{2}+\mu t\right\}+\sigma^2\exp\left\{\frac{\sigma^2t^2}{2}+\mu t\right\}\end{aligned}$$

이 되는데, 이로부터

$$E[X] = \phi'(0) = \mu,$$
$$E[X^2] = \phi''(0) = \mu^2 + \sigma^2$$

을 얻고 이는 다음 결과를 준다.

$$\begin{aligned}\text{Var}(X) &= E[X^2] - E([X])^2 \\ &= \sigma^2\end{aligned}$$

■

표 2.1과 표 2.2에는 몇몇 자주 쓰는 분포의 모멘트 생성함수가 주어져 있다.

모멘트 생성함수의 중요한 성질 중 하나는 독립인 확률변수들의 합의 모멘트 생성함수는 개별 모멘트 생성함수들의 곱이라는 것이다. 이것을 알아보기 위해 X와 Y가 독립이고 각각 모멘트 생성함수 $\phi_X(t)$와 $\phi_Y(t)$를 갖는다고 하면, $X + Y$의 모멘트 생성함수 $\phi_{X+Y}(t)$는 다음과 같이 주어진다.

표 2.1

이산 확률분포	확률질량함수, $p(x)$	모멘트 생성함수, $\phi(t)$	평균	분산
모수가 $n, p, 0 \le p \le 1$인 이항분포	$\binom{n}{x} p^x (1-p)^{n-x}$, $x = 0, 1, \ldots, n$	$(pe^t + (1-p))^n$	np	$np(1-p)$
모수가 $\lambda > 0$인 푸아송분포	$e^{-\lambda} \dfrac{\lambda^x}{x!}$, $x = 0, 1, 2, \ldots$	$\exp\{\lambda(e^t - 1)\}$	λ	λ
모수가 $0 \le p \le 1$인 기하분포	$p(1-p)^{x-1}$, $x = 1, 2, \ldots$	$\dfrac{pe^t}{1-(1-p)e^t}$	$\dfrac{1}{p}$	$\dfrac{1-p}{p^2}$

표 2.2

연속 확률분포	확률밀도함수, $f(x)$	모멘트 생성함수, $\phi(t)$	평균	분산
(a, b)에서 균등분포	$f(x) = \begin{cases} \dfrac{1}{b-a}, & a < x < b \\ 0, & \text{그 외의 경우} \end{cases}$	$\dfrac{e^{tb} - e^{ta}}{t(b-a)}$	$\dfrac{a+b}{2}$	$\dfrac{(b-a)^2}{12}$
모수가 $\lambda > 0$인 지수분포	$f(x) = \begin{cases} \lambda e^{-\lambda x}, & x > 0 \\ 0, & x < 0 \end{cases}$	$\dfrac{\lambda}{\lambda - t}$	$\dfrac{1}{\lambda}$	$\dfrac{1}{\lambda^2}$
모수가 (n, λ), $\lambda > 0$인 감마분포	$f(x) = \begin{cases} \dfrac{\lambda e^{-\lambda x}(\lambda x)^{n-1}}{(n-1)!}, & x \ge 0 \\ 0, & x < 0 \end{cases}$	$\left(\dfrac{\lambda}{\lambda - t}\right)^n$	$\dfrac{n}{\lambda}$	$\dfrac{n}{\lambda^2}$
모수가 (μ, σ^2)인 정규분포	$f(x) = \dfrac{1}{\sqrt{2\pi}\sigma} \times \exp\{-(x-\mu)^2/2\sigma^2\}$, $-\infty < x < \infty$	$\exp\left\{\mu t + \dfrac{\sigma^2 t^2}{2}\right\}$	μ	σ^2

$$\begin{aligned}\phi_{X+Y}(t) &= E[e^{t(X+Y)}] \\ &= E[e^{tX}e^{tY}] \\ &= E[e^{tX}]E[e^{tY}] \\ &= \phi_X(t)\phi_Y(t)\end{aligned}$$

여기서 끝에서 두 번째 등식은 X와 Y가 독립이므로 명제 2.3을 적용하여 얻어진다.

또 하나의 중요한 결과는 모멘트 생성함수는 분포를 유일하게 결정해준다는 것이다. 다시 말해, 확률변수의 모멘트 생성함수와 분포함수는 일대일 대응한다.

예제 2.44 (독립인 이항 확률변수들의 합) X와 Y가 각각 모수 (n, p)와 (m, p)를 갖는 독립인 이항 확률변수라고 할 때 $X+Y$의 분포는 무엇인가?

풀이▶ $X+Y$의 모멘트 생성함수는

$$\begin{aligned}\phi_{X+Y}(t) = \phi_X(t)\phi_Y(t) &= (pe^t + 1 - p)^n(pe^t + 1 - p)^m \\ &= (pe^t + 1 - p)^{m+n}\end{aligned}$$

과 같이 얻어진다. 이제 $(pe^t + (1-p))^{m+n}$는 모수 $(n+m, p)$를 갖는 이항 확률변수의 모멘트 생성함수임을 식별할 수 있으므로, $X+Y$는 바로 이 이항분포를 따름을 알 수 있다. ■

예제 2.45 (독립인 푸아송 확률변수들의 합) X와 Y가 각각 평균 λ_1과 λ_2를 갖는 독립인 푸아송 확률변수라고 할 때 $X+Y$의 분포는 무엇인가?

풀이▶

$$\begin{aligned}\phi_{X+Y}(t) &= \phi_X(t)\phi_Y(t) \\ &= e^{\lambda_1(e^t-1)}e^{\lambda_2(e^t-1)} \\ &= e^{(\lambda_1+\lambda_2)(e^t-1)}\end{aligned}$$

따라서 $X+Y$는 평균 $\lambda_1+\lambda_2$를 갖는 푸아송 분포를 따른다. 이는 예제 2.37의 결과와 일치한다. ■

예제 2.46 (독립인 정규 확률변수들의 합) X와 Y가 각각 모수 (μ_1, σ_1^2)과 (μ_2, σ_2^2)를 갖는 독립인 정규 확률변수라고 할 때 $X+Y$는 평균이 $\mu_1+\mu_2$이고 분산이 $\sigma_1^2+\sigma_2^2$인 정규분포를 따름을 보여라.

풀이▶

$$\begin{aligned}\phi_{X+Y}(t) &= \phi_X(t)\phi_Y(t) \\ &= \exp\left\{\frac{\sigma_1^2t^2}{2} + \mu_1 t\right\}\exp\left\{\frac{\sigma_2^2t^2}{2} + \mu_2 t\right\} \\ &= \exp\left\{\frac{(\sigma_1^2+\sigma_2^2)t^2}{2} + (\mu_1+\mu_2)t\right\}\end{aligned}$$

인데, 이는 곧 평균이 $\mu_1+\mu_2$이고 분산이 $\sigma_1^2+\sigma_2^2$인 정규 확률변수의 모멘트 생성함수이다. 모멘트 생성함수는 분포를 유일하게 결정하므로 문제의 결론이 증명된다. ■

예제 2.47 (푸아송 패러다임) 2.2.4절에서 성공확률이 p로 동일한 n번의 독립시행에서 성공의 횟수는 n이 크고 p가 작을 때 근사적으로 푸아송 확률변수가 됨을 보였다. 이 결과는 상당히 강화될 수 있다. 먼저, 모든 성공확률이 작다면 각 시행의 성공확률들이 동일할 필요가 없다. 이를 알아보기 위해 각 시행이 독립이고 i번째 시행의 성공확률이 p_i, $i = 1, \ldots, n$로 모두 작다고 가정해보자. i번째 시행이 성공이면 X_i가 1이고 아니면 0이라고 놓으면 성공 횟수 X는 다음과 같이 표현된다.

$$X = \sum_{i=1}^{n} X_i$$

X_i는 베르누이 확률변수이므로 모멘트 생성함수는

$$E[e^{tX_i}] = p_i e^t + 1 - p_i = 1 + p_i(e^t - 1)$$

이 된다. 이제 $|x|$가 작을 때

$$e^x \approx 1 + x$$

임을 이용하여, p_i가 작을 때 $p_i(e^t - 1)$가 작으므로

$$E[e^{tX_i}] = 1 + p_i(e^t - 1) \approx \exp\{p_i(e^t - 1)\}$$

가 된다. 독립인 확률변수들의 합의 모멘트 생성함수는 각 모멘트 생성함수들의 곱이 되므로 위의 결과로부터

$$E[e^{tX}] \approx \prod_{i=1}^{n} \exp\{p_i(e^t - 1)\} = \exp\left\{\sum_i p_i(e^t - 1)\right\}$$

이 됨을 알 수 있다. 그런데 위식의 우변은 평균이 $\sum_i p_i$인 푸아송 확률변수의 모멘트 생성함수이고 따라서 이 분포가 근사적으로 X의 분포가 된다.

성공 횟수가 근사적으로 푸아송 분포를 갖기 위해서는 각 시행이 동일한 성공확률을 가질 필요가 없을 뿐만 아니라, 시행들이 약하게(weak) 종속되어 있다면 독립일 필요도 없다. 예를 들어, n명이 각자의 모자를 던져 뒤섞은 후 무작위로 하나씩 모자를 집어가는 **짝맞춤 문제**(matching problem)(예제 2.31)를 기억해보자. 모자를 무작위하게 선택하는 것을 n번의 시행으로, i번째 사람이 자신의 모자를 집으면 시행 i가 성공한 것으로 간주하고, i번째 시행이 성공한 사건을 A_i로 놓으면

$$P(A_i) = \frac{1}{n} \quad \text{이고} \quad P(A_i|A_j) = \frac{1}{n-1}, \qquad j \neq i$$

이다. 따라서 시행들은 독립은 아니지만, n이 크면 그것들 간의 종속성은 약하다고 볼 수 있다. 이 약한 종속성과 작은 성공확률 때문에 n클 때 제짝 찾기에 성공한 수는 근사적으로 평균이 1인 푸아송 분포를 따르게 된다. 이것은 예제 3.23에서 증명하게 될 것이다.

독립이든가 또는 기껏해야 약하게 종속된 n번의 시행에서 성공 횟수는, 시행의 성공 확률이 모두 작으면, 근사적으로 푸아송 확률변수가 된다는 사실은 **푸아송 패러다임**(Poisson paradigm)으로 알려져 있다. ■

참고: 비음의 확률변수 X에 대해 다음과 같이 **라플라스 변환**(Laplace transform) $g(t)$, $t \geq 0$를 정의하는 것이 편리할 때가 많다.

$$g(t) = \phi(-t) = E[e^{-tX}]$$

즉, t에서 평가한 라플라스 변환은 $-t$에서 평가한 모멘트 생성함수와 같다. 확률변수가 비음일 때 모멘트 생성함수 대신 라플라스 변환을 사용하는 이 점은, $X \geq 0$이고 $t \geq 0$이면

$$0 \leq e^{-tX} \leq 1$$

인 것이다. 즉, 라플라스 변환은 항상 0과 1 사이의 값이다. 모멘트 생성함수와 마찬가지로, 동일한 라플라스 변환을 갖는 비음의 확률변수들은 동일한 분포를 갖는다. ■

두 개 또는 그 이상의 확률변수들의 결합 모멘트 생성함수도 역시 정의할 수 있다. n개의 확률변수 $X_1, \ldots, X_n$에 대해 결합 모멘트 생성함수 $\phi(t_1, \ldots, t_n)$은 모든 실수 $t_1, \ldots, t_n$에 대해 다음과 같이 정의된다.

$$\phi(t_1, \ldots, t_n) = E[e^{(t_1 X_1 + \cdots + t_n X_n)}]$$

$\phi(t_1, \ldots, t_n)$이 $X_1, \ldots, X_n$의 결합 분포를 유일하게 결정해 주는 것을 보일 수 있다.

예제 2.48 (다변량 정규분포) $Z_1, \ldots, Z_n$이 n개의 독립인 표준정규 확률변수라고 하자. 만약 어떤 상수 a_{ij}, $1 \le i \le m$, $1 \le j \le n$과 μ_i, $1 \le i \le m$에 대해

$$\begin{aligned}
X_1 &= a_{11} Z_1 + \cdots + a_{1n} Z_n + \mu_1, \\
X_2 &= a_{21} Z_1 + \cdots + a_{2n} Z_n + \mu_2, \\
&\vdots \\
X_i &= a_{i1} Z_1 + \cdots + a_{in} Z_n + \mu_i, \\
&\vdots \\
X_m &= a_{m1} Z_1 + \cdots + a_{mn} Z_n + \mu_m
\end{aligned}$$

이라면 확률변수 $X_1, \ldots, X_m$은 다변량 정규분포를 갖는다고 말한다.

독립인 정규 확률변수들의 합은 그 자신이 정규 확률변수라는 사실로부터 각 X_i는 평균과 분산이 다음과 같이 주어지는 정규 확률변수임을 알 수 있다.

$$\begin{aligned}
E[X_i] &= \mu_i, \\
\text{Var}(X_i) &= \sum_{j=1}^{n} a_{ij}^2
\end{aligned}$$

이제 $X_1, \ldots, X_m$의 결합 모멘트 생성함수

$$\phi(t_1, \ldots, t_m) = E[\exp\{t_1 X_1 + \cdots + t_m X_m\}]$$

을 계산해보자. 먼저 $\sum_{i=1}^{m} t_i X_i$는 결국 독립인 정규 확률변수 $Z_1, \ldots, Z_n$의 선형결합이므로 정규분포를 따른다. 그것의 평균과 분산은 다음과 같다.

$$E\left[\sum_{i=1}^{m} t_i X_i\right] = \sum_{i=1}^{m} t_i \mu_i$$

$$\begin{aligned}
\text{Var}\left(\sum_{i=1}^{m} t_i X_i\right) &= \text{Cov}\left(\sum_{i=1}^{m} t_i X_i, \sum_{j=1}^{m} t_j X_j\right) \\
&= \sum_{i=1}^{m} \sum_{j=1}^{m} t_i t_j \text{Cov}(X_i, X_j)
\end{aligned}$$

한편 Y가 평균이 μ이고 분산이 σ^2인 정규 확률변수일 때

$$E[e^Y] = \phi_Y(t)|_{t=1} = e^{\mu + \sigma^2/2}$$

이므로 결국

$$\phi(t_1, \ldots, t_m) = \exp\left\{\sum_{i=1}^{m} t_i \mu_i + \frac{1}{2} \sum_{i=1}^{m} \sum_{j=1}^{m} t_i t_j \text{Cov}(X_i, X_j)\right\}$$

을 얻는다. 이로부터 $X_1, \ldots, X_m$의 결합분포는 $E[X_i]$와 $\mathrm{Cov}(X_i, X_j)$, $i, j = 1, \ldots, m$의 값만 알면 완전하게 결정되는 것을 알 수 있다. ■

2.6.1 정규 모집단의 표본평균과 표본분산의 결합분포

$X_1, \ldots, X_n$이 독립이고 평균 μ, 분산 σ^2인 동일한 분포를 따르는 확률변수들이라고 하자. 확률변수 S^2를

$$S^2 = \sum_{i=1}^{n} \frac{(X_i - \bar{X})^2}{n-1}$$

로 정의할 때 이것을 데이터의 **표본분산**(sample variance)이라고 말한다. $E[S^2]$를 계산하기 위해 다음의 상등관계를 이용하자.

$$\sum_{i=1}^{n} (X_i - \bar{X})^2 = \sum_{i=1}^{n} (X_i - \mu)^2 - n(\bar{X} - \mu)^2 \tag{2.21}$$

이 등식은 다음과 같이 증명된다.

$$\begin{aligned}
\sum_{i=1}^{n} (X_i - \bar{X}) &= \sum_{i=1}^{n} (X_i - \mu + \mu - \bar{X})^2 \\
&= \sum_{i=1}^{n} (X_i - \mu)^2 + n(\mu - \bar{X})^2 + 2(\mu - \bar{X}) \sum_{i=1}^{n} (X_i - \mu) \\
&= \sum_{i=1}^{n} (X_i - \mu)^2 + n(\mu - \bar{X})^2 + 2(\mu - \bar{X})(n\bar{X} - n\mu) \\
&= \sum_{i=1}^{n} (X_i - \mu)^2 + n(\mu - \bar{X})^2 - 2n(\mu - \bar{X})^2
\end{aligned}$$

이고, 이로부터 상등관계 (2.21)를 얻는다.

식 (2.21)을 사용하면

$$\begin{aligned}
E[(n-1)S^2] &= \sum_{i=1}^{n} E[(X_i - \mu)^2] - nE[(\bar{X} - \mu)^2] \\
&= n\sigma^2 - n\,\mathrm{Var}(\bar{X}) \\
&= (n-1)\sigma^2 \qquad \text{명제 2.4(b)로부터}
\end{aligned}$$

이 되고 결국

$$E[S^2] = \sigma^2$$

을 얻는다.

이제 X_i들이 정규분포를 따를 때 표본평균 $\bar{X} = \sum_{i=1}^{n} X_i/n$과 표본분산 S^2의 결합분포를 구해보자. 그전에 카이제곱(chi-squared) 확률변수의 개념이 필요하다.

정의 2.2 $Z_1, \ldots, Z_n$이 독립인 표준정규 확률변수일 때, 확률변수 $\sum_{i=1}^{n} Z_i^2$을 **자유도**(degree of freedom)가 n인 **카이제곱 확률변수**(chi-squared random variable)라고 말한다.

이제 $\sum_{i=1}^{n} Z_i^2$의 모멘트 생성함수를 구하려고 한다. 먼저 다음을 관찰하자.

$$
\begin{aligned}
E[\exp\{tZ_i^2\}] &= \frac{1}{\sqrt{2\pi}} \int_{-\infty}^{\infty} e^{tx^2} e^{-x^2/2}\, dx \\
&= \frac{1}{\sqrt{2\pi}} \int_{-\infty}^{\infty} e^{-x^2/2\sigma^2}\, dx \qquad \text{여기서 } \sigma^2 = (1-2t)^{-1} \\
&= \sigma \\
&= (1-2t)^{-1/2}
\end{aligned}
$$

따라서 다음을 얻는다.

$$E\left[\exp\left\{t\sum_{i=1}^{n} Z_i^2\right\}\right] = \prod_{i=1}^{n} E[\exp\{tZ_i^2\}] = (1-2t)^{-n/2}$$

이제 $X_1, \ldots, X_n$이 평균 μ, 분산 σ^2이고 독립인 정규 확률변수들이라고 하고, 이들의 표본평균을 $\bar{X} = \sum_{i=1}^{n} X_i/n$ 표본분산 S^2이라고 하자. 독립인 정규 확률변수들의 합 역시 정규 확률변수이므로, $\bar{X}$는 기댓값이 μ이고 분산이 σ^2/n인 정규 확률변수이다. 또한 명제 2.4로부터

$$\text{Cov}(\bar{X}, X_i - \bar{X}) = 0, \qquad i = 1, \ldots, n \tag{2.22}$$

이다. $\bar{X}, X_1 - \bar{X}, X_2 - \bar{X}, \ldots, X_n - \bar{X}$,이 모두 독립인 표준정규 확률변수 $(X_i - \mu)/\sigma, i = 1, \ldots, n$의 선형결합에 상수를 더한 형태이므로, $\bar{X}, X_1 - \bar{X}, X_2 - \bar{X}, \ldots, X_n - \bar{X}$의 결합분포는 다변량 정규분포가 된다. 그런데, Y를 $X_1, \ldots, X_n$과 독립이고 평균이 μ이고 분산이 σ^2/n인 정규 확률변수라고 하면, $Y, X_1 - \bar{X}, X_2 - \bar{X}, \ldots, X_n - \bar{X}$도 다변량 정규분포를 갖고, 식 (2.22)에 의해 $\bar{X}, X_i - \bar{X}, i = 1, \ldots, n$과 동일한 기댓값과 공분산들을 갖는다. 다변량 정규분포는 기댓값과 공분산에 의해 완전히 결정되므로 확률변수 $Y, X_1 - \bar{X}, X_2 - \bar{X}, \ldots, X_n - \bar{X}$와 $\bar{X}, X_1 - \bar{X}, X_2 - \bar{X}, \ldots, X_n - \bar{X}$는 동일한 결합분포를 갖는다고 결론지을 수 있고, 이것은 $\bar{X}$이 편차열 $X_i - \bar{X}, i = 1, \ldots, n$과 독립임을 보여준다.

편차열 $X_i - \bar{X}, i = 1, \ldots, n$과 독립이므로 $\bar{X}$는 다음의 표본분산과도 독립이다,

$$S^2 \equiv \sum_{i=1}^{n} \frac{(X_i - \bar{X})^2}{n-1}$$

S^2의 분포를 구하기 위해 우선 상등관계 (2.21)을 이용하여

$$(n-1)S^2 = \sum_{i=1}^{n} (X_i - \mu)^2 - n(\bar{X} - \mu)^2$$

을 얻고 이것의 양변을 σ^2으로 나누어

$$\frac{(n-1)S^2}{\sigma^2} + \left(\frac{\bar{X} - \mu}{\sigma/\sqrt{n}}\right)^2 = \sum_{i=1}^{n} \frac{(X_i - \mu)^2}{\sigma^2} \tag{2.23}$$

을 얻는다. 이제 $\sum_{i=1}^{n} (X_i - \mu)^2/\sigma^2$는 n개의 독립인 표준정규 확률변수의 제곱의 합이므로 자유도 n의 카이제곱 확률변수가 되고, 따라서 모멘트 생성함수 $(1 - 2t)^{-n/2}$을 갖는다. 또 $[(\bar{X} - \mu)/(\sigma/\sqrt{n})]^2$ 역시 표준정규 확률변수의 제곱이므로 자유도 1의 카이제곱 확률변수가 되고, 모멘트 생성함수 $(1 - 2t)^{-1/2}$을 갖는다. 또한 앞에서 식 (2.23)의 좌변의 두 개의 확률변수는 독립임을 보였다. 독립인 확률변수들의 합의 모멘트 생성함수는 각각의 모멘트 생성함수들의 곱이 되므로

$$E[e^{t(n-1)S^2/\sigma^2}](1-2t)^{-1/2} = (1-2t)^{-n/2}$$

을 얻고 결국

$$E[e^{t(n-1)S^2/\sigma^2}] = (1-2t)^{-(n-1)/2}$$

이 된다. 이제 $(1 - 2t)^{-(n-1)/2}$은 자유도 $n - 1$의 카이제곱 확률변수의 모멘트 생성함수인데, 모멘트 생성함수는 확률분포를유일하게 결정하므로 이것이 바로 $(n - 1)S^2/\sigma^2$ 의 분포이다.

증명한 결과를 요약하면 다음과 같다.

명제 2.5 $X_1, \ldots, X_n$이 독립이고 동일 분포를 갖는 평균 μ, 분산 σ^2인 정규 확률변수들이라고 하면 표본평균 $\bar{X}$ 과 표본분산 S^2은 독립이다. $\bar{X}$는 평균 μ, 분산 σ^2/n인 정규 확률변수이고, $(n - 1)S^2/\sigma^2$는 자유도 $n - 1$인 카이제곱 확률변수이다.

2.7 발생한 사건 수의 분포

임의의 사건 $A_1, \ldots, A_n$을 고려하고, X를 사건이 일어난 수라고 놓자. 이제 X의 확률질량함수를 구해볼 것이다. 우선 $1 \le k \le n$에 대해

$$S_k = \sum_{i_1<\ldots<i_k} P(A_{i_1} \ldots A_{i_k})$$

라고 놓자. 이것은 k개의 별개의 사건들이 일어나는 총 $\binom{n}{k}$ 가지 교집합들의 확률의 합이다. 또한 포함-배제 항등식으로부터 다음을 관찰하자.

$$P(X > 0) = P(\cup_{i=1}^n A_i) = S_1 - S_2 + S_3 - \cdots + (-1)^{n+1} S_n$$

이제 n개의 사건들 중 k개를 $A_{i_1}, \ldots, A_{i_k}$와 같이 고정하고

$$A = \cap_{j=1}^k A_{i_j}$$

라고 놓으면 이는 이 k개의 사건들이 모두 일어나는 사건을 의미하고, 또

$$B = \cap_{j \notin \{i_1, \ldots, i_k\}} A_j^c$$

는 나머지 $n - k$개의 사건들 중 아무것도 일어나지 않는 사건을 의미한다.
따라서, AB는 오직 $A_{i_1}, \ldots, A_{i_k}$만 일어나는 사건이다.

$$A = AB \cup AB^c$$

이므로

$$P(A) = P(AB) + P(AB^c)$$

이다. 즉,

$$P(AB) = P(A) - P(AB^c)$$

이다. $A_j, j \notin \{i_1, \ldots, i_k\}$ 중 적어도 하나가 일어나면 B^c가 발생하므로 다음을 얻는다.

$$B^c = \cup_{j \notin \{i_1, \ldots, i_k\}} A_j$$

따라서,

$$P(AB^c) = P(A \cup_{j \notin \{i_1, \ldots, i_k\}} A_j) = P(\cup_{j \notin \{i_1, \ldots, i_k\}} AA_j)$$

인데, 포함-배제 항등식을 적용하면 다음을 얻는다.

$$P(AB^c) = \sum_{j \notin \{i_1,\ldots,i_k\}} P(AA_j) - \sum_{j_1<j_2 \notin \{i_1,\ldots,i_k\}} P(AA_{j_1}A_{j_2})$$
$$+ \sum_{j_1<j_2<j_3 \notin \{i_1,\ldots,i_k\}} P(AA_{j_1}A_{j_2}A_{j_3}) - \ldots$$

이제 $A = \cap_{j=1}^{k} A_{i_j}$를 이용하면, 단지 k개의 사건 $A_{i_1}, \ldots, A_{i_k}$ 일어날 확률은 다음과 같이 계산된다.

$$P(A) - P(AB^c) = P(A_{i_1} \ldots A_{i_k}) - \sum_{j \notin \{i_1,\ldots,i_k\}} P(A_{i_1} \ldots A_{i_k} A_j)$$
$$+ \sum_{j_1<j_2 \notin \{i_1,\ldots,i_k\}} P(A_{i_1} \ldots A_{i_k} A_{j_1} A_{j_2})$$
$$- \sum_{j_1<j_2<j_3 \notin \{i_1,\ldots,i_k\}} P(A_{i_1} \ldots A_{i_k} A_{j_1} A_{j_2} A_{j_3}) + \cdots$$

위의 결과를 k개의 다른 지수들의 모든 집합에 대해 합을 하면

$$P(X = k) = \sum_{i_1<\ldots<i_k} P(A_{i_1} \ldots A_{i_k}) - \sum_{i_1<\ldots<i_k} \sum_{j \notin \{i_1,\ldots,i_k\}} P(A_{i_1} \ldots A_{i_k} A_j)$$
$$+ \sum_{i_1<\ldots<i_k} \sum_{j_1<j_2 \notin \{i_1,\ldots,i_k\}} P(A_{i_1} \cdots A_{i_k} A_{j_1} A_{j_2}) - \cdots \tag{2.24}$$

을 준다. 우선

$$\sum_{i_1<\ldots<i_k} P(A_{i_1} \ldots A_{i_k}) = S_k$$

임을 기억하고

$$\sum_{i_1<\ldots<i_k} \sum_{j \notin \{i_1,\ldots,i_k\}} P(A_{i_1} \ldots A_{i_k} A_j)$$

을 고려해보자. 이 다중 합에는, $k + 1$개의 다른 사건 $A_{m_1}, \ldots, A_{m_{k+1}}$들의 모든 교집합의 확률이 $\binom{k+1}{k}$번씩 나타나게 된다. 그 이유는 지수들 중 k개를 선택할 때마다 $i_1, \ldots, i_k$의 역할을 하고 나머지 지수가 j 역할을 하여 항 $P(A_{m_1} \ldots A_{m_{k+1}})$을 더하게 되기 때문이다. 결국,

$$\sum_{i_1<\ldots<i_k} \sum_{j \notin \{i_1,\ldots,i_k\}} P(A_{i_1} \ldots A_{i_k} A_j) = \binom{k+1}{k} \sum_{m_1<\ldots<m_{k+1}} P(A_{m_1} \ldots A_{m_{k+1}})$$
$$= \binom{k+1}{k} S_{k+1}$$

을 얻는다. 마찬가지로, $\sum_{i_1<\ldots<i_k} \sum_{j_1<j_2 \notin \{i_1,\ldots,i_k\}} P(A_{i_1} \ldots A_{i_k} A_{j_1} A_{j_2})$에는 $k + 2$개의 다른 사건 $A_{m_1}, \ldots, A_{m_{k+2}}$들의 모든 교집합의 확률이 $\binom{k+2}{k}$번씩 나타나게 되므로 다음을 얻는다.

$$\sum_{i_1<\ldots<i_k} \sum_{j_1<j_2 \notin \{i_1,\ldots,i_k\}} P(A_{i_1} \ldots A_{i_k} A_{j_1} A_{j_2}) = \binom{k+2}{k} S_{k+2}$$

식 (2.24)의 나머지 다중 합에 대해서도 이 논증을 반복하면 다음 결과를 준다.

$$P(X = k) = S_k - \binom{k+1}{k} S_{k+1} + \binom{k+2}{k} S_{k+2} - \cdots + (-1)^{n-k} \binom{n}{k} S_n$$

앞의 식을 다시 쓰면

$$P(X = k) = \sum_{j=k}^{n} (-1)^{k+j} \binom{j}{k} S_j$$

이 된다. 이제 이것을 이용하여 다음을 증명해보자.

$$P(X \geq k) = \sum_{j=k}^{n} (-1)^{k+j} \binom{j-1}{k-1} S_j$$

이것의 증명은 $k = n$으로부터 시작하는 역방향 수학적 귀납법을 사용한다. $k = n$일 때 위의 상등관계는

$$P(X = n) = S_n$$

라고 말하고 있는데 이는 참이다. 이제

$$P(X \geq k+1) = \sum_{j=k+1}^{n} (-1)^{k+1+j} \binom{j-1}{k} S_j$$

을 가정하자. 그러면

$$\begin{aligned}
P(X \geq k) &= P(X = k) + P(X \geq k+1) \\
&= \sum_{j=k}^{n} (-1)^{k+j} \binom{j}{k} S_j + \sum_{j=k+1}^{n} (-1)^{k+1+j} \binom{j-1}{k} S_j \\
&= S_k + \sum_{j=k+1}^{n} (-1)^{k+j} \left[\binom{j}{k} - \binom{j-1}{k} \right] S_j \\
&= S_k + \sum_{j=k+1}^{n} (-1)^{k+j} \binom{j-1}{k-1} S_j \\
&= \sum_{j=k}^{n} (-1)^{k+j} \binom{j-1}{k-1} S_j
\end{aligned}$$

이 되어 증명이 완결된다.

2.8 극한 정리

먼저 마코프(Markov) 부등식이라고 불리는 사실의 증명으로 이 절을 시작한다.

명제 2.6 **(마코프 부등식)** X가 비음의 값만을 갖는 확률변수라고 할 때 임의의 값 $a > 0$에 대해 다음이 성립한다.

$$P\{X \geq a\} \leq \frac{E[X]}{a}$$

증명 X가 밀도함수 f를 갖는 연속변수일 때의 증명만을 보인다.

$$\begin{aligned}
E[X] &= \int_0^\infty x f(x)\, dx \\
&= \int_0^a x f(x)\, dx + \int_a^\infty x f(x)\, dx \\
&\geq \int_a^\infty x f(x)\, dx
\end{aligned}$$

$$\geq \int_a^\infty af(x)\,dx$$
$$= a\int_a^\infty f(x)\,dx$$
$$= aP\{X \geq a\}$$

따라서 결과가 증명된다. ■

이것의 따름명제로 다음을 얻는다.

명제 2.7 [체비쇼프 부등식(Chebyshev's Inequality)] X가 평균이 μ이고 분산이 σ^2인 확률변수라 하면 임의의 $k > 0$에 대해 다음이 성립한다.

$$P\{|X - \mu| \geq k\} \leq \frac{\sigma^2}{k^2}$$

증명▶ $(X - \mu)^2$은 비음의 확률변수이므로 마코프 부등식을 적용하여($a = k^2$으로 놓고)

$$P\{(X - \mu)^2 \geq k^2\} \leq \frac{E[(X - \mu)^2]}{k^2}$$

을 얻는다. 그런데 $(X - \mu)^2 \geq k^2$이 될 필요충분조건은 $|X - \mu| \geq k$이므로 위의 식은

$$P\{|X - \mu| \geq k\} \leq \frac{E[(X - \mu)^2]}{k^2} = \frac{\sigma^2}{k^2}$$

과 동등하고 이로써 증명이 완결된다. ■

마코프 부등식과 체비쇼프 부등식이 유용한 이유는 확률분포의 평균만 또는 평균과 분산만 주어질 때 확률의 상한을 구할 수 있게 해주기 때문이다. 물론 실제 분포가 주어졌다면 의도하는 확률을 정확히 계산할 수 있어 상한에 의존할 필요는 없다.

예제 2.49 일주일 동안 공장에서 생산된 제품수가 평균 500인 확률변수라고 가정하자.

(a) 이번 주의 생산량이 1000개 이상일 확률에 대해 무엇을 말할 수 있겠는가?

(b) 일주일 생산량의 분산이 100이라면, 이번 주의 생산량이 400개와 600개 사이에 있을 확률에 대해 말해보라.

풀이▶ X를 일주일간의 생산량이라고 놓자.

(a) 마코프 부등식에 의해

$$P\{X \geq 1000\} \leq \frac{E[X]}{1000} = \frac{500}{1000} = \frac{1}{2}$$

(b) 체비쇼프 부등식에 의해

$$P\{|X - 500| \geq 100\} \leq \frac{\sigma^2}{(100)^2} = \frac{1}{100}$$

이 되고 따라서,

$$P\{|X - 500| < 100\} \geq 1 - \frac{1}{100} = \frac{99}{100}$$

이다. 즉, 이번 주의 생산량이 400개와 600개 사이에 있을 확률은 적어도 0.99이다. ■

큰 수의 강법칙(strong law of large numbers)이라고 알려진 다음의 정리는 아마도 확률이론에서 가장 유명한 결과일 것이다. 이 정리는 독립이고 동일한 분포를 따르는 확률변수열의 평균은 확률 1로, 그것들의 분포의 평균에 수렴한다고 말하고 있다.

정리 2.1 (큰 수의 강법칙) $X_1, X_2, \ldots$이 동일한 분포를 갖고 독립인 확률변수들의 열이고 $E[X_i] = \mu$라고 하면, 확률 1로 다음이 성립한다.

$$\frac{X_1 + X_2 + \cdots + X_n}{n} \to \mu \qquad n \to \infty \text{일 때}$$

이 정리의 예를 보기 위해 독립시행이 연이어 실행되었다고 가정하자. E를 고정된 사건이라 놓고 $P(E)$를 임의의 특정한 시행에서 E가 발생할 확률이라고 하자.

$$X_i = \begin{cases} 1, & E\text{가 } i\text{번째 시행에서 발생한 경우} \\ 0, & E\text{가 } i\text{번째 시행에서 발생하지 않은 경우} \end{cases}$$

로 정의하면 큰 수의 강법칙에 의해 확률 1로 다음이 성립한다.

$$\frac{X_1 + \cdots + X_n}{n} \to E[X] = P(E) \tag{2.25}$$

$X_1 + \cdots + X_n$는 첫 n번의 시행에서 사건 E가 일어나는 횟수를 나타내므로, 식 (2.25)는 사건 E가 일어나는 횟수의 극한 비율은 확률 1로 $P(E)$가 된다고 말하고 있다.

큰 수의 강법칙과 더불어 확률이론의 최고의 자리를 경쟁하고 있는 것이 **중심극한정리**(central limit theorem)이다. 이론적인 흥미나 중요성 외에도, 이 정리는 독립인 확률변수들의 합에 대한 근사 확률을 계산할 수 있는 간단한 방법을 제공한다. 이는 또한 왜 그렇게도 많은 자연스럽게 등장하는 모집단의 경험적인 빈도가 종모양의(즉, 정규분포의) 곡선을 보여주는 지도 설명해준다.

정리 2.2 (중심극한정리) $X_1, X_2, \ldots$가 각각 평균 μ와 분산 σ^2을 갖고 독립이면서 동일하게 분포하는 확률변수 열이라고 하자. 그러면

$$\frac{X_1 + X_2 + \cdots + X_n - n\mu}{\sigma\sqrt{n}}$$

의 분포는 $n \to \infty$일 때 표준정규분포가 되어간다. 즉, $n \to \infty$일 때

$$P\left\{\frac{X_1 + X_2 + \cdots + X_n - n\mu}{\sigma\sqrt{n}} \le a\right\} \to \frac{1}{\sqrt{2\pi}} \int_{-\infty}^{a} e^{-x^2/2}\, dx$$

이 절의 다른 결과들과 같이 이 정리도 X_i들의 분포에 무관하게 성립함을 주목하라. 이것이 이들 정리의 강점이다.

X가 모수 n, p를 갖는 이항분포를 따를 때 X는 모수 p를 갖는 n개의 독립인 베르누이 확률변수들의 합의 분포와 같다. (베르누이 확률변수는 단지 모수 n이 1이 되는 이항 확률변수임을 기억하라.) 따라서

$$\frac{X - E[X]}{\sqrt{\text{Var}(X)}} = \frac{X - np}{\sqrt{np(1-p)}}$$

의 분포는 n이 ∞로 접근할 때 표준정규분포에 접근한다. 이 정규근사는 대체로 $np(1-p) \geq 10$을 만족하는 n에 대해 꽤 잘 들어맞는다.

예제 2.50 (이항분포에 대한 정규근사) X가 공정한 동전을 40번 던질 때 나온 앞면의 횟수라고 하자. $X = 20$일 확률을 구하라. 정규근사를 사용한 후 정확한 해와 비교하라.

풀이▶ 이항 확률변수는 이산적이고 정규 확률변수는 연속적이므로 원하는 확률을 다음과 같이 써서 구하는 것이 더 좋은 결과를 준다.

$$\begin{aligned} P\{X=20\} &= P\{19.5 < X < 20.5\} \\ &= P\left\{\frac{19.5-20}{\sqrt{10}} < \frac{X-20}{\sqrt{10}} < \frac{20.5-20}{\sqrt{10}}\right\} \\ &= P\left\{-0.16 < \frac{X-20}{\sqrt{10}} < 0.16\right\} \\ &\approx \Phi(0.16) - \Phi(-0.16) \end{aligned}$$

여기서 $\Phi(x)$는 표준정규 확률변수가 x보다 작을 확률이다. 즉,

$$\Phi(x) = \frac{1}{\sqrt{2\pi}} \int_{-\infty}^{x} e^{-y^2/2}\, dy$$

표준정규분포의 대칭성에 의해

$$\Phi(-0.16) = P\{N(0,1) > 0.16\} = 1 - \Phi(0.16)$$

가 된다. 여기서 $N(0, 1)$은 표준정규 확률변수이다. 따라서 원하는 확률은 근사적으로

$$P\{X=20\} \approx 2\Phi(0.16) - 1$$

이 되고 표 2.3을 사용하여

$$P\{X=20\} \approx 0.1272$$

를 얻는다. 정확한 결과는

$$P\{X=20\} = \binom{40}{20}\left(\frac{1}{2}\right)^{40}$$

인데, 이를 계산하면 0.1268이 된다. ■

예제 2.51 $X_i,\ i = 1, 2, \ldots, 10$가 $(0, 1)$에서 균등하게 분포된 독립인 확률변수들이라고 하자. $P\{\sum_1^{10} X_i > 7\}$를 추정하라.

풀이▶ $E[X_i] = \frac{1}{2}$, $\mathrm{Var}(X_i) = \frac{1}{12}$이므로 중심극한정리에 의해 다음을 얻는다.

$$\begin{aligned} P\left\{\sum_1^{10} X_i > 7\right\} &= P\left\{\frac{\sum_1^{10} X_i - 5}{\sqrt{10\left(\frac{1}{12}\right)}} > \frac{7-5}{\sqrt{10\left(\frac{1}{12}\right)}}\right\} \\ &\approx 1 - \Phi(2.2) \\ &= 0.0139 \end{aligned}$$

■

예제 2.52 각 배터리의 수명이 평균이 40시간이고 표준편차가 20시간인 확률변수라고 한다. 배터리는 고장 날 때까지 사용되다가 고장 시점에서 새 것으로 교체된다고 한다. 배터리의 수명이 독립이라고 가정할 때, 25개의 배터리로 사용시간을 1100시간을 넘길 수 있을 확률을 근사적으로 구하라.

풀이 X_i를 i번째 사용되는 배터리의 수명이라고 놓으면 원하는 확률은 $p = P\{X_1 + \cdots + X_{25} > 1100\}$이 되고 이는 다음과 같이 근사된다.

$$\begin{aligned} p &= P\left\{\frac{X_1 + \cdots + X_{25} - 1000}{20\sqrt{25}} > \frac{1100 - 1000}{20\sqrt{25}}\right\} \\ &\approx P\{N(0,1) > 1\} \\ &= 1 - \Phi(1) \\ &\approx 0.1587 \end{aligned}$$

■

중심극한정리의 개략적인 증명은 다음과 같다. 먼저 X_i가 평균이 0, 분산이 1이고 모멘트 생성함수 $E[e^{tX}]$를 갖는 독립인 확률변수들이라고 가정하자. $\frac{X_1+\cdots+X_n}{\sqrt{n}}$의 모멘트 생성함수는

$$\begin{aligned} E\left[\exp\left\{t\left(\frac{X_1 + \cdots + X_n}{\sqrt{n}}\right)\right\}\right] &= E[e^{tX_1/\sqrt{n}}e^{tX_2/\sqrt{n}} \cdots e^{tX_n/\sqrt{n}}] \\ &= (E[e^{tX/\sqrt{n}}])^n \quad \text{독립이므로} \end{aligned}$$

이 된다. 이제 n이 클 때, e^y의 테일러급수 전개로부터 다음을 얻는다.

$$e^{tX/\sqrt{n}} \approx 1 + \frac{tX}{\sqrt{n}} + \frac{t^2X^2}{2n}$$

기댓값을 취하여 n이 클 때 다음을 얻는다.

$$\begin{aligned} E[e^{tX/\sqrt{n}}] &\approx 1 + \frac{tE[X]}{\sqrt{n}} + \frac{t^2E[X^2]}{2n} \\ &= 1 + \frac{t^2}{2n} \quad E[X] = 0,\ E[X^2] = 1\text{이므로} \end{aligned}$$

따라서 n이 클 때

$$E\left[\exp\left\{t\left(\frac{X_1 + \cdots + X_n}{\sqrt{n}}\right)\right\}\right] \approx \left(1 + \frac{t^2}{2n}\right)^n$$

을 얻는다. n이 ∞로 갈 때 이 근사는 정확한 값이 됨을 보일 수 있어 다음을 얻는다.

$$\lim_{n\to\infty} E\left[\exp\left\{t\left(\frac{X_1 + \cdots + X_n}{\sqrt{n}}\right)\right\}\right] = e^{t^2/2}$$

따라서 $\frac{X_1+\cdots+X_n}{\sqrt{n}}$의 모멘트 생성함수는 평균이 0 분산이 1인 (표준정규) 확률변수의 모멘트 생성함수에 수렴한다. 이로부터 확률변수 $\frac{X_1+\cdots+X_n}{\sqrt{n}}$의 분포함수가 표준정규 분포함수 Φ에 수렴함이 증명된다.

X_i가 평균 μ와 분산 σ^2를 가지면 확률변수 $\frac{X_i-\mu}{\sigma}$는 평균 0 분산이 1을 갖게 되고, 위의 결과로부터 다음이 증명된다.

$$P\left\{\frac{X_1 - \mu + X_2 - \mu + \cdots + X_n - \mu}{\sigma\sqrt{n}} \le a\right\} \to \Phi(a)$$

표 2.3 표준정규곡선 아래의 x 왼쪽 부분의 면적 $\Phi(x)$

x	0.00	0.01	0.02	0.03	0.04	0.05	0.06	0.07	0.08	0.09
0.0	0.5000	0.5040	0.5080	0.5120	0.5160	0.5199	0.5239	0.5279	0.5319	0.5359
0.1	0.5398	0.5438	0.5478	0.5517	0.5557	0.5597	0.5636	0.5675	0.5714	0.5753
0.2	0.5793	0.5832	0.5871	0.5910	0.5948	0.5987	0.6026	0.6064	0.6103	0.6141
0.3	0.6179	0.6217	0.6255	0.6293	0.6331	0.6368	0.6406	0.6443	0.6480	0.6517
0.4	0.6554	0.6591	0.6628	0.6664	0.6700	0.6736	0.6772	0.6808	0.6844	0.6879
0.5	0.6915	0.6950	0.6985	0.7019	0.7054	0.7088	0.7123	0.7157	0.7190	0.7224
0.6	0.7257	0.7291	0.7324	0.7357	0.7389	0.7422	0.7454	0.7486	0.7517	0.7549
0.7	0.7580	0.7611	0.7642	0.7673	0.7704	0.7734	0.7764	0.7794	0.7823	0.7852
0.8	0.7881	0.7910	0.7939	0.7967	0.7995	0.8023	0.8051	0.8078	0.8106	0.8133
0.9	0.8159	0.8186	0.8212	0.8238	0.8264	0.8289	0.8315	0.8340	0.8365	0.8389
1.0	0.8413	0.8438	0.8461	0.8485	0.8508	0.8531	0.8554	0.8557	0.8599	0.8621
1.1	0.8643	0.8665	0.8686	0.8708	0.8729	0.8749	0.8770	0.8790	0.8810	0.8830
1.2	0.8849	0.8869	0.8888	0.8907	0.8925	0.8944	0.8962	0.8980	0.8997	0.9015
1.3	0.9032	0.9049	0.9066	0.9082	0.9099	0.9115	0.9131	0.9147	0.9162	0.9177
1.4	0.9192	0.9207	0.9222	0.9236	0.9251	0.9265	0.9279	0.9292	0.9306	0.9319
1.5	0.9332	0.9345	0.9357	0.9370	0.9382	0.9394	0.9406	0.9418	0.9429	0.9441
1.6	0.9452	0.9463	0.9474	0.9484	0.9495	0.9505	0.9515	0.9525	0.9535	0.9545
1.7	0.9554	0.9564	0.9573	0.9582	0.9591	0.9599	0.9608	0.9616	0.9625	0.9633
1.8	0.9641	0.9649	0.9656	0.9664	0.9671	0.9678	0.9686	0.9693	0.9699	0.9706
1.9	0.9713	0.9719	0.9726	0.9732	0.9738	0.9744	0.9750	0.9756	0.9761	0.9767
2.0	0.9772	0.9778	0.9783	0.9788	0.9793	0.9798	0.9803	0.9808	0.9812	0.9817
2.1	0.9821	0.9826	0.9830	0.9834	0.9838	0.9842	0.9846	0.9850	0.9854	0.9857
2.2	0.9861	0.9864	0.9868	0.9871	0.9875	0.9878	0.9881	0.9884	0.9887	0.9890
2.3	0.9893	0.9896	0.9898	0.9901	0.9904	0.9906	0.9909	0.9911	0.9913	0.9916
2.4	0.9918	0.9920	0.9922	0.9925	0.9927	0.9929	0.9931	0.9932	0.9934	0.9936
2.5	0.9938	0.9940	0.9941	0.9943	0.9945	0.9946	0.9948	0.9949	0.9951	0.9952
2.6	0.9953	0.9955	0.9956	0.9957	0.9959	0.9960	0.9961	0.9962	0.9963	0.9964
2.7	0.9965	0.9966	0.9967	0.9968	0.9969	0.9970	0.9971	0.9972	0.9973	0.9974
2.8	0.9974	0.9975	0.9976	0.9977	0.9977	0.9978	0.9979	0.9979	0.9980	0.9981
2.9	0.9981	0.9982	0.9982	0.9983	0.9984	0.9984	0.9985	0.9985	0.9986	0.9986
3.0	0.9987	0.9987	0.9987	0.9988	0.9988	0.9989	0.9989	0.9989	0.9990	0.9990
3.1	0.9990	0.9991	0.9991	0.9991	0.9992	0.9992	0.9992	0.9992	0.9993	0.9993
3.2	0.9993	0.9993	0.9994	0.9994	0.9994	0.9994	0.9994	0.9995	0.9995	0.9995
3.3	0.9995	0.9995	0.9995	0.9996	0.9996	0.9996	0.9996	0.9996	0.9996	0.9997
3.4	0.9997	0.9997	0.9997	0.9997	0.9997	0.9997	0.9997	0.9997	0.9997	0.9998

이로써 중심극한정리가 증명된다.

2.9 확률과정

확률과정(stochastic process) $\{X(t),\ t \in T\}$는 확률변수들의 모임이다. 즉, 각 $t \in T$에 대해 $X(t)$는 확률변수이다. 지수 t는 보통 시간을 의미하며 그에 따라 $X(t)$를 시점 t에서의 **상태**(state)라고 말한다. 예를 들어 $X(t)$는 시점 t까지 수퍼마켓에 들어간 고객의 총 수, 시점 t에 수퍼마켓 안에 있는 고객의 수, 시점 t까지 기록된 총 판매액 등등이 될 수 있다.

집합 T를 확률과정의 지수(index) 집합이라고 부른다. T가 가산집합일 때 확률과정을 **이산시간**

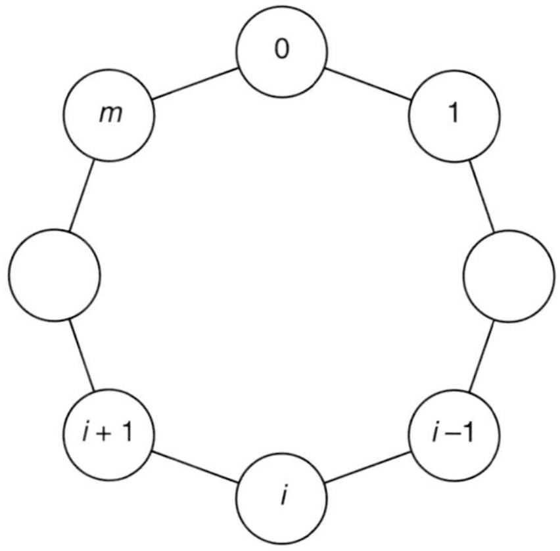

그림 2.3 원 주위를 이동하는 입자.

(discrete-time) 과정이라고 부르고, T가 실직선의 구간일 때는 **연속시간**(continuos-time) 과정이라고 부른다. 예를 들어, $\{X_n, n = 0, 1, \ldots\}$은 비음의 정수를 지수로 갖는 이산시간 확률과정이고, $\{X(t), t \geq 0\}$은 비음의 실수를 지수로 갖는 이산시간 확률과정이다.

확률과정의 **상태공간**(state space)은 확률변수 $X(t)$가 취할 수 있는 모든 값의 집합으로 정의된다. 즉, 확률과정은 어떤 (물리적) 과정의 시간의 경과에 따른 진화를 나타내는 확률변수들의 모임이다. 이 교재의 뒤따르는 장들에서 여러 확률과정에 대해 알아볼 것이다.

예제 2.53 원 주위를 따라 배열된 $0, \ldots, m$의 $m + 1$개의 노드를 따라서 이동하는 입자를 고려하자(그림 2.3을 보라). 매 단계마다 입자는 동일한 가능성으로 시계방향 또는 반시계방향으로 한 위치를 이동한다. 즉, X_n를 n번째 단계 이후의 입자의 위치라고 하면,

$$P\{X_{n+1} = i + 1 | X_n = i\} = P\{X_{n+1} = i - 1 | X_n = i\} = \frac{1}{2}$$

이다. 여기서 $i = m$일 때 $i + 1 \equiv 0$이고 $i = 0$일 때 $i - 1 \equiv m$이다. 입자가 0에서 출발하여 노드 $0, \ldots, m$을 모두 방문할 때까지 위와 같은 규칙으로 계속 이동한다고 가정할 때, 노드 $i, i = 1, \ldots, m$이 마지막으로 방문된 노드일 확률을 구하라.

풀이 놀랍게도 노드 i가 마지막 방문노드일 확률은 아무런 계산 없이 구할 수 있다. 먼저 입자가 노드 i의 두 개의 이웃 중 하나에, 즉 노드 $i - 1$ 또는 노드 $i + 1$(이때 $m + 1 \equiv 0$) 중 하나에 처음으로 있게 될 때를 생각해보자. 먼저 그것이 $i - 1$이라고 가정하자(다른 경우의 논증도 동일하다). 노드 i와 노드 $i + 1$ 모두 아직 방문되지 않았으므로, 노드 i가 마지막 방문노드일 필요충분조건은 $i + 1$이 i보다 먼저 방문되는 것이다. 그 이유는 i전에 $i + 1$을 방문하기 위해서는 입자는 $i - 1$부터 $i + 1$까지의 반시계방향의 경로상의 모든 노드를 방문해야 하기 때문이다. 그런데 노드 $i - 1$에 있는 입자가 i전에 $i + 1$을 방문할 확률은, 입자가 다른 방향으로 한 단계를 나아가기 전에 $m - 1$ 단계를 지정된 방향으로 진행할 확률이다. 즉, 이는 하나를 가지고 시작한 도박자가 공정한 동전의 앞면이 나오면 하나를 따고 뒷면이 나오면 하나를 잃는 게임을 계속하여, 돈을 다 잃기 전에 재산이 $m - 1$에 도달할 확률과 같다. 그런데 이 논증은 노드 i가 마지막 방문 노드일 확률은 모든 i에 대해 동일함을 의미하고 또 확률의 합은 1이어야 하므로 다음 결과를 얻는다.

$$P\{i\text{가 마지막 방문 노드}\} = 1/m, \; i = 1, \ldots, m$$ ■

참고: 예제 2.53에서 제시된 논증은 동일한 가능성으로 한 단위를 따거나 잃는 도박자가 1 단위 상승 전에 n단위 하락할 확률이 $1/(n+1)$임을 보여준다. 또는 이와 동등하게,

$$P\{\text{도박자가 } n \text{ 하락 전에 1 상승}\} = \frac{n}{n+1}$$

이다. 이제 도박자가 n 하락 전에 2 상승할 확률을 구한다고 해보자. n 하락 전에 1 상승에 도달했다는 조건을 주면, 다음을 얻는다.

$$\begin{aligned} &P\{\text{도박자가 } n \text{ 하락 전에 2 상승}\} \\ &= P\{n \text{ 하락 전에 2 상승} \mid n \text{ 하락 전에 1 상승}\}\frac{n}{n+1} \\ &\quad = P\{n+1 \text{ 하락 전에 1 상승}\}\frac{n}{n+1} \\ &\quad = \frac{n+1}{n+2}\frac{n}{n+1} = \frac{n}{n+2} \end{aligned}$$

이와 같은 논증을 반복하면 다음 결과를 얻는다.

$$P\{\text{도박자가 } n \text{ 하락 전에 } k \text{ 상승}\} = \frac{n}{n+k}$$

›› 연습 문제

1. 다섯 개의 빨간색 공, 세 개의 주황색 공, 두 개의 파란색 공이 들어있는 항아리에서 두 개의 공을 무작위로 꺼낸다. 이 실험의 표본공간은 무엇인가? X를 꺼내진 주황색 공의 수라고 하면 X의 가능한 값은? $P\{X=0\}$을 계산하라.

2. 동전을 n번 던져 나온 앞면의 횟수와 뒷면의 횟수의 차이를 X라고 하자. X의 가능한 값은?

3. 연습 문제 2에서 동전이 공정하고 $n=2$라면, X의 각 가능한 값에 대한 확률을 구하라.

***4.** 주사위를 두 번 굴렸다. 다음의 각 확률변수가 취할 수 있는 값들을 구하라.

(a) 두 번 굴렸을 때 나오는 최대값

(b) 두 번 굴렸을 때 나오는 최소값

(c) 두 번 굴려 나온 값들의 합

(d) 첫 번째 나온 값에서 두 번째 나온 값을 뺀 값

5. 연습 문제 4의 주사위가 공정하다고 가정할 때 (a)~(d)의 각 확률변수의 가능한 값들에 대한 확률을 구하라.

6. 다섯 개의 공정한 동전을 던졌다. E를 모든 동전이 앞면이 나온 사건이라고 하자. 확률변수 I_E를 다음과 같이 정의하자.

$$I_E = \begin{cases} 1, & E\text{가 일어나면} \\ 0, & E^c\text{가 일어나면} \end{cases}$$

I_E가 1인 것은 원래의 표본공간에서 어떤 결과에 해당하는가? $P\{I_E=1\}$을 구하라.

7. 앞면이 나올 확률이 0.7인 동전을 세 번 던졌다. 이때 X를 앞면이 나온 횟수라고 하자. X의 확률질량함수를 구하라.

8. X의 분포함수가 다음과 같다고 하자.

$$F(b) = \begin{cases} 0, & b < 0 \\ \frac{1}{2}, & 0 \le b < 1 \\ 1, & 1 \le b < \infty \end{cases}$$

X의 확률질량함수를 구하라.

9. F의 분포함수가 다음과 같다고 하자.

$$F(b) = \begin{cases} 0, & b < 0 \\ \frac{1}{2}, & 0 \le b < 1 \\ \frac{3}{5}, & 1 \le b < 2 \\ \frac{4}{5}, & 2 \le b < 3 \\ \frac{9}{10}, & 3 \le b < 3.5 \\ 1, & b \ge 3.5 \end{cases}$$

X의 확률질량함수를 구하라.

10. 세 개의 공정한 주사위를 던졌다. 6이 한 개 이하 나올 확률은 얼마인가?

***11.** 세 개의 흰 공과 세 개의 검은 공이 들어있는 항아리에서 공 하나를 꺼낸다. 꺼낸 다음 도로 넣고 또 하나의 공을 꺼낸다. 이렇게 무한히 계속한다. 꺼낸 첫 네 개의 공 가운데 정확히 두 개가 흰 공일 확률을 구하라.

12. 각 문제마다 세 개의 가능한 답 중에서 하나를 선택하도록 하는 다섯 개의 문제로 구성된 시험이 있다. 단지 추측으로만 네 문제 이상 답을 맞힐 확률은 얼마인가?

13. 어떤 사람이 초감각(ESP)을 가지고 있다고 주장한다. 시험하기 위해 동전을 열 번 던졌다. 매번 던지기 전에 결과를 예측하도록 했는데, 열 번 중 일곱 번을 맞혔다. ESP가 없는 사람이 이 이상의 성과를 낼 확률은 얼마인가? (이때 적합한 확률은 왜 $P\{X = 7\}$이 아니고 $P\{X \ge 7\}$이어야 하는가?)

14. X가 모수 6과 $\frac{1}{2}$을 갖는 이항분포를 따른다고 하자. $X = 3$이 가장 가능성 높은 결과임을 보여라.

15. X가 모수 n, p를 갖는 이항분포를 따른다고 하자. k가 0에서 n으로 갈 때, $P\{X = k\}$는 단조 증가하다가 단조 감소하여 다음 점에서 최댓값을 가짐을 보여라.

(a) $(n + 1)p$가 정수이면, k가 $(n + 1)p - 1$ 또는 $(\mathrm{n} + 1)p$일 때

(b) $(n + 1)p$가 정수가 아니면, k가 $(n + 1)p - 1 < k < (n + 1)p$를 만족할 때

힌트: $P\{X = k\}/P\{X = k - 1\}$를 고려하고 k가 얼마일 때 이 값이 1보다 크거나 작은지 보라.

***16.** 어떤 항공사에서 탑승권 예약자의 5%가 탑승하러 오지 않음을 알았다. 이에 따라 50명의 승객을 태울 수 있는 항공편에 52개의 탑승권을 파는 정책을 쓰고 있다. 탑승하러 나온 모든 승객에게 좌석배정이 가능할 확률을 구하라.

17. 어떤 실험이 결과 i가 나올 확률이 p_i, $i = 1, \ldots, r$, $\sum_{i=1}^{r} p_i = 1$인 r개의 결과를 가지고 있다고 하자. 이 실험이 n회 수행되었고, 어느 실험의 결과도 다른 $n - 1$번의 실험의 결과에 영향을 미치지 않는다고 가정하면, 첫 번째 결과가 x_1회, 두 번째 결과가 x_2회, $\ldots$, r 번째 결과가 x_r회 일어날 확률은

$$\frac{n!}{x_1!\,x_2!\ldots x_r!}\, p_1^{x_1} p_2^{x_2} \cdots p_r^{x_r}, \text{ 여기서 } x_1 + x_2 + \cdots + x_r = n$$

임을 증명하라. 이것을 **다항분포**(mltinomial distribution)라고 부른다.

18. 연습 문제 17에서 X_i, $i = 1, \ldots, r$을 결과 i가 일어난 횟수라고 놓자.

(a) 조건부 확률의 정의를 사용하여, $0 \le j \le n$에 대해 $P\{X_i = x_i, i = 1, \ldots, r-1 | X_r = j\}$를 구하라.

(b) $X_r = j$로 조건을 줄 때 $X_1, \ldots, X_{r-1}$의 조건부 분포는 무엇이라고 결론짓겠는가?

(c) (b)의 답에 대해 직관적으로 설명하라.

19. 연습 문제 17에서 X_i, $i = 1, \ldots, r$을 결과 i가 일어난 횟수라고 놓자. $X_1 + X_2 + \ldots + X_k$의 확률질량함수를 구하라.

20. 어느 TV 판매장에 들어오는 고객 중 50%가 저가형 TV를, 20%가 고가형 TV를 구입하고 나머지 30%는 그냥 둘러보고 나간다고 한다. 어느 날 5명의 고객이 가게에 들어왔다면, 그 중 두 명이 고가형 TV를, 한 명이 저가형 TV를 구입하고 나머지 두 명은 아무것도 구매하지 않을 확률은 얼마인가?

21. 연습 문제 20에서 그날 세 대 이상의 TV를 판매할 확률은 얼마인가?

22. 공정한 동전을 연달아 던질 때 다섯 번 째 시행에서 앞면이 처음으로 나올 확률은 얼마인가?

***23.** 앞면이 나올 확률이 p인 동전을 앞면이 r번 나올 때까지 계속 던진다. 이때 필요한 동전던지기 횟수를 X라고 할 때 X가 n, $n \ge r$일 확률은 다음과 같음을 논증하라.

$$P\{X = n\} = \binom{n-1}{r-1} p^r (1-p)^{n-r}, \qquad n \ge r$$

이것을 **음이항**(negative binomial) 분포라고 부른다.

힌트: 첫 $n - 1$회의 시행에서 몇 번의 성공이 있어야 하는가?

24. X의 확률질량함수가 다음과 같다.

$$p(k) = \binom{r+k-1}{r-1} p^r (1-p)^k, \qquad k = 0, 1, \ldots$$

확률변수 X는 무엇을 나타내는가?

힌트: 연습 문제 23을 보라.

연습 문제 25와 26에서는 두 개의 팀이 시리즈(series) 경기를 하는데 매 경기마다 독립적으로 팀 A가 이길 확률은 p이고 B가 이길 확률은 $1 - p$이다. 이 시리즈의 우승은 먼저 i번의 게임을 이기는 팀이 차지하게 된다.

25. $i = 4$일 때, 총 7 경기가 행해질 확률을 구하라. 또한 이 확률이 $p = \frac{1}{2}$일 때 최대가 됨을 보여라.

26. 다음 각 경우에 행해지는 경기의 수의 기댓값을 구하라.

(a) $i = 2$

(b) $i = 3$

또한, 두 경우 모두 $p = \frac{1}{2}$일 때 기댓값이 최대가 됨을 보여라.

***27.** 공정한 동전을 독립적으로 n번 던지는 데 A가 k번, B가 $n - k$번 던진다. A와 B가 던진 것에서 각각 동일한 수의 앞면이 나올 확률은 총 k개의 앞면이 나올 확률과 같음을 보여라.

28. 동일한 가능성으로 0 또는 1이 되는 확률변수를 생성하고 싶다, 그런데 가지고 있는 것은 앞면이 나올 확률이 (미지의) 확률 p인 편중된(biased) 동전뿐이다. 다음의 절차를 생각해보자.

1. 동전을 던진다. 앞면인지 뒷면인지의 결과를 0_1이라고 하자.
2. 동전을 또 한 번 던진다. 결과를 0_2라고 하자.

3. 0_1과 0_2가 같으면 단계 1로 돌아간다.
4. 0_2가 앞면이면 $X = 0$으로 아니면 $X = 1$로 놓는다.
   (a) 위의 절차에 따라 생성된 확률변수 X는 동일한 가능성으로 0 또는 1임을 보여라.
   (b) 위의 절차 대신에, 마지막 두 번의 결과가 다를 때까지 동전을 계속 던진 후 마지막 던진 결과가 앞면이면 $X = 0$으로, 뒷면이면 $X = 1$로 놓는, 보다 간단한 절차를 사용해도 같은 결과를 주겠는가?

29. 앞면이 나올 확률이 p인 동전을 독립적으로 n번을 던진다. 직전에 나온 면과 다른 면이 나올 때마다 전환이 일어났다고 말하자. 예를 들어, 동전 던지기의 결과 $H\ H\ T\ H\ T\ H\ H\ T$에는 총 다섯 번의 전환이 있다. $p = \frac{1}{2}$라면, k번의 전환이 있을 확률은 얼마인가?

30. X가 모수 λ를 갖는 푸아송 확률변수라고 하자. $P\{X = i\}$는 i가 증가함에 따라 단조 증가하다가 단조 감소하여, λ를 넘지 않는 최대의 정수 i에서 최댓값을 가짐을 보여라.

힌트: $P\{X = i\}/P\{X = i - 1\}$를 고려하라.

31. 다음 각 경우에 푸아송 근사와 정확한 이항 확률값을 비교하라.
   (a) $P\{X = 2\}$, $n = 8$, $p = 0.1$일 때
   (b) $P\{X = 9\}$, $n = 10$, $p = 0.95$일 때
   (c) $P\{X = 0\}$, $n = 10$, $p = 0.1$일 때
   (d) $P\{X = 4\}$, $n = 9$, $p = 0.2$일 때

32. 당첨 가능성이 $\frac{1}{100}$인 복권을 1개씩 50번을 산다면 (a) 적어도 한 번 (b) 단 한 번 (c) 적어도 두 번 당첨될 확률은 각각 얼마인가?

33. X가 다음 확률밀도함수 갖는 확률변수라고 하자.

$$f(x) = \begin{cases} c(1 - x^2), & -1 < x < 1 \\ 0, & \text{그 외의 경우} \end{cases}$$

   (a) c를 구하라.
   (b) X의 누적분포함수를 구하라.

34. X의 확률밀도함수가 다음과 같다.

$$f(x) = \begin{cases} c(4x - 2x^2), & 0 < x < 2 \\ 0, & \text{그 외의 경우} \end{cases}$$

   (a) c를 구하라.
   (b) $P\left\{\frac{1}{2} < X < \frac{3}{2}\right\} = ?$

35. X의 확률밀도함수가 다음과 같다.

$$f(x) = \begin{cases} 10/x^2, & x > 10\text{일 때} \\ 0, & x \le 10\text{일 때} \end{cases}$$

   X의 분포함수를 구하라. $P\{X > 20\}$을 구하라.

36. 점이 반지름 1인 원판 내에 균등하게 분포되어 있다. 즉, 밀도함수가

$$f(x, y) = C, \qquad 0 \le x^2 + y^2 \le 1$$

   이다. 점에서 원점까지의 거리가 x, $0 \le x \le 1$보다 작을 확률을 구하라.

37. $X_1, X_2, \ldots, X_n$이 각각 (0, 1)에서 균등분포를 따르는 독립인 확률변수라고 하자.

$M = \max\{X_1, X_2, \ldots, X_n\}$라고 할 때 M의 분포함수가 다음과 같음을 보여라.

$$F_M(x) = x^n, \qquad 0 \le x \le 1$$

M의 확률밀도함수를 구하라.

***38.** X의 밀도함수가

$$f(x) = \begin{cases} ce^{-2x}, & 0 < x < \infty \\ 0, & x < 0 \end{cases}$$

일 때 c를 구하라. $P\{X > 2\}$는 얼마인가?

39. 확률변수 X의 확률질량함수가

$$p(1) = \tfrac{1}{2}, \qquad p(2) = \tfrac{1}{3}, \qquad p(24) = \tfrac{1}{6}$$

일 때 $E[X]$를 계산하라.

40. 두 팀이 시리즈 경기를 하고 있는데, 매 경기는 독립이고 각 경기에서 A팀이 이길 확률은 p, B팀이 이길 확률은 $1 - p$라고 한다. 네 번의 경기를 먼저 이기면 우승자가 된다고 할 때, 필요한 경기의 수의 기댓값을 구하라. $p = \frac{1}{2}$일 때 이 값은 얼마인가?

41. 연습 문제 29에서 p가 임의의 값이라고 하자. 전환되는 횟수의 기댓값을 구하라.

42. 이전에 받는 쿠폰 유형에 독립적으로, m개의 다른 유형의 쿠폰 중에서 동일한 가능성으로 하나씩을 받는다고 하자. 각 유형의 쿠폰을 적어도 하나씩 모으기 위해 받아야하는 총 쿠폰의 수의 기댓값을 구하라.

힌트: X를 필요한 쿠폰의 수라고 하면, X를

$$X = \sum_{i=1}^{m} X_i$$

과 같이 표현하면 편리하다. 여기서 X_i는 기하 확률변수이다.

43. 항아리에 n개의 붉은 공과 m개의 검은 공, 모두 $n + m$개의 공이 들어 있다. 다시 집어넣지 않고 않고 하나씩 공을 꺼낼 때, X를 최초의 검은 공이 나오기 전에 꺼내진 붉은 공의 수라고 하자. $E[X]$를 계산하고 싶다. 이를 위해 먼저 붉은 공에 1부터 n까지 번호를 붙이고, 확률변수 X_i, $i = 1, \ldots, n$을 다음과 같이 정의하자.

$$X_i = \begin{cases} 1, & \text{모든 검은 공보다 먼저 붉은 공 } i\text{를 꺼내는 경우} \\ 0, & \text{그 외의 경우} \end{cases}$$

(a) X를 X_i로 표현하라.

(b) $E[X]$를 구하라.

44. 연습 문제 43에서 Y를 첫 번째 검은 공을 꺼낸 다음, 두 번째 검은 공을 꺼내기 전에 꺼내진 붉은 공의 수라고 하자.

(a) Y를 0 또는 1의 값을 갖는 n개의 확률변수들의 합으로 표현하라.

(b) $E[Y]$를 구하라.

(c) $E[Y]$를 연습 문제 43에서 구한 $E[X]$와 비교하라.

(d) (c)의 결과를 설명해보라.

45. r개의 열쇠를 k개의 상자에 넣는다. 각 열쇠는 독립적으로 상자 i에 확률 p_i, $\sum_{i=1}^{k} p_i = 1$로 들어간

다고 하자. 열쇠가 비어있지 않은 상자에 넣어지면 충돌이 일어났다고 말한다. 충돌수의 기댓값을 구하라.

46. X가 비음의 정수값을 갖는 확률변수일 때 다음을 보여라.

(a) $E[X] = \sum_{n=1}^{\infty} P\{X \geq n\} = \sum_{n=0}^{\infty} P\{X > n\}$

힌트: 확률변수 열 I_n, $n \geq 1$을

$$I_n = \begin{cases} 1, & n \leq X\text{인 경우} \\ 0, & n > X\text{인 경우} \end{cases}$$

과 같이 정의하고 X를 I_n으로 표현하라.

(b) X와 Y가 둘 다 비음의 정수값을 갖는 확률변수일 때 다음을 보여라.

$$E[XY] = \sum_{n=1}^{\infty}\sum_{m=1}^{\infty} P(X \geq n, Y \geq m)$$

***47.** 각각 성공 또는 실패의 결과를 갖는 세 번의 시행에서 X를 성공의 횟수라고 하자. $E[X] = 1.8$이라고 가정하자.

(a) $P\{X = 3\}$의 가능한 최댓값을 구하라.

(b) $P\{X = 3\}$의 가능한 최소값을 구하라.

두 경우 모두에 대해 어떤 상황에서 $P\{X = 3\}$이 그 값을 갖는 지 밝혀라.

***48.** X가 비음의 확률변수이고 g가 $g(0) = 0$인 미분가능 함수라고 하면 다음이 성립한다.

$$E[g(X)] = \int_0^{\infty} P(X > t)g'(t)dt$$

X가 연속인 확률변수일 때 위의 결과를 증명하라.

***49.** $E[X^2] \geq (E[X])^2$을 증명하라. 언제 등호가 성립하는가?

50. c가 상수라고 할 때 다음을 보여라.

(a) $\text{Var}(cX) = c^2\text{Var}(X)$;
(b) $\text{Var}(c + X) = \text{Var}(X)$.

51. 앞면이 나올 확률이 p인 동전을, 앞면이 r번 나올 때까지 던진다. 이때 던진 총 횟수를 N이라고 할 때 $E[N]$을 구하라.

힌트: N을 r개의 기하 확률변수들의 합으로 표현하면 쉽게 풀 수 있다.

52. (a) 연습 문제 37의 최대 확률변수에 대해 $E[X]$를 계산하라.

(b) 연습 문제 33의 X에 대해 $E[X]$를 계산하라.

(c) 연습 문제 34의 X에 대해 $E[X]$를 계산하라.

53. X가 (0, 1)에서 균등하게 분포할 때, $E[X^n]$과 $\text{Var}(X^n)$을 구하라.

54. X와 Y가 1이나 1의 값을 갖는다고 하자.

$$\begin{aligned} p(1, 1) &= P\{X = 1, Y = 1\}, \\ p(1, -1) &= P\{X = 1, Y = -1\}, \\ p(-1, 1) &= P\{X = -1, Y = 1\}, \\ p(-1, -1) &= P\{X = -1, Y = -1\} \end{aligned}$$

이고 $E[X] = E[Y] = 0$라고 할 때 다음을 보여라.

(a) $p(1, 1) = p(-1, -1)$;

(b) $p(1, -1) = p(-1, 1)$.

$p = 2p(1, 1)$라고 할 때 다음을 구하라.

(c) $\text{Var}(X)$;

(d) $\text{Var}(Y)$;

(e) $\text{Cov}(X, Y)$.

55. X와 Y 결합 확률질량함수가 다음과 같다고 하자.

$$P(X = i, Y = j) = \binom{j}{i} e^{-2\lambda}\lambda^j / j!, \quad 0 \le i \le j$$

(a) Y의 확률질량함수를 구하라.

(b) X의 확률질량함수를 구하라.

(c) $Y - X$의 확률질량함수를 구하라.

56. n 종류의 쿠폰이 있다. 새로 얻는 각 쿠폰은 독립적으로 확률 p_i, $i = 1, \ldots, n$으로 유형 i가 된다. k 개의 쿠폰을 모았을 때 얻어지는 쿠폰 유형의 수의 기댓값과 분산을 구하라.

57. X와 Y가 각각 모수 (n, p)와 (m, p)를 갖는 독립인 이항 확률변수라고 하자. $X + Y$가 모수가 $(n + m, p)$를 갖는 이항 확률변수임을 확률적으로 (계산 없이) 논증하라.

58. 항아리에 $2n$개의 공이 들어 있는데 그 중 r개는 붉은 공이다. n번에 걸쳐 무작위로 한 쌍씩 공을 꺼낸다. X를 두 개가 모두 붉은 공 꺼내진 쌍의 수라고 하자.

(a) $E[X]$를 구하라.

(b) $Var(X)$를 구하라.

59. X_1, X_2, X_3, X_4가 동일한 분포함수 F를 갖는 독립인 연속 확률변수라고 하고 라고 하자.

$$p = P\{X_1 < X_2 > X_3 < X_4\}$$

(a) 모든 연속 분포함수 F에 대해 p의 값이 동일함을 논증하라.

(b) 결합 밀도함수를 적절한 영역에 대해 적분하여 p를 구하라.

(c) 4! 가지의 X_1, X_2, X_3, X_4의 모든 가능한 크기 순서 동일한 가능성을 가진다는 사실을 이용하여 p를 구하라.

60. X와 Y가 각각 평균 μ_X와 μ_Y, 분산 $\sigma_X{}^2$와 $\sigma_Y{}^2$를 갖는 독립인 확률변수라고 할 때 다음을 보여라.

$$\text{Var}(XY) = \sigma_x^2\sigma_y^2 + \mu_y^2\sigma_x^2 + \mu_x^2\sigma_y^2$$

61. $X_1, X_2, \ldots$가 독립이고 동일하게 분포하는 연속인 확률변수열이라고 하자. $X_n > \max(X_1, \ldots, X_{n-1})$이면 n에 신기록이 일어났다고 말한다. 즉, X_n이 각 $X_1, \ldots, X_{n-1}$ 보다 크면 X_n이 신기록이다. 다음을 보여라.

(a) $P\{$시점 n에 신기록 발생$\} = 1/n$

(b) $E[$시점 n까지 신기록의 수$] = \sum_{i=1}^{n} 1/i$

(c) $\text{Var}($시점 n까지 신기록의 수$) = \sum_{i=1}^{n} (i-1)/i^2$

(d) $N = \min\{n: n > 1$이고 n에서 신기록 발생$\}$이라고 할 때, $E[N] = \infty$임을 보여라.

힌트: (b)와 (c)에서 신기록의 수를 지표변수(즉, 베르누이 확률변수)들의 합으로 표현하라

62. n개의 수 $a_1 < a_2 < \ldots < a_n$의 순열을 고려하자. 어떤 순열에서 $i < j$인데 a_j가 a_i보다 앞에 있다

면 a_i와 a_j의 도치가 일어났다고 말한다. 예를 들어, 순열 4, 2, 1, 5, 3에는 (4, 2), (4, 1), (4, 3), (2, 1), (5, 3)의 다섯 번의 도치가 있다. 이제 $a_1, a_2, \ldots, a_n$의 무작위 순열을 고려하자. 여기서 무작위의 의미는 $n!$개의 가능한 순열들이 모두 동일한 가능성을 가지고 있음을 의미한다. 이 무작위 순열에서 도치의 수를 N이라고 하고

$N_i = k < \text{i}$이고 a_i가 a_k에 앞에 있는 k의 수

라고 놓자. $N = \sum_{i=1}^{n} N_i$임을 관찰하라.

(a) $N_1, \ldots, N_n$이 독립인 확률변수임을 보여라.

(b) N_i의 분포를 구하라.

(c) $E[N]$과 $\text{Var}(N)$을 구하라.

63. n개의 흰 공과 m개의 검은 공이 들어있는 항아리에서 k개의 공을 무작위로 꺼낼 때, 꺼내진 흰 공의 개수를 X라고 놓자.

(a) $P\{X = i\}$를 구하라.

(b) $i = 1, 2, \ldots, k, j = 1, 2, \ldots, n$에 대해 다음을 정의하자.

$$X_i = \begin{cases} 1, & k\text{번째 꺼낸 공이 흰 공일 때} \\ 0, & \text{그 외의 경우} \end{cases}$$

$$Y_j = \begin{cases} 1, & \text{흰 공 } j\text{가 꺼내질 때} \\ 0, & \text{그 외의 경우} \end{cases}$$

X를 먼저 X_i의 함수로 표현하여, 그 다음 Y_j의 함수로 표현하여, 두 가지 방법으로 $E[X]$를 구하라.

***64.** 예제 2.31에서 자신의 모자를 집은 사람의 수를 X라고 할 때 $\text{Var}(X) = 1$임을 보여라.

65. 매일의 교통사고의 수가 독립이고 평균 2인 푸아송 확률변수라고 하자.

(a) 다음 5일 중 3일간 두 건의 사고가 일어날 확률을 구하라.

(b) 다음 2일 동안 총 6건의 사고가 일어날 확률을 구하라.

(c) 각 사고가 독립적으로 확률 p로 "대형사고"가 된다고 할 때, 내일 대형사고가 일어나지 않을 확률은 얼마인가?

66. 각 i, $i = 2, \ldots,$ n에 대해 X_i가 $X_1, \ldots, X_{i-1}$에 독립이면, 확률변수 $X_1, \ldots, X_n$가 독립임을 보여라.

힌트: 임의의 집합 $A_1, ..., A_n$에 대해

$$P(X_j \in A_j, j = 1, \ldots, n) = \prod_{j=1}^{n} P(X_j \in A_j)$$

을 만족하면 $X_1, \ldots,$ X_n는 독립이다. 한편, 임의의 집합 $A_1, \ldots,$ A_i에 대해

$$P(X_i \in A_i | X_j \in A_j, j = 1, \ldots, i-1) = P(X_i \in A_i)$$

을 만족하면 X_i가 $X_1, \ldots,$ X_{i-1}에 독립이다.

67. (0, 1) 구간의 균등분포의 모멘트 생성함수를 구하라. 미분에 의해 $E[X]$와 $\text{Var}[X]$를 구하라.

68. X와 W가 어떤 기계의 작동시간과 뒤이은 수리시간이라고 하자. $Y = X + W$라 하고 X와 Y의 결합 확률밀도함수가 다음과 같다고 하자.

$$f_{X,Y}(x, y) = \lambda^2 e^{-\lambda y}, \quad 0 < x < y < \infty$$

(a) X의 밀도함수를 구하라.

(b) Y의 밀도함수를 구하라.

(c) X와 W의 결합 밀도함수를 구하라.

(d) W의 밀도함수를 구하라.

69. 적절한 보험료를 정하기 위해, 보험회사에서는 때때로 다음과 같이 정의된 지수원리를 이용한다. X를 지불해야 할 클레임 액수를 나타내는 확률변수라고 하면, 보험회사가 부과하는 보험료는

$$P = \frac{1}{a}\ln\left(E[e^{aX}]\right)$$

이다. 여기서 a는 미리 규정된 양의 상수이다. X가 모수 λ인 지수 확률변수이고 $a = \alpha\lambda$, $0 < \alpha < 1$일 때 P를 구하라.

70. 기하 확률변수의 모멘트 생성함수를 구하라.

***71.** 독립이고 동일하게 분포하는 지수 확률변수들이 합이 감마분포를 가짐을 보여라.

72. 매월의 월간 판매액이 평균이 100이고 분산이 100인 독립인 정규 확률분포를 따른다고 하자.

(a) 다음 5개월 중 적어도 1개월이 판매액이 115를 넘을 확률을 구하라.

(b) 다음 5개월 동안의 총 판매액이 530을 넘을 확률을 구하라.

73. n명 사람이 동일한 가능성으로 1년 365일 중 하루를 생일로 갖는다고 가정하자. 또한 각 생일은 독립이라고 가정하고, 어느 두 명도 동일한 생일을 갖지 않는 사건을 A라고 놓자. 각 $\binom{n}{2}$ 쌍의 사람에 대해 "시행"을 정의하여, i와 j의 생일이 동일하면 시행 (i, j), $i \neq j$가 성공이라고 말하고, $S_{i,j}$를 시행 (i, j)이 성공인 사건이라고 하자.

(a) $P(S_{i,j})$, $i \neq j$를 구하라.

(b) i, j, k, r이 모두 다를 때 $S_{i,j}$와 $S_{k,r}$은 독립인가?

(c) i, j, k가 모두 다를 때 $S_{i,j}$와 $S_{k,j}$은 독립인가?

(d) $S_{1,2}$, $S_{1,3}$, $S_{2,3}$는 독립인가?

(e) 푸아송 패러다임을 적용하여 $P(A)$를 근사화하라.

(f) 이 근사가 $n = 23$일 때 $P(A) \approx 0.5$를 주는 것을 보여라.

(g) B를 어느 세 명도 동일한 생일을 갖지 않는 사건이라고 놓자. $P(B) \approx 0.5$를 주는 n은 대략 얼마인가? [$P(A)$는 간단한 조합 논증으로 정확한 값을 얻을 수 있지만, $P(B)$의 정확한 값을 구하는 것은 매우 복잡하다.]

힌트: 각 세 쌍의 사람에 대해 시행을 정의하라.

74. X가 모수 λ인 푸아송 확률변수일 때, 라플라스 변환이 다음과 같음을 보여라.

$$g(u) = E[e^{-uX}] = e^{\lambda(e^{-u}-1)}$$

75. 예제 2.48에서 $\text{Cov}(X_i, X_j)$를 a_{rs}의 항으로 구하라.

76. 체비쇼프 부등식를 이용하여 다음의 **큰 수의 약법칙**(weak law of large number)을 증명하라. X_1, $X_2, \ldots$이 독립이고 평균 μ, 분산 σ^2을 갖는 동일한 분포를 따를 때, 임의의 $\varepsilon > 0$에 대해 다음이 성립한다.

$$P\left\{\left|\frac{X_1 + X_2 + \cdots + X_n}{n} - \mu\right| > \varepsilon\right\} \to 0 \quad n \to \infty \text{ 일 때}$$

77. X가 평균 10, 분산 15를 갖는 확률변수라고 가정하자. $P\{5 < X < 15\}$의 값에 대해 논해보라.

78. $X_1, X_2, \ldots, X_{10}$이 평균 1을 갖는 독립인 푸아송 확률변수라고 하자.

(a) 마코프 부등식을 이용하여 $P\{X_1 + \ldots + X_{10}\} \geq 15\}$의 상한을 구하라.

(b) 중심극한정리를 이용하여 $P\{X_1 + \ldots + X_{10} \geq 15\}$의 근사값을 구하라.

79. X가 평균 1, 분산 4인 정규 확률변수일 때 표를 이용하여 $P\{2 < X < 3\}$을 구하라.

***80.** 다음을 보여라.

$$\lim_{n\to\infty} e^{-n} \sum_{k=0}^{n} \frac{n^k}{k!} = \frac{1}{2}$$

힌트: X_n을 평균이 n인 푸아송 확률변수라 놓고, 중심극한정리를 이용하여 $P\{X_n \leq n\} \to \frac{1}{2}$임을 보여라.

81. X와 Y가 각각 모수 μ, σ^2를 갖는 독립인 정규 확률변수라고 하자. $X + Y$가 $X - Y$와 독립임을 보여라.

힌트: 결합 모멘트 생성함수를 구하라.

82. $X_1, X_2, \ldots, X_n$의 결합 모멘트 생성함수를 $\phi(t_1, \ldots, t_n)$이라 하자.

(a) $\phi(t_1, \ldots, t_n)$로부터 어떻게 X_i의 모멘트 생성함수 $\phi_{X_i}(t_i)$를 얻는지 설명하라.

(b) $X_1, X_2, \ldots, X_n$이 독립일 필요충분조건이 다음과 같음을 증명하라.

$$\phi(t_1, \ldots, t_n) = \phi_{X_1}(t_1) \cdots \phi_{X_n}(t_n)$$

83. $K(t) = \log(E[e^{tX}])$라 할 때 다음을 보여라.

$$K'(0) = E[X], \quad K''(0) = \text{Var}(X)$$

84. X를 사건 $A_1, \ldots, A_n$ 중 일어난 개수라고 하자. $S_k = \sum_{i_1 < \ldots < i_k} P(A_{i_1} \ldots A_{i_k})$, $k = 1, \ldots, n$의 항으로 $E[X]$, Var(X), $E\left[\binom{X}{k}\right]$를 구하라.

***85.** 확률변수의 **표준편차**(standard deviation)는 분산의 양의 제곱근이다. X와 Y의 표준편차가 각각 σ_X, σ_Y일 때, X와 Y의 **상관계수**(correlation coefficient)는 다음과 같이 정의된다.

$$\text{Corr}(X, Y) = \frac{\text{Cov}(X, Y)}{\sigma_X \sigma_Y}$$

(a) 부등식 $\text{Var}(\frac{X}{\sigma_X} + \frac{Y}{\sigma_Y}) \geq 0$을 이용하여 $-1 \leq \text{Corr}(X, Y)$임을 보여라.

(b) 다음 부등식을 증명하라.

$$-1 \leq \text{Corr}(X, Y) \leq 1$$

(c) $X + Y$의 표준편차를 σ_{X+Y}라고 할 때 다음을 보여라.

$$\sigma_{X+Y} \leq \sigma_X + \sigma_Y$$

***86.** 도서관에 기증되는 새 책들은 처리 과정을 밟는다. 사서가 책 한 권을 처리하는데 걸리는 시간의 평균이 10분, 표준편차가 3분이라고 하자. 지금 사서에게 새 책 40권이 있고 한 번에 한 권씩 처리한다고 하자.

(a) 모든 책을 처리하는데 걸리는 시간이 420분보다 더 걸릴 확률을 근사화하라.

(b) 첫 240분 적어도 25권의 책을 처리할 확률을 근사화하라.

***87.** 모수 (α, λ)를 갖는 감마 확률변수의 밀도함수는 다음과 같음을 상기하자.

$$f(x) = \lambda e^{-\lambda x} (\lambda x)^{\alpha - 1} / \Gamma(\alpha), \quad x > 0$$

(a) Z가 표준정규 확률변수이면 Z^2은 모수$(\frac{1}{2}, \frac{1}{2})$를 갖는 감마 확률변수임을 보여라.

(b) $Z_1, \ldots, Z_n$이 독립인 정규 확률변수이면, $\sum_{i=1}^{n} Z_i^2$는 자유도 n을 갖는 **카이제곱**(chi-squared) 확률변수라고 말한다. 예제 2.39의 결과로부터 $\sum_{i=1}^{n} Z_i^2$의 밀도함수가 다음과 같음을 어떻게 보일 수 있겠는지 설명하라.

$$f(x) = \frac{e^{-x/2} x^{n/2-1}}{2^{n/2}\,\Gamma(n/2)}, \quad x > 0$$

참고 문헌

[1] W. Feller, "An Introduction to Probability Theory and Its Applications," Vol. I, JohnWiley, New York, 1957.

[2] M. Fisz, "Probability Theory and Mathematical Statistics," John Wiley, New York, 1963.

[3] E. Parzen, "Modern Probability Theory and Its Applications," JohnWiley, New York, 1960.

[4] S. Ross, "A First Course in Probability," ninth Edition, Prentice Hall, New Jersey, 2014.

INTRODUCTION TO **PROBABILITY MODELS**

조건부 확률과 조건부 기댓값

Conditional Probability and Conditional Expectation

3.1 서론

조건부 확률과 조건부 기댓값은 확률이론에서 가장 유용한 개념 중의 하나이다. 그 이유는 두 가지이다. 하나는 실용성이다. 현실에서는, 일부의 부분적인 정보만이 주어질 때 확률과 기댓값을 계산해야 할 경우가 자주 있다. 이때 계산하는 확률과 기댓값은 조건부가 된다. 두 번째 이유는 많은 경우에 확률과 기댓값을 계산할 때, 먼저 적절한 확률변수에 "조건"을 주는 것이 지극히 유용하기 때문이다.

3.2 이산적인 경우

임의의 두 사건 E와 F에 대해, F가 주어질 때 E의 조건부 확률은 $P(F) > 0$인 경우에 다음과 같이 정의된다.

$$P(E|F) = \frac{P(EF)}{P(F)}$$

X와 Y가 이산 확률변수일 때 $Y = y$의 조건을 줄 때 X의 **조건부 확률질량함수**(conditional probability mass function)를, $P\{Y = y\} > 0$인 모든 y에 대해

$$\begin{aligned} p_{X|Y}(x|y) &= P\{X = x|Y = y\} \\ &= \frac{P\{X = x, Y = y\}}{P\{Y = y\}} \\ &= \frac{p(x, y)}{p_Y(y)} \end{aligned}$$

와 같이 정의하는 것이 자연스럽다. 유사하게, $Y = y$의 조건을 줄 때 X의 **조건부 확률분포함수**(conditional probability distribution function)는, $P\{Y = y\} > 0$인 모든 y에 대해

$$\begin{aligned} F_{X|Y}(x|y) &= P\{X \leqslant x|Y = y\} \\ &= \sum_{a \leqslant x} p_{X|Y}(a|y) \end{aligned}$$

와 같이 정의한다. 마지막으로 $Y = y$의 조건을 줄 때 X의 **조건부 기댓값**(conditional expectation)은 다음과 같이 정의한다.

$$E[X|Y = y] = \sum_x xP\{X = x|Y = y\}$$

$$= \sum_x x p_{X|Y}(x|y)$$

다시 말해, 이들 정의는 모두 사건 $Y = y$의 조건을 준 것만 제외하고는 이전과 동일하다. 만약 X가 Y에 독립이라면 조건부 질량, 분포, 기댓값은 조건이 없을 때와 똑같다. 왜냐하면 만약 X가 Y에 독립이라면,

$$\begin{aligned} p_{X|Y}(x|y) &= P\{X = x|Y = y\} \\ &= P\{X = x\} \end{aligned}$$

가 되기 때문이다.

예제 3.1 X와 Y의 결합 확률질량함수 $p(x, y)$이 다음과 같다고 하자.

$$p(1, 1) = 0.5, \quad p(1, 2) = 0.1, \quad p(2, 1) = 0.1, \quad p(2, 2) = 0.3$$

$Y = 1$로 주어질 때 X의 조건부 확률질량함수를 구하라.

풀이 먼저

$$p_Y(1) = \sum_x p(x, 1) = p(1, 1) + p(2, 1) = 0.6$$

를 구한다. 따라서

$$\begin{aligned} p_{X|Y}(1|1) &= P\{X = 1|Y = 1\} \\ &= \frac{P\{X = 1, Y = 1\}}{P\{Y = 1\}} \\ &= \frac{p(1, 1)}{p_Y(1)} \\ &= \frac{5}{6} \end{aligned}$$

이다. 유사하게, 다음을 얻는다.

$$p_{X|Y}(2|1) = \frac{p(2, 1)}{p_Y(1)} = \frac{1}{6}$$ ■

예제 3.2 X_1과 X_2가 각각 모수 (n_1, p)와 (n_2, p)를 갖는 독립인 이항 확률변수라고 할 때, $X_1 + X_2 = w$의 조건 하에서 X_1의 조건부 확률질량함수를 구하라.

풀이 $q = 1 - p$로 놓으면

$$\begin{aligned} P\{X_1 = k|X_1 + X_2 = m\} &= \frac{P\{X_1 = k, X_1 + X_2 = m\}}{P\{X_1 + X_2 = m\}} \\ &= \frac{P\{X_1 = k, X_2 = m - k\}}{P\{X_1 + X_2 = m\}} \\ &= \frac{P\{X_1 = k\}P\{X_2 = m - k\}}{P\{X_1 + X_2 = m\}} \\ &= \frac{\binom{n_1}{k} p^k q^{n_1-k} \binom{n_2}{m-k} p^{m-k} q^{n_2-m+k}}{\binom{n_1+n_2}{m} p^m q^{n_1+n_2-m}} \end{aligned}$$

여기서 $X_1 + X_2$가 모수 $(n_1 + n_2, p)$를 갖는 이항 확률변수라는 사실이 이용되었다(예제 2.44를 보라). 따라서, $X_1 + X_2 = m$의 조건이 주어질 때 X_1의 조건부 확률질량함수는 다음과 같이 계산된다.

$$P\{X_1 = k | X_1 + X_2 = m\} = \frac{\binom{n_1}{k}\binom{n_2}{m-k}}{\binom{n_1+n_2}{m}} \tag{3.1}$$

식 (3.1)에 주어진 분포는 처음 예제 2.35에서 처음 본 바와 같이 **초기하**(hypergeometric) 분포로 알려져 있다. 이것은 n_1개의 푸른 공과 n_2개의 붉은 공이 담긴 항아리에서 m개의 공을 무작위로 꺼낼 때 선택된 푸른 공의 개수의 분포이다. (왜 조건부 분포가 초기하인지를 직관적으로 알려면, 확률 p로 성공의 결과를 주는 $n_1 + n_2$번의 독립시행을 고려하라. X_1이 첫 n_1번의 시행에서 성공의 횟수를 나타내고, X_2가 나중의 n_2번의 시행에서 성공의 횟수를 나타낸다고 놓자. 모든 시행이 동일한 성공 확률을 가지고 있으므로, m번의 시행의 $\binom{n_1+n_2}{m}$개의 조합들 각각은 동일한 가능성으로 성공시행들이 된다. 따라서 m회의 성공들 중 첫 n_1번의 시행 중에 포함된 개수는 초기하 확률변수가 된다.) ■

예제 3.3 X와 Y가 각각 평균이 λ_1과 λ_2를 갖는 독립인 푸아송 확률변수라 할 때, $X + Y = n$의 조건 하에서의 X의 조건부 기댓값을 구하라.

풀이 먼저 $X + Y = n$의 조건 하에서의 X의 조건부 확률질량함수를 다음과 같이 구한다.

$$\begin{aligned}
P\{X = k | X + Y = n\} &= \frac{P\{X = k, X + Y = n\}}{P\{X + Y = n\}} \\
&= \frac{P\{X = k, Y = n - k\}}{P\{X + Y = n\}} \\
&= \frac{P\{X = k\}P\{Y = n - k\}}{P\{X + Y = n\}}
\end{aligned}$$

여기서 마지막 등식은 X와 Y의 독립을 가정했기 때문에 얻어진다. $X + Y$는 평균이 $\lambda_1 + \lambda_2$인 푸아송 분포를 따르므로(예제 2.37 참조), 위의 식에서 다음 결과를 얻는다.

$$\begin{aligned}
P\{X = k | X + Y = n\} &= \frac{e^{-\lambda_1}\lambda_1^k}{k!}\frac{e^{-\lambda_2}\lambda_2^{n-k}}{(n-k)!}\left[\frac{e^{-(\lambda_1+\lambda_2)}(\lambda_1+\lambda_2)^n}{n!}\right]^{-1} \\
&= \frac{n!}{(n-k)!k!}\frac{\lambda_1^k\lambda_2^{n-k}}{(\lambda_1+\lambda_2)^n} \\
&= \binom{n}{k}\left(\frac{\lambda_1}{\lambda_1+\lambda_2}\right)^k\left(\frac{\lambda_2}{\lambda_1+\lambda_2}\right)^{n-k}
\end{aligned}$$

즉, $X + Y = n$의 조건 하에서의 X의 조건부 분포는 모수 n, $\lambda_1/(\lambda_1 + \lambda_2)$을 갖는 이항분포이다. 따라서,

$$E\{X | X + Y = n\} = n\frac{\lambda_1}{\lambda_1 + \lambda_2}$$ ■

조건부 기댓값은 보통 기댓값의 모든 성질을 가지고 있다. 예를 들어, 다음의 상등관계가 역시 성립한다.

$$E\left[\sum_{i=1}^{n} X_i | Y = y\right] = \sum_{i=1}^{n} E[X_i | Y = y]$$

$$E[h(X) | Y = y] = \sum_x h(x)P(X = x | Y = y)$$

예제 3.4 n개의 부품이 있다. 부품 i, $i = 1, \ldots, n$이 비오는 날에는 확률 p_i로 작동하고 비가 오지 않는 날에는 확률 q_i로 작동한다. 내일 비가 올 확률은 α 라고 한다. 내일 비가 온다는 조건 하에서 내일 작동할 부품의 개수의 조건부 기댓값을 구하라.

풀이▶ 우선

$$X_i = \begin{cases} 1, & \text{부품 } i\text{가 내일 작동하는 경우} \\ 0, & \text{그 외의 경우} \end{cases}$$

라고 놓자. Y가 내일 비가 오면 1이고 그렇지 않으면 0이라고 할때, 원하는 조건부 기댓값은 다음과 같이 얻어진다.

$$\begin{aligned} E\left[\sum_{t=1}^{n} X_i | Y = 1\right] &= \sum_{i=1}^{n} E[X_i | Y = 1] \\ &= \sum_{i=1}^{n} p_i \end{aligned}$$

■

3.3 연속적인 경우

X와 Y가 결합 확률밀도함수 $f(x, y)$라고 하면 $Y = y$의 조건 하에서 X의 **조건부 확률밀도함수**(conditional probability density function)는 $f_Y(y) > 0$인 모든 y에 대해 다음과 같이 정의된다.

$$f_{X|Y}(x|y) = \frac{f(x, y)}{f_Y(y)}$$

이 정의의 의미를 보기 위해 좌변에 dx를 곱하고 우변에 $(dx\,dy)/dy$를 곱하면

$$\begin{aligned} f_{X|Y}(x|y)\,dx &= \frac{f(x, y)\,dx\,dy}{f_Y(y)\,dy} \\ &\approx \frac{P\{x \leqslant X \leqslant x + dx, y \leqslant Y \leqslant y + dy\}}{P\{y \leqslant Y \leqslant y + dy\}} \\ &= P\{x \leqslant X \leqslant x + dx | y \leqslant Y \leqslant y + dy\} \end{aligned}$$

을 얻는다. 즉, 작은 값 dx와 dy에 대해 $f_{X|Y}(x|y)dx$는 근사적으로, Y가 y와 $y + dy$ 사이에 있는 조건 하에서 X가 x와 $x + dx$ 사이에 있을 조건부 확률이 된다.

$Y = y$의 조건 하에서 X의 **조건부 기댓값**(conditional expectation)은, $f_Y(y) > 0$인 모든 y에 대해, 다음과 같이 정의된다.

$$E[X|Y = y] = \int_{-\infty}^{\infty} x f_{X|Y}(x|y)\,dx$$

예제 3.5 X와 Y의 결합 밀도함수가 다음과 같다.

$$f(x, y) = \begin{cases} 6xy(2 - x - y), & 0 < x < 1, 0 < y < 1 \\ 0, & \text{그 외의 경우} \end{cases}$$

$0 < y < 1$일 때, $Y = y$의 조건 하에서 X의 조건부 기댓값을 구하라.

풀이▶ 조건부 밀도함수를 먼저 구하면,

$$\begin{aligned} f_{X|Y}(x|y) &= \frac{f(x,y)}{f_Y(y)} \\ &= \frac{6xy(2-x-y)}{\int_0^1 6xy(2-x-y)\,dx} \\ &= \frac{6xy(2-x-y)}{y(4-3y)} \\ &= \frac{6x(2-x-y)}{4-3y} \end{aligned}$$

과 같다. 이로부터 다음을 얻는다.

$$\begin{aligned} E[X|Y=y] &= \int_0^1 \frac{6x^2(2-x-y)\,dx}{4-3y} \\ &= \frac{(2-y)2-\frac{6}{4}}{4-3y} \\ &= \frac{5-4y}{8-6y} \end{aligned}$$

■

예제 **3.6 (t-분포)** Z가 표준정규분포를 따르고, Y가 자유도 n인 카이제곱 분포를 따르는 독립인 확률변수라고 할 때,

$$T = \frac{Z}{\sqrt{Y/n}} = \sqrt{n}\frac{Z}{\sqrt{Y}}$$

로 정의된 확률변수 T를 자유도 n을 갖는 **t-확률변수**라고 부른다. 이것의 밀도함수를 구하기 위해, 먼저 $Y=y$의 조건 하에서 T의 조건부 밀도함수를 유도해보자. Z와 Y가 독립이므로 $Y=y$의 조건 하에서 T의 조건부 분포는 $\sqrt{n/y}Z$의 분포가 되는데, 이는 평균이 0이고 분산이 n/y인 정규분포이다. 따라서 $Y=y$의 조건 하에서 T의 조건부 밀도함수는 다음과 같다.

$$f_{T|Y}(t|y) = \frac{1}{\sqrt{2\pi n/y}}e^{-t^2y/2n} = \frac{y^{1/2}}{\sqrt{2\pi n}}e^{-t^2y/2n}, \quad -\infty < t < \infty$$

위의 결과와 2장의 연습 문제 87에서 유도된 카이제곱의 밀도함수

$$f_Y(y) = \frac{e^{-y/2}y^{n/2-1}}{2^{n/2}\Gamma(n/2)}, \quad y > 0$$

를 이용하여 T의 밀도함수를 다음의 식에 의해 얻는다.

$$f_T(t) = \int_0^\infty f_{T,Y}(t,y)\,dy = \int_0^\infty f_{T|Y}(t|y)f_Y(y)\,dy$$

이제

$$K = \frac{1}{\sqrt{\pi n}\,2^{(n+1)/2}\Gamma(n/2)}, \quad c = \frac{t^2+n}{2n} = \frac{1}{2}\left(1+\frac{t^2}{n}\right)$$

라고 놓으면 다음과 같이 계산된다.

$$
\begin{aligned}
f_T(t) &= \frac{1}{K}\int_0^\infty e^{-cy} y^{(n-1)/2}\,dy \\
&= \frac{c^{-(n+1)/2}}{K}\int_0^\infty e^{-x} x^{(n-1)/2}\,dx \quad (x = cy\text{로 놓는다.}) \\
&= \frac{c^{-(n+1)/2}}{K}\Gamma\left(\frac{n+1}{2}\right) \\
&= \frac{\Gamma(\frac{n+1}{2})}{\sqrt{\pi n}\,\Gamma(\frac{n}{2})}\left(1+\frac{t^2}{n}\right)^{-(n+1)/2}, \quad -\infty < t < \infty
\end{aligned}
$$

■

예제 3.7 X와 Y의 결합 밀도함수가

$$
f(x, y) = \begin{cases} \frac{1}{2} y e^{-xy}, & 0 < x < \infty, 0 < y < 2 \\ 0, & \text{그 외의 경우} \end{cases}
$$

로 주어질 때 $E[e^{X/2}|Y = 1]$을 구하라.

풀이▶ $Y = 1$의 조건 하에서 X의 조건부 밀도함수는

$$
\begin{aligned}
f_{X|Y}(x|1) &= \frac{f(x, 1)}{f_Y(1)} \\
&= \frac{\frac{1}{2}e^{-x}}{\int_0^\infty \frac{1}{2}e^{-x}\,dx} = e^{-x}
\end{aligned}
$$

이 된다. 이제 명제 2.1에 의해,

$$
\begin{aligned}
E\left[e^{X/2}|Y = 1\right] &= \int_0^\infty e^{x/2} f_{X|Y}(x|1)\,dx \\
&= \int_0^\infty e^{x/2} e^{-x}\,dx \\
&= 2
\end{aligned}
$$

■

예제 3.8 X_1, X_2를 각각 발생률 μ_1, μ_2를 갖는 독립인 지수 확률변수라고 하자. $X_1 + X_2 = t$로 조건을 줄 때 X_1의 조건부 밀도함수를 구하라.

풀이▶ 먼저, X, Y의 결합 밀도함수를 (x, y)라고 하면 X와 $X + Y$의 결합 밀도함수는

$$
f_{X,X+Y}(x, t) = f(x, t - x)
$$

임을 주목하자. 이는 변환

$$
g_1(x, y) = x, \quad g_2(x, y) = x + y
$$

의 야코비안이 1임을 관찰하면 쉽게 유도된다.

위의 결과를 이 예제에 적용하면 다음을 준다.

$$
\begin{aligned}
f_{X_1|X_1+X_2}(x|t) &= \frac{f_{X_1,X_1+X_2}(x, t)}{f_{X_1+X_2}(t)} \\
&= \frac{\mu_1 e^{-\mu_1 x}\mu_2 e^{-\mu_2(t-x)}}{f_{X_1+X_2}(t)}, \quad 0 \leqslant x \leqslant t \\
&= Ce^{-(\mu_1-\mu_2)x}, \quad 0 \leqslant x \leqslant t
\end{aligned}
$$

여기서

$$C = \frac{\mu_1 \mu_2 e^{-\mu_2 t}}{f_{X_1+X_2}(t)}$$

이다. 만약, $\mu_1 = \mu_2$라면

$$f_{X_1|X_1+X_2}(x|t) = C, \quad 0 \leqslant x \leqslant t$$

을 준다. 이때 $c = 1/t$이다. 즉, $X_1 + X_2 = t$의 조건 하에서 X_1는 $(0, t)$에서 균등하게 분포한다. 반면에 $\mu_1 \neq \mu_2$이면

$$1 = \int_0^t f_{X_1|X_1+X_2}(x|t)dx = \frac{C}{\mu_1 - \mu_2}\left(1 - e^{-(\mu_1-\mu_2)t}\right)$$

를 이용하여

$$C = \frac{\mu_1 - \mu_2}{1 - e^{-(\mu_1-\mu_2)t}}$$

를 구하여 대입하면 다음 결과를 얻는다.

$$f_{X_1|X_1+X_2}(x|t) = \frac{(\mu_1 - \mu_2)e^{-(\mu_1-\mu_2)x}}{1 - e^{-(\mu_1-\mu_2)t}}$$

위의 계산의 부산물로 다음과 같은 흥미로운 결과를 기억해두자.

$$f_{X_1+X_2}(t) = \frac{\mu_1 \mu_2 e^{-\mu_2 t}}{C} = \begin{cases} \mu^2 t e^{-\mu t}, & \mu_1 = \mu_2 = \mu \text{ 일 경우} \\ \frac{\mu_1 \mu_2 (e^{-\mu_2 t} - e^{-\mu_1 t})}{\mu_1 - \mu_2}, & \mu_1 \neq \mu_2 \text{ 일 경우} \end{cases}$$ ■

3.4 조건주기에 의한 기댓값의 계산

$Y = y$에서의 값이 $E[X|Y = y]$인 확률변수 Y의 함수를 $E[X|Y]$로 표기하자. $E[X|Y]$는 그 자체가 확률변수임을 주목하라. 조건부 기댓값의 중요한 성질 중 하나는 모든 확률변수 X와 Y에 대해

$$E[X] = E\big[E[X|Y]\big] \tag{3.2}$$

라는 것이다. 만약 Y가 이산 확률변수라면 식 (3.2)는

$$E[X] = \sum_y E[X|Y = y]P\{Y = y\} \tag{3.2a}$$

를 의미하고, 만약 Y가 밀도 $f_Y(y)$를 갖는 연속 확률변수라면 식 (3.2)는

$$E[X] = \int_{-\infty}^{\infty} E[X|Y = y] f_Y(y)\, dy \tag{3.2b}$$

임을 의미한다. 여기서는 X, Y가 모두 이산 확률변수인 경우에 식 (3.2)를 증명해보자.

X, Y가 모두 이산일 때 식 (3.2)의 증명. 다음을 보여야 한다.

$$E[X] = \sum_y E[X|Y = y]P\{Y = y\} \tag{3.3}$$

위 식의 우변은 다시 쓰면,

$$\begin{aligned}\sum_y E[X|Y=y]P\{Y=y\} &= \sum_y \sum_x xP\{X=x|Y=y\}P\{Y=y\} \\ &= \sum_y \sum_x x\frac{P\{X=x, Y=y\}}{P\{Y=y\}}P\{Y=y\} \\ &= \sum_y \sum_x xP\{X=x, Y=y\} \\ &= \sum_x x \sum_y P\{X=x, Y=y\} \\ &= \sum_x xP\{X=x\} \\ &= E[X]\end{aligned}$$

이 되어 결과가 얻어진다. ■

식 (3.3)을 직관적으로 해석해보자. 식 (3.3)에서 $E[X]$는 $Y=y$의 조건 하에서의 X의 조건부 기댓값의 가중평균을 취하여 얻을 수 있다고 말하고 있다. 이때, 각 항 $E[X|Y=y]$는 조건이 되는 사건의 확률로 가중값을 받는다.

식 (3.2)의 유용성을 다음 예제들에서 알아보자.

예제 3.9 샘이 확률책의 한 장(chapter)을 읽든가 또는 역사책의 한 장을 읽는다고 한다. 확률책의 한 장당 오타의 수는 평균 2의 푸아송 분포를, 역사책에서의 한 장 당 오타의 수는 평균 5의 푸아송 분포를 따른다고 한다. 샘이 동일한 가능성으로 두 책 중 하나를 선택한다면, 샘이 맞닥뜨릴 오타 수의 기댓값은 얼마인가?

풀이▶ X를 오타의 수라고 하고

$$Y = \begin{cases} 1, & \text{샘이 역사책을 선택하는 경우} \\ 2, & \text{샘이 확률책을 선택하는 경우} \end{cases}$$

로 놓으면 다음이 얻어진다.

$$\begin{aligned}E[X] &= E[X|Y=1]P\{Y=1\} + E[X|Y=2]P\{Y=2\} \\ &= 5\left(\tfrac{1}{2}\right) + 2\left(\tfrac{1}{2}\right) \\ &= \tfrac{7}{2}\end{aligned}$$

■

예제 3.10 (무작위 개수의 확률변수들의 합의 기댓값) 어떤 공장에서 일주일에 평균 네 건의 사고가 일어난다. 각 사고에서 부상당하는 종업원의 수는 평균 2인 독립인 확률변수라고 가정하자. 또한, 각 사고에서 부상당하는 종업원의 수는 발생하는 사고의 수와도 독립이라고 가정하자. 일주일 동안의 부상자의 수의 기댓값을 구하라.

풀이▶ N을 사고의 수라고하고 X_i를 i번째 사고에서 부상자의 수라고 하면 부상자의 총 수는 $\sum_{i=1}^{N} X_i$로 표현할 수 있다. 이제

$$E\left[\sum_1^N X_i\right] = E\left[E\left[\sum_1^N X_i|N\right]\right]$$

인데,

$$
\begin{aligned}
E\left[\sum_{1}^{N} X_i | N = n\right] &= E\left[\sum_{1}^{n} X_i | N = n\right] \\
&= E\left[\sum_{1}^{n} X_i\right] \quad X_i\text{와 } N\text{의 독립성에 의해} \\
&= nE[X]
\end{aligned}
$$

를 얻는다. 이는

$$
E\left[\sum_{i=1}^{N} X_i | N\right] = NE[X]
$$

임을 의미하고, 따라서

$$
E\left[\sum_{i=1}^{N} X_i\right] = E\big[NE[X]\big] = E[N]E[X]
$$

를 얻는다. 결국 이 예제에서, 일주일간의 부상자의 수의 기댓값은 $4 \times 2 = 8$이다. ■

확률변수 $\sum_{i=1}^{N} X_i$는 N개의, 독립이고 동일분포를 갖고, 또 N과도 독립인 확률변수들의 합과 같은데, N 자체가 확률변수이기 때문에 **복합 확률변수**(compound random variable)라고 불린다. 예제 3.10에서 본 바와 같이 복합 확률변수의 기댓값은 $E[X]E[N]$이다. 분산은 예제 3.19에서 유도될 것이다.

예제 3.11 (기하 분포의 평균) 앞면이 나올 확률이 p인 동전을, 앞면이 처음으로 나올 때까지 계속 던진다. 필요한 던지기 횟수의 기댓값을 구하라.

풀이▶ N을 필요한 던지기 횟수라고 하고

$$
Y = \begin{cases} 1, & \text{첫 번째 동전이 앞면인 경우} \\ 0, & \text{첫 번째 동전이 뒷면인 경우} \end{cases}
$$

로 놓자. 그러면

$$
\begin{aligned}
E[N] &= E[N|Y = 1]P\{Y = 1\} + E[N|Y = 0]P\{Y = 0\} \\
&= pE[N|Y = 1] + (1 - p)E[N|Y = 0]
\end{aligned} \tag{3.4}
$$

이 된다. 그런데,

$$
E[N|Y = 1] = 1, \quad E[N|Y = 0] = 1 + E[N] \tag{3.5}
$$

이다. 왜 식 (3.5)가 사실인지를 보기 위해, 먼저 $E[N|Y = 1]$를 살펴보자. $Y = 1$이기 때문에 첫 번째 던지기에서 앞면이 나왔음을 알 수 있고 따라서 던지기 횟수의 기댓값은 명백히 1이 된다. 반면에, $Y = 0$이면 첫 번째 던지기의 결과가 뒷면이다, 그런데 연이은 던지기가 모두 독립이므로, 첫 번째 던지기 이후에 처음으로 앞면이 나올 때까지 추가로 던지는 횟수의 기댓값 역시 $E[N]$이 된다. 따라서 $E[N|Y = 0] = 1 + E[N]$이다. 식 (3.5)를 식 (3.4)에 대입해 넣으면

$$
E[N] = p + (1 - p)(1 + E[N])
$$

이 되고 결국 다음을 얻는다.

$$
E[N] = 1/p
$$

■

확률변수 N은 확률질량함수 $p(n) = p(1 - p)^{n-1}$을 갖는 기하 확률변수이므로 기댓값을 $E[N] = \sum_{1}^{\infty} np(n)$로부터 조건부 기댓값에 의지하지 않고 쉽게 계산할 수 있다. 그러나 다음 예제를

조건부 기댓값을 사용하지 않고 풀려고 시도해보면, 조건부 기법이 얼마나 편리한 기법인지를 즉시 깨닫게 될 것이다.

예제 3.12 광부가 세 개의 문을 가진 지하 갱도에 갇혀 있다. 1번 문을 나가면 두 시간 후에 대피소로 가게 된다. 2번 문을 나가면 세 시간 동안 헤메다가 갱도로 되돌아오게 된다. 3번 문을 나가면 다섯 시간을 헤매다가 갱도로 되돌아오게 된다. 광부가 매 번 동일한 가능성으로 세 개의 문중 하나를 선택한다고 가정할 때, 광부가 대피소로 들어갈 때까지 걸리는 기대시간을 구하라.

풀이▶ X를 광부가 대피소에 도착할 때까지 걸리는 시간이라고 하고 Y를 광부가 첫 번째로 선택한 문이라고 하자. 그러면,

$$\begin{aligned}E[X] &= E[X|Y=1]P\{Y=1\}+E[X|Y=2]P\{Y=2\}\\&\quad+E[X|Y=3]P\{Y=3\}\\&=\tfrac{1}{3}\big(E[X|Y=1]+E[X|Y=2]+E[X|Y=3]\big)\end{aligned}$$

그런데,

$$\begin{aligned}&E[X|Y=1]=2,\\&E[X|Y=2]=3+E[X],\\&E[X|Y=3]=5+E[X],\end{aligned}\tag{3.6}$$

가 된다. 이렇게 되는 이유를 보기 위해 $E[X|Y=2]$의 예를 들어 설명해보자. 만약 광부가 2번 문을 선택한다면 세 시간을 허비하고 다시 갱도로 돌아온다. 그런데 일단 갱도로 돌아오면 문제는 처음과 같아지고, 따라서 대피소로 가는 기대 추가 시간은 역시 $E[X]$가 된다. 그러므로 $E[X|Y=2]=3+E[X]$를 얻는다. 식 (3.6)의 다른 양들도 유사하게 논증되고, 결국 다음을 얻는다.

$$E[X]=\tfrac{1}{3}\big(2+3+E[X]+5+E[X]\big)\quad \text{즉,}\quad E[X]=10$$ ■

예제 3.13 (다항 공분산) 각각 확률 $P_1,\ldots,P_r$, $\sum_{i=1}^r p_i=1$로 $1,\ldots,r$ 중 하나의 결과를 주는 독립시행을 n번을 수행한다고 하자. N_i를 결과 i를 주는 시행의 개수라고 정의하면 $(N_1,\ldots,N_r)$은 **다항 분포**(multinomial distribution)을 갖는다고 말한다. $i\neq j$에 대해

$$\text{Cov}(N_i,N_j)=E[N_iN_j]-E[N_i]E[N_j]$$

을 구해보자. 각 시행이 독립적으로 p_i의 확률로 결과 i를 주므로, N_i는 모수 (n, p_i)를 갖는 이항 확률변수가 되어 $E[N_i]\,E[N_j]=n^2p_ip_j$를 준다. $E[N_iN_j]$를 구하기 위해 N_i에 조건을 주면 다음을 얻는다.

$$\begin{aligned}E[N_iN_j]&=\sum_{k=0}^n E[N_iN_j|N_i=k]P(N_i=k)\\&=\sum_{k=0}^n kE[N_j|N_i=k]P(N_j=k)\end{aligned}$$

이제 n번의 시행 중 k번이 결과 i를 준 조건 하에서, 나머지 $n-k$번의 시행은 독립적으로 다음의 확률로 결과 j를 준다.

$$p(j\,|\,i\text{가 아님})=\frac{p_j}{1-p_i}$$

따라서 $N_i=k$의 조건 하에서 N_j의 조건부 분포는 모수 $(n-k,\frac{p_j}{1-p_i})$를 갖는 이항 분포이다, 이 사실로부터 다음을 얻는다,

$$E[N_i N_j] = \sum_{k=0}^{n} k(n-k)\frac{p_j}{1-p_i}P(N_i = k)$$
$$= \frac{p_j}{1-p_i}\left(n\sum_{k=0}^{n} kP(N_i = k) - \sum_{k=0}^{n} k^2 P(N_i = k)\right)$$
$$= \frac{p_j}{1-p_i}(nE[N_i] - E[N_i^2])$$

N_i는 모수 (n, p_i)의 이항 확률변수이므로

$$E[N_i^2] = \text{Var}(N_i) + (E[N_i])^2 = np_i(1-p_i) + (np_i)^2$$

이고, 따라서

$$E[N_i N_j] = \frac{p_j}{1-p_i}[n^2 p_i - np_i(1-p_i) - n^2 p_i^2]$$
$$= \frac{np_i p_j}{1-p_i}[n - np_i - (1-p_i)]$$
$$= n(n-1)p_i p_j$$

이 되어 결국 다음을 얻는다.

$$\text{Cov}(N_i, N_j) = n(n-1)p_i p_j - n^2 p_i p_j = -np_i p_j$$ ■

예제 3.14 (반복 짝맞춤 문제) 예제 2.31에서 자신의 모자를 집은 사람들은 빠지고, (짝맞춤에 실패한) 나머지 사람들은 모자를 중앙에 모은 후 뒤섞어 다시 하나씩 집는다. 이 과정이 모든 사람이 자신의 모자를 집을 때까지 반복된다고 가정하자.

(a) 처음에 n명이 참가했을 때 필요한 반복 횟수를 R_n이라고 할 때 $E[R_n]$을 구하라.

(b) 참가한 n명의 사람이 모자를 선택한 총 횟수를 S_n이라고 할 때 $E[S_n]$을 구하라($n \geq 2$).

(c) 각 개인이 모자를 잘못 선택한 횟수의 기댓값을 구하라($n \geq 2$).

풀이 (a) 예제 2.31의 결과로부터, 참가한 사람이 몇 명이든지 간에 평균적으로 한 회에 하나씩의 짝맞춤이 이루어지기 때문에 $E[R_n] = n$이라고 추측할 수 있다. 이 추측은 참인데 귀납법으로 이를 증명해보자. 우선, $E[R_1] = 1$은 명백하다. 이제 $k = 1, \ldots, n-1$에 대해 $E[R_k] = k$임을 가정하자. $E[R_n]$을 계산하기 위해 첫 번째 모자집기에서 성공한 사람의 수 X_n에 조건을 주자. 그러면,

$$E[R_n] = \sum_{i=0}^{n} E[R_n | X_n = i]P\{X_n = i\}$$

이 된다. 이제 처음에 i명이 제 모자집기에 성공했다는 조건을 주면, 원래의 반복 횟수는 1 더하기 $n-i$명이 자신의 모자를 집는데 필요한 반복 횟수가 된다. 따라서

$$E[R_n] = \sum_{i=0}^{n}(1 + E[R_{n-i}])P\{X_n = i\}$$
$$= 1 + E[R_n]P\{X_n = 0\} + \sum_{i=1}^{n} E[R_{n-i}]P\{X_n = i\}$$

$$= 1 + E[R_n]P\{X_n = 0\} + \sum_{i=1}^{n}(n-i)P\{X_n = i\} \text{ 귀납법의 가정에 의해}$$
$$= 1 + E[R_n]P\{X_n = 0\} + n(1 - P\{X_n = 0\}) - E[X_n]$$
$$= E[R_n]P\{X_n = 0\} + n(1 - P\{X_n = 0\})$$

여기서 마지막 등식은 예제 2.31의 결과, $E[X_n] = 1$을 이용하였다. 위식은 결국 $E[R_n] = n$을 주므로 원하는 결과가 증명되었다.

(b) $n \geq 2$에 대해, 첫 번째 모자집기에서 성공한 사람의 수 X_n에 조건을 주면, 다음을 얻는다.

$$E[S_n] = \sum_{i=0}^{n} E[S_n|X_n = i]P\{X_n = i\}$$
$$= \sum_{i=0}^{n}(n + E[S_{n-i}])P\{X_n = i\}$$
$$= n + \sum_{i=0}^{n} E[S_{n-i}]P\{X_n = i\}$$

여기서 $E[S_0] = 0$이다. 위의 방정식을 풀기 위해 다음과 같이 다시 쓰자.

$$E[S_n] = n + E[S_{n-X_n}]$$

이제, 각 반복에서 꼭 한 명씩만 성공한다면 모자집기의 총 횟수는 $1 + 2 + \cdots + n = n(n+1)/2$가 될 것이다. 이로부터, $E[S_n] = an + bn^2$ 형태의 해를 시도해보자. 위의 방정식이 이 형태의 해를 가지려면, $n \geq 2$에 대해 다음을 만족해야 한다.

$$an + bn^2 = n + E\left[a(n - X_n) + b(n - X_n)^2\right]$$

이를 다시 쓰면

$$an + bn^2 = n + a(n - E[X_n]) + b\left(n^2 - 2nE[X_n] + E\left[X_n^2\right]\right)$$

이다. 이제 예제 2.31와 2장의 연습 문제 72의 결과, $E[X_n] = \text{Var}[X_n] = 1$을 이용하면, 위식을

$$an + bn^2 = n + an - a + bn^2 - 2nb + 2b$$

로 쓸 수 있는데, 이는 $b = \frac{1}{2}$, $a = 1$일 때만 유효하다. 따라서

$$E[S_n] = n + n^2/2$$

이 $E[S_n]$에 대한 되돌림 방정식을 만족한다.

$E[S_n] = n + n^2/2$, $n \geq 2$에 대한 정식 증명은 n에 대한 귀납법에 의해 행해 질 수 있다. 우선, $n = 2$일 때는 사실이다.(이 경우 모자 선택의 수는 반복 횟수의 두 배이고, 반복 횟수는 모수 $\frac{1}{2}$인 기하 확률변수가 된다.) 한편, 되돌림 식은

$$E[S_n] = n + E[S_n]P\{X_n = 0\} + \sum_{i=1}^{n} E[S_{n-i}]P\{X_n = i\}$$

이 된다. 이제, $E[S_0] = E[S_1] = 0$, $E[S_k] = k + k^2/2$, $k = 2, \ldots, n-1$을 가정하고 $P\{X_n = n-1\} = 0$임을 이용하면 다음을 얻는다.

$$E[S_n] = n + E[S_n]P\{X_n = 0\} + \sum_{i=1}^{n}[n - i + (n-i)^2/2]P\{X_n = i\}$$
$$= n + E[S_n]P\{X_n = 0\} + (n + n^2/2)(1 - P\{X_n = 0\})$$
$$-(n+1)E[X_n] + E[X_n^2]/2$$

여기에 $E[X_n] = 1$, $E[X_n^2] = 2$를 대입하면

$$E[S_n] = n + n^2/2$$

이 얻어져 귀납적 증명이 완결된다.

(c) C_j를 개인 j, $j = 1, \ldots, n$가 집은 모자의 수라고 하면, 다음이 성립한다.

$$\sum_{j=1}^{n} C_j = S_n$$

기댓값을 취하고 C_j가 모두 동일한 평균을 가진다는 사실을 이용하면 다음을 얻는다.

$$E[C_j] = E[S_n]/n = 1 + n/2$$

따라서 개인 j가 잘못 선택한 횟수는 다음과 같다.

$$E[C_j - 1] = n/2.$$

■

예제 3.15 성공확률이 p인 독립시행을 k번 연속적으로 성공할 때까지 수행한다. 필요한 시행 횟수의 평균은 얼마인가?

풀이 N_k를 k번 연속적으로 성공할 때까지 필요한 시행의 횟수라고 놓고, $M_k = E[N_k]$라 하자. 되돌림 방정식을 유도한 다음 그것을 푸는 방식으로 M_k를 구할 것이다. 우선

$$N_k = N_{k-1} + A_{k-1,k}$$

로 쓰자. 여기서 N_{k-1}은 $k-1$번 연속적으로 성공할 때까지 필요한 시행의 횟수이고 $A_{k-1,k}$는 $k-1$번 연달아 성공할 때부터 k번 연달아 성공할 때까지 더 필요한 추가 시행의 횟수이다. 기댓값을 취하면 다음을 얻는다.

$$M_k = M_{k-1} + E[A_{k-1,k}]$$

$E[A_{k-1,k}]$를 구하기 위해 $k-1$번 연달아 성공한 다음의 시행에 조건을 주자. 만약 그 시행이 성공이면, 그 시행에서 k번의 연이은 성공이 일어났으므로 더 이상의 시행이 필요 없게 된다. 만약 그 시행이 실패면, 그 시점에서 새로 시작하게 되어 필요한 추가 시행의 기대 횟수는 $E[N_k]$가 된다. 따라서

$$E[A_{k-1,k}] = 1 \cdot p + (1 + M_k)(1-p) = 1 + (1-p)M_k$$

가 되고, 이로부터

$$M_k = M_{k-1} + 1 + (1-p)M_k$$

또는

$$M_k = \frac{1}{p} + \frac{M_{k-1}}{p}$$

를 얻는다. N_1은 첫 번째 성공의 시점이므로 모수 p의 기하 확률변수가 되어

$$M_1 = \frac{1}{p}$$

이므로, 되돌림 식에 대입하면

$$M_2 = \frac{1}{p} + \frac{1}{p^2},$$
$$M_3 = \frac{1}{p} + \frac{1}{p^2} + \frac{1}{p^3}$$

을 얻고, 일반적으로 다음을 얻는다.

$$M_k = \frac{1}{p} + \frac{1}{p^2} + \cdots + \frac{1}{p^k}$$ ■

예제 3.16 [빠른 정렬(quick-sort) 알고리즘의 분석] n개의 다른 값, $x_1, \ldots, x_n$이 주어졌는데, 이것들은 크기가 증가하는 순으로 배열, 즉 통상적인 용어로 **정렬**(sort)하고자 한다. 이것을 수행하는 효율적인 절차로 빠른 정렬 알고리즘이 있다. 이는 되돌림 방식으로 다음과 같이 정의된다. $n = 2$일 때는 두 값을 비교하여 적절한 순서로 배치한다. $n > 2$일 때는 n 값 중 하나를 무작위로 선택한다. x_i가 선택되었다고 하자. 그 다음, 나머지 $n-1$개를 x_i와 비교하여 x_i보다 작은 것과 큰 것으로 구분한다. S_i를 x_i보다 작은 것들의 집합이라 하고, $\bar{S}_i$를 x_i보다 큰 것들의 집합이라고 하면, 알고리즘은 이제 집합 S_i와 $\bar{S}_i$를 정렬한다. 최종적인 크기순 배열은, 원소들이 크기순으로 배열된 집합 S_i, 그 다음 x_i, 그리고 원소들이 크기순으로 배열된 집합 $\bar{S}_i$로 구성된다. 예를 들어, 10, 5, 8, 2, 1, 4, 7을 정렬한다고 하자. 먼저 이들 중 하나를 무작위로 선택한다. (즉, 각 7개 값은 확률 $\frac{1}{7}$로 선택된다.) 예를 들어, 4가 선택되었다고 가정하자. 이제 각 값을 4와 비교하여 다음을 얻는다.

{2, 1}, 4, {10, 5, 8, 7}

다음에 {2, 1}을 정렬하여

1, 2, 4, {10, 5, 8, 7}

을 얻는다. 다음에 {10, 5, 8, 7} 중에서 무작위로 한 값을 선택한 후(7이라고 가정), 다른 값들을 7과 비교하여

1, 2, 4, 5, 7, {10, 8}

를 얻고, 마지막으로 {10, 8}을 비교하여 다음의 최종결과를 얻는다.

1, 2, 4, 5, 7, 8, 10

이 알고리즘 효율성의 한 측도로, 필요한 연산의 수의 기댓값을 구해보자. n개의 다른 값들의 집합을 정렬하기 위해 빠른 정렬 알고리즘이 필요로 하는 비교 횟수의 기댓값을 M_n이라고 놓자. M_n에 대한 되돌림 식을 얻기 위해 처음 선택되는 값의 순위에 조건을 주면,

$$M_n = \sum_{j=1}^{n} E[\text{비교 횟수} \mid j\text{번째 작은 값이 선택됨}]\ \frac{1}{n}$$

이 된다. 선택된 첫 번째 값이 j번째로 작다면, 그것보다 작은 값들의 집합은 $j-1$개의 원소를 가질 것

이고, 그것보다 큰 값들의 집합은 $n - j$개의 원소를 가질 것이다. 그리고 첫 번째로 선택된 값과의 비교가 $n - 1$회 수행되어야 하므로 다음을 얻는다.

$$\begin{aligned} M_n &= \sum_{j=1}^{n} (n - 1 + M_{j-1} + M_{n-j})\frac{1}{n} \\ &= n - 1 + \frac{2}{n}\sum_{k=1}^{n-1} M_k \quad (M_0 = 0\text{이므로}) \end{aligned}$$

이것을 다시 쓰면

$$nM_n = n(n-1) + 2\sum_{k=1}^{n-1} M_k$$

이 되는데, 이것을 풀기위해 n을 $n + 1$로 대체하면 다음을 얻는다.

$$(n+1)M_{n+1} = (n+1)n + 2\sum_{k=1}^{n} M_k$$

위 두 식의 차를 구하면

$$(n+1)M_{n+1} - nM_n = 2n + 2M_n$$

또는

$$(n+1)M_{n+1} = (n+2)M_n + 2n$$

을 얻는다. 따라서

$$\frac{M_{n+1}}{n+2} = \frac{2n}{(n+1)(n+2)} + \frac{M_n}{n+1}$$

을 얻고, 이 관계를 반복하면

$$\begin{aligned} \frac{M_{n+1}}{n+2} &= \frac{2n}{(n+1)(n+2)} + \frac{2(n-1)}{n(n+1)} + \frac{M_{n-1}}{n} \\ &= \cdots \\ &= 2\sum_{k=0}^{n-1} \frac{n-k}{(n+1-k)(n+2-k)} \quad M_1 = 0\text{이기 때문에} \end{aligned}$$

를 얻고. 따라서

$$\begin{aligned} M_{n+1} &= 2(n+2)\sum_{k=0}^{n-1} \frac{n-k}{(n+1-k)(n+2-k)} \\ &= 2(n+2)\sum_{i=1}^{n} \frac{i}{(i+1)(i+2)}, \quad n \geqslant 1 \end{aligned}$$

이 된다. 상등관계 $i/(i+1)(i+2) = 2/(i+2) - 1/(i+1)$를 이용하여 n이 클 때 M_{n+1}을 다음과 같이 근사할 수 있다.

$$\begin{aligned} M_{n+1} &= 2(n+2)\left[\sum_{i=1}^{n}\frac{2}{i+2} - \sum_{i=1}^{n}\frac{1}{i+1}\right] \\ &\sim 2(n+2)\left[\int_3^{n+2}\frac{2}{x}\,dx - \int_2^{n+1}\frac{1}{x}\,dx\right] \\ &= 2(n+2)[2\log(n+2) - \log(n+1) + \log 2 - 2\log 3] \\ &= 2(n+2)\left[\log(n+2) + \log\frac{n+2}{n+1} + \log 2 - 2\log 3\right] \\ &\sim 2(n+2)\log(n+2) \end{aligned}$$ ■

보통은 조건부 기댓값의 상등관계는 조건이 없는 기댓값을 보다 쉽게 계산하기 위해 사용되지만, 다음 예제에서는 이것이 조건부 기댓값을 구하는 데 어떻게 사용될 수 있는 지를 알아본다.

예제 3.17 예제 2.31의 n, $n > 1$명이 포함된 짝맞춤 문제에서, 첫 번째 사람이 제 모자를 못 집은 조건 하에서 제 모자를 집은 사람 수의 조건부 기댓값을 구하라.

풀이▶ X를 제 모자를 집은 수라고 하고, 첫 번째 사람이 제 모자를 집으면 X_1을 1로 놓고 아니면 0으로 놓자. 그러면

$$\begin{aligned} E[X] &= E[X|X_1 = 0]P\{X_1 = 0\} + E[X|X_1 = 1]P\{X_1 = 1\} \\ &= E[X|X_1 = 0]\frac{n-1}{n} + E[X|X_1 = 1]\frac{1}{n} \end{aligned}$$

이 된다. 그런데, 예제 2.31에서

$$E[X] = 1$$

이다. 또한 첫 번째 사람이 제 모자를 집었다는 조건을 주면, 제 모자를 집은 사람 수의 기댓값은 1 더하기 $n-1$명이 자신들의 모자 $n-1$개를 던져 놓고 선택하는 상황에서 제 모자를 집은 사람 수의 기댓값과 같게 되므로,

$$E[X|X_1 = 1] = 2$$

가 된다. 따라서 다음 결과를 얻는다.

$$E[X|X_1 = 0] = \frac{n-2}{n-1}$$ ■

3.4.1 조건주기에 의한 분산의 계산

조건부 기대값은 확률변수의 분산의 계산에 이용될 수 있다. 구체적으로 말해,

$$\mathrm{Var}(X) = E[X^2] - (E[X])^2$$

를 사용하고, 조건주기를 이용하여 $E[X]$와 $E[X^2]$을 계산한다.

예제 3.18 (기하 확률변수의 분산) 성공확률 p인 독립시행이 계속 수행된다. N을 첫 번째 성공이 나올 때까지의 시행횟수라고 할 때 $\mathrm{Var}(N)$을 구하라.

풀이▶ 첫 시행이 성공이면 $Y = 1$로 놓고 아니면 $Y = 0$이라고 놓자.

$$\mathrm{Var}(N) = E[N^2] - (E[N])^2$$

에서 $E[N]$와 $E[N^2]$을 계산하기 위해 Y에 조건을 주자. 예를 들어,

$$E[N^2] = E\big[E[N^2|Y]\big]$$

인데,

$$E[N^2|Y=1]=1,$$
$$E[N^2|Y=0]=E[(1+N)^2]$$

가 된다. 위의 두 식이 얻어지는 이유는, 만약 첫 시행이 성공이라면 명백히 $N = 1$이고 따라서 $N^2 = 1$이다. 반면에 첫 시행이 실패로 끝나면, 첫 번째 성공까지 필요한 시행의 총 수는 1 (실패한 첫 시행) 더하기 추가로 필요한 시행의 수이다. 그런데 후자는 N과 동일한 분포를 가지므로, $E[N^2|Y = 0] = E[(1 + N)^2]$이 된다. 따라서

$$\begin{aligned}E[N^2] &= E[N^2|Y=1]P\{Y=1\}+E[N^2|Y=0]P\{Y=0\}\\ &= p+E[(1+N)^2](1-p)\\ &= 1+(1-p)E[2N+N^2]\end{aligned}$$

을 얻는다. 예제 3.10에서 $E[N]=1/p$이므로

$$E[N^2]=1+\frac{2(1-p)}{p}+(1-p)E[N^2]$$

이 되어

$$E[N^2]=\frac{2-p}{p^2}$$

을 얻는다. 결국

$$\begin{aligned}\text{Var}(N) &= E[N^2]-(E[N])^2\\ &= \frac{2-p}{p^2}-\left(\frac{1}{p}\right)^2\\ &= \frac{1-p}{p^2}\end{aligned}$$

■

조건주기를 통하여 확률변수의 분산을 구하는 또 하나의 방법은 조건부 분산 공식을 적용하는 것이다. $Y = y$의 조건 하에서 X의 조건부 분산은 다음과 같이 정의된다.

$$\text{Var}(X|Y=y)=E\big[(X-E[X|Y=y])^2|Y=y\big]$$

즉, 조건부 분산은 모든 확률이 $Y = y$의 조건 하에서 결정된다는 점만 제외하고, 보통의 분산과 똑같은 방식으로 정의된다. 위 식의 우변을 전개하여 항별로 기댓값을 취하면 다음을 얻는다.

$$\text{Var}(X|Y=y)=E[X^2|Y=y]-(E[X|Y=y])^2$$

$\text{Var}(X|Y)$를, $Y = y$일 때의 값이 $\text{Var}(X|Y = y)$인 Y의 함수로 정의하면 다음 결과가 얻어진다.

명제 3.1 (조건부 분산 공식)

$$\text{Var}(X)=E\big[\text{Var}(X|Y)\big]+\text{Var}\big(E[X|Y]\big) \tag{3.7}$$

증명▶

$$\begin{aligned}E\big[\text{Var}(X|Y)\big] &= E[E[X^2|Y]-(E[X|Y])^2]\\ &= E\big[E[X^2|Y]\big]-E\big[(E[X|Y])^2\big]\\ &= E[X^2]-E\big[(E[X|Y])^2\big]\end{aligned}$$

이고

$$\begin{aligned}\text{Var}(E[X|Y]) &= E\big[(E[X|Y])^2\big] - \big(E\big[E[X|Y]\big]\big)^2 \\ &= E\big[(E[X|Y])^2\big] - (E[X])^2\end{aligned}$$

이다. 따라서

$$E\big[\text{Var}(X|Y)\big] + \text{Var}\big(E[X|Y]\big) = E[X^2] - (E[X])^2$$

이 되어 증명이 완결된다. ■

예제 3.19 (복합 확률변수의 분산) 독립이고 동일 분포하는 확률변수들 X_1, X_2, ...가 평균이 μ이고 분산이 σ^2인 분포 F를 갖고, 또한 비음의 정수값을 갖는 확률변수 N과 독립이라고 가정하자. 예제 3.10에서 기대값을 구할 때 언급한 바와 같이, 확률변수 $S = \sum_{i=1}^{N} X_i$는 복합 확률변수라고 불린다. 이것의 분산을 구하라.

풀이▶ N에 조건을 주어 $E[S^2]$을 구할 수도 있지만, 여기서는 조건부 분산 공식을 시용해보자. 우선,

$$\begin{aligned}\text{Var}(S|N = n) &= \text{Var}\left(\sum_{i=1}^{N} X_i | N = n\right) \\ &= \text{Var}\left(\sum_{i=1}^{n} X_i | N = n\right) \\ &= \text{Var}\left(\sum_{i=1}^{n} X_i\right) \\ &= n\sigma^2\end{aligned}$$

이고 동일한 추론에 의해

$$E[S|N = n] = n\mu$$

이다. 따라서

$$\text{Var}(S|N) = N\sigma^2, \quad E[S|N] = N\mu$$

이고 조건부 분산 공식에 대입하여

$$\text{Var}(S) = E[N\sigma^2] + \text{Var}(N\mu) = \sigma^2 E[N] + \mu^2 \text{Var}(N)$$

를 얻는다. 만약 N이 푸아송 확률변수이면 $S = \sum_{i=1}^{N} X_i$는 **복합 푸아송**(compound Poisson) 확률변수라고 불린다. 푸아송 확률변수의 분산은 평균과 같기 때문에 $E[N] = \lambda$인 복합 푸아송 확률변수에 대해

$$\text{Var}(S) = \lambda\sigma^2 + \lambda\mu^2 = \lambda E[X^2]$$

이 성립한다. 여기서 X는 분포 F를 갖는다. ■

예제 3.20 (반복 짝맞춤 문제의 분산) 예제 3.14의 반복 짝맞춤 문제를 고려하고, n명의 참가자로 시작할 때 필요한 반복횟수의 분산을 $V_n = \text{Var}(R_n)$이라고 놓자. 조건부 분산 공식을 사용하여 다음 사실을 보일 것이다.

$$V_n = n, \quad n \geqslant 2$$

이것의 증명은 n에 대한 귀납법을 사용한다. 먼저 $n = 2$일 때는 필요한 반복횟수가 모수 $p = \frac{1}{2}$을 갖는 기하 확률변수임을 관찰하여 다음을 얻는다.

$$V_2 = \frac{1-p}{p^2} = 2$$

이제

$$V_j = j, \quad 2 \leqslant j < n$$

의 귀납적 가정을 하고 n명의 참가자가 있을 때를 고려하자. X를 첫 번째 반복에서 제 모자를 집은 사람 수라고 놓고 X에 조건을 주면, 필요한 반복회수 R_n은 1 더하기 최초에 $n - X$명의 참가자가 있을 때의 필요한 반복횟수와 같은 분포를 따른다. 따라서

$$\begin{aligned} E[R_n|X] &= 1 + E[R_{n-X}] \\ &= 1 + n - X \qquad \text{예제 3.14에 의해} \end{aligned}$$

가 된다. 또한 $V_0 = 0$이라 놓으면

$$\text{Var}(R_n|X) = \text{Var}(R_{n-X}) = V_{n-X}$$

이다. 따라서 조건부 분산 공식에 의해 다음을 얻는다.

$$\begin{aligned} V_n &= E[\text{Var}(R_n|X)] + \text{Var}(E[R_n|X]) \\ &= E[V_{n-X}] + \text{Var}(X) \\ &= \sum_{j=0}^{n} V_{n-j} P(X = j) + \text{Var}(X) \\ &= V_n P(X = 0) + \sum_{j=1}^{n} V_{n-j} P(X = j) + \text{Var}(X) \end{aligned}$$

위식과 귀납 가정에 의해 다음을 얻는다.

$$\begin{aligned} V_n &= V_n P(X = 0) + \sum_{j=1}^{n} (n-j) P(X = j) + \text{Var}(X) \\ &= V_n P(X = 0) + n(1 - P(X = 0)) - E[X] + \text{Var}(X) \end{aligned}$$

예제 2.31과 2장의 연습 문제 72에 의해 $E[X] = \text{Var}(X) = 1$이므로

$$V_n = V_n P(X = 0) + n(1 - P(X = 0))$$

이 되어 결과가 증명된다. ■

3.5 조건주기에 의한 확률의 계산

적절한 확률변수에 조건을 주어 기댓값을 구할 수 있음은 물론 이 방법을 확률 계산에도 사용할 수 있다. 이를 알아보기 위해, E를 임의의 사건이라고 하고 지시변수 X를 다음과 같이 정의하자.

$$X = \begin{cases} 1, & E\text{가 일어나면} \\ 0, & E\text{가 일어나지 않으면} \end{cases}$$

X의 정의에 의해 다음이 성립한다.

$$E[X] = P(E),$$
$$E[X|Y = y] = P(E|Y = y), \quad \text{임의의 확률변수 } Y\text{에 대해}$$

따라서, 식 (3.2a)와 (3.2b)에 의해 다음을 얻는다.

$$\begin{aligned} P(E) &= \sum_y P(E|Y = y)P(Y = y), \quad Y\text{가 이산일 때} \\ &= \int_{-\infty}^{\infty} P(E|Y = y) f_Y(y)\, dy, \quad Y\text{가 연속일 때} \end{aligned}$$

예제 3.21 X와 Y가 각각 밀도 f_X와 f_Y를 갖는 독립인 연속 확률변수라고 할 때 $P(X < Y)$를 구하라.

풀이▶ Y의 값에 조건을 주어 다음을 얻는다.

$$\begin{aligned} P\{X < Y\} &= \int_{-\infty}^{\infty} P\{X < Y|Y = y\} f_Y(y)\, dy \\ &= \int_{-\infty}^{\infty} P\{X < y|Y = y\} f_Y(y)\, dy \\ &= \int_{-\infty}^{\infty} P\{X < y\} f_Y(y)\, dy \\ &= \int_{-\infty}^{\infty} F_X(y) f_Y(y)\, dy \end{aligned}$$

여기서

$$F_X(y) = \int_{-\infty}^{y} f_X(x)\, dx$$ ■

예제 3.22 한 보험회사에서 각 가입자들의 일 년간 사고 횟수는 푸아송 분포를 따른다고 가정하고 있다. 이때 푸아송 분포의 평균은 가입자에 따라 다른데, 무작위로 추출된 가입자의 평균이 밀도함수

$$g(\lambda) = \lambda e^{-\lambda}, \quad \lambda \geqslant 0$$

를 갖는 감마분포를 따른다고 한다면, 무작위로 추출된 가입자가 다음 해에 n번의 사고를 당할 확률은 얼마인가?

풀이▶ X를 무작위로 추출된 가입자 내년에 당할 사고의 횟수라고 하고, Y를 이 가입자의 평균 사고라고 놓자. Y에 조건을 주어

$$\begin{aligned} P\{X = n\} &= \int_0^{\infty} P\{X = n|Y = \lambda\} g(\lambda)\, d\lambda \\ &= \int_0^{\infty} e^{-\lambda} \frac{\lambda^n}{n!} \lambda e^{-\lambda}\, d\lambda \\ &= \frac{1}{n!} \int_0^{\infty} \lambda^{n+1} e^{-2\lambda}\, d\lambda \end{aligned}$$

를 얻는다. 그런데

$$h(\lambda) = \frac{2e^{-2\lambda}(2\lambda)^{n+1}}{(n+1)!}, \quad \lambda > 0$$

는 감마 $(n + 2, 2)$ 확률변수의 밀도함수이므로 적분하면 1이 된다. 즉,

$$1 = \int_0^\infty \frac{2e^{-2\lambda}(2\lambda)^{n+1}}{(n+1)!}\, d\lambda = \frac{2^{n+2}}{(n+1)!}\int_0^\infty \lambda^{n+1} e^{-2\lambda}\, d\lambda$$

이므로 다음을 얻는다.

$$P\{X = n\} = \frac{n+1}{2^{n+2}}$$

■

예제 3.23 어떤 요가 학원에 하루 동안 나오는 사람 수가 평균 λ인 푸아송 확률변수라고 한다. 출석하는 각 사람이, 독립적으로, 확률 p로 여성이고 $1 - p$로 남성이라고 할 때, 오늘 n명의 여자와 m명의 남자가 학원에 출석할 결합 확률을 구하라.

풀이▶ 오늘 학원에 출석한 여자와 남자의 수를 각각 N_1, N_2라고 하고, $N = N_1 + N_2$을 오늘 출석한 총 사람 수라고 놓자. N에 조건을 주면

$$P\{N_1 = n, N_2 = m\} = \sum_{i=0}^{\infty} P\{N_1 = n, N_2 = m | N = i\} P\{N = i\}$$

이 되는데, $i \neq n + m$일 때 $P\{N_1 = n, N_2 = m | N = i\} = 0$이므로 위 식은

$$P\{N_1 = n, N_2 = m\} = P\{N_1 = n, N_2 = m | N = n+m\} e^{-\lambda}\frac{\lambda^{n+m}}{(n+m)!}$$

이 된다. $n + m$명이 출석한 조건 하에서, 각 $n + m$명은 독립적으로 확률 p로 여자이므로, 그 중 n명이 여자(그리고 m명이 남자)일 조건부 확률은 $n + m$번의 시행에서 n번을 성공할 이항확률이 된다. 즉,

$$P\{N_1 = n, N_2 = m\} = \binom{n+m}{n} p^n (1-p)^m e^{-\lambda}\frac{\lambda^{n+m}}{(n+m)!}$$

$$= \frac{(n+m)!}{n!m!} p^n (1-p)^m e^{-\lambda p} e^{-\lambda(1-p)} \frac{\lambda^n \lambda^m}{(n+m)!}$$
$$= e^{-\lambda p}\frac{(\lambda p)^n}{n!} e^{-\lambda(1-p)} \frac{(\lambda(1-p))^m}{m!}$$

위의 결합 확률질량함수가 하나는 n에만 종속이고 다른 하나는 m에만 종속인 두 개의 함수로 인수분해가 되므로, N_1과 N_2는 독립임을 알 수 있다. 더욱이,

$$P\{N_1 = n\} = \sum_{m=0}^{\infty} P\{N_1 = n, N_2 = m\}$$
$$= e^{-\lambda p}\frac{(\lambda p)^n}{n!} \sum_{m=0}^{\infty} e^{-\lambda(1-p)} \frac{(\lambda(1-p))^m}{m!} = e^{-\lambda p}\frac{(\lambda p)^n}{n!}$$

이고, 유사하게

$$P\{N_2 = m\} = e^{-\lambda(1-p)}\frac{(\lambda(1-p))^m}{m!}$$

이므로 N_1과 N_2는 각각 평균 λp와 $\lambda(1 - p)$를 갖는 독립인 푸아송 확률변수가 된다. 이 예제는, 푸아송 횟수의 사건들이 독립적으로 각각 확률 p와 확률 $1 - p$로 유형 1과 유형 2로 독립적으로 분류될 때, 유형 1과 유형 2 사건의 수는 독립인 푸아송 확률변수가 된다는 중요한 결과를 확립해 준다. ■

예제 3.23의 결과는 푸아송 분포를 따르고 평균이 λ인, 사건의 발생횟수 N이 독립적으로 각각 확률 P_i, $i = 1, \ldots, k$, $\sum_{i=1}^{k} p_i = 1$로 k개의 유형으로 분류되는 경우로 일반화할 수 있다. N_i를 유형 i로 분류된 개수라고 하면, $N_1, \ldots, N_k$는 각각 평균이 $\lambda p_1, \ldots, \lambda p_k$인 독립인 푸아송 확률변수가 된다. 그 이유는,

$$\begin{aligned}
P(N_1 = n_1, \ldots, N_k = n_k) &= P(N_1 = n_1, \ldots, N_k = n_k | N = n)P(N = n) \\
&= \frac{n!}{n_1! \cdots n_k!} p_1^{n_1} \cdots p_k^{n_k} e^{-\lambda} \lambda^n / n! \\
&= \prod_{i=1}^{k} e^{-\lambda p_i} (\lambda p_i)^{n_i} / n_i!
\end{aligned}$$

이기 때문이다. 여기서 두 번째 등식은 총 n개의 사건이 일어날 때, 각 유형의 발생횟수는 모수 $(n, p_1, \ldots, p_k)$를 갖는 다항분포를 따른다는 사실을 이용하였다.

예제 3.24 (독립인 베르누이 확률변수들의 합의 분포) $X_1, \ldots, X_n$이 각각 모수 p_i, $i = 1, \ldots, n$를 갖는 독립인 베르누이 확률변수라고 하자. 즉, $P\{X_i = 1\} = p_i$, $P\{X_i = 0\} = q_i = 1 - p_i$이다. 이 변수들의 합 $X_1 + \cdots + X_n$의 확률질량함수를 계산하기를 원하는데, 이것을 먼저 $k = 1$에 해, 그 다음 $k = 2$에 대해, 이렇게 $k = n$까지 되돌림 방식으로 구할 것이다. 우선,

$$P_k(j) = P\{X_1 + \cdots + X_k = j\}$$

라고 놓고 다음을 관찰하자.

$$P_k(k) = \prod_{i=1}^{k} p_i, \quad P_k(0) = \prod_{i=1}^{k} q_i$$

$0 < j < k$에 대해, X_k에 조건을 주면, 다음의 되돌림 식이 얻어진다.

$$\begin{aligned}
P_k(j) &= P\{X_1 + \cdots + X_k = j | X_k = 1\}p_k + P\{X_1 + \cdots + X_k = j | X_k = 0\}q_k \\
&= P\{X_1 + \cdots + X_{k-1} = j - 1 | X_k = 1\}p_k \\
&\quad + P\{X_1 + \cdots + X_{k-1} = j | X_k = 0\}q_k \\
&= P\{X_1 + \cdots + X_{k-1} = j - 1\}p_k + P\{X_1 + \cdots + X_{k-1} = j\}q_k \\
&= p_k P_{k-1}(j - 1) + q_k P_{k-1}(j)
\end{aligned}$$

$P_1(1) = p_1$, $P_1(0) = q_1$로 시작하여, 위 방정식을 되돌림 방식으로 풀어서 $P_2(j)$, $P_3(j)$, 이렇게 $P_n(j)$까지 구해갈 수 있다. ■

예제 3.25 [최고 상품(best prize) 문제] n개의 다른 상품이 연이어 제시된다고 하자. 상품이 제시된 후에 즉시 그것을 받을지 아니면 거절하고 다음 상품으로 넘어갈 지를 결정해야 한다고 한다. 이 결정을 할 때 주어지는 정보는 지금까지 제시된 상들에 대비한 상대적 순위뿐이다. 예를 들어, 다섯 번째 상품이 제시될 때 처음 네 상품에 비해 어떠한지를 알게 된다. 일단 상품이 거절되면 그 상품은 없어진다. 우리의 목표는 최고의 상품을 받을 확률을 최대화하는 것이다. 상품의 모든 $n!$ 가지의 순서 배열이 동일한 가능성을 가지고 있다고 가정할 때, 어떻게 이 문제를 해결할 것인가?

풀이 놀랍게도 상당히 잘 할 해결할 수 있다. 먼저 k, $0 \leqslant k < n$를 고정하고, 처음 k개의 상품을 거절하고, 그 다음부터 처음 k개 모두 보다 더 좋은 첫 번째 상품을 선택하는 전략을 고려해보자. $P_k(\text{best})$를 이 전략을 채택할 때 최고 상품이 선택될 확률이라고 놓자. 이 확률을 계산하기 위해 최고 상품의 위치 X에 조건을 주면,

$$P_k(\text{best}) = \sum_{i=1}^{n} P_k(\text{best}|X = i)P(X = i)$$
$$= \frac{1}{n}\sum_{i=1}^{n} P_k(\text{best}|X = i)$$

이 된다. 이제, 최고 상품이 첫 k개 중에 있다면, 이 전략 하에서는 아무 상품도 선택되지 않게 된다. 반면에, 최고 상품이 i, $i > k$ 위치에 있다면, 첫 k개 중의 최고 상품이 또한 처음 $i - 1$개 중의 최고 상품이 되면 최고 상품이 선택된다(그렇다면 $k + 1, k + 2, \ldots, i - 1$ 위치의 상품이 모두 선택되지 않으므로). 따라서

$$P_k(\text{best}|X = i) = 0, \quad i \leqslant k \text{일 때}$$
$$P_k(\text{best}|X = i) = P\{\text{첫 } i - 1\text{개 중의 최고가 첫 } k\text{개 중에 있음}\}$$
$$= k/(i - 1), \ \ i > k\text{일 때}$$

이 되고, 이로부터,

$$P_k(\text{best}) = \frac{k}{n}\sum_{i=k+1}^{n} \frac{1}{i - 1}$$
$$\approx \frac{k}{n}\int_{k}^{n-1} \frac{1}{x}\,dx$$
$$= \frac{k}{n}\log\left(\frac{n - 1}{k}\right)$$
$$\approx \frac{k}{n}\log\left(\frac{n}{k}\right)$$

을 얻는다. 이제 함수

$$g(x) = \frac{x}{n}\log\left(\frac{n}{x}\right)$$

를 고려하여, 미분하면

$$g'(x) = \frac{1}{n}\log\left(\frac{n}{x}\right) - \frac{1}{n}$$

이 되므로 다음 결과를 얻는다.

$$g'(x) = 0 \Rightarrow \log(n/x) = 1 \Rightarrow x = n/e$$

이제 $P_k(\text{best}) \approx g(k)$이므로, 고려 중인 형태의 전략에서 최적은 처음 n/e개의 상품을 지나보내고, 이것들 모두 보다 더 좋은 첫 번째 상품이 나올 때 그 상품을 선택하는 것이다. 또한, $g(n/e) = 1/e$이므로 이 전략이 최고 상품을 선택할 확률은 대략 $1/e \approx 0.36788$이 된다.

참고: n이 커지면 이 확률이 0에 가까울 것이라고 생각할 수 있기 때문에, 대부분의 학생들은 최고 상품을 받을 확률의 크기에 놀랐을 것이다. 그러나, 계산을 통하지 않더라도 조금 생각하면 최고 상품을 확률을 꽤 커질 수 있음이 드러난다. 절반을 지나보내고, 그것들 모두보다 좋은 첫 번째 상품이 나타날 때 선택하는 전략을 고려해보자. 상품이 하나 선택될 확률은 가장 좋은 상품이 두 번째 절반 중에 있을 확률인데 이는 $\frac{1}{2}$이다. 또한, 상품이 하나 선택되었다는 조건을 주면, 선택된 상품은 그때까지 나타난 $n/2$개를 넘는 상품들 중 최고였을 것이고, 따라서 그것이 전체 최고가 될 확률은 $\frac{1}{2}$이상이 될 것이다. 따라서 전체의 절반을 지나보내고, 그 다음 그것들 모두보다 좋은 첫 번째 상품이 나올 때 선택하는 전략이 최고 상품을 줄 확률은 $\frac{1}{4}$보다 크게 된다. ■

예제 3.26 파티에서 n명의 남자가 모자를 벗어 잘 섞은 후 무작위로 하나씩 선택한다. 이때 자기 모자를 선택하면 **짝맞춤**(match)이 일어났다고 말한다. 짝맞춤이 전혀 일어나지 않을 확률은 얼마인가? k건의 짝맞춤이 일어날 확률은 얼마인가?

풀이 E를 짝맞춤이 전혀 일어나지 않은 사건이라고 놓고, n에 종속임을 명확히 하기 위해 $P_n = P(E)$라고 쓰자. 첫 번째 남자가 제 모자를 선택했는지 여부 이들 사건을 M과 M^c라고 두자 에 조건을 주는 것으로 시작하자. 즉,

$$P_n = P(E) = P(E|M)P(M) + P(E|M^c)P(M^c)$$

인데, 분명히 $P(E|M) = 0$이므로 다음을 얻는다.

$$P_n = P(E|M^c)\frac{n-1}{n} \tag{3.8}$$

이제, $P(E|M^c)$는 $n-1$명의 남자가, 그들 중 한명의 모자가 포함되지 않은 $n-1$개의 모자 집합 중에서 선택할 때, 짝맞춤이 전혀 일어나지 않을 확률이다. 이것은, 짝맞춤이 전혀 없고 여분의 남자가 여분의 모자(첫 번째 남자의 모자)를 선택하지 않은 경우와 또는 짝맞춤이 전혀 없고 여분의 남자가 여분의 모자를 선택한 경우의, 두 개의 상호배반 사건 중 하나로 일어날 수 있다. 이들 중 첫 번째 사건의 확률은 P_{n-1}인데, 이는 여분의 모자를 여분의 사람의 것이라고 간주하면 바로 얻어진다. 또한 두 번째 사건의 확률은 $[1/(n-1)]P_{n-2}$이므로,

$$P(E|M^c) = P_{n-1} + \frac{1}{n-1}P_{n-2}$$

이 되고 식 (3.8)로부터

$$P_n = \frac{n-1}{n}P_{n-1} + \frac{1}{n}P_{n-2}$$

또는, 동등하게

$$P_n - P_{n-1} = -\frac{1}{n}(P_{n-1} - P_{n-2}) \tag{3.9}$$

을 얻는다. 그런데, P_n은 n명이 모자를 선택할 때 짝맞춤이 전혀 일어나지 않을 확률이므로

$$P_1 = 0, \quad P_2 = \tfrac{1}{2}$$

이다. 따라서 식 (3.9)에서

$$P_3 - P_2 = -\frac{(P_2 - P_1)}{3} = -\frac{1}{3!} \text{ 또는 } P_3 = \frac{1}{2!} - \frac{1}{3!},$$
$$P_4 - P_3 = -\frac{(P_3 - P_2)}{4} = \frac{1}{4!} \text{ 또는 } P_4 = \frac{1}{2!} - \frac{1}{3!} + \frac{1}{4!}$$

을 얻고 일반적으로 다음을 얻는다.

$$P_n = \frac{1}{2!} - \frac{1}{3!} + \frac{1}{4!} - \cdots + \frac{(-1)^n}{n!}$$

k개의 짝맞춤이 일어날 확률을 얻기 위해 임의의 k명으로 구성된 집단을 고정해서 생각하자. 그들 모두가 또 그들만이 제 모자를 선택할 확률은

$$\frac{1}{n}\frac{1}{n-1}\cdots\frac{1}{n-(k-1)}P_{n-k} = \frac{(n-k)!}{n!}P_{n-k}$$

이 된다. 여기서 P_{n-k}는 $n-k$명이 자신들의 모자를 놓고 선택할 때 짝맞춤이 전혀 일어나지 않을 조건부 확률이다. 이제, k명의 집단을 선택하는 방법은 $\binom{n}{k}$ 가지이므로, 정확히 k개의 짝맞춤이 일어날 확률은

$$\frac{P_{n-k}}{k!} = \frac{\frac{1}{2!} - \frac{1}{3!} + \cdots + \frac{(-1)^{n-k}}{(n-k)!}}{k!}$$

이 된다. 이것은 n이 크면, 근사적으로 $e^{-1}/k!$과 같아진다.

참고: 되돌림 식 (3.9)는 순환(cycle)의 개념을 사용하여 얻을 수도 있다. 다른 개인들의 열 $i_1, i_2, \ldots, i_k$ 이 i_1이, i_2의 모자를, i_2가 i_3의 모자를, $\ldots$, i_{k-1}이 i_k의 모자를, 그리고 i_k가 i_1의 모자를 선택하면 순환을 형성한다고 말한다. 모든 참가자가 하나의 순환의 일부가 되고, 자신의 모자를 선택한 사람은 크기 1의 순환을 형성하는 것을 관찰하라. 이전처럼, E를 전혀 짝맞춤이 일어나지 않는 사건으로 놓고 특정한 사람을 포함하는 순환의 크기로 조건을 주면,

$$P_n = P(E) = \sum_{k=1}^{n} P(E|C=k)P(C=k) \tag{3.10}$$

을 얻는다. 여기서 C는 특정한 사람, 예컨대 1번 참가자를 포함하는 순환의 크기이다. 이제 1번 참가자를 첫 번째 사람이라고 부르면, 첫 번째 사람이 1번의 모자를 선택하지 않고, 첫 번째 사람이 선택한 모자의 주인(이 사람을 두 번째 사람이라고 부르자)도 1번의 모자를 선택하지 않고, 두 번째 사람이 선택한 모자의 주인(이 사람을 세 번째 사람이라고 부르자)도 1번의 모자를 선택하지 않고, $\ldots$, 그러다가 $(k-1)$번 째 사람이 1번의 모자를 선택하면, $C=k$가 됨을 관찰하자. 그 결과 다음을 얻는다.

$$P(C=k) = \frac{n-1}{n}\frac{n-2}{n-1}\cdots\frac{n-k+1}{n-k+2}\frac{1}{n-k+1} = \frac{1}{n} \tag{3.11}$$

즉, 특정한 사람을 포함하는 순환의 크기는 동일한 가능성으로 $1, 2, \ldots, n$ 중 하나가 된다. 또한 $C=1$는 1번이 자신의 모자를 선택한 경우이므로 다음을 얻는다.

$$P(E|C=1) = 0$$

반면에 $C=k$라면, 이 순환에 포함된 k명의 사람들에 의해 선택된 모자의 집합은 정확히 그 사람들 자신의 모자의 집합이 된다. 따라서 $C=k$의 조건을 주면, 문제는 $n-k$명의 사람이 자신들의 $n-k$개의 모자 중에서 무작위로 선택을 할 때 짝맞춤이 전혀 없을 확률을 구하는 문제로 축소된다. 즉, 다음을 얻는다.

$$P(E|C=k) = P_{n-k} \tag{3.12}$$

식 (3.11)~(3.13)을 식 (3.10)에 대입해 넣으면

$$P_n = \frac{1}{n}\sum_{k=2}^{n} P_{n-k} \tag{3.13}$$

를 얻는다. 이것이 식 (3.9)와 동등함은 쉽게 보일 수 있다.

예제 3.27 [투표(ballot) 문제] 한 선거에서 A 후보가 n표를 얻고 B 후보가 m, $n > m$표를 얻었다. 모든 순서 배열이 동일하게 가능하다고 가정할 때, 득표수 계수과정에서 A가 B보다 항상 앞서 있을 확률이 $(n-m)/(n+m)$임을 보여라.

풀이▶ 문제의 확률을 $P_{n,m}$이라 놓자. 계수된 마지막 투표를 어느 후보가 얻었는지에 조건을 주면 다음을 얻는다.

$$P_{n,m} = P\{A\text{가 항상 앞섬} \mid A\text{가 마지막 투표를 득표}\}\ \frac{n}{n+m}$$

$$= + \text{P}\{A\text{가 항상 앞섬} \mid B\text{가 마지막 투표를 득표}\}\ \frac{m}{n+m}$$

A가 마지막 투표를 얻었다는 조건 하에서 A가 항상 앞설 확률은 A가 $n-1$표를 얻고 B가 m를 얻은 상황에서 A가 항상 앞설 확률과 같아진다. B가 A가 마지막 투표를 얻었다는 조건을 줄 때에도 유사한 결과가 얻어지므로 위식은

$$P_{n,m} = \frac{n}{n+m} P_{n-1,m} + \frac{m}{m+n} P_{n,m-1} \tag{3.14}$$

이 된다. 이제 $P_{n,\,m} = (n-m)/(n+m)$은 $n + m$에 대한 귀납법으로 증명될 수 있다. $n + m = 1$일 때는 $P_{1,0} = 1$이므로 성립한다. $n + m = k$일 때 사실이라고 가정하면, $n + m = k + 1$일 때는 식 (3.14)와 귀납 가정에 의해

$$\begin{aligned} P_{n,m} &= \frac{n}{n+m}\frac{n-1-m}{n-1+m} + \frac{m}{m+n}\frac{n-m+1}{n+m-1} \\ &= \frac{n-m}{n+m} \end{aligned}$$

이 되어 결과가 증명된다. ■

투표문제를 흥미롭게 응용할 수 있다. 예를 들어, 앞면이 나올 확률이 항상 p인 동전을 계속 던질 때, 첫 던지기 이후에 앞면의 총 수와 뒷면의 총 수가 같아지는 첫 번째 시점의 확률분포를 구해보자. 이것이 시점 $2n$에서 처음 일어날 확률은 처음 $2n$ 번의 던지기에서 앞면이 나온 수에 조건을 주어 구할 수 있다. 즉,

$$\begin{aligned} &P\{\text{첫 시점} = 2n\} \\ &= P\{\text{첫 시점} = 2n \mid \text{첫 } 2n \text{ 번의 던지기에서 } n\text{번이 앞면}\} \binom{2n}{n} p^n (1-p)^n \end{aligned}$$

이제, 처음 $2n$ 번의 던지기에서 앞면이 n번 나온 조건 하에서 모든 n번의 앞면과 n번의 뒷면의 순서 배열이 동일하게 가능하므로, 위의 조건부 확률은 각 후보가 똑같이 n표를 받은 선거에서 한 후보가 마지막 투표(득표수가 동일하게 되는) 전까지 항상 앞설 확률과 동등하게 된다. 그런데, 마지막 투표를 누가 얻었는지에 조건을 주어 생각하면, 이 확률은 투표문제에서 $m = n - 1$일 때의 확률이 되는 것을 알 수 있다. 따라서

$$\begin{aligned} P\{\text{첫 시점} = 2n\} &= P_{n,n-1} \binom{2n}{n} p^n (1-p)^n \\ &= \frac{\binom{2n}{n} p^n (1-p)^n}{2n-1} \end{aligned}$$

이제 앞면이 뒷면보다 i번 더 나오는 첫 시점이 $(2n + i)$번의 던지기 직후에 발생할 확률을 구해보자. 이일이 일어나려면 다음 두 사건이 일어나야만 한다.

(a) 첫 $2n + i$번의 던지기에서 $n + i$개의 앞면과 n개의 뒷면이 나와야 한다.

(b) $n + i$개의 앞면과 n개의 뒷면이 나오는 순서가, 마지막 던지기 이전까지 앞면이 수가 뒷면의 수보다 i개 더 많지 않도록 배열되어야 한다.

조금 생각하면, 사건 (b)가 일어날 필요충분조건은 $n + i$개의 앞면과 n개의 뒷면이 나오는 순서가 마지막 던지기에서 시작하여 거꾸로 진행할 때 항상 앞면의 수가 앞서 있는 것임을 알 수 있다. 예를 들어, 4개의 앞면과 2개의 뒷면이 나온 경우($n = 2$, $i = 2$)에, 결과 ____TH는 여섯 번째 던지기 이전에 앞면이 뒷면보다 2개 더 나올 수 있기 때문에(첫 4번의 던지기에서 앞면이 뒷면보다 2번 더 나오게 된다) 충족되지 않는다.

(a)에 규정된 사건의 확률은 바로 $2n + i$번의 던지기에서 $n + i$번의 앞면과 n번의 뒷면이 나올 이항 확률이 된다.

이제, 첫 $2n + i$번의 던지기에서 $n + i$번의 앞면과 n번의 뒷면이 나온 조건 하에서 (b)에 규정된 사건의 조건부 확률을 구해야 한다. 먼저, $2n + i$번의 던지기에서 $n + i$번의 앞면과 n번의 뒷면이 나온 조건 하에서, 모든 가능한 순서 배열은 동일한 가능성이 있음을 주목하자. 결과적으로, (a)의 조건 하에서 (b)의 조건부 확률은 $n + i$개의 앞면과 n개의 뒷면의 무작위 순서 배열이, 역방향으로 세어 갈 때, 항상 앞면이 뒷면보다 많을 확률이 된다. 모든 역방향 배열도 역시 동일하게 가능하므로, 투표 문제로부터 이 조건부 확률은 $i/(2n+i)$가 됨을 알 수 있다.

즉, 다음이 증명되었다.

$$P\{a\} = \binom{2n+i}{n} p^{n+i}(1-p)^n,$$

$$P\{b|a\} = \frac{i}{2n+i}$$

따라서

$$P\{2n + i\text{번째 던지기에서 처음으로 앞면이 } i\text{개 더 나옴}\} = \binom{2n+i}{n} p^{n+i}(1-p)^n \frac{i}{2n+i}$$

예제 3.28 $U_1, U_2, \ldots$이 독립인 균등(0, 1) 확률변수들의 열이라고 하고,

$$N = \min\{n \geqslant 2: U_n > U_{n-1}\}$$

이고

$$M = \min\{n \geqslant 1: U_1 + \cdots + U_n > 1\}$$

이라 하자. 즉, N은 직전 항보다 큰 값을 갖는 최초의 균등 확률변수의 지표(index)이고, M은 합이 1을 넘기 위해 필요한 균등 확률변수들의 최소 개수이다. 놀랍게도 N과 M의 확률분포는 같고 공동의 평균은 e가 된다.

풀이▶ N의 분포를 구하기는 쉽다. $U_1, \ldots, U_n$의 $n!$가지의 가능한 순서 배열은 모두 동일하게 가능하기 때문에 다음 결과를 얻는다.

$$P\{N > n\} = P\{U_1 > U_2 > \cdots > U_n\} = 1/n!$$

$P[M > n] = 1/n!$를 보이기 위해 수학적 귀납법을 사용하자. 귀납가정에 보다 강한 가정이 필요하여, 보다 강한 결과인 $0 < x \le 1$에 대해, $P\{M(x) > n\} = x^n/n!$, $n \ge 1$을 증명한다. 여기서

$$M(x) = \min\{n \geqslant 1: U_1 + \cdots + U_n > x\}$$

는 합이 x를 넘기 위해 필요한 균등 확률변수들의 최소 개수이다. $P\{M(x) > n\} = x^n/n!$를 보이기 위해 우선 $n = 1$일 때 성립함을 관찰하자. 이는

$$P\{M(x) > 1\} = P\{U_1 \leqslant x\} = x$$

에서 명백하다. 이제 모든 $0 < x \le 1$에 대해, $P\{M(x) > n\} = x^n/n!$ 을 가정하자. $P\{M(x) > n + 1\}$를 구하기 위해 U_1에 조건을 주면 다음을 얻는다.

$$\begin{aligned} P\{M(x) > n+1\} &= \int_0^1 P\{M(x) > n+1 | U_1 = y\}\, dy \\ &= \int_0^x P\{M(x) > n+1 | U_1 = y\}\, dy \\ &= \int_0^x P\{M(x-y) > n\}\, dy \\ &= \int_0^x \frac{(x-y)^n}{n!}\, dy \quad \text{귀납 가정에 의해} \\ &= \int_0^x \frac{u^n}{n!}\, du \\ &= \frac{x^{n+1}}{(n+1)!} \end{aligned}$$

여기서 세 번째 등식은 $U_1 = y$의 조건 하에서 $M(x)$는, 합이 $x - y$를 넘는데 필요한 균등 확률변수의 수 더하기 1과 같은 분포를 따른다는 사실에서 얻어진다. 이제 귀납법은 완결되고, $0 < x \le 1$, $n \ge 1$ 대해,

$$P\{M(x) > n\} = x^n/n!$$

이 증명되었다. $x = 1$로 놓으면, N과 M이 같은 분포를 가짐이 증명되고, 마지막으로 다음을 얻는다.

$$E[M] = E[N] = \sum_{n=0}^{\infty} P\{N > n\} = \sum_{n=0}^{\infty} 1/n! = e$$ ■

예제 3.29 $X_1, X_2, \ldots$ 가 공통의 분포함수 F와 밀도 $f = F'$를 갖는 독립인 연속 확률변수들인데, 한 번에 하나씩 연이어 관찰된다고 가정하자. 이제

$N = \min\{n \ge 2 : X_n = X_1, \ldots, X_n$ 중 두 번째로 큰 것$\}$

이라 하고

$M = \min\{n \ge 2 : X_n = X_1, \ldots, X_n$ 중 두 번째로 작은 것$\}$

이라 하자. 그러면, X_N은 관찰될 때 그때까지 관찰된 것 중에서 두 번째로 큰 것이 되는 최초의 확률변수가 되고, X_M은 관찰될 때 그때까지 관찰된 것 중에서 두 번째로 작은 것이 되는 최초의 확률변수가 된다. 이 두 확률변수 중 어느 것이 더 크겠는가?

풀이▶ X_N의 확률밀도함수를 구하기 위해 N에 조건을 주는 것이 자연스러우므로, 우선 N의 확률질량함수부터 구하자. 이제,

$A_i = \{X_i \ne X_1, \ldots, X_i$ 중 두 번째로 큰 것$\}$, $i \ge 2$

라고 하면 $n \geqslant 2$에 대해

$$P\{N = n\} = P\big(A_2 A_3 \cdots A_{n-1} A_n^c\big)$$

이 된다. X_i들이 독립이고 동일하게 분포하므로, 임의의 $m \ge 1$에 대해 $X_1, \ldots, X_m$의 순위 배열을 아는 것이 집합$\{X_1, \ldots, X_m\}$의 값에 대한 정보를 전혀 주지 못한다. 예를 들어, $X_1 < X_2$라는 사실에서 $\min\{X_1, X_2\}$나 $\max\{X_1, X_2\}$ 값에 대한 정보는 전혀 얻지 못한다. 이로부터, 사건 A_i, $i \ge 2$들이 독립임

을 알 수 있다. 또한, X_i가 동일한 가능성으로 $X_1, \ldots, X_i$ 중에서 가장 클 수도 있고, 두 번째 클 수도 있고, . . . , i 번째 클 수도 있으므로, $P(A_i) = (i-1)/i,\ i \geq 2$가 된다. 따라서 다음을 얻는다.

$$P\{N = n\} = \frac{1}{2}\frac{2}{3}\frac{3}{4}\cdots\frac{n-2}{n-1}\frac{1}{n} = \frac{1}{n(n-1)}$$

이제, N에 조건을 주어 X_N의 확률밀도함수를 구하면 다음과 같다.

$$f_{X_N}(x) = \sum_{n=2}^{\infty}\frac{1}{n(n-1)}f_{X_N|N}(x|n)$$

$X_1, \ldots, X_n$의 순서 배열은 집합$\{X_1, \ldots, X_n\}$의 값에 독립이므로, 사건$\{N = n\}$은$\{X_1, \ldots, X_n\}$과 독립이다. 이로부터, $N = n$의 조건 하에서 X_N의 조건부 분포는 분포 F를 갖는 n개의 확률변수들 중에서 두 번째로 큰 확률변수의 분포와 같다. 따라서 이러한 확률변수의 밀도함수에 대한 예제 2.38의 결과를 사용하면 다음을 얻는다.

$$\begin{aligned} f_{X_N}(x) &= \sum_{n=2}^{\infty}\frac{1}{n(n-1)}\frac{n!}{(n-2)!1!}(F(x))^{n-2}f(x)(1-F(x)) \\ &= f(x)(1-F(x))\sum_{i=0}^{\infty}(F(x))^i \\ &= f(x) \end{aligned}$$

즉, 놀랍게도 X_N은 X_1과 같은 분포 F를 갖는다. 또한, $W_i = -X_i,\ i \geq 1$이라 놓으면, W_M은 관찰될 때 그때까지 관찰된 것들 중 두 번째로 큰 값이 되는 최초의 W_i가 된다. 위의 결과로부터 W_M은 W_1과, 즉 $-X_M$은 $-X_1$과 같은 분포를 갖게 되고, 결국 X_M도 분포 F를 갖게 된다! 다시 말해, 그때까지 관찰된 것들 중 두 번째로 큰 첫 번째 확률변수에서 멈추든지, 아니면 그때까지 관찰된 것들 중 두 번째로 작은 첫 번째 확률변수에서 멈추든지, 동일한 분포를 갖는 확률변수로 끝나게 된다.

위의 결과는 꽤 놀라운 결과이지만, 더욱 큰 놀라움을 주는 **이그나토프 정리**(Ignatov's theorem)라고 알려진 일반적인 사실의 특수한 경우에 지나지 않는다. 예를 들어, $k \geq 1$에 대해

$$N_k = \min\{n \geq k : X_n = X_1, \ldots, X_n \text{ 중 } k \text{ 번째로 큰 것}\}$$

라고 하자. 즉, N_2는 앞에서 N이라고 놓았던 것과 같고, X_{N_k}는 관찰할 때 그 시점까지 관찰된 확률변수들 중에서 k번째 큰 것이 되는 최초의 확률변수이다. 앞에서 사용된 것과 유사한 논증을 통해, 모든 k에 대해 X_{N_k}가 분포함수 F를 갖는 것을 보일 수 있다(이 장의 연습 문제 82를 보라). 또한, 확률변수 X_{N_k}, $k \geq 1$들이 독립임을 보일 수 있다. (이산 확률변수인 경우의 이그나토프 정리의 내용과 증명은 3.6.5절에 주어진다.) ■

예제 3.30 어떤 집단에 m개의 가구가 있다. X_j를 j 가구의 크기라고 놓고, $X_1, \ldots, X_m$이 독립이고 다음과 같은 동일한 확률질량함수를 갖는 확률변수라고 하자.

$$p(k) = P(X_j = k), \quad \sum_{k=1}^{\infty}p_k = 1$$

이때 평균을 $\mu = \Sigma_k kp_k$라고 놓자. 집단 중에서 한 명이 무작위로 선택된다고 가정하자. 즉, 집단의 누구도 선택될 가능성이 동일하다. S_i를 선택된 사람이 크기가 i인 가구에 속하는 사건이라고 하면, 다음이 성립함을 논증하라.

$$P(S_i) \to \frac{ip_i}{\mu} \qquad m \to \infty\text{일 때}$$

풀이 위의 공식에 대한 직관적인 설명은 다음과 같다. 각 가구는 확률 p_i로 크기 i가 되므로, m이 클 때 크기 i인 가구가 대략 mp_i개 있게 된다. 따라서 집단 중의 imp_i명이 크기 i인 가구 출신이므로, 선택된 개인이 크기 i인 가구 출신일 확률은 대략 $\frac{imp_i}{\sum_j jmp_j} = \frac{ip_i}{\mu}$가 된다.

보다 형식에 맞는 증명을 위해, N_i를 크기 i인 가구의 수라고 하자. 즉,

$$N_i = \text{number}\,\{k : k = 1, \ldots, m : X_k = i\}$$

그러면, $\mathbf{X} = (X_1, \ldots, X_m)$에 조건을 주어

$$P(S_i|\mathbf{X}) = \frac{iN_i}{\sum_{k=1}^m X_k}$$

을 얻고, 이로부터

$$\begin{aligned} P(S_i) &= E[P(S_i|X)] \\ &= E\left[\frac{iN_i}{\sum_{k=1}^m X_k}\right] \\ &= E\left[\frac{iN_i/m}{\sum_{k=1}^m X_k/m}\right] \end{aligned}$$

을 얻는다. 각 가구는 독립적으로 확률 p_i로 크기 i가 되므로, 큰 수의 강법칙에 의해 N_i/m, 즉 크기 i인 가구의 비율은 $m \to \infty$일 때 p_i로 수렴한다. 역시 큰 수의 강법칙에 의해 $m \to \infty$일 때 $\sum_{k=1}^m X_k/m \to E[X] = \mu$이 된다. 따라서 확률 1로,

$$\frac{iN_i/m}{\sum_{k=1}^m X_k/m} \to \frac{ip_i}{\mu} \quad m \to \infty\text{일 때}$$

확률변수 $\frac{iN_i}{\sum_{k=1}^m X_k}$가 $\frac{ip_i}{\mu}$에 수렴함으로 그것의 기댓값도 수렴하고, 이로써 결과가 증명된다. ($\lim_{m\to\infty} Y_m = c$이 항상 $\lim_{m\to\infty} E[Y_m] = c$를 의미하지는 않지만, Y_m이 균등유계(uniformly bounded) 확률변수일 때는 이 함의가 참이 된다. 그런데, 확률변수 $\frac{iN_i}{\sum_{k=1}^m X_k}$들은 모두 0과 1 사이에 있다.) ■

조건주기를 이용하면 직접 계산하는 것보다 계산상으로 보다 효율적인 해를 얻을 수 있다. 다음 예제를 보자.

예제 3.31 각각 확률 $p_1, \ldots, p_k$, $\sum_{i=1}^k p_i = 1$로 $1, \ldots, k$ 중의 하나의 결과를 갖는 n번의 독립시행을 고려하자. $n > k$라고 가정하고, 각 결과가 적어도 한번은 일어날 확률을 구해보자. A_i를 결과 i가 n번의 시행중 전혀 일어나지 않는 사건이라고 놓으면, 원하는 확률은 $1 - P(\bigcup_{i=1}^k A_i)$이고 포함-배제 정리를 사용하여

$$\begin{aligned} P\left(\bigcup_{i=1}^k A_i\right) &= \sum_{i=1}^k P(A_i) - \sum_i \sum_{j>i} P(A_iA_j) \\ &\quad + \sum_i \sum_{j>i} \sum_{k>j} P(A_iA_jA_k) - \cdots + (-1)^{k+1} P(A_1 \cdots A_k) \end{aligned}$$

를 얻는다. 여기서

$$P(A_i) = (1 - p_i)^n$$
$$P(A_i A_j) = (1 - p_i - p_j)^n, \quad i < j$$
$$P(A_i A_j A_k) = (1 - p_i - p_j - p_k)^n, \quad i < j < k$$

이다. 위의 해의 난점은 각가 n제곱을 포함하고 있는 $2^k - 1$개의 항을 계산해야 한다는 점이다. k가 클 때는 이 해는 계산상으로 비효율적이 된다. 이제 효율적인 해를 얻기 위해 어떻게 조건주기를 이용하는지를 알아보자.

먼저, N_k(결과 k가 일어난 횟수)에 조건을 주어 시작한다면, $N_k > 0$일 때 얻어지는 조건부 확률은, 결과 i가 일어날 확률이 $p_i / \sum_{j=1}^{k-1} p_j$, $i = 1, \ldots, k-1$인 $n - N_k$번의 시행에서 모든 결과 $1, \ldots, k-1$이 적어도 한번 일어날 확률과 같을 것이다. 그 다음, 이 항들에 대해 유사한 조건주기를 사용할 수 있을 것이다.

위의 착상에 따라 진행하기 위해, $m \leq n$, $r \leq k$에 대해 $A_{m,\,r}$을, 각각 확률 $p_1/P_r, \ldots, p_r/P_r$, (여기서 $P_r = \sum_{j=1}^{r} p_j$)로 $1, \ldots, r$ 중 하나가 일어나는 m번의 독립시행에서, 각 결과 $1, \ldots, r$이 적어도 한번 씩은 일어나는 사건이라고 놓자. $P(m, r) = P(A_{m,\,r})$라고 하면, $P(n, k)$가 우리가 원하는 확률이다. $P(m, r)$에 대한 적절한 표현을 얻기 위해, 결과 r이 일어난 횟수에 조건을 주면 다음을 얻는다.

$$\begin{aligned} P(m,r) &= \sum_{j=0}^{m} P(A_{m,\,r} | r\text{이 } j\text{번 일어남}) \binom{m}{j} \left(\frac{p_r}{P_r}\right)^j \left(1 - \frac{p_r}{P_r}\right)^{m-j} \\ &= \sum_{j=1}^{m-r+1} P(m-j, r-1) \binom{m}{j} \left(\frac{p_r}{P_r}\right)^j \left(1 - \frac{p_r}{P_r}\right)^{m-j} \end{aligned}$$

초기조건

$$P(m, 1) = 1, \quad m \geqslant 1\text{일 때}$$
$$P(m, 1) = 0, \quad m = 0\text{일 때}$$

로 시작하여 위의 되돌림 식을 이용하여 $P(m, 2)$, $m = 2, \ldots, n - (k-2)$를 구하고, 다음으로 $P(m, 3)$, $m = 3, \ldots, n - (k-3)$를 구하고, 이렇게 $P(m, k-1)$, $m = k-1, \ldots, n-1$까지 계속한다. 그 다음 되돌림 식을 이용하여 $P(n, k)$를 구할 수 있다. 이때 필요한 계산량은 k의 다항함수 정도인데, 이는 k가 클 때, 2^k보다 훨씬 작다. ■

다음 예는 탁구, 스쿼시, 패들볼, 배구 등과 같이 서브하고 계속 쳐 넘기는(serve and rally) 경기에서 최종 점수의 확률에 관련된 문제이다.

예제 3.32 (서브 후 쳐 넘기기 시합) 선수 A, B의 서브 후 쳐 넘기기 시합을 고려하자. A의 서브로 시작한 쳐 넘기기에서 A가 승리할 확률은 p_a이고 B가 승리할 확률은 $q_a = 1 - p_a$이다. B의 서브로 시작한 쳐 넘기기에서 A가 승리할 확률은 p_b이고 B가 승리할 확률은 $q_b = 1 - p_b$이다. 쳐 넘기기에서 이기면 1점의 점수를 따고 다음 쳐 넘기기의 서브권을 가져온다. 시합은 A가 N점을 따든가 또는 B가 M점을 따면 끝난다. A의 서브로 시합을 시작했을 때 최종 점수의 확률을 구하고 싶다.

이 예와 같은 방식은 국제 배구, 미국식 스쿼시 등 다양한 서브 후 쳐 넘기기 경기에서 사용된다. 국제 배구나 미국식 스쿼시는 원래 방식에서 변경이 되었는데, 원래 방식은 쳐 넘기기의 승자에게 서브권을 주지만, 점수는 승자가 그 쳐 넘기기의 서버인 경우에만 주는 방식이었다. (이 방식의 분석은 연습문제 84 참조.)

F를 최종점수라고 하고, A가 총 i점을 따고 B가 총 j점을 땄을 때 $F = (i, j)$라고 표기하자. 다음은 명백하다.

$$P(F = (N, 0)) = p_a^N, \quad P(F = (0, M)) = q_a q_b^{M-1}$$

다른 경우의 최종점수 확률을 구하기 위해 A와 B가 시합이 끝난 후에도 계속 경기를 한다고 상상해보자. "회전(round)"의 개념을 도입하여, A의 첫 서브에서 첫 회전이 시작되고, A가 서브할 때마다 새로운 회전이 시작된다고 하자. B_i를 i회전에서 B가 딴 점수라고 놓자. 한 회전의 첫 번째 점수를 A가 따면, 그 회전은 B가 딴 점수가 0인 채 끝나게 됨을 주목하라. 반면에, 한 회전의 첫 점수를 B가 따면, B는 A가 한 점을 딸 때까지 계속 서브를 하게 되고, 따라서 그 회전에서 B가 얻은 점수는 B가 한 서브의 수와 같게 된다. A가 한 점을 따기 전에 B가 한 서브의 수는 모수 p_b를 갖는 기하 확률변수가 되므로 다음을 얻는다.

$$B_i = \begin{cases} 0, & \text{확률 } p_a \text{ 로} \\ \text{기하}(p_b), & \text{확률 } q_a \text{ 로} \end{cases}$$

즉,

$$\begin{aligned} P(B_i = 0) &= p_a \\ P(B_i = k | B_i > 0) &= q_b^{k-1} p_b, k > 0 \end{aligned}$$

A가 한 점을 딸 때마다 새로운 회전이 시작되므로, B_i는 A가 $i-1$점을 딸 때부터 i점을 딸 때까지의 사이에 B가 얻은 점수이다. 따라서 $B(n) \equiv \sum_{i=1}^{n} B_i$는 A가 n점을 딴 시점의 B의 점수가 된다. $B(N) = m$이라면, 최종 점수가 (N, m), $m < M$이 됨을 기억하고, $m > 0$인 경우에 $P(B(n) = m)$을 구해 보자. 이를 위해, $B_1, \ldots, B_n$ 중 영보다 큰 것의 개수 Y에 조건을 주자. 즉,

$Y = B_i > 0$인 $i \leq n$의 개수

라고 두면,

$$\begin{aligned} P(B(n) = m) &= \sum_{r=0}^{n} P(B(n) = m | Y = r) P(Y = r) \\ &= \sum_{r=1}^{n} P(B(n) = m | Y = r) P(Y = r) \end{aligned}$$

이 된다. 여기서 마지막 등식은 $m > 0$이기 때문에 $P(B(n) = m | Y = 0) = 0$이 되어 얻어진다. 각 $B_1, \ldots, B_n$은 독립적으로 확률 q_a로 양이 되므로, 그것들 중 양인 것들의 개수인 Y는 모수 n, q_a를 갖는 이항 확률변수가 된다. 따라서 다음을 얻는다.

$$P(B(n) = m) = \sum_{r=1}^{n} P(B(n) = m | Y = r) \binom{n}{r} q_a^r p_a^{n-r}$$

이제, $B_1, \ldots, B_n$ 중 r개가 양이라면, $B(n)$은 모수가 p_b인 r개의 독립인 확률변수들의 합과 같은 분포를 갖는데, 이는 성공확률이 p_b인 독립시행에서 r번의 성공이 나올 때까지의 시행횟수의 분포인 음이항 분포가 된다. 따라서,

$$P(B(n) = m | Y = r) = \binom{m-1}{r-1} p_b^r q_b^{m-r}$$

이 된다. 여기서 관례에 따라 $b > a$이면 $\binom{a}{b} = 0$이다. 결국,

$$P(B(n) = m) = \sum_{r=1}^{n} \binom{m-1}{r-1} p_b^r q_b^{m-r} \binom{n}{r} q_a^r p_a^{n-r}$$
$$= q_b^m p_a^n \sum_{r=1}^{n} \binom{m-1}{r-1} \binom{n}{r} \left(\frac{p_b q_a}{q_b p_a}\right)^r$$

이 되어, 다음을 얻는다.

$$P(F = (N, m)) = P(B(N) = m)$$
$$= q_b^m p_a^N \sum_{r=1}^{N} \binom{m-1}{r-1} \binom{N}{r} \left(\frac{p_b q_a}{q_b p_a}\right)^r, \quad 0 < m < M$$

최종점수가 (n, M), $0 < n < M$일 확률을 구하기 위해, A가 n번째 점수를 따는 시점에 B가 얻고 있는 총 점수에 조건을 주면, 다음을 얻는다.

$$P(F = (n, M)) = \sum_{m=0}^{\infty} P(F = (n, M)|B(n) = m) P(B(n) = m)$$
$$= \sum_{m=0}^{M-1} P(F = (n, M)|B(n) = m) P(B(n) = m)$$

A가 n번째 점수를 따는 시점에 B가 $m < M$ 점을 얻고 있다면, 최종점수가 (n, M)이 되기 위해서는 B는 A가 서브하는 다음 쳐 넘기기에서 점수를 따야 하고, 그 후 자신이 서브에서 $M - m - 1$점을 계속 따야 한다. 따라서 $P(F = (n, M)|B(n) = m) = q_a q_b^{M-m-1}$이 되어 다음을 얻는다.

$$P(F = (n, M)) = \sum_{m=0}^{M-1} q_a q_b^{M-m-1} P(B(n) = m)$$
$$= q_a q_b^{M-1} p_a^n + \sum_{m=1}^{M-1} q_a q_b^{M-m-1} P(B(n) = m)$$
$$= q_a q_b^{M-1} p_a^n \left[1 + \sum_{m=1}^{M-1} \sum_{r=1}^{n} \binom{m-1}{r-1} \binom{n}{r} \left(\frac{p_b q_a}{q_b p_a}\right)^r\right],$$
$$0 < n < N$$

■

앞에서 살펴본 것 같이, $Y = y$의 조건 하에서 조건부 기댓값은 모든 확률이 $Y = y$의 조건 하에서 계산되는 것만 제외하고는 보통의 기댓값과 같다. 따라서 조건부 기댓값은 보통의 기댓값의 모든 성질을 만족한다. 예를 들면,

$$E[X] = \begin{cases} \sum_w E[X|W = w] P\{W = w\}, & W\text{가 이산일 때} \\ \int_w E[X|W = w] f_W(w)\, dw, & W\text{가 연속일 때} \end{cases}$$

와 유사하게

$$E[X|Y = y] = \begin{cases} \sum_w E[X|W = w, Y = y]P\{W = w|Y = y\}, & W\text{가 이산일 때} \\ \int_w E[X|W = w, Y = y]f_{W|Y}(w|y)\,dw, & W\text{가 연속일 때} \end{cases}$$

이 성립한다.

$E[X|Y, W]$를 $Y = y$, $W = w$일 때 $E[X|Y = y, W = w]$이 되는 Y, W의 함수로 정의하면, 위의 식을 다음과 같이 쓸 수 있다.

$$E[X|Y] = E\big[E[X|Y, W]|Y\big]$$

예제 3.33 어떤 자동차 보험회사에서 각 가입자들을 유형 $i = 1, \ldots, k$ 중 하나로 분류하고 있다. 유형 i 가입자의 매년의 사고횟수가 평균 λ_i, $i = 1, \ldots, k$를 갖는 독립인 푸아송 확률변수라고 가정하자. 새 가입자가 유형 i일 확률은 p_i, $i = 1, \ldots, k$이다. 어떤 가입자가 가입 첫 해에 n번의 사고를 냈다면, 둘째 해에 낼 사고횟수의 기댓값은 얼마인가? 또한, 둘째 해에 m번의 사고를 낼 조건부 확률은 얼마인가?

풀이 그 가입자가 i, $i = 1, 2$년에 내는 사고의 횟수를 N_i라고 하자. $E[N_2|N_1 = n]$을 얻기 위해 그 가입자의 유형 T에 조건을 주면,

$$\begin{aligned} E[N_2|N_1 = n] &= \sum_{j=1}^{k} E[N_2|T = j, N_1 = n]P\{T = j|N_1 = n\} \\ &= \sum_{j=1}^{k} E[N_2|T = j]P\{T = j|N_1 = n\} \\ &= \sum_{j=1}^{k} \lambda_j P\{T = j|N_1 = n\} \\ &= \frac{\sum_{j=1}^{k} e^{-\lambda_j}\lambda_j^{n+1}p_j}{\sum_{j=1}^{k} e^{-\lambda_j}\lambda_j^{n}p_j} \end{aligned}$$

여기서 마지막 등식은 다음 사실을 이용하였다.

$$\begin{aligned} P\{T = j|N_1 = n\} &= \frac{P\{T = j, N_1 = n\}}{P\{N_1 = n\}} \\ &= \frac{P\{N_1 = n|T = j\}P\{T = j\}}{\sum_{j=1}^{k} P\{N_1 = n|T = j\}P\{T = j\}} \\ &= \frac{p_j e^{-\lambda_j}\lambda_j^n/n!}{\sum_{j=1}^{k} p_j e^{-\lambda_j}\lambda_j^n/n!} \end{aligned}$$

첫 해에 n번의 사고를 낸 조건 하에서 둘째 해에 m번의 사고를 낼 조건부 확률도 그 가입자의 유형에 조건을 주어 얻을 수 있다. 즉,

$$P\{N_2 = m|N_1 = n\} = \sum_{j=1}^{k} P\{N_2 = m|T = j, N_1 = n\}P\{T = j|N_1 = n\}$$
$$= \sum_{j=1}^{k} e^{-\lambda_j} \frac{\lambda_j^m}{m!} P\{T = j|N_1 = n\}$$
$$= \frac{\sum_{j=1}^{k} e^{-2\lambda_j} \lambda_j^{m+n} p_j}{m! \sum_{j=1}^{k} e^{-\lambda_j} \lambda_j^n p_j}$$

$P\{N_2 = m|N_1 = n\}$를 계산하는 또 한 가지 방법은 먼저

$$P\{N_2 = m|N_1 = n\} = \frac{P\{N_2 = m, N_1 = n\}}{P\{N_1 = n\}}$$

로 쓴 다음에 분모와 분자를 각각 T에 조건을 주어 구하는 것이다. 즉,

$$P\{N_2 = m|N_1 = n\} = \frac{\sum_{j=1}^{k} P\{N_2 = m, N_1 = n|T = j\}p_j}{\sum_{j=1}^{k} P\{N_1 = n|T = j\}p_j}$$
$$= \frac{\sum_{j=1}^{k} e^{-\lambda_j} \frac{\lambda_j^m}{m!} e^{-\lambda_j} \frac{\lambda_j^n}{n!} p_j}{\sum_{j=1}^{k} e^{-\lambda_j} \frac{\lambda_j^n}{n!} p_j}$$
$$= \frac{\sum_{j=1}^{k} e^{-2\lambda_j} \lambda_j^{m+n} p_j}{m! \sum_{j=1}^{k} e^{-\lambda_j} \lambda_j^n p_j}$$

■

3.6 응용 예

3.6.1 목록 모형

최초에 어떤 순서로 배열된 n개의 요소, $e_1, \ldots, e_n$을 고려하자. 매 단위시간마다 이 요소 중 하나가 요청되는데, 요소 i가 과거와 독립적으로 확률 P_i로 요청된다고 하자. 요청된 다음에 그 요소는 목록(list)의 가장 앞으로 이동된다. 예를 들어, 현재의 배열이 e_1, e_2, e_3, e_4인데 e_3가 요청되었다면, 그 다음 배열은 e_3, e_1, e_2, e_4가 된다.

이 과정이 오랫동안 계속된 뒤에 요청된 요소의 기대 위치를 결정하고 싶다. 이 기댓값을 구하기 전에 이 모형의 가능한 응용 두 가지를 언급하고 지나가자. 첫 번째는 참고도서를 쌓아 놓은 책 더미가 있는데, 매 단위시간마다 책 한권이 무작위로 선택된 후, 책 더미의 꼭대기로 되돌려 놓여진다. 두 번째 응용은 컴퓨터에서 기억장치에 저장된 요소에 대한 요청을 받는 경우이다. 요소에 대한 요청 확률이 미지일 수 있기 때문에, 컴퓨터에서 요청된 요소를 찾는 평균시간(이는 컴퓨터가 목록의 처음 위치부터 시작하여 아래로 내려가며 찾는다면, 요청된 요소가 있는 위치에 비례할 것이다)을 줄이기 위해, 요청된 요소를 목록의 최상단으로 이동시키도록 프로그램 되어 있다.

요청된 요소의 기대 위치를 계산하기 위해, 먼저 어느 요소가 선택되는지에 조건을 주면,

$$E[\text{요청되는 요소의 위치}]$$
$$= \sum_{i=1}^{n} E[\text{위치} \mid e_i \text{가 선택됨}]\, P_i$$

$$= \sum_{i=1}^{n} E[e_i \text{ 의 위치} | e_i \text{ 가 선택됨}]\, P_i$$

$$= \sum_{i=1}^{n} E[e_i \text{ 의 위치}]\, P_i \tag{3.15}$$

을 얻는다. 여기서 마지막 등식은 e_i의 위치와 e_i가 선택되는 사건은, 그 위치에 상관없이 확률 P_i로 e_i가 선택되기 때문에, 독립이라는 사실을 이용하였다.

이제

$$e_i\text{의 위치} = 1 + \sum_{j \neq i} I_j$$

여기서,

$$I_j = \begin{cases} 1, & e_j\text{가 } e_i\text{의 앞에 있는 경우} \\ 0, & \text{그 외의 경우} \end{cases}$$

이다. 이로부터, 다음을 얻는다.

$$\begin{aligned} E[e_i \text{ 의 위치}] &= 1 + \sum_{j \neq i} E[I_j] \\ &= 1 + \sum_{j \neq i} P\{e_j\text{가 } e_i \text{ 앞에 있음}\} \end{aligned} \tag{3.16}$$

$P\{e_j$가 e_i 앞에 있음$\}$를 계산하기 위해, 둘 중에 가장 최근에 요청된 것이 e_j이면 e_j가 e_i의 앞에 있게 됨을 관찰하라. 그런데, 요청된 것이 e_i 또는 e_j라는 조건 하에서, e_j가 요청될 확률은

$$P\{e_j | e_i \text{ 또는 } e_j\} = \frac{P_j}{P_i + P_j}$$

이 되고, 따라서 다음을 얻는다.

$$P\{e_j\text{가 } e_i \text{ 앞에 있음}\} = \frac{P_j}{P_i + P_j}$$

이제 식 (3.15)와 (3.16)으로부터 다음을 얻는다.

$$E[\text{요청되는 요소의 위치}] = 1 + \sum_{i=1}^{n} P_i \sum_{j \neq i} \frac{P_j}{P_i + P_j}$$

이 모델은 4.8절에서 다시 분석되는데, 거기서는 다른 재배치 규칙을 사용한다. 요청된 요소가 여기서는 목록의 가장 앞쪽으로 이동되지만, 거기서는 하나 앞쪽으로 옮겨진다. 거기서, 요청되는 요소의 평균 위치가 가장-앞쪽으로 규칙에서 보다 하나-더 가까이 규칙에서 더 작아짐을 보일 것이다.

3.6.2 랜덤그래프

그래프(graph)는 **노드**(node)라고 부르는 원소들의 집합 V와 노드들의 쌍인 **아크**(arc)들의 집합 A로 구성되어 있다. 그래프는 노드를 원으로 그리고 (i, j)가 아크가 될 때마다 노드 i와 노드 j 사이에 선을 그려서 그림으로 나타낼 수 있다. 예를 들어, $V = \{1, 2, 3, 4\}$이고 $A = \{(1, 2), (1, 4), (2, 3), (1, 2), (3, 3)\}$이라면, 이 그래프를 그림 3.1과 같이 나타낼 수 있다. 아크가 방향을 갖지 않음을 관찰하라. (그래프의 아크가 노드들의 **순서쌍**(ordered pair)일 때는 **유향그래프**(directed graph)라고 불린다.) 또한, 그림

에서처럼 노드 1과 2를 연결하는 다중 아크도 가능하고, 노드 3에서 자신으로 돌아오는 **자기 아크**(self-arc)[**자기 루프**(self-loop)라고 불린다]도 있을 수 있다.

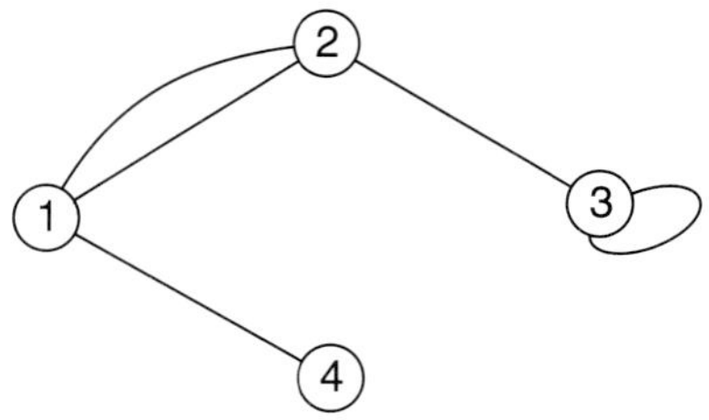

그림 3.1 그래프.

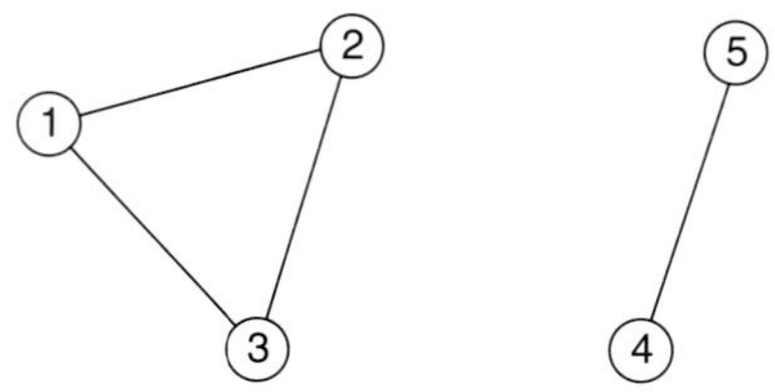

그림 3.2 연결되지 않은 그래프.

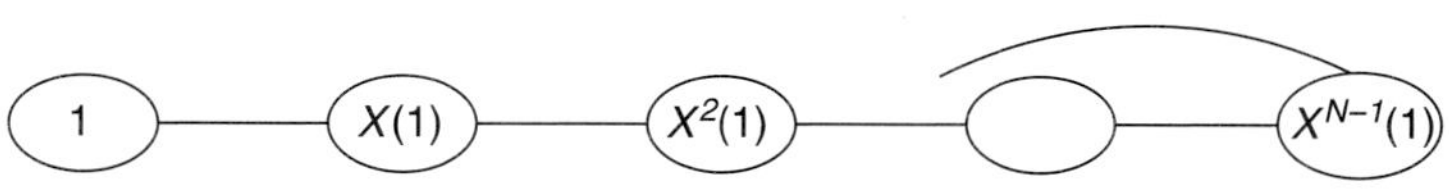

그림 3.3

$(i, i_1), (i_1, i_2), \ldots, (i_k, j)$가 모두 아크인 노드열 $i, i_1, \ldots, i_k, j$가 존재하면, 노드 i에서 노드 j, $i \neq j$까지의 경로가 있다고 말한다. $\binom{n}{2}$개의 모든 노드 쌍 사이에 경로가 존재하면 그래프가 **연결되었다고**(connected) 말한다. 그림 3.1의 그래프는 연결되었고 그림 3.2의 그래프는 연결되지 않았다. 이제 $V = \{1, 2, \ldots, n\}$와 $A = \{(i, X(i)), i = 1, 2, \ldots, n\}$를 갖는 그래프를 고려하자. 여기서 $X(i)$는 독립적으로

$$P\{X(i) = j\} = \frac{1}{n}, \quad j = 1, 2, \ldots, n$$

와 같이 정해지는 확률변수이다. 다시 말해, 각 노드 i에서 n개 노드 중 하나를 무작위로 선택하여(노드 i 자신도 포함하여), 노드 i와 선택된 노드를 아크로 연결한다. 이런 그래프를 통상적으로 **랜덤그래프**(random graph)라고 부른다.

이렇게 얻은 무작위 그래프가 연결될 확률을 구하고 싶다. 준비 단계로, 한 노드(노드 1이라고 하자)에서 시작하여 노드 열 $1, X(1), X^2(1), \ldots$을 따라가자. 여기서 $X^n(1) = X(X^{n-1}(1))$이다. 또 N을 $X^k(1)$이 새 노드가 아닌 첫 번째 k를 N이라고 정의하자. 다시 말해,

$$N = X^k(1) \in \{1, X(1), \ldots, X^{k-1}(1)\}\text{인 첫 번째 } k$$

이다. 이것을 그림 3.3처럼 나타낼 수 있는데, 여기서 $X^{N-1}(1)$에서 나온 아크는 이미 방문되었던 노드 중 하나로 되돌아간다.

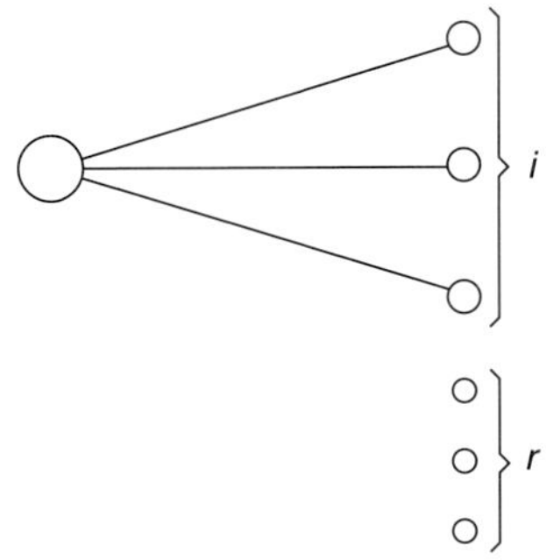

그림 3.4 r개 아크 중 i개가 특등 노드로 갈 때의 상황.

그래프가 연결될 확률을 구하기 위해 먼저 N에 조건을 주어

$$P\{\text{그래프가 연결됨}\} = \sum_{k=1}^{n} P\{\text{연결됨} \mid N = k\}\ P\{N = k\} \tag{3.17}$$

를 얻는다. 이제 $N = k$라는 조건을 주면, k개의 노드 1, $X(1)$, $X^2(1)$, . . . , $X^{k-1}(1)$는 서로 연결되고 이 노드들로부터 외부로 나오는 아크는 없게 된다. 다시 말해 이 k개의 노드를 하나의 특등 노드(super node)로 간주하면, 상황은 하나의 특등 노드와 $n - k$개의 보통 노드를 가진 것과 같아지는데, 여기서는 보통 노드에서만 아크가 밖으로 나오고, 이 아크들은 각각 확률 k/n로 특등 노드로 들어간다. 이 상황에서의 해는 $r = n - k$로 두어 보조정리 3.1로부터 얻어진다.

보조정리 3.1 노드 0, 1, . . . , r과 r개의 아크, (i, Y_i), $i = 1, \ldots, r$로 구성된 무작위 그래프를 고려하자. 여기서

$$Y_i = \begin{cases} j,\ \text{확률 } \dfrac{1}{r+k}\text{로},\ j = 1, \ldots, r \\ 0,\ \text{확률 } \dfrac{k}{r+k}\text{로} \end{cases}$$

이다. 그러면

$$P\{\text{그래프가 연결됨}\} = \frac{k}{r+k}$$

(다시 말해, 위의 그래프는 $r + 1$개의 노드, 즉 r개의 보통 노드와 하나의 특등 노드를 가지고 있다. 각 보통 노드로부터 하나의 아크가 선택된다. 그 아크는 확률 $k/(r+k)$로 특등 노드로 가고, 확률 $1/(r+k)$로 각 보통 노드로 간다. 특등 노드에서 밖으로 나오는 노드는 없다.)

증명 증명은 r에 대한 귀납법을 이용한다. $r = 1$일 때는 모든 k에 대해 성립한다. 이제, r보다 작은 모든 값에 대해 참이라고 가정하자. 지금 고려중인 경우에 대해, $Y_j = 0$인 아크 (j, Y_j)의 개수에 조건을 주자. 그러면, 다음을 얻는다.

$$P\{\text{연결됨}\} = \sum_{i=0}^{r} P\{\text{연결됨} \mid Y_j = 0\} \binom{r}{i} \left(\frac{k}{r+k}\right)^{i} \left(\frac{r}{r+k}\right)^{r-i} \tag{3.18}$$

정확히 i개의 노드가 특등 노드로 들어간다고 조건을 주면(그림 3.4를 보라), 특등 노드로 들어가지 못한 남은 $r - i$개의 아크의 상황은, $r - i$개의 보통 노드와 하나의 특등 노드를 가진 그래프에서, 각 보통

노드에서 나오는 하나씩의 아크가 나와 확률 i/r로 특등 노드로 가고, 확률 $1/r$로 각 보통 노드로 가는 것과 같다. 그런데 귀납 가정에 의해, 이것이 연결된 그래프를 줄 확률은 i/r이다. 따라서

$$P\{\text{연결됨} \mid Y_j = 0\text{인 개수가 } i\} = \frac{i}{r}$$

이고 식 (3.18)에 의해

$$\begin{aligned} P\{\text{연결됨}\} &= \sum_{i=0}^{r} \frac{i}{r} \binom{r}{i} \left(\frac{k}{r+k}\right)^i \left(\frac{r}{r+k}\right)^{r-i} \\ &= \frac{1}{r} E\left[\text{이항}\left(r, \frac{k}{r+k}\right)\right] \\ &= \frac{k}{r+k} \end{aligned}$$

이 되어 보조정리가 증명된다. ■

$N = k$로 주어진 상황은 $r = n - k$로 두면 보조정리 3.1에 언급된 상황과 똑같기 때문에, 원래 그래프에 대해

$$P\{\text{그래프가 연결됨} \mid N = k\} = \frac{k}{n}$$

이 되고 식 (3.17)로부터

$$P\{\text{그래프가 연결됨}\} = \frac{E(N)}{n} \tag{3.19}$$

를 얻는다. $E[N]$을 계산하기 위해 상등관계

$$E(N) = \sum_{i=1}^{\infty} P\{N \geqslant i\}$$

를 이용한다. 이것은 지시변수 I_i, $i \geqslant 1$를 다음과 같이 정의하여 증명될 수 있다.

$$I_i = \begin{cases} 1, & i \leqslant N \text{ 일 때} \\ 0, & i > N \text{ 일 때} \end{cases}$$

그러면

$$N = \sum_{i=1}^{\infty} I_i$$

이고 따라서 다음을 얻는다.

$$\begin{aligned} E(N) &= E\left[\sum_{i=1}^{\infty} I_i\right] \\ &= \sum_{i=1}^{\infty} E[I_i] \\ &= \sum_{i=1}^{\infty} P\{N \geqslant i\} \end{aligned} \tag{3.20}$$

이제$\{N \geqslant i\}$는 노드 1, $X(1)$, , , , , $X^{i-1}(1)$가 모두 다르면 발생하므로

$$
\begin{aligned}
P\{N \geqslant i\} &= \frac{(n-1)}{n}\frac{(n-2)}{n}\cdots\frac{(n-i+1)}{n} \\
&= \frac{(n-1)!}{(n-i)!n^{i-1}}
\end{aligned}
$$

이 되고 식 (3.19)와 (3.20)로부터 다음을 얻는다.

$$
\begin{aligned}
P\{\text{그래프가 연결됨}\} &= (n-1)!\sum_{i=1}^{n}\frac{1}{(n-i)!n^{i}} \\
&= \frac{(n-1)!}{n^{n}}\sum_{j=0}^{n-1}\frac{n^{j}}{j!} \quad (j=n-i\text{에 의해})
\end{aligned} \tag{3.21}
$$

식 (3.21)을 이용하여 n일 클 때 그래프가 연결될 확률에 대한 간단한 근사적 표현을 얻을 수 있다. 먼저 X가 평균이 n인 푸아송 확률변수라면

$$
P\{X<n\} = e^{-n}\sum_{j=0}^{n-1}\frac{n^{j}}{j!}
$$

임을 기억하자. 평균이 n인 푸아송 확률변수는 n개의 독립인 평균 1을 갖는 푸아송 확률변수들 합으로 간주할 수 있기 때문에, 중심극한정리에 의해 n이 크면 근사적으로 정규분포를 따르에 되고 평균보다 작을 확률이 $\frac{1}{2}$이 된다. 즉,

$$
P\{X<n\} \approx \tfrac{1}{2}
$$

이고 따라서 n이 크면

$$
\sum_{j=0}^{n-1}\frac{n^{j}}{j!} \approx \frac{e^{n}}{2}
$$

이 된다. 따라서 식 (3.21)로부터 큰 n에 대해

$$
P\{\text{그래프가 연결됨}\} \approx \frac{e^{n}(n-1)!}{2n^{n}}
$$

을 얻고, 스털링(Stirling)의 근사, 즉 큰 n에 대해

$$
n! \approx n^{n+1/2}e^{-n}\sqrt{2\pi}
$$

를 적용하면, 큰 n에 대해

$$
P\{\text{그래프가 연결됨}\} \approx \sqrt{\frac{\pi}{2(n-1)}}\,e\left(\frac{n-1}{n}\right)^{n}
$$

를 얻는다. 또한

$$
\lim_{n\to\infty}\left(\frac{n-1}{n}\right)^{n} = \lim_{n\to\infty}\left(1-\frac{1}{n}\right)^{n} = e^{-1}
$$

이므로, 큰 n에 대해

$$
P\{\text{그래프가 연결됨}\} \approx \sqrt{\frac{\pi}{2(n-1)}}
$$

를 얻는다.

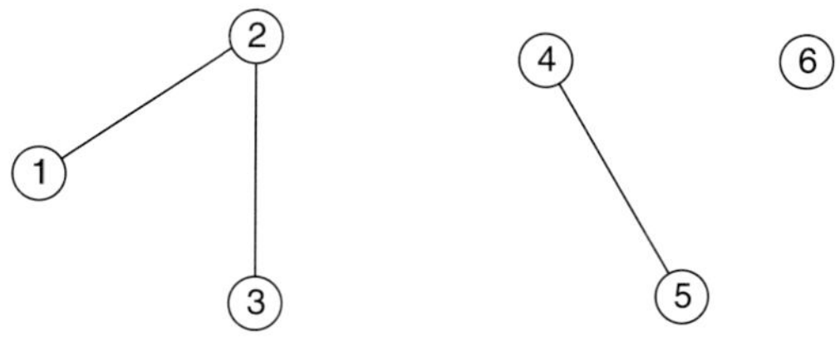

그림 3.5 세 개의 연결된 성분을 가진 그래프.

그래프가 각 부분집합이 연결되어 있고 서로 다른 부분집합에 속하는 노드들 사이에는 아크가 없는 r개의 부분집합으로 분할될 수 있으면, r개의 연결된 성분으로 구성되어 있다고 말한다. 예를 들어, 그림 3.5의 그래프는 세 개의 성분, {1, 2, 3}, {4, 5}, {6}으로 구성되어 있다. C를 무작위 그래프의 성분의 수라고 하고

$$P_n(i) = P\{C = i\}$$

이라고 놓자. 여기서 노드의 수 n에 종속인 것을 명확히 드러내기 위해 표기법 $P_n(i)$을 사용하였다. 연결된 그래프는 정의에 의해 단 하나의 성분으로 구성된 그래프이기 때문에 식 (3.21)로부터 다음을 얻는다.

$$\begin{aligned} P_n(1) &= P\{C = 1\} \\ &= \frac{(n-1)!}{n^n} \sum_{j=0}^{n-1} \frac{n^j}{j!} \end{aligned} \tag{3.22}$$

두 개의 성분을 갖을 확률 $P_n(2)$를 구하기 위해 하나의 특정한 노드, 예컨대 노드 1에 초점을 맞추자. $k-1$개의 노드, 예컨대 노드 2, . . . , k가 노드 1과 더불어 하나의 연결된 성분을 구성하고 나머지 $n-k$개의 노드가 두 번째 성분을 구성하려면 다음을 만족해야 한다.

(i) $X(i) \in \{1, 2, \ldots, k\}$, 모든 $i = 1, \ldots, k$에 대해
(ii) $X(i) \in \{k+1, \ldots, n\}$, 모든 $i = k+1, \ldots, n$에 대해
(iii) 노드 1, 2, . . . , k이 하나의 연결된 부분 그래프를 형성한다.
(iv) 노드 $k+1, \ldots, n$이 하나의 연결된 부분 그래프를 형성한다.

위의 사건이 일어날 확률은 명백히

$$\left(\frac{k}{n}\right)^k \left(\frac{n-k}{n}\right)^{n-k} P_k(1) P_{n-k}(1)$$

이 되고, 노드 2부터 n까지에서 $k-1$개를 선택하는 방법은 $\binom{n-1}{k-1}$가지가 가능하므로,

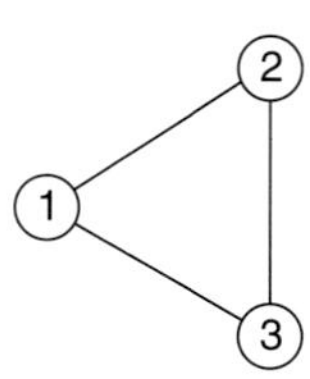

그림 3.6 순환의 예.

$$P_n(2) = \sum_{k=1}^{n-1} \binom{n-1}{k-1} \left(\frac{k}{n}\right)^k \left(\frac{n-k}{n}\right)^{n-k} P_k(1) P_{n-k}(1)$$

을 얻는다. 따라서 $P_n(2)$는 식 (3.22)로부터 계산될 수 있다. 일반적인 $P_n(i)$에 대한 되돌림 식은 다음과 같이 얻어진다.

$$P_n(i) = \sum_{k=1}^{n-i+1} \binom{n-1}{k-1} \left(\frac{k}{n}\right)^k \left(\frac{n-k}{n}\right)^{n-k} P_k(1) P_{n-k}(i-1)$$

연결된 성분의 수의 기댓값 $E[C]$를 계산하기 위해, 먼저 무작위 그래프의 각 연결된 성분은 꼭 하나씩의 순환(cycle)을 가져야 함을 관찰하라. (순환은 별개의 노드 $i, i_1, \ldots, i_k$에 대해 $(i, i_1), (i_1, i_2), \ldots, (i_{k-1}, i_k), (i_k, i)$ 형태를 이루는 아크들의 집합이다.) 그림 3.6은 순환의 예를 보여준다.

먼저 무작위 그래프의 각 연결된 성분이 꼭 하나의 순환을 가져야 한다는 사실은, 연결된 성분이 r개의 노드로 구성된다면 아크도 r개를 가져야 하고 따라서 정확히 하나의 순환을 포함해야 함을 관찰함으로써(왜 그런가?), 매우 쉽게 증명될 수 있다. 따라서 다음을 알 수 있다.

$$\begin{aligned} E[C] &= E[\text{순환의 개수}] \\ &= E\left[\sum_S I(S)\right] \\ &= \sum_S E[I(S)] \end{aligned}$$

여기서 합은 모든 부분집합 $S \subset \{1, 2, \ldots, n\}$에 대하여 이루어지고

$$I(S) = \begin{cases} 1, & S \text{ 내의 노드가 순환을 이루는 모든 노드일 때} \\ 0, & \text{그 외의 경우} \end{cases}$$

이다. 이제 만약 S가 k개의 노드, 예컨대 $1, \ldots, k$로 구성되어 있다면

$$\begin{aligned} E[I(S)] &= P\{1, X(1), \ldots, X^{k-1}(1)\text{이 모두 다르고 } 1, \ldots, k\text{에 포함되어 있고 } X^k(1) = 1\} \\ &= \frac{k-1}{n}\frac{k-2}{n}\cdots\frac{1}{n}\frac{1}{n} = \frac{(k-1)!}{n^k} \end{aligned}$$

따라서, $\binom{n}{k}$개의 크기 k인 부분집합이 가능하기 때문에 다음을 얻는다.

$$E[C] = \sum_{k=1}^{n} \binom{n}{k} \frac{(k-1)!}{n^k}$$

3.6.3 균등 사전분포, 포여의 항아리 모형, 보제-아인슈타인 통계량

각각의 성공확률이 p인 독립시행이 n번 수행된다고 가정하자. X를 성공 횟수라고 놓으면 X는 이항 확률변수가 되어 다음을 갖는다.

$$P\{X = k|p\} = \binom{n}{k} p^k (1-p)^{n-k}, \quad k = 0, 1, \ldots, n$$

이제, 시행이 모두 동일한 성공확률 p를 갖지만, 그 값이 미리 정해지지 않고 (0, 1)에서의 균등분포에 따라 선택된다고 가정하자. (예를 들어 앞면이 나올 확률 p의 모든 가능한 값을 갖는 동전들이 균등하게 퍼져있는 거대한 동전 통에서 하나의 동전을 무작위로 선택한다. 선택된 동전을 n회 던진다.) 그러면, p

의 실제 값에 조건을 주어 다음을 얻는다.

$$\begin{aligned} P\{X = k\} &= \int_0^1 P\{X = k|p\} f(p)\, dp \\ &= \int_0^1 \binom{n}{k} p^k (1-p)^{n-k}\, dp \end{aligned}$$

이제, 다음을 보일 수 있다.

$$\int_0^1 p^k (1-p)^{n-k} dp = \frac{k!(n-k)!}{(n+1)!} \tag{3.23}$$

이에 따라,

$$\begin{aligned} P\{X = k\} &= \binom{n}{k} \frac{k!(n-k)!}{(n+1)!} \\ &= \frac{1}{n+1}, \quad k = 0, 1, \ldots, n \end{aligned} \tag{3.24}$$

을 얻는다. 즉, X의 $n + 1$개의 가능한 값들이 모두 동일한 가능성을 갖는다.

위의 실험을 묘사하는 다른 방식을 찾기 위해, 처음 r번의 시행에서 성공한 횟수가 k(실패는 $r - k$회)라는 조건을 줄 때, $(r + 1)$번째 시행이 성공일 조건부 확률을 계산해보자.

$$\begin{aligned} &\text{P}\{(r+1)\text{번째가 성공} \mid \text{첫 } r\text{번의 시행에서 } k\text{번의 성공}\} \\ &= \frac{P\{(r+1)\text{번째가 성공, 첫 } r\text{번의 시행에서 } k\text{번의 성공}\}}{P\{\text{첫 } r\text{번의 시행에서 } k\text{번의 성공}\}} \\ &= \frac{\int_0^1 P\{(r+1)\text{번째가 성공, 첫 } r\text{번에서 } k\text{번 성공} \mid p\} dp}{1/(r+1)} \\ &= (r+1) \int_0^1 \binom{r}{k} p^{k+1} (1-p)^{r-k}\, dp \\ &= (r+1) \binom{r}{k} \frac{(k+1)!(r-k)!}{(r+2)!} \quad \text{식 (3.23)에 의해} \\ &= \frac{k+1}{r+2} \end{aligned} \tag{3.25}$$

즉, 첫 r번의 시행에서 k번의 성공이 있었다면, 다음의 시행은 확률 $(k+1)/(r+2)$로 성공이다.

식 (3.25)로부터 반복 시행의 연이은 결과의 확률과정의 다른 묘사가 가능하다. 이는 다음과 같이 서술할 수 있다. 처음에 흰 공 하나와 검은 공 하나가 들어있는 항아리가 있다. 매 단계마다 공 하나를 무작위로 꺼낸 후 같은 색 공 하나와 함께 도로 집어넣는다. 예를 들어, 처음 꺼낸 r개 중에 k개가 흰 공이었다면 $(r + 1)$번째 꺼낼 때 항아리에는 $k + 1$개의 흰 공과 $r - k + 1$개의 검은 공이 들어있을 것이다. 따라서 다음 공이 흰 공일 확률은 $(k+1)/(r+2)$이다. 흰 공을 꺼낸 것을 성공으로 놓으면, 이것이 원래 모형에 대한 또 다른 묘사가 됨을 알 수 있다. 후자의 항아리 모형을 **포여의 항아리모형**(Polya's urn model)이라고 부른다.

참고:

(i) $k = r$일 때의 특수한 경우에 식 (3.25)는 때때로 프랑스의 수학자 Pierre de Laplace의 이름을 따서 **라플라스의 연속의 규칙**(Laplace's rule of succession)이라고 불린다. 라플라스의 시대에는 사람들이 그 타당성이 의심스러운 다양한 상황에서 이 "규칙"을 적용하려고 했기 때문에, 많은 논쟁을 불러

일으켰다. 예를 들면, "한 식당에서 두 번 식사를 했는데 두 번 다 만족했다. 그렇다면 다음번 식사도 좋을 확률은 $\frac{3}{4}$이다."라든가 "해가 지난 1,826,213일 동안 떠올랐다. 따라서 내일도 떠오를 확률은 1,826,214/1,826,215이다"와 같은 명제를 정당화하는데 이 규칙이 사용되었다. 이런 주장의 문제점은 그들이 주장하는 상황이, 균등분포에서 선택된 성공확률을 동일하게 갖는 독립시행으로 모형화될 수 있는지가 전혀 분명하지 않다는 사실에 있다.

(ii) 위 실험의 원래 묘사에서 연이은 시행이 독립이라고 말했는데, 사실은 성공확률이 알려졌을 때 독립이라는 의미이다. 하지만 p가 확률변수로 간주되면 연이은 결과들이 더 이상 독립이 아니다. 한 결과가 성공인지 아닌지를 아는 것은 p에 대한 어떤 정보를 주고, 그 정보는 또 다시 다른 결과들에 대한 정보를 주기 때문이다.

위의 사실은 각 시행이 두 가지 이상의 결과를 가질 때의 상황으로 일반화될 수 있다. 각각 $p_1, \ldots, p_m$의 확률로 $1, \ldots, m$ 중 하나의 결과를 주는 독립시행이 n번 수행되었다고 가정하자. X_i, $i = 1, \ldots, m$을 n번의 시행에서 i 결과가 일어난 개수라고 놓으면 벡터 $X_1, \ldots, X_m$은 다음과 같은 다항분포를 가질 것이다.

$$P\{X_1 = x_1, X_2 = x_2, \ldots, X_m = x_m | \mathbf{p}\} = \frac{n!}{x_1! \cdots x_m!} p_1^{x_1} p_2^{x_2} \cdots p_m^{x_m}$$

여기서 $x_1, \ldots, x_m$은 합이 n이 되는 임의의 비음의 벡터이다. 이제 벡터 $\mathbf{p} = (p_1, \ldots, p_m)$이 정해지지 않고 다음과 같은 형태의 "균등"분포에서 선택된다고 가정하자.

$$f(p_1, \ldots, p_m) = \begin{cases} c, & 0 \leqslant p_i \leqslant 1, i = 1, \ldots, m, \ \sum_1^m p_i = 1 \\ 0, & \text{그 외의 경우} \end{cases}$$

위의 다변수 분포는 **디리클레 분포**(Dirichlet distribution)의 특수한 경우인데, 적분값이 1이라는 사실로부터 $c = (m-1)!$임을 어렵지 않게 보일 수 있다.

벡터 $\mathbf{X}$의 비조건 분포는 다음과 같이 주어진다.

$$P\{X_1 = x_1, \ldots, X_m = x_m\} = \iint \cdots \int P\{X_1 = x_1, \ldots, X_m = x_m | p_1, \ldots, p_m\}$$
$$\times f(p_1, \ldots, p_m)\, dp_1 \cdots dp_m = \frac{(m-1)!n!}{x_1! \cdots x_m!} \underset{\substack{0 \leqslant p_i \leqslant 1 \\ \sum_1^m p_i = 1}}{\iint \cdots \int} p_1^{x_1} \cdots p_m^{x_m} dp_1 \cdots dp_m$$

이제,

$$\underset{\substack{0 \leqslant p_i \leqslant 1 \\ \sum_1^m p_i = 1}}{\iint \cdots \int} p_1^{x_1} \cdots p_m^{x_m} dp_1 \cdots dp_m = \frac{x_1! \cdots x_m!}{\left(\sum_1^m x_i + m - 1\right)!} \tag{3.26}$$

임을 보일 수 있으므로 $\sum_1^m x_i = n$을 이용하여 다음을 얻는다.

$$\begin{aligned} P\{X_1 = x_1, \ldots, X_m = x_m\} &= \frac{n!(m-1)!}{(n+m-1)!} \\ &= \binom{n+m-1}{m-1}^{-1} \end{aligned} \tag{3.27}$$

다시 말해, 벡터 $X_1, \ldots, X_m$의 $\binom{n+m-1}{m-1}$개의 모든 가능한 결과[$x_1 + \cdots + x_m = n$의 가능한 비음의 정수해의 개수는 $\binom{n+m-1}{m-1}$이다]들은 동일한 가능성을 가지고 있다. 식 (3.27)의 확률분포는 때때로 **보제-아**

인슈타인(Bose-Einstein) 분포라고 불린다.

위의 상황의 다른 묘사를 얻기 위해, 첫 n번의 시행에서 결과 i가 x_i번, $i = 1, \ldots, m$, $\sum_1^m x_i = n$ 나왔을 때, $(n + 1)$번째 결과가 j일 조건부 확률을 계산해보자. 이것은

$$
\begin{aligned}
&P\{(n+1)\text{번째 결과가 } j \mid \text{첫 } n\text{번 시행에서 } i\text{가 } x_i\text{번}, i = 1, \ldots, m\} \\
&= \frac{P\{(n+1)\text{번째 결과가 } j, \text{ 첫 } n\text{번 시행에서 } i\text{가 } x_i\text{번}, i = 1, \ldots, m}{P\{\text{첫 } n\text{번 시행에서 } i\text{가 } x_i\text{번}, i = 1, \ldots, m\}} \\
&= \frac{\dfrac{n!(m-1)!}{x_1!\cdots x_m!} \displaystyle\iint\cdots\int p_1^{x_1}\cdots p_j^{x_j+1}\cdots p_m^{x_m}\, dp_1\cdots dp_m}{\dbinom{n+m-1}{m-1}^{-1}}
\end{aligned}
$$

로 주어진다. 여기서 분자는 $\mathbf{p}$ 벡터에 조건을 주어 얻어지고 분모는 식 (3.27)에서 얻어진다. 이제 식 (3.26)에 의해 다음을 얻는다.

$$
\begin{aligned}
&P\{(n+1)\text{번째 결과가 } j \mid \text{첫 } n\text{번 시행에서 } i\text{가 } x_i\text{번}, i = 1, \ldots, m\} \\
&= \frac{\dfrac{(x_j+1)n!(m-1)!}{(n+m)!}}{\dfrac{(m-1)!n!}{(n+m-1)!}} \\
&= \frac{x_j+1}{n+m} \qquad (3.28)
\end{aligned}
$$

식 (3.28)을 이용하여, 연이은 결과의 확률과정을 묘사하는 항아리 모형을 제시할 수 있다. 즉, 최초에 m가지 유형의 공이 각각 한 개씩 들어있는 항아리를 고려하자. 공 하나를 무작위로 꺼낸 후 동일한 유형을 하나 더하여 다시 집어넣는 과정을 반복한다. 만약 첫 n번의 추출에서 j 유형의 공이 x_j개 나왔다면, $(n + 1)$번째 추출 직전에 항아리에 들어있는 총 $m + n$개의 공 중에서 j 유형의 공은 $x_j + 1$개 일 것이다. 따라서 $(n + 1)$번째 추출에서 j 유형의 공이 나올 확률은 식 (3.28)과 같이 주어진다.

참고: n개의 입자가 m개의 가능한 구역에 무작위로 분포되려고 하는 상황을 고려하는데, 각 구역은 적어도 실험 직전까지는 동일한 물리적 특성을 가지고 있다고 가정하자. 각 구역에 속하게 되는 입자의 개수들의 가장 그럴듯한 분포는 $p_i \equiv 1/m$인 다항분포인 것처럼 보인다. (물론 이것은 각 입자가 다른 것들과 독립적으로 m개 구역의 어느 곳이나 동일한 가능성으로 속하게 되는 상황에 해당한다.) 어떻게 입자들이 분포되는지를 연구하는 물리학자들은 짝수개의 기본입자를 포함하는 광자나 원자와 같은 입자들의 거동을 관찰하였다. 얻어진 데이터를 조사하였을 때, 관찰된 도수들이 이항분포를 따르지 않고 보제-아인슈타인 분포를 따르는 듯이 보이는 것을 발견하고 깜짝 놀랐다. 그들이 놀란 이유는, 모든 가능한 결과들이 동일한 가능성을 갖게 되는 입자의 분포에 대한 물리적 모형을 상상할 수 없었기 때문이다. (예를 들어, 10개 입자가 두 개의 구역으로 나뉘어 분포된다고 할 때, 두 구역 모두 5개 씩 포함하게 되는 것과 10개 입자가 모두 구역 1에 속하게 되는 것 또는 10개 모두 구역 2에 들어가는 것이 모두 똑같은 가능성을 가진다는 것은 아무래도 합리적으로 보이지 않는다.)

그러나 이 절의 결과로부터 우리는 물리학자들의 딜레마의 원인에 대해 보다 잘 이해할 수 있다. 사실상 두 가지 가능한 가설이 있을 수 있다. 첫째로, 물리학자들이 수집한 자료는 다양한 다른 상황에서 얻어졌을 수 있는데, 각 상황은 균등하게 퍼져 있는 모든 가능한 $\mathbf{p}$ 벡터 중에서 그 자신의 특성 $\mathbf{p}$ 벡터를 가지게 된다. 두 번째의 가능성으로(항아리 모형으로 해석하면 얻어지는데), 각 입자가 각자의 구역

을 차례로 선택하는데, 주어진 입자가 한 구역에 들어가게 될 확률은 대략적으로 그 구역에 이미 들어가 있는 입자들의 비율에 비례하게 된다. (다시 말해, 현재 한 지역에 들어가 있는 입자들이 아직 착륙하지 않은 입자들에게 일종의 "끄는" 힘을 제공하고 있다.)

3.6.4 패턴의 평균시간

$\mathbf{X} = (X_1, X_2, \ldots)$이 독립이고 동일 분포하는 이산 확률변수들의 열이라고 하고,

$$p_i = P\{X_j = i\}$$

라고 하자. 주어진 부분수열, 즉 패턴 $i_1, \ldots, i_n$ 에 대해, $T = T(i_1, \ldots, i_n)$을 그 패턴이 나타날 때까지 관찰해야 하는 확률변수의 개수라고 하자. 예를 들어, 관심 있는 부분수열이 3, 5, 1이고 수열이 $\mathbf{X} = (5, 3, 1, 3, 5, 3, 5, 1, 6, 2, \ldots)$라면 $T = 8$이다. 이제, $E[T]$를 구하고 싶다.

먼저, 패턴이 **중복**(overlap)이 있는지를 살펴봐야 하는데, 패턴 $i_1, \ldots, i_n$ 이 어떤 k, $1 \le k < n$에 대해, 마지막 k개의 원소열이 처음 k개의 원소열과 같으면 중복이 있다고 말한다. 다시 말해, 어떤 k, $1 \le k < n$에 대해

$$(i_{n-k+1}, \ldots, i_n) = (i_1, \ldots, i_k), \quad k < n$$

이면 패턴 $i_1, \ldots, i_n$ 은 중복이 있다. 예를 들어, 패턴 3, 5, 1은 중복이 없고, 3, 3, 3은 중복이 있다.

경우 1: 패턴에 중복이 없는 경우

이 경우에는 T가 $j + n$가 될 필요충분조건은 첫 j개 값에서 패턴이 일어나지 않고, 다음의 n개 값이 $i_1, \ldots, i_n$ 이 되는 것이라고 논증할 것이다. 즉,

$$T = j + n \Leftrightarrow \{T > j, (X_{j+1}, \ldots, X_{j+n}) = (i_1, \ldots, i_n)\} \tag{3.29}$$

식 (3.29)를 검증하기 위해, 우선 $T = j + n$은 명백히 $T > j$와 $(X_{j+1}, \ldots, X_{j+n}) = (i_1, \ldots, i_n)$ 모두를 의미함을 관찰하라. 한편,

$$T > j \text{와} \quad (X_{j+1}, \ldots, X_{j+n}) = (i_1, \ldots, i_n) \tag{3.30}$$

이라고 가정하자. $k < n$라고 하면 $(i_1, \ldots, i_k) \ne (i_{n-k+1}, \ldots, i_n)$이므로 $T \ne j + k$이다. 그런데 식 (3.30)은 $T \le j + n$를 의미하므로, $T = j + n$이라고 결론지을 수 있다. 이로써 식 (3.29)가 검증된다.

식 (3.29)를 이용하여

$$P\{T = j + n\} = P\{T > j, (X_{j+1}, \ldots, X_{j+n}) = (i_1, \ldots, i_n)\}$$

을 얻는다. 그런데, $T > j$는 $X_1, \ldots, X_j$의 값들에 의해 결정되므로 $X_{j+1}, \ldots, X_{j+n}$과 독립이다. 따라서,

$$\begin{aligned} P\{T = j + n\} &= P\{T > j\}P\{(X_{j+1}, \ldots, X_{j+n}) = (i_1, \ldots, i_n)\} \\ &= P\{T > j\}p \end{aligned}$$

가 된다. 여기서

$$p = p_{i_1} p_{i_2} \cdots p_{i_n}$$

이다. 앞의 식의 양변을 j에 대해 더하면

$$1 = \sum_{j=0}^{\infty} P\{T = j + n\} = p \sum_{j=0}^{\infty} P\{T > j\} = pE[T]$$

또는 다음 결과를 얻는다.

$$E[T] = \frac{1}{p}$$

경우 2: 패턴에 중복이 있는 경우

중복이 없는 패턴에 대해서는 중복 없는 패턴의 결과를 활용하여 $E[T]$를 얻는 간단한 요령이 있다. 분석을 보다 명확히 하기 위해, 특정한 패턴 $\mathbf{P} = (3, 5, 1, 3, 5)$를 예로 들어보자. x를 패턴에서 나타나지 않는 값이라고 하고, T_x를 패턴 $\mathbf{P}_x = (3, 5, 1, 3, 5, x)$가 나타날 때까지의 시간이라고 하자. 즉, T_x는 원래의 패턴 끝에 x를 붙인 새로운 패턴의 발생시간이다. x는 원래의 패턴에 나타나지 않는 값이기 때문에 새로운 패턴은 중복을 갖지 않는다. 따라서

$$E[T_x] = \frac{1}{p_x p}$$

이다. 여기서 $p = \prod_{j=1}^{n} p_{i_j} = p_3^2 p_5^2 p_1$이다. 그런데, 새로운 패턴은 원래 패턴에 일어난 다음에만 일어날 수 있기 때문에 다음과 같이 쓸 수 있다.

$$T_x = T + A$$

여기서 T는 패턴 $\mathbf{P} = (3, 5, 1, 3, 5)$가 일어나는 시간이고 A는 패턴 $\mathbf{P}$가 일어난 후 $\mathbf{P}_x$가 일어날 때까지의 추가 시간이다. $E[T_x|i_1, \ldots, i_r]$을 처음 r개의 데이터 값이 $i_1, \ldots, i_r$인 조건을 줄 때, r 이후에 $\mathbf{P}_x$가 일어날 때까지의 추가 시간의 기댓값이라고 하자. $\mathbf{P} = (3, 5, 1, 3, 5)$가 일어난 바로 다음의 데이터 값 X에 조건을 주면, 다음을 얻는다.

$$E[A|X = i] = \begin{cases} 1 + E[T_x|3, 5, 1], & i = 1\text{일 때} \\ 1 + E[T_x|3], & i = 3\text{일 때} \\ 1, & i = x\text{일 때} \\ 1 + E[T_x], & i \neq 1, 3, x\text{일 때} \end{cases}$$

따라서

$$\begin{aligned} E[T_x] &= E[T] + E[A] \\ &= E[T] + 1 + E[T_x|3, 5, 1]p_1 + E[T_x|3]p_3 \\ &\quad + E[T_x](1 - p_1 - p_3 - p_x) \end{aligned} \tag{3.31}$$

이 된다. 그런데,

$$E[T_x] = E[T(3, 5, 1)] + E[T_x|3, 5, 1]$$

이므로

$$E[T_x|3, 5, 1] = E[T_x] - E[T(3, 5, 1)]$$

를 준다. 유사하게,

$$E[T_x|3] = E[T_x] - E[T(3)]$$

를 얻어 식 (3.31)에 대입하면

$$p_x E[T_x] = E[T] + 1 - p_1 E[T(3, 5, 1)] - p_3 E[T(3)]$$

이 된다. 이제, 중복없는 경우의 결과로부터

$$E[T(3, 5, 1)] = \frac{1}{p_3 p_5 p_1}, \quad E[T(3)] = \frac{1}{p_3}$$

이므로 다음 결과를 얻는다.

$$E[T] = p_x E[T_x] + \frac{1}{p_3 p_5} = \frac{1}{p} + \frac{1}{p_3 p_5}$$

이 기법의 또 하나의 예로, 베르누이 독립시행에서 n번의 연속적인 성공이 발생할 때까지의 평균 시간을 구하는 문제인 예제 3.15를 고려하자. 즉, 패턴이 $\mathbf{P} = (1, 1, \ldots, 1)$일 때의 $E[T]$를 구해야 한다. 이제, $x \neq 1$일 때 중복 없는 패턴 $\mathbf{P}_x = (1, \ldots, 1, x)$를 고려하여 T_x를 그것의 발생시간이라고 놓자. 앞에서 정의한 A와 X를 사용하여 다음을 얻는다.

$$E[A|X = i] = \begin{cases} 1 + E[A], & i = 1\text{일 때} \\ 1, & i = x\text{일 때} \\ 1 + E[T_x], & i \neq 1, x\text{일 때} \end{cases}$$

따라서

$$E[A] = 1 + E[A]p_1 + E[T_x](1 - p_1 - p_x)$$

또는

$$E[A] = \frac{1}{1 - p_1} + E[T_x]\frac{1 - p_1 - p_x}{1 - p_1}$$

이 되어

$$\begin{aligned} E[T] &= E[T_x] - E[A] \\ &= \frac{p_x E[T_x] - 1}{1 - p_1} \\ &= \frac{(1/p_1)^n - 1}{1 - p_1} \end{aligned}$$

을 얻는다. 여기서 마지막 등식은 $E[T_x] = \frac{1}{p_1^n p_x}$을 사용하였다.

어느 중복있는 패턴 $\mathbf{P} = (i_1, \ldots, i_n)$의 평균 발생시간도 위의 방법에 의해 구할 수 있다. 즉, T_x를 중복없는 패턴 $\mathbf{P}_x = (i_1, \ldots, i_n, x)$이 일어날 때까지의 시간이라고 하고, 상등관계

$$E[T_x] = E[T] + E[A]$$

를 이용하여 $E[T_x] = \frac{1}{p\, p_x}$과 관련짓는다. 그 다음, $\mathbf{P}$ 바로 다음의 데이터 값에 조건을 주어 $E[A]$에 대한 표현을

$$E[T_x|i_1, \ldots, i_r] = E[T_x] - E[T(i_1, \ldots, i_r)]$$

형태의 항들로 얻는다. 만약, $(i_1, \ldots, i_r)$에 중복이 없으면, 중복 없을 때의 결과를 사용하여 $E[T(i_1, \ldots, i_r)]$를 구한다. 아니면, 부분 패턴 $(i_1, \ldots, i_r)$에 대해 이 과정을 되풀이한다.

참고: 패턴 $i_1, \ldots, i_n$이 가능한 데이터 값 모두를 포함하고 있을 때에도 위의 기법을 이용할 수 있다. 예를 들어, 동전던지기에서 관심 패턴이 h, t, h라고 하자. 이런 경우에도 x를 패턴에 없는 값으로 놓고 위의 기법을 사용해야 한다($p_x = 0$일 지라도). p_x는 오직 최종 단계에 $p_x E[T_x] = \frac{p_x}{p_x p}$ 형태로 나타나는데, 이 분수를 $1/p$로 해석하여 올바른 답을 얻는다. (동일한 결과를 주는 엄밀한 접근은, 양의 p_i 중 하나를 ϵ만큼 감소시켜, $p_x = \epsilon$로 놓고 $E[T]$에 대해 푼 다음 ϵ를 0으로 보내는 것이다.) ■

3.6.5 이산 확률변수의 k-기록값

$X_1, X_2, \ldots$가 양의 정수값을 갖는 독립이고 동일하게 분포하는 확률변수라고 하고, 이들의 공동의 확률 질량함수를 $P\{X = j\}, j \geq 1$이라고 놓자. 이 확률변수들이 순서대로 관찰된다고 가정하고, X_n이 다음을 만족하면 k-**기록값**(k-record value)이라고 부르자.

$$X_i \geqslant X_n \quad i, i = 1, \ldots, n \text{ 중 정확히 } k\text{개에 대해}$$

즉, 첫 n개 값 중에서 (X_n을 포함하여) 정확히 k개의 값이 n번째 나온 값보다 크거나 같으면, 그 n번째 값이 k-기록값이 된다. $\mathbf{R}_k$를 k-기록값들의 순서 배열(ordered) 집합이라고 하자.

모든 k에 대해 k-기록값들의 열들이 동일한 확률분포를 갖을 뿐만 아니라, 이 열들이 서로 독립이라는 다소 놀라운 결과가 있다. 이 결과는 **이그나토프 정리**(Ignatov's theorem)로 알려져 있다.

정리 3.1 (이그나토프 정리) $\mathbf{R}_k, k \geq 1$는 독립이고 동일하게 분포되어 있는 확률변수이다.

증명▶ 데이터 열 $X_1, X_2, \ldots$의 일련의 부분열을 정의하는데, i번째 부분열이 $i, i \geq 1$보다 크거나 같은 모든 데이터 값들로 구성되었다고 하자. 예를 들어, 만약 데이터 열이

$$2, 5, 1, 6, 9, 8, 3, 4, 1, 5, 7, 8, 2, 1, 3, 4, 2, 5, 6, 1, \ldots$$

이라면 부분열들은 다음과 같다.

$$\begin{aligned}
\geqslant 1: &\quad 2, 5, 1, 6, 9, 8, 3, 4, 1, 5, 7, 8, 2, 1, 3, 4, 2, 5, 6, 1, \ldots \\
\geqslant 2: &\quad 2, 5, 6, 9, 8, 3, 4, 5, 7, 8, 2, 3, 4, 2, 5, 6, \ldots \\
\geqslant 3: &\quad 5, 6, 9, 8, 3, 4, 5, 7, 8, 3, 4, 5, 6, \ldots
\end{aligned}$$

등등.

X_j^i를 부분열 i의 j번째 원소라고 하자. 즉, X_j^i는 i보다 크거나 같은 j번째 데이터 값이다. 중요한 관찰은 i가 k-기록값이 될 필요충분조건은 $X_k^i = i$인 것이라는 점이다. 즉, i가 k-기록값이 될 필요충분조건은 i보다 크거나 같은 k번째 값이 i와 같은 것이다. (예를 들어, 위의 데이터에서 3보다 크거나 같은 5번째 값이 3이기 때문에 3은 5-기록값이 된다.) 이제, 첫 번째 부분열의 어느 값이 1인지에 독립적으로, 두 번째 부분열의 값들은 다음의 질량함수에 따라 독립이면서 동일하게 분포되어 있음을 어렵지 않게 알 수 있다.

$$P\{\text{두 번째 부분열의 값} = j\} = P\{X = j | X \geqslant 2\}, \quad j \geqslant 2$$

유사하게, 첫 번째 부분열의 어느 값이 1인지와 두 번째 부분열의 어느 값이 2인지에 독립적으로, 세 번째 부분열의 값들은 다음의 질량함수에 따라 독립이면서 동일하게 분포되어 있다.

$$P\{\text{세 번째 부분열의 값} = j\} = P\{X = j | X \geqslant 3\}, \quad j \geqslant 3$$

이와 같이 계속된다. 따라서 사건 $\{X_j^i = i\}, i \geqslant 1, j \geqslant 1$ 들은 독립이고

$$P\{i\text{가 } k\text{-기록값}\} = P\{X_k^i = i\} = P\{X = i | X \geqslant i\}$$

이다. 사건 $\{X_k^i = i\}, i \geq 1$들의 독립성과 $P\{i$가 k-기록값$\}$이 k에 종속하지 않는다는 사실 때문에 $\mathbf{R}_k$는 모든 $k \geq 1$에 대해 동일한 분포를 갖게 된다. 또한, 사건$\{X_k^i = i\}$들이 독립이기 때문에 확률벡터 $\mathbf{R}_k, k \geq 1$들도 역시 독립이다. ■

이제 $X_i, i \geqslant 1$이 독립이고 다음의 확률질량함수를 갖는 유한값의 확률변수들이라고 하자.

$$p_i = P\{X = i\}, \quad i = 1, \ldots, m$$

그리고

$$T = \min\{n: X_i \geq X_n,\ i = 1, \ldots, n \text{ 중 } k \text{ 개의 } i\text{에 대해}\}$$

를 첫 **k-기록 지표**(k-record index)라고 놓고, 이것의 평균을 구해보자.

명제 3.3 $\lambda_i = p_i / \sum_{j=i}^{m} p_j,\ i = 1, \ldots, m$이라고 놓으면,

$$E[T] = k + (k-1)\sum_{i=1}^{m-1} \lambda_i$$

증명 먼저, 관찰된 확률변수 $X_1, X_2, \ldots$가 $i, i+1, \ldots, m$ 중 하나의 값을 각각 다음의 확률로 갖는다고 하자.

$$P\{X = j\} = \frac{p_j}{p_i + \cdots + p_m}, \quad j = i, \ldots, m$$

T_i를 관찰된 데이터가 위의 질량함수를 가질 때의 첫 k-기록 지표라고 놓으면, 각 데이터 값이 i보다 크거나 같기 때문에 만약 $X_k = i$이면 k-기록값은 i가 되고 T_i는 k가 된다. 이에 따라, 다음을 얻는다.

$$E[T_i | X_k = i] = k$$

반면에, 만약 $X_k > i$이면 k-기록값은 i보다 크게 되고, 따라서 i와 값이 같은 모든 데이터는 k-기록값을 찾을 때 무시될 수 있다. 또한, i보다 큰 각 데이터 값은 확률질량함수

$$P\{X = j | X > i\} = \frac{p_j}{p_{i+1} + \cdots + p_m}, \quad j = i+1, \ldots, m$$

을 가지므로 k-기록값이 나타날 때까지 관찰되어야 하는 i보다 큰 데이터 값들의 개수는 T_{i+1}과 같은 분포를 갖는다. 따라서

$$E[T_i | X_k > i] = E[T_{i+1} + N_i | X_k > i]$$

여기서 T_{i+1}는 k-기록값을 얻을 때까지 관찰되어야 하는 i보다 큰 데이터 값들의 개수이고, N_i는 그 기간 동안 관찰된 값이 i인 데이터들의 개수이다. 이제 $X_k > i$이고 $T_{i+1} = n\ (n \geq k)$인 조건을 주면, i보다 큰 값 T_{i+1}개를 관찰할 때까지의 시간은 k번째 시행이 성공이고 각 시행이 독립적으로 확률 $1 - p_i / \sum_{j \geqslant i} p_j = 1 - \lambda_i$로 성공인 조건 하에서 n번의 성공을 얻기 위한 시행 횟수와 동일한 분포를 가진다. 성공을 얻기까지 필요한 시행의 수는 평균이 $1/(1-\lambda_i)$인 기하 확률변수이므로, 다음을 얻는다.

$$E[T_i | T_{i+1}, X_k > i] = 1 + \frac{T_{i+1} - 1}{1 - \lambda_i} = \frac{T_{i+1} - \lambda_i}{1 - \lambda_i}$$

기댓값을 취하면,

$$E[T_i | X_k > i] = E\left[\frac{T_{i+1} - \lambda_i}{1 - \lambda_i} \middle| X_k > i\right] = \frac{E[T_{i+1}] - \lambda_i}{1 - \lambda_i}$$

이 된다. 이제, $X_k = i$인지 아닌지에 조건을 주면

$$\begin{aligned} E[T_i] &= E[T_i | X_k = i]\lambda_i + E[T_i | X_k > i](1 - \lambda_i) \\ &= (k-1)\lambda_i + E[T_{i+1}] \end{aligned}$$

을 얻는다. $E[T_m] = k$로 시작하면, 위식은 다음을 준다.

$$E[T_{m-1}] = (k-1)\lambda_{m-1} + k$$
$$E[T_{m-2}] = (k-1)\lambda_{m-2} + (k-1)\lambda_{m-1} + k$$
$$= (k-1)\sum_{j=m-2}^{m-1} \lambda_j + k$$
$$E[T_{m-3}] = (k-1)\lambda_{m-3} + (k-1)\sum_{j=m-2}^{m-1} \lambda_j + k$$
$$= (k-1)\sum_{j=m-3}^{m-1} \lambda_j + k$$

일반적으로,

$$E[T_i] = (k-1)\sum_{j=i}^{m-1} \lambda_j + k$$

이 되고 $T = T_1$이므로 결과가 얻어진다. ■

3.6.6 왼쪽 건너뜀 없는 랜덤보행

$X_i,\ i \geq 1$이 독립이고 동일하게 분포하는 확률변수라고 하자. $P_j = P(X_i = j)$라고 하고 다음을 가정하자.

$$\sum_{j=-1}^{\infty} P_j = 1$$

즉, X_i의 가능한 값은 $-1, 0, 1, \ldots$이다. 이제

$$S_0 = 0, \quad S_n = \sum_{i=1}^{n} X_i$$

로 정의하면, 확률변수열 $S_n,\ n \geqslant 0$을 **왼쪽 건너뜀 없는 랜덤보행**(left skip free random walk)라고 부른다. (S_n은 S_{n-1}에서 최대로 1만큼만 감소할 수 있기 때문에 건너뛰지 않는다고 말한다.)

이것의 응용으로 매번의 도박에서 최대로 1을 잃게 되는 동일한 도박을 연달아 하고 있는 도박사를 고려하자. X_i가 i번째 도박에서 도박사가 딴 돈을 나타낸다고 하면, S_n은 첫 n번의 도박까지 딴 돈의 합을 나타낸다.

도박사가 하고 있는 도박은 $E[X_i] < 0$라는 의미에서 불공정 게임이라고 가정하고 $v = E[X_i]$라고 하자. 또, $T_0 = 0$이라 놓고 $k > 0$에 대해 T_{-k}를 도박사가 k원을 잃을 때까지 계속한 도박의 횟수라고 하자. 즉,

$$T_{-k} = \min\{n : S_n = -k\}$$

먼저 $T_{-k} < \infty$임을, 즉, 랜덤보행는 결국 $-k$에 도달하게 됨을 관찰하자. 그 이유는 큰 수의 강법칙에 의해 $S_n/n \to E[X_i] < 0$이 되는데, 이는 $S_n \to -\infty$임을 의미하기 때문이다. 이제 $E[T_{-k}]$와 $\text{Var}(T_{-k})$를 구해보자. ($E[X_i] < 0$일 때 둘 다 유한임을 보일 수 있다.)

분석의 핵심은 도박사의 재산이 k만큼 줄어들 때까지 도박의 횟수는 재산이 1만큼 줄어들 때까지 도박의 횟수(즉, T_{-1}) 더하기 1만큼 줄어든 이후 총 감소가 2가 될 때까지 추가 도박 횟수(즉, $T_{-2} - T_{-1}$) 더하기 감소가 2인 이후 감소가 3이 될 때까지 추가 도박 횟수(즉, $T_{-3} - T_{-2}$)와 같이 계속됨을 관찰하는 것이다. 즉,

$$T_{-k} = T_{-1} + \sum_{j=2}^{k} \left(T_{-j} - T_{-(j-1)}\right)$$

그러나 모든 도박의 결과가 독립이고 동일하게 분포하므로, $T_{-1}, T_{-2} - T_{-1}, T_{-3} - T_{-2}, \ldots, T_{-k} - T_{-(k-1)}$은 모두 독립이고 동일하게 분포한다. (즉, 어느 시점에서 시작하든, 도박사의 재산이 그 시점보다 하나 적어질 때까지 추가되는 도박의 횟수는 이전의 결과와 독립이고 T_{-1}과 같은 분포를 갖는다.) 따라서 이들의 k개 확률변수들의 합인 T_{-k}의 평균의 분산은

$$E[T_{-k}] = kE[T_{-1}]$$

과

$$\text{Var}(T_{-k}) = k\text{Var}(T_{-1})$$

이다.

이제 첫 도박의 결과인 X_1에 조건을 주어 T_{-1}의 평균과 분산을 계산해보자. X_1에 조건을 주면, T_{-1}은 1 더하기 도박사의 재산이 첫 도박 후의 재산에서 $X_1 + 1$만큼 줄어들 때까지 행해진 도박 횟수와 같다. 즉, X_1이 주어지면, T_{-1}은 $1 + T_{-(X_1+1)}$과 같은 분포를 갖고, 따라서

$$\begin{aligned} E[T_{-1}|X_1] &= 1 + E[T_{-(X_1+1)}] = 1 + (X_1 + 1)E[T_{-1}] \\ \text{Var}(T_{-1}|X_1) &= \text{Var}(T_{-(X_1+1)}) = (X_1 + 1)\text{Var}(T_{-1}) \end{aligned}$$

가 된다. 결국

$$E[T_{-1}] = E\left[E[T_{-1}|X_1]\right] = 1 + (-v + 1)E[T_{-1}]$$

또는

$$E[T_{-1}] = \frac{1}{v}$$

이 되는데, 이는 다음 결과를 준다.

$$E[T_{-k}] = \frac{k}{v} \tag{3.32}$$

유사하게, $\sigma^2 = \text{Var}(X_1)$로 두면, 조건부 분산 공식에 의해 다음을 얻는다.

$$\begin{aligned} \text{Var}(T_{-1}) &= E[(X_1 + 1)\text{Var}(T_{-1})] + \text{Var}(X_1 E[T_{-1}]) \\ &= (1 - v)\text{Var}(T_{-1}) + (E[T_{-1}])^2\sigma^2 \\ &= (1 - v)\text{Var}(T_{-1}) + \frac{\sigma^2}{v^2} \end{aligned}$$

따라서

$$\text{Var}(T_{-1}) = \frac{\sigma^2}{v^3}$$

가 되고

$$\text{Var}(T_{-k}) = \frac{k\sigma^2}{v^3} \tag{3.33}$$

을 얻는다.

건너뜀 없는 랜덤보행에 대해 많은 흥미로운 결과가 있다. **도달시간 정리**(hitting time theorem)도 하나의 예이다.

명제 3.4 (도달시간 정리)

$$P(T_{-k} = n) = \frac{k}{n} P(S_n = -k), \quad n \geqslant 1$$

증명▶ 증명은 n에 대한 귀납법을 사용한다. $n = 1$일 때

$$P(T_{-k} = 1) = kP(S_1 = -k)$$

를 증명해야 한다. 그런데 위 식은 $k = 1$인 경우에는

$$P(T_{-1} = 1) = P(S_1 = -1) = P_{-1}$$

이기 때문에 성립하고 $k > 1$일 때는

$$P(T_{-k} = 1) = 0 = P(S_1 = -k), \quad k > 1$$

에 의해 성립한다. 따라서 $n = 1$일 때 성립하므로, 이제 고정값 $n > 1$과 모든 $k > 0$에 대해

$$P(T_{-k} = n - 1) = \frac{k}{n-1} P(S_{n-1} = -k) \tag{3.34}$$

를 가정하고, $P\{T_{-k}\} = n$을 고려하자. X_1에 조건을 주면 다음을 얻는다.

$$P(T_{-k} = n) = \sum_{j=-1}^{\infty} P(T_{-k} = n | X_1 = j) P_j$$

이제, 만약 도박사가 첫 도박에서 j를 땄다는 조건 하에서 그가 처음으로 $-k$까지 내려가는 시간이 n번째 도박 직후가 되려면, 첫 도박 이후 $n-1$번의 추가 도박을 한 후에 처음으로 그가 잃은 총액이 $k + j$이 되어야 한다. 즉,

$$P(T_{-k} = n | X_1 = j) = P(T_{-(k+j)} = n - 1)$$

그 결과

$$\begin{aligned} P(T_{-k} = n) &= \sum_{j=-1}^{\infty} P(T_{-k} = n | X_1 = j) P_j \\ &= \sum_{j=-1}^{\infty} P(T_{-(k+j)} = n - 1) P_j \\ &= \sum_{j=-1}^{\infty} \frac{k+j}{n-1} P\{S_{n-1} = -(k+j)\} P_j \end{aligned}$$

를 얻는다. 여기서 마지막 등식은 귀납 가정 (3.34)에 의해 얻어졌다. 이제,

$$P(S_n = -k | X_1 = j) = P\{S_{n-1} = -(k+j)\}$$

임을 사용하면, 위 식은 다음을 준다.

$$\begin{aligned}
P(T_{-k}=n) &= \sum_{j=-1}^{\infty}\frac{k+j}{n-1}P(S_n=-k|X_1=j)P_j \\
&= \sum_{j=-1}^{\infty}\frac{k+j}{n-1}P(S_n=-k, X_1=j) \\
&= \sum_{j=-1}^{\infty}\frac{k+j}{n-1}P(X_1=j|S_n=-k)P(S_n=-k)
\end{aligned}$$

$$\begin{aligned}
&= P(S_n=-k)\left\{\frac{k}{n-1}\sum_{j=-1}^{\infty}P(X_1=j|S_n=-k)\right. \\
&\quad \left. +\frac{1}{n-1}\sum_{j=-1}^{\infty}jP(X_1=j|S_n=-k)\right\} \\
&= P(S_n=-k)\left\{\frac{k}{n-1}+\frac{1}{n-1}E[X_1|S_n=-k]\right\} \qquad (3.35)
\end{aligned}$$

그런데,

$$\begin{aligned}
-k &= E[S_n|S_n=-k] \\
&= E[X_1+\cdots+X_n|S_n=-k] \\
&= \sum_{i=1}^{n}E[X_i|S_n=-k] \\
&= nE[X_1|S_n=-k]
\end{aligned}$$

이다. 여기서 마지막 등식은 $X_1, \ldots, X_n$이 독립이고 동일하게 분포하므로 $X_1+\cdots+X_n=-k$의 조건 하에서 X_i의 분포는 모든 i에 대해 동일하기 때문에 얻어진다. 따라서,

$$E[X_1|S_n=-k] = -\frac{k}{n}$$

이고 이것을 식 (3.35)에 대입하면

$$P(T_{-k}=n) = P(S_n=-k)\left(\frac{k}{n-1}-\frac{1}{n-1}\frac{k}{n}\right) = \frac{k}{n}P(S_n=-k)$$

을 주어 증명이 완결된다. ■

n번의 도박 후에 도박사가 $-k$로 내려왔다고 가정하자. 그러면, 이것이 사상 처음으로 $-k$로 내려온 것일 조건부 확률은 다음과 같다.

$$\begin{aligned}
P(T_{-k}=n|S_n=-k) &= \frac{P(T_{-k}=n, S_n=-k)}{P(S_n=-k)} \\
&= \frac{P(T_{-k}=n)}{P(S_n=-k)} \\
&= \frac{k}{n} \quad \text{(도달시간 정리에 의해)}
\end{aligned}$$

이 절의 나머지 부분에서도 $-v = E[X] < 0$임을 가정하자. 도달시간 정리에 앞에서 구한 $E[T_{-k}]$에 관한 결과를 결합하면 다음을 얻는다.

$$\begin{aligned}\frac{k}{v} &= E[T_{-k}]\\ &= \sum_{n=1}^{\infty} nP(T_{-k} = n)\\ &= \sum_{n=1}^{\infty} kP(S_n = -k)\end{aligned}$$

여기서 마지막 등식은 도달시간 정리를 이용하였다. 따라서

$$\sum_{n=1}^{\infty} P(S_n = -k) = \frac{1}{v}$$

이 된다. I_n을 사건 $S_n = -k$에 대한 지시변수라고 하자. 즉,

$$I_n = \begin{cases}1, & S_n = -k\text{일 때}\\ 0, & S_n \neq -k\text{일 때}\end{cases}$$

라고 하고

$$\text{도박사의 재산이 } -k\text{인 총 시간} = -k = \sum_{n=1}^{\infty} I_n$$

임을 관찰하자. 기댓값을 취하면,

$$E[\text{도박사의 재산이 } -k\text{인 총 시간}] = \sum_{n=1}^{\infty} P(S_n = -k) = \frac{1}{v} \tag{3.36}$$

을 얻는다. 이제 α를 랜덤보행가 첫 이동 후에 항상 음이 될 확률이라고 놓자. 즉,

$$\alpha = P(S_n < 0 \text{ 모든 } n \geq 1\text{에 대해})$$

α를 구하기 위해, 먼저 도박사의 재산이 $-k$에 도달할 때마다 다시는 $-k$에 도달하지 못할 확률이 (그 시점 이후로 딴 돈의 합계가 항상 음이 되어야 하므로) α임을 관찰하라. 따라서 도박사의 재산이 $-k$에 도달하는 횟수는 모수가 α인 기하 확률변수이고, 따라서 평균 $1/\alpha$을 갖는다. 결국, 식 (3.36)으로부터

$$\alpha = v$$

가 된다. 이제, L_{-k}를 랜덤보행이 $-k$에 도달하는 마지막 시점이라고 정의하자. L_{-k}가 n이 되려면, $S_n = -k$이고 n 이후로 딴 돈의 총합이 항상 음이어야 하므로

$$P(L_{-k} = n) = P(S_n = -k)\alpha = P(S_n = -k)v$$

이 되고, 따라서 다음 결과를 얻는다.

$$
\begin{aligned}
E[L_{-k}] &= \sum_{n=0}^{\infty} nP(L_{-k} = n) \\
&= v \sum_{n=0}^{\infty} nP(S_n = -k) \\
&= v \sum_{n=0}^{\infty} n\frac{n}{k}P(T_{-k} = n) \quad \text{도달시간 정리에 의해} \\
&= \frac{v}{k}\sum_{n=0}^{\infty} n^2 P(T_{-k} = n) \\
&= \frac{v}{k}E[T_{-k}^2] \\
&= \frac{v}{k}\{E^2[T_{-k}] + \text{Var}(T_{-k})\} \\
&= \frac{k}{v} + \frac{\sigma^2}{v^2}
\end{aligned}
$$

3.7 복합 확률변수에서의 상등관계

$X_1, X_2, \ldots$이 독립이고 동일 분포하는 확률변수 열이라고 하고, $S_0 = 0$으로 두고 $S_n = \sum_{i=1}^{n} X_i$을 처음 $n > 0$개의 X_i들의 합이라고 하자. N을 $X_1, X_2, \ldots$과 독립이고 비음의 정수값을 갖는 확률변수라고 하면,

$$
S_N = \sum_{i=1}^{N} X_i
$$

을 **복합 확률변수**(compound random variable)라고 불렀음을 상기하자. 이때 N의 분포를 **합성분포**(compounding distribution)라고 부른다. 이 절에서는 이런 확률변수에 관련된 상등관계를 유도한다. 그 다음 X_i가 양의 정수일 때로 한정시켜, 상등관계의 따름정리를 증명한 후, 이 따름정리를 이용하여 다양한 통상적인 합성분포에 대해 S_N의 확률질량함수에 대한 되돌림 공식을 개발한다.

먼저, M이 확률변수 열 $X_1, X_2, \ldots$과 독립이고

$$
P\{M = n\} = \frac{nP\{N = n\}}{E[N]}, \quad n = 1, 2, \ldots
$$

인 확률변수라고 하자.

명제 3.5 (복합 확률변수 항등식) 임의의 함수 h에 대해 다음이 성립한다.

$$
E[S_N h(S_N)] = E[N]E[X_1 h(S_M)]
$$

증명

$$
\begin{aligned}
E[S_N h(S_N)] &= E\left[\sum_{i=1}^{N} X_i h(S_N)\right] \\
&= \sum_{n=0}^{\infty} E\left[\sum_{i=1}^{N} X_i h(S_N) | N = n\right] P\{N = n\} \quad (N\text{에 조건을 주어})
\end{aligned}
$$

$$= \sum_{n=0}^{\infty} E\left[\sum_{i=1}^{n} X_i h(S_n)|N=n\right] P\{N=n\}$$

$$= \sum_{n=0}^{\infty} E\left[\sum_{i=1}^{n} X_i h(S_n)\right] P\{N=n\} \quad (N\text{과 } X_1, \ldots, X_n\text{이 독립이므로})$$

$$= \sum_{n=0}^{\infty}\sum_{i=1}^{n} E\big[X_i h(S_n)\big] P\{N=n\}$$

이제, $X_1, \ldots, X_n$이 독립이고 동일 분포하고, $h(S_n) = h(X_1 + \cdots + X_n)$는 $X_1, \ldots, X_n$의 대칭 함수이므로, $X_i\, h(S_n)$의 분포는 모든 i, $i = 1, \ldots, n$에 대해 동일하다. 따라서 위의 식은 다음과 같이 계속 된다.

$$E[S_N h(S_N)] = \sum_{n=0}^{\infty} nE[X_1 h(S_n)]P\{N=n\}$$

$$= E[N]\sum_{n=0}^{\infty} E[X_1 h(S_n)]P\{M=n\} \quad (M\text{의 정의에 의해})$$

$$= E[N]\sum_{n=0}^{\infty} E[X_1 h(S_n)|M=n]P\{M=n\}$$

$$(M\text{과 } X_1, \ldots, X_n\text{이 독립이므로})$$

$$= E[N]\sum_{n=0}^{\infty} E[X_1 h(S_M)|M=n]P\{M=n\}$$

$$= E[N]E[X_1 h(S_M)]$$

따라서 명제가 증명된다. ■

이제 X_i가 양의 정수값을 갖는 확률변수라고 가정하고,

$$\alpha_j = P\{X_1 = j\}, \quad j > 0$$

라고 놓자. $P\{S_N = k\}$의 연속적인 값들이 다음의 명제 3.5의 따름정리로부터 얻어질 수 있다.

따름정리 3.6

$$P\{S_N = 0\} = P\{N = 0\}$$

$$P\{S_N = k\} = \frac{1}{k}E[N]\sum_{j=1}^{k} j\alpha_j P\{S_{M-1} = k - j\}, \quad k > 0$$

증명▶ 고정값 k에 대해

$$h(x) = \begin{cases} 1, & x = k\text{일 때} \\ 0, & x \neq k\text{일 때} \end{cases}$$

라고 놓자. 이때 $S_N\, h(S_N)$은 $S_N = k$일 때는 k가 되고 그 외의 경우는 0이 됨을 관찰하라. 따라서,

$$E[S_N h(S_N)] = kP\{S_N = k\}$$

가 되고 복합 항등식에 의해 다음을 얻는다.

$$
\begin{aligned}
kP\{S_N = k\} &= E[N]E[X_1 h(S_M)] \\
&= E[N]\sum_{j=1}^{\infty} E[X_1 h(S_M))|X_1 = j]\alpha_j \\
&= E[N]\sum_{j=1}^{\infty} jE[h(S_M)|X_1 = j]\alpha_j \\
&= E[N]\sum_{j=1}^{\infty} jP\{S_M = k|X_1 = j\}\alpha_j
\end{aligned} \tag{3.37}
$$

그런데,

$$
\begin{aligned}
P\{S_M = k|X_1 = j\} &= P\left\{\sum_{i=1}^{M} X_i = k\,|X_1 = j\right\} \\
&= P\left\{j + \sum_{i=2}^{M} X_i = k\,|X_1 = j\right\} \\
&= P\left\{j + \sum_{i=2}^{M} X_i = k\right\} \\
&= P\left\{j + \sum_{i=1}^{M-1} X_i = k\right\} \\
&= P\{S_{M-1} = k - j\}
\end{aligned}
$$

마지막의 바로 위 식은 $X_2, \ldots, X_M$과 $X_1, \ldots, X_{M-1}$이 동일한 결합분포, 즉 $M - 1$이 이들과 독립인 상황에서 X_1과 같은 분포를 가지고 있는 $M - 1$개의 독립인 확률변수들의 결합분포를 가지고 있기 때문에 성립한다. 이제 식 (3.37)로부터 증명이 완결된다. ■

$M - 1$과 N의 분포가 주어지면 위의 따름정리는 S_N의 확률질량함수를 계산하는 유용한 되돌림 식이 될 수 있다. 몇 가지 예를 보자.

3.7.1 푸아송 복합분포

N이 평균 λ인 푸아송 확률변수이면

$$
\begin{aligned}
P\{M - 1 = n\} &= P\{M = n + 1\} \\
&= \frac{(n+1)P\{N = n+1\}}{E[N]} \\
&= \frac{1}{\lambda}(n+1)e^{-\lambda}\frac{\lambda^{n+1}}{(n+1)!} \\
&= e^{-\lambda}\frac{\lambda^n}{n!}
\end{aligned}
$$

이 된다. 따라서 $M - 1$도 역시 평균이 λ인 푸아송 확률변수이다. 그러므로

$$P_n = P\{S_N = n\}$$

이라 놓으면 따름정리 3.6의 되돌림 식은 다음을 준다.

$$P_0 = e^{-\lambda}$$
$$P_k = \frac{\lambda}{k}\sum_{j=1}^{k} j\alpha_j P_{k-j}, \quad k > 0$$

참고: X_i가 항상 1이면 위의 되돌림 식은, 평균 λ인 푸아송 확률변수에 대한 다음의 잘 알려진 되돌림 식으로 귀결된다.

$$P\{N = 0\} = e^{-\lambda}$$
$$P\{N = n\} = \frac{\lambda}{n}P\{N = n-1\}, \quad n \geqslant 1$$

예제 3.34 S를 $\lambda = 4$이고

$$P\{X_i = i\} = 1/4, \quad i = 1, 2, 3, 4$$

인 복합 푸아송 확률변수라고 할 때, 따름정리 3.6의 되돌림 식에 의해 $P\{S = 5\}$를 구해보자. 그러면,

$$P_0 = e^{-\lambda} = e^{-4}$$
$$P_1 = \lambda\alpha_1 P_0 = e^{-4}$$
$$P_2 = \frac{\lambda}{2}(\alpha_1 P_1 + 2\alpha_2 P_0) = \frac{3}{2}e^{-4}$$
$$P_3 = \frac{\lambda}{3}(\alpha_1 P_2 + 2\alpha_2 P_1 + 3\alpha_3 P_0) = \frac{13}{6}e^{-4}$$
$$P_4 = \frac{\lambda}{4}(\alpha_1 P_3 + 2\alpha_2 P_2 + 3\alpha_3 P_1 + 4\alpha_4 P_0) = \frac{73}{24}e^{-4}$$
$$P_5 = \frac{\lambda}{5}(\alpha_1 P_4 + 2\alpha_2 P_3 + 3\alpha_3 P_2 + 4\alpha_4 P_1 + 5\alpha_5 P_0) = \frac{381}{120}e^{-4}$$

■

3.7.2 이항 복합분포

N을 모수가 r, p인 이항 확률변수라고 가정하자. 그러면,

$$\begin{aligned} P\{M - 1 = n\} &= \frac{(n+1)P\{N = n+1\}}{E[N]} \\ &= \frac{n+1}{rp}\binom{r}{n+1}p^{n+1}(1-p)^{r-n-1} \\ &= \frac{n+1}{rp}\frac{r!}{(r-1-n)!(n+1)!}p^{n+1}(1-p)^{r-1-n} \\ &= \frac{(r-1)!}{(r-1-n)!n!}p^n(1-p)^{r-1-n} \end{aligned}$$

이 되어 $M - 1$은 모수가 $r - 1$, p인 이항 확률변수이 된다.

p를 고정시키고, $N(r)$을 모수가 r, p인 이항 확률변수라고 하고

$$P_r(k) = P\{S_{N(r)} = k\}$$

로 놓자. 그러면 따름정리 3.6은 다음을 준다.

$$P_r(0) = (1-p)^r$$
$$P_r(k) = \frac{rp}{k}\sum_{j=1}^{k} j\alpha_j P_{r-1}(k-j), \quad k > 0$$

예를 들어, k를 순서대로 1, 2, 3이라고 하면 다음을 얻는다.

$$\begin{aligned}
P_r(1) &= rp\alpha_1(1-p)^{r-1} \\
P_r(2) &= \frac{rp}{2}[\alpha_1 P_{r-1}(1) + 2\alpha_2 P_{r-1}(0)] \\
&= \frac{rp}{2}\left[(r-1)p\alpha_1^2(1-p)^{r-2} + 2\alpha_2(1-p)^{r-1}\right] \\
P_r(3) &= \frac{rp}{3}\left[\alpha_1 P_{r-1}(2) + 2\alpha_2 P_{r-1}(1) + 3\alpha_3 P_{r-1}(0)\right] \\
&= \frac{\alpha_1 rp}{3}\frac{(r-1)p}{2}\left[(r-2)p\alpha_1^2(1-p)^{r-3} + 2\alpha_2(1-p)^{r-2}\right] \\
&\quad + \frac{2\alpha_2 rp}{3}(r-1)p\alpha_1(1-p)^{r-2} + \alpha_3 rp(1-p)^{r-1}
\end{aligned}$$

3.7.3 음이항에 관련된 복합분포

고정된 값 p, $0 < p < 1$에 대해 합성 확률변수 N이 다음의 확률질량함수 갖는다고 가정하자.

$$P\{N = n\} = \binom{n+r-1}{r-1} p^r (1-p)^n, \quad n = 0, 1, \ldots$$

이 확률변수는 성공확률 p를 갖는 독립시행에서, 총 r번의 성공이 일어나기 전에 일어난 실패 횟수로 간주될 수 있다. ($n + r$번째 시행에서 r번째 성공이 발생했다면 그때까지 n번의 실패가 있었을 것이다. 따라서 $N + r$은 모수 r, p를 갖는 음이항 확률변수가 된다.) 음이항 확률변수 $N + r$의 평균이 $E[N + r] = r/p$임을 이용하여, $E[N] = r\frac{1-p}{p}$을 얻는다.

p를 고정된 값으로 간주하고, N을 NB(r) 확률변수라고 부르자. 확률변수 $M - 1$은 다음의 확률질량함수를 갖는다.

$$\begin{aligned}
P\{M - 1 = n\} &= \frac{(n+1)P\{N = n+1\}}{E[N]} \\
&= \frac{(n+1)p}{r(1-p)}\binom{n+r}{r-1} p^r (1-p)^{n+1} \\
&= \frac{(n+r)!}{r!n!} p^{r+1}(1-p)^n \\
&= \binom{n+r}{r} p^{r+1}(1-p)^n
\end{aligned}$$

즉, $M - 1$은 NB($r + 1$) 확률변수이다.

NB(r) 확률변수 N에 대해,

$$P_r(k) = P\{S_N = k\}$$

라고 하면, 따름정리 3.6에 의해

$$\begin{aligned}
P_r(0) &= p^r \\
P_r(k) &= \frac{r(1-p)}{kp}\sum_{j=1}^{k} j\alpha_j P_{r+1}(k-j), \quad k > 0
\end{aligned}$$

을 얻고 따라서

$$
\begin{aligned}
P_r(1) &= \frac{r(1-p)}{p}\alpha_1 P_{r+1}(0) \\
&= rp^r(1-p)\alpha_1, \\
P_r(2) &= \frac{r(1-p)}{2p}\left[\alpha_1 P_{r+1}(1) + 2\alpha_2 P_{r+1}(0)\right] \\
&= \frac{r(1-p)}{2p}\left[\alpha_1^2(r+1)p^{r+1}(1-p) + 2\alpha_2 p^{r+1}\right], \\
P_r(3) &= \frac{r(1-p)}{3p}\left[\alpha_1 P_{r+1}(2) + 2\alpha_2 P_{r+1}(1) + 3\alpha_3 P_{r+1}(0)\right]
\end{aligned}
$$

등등과 같이 계산한다.

›› 연습 문제

1. X, Y가 둘 다 이산 확률변수일 때, $p_Y(y) > 0$인 모든 y에 대해 $\sum_x p_{X|Y}(x|y) = 1$임을 보여라.

***2.** X_1, X_2가 동일한 모수 p를 갖는 독립인 기하 확률변수라고 할 때 다음 값을 추측하라.

$$P\{X_1 = i | X_1 + X_2 = n\}$$

힌트: 앞면이 나올 확률이 p인 동전을 계속 던진다고 가정하자. 만약 두 번째 앞면이 n번째 던지기에서 나왔다면, 첫 번째 앞면이 i, $i = 1, \ldots, n-1$, 번째 던지기에서 나왔을 확률은 얼마인가? 자신의 추측을 계산을 통해 검증해보라.

3. X, Y의 결합 확률질량함수 $p(x, y)$가

$$
\begin{aligned}
&p(1,1) = \tfrac{1}{9}, \quad p(2,1) = \tfrac{1}{3}, \quad p(3,1) = \tfrac{1}{9}, \\
&p(1,2) = \tfrac{1}{9}, \quad p(2,2) = 0, \quad p(3,2) = \tfrac{1}{18}, \\
&p(1,3) = 0, \quad p(2,3) = \tfrac{1}{6}, \quad p(3,3) = \tfrac{1}{9}
\end{aligned}
$$

로 주어질 때, $i = 1, 2, 3$에 대해 $E[X|Y = i]$를 계산하라.

4. 연습 문제 3에서 확률변수 X와 Y가 독립인가?

5. 항아리에 세 개의 흰 공, 여섯 개의 붉은 공, 다섯 개의 검은 공이 들어있는데, 여섯 개의 공을 무작위로 꺼냈다. X와 Y를 각각 꺼내진 흰 공과 검은 공의 개수라고 할 때, $Y = 3$의 조건 하에서 X의 조건부 확률질량함수를 구하라. 또, $E[X|Y = 1]$를 계산하라.

***6.** 연습 문제 5에서 공을 한 개씩 꺼내 색깔을 기록하고 항아리에 다시 집어넣은 후 다음 번 공을 꺼낸다고 가정하고 문제를 다시 풀라.

7. 확률변수 X, Y, Z의 결합 확률질량함수 $p(x, y, z)$가 다음과 같이 주어져 있다.

$$
\begin{aligned}
&p(1,1,1) = \tfrac{1}{8}, \quad p(2,1,1) = \tfrac{1}{4}, \\
&p(1,1,2) = \tfrac{1}{8}, \quad p(2,1,2) = \tfrac{3}{16}, \\
&p(1,2,1) = \tfrac{1}{16}, \quad p(2,2,1) = 0, \\
&p(1,2,2) = 0, \quad p(2,2,2) = \tfrac{1}{4}
\end{aligned}
$$

$E[X|Y = 2]$와 $E[X|Y = 2, Z = 1]$를 구하라.

8. 편중되지 않은(unbiased) 주사위를 계속 던진다. X와 Y를 각각 6과 5가 나올 때까지 필요한 던지기의 횟수라고 할 때 (a) $E[X]$ (b) $E[X|Y=1]$ (c) $E[X|Y=5]$를 구하라.

9. 이산적인 경우에 X와 Y가 독립이면 다음이 성립함을 보여라.

$$E[X|Y=y]=E[X] \quad \text{모든 } y\text{에 대해}$$

10. X와 Y가 독립인 연속 확률변수라고 할 때 다음을 보여라.

$$E[X|Y=y]=E[X] \quad \text{모든 } y\text{에 대해}$$

11. X, Y의 결합 밀도함수가

$$f(x,y)=\frac{(y^2-x^2)}{8}e^{-y}, \quad 0<y<\infty, \quad -y\leqslant x\leqslant y$$

일 때 $E[X|Y=y]=0$임을 보여라.

12. X, Y의 결합 밀도함수가

$$f(x,y)=\frac{e^{-x/y}e^{-y}}{y}, \quad 0<x<\infty, \quad 0<y<\infty$$

일 때 $E[X|Y=y]=y$임을 보여라.

***13.** X가 평균이 $1/\lambda$인 지수 확률변수일 때, 즉

$$f_X(x)=\lambda e^{-\lambda x}, \quad 0<x<\infty$$

일 때 $E[X\,|X>1]$을 구하라.

14. X가 (0, 1)에서 균등하게 분포할 때 $E[X|X<\frac{1}{2}]$를 구하라.

15. X와 Y의 결합 밀도함수

$$f(x,y)=\frac{e^{-y}}{y}, \quad 0<x<y, \quad 0<y<\infty$$

로 주어질 때 $E[X^2|Y=y]$를 구하라.

16. 확률변수 X와 Y가 다음의 결합 밀도함수를 가질 때 이변량 정규분포를 갖는다고 말한다. $-\infty<x<\infty$, $-\infty<y<\infty$ 에 대해,

$$f(x,y)=\frac{1}{2\pi\sigma_x\sigma_y\sqrt{1-\rho^2}}\exp\left\{-\frac{1}{2(1-\rho^2)}\right.$$
$$\left.\times\left[\left(\frac{x-\mu_x}{\sigma_x}\right)^2-\frac{2\rho(x-\mu_x)(y-\mu_y)}{\sigma_x\sigma_y}+\left(\frac{y-\mu_y}{\sigma_y}\right)^2\right]\right\}$$

여기서 $-\infty<x<\infty$, $-\infty<y<\infty$이고 σ_x, σ_y, μ_x, μ_y, ρ는 $-1<\rho<1$, $\sigma_x>0$, $\sigma_y>0$, $-\infty<\mu_x<\infty$, $-\infty<\mu_y<\infty$를 만족하는 상수이다.

(a) X는 평균이 μ_x이고 분산이 σ_x^2인 정규분포를 따르고, Y는 평균이 μ_y이고 분산이 σ_y^2인 정규분포를 따름을 보여라.

(b) $Y=y$인 조건 하에서 X의 조건부 밀도함수는 평균이 $\mu_x+(\rho\sigma_x/\sigma_y)(y-\mu_y)$이고 분산이 $\sigma_x^2(1-\rho^2)$ 인 정규 밀도함수임을 보여라.

ρ는 X와 Y의 상관관계라고 불리는 데, 다음을 보일 수 있다.

$$\rho = \frac{E[(X - \mu_x)(Y - \mu_y)]}{\sigma_x \sigma_y} = \frac{\text{Cov}(X, Y)}{\sigma_x \sigma_y}$$

17. Y가 모수가 (s, α)인 감마 확률변수라고 하자. 즉, 밀도함수

$$f_Y(y) = Ce^{-\alpha y} y^{s-1}, \quad y > 0$$

를 갖는다. 여기서 C는 y에 종속하지 않는 상수이다. $Y = y$의 조건 하에서 X의 조건부 분포가 평균 y인 푸아송 분포라고 가정하자. 즉.

$$P\{X = i | Y = y\} = e^{-y} y^i / i!, \quad i \geqslant 0$$

$X = i$의 조건을 줄 때 Y의 조건부 분포는 모수 $(s + i, \alpha + 1)$를 갖는 감마분포임을 보여라.

18. $X_1, \ldots, X_n$가 미지의 모수 θ를 갖는 공동의 확률분포를 따르는 독립인 확률변수들이라고 하자. $T = T(\mathbf{X})$를 데이터 $\mathbf{X} = (X_1, \ldots, X_n)$의 함수라고 하자. 만약 $T(\mathbf{X})$가 주어질 때 $X_1, \ldots, X_n$의 조건부 분포가 θ에 종속하지 않으면, $T(\mathbf{X})$를 θ에 대한 **충분통계량**(sufficient statistic)라고 말한다. 다음의 각 경우에 $T(\mathbf{X}) = \sum_{i=1}^{n} X_i$가 θ에 대한 충분통계량임을 보여라.

(a) X_i가 평균이 θ이고 분산이 1인 정규 확률변수일 때

(b) X_i의 밀도함수가 $f(x) = \theta e^{-\theta x}$, $x > 0$일 때

(c) X_i의 질량함수가 $p(x) = \theta^x (1 - \theta)^{1-x}$, $x = 0, 1$, $0 < \theta < 1$

(d) X_i가 평균이 θ인 푸아송 확률변수일 때

***19.** X와 Y가 결합적으로 연속일 때 다음을 증명하라.

$$E[X] = \int_{-\infty}^{\infty} E[X | Y = y] f_Y(y)\, dy$$

20. 어떤 병원균에 노출된 수준이 x일 때 이 병원균이 일으키는 병에 감염될 확률이 $P(x)$라고 한다. 모집단에서 무작위로 추출된 사람의 노출 수준이 확률밀도함수 f를 가질 때, 다음 각 사람에 대해 노출 수준의 조건부 확률밀도함수를 구하라.

(a) 병에 걸린 사람

(b) 병에 걸리지 않은 사람

(c) $P(x)$가 x의 증가함수 일 때 (a)의 밀도함수의 (b)의 밀도함수에 대한 비도 x의 증가함수임을 보여라.

21. 갱도에 갇혀 있는 광부에 대한 문제인 예제 3.12를 고려하자. N을 광부가 대피소로 탈출하기 전에 선택했던 문의 수라고 하고, T_i를 i, $i \geqslant 1$번째 선택에서 걸린 이동시간이라고 하자. 앞서와 같이 X를 대피소에 도달하기까지 걸린 시간이라고 하자.

(a) X를 N과 T_i로 표현하라.

(b) $E[N]$을 구하라.

(c) $E[T_N]$을 구하라.

(d) $E[\sum_{i=1}^{N} T_i | N = n]$을 구하라.

(e) 위의 결과를 이용하여 $E[X]$를 구하라.

22. 동일한 가능성의 m개의 결과를 가지고 있는 독립시행을 같은 결과가 연달아 k번 나올 때까지 반복한다고 하자. N을 총 시행 횟수라고 하면 다음이 성립함을 보여라.

$$E[N] = \frac{m^k - 1}{m - 1}$$

$\pi = 3.14159\ldots$에서 연속되는 자리의 숫자들이 "균등하게" 분포한다고 믿고 있는 사람들이 있다. 즉, 그들은 이 숫자들이 나오는 모습이, 0부터 9까지의 어느 숫자이든 나올 가능성이 동일한 분포로부터 독립적으로 선택할 때와 같은 모습을 보인다고 믿고 있다. 그런데, 24,658,601번째 자리로부터 9번 연속 7이 나오는데, 이 사실이 균등성의 가정에 반하는 증거가 될 수 있다. 과연 이 정보가 균등분포의 가정에 부합하겠는가?

만약 균등분포의 가정이 옳다면, 위의 결과로부터 동일 값이 연속해서 9번 나올 때까지의 자릿수의 기댓값은

$$(10^9 - 1)/9 = 111,111,111$$

이 된다. 실제로 나온 2천5백만 정도의 자릿수는 대략 이론적인 평균의 22% 정도이다. 그런데, 균등분포의 가정 하에서 N의 표준편차는 대략 평균과 같음을 보일 수 있다. 관찰된 값은 이론적인 평균보다 대략 표준편차의 0.78배 만큼 작고, 따라서 균등분포의 가정에 꽤 부합된다고 볼 수 있다.

***23.** 앞면이 나올 확률이 p인 동전을 최근 세 번 중 두 번이 앞면이 나올 때까지 계속 던진다. N을 총 시행 횟수라고 할 때 $E[N]$을 구하라. (첫 두 번의 던지기가 앞면이면 $N = 2$임을 관찰하라.)

24. 앞면이 나올 확률이 p인 동전을 적어도 한번의 앞면과 뒷면 한 번이 나올 때까지 계속 던진다.
(a) 필요한 던지기 횟수의 기댓값을 구하라.
(b) 앞면이 나온 횟수의 기댓값을 구하라.
(c) 뒷면이 나온 횟수의 기댓값을 구하라.
(d) 적어도 두 번의 앞면과 한 번의 뒷면이 나올 때까지 계속 던지는 경우에 (a)를 반복하라.

25. 각각 확률 $p_1, p_2, p_3, \sum_{i=1}^{3} p_i = 1$로 결과 1, 2, 3 중 하나가 나오는 독립시행을 반복한다.
(a) N을 첫 결과가 정확히 세 번 나올 때까지 필요한 시행의 횟수라고 하자. 예를 들어, 시행 결과가 3, 2, 1, 2, 3, 2, 3이면 $N = 7$이다. $E[N]$을 구하라.
(b) 결과 1과 결과 2가 모두 일어날 때까지 필요한 시행 횟수의 기댓값을 구하라,

26. 교대로 경기를 해야 할 두 명의 상대를 가지고 있다고 하자. A와 경기를 하면 이길 확률이 P_A이고, B와 경기를 하면 이길 확률이 P_B라고 하자. $P_B > P_A$라고 가정할 때 두 번 연속으로 승리하는 데 필요한 경기의 횟수의 기댓값을 최소화 하려면 누구부터 상대해야 하겠는가?

힌트: $E[N_i]$을 처음에 i와 경기를 한 경우에 필요한 경기 횟수의 기댓값이라 하자. $E[N_B]$가 들어있는 $E[N_A]$에 대한 표현을 구한다. $E[N_B]$에 대해서도 유사한 표현을 구해서 빼본다.

27. 앞면이 나올 확률이 p인 동전을 패턴 T, T, H가 나올 때까지 계속 던진다. (즉, 가장 나중에 앞면이 나오고 그 직전에 두 번 연속 뒷면이 나왔을 때 던지기를 멈춘다.) X를 던진 횟수라고 할 때 $E[X]$를 구하라.

28. 포여의 항아리 모형에서 최초에 항아리에 r개의 빨간 공과 b개의 파란 공이 들어있다고 가정하자. 매 단계마다 항아리에서 한 개의 공을 무작위로 선택하여 그것과 같은 색 공 m개와 함께 도로 집어넣는다. X_k를 첫 k번의 선택에서 빨간 공을 꺼낸 횟수라고 하자.

(a) $E[X_1]$을 구하라.

(b) $E[X_2]$를 구하라.

(c) $E[X_3]$를 구하라.

(d) $E[X_k]$를 추측하고, 그 추측을 조건부 기법에 의해 검증하라.

(e) 자신의 추측을 직관적으로 증명해보라.

힌트: 최초의 r개의 빨간 공과 b개의 파란 공에 번호를 붙인다. 즉, 각 $i = 1, \ldots, r$에 대해 동일 유형 빨간 공 i와 $j = 1, \ldots, b$에 대해 동일 유형 파란 공 j가 항아리에 들어 있다고 생각한다. 이제 빨간 공이 선택될 때마다 동일한 유형의 다른 공 m개와 함께 되돌아오고, 파란 공이 선택될 때마다 동일한 유형의 다른 공 m개와 함께 되돌아온다. 이제 대칭 논증을 이용하여 임의의 주어진 선택이 빨간 공일 확률을 결정한다.

29. 두 명의 선수가 번갈아서 목표에 사격을 하는데, 선수 i가 목표를 맞출 확률은 p_i, $i = 1, 2$라고 한다. 두 번 연속으로 목표를 맞추면 사격은 끝난다. μ_i, $i = 1, 2$를 선수 i가 먼저 사격을 했을 때 총 사격 횟수의 평균라고 하자.

(a) μ_1과 μ_2를 구하라.

(b) h_i, $i = 1, 2$를 선수 i가 먼저 사격을 했을 때 목표가 명중된 평균 횟수라고 하자. h_1과 h_2를 구하라.

30. X_i, $i \geq 0$을 다음의 확률질량함수를 갖는 독립이고 동일 분포하는 확률변수들이라고 하자.

$$p(j) = P\{X_i = j\}, \quad j = 1, \ldots, m, \quad \sum_{j=1}^{m} P(j) = 1$$

$N = \min\{n > 0, X_n = X_0\}$이라 할 때 $E[N]$을 구하라.

31. 이진 데이터 열에서 각 원소는 확률 p로 1이든가 $1 - p$로 0이다. 연속적으로 동일한 값을 갖는 최대의 부분열을 런(run)이라고 한다. 예를 들어, 결과 열이 1, 1, 0, 1, 1, 1, 0이면 첫 번째 런은 길이가 2, 두 번째 런은 길이 1, 세 번째 런은 길이 3이다.

(a) 첫 번째 런의 기대 길이를 구하라.

(b) 두 번째 런의 기대 길이를 구하라.

32. 확률 p로 성공을 주는 독립시행이 수행된다.

(a) 적어도 n번의 성공과 적어도 m번의 실패가 일어나는데 필요한 시행 횟수의 기댓값을 구하라.

힌트: 처음 $n + m$번의 시행의 결과를 아는 것이 도움이 되는가?

(b) 적어도 n번의 성공 또는 적어도 m번의 실패가 일어나는데 필요한 시행 횟수의 기댓값을 구하라.

힌트: (a)의 결과를 이용하라.

33. R_i를 기간 i에 벌어들인 금액이라고 하면, 주어진 상수 $0 < \beta < 1$에 대해 $\sum_{i=1}^{\infty} \beta^{i-1} R_i$를 할인인자 β를 갖는 총 할인 이득이라고 부른다. T를 R_i에 독립이고 모수 $1 - \beta$를 갖는 기하 확률변수라고 하면, 총 할인 이득의 기댓값이 시간 T까지 얻는 총 (비할인) 이득의 기댓값과 같음을 보여라. 즉, 다음을 보여라.

$$E\left[\sum_{i=1}^{\infty} \beta^{i-1} R_i\right] = E\left[\sum_{i=1}^{T} R_i\right]$$

34. n개의 주사위를 던진다. 6이 나온 주사위들은 제외되고 나머지들은 다시 던진다. 이 과정이 모든 주사위가 6이 나올 때까지 계속된다. N을 필요한 던지기의 횟수라고 하자. (예를 들어, $n = 3$이고 첫

던지기에서 그 중 두 개가 6이 나왔다고 가정하자. 나머지 하나의 주사위를 다시 던져 6이 나왔다면 $N = 2$이다.) $m_n = E[N]$이고 놓자.

(a) m_n에 대한 되돌림 공식을 구하라. 이를 이용해서 m_i, $i = 2, 3, 4$를 계산하고 $m \approx 13.024$임을 보여라.

(b) X_i를 i번째 던지기에서 던진 주사위의 개수라고 할 때, $E[\sum_{i=1}^{N} X_i]$를 구하라.

35. 각 시행에서 결과 i가 확률 p_i, $\sum_{i=1}^{k} p_i = 1$의 확률로 일어나는 n번의 다항 시행을 고려하자. X_i를 결과 i를 시행의 횟수라고 할 때, $E[X_1 \mid X_2 > 0]$을 구하라.

36. $p_0 = P[X = 0]$이라 하고 $0 < p_0 < 1$이라고 가정하자. $\mu = E[X]$이고 $\sigma^2 = \text{Var(X)}$라고 놓자.

(a) $E[X|X \neq 0]$을 구하라.

(b) $\text{Var}[X|X \neq 0]$을 구하라.

37. 어떤 문서를 타이핑하는데 오타의 수가 타자수 A가 쳐 넣으면 평균 2.6인 푸아송 확률변수이고, B가 쳐 넣으면 평균 3인 푸아송 확률변수, C가 쳐 넣으면 평균 3.4인 푸아송 확률변수라고 한다. X를 타이핑된 문서에 있는 오타의 수라고 하자. 각 타자수에게 작업이 맡겨질 가능성이 동일하다고 가정할 때, 다음을 구하라

(a) $E[X]$

(b) Var(X)

38. Y가 $(0, 1)$에서 균등하게 분포하고, $Y = y$의 조건 하에서 X의 조건부 분포는 $(0, y)$에서의 균등분포라고 한다. $E[X]$와 Var(X)를 구하라.

39. 1부터 n까지 숫자가 쓰인 n장의 카드 한 벌을 모든 $n!$개의 가능한 순열이 동일하게 가능하도록 잘 섞는다. 그 다음, 1이 나올 때까지 카드를 한 장씩 뒤집는다. 이 뒤집혀진 카드들이 첫 순환(cycle)을 구성한다. 이제, 아직까지 나오지 않은 가장 낮은 숫자를 결정하고(뒤집은 카드를 살펴봐서), 그 카드가 나올 때까지 카드를 한 장씩 뒤집는다. 이 새로운 카드들의 집합이 두 번째 순환을 구성한다. 또 다시 남은 카드 중 가장 낮은 숫자를 결정하고 이 숫자가 나올 때까지 뒤집고 하기를 모든 카드를 뒤집을 때까지 반복한다. m_n을 순환의 평균 횟수라고 하자.

(a) m_k, $k = 1, \ldots, n-1$의 항들로 m_n에 대한 되돌림 공식을 만들어라.

(b) $m_0 = 0$로 시작하여, 되돌림 식을 이용하여 m_1, m_2, m_3, m_4를 구하라.

(c) m_n에 대한 일반 공식을 추측해보라.

(d) n에 대한 귀납법을 이용하여 자신의 공식을 증명하라. 즉, $n = 1$일 때 성립함을 보인 후, $1, \ldots, n-1$의 모든 경우에 사실임을 가정하면 n인 경우도 사실임을 보여라.

(e) $i = 1, \ldots, n$에 대해 순환 중 하나가 끝나면 $X_i = 1$로 놓고 아니면 $X_i = 0$으로 놓자. 순환의 횟수를 X_i들로 표현하라.

(f) (e)를 이용하여 m_n을 구하라.

(g) 확률변수 $X_1, \ldots, X_n$들이 독립인가?

(h) 순환의 횟수의 분산을 구하라.

40. 죄수가 세 개의 문을 가진 감옥에 갇혀 있다. 첫 번째 문을 선택하면 이틀 동안 헤맨 후에 감옥으로 되돌아오게 된다. 두 번째 문을 선택하면 삼일동안 헤맨 후에 감옥으로 되돌아오게 된다. 세 번째 문을 택하면 즉시 자유를 얻게 된다.

(a) 죄수가 항상 확률 0.5, 0.3, 0.2로 문 1, 2, 3을 각각 선택한다고 할 때 자유를 얻을 때까지 평균 며칠이 걸리겠는가?

(b) 죄수가 항상 동일한 가능성으로 전에 선택하지 않았던 문 중에서 하나를 택한다고 할 때 자유를 얻을 때까지 평균 며칠이 걸리겠는가? (예를 들어, 만약 죄수가 처음에 1번 문을 선택했다면, 다시 감옥으로 돌아왔을 때 2, 3번 문 중에서만 하나를 선택하게 된다.)

(c) (a)와 (b)에서 자유를 얻기까지 걸리는 날 수의 분산을 구하라.

41. 작업자 1, . . . , n이 현재 쉬고 있다. 각 작업자는 독립적으로 어떤 작업에 적합할 확률 p를 갖고, 각 작업은 적합한 작업자들 중에서 아무나 동일한 가능성으로 할당된다고 한다. (아무도 적합하지 않으면 그 작업은 거절된다.) 다음 번 작업이 1번 작업자에게 할당될 확률을 구하라.

***42.** X_i, $i = 1, \ldots, n$가 각각 평균 μ_i이고 분산 1을 갖는 독립인 정규 확률변수들일 때, $\sum_{i=1}^n X_i^2$을 **비중심 카이제곱**(non-central chi-square) 확률변수라고 말한다.

(a) X가 평균 μ와 분산 1을 갖는 정규 확률변수라면, $|t| < 1/2$에 대해 X^2의 모멘트 생성함수는 다음과 같음을 보여라.

$$(1-2t)^{-1/2}e^{\frac{t\mu^2}{1-2t}}$$

(b) 비중심 카이제곱 확률변수 $\sum_{i=1}^n X_i^2$의 모멘트 생성함수를 유도하고, 그 분포가 제곱합(sum of squares)을 통해서만 평균들 $\mu_1, \ldots, \mu_n$에 종속임을 보여라. 그 결과, $\sum_{i=1}^n X_i^2$를 모수 n과 $\theta = \sum_{i=1}^n \mu_i^2$을 갖는 비중심 카이제곱 확률변수이라고 말한다.

(c) 모든 $\mu_i = 0$이면, $\sum_{i=1}^n X_i^2$을 **자유도**(degree of freedom)가 n인 카이제곱 확률변수라고 부른다. 그것의 모멘트 생성함수를 미분하여 기대값과 분산을 구하라.

(d) K를 평균이 $\theta/2$인 푸아송 확률변수라고 하고, $K = k$의 조건을 줄 때 확률변수 W가 자유도 $n + 2k$를 갖는 카이제곱 분포를 갖는다고 가정하자. 모멘트 생성함수의 계산을 통해 W가 모수 n, θ를 갖는 비중심 카이제곱 확률변수가 됨을 보여라.

(e) 모수 n, θ를 갖는 비중심 카이제곱 확률변수의 기댓값과 분산을 구하라.

43. $P(Y \in A) > 0$일 때 다음을 보여라.

$$E[X|Y \in A] = \frac{E[XI\{Y \in A\}]}{P(Y \in A)}$$

여기서 $I(B)$는, B가 일어나면 1이고 아니면 0인 B의 지시변수이다.

44. 하루 동안 어떤 상점에 들어오는 고객의 수는 평균 $\lambda = 10$인 푸아송 분포를 따르고, 개별 고객이 소비한 금액은 (0, 100)에서 균등하게 분포되어 있다고 한다. 주어진 날 하루에 상점에 들어온 돈의 평균과 분산을 구하라.

45. 실직선 위에서 이동하는 한 사람이 원점에 도달하고 싶다. 그런데, 이동의 크기가 클수록 이동 결과의 분산이 커진다. 구체적으로, 그 사람의 현재 위치가 x이면 다음에 그는 평균이 0이고 분산이 βx^2인 위치로 이동한다. X_n을 n번의 이동 후의 위치라고 하자. $X_0 = x_0$라고 가정하고 다음을 구하라.

(a) $E[X_n]$

(b) $\text{Var}(V_n)$

46. (a) 다음을 보여라.

$$\text{Cov}(X, Y) = \text{Cov}(X, E[Y|X])$$

(b) 상수 a, b에 대해

$$E[Y|X] = a + bX$$

라고 가정할 때 다음을 보여라.

$b = \text{Cov}(X, Y)/\text{Var}(X)$

***47.** $E[Y|X] = 1$일 때 다음을 보여라.

$\text{Var}(X\,Y) \geqslant \text{Var}(X)$

48. 각각 $E[X|Y_i] = X$를 만족하는 예측자 $Y_1, \ldots, Y_n$을 이용하여 X값을 예측하고 싶다. $E[(Y_i - X)^2]$을 최소화하는 예측자 Y_i는 분산이 최소인 것임을 보여라.

힌트: 조건부 분산 공식에 의해 $\text{Var}(Y_i)$를 계산하라.

49. A와 B가 A가 이길 확률이 p인 경기를 계속하고 있다. 상대보다 두 경기를 더 이기는 첫 경기자가 최종 우승자가 된다.

(a) A가 최종 우승자일 확률을 구하라.

(b) 수행된 경기 횟수의 기댓값을 구하라.

50. 통속에 세 개의 동전이 들어있다. 이 동전들은 던질 때 각각 0.3, 0.5, 0.7의 확률로 앞면이 나온다. 세 개의 동전 중에서 무작위로 하나를 선택하여 열 번을 던진다. N을 이때 나온 앞면의 수라고 하다.

(a) $P\{N = 0\}$을 구하라.

(b) $P\{N = n\}$, $n = 1, 2, \ldots, 10$을 구하라.

(c) N은 이항분포를 따르는가?

(d) 앞면이 나올 때마다 \$1을 따고 뒷면이 나올 때마다 \$1을 잃는다면, 이는 공정한 게임인가? 설명하라.

51. X가 모수 p인 기하 확률변수일 때, X가 짝수일 확률을 구하라.

52. X와 Y가 각각 확률밀도함수 f_X와 f_Y를 갖는 독립인 확률변수라고 하자. $P\{X + Y < x\}$에 대한 1차원 적분 표현을 구하라.

***53.** X가 평균 λ인 푸아송 확률변수라고 하자. 모수 λ 자체도 평균 1인 지수 확률변수라고 한다. $P\{X = n\} = (\frac{1}{2})^{n+1}$임을 보여라.

54. 성공 확률이 p인 독립시행이 k번 연속으로 성공이 나올 때까지 반복된다. X를 이 시행에서 발생한 총 성공 횟수라고 하고 $P_n = P\{X = n\}$라고 놓자.

(a) P_k를 구하라.

(b) 시행이 영원히 계속된다고 상상하고 첫 실패가 일어나는 시점에 조건을 주어 P_n, $n \geq k$에 대한 되돌림 식을 구하라.

(c) P_k에 대한 되돌림 식을 풀어 (a)를 확인하라.

(d) $p = 0.6$, $k = 3$일 때 P_8을 구하라.

55. 앞의 문제에서 $M_k = E[X]$라고 하자. M_k에 대한 되돌림 식을 유도하고 풀어라.

힌트: 먼저 $X_k = X_{k-1} + A_{k-1,\,k}$로 나타낸다. 여기서 X_i는 처음 i번 연속으로 성공이 나올 때까지 발생한 총 성공 횟수이고, $A_{k-1,\,k}$는 연달아 $k - 1$번 연속으로 성공이 나온 이후에 연달아 k번 연속으로 성공이 나올 때까지 추가로 발생한 성공 횟수이다.

56. 자료에 의하면 버클리에서 교통사고의 수는 비오는 날에는 평균 9의 푸아송 확률변수이고 비가 오지 않는 날에는 평균 3의 푸아송 확률변수라고 한다. X를 내일의 교통사고의 수라고 하고 내일 비가 내릴 확률은 0.6이라고 할 때 다음을 구하라.

(a) $E[X]$

(b) $P\{X = 0\}$

(c) $\text{Var}(X)$

57. 다가오는 우기에 폭풍의 수는 푸아송 분포를 따르는데 모수는 (0, 5)에서 균등하게 분포되어 있다고 한다. 즉, Λ는 (0, 5)에서 균등하게 분포되어 있고, $\Lambda = \lambda$의 조건을 줄 때 폭풍의 수는 평균 λ인 푸아송 확률변수이다. 이번 우기에 적어도 세 번의 폭풍이 있을 확률을 구하라.

58. $Y = y$의 조건 하에서 N의 조건부 분포는 평균 y인 푸아송 분포이다. 또한, Y는 모수 (r, λ)를 갖는 감마 확률변수이다. 여기서 r은 양의 정수이다. 즉,

$$P(N = n|Y = y) = e^{-y}\frac{y^n}{n!}$$

이고

$$f_Y(y) = \frac{\lambda e^{-\lambda y}(\lambda y)^{r-1}}{(r-1)!}, \quad y > 0$$

이다.

(a) $E[N]$을 구하라.

(b) $\text{Var}(N)$을 구하라.

(c) $P\{N = n\}$을 구하라.

(d) (c)를 이용하여 N이, 각 시행이 독립적으로 확률 $p = \frac{\lambda}{1+\lambda}$로 성공일 때 r번째 성공 이전의 총 실패의 수와 같은 분포를 따름을 논증하라.

59. 수집되는 새 쿠폰들이 과거와 독립적으로 확률 p_i로 유형 i가 된다고 가정하자. 총 n개의 쿠폰이 수집되었을 때, A_i를 유형 i 쿠폰이 적어도 하나 포함되어 있는 사건이라고 하자. 다음 각 방법에 의해, $i \neq j$일 때 $P(A_i A_j)$를 구하라.

(a) n개의 쿠폰 중에 포함된 유형 i 쿠폰의 개수 N_i에 조건을 주어

(b) 유형 i 쿠폰이 처음 나온 시점 F_i에 조건을 주어

(c) 등식 $P(A_i \cup A_j) = P(A_i) + P(A_j) - P(A_i A_j)$를 이용하여

***60.** 두 명이 확률 p로 앞면이 나오는 동전을 번갈아 던지는데, 최초로 앞면이 나오는 사람이 승리자가 된다. 먼저 동전을 던지는 사람이 승리할 확률을 구하고 싶다. 이 확률 $f(p)$를 구하기 전에 다음 질문에 답하라.

(a) $f(p)$가 p의 단조(monotone) 함수라고 생각하는가? 그렇다면, 증가하는가 아니면 감소하는가?

(b) $\lim_{p\to 1} f(p)$의 값을 추측해보라.

(c) $\lim_{p\to 0} f(p)$의 값을 추측해보라.

(d) $f(p)$를 구하라.

61. 연습 문제 29에서 목표를 두 번 맞추면 사격이 끝난다고 가정하자. m_i를 선수 i, $i = 1, 2$가 먼저 사격을 할 때 첫 번째 명중할 때까지 필요한 평균 사격 횟수라고 하자. 또, P_i, $i = 1, 2$를 선수 i가 먼저 쏠 때 선수 1이 먼저 명중시킬 확률이라고 하자.

(a) m_1과 m_2를 구하라.

(b) P_1과 P_2를 구하라.

이제부터는 선수 1이 먼저 쏜다고 가정하자.

(c) 마지막 명중이 선수 1에 의한 것일 확률을 구하라.

(d) 두 번의 명중이 모두 선수 1에 의한 것일 확률을 구하라.

(e) 두 번의 명중이 모두 선수 2에 의한 것일 확률을 구하라.

(f) 총 사격 횟수의 평균을 구하라.

62. A, B, C가 대등한 테니스 선수이다. 우선 A와 B가 한 세트 경기를 한 후에 이긴 사람이 C와 경기를 한다. 이렇게 승자가 대기 중인 경기자와 경기하기를, 한 경기자가 두 세트를 연달아 이겨 최종 우승자가 될 때까지 계속한다. A가 최종 우승자가 될 확률을 구하라.

63. n 종류의 쿠폰이 있다. 수집되는 각 쿠폰은 과거에 수집된 것들과 독립적으로, 동일한 가능성으로 n개 유형 중 하나가 된다고 한다. 각 유형이 적어도 하나씩 수집되어 완전한 한 세트를 이룰 때까지 쿠폰을 수집한다고 하자.

(a) 수집이 끝났을 때 유형 i의 쿠폰이 정확히 한 개 들어있을 확률을 구하라.

힌트: 첫 번째 유형 i가 수집될 때까지 모아진 쿠폰 유형의 개수 T에 조건을 준다.

(b) 수집이 끝났을 때 정확히 한 개씩 들어있는 유형의 개수의 기댓값을 구하라.

64. A와 B가 한 쌍의 주사위를 A부터 시작하여 번갈아 던진다. A의 목표는 합이 6이 되는 것이고 B의 목표는 합이 7이 되는 것이다. 두 명중 한명이 목표를 달성하면 그 사람은 승리자가 되고 게임은 끝난다.

(a) A가 승리할 확률은 구하라.

(b) 주사위를 던진 횟수의 기댓값을 구하라.

(c) 주사위를 던진 횟수의 분산을 구하라.

65. n개의 공이 든 항아리에서 붉은 공의 개수는 동일한 가능성으로 $0, 1, \ldots, n$ 중 하나의 값을 갖는 확률변수이다. 즉,

$$P\{i\text{개의 붉은 공, } n - \text{i개의 붉지 않은 공}\} = \frac{1}{n+1}, \quad i = 0, \ldots, n$$

이제 공을 한 번에 한 개씩 무작위로 제거한다. Y_k, $k = 1, \ldots, n$을 처음 선택한 k개 공들 중에 포함된 붉은 공의 개수라고 하자.

(a) $P\{Y_n = j\}, j = 0, \ldots, n$을 구하라.

(b) $P\{Y_{n-1} = j\}, j = 0, \ldots, n$을 구하라.

(c) $P\{Y_k = j\}, j = 0, \ldots, n$을 추측해보라.

(d) 역방향의 귀납법 논증에 의해 (c)의 추측을 검증하라. 즉, $k = n$일 때 자신의 답이 참임을 점검하고, 그 다음, $k = 1, \ldots, n$에 대해 그것이 k일 때 참이면 $k - 1$일 때도 참임을 보여라.

66. 축구팀 A의 상대 팀이 1급, 2급의 두 종류이다. A 팀이 i급 팀을 상대할 때 넣는 골은 평균이 λ_i, $\lambda_1 = 2$, $\lambda_2 = 3$인 푸아송 확률변수이다. 이번 주말에 잘 모르는 팀들과 두 건의 경기를 해야 한다. 경기할 첫 팀이 1급 팀일 확률이 0.6이고 두 번째 팀이 1급 팀일 확률은, 첫 팀과 독립적으로, 0.3이라고 한다.

(a) 이번 주말에 A 팀이 넣을 골 수의 기댓값을 구하라.

(b) A 팀이 총 다섯 골을 넣을 확률을 구하라.

***67.** 앞면이 나올 확률 p인 동전을 계속 던진다. $P_j(n)$을 첫 n번의 던지기 이내에 j번의 앞면이 연속으로 나오는 런이 발생할 확률이라고 하자.

(a) 다음을 논증하라.

$$P_j(n) = P_j(n-1) + p^j(1-p)[1 - P_j(n-j-1)]$$

(b) 첫 번째로 뒷면이 나오는 시점에 조건을 주어, $P_j(n)$을 $P_j(n-k)$, $k = 1, \ldots, j$에 연관시키는 또 하나의 방정식을 구하라.

68. 2^n명의 참가자가 있는 테니스 토너먼트에서, 선수들이 쌍을 이뤄 경기를 한다. 진 사람들은 빠지고 나머지 2^{n-1}명이 쌍을 이뤄 경기를 한다. 이렇게 n회전을 하여 한 번도 지지 않고 남은 한 명의 선수가 우승자가 된다. 참가자들에게 1번부터 2^n번까지 번호가 매겨져 있어, 두 명의 선수들이 경기를 할 때마다 낮은 번호의 선수가 확률 p로 승리를 한다고 가정하자. 또한 남은 선수들 사이의 대진편성(pairing)은 무작위하게 이루어져서, 각 회전의 모든 가능한 대진편성이 동일하게 가능하다고 가정하자.

(a) 1번 선수가 토너먼트에서 우승할 확률은 얼마인가?

(b) 2번 선수가 토너먼트에서 우승할 확률은 얼마인가?

힌트: 무작위 대진편성이 시합 전에 이루어진다고 상상하라. 즉, 우선 1회전 대진편성을 무작위로 결정한다. 이 2^{n-1}개의 쌍들 자체도 2회전에서 경기할 각 쌍의 승자들을 대상으로 무작위하게 쌍을 맺는다. 이들 2^{n-2}개의 그룹(각각 4명씩 들어있음)에 대해 3회전에서 경기할 각 그룹의 승자들을 대상으로 무작위하게 쌍을 맺는다. 이런 식으로 계속한다. 만약 선수 i와 j가 처음 $k-1$번의 경기를 이겼을 때 k회전에서 만나게 된다면, 그 둘은 k회전에서 만나기로 짜여져 있다고 말하자. 이제 1번 선수와 2번 선수가 만나기로 짜여진 회전에 조건을 준다.

69. 짝맞춤(match) 문제에서, i가 j의 모자를 선택하고 j가 i의 모자를 선택하면 (i, j), $i < j$가 쌍이라고 말하자.

(a) 쌍의 개수의 기댓값을 구하라.

(b) Q_n를 쌍이 없을 확률이라고 하자. Q_j, $j < n$의 항들로 Q_n에 대한 되돌림 공식을 유도하라.

힌트: 순환의 개념을 사용하라.

(c) (b)의 되돌림 식을 이용하여 Q_8을 구하라.

70. 짝맞춤 문제에서 N을 순환의 개수라고 하자.

(a) $M_n = E[N]$이라 할 때, $M_1, \ldots, M_{n-1}$의 항들로 M_n에 대한 방정식을 유도하라.

(b) C_j를 사람 j가 포함된 순환의 크기라고 할 때 다음을 논증하라.

$$N = \sum_{j=1}^{n} 1/C_j$$

이 식을 이용하여 $E[N]$을 구하라.

(c) 1, 2, . . . , k가 모두 동일한 순환에 들어있을 확률을 구하라.

(d) 1, 2, . . . , k가 순환을 형성할 확률을 구하라.

71. 식 (3.13)을 이용하여 식 (3.9)를 구하라.

힌트: 먼저 식 (3.13)의 양변에 n을 곱하고, n을 $n-1$로 대체하여 새 방정식을 쓴 후 후자에서 전자를 빼라.

72. 예제 3.28에서, $U_1 = y$의 조건을 줄 때의 N의 조건부 분포와 $U_1 = 1 - y$의 조건을 줄 때의 M의 조건부 분포가 동일함을 보여라. 또한 다음을 보여라.

$$E[N|U_1 = y] = E[M|U_1 = 1 - y] = 1 + e^y$$

***73.** 주사위를 합이 100을 넘을 때까지 계속 던진다. 던지기가 종료되었을 때 가장 가능성이 높은 합의 값은 얼마인가?

74. 5개의 부품이 있다. 각 부품은 작동 확률 p_i, $i = 1, 2, 3, 4, 5$로 독립적으로 작동한다. 이 부품들이 그림 3.7과 같은 시스템을 형성한다. 이 시스템의 왼쪽 끝에서 발생된 신호가 오른 쪽 끝까지 도달할 때 시스템이 작동한다고 말한다. 이때 신호는 각 부품이 작동할 때만 부품을 통과할 수 있다. (예를 들어, 부품 1과 4가 작동하면 시스템이 작동한다.) 시스템이 작동할 확률은 얼마인가?

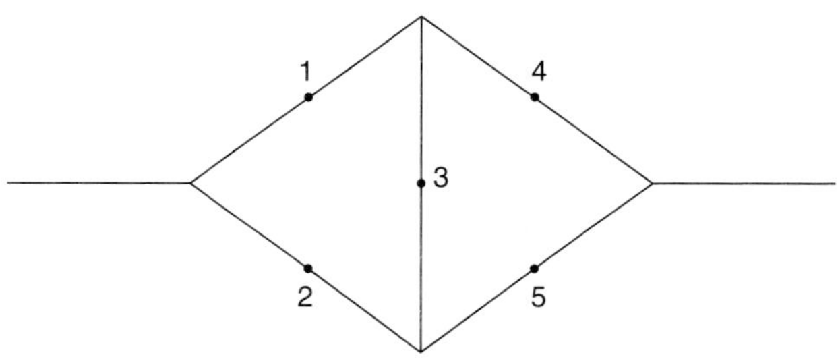

그림 3.7

75. 이 문제는 예제 3.27의 투표문제의 또 하나의 증명을 제시한다.

(a) 다음을 논증하라.

$P_{n,m} = 1 - P$ {A와 B가 어느 시점에서 비김}

(b) 다음이 성립하는 이유를 설명하라.

P {A가 첫 번째 투표를 얻고 어느 시점에서 비김}
$= P$ {B가 첫 번째 투표를 얻고 어느 시점에서 비김}

힌트: A가 첫 투표를 얻었는데 결국 비기게 되는 어느 결과도 B가 첫 투표를 얻었는데 결국 비기는 결과와 상응한다. 이 대응관계를 설명하라.

(c) P {어느 시점에서 비김} $= 2m/(n+m)$이 됨을 논증하고 $P_{n,m} = (n-m)/(n+m)$임을 보여라.

76. 매번의 도박에서 확률 18/38로 1을 따든가 확률 20/38로 1을 잃는 도박사가 있다. (이는 룰렛 바퀴에서 특정한 색깔에 걸었을 때 나오는 확률이다.) 도박사는 5를 따든가 아니면 100번째 도박에서 도박을 끝낸다고 한다. 도박사가 정확히 15번 도박을 할 확률은 얼마인가?

77. 다음을 보여라.

(a) $E[XY|Y=y] = yE[X|Y=y]$
(b) $E[g(X,Y)|Y=y] = E[g(X,y)|Y=y]$
(c) $E[XY] = E[YE[X|Y]]$

78. 투표 문제(예제 3.27)에서 $P\{A$가 뒤쳐진 적이 없음$\}$을 구하라.

79. n개의 흰 공과 m개의 검은 공이 들어있는 항아리에서 공이 하나씩 제거된다. $n > m$라고 할 때, 항아리에 항상(물론, 항아리가 빌 때 까지) 흰 공이 검은 공보다 더 많이 들어있을 확률은 $(n-m)/(n+m)$임을 보여라. 왜 이 확률이, 꺼낸 공들의 집합에 항상 흰 공이 검은 공보다 더 많이 포함될 확률과 같은지 그 이유를 설명하라. []이 후자의 확률은 투표문제에 의해 $(n-m)/(n+m)$이다.]

80. 앞면이 나올 확률이 p인 동전을 연속으로 n번 던진다. 첫 던지기부터 시작하여 항상 앞면이 뒷면보다 더 많이 나올 확률은 얼마인가?

81. $X_i,\ i \geq 1$을 독립인 균등 (0, 1) 확률변수라고 하고 N을 다음과 같이 정의하자.

$$N = \min\{n\colon X_n < X_{n-1}\}$$

여기서 $X_0 = x$이다. $f(x) = E[N]$이라고 하자.

(a) X_1에 조건을 주어 $f(x)$에 대한 적분방정식을 만들어라.
(b) (a)에서 구한 방정식의 양변을 미분하라.
(c) (b)에서 얻은 방정식을 풀어라.
(d) $f(x)$를 구하는 두 번째 방법으로 다음을 논증하라.

$$P\{N \geqslant k\} = \frac{(1-x)^{k-1}}{(k-1)!}$$

(e) (d)를 이용하여 $f(x)$를 구하라.

82. $X_1, X_2, \ldots$가 분포함수 F와 밀도함수 $f = F'$를 갖는 독립인 연속 확률변수들이라고 하고, $k \geq 1$에 대해 다음을 정의하자.

$$N_k = \min\{n \geq k : X_n = X_1, \ldots, X_n \text{ 중에서 } k\text{번째로 큰 값}\}$$

(a) $P\{N_k = n\} = \frac{k-1}{n(n-1)},\ n \geqslant k$임을 보여라.
(b) 다음을 논증하라.

$$f_{X_{N_k}}(x) = f(x)(\bar{F}(x))^{k-1}\sum_{i=0}^{\infty}\binom{i+k-2}{i}(F(x))^i$$

(c) 다음 등식을 증명하라.

$$a^{1-k} = \sum_{i=0}^{\infty}\binom{i+k-2}{i}(1-a)^i, \quad 0 < a < 1, k \geqslant 2$$

힌트: 귀납법을 사용하라. $k = 2$일 경우에 증명하고, k일 때 참임을 가정한다. $k+1$에 대해 증명하기 위해, 다음 사실을 이용한다.

$$\sum_{i=1}^{\infty}\binom{i+k-1}{i}(1-a)^i = \sum_{i=1}^{\infty}\binom{i+k-2}{i}(1-a)^i + \sum_{i=1}^{\infty}\binom{i+k-2}{i-1}(1-a)^i$$

위식은 다음의 조합 등식관계에서 얻어졌다.

$$\binom{m}{i} = \binom{m-1}{i} + \binom{m-i}{i-1}$$

이제 귀납 가정을 사용하여 위 식의 우변의 첫 항을 계산하라.

(d) X_{N_k}가 분포 F를 가진다고 결론지어라.

83. 항아리에 공 i의 무게가 w_i, i = 1, . . . , n인 n개의 공이 들어있다. 항아리에서 하나씩 공을 꺼내는데 S를 남아있는 공들의 집합이라고 하면, 공 i, $i \in S$가 다음에 선택될 확률은 $w_i / \sum_{j \in S} w_j$이다. 공 i, $i = 1, \ldots, n$ 이전에 꺼내진 공의 개수의 기댓값을 구하라.

84. 예제 3.32에서 쳐 넘기기에서 서버가 이긴 경우에만 점수가 주어진다고 가정하자.

(a) 현재 A가 서브를 하고 있다면, A가 다음 점수를 딸 확률은 얼마인가?

(b) 최종 점수의 확률을 어떻게 구할지 설명하라.

85. 목록 문제에서 P_i을 알 때, 최적의(요청되는 요소의 기대 위치를 최소화하는) 순서 배열은 요소들을 확률이 감소하는 순서로 배치하는 것임을 보여라. 즉, 만약 $P_1 > P_2 > \cdots > P_n$이면 1, 2, . . . , n이 최적의 순서 배열이다.

86. 3.6.2절에서 $n = 5$일 때의 무작위 그래프를 고려하자. 성분 수의 확률분포를 계산하고, 이를 이용하여 E[C]를 계산하여 다음 결과와 비교 검증하라.

$$E[C] = \sum_{k=1}^{5} \binom{5}{k} \frac{(k-1)!}{5^k}$$

87. (a) 3.6.3절에서 방정식 $x_1 + \cdots + x_m = n$의 비음의 정수해는 $\binom{n+m-1}{m-1}$개가 있다고 결론지을 수 있다. 이 결과를 직접 증명하라.

(b) $x_1 + \cdots + x_m = n$의 양의 정수해는 몇 개인가?

힌트: $y_i = x_i - 1$라고 놓는다.

(c) 보제-아인슈타인 분포에 대해, X_i 중 k개가 0일 확률을 구하라.

88. 3.6.3절에서 U가 (0, 1)에서 균등 확률변수이고, $U = p$의 조건 하에서 X는 모수 n, p를 갖는 이항 확률변수이면 다음이 성립함을 보았다.

$$P\{X = i\} = \frac{1}{n+1}, \quad i = 0, 1, \ldots, n$$

이 결과를 증명하는 또 하나의 방법으로, $U, X_1, X_2, \ldots, X_n$ 을 독립인 균등(0, 1) 확률변수들이라고 하고, X를 다음과 같이 정의하자.

$$X = \#i: X_i < U$$

즉, $n + 1$개의 변수들을 가장 작은 것부터 가장 큰 것까지 증가하는 순서로 배열할 때 U는 $X + 1$ 번째에 위치한다.

(a) $P\{X = i\}$를 구하라.

(b) (a)로부터 어떻게 3.6.3절의 결과가 증명되는지를 설명하라.

89. $I_1, \ldots, I_n$이 각각 동일한 가능성으로 0이나 1이 되는, 독립인 확률변수라고 하자. 유명한 비모수 통계적 검정[**부호 순위검정**(signed rank test)이라고 부른다] 방법은 다음과 같이 정의된 $P_n(k)$에 관련되어 있다.

$$P_n(k) = P\left\{\sum_{j=1}^{n} jI_j \leqslant k\right\}$$

다음 공식이 성립함을 논증하라.

$$P_n(k) = \tfrac{1}{2}P_{n-1}(k) + \tfrac{1}{2}P_{n-1}(k-n)$$

90. 각 기간의 사고 건수는 평균이 5인 푸아송 확률변수이다. X_n, $n \geqslant 1$을 기간 n의 사고 건 수라고 할 때 다음 각 경우에 $E[N]$을 구하라.

(a) $N = \min(n: X_{n-2} = 2, X_{n-1} = 1, X_n = 0)$;
(b) $N = \min(n: X_{n-3} = 2, X_{n-2} = 1, X_{n-1} = 0, X_n = 2)$.

91. 앞면이 나올 확률이 p인 동전을 던질 때, 패턴 h, t, h, h, t, h, t, h을 얻기 위해 필요한 던지기 횟수의 기댓값을 구하라.

92. 조쉬가 출근길에 발견하는 동전의 수는 평균 6인 푸아송 확률변수이다. 각 동전은 동일한 가능성으로 페니(1센트), 니클(5센트), 다임(10센트), 쿼터(25센트) 중 하나가 된다. 조쉬는 페니는 버리고 다른 동전은 줍는다.

(a) 조쉬가 출근길에 줍는 평균 금액은 얼마인가?
(b) 조쉬가 출근길에 줍는 금액의 분산을 구하라.
(c) 조쉬가 출근길에 줍는 금액이 총 25센트일 확률을 구하라.

***93.** 각각 동일한 가능성으로 0, 1, . . . , m 중 하나의 결과를 주는 연이은 독립시행을 고려하자. 첫 시행으로 첫 회전(round)이 시작되고, 0이 나올 때마다 새로운 회전이 시작된다. 1, . . . , $m-1$의 $m-1$개 결과가 동일한 회전 내에서 일어날 때까지의 시행 횟수를 N이라고 놓자. 또 j개의 다른 결과들이 일어날 때까지 필요한 시행 횟수를 T_j라고 하고, I_j를 발생한 j번째 다른 결과라고 하자. (따라서 결과 I_j는 T_j번째 시행에서 처음 발생한다.)

(a) 확률벡터 $(I_1, \ldots, I_m)$와 $(T_1, \ldots, T_m)$가 독립임을 논증하라.
(b) X를, 발생한 j번째 다른 결과가 0이면 $X = j$로 정의하자. (따라서, $I_X = 0$이다.) X에 조건을 주어 $E[T_j]$, $j = 1, \ldots, m-1$의 항들로 $E[N]$에 대한 방정식을 유도하라.
(c) $E[T_j]$, $j = 1, \ldots, m-1$를 구하라.

힌트: 2장의 연습 문제 42를 보라.

(d) $E[N]$을 구하라.

94. N을, w개의 흰 공과 b개의 검은 공의 집합에서 r개를 무작위로 추출한 표본 중의 흰 공의 수의 분포를 갖는, 초기하 확률변수라고 하자. 즉,

$$P\{N = n\} = \frac{\binom{w}{n}\binom{b}{r-n}}{\binom{w+b}{r}}$$

여기서 관례에 따라, $j < 0$ 또는 $j > m$이면 $\binom{m}{j} = 0$이다. 이제, 복합 확률변수 $S_N = \sum_{i=1}^{N} X_i$을 고려하자. 여기서 X_i는 양의 정수값을 갖고 $\alpha_j = P\{X_i = j\}$인 확률변수이다.

(a) 3.7절에서 정의된 M에 대해, $M-1$의 분포를 구하라.
(b) b에 종속임을 접어두고 $P_{w,r}(k) = P\{S_N = k\}$라고 할 때, $P_{w,r}(k)$에 대한 되돌림 식을 유도하라.
(c) (b)의 되돌림 식을 이용하여 $P_{w,r}(2)$를 구하라.

95. 3.6.6절의 왼쪽 건너뜀 없는 랜덤보행에서 $\beta = P$(모든 n에 대해 $S_n \leq 0$), 즉 랜덤보행이 한 번도 양이 되지 않을 확률이라고 하자. $E[X_i] < 0$일 때 β를 구하라.

96. 가족들을 모아 놓은 대규모 모집단을 고려하자. 각 가족의 아이의 수는 평균 λ를 갖는 독립인 푸아송 확률변수라고 하자. 무작위로 선택된 아이의 형제자매의 수도 역시 평균 λ를 갖는 푸아송 확률변수임을 보여라.

***97.** 조건부 분산 공식을 이용하여 기하 확률변수의 분산을 구하라.

98. 복합 확률변수 $S = \sum_{i=1}^{N} X_i$에 대해, Cov (N, S)를 구하라.

99. 각 시행이 독립적으로 성공확률 p를 가질 때, N을 k개의 연속적인 성공이 일어날 때까지의 시행의 횟수라고 하자.

(a) $P\{N = k\}$를 구하라.

(b) 다음을 논증하라.

$$P(N = k + r) = P(N > r - 1)qp^k, \quad r > 0$$

(c) 다음을 보여라.

$$1 - p^k = qp^k E[N]$$

제 4 장

마코프체인

Markov Chains

4.1 서론

각 시간구간에서 하나의 값을 갖는 확률과정을 고려하자. X_n을 시간구간 n에서의 값이라고 하고 연이은 값의 열 $X_0, X_1, X_2, \ldots$에 대한 확률모형을 만들고 싶다고 가정해보자. 가장 간단한 모형은 X_n들이 독립인 확률변수라고 가정하는 것이다. 그러나 그런 가정은 정당화되지 못할 때가 많다. 예를 들어, X_n이 어느 시점에서 시작하여 n 매매 일 후의 구글 주식 한 주의 가격을 나타낸다고 해보자. $n + 1$일의 종가가 $n, n - 1, n - 2, \ldots, 0$일의 주가에 독립이라고 가정하는 것은 확실히 불합리하게 보인다. 그러나 $n + 1$ 매매 일의 종가가 오직 n일의 종가를 통해서만 그 이전 날들의 종가에 종속한다고 가정하는 것은 합리적일 수 있다. 즉, 과거의 모든 종가 $X_n, X_{n-1}, \ldots, X_0$가 주어질 때의 X_{n+1}의 조건부 분포가 n일의 종가를 통해서만 과거의 종가에 종속할 것이라고 가정하는 것은 타당할 수 있다. 이러한 가정이 이 장에서 공부하게 될 확률과정인 마코프체인을 정의한다. 이제 이것을 정식으로 정의해보자.

$\{X_n, n = 0, 1, 2, \ldots\}$을 유한개의 또는 가산(countable) 개의 값을 갖는 확률과정이라고 하자. 달리 언급되지 않으면, 과정의 이 가능한 값들을 비음의 정수들의 집합$\{0, 1, 2, \ldots\}$으로 표기될 것이다. 만약 $X_n = i$이면 이 과정이 시점 n에 상태 i에 있다고 말한다. 과정이 상태 i에 있을 때 다음에 상태 j에 있을 확률이 P_{ij}로 고정되어 있다고 가정한다. 즉, 모든 상태들 $i_0, i_1, \ldots, i_{n-1}, i, j$와 모든 $n \geq 0$에 대해 다음을 가정한다.

$$P\{X_{n+1} = j | X_n = i, X_{n-1} = i_{n-1}, \ldots, X_1 = i_1, X_0 = i_0\} = P_{ij} \tag{4.1}$$

이러한 확률과정을 **마코프체인**(Markov chain)이라고 부른다. 식 (4.1)는 마코프체인에서 과거의 상태 $X_0, X_1, \ldots, X_{n-1}$과 현재 상태 X_n이 주어질 때, 미래 상태 X_{n+1}의 조건부 분포는 과거 상태에는 독립이고 오직 현재 상태에만 종속한다는 의미로 해석될 수 있다.

P_{ij}의 값은 과정이 상태 i에서 다음에 상태 j로 전이할 확률을 나타낸다. 확률은 비음이고 과정은 어떤 상태로든 전이를 해야 하기 때문에, 다음이 성립한다.

$$P_{ij} \geqslant 0, \qquad i, j \geqslant 0; \qquad \sum_{j=0}^{\infty} P_{ij} = 1, \qquad i = 0, 1, \ldots$$

P를 다음과 같은 한 단계 **전이확률** P_{ij}의 행렬이라고 놓자.

$$\mathbf{P} = \begin{Vmatrix} P_{00} & P_{01} & P_{02} & \cdots \\ P_{10} & P_{11} & P_{12} & \cdots \\ \vdots & \vdots & \vdots & \\ P_{i0} & P_{i1} & P_{i2} & \cdots \\ \vdots & \vdots & \vdots & \end{Vmatrix}$$

예제 4.1 (날씨 예측) 내일 비가 올 가능성은 이전의 날씨 조건에는 오직 오늘 비가 오는지 안 오는지를 통해서만 종속하고 과거의 날씨 조건에는 종속하지 않는다고 가정하자. 또한 오늘 비가 올 때 내일 비가 올 확률은 α이고, 오늘 비가 오지 않을 때 내일 비가 올 확률은 β라고 가정하자.

비가 올 때는 상태를 0이라고 하고 비가 오지 않을 때는 상태를 1이라고 정하면, 이 과정은 다음 전이확률을 갖는 2-상태 마코프체인이 된다.

$$\mathbf{P} = \begin{Vmatrix} \alpha & 1-\alpha \\ \beta & 1-\beta \end{Vmatrix}$$ ■

예제 4.2 (통신 시스템) 0과 1을 전송하는 통신 시스템을 고려하자. 전송되는 각 숫자는 몇 단계를 거쳐야 하는데, 각 단계에서 들어온 숫자가 바뀌지 않고 나갈 확률이 p라고 한다. X_n을 n단계에서 들어온 숫자라고 하면, $\{X_n, n = 0, 1, \ldots\}$은 다음 전이확률 행렬을 갖는 2-상태 마코프체인이 된다.

$$\mathbf{P} = \begin{Vmatrix} p & 1-p \\ 1-p & p \end{Vmatrix}$$ ■

예제 4.3 어느 주어진 날에 개리는 기분 상태가 상쾌(C), 보통(S), 우울(G) 중의 하나이다. 만약 오늘의 상태가 상쾌라면 내일은 각각 확률 0.5, 0.4, 0.1로 C, S, G 중 하나가 될 것이다. 만약 오늘의 상태가 보통이라면 내일은 각각 확률 0.3, 0.4, 0.3으로 C, S, G 중 하나가 될 것이다. 오늘의 상태가 우울이라면 내일은 각각 확률 0.2, 0.3, 0.5로 C, S, G 중 하나가 될 것이다.

X_n을 n번째 날의 개리의 기분 상태라고 하면, $\{X_n, n = 0, 1, \ldots\}$은 다음 전이확률 행렬을 갖는 3-상태(상태 $0 = C$, 상태 $1 = S$, 상태 $2 = G$) 마코프체인이 된다.

$$\mathbf{P} = \begin{Vmatrix} 0.5 & 0.4 & 0.1 \\ 0.3 & 0.4 & 0.3 \\ 0.2 & 0.3 & 0.5 \end{Vmatrix}$$ ■

예제 4.4 (확률과정을 마코프체인으로 변환하기) 오늘 비가 올지의 여부가 과거 날씨 중 최근 이틀의 날씨에만 영향을 받는다고 가정하자. 구체적으로, 지난 이틀 동안 비가 왔으면 내일도 비가 올 확률은 0.7이고, 어제는 비가 오지 않고 오늘 비가 왔다면 내일 비올 확률이 0.5, 어제는 비가 왔지만 오늘은 오지 않았다면 내일 비올 확률이 0.4, 지난 이틀간 비가 오지 않았다면 내일 비올 확률이 0.2이다.

시점 n에서의 상태를 단지 시점 n에서 비가 오는지 여부에만 종속하게 잡는다면, 위의 모형은 마코프체인이 아니다(왜?). 그런데, 각 시점에서의 상태를 그 날과 그 전날의 날씨 조건에 의해 정해지도록 잡으면 이 모델을 마코프체인으로 변환시킬 수 있다. 다시 말해, 이 과정이 상태를 다음과 같이 잡을 수 있다.

상태 0: 오늘과 어제 모두 비가 옴
상태 1: 오늘 비가 오고 어제는 안 옴
상태 2: 어제 비가 오고 오늘은 안 옴
상태 3: 어제와 오늘 모두 비가 안 옴

위 상태들은 다음과 같은 전이확률 행렬을 갖는 4-상태 마코프체인을 나타낼 것이다.

$$\mathbf{P} = \begin{Vmatrix} 0.7 & 0 & 0.3 & 0 \\ 0.5 & 0 & 0.5 & 0 \\ 0 & 0.4 & 0 & 0.6 \\ 0 & 0.2 & 0 & 0.8 \end{Vmatrix}$$

행렬 **P**를 주의 깊게 점검하여 어떻게 만들어졌는지를 확실히 이해하라. ■

예제 4.5 (랜덤보행 모형) 상태공간이 정수 $i = 0, \pm1, \pm2, \ldots$로 주어진 마코프체인이 어떤 상수 $0 < p < 1$에 대해 다음 관계를 만족하면 **랜덤보행**(random walk)라고 말한다.

$$P_{i,i+1} = p = 1 - P_{i,i-1}, \qquad i = 0, \pm1, \ldots$$

이 마코프체인이 랜덤보행라고 불리는 이유는 직선 위를 걷고 있는 사람이 각 시점마다 확률 p로 오른 쪽으로 한 걸음 가든가 확률 $1 - p$로 왼쪽으로 한 걸음 가는 것에 대한 모형으로 볼 수 있기 때문이다. ■

예제 4.6 (도박 모형) 매 도박에서 확률 p로 \$1을 따든가 확률 $1 - p$로 \$1을 잃는 도박사를 고려하자. 도박사가 돈을 다 잃든가 아니면 재산이 \$N이 되면 도박을 끝낸다고 가정하면, 도박사의 재산은 다음의 전이확률을 갖는 마코프체인이 된다.

$$P_{i,i+1} = p = 1 - P_{i,i-1}, \qquad i = 1, 2, \ldots, N - 1,$$
$$P_{00} = P_{NN} = 1$$

일단 들어가면 절대 나가지 못하기 때문에 상태 0과 N을 **흡수 상태**(absorbing state)라고 부른다. 위의 모형이 **흡수 장벽**(absorbing barrier, 상태 0과 N)이 있는 유한 랜덤보행임을 주목하라. ■

예제 4.7 대부분의 유럽과 아시아에서 자동차보험의 연간 보험료는 **보누스 말루스**(Bonus Malus, 라틴어로 좋음-나쁨을 의미)를 사용하여 결정된다. 각 가입자에게 양의 정수값을 갖는 상태가 주어지고 연간 보험료는 이 상태의 함수이다(물론 피보험 자동차의 종류와 보험의 수준도 고려된다). 가입자의 상태는 가입자의 지불청구(claim) 건수에 따라 매년 바뀐다. 낮은 상태는 낮은 연간 보험료에 상응하므로, 가입자의 상태는 지난 해에 지불청구가 없으면 보통은 감소하고 한 건이라도 지불청구가 있으면 일반적으로 증가하게 된다. (따라서, 무 지불청구는 좋으며 보통 보험료를 줄여준다. 반면에 지불청구는 나쁘며 보통 보험료를 높여준다.)

주어진 보누스 말누스 시스템에서, 지난 해에 상태 i에 있었고 그해 동안 총 k번의 지불청구를 한 가입자의 다음 상태를 $s_i(k)$라고 놓자. 특정한 가입자의 연간 지불청구 건수가 모수 λ를 갖는 푸아송 확률변수라고 가정하면, 이 가입자의 연이은 싱태는 다음의 전이확률 갖는 마코프체인을 형성할 것이다.

$$P_{i,j} = \sum_{k:s_i(k)=j} e^{-\lambda}\frac{\lambda^k}{k!}, \quad j \geqslant 0$$

보통은 많은 상태를 갖지만(보통 20개 정도), 다음 표에서는 4개의 상태를 갖는 가상적인 보누스 말누스 시스템을 예시한다.

		다음 상태			
상태	연간 보험료	지불청구 0건	지불청구 1건	지불청구 2건	지불청구 3건 이상
1	200	1	2	3	4
2	250	1	3	4	4
3	400	2	4	4	4
4	600	3	4	4	4

예를 들어, 이 표는 $s_2(0) = 1$; $s_2(1) = 3$; $s_2(k) = 4$, $k \geqslant 2$임을 알려준다. 연간 지불청구 건수가 모수 λ를 갖는 푸아송 확률변수인 가입자를 고려해보자. a_k를 그 가입자가 연간 k번의 지불청구를 할 확률이라고 하면,

$$a_k = e^{-\lambda}\,\frac{\lambda^k}{k!}, \quad k \geqslant 0$$

이 된다. 위 표에서 규정된 보누스 말루스 시스템에 대해, 이 가입자의 연이은 상태의 전이확률 행렬은 다음과 같다.

$$\mathbf{P} = \begin{Vmatrix} a_0 & a_1 & a_2 & 1-a_0-a_1-a_2 \\ a_0 & 0 & a_1 & 1-a_0-a_1 \\ 0 & a_0 & 0 & 1-a_0 \\ 0 & 0 & a_0 & 1-a_0 \end{Vmatrix}$$ ■

4.2 채프먼-콜모고로프 방정식

이미 한 단계 전이확률 P_{ij}를 정의 한 바 있다. 이제 상태 i에 있는 과정이 n번의 추가 전이 후에 상태 j에 있을 확률인 n-단계 전이확률 P_{ij}^n를 정의한다. 즉,

$$P_{ij}^n = P\{X_{n+k} = j | X_k = i\}, \quad n \geqslant 0,\ i, j \geqslant 0$$

물론 $P_{ij}^1 = \mathrm{P}_{ij}$이다. **채프먼-콜모고로프 방정식**(Chapman-Kolmogorov equation)은 n-단계 전이확률을 계산하는 방법을 제공한다. 이 방정식은

$$P_{ij}^{n+m} = \sum_{k=0}^{\infty} P_{ik}^n P_{kj}^m\text{, 모든 } n, m \geqslant 0\text{과 모든 } i, j\text{에 대해} \tag{4.2}$$

인데, 이는 $P_{ik}^n P_{kj}^m$이 i에서 시작한 과정이 n번째 전이에서 k에 들어가는 경로를 따라, $n + m$번의 전이 만에 상태 j로 갈 확률을 의미함을 관찰하면 쉽게 이해할 수 있다. 따라서 모든 중간 상태 k에 대해 합을 하면, 과정이 $n + m$번의 전이 후에 상태 j에 있을 확률이 얻어진다. 형식을 갖추어 유도하면, 다음과 같이 된다.

$$\begin{aligned} P_{ij}^{n+m} &= P\{X_{n+m} = j | X_0 = i\} \\ &= \sum_{k=0}^{\infty} P\{X_{n+m} = j, X_n = k | X_0 = i\} \\ &= \sum_{k=0}^{\infty} P\{X_{n+m} = j | X_n = k, X_0 = i\} P\{X_n = k | X_0 = i\} \\ &= \sum_{k=0}^{\infty} P_{kj}^m P_{ik}^n \end{aligned}$$

$\mathbf{P}^{(n)}$을 n-단계 전이확률 P_{ij}^n의 행렬이라고 하면 식 (4.2)는 다음을 의미한다.

$$\mathbf{P}^{(n+m)} = \mathbf{P}^{(n)} \cdot \mathbf{P}^{(m)}$$

여기서 점(dot)은 행렬곱*을 나타낸다. 특별히

*$\mathbf{A}$가 i행 j열의 원소가 a_{ij}인 $N \times M$행렬이고 $\mathbf{B}$가 i행 j열의 원소가 b_{ij}인 $M \times K$ 행렬이라고 하면 $\mathbf{A} \cdot \mathbf{B}$는 i행 j열의 원소가 $\sum_{k=1}^{M} a_{ik} b_{kj}$인 행렬로 정의된다.

$$\mathbf{P}^{(2)} = \mathbf{P}^{(1+1)} = \mathbf{P} \cdot \mathbf{P} = \mathbf{P}^2$$

이고 귀납법에 의해

$$\mathbf{P}^{(n)} = \mathbf{P}^{(n-1+1)} = \mathbf{P}^{n-1} \cdot \mathbf{P} = \mathbf{P}^n$$

이 된다. 즉, n-단계 전이행렬은 행렬 $\mathbf{P}$ 자신을 n번 곱하여 얻어진다.

예제 4.8 날씨가 2-상태 마코프체인으로 보아졌던 예제 4.1에서 $\alpha = 0.7$, $\beta = 0.4$라고 하자. 오늘 비가 온다는 조건을 줄때 오늘부터 4일 후에 비가 올 확률을 계산하라.

풀이▶ 한 단계 전이확률 행렬은 다음과 같다.

$$\mathbf{P} = \begin{Vmatrix} 0.7 & 0.3 \\ 0.4 & 0.6 \end{Vmatrix}$$

따라서,

$$\begin{aligned} \mathbf{P}^{(2)} = \mathbf{P}^2 &= \begin{Vmatrix} 0.7 & 0.3 \\ 0.4 & 0.6 \end{Vmatrix} \cdot \begin{Vmatrix} 0.7 & 0.3 \\ 0.4 & 0.6 \end{Vmatrix} \\ &= \begin{Vmatrix} 0.61 & 0.39 \\ 0.52 & 0.48 \end{Vmatrix}, \\ \mathbf{P}^{(4)} = (\mathbf{P}^2)^2 &= \begin{Vmatrix} 0.61 & 0.39 \\ 0.52 & 0.48 \end{Vmatrix} \cdot \begin{Vmatrix} 0.61 & 0.39 \\ 0.52 & 0.48 \end{Vmatrix} \\ &= \begin{Vmatrix} 0.5749 & 0.4251 \\ 0.5668 & 0.4332 \end{Vmatrix} \end{aligned}$$

이고, 원하는 확률 P_{00}^4는 0.5749이다. ■

예제 4.9 예제 4.4에서 월요일과 화요일에 비가 왔다면, 목요일에 비가 올 확률을 구하라.

풀이▶ 2-단계 전이행렬은 다음과 같다.

$$\begin{aligned} \mathbf{P}^{(2)} = \mathbf{P}^2 &= \begin{Vmatrix} 0.7 & 0 & 0.3 & 0 \\ 0.5 & 0 & 0.5 & 0 \\ 0 & 0.4 & 0 & 0.6 \\ 0 & 0.2 & 0 & 0.8 \end{Vmatrix} \cdot \begin{Vmatrix} 0.7 & 0 & 0.3 & 0 \\ 0.5 & 0 & 0.5 & 0 \\ 0 & 0.4 & 0 & 0.6 \\ 0 & 0.2 & 0 & 0.8 \end{Vmatrix} \\ &= \begin{Vmatrix} 0.49 & 0.12 & 0.21 & 0.18 \\ 0.35 & 0.20 & 0.15 & 0.30 \\ 0.20 & 0.12 & 0.20 & 0.48 \\ 0.10 & 0.16 & 0.10 & 0.64 \end{Vmatrix} \end{aligned}$$

목요일에 비 오는 것은 과정이 목요일에 상태 0나 상태 1에 있는 것과 동등하므로, 원하는 확률은 $P_{00}^2 + P_{01}^2 = 0.49 + 0.12 = 0.61$이다. ■

예제 4.10 항아리에 항상 2개의 공이 들어있다. 공 색깔은 빨간색과 파란색 중 하나이다. 각 단계에서 한 개의 공을 무작위로 꺼내어 새 공으로 바꿔 넣는데, 이때 새 공이 꺼낸 공과 같은 색일 확률은 0.8이고 다른 색일 확률은 0.2이다. 처음에 두 공 모두 빨간색이었다면, 다섯 번째 꺼낸 공이 빨간색일 확률을 구하라.

풀이▶ 원하는 확률을 구하기 위해, 먼저 적절한 마코프체인을 정의하자. 빨간색 공을 꺼낼 확률은 공을 선택할 때의 항아리의 구성에 의해 결정된다. Xn을 n번째 선택과 뒤이은 교체 후에 항아리에 들어있는 빨간색 공의 수라고 놓자. 그러면 X_n, $n \geqslant 0$은 상태 0, 1, 2와 다음의 전이확률 행렬 $\mathbf{P}$를 갖는 마코프체인이다.

$$\begin{pmatrix} 0.8 & 0.2 & 0 \\ 0.1 & 0.8 & 0.1 \\ 0 & 0.2 & 0.8 \end{pmatrix}$$

위의 행렬을 이해하기 위해, 예를 들어 $P_{1,0}$를 고려하자. 항아리에 1개의 빨간색 공에서 0개의 빨간색 공으로 가기 위해서는, 선택된 공이 빨간색이어야 하고(확률 0.5로 발생) 선택된 후 다른 색 공으로 교체되어야 한다(확률 0.2로 발생). 따라서

$$P_{1,0} = (0.5)(0.2) = 0.1$$

다섯 번째 선택이 빨간색일 확률을 결정하기 위해 네 번째 선택 후에 항아리에 남아있는 빨간색 공의 수에 조건을 주면, 다음을 얻는다.

$$\begin{aligned} &P(\text{다섯 번째 빨간색임}) \\ &\quad = \sum_{i=0}^{2} P(\text{다섯 번째 선택이 빨간색임 } | X_4 = i) P(X_4 = i | X_0 = 2) \\ &\quad = (0) P_{2,0}^4 + (0.5) P_{2,1}^4 + (1) P_{2,2}^4 \\ &\quad = 0.5 P_{2,1}^4 + P_{2,2}^4 \end{aligned}$$

위의 값을 정하기 위해 $\mathbf{P}^4$를 계산해야 한다. 그러면

$$P_{2,1}^4 = 0.4352, \quad P_{2,2}^4 = 0.4872$$

이 얻어져 답은 $P(\text{다섯 번째 빨간색임}) = 0.7048$이다. ■

예제 4.11 공을 연달아 8개의 항아리에 나누어 집어넣는데, 각각의 공들이 각 항아리에 들어갈 가능성이 동일하다고 가정하자. 9개의 공을 집어넣었을 때 정확히 3개의 항아리가 비어있지 않을 확률을 구하라.

풀이 X_n을 n개의 공을 집어넣었을 때 비어있지 않은 항아리의 개수라고 하면, $X_n, n \geqslant 0$은 상태 0, 1, . . . , 8과 다음의 전이확률을 갖는 마코프체인이다.

$$P_{i,i} = i/8 = 1 - P_{i,i+1}, \quad i = 0, 1, \ldots, 8$$

원하는 확률은 $P_{0,3}^9 = P_{1,3}^8$이다. 이 등식은 $P_{0,1} = 1$이기 때문에 성립한다. 이제, 공이 든 1개의 항아리로 시작하여 추가로 8개의 공들이 분배된 후에 공이 든 항아리 개수의 전체 확률분포를 구하기 원했다면, 상태 1, . . . , 8을 가진 전이확률 행렬을 고려해야만 했다. 그런데, 하나의 공이 든 항아리에서 시작하여 8개의 공들이 더 분배된 후에 3개의 공이 든 항아리가 있을 확률만을 원하기 때문에, 마코프체인의 상태가 감소하지 않는다는 사실로부터 4개 이상의 항아리가 차면 무조건 상태 4라고 해석하여 상태 4, 5, . . . , 8를 모두 하나의 상태 4로 집약시킬 수 있다. 따라서 상태 1, 2, 3, 4와 다음의 전이확률 행렬 $\mathbf{P}$를 갖는 마코프체인의 8-단계 전이확률 $P_{1,3}^8$만을 계산하면 된다.

$$\begin{pmatrix} 1/8 & 7/8 & 0 & 0 \\ 0 & 2/8 & 6/8 & 0 \\ 0 & 0 & 3/8 & 5/8 \\ 0 & 0 & 0 & 1 \end{pmatrix}$$

위의 행렬의 4 제곱을 취하여 $\mathbf{P}^4$를 구하면

$$\begin{pmatrix} 0.0002 & 0.0256 & 0.2563 & 0.7178 \\ 0 & 0.0039 & 0.0952 & 0.9009 \\ 0 & 0 & 0.0198 & 0.9802 \\ 0 & 0 & 0 & 1 \end{pmatrix}$$

이 되어, 다음을 얻는다.

$$P^8_{1,3} = 0.0002 \times 0.2563 + 0.0256 \times 0.0952 + 0.2563 \times 0.0198 \\ + 0.7178 \times 0 = 0.00756$$

■

이제 전이확률 P_{ij}를 갖는 마코프체인에서 $\mathscr{A}$를 특정한 상태들의 집합이라고 놓을 때 이 마코프체인이 시점 m까지 $\mathscr{A}$ 내의 어느 한 상태에라도 들어갈 확률을 구하고 싶다고 하자. 즉, 어떤 상태 $i \notin \mathscr{A}$에 대해

$$\beta = P(\text{어떤 } k = 1, \ldots, m\text{에 대해 } X_k \in \mathscr{A} \mid X_0 = i)$$

를 구하기를 원한다. 이것을 결정하기 위해 $\mathscr{A}$에 속하지 않는 상태들과 추가적인 하나의 상태 A(구체적인 예에서는 다른 기호로 주어진다)로 구성된 상태공간을 갖는 마코프체인 $\{W_n, n \geqslant 0\}$을 정의하고, 일단 $\{W_n\}$이 A에 들어가면 영원히 그 상태에 머문다고 가정한다.

보다 구체적으로, 새로운 마코프체인을 다음과 같이 정의한다. 전이확률 $P_{i,j}$를 갖는 마코프체인의 시점 n에서의 상태를 X_n이라고 할 때

$$N = \min\{n : X_n \in \mathscr{A}\}$$

이고 모든 n에 대해 $X_n \notin \mathscr{A}$이면 $N = \infty$라고 정의하자. 이제

$$W_n = \begin{cases} X_n, & n < N\text{일 때} \\ A, & n \geqslant N\text{일 때} \end{cases}$$

라고 정의한다. 그러면 $\{W_n\}$ 과정은 원래 마코프 과정이 $\mathscr{A}$ 내의 하나의 상태에 들어가기 전까지는 원래 마코프 과정과 똑같은 상태들을 방문하게 된다. 또한 일단 새로운 과정이 A로 들어가게 되면 거기서 영원히 머물게 된다. 이로부터 W_n, $n \geqslant 0$는 상태 i, $i \notin \mathscr{A}$, A를 갖고 다음과 같은 전이확률 $Q_{i,j}$를 갖는 마코프체인이 됨을 알 수 있다.

$$Q_{i,j} = P_{i,j}, \quad \text{if } \ i \notin \mathscr{A}, j \notin \mathscr{A}$$
$$Q_{i,A} = \sum_{j \in \mathscr{A}} P_{i,j}, \quad \text{if } \ i \notin \mathscr{A}$$
$$Q_{A,A} = 1$$

원래의 마코프체인이 시점 m까지 $\mathscr{A}$내의 상태에 들어갈 필요충분조건은 새로운 마코프체인의 시점 m에서의 상태가 A인 것이므로

$$P(\text{어떤 } k = 1, \ldots, m\text{에 대해 } X_k \in \mathscr{A} \mid X_0 = i) \\ = P(W_m = A|X_0 = i) = P(W_m = A|W_0 = i) = Q^m_{i,A}$$

이 됨을 알 수 있다. 다시 말해, 구하고자 하는 확률은 새로운 마코프체인의 m-단계 전이확률과 같게 된다.

예제 4.12 공정한 동전을 연이어 던지는 독립시행에서, 세 번 연속으로 앞면이 나올 때까지 던진 횟수를 N이라고 하자. 다음을 구하라.

(a) $P(N \leqslant 8)$

(b) $P(N = 8)$

풀이 $P(\mathrm{N} \geqslant 8)$을 구하기 위해 상태 0, 1, 2, 3을 갖는 미코프 체인을 정의하자. 상태 $i < 3$은 현재 i번 연속 앞면이 나왔음을 의미하고, 상태 3은 세 번 연속 앞면이 나오는 사건이 이미 발생했음을 의미한다. 그러면 전이확률 행렬은 다음과 같을 것이다.

$$\mathbf{P} = \begin{pmatrix} 1/2 & 1/2 & 0 & 0 \\ 1/2 & 0 & 1/2 & 0 \\ 1/2 & 0 & 0 & 1/2 \\ 0 & 0 & 0 & 1 \end{pmatrix}$$

예를 들어, 2행의 값들은, 현재 앞면이 연속 한 번 나와 상태가 1이라면 다음에 뒷면이 나오면 상태가 0으로 바뀌고, 앞면이 나오면 2로 바뀜을 관찰하여 $P_{1,0} = P_{1,2} = \frac{1}{2}$로 얻어진다. 처음 8번 던지기까지 세 번 연속 앞면이 나올 필요충분조건은 $X_8 = 3$인 것이므로 구하고자 하는 확률은 $P^8_{0,3}$이다. **P**를 제곱하여 $\mathbf{P}^2$를 얻고, 이를 제곱하여 $\mathbf{P}^4$를 얻고, 이를 또 제곱하여 다음을 얻는다.

$$\mathbf{P}^8 = \begin{pmatrix} 81/256 & 44/256 & 24/256 & 107/256 \\ 68/256 & 37/256 & 20/256 & 131/256 \\ 44/256 & 24/256 & 13/256 & 175/256 \\ 0 & 0 & 0 & 1 \end{pmatrix}$$

따라서 처음 8번 던지기까지 세 번 연속 앞면이 나올 확률은 $107/256 \approx 0.4180$이다.
(b) $P(N = 8)$, 즉, 8번째 던지기에서 최초로 세 번 연속 앞면이 나올 확률을 얻는 한 가지 방법은

$$P(N = 8) = P(N \leqslant 8) - P(N \leqslant 7) = P^8_{0.3} - P^7_{0.3}$$

을 이용하는 것이다. $P(N = 8)$을 구하는 또 한 가지 방법은 상태 0, 1, 2, 3, 4를 갖는 마코프체인을 고려하는 것이다. 상태 $i < 3$은 앞서와 마찬가지로 현재 i번 연속 앞면이 나왔음을 의미하고, 상태 3은 세 번 연속 앞면이 나오는 사건이 지금 막 발생했음을 의미하고, 상태 4는 세 번 연속 앞면이 나오는 사건이 과거에 발생했음을 의미한다. 즉, 이 마코프체인은 다음과 같은 전이확률 행렬을 갖는다.

$$\mathbf{Q} = \begin{pmatrix} 1/2 & 1/2 & 0 & 0 & 0 \\ 1/2 & 0 & 1/2 & 0 & 0 \\ 1/2 & 0 & 0 & 1/2 & 0 \\ 0 & 0 & 0 & 0 & 1 \\ 0 & 0 & 0 & 0 & 1 \end{pmatrix}$$

위의 마코프체인이 상태 0에서 출발하여 8번 전이 후에 상태 3에 있으면 N은 8이 된다.
즉, $P(N = 8) = Q^8_{0,3}$이다. ■

이제 마코프체인 $\{X_n, n \geqslant 0\}$이 상태 i에서 출발하여 $\mathscr{A}$에 속한 어느 상태도 방문하지 않고 시점 m에 상태 j에 들어갈 확률을 구해보자. 이때 i, j는 둘 다 $\mathscr{A}$에 속하지 않는다. 즉, $i, j \notin \mathscr{A}$에 대해

$$\alpha = P(X_m = j, X_k \notin \mathscr{A}, k = 1, \ldots, m-1 | X_0 = i)$$

을 계산해 보자. 사건 $X_m = j, X_k \notin \mathscr{A}, k = 1, 2, \ldots, m-1$은 사건 $W_m = j$과 동등하기 때문에, $i, j \notin \mathscr{A}$에 대해 다음이 성립한다.

$$\begin{aligned} P(X_m = j, X_k \notin \mathscr{A}, k = 1, \ldots, m-1 | X_0 = i) &= P(W_m = j | X_0 = i) \\ &= P(W_m = j | W_0 = i) = Q^m_{i,j}. \end{aligned}$$

예제 4.13 상태가 1, 2, 3, 4, 5인 마코프체인에서

$$P(X_4 = 2, X_3 \leqslant 2, X_2 \leqslant 2, X_1 \leqslant 2 | X_0 = 1)$$

을 구하려고 한다. 즉, 상태 1에서 출발하여 $\mathscr{A} = \{3, 4, 5\}$에 속하는 상태를 전혀 방문하지 않고 시점 4에 상태 2에 들어갈 확률을 구하고 싶다.

이 확률을 계산하기 위해 알아야 할 것은 오직 전이확률 P_{11}, P_{12}, P_{21}, P_{22} 뿐이다. 이것을 다음과 같이 가정하자.

$$P_{11} = 0.3 \quad P_{12} = 0.3$$
$$P_{21} = 0.1 \quad P_{22} = 0.2$$

그런 후에 상태 1, 2, 3(상태 A를 3으로 놓았다)과 다음의 전이확률 행렬 Q를 갖는 마코프체인을 고려하자.

$$\begin{pmatrix} 0.3 & 0.3 & 0.4 \\ 0.1 & 0.2 & 0.7 \\ 0 & 0 & 1 \end{pmatrix}$$

이제 구하고자 하는 확률은 Q_{12}^4이다. Q의 4제곱을 구하면

$$\begin{pmatrix} 0.0219 & 0.0285 & 0.9496 \\ 0.0095 & 0.0124 & 0.9781 \\ 0 & 0 & 1 \end{pmatrix}$$

이 되어 답은 $\alpha = 0.0285$이다. ■

$i \notin \mathscr{A}$이고 $j \in \mathscr{A}$일 때 확률

$$\alpha = P(X_m = j, X_k \notin \mathscr{A}, k = 1, \ldots, m-1 | X_0 = i)$$

를 다음과 같이 계산할 수 있다.

$$\begin{aligned}
\alpha &= \sum_{r \notin \mathscr{A}} P(X_m = j, X_{m-1} = r, X_k \notin \mathscr{A}, k = 1, \ldots, m-2 | X_0 = i) \\
&= \sum_{r \notin \mathscr{A}} P(X_m = j | X_{m-1} = r, X_k \notin \mathscr{A}, k = 1, \ldots, m-2, X_0 = i) \\
&\quad \times P(X_{m-1} = r, X_k \notin \mathscr{A}, k = 1, \ldots, m-2 | X_0 = i) \\
&= \sum_{r \notin \mathscr{A}} P_{r,j}\, P(X_{m-1} = r, X_k \notin \mathscr{A}, k = 1, \ldots, m-2 | X_0 = i) \\
&= \sum_{r \notin \mathscr{A}} P_{r,j}\, Q_{i,r}^{m-1}
\end{aligned}$$

또한 $i \in \mathscr{A}$ 일 때 다음 확률

$$\alpha = P(X_m = j, X_k \notin \mathscr{A}, k = 1, \ldots, m-1 | X_0 = i)$$

는 첫 번째 전이에 조건을 주어 다음과 같이 계산할 수 있다.

$$\begin{aligned}
\alpha &= \sum_{r \notin \mathscr{A}} P(X_m = j, X_k \notin \mathscr{A}, \\
&\qquad k = 1, \ldots, m-1 | X_0 = i, X_1 = r) P(X_1 = r | X_0 = i) \\
&= \sum_{r \notin \mathscr{A}} P(X_{m-1} = j, X_k \notin \mathscr{A}, k = 1, \ldots, m-2 | X_0 = r) P_{i,r}
\end{aligned}$$

예를 들어 $i \in \mathscr{A}$이고 $j \notin \mathscr{A}$이면 위의 식은

$$P(X_m = j, X_k \notin \mathscr{A}, k = 1, \ldots, m-1 | X_0 = i) = \sum_{r \notin \mathscr{A}} Q_{r,j}^{m-1} P_{i,r}$$

을 준다.

또한 체인이 상태 i에서 출발하여 시점 n까지 $\mathscr{A}$에 속하는 상태를 방문하지 않았다는 조건하에서 X_n의 조건부 확률도 계산할 수 있다. $i, j \notin \mathscr{A}$에 대해

$$\begin{aligned} &P\{X_n = j | X_0 = i, X_k \notin \mathscr{A}, k = 1, \ldots, n\} \\ &\quad = \frac{P\{X_n = j, X_k \notin \mathscr{A}, k = 1, \ldots, n | X_0 = i\}}{P\{X_k \notin \mathscr{A}, k = 1, \ldots, n | X_0 = i\}} = \frac{Q_{i,j}^n}{\sum_{r \notin \mathscr{A}} Q_{i,r}^n} \end{aligned}$$

참고: 지금까지 고려한 모든 확률은 조건부 확률이다. 예를 들어, P_{ij}^n은 초기상태가 i인 조건하에서 시점 n에서의 상태가 j일 확률이다. 시점 n에서의 조건 없는 확률분포를 구하고자 하면 초기상태의 분포를 명시하여야 한다. 초기분포를

$$\alpha_i \equiv P\{X_0 = i\}, \quad i \geqslant 0 \quad \left(\sum_{i=0}^{\infty} \alpha_i = 1 \right)$$

와 같이 주면 모든 조건 없는 확률들은 초기상태에 조건을 주어 계산될 수 있다. 즉,

$$\begin{aligned} P\{X_n = j\} &= \sum_{i=0}^{\infty} P\{X_n = j | X_0 = i\} P\{X_0 = i\} \\ &= \sum_{i=0}^{\infty} P_{ij}^n \alpha_i \end{aligned}$$

예를 들어, 예제 4.8에서 $\alpha_0 = 0.4$, $\alpha_1 = 0.6$이면 시작 일부터 4일 후에 비가 올 (조건 없는) 확률은 다음과 같이 계산된다.

$$\begin{aligned} P\{X_4 = 0\} &= 0.4 P_{00}^4 + 0.6 P_{10}^4 \\ &= (0.4)(0.5749) + (0.6)(0.5668) \\ &= 0.5700 \end{aligned}$$

4.3 상태의 분류

어떤 $n \geqslant 0$에 대해 $p_{ij}^n > 0$이면, 상태 j가 상태 i로부터 **도달가능**(accessible)하다고 말한다. 이는 상태 j가 상태 i로부터 도달가능할 필요충분조건은 i로부터 시작한 과정이 언젠가는 j로 들어갈 수 있다는 것임을 의미한다. 그 이유는 j가 i로부터 도달가능하지 않다면,

$$\begin{aligned} P(\text{언젠가는 } j\text{에 있음} \mid i\text{에서 시작}) &= P\left\{ \bigcup_{n=0}^{\infty} \{X_n = j\} \middle| X_0 = i \right\} \\ &\leqslant \sum_{n=0}^{\infty} P\{X_n = j | X_0 = i\} \\ &= \sum_{n=0}^{\infty} P_{ij}^n \\ &= 0 \end{aligned}$$

이 되기 때문이다.

서로 도달가능한 두 개의 상태 i와 j는 **소통한다**(communicate)고 말하고 $i \leftrightarrow j$로 나타낸다. 모든 상태는 자기 자신과 소통함을 주목하라. 그 이유는 정의에 의해

$$P_{ii}^0 = P\{X_0 = i | X_0 = i\} = 1$$

이 되기 때문이다.

소통의 관계는 다음 세 가지 성질을 만족한다.

(i) 모든 $i \geqslant 0$에 대해, 상태 i는 상태 i와 소통한다.
(ii) 만약 상태 i가 상태 j와 소통하면, 상태 j는 상태 i와 소통한다.
(iii) 만약 상태 i가 상태 j와 소통하고 상태 j가 상태 k와 소통하면, 상태 i는 상태 k와 소통한다.

성질 (i)과 (ii)는 소통 정의로부터 바로 얻어진다. (iii)을 증명하기 위해 상태 i가 상태 j와 소통하고 상태 j가 상태 k와 소통한다고 가정해보자. 그러면 $P_{ij}^n > 0$, $P_{jk}^m > 0$인 n과 m이 존재한다. 이제 채프먼-콜모고로프 방정식에 의해 다음을 얻는다.

$$P_{ik}^{n+m} = \sum_{r=0}^{\infty} P_{ir}^n P_{rk}^m \geqslant P_{ij}^n P_{jk}^m > 0$$

따라서 상태 k는 상태 i로부터 도달가능하다. 유사하게 상태 i는 상태 k로부터 도달가능함을 보일 수 있고 따라서 상태 i와 상태 k는 소통한다.

서로 소통하는 두 개의 상태는 동일한 **클래스**(class)에 있다고 말한다. 성질 (i), (ii), (iii)에 의해, 상태들의 임의의 두 클래스는 동일하든가 또는 분리되어 있다고 결론지을 수 있다. 다시 말해, 소통의 개념은 상태공간을 여러 개의 별개의 클래스로 구분 짓는다. 모든 상태들이 서로 소통하여 오직 하나의 클래스로 되면 마코프체인을 **기약**(irreducible)이라고 부른다.

예제 4.14 세 개의 상태 0, 1, 2, 3으로 구성되고 다음의 전이확률 행렬을 갖는 마코프체인을 고려하자.

$$\mathbf{P} = \begin{Vmatrix} \frac{1}{2} & \frac{1}{2} & 0 \\ \frac{1}{2} & \frac{1}{4} & \frac{1}{4} \\ 0 & \frac{1}{3} & \frac{2}{3} \end{Vmatrix}$$

이 마코프체인이 기약임을 간단히 검증할 수 있다. 예를 들어,

$$0 \to 1 \to 2$$

이기 때문에 상태 0에서 2로 갈 수 있다. 즉, 상태 0에서 2로 가는 한 가지 방법은 (확률 $\frac{1}{2}$로) 상태 0에서 1로 간 다음 (확률 $\frac{1}{4}$로) 상태 1에서 2로 가는 것이다. ■

예제 4.15 네 개의 상태 0, 1, 2, 3으로 구성되고 다음의 전이확률 행렬을 갖는 마코프체인을 고려하자.

$$\mathbf{P} = \begin{Vmatrix} \frac{1}{2} & \frac{1}{2} & 0 & 0 \\ \frac{1}{2} & \frac{1}{2} & 0 & 0 \\ \frac{1}{4} & \frac{1}{4} & \frac{1}{4} & \frac{1}{4} \\ 0 & 0 & 0 & 1 \end{Vmatrix}$$

이 마코프체인의 클래스는 {0, 1}, {2}, 그리고 {3}이다. 상태 0(또는 1)이 상태 2로부터 도달가능하지만 그 역은 성립하지 않음을 주목하라. 상태 3은 **흡수상태**(absorbing state), 즉 $P_{33} = 0$이므로 그로부터 어느 다른 상태도 도달가능하지 않다. ■

임의의 상태 i에 대해, f_i를 i에서 출발하여 체인이 i로 언젠가 되돌아올 확률이라고 하자. 만약 $f_i = 1$이면 i를 **재발**(recurrent) 상태라고 부르고 $f_i < 1$이면 i를 **일시**(transient) 상태라고 부른다.

과정이 재발상태 i에서 시작했다고 가정해보자. 확률 1로 과정은 결국 상태 i로 되돌아 올 것이다. 그런데 마코프체인의 정의에 따라 상태 i로 되돌아올 때 과정은 되풀이 하여 다시 시작할 것이고 따라서 상태 i는 결국 또 다시 방문될 것이다. 이 논증을 계속하면, **상태 i가 재발상태이고 과정이 i에서 시작하면 과정은 상태 i에 반복하여 들어가고 또 들어가서, 결국 무한히 자주 들어간다**는 결론에 도달한다.

반면에 i가 일시상태라고 가정해보자. 과정이 상태 i에 들어갈 때 마다, 상태 i에 되돌아오지 않을 양의 확률 $1 - f_i$이 있게 된다. 따라서 상태 i에서 시작할 때 과정이 상태 i에 정확히 n번 방문하게 될 확률은 $f_i^{n-1}(1 - f_i)$, $n \geqslant 1$이 된다. 다시 말해, **i가 일시상태이면 상태 i에서 시작한 과정이 상태 i에 있게 되는 시점의 수는 유한 평균 $1/(1 - f_i)$을 갖는 기하분포를 따른다.**

위의 두 단락으로부터, **상태 i가 재발상태일 필요충분조건은 i에서 출발하여 과정이 상태 i에 있게 되는 시점 수의 기대값이 무한인 것이라**는 결론이 얻어진다. 이제

$$I_n = \begin{cases} 1, & X_n = i \text{ 일 때} \\ 0, & X_n \neq i \text{ 일 때} \end{cases}$$

라고 하면 $\sum_{n=0}^{\infty} I_n$는 과정이 상태 i에 있는 시점의 수를 의미한다. 또한

$$\begin{aligned} E\left[\sum_{n=0}^{\infty} I_n | X_0 = i\right] &= \sum_{n=0}^{\infty} E[I_n | X_0 = i] \\ &= \sum_{n=0}^{\infty} P\{X_n = i | X_0 = i\} \\ &= \sum_{n=0}^{\infty} P_{ii}^n \end{aligned}$$

이므로 다음 사실이 증명된다.

명제 4.1 상태 i가

$$\sum_{n=1}^{\infty} P_{ii}^n = \infty, \text{ 이면 재발상태이다.}$$

$$\sum_{n=1}^{\infty} P_{ii}^n < \infty \quad \text{이면 일시상태이다.}$$

위의 명제를 증명하는 논증은, 일시상태는 오직 유한 번만 방문된다는 사실(그래서 그런 이름이 붙여졌다)을 보여주기 때문에 이중의 중요성을 가지고 있다. 이로부터 유한 상태의 마코프체인에서 모든 상태가 일시적이 될 수는 없다고 결론지을 수 있다. 이를 확인하기 위해 상태가 0, 1, . . . , M이고 모두 일시상태라고 가정해보자. 그러면, 유한 번(T_0로 놓자)의 전이 후에 상태 0가 더 이상 방문되지 않을 것이고, 어느 정도 시간(T_1으로 놓자) 후에 상태 1이 방문되지 않을 것이고, 등등과 같이 계속된다. 따라서 유한 시간 $T = \max\{T_0, T_1, \ldots, T_M\}$ 후에는 아무 상태도 방문되지 않을 것이다. 그러나 과정은 T 이후에도 어느 상태에든 있어야 하므로 모순에 도달하게 되고, 이는 적어도 하나의 상태가 재발적이어야 한다는 사실을 증명한다.

명제 4.1는 또한 재발성이 클래스의 성질이라는 것을 증명하는데 사용될 수 있다.

따름정리 4.2 상태 i가 재발상태이고 j와 소통하면 상태 j도 재발상태이다.

증명▶ 먼저 상태 i가 상태 j가 소통하기 때문에 $P_{ij}^k > 0$, $P_{ji}^m > 0$인 어떤 정수 k와 m이 존재함을 관찰하자. 이제, 임의의 정수 n에 대해

$$P_{jj}^{m+n+k} \geqslant P_{ji}^m P_{ii}^n P_{ij}^k$$

이다. 이는 좌변은 j에서 j로 $m+n+k$ 단계 후에 가는 확률인데 비해, 우변은 j에서 i로 m 단계 후에 간 다음, 추가적인 n 단계 후에 i에서 i로 가고, 다시 추가적인 k 단계 후에 i에서 j로 가는 특정 경로의 확률이기 때문에 참이다.

이제 윗 식을 n에 대해 합을 하면

$$\sum_{n=1}^{\infty} P_{jj}^{m+n+k} \geqslant P_{ji}^m P_{ij}^k \sum_{n=1}^{\infty} P_{ii}^n = \infty$$

을 얻는다. 이유는 $P_{ji}^m P_{ij}^k > 0$이고, i가 재발적이므로 $\sum_{n=1}^{\infty} P_{ii}^n$가 무한대이기 때문이다. 따라서 명제 4.1에 의해 j도 재발상태가 된다. ■

참고:

(i) 따름정리 4.2는 일시성 역시 클래스 성질임을 의미한다. 왜냐하면 i가 일시상태이고 상태 j와 소통한다면 상태 j도 역시 일시적이어야 하기 때문이다. 만약 j가 재발상태라면 따름정리 4.2에 의해 i도 재발상태가 되어야지 일시상태가 될 수 없다.

(ii) 따름정리 4.2와 유한 마코프체인의 모든 상태가 일시적일 수는 없다는 사실로부터 유한 기약 마코프체인의 모든 상태는 재발적임을 알 수 있다.

예제 4.16 상태 0, 1, 2, 3으로 구성되는 마코프체인이 다음 전이확률 행렬을 갖는다고 하자.

$$\mathbf{P} = \begin{Vmatrix} 0 & 0 & \frac{1}{2} & \frac{1}{2} \\ 1 & 0 & 0 & 0 \\ 0 & 1 & 0 & 0 \\ 0 & 1 & 0 & 0 \end{Vmatrix}$$

각 상태가 일시적인지 재발적인지 결정하라.

풀이▶ 모든 상태가 소통함을 쉽게 알 수 있다. 또한 유한 체인이므로 모두 재발상태이다. ■

예제 4.17 상태 0, 1, 2, 3, 4와 전이확률 행렬

$$\mathbf{P} = \begin{Vmatrix} \frac{1}{2} & \frac{1}{2} & 0 & 0 & 0 \\ \frac{1}{2} & \frac{1}{2} & 0 & 0 & 0 \\ 0 & 0 & \frac{1}{2} & \frac{1}{2} & 0 \\ 0 & 0 & \frac{1}{2} & \frac{1}{2} & 0 \\ \frac{1}{4} & \frac{1}{4} & 0 & 0 & \frac{1}{2} \end{Vmatrix}$$

를 가진 마코프체인에서 재발상태를 찾아라.

풀이▶ 이 체인은 {0, 1}, {2, 3}, {4}의 세 개의 클래스를 가지고 있다. 처음 두 클래스는 재발적이고 세 번째는 일시적이다. ■

예제 4.18 (랜덤보행) 상태공간이 정수 $i = 0, \pm1, \pm2, \ldots$ 들로 구성되고 전이확률이

$$P_{i,i+1} = p = 1 - P_{i,i-1}, \quad i = 0, \pm1, \pm2, \ldots$$

로 주어진 마코프체인을 고려하자. 여기서 $0 < p < 1$이다. 다시 말해, 매 전이에서 과정은 오른쪽으로 한 걸음 가든가(확률 p로) 왼쪽으로 한 걸음(확률 $1 - p$로) 움직인다. 이 과정의 이채로운 한 가지 해석은 술 취한 사람이 직선을 따라 걸을 때 헤매는 모습을 표현한다고 보는 것이다. 또 한 가지 해석은 매 도박에서 1달러를 따거나 잃는 도박자의 수입을 나타낸다고 보는 것이다.

명백하게 모든 상태들이 소통하므로, 따름정리 4.2에 의해 상태들이 모두 일시적이든가 또는 모두 재발적이다. 따라서 상태 0를 선택하여 $\sum_{n=1}^{\infty} P_{00}^{n}$이 유한인지 무한인지를 알아보자.
(도박자 해석을 사용하여) 홀수 번의 도박 후에 본전이 되는 것은 불가능하므로 당연히 다음이 성립하여야 한다.

$$P_{00}^{2n-1} = 0, \quad n = 1, 2, \ldots$$

반면에, $2n$번의 시도에서 본전이 될 필요충분조건은 이중 n번을 잃어야 하는 것이다. 매 도박에서 확률 p로 따거나 확률 $1 - p$로 잃게 되므로, 이 확률은 이항확률

$$P_{00}^{2n} = \binom{2n}{n} p^{n}(1-p)^{n} = \frac{(2n)!}{n!n!}(p(1-p))^{n}, \quad n = 1, 2, 3, \ldots$$

이 된다. 이제, 스털링의 근사

$$n! \sim n^{n+1/2} e^{-n} \sqrt{2\pi} \tag{4.3}$$

를 사용하자. 여기서 $\lim_{n\to\infty} a_n/b_n = 1$일 때 $a_n \sim b_n$이라고 쓴다. 그러면,

$$P_{00}^{2n} \sim \frac{(4p(1-p))^{n}}{\sqrt{\pi n}}$$

을 얻는다. 그런데 a_n, b_n이 양이고 $a_n \sim b_n$라면, $\sum_n a_n < \infty$일 필요충분조건은 $\sum_n b_n < \infty$임을 쉽게 증명할 수 있으므로, $\sum_{n=1}^{\infty} P_{00}^{n}$가 수렴할 필요충분조건은

$$\sum_{n=1}^{\infty} \frac{(4p(1-p))^{n}}{\sqrt{\pi n}}$$

이 수렴하는 것이다. 그런데 $4p(1-p) \le 1$이고 등호는 $p = \frac{1}{2}$일 때만 성립한다. 따라서 $\sum_{n=1}^{\infty} P_{00}^{n} = \infty$일 필요충분조건은 $p = \frac{1}{2}$이다. 즉, $p = \frac{1}{2}$이면 체인은 재발적이고 $p \ne \frac{1}{2}$이면 일시적이다.

$p = \frac{1}{2}$일 때, 위의 과정을 **대칭 랜덤보행**(symmetric random walk)이라고 부른다. 일차원 이상의 경우에도 대칭 랜덤보행을 발견할 수 있다. 예를 들면, 이차원 랜덤보행은 매 전이에서 각각 $\frac{1}{4}$의 확률로 한 걸음 왼쪽으로, 오른 쪽으로, 위로, 아래로 이동할 수 있다. 즉, 상태는 정수 쌍 (i, j)이고 전이확률 행렬은

$$P_{(i,j),(i+1,j)} = P_{(i,j),(i-1,j)} = P_{(i,j),(i,j+1)} = P_{(i,j),(i,j-1)} = \frac{1}{4}$$

로 주어진다. 이제 일차원의 경우와 동일한 방법을 사용하여 이 마코프체인 역시 재발적임을 증명해보자.

위의 체인은 기약이므로, 상태 $\mathbf{0} = (0, 0)$이 재발적이면 모든 상태가 재발적이다. 따라서 $P_{\mathbf{00}}^{2n}$을 고려하자. 만약 어떤 i, $0 \le i \le n$에 대해 $2n$ 단계가 i 단계는 왼쪽, i 단계는 오른쪽, $n - i$ 단계는 위쪽, $n - i$ 단계는 아래쪽으로 구성되면, $2n$ 단계 후에 체인은 원래 위치로 되돌아올 것이다. 각 단계는 확률 $\frac{1}{4}$로 이 네 가지 중 하나가 되므로, 구하고자 하는 확률은 다항확률이 된다. 즉,

$$P_{00}^{2n} = \sum_{i=0}^{n} \frac{(2n)!}{i!i!(n-i)!(n-i)!} \left(\frac{1}{4}\right)^{2n}$$

$$
\begin{aligned}
&= \sum_{i=0}^{n} \frac{(2n)!}{n!n!} \frac{n!}{(n-i)!i!} \frac{n!}{(n-i)!i!} \left(\frac{1}{4}\right)^{2n} \\
&= \left(\frac{1}{4}\right)^{2n} \binom{2n}{n} \sum_{i=0}^{n} \binom{n}{i} \binom{n}{n-i} \\
&= \left(\frac{1}{4}\right)^{2n} \binom{2n}{n} \binom{2n}{n} \qquad (4.4)
\end{aligned}
$$

이 된다. 여기서 마지막 등식은 다음 조합 항등관계를 이용하였다.

$$\binom{2n}{n} = \sum_{i=0}^{n} \binom{n}{i} \binom{n}{n-i}$$

이것은 양변 모두 n개의 흰 개체와 n개의 검은 개체로 구성된 집합에서 크기 n의 부분집합을 선택하는 방법의 수를 나타냄을 관찰함으로써 얻어진다. 이제

$$
\begin{aligned}
\binom{2n}{n} &= \frac{(2n)!}{n!n!} \\
&\sim \frac{(2n)^{2n+1/2} e^{-2n} \sqrt{2\pi}}{n^{2n+1} e^{-2n} (2\pi)} \qquad \text{스털링의 근사에 의해} \\
&= \frac{4^n}{\sqrt{\pi n}}
\end{aligned}
$$

가 되므로 식 (4.4)에 의해 다음을 얻는다.

$$P_{00}^{2n} \sim \frac{1}{\pi n}$$

이는 $\sum_n P_{00}^{2n} = \infty$임을 의미하고 따라서 모든 상태는 재발상태이다.

흥미롭게도, 일차원과 이차원 대칭 랜덤보행이 모두 재발적인 반면에 그보다 고차원의 모든 대칭 랜덤보행은 일시적이다. (예를 들어, 삼차원 대칭 랜덤보행은 매 전이에서 왼쪽, 오른쪽, 위쪽, 아래쪽, 안쪽 바깥쪽의 여섯 가지 방향 중 하나로 동일한 확률로 움직인다.) ■

참고: 예제 4.18의 일차원 랜덤보행에 대해, 대칭인 경우에 재발성을 확립해주고 또한 비대칭인 경우에 상태 0으로 언젠가 되돌아올 확률을 결정해주는 직접적인 논증을 소개한다. 먼저

$$\beta = P\{0\text{으로 언젠가 되돌아 옴}\}$$

라고 놓고, β를 구하기 위해 첫 번째 전이에 조건을 주어 다음과 같이 시작하자.

$$\beta = P\{0\text{으로 언젠가 되돌아 옴} \mid X_1 = 1\}p + P\{0\text{으로 언젠가 되돌아 옴} \mid X_1 = -1\}(1-p) \qquad (4.5)$$

이제 α를 현재 상태 1에 있는 마코프체인이 언젠가 상태 0으로 돌아올 확률이라고 놓자. 이 마코프체인이 현재의 상태에 무관하게 항상 확률 p로 1만큼 증가하든가 확률 $1-p$로 1만큼 감소하므로, α는 모든 i에 대해 현재 상태 i에 있는 마코프체인이 언젠가 상태 $i-1$에 들어갈 확률이 된다. α에 대한 방정식을 얻기 위해, 다음 전이에 조건을 주면 아래식이 얻어진다.

$$
\begin{aligned}
\alpha &= P\{\text{언젠가 되돌아 옴} \mid X_1 = 1, X_2 = 0\}(1-p) + P\{\text{언젠가 되돌아 옴} \mid X_1 = 1, X_2 = 2\}p \\
&= 1 - p + P\{\text{언젠가 되돌아 옴} \mid X_1 = 1, X_2 = 2\}p \\
&= 1 - p + p\alpha^2
\end{aligned}
$$

여기서 마지막 방정식은 체인이 언젠가 상태 2로부터 0으로 가려면 먼저 상태 1을 방문해야 하고(이 사건이 언젠가 일어날 확률은 α이다), 체인이 결국 1에 들어온다면 다시 상태 0으로 가야한다(이 사건이 언젠가 일어날 조건부 확률도 역시 α이다)는 사실을 관찰하여 얻어진다. 따라서

$$\alpha = 1 - p + p\alpha^2$$

이 된다. 이 방정식의 두 근은 $\alpha = 1$과 $\alpha = (1 - p)/p$이다. 결과적으로, 대칭 마코프체인의 경우 $p = 1/2$이므로 $\alpha = 1$이라고 결론지을 수 있다. 대칭성에 의해, 현재 1에 있는 대칭 마코프체인이 언젠가 0에 들어갈 확률도 역시 1이고, 이로써 대칭 랜덤보행이 재발적임이 증명된다.

이제 $p > 1/2$라고 가정해보자. 이 경우 $P\{$0으로 언젠가 되돌아 옴$|X_1 = -1\} = 1$임을 보일 수 있다(연습 문제 4.17 참조). 그 결과 식 (4.5)는

$$\beta = \alpha p + 1 - p$$

로 귀결된다. 이 경우 랜덤보행은 일시적임을 알고 있으므로 $\beta < 1$이 되어 $\alpha \neq 1$이 된다. 따라서 $\alpha = (1 - p)/p$가 되어 다음을 준다.

$$\beta = 2(1 - p), \quad p > 1/2$$

유사하게, $p < 1/2$일 때는 $\beta = 2p$임을 보일 수 있다. 따라서 일반적으로

$$P\{\text{0으로 언젠가 되돌아 옴}\} = 2\min\{p, 1 - p\}$$

가 된다. ■

예제 4.19 [알로하(Aloha) 프로토콜의 궁극적인 비안정성] 각 시간구간 $n = 1, 2, \ldots$ 동안 들어오는 메시지의 개수들이 독립이고 동일하게 분포하는 통신시설을 고려하자. $a_i = P\{i$개의 도착$\}$이라 놓고 $a_0 + a_1 < 1$이라고 가정하자. 각 도착 메시지는 그것이 도착한 구간의 끝점에서 전송된다. 만약 정확히 하나의 메시지가 전송되면 전송은 성공적이고 그 메시지는 시스템을 이탈한다. 그러나 어느 시점이든 두 개 이상의 메시지가 동시에 전송되면, 충돌이 일어나고 이들 메시지는 시스템에 머물게 된다. 일단 메시지가 충돌에 포함이 되면 그 메시지는 다른 모든 것에 독립적으로 각 후속 구간의 끝에 확률 p로 전송된다. 이것이 소위 (하와이 대학에서 처음 제정되었기 때문에) 알로하 프로토콜이다. 이제 이러한 시스템은, 성공적인 전송의 수가 확률 1로 유한하다는 의미에서, 점근적으로 비안정적이라는 보일 것이다.

먼저 X_n을 n번째 구간의 시작점에 시설에 존재하는 메시지의 수라고 하자. $\{X_n, n \geqslant 0\}$은 마코프체인임을 관찰하라. 이제, $k \geqslant 0$에 대해 지시변수 I_k를 다음과 같이 정의하자.

$$I_k = \begin{cases} 1, & \text{체인이 상태 } k\text{를 첫 번째로 떠났을 때 직접 } k-1\text{로 간 경우} \\ 0, & \text{그 외의 경우} \end{cases}$$

시스템이 상태 k, $k \geqslant 0$에 들어가지 못한 경우에는 이것을 0으로 두자. (예를 들어, 연이은 상태가 0, 1, 3, 4, ... 이라면 체인이 상태 3을 처음으로 떠났을 때 상태 4로 갔기 때문에 $I_3 = 0$이다. 반면에, 0, 3, 3, 2라면 3을 처음 떠날 때 상태 2로 갔기 때문에 $I_3 = 1$이다.) 이제

$$E\left[\sum_{k=0}^{\infty} I_k\right] = \sum_{k=0}^{\infty} E[I_k]$$
$$= \sum_{k=0}^{\infty} P\{I_k = 1\}$$

$$\leqslant \sum_{k=0}^{\infty} P\{I_k = 1 | k\text{가 언젠가 방문됨}\} \tag{4.6}$$

이제 $P\{I_k = 1 | k$가 언젠가 방문됨$\}$는 상태 k가 이탈되었을 때 다음 상태가 $k-1$일 확률이다. 즉, 이것은 k로 되돌아가지 않는다는 조건하에서 k에서 $k-1$로 전이가 일어날 조건부 확률이므로,

$$P\{I_k = 1 | k\text{가 언젠가 방문됨}\} = \frac{P_{k,k-1}}{1 - P_{k,k}}$$

이 된다. 그런데

$$P_{k,k-1} = a_0 kp(1-p)^{k-1},$$
$$P_{k,k} = a_0[1 - kp(1-p)^{k-1}] + a_1(1-p)^k$$

이다. 이것은 어떤 구간의 시작점에서 k개의 메시지가 존재한다면 (a) 그 구간에 새로운 메시지가 도착하지 않고 k개의 메시지 중 정확히 한 개가 전송된다면 다음 구간의 시작점에 $k-1$개가 남아있을 것이고, (b) 다음 중 하나의 경우에 해당하면 다음 구간에 k개가 남아있을 것이기 때문에 얻어진다.

(i) 새로운 메시지가 없고 현존하는 k개의 메시지 중 단 한 개가 전송되는 경우가 아닐 때
(ii) 새로운 메시지가 정확히 하나 있고(이것은 자동적으로 전송된다) 다른 k개의 메시지는 모두 전송되지 않을 경우

위의 식을 식 (4.6)에 대입하면 다음을 준다.

$$E\left[\sum_{k=0}^{\infty} I_k\right] \leqslant \sum_{k=0}^{\infty} \frac{a_0 kp(1-p)^{k-1}}{1 - a_0[1 - kp(1-p)^{k-1}] - a_1(1-p)^k}$$
$$< \infty$$

여기서 k가 클 때 위 식의 합 안에 있는 분모는 $1 - a_0$로 수렴하므로 합의 수렴 여부는 분자의 항들의 합의 수렴 여부에 따라 결정되는데, $\sum_{k=0}^{\infty} k(1-p)^{k-1} < \infty$이므로 수렴하게 된다.

따라서 $E[\sum_{k=0}^{\infty} I_k] < \infty$이고 이는 확률 1로 $\sum_{k=0}^{\infty} I_k < \infty$임을 의미한다(만약 $\sum_{k=0}^{\infty} I_k$이 ∞일 확률이 양의 값이면 그것의 평균은 ∞가 되기 때문이다). 따라서, 확률 1로, 유한개의 상태만이 처음의 성공적인 전송에 의해 이탈되게 된다. 다시 말해, 시스템에 N개 이상의 메시지가 존재하는 경우 반드시 더 이상의 성공적인 전송이 일어날 수 없게 되는 적당한 유한 정수 N이 존재하게 된다. 이것(그리고 그러한 높은 상태들이 결국은 도달하게 된다는 사실)으로부터, 확률 1로, 유한개의 성공적인 전송만이 있게 된다. ■

참고: (약간 엄밀성이 부족하지만) 스털링의 근사의 확률적인 증명을 위해, $X_1, X_2, \ldots$이 각각 평균 1을 갖는 독립인 푸아송 확률변수라고 하자. $S_n = \sum_{i=1}^{n} X_i$라고 하고 S_n의 평균과 분산이 모두 n임을 기억하자. 이제

$$\begin{aligned}
P\{S_n = n\} &= P\{n - 1 < S_n \leqslant n\} \\
&= P\{-1/\sqrt{n} < (S_n - n)/\sqrt{n} \leqslant 0\} \\
&\approx \int_{-1/\sqrt{n}}^{0} (2\pi)^{-1/2} e^{-x^2/2}\, dx \qquad n\text{이 클 경우 중심극한 정리에 의해} \\
&\approx (2\pi)^{-1/2}(1/\sqrt{n}) \\
&= (2\pi n)^{-1/2}
\end{aligned}$$

인데, S_n은 평균 n인 푸아송 확률변수이므로

$$P\{S_n = n\} = \frac{e^{-n}n^n}{n!}$$

이 된다. 따라서 n이 클 때

$$\frac{e^{-n}n^n}{n!} \approx (2\pi n)^{-1/2}$$

이다. 또는 이와 동등하게

$$n! \approx n^{n+1/2}e^{-n}\sqrt{2\pi}$$

을 얻는다. 이것이 스털링의 근사이다.

4.4 장기 비율과 극한 확률

한 쌍의 상태 $i \neq j$에 대해, $f_{i,j}$를 마코프체인이 상태 i에서 출발하여 언젠가 상태 j로 전이를 할 확률이라고 하자. 즉,

$$f_{ij} = P(\text{어떤 } n > 0\text{에 대해 } X_n = j|X_0 = i)$$

이라 하면 다음 결과를 얻는다.

명제 4.3 i가 재발상태이고 j와 소통하면 $f_{i,j} = 1$이다.

증명 i와 j가 소통하므로 $P_{i,j}^n > 0$이 되는 n이 존재한다. $X_0 = i$라고 하고, $X_n = j$이면 첫 번째 기회가 성공이라고 말하자. 첫 기회가 성공일 확률은 $P_{i,j}^n$임을 기억하라. 첫 기회가 성공이 아니라면 체인이 상태 i에 들어갈 다음 시점(시점 n 이후의)을 고려한다. (i가 재발상태이기 때문에 시점 n 이후에 결국 상태 i에 다시 들어가게 된다.) 그로부터 n 기간 후에 마코프체인이 상태 j에 들어가면 두 번째 기회가 성공이라고 말한다. 만약 두 번째 기회가 성공이 아니면 체인이 i로 들어갈 때까지 기다린 후, 그로부터 n 기간 후에 마코프체인이 상태 j에 들어가면 세 번째 기회가 성공이라고 말한다. 이런 방식으로 계속하면 무한한 개수의 기회를 정의할 수 있고, 각 기회는 동일한 양의 확률 $P_{i,j}^n$로 성공이 될 수 있다. 따라서, 첫 성공 발생 때까지의 기회의 개수가 모수 $P_{i,j}^n$를 갖는 기하 확률변수가 되므로, 확률 1로 성공은 결국 일어나고, 따라서 확률 1로 상태 j에 들어가게 된다. ■

상태 j가 재발상태일 때, m_j를 상태 j에서 시작한 마코프체인이 그 상태로 되돌아갈 때까지 행해진 전이의 수의 기댓값이라고 하자. 즉,

$$N_j = \min\{n > 0 : X_n = j\}$$

가 마코프체인이 상태 j로 들어갈 때까지의 전이의 개수이므로

$$m_j = E[N_j|X_0 = j]$$

가 된다.

정의: 재발상태 j에서 $m_j < \infty$이면 **양 재발**(positive recurrent) 상태라고 하고 $m_j = \infty$이면 **영 재발**(null recurrent) 상태라고 한다.

이제 마코프 제인이 기약이고 재발적이라고 가정하자. 이 경우에 체인이 상태 j에 머문 시간의 장기적 비율은 $1/m_j$임을 증명할 것이다. 즉, π_j를 체인이 상태 j에 머문 시간의 장기적 비율이라고 하면 다음 명제를 얻는다.

명제 4.4 마코프체인이 기약이고 재발적이면 초기상태에 무관하게

$$\pi_j = 1/m_j$$

이다.

증명 마코프체인이 상태 i에서 시작했다고 가정하고, T_1을 체인이 상태 j에 처음으로 들어갈 때까지의 전이의 수라고 놓는다. 그 다음 T_2를 시점 T_1부터 마코프체인이 상태 j에 다시 들어갈 때까지 추가적인 전이의 수라고 놓는다. 그 다음 T_3를 시점 $T_1 + T_2$부터 마코프체인이 상태 j에 또 다시 들어갈 때까지 추가적인 전이의 수라고 놓는다. 이와 같이 계속한다. 명제 4.3에 의해 확률 1로 j로의 전이가 결국 일어나기 때문에 T_1은 유한임을 관찰하자. 역시 $n \geqslant 2$에 대해, T_n이 상태 j로의 $n-1$번째 전이와 n번째 전이 사이의 전이의 수이기 때문에, 마코프 성질에 의해 $T_2, T_3, \ldots$는 독립이고 평균 m_j를 갖고 동일하게 분포되어 있다. 상태 j로의 n번째 전이가 시점 $T_1 + \ldots + T_n$에서 일어나기 때문에, 체인이 상태 j에 있는 시간의 장기적 비율 π_j는

$$\begin{aligned}\pi_j &= \lim_{n\to\infty} \frac{n}{\sum_{i=1}^n T_i} \\ &= \lim_{n\to\infty} \frac{1}{\frac{1}{n}\sum_{i=1}^n T_i} \\ &= \lim_{n\to\infty} \frac{1}{\frac{T_1}{n} + \frac{T_2+\ldots+T_n}{n}} \\ &= \frac{1}{m_j}\end{aligned}$$

가 된다. 여기서 마지막 등식은 $\lim_{n\to\infty} T_1/n = 0$이고 큰 수의 강법칙에 의해 $\lim_{n\to\infty} \frac{T_2+\ldots+T_n}{n} = \lim_{n\to\infty} \frac{T_2+\ldots+T_n}{n-1}\frac{n-1}{n} = m_j$이기 때문에 얻어진다. ■

$m_j < \infty$는 $1/m_j > 0$과 동등하기 때문에, 위의 명제로부터 j가 양 재발상태일 필요충분조건은 $\pi_j > 0$임을 알 수 있다. 이제 이 사실을 이용하여 양 재발성이 클래스 성질임을 보이자.

명제 4.5 i가 양 재발상태이고 $i \leftrightarrow j$이면 j도 양 재발상태이다.

증명 i가 양 재발상태이고 $i \leftrightarrow j$라고 가정하고, n을 $P_{i,j}^n > 0$인 값이라고 하자. π_i가 체인이 상태 i에 있는 시간의 장기 비율이고, $P_{i,j}^n$이 상태 i에 있는 체인이 n번의 전이 후에 j 상태에 있게 되는 시간의 장기 비율이므로 다음을 얻는다.

$$\begin{aligned}\pi_i P_{i,j}^n &= \text{체인이 } i\text{에 있고 } n\text{번 전이 후에 } j\text{에 있게 되는 시간의 장기 비율} \\ &= \text{체인이 } j\text{에 있고 } n\text{번 전이 전에는 } i\text{에 있었던 시간의 장기 비율} \\ &\leqslant \text{체인이 } j\text{에 있는 시간의 장기 비율}\end{aligned}$$

따라서 $\pi_j \geqslant \pi_i P_{i,j}^n > 0$이므로, j도 양 재발상태이다. ■

참고:

(i) 위의 결과로부터 영 재발성도 역시 클래스 성질임을 알 수 있다. 그 이유를 보기 위해 i가 영 재발상태이고 $i \leftrightarrow j$라고 가정해보자. 그러면 j도 재발상태이다. 만약 j가 양 재발적이면 위의 명제에 따라 i도 양 재발적이어야 한다. 그런데 i가 양 재발적이 아니므로 j도 양 재발적이 아니다.

(ii) 기약 유한 마코프체인은 양 재발적이어야 한다. 그 이유를 알아보자. 우선 이 체인이 재발적임을 알고 있다. 따라서 모든 상태가 양 재발이든가 영 재발이어야 한다. 만약 영 재발이라면 모든 장기 비

율이 0이 되어야 하는데, 유한개의 상태만 존재하기 때문에 이는 불가능하다. 따라서, 체인은 양 재발적이어야 한다. ■

장기 비율 $\{\pi_j, j \geqslant 0\}$을 구하기 위해, 우선 π_i는 상태 i로부터 나오는 전이의 장기 비율이라는 사실로부터 다음을 관찰하자.

$\pi_i P_{i,j}$ = 상태 i에서 상태 j로 가는 전이의 장기 비율

위 식을 모든 i에 대해 더하면 다음을 얻는다

$$\pi_j = \sum_i \pi_i P_{i,j}$$

실제로 다음 중요한 정리가 증명될 수 있다.

정리 4.1 기약 마코프체인을 고려하자. 만약 양 재발적이면 장기 비율은 다음 방정식의 유일한 해이다.

$$\pi_j = \sum_i \pi_i P_{i,j}, \quad j \geqslant 1$$

$$\sum_j \pi_j = 1$$

또한 위의 선형방정식의 해가 존재하지 않으면 마코프체인은 일시적이든가 또는 영 재발적이고 모든 j에 대해 $\pi_j = 0$이다. ■

예제 4.20 예제 4.1에서 오늘 비가 오면 내일 확률 α로 비가 오고, 오늘 비가 오지 않으면 내일 확률 β로 비가 온다고 가정하였다. 비가 오면 상태를 0으로 비가 오지 않으면 상태를 1로 놓으면, 정리 4.1에 의해 장기 비율 π_0와 π_1은 다음과 같이 주어진다.

$$\pi_0 = \alpha\pi_0 + \beta\pi_1,$$
$$\pi_1 = (1-\alpha)\pi_0 + (1-\beta)\pi_1,$$
$$\pi_0 + \pi_1 = 1$$

이것을 풀면

$$\pi_0 = \frac{\beta}{1+\beta-\alpha}, \quad \pi_1 = \frac{1-\alpha}{1+\beta-\alpha}$$

가 얻어진다. 예를 들어, $\alpha = 0.7$, $\beta = 0.4$이면 비가 오는 장기 비율은 $\pi_0 = \frac{4}{7} = 0.571$이 된다. ■

예제 4.21 예제 4.3에서 어떤 사람의 기분이 다음의 전이확률 행렬을 갖는 세 가지 상태의 마코프체인으로 모델링 되었다.

$$\mathbf{P} = \begin{Vmatrix} 0.5 & 0.4 & 0.1 \\ 0.3 & 0.4 & 0.3 \\ 0.2 & 0.3 & 0.5 \end{Vmatrix}$$

장기적으로 과정이 각 상태에 있는 시간의 비율을 구하라.

풀이 장기 비율 π_i, $i = 0, 1, 2$는 정리 4.1의 방정식 계를 풀면 얻어진다. 이 예제의 경우 방정식은

$$\pi_0 = 0.5\pi_0 + 0.3\pi_1 + 0.2\pi_2,$$
$$\pi_1 = 0.4\pi_0 + 0.4\pi_1 + 0.3\pi_2,$$
$$\pi_2 = 0.1\pi_0 + 0.3\pi_1 + 0.5\pi_2,$$
$$\pi_0 + \pi_1 + \pi_2 = 1$$

이고 이것을 풀면 다음이 얻어진다.

$$\pi_0 = \frac{21}{62}, \quad \pi_1 = \frac{23}{62}, \quad \pi_2 = \frac{18}{62}.$$ ■

예제 4.22 (계층이동 모델) 사회학자들에게 흥미꺼리가 되는 문제 중 하나는 한 사회의 상류 또는 하류 직업의 비율을 예측하는 것이다. 한 가지 가능한 수학적 모형은 가족 내의 연속적인 세대에서 사회 계층의 전이를 마코프체인의 전이로 간주하는 것이다. 즉, 자녀의 직업이 자신의 부모의 직업에만 종속한다고 가정한다. 이 모형이 적합하고, 전이확률 행렬이 다음과 같이 주어졌다고 가정하자.

$$\mathbf{P} = \begin{Vmatrix} 0.45 & 0.48 & 0.07 \\ 0.05 & 0.70 & 0.25 \\ 0.01 & 0.50 & 0.49 \end{Vmatrix} \tag{4.8}$$

즉 예를 들어, 중류층 근로자의 자녀는 각각 0.05, 0.70, 0.25의 확률로 상류, 중류 또는 하류의 직업을 가질 것이다.

장기 비율 π_i는

$$\begin{aligned} \pi_0 &= 0.45\pi_0 + 0.05\pi_1 + 0.01\pi_2, \\ \pi_1 &= 0.48\pi_0 + 0.70\pi_1 + 0.50\pi_2, \\ \pi_2 &= 0.07\pi_0 + 0.25\pi_1 + 0.49\pi_2, \\ \pi_0 &+ \pi_1 + \pi_2 = 1 \end{aligned}$$

을 만족할 것이고, 이로부터 다음을 얻는다.

$$\pi_0 = 0.07, \quad \pi_1 = 0.62, \quad \pi_2 = 0.31$$

다시 말해, 계층 간의 사회적 이동이 식 (4.8)에 주어진 전이확률 행렬을 갖는 마코프체인에 의해 묘사된다면, 장기적으로 구성원의 7%는 상류, 62%는 중류, 31%는 하류의 직업을 각각 가질 것이다. ■

예제 4.23 (유전학에서 하디-와인버그 법칙과 마코프체인) 각각 특정한 유전자 쌍을 지닌 개체들이 모인 커다란 집단을 고려하자. 개별 유전자는 A형 또는 a형으로 구분된다. 유전자 쌍 AA, aa, Aa을 지닌 개체 들의 비율이 각각 p_0, q_0, r_0, ($p_0 + q_0 + r_0 = 1$)라고 가정하자. 두 개체가 짝짓기를 하면 각자 자신의 유전자 중 하나를 무작위로 자식에게 물려준다. 짝짓기가 무작위로 일어나서 각 개체가 임의의 다른 개체와 동일한 가능성으로 짝짓기를 한다고 가정할 때, 다음 세대에서 유전자 쌍 AA, aa, Aa을 지닌 개체들의 비율을 알고 싶다. 이 비율을 p, q, r이라고 놓자. 다음 세대의 한 개체에 초점을 맞춰 이 개체의 유전자 쌍의 확률을 결정하면 이 비율을 쉽게 구할 수 있다.

먼저, 부모를 무작위로 선택하고 그 다음 유전자를 무작위로 선택하는 것은 단순하게 전체 유전자 모음에서 하나의 유전자를 무작위로 선택하는 것과 동등함을 관찰하자. 부모의 유전자 쌍에 조건을 주면, 무작위로 선택된 유전자가 A형일 확률은

$$\begin{aligned} P\{A\} &= P\{A|AA\}p_0 + P\{A|aa\}q_0 + P\{A|Aa\}r_0 \\ &= p_0 + r_0/2 \end{aligned}$$

과 같이 계산된다. 유사하게 이것이 a형일 확률은

$$P\{a\} = q_0 + r_0/2$$

로 얻어진다. 따라서 무작위로 짝짓기할 때, 다음 세대에서 무작위로 선택된 개체는 다음 확률 p로 AA형이 된다.

$$p = P\{A\}P\{A\} = (p_0 + r_0/2)^2$$

또는 다음 확률 q로 aa형이 된다.

$$q = P\{a\}P\{a\} = (q_0 + r_0/2)^2$$

또는 다음 확률 r로 Aa형이 된다.

$$r = 2P\{A\}P\{a\} = 2(p_0 + r_0/2)(q_0 + r_0/2)$$

다음 세대의 각 구성원은 독립적으로 확률 p, q, r로 각 세 가지 유전자 형 중 하나가 되므로, 다음 세대의 구성원들의 AA, aa, Aa 형의 비율은 각각 p, q, r이 된다.

이제 다음 세대의 전체 유전자를 모으면, 유전자 A형의 비율 $p + r/2$은 이전 세대에서 변화가 없을 것이다. 이 사실은 전체 유전자 모음이 세대와 세대 간에 변동이 없다고 논증하든가 아니면 다음의 간단한 계산을 통해 확인할 수 있다.

$$\begin{aligned} p + r/2 &= (p_0 + r_0/2)^2 + (p_0 + r_0/2)(q_0 + r_0/2) \\ &= (p_0 + r_0/2)[p_0 + r_0/2 + q_0 + r_0/2] \\ &= p_0 + r_0/2 \qquad\qquad p_0 + r_0 + q_0 = 1\text{이므로} \\ &= P\{A\} \end{aligned} \tag{4.9}$$

따라서 유전자 모음에서 A와 a의 비율은 처음 세대와 동일하다. 이로부터 무작위 짝짓기를 가정하면, 처음 세대 이후의 모든 대를 이은 세대에서 유전자 쌍 AA, aa, Aa를 가진 개체의 비율은 p_0, q_0, r_0의 값으로 고정이 된다. 이것은 **하디-와인버그 법칙**(Hardy-Weinberg law)으로 알려져 있다.

이제 집단에서 유전자 쌍의 비율이 p, q, r로 안정화되어 있다고 가정하고, 단일 개체와 그것의 자손의 유전자 이력을 따라가 보자. (단순화하여, 각 개체가 한명의 자식을 갖는다고 가정하자.) 그 개체에 대해, X_n을 n번째 세대의 유전자 상태라고 놓자. 이 마코프체인의 전이확률 행렬은 다음과 같다.

$$\begin{array}{c} \\ AA \\ aa \\ Aa \end{array} \begin{array}{c} \begin{array}{ccc} AA & aa & Aa \end{array} \\ \left\| \begin{array}{ccc} p + \frac{r}{2} & 0 & q + \frac{r}{2} \\ 0 & q + \frac{r}{2} & p + \frac{r}{2} \\ \frac{p}{2} + \frac{r}{4} & \frac{q}{2} + \frac{r}{4} & \frac{p}{2} + \frac{q}{2} + \frac{r}{2} \end{array} \right\| \end{array}$$

이것은 무작위로 선택된 짝짓기 대상의 상태에 조건을 주어 쉽게 확인할 수 있다. 직관적으로 이 마코프체인의 극한확률(이는 각 유전자 상태를 가진 자손들의 장기 비율과 같다)은 단순히 p, q, r이 되어야 한다(왜 그런가?). 이것을 검증하기 위해, 이 값들이 정리 4.1을 만족함을 보여야 한다. 정리 4.1에서 하나의 식은 군더더기이므로 다음을 보이면 충분하다.

$$\begin{aligned} p &= p\left(p + \frac{r}{2}\right) + r\left(\frac{p}{2} + \frac{r}{4}\right) = \left(p + \frac{r}{2}\right)^2, \\ q &= q\left(q + \frac{r}{2}\right) + r\left(\frac{q}{2} + \frac{r}{4}\right) = \left(q + \frac{r}{2}\right)^2, \\ p + q + r &= 1 \end{aligned}$$

그런데 이것은 식 (4.9)에서 얻어지므로 결과가 확인된다. ■

예제 4.24 생산과정이 전이확률 P_{ij}, $i, j = 1, \ldots, n$를 갖는 기약, 양 재발 마코프체인에 따라 상태가 바뀐다고 가정하자. 상태 중 일부는 양호하고 일부는 불량이다. 양호한 상태를 A로 놓고 불량 상태를 A^c로 놓자. 생산과정이 양호 상태에 있으면 "가동"이라고 하고 불량 상태에 있으면 "중단"이라고 부르자. 다음을 결정하라.

1. 생산과정이 가동에서 중단으로 가는 비율(즉 고장율)
2. 중단으로 갔을 때 중단 상태로 남아있는 시간의 평균
3. 가동으로 갔을 때 가동 상태로 남아있는 시간의 평균

풀이▶ π_k, $k = 1, \ldots, n$를 장기 비율이라고 하자. $i \in A$, $j \in A^c$에 대해 상태 i에서 상태 j로 들어오는 비율은

$$i\text{에서 } j\text{로 들어오는 비율} = \pi_i P_{ij}$$

이다. 따라서 생산과정이 양호 상태로부터 상태 j로 들어오는 비율은

$$A\text{에서 } j\text{로 들어오는 비율} = \sum_{i \in A} \pi_i P_{ij}$$

이 된다. 따라서 생산과정이 양호 상태로부터 불량 상태로 들어오는 비율(즉, 고장이 발생하는 비율)은 다음과 같다.

$$\text{고장이 발생하는 비율} = \sum_{j \in A^c} \sum_{i \in A} \pi_i P_{ij} \tag{4.10}$$

이제 $\bar{U}$, $\bar{D}$를 각각 가동된 후 가동시간과 중단된 후 중단시간의 평균이라고 하자. 평균적으로 $\bar{U} + \bar{D}$ 시간마다 한 번의 고장이 있으므로 직관적으로 다음을 얻는다.

$$\text{고장이 발생하는 비율} = \frac{1}{\bar{U} + \bar{D}}$$

따라서 식 (4.10)으로부터

$$\frac{1}{\bar{U} + \bar{D}} = \sum_{j \in A^c} \sum_{i \in A} \pi_i P_{ij} \tag{4.11}$$

을 얻는다. $\bar{U}$, $\bar{D}$ 를 관련짓는 두 번째 방정식을 얻기 위해, 생산 과정이 가동일 시간비율을 고려하면 이는 물론 $\sum_{i \in A} \pi_i$이다. 그런데 과정이 평균적으로 $\bar{U} + \bar{D}$ 시간마다 $\bar{U}$ 시간 가동하므로(직관적으로 보아)

$$\text{가동시간의 비율} = \frac{\bar{U}}{\bar{U} + \bar{D}}$$

이 되고 따라서 다음을 얻는다.

$$\frac{\bar{U}}{\bar{U} + \bar{D}} = \sum_{i \in A} \pi_i \tag{4.12}$$

이제, 식 (4.11)과 (4.12)로부터 다음을 얻는다.

$$\begin{aligned}
\bar{U} &= \frac{\sum_{i \in A} \pi_i}{\sum_{j \in A^c} \sum_{i \in A} \pi_i P_{ij}}, \\
\bar{D} &= \frac{1 - \sum_{i \in A} \pi_i}{\sum_{j \in A^c} \sum_{i \in A} \pi_i P_{ij}} \\
&= \frac{\sum_{i \in A^c} \pi_i}{\sum_{j \in A^c} \sum_{i \in A} \pi_i P_{ij}}
\end{aligned}$$

예를 들어 전이확률 행렬이 다음과 같다고 하자.

$$\mathbf{P} = \begin{Vmatrix} \frac{1}{4} & \frac{1}{4} & \frac{1}{2} & 0 \\ 0 & \frac{1}{4} & \frac{1}{2} & \frac{1}{4} \\ \frac{1}{4} & \frac{1}{4} & \frac{1}{4} & \frac{1}{4} \\ \frac{1}{4} & \frac{1}{4} & 0 & \frac{1}{2} \end{Vmatrix}$$

여기서 양호(가동) 상태는 1, 2이고 불량(중단) 상태는 3, 4이다. 우선 장기 비율는 다음을 만족해야한다.

$$\begin{aligned} \pi_1 &= \pi_1 \tfrac{1}{4} + \pi_3 \tfrac{1}{4} + \pi_4 \tfrac{1}{4}, \\ \pi_2 &= \pi_1 \tfrac{1}{4} + \pi_2 \tfrac{1}{4} + \pi_3 \tfrac{1}{4} + \pi_4 \tfrac{1}{4}, \\ \pi_3 &= \pi_1 \tfrac{1}{2} + \pi_2 \tfrac{1}{2} + \pi_3 \tfrac{1}{4}, \\ \pi_1 + \pi_2 + \pi_3 + \pi_4 &= 1 \end{aligned}$$

이를 풀면

$$\pi_1 = \tfrac{3}{16}, \quad \pi_2 = \tfrac{1}{4}, \quad \pi_3 = \tfrac{14}{48}, \quad \pi_4 = \tfrac{13}{48}$$

이 되고 따라서

$$\begin{aligned} \text{고장 비율} &= \pi_1(P_{13} + P_{14}) + \pi_2(P_{23} + P_{24}) \\ &= \tfrac{9}{32}, \\ \bar{U} &= \tfrac{14}{9} \text{ 이고 } \bar{D} = 2 \end{aligned}$$

이다. 즉, 평균적으로 고장은 $\frac{9}{32}$ (28%)의 시간에 일어나서 평균 2 시간 단위만큼 지속된 후 가동 상태로 바뀌어 되어 평균 14/9 시간 단위만큼 가동된다. ■

장기 비율 $\pi_j, j \geqslant 0$은 흔히 **정상**(stationary) 확률로 불린다. 그 이유는 초기 상태가 $\pi_j, j \geqslant 0$에 따라 선택되면 어느 시점이든 상태 j에 있을 확률이 다시 π_j가 되기 때문이다. 즉, 만약

$$P\{X_0 = j\} = \pi_j, \quad j \geqslant 0$$

이면

$$P\{X_n = j\} = \pi_j \text{ 모든 } n\text{에 대해, } j \geqslant 0$$

이 된다. 이 사실은 귀납법에 의해 쉽게 증명된다. 왜냐하면 $n = 0$일 때는 당연히 성립하고, $n - 1$일 때 성립 가정하면

$$\begin{aligned} P\{X_n = j\} &= \sum_i P\{X_n = j | X_{n-1} = i\} P\{X_{n-1} = i\} \\ &= \sum_i P_{ij} \pi_i \quad \text{귀납 가정에 의해} \\ &= \pi_j \quad \text{정리 4.1에 의해} \end{aligned}$$

이기 때문이다.

예제 4.25 어떤 호텔에 연이은 날 동안 투숙하는 가족의 수가 평균 λ이고 독립인 푸아송 확률변수라고 하자. 또한 한 가족이 그 호텔에 묵는 날짜의 수는 모수 p, $0 < p < 1$인 기하 확률변수라고 가정하자. (즉, 그 전날 호텔에서 묵은 가족은 그동안 며칠 동안 묵었는지에 무관하게 다음날 확률 p로 퇴실한다.) 모든 가족들은 서로 무관하게 행동한다고 가정하자. 이 조건하에서, X_n을 날짜 n의 시작 시점에 호

텔에 투숙한 가족의 수라고 하면 $\{X_n, n \geqslant 0\}$이 마코프체인임을 쉽게 일 수 있다. 다음을 구하라.

(a) 이 마코프체인의 전이확률

(b) $E[X_n|X_0 = i]$

(c) 이 마코프체인의 정상확률

풀이▶ (a) $P_{i,j}$를 구하기 위해 어떤 날의 시작 시점에 호텔이 투숙한 가족 수가 i라고 가정해보자. i 가족들은 각각 확률 $q = 1 - p$로 하루를 더 묵게 되므로, 이 가족들 중 다음 날 남아있는 가족의 수 R_i는 이항(i, q) 확률변수가 될 것이다. 따라서 N을 그날 하루 동안 새로 투숙하는 가족의 수라고 하면

$$P_{i,j} = P(R_i + N = j)$$

가 됨을 알 수 있다. R_i에 조건을 주고 N이 평균 λ인 푸아송임을 이용하면 다음을 얻는다.

$$\begin{aligned}
P_{i,j} &= \sum_{k=0}^{i} P(R_i + N = j|R_i = k)\binom{i}{k} q^k p^{i-k} \\
&= \sum_{k=0}^{i} P(N = j - k|R_i = k)\binom{i}{k} q^k p^{i-k} \\
&= \sum_{k=0}^{\min(i,j)} P(N = j - k)\binom{i}{k} q^k p^{i-k} \\
&= \sum_{k=0}^{\min(i,j)} e^{-\lambda}\frac{\lambda^{j-k}}{(j-k)!}\binom{i}{k} q^k p^{i-k}
\end{aligned}$$

(b) 상태 i로부터 전이하는 다음 상태에 대한 앞의 표현 $R_i + N$을 사용하여

$$E[X_n|X_{n-1} = i] = E[R_i + N] = iq + \lambda$$

임을 알 수 있다. 따라서

$$E[X_n|X_{n-1}] = X_{n-1}q + \lambda$$

인데, 양변의 기댓값을 취하면 다음을 얻는다.

$$E[X_n] = \lambda + qE[X_{n-1}]$$

위와 같이 반복하면

$$\begin{aligned}
E[X_n] &= \lambda + qE[X_{n-1}] \\
&= \lambda + q(\lambda + qE[X_{n-2}]) \\
&= \lambda + q\lambda + q^2E[X_{n-2}] \\
&= \lambda + q\lambda + q^2(\lambda + qE[X_{n-3}]) \\
&= \lambda + q\lambda + q^2\lambda + q^3E[X_{n-3}]
\end{aligned}$$

가 되어 결국

$$E[X_n] = \lambda\left(1 + q + q^2 + \ldots + q^{n-1}\right) + q^nE[X_0]$$

이 되고 이는 다음 결과를 준다.

$$E[X_n|X_0 = i] = \frac{\lambda(1 - q^n)}{p} + q^n i$$

(c) 정상 확률을 구하기 위해 (a)에서 구한 복잡한 전이확률을 직접 사용하는 대신, 정상 확률변수가 초기상태의 분포가 다음 상태의 분포와 동일하게 되는 유일한 분포라는 사실을 이용할 것이다. 이제, 초기상태 X_0가 평균 α인 푸아송 분포를 갖는다고 가정하자. 즉, 처음에 호텔에 있던 가족의 수가 평균 α인 푸아송 확률변수라고 가정하자. 이 가족들 중 다음 날 시작 시점에서 호텔에 남아있는 가족의 수를 R이라고 놓자. 그러면, 평균이 α인 푸아송 분포를 따르는 각 사건이 확률 q로 발생한다면, 이 사건들이 발생한 총 수는 평균이 αq인 푸아송 분포인 푸아송 분포를 따른다는 예제 3.23의 결과를 이용하여 R은 평균이 αq인 푸아송 확률변수임을 알 수 있다. 또한 그날 새로 투숙한 가족의 수, N은 평균이 λ인 푸아송이고 R과 독립이다. 이제 독립인 푸아송 확률변수의 합은 역시 푸아송 분포를 따르므로, 다음 날 시작시점의 고객 수 $R + N$은 평균이 $\lambda + \alpha q$인 푸아송이다. 결국

$$\alpha = \lambda + \alpha q$$

가 되도록 α를 선택하면 X_1의 분포는 X_0의 분포와 동일하다. 그런데 이는, 초기상태 X_0의 분포가 평균 $\alpha = \frac{\lambda}{p}$인 푸아송이면 X_1의 분포도 마찬가지라는 것이고, 따라서 이것이 정상분포가 됨을 의미한다. 즉, 정상분포는 다음과 같다.

$$\pi_i = e^{-\lambda/p}(\lambda/p)^i/i!, \quad i \geqslant 0$$

위의 모형은 중요한 일반화를 가지고 있다. 직원들이 r가지 유형인 회사를 고려하자. 예를 들어, 회사가 법무법인이면 변호사들이 하급변호사(junior), 소속변호사(associate), 구성원변호사(partner)로 나뉜다. 현재 유형 i인 직원이 확률 $q_{i,j}$, $j = 1, \ldots, r$로 다음 기간에 유형 j의 직원이 되든가 아니면 확률 $1 - \sum_{j=1}^{r} q_{i,j}$로 회사를 떠난다고 가정하자. 또한, 매 기간 새로운 직원들이 고용되는데, 고용되는 유형 $1, \ldots, r$의 직원들의 수는 각각 평균이 $\lambda_1, \ldots, \lambda_r$인 푸아송 확률변수이다. $X_n(i)$를 시점 n의 시작시점에 재직 중인 유형 i의 직원들의 수라하고, $\mathbf{X}_n = (X_n(1), \ldots, X_n(r))$이라 하면, $\mathbf{X}_n$, $n \geqslant 0$는 마코프 체인이다. 이것의 정상 확률분포를 구하기 위해, 초기상태를 각 유형의 직원 수가 평균 α_i인 독립인 푸아송 확률변수가 되도록 선택하자. 즉, $X_0(1), \ldots, X_0(r)$을 각각 평균 $\alpha_1, \ldots, \alpha_r$을 갖는 독립인 푸아송 확률변수라고 가정하자. 또한 N_j, $j = 1, \ldots, r$을 처음 기간에 고용된 유형 j 직원들의 수라고 하자. 이제, i를 고정시키고 $j = 1, \ldots, r$에 대해 $M_i(j)$를 다음 기간에 유형 j가 되는 유형 i 직원의 수라고 하자. 그러면, 푸아송 확률변수인 $X_0(i)$명의 유형 i 직원들은 각각 확률 $q_{i,j}$, $j = 1, \ldots, r$로 독립적으로 유형 j가 되므로, 예제 3.23의 참고로부터 $M_i(1), \ldots, M_i(r)$은 각각 평균 $\alpha_i q_{i,j}$, $j = 1, \ldots, r$을 갖는 독립인 푸아송 확률변수가 된다. $X_0(1), \ldots, X_0(r)$이 가정에 의해 독립이므로, $M_i(j)$, $i, j = 1, \ldots, r$는 모두 독립이다. 이제, 푸아송 확률변수들의 합은 역시 푸아송이므로 다음 확률변수

$$X_1(j) = N_j + \sum_{i=1}^{r} M_i(j), \quad j = 1, \ldots, r$$

는 독립인 각각 다음의 평균을 갖는 푸아송 확률변수들이다.

$$E[X_1(j)] = \lambda_j + \sum_{i=1}^{r} \alpha_i q_{i,j}$$

따라서, $\alpha_1, \ldots, \alpha_r$이

$$\alpha_j = \lambda_j + \sum_{i=1}^{r} \alpha_i q_{i,j}, \quad j = 1, \ldots, r$$

를 만족한다면 $\mathbf{X}_1$은 $\mathbf{X}_0$와 동일한 분포를 갖는다. 즉, $\alpha_1^o, \ldots, \alpha_r^o$이

$$\alpha_j^o = \lambda_j + \sum_{i=1}^{r} \alpha_i^o q_{i,j}, \quad j = 1, \ldots, r$$

의 해이면 마코프체인의 정상 분포는 각 유형의 직원의 수를 각각 평균 $\alpha_1^o, \ldots, \alpha_r^o$인 독립인 푸아송 확률변수로 취한 분포이다. 즉, 장기 비율은 다음과 같다.

$$\pi_{k_1,\ldots,k_r} = \prod_{i=1}^{r} e^{-\alpha_i^o} (\alpha_i^o)^{k_i} / k_i!$$

확률 1로 모든 직원이 결국 회사를 떠난다는 조건이 주어지면, 위의 해 $\alpha_1^o, \ldots, \alpha_r^o$이 존재함을 보일 수 있다. 이 경우, 정상 분포는 유일하므로 해는 오직 하나 존재한다. ■

다음 예제에서는, $m_i = 1/\pi_i$, 즉 한 상태를 방문하는 사이의 경과 시간의 평균은 체인이 그 상태에 있는 시간의 장기적인 비율의 역수인 관계를 이용하여, 데이터가 마코프체인의 연이은 상태가 될 때 특정한 패턴이 나타날 때까지의 평균 시간을 계산하는 방법을 얻는다.

예제 4.26 (마코프체인이 생성한 데이터에서 평균 패턴시간) 전이확률 P_{ij}와 정상 확률 $\pi_j, j \geqslant 0$을 갖는 기약 마코프체인 $\{X_n, n \geqslant 0\}$을 고려하자. 상태 r에서 시작하여 패턴 $i_1, i_2, \ldots, i_k$이 나타날 때까지의 평균 전이횟수를 구하고 싶다. 즉,

$$N(i_1, i_2, \ldots, i_k) = \min\{n \geqslant k: X_{n-k+1} = i_1, \ldots, X_n = i_k\}$$

라고 할 때

$$E[N(i_1, i_2, \ldots, i_k) | X_0 = r]$$

를 구하려고 한다. $i_1 = r$일 때에도 초기상태 X_0는 패턴열의 일부로 고려되지 않음에 주의하라.

초기상태가 $i, i \geqslant 0$로 주어질 때, $\mu(i, i_1)$을 체인이 상태 i_1에 들어가는 전이의 수의 평균이라고 하자. $\mu(i, i_1)$의 값은 상태 i로부터의 첫 번째 전이에 조건을 주어 다음 연립방정식으로부터 얻어진다.

$$\mu(i, i_1) = 1 + \sum_{j \neq i_1} P_{i,j} \mu(j, i_1), \quad i \geqslant 0$$

이제, 마코프체인 $\{X_n, n \geqslant 0\}$에 대응하는 k-체인이라고 불리는 마코프체인을 연관시키는데, 이 체인은 어느 시점이나 원래 체인의 가장 최근의 k개의 상태 열을 상태로 갖는다. (예를 들어 $k = 3$이고 $X_2 = 4$, $X_3 = 1$, $X_4 = 1$이면 시점 4의 k-체인의 상태는 (4, 1, 1)이다.) k-체인의 정상 확률을 $\pi(j_1, \ldots, j_k)$라고 놓자. $\pi(j_1, \ldots, j_k)$는 원래 체인의 k시점 전의 상태가 j_1이고 그 다음 $k-1$개의 상태가 순서대로 $j_2, \ldots, j_k$인 시간의 비율이므로 다음의 결과를 얻는다.

$$\pi(j_1, \ldots, j_k) = \pi_{j_1} P_{j_1,j_2} \cdots P_{j_{k-1},j_k}$$

또한, k-체인이 상태 $(i_1, i_2, \ldots, i_k)$에 연이어 방문하는 사이의 전이의 수의 평균은 그 상태의 정상 확률의 역수와 같으므로 다음을 얻는다.

$$E[(i_1, i_2, \ldots, i_k)\text{에 방문하는 사이의 전이의 수}] = \frac{1}{\pi(i_1, \ldots, i_k)} \tag{4.13}$$

처음 m개의 전이가 $X_1 = i_1, \ldots, X_m = i_m$와 같이 주어졌을 때, $A(i_1, \ldots, i_m)$을 패턴이 나타날 때까지 필요한 추가 전이의 수라고 하자.

이제, 패턴이 중복을 가지고 있는지를 고려하자. 패턴 $i_1, i_2, \ldots, i_k$에서 마지막 j개의 원소가 처음 j

개 원소와 동일하면 크기 $j, j < k$의 중복을 갖는다고 말한다. 즉,

$$(i_{k-j+1}, \ldots, i_k) = (i_1, \ldots, i_j), \quad j < k$$

이면 패턴은 크기 j의 중복을 갖는다.

경우 1. $i_1, i_2, \ldots, i_k$이 중복을 갖지 않는다.

중복이 없으므로 식 (4.13)은 다음을 준다.

$$E[N(i_1, i_2, \ldots, i_k)|X_0 = i_k] = \frac{1}{\pi(i_1, \ldots, i_k)}$$

패턴이 발생할 때까지의 시간은 체인이 i_1에 들어 갈 때까지의 시간에 추가 시간을 더한 것과 같기 때문에 다음과 같이 쓸 수 있다.

$$E[N(i_1, i_2, \ldots, i_k)|X_0 = i_k] = \mu(i_k, i_1) + E[A(i_1)]$$

앞의 두 방정식은

$$E[A(i_1)] = \frac{1}{\pi(i_1, \ldots, i_k)} - \mu(i_k, i_1)$$

를 의미한다.

$$E[N(i_1, i_2, \ldots, i_k)|X_0 = r] = \mu(r, i_1) + E[A(i_1)]$$

를 이용하면

$$E[N(i_1, i_2, \ldots, i_k)|X_0 = r] = \mu(r, i_1) + \frac{1}{\pi(i_1, \ldots, i_k)} - \mu(i_k, i_1)$$

를 얻는다. 여기서

$$\pi(i_1, \ldots, i_k) = \pi_{i_1} P_{i_1, i_2} \cdots P_{i_{k-1}, i_k}$$

경우 2. 패턴이 중복을 갖고 가장 큰 중복이 크기 s라고 하자,

이 경우 k-체인이 상태 $(i_1, i_2, \ldots, i_k)$에 연이어 방문하는 사이의 전이의 수는 원래 체인이 이미 $X_1 = i_1, \ldots, X_s = i_s$가 되는 s번의 전이를 하였다는 조건하에서 패턴이 일어날 때까지의 추가 전이 횟수와 같다. 따라서 식 (4.13)으로부터

$$E[A(i_1, \ldots, i_s)] = \frac{1}{\pi(i_1, \ldots, i_k)}$$

가 된다. 그런데

$$N(i_1, i_2, \ldots, i_k) = N(i_1, \ldots, i_s) + A(i_1, \ldots, i_s)$$

이기 때문에

$$E[N(i_1, i_2, \ldots, i_k)|X_0 = r] = E[N(i_1, i_2, \ldots, i_s)|X_0 = r] + \frac{1}{\pi(i_1, \ldots, i_k)}$$

를 얻는다. 이제 패턴 $i_1, \ldots, i_s$에 대해 동일한 과정을 반복할 수 있는데, 중복이 없는 것이 나올 때까지 계속 반복한 후 경우 1의 결과를 적용한다.

예를 들어, 주어진 패턴이 1, 2, 3, 1, 2, 3, 1, 2라고 해보자. 그러면 우선

$$E[N(1,2,3,1,2,3,1,2)|X_0=r] = E[N(1,2,3,1,2)|X_0=r] + \frac{1}{\pi(1,2,3,1,2,3,1,2)}$$

이 된다. 이제, 패턴 (1, 2, 3, 1, 2)의 가장 큰 중복은 크기 2이므로 동일한 방법으로

$$E[N(1,2,3,1,2)|X_0=r] = E[N(1,2)|X_0=r] + \frac{1}{\pi(1,2,3,1,2)}$$

을 얻는다. 패턴 (1, 2)는 중복이 없으므로 경우 1로부터

$$E[N(1,2)|X_0=r] = \mu(r,1) + \frac{1}{\pi(1,2)} - \mu(2,1)$$

을 얻는다. 이들을 결합하여 다음 결과를 얻는다.

$$E[N(1,2,3,1,2,3,1,2)|X_0=r] = \mu(r,1) + \frac{1}{\pi_1 P_{1,2}} - \mu(2,1) + \frac{1}{\pi_1 P_{1,2}^2 P_{2,3} P_{3,1}} + \frac{1}{\pi_1 P_{1,2}^3 P_{2,3}^2 P_{3,1}^2}$$

만약 생성된 데이터가 확률 P_j로 값 j를 갖는 독립이고 동일하게 분포하는 확률변수 열이라면 마코프체인의 전이확률은 $P_{i,j} = P_j$가 된다. 이 경우 $\pi_j = P_j$이다. 또한, 상태 i에서 상태 j로 가는 시간은 모수 P_j를 갖는 기하 확률변수가 되기 때문에, $\mu(i,j) = 1/P_j$이다. 따라서 패턴 1, 2, 3, 1, 2, 3, 1, 2가 나타날 때까지 생성되어야 데이터 값들의 평균 개수는 다음과 같다.

$$\frac{1}{P_1} + \frac{1}{P_1 P_2} - \frac{1}{P_1} + \frac{1}{P_1^2 P_2^2 P_3} + \frac{1}{P_1^3 P_2^3 P_3^2} = \frac{1}{P_1 P_2} + \frac{1}{P_1^2 P_2^2 P_3} + \frac{1}{P_1^3 P_2^3 P_3^2}$$ ■

다음 결과는 매우 유용하다.

명제 4.6 $\{X_n, n \geqslant 1\}$이 정상 확률 $\mu_j, j \geqslant 0$을 갖는 기약 마코프체인이라고 하고, r을 상태공간 상의 유계함수라고 하자. 그러면, 확률 1로

$$\lim_{N\to\infty} \frac{\sum_{n=1}^{N} r(X_n)}{N} = \sum_{j=0}^{\infty} r(j)\pi_j$$

증명 $a_j\,(N)$을 마코프체인이 시간구간 1, ..., N 동안 상태 j에서 보낸 시간의 양이라고 하자, 그러면

$$\sum_{n=1}^{N} r(X_n) = \sum_{j=0}^{\infty} a_j(N) r(j)$$

이 된다. $a_j\,(N)/N \to \pi_j$이므로 위식을 N으로 나누고 $N \to \infty$로 하면 결과가 얻어진다. ■

체인이 상태 j에 들어갈 때마다 보상 $r(j)$를 얻는다고 가정하면, 명제 4.6은 단위시간 당 평균 보상은 $\sum_j r(j)\pi_j$라고 말하고 있다.

예제 4.27 예제 4.7의 보누스 말루스 자동차 보험 체계에서, 연간 지불청구의 수가 평균 $\frac{1}{2}$인 푸아송 확률변수가 되는 가입자가 지불하는 평균 연 보험료를 구하라.

풀이▶ $a_k = e^{-1/2}\frac{(1/2)^k}{k!}$이므로,

$$a_0 = 0.6065, \quad a_1 = 0.3033, \quad a_2 = 0.0758$$

이 되고 따라서 연이은 상태의 마코프체인은 다음의 전이확률 행렬을 갖는다,

$$\begin{Vmatrix} 0.6065 & 0.3033 & 0.0758 & 0.0144 \\ 0.6065 & 0.0000 & 0.3033 & 0.0902 \\ 0.0000 & 0.6065 & 0.0000 & 0.3935 \\ 0.0000 & 0.0000 & 0.6065 & 0.3935 \end{Vmatrix}$$

정상 확률은 다음을 풀어 얻어진다.

$$\pi_1 = 0.6065\pi_1 + 0.6065\pi_2,$$
$$\pi_2 = 0.3033\pi_1 + 0.6065\pi_3,$$
$$\pi_3 = 0.0758\pi_1 + 0.3033\pi_2 + 0.6065\pi_4,$$
$$\pi_1 + \pi_2 + \pi_3 + \pi_4 = 1$$

처음 세 개의 방정식을 다시 쓰면

$$\pi_2 = \frac{1 - 0.6065}{0.6065}\pi_1,$$
$$\pi_3 = \frac{\pi_2 - 0.3033\pi_1}{0.6065},$$
$$\pi_4 = \frac{\pi_3 - 0.0758\pi_1 - 0.3033\pi_2}{0.6065}$$

또는

$$\pi_2 = 0.6488\pi_1,$$
$$\pi_3 = 0.5697\pi_1,$$
$$\pi_4 = 0.4900\pi_1$$

이 되고 $\sum_{i=1}^4 \pi_i = 1$이므로 다음 해를 준다(4자리까지 반올림).

$$\pi_1 = 0.3692, \quad \pi_2 = 0.2395, \quad \pi_3 = 0.2103, \quad \pi_4 = 0.1809$$

따라서 연간 평균 보험료는 다음과 같다.

$$200\pi_1 + 250\pi_2 + 400\pi_3 + 600\pi_4 = 326.375$$ ■

4.4.1 극한 확률

예제 4.1에서 전이확률 행렬이 다음과 같은 2-상태 마코프체인을 고려하였다.

$$\mathbf{P} = \begin{pmatrix} 0.7 & 0.3 \\ 0.4 & 0.6 \end{pmatrix}$$

거기서

$$\mathbf{P}^{(4)} = \begin{pmatrix} 0.5749 & 0.4251 \\ 0.5638 & 0.4332 \end{pmatrix}$$

임을 모였는데 이로부터 $\mathbf{P}^{(8)} = \mathbf{P}^{(4)}\,\mathbf{P}^{(4)}$를 다음과 같이 얻을 수 있다(세 자리의 유효수자로).

$$\mathbf{P}^{(8)} = \begin{pmatrix} 0.572 & 0.428 \\ 0.570 & 0.430 \end{pmatrix}$$

행렬 $\mathbf{P}^{(8)}$는 $\mathbf{P}^{(4)}$와 거의 같고 또한 $\mathbf{P}^{(8)}$의 행들이 거의 같은 값을 가짐을 주목하라. 실제로 $n \to \infty$일 때 $P_{i,j}^{n}$이, i에 종속하지 않는 어떤 값에 수렴하는 것처럼 보인다. 또한 예제 4.20에서 이 체인의 장기 비율이 $\mu_0 = 4/7 \approx 0.571$, $\pi_1 = 3/7 \approx 0.429$이어서 이 장기 비율들이 극한 확률도 될 것 같다는 생각이 들 수 있다. 위의 체인의 경우에는 이것이 실제로 참이지만, 항상 장기 비율이 극한 확률인 것은 아니다. 그 이유를 보기 위해, 다음과 같은 2-상태 마코프체인을 고려해보자.

$$P_{0,1} = P_{1,0} = 1$$

이 마코프체인은 계속 상태 0과 상태 1을 왕복하기 때문에 각 상태에 머무는 장기 시간비율은

$$\pi_0 = \pi_1 = 1/2$$

이 된다. 하지만

$$P_{0,0}^{n} = \begin{cases} 1, & n\text{이 짝수인 경우} \\ 0, & n\text{이 홀수인 경우} \end{cases}$$

이므로 $P_{0,0}^{n}$은 n이 무한대로 갈 때 극한값을 갖지 않는다, 일반적으로, 체인이 $d > 1$의 배수의 단계에만 어떤 상태에 되돌아올 수 있으면(위의 예에서는 $d = 2$) **주기적**(periodic)이라고 불리고 극한 확률을 갖지 않는다. 그러나 **비주기적**(aperiodic)이라고 불리는, 주기적이 아닌 기약 체인의 경우에는, 극한 확률은 항상 존재하고 초기상태에 영향을 받지 않는다. 더욱이 체인이 상태 j에 있을 극한 확률은 체인이 상태 j에 머무는 장기적 시간비율 π_j와 같다. 극한 확률이 존재할 때 장기 비율과 같다는 것은

$$\alpha_j = \lim_{n\to\infty} P(X_n = j)$$

로 놓고

$$P(X_{n+1} = j) = \sum_{i=0}^{\infty} P(X_{n+1} = j | X_n = i)\, P(X_n = i) = \sum_{i=0}^{\infty} P_{ij} P(X_n = i)$$

와

$$1 = \sum_{i=0}^{\infty} P(X_n = i)$$

을 이용하여 보일 수 있다. $n \to \infty$로 하고 극한을 합 기호 안쪽으로 넣을 수 있다고 가정하면, 위의 두 식은

$$\alpha_j = \sum_{i=0}^{\infty} \alpha_i P_{ij}$$

$$1 = \sum_{i=0}^{\infty} \alpha_i$$

이 된다. 따라서 $\{\alpha_j, j \geqslant 0\}$이 유일해를 갖는 $\{\pi_j, j \geqslant 0\}$의 방정식을 만족하므로 $\alpha_j = \pi_j, j \geqslant 0$임이 증명된다.

4.5 응용 예

4.5.1 도박사의 파산 문제

매 도박에서 1 단위를 딸 확률이 p이고 1 단위를 잃을 확률이 $q = 1 - p$인 도박을 하고 있는 도박사를 고려하자. 연이은 도박의 시행이 독립이라고 가정할 때, 처음에 i 단위로 시작한 도박사의 재산이 0에 도달하기 전에 N에 먼저 도달할 확률은 얼마인가?

X_n을 시점 n의 도박사의 재산이라고 놓으면. $\{X_n, n = 0, 1, 2, \ldots\}$은 다음 전이확률 행렬을 갖는 마코프체인이 된다.

$$P_{00} = P_{NN} = 1,$$
$$P_{i,i+1} = p = 1 - P_{i,i-1}, \quad i = 1, 2, \ldots, N - 1$$

이 마코프체인은 $\{0\}$, $\{1, 2, \ldots, N - 1\}$, $\{N\}$의 세 개의 클래스를 가지고 있다. 이 중에서 처음과 세 번째 클래스는 재발적이고 두 번째 클래스는 일시적이다. 각 일시상태는 유한 번만 방문되므로, 어떤 유한 시간 후에 도박사는 목표값 N을 달성하든가 또는 빈털터리가 된다.

P_i, $i = 0, 1, \ldots, N$을 i에서 시작하여 도박사의 재산이 결국 N에 도달할 확률이라고 하자. 첫 도박의 결과에 조건을 주어

$$P_i = pP_{i+1} + qP_{i-1}, \quad i = 1, 2, \ldots, N - 1$$

을 얻는다. $p + q = 1$이므로 이것은

$$pP_i + qP_i = pP_{i+1} + qP_{i-1}$$

또는

$$P_{i+1} - P_i = \frac{q}{p}(P_i - P_{i-1}), \quad i = 1, 2, \ldots, N - 1$$

이 된다. $P_0 = 0$이므로 위 식으로부터 다음을 얻는다.

$$\begin{aligned}
P_2 - P_1 &= \frac{q}{p}(P_1 - P_0) = \frac{q}{p}P_1, \\
P_3 - P_2 &= \frac{q}{p}(P_2 - P_1) = \left(\frac{q}{p}\right)^2 P_1, \\
&\vdots \\
P_i - P_{i-1} &= \frac{q}{p}(P_{i-1} - P_{i-2}) = \left(\frac{q}{p}\right)^{i-1} P_1, \\
&\vdots \\
P_N - P_{N-1} &= \left(\frac{q}{p}\right)(P_{N-1} - P_{N-2}) = \left(\frac{q}{p}\right)^{N-1} P_1
\end{aligned}$$

이 방정식들 중 처음 $i - 1$개를 더하면

$$P_i - P_1 = P_1\left[\left(\frac{q}{p}\right) + \left(\frac{q}{p}\right)^2 + \cdots + \left(\frac{q}{p}\right)^{i-1}\right]$$

또는

$$P_i = \begin{cases} \dfrac{1-(q/p)^i}{1-(q/p)} P_1, & \dfrac{q}{p} \neq 1\text{일 때} \\ i P_1, & \dfrac{q}{p} = 1\text{일 때} \end{cases}$$

을 준다. 이제 $P_N = 1$임을 이용하여

$$P_1 = \begin{cases} \dfrac{1-(q/p)}{1-(q/p)^N}, & p \neq \dfrac{1}{2}\text{ 일 때} \\ \dfrac{1}{N}, & p = \dfrac{1}{2}\text{ 일 때} \end{cases}$$

을 얻고 이로부터

$$P_i = \begin{cases} \dfrac{1-(q/p)^i}{1-(q/p)^N}, & p \neq \dfrac{1}{2}\text{ 일 때} \\ \dfrac{i}{N}, & p = \dfrac{1}{2}\text{ 일 때} \end{cases} \tag{4.14}$$

를 얻는다. $N \to \infty$일 때

$$P_i \to \begin{cases} 1-\left(\dfrac{q}{p}\right)^i, & p > \dfrac{1}{2}\text{ 일 때} \\ 0, & p \leqslant \dfrac{1}{2}\text{ 일 때} \end{cases}$$

이 됨을 주목하라. 즉, $p > \frac{1}{2}$이면 도박사의 재산이 무한정 증가할 가능성이 있지만, $p \leqslant \frac{1}{2}$이면 도박사는 무한정 부유한 상대와 맞설 때 확률 1로 파산할 것이다.

예제 4.28 맥스와 패티가 1 페니 동전을 던지는데 벽에 가장 가깝게 던진 사람이 딴다. 패티가 더 우수해서 매 던지기에서 0.6의 이길 확률을 가지고 있다. (a) 패티가 5페니, 맥스가 10페니를 가지고 시작할 때 패티가 맥스를 고갈시킬 확률은 얼마인가? (b) 패티가 10페니, 맥스가 20페니를 가지고 시작한다면 어떠한가?

풀이▶ (a) 원하는 확률은 식 (4.14)에서 $k = 5$, $N = 15$, $p = 0.6$을 넣으면 얻어진다. 즉, 다음과 같다.

$$\frac{1-\left(\frac{2}{3}\right)^5}{1-\left(\frac{2}{3}\right)^{15}} \approx 0.87$$

(b) 원하는 확률은 다음과 같다.

$$\frac{1-\left(\frac{2}{3}\right)^{10}}{1-\left(\frac{2}{3}\right)^{30}} \approx 0.98$$

■

도박사의 파산 문제를 약품 검정에 응용해보자. 어떤 질병을 치료하는 두 개의 신약이 개발되었다고 가정하자. 약품 i는 치료율 P_i, $i = 1, 2$을 가지고 있다. 즉, 약품 i로 치료 받은 환자는 확률 P_i로 낫는다. 그러나 치료율은 알려져 있지 않아서, $P_1 > P_2$인지 또는 $P_2 > P_1$인지를 결정하는 방법을 찾고자 한다. 이를 결정하기 위해 다음의 검정을 고려하고 있다. 환자 쌍들을 순서대로 배열하여 한명은 약품 1을 다른 한명은 약품 2를 사용하여 치료한다. 각 쌍의 치료 결과를 기록하고, 한 약품을 사용하여 나은 환자의 누적수가 다른 약품을 사용하여 나은 환자의 누적수를 미리 설정된 수만큼 초과하면 검정을 중단한다. 보다 구체적으로

$$X_j = \begin{cases} 1, & \text{1번 약품을 받은 } j\text{번째 쌍의 환자가 나은 경우} \\ 0, & \text{그 외의 경우} \end{cases}$$

$$Y_j = \begin{cases} 1, & \text{2번 약품을 받은 } j\text{번째 쌍의 환자가 나은 경우} \\ 0, & \text{그 외의 경우} \end{cases}$$

라고 하면, 미리 설정된 양수 M에 대해, 이 검정은 N쌍 후에 중단하게 된다. 여기서 N은

$$X_1 + \cdots + X_n - (Y_1 + \cdots + Y_n) = M$$

또는

$$X_1 + \cdots + X_n - (Y_1 + \cdots + Y_n) = -M$$

이 성립하는 최초의 n이다. 앞의 경우에는 $P_1 > P_2$라고, 뒤의 경우에는 $P_2 > P_1$이라고 결정한다.

위의 방법이 좋은 검정법인지의 여부를 확인하기 위해, 올바르지 않은 결정을 내리게 할 확률을 알 필요가 있다. 즉, $P_1 > P_2$인 주어진 P_1, P_2에 대해 검정이 옳지 않게 $P_2 > P_1$라고 결정을 내려 줄 확률은 얼마인가? 이 확률을 구하기 위해, 각 쌍이 점검된 후에 1번 약품에 의한 완치와 2번 약품에 의한 완치의 누적 차이가 확률 $P_1(1 - P_2)$(이것은 약품 1은 완치시켰는데 약품 2는 아닐 확률이다)로 하나 올라가든가, 확률 $(1 - P_1)P_2$로 하나 내려가든지, 또는 확률 $P_1P_2 + (1 - P_1)(1 - P_2)$로 동일하게 유지되든지 함을 관찰하라. 따라서 누적 차이가 변화하는 쌍만을 고려하면, 차이가 다음 확률로 하나 올라갈 것이다.

$$\begin{aligned} p &= P\{1 \text{ 증가} \mid 1 \text{ 증가 또는 } 1 \text{ 감소}\} \\ &= \frac{P_1(1 - P_2)}{P_1(1 - P_2) + (1 - P_1)P_2} \end{aligned}$$

또는 확률

$$q = 1 - p = \frac{P_2(1 - P_1)}{P_1(1 - P_2) + (1 - P_1)P_2}$$

로 하나 내려갈 것이다. 따라서 $P_2 > P_1$라고 결정내릴 확률은 매 도박을 확률 p로 이기는 도박사가 M만큼 올라가기 전에 M만큼 내려갈 확률이다. 식 (4.14)에 $i = M$, $N = 2M$을 대입하면, 이 확률은 다음과 같이 주어진다.

$$\begin{aligned} P\{\text{검정이 } P_2 > P_1 \text{라고 결정}\} &= 1 - \frac{1 - (q/p)^M}{1 - (q/p)^{2M}} \\ &= \frac{1}{1 + (p/q)^M} \end{aligned}$$

따라서, $P_1 = 0.6$, $P_2 = 0.4$이면, 옳지 않은 결정의 확률은 $M = 5$일 때는 0.017이고 $M = 10$은 0.0003으로 줄어든다.

4.5.2 알고리즘의 효율성 모형

다음의 최적화 문제는 선형계획이라고 불린다,

$$\begin{aligned} &\text{최소화 } \mathbf{cx} \\ &\text{제약조건 } \mathbf{Ax} = \mathbf{b}, \\ &\qquad\quad \mathbf{x} \geqslant \mathbf{0} \end{aligned}$$

여기서 **A**는 고정된 상수들의 $m \times n$ 행렬이고, $\mathbf{c} = (c_1, \ldots, c_n)$, $\mathbf{b} = (b_1, \ldots, b_m)$는 고정된 상수들의 벡터, 그리고 $\mathbf{x} = (x_1, \ldots, x_n)$는 $\mathbf{cx} \equiv \sum_{i=1}^{n} c_i x_i$를 최소화하기 위해 선택될 비음의 값들의 n-벡터이다. $n > m$이라고 가정하면, 최적의 **x**는 항상 적어도 $n - m$개의 성분이 0이 되도록, 즉 가능영역(feasible region)의 극점(extreme point) 중 하나가 되도록, 선택할 수 있음을 증명할 수 있다.

심플렉스 알고리즘은 가능영역 내의 하나의 극점으로부터 더 좋은(목적함수 **cx**의 값이 더 좋아지는) 극점으로 (축(pivot) 연산을 통해) 최적해가 얻어질 때까지 이동함으로써 선형계획 문제를 해결한다. 극점이 최대 $N \equiv \binom{n}{m}$개까지 있을 수 있으므로, 이 알고리즘은 많은 반복을 필요로 한다고 생각하기 쉬우나, 놀랍게도 실제로는 그렇지 않다.

이 말이 놀라운 지 아닌지에 대한 감을 잡기 위해서, 어떻게 알고리즘이 극점을 따라 이동하는가에 대한 간단한 확률(마코프체인) 모형을 세워보자. 구체적으로, 어느 시점이든 알고리즘이 j번째로 좋은 극점에 있으면, 다음 축 연산 후에 동일한 확률로 $j - 1$번째로 좋은 극점 중 하나로 가게 된다고 가정한다. 이 가정 하에서 N번째로 좋은 점으로부터 가장 좋은 점에 도달하기까지의 시간은, N이 클 때 근사적으로 평균과 분산이 N의 자연로그가 되는 정규분포를 가짐을 보일 것이다.

$P_{11} = 1$이고 다음 전이확률을 갖는 마코프체인을 고려하자.

$$P_{ij} = \frac{1}{i-1}, \quad j = 1, \ldots, i-1, \ i > 1$$

또 T_i를 상태 i로부터 상태 1로 가는데 필요한 전이의 수라고 놓자. $E[T_i]$에 대한 되돌림 공식은 최초의 전이에 조건을 주어 다음과 같이 구할 수 있다.

$$E[T_i] = 1 + \frac{1}{i-1} \sum_{j=1}^{i-1} E[T_j]$$

$E[T_1] = 0$로부터 시작하여 연이어 값을 구하면

$$E[T_2] = 1,$$
$$E[T_3] = 1 + \tfrac{1}{2},$$
$$E[T_4] = 1 + \tfrac{1}{3}(1 + 1 + \tfrac{1}{2}) = 1 + \tfrac{1}{2} + \tfrac{1}{3}$$

과 같이 되어 어렵지 않게 다음을 추측하고 귀납법으로 증명할 수 있다.

$$E[T_i] = \sum_{j=1}^{i-1} 1/j$$

그런데, T_N에 대한 보다 완전한 묘사를 얻기 위하여 다음의 표현을 사용해보자.

$$T_N = \sum_{j=1}^{N-1} I_j$$

여기서

$$I_j = \begin{cases} 1, & \text{과정이 언젠가 } j\text{에 들어가는 경우} \\ 0, & \text{그 외의 경우} \end{cases}$$

이다. 위의 표현의 중요성은 다음 명제로부터 알 수 있다.

명제 4.7 $I_1, \ldots, I_{N-1}$은 독립이고 다음 확률을 갖는다.

$$P\{I_j = 1\} = 1/j, \quad 1 \leqslant j \leqslant N-1$$

증명 $I_{j+1}, \ldots, I_N$이 주어질 때, j보다 큰 상태 중에서 방문된 최소의 상태를 $n = \min\{i: i > j, I_i = 1\}$이라고 놓자. 이제, 과정이 상태 n에 들어가고 다음에 들어갈 상태는 $1, 2, \ldots, j$ 중 하나임을 알고 있다. 상태 n의 다음 상태는 동일한 확률로 더 작은 상태인 $1, 2, \ldots, n-1$ 중 하나가 되므로

$$P\{I_j = 1 | I_{j+1}, \ldots, I_N\} = \frac{1/(n-1)}{j/(n-1)} = 1/j$$

이 됨을 알 수 있다. 따라서 $P\{I_j = 1\} = 1/j$이다. 독립성은 이 조건부 확률이 $I_{j+1}, \ldots, I_N$에 종속하지 않으므로 성립한다. ■

따름정리 4.8

(i) $E[T_N] = \sum_{j=1}^{N-1} 1/j$

(ii) $\text{Var}(T_N) = \sum_{j=1}^{N-1} (1/j)(1-1/j)$

(iii) N이 클 때, T_N은 근사적으로 평균이 $\log N$이고 분산이 $\log N$인 정규분포를 갖는다.

증명 (i)과 (ii)는 명제 4.7과 표현 $T_N = \sum_{j=1}^{N-1} I_j$으로부터 얻어진다. (iii)은 중심극한정리로부터 얻어진다. 그 이유는

$$\int_1^N \frac{dx}{x} < \sum_1^{N-1} 1/j < 1 + \int_1^{N-1} \frac{dx}{x}$$

또는

$$\log N < \sum_1^{N-1} 1/j < 1 + \log(N-1)$$

이므로 다음을 얻는다.

$$\log N \approx \sum_{j=1}^{N-1} 1/j$$ ■

심플렉스 알고리즘으로 돌아와서, $n, m, n-m$이 모두 크다면, 스털링의 근사에서

$$N = \binom{n}{m} \sim \frac{n^{n+1/2}}{(n-m)^{n-m+1/2} m^{m+1/2} \sqrt{2\pi}}$$

이 되므로 $c = n/m$로 놓으면

$$\log N \sim \left(mc + \tfrac{1}{2}\right) \log(mc) - \left(m(c-1) + \tfrac{1}{2}\right) \log(m(c-1)) \\ -\left(m + \tfrac{1}{2}\right) \log m - \tfrac{1}{2} \log(2\pi)$$

또는

$$\log N \sim m\left[c \log \frac{c}{c-1} + \log(c-1)\right]$$

이 된다. 이제 $\lim_{x\to\infty} x \log[x/(x-1)] = 1$이므로, c가 클 때

$$\log N \sim m[1 + \log(c-1)]$$

이 얻어진다. 예를 들어 $n = 8000$, $m = 1000$이라고 하면 필요한 전이의 수는 근사적으로 평균과 분산이 $1000(1 + \log 7) \approx 3000$인 정규분포를 따르게 된다. 따라서 필요한 전이의 수는 95%의 경우에 대략

$$3000 \pm 2\sqrt{3000} \quad \text{또는 대략} \quad 3000 \pm 110$$

사이에 있게 된다.

4.5.3 랜덤보행을 사용하여 충족가능성 문제의 확률적 알고리즘 분석하기

상태 $0, 1, \ldots, n$을 갖고 다음의 전이확률을 갖는 마코프체인을 고려하자.

$$P_{0,1} = 1, \quad P_{i,i+1} = p, \quad P_{i,i-1} = q = 1 - p, \quad 1 \leqslant i < n$$

이 체인에서 상태 0에서 상태 n으로 가는데 걸리는 시간을 탐구하려고 한다. 상태 n에 도달하는데 걸리는 평균 시간을 얻기 위한 한 가지 접근법은 m_i, $i = 0, \ldots, n - 1$를 상태 i에서 상태 n으로 가는데 걸리는 평균 시간으로 놓는 것이다. 그 다음, 첫 번째 전이에 조건을 주어 다음 방정식을 얻는다.

$$\begin{aligned} m_0 &= 1 + m_1, \\ m_i &= E[n\text{에 도달 시간} \mid \text{다음 상태가 } i + 1]\, p \\ &\quad + E[n\text{에 도달 시간} \mid \text{다음 상태가 } i - 1]\, q \\ &= (1 + m_{i+1})p + (1 + m_{i-1})q \\ &= 1 + pm_{i+1} + qm_{i-1}, \quad i = 1, \ldots, n - 1 \end{aligned}$$

위의 방정식을 m_i, $i = 0, \ldots, n - 1$에 대해 풀 수도 있지만. 그 대신 마코프체인의 특수한 구조를 이용하여 보다 간단한 방정식을 얻어 보자. 먼저, N_i를 체인이 처음으로 상태 i에 들어간 후 상태 $i + 1$에 들어갈 때까지 필요한 추가적인 전이의 수라고 하자. 마코프 성질에 의해 확률변수 N_i, $i = 0, \ldots, n - 1$은 독립이다. 또 체인이 상태 0에서 상태 n으로 가기까지 필요한 전이의 수 $N_{0,n}$을 다음과 같이 표현할 수 있다.

$$N_{0,n} = \sum_{i=0}^{n-1} N_i \tag{4.15}$$

$\mu_i = E[N_i]$라 하면, 체인이 상태 i에 들어간 후 그 다음 전이에 조건을 주어, $i = 0, \ldots, n - 1$에 대해 다음을 얻는다.

$$\mu_i = 1 + E[i + 1\text{에 도달하기까지 추가적인 전이의 수} \mid i - 1\text{로 전이}]\, q$$

이제, 만약 체인이 다음에 상태 $i - 1$에 들어간다면, $i + 1$에 도달하기 위해서는 먼저 상태 i로 되돌아와야만 하고 그 다음 상태 i로부터 상태 $i + 1$로 가야 한다. 따라서 앞의 결과에 의해

$$\mu_i = 1 + E[N_{i-1}^* + N_i^*]q$$

을 얻는다. 여기서 N_{i-1}^*과 N_i^*는 각각 상태 $i - 1$로부터 상태 i로 되돌아오고 그 다음 상태 i로부터 상태 $i + 1$로 가기 위한 추가적인 전이의 수이다. 마코프 성질에 의해 이 확률변수들은 각각 N_{i-1}과 N_i과 동일한 분포를 갖고, 또한 독립이다(이 성질은 $N_{0,n}$의 분산을 계산할 때만 사용한다). 따라서

$$\mu_i = 1 + q(\mu_{i-1} + \mu_i)$$

또는

$$\mu_i = \frac{1}{p} + \frac{q}{p}\mu_{i-1}, \quad i = 1, \ldots, n - 1$$

을 얻는다. $\mu_0 = 1$로 시작하고, $\alpha = q/p$로 놓으면 위의 되돌림 식으로부터 다음을 얻는다.

$$\begin{aligned}
\mu_1 &= 1/p + \alpha, \\
\mu_2 &= 1/p + \alpha(1/p + \alpha) = 1/p + \alpha/p + \alpha^2, \\
\mu_3 &= 1/p + \alpha(1/p + \alpha/p + \alpha^2) \\
&= 1/p + \alpha/p + \alpha^2/p + \alpha^3
\end{aligned}$$

일반적으로,

$$\mu_i = \frac{1}{p}\sum_{j=0}^{i-1}\alpha^j + \alpha^i, \quad i = 1, \ldots, n-1 \tag{4.16}$$

을 얻고, 식 (4.15)로부터

$$E[N_{0,n}] = 1 + \frac{1}{p}\sum_{i=1}^{n-1}\sum_{j=0}^{i-1}\alpha^j + \sum_{i=1}^{n-1}\alpha^i$$

를 얻는다. $p = \frac{1}{2}$이면 $\alpha = 1$이고, 위 식으로부터

$$E[N_{0,n}] = 1 + (n-1)n + n - 1 = n^2$$

이 된다. $p \neq \frac{1}{2}$이면 다음을 얻는다.

$$\begin{aligned}
E[N_{0,n}] &= 1 + \frac{1}{p(1-\alpha)}\sum_{i=1}^{n-1}(1-\alpha^i) + \frac{\alpha - \alpha^n}{1-\alpha} \\
&= 1 + \frac{1+\alpha}{1-\alpha}\left[n - 1 - \frac{(\alpha - \alpha^n)}{1-\alpha}\right] + \frac{\alpha - \alpha^n}{1-\alpha} \\
&= 1 + \frac{2\alpha^{n+1} - (n+1)\alpha^2 + n - 1}{(1-\alpha)^2}
\end{aligned}$$

여기서 두 번째 등식은 $p = 1/(1+\alpha)$을 사용하였다. 따라서 $\alpha > 1$ 또는 동등하게 $p < \frac{1}{2}$일 때는, n에 도달하기까지의 기대 전이 수는 n의 지수적으로 증가하는 함수이다. 반면에, $p = \frac{1}{2}$이면 $E[N_{0,n}] = n^2$이고, $p > \frac{1}{2}$이면 $E[N_{0,n}]$는 n이 크면 사실상 n의 선형함수이다.

이제 $\text{Var}(N_{0,n})$을 계산해보자. 이를 위해, 역시 식 (4.15)의 표현을 이용할 것이다. $v_i = \text{Var}(N_i)$로 놓고, 조건부 분산 공식을 사용하여 되돌림 식으로 v_i를 결정해보자. $i = 1, \ldots, n-1$에 대해, 상태 i에서 첫 번째 전이가 상태 $i+1$로 가면 $S_i = 1$이라 하고, 상태 $i-1$로 가면 $S_i = -1$이라 하자. 그러면,

$S_i = 1$이면: $N_i = 1$
$S_i = -1$이면: $N_i = 1 + N^*_{i-1} + N^*_i$

이다. 따라서

$$\begin{aligned}
E[N_i|S_i = 1] &= 1, \\
E[N_i|S_i = -1] &= 1 + \mu_{i-1} + \mu_i
\end{aligned}$$

인데, 이는 다음을 의미한다.

$$\begin{aligned}
\text{Var}(E[N_i|S_i]) &= \text{Var}(E[N_i|S_i] - 1) \\
&= (\mu_{i-1} + \mu_i)^2 q - (\mu_{i-1} + \mu_i)^2 q^2 \\
&= qp(\mu_{i-1} + \mu_i)^2
\end{aligned}$$

또한, N^*_{i-1}과 N^*_i, 즉, 상태 $i-1$로부터 상태 i로 되돌아오고, 또 상태 i로부터 상태 $i+1$로 가기 위한

추가적인 전이의 수들은 마코프 성질에 의해 각각 N_{i-1}과 N_i과 동일한 분포를 갖고 독립인 확률변수이므로 다음을 얻는다.

$$\mathrm{Var}(N_i|S_i = 1) = 0,$$
$$\mathrm{Var}(N_i|S_i = -1) = v_{i-1} + v_i$$

따라서,

$$E[\mathrm{Var}(N_i|S_i)] = q(v_{i-1} + v_i)$$

이고, 조건부 분산 공식에 의해

$$v_i = pq(\mu_{i-1} + \mu_i)^2 + q(v_{i-1} + v_i)$$

또는 이와 동등하게

$$v_i = q(\mu_{i-1} + \mu_i)^2 + \alpha v_{i-1}, \quad i = 1, \ldots, n-1$$

를 얻는다. 이 되돌림 식에서 $v_0 = 0$으로 시작하여 다음을 얻는다.

$$v_1 = q(\mu_0 + \mu_1)^2,$$
$$v_2 = q(\mu_1 + \mu_2)^2 + \alpha q(\mu_0 + \mu_1)^2,$$
$$v_3 = q(\mu_2 + \mu_3)^2 + \alpha q(\mu_1 + \mu_2)^2 + \alpha^2 q(\mu_0 + \mu_1)^2$$

일반적으로, $i > 0$에 대해

$$v_i = q \sum_{j=1}^{i} \alpha^{i-j} (\mu_{j-1} + \mu_j)^2 \tag{4.17}$$

이 되고, 따라서

$$\mathrm{Var}(N_{0,n}) = \sum_{i=0}^{n-1} v_i = q \sum_{i=1}^{n-1} \sum_{j=1}^{i} \alpha^{i-j} (\mu_{j-1} + \mu_j)^2$$

이다. 여기서 μ_j는 식 (4.16)에 주어져 있다.

식 (4.16)과 식 (4.17)로부터, $p \geqslant \frac{1}{2}$이고 따라서 $\alpha \leqslant 1$일 경우에, μ_i와 v_i, 즉, 상태 i에서 $i + 1$로 가기 위한 전이의 수의 평균과 분산은 i에 따라 그리 급하게 증가하지 않음을 알 수 있다. 예를 들어, $p = \frac{1}{2}$일 때 식 (4.16)과 식 (4.17)로부터

$$\mu_i = 2i + 1$$

이고

$$v_i = \frac{1}{2} \sum_{j=1}^{i} (4j)^2 = 8 \sum_{j=1}^{i} j^2$$

이다. $p \geqslant \frac{1}{2}$인 경우 $N_{0,n}$은 대략 유사한 크기인 독립인 확률변수들의 합이기 때문에, 중심극한정리로부터 n이 클 때 근사적으로 정규분포를 따르게 된다. 특별히, $p = \frac{1}{2}$일 때는 $N_{0,n}$은 근사적으로 평균이 n^2이고 분산이

$$\begin{aligned}\text{Var}(N_{0,n}) &= 8\sum_{i=1}^{n-1}\sum_{j=1}^{i} j^2\\ &= 8\sum_{j=1}^{n-1}\sum_{i=j}^{n-1} j^2\\ &= 8\sum_{j=1}^{n-1}(n-j)j^2\\ &\approx 8\int_1^{n-1}(n-x)x^2\,dx\\ &\approx \tfrac{2}{3}n^4\end{aligned}$$

예제 4.29 (충족가능성 문제) 불(Boole) 변수 x는 참 또는 거짓의 두 가지 값을 갖는 변수이다. x_i, $i \geqslant 1$가 불 변수이면

$$x_1 + \bar{x}_2 + x_3$$

형태의 불 절(clause)은 x_1이 참이거나, 또는 x_2가 거짓이거나, 또는 x_3가 참이면 참이다. 즉, 기호 " + "는 "또는"을 의미하고, x가 거짓이면 $\bar{x}$는 참이고 x가 참이면 $\bar{x}$는 거짓이다. 불 공식은 다음과 같이 절들의 조합이다.

$$(x_1 + \bar{x}_2) * (x_1 + x_3) * (x_2 + \bar{x}_3) * (\bar{x}_1 + \bar{x}_2) * (x_1 + x_2)$$

위에서 괄호 사이의 항들은 절을 나타내고, 모든 절들이 참이면 이 공식도 참이고, 그렇지 않으면 거짓이다. 주어진 불 공식에 대해 **충족가능성 문제**(satisfiability problem)는 공식의 결과가 참인 변수의 값을 결정하든가 또는 공식이 모든 경우에 참이 아니라는 것을 결정하는 문제이다. 예를 들어, 위의 공식이 참이 되게 하는 변수 값은 $x_1 =$ 참, $x_2 =$ 거짓, $x_3 =$ 거짓이다.

n개의 불 변수 $x_1, \ldots, x_n$의 공식을 하나 고려하자. 이 공식 내의 각 절은 꼭 두 개씩의 변수를 포함하고 있다고 가정하자. 이제 공식을 만족하는 값을 구하든가 혹은 높은 확률로 공식을 충족시킬 수 없다는 결정하는 확률적 알고리즘을 제시한다. 먼저, 임의의 값으로 시작한다. 그 다음, 매 단계마다 값이 거짓이 되는 절을 선택하고, 그 절에 있는 불의 변수 하나를 무작위로 선택하여 그 값을 바꾼다. 즉, 그 변수가 참이면 그 값을 거짓을 바꾸고, 역도 마찬가지로 한다. 이렇게 하여 공식이 참이 되면 종료하고 아니면 동일한 방식으로 반복한다. 만약 $n^2(1 + 4\sqrt{\frac{2}{3}})$ 반복 후에도 종료하지 못하면, 공식이 충족될 수 없다고 결정한다. 이제 충족 가능한 할당이 존재한다면 이 알고리즘은 이 할당을 1에 매우 근접한 확률로 발견할 수 있음을 논증해보자.

우선, 충족 가능한 진위 값들의 할당이 존재한다고 가정하고 그 할당을 $\mathscr{A}$라고 하자. 알고리즘의 매 단계에서 어떤 값의 할당이 있게 된다. Y_j를 알고리즘의 j 단계에서 n개의 변수들 중 $\mathscr{A}$의 값들과 일치하는 변수의 개수라고 하자. 예를 들어, $n = 3$이고 $\mathscr{A}$가 $x_1 = x_2 = x_3 =$ 참으로 구성되어 있다고 하자. 알고리즘의 j 단계의 할당이 $x_1 =$ 참, $x_2 = x_3 =$ 거짓이라면 $Y_j = 1$이다. 매 단계에서, 알고리즘이 충족되지 않은 하나의 절을 고려하는데, 이는 이 절에 포함된 두 변수 중 적어도 하나는 $\mathscr{A}$에 있는 그 변수의 값과 일치하지 않음을 의미한다. 그 결과, 이 절에 있는 변수 중 하나를 무작위로 선택하면 $\frac{1}{2}$ 이상의 확률로 $Y_{j+1} = Y_j + 1$이 되고 $\frac{1}{2}$ 이하의 확률로 $Y_{j+1} = Y_j - 1$이 된다. 즉, 이전에 알고리즘에서 일어난 일과 무관하게, 매 단계에서 $\mathscr{A}$에 있는 할당 값들과 일치하는 변수의 개수가 1 증가하든가 감소하고, 증가 확률은 최소한 $\frac{1}{2}$이다(두 변수 모두 $\mathscr{A}$에 있는 값들과 다른 값을 가지면 이 확률은 1이다). 따라

서 $Y_j, j \geqslant 0$는 그 자체로 마코프체인이 아니지만(왜 아닌가?), 알고리즘이 $\mathscr{A}$에 있는 값들로 가기 위해 필요한 단계의 수의 기대값과 분산이 4.5.2절의 마코프체인이 상태 0에서 상태 n에 가기까지 필요한 전이의 수의 기대값과 분산보다 작거나 같을 것이라는 것은 직관적으로 명확하다.

따라서 알고리즘이 $\mathscr{A}$에 있는 값들과 다른 충족가능 값들을 찾았기 때문에 아직 종료되지 않았다면, 이 일은 기대값이 최대 n^2이고 표준편차가 최대 $n^2\sqrt{\frac{2}{3}}$인 시간 내에 일어날 것이다. 또한, 마코프체인이 0에서 n까지 가는 시간이 n이 클 때 근사적으로 정규분포를 따르므로, 충족 가능한 할당이 $n^2 + 4(n^2\sqrt{\frac{2}{3}})$ 단계까지는 도달될 것이라고 거의 확신할 수 있고, 만약 알고리즘의 이 단계까지 발견되지 않았다면 충족가능한 할당이 없다는 것을 거의 확신할 수 있다.

위의 분석은 왜 각 절에 오직 두 개의 변수만 있다고 가정했는지를 명확히 알려준다. 만약 한 절에 k, $k > 2$개의 변수가 있다면, 현재 충족되지 못한 어느 절이 단 하나의 틀린 값을 가질 수도 있으므로, 값이 바뀌게 되는 무작위로 선택된 변수가 $\mathscr{A}$와 일치하는 값의 수를 단지 확률 $1/k$로 증가시킬 수도 있다. 따라서 이전의 마코프체인 결과로부터 $\mathscr{A}$에 있는 값들을 얻기 위한 평균 시간이 n의 지수함수가 되어 이 알고리즘은 n이 클 때 효율적이지 않다. ■

4.6 일시상태에서 평균 체류시간

상태가 $T = \{1, 2, \ldots, t\}$가 일시상태가 되도록 번호가 매겨진 유한상태 마코프체인을 고려하고,

$$\mathbf{P}_T = \begin{bmatrix} P_{11} & P_{12} & \cdots & P_{1t} \\ \vdots & \vdots & \vdots & \vdots \\ P_{t1} & P_{t2} & \cdots & P_{tt} \end{bmatrix}$$

라고 하자. $\mathbf{P}_T$는 오직 일시상태에서 일시상태로의 전이확률만을 나타내므로, 일부 행의 합은 1보다 작음을 주목하라. (그렇지 않다면 T는 닫힌 상태 클래스일 것이다.)

일시상태 i, j에 대해, s_{ij}를 상태 i에서 시작한 마코프체인이 상태 j에 머무는 시간의 기대값이라고 하자. $i = j$일 때는 $\delta_{i,j} = 1$이고 그 외의 경우에는 0이라고 하자. 첫 전이에 조건을 주어 다음을 얻는다.

$$\begin{aligned} s_{ij} &= \delta_{i,j} + \sum_k P_{ik} s_{kj} \\ &= \delta_{i,j} + \sum_{k=1}^{t} P_{ik} s_{kj} \end{aligned} \tag{4.18}$$

여기서 마지막 등식은 재발상태에서 일시상태로 가는 것은 불가능하므로, k가 재발상태이면 $s_{kj} = 0$이 되어 얻어진다.

$\mathbf{S}$가 $s_{ij}, i, j = 1, \ldots, t$의 행렬이라고 하자. 즉,

$$\mathbf{S} = \begin{bmatrix} s_{11} & s_{12} & \cdots & s_{1t} \\ \vdots & \vdots & \vdots & \vdots \\ s_{t1} & s_{t2} & \cdots & s_{tt} \end{bmatrix}$$

이다. 행렬 기호로 식 (4.18)을 다시 쓰면

$$\mathbf{S} = \mathbf{I} + \mathbf{P}_T \mathbf{S}$$

가 된다. 여기서 $\mathbf{I}$는 크기 t의 단위행렬이다. 위의 식은

$$(\mathbf{I} - \mathbf{P}_T)\mathbf{S} = \mathbf{I}$$

와 동등하므로, 양변에 $(\mathbf{I} - \mathbf{P}_T)^{-1}$를 곱하여

$$\mathbf{S} = (\mathbf{I} - \mathbf{P}_T)^{-1}$$

을 얻는다. 즉, s_{ij}, $i \in T$, $j \in T$는 행렬 $\mathbf{I} - \mathbf{P}_T$를 역을 취해 얻어진다(역의 존재는 쉽게 증명된다).

예제 4.30 도박사의 파산 문제에서 $p = 0.4$, $N = 7$로 놓자. 초기상태 3 단위에서 시작하여 다음을 구하라.

(a) 도박사가 5 단위를 소유할 때까지의 기대시간

(b) 도박사가 2 단위를 소유할 때까지의 기대시간

풀이 P_{ij}, $i, j \in \{1, 2, 3, 4, 5, 6\}$를 나타내는 행렬 $\mathbf{P}_T$는 다음과 같다.

$\mathbf{P}_T =$

	1	2	3	4	5	6
1	0	0.4	0	0	0	0
2	0.6	0	0.4	0	0	0
3	0	0.6	0	0.4	0	0
4	0	0	0.6	0	0.4	0
5	0	0	0	0.6	0	0.4
6	0	0	0	0	0.6	0

$\mathbf{I} - \mathbf{P}_T$의 역을 취하면

$$\mathbf{S} = (\mathbf{I} - \mathbf{P}_T)^{-1} = \begin{bmatrix} 1.6149 & 1.0248 & 0.6314 & 0.3691 & 0.1943 & 0.0777 \\ 1.5372 & 2.5619 & 1.5784 & 0.9228 & 0.4857 & 0.1943 \\ 1.4206 & 2.3677 & 2.9990 & 1.7533 & 0.9228 & 0.3691 \\ 1.2458 & 2.0763 & 2.6299 & 2.9990 & 1.5784 & 0.6314 \\ 0.9835 & 1.6391 & 2.0763 & 2.3677 & 2.5619 & 1.0248 \\ 0.5901 & 0.9835 & 1.2458 & 1.4206 & 1.5372 & 1.6149 \end{bmatrix}$$

이 된다. 따라서

$$s_{3,5} = 0.9228, \quad s_{3,2} = 2.3677$$

■

$i \in T$, $j \in T$에 대해, f_{ij}를 마코프체인이 상태 i에서 시작하여 상태 j로 언젠가 전이할 확률이라고 하면, 이는 $\mathbf{P}_T$로부터 쉽게 구해진다. s_{ij}와의 관계를 구하기 위해 먼저 상태 j가 언젠가 방문되는 지의 여부에 조건을 주어 s_{ij}에 대한 표현을 유도해보자. 이는

$$\begin{aligned} s_{ij} &= E[j\text{에 있는 시간}\,|\,i\text{에서 시작, 언젠가 } j\text{로 들어감}]\, f_{ij} \\ &\quad + E[j\text{에 있는 시간}\,|\,i\text{에서 시작, } j\text{로 들어가지 않음}](1 - f_{ij}) \\ &= (\delta_{i,j} + s_{jj}) f_{ij} + \delta_{i,j}(1 - f_{ij}) \\ &= \delta_{i,j} + f_{ij} s_{jj} \end{aligned}$$

로 얻어진다. 그 이유는 s_{jj}가 i로부터 결국 상태 j로 들어갔다는 조건하에서, 상태 j에 머무는 추가적 시간의 기대값이기 때문이다. 위의 방정식을 풀면 다음 관계가 얻어진다.

$$f_{ij} = \frac{s_{ij} - \delta_{i,j}}{s_{jj}}$$

예제 4.31 예제 4.30에서 도박사가 언젠가 1 단위의 재산을 가질 확률은 얼마인가?

풀이 ▶ $s_{3,1} = 1.4206$, $s_{1,1} = 1.6149$이므로

$$f_{3,1} = \frac{s_{3,1}}{s_{1,1}} = 0.8797$$

이다. 점검하기 위해 $f_{3,1}$이 도박사가 3으로부터 시작하여 7보다 1에 먼저 도달할 확률임을 기억하자. 이는 도박사의 재산이 4만큼 올라가기 전에 2만큼 내려갈 확률이고, 이는 또 2에서 시작한 도박사가 6에 도달하기 전에 파산할 확률이다. 따라서

$$f_{3,1} = 1 - \frac{1 - (0.6/0.4)^2}{1 - (0.6/0.4)^6} = 0.8797$$

이 되어 앞의 결과와 같다. ■

마코프체인이 어떤 상태들의 집합 A에 들어갈 때까지의 기대시간을 구하고 싶다고 하자. 이 A의 상태들은 꼭 재생상태일 필요는 없다. A에 속한 모든 상태를 흡수상태로 만들어서 이 문제를 앞의 문제로 축소시켜 위의 접근방법을 사용할 수 있다. 즉 A에 속한 상태들의 전이확률을 다음을 만족하도록 다시 설정한다.

$$P_{i,i} = 1, \quad i \in A$$

그러면 A의 상태들은 재생상태로 변환되고, A로 전이되어 들어올 가능성이 있는 A밖의 상태들은 일시상태로 변환된다. 따라서 앞의 접근법이 사용될 수 있다.

4.7 분지과정

이 절에서는 생물학, 사회학, 공학에서 광범위하게 응용되는 **분지과정**(branching processes)이라고 부르는 마코프체인을 고려한다.

동일한 종류의 자손을 낳는 개체들로 구성된 집단을 고려하자. 각 개체는 다른 개체들이 낳는 수와 독립적으로 일생동안 확률 P_j, $j \geqslant 0$로 j명의 자손을 낳는다. 모든 $j \geqslant 0$에 대해 $P_j < 1$이라고 가정하자. 최초의 개체의 수 X_0을 영 세대의 크기라고 부르자. 모든 영 세대의 자손들이 일 세대를 구성하는데 그 수를 X_1로 나타내자. 일반적으로 X_n을 n 세대의 크기라고 하면, $\{X_n,\ n = 0, 1, 2, \ldots\}$은 비음의 정수의 집합을 상태공간으로 갖는 마코프체인이 된다.

명백히 $P_{00} = 1$이므로, 상태 0이 재발상태임을 주목하라. 또한, $P_0 > 0$이라면 모든 다른 상태들은 일시적이다. 그 이유는 $P_{i0} = P_0^i$이기 때문인데, 이는 i명의 개체로 시작할 때 양의 값 P_0^i 이상의 확률로 그 후의 어떤 세대도 i명의 개체로 구성될 수 없게 됨을 의미한다. 더욱이, 일시상태 $\{1, 2, \ldots, n\}$의 어느 유한 집합도 오직 유한 번만 방문되므로, 이는 $P_0 > 0$**이라면 집단은 소멸하든가 또는 그 크기가 무한대로 수렴한다**라는 중요한 결론은 내어준다.

이제

$$\mu = \sum_{j=0}^{\infty} j P_j$$

를 한 개체의 평균 자손 수라고 하고,

$$\sigma^2 = \sum_{j=0}^{\infty} (j - \mu)^2 P_j$$

를 한 개체가 낳는 자손 수의 분산이라고 하자.

$X_0 = 1$, 즉 초기에 하나의 개체가 있다고 가정하자. $E[X_n]$과 $\text{Var}(X_n)$을 계산하기 위해

$$X_n = \sum_{i=1}^{X_{n-1}} Z_i$$

로 쓸 수 있음을 관찰하자. 여기서 Z_i는 $n-1$ 세대의 i번째 개체가 낳은 자손의 수를 나타낸다. X_{n-1}에 조건을 주어 다음을 얻는다.

$$\begin{aligned} E[X_n] &= E[E[X_n|X_{n-1}]] \\ &= E\left[E\left[\sum_{i=1}^{X_{n-1}} Z_i|X_{n-1}\right]\right] \\ &= E[X_{n-1}\mu] \\ &= \mu E[X_{n-1}] \end{aligned}$$

여기서 $E[Z_i] = \mu$임을 이용하였다. $E[X_0] = 1$를 이용하면 위의 결과는 다음을 준다.

$$\begin{aligned} &E[X_1] = \mu, \\ &E[X_2] = \mu E[X_1] = \mu^2, \\ &\quad\vdots \\ &E[X_n] = \mu E[X_{n-1}] = \mu^n \end{aligned}$$

유사하게 $\text{Var}(X_n)$는 조건부 분산 공식

$$\text{Var}(X_n) = E[\text{Var}(X_n|X_{n-1})] + \text{Var}(E[X_n|X_{n-1}])$$

을 이용하여 구할 수 있다. 이제 X_{n-1}이 주어질 때 X_n은 각각 분포 $\{P_j, j \geqslant 0\}$를 갖는 X_{n-1}개의 독립인 확률변수들의 합이므로

$$E[X_n|X_{n-1}] = X_{n-1}\mu, \quad \text{Var}(X_n|X_{n-1}) = X_{n-1}\sigma^2$$

이 된다. 이제, 조건부 분산 공식에 의해 다음을 얻는다.

$$\begin{aligned} \text{Var}(X_n) &= E\left[X_{n-1}\sigma^2\right] + \text{Var}(X_{n-1}\mu) \\ &= \sigma^2\mu^{n-1} + \mu^2\text{Var}(X_{n-1}) \\ &= \sigma^2\mu^{n-1} + \mu^2\left(\sigma^2\mu^{n-2} + \mu^2\text{Var}(X_{n-2})\right) \\ &= \sigma^2\left(\mu^{n-1} + \mu^n\right) + \mu^4\text{Var}(X_{n-2}) \\ &= \sigma^2\left(\mu^{n-1} + \mu^n\right) + \mu^4\left(\sigma^2\mu^{n-3} + \mu^2\text{Var}(X_{n-3})\right) \\ &= \sigma^2\left(\mu^{n-1} + \mu^n + \mu^{n+1}\right) + \mu^6\text{Var}(X_{n-3}) \\ &= \cdots \\ &= \sigma^2\left(\mu^{n-1} + \mu^n + \cdots + \mu^{2n-2}\right) + \mu^{2n}\text{Var}(X_0) \\ &= \sigma^2\left(\mu^{n-1} + \mu^n + \cdots + \mu^{2n-2}\right) \end{aligned}$$

따라서

$$\text{Var}(X_n) = \begin{cases} \sigma^2\mu^{n-1}\left(\frac{1-\mu^n}{1-\mu}\right), & \mu \neq 1\text{인 경우} \\ n\sigma^2, & \mu = 1\text{인 경우} \end{cases} \tag{4.19}$$

π_0를 집단이 결국 소멸할 확률이라고 하자($X_0 = 1$이라고 가정할 때). 즉,

$$\pi_0 = \lim_{n\to\infty} P\{X_n = 0 | X_0 = 1\}$$

이다. π_0 값을 구하는 문제는 1889년 갈톤에 의해 가족의 성(surname)의 단절과 연관하여 처음 제기되었다.

먼저 $\mu < 1$이면 $\pi_0 = 1$임을 관찰하자. 이는 다음으로부터 얻어진다.

$$\begin{aligned}\mu^n = E[X_n] &= \sum_{j=1}^{\infty} jP\{X_n = j\} \\ &\geqslant \sum_{j=1}^{\infty} 1 \cdot P\{X_n = j\} \\ &= P\{X_n \geqslant 1\}\end{aligned}$$

인데, $\mu < 1$일 때 $\mu^n \to 0$이므로, $P(X_n \geqslant 1) \to 0$이 되고 따라서 $P(X_n = 0) \to 1$이다.

사실은, $\mu = 1$인 경우에도 $\pi_0 = 1$임을 보일 수 있다. $\mu > 1$ 경우에는 $\pi_0 < 1$이 되고, π_0을 구하는 방정식을 최초 개체의 자손의 수에 조건을 주어 다음과 같이 얻을 수 있다.

$$\begin{aligned}\pi_0 &= P\{\text{집단이 소멸}\} \\ &= \sum_{j=0}^{\infty} P\{\text{집단이 소멸}|X_1 = j\}\, P_j\end{aligned}$$

이제 $X_1 = j$이 주어질 때, 집단이 결국 소멸한 필요충분조건은 1 세대의 구성원에 의해 시작된 j개 가족들이 결국은 모두 소멸하는 것이다. 각 가족이 독립적으로 행동한다고 가정하고 있고, 어떤 특정한 가족이 소멸할 확률은 π_0이므로

$$P\{\text{집단이 소멸}|X_1 = j\} = \pi_0^j$$

가 되고 따라서 π_0는 다음을 만족한다.

$$\pi_0 = \sum_{j=0}^{\infty} \pi_0^j P_j \tag{4.20}$$

사실 $\mu > 1$일 때, π_0는 식 (4.20)을 만족하는 최소의 양수라는 것을 보일 수 있다.

예제 4.32 $P_0 = \frac{1}{2}$, $P_1 = \frac{1}{4}$, $P_2 = \frac{1}{4}$일 때, π_0를 구하라.

풀이▶ $\mu = \frac{3}{4} \leqslant 1$이므로, $\pi_0 = 1$이다. ■

예제 4.33 $P_0 = \frac{1}{4}$, $P_1 = \frac{1}{4}$, $P_2 = \frac{1}{2}$일 때, π_0를 구하라.

풀이▶ π_0는 다음을 만족한다.

$$\pi_0 = \frac{1}{4} + \frac{1}{4}\pi_0 + \frac{1}{2}\pi_0^2$$

이는

$$2\pi_0^2 - 3\pi_0 + 1 = 0$$

이므로, 이 이차방정식의 최소의 양의 해는 $\pi_0 = \frac{1}{2}$이다. ■

예제 4.34 예제 4.32와 4.33에서, 만약 최초에 개체 수가 n이었다면 집단이 소멸할 확률은 얼마인가?

풀이 집단이 소멸할 필요충분조건은 초기 세대 각 구성개체의 가족이 모두 소멸하는 것이므로, 원하는 확률은 π_0^n이다. 따라서 예제 4.32의 경우에는 $\pi_0^n = 1$이고 예제 4.33의 경우에는 $\pi_0^n = \left(\frac{1}{2}\right)^n$이다. ■

4.8 시간가역 마코프체인

전이확률 P_{ij}와 정상 확률 π_i를 갖는 정상 **에르고딕**(ergodic) **마코프체인** (비주기적이고 양 재발적인 마코프체인을 에르고딕 마코프체인이라고 부르고, 정상 마코프체인은 오랫동안 작동하고 있는 마코프체인을 의미한다)에 대해, 어떤 시점에서 시작하여 시간을 거슬러 상태의 변화를 추적한다고 가정해보자. 즉, 시점 n에서 시작하여 상태 열 $X_n, X_{n-1}, X_{n-2}, \ldots$을 고려하자. 이 상태 열은 그 자체로 다음과 같이 정의되는 전이확률 Q_{ij}를 갖는 마코프체인이 된다.

$$\begin{aligned} Q_{ij} &= P\{X_m = j \mid X_{m+1} = i\} \\ &= \frac{P\{X_m = j, X_{m+1} = i\}}{P\{X_{m+1} = i\}} \\ &= \frac{P\{X_m = j\}P\{X_{m+1} = i \mid X_m = j\}}{P\{X_{m+1} = i\}} \\ &= \frac{\pi_j P_{ji}}{\pi_i} \end{aligned}$$

역전된 과정이 실제로 마코프체인이 되는 것을 증명하기 위해서는 다음을 확인해야 한다.

$$P\{X_m = j \mid X_{m+1} = i, X_{m+2}, X_{m+3}, \ldots\} = P\{X_m = j \mid X_{m+1} = i\}$$

이것이 참인 것을 보기 위해, 현재 시점이 $m+1$이라고 해보자. $X_0, X_1, X_2, \ldots$가 마코프체인이므로, 현재 상태 X_{m+1}가 주어졌을 때 미래 $X_{m+2}, X_{m+3}, \ldots$은 과거 상태 X_m과 독립이다. 독립성은 대칭적 관계(즉, A가 B에 독립이면 B가 A에 독립이다)이므로, 이는 X_{m+1}이 주어졌을 때 X_m은 $X_{m+2}, X_{m+3}, \ldots$과 독립임을 의미한다. 그런데, 이것은 정확히 우리가 확인하려고 했던 사실이다.

따라서 역전된 과정도 다음의 전이확률을 갖는 마코프체인이다.

$$Q_{ij} = \frac{\pi_j P_{ji}}{\pi_i}$$

만약 모든 i, j에 대해 $Q_{ij} = P_{ij}$라면, 이 마코프체인을 **시간가역**(time reversible)이라고 부른다. 시간가역성의 조건 $Q_{ij} = P_{ij}$은 또한 다음과 같이 표현될 수 있다.

$$\pi_i P_{ij} = \pi_j P_{ji} \quad \text{, 모든 } i, j\text{에 대해} \tag{4.21}$$

조건 식 (4.21)을 말로 하면, 모든 i, j에 대해, i에서 j로 가는 전이율 (즉, $\pi_i P_{ij}$)은 j에서 i로 가는 전이율 (즉, $\pi_j P_{ji}$)과 같다는 것이다. 이것은 시간가역성을 위한 명백한 필요조건임을 기억할 가치가 있다. 시간을 거꾸로 하여 i에서 j로 가는 전이는 시간의 순방향으로 j에서 i로 가는 전이와 동등하기 때문이다. 즉, $X_m = i$이고 $X_{m-1} = j$이면 시간의 역방향으로 볼 때는 i에서 j로 가는 전이가 관찰되고, 시간의 순방향으로 볼 때는 j에서 i로 가는 전이가 관찰되기 때문이다. 따라서 순방향 과정이 j에서 i로 가는 전이율은 역방향 체인이 i에서 j로 가는 전이율과 항상 같게 된다. 만약 시간가역이라면 이것이 순방향 체인이 i에서 j로 가는 전이율과 같아야만 한다.

만약 식 (4.21)을 만족하고 합이 1이 되는 비음의 수들을 발견할 수 있다면, 마코프체인은 시간가역이고 그 수들은 극한 확률이 되게 된다. 그 이유는 만약

$$x_i P_{ij} = x_j P_{ji}, \text{ 모든 } i, j\text{에 대해, } \sum_i x_i = 1 \tag{4.22}$$

이면 i에 대해 합을 하면

$$\sum_i x_i P_{ij} = x_j \sum_i P_{ji} = x_j, \quad \sum_i x_i = 1$$

이 되는데 극한 확률 π_i는 위의 방정식의 유일해 이므로 모든 i에 대해 $x_i = \pi_i$가 된다.

예제 4.35 상태 0, 1, ... M을 갖고 전이확률이

$$P_{i,i+1} = \alpha_i = 1 - P_{i,i-1}, \quad i = 1, \ldots, M-1,$$
$$P_{0,1} = \alpha_0 = 1 - P_{0,0},$$
$$P_{M,M} = \alpha_M = 1 - P_{M,M-1}$$

인 랜덤보행을 고려하자. 아무런 계산이 필요 없이, 한 상태에서 가장 가까운 두 개의 이웃 중 하나로만 전이를 할 수 있는 이런 마코프체인은 시간가역이라고 논증할 수 있다. 우선 i에서 $i+1$로 가는 전이의 수는 $i+1$에서 i로 가는 전이의 수와 1 이내의 차이만 난다는 것을 관찰하자. 이는 더 높은 상태에서 i로 돌아가려면 반드시 $i+1$을 경유해야 하므로, i에서 $i+1$로 가는 두 개의 전이 사이에 반드시 하나의 $i+1$에서 i로 가는 전이가 있어야하기 때문이다. 따라서 i에서 $i+1$로 가는 전이율은 $i+1$에서 i로 가는 전이율과 같고 이 과정은 시간가역이다.

$i = 0, 1, \ldots, M-1$에 대해, 과정이 i에서 $i+1$로 가는 전이율을 $i+1$에서 i로 가는 전이율과 등호로 연결하여 방정식을 만들면, 극한 확률을 쉽게 구할 수 있다. 즉,

$$\pi_0\alpha_0 = \pi_1(1-\alpha_1),$$
$$\pi_1\alpha_1 = \pi_2(1-\alpha_2),$$
$$\vdots$$
$$\pi_i\alpha_i = \pi_{i+1}(1-\alpha_{i+1}), \quad i = 0, 1, \ldots, M-1$$

을 만든 후 π_0에 대해 풀면

$$\pi_1 = \frac{\alpha_0}{1-\alpha_1}\pi_0,$$
$$\pi_2 = \frac{\alpha_1}{1-\alpha_2}\pi_1 = \frac{\alpha_1\alpha_0}{(1-\alpha_2)(1-\alpha_1)}\pi_0$$

일반적으로

$$\pi_i = \frac{\alpha_{i-1}\cdots\alpha_0}{(1-\alpha_i)\cdots(1-\alpha_1)}\pi_0, \quad i = 1, 2, \ldots, M/$$

를 얻는다. 이제 $\sum_0^M \pi_i = 1$이므로

$$\pi_0\left[1 + \sum_{j=1}^{M} \frac{\alpha_{j-1}\cdots\alpha_0}{(1-\alpha_j)\cdots(1-\alpha_1)}\right] = 1$$

또는

$$\pi_0 = \left[1 + \sum_{j=1}^{M} \frac{\alpha_{j-1} \cdots \alpha_0}{(1-\alpha_j) \cdots (1-\alpha_1)}\right]^{-1} \tag{4.23}$$

를 얻고 또한

$$\pi_i = \frac{\alpha_{i-1} \cdots \alpha_0}{(1-\alpha_i) \cdots (1-\alpha_1)} \pi_0, \quad i = 1, \ldots, M \tag{4.24}$$

를 얻는다. 예를 들어, $\alpha_i \equiv \alpha$이면

$$\begin{aligned}\pi_0 &= \left[1 + \sum_{j=1}^{M} \left(\frac{\alpha}{1-\alpha}\right)^j\right]^{-1} \\ &= \frac{1-\beta}{1-\beta^{M+1}}\end{aligned}$$

이고 일반적으로

$$\pi_i = \frac{\beta^i (1-\beta)}{1-\beta^{M+1}}, \quad i = 0, 1, \ldots, M$$

이 된다. 여기서

$$\beta = \frac{\alpha}{1-\alpha}$$

■

예제 4.35의 또 하나의 특수한 경우로 분자의 운동을 묘사하기 위해 물리학자 에렌페스트(P. and T. Ehrenfest)에 의해 제안된 항아리 모형이 있다. M개의 분자가 두 개의 항아리에 나뉘어져 있다. 매 시점에 분자들 중 하나가 무작위로 선택되어 항아리에서 꺼내어져 다른 항아리로 옮겨진다. 항아리 I에 남아있는 분자의 수는 예제 4.35의 마코프체인의 특수한 경우이고 이때

$$\alpha_i = \frac{M-i}{M}, \quad i = 0, 1, \ldots, M$$

이다. 식 (4.23)을 사용하여 극한 확률을 구하면

$$\begin{aligned}\pi_0 &= \left[1 + \sum_{j=1}^{M} \frac{(M-j+1) \cdots (M-1)M}{j(j-1) \cdots 1}\right]^{-1} \\ &= \left[\sum_{j=0}^{M} \binom{M}{j}\right]^{-1} \\ &= \left(\frac{1}{2}\right)^M\end{aligned}$$

이 된다. 여기서 다음 항등관계를 이용하였다.

$$\begin{aligned}1 &= \left(\frac{1}{2} + \frac{1}{2}\right)^M \\ &= \sum_{j=0}^{M} \binom{M}{j} \left(\frac{1}{2}\right)^M\end{aligned}$$

이제 식 (4.24)로부터

$$\pi_i = \binom{M}{i}\left(\frac{1}{2}\right)^M, \quad i = 0, 1, \ldots, M$$

를 얻는다. 위의 결과는 이항확률이므로, 장기적으로 M개의 공(분자)의 위치는 독립이고 동일한 가능성으로 두 항아리 중 하나에 있게 된다. 이는 직관과 일치하는데, 임의의 공 하나에 초점을 맞추면 그것의 위치는 명백히 다른 공들의 위치에 독립이 되고(다른 $M-1$개의 공이 어디에 있든지 간에 해당 공은 매 단계 확률 $1/M$으로 이동되기 때문에), 대칭성에 의해 동일한 가능성으로 각 항아리에 위치하게 된다.

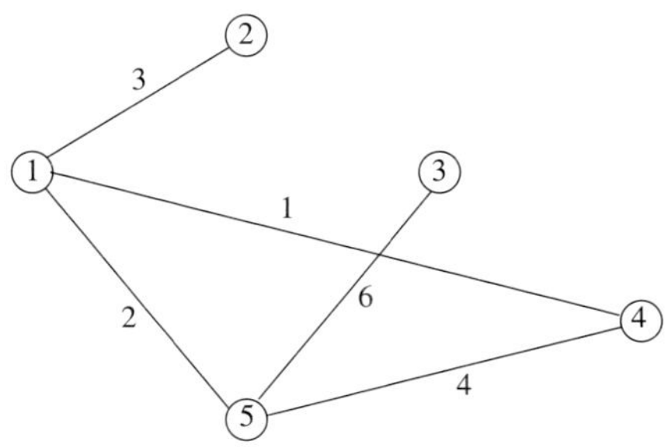

그림 4.1 아크 가중값을 갖는 연결 그래프.

예제 4.36 각 아크 (i, j)에 가중값 w_{ij}를 갖는 임의의 연결 그래프(3.6절의 정의 참조)를 고려하자. 그림 4.1에 하나의 예가 주어져 있다. 이제, 다음의 방식으로 노드에서 노드로 이동하는 입자를 고려하자. 어느 시점이든 노드 i에 입자가 위치하면, 다음 시점에 아래의 확률 P_{ij}로 노드 j로 이동한다.

$$P_{ij} = \frac{w_{ij}}{\sum_j w_{ij}}$$

여기서 (i, j)가 아크가 아니면 w_{ij}는 0이다. 예를 들어, 그림 4.1의 그래프에 대해 $P_{12} = 3/(3+1+2) = \frac{1}{2}$이다.

시간가역성 방정식

$$\pi_i P_{ij} = \pi_j P_{ji}$$

은

$$\pi_i \frac{w_{ij}}{\sum_j w_{ij}} = \pi_j \frac{w_{ji}}{\sum_i w_{ji}}$$

로 귀결된다. 또는 $w_{ij} = w_{ji}$이므로, 동등하게

$$\frac{\pi_i}{\sum_j w_{ij}} = \frac{\pi_j}{\sum_i w_{ji}}$$

을 얻는다. 이는

$$\frac{\pi_i}{\sum_j w_{ij}} = c$$

또는

$$\pi_i = c\sum_j w_{ij}$$

와 동등하다. 이제 $1 = \sum_i \pi_i$이므로 다음을 얻는다.

$$\pi_i = \frac{\sum_j w_{ij}}{\sum_i \sum_j w_{ij}}$$

이 방정식에 의해 주어진 π_i는 시간가역성 방정식을 만족하므로, 이 과정은 시간가역이고 이 극한 확률을 갖는다고 결론을 내릴 수 있다.

그림 4.1의 그래프의 경우, 다음 극한 확률을 갖는다.

$$\pi_1 = \tfrac{6}{32}, \quad \pi_2 = \tfrac{3}{32}, \quad \pi_3 = \tfrac{6}{32}, \quad \pi_4 = \tfrac{5}{32}, \quad \pi_5 = \tfrac{12}{32}$$ ■

상태 0, 1, ..., M을 갖는 임의의 마코프체인에 대해 식 (4.22)를 풀려고 시도하면, 보통 해가 없다는 결론이 나온다. 예를 들어, 식 (4.22)로부터

$$x_i P_{ij} = x_j P_{ji},$$
$$x_k P_{kj} = x_j P_{jk}$$

인데 ($P_{ij} P_{jk} > 0$라면) 이는

$$\frac{x_i}{x_k} = \frac{P_{ji} P_{kj}}{P_{ij} P_{jk}}$$

를 의미하는데, 이것은 일반적으로 P_{ki}/P_{ik}와 같을 필요가 없다. 그러므로 시간가역성의 필요조건은

$$P_{ik} P_{kj} P_{ji} = P_{ij} P_{jk} P_{ki} \quad \text{모든 } i, j, k\text{에 대해} \tag{4.25}$$

이다. 이는 상태 i에서 시작하여 경로 $i \to k \to j \to i$는 역전된 경로 $i \to j \to k \to i$와 동일한 확률을 가진다는 말과 동등하다. 이것이 필요조건인 이유는 시간 가역성이 $i \to k \to j \to i$의 순서로 일어나는 전이의 발생율은 $i \to j \to k \to i$ 순서로 일어나는 전이의 발생율과 같아야 한다는 것을 의미하기 때문이다(왜?). 따라서

$$\pi_i P_{ik} P_{kj} P_{ji} = \pi_i P_{ij} P_{jk} P_{ki}$$

이어야 하고 이것는 $\pi_i > 0$일 때 식 (4.25)를 의미한다.

실제로 다음을 보일 수 있다.

정리 4.2 $P_{ji} = 0$이면 항상 $P_{ij} = 0$인 에르고딕 마코프체인이 시간가역일 필요충분조건은 상태 i에서 시작하여 i로 되돌아오는 어느 경로도 역전된 경로와 동일한 확률을 가지는 것이다. 즉, 모든 상태 $i, i_1, \ldots, i_k$에 대해

$$P_{i,i_1} P_{i_1,i_2} \cdots P_{i_k,i} = P_{i,i_k} P_{i_k,i_{k-1}} \cdots P_{i_1,i} \tag{4.26}$$

인 것이다.

증명 필요성은 이미 증명했다. 충분성을 증명하기 위해, i와 j를 고정시키고 식 (4.26)을 다음과 같이 다시 쓰자.

$$P_{i,i_1} P_{i_1,i_2} \cdots P_{i_k,j} P_{ji} = P_{ij} P_{j,i_k} \cdots P_{i_1,i}$$

위식의 양변을 모든 상태 $i_1, \ldots, i_k$에 대해 합하면

$$P_{ij}^{k+1} P_{ji} = P_{ij} P_{ji}^{k+1}$$

을 준다. $k \to \infty$로 하면

$$\pi_j P_{ji} = P_{ij} \pi_i$$

이 얻어져 정리가 증명된다. ■

예제 4.37 어떤 순서로 배열된 1부터 n까지 번호가 매겨진 n개의 원소를 가진 집합이 주어졌다고 하자. 매 시점에 이 원소 중 하나를 추출하는 요청이 있게 되는데, 원소 i는 (과거에 무관하게) 확률 P_i로 요청된다. 요청된 후 원소는 되돌려 지는데 꼭 동일한 위치로 돌아오지는 않는다. 실제로, 요청된 원소는 목록에서 하나 더 앞자리로 이동한다고 가정하자. 예를 들어, 현재의 목록 순서가 1, 3, 4, 2, 5이고 원소 2가 요청되었다고 하면 새로운 순서는 1, 3, 2, 4, 5가 된다. 요청된 원소의 장기적 평균 위치를 구해보자.

임의의 확률벡터 $P = (P_1, \ldots, P_n)$에 대해, 위의 문제는 어느 시점이든 상태를 그 시점의 목록 순서로 놓아 $n!$개의 상태를 가진 마코프체인으로 모형화 될 수 있다. 이제, 이 마코프체인이 시간가역임을 보이고, 이를 이용하여 이 하나-앞으로 규칙이 적용될 때 요청된 원소의 평균 위치가 요청된 원소를 항상 가장 앞으로 이동시키는 규칙이 사용될 때 보다 작다는 것을 증명할 것이다. 하나-앞으로 규칙이 적용될 때 얻어지는 마코프체인의 시간가역성은 정리 4.2로부터 쉽게 얻어진다. 예를 들어, $n = 3$이라 하고 상태 (1, 2, 3)으로부터 자신으로 되돌아오는 다음 경로를 고려해보자.

$$\begin{aligned}(1,2,3) &\to (2,1,3) \to (2,3,1) \to (3,2,1)\\ &\to (3,1,2) \to (1,3,2) \to (1,2,3)\end{aligned}$$

순방향의 전이확률들의 곱은

$$P_2 P_3 P_3 P_1 P_1 P_2 = P_1^2 P_2^2 P_3^2$$

인데, 역방향의 경우에도

$$P_3 P_3 P_2 P_2 P_1 P_1 = P_1^2 P_2^2 P_3^2$$

이 된다. 일반적인 결과도 유사한 방식으로 얻어지므로, 마코프체인은 실제로 시간가역이다.
(정식 논증은 다음과 같다. f_i가 원소 i가 경로 상에서 앞으로 이동한 횟수라고 하면, 경로가 어떤 고정 상태로부터 자신으로 되돌아 왔기 때문에 원소 i는 역시 f_i번 뒤로 이동 했을 것이다. 그런데, 원소 i의 뒤로의 이동은 역전된 경로에서는 앞으로의 이동이 되기 때문에, 원래 경로와 역전된 경로에 대한 전이 확률은 모두 다음과 같을 것이다.

$$\prod_i P_i^{f_i + r_i}$$

여기서 r_i는 원소 i가 첫 번째 위치에 있어서 경로(또는 역전된 경로)가 상태를 바꾸지 않은 횟수이다.)

1, 2, ..., n의 임의의 순열 $i_1, i_2, \ldots, i_n$에 대해, $\pi(i_1, i_2, \ldots, i_n)$를 하나-앞으로 규칙 하에서 극한 확률이라고 하자. 모든 순열에 대해, 시간가역성에 의해

$$P_{i_{j+1}} \pi(i_1, \ldots, i_j, i_{j+1}, \ldots, i_n) = P_{i_j} \pi(i_1, \ldots, i_{j+1}, i_j, \ldots, i_n) \tag{4.27}$$

을 얻는다. 이제 요청된 원소의 평균 위치는 (3.6.1절과 같이) 다음과 같다.

$$
\begin{aligned}
\text{평균 위치} &= \sum_i P_i\, E[\text{원소 } i\text{의 위치}] \\
&= \sum_i P_i \left[1 + \sum_{j \neq i} P\{\text{원소 } j\text{가 원소 } i\text{를 앞섬}\} \right] \\
&= 1 + \sum_i \sum_{j \neq i} P\{e_j\text{가 } e_i\text{를 앞섬}\} \\
&= 1 + \sum_{i<j} [P_i P\{e_j\text{가 } e_i\text{를 앞섬}\}\ P_j P\{e_i\text{가 } e_j\text{를 앞섬}\}] \\
&= 1 + \sum_{i<j} [P_i P\{e_j\text{가 } e_i\text{를 앞섬}\} + P_j(1 - P\{e_j\text{가 } e_i\text{를 앞섬}\})] \\
&= 1 + \sum_{i<j}\sum (P_i - P_j)\{e_j\text{가 } e_i\text{를 앞섬}\} + \sum_{i<j}\sum P_j
\end{aligned}
$$

따라서 요청된 원소의 평균 위치를 최소화하기 위해서는, $P\{e_j$가 e_i를 앞섬$\}$을 $P_j > P_i$일 때는 가능한 한 크게 만들어야 하고, $P_i > P_j$일 때는 가능한 한 작게 만들어야 한다. 가장-앞으로(front-of-the-line) 규칙 하에서, 3.6.1절에서 다음을 보였다.

$$
P\{e_j\text{가 } e_i\text{를 앞섬}\} = \frac{P_j}{P_j + P_i}
$$

(이는 가장-앞으로 규칙 하에서 원소 j가 원소 i를 앞설 필요충분조건은 i와 j 중 가장 늦게 요청된 것이 j인 것이기 때문이다.)
그러므로 하나-앞으로 규칙이 가장-앞으로 규칙보다 좋다는 것을 보이기 위해서는, 하나-앞으로 규칙 하에서 다음을 보이면 충분하다.

$$
P\{e_j\text{가 } e_i\text{를 앞섬}\} > \frac{P_j}{P_j + P_i}, \qquad P_j > P_i\text{일 때}
$$

원소 i가 원소 j를 앞서는 임의의 상태, $(\ldots, i, i_1, \ldots, i_k, j, \ldots)$를 고려하자. 식 (4.27)을 사용하여 연속적인 위치 변화를 통해 다음을 얻는다.

$$
\pi(\ldots, i, i_1, \ldots, i_k, j, \ldots) = \left(\frac{P_i}{P_j}\right)^{k+1} \pi(\ldots, j, i_1, \ldots, i_k, i, \ldots) \tag{4.28}
$$

구체적 예를 들면,

$$
\begin{aligned}
\pi(1, 2, 3) &= \frac{P_2}{P_3}\pi(1, 3, 2) = \frac{P_2}{P_3}\frac{P_1}{P_3}\pi(3, 1, 2) \\
&= \frac{P_2}{P_3}\frac{P_1}{P_3}\frac{P_1}{P_2}\pi(3, 2, 1) = \left(\frac{P_1}{P_3}\right)^2 \pi(3, 2, 1)
\end{aligned}
$$

이제 $P_j > P_i$일 때, 식 (4.28)은 다음을 의미한다.

$$
\pi(\ldots, i, i_1, \ldots, i_k, j, \ldots) < \frac{P_i}{P_j}\pi(\ldots, j, i_1, \ldots, i_k, i, \ldots)
$$

$\alpha(i, j) = P\{e_i$가 e_j를 앞섬$\}$라고 놓고, i가 j를 앞서는 모든 상태에 대해 합을 하면 위 식은 다음을 준다.

$$
\alpha(i, j) < \frac{P_i}{P_j}\alpha(j, i)
$$

$\alpha(i, j) = 1 - \alpha(j, i)$이므로 이것은 다음 결과를 준다.

$$\alpha(j, i) > \frac{P_j}{P_j + P_i}$$

따라서 실제로, 요청된 원소의 평균 위치가 가장-앞으로 규칙 하에서보다 하나-앞으로 규칙 하에서 더 작아진다. ■

역전된 체인의 개념은 과정이 시간가역이 아닐 때에도 유용하다. 이를 예시하기 위해 우선 다음 명제를 보자. 이의 증명은 연습문제로 남긴다.

명제 4.9 전이확률 P_{ij}를 갖는 기약 마코프체인을 고려하자. 만약

$$\pi_i P_{ij} = \pi_j Q_{ji} \tag{4.29}$$

을 만족하는 합이 1이 되는 양수 π_i, $i \geqslant 0$와 전이확률 $\mathbf{Q} = [Q_{ij}]$를 찾을 수 있다면, Q_{ij}는 역전된 체인의 전이확률이 되고 π_i, $i \geqslant 0$는 원래 체인과 역전된 체인 모두의 정상 확률이 된다.

위의 명제의 중요성은 역방향으로 생각하여 역전된 체인의 본성을 추측할 수 있다면 식 (4.29)를 이용하여 정상 확률과 Q_{ij}를 함께 구할 수 있다는 점에 있다.

예제 4.38 방을 밝히는데 전구 하나가 필요하다. 사용하던 전구가 고장 나면 다음 날 시작시점에 새 것으로 교체된다. n일의 시작시점에 사용 중인 전구가 i일 째 사용 중이라면(즉, 전구의 현재 나이가 i라면) X_n을 i로 놓자. 예를 들어, 전구가 $n-1$일에 고장 나면, 다음 날 시작시점에 새 전구가 사용되고 따라서 $X_n = 1$이다. 각 전구는, 독립적으로, 확률 p_j, $j \geqslant 1$로 사용 후 i일째 고장 난다고 가정하면, $\{X_n, n \geqslant 1\}$이 다음의 전이확률을 갖는 마코프체인임을 쉽게 알 수 있다.

$$\begin{aligned} P_{i,1} &= P\{i\text{일째 사용 중인 전구가 고장}\} \\ &= P\{\text{전구의 수명} = i \mid \text{전구의 수명} \geqslant i\} \\ &= \frac{P\{L = i\}}{P\{L \geqslant i\}} \end{aligned}$$

여기서 L은 전구의 수명을 나타내는 확률변수이고 $P\{L = i\} = P_i$이다. 또한 다음이 성립한다.

$$P_{i,i+1} = 1 - P_{i,1}$$

이제 이 체인이 오랫동안(이론상으로는 무한대 시간동아) 작동했다고 가정하고 시간의 역방향으로 가는 상태의 열을 고려하자. 순방향으로는 전구가 고장 나는 시점에 도달할 때까지 상태가 항상 1씩 증가하기 때문에, 역전된 체인은 1에 도달할 때까지 계속 1씩 감소하다가 그 다음 이전(실제 시간에서) 전구의 수명을 나타내는 확률변수 값만큼 도약을 한는 것을 쉽게 알 수 있다. 따라서 역전된 체인은 다음과 같은 전이확률을 가져야 한다고 짐작할 수 있다.

$$\begin{aligned} Q_{i,i-1} &= 1, \quad i > 1 \\ Q_{1,i} &= p_i, \quad i \geqslant 1 \end{aligned}$$

이것을 점검하고 동시에 정상 확률을 구하기 위해서는, 위의 $Q_{i,j}$를 가지고, 다음을 만족하는 양수 $[\pi_i]$를 찾을 수 있는지 봐야 한다.

$$\pi_i P_{i,j} = \pi_j Q_{j,i}$$

먼저, $j = 1$로 놓고 얻어지는 방정식

$$\pi_i P_{i,1} = \pi_1 Q_{1,i}$$

을 보자. 이것은

$$\pi_i \frac{P\{L = i\}}{P\{L \geqslant i\}} = \pi_1 P\{L = i\}$$

또는

$$\pi_i = \pi_1 P\{L \geqslant i\}$$

이 되므로 모든 i에 대해 합하면

$$1 = \sum_{i=1}^{\infty} \pi_i = \pi_1 \sum_{i=1}^{\infty} P\{L \geqslant i\} = \pi_1 E[L]$$

을 얻는다. 따라서 앞의 Q_{ij}가 실제로 역전된 전이확률이라면 정상 확률이

$$\pi_i = \frac{P\{L \geqslant i\}}{E[L]}, \quad i \geqslant 1$$

이 된다. 이제 구한 역전된 전이확률과 정상 확률이 옳다는 증명의 완결을 위해 남은 것은

$$\pi_i P_{i,i+1} = \pi_{i+1} Q_{i+1,i}$$

이 만족함을 보이는 것이다. 구한 결과를 대입하면

$$\frac{P\{L \geqslant i\}}{E[L]} \left(1 - \frac{P\{L = i\}}{P\{L \geqslant i\}}\right) = \frac{P\{L \geqslant i+1\}}{E[L]}$$

이 되는데, 이는 $P\{L \geqslant i\} - P\{L = i\} = P\{L \geqslant i + 1\}$이므로 참이 된다. ■

4.9 마코프체인 몬테칼로 방법

X를 가능한 값들이 $\mathbf{x}_j$, $j \geqslant 1$인 이산 확률벡터라고 하자. **X**의 확률질량함수가 $P\{\mathbf{X} = x_j\}$, $j \geqslant 1$로 주어져 있고, 특정한 함수 h에 대해 다음 값을 구하고 싶다고 가정하자.

$$\theta = E[h(\mathbf{X})] = \sum_{j=1}^{\infty} h(\mathbf{x}_j) P\{\mathbf{X} = \mathbf{x}_j\}$$

함수 $h(\mathbf{x}_j)$, $j \geqslant 1$를 계산하는 것이 힘든 상황에서 θ를 근사하기 위해 흔히 시뮬레이션에 의존하게 된다. **몬테칼로 시뮬레이션**(Monte Carlo simulation)이라고 불리는 통상적인 접근 방법은 난수를 사용하여 질량 $P\{\mathbf{X} = x_j\}$, $j \geqslant 1$를 갖고 독립이고 동일하게 분포하는 확률벡터들의 부분 열 $\mathbf{X}_1, \mathbf{X}_2, \ldots, \mathbf{X}_n$을 생성한다. (이 방법에 대해서는 11장 참조). 큰 수의 강법칙에 의해

$$\lim_{n \to \infty} \sum_{i=1}^{n} \frac{h(\mathbf{X}_i)}{n} = \theta \tag{4.30}$$

이 성립하므로 n을 크게 놓고 $h(\mathbf{X}_i)$, $i = 1, \ldots, n$의 평균을 추정량으로 사용하여 θ를 추정할 수 있다.

그러나 자주, 특히 종속하는 확률변수들의 벡터일 경우에는, 특정한 확률질량함수를 갖는 확률벡터를 생성하기가 어렵게 된다. 더욱이, 때때로 확률질량함수가 b_j는 값이 규정되고 C는 미지인 상태로 $P\{\mathbf{X} = \mathbf{x}_j\} = Cb_j$, $j \geqslant 1$ 형태로 주어지는데, 많은 응용에서 b_j를 합하여 C를 결정하기가 계산 상 가능하지 않게 된다. 그런데 다행스럽게도, 이런 상황에서 시뮬레이션을 사용하여 θ를 추정하는 또 한 가지

방법이 있다. 이것은 독립인 확률벡터 열 대신, 정상 확률이 $P\{\mathbf{X} = \mathbf{x}_j\}, j \geqslant 1$인, 벡터 값을 갖는 마코프체인의 연속되는 상태의 열 $\mathbf{X}_1, \mathbf{X}_2, \ldots$을 생성하는 접근법이다. 이것이 가능하다면 명제 4.7으로부터 식 (4.30)이 계속 유효하고, 따라서 $\sum_{i=1}^{n} h(\mathbf{X}_i)/n$을 θ의 추정량으로 사용할 수 있게 된다.

이제, 임의의 정상 확률을 갖는 마코프체인을 생성하는 방법을 알아보자. 이때 정상 확률은 곱 상수까지만 규정되어도 상관없다. $b(j), j = 1, 2, \ldots$가 양수이고 합 $B = \sum_{j=1}^{\infty} b_j$이 유한하다고 하자. **해스팅스-메트로폴리스 알고리즘**(Hastings-Metropolis algorithm)으로 알려진 다음 알고리즘은 아래의 정상 확률을 갖는 시간가역 마코프체인을 생성해 준다.

$$\pi(j) = b(j)/B, \quad j = 1, 2, \ldots$$

먼저, $\mathbf{Q}$를 상태가 정수인 임의의 기약 마코프체인의 전이확률 행렬이라고 하고, $q(i, j)$가 $\mathbf{Q}$의 i행 j열 원소라고 하자. 이제 마코프체인 $\{X_n, n \geqslant 0\}$을 다음과 같이 정의하자. $X_n = i$일 때 $P\{Y = j\} = q(i, j), j = 1, 2, \ldots$인 확률변수 Y를 생성한다. 만약 $Y = j$이면, X_{n+1}을 확률 $\alpha(i, j)$로 j로 놓고, 확률 $1 - \alpha(i, j)$로 i로 놓는다. 이 조건에 의해, 연이은 상태 열들은 아래에 주어진 전이확률 P_{ij}를 갖는 마코프체인임을 쉽게 알 수 있다.

$$P_{i,j} = q(i, j)\alpha(i, j), \quad j \neq i \text{ 일 때}$$
$$P_{i,i} = q(i, i) + \sum_{k \neq i} q(i, k)(1 - \alpha(i, k))$$

이 마코프체인은 다음을 만족하면 시간가역이고 정상 확률 $\pi(j)$를 갖는다.

$$\pi(i)P_{i,j} = \pi(j)P_{j,i}, \quad j \neq i$$

이 식은 다음과 동등하다.

$$\pi(i)q(i, j)\alpha(i, j) = \pi(j)q(j, i)\alpha(j, i) \tag{4.31}$$

이제 $\pi_j = b(j)/B$로 취하고

$$\alpha(i, j) = \min\left(\frac{\pi(j)q(j, i)}{\pi(i)q(i, j)}, 1\right) \tag{4.32}$$

로 놓으면 식 (4.31)이 만족됨을 쉽게 알 수 있다. 그 이유는

$$\alpha(i, j) = \frac{\pi(j)q(j, i)}{\pi(i)q(i, j)}$$

이면 $\alpha(j, i) = 1$이고 식 (4.31)이 만족된다. 그리고 $\alpha(i, j) = 1$이면

$$\alpha(j, i) = \frac{\pi(i)q(i, j)}{\pi(j)q(j, i)}$$

이고 다시 식 (4.31)이 성립한다. 따라서 마코프체인은 시간가역이고 정상 확률 $\pi(j)$을 가짐이 증명되었다. 또한, $\pi_j = b(j)/B$이므로 식 (4.32)로부터

$$\alpha(i, j) = \min\left(\frac{b(j)q(j, i)}{b(i)q(i, j)}, 1\right)$$

이 됨을 알 수 있다. 이는 마코프체인을 정의하는 데는 $b(j)$로 충분하고 B의 값이 필요치 않음을 보여준다. 또한, $\pi(j), j \geqslant 1$은 정상 확률일 뿐만 아니라, 거의 항상 극한 확률도 된다. (실제로, 충분조건은 어떤 i에 대해 $P_{i,i} > 0$인 것이다.)

예제 4.39 주어진 상수 α에 대해 $\sum_{j=1}^{n} jx_j > a$이 되는, $(1, \ldots, n)$의 모든 순열 $(x_1, \ldots, x_n)$의 집합 $\mathscr{S}$에서 균등분포하는 원소를 생성하기를 원한다. 해스팅스-메트로폴리스 알고리즘을 이용하기 위해서는 상태공간 $\mathscr{S}$에서 기약 마코프 전이확률 행렬을 정의해야 한다. 이를 위해 우선 $\mathscr{S}$의 "이웃하는" 원소의 개념을 정의하고, 그 다음 꼭지점의 집합이 $\mathscr{S}$인 그래프를 구성한다. $\mathscr{S}$ 내의 이웃하는 원소 쌍마다 아크를 만드는 것으로 시작한다. 여기서, $\mathscr{S}$의 임의의 두 순열에서 하나의 순열이 다른 하나의 순열의 두 위치를 교환하여 얻어지면 이 둘을 이웃이라고 부른다. 즉, (1, 2, 3, 4)와 (1, 2, 4, 3)은 이웃이나, 반면에 (1, 2, 3, 4)와 (1, 3, 4, 2)는 이웃이 아니다. 이제, q 전이확률 함수를 다음과 같이 정의한다. $N(\mathbf{s})$를 $\mathbf{s}$의 이웃들의 집합, $|N(\mathbf{s})|$를 집합 $N(\mathbf{s})$에 있는 원소의 수라고 정의하고,

$$q(\mathbf{s}, \mathbf{t}) = \frac{1}{|N(\mathbf{s})|} \quad , \mathbf{t} \in N(\mathbf{s})\text{일 때}$$

라고 하자. 즉, $\mathbf{s}$로부터 다음 상태의 후보는 동일한 가능성으로 이웃들 중 하나가 된다. 마코프체인의 원하는 극한 확률은 $\pi(\mathbf{s}) = C$이므로 $\pi(\mathbf{s}) = \pi(\mathbf{t})$가 되고 따라서

$$\alpha(\mathbf{s}, \mathbf{t}) = \min(|N(\mathbf{s})|/|N(\mathbf{t})|, 1)$$

가 된다. 즉, 마코프체인의 현재 상태가 $\mathbf{s}$이면 그것의 이웃들 중 하나가 무작위로 선택된다. 이를 $\mathbf{t}$라 하자. 만약 $\mathbf{t}$가 $\mathbf{s}$보다 적은 이웃을 가지면(그래프 이론의 용어로 하면 꼭지점 $\mathbf{t}$의 급(degree)이 $\mathbf{s}$의 급보다 작으면) 다음 상태는 $\mathbf{t}$이다. 아니면, 균등(0, 1) 난수 U를 생성하여 $U < N(\mathbf{s})/N(\mathbf{t})$이면 다음 상태는 $\mathbf{t}$이고 아니면 $\mathbf{s}$이다. 이 마코프체인의 극한 확률은 $\pi(\mathbf{s}) = 1/|\mathscr{S}|$이다. 여기서 $|\mathscr{S}|$는 (미지의) $\mathscr{S}$내의 순열의 수이다. ■

해스팅스-메트로폴리스 알고리즘 중 가장 널리 쓰이는 형태가 **깁스 샘플러**(Gibbs sampler)이다. $\mathbf{X} = (X_1, \ldots, X_n)$이 곱 상수까지만 규정된 확률질량함수 $p(\mathbf{x})$를 갖는 이산 확률벡터라고 가정하고, $\mathbf{X}$와 같은 분포를 갖는 확률벡터들을 생성하기를 원한다고 하자. 즉, 다음 질량함수를 갖는 확률벡터를 생성하고 싶다.

$$p(\mathbf{x}) = Cg(\mathbf{x})$$

여기서 $g(\mathbf{x})$는 알려져 있지만 C는 미지이다. 깁스 샘플러를 이용하려면, 임의의 i와 값 $x_j, j \neq i$에 대해 다음 확률질량함수를 갖는 확률변수 X를 생성할 수 있어야 한다.

$$P\{X = x\} = P\{X_i = x | X_j = x_j, j \neq i\}$$

깁스 샘플러는 상태 $\mathbf{x} = (x_1, \ldots, x_n)$일 때 다음과 같이 정의되는 전이확률을 갖는 마코프체인에 대해 해스팅스-메트로폴리스 알고리즘을 사용하여 작동한다. 현재의 상태가 $\mathbf{x}$일 때마다, $1, \ldots, n$ 중 하나의 성분을 동일한 가능성으로 선택한다. 만약 성분 i가 선택되었다면, 확률밀도함수 $P\{X = x\} = P\{X_i = x \mid X_j = x_j, j \neq i\}$를 갖는 확률변수 X를 생성한다. $X = x$라면, 상태 $\mathbf{y} = (x_1, \ldots, x_{i-1}, x, x_{i+1}, \ldots, x_n)$가 다음 상태 후보로 고려된다. 다시 말해, $\mathbf{x}$와 $\mathbf{y}$가 이같이 주어질 때, 깁스 샘플러는 다음의 전이확률을 가지고 해스팅스-메트로폴리스 알고리즘을 사용한다.

$$q(\mathbf{x}, \mathbf{y}) = \frac{1}{n} P\{X_i = x | X_j = x_j, j \neq i\} = \frac{p(\mathbf{y})}{nP\{X_j = x_j, j \neq i\}}$$

극한 확률질량함수가 p가 되어야 하므로, 식 (4.32)로부터 $\mathbf{y}$는 다음의 확률로 새로운 상태로 수락되게 된다.

$$\begin{aligned}\alpha(\mathbf{x},\mathbf{y}) &= \min\left(\frac{p(\mathbf{y})q(\mathbf{y},\mathbf{x})}{p(\mathbf{x})q(\mathbf{x},\mathbf{y})}, 1\right) \\ &= \min\left(\frac{p(\mathbf{y})p(\mathbf{x})}{p(\mathbf{x})p(\mathbf{y})}, 1\right) \\ &= 1\end{aligned}$$

따라서 깁스 샘플러를 사용하면 후보 상태는 항상 체인의 다음 상태로 수락되게 된다.

예제 4.40 어느 두 점도 거리 d 이내에 있으면 안 된다는 조건하에서, 원점이 중심이고 반지름이 1인 원 내에서 균등하게 분포하는 n개의 점을 생성하고 싶다고 하자. 이때 조건의 사건의 확률은 작다고 가정하자. 이는 다음과 같이 깁스 샘플러를 사용하여 달성될 수 있다. 어느 두 점도 거리 d 이내에 있지 않은, 원 내의 n개의 점 $\mathbf{x_1}, \ldots, \mathbf{x_n}$으로 시작한다. 그 다음, 동일한 가능성으로 $1, \ldots, n$ 중 하나의 값이 되는 I를 생성한다. 다음으로, $\mathbf{x}_I$를 제외한 다른 $n-1$개의 점들로부터 거리 d 이내에 있지 않은 점이 나올 때까지 원 내의 점들을 무작위로 계속 생성한다. 이제 $\mathbf{x}_I$를 그 점으로 대체하고 과정을 반복한다. 이 알고리즘을 많이 반복한 후에, n개의 점들의 집합은 근사적으로 원하는 분포를 가질 것이다. ■

예제 4.41 $X_i, i=1,\ldots,n$이 각각 발생율 $\lambda_i, i=1,\ldots,n$을 갖는 독립인 지수 확률변수라고 하자. $S=\sum_{i=1}^n X_i$라 할 때, 어떤 큰 상수 c에 대해 $S>c$인 조건에 맞는 확률벡터 $\mathbf{X}=(X_1,\ldots,X_n)$를 생성하고 싶다고 가정해보자. 즉, 다음의 확률밀도함수를 갖는 확률벡터를 생성하기를 원한다.

$$f(x_1,\ldots,x_n)=\frac{1}{P\{S>c\}}\prod_{i=1}^n \lambda_i e^{-\lambda_i x_i}, \quad x_i \geqslant 0, \sum_{i=1}^n x_i > c$$

이는 $x_i>0, i=1,\ldots,n, \sum_{i=1}^n x_i > c$를 만족하는 초기벡터 $\mathbf{x}=(x_1,\ldots,x_n)$로 시작하여 쉽게 달성된다. 우선, 동일한 가능성으로 $1,\ldots,n$ 중 하나가 되는 확률변수 I를 생성한다. 다음으로, $X+\sum_{j\neq I} x_j > c$의 조건 하에서 발생률 λ_I를 갖는 지수 확률변수 X를 생성한다. $c-\sum_{j\neq I} x_j$ 보다 크다는 조건 하에서 지수 확률변수를 생성하는 이 단계는 어떤 양의 상수보다 크다는 조건 하에서 지수 확률변수는 그 상수에 지수 확률변수를 더한 것과 동일한 분포를 갖는다는 사실을 이용하여 쉽게 수행된다. 즉, X는 먼저 발생률 λ_I를 갖는 지수 확률변수 Y를 생성한 뒤 다음과 같이 놓으면 얻어진다.

$$X=Y+\left(c-\sum_{j\neq I} x_j\right)^+$$

이제, $\mathbf{x}_I$의 값을 X로 대체하고 알고리즘의 새로운 반복을 시작한다. ■

참고: 예제 4.40과 4.41에서 보듯이 깁스 샘플러의 이론이 생성되는 분포가 이산이라는 가정 하에서 제시되었지만, 이 분포가 연속일 때도 성립한다.

4.10 마코프 결정과정

$1, 2, \ldots, M$의 M개의 가능한 상태가 이산 시간에서 관찰되는 과정을 고려하자. 이 과정의 상태를 관찰한 후에 행동(action)이 선택되어야 하는데, A를 모든 가능한 행동의 집합(유한하다고 가정)이라고 하자.

만약 시점 n에 과정은 상태 i에 있고 행동 a가 선택되었다면, 시스템의 다음 상태는 전이확률 $P_{ij}(a)$에 따라 결정된다. 시점 n에서 X_n이 과정의 상태이고 a_n이 선택된 행동이라고 하면 이 말은 다음 표현과 동등하다.

$$P\{X_{n+1} = j | X_0, a_0, X_1, a_1, \ldots, X_n = i, a_n = a\} = P_{ij}(a)$$

따라서 전이확률은 오직 현재의 상태와 뒤따르는 행동만의 함수가 된다.

정책(policy)은 행동을 선택하는 규칙을 의미한다. 앞으로, 어느 시점이든 행동을 그 시점의 과정의 상태에만 종속하여(이전의 상태와 행동에 관련된 어느 정보에도 종속하지 않고) 지정하는 형태의 정책만을 고려한다. 그러나 정책이 행동을 확률분포에 따라 선택하도록 지시하여 "무작위화" 되는 것은 허용한다. 다시 말해, 정책 $\boldsymbol{\beta}$는 숫지들의 집합 $\boldsymbol{\beta} = \{\beta_i(a),\ a \in A,\ i = 1, \ldots, M\}$인데, 그 의미는 과정이 상태 i에 있다면, 행동 a는 확률 $\beta_i(a)$로 선택된다는 것이다. 물론 다음 조건이 필요하다.

$$0 \leqslant \beta_i(a) \leqslant 1, \quad \text{모든 } i, a\text{에 대해}$$
$$\sum_a \beta_i(a) = 1, \quad \text{모든 } i\text{에 대해}$$

주어진 어느 정책 하에서나, 상태 열 $\{X_n,\ n = 0, 1, \ldots\}$은 다음에 주어진 전이확률 $P_{ij}(\boldsymbol{\beta})$를 갖는 마코프체인이다.

$$\begin{aligned} P_{ij}(\boldsymbol{\beta}) &= P_{\boldsymbol{\beta}}\{X_{n+1} = j | X_n = i\}^* \\ &= \sum_a P_{ij}(a)\beta_i(a) \end{aligned}$$

여기서 마지막 등식은 상태 i일 때 선택된 행동에 조건을 주어 얻어진다. 정책 $\boldsymbol{\beta}$의 모든 선택에 대해, 얻어지는 마코프체인 $\{X_n,\ n = 0, 1, \ldots\}$이 에르고딕이라고 가정하자.

임의의 정책 $\boldsymbol{\beta}$에 대해, π_{ia}는 정책 $\boldsymbol{\beta}$가 적용되었을 때 과정이 상태 i에 있고 행동 a가 선택되는 극한(또는 안정상태) 확률을 나타낸다. 즉,

$$\pi_{ia} = \lim_{n\to\infty} P_{\boldsymbol{\beta}}\{X_n = i, a_n = a\}$$

벡터 $\pi = (\pi_{ia})$는 다음을 만족해야 한다.

$$\begin{aligned} &\text{(i) } \pi_{ia} \geqslant 0, \text{ 모든 } i, a\text{에 대해} \\ &\text{(ii) } \textstyle\sum_i \sum_a \pi_{ia} = 1 \\ &\text{(iii) } \textstyle\sum_a \pi_{ja} = \sum_i \sum_a \pi_{ia} P_{ij}(a), \text{ 모든 } j\text{에 대해} \end{aligned} \tag{4.33}$$

식 (i)과 (ii)는 명백하고, 식 (iii)은 정리 4.1의 유추인데, 좌변은 상태 j에 있는 안정상태 확률이고 우변은 동일한 확률을 한 단계 이전의 상태와 행동에 조건을 주어 계산한 것이다.

따라서 어느 정책 $\boldsymbol{\beta}$에 대해서도, (i)~(iii)을 만족하는 벡터 $\boldsymbol{\pi} = (\pi_{ia})$가 존재하고, 이는 정책 $\boldsymbol{\beta}$가 적용되었을 때 과정이 상태 i에 있고 행동 a가 선택되는 안정상태 확률로 해석된다. 더욱이, 그 역도 참이다. 즉, (i)~(iii)을 만족하는 어느 벡터 $\boldsymbol{\pi} = (\pi_{ia})$에 대해서도, 정책 $\boldsymbol{\beta}$가 적용된다면 과정이 상태 i에 있고 행동 a가 선택되는 안정상태 확률이 π_{ia}가 되는, 정책 $\boldsymbol{\beta}$가 존재하게 된다. 이를 확인하기 위해 $\boldsymbol{\pi} = (\pi_{ia})$를 (i)~(iii)을 만족하는 벡터라고 가정하자. 정책 $\boldsymbol{\beta} = (\beta_i(\text{a}))$를 다음과 같이 놓자.

$$\begin{aligned} \beta_i(a) &= P\{\boldsymbol{\beta}\text{가 } a\text{를 선택} | \text{상태가 } i\} \\ &= \frac{\pi_{ia}}{\sum_a \pi_{ia}} \end{aligned}$$

P_{ia}를 정책 $\boldsymbol{\beta}$가 적용되었을 때 상태 i에 있고 행동 a가 선택되는 극한 확률이라고 하자. 이제 $P_{ia} = \pi_{ia}$

---

*정책 β가 사용되었다는 조건 하에서의 확률임을 부각하기 위해 기호 P_β를 사용하였다.

임을 보여야 한다. 이를 위해, 먼저 $\{P_{ia},\ i=1,\ \ldots,\ M,\ a \in A\}$이 이차원 마코프체인$\{(X_n,\ a_n),\ n \geqslant 0\}$의 극한 확률임을 관찰하자. 따라서 기본정리 4.1에 의해, 이것은 다음을 만족하는 유일한 해가 된다.

(i′) $P_{ia} \geqslant 0$,
(ii′) $\sum_i \sum_a P_{ia} = 1$,
(iii′) $P_{ja} = \sum_i \sum_{a'} P_{ia'} P_{ij}(a')\beta_j(a)$

여기서 (iii′)은 다음에 의해 얻어진다.

$$P\{X_{n+1}=j, a_{n+1}=a|X_n=i,\ a_n=a'\} = P_{ij}(a')\beta_j(a)$$

이제

$$\beta_j(a) = \frac{\pi_{ja}}{\sum_a \pi_{ja}}$$

이므로 (P_{ia})는

$$P_{ia} \geqslant 0,$$
$$\sum_i \sum_a P_{ia} = 1,$$
$$P_{ja} = \sum_i \sum_{a'} P_{ia'} P_{ij}(a') \frac{\pi_{ja}}{\sum_a \pi_{ja}}$$

의 유일해가 된다. 따라서 $P_{ia} = \pi_{ia}$를 보이기 위해서는

$$\pi_{ia} \geqslant 0,$$
$$\sum_i \sum_a \pi_{ia} = 1,$$
$$\pi_{ja} = \sum_i \sum_{a'} \pi_{ia'} P_{ij}(a') \frac{\pi_{ja}}{\sum_a \pi_{ja}}$$

임을 보이면 된다. 위의 두 식은 식 (4.33)의 (i), (ii)에 의해 얻어지고, 세 번째 식은

$$\sum_a \pi_{ja} = \sum_i \sum_{a'} \pi_{ia'} P_{ij}(a')$$

과 동등하므로 식 (4.33)의 조건 (iii)에 의해 얻어진다.

이로써, 벡터 $\pi = (\pi_{ia})$가 식 (4.33)의 (i)~(iii)을 만족할 필요충분조건은 정책 $\boldsymbol{\beta}$가 적용될 때 상태 i에 있고 행동 a가 선택되는 안정상태 확률이 π_{ia}가 되는, 정책 $\boldsymbol{\beta}$가 존재하는 것임을 증명하였다. 실제로, 그 정책 β는 $\boldsymbol{\beta}_i(a) = \pi_{ia}/\sum_a \pi_{ia}$로 정의된다.

위의 사실은 "최적" 정책을 결정할 때 매우 중요하다. 예를 들어, 상태 i에서 행동 a가 선택될 때마다 보상 $R(i,\ a_i)$가 얻어진다고 해보자. $R(X_i,\ a_i)$는 시점 i에 얻는 보상을 나타내므로 정책 $\boldsymbol{\beta}$ 하에서 기대되는 시간 당 평균 보상은 다음과 같이 표현될 수 있다.

$$\boldsymbol{\beta} \text{ 하에서 기대되는 평균 보상} = \lim_{n\to\infty} E_{\boldsymbol{\beta}}\left[\frac{\sum_{i=1}^n R(X_i, a_i)}{n}\right]$$

이제, π_{ia}가 상태 i에 있고 행동 a가 선택되는 안정상태 확률이므로, 시점 n의 기대 보상의 극한은

$$\lim_{n\to\infty} E[R(X_n, a_n)] = \sum_i \sum_a \pi_{ia} R(i, a)$$

이 되고, 이는 다음을 의미한다.

$\boldsymbol{\beta}$ 하에서 기대되는 평균 보상 $= \sum_i \sum_a \pi_{ia} R(i, a)$

따라서 기대 평균 보상을 최대화 하는 정책을 결정하는 문제는 다음과 같다.

$$\textbf{최대화}_{\pi=(\pi_{ia})} \quad \sum_i \sum_a \pi_{ia} R(i, a)$$

제약조건: $\pi_{ia} \geqslant 0$, 모든 i, a에 대해

$$\sum_i \sum_a \pi_{ia} = 1, \tag{4.34}$$

$$\sum_a \pi_{ja} = \sum_i \sum_a \pi_{ia} P_{ij}(a), \quad \text{모든 } j\text{에 대해}$$

그러나 위의 최대화 문제는 **선형계획**(linear programming)의 특수한 경우로 **심플렉스 알고리즘**(simplex algorithm) 같은 표준적인 선형계획 알고리즘으로 해결될 수 있다.* 만약 $\{\beta^* = (\pi^*_{ia})$가 위의 최대화 하는 값이라면 최적 정책 $\boldsymbol{\beta}^*$는 다음과 같이 주어진다.

$$\beta_i^*(a) = \frac{\pi^*_{ia}}{\sum_a \pi^*_{ia}}$$

참고:

(i) (4.34)를 최대화하는 π^* 중에서, 각 i에 대해 하나의 a만 제외하고 π^*_{ia}가 모두 영이 되는 값이 존재한다는 것을 증명할 수 있다. 이 경우 최적 정책은 무작위화 되어있지 않다. 즉, 상태 i에 있을 때 지시하는 행동은 i의 확정된 함수가 된다.

(ii) 적용가능한 정책의 종류에 제약이 있을 경우에도 선형계획 공식이 자주 유효하다. 예를 들어, 과정이 어떤 상태에 머무는 시간의 비율에 제한이 있다고 해보자. 구체적으로, 정책 적용 결과 얻어지는 과정이 상태 1에 머무는 시간이 100α 퍼센트보다 작게 되는 정책만 고려해야 한다고 가정해보자. 이 제약에 맞는 최적 정책을 구하기 위해서는 선형계획 문제에 다음의 제약을 추가하면 된다.

$$\sum_a \pi_{1a} \leqslant \alpha$$

이는 $\sum_a \pi_{1a}$가 과정이 상태 1에 있는 시간의 비율을 나타내기 때문이다.

4.11 숨겨진 마코프체인

$\{X_n, n = 1, 2, \ldots\}$을 전이행렬 $P_{i,j}$와 초기상태확률 $P_i = P\{X_1 = i\}$, $i \geqslant 0$를 갖는 마코프체인이라고 하자. 또한 유한개의 신호들의 집합 $\mathscr{S}$가 있어서 마코프체인이 어떤 상태에 들어갈 때마다 이 신호 중 하나가 방출된다고 한다. 마코프체인이 상태 j에 들어가면, 이전의 마코프체인의 상태 및 신호와 독립적으로 확률 $p(s|j)$, $\sum_{s\in\mathscr{S}} p(s|j) = 1$로 신호 s가 방출된다고 하자. 즉 S_n을 n번째로 방출된 신호라고 하면 다음과 같이 된다.

$$P\{S_1 = s|X_1 = j\} = p(s|j),$$
$$P\{S_n = s|X_1, S_1, \ldots, X_{n-1}, S_{n-1}, X_n = j\} = p(s|j)$$

---

*목적함수 $\sum_i \sum_a R(i, a)\pi_{ia}$와 제약식이 모두 π_{ia}의 선형함수이므로 이 문제를 선형계획이라고 부른다. 심플렉스 알고리즘의 발견적인 분석은 4.5.2에 나와 있다.

이런 형태의 모형에서 신호열 $S_1, S_2, \ldots$이 관찰되고 배후의 마코프체인의 상태열 $X_1, X_2, \ldots$이 관찰되지 않을 경우를 **숨겨진 마코프체인모형**(hidden Markov chain model)이라고 부른다.

예제 4.42 각 기간이 양호상태(상태 1) 또는 불량상태(상태 2)인 생산공정을 생각해보자. 한 기간에 공정이 상태 1에 있으면, 과거와 무관하게 다음 기간에는 확률 0.9로 상태 1에 있게 되고 확률 0.1로 상태 2에 있게 된다. 일단 상태 2로 들어오면 영원히 그 상태에 있게 된다. 각 기간 동안 하나의 상품이 생산되는데, 공정이 상태 1에 있을 때 생산품이 합격 품질일 확률은 0.99이고 상태 2에 있을 때 생산품의 합격 확률은 0.96이라고 한다.

만약 공정의 상태는 관찰 불가능하고 생산품이 합격인지 불합격인지만 관찰할 수 있다면 이는 숨겨진 마코프체인모형이다. 여기서 신호는 생산품의 상태가 되고 합격, 불합격에 따라 a 또는 u의 값을 갖는다. 신호의 확률은

$$p(u|1) = 0.01, \quad p(a|1) = 0.99,$$
$$p(u|2) = 0.04, \quad p(a|2) = 0.96$$

이 되고 배후의 마코프체인의 전이확률은

$$P_{1,1} = 0.9 = 1 - P_{1,2}, \quad P_{2,2} = 1 \text{ 이 된다.}$$ ■

비록 $\{S_n, n \geqslant 1\}$은 마코프체인이 아니지만, 현재의 상태 X_n에 조건을 주면 미래의 신호와 상태열 $S_n, X_{n+1}, S_{n+1}, \ldots$는 과거의 상태와 신호열 $X_1, S_1, \ldots, X_{n-1}, S_{n-1}$에 독립이다.

첫 n개의 신호의 확률벡터를 $\mathbf{S}^n = \{S_1, \ldots, S_n\}$라고 하고. 고정된 신호열 $s_1, \ldots, s_n$에 대해 $\mathbf{s}_k = (s_1, \ldots, s_k)$, $k \leqslant n$ 라고 놓자. 우선 시점 n에서 $\mathbf{S}^n = \mathbf{s}_n$이 주어질 때 마코프체인의 상태의 조건부 확률을 결정해보자. 이 확률을 얻기 위해

$$F_n(j) = P\{\mathbf{S}^n = \mathbf{s}_n, X_n = j\}$$

라고 놓고 다음을 기억하자.

$$\begin{aligned} P\{X_n = j|\mathbf{S}^n = \mathbf{s}_n\} &= \frac{P\{\mathbf{S}^n = \mathbf{s}_n, X_n = j\}}{P\{\mathbf{S}^n = \mathbf{s}_n\}} \\ &= \frac{F_n(j)}{\sum_i F_n(i)} \end{aligned}$$

이제

$$\begin{aligned} F_n(j) &= P\{\mathbf{S}^{n-1} = \mathbf{s}_{n-1}, S_n = s_n, X_n = j\} \\ &= \sum_i P\{\mathbf{S}^{n-1} = \mathbf{s}_{n-1}, X_{n-1} = i, X_n = j, S_n = s_n\} \\ &= \sum_i F_{n-1}(i) P\{X_n = j, S_n = s_n|\mathbf{S}^{n-1} = \mathbf{s}_{n-1}, X_{n-1} = i\} \\ &= \sum_i F_{n-1}(i) P\{X_n = j, S_n = s_n|X_{n-1} = i\} \\ &= \sum_i F_{n-1}(i) P_{i,j}\, p(s_n|j) \\ &= p(s_n|j) \sum_i F_{n-1}(i) P_{i,j} \end{aligned} \tag{4.35}$$

이 된다. 위 계산에서 다음을 이용하였다.

$$\begin{aligned}P\{X_n = j, S_n = s_n | X_{n-1} = i\} \\ &= P\{X_n = j | X_{n-1} = i\} \times P\{S_n = s_n | X_n = j, X_{n-1} = i\} \\ &= P_{i,j} P\{S_n = s_n | X_n = j\} \\ &= P_{i,j} p(s_n | j)\end{aligned}$$

이제 초기값

$$F_1(i) = P\{X_1 = i, S_1 = s_1\} = p_i p(s_1 | i)$$

로 시작하여 식 (4.35)을 되돌림 방식으로 적용하여 함수 $F_2(i)$, $F_3(i)$, ..., $F_n(i)$를 결정할 수 있다.

예제 4.43 예제 4.42에서 $P\{X_1 = 1\} = 0.8$이고 처음 세 개의 생산품이 a, u, a였다고 가정해보자.

(a) 세 번째 상품이 생산되었을 때 공정이 양호상태일 확률은 얼마인가?

(b) X_4가 1일 확률은?

(c) 다음 생산품이 합격일 확률은?

풀이▶ $\mathbf{s}_3 = (a, u, a)$이므로 다음과 같이 계산한다.

$$F_1(1) = (0.8)(0.99) = 0.792,$$
$$F_1(2) = (0.2)(0.96) = 0.192$$

$$F_2(1) = 0.01[0.792(0.9) + 0.192(0)] = 0.007128,$$
$$F_2(2) = 0.04[0.792(0.1) + 0.192(1)] = 0.010848$$

$$F_3(1) = 0.99[(0.007128)(0.9)] \approx 0.006351,$$
$$F_3(2) = 0.96[(0.007128)(0.1) + 0.010848] \approx 0.011098$$

따라서 (a)의 답은

$$P\{X_3 = 1 | \mathbf{s}_3\} \approx \frac{0.006351}{0.006351 + 0.011098} \approx 0.364$$

이다. 이제 $P\{X_4 = 1 | \mathbf{s}_3\}$를 계산하기 위해 X_3에 조건을 주어 다음을 얻는다.

$$\begin{aligned}P\{X_4 = 1 | \mathbf{s}_3\} &= P\{X_4 = 1 | X_3 = 1, \mathbf{s}_3\} P\{X_3 = 1 | \mathbf{s}_3\} \\ &\quad + P\{X_4 = 1 | X_3 = 2, \mathbf{s}_3\} P\{X_3 = 2 | \mathbf{s}_3\} \\ &= P\{X_4 = 1 | X_3 = 1, \mathbf{s}_3\}(0.364) \\ &\quad + P\{X_4 = 1 | X_3 = 2, \mathbf{s}_3\}(0.636) \\ &= 0.364 P_{1,1} + 0.636 P_{2,1} \\ &= 0.3276\end{aligned}$$

$P\{S_4 = a | \mathbf{s}_3\}$를 계산하기 위해 X_4에 조건을 주어 다음을 얻는다.

$$\begin{aligned}P\{S_4 = a | \mathbf{s}_3\} &= P\{S_4 = a | X_4 = 1, \mathbf{s}_3\} P\{X_4 = 1 | \mathbf{s}_3\} \\ &\quad + P\{S_4 = a | X_4 = 2, \mathbf{s}_3\} P\{X_4 = 2 | \mathbf{s}_3\} \\ &= P\{S_4 = a | X_4 = 1\}(0.3276) \\ &\quad + P\{S_4 = a | X_4 = 2\}(1 - 0.3276) \\ &= (0.99)(0.3276) + (0.96)(0.6724) = 0.9698\end{aligned}$$

■

$P\{\mathbf{S}^n = \mathbf{s}_n\}$을 계산하려면 식 (4.35)와 함께 상등관계 $P\{\mathbf{S}^n = \mathbf{s}_n\} = \sum_i F_n(i)$를 이용한다. 여기서 마코프체인의 상태가 N개라면 nN개의 $F_n(i)$를 계산하여야 하는데 각 계산은 N개의 항을 더하는 합산을 필요로 한다. 이것을 처음 n개의 마코프체인의 상태에 조건을 주어 $P\{\mathbf{S}^n = \mathbf{s}_n\}$을 계산하는 다음의 방식과 비교해 보자.

$$P\{\mathbf{S}^n = \mathbf{s}_n\} = \sum_{i_1,\ldots,i_n} P\{\mathbf{S}^n = \mathbf{s}_n | X_1 = i_1, \ldots, X_n = i_n\} P\{X_1 = i_1, \ldots, X_n = i_n\}$$
$$= \sum_{i_1,\ldots,i_n} p(s_1|i_1) \cdots p(s_n|i_n) p_{i_1} P_{i_1,i_2} P_{i_2,i_3} \cdots P_{i_{n-1},i_n}$$

이 상등관계를 사용하면 N^n항을 더해야하고 각 항은 $2n$ 값을 곱하는 연산을 필요로 하므로 전자의 방법 보다 열등함을 알 수 있다.

되돌림 방식으로 함수 $F_k(i)$를 결정하여 $P\{\mathbf{S}^n = \mathbf{s}_n\}$를 계산하는 방법을 **전진 접근법**(forward approach)이라고 부른다. 물론 **후진 접근법**(backward approach)도 가능한데 이는 다음과 같이 정의되는 $B_k(i)$에 기반 한다.

$$B_k(i) = P\{S_{k+1} = s_{k+1}, \ldots, S_n = s_n | X_k = i\}$$

$B_k(i)$에 대한 되돌림 공식은 X_{k+1}에 조건을 주어 다음과 같이 얻어진다.

$$\begin{aligned}
B_k(i) &= \sum_j P\{S_{k+1} = s_{k+1}, \ldots, S_n = s_n | X_k = i, X_{k+1} = j\} P\{X_{k+1} = j | X_k = i\} \\
&= \sum_j P\{S_{k+1} = s_{k+1}, \ldots, S_n = s_n | X_{k+1} = j\} P_{i,j} \\
&= \sum_j P\{S_{k+1} = s_{k+1} | X_{k+1} = j\} \\
&\quad \times P\{S_{k+2} = s_{k+2}, \ldots, S_n = s_n | S_{k+1} = s_{k+1}, X_{k+1} = j\} P_{i,j} \\
&= \sum_j p(s_{k+1}|j) P\{S_{k+2} = s_{k+2}, \ldots, S_n = s_n | X_{k+1} = j\} P_{i,j} \\
&= \sum_j p(s_{k+1}|j) B_{k+1}(j) P_{i,j} \qquad (4.36)
\end{aligned}$$

먼저

$$\begin{aligned}
B_{n-1}(i) &= P\{S_n = s_n | X_{n-1} = i\} \\
&= \sum_j P_{i,j} p(s_n|j)
\end{aligned}$$

로부터 시작하여 식 (4.36)을 이용하여 함수 $B_{n-2}(i)$를 결정하고 그 다음 $B_{n-3}(i), \ldots, B_1(i)$까지 계속 구해간다. 그 후 다음을 이용하여 $P\{\mathbf{S}^n = \mathbf{s}_n\}$를 구할 수 있다.

$$\begin{aligned}
P\{\mathbf{S}^n = \mathbf{s}_n\} &= \sum_i P\{S_1 = s_1, \ldots, S_n = s_n | X_1 = i\} p_i \\
&= \sum_i P\{S_1 = s_1 | X_1 = i\} P\{S_2 = s_2, \ldots, S_n = s_n | S_1 = s_1, X_1 = i\} p_i \\
&= \sum_i p(s_1|i) P\{S_2 = s_2, \ldots, S_n = s_n | X_1 = i\} p_i \\
&= \sum_i p(s_1|i) B_1(i) p_i
\end{aligned}$$

$P\{\mathbf{S}^n = \mathbf{s}_n\}$를 구하는 또 하나의 방법은 전진과 후진 접근법을 결합하는 것이다. 어떤 k에 대해 함수 $F_k(j)$와 $B_k(j)$ 모두를 계산했다고 가정해보자. 그러면

$$
\begin{aligned}
P\{\mathbf{S}^n = \mathbf{s}_n, X_k = j\} &= P\{\mathbf{S}^k = \mathbf{s}_k, X_k = j\} \\
&\quad \times P\{S_{k+1} = s_{k+1}, \ldots, S_n = s_n | \mathbf{S}^k = \mathbf{s}_k, X_k = j\} \\
&= P\{\mathbf{S}^k = \mathbf{s}_k, X_k = j\} P\{S_{k+1} = s_{k+1}, \ldots, S_n = s_n | X_k = j\} \\
&= F_k(j) B_k(j)
\end{aligned}
$$

의 관계를 이용하여 다음과 같이 계산할 수 있다.

$$
P\{\mathbf{S}^n = \mathbf{s}_n\} = \sum_j F_k(j) B_k(j)
$$

$P\{\mathbf{S}^n = \mathbf{s}_n\}$를 구할 때 이 상등관계를 사용하는 잇점은 F_1으로부터 시작하여 전진 함수열을 구하는 동시에 B_{n-1}로부터 시작하여 후진 함수열을 구할 수 있다는 점이다. 이 병렬계산은 적당한 k에 대해 F_k와 B_k를 모두 구했을 때 멈춰진다.

4.11.1 상태 예측하기

관찰된 첫 n개의 신호가 $\mathbf{s}_n = \{s_1, \ldots, s_n\}$로 주어질 때 마코프체인의 첫 n개의 상태를 예측하기 원한다고 하자. 최적의 예측은 달성하려는 목적에 의존할 것이다. 만약 올바로 예측된 상태의 수의 기댓값을 최대화하는 것이 목적이라면 각 $k = 1, \ldots, n$에 대해 $P\{X_k = j \,|\, \{\mathbf{S}^n = \mathbf{s}_n\}$를 계산하고 이 값을 최대화하는 j를 구하여 X_k의 예측값으로 정한다. (즉 신호열이 주어질 때의 X_k의 조건부 확률질량함수의 최빈값(mode)을 X_k의 예측값으로 취한다.) 이를 위해서는 먼저 조건부 확률질량함수를 계산해야 하는데 이는 다음과 같이 얻어진다.

$$
\begin{aligned}
P\{X_k = j | \mathbf{S}^n = \mathbf{s}_n\} &= \frac{P\{\mathbf{S}^n = \mathbf{s}_n, X_k = j\}}{P\{\mathbf{S}^n = \mathbf{s}_n\}} \\
&= \frac{F_k(j) B_k(j)}{\sum_j F_k(j) B_k(j)}
\end{aligned}
$$

따라서, $\mathbf{S}^n = \mathbf{s}_n$이 주어질 때 X_k의 최적 예측값은 $F_k(j)\,B_k(j)$를 최대화하는 j의 값이 된다.

예측 문제의 다른 변종은 상태열을 하나의 개체로 간주할 때 생긴다. 이 상황에서는 목적은 신호열이 주어질 때의 조건부 확률이 최대가 되는 상태열을 선택하는 것이 된다. 예를 들면, 신호처리에서 $X_1, \ldots, X_n$이 전송된 실제 메시지이고 $S_1, \ldots, S_n$이 수신된 신호라고 할 때, 이 때 목적은 실제 메시지 전부를 예측하는 것일 수 있다.

$\mathbf{X}_k = (X_1, \ldots, X_k)$를 처음 k개의 상태 벡터라고 하면 문제는 $P\{\mathbf{X}_n = (i_1, \ldots, i_n) | \{\mathbf{S}^n = \mathbf{s}_n\}$를 최대화하는 상태열 $i_1, \ldots, i_n$을 찾는 것이 된다. 이 문제는,

$$
P\{\mathbf{X}_n = (i_1, \ldots, i_n) | \mathbf{S}^n = \mathbf{s}_n\} = \frac{P\{\mathbf{X}_n = (i_1, \ldots, i_n), \mathbf{S}^n = \mathbf{s}_n\}}{P\{\mathbf{S}^n = \mathbf{s}_s\}}
$$

이므로 $P\{\mathbf{X}_n = (i_1, \ldots, i_n), \mathbf{S}^n = \mathbf{s}_n\}$을 최대화하는 상태열 $i_1, \ldots, i_n$을 찾는 것과 동등하게 된다.
이 문제를 풀기 위해, $k \leqslant n$에 대해

$$
V_k(j) = \max_{i_1, \ldots, i_{k-1}} P\{\mathbf{X}_{k-1} = (i_1, \ldots, i_{k-1}), X_k = j, \mathbf{S}^k = \mathbf{s}_k\}
$$

라고 놓는다. $V_k(j)$에 대해 되돌림 방식으로 풀기 위해

$$
\begin{aligned}
V_k(j) &= \max_i \max_{i_1,\ldots,i_{k-2}} P\{\mathbf{X}_{k-2}=(i_1,\ldots,i_{k-2}), X_{k-1}=i, X_k=j, \mathbf{S}^k=\mathbf{s}_k\} \\
&= \max_i \max_{i_1,\ldots,i_{k-2}} P\{\mathbf{X}_{k-2}=(i_1,\ldots,i_{k-2}), X_{k-1}=i, \mathbf{S}^{k-1}=\mathbf{s}_{k-1}, X_k=j, S_k=s_k\} \\
&= \max_i \max_{i_1,\ldots,i_{k-2}} P\{\mathbf{X}_{k-2}=(i_1,\ldots,i_{k-2}), X_{k-1}=i, \mathbf{S}^{k-1}=\mathbf{s}_{k-1}\} \\
&\quad \times P\{X_k=j, S_k=s_k|\mathbf{X}_{k-2}=(i_1,\ldots,i_{k-2}), X_{k-1}=i, \mathbf{S}^{k-1}=\mathbf{s}_{k-1}\} \\
&= \max_i \max_{i_1,\ldots,i_{k-2}} P\{\mathbf{X}_{k-2}=(i_1,\ldots,i_{k-2}), X_{k-1}=i, \mathbf{S}^{k-1}=\mathbf{s}_{k-1}\} \\
&\quad \times P\{X_k=j, S_k=s_k|X_{k-1}=i\} \\
&= \max_i P\{X_k=j, S_k=s_k|X_{k-1}=i\} \\
&\quad \times \max_{i_1,\ldots,i_{k-2}} P\{\mathbf{X}_{k-2}=(i_1,\ldots,i_{k-2}), X_{k-1}=i, \mathbf{S}^{k-1}=\mathbf{s}_{k-1}\} \\
&= \max_i P_{i,j}\, p(s_k|j) V_{k-1}(i) \\
&= p(s_k|j) \max_i P_{i,j} V_{k-1}(i)
\end{aligned} \tag{4.37}
$$

이제

$$V_1(j) = P\{X_1=j, S_1=s_1\} = p_j\, p(s_1|j)$$

로부터 시작하여 되돌림 식 (4.37)을 이용하여 각 j에 대해 $V_2(j)$를 구하고 같은 방식으로 각 j에 대해 $V_3(j). . . , V_n(j)$을 구해간다.

최대화하는 상태열을 얻기 위해서는 역방향으로 진행한다. j_n을 $V_n(j)$을 최대화하는 j 값이라고 하자(하나 이상이면 그 중 아무거나 선택). 즉 j_n은 최대화하는 상태열의 최종 상태이다. $k < n$에 대해 $i_k(j)$를 $P_{i,j}V_k(i)$을 최대화하는 i의 값이라고 하면

$$
\begin{aligned}
&\max_{i_1,\ldots,i_n} P\{\mathbf{X}_n=(i_1,\ldots,i_n), \mathbf{S}^n=\mathbf{s}_n\} \\
&\quad = \max_j V_n(j) \\
&\quad = V_n(j_n) \\
&\quad = \max_{i_1,\ldots,i_{n-1}} P\{\mathbf{X}_n=(i_1,\ldots,i_{n-1},j_n), \mathbf{S}^n=\mathbf{s}_n\} \\
&\quad = p(s_n|j_n) \max_i P_{i,j_n} V_{n-1}(i) \\
&\quad = p(s_n|j_n) P_{i_{n-1}(j_n),j_n} V_{n-1}(i_{n-1}(j_n))
\end{aligned}
$$

이 얻어진다. 따라서 $i_{n-1}(j_n)$은 최대화하는 상태열의 마지막 바로 전의 상태가 된다. 같은 방식으로 최대화하는 상태열의 마지막에서 두 개 전 상태는 $i_{n-2}(i_{n-1}(j_n))$이 되고 이렇게 계속 진행한다.

규정된 신호열이 주어질 때 가장 가능성 있는 상태열을 찾는 위의 방법은 **비터비 알고리즘**(Viterbi algorithm)으로 알려져 있다.

연습 문제

***1.** 세 개의 흰 공과 세 개의 검은 공이 두 개의 항아리에 세 개씩 나뉘어 들어있다. 첫 번째 항아리에 i개의 흰 공이 들어있으면 이를 상태 i라고 정의하자($i = 0, 1, 2, 3$). 각 단계마다, 각 항아리에서 공을 하나씩 꺼내고 첫 번째 항아리에서 꺼낸 공은 두 번째 항아리에 넣고 두 번째 항아리에서 꺼낸 공

은 첫 번째 항아리에 넣는다. n단계 후의 시스템의 상태를 X_n이라고 하자. 왜 $\{X_n, n = 0, 1, 2, \ldots\}$가 마코프체인인지 설명하고 전이확률 행렬을 구하라.

2. 오늘 비가 올지 안 올지 여부가 직전 3일간의 과거 기상 상태에 종속된다고 하자. 마코프체인을 이용하여 어떻게 이러한 시스템을 분석할 수 있는지 보여라. 몇 개의 상태가 필요한가?

3. 연습 문제 2에서, 과거 3일간 비가 왔다면 오늘 비가 올 확률은 0.8이라 하자. 과거 3일 중 어느 날이라도 비가 안 왔다면 오늘 비가 올 확률은 0.2이다. 그 밖의 경우에는, 0.6의 확률로 오늘 날씨는 어제 날씨와 같다. 이러한 마코프체인에 대하여 **P**를 결정하라.

***4.** 0, 1 또는 2의 값을 갖는 확률과정$\{X_n, n = 0, 1, \ldots\}$을 고려하고 다음을 가정하자.

$$P\{X_{n+1} = j | X_n = i, X_{n-1} = i_{n-1}, \ldots, X_0 = i_0\}$$
$$= \begin{cases} P_{ij}^{\mathrm{I}}, & n\text{이 짝수인 경우} \\ P_{ij}^{\mathrm{II}}, & n\text{이 홀수인 경우} \end{cases}$$

위에서 $\sum_{j=0}^{2} P_{ij}^{\mathrm{I}} = \sum_{j=0}^{2} P_{ij}^{\mathrm{II}} = 1, i = 0, 1, 2$이다. $\{X_n, n \geqslant 0\}$은 마코프체인인가? 아니라면, 상태공간을 확장해서, 어떻게 마코프체인으로 변환할 수 있는지 설명하라.

5. 상태 0, 1, 2를 갖는 마코프체인 $\{\mathbf{X}_n, n \geqslant 0\}$의 전이확률 행렬이 다음과 같다.

$$\begin{bmatrix} \frac{1}{2} & \frac{1}{3} & \frac{1}{6} \\ 0 & \frac{1}{3} & \frac{2}{3} \\ \frac{1}{2} & 0 & \frac{1}{2} \end{bmatrix}$$

$P\{X_0 = 0\} = P\{X_0 = 1\} = \frac{1}{4}$일 경우, $E[X_3]$를 구하라.

6. 두 상태를 갖는 마코프체인의 전이확률 행렬이 다음과 같다.

$$\mathbf{P} = \begin{Vmatrix} p & 1-p \\ 1-p & p \end{Vmatrix}$$

수학적 귀납법을 이용하여 다음 식을 증명하라.

$$\mathbf{P}^{(n)} = \begin{Vmatrix} \frac{1}{2} + \frac{1}{2}(2p-1)^n & \frac{1}{2} - \frac{1}{2}(2p-1)^n \\ \frac{1}{2} - \frac{1}{2}(2p-1)^n & \frac{1}{2} + \frac{1}{2}(2p-1)^n \end{Vmatrix}$$

7. 예제 4.4에서, 어제와 그제 모두 비가 오지 않았다고 한다. 내일 비가 올 확률은 얼마인가?

8. 동전 1의 경우 앞면이 나올 확률은 0.7이고, 동전 2의 경우 앞면이 나올 확률은 0.6이라고 하자. 오늘 동전을 던져 앞면이 나오면 내일 동전 1을 선택하여 던지고 뒷면이 나오면 내일 동전 2을 선택하여 던진다. 처음 던지는 동전이 동전 1 혹은 동전 2일 확률은 동일하다면, 처음에 동전을 던진 후 3일째 던진 동전이 동전 1일 확률은 얼마인가? 월요일에 앞면이 나왔다고 가정하자. 같은 주 금요일에 마찬가지로 앞면이 나올 확률은 얼마인가?

9. 앞면이 나올 확률이 0.6인 동전을 독립적으로 연달아 던질 때, 처음 10번의 시행 이내에 3번 연달아 앞면이 나올 확률은 얼마인가?

10. 예제 4.3에서, 개리가 현재 상쾌한 상태라고 하자. 계속되는 3일 중 어느 날에도 우울한 상태가 아닐 확률은 얼마인가?

11. 예제 4.3에서, 개리가 4일전에 우울한 상태였다고 하자. 1주일간 상쾌한 적이 없다는 조건하에서, 오늘 우울할 확률은 얼마인가?

12. 전이확률 P_{ij}를 갖는 마코프체인 $\{X_n, n \geqslant 0\}$이 있다. 0 시점에 상태 i에서 시작해서 시간 n까지 상태 r에 아직 진입하지 못했다는 조건하에서, $X_n = m$일 조건부 확률을 고려해보자. 여기서 r은 i 혹은 n과는 다른 특정 상태이다. 이 조건부 확률이, 상태공간이 상태 r을 포함하지 않고 전이확률이 아래와 같은 마코프체인의 n-단계 전이확률과 동일한지에 관심이 있다.

$$Q_{i,j} = \frac{P_{i,j}}{1 - P_{i,r}}, \quad i, j \neq r$$

다음 식

$$P\{X_n = m | X_0 = i, X_k \neq r, k = 1, \ldots, n\} = Q^n_{i,m}$$

을 증명하거나 아니면 반례를 들어라.

13. 마코프체인의 전이확률 행렬을 $\mathbf{P}$라 하자. 어떤 양의 정수 r에 대하여, $\mathbf{P}^r$의 모든 원소가 양수이면 $\mathbf{P}^n$도$(n \geqslant r)$ 그러함을 논증하라.

14. 다음 마코프체인의 상태를 분류하고 일시적(transient)인지 재발적(recurrent)인지 결정하라.

$$\mathbf{P}_1 = \begin{Vmatrix} 0 & \frac{1}{2} & \frac{1}{2} \\ \frac{1}{2} & 0 & \frac{1}{2} \\ \frac{1}{2} & \frac{1}{2} & 0 \end{Vmatrix}, \qquad \mathbf{P}_2 = \begin{Vmatrix} 0 & 0 & 0 & 1 \\ 0 & 0 & 0 & 1 \\ \frac{1}{2} & \frac{1}{2} & 0 & 0 \\ 0 & 0 & 1 & 0 \end{Vmatrix},$$

$$\mathbf{P}_3 = \begin{Vmatrix} \frac{1}{2} & 0 & \frac{1}{2} & 0 & 0 \\ \frac{1}{4} & \frac{1}{2} & \frac{1}{4} & 0 & 0 \\ \frac{1}{2} & 0 & \frac{1}{2} & 0 & 0 \\ 0 & 0 & 0 & \frac{1}{2} & \frac{1}{2} \\ 0 & 0 & 0 & \frac{1}{2} & \frac{1}{2} \end{Vmatrix}, \quad \mathbf{P}_4 = \begin{Vmatrix} \frac{1}{4} & \frac{3}{4} & 0 & 0 & 0 \\ \frac{1}{2} & \frac{1}{2} & 0 & 0 & 0 \\ 0 & 0 & 1 & 0 & 0 \\ 0 & 0 & \frac{1}{3} & \frac{2}{3} & 0 \\ 1 & 0 & 0 & 0 & 0 \end{Vmatrix}$$

15. 마코프체인에서 상태의 수가 M이고, 상태 i에서 상태 j로 도달가능하다면, M번 또는 그보다 작은 횟수에 도달가능 함을 보여라.

***16.** 상태 i가 재발적이고 상태 i가 상태 j와 소통하지 않는다면, $P_{ij} = 0$임을 보여라. 이는, 일단 재발상태 클래스에 들어가면 그 클래스를 벗어날 수 없음을 의미한다. 이런 이유로 인해, 재발 클래스를 **닫힌 클래스**(closed class)라고도 한다.

17. 예제 4.18의 랜덤보행에 대하여, 큰수의 강법칙을 써서 $p \neq \frac{1}{2}$일 경우 마코프체인은 일시적이라는 것을 증명하라.

힌트: 시간 n의 상태를 $\sum_{i=1}^{n} Y_i$로 나타낼 수 있음에 주목하자. 여기서 Y_i는 독립이며 $P\{Y_i = 1\} = p = 1 - P\{Y_i = -1\}$이다. $p > \frac{1}{2}$이면, 큰수의 강법칙에 의해, $n \to \infty$일 때 $\sum_1^n Y_i \to \infty$이 되고 따라서 초기 상태 0은 유한 번만 방문가능하게 되어 일시적이 된다는 것을 논증하라. $p < \frac{1}{2}$일 경우에도 유사하게 논증하라.

18. 동전 1은 0.6의 확률로 앞면이 나오고 동전 2는 0.5의 확률로 앞면이 나온다. 하나의 동전을 뒷면이 나올 때까지 계속하여 던지고, 그 시점에 다른 동전으로 던지기를 시작한다.

(a) 동전 1을 사용해 던지는 비율을 구하라.

(b) 동전 1로 위 과정을 시작했다면, 5번째 던지기에 동전 2가 쓰일 확률은 얼마인가?

19. 예제 4.4에 대하여, 비오는 날의 비율을 구하라.

20. 각 열(column)의 합이 1이면, 즉 아래 식을 만족하면 전이확률 행렬 **P**를 **이중 확률적**(doubly stochastic)이라 한다.

$$\sum_i P_{ij} = 1, \text{ 모든 } j\text{에 대해}$$

만약 이러한 마코프체인이 기약이고 비주기적이며 $M + 1$개의 상태 $0, 1, \ldots, M$로 구성되어 있다면, 장기 비율은 다음과 같음을 보여라.

$$\pi_j = \frac{1}{M+1}, \quad j = 0, 1, \ldots, M$$

***21.** DNA 뉴클레오티드(nucleotide)는 네 값 중 하나를 갖는다. 특정 위치에서 뉴클레오티드의 돌연변이에 대한 표준 모형은 다음과 같은 마코프체인모형이다. 매 기간마다 $1 - 3\alpha$(여기서 $0 < \alpha < \frac{1}{3}$)의 확률로 뉴클레오티드가 변하지 않거나, 만약 변한다면 나머지 세 값 중 하나로 동일한 가능성을 가지고 변한다.

(a) $P^n_{1,1} = \frac{1}{4} + \frac{3}{4}(1 - 4\alpha)^n$가 성립함을 보여라.

(b) 마코프체인의 각 상태에 있는 시간의 장기 비율은 얼마인가?

22. 공정한 주사위를 n번 던질 때 나타난 값들의 합을 Y_n라 하자. 다음을 구하라.

$$\lim_{n\to\infty} P\,[Y_n\text{이 13의 곱}]$$

힌트: 적절한 마코프체인을 정의하고 연습 문제 20의 결과를 이용하라.

23. 기후가 좋은 해의 경우, 폭풍의 발생 횟수가 평균이 1인 푸아송 분포를 따르고, 기후가 나쁜 해의 경우, 평균이 3인 푸아송 분포를 따른다. 어느 해의 기후는 직전 연도의 기후에만 종속된다고 가정하자. 전년도 기후가 좋으면 이어지는 해의 기후는 동일한 가능성으로 좋거나 나쁘거나 하고, 전년도 기후가 나쁘면 이어지는 해의 기후는 나쁠 가능성이 좋을 가능성의 두 배라고 하자. 작년에는(0년이라고 하자) 기후가 좋았다고 한다.

(a) 이어지는 2년간(즉, 1년과 2년에) 폭풍 발생 횟수의 기댓값을 구하라.

(b) 제 3년에 폭풍이 없을 확률을 구하라.

(c) 장기간에 걸친 연간 폭풍 횟수의 평균을 구하라.

24. 빨간색, 흰색, 파란색 3개의 항아리를 고려하자. 빨간색 항아리에는 1개의 빨간색 공과 4개의 파란색 공이 들어있다. 흰색 항아리에는 3개의 흰색 공, 2개의 빨간색 공과 2개의 파란색 공이 들어있다. 파란색 항아리에는 4개의 흰색 공, 3개의 빨간색 공과 2개의 파란색 공이 들어있다. 첫 단계에, 빨간색 항아리에서 무작위로 공을 뽑아 그 항아리에 다시 넣는다. 이어지는 각 단계에서, 직전에 뽑았던 공과 같은 색의 항아리에서 무작위로 공을 뽑아 그 항아리에 다시 넣는다. 장기적으로, 뽑힌 공 중 빨간색 공의 비율은 얼마인가? 흰색 공의 비율은 얼마인가? 파란색 공의 비율은 얼마인가?

25. 어떤 사람이 아침마다 집을 나와 달리기를 하러 간다. 그가 앞문 혹은 뒷문으로 나갈 확률은 동일하다. 집을 나설 때, 런닝화를 선택한다(또는 자신이 나서려는 문에 런닝화가 없으면 맨발로 달리기를 한다). 집에 돌아올 때, 앞문 혹은 뒷문으로 들어와서 런닝화를 벗을 확률은 동일하다. 만약 이 사람이 k 켤레의 런닝화를 가지고 있다면, 맨발로 달리기를 하는 날의 비율은 얼마인가?

26. 다음과 같은 방식으로 n장의 카드를 섞는다고 하자. 처음에 임의로 카드를 배열한 후, 숫자 1, 2, . . . , n 중의 하나를 동일한 가능성으로 무작위로 선택한다. 숫자 i가 뽑히면, i번째 위치의 카드를 빼내어 맨 앞으로 옮긴다. 즉, 그 카드를 1번째 위치로 옮긴다. 같은 작업을 반복한다. 극한을 취하면, 얻어지는 카드의 배열이 동일한 가능성으로 $n!$개의 가능한 배열 중 어느 하나가 된다는 의미에서, 카드는 완벽하게 섞인다는 것을 보여라.

***27** 크기 N인 집단에서 각 개인은, 각 단위시간에 활동 중이거나 비활동 중이다. 어느 단위시간에 활동 중이면, 다른 사람들과 상관없이 다음 단위시간에는 α의 확률로 비활동 중이다. 비슷하게, 어느 단위시간에 비활동 중이면, 다른 사람들과 상관없이 다음 단위시간에는 β의 확률로 활동 중이 된다. 구간 n에 활동 중인 사람의 수를 X_n라 하자.

(a) $X_n(n \geqslant 0)$이 마코프체인임을 논증하라.

(b) $E[X_n X_0 = i]$를 구하라

(c) 전이확률을 구하라.

(d) 정확히 j명이 활동 중일 시간의 장기 비율을 구하라.

힌트[(d)에 해당하는]**:** $N = 1$인 경우를 먼저 고려하라.

28. 팀이 게임을 이기면, 0.8의 확률로 다음 게임을 이긴다. 팀이 게임을 지면, 0.3의 확률로 다음 게임을 이긴다. 팀이 게임을 이기면 0.7의 확률로 저녁 회식을 한다. 반면에 팀이 게임을 지면 0.2의 확률로 저녁 회식을 한다. 전체 게임 중 저녁 회식을 하게 만드는 게임의 비율은 얼마인가?

29. 어느 조직에 N명의 직원이 있다. N은 큰 수이다. 각 직원은 3가지의 가능한 작업 집단 중 하나에 속하며 다음 전이확률을 갖는 마코프체인에 따라 독립적으로 작업 집단을 변경한다.

$$\begin{bmatrix} 0.7 & 0.2 & 0.1 \\ 0.2 & 0.6 & 0.2 \\ 0.1 & 0.4 & 0.5 \end{bmatrix}$$

직원들이 각 작업 집단에 속할 확률을 구하라.

30. 도로 위에 있는 모든 4대의 트럭 중 3대는 1대의 승용차가 뒤따른다. 반면에 모든 5대의 승용차 중 1대만 1대의 트럭이 뒤따른다. 도로 위에 있는 차 중 트럭의 비율은 얼마인가?

31. 어떤 도시가 연달아 맑은 날이 없다고 한다. 각각의 날은 맑은 날, 흐린 날, 비오는 날로 구분을 한다. 어느 날 날씨가 맑으면 다음 날 흐리거나 비가 올 확률은 동일하다. 어느 날 흐리거나 비가 오면 다음 날 같은 날씨일 확률은 1/2이고 만약 달라진다면 나머지 두 가능성 중 하나일 확률은 동일하다. 장기적으로, 맑은 날의 비율은 얼마인가? 흐린 날의 비율은 얼마인가?

***32.** 2개 스위치 각각은 하루 동안 켜짐 상태 또는 꺼짐 상태이다. n번째 날에, 각 스위치가 켜짐 상태일 확률은 독립적으로 다음과 같다.

[1 + (n − 1)번째 날에 켜짐 상태인 스위치의 수]/4

예를 들어, $(n-1)$번째 날에 둘 다 켜짐 상태라면, 각 스위치는 독립적으로 n번째 날에 3/4의 확률로 켜짐 상태가 된다. 둘 다 켜짐 상태인 날의 비율은 얼마인가? 둘 다 꺼짐 상태인 날의 비율은 얼마인가?

33. 어느 교수가 학생들에게 연달아 시험을 실시한다. 3가지 유형의 시험이 있고, 강좌에 대해 통과 또는 실패로 성적을 매긴다. 유형 i인 시험에 통과할 확률을 π라 하고, $p_1 = 0.3$, $p_2 = 0.6$, $p_3 = 0.9$를 가정하자. 어느 시험에서 통과되면, 다음 시험이 3개 유형 중 하나일 확률은 동일하다. 반면에 어느 시험에서 실패하면, 다음 시험은 항상 유형 1이다. 유형 i 시험$(i = 1, 2, 3)$의 비율을 구하라.

34. 벼룩이 삼각형의 꼭짓점을 다음과 같이 돌아다닌다: 꼭짓점 i에서는$(i = 1, 2, 3)$ π의 확률로 시계방향의 꼭짓점으로 움직이고 $q_i = 1 - P_i$의 확률로 반시계방향의 꼭짓점으로 움직인다.

(a) 벼룩이 각 꼭짓점에 있을 시간의 비율을 구하라.

(b) 벼룩이 얼마나 자주 반시계 방향으로 이동 후, 연속하여 시계방향으로 5번 움직이는가?

35. 상태 0, 1, 2, 3, 4를 갖는 마코프체인을 고려하자. $P_{0,4} = 1$라 가정하자. 상태 i에 있을 경우$(i > 0)$, 다음 상태는 동일한 확률로 $0, 1, \ldots, i-1$ 중 하나라고 하자. 마코프체인의 극한 확률을 구하라.

36. 두 개의 상태를 갖는 마코프체인에 따라 확률과정의 상태가 날마다 변한다. 어느 날 상태 i에 있으면 다음날 상태 j에 있을 확률은 $P_{i,j}$이다. 다음을 가정하자.

$$P_{0,0} = 0.4, \quad P_{0,1} = 0.6, \quad P_{1,0} = 0.2, \quad P_{1,1} = 0.8$$

매일 문자가 발송된다. 어느 날 마코프체인의 상태가 i이면 확률 π로 전송된 문자는 "양호"이고 $q_i = 1 - P_i$의 확률로 "불량"이다$(i = 0, 1)$.

(a) 월요일에 상태 0에 있다면, 화요일에 양호 문자가 전송될 확률은?

(b) 월요일에 상태 0에 있다면, 금요일에 양호 문자가 전송될 확률은?

(c) 장기적으로, 문자가 양호일 비율은?

(d) n번째 날에 양호 문자가 전송되면 Y_n은 1이고 다른 경우에는 2라고 하자. $\{Y_n, n \geqslant 1\}$은 마코프체인인가? 만약 그렇다면, 전이확률 행렬을 제시하라. 만약 그렇지 않다면, 그 이유를 간단히 설명하라.

37. 전이확률 $P_{i,j}$을 갖는 마코프체인에 대한 정상확률(stationary probability)은, 어느 특정 양의 정수 k에 대해서 다음과 같은 전이확률 $Q_{i,j}$을 갖는 마코프체인에 대한 정상확률이기도 하다는 것을 보여라.

$$Q_{i,j} = P_{i,j}^k$$

38. 카파는 매일 한 번 또는 두 번의 체스 게임을 한다. 연속되는 날들의 게임 수는 다음과 같은 전이확률을 갖는 마코프체인을 따른다.

$$P_{1,1} = 0.2, \ P_{1,2} = 0.8, \ P_{2,1} = 0.4, \ P_{2,2} = 0.6$$

카파는 확률 p로 각 게임을 이긴다. 월요일에 두 번의 게임을 한다고 가정하자.

(a) 화요일에 모든 게임을 이길 확률은?

(b) 수요일에 치를 게임의 수에 대한 기댓값은?

(c) 장기적으로, 그날 치른 모든 게임을 이기는 날이 차지하는 비율은?

39. 예제 4.18의 1차원 대칭 랜덤보행을 고려하자. 이는 재발적임을 보인 바 있다. 마코프체인이 상태 i에 있을 시간의 장기적인 비율을 π_i라 하자.

(a) 모든 i에 대하여 $\pi_i = \pi_0$인지 설명하라.

(b) $\sum_i \pi_i \neq 1$를 보여라.

(c) 이 마코프체인이 영 재발(null recurrent)적이고 따라서 모든 $\pi_i = 0$임을 설명하라.

40. 어느 입자가 원 위에 있는 12개의 지점을 움직인다. 각 단계마다 같은 확률로 시계방향 혹은 반시계 방향으로 움직인다. 입자가 처음 출발한 지점으로 돌아올 때까지의 평균 단계 수를 구하라.

***41.** 비음의 정수들을 상태로 갖는 마코프체인을 고려하자. 전이확률은 $j \leqslant i$이면 $P_{i,j} = 0$이다. $X_0 = 0$을 가정하고, 마코프체인이 언젠가 상태 j에 있을 확률을 e_j라 하자. ($X_0 = 0$이므로 $e_0 = 1$임에 유의하라.) $j > 0$에 대하여 다음을 논증하라.

$$e_j = \sum_{i=0}^{j-1} e_i P_{i,j}$$

$P_{i,i+k} = 1/3$, $k = 1, 2, 3$일 경우, $i = 1, \ldots, 10$에 대하여 e_i를 구하라.

42. 어느 상태들의 집합을 A라 하고 나머지 상태들을 A^c라 하자.

(a) 다음 식은 무엇을 의미하는가?

$$\sum_{i \in A} \sum_{j \in A^c} \pi_i P_{ij}?$$

(b) 다음 식은 무엇을 의미하는가?

$$\sum_{i \in A^c} \sum_{j \in A} \pi_i P_{ij}?$$

(c) 다음 등식에 대하여 설명하라.

$$\sum_{i \in A} \sum_{j \in A^c} \pi_i P_{ij} = \sum_{i \in A^c} \sum_{j \in A} \pi_i P_{ij}$$

43. 날마다 n개의 요소 중 하나가 선택되는데, i번째 요소가 선택될 확률이 P_i, $i \geqslant 1$, $\sum_1^n P_i = 1$이다. 이 요소들의 목록은 매번 다음과 같이 재배열된다. 선택된 요소는 목록의 맨 앞으로 이동되고 나머지 요소들의 상대적 위치는 그대로 둔다. 어느 시점의 상태를 그 시점에 목록의 배열순서로 정의하면 $n!$개의 상태가 가능하다.

(a) 위의 과정이 마코프체인임을 설명하라.

(b) 어느 상태 $i_1, \ldots, i_n$(이는 $1, 2, \ldots, n$의 순열에 해당된다)에 대하여, 극한 확률을 $\pi(i_1, \ldots, i_n)$라 하자. 상태가 $i_1, \ldots, i_n$이려면, 마지막 선택은 i_1이고, i_1을 제외한 마지막 선택은 i_2, i_1과 i_2를 제외한 마지막 선택은 i_3 등등이 되어야 한다. 따라서 직관적으로 다음 식이 성립한다.

$$\pi(i_1, \ldots, i_n) = P_{i_1} \frac{P_{i_2}}{1 - P_{i_1}} \frac{P_{i_3}}{1 - P_{i_1} - P_{i_2}} \cdots \frac{P_{i_{n-1}}}{1 - P_{i_1} - \cdots - P_{i_{n-2}}}$$

$n = 3$일 경우에 대하여 위 식이 실제 극한 확률임을 확인하라.

44. 어느 세대에서나 m개의 유전자들로 구성이 되는 집단을 가정하자. 각 유전자는 두 개의 유전적 유형 중 하나를 갖는다. 만약 정확히 (m개 중) i개의 유전자가 유형 1이라면 다음 세대에서는 아래의 확률로 j개가 유형 1(그리고 $m - j$개가 유형 2)을 갖는다.

$$\binom{m}{j} \left(\frac{i}{m}\right)^j \left(\frac{m-i}{m}\right)^{m-j}, \quad j = 0, 1, \ldots, m$$

n번째 세대에서 유형 1인 유전자의 수를 X_n라 하고 $X_0 = i$를 가정하자.

(a) $E[X_n]$을 구하라.

(b) 궁극적으로 모든 유전자가 유형 1이 될 확률은 얼마인가?

45. 상태 $0, 1, \ldots, N$을 갖는 유한 기약 마코프체인을 고려하자.

(a) 상태 i에서 시작하여, 상태 j에 언젠가 방문할 확률은 얼마인가? 설명하라!

(b) $x_i = P\{$상태 0 이전에 상태 N을 방문$|$ i에서 시작$\}$라 하자. x_i가 만족해야 할 연립 선형방정식을 구하라($i = 0, 1, \ldots, N$).

(c) 만약 $\sum_j j P_{ij} = i$라면($i = 1, \ldots, N-1$), (b)의 방정식에 대한 해는 $x_i = i/N$임을 보여라.

46. 어떤 사람이 r개의 우산을 가지고 있다. 집에서 사무실로 올 때, 혹은 그 반대의 경우에 우산을 사용한다. 어느 날 아침에(저녁에) 비가 오면 가져올 우산이 있을 경우에는 우산을 사무실로(집으로) 가져온다. 비가 오지 않으면 우산을 절대 가져오지 않는다. 과거와는 무관하게, 어느 날 아침에(저녁에) 비가 올 확률은 p라고 가정하자.

(a) $r + 1$개의 상태를 갖는 마코프체인을 정의하라. 이로부터 이 사람이 비를 맞을 시간의 비율을 결정할 수 있다. (*주의*: 비가 오고 모든 우산이 반대쪽에 있으면 비를 맞게 된다.)

(b) 극한 확률은 다음과 같음을 보여라.

$$\pi_i = \begin{cases} \dfrac{q}{r+q}, & i = 0\text{일 때} \\ \dfrac{1}{r+q}, & i = 1, \ldots, r\text{일 때} \end{cases} \qquad \text{여기서 } q = 1 - p$$

(c) 비를 맞을 시간의 비율을 구하라.

(d) $r = 3$일 경우, 비에 젖을 확률을 최대로 만들어주는 p는 얼마인가?

***47.** $\{X_n, n \geqslant 0\}$을 극한 확률 π_i를 갖는 에르고딕(ergodic) 마코프체인이라고 하자. 확률과정 $Y_n = (X_{n-1}, X_n)$을 $\{Y_n, n \geqslant 1\}$으로 정의하자. 즉, Y_n은 원래 확률과정의 마지막 두 상태를 쫓아간다. $\{Y_n, n \geqslant 1\}$은 마코프체인인가? 만약 그렇다면, 전이확률을 결정하고 다음 값을 구하라.

$$\lim_{n\to\infty} P\{Y_n = (i, j)\}$$

48. 안정상태에 있는 마코프체인을 고려하자. 다음 식이 만족되면 시간 m에 길이 k인 0의 연속이 끝난다고 하자.

$$X_{m-k-1} \neq 0, \quad X_{m-k} = X_{m-k+1} = \ldots = X_{m-1} = 0, X_m \neq 0$$

이 사건에 대한 확률은 $\pi_0(P_{0,0})^{k-1}(1 - P_{0,0})^2$과 같음을 보여라. 이 때 π_0는 상태 0의 극한 확률이다.

49. 동일한 상태공간을 갖는 에르고딕 마코프체인에 대한 전이확률 행렬을 $P^{(1)}$과 $P^{(2)}$이라 하자. 두 마코프체인에 대한 정상(극한) 확률벡터를 π^1과 π^2로 나타내자. 다음과 같이 정의되는 확률과정을 고려하자.

(a) $X_0 = 1$이다. 동전을 던져서 앞면이 나오면, 나머지 상태들 $X_1, \ldots$은 전이확률 행렬 $P^{(1)}$으로부터 얻어지고, 뒷면이 나오면 $P^{(2)}$로부터 얻어진다. $\{X_n, n \geqslant 0\}$는 마코프체인인가? 만약 $p = P\{$동전의 앞면이 나옴$\}$이면, $\lim_{n\to\infty} P(X_n = i)$는 어떻게 되는가?

(b) $X_0 = 1$이다. 각 단계마다 동전을 던져서 앞면이 나오면 다음 단계는 $P^{(1)}$에 따라 선택하고 뒷면이 나오면 $P^{(2)}$에 따라 선택한다. 이 경우, 이어지는 상태들이 마코프체인을 구성하는가? 만약 그렇다면, 전이확률을 결정하라. 반례를 들어 극한 확률이 (a)와는 다름을 보여라.

50. 연습 문제 8에서, 오늘 던진 동전이 앞면이 나온다면, 유형 t, t, h, t, h, t, t가 나타날 때까지 기대되는 추가적인 동전던지기 횟수는 몇 번인가?

51. 예제 4.3에서, 개리가 오늘 유쾌한 상태라고 하자. 3일 연속 우울한 상태가 될 때까지 기대되는 날수는 며칠인가?

52. 택시운전사가 도시의 두 지역에서 운행을 한다. 지역 A에서 탑승한 승객은 0.6의 확률로 지역 A에서 내리고 0.4의 확률로 지역 B에서 내린다. 지역 B에서 탑승한 승객은 0.3의 확률로 지역 A에서 내리고 0.7의 확률로 지역 B에서 내린다. 지역 A만 거친 승객에 대한 기대 이익은 6, 지역 B만 거친 승객에 대한 기대 이익은 8, 두 지역을 모두 거친 승객에 대한 기대 이익은 12이다. 한 번의 운행 당 평균 이익을 구하라.

53. 예제 4.27에서, 고객의 1/3에 대하여 $\lambda = 1/4$이고 2/3에 대해서는 $\lambda = 1/2$일 경우에 보험회사의 보험계약자당 받게 될 평균 보험료를 구하라.

54. 에렌페스트(Ehrenfest) 항아리 모형을 고려하자. M개의 분자가 두 항아리에 나뉘어있다. 매 시간단위마다 무작위로 하나의 분자가 선택되어 원래 속한 항아리에서 다른 항아리로 옮겨진다. n번의 교환 후 항아리 1에 있는 분자의 수를 X_n라 하고 $\mu_n = E[X_n]$라 하자. 다음을 보여라.

(a) $\mu_{n+1} = 1 + (1 - 2/M)\ \mu_n$

(b) (a)를 이용해서 다음을 증명하라.

$$\mu_n = \frac{M}{2} + \left(\frac{M-2}{M}\right)^n \left(E[X_0] - \frac{M}{2}\right)$$

55. 개인들의 집단을 고려하자. 각 개인은 유형 A 또는 유형 a 중의 한 유전자를 갖는다. 외관상 유형 A가 우성이고 a는 열성이다. (즉, aa 쌍일 때만 외관상 열성임이 드러난다.) 집단이 안정화되어 각 유전자 쌍 AA, aa, Aa을 갖는 개인들의 비율이 p, q, r이라고 가정하자. 외관상 드러난 특성에 따라 개인을 우성 혹은 열성이라고 부르기로 하자. 둘 다 우성인 부모의 자식이 열성일 확률을 S_{11}라 하자; 한 명은 우성이고 한 명은 열성인 부모의 자식이 열성일 확률을 S_{10}라 하자; S_{11}와 S_{10}을 계산하고 $S_{11} = S_{10}^2$임을 보여라. [S_{10}과 S_{11}을 유전학에서는 **스나이더의 비율**(Snyder's ratio)이라 한다.]

56. 각 도박판마다 도박사가 p의 확률로 1을 따고 $1 - p$의 확률로 1을 잃는다고 하자. 도박사가 n을 따거나 m을 잃을 때까지 도박을 계속 진행한다. 도박사가 돈을 따서 도박판을 그만둘 확률을 구하라.

57. 입자가 원 위에 위치한 $n + 1$개의 꼭짓점을 다음과 같은 방식으로 이동한다. 각 단계마다 p의 확률로 시계방향으로 한 단계 움직이거나. $q = 1 - p$의 확률로 반시계방향으로 한 단계 움직인다. 상태 0이라고 부르는 특정 상태에서 시작하여, 처음으로 상태 0에 되돌아오는 시간을 T라 하자. 시간 T까지 모든 상태를 방문했을 확률을 구하라.

힌트: 첫 번 전이에 조건을 준 후 도박사의 파산 문제에서 얻은 결과를 이용하라.

58. 4.5.1절 도박사의 파산 문제에서, 현재 도박사의 현금이 i라 가정하자. 도박사의 현금이 (0에 도달하기 전에) 결국 N에 도달할 것을 안다고 가정하자. 이러한 정보가 주어진 상태에서, 다음 도박판에서 이길 확률은 다음과 같음을 보여라.

$$\frac{p[1-(q/p)^{i+1}]}{1-(q/p)^i}, \qquad p \neq \tfrac{1}{2} \text{ 일때}$$

$$\frac{i+1}{2i}, \qquad p = \tfrac{1}{2} \text{ 일때}$$

힌트: 원하는 확률은 다음과 같이 표현된다.

$$P\{X_{n+1} = i+1 | X_n = i, \lim_{m\to\infty} X_m = N\}$$
$$= \frac{P\{X_{n+1} = i+1, \lim_m X_m = N | X_n = i\}}{P\{\lim_m X_m = N | X_n = i\}}$$

59. 4.5.1절 도박사의 파산 문제에서, 도박사가 현금 i로 시작한다는 조건하에서($i = 0, 1, \ldots, N$) 파산하거나 현금이 N에 도달할 때까지의 평균 도박판의 수를 M_i라 하자. M_i는 다음 식을 만족함을 보여라.

$$M_0 = M_N = 0; \quad M_i = 1 + pM_{i+1} + qM_{i-1}, \quad i = 1, \ldots, N-1$$

위 방정식을 풀어 다음 값을 확인하라.

$$M_i = i(N-i), \qquad p = \tfrac{1}{2} \text{ 일때}$$
$$= \frac{i}{q-p} - \frac{N}{q-p}\frac{1-(q/p)^i}{1-(q/p)^N}, \qquad p \neq \tfrac{1}{2} \text{ 일때}$$

60. 상태 1, 2, 3, 4를 갖는 마코프체인의 전이확률 행렬이 다음과 같다.

$$\mathbf{P} = \begin{pmatrix} .4 & .3 & .2 & .1 \\ .2 & .2 & .2 & .4 \\ .25 & .25 & .5 & 0 \\ .2 & .1 & .4 & .3 \end{pmatrix}$$

$X_0 = 1$일 경우,

(a) 상태 4에 가기 전에 상태 3에 갈 확률을 구하라,

(b) 상태 3 또는 4에 갈 때까지의 평균 전이횟수를 구하라.

61. 도박사의 파산 문제에서 이번 도박판에서 이길 확률이 현재의 재산에 종속된다고 가정하자. 구체적으로, 그의 재산이 i일 경우 이번 도박판에서 이길 확률은 α_i라고 가정하자. 도박사의 처음 재산이 i라는 조건하에서, 도박사의 재산이 0이 되기 전에 N에 도달할 확률을 $P(i)$라 하자.

(a) $P(i)$를 $P(i-1)$ 및 $P(i+1)$와 연관 짓는 공식을 유도하라.

(b) 도박사의 파산 문제에서와 마찬가지 접근법을 이용해서, (a)의 식을 $P(i)$에 대하여 풀어라.

(c) i개의 공이 항아리 1에 들어있고 $N - i$개는 항아리 2에 들어있다고 하자. 각 단계마다 N개 공 중 하나를 무작위로 선택하여 원래 항아리에서 다른 항아리로 옮긴다. 항아리 1이 항아리 2보다 먼저 비게 될 확률을 구하라.

***62.** 연습문제 57에서의 입자를 고려하자. 입자가 처음 위치로 되돌아오기까지 예상되는 단계의 수는 얼마인가? 입자가 처음 위치로 되돌아오기 전에 다른 모든 지점을 방문했을 확률은 얼마인가?

63. 상태 1, 2, 3, 4를 갖는 마코프체인을 고려하자. 전이확률 행렬이 다음과 같을 때, $i = 1, 2, 3$에 대하여 f_{i3}와 s_{i3}를 구하라.

$$\mathbf{P} = \begin{bmatrix} 0.4 & 0.2 & 0.1 & 0.3 \\ 0.1 & 0.5 & 0.2 & 0.2 \\ 0.3 & 0.4 & 0.2 & 0.1 \\ 0 & 0 & 0 & 1 \end{bmatrix}$$

64. $\mu < 1$을 갖는 분지과정(branching process)을 고려하자. 만약 $X_0 = 1$라면, 이 집단에서 빠져나간 적이 있는 개인의 수에 대한 기댓값은 $1/(1-\mu)$로 주어짐을 보여라. $X_0 = n$인 경우에는 어떠한가?

65. $X_0 = 1$이고 $\mu > 1$을 갖는 분지과정에서, π_0는 식 (4.20)을 만족하는 최소의 양수임을 증명하라.

힌트: π가 $\pi = \sum_{j=0}^{\infty} \pi^j P_j$의 해라고 하자. 수학적 귀납법을 이용하여 모든 n에 대하여 $\pi \geqslant P\{X_n = 0\}$임을 보이고 $n \to \infty$를 취하라. 귀납법을 이용할 때 다음을 이용하라.

$$P\{X_n = 0\} = \sum_{j=0}^{\infty} (P\{X_{n-1} = 0\})^j P_j$$

66. 분지과정에 대하여, 다음의 경우에 π_0를 계산하라.

(a) $P_0 = \frac{1}{4}$, $P_2 = \frac{3}{4}$.

(b) $P_0 = \frac{1}{4}$, $P_1 = \frac{1}{2}$, $P_2 = \frac{1}{4}$.

(c) $P_0 = \frac{1}{6}$, $P_1 = \frac{1}{2}$, $P_3 = \frac{1}{3}$.

67. 항아리에 흰 공과 검은 공을 합해서 N개의 공이 있다. 각 단계마다, 앞면이 나올 확률이 p인($0 < p < 1$) 동전을 던진다. 앞면이 나오면, 항아리에서 하나의 공을 무작위로 꺼내고 흰 공으로 바꿔 넣는다. 뒷면이 나오면, 하나의 공을 꺼내고 검은 공으로 바꿔 넣는다. n번째 단계 후 항아리의 흰 공의 수를 X_n라 하자.

(a) $\{X_n, n \geqslant 0\}$은 마코프체인인가? 만약 그렇다면, 이유를 설명하라.

(b) 마코프체인의 유형을 설명하라. 주기는 얼마인가? 일시적인가 혹은 재발적인가?

(c) 전이확률 P_{ij}를 계산하라.

(d) $N = 2$라 하자. 각 상태에 머문 시간의 비율을 구하라.

(e) (d)에서의 답과 직관에 근거하여, 일반적인 경우의 극한 확률에 대한 답을 추측하라.

(f) 정리 4.1을 만족한다는 것을 보이든지 예제 4.35의 결과를 이용하여, (e)에서의 추측을 증명하라.

(g) 만약 $p = 1$이면, 처음에 i개의 흰 공과 $N - i$개의 검은 공이 있었다면, 항아리 안에 흰 공만 있게 될 때까지의 기대 횟수는 얼마인가?

***68.** (a) 다음 식이 만족한다는 것을 보임으로써, 역방향 마코프체인의 극한 확률은 순방향 마코프체인의 극한 확률과 동일함을 보여라.

$$\pi_j = \sum_i \pi_i Q_{ij}$$

(b) (a)의 결과에 대하여 직관적으로 설명해보라.

69. 처음에 M개의 공이 m개의 항아리에 나뉘어 있다. 각 단계마다, 어느 항아리가 됐건 무작위로 하나의 공을 선택해서 무작위로 다른 $m - 1$개의 항아리 중 하나에 넣는다. 어느 시점의 상태가 벡터 $(n_1, \ldots, n_m)$인 마코프체인을 고려하자. 이 때 n_i는 항아리 i에 있는 공의 수를 나타낸다. 이 마코프체인에 대한 극한 확률을 추측하고, 그 추측을 확인하면서 동시에 이 마코프체인이 시간가역(time reversible)임을 보여라.

70. m개의 흰 공과 m개의 검은 공이 뒤섞여 두 개의 항아리에 m개씩 분배되어 있다. 각 단계마다, 각 항아리에서 하나씩 공을 무작위로 선택하여 서로 교환한다. n번째 교환 후에 항아리 1의 검은 공 수를 X_n라 하자.

(a) 마코프체인 $X_n(n \geqslant 0)$의 전이확률을 구하라.

(b) 계산과정 없이, 이 마코프체인의 극한 확률은 무엇이라고 생각하는가?

(c) 극한 확률을 구하고 이 정상 마코프체인이 시간가역임을 보여라.

71. 정리 4.2로부터 시간가역 마코프체인은 다음 식을 만족한다.

$$P_{ij}P_{jk}P_{ki} = P_{ik}P_{kj}P_{ji}, \qquad \text{모든 } i, j, k \text{에 대해}$$

상태공간이 유한하고 모든 i, j에 대하여 $P_{ij} > 0$이면, 위 식은 시간가역성에 대한 충분조건임이 또한 알려져 있다. (즉, 이 경우, 두 개의 경유 상태만을 갖는 i에서 i로의 경로에 대해서만 식 (4.26)를 확인하면 된다.) 이를 증명하라.

힌트: i를 고정하고 다음 식

$$\pi_j P_{jk} = \pi_k P_{kj}$$

을 $\pi_j = cP_{ij}/P_{ji}$이 만족함을 보여라. 이 때 c는 $\sum_j \pi_j = 1$를 만족하도록 선택한다.

72. 시간가역 마코프체인에 대하여, i에서 j로 그리고 다시 k로의 전이율은 k에서 j로 그리고 다시 i로의 전이율과 동일해야 함을 논증하라.

73. 연습 문제 31의 마코프체인은 시간가역임을 보여라.

74. n개의 프로세서가 순서 있는 목록으로 배열되어 있다. 작업이 도착하면, 라인의 첫 번째 프로세서가 처리를 시도한다. 처리에 성공하지 못하면, 라인의 다음 프로세서가 시도한다. 이도 성공하지 못하면, 다음 프로세서가 다시 시도하는 식으로 계속 진행된다. 작업이 성공적으로 처리되거나 또는 모든 프로세서가 성공하지 못하면 그 작업은 시스템을 떠난다. 이 시점에, 프로세서들의 재배열이 가능하고, 새 작업이 도착한다. 하나-앞으로 재배열 원칙을 이용한다고 가정하자. 이는 작업을 성공적으로 처리한 프로세서를 바로 앞의 것과 교환하여 라인의 앞쪽으로 한 위치 이동하는 것이다. 모든 프로세서가 성공적으로 처리하지 못하면(또는 첫 번째 프로세서가 성공적으로 처리하면), 배열은 그대로 유지된다. 프로세서 i가 작업을 처리하고자 시도할 때마다, 성공할 확률은 다른 모든 것들과 상관없이 p_i라고 가정하자.

(a) 이 모형을 분석하기 위해 적절한 마코프체인을 정의하라.

(b) 이 마코프체인은 시간가역임을 보여라.

(c) 장기 확률을 구하라.

75. 마코프체인이 다음 조건을 만족하면 **트리 과정**(tree process)이라고 한다.

(i) $P_{ji} > 0$이면 $P_{ij} > 0$

(ii) 모든 상태 i와 j 쌍에 대하여($i \neq j$), 다음 조건을 만족하는 별개의 상태들로 구성되는 유일한 경로 $i = i_0, i_1, \ldots, i_{n-1}, i_n = j$가 존재한다.

$$P_{i_k, i_{k+1}} > 0, \quad k = 0, 1, \ldots, n-1$$

달리 말하면, 서로 다른 상태 i와 j의 모든 쌍에 대하여, 어느 상태에도 재진입하지 않고 i에서 j로 갈 수 있는 유일한 길이 있으면(또한, 이 경로가 j에서 i로의 유일한 경로의 반대 방향이면), 이 마코프체인은 트리 과정이다. 에르고딕 트리 과정은 시간가역임을 논증하라.

76. 체스 판에서 매 플레이마다 가능한 이동 중 어느 것이든 동일한 확률로 선택된다면(체스 판에 다른 말들은 없다), 나이트(knight)를 가지고 체스 판의 네 모퉁이 중 하나에서 시작하여, 처음 지점으로 되돌아오기 위해 기대되는 플레이 수를 계산하라.

힌트: 예제 4.36을 이용하라.

77. 마코프 결정 문제에서 자주 쓰이는 또 하나의 기준은, 단위시간당 기대 평균보상과는 다른, 기대 할인보상이다. 이 기준에서는, 수치 $\alpha(0 < \alpha < 1)$를 선택하고 $E[\sum_{i=0}^{\infty}\alpha^i R(X_i, a_i)]$를 최대화하기 위한 정책을 선택하려고 시도한다(즉, 시간 n의 보상은 α^n의 할인율로 할인이 된다). 확률 b_i에 따라 초기 상태가 선택된다고 가정하자. 즉, 다음 식이 성립한다.

$$P\{X_0 = i\} = b_i, \quad i = 1, \ldots, n$$

주어진 정책 $\boldsymbol{\beta}$에 대하여, 확률과정이 상태 j에 있고 행동 a가 선택된 경우의 기대 할인시간을 y_{ja}로 나타내자. 즉,

$$y_{ja} = E_{\boldsymbol{\beta}}\left[\sum_{n=0}^{\infty}\alpha^n I_{\{X_n=j, a_n=a\}}\right]$$

위에서 어느 사건 A에 대하여 지시 변수 I_A은 다음과 같이 정의된다.

$$I_A = \begin{cases} 1, & A\text{가 발생하는 경우} \\ 0, & \text{그 외의 경우} \end{cases}$$

(a) 다음 식이 성립함을 보여라.

$$\sum_a y_{ja} = E\left[\sum_{n=0}^{\infty}\alpha^n I_{\{X_n=j\}}\right]$$

달리 말하면, $\sum_a y_{ja}$가 정책 β하에서 상태 j에서의 기대 할인시간임을 보여라.

(b) 다음 식이 성립함을 보여라.

$$\sum_j \sum_a y_{ja} = \frac{1}{1-\alpha},$$

$$\sum_a y_{ja} = b_j + \alpha \sum_i \sum_a y_{ia} P_{ij}(a)$$

힌트: 첫 번째 방정식에 대하여, 다음 등식을 이용하라.

$$I_{\{X_{n+1}=j\}} = \sum_i \sum_a I_{\{X_{n=i}, a_{n=a}\}} I_{\{X_{n+1}=j\}}$$

위 식에 기댓값을 취하면 다음 식이 얻어진다.

$$E\left[I_{X_{n+1}=j\}}\right] = \sum_i \sum_a E\left[I_{\{X_{n=i}, a_{n=a}\}}\right] P_{ij}(a)$$

(c) $\{y_{ja}\}$는 다음을 만족하는 숫자들의 집합이다.

$$\sum_j \sum_a y_{ja} = \frac{1}{1-\alpha},$$

$$\sum_a y_{ja} = b_j + \alpha \sum_i \sum_a y_{ia} P_{ij}(a) \tag{4.38}$$

y_{ja}는, 확률 b_j과 아래 식으로 주어지는 정책 $\boldsymbol{\beta}$에 따라 초기 상태가 선택될 경우, 확률과정이 상태 j에 있고 행동 a가 선택된 경우의 기대 할인시간으로 해석될 수 있음을 설명하라.

$$\beta_i(a) = \frac{y_{ia}}{\sum_a y_{ia}}$$

힌트: 정책 $\boldsymbol{\beta}$가 사용될 때 기대 할인시간에 대한 일련의 방정식을 유도하고 이들이 식 (4.38)과 동등함을 보여라.

(d) 기대 할인보상에 관한 최적의 정책은 다음 선형계획

$$\text{최대화} \quad \sum_j \sum_a y_{ja} \, R\,(j, a),$$

$$\text{제약조건} \quad \sum_j \sum_a y_{ja} = \frac{1}{1-\alpha},$$

$$\sum_a y_{ja} = b_j + \alpha \sum_i \sum_a y_{ia} P_{ij}(a),$$

$$y_{ja} \geqslant 0, \text{ 모든 } j, a \text{에 대해}$$

를 먼저 풀고, 그 다음에 정책 β^*를 다음과 같이 정의함으로써 얻을 수 있음을 설명하라.

$$\beta_i^*(a) = \frac{y_{ia}^*}{\sum_a y_{ia}^*}$$

여기서 y_{ja}^*는 위 선형계획의 해이다.

78. 연습 문제 5의 마코프체인에 대해서, $p(s\,|\,j)$는 배후의 마코프체인의 상태가 j일 때($j = 0, 1, 2$) 신호 s가 방출될(emitted) 확률이라고 가정하자.

(a) 신호 s가 방출될 비율은 얼마인가?

(b) 신호 s가 방출될 때 배후의 상태가 0인 시간의 비율은 얼마인가?

79. 예제 4.43에서, 처음 생산된 4 품목이 모두 합격할 확률은 얼마인가?

참고 문헌

[1] K. L. Chung, "Markov Chains with Stationary Transition Probabilities," Springer, Berlin, 1960.

[2] S. Karlin and H. Taylor, "A First Course in Stochastic Processes," Second Edition, Academic Press, New York, 1975.

[3] J. G. Kemeny and J. L. Snell, "Finite Markov Chains," Van Nostrand Reinhold, Princeton, New Jersey, 1960.

[4] S. M. Ross, "Stochastic Processes," Second Edition, John Wiley, New York, 1996.

[5] S. Ross and E. Pekoz, "A Second Course in Probability," Probabilitybookstore.com, 2006.

INTRODUCTION TO **PROBABILITY MODELS**

지수분포와 푸아송 과정

The Exponential Distribution and the Poisson Process

5.1 서론

실제 현상에 대한 수학적 모형을 만들 경우 수학 지식을 이용하려면 단순화를 위한 가정이 항상 필요하다. 하지만, 너무 많은 단순화 가정을 도입하면 수학적 모형을 이용하여 얻어진 결론들이 실제 현상에 적용되기 어려울 수 있다. 따라서 수학을 이용하는 것이 가능하도록 단순화 가정을 충분히 도입해야 하지만 수학적 모형이 실제 현상을 제대로 나타내지 못할 정도로 너무 많은 단순화 가정을 도입해서는 안 된다. 자주 사용하는 단순화 가정으로 확률변수가 지수분포를 따른다는 가정이 있다. 이렇게 가정하는 주된 이유는 지수분포가 다른 분포에 비해 다루기가 편리하며 실제 분포에 대한 좋은 근사값을 제공하기 때문이다.

지수분포를 분석하기 쉽게 만들어주는 지수분포의 성질은 시간이 지나도 나빠지지 않는다는 것이다. 어떤 제품의 수명이 지수분포를 따르면 10시간째(혹은 몇 시간째건) 사용 중인 제품이더라도 고장 날 때까지 남아있는 수명은 새 제품과 동일하게 된다. 5.2절에서 이러한 성질을 갖는 분포는 지수분포가 유일하다는 것을 자세히 다룰 것이다.

5.3절에서는 계수과정(counting process)을 다루며 특히 푸아송 과정이라는 계수과정에 대해 자세히 다룰 것이다. 푸아송 과정이 지수분포와 어떻게 연결되는지도 다룰 것이다.

5.2 지수분포

5.2.1 정의

연속 확률변수 X의 확률밀도함수가 아래와 같이 주어지면 연속 확률변수 X는 모수 $\lambda(\lambda < 0)$인 **지수분포**(exponential distribution)를 갖는다고 말한다.

$$f(x) = \begin{cases} \lambda e^{-\lambda x}, & x \geqslant 0 \\ 0, & x < 0 \end{cases}$$

X의 확률밀도함수 대신에 분포함수가 아래와 같이 주어질 경우에도 마찬가지이다.

$$F(x) = \int_{-\infty}^{x} f(y)\,dy = \begin{cases} 1 - e^{-\lambda x}, & x \geqslant 0 \\ 0, & x < 0 \end{cases}$$

지수분포의 평균 $E[X]$는 다음과 같다.

$$E[X] = \int_{-\infty}^{\infty} x f(x)\, dx$$
$$= \int_{0}^{\infty} \lambda x e^{-\lambda x}\, dx$$

부분적분($u = x$, $dv = \lambda e^{-\lambda x} dx$)하면 다음 결과를 얻는다.

$$E[X] = -xe^{-\lambda x}\Big|_0^{\infty} + \int_0^{\infty} e^{-\lambda x}\, dx = \frac{1}{\lambda}$$

지수분포의 모멘트 생성함수 $\phi(t)$는 다음과 같다.

$$\phi(t) = E[e^{tX}]$$
$$= \int_0^{\infty} e^{tx} \lambda e^{-\lambda x}\, dx$$
$$= \frac{\lambda}{\lambda - t}, \qquad \text{t} < \lambda\text{일 경우} \tag{5.1}$$

식 (5.1)을 미분하면 X의 모든 모멘트들을 구할 수 있다. 예를 들면 2차 모멘트는 다음과 같다.

$$E[X^2] = \frac{d^2}{dt^2}\phi(t)\Big|_{t=0}$$
$$= \frac{2\lambda}{(\lambda - t)^3}\Big|_{t=0}$$
$$= \frac{2}{\lambda^2}$$

따라서 다음 식도 얻을 수 있다.

$$\text{Var}(X) = E[X^2] - (E[X])^2$$
$$= \frac{2}{\lambda^2} - \frac{1}{\lambda^2}$$
$$= \frac{1}{\lambda^2}$$

예제 5.1 (지수 확률변수와 할인된 보상의 기댓값) 시간에 따라 무작위로 변하는 보상율에 따라 보상을 연속적으로 받는다고 가정해보자. $R(x)$를 시간 x에 받는 무작위의 보상율이라고 하자. 할인율 $\alpha \geqslant 0$에 대하여 다음 식

$$R = \int_0^{\infty} e^{-\alpha x} R(x)\, dx$$

은 할인된 총 보상액을 나타낸다. (전형적인 응용에서, α는 연속 복리이자율, R은 보상액의 무한 흐름의 현재 가치를 나타낸다.) 또한

$$E[R] = E\left[\int_0^{\infty} e^{-\alpha x} R(x)\, dx\right] = \int_0^{\infty} e^{-\alpha x} E[R(x)]\, dx$$

는 할인된 총 보상액의 기댓값을 나타낸다. 이제 이 값이 발생률 α인 지수분포를 따르는 시간 동안 벌어들인 총 보상액의 기댓값과 동일함을 보이자.

T를 모든 확률변수 $R(x)$와 독립인 발생률 α인 지수분포를 따르는 확률변수라 하자. 다음 식을 논증해보자.

$$\int_0^\infty e^{-\alpha x} E[R(x)]\, dx = E\left[\int_0^T R(x)\, dx\right]$$

위의 관계를 보이기 위해, 모든 $x \geqslant 0$에 대해 확률변수 $I(x)$를

$$I(x) = \begin{cases} 1, & x \leqslant T\text{일 때} \\ 0, & x > T\text{일 때} \end{cases}$$

와 같이 정의하고

$$\int_0^T R(x)\, dx = \int_0^\infty R(x) I(x)\, dx$$

임을 관찰하면 다음을 얻는다.

$$\begin{aligned} E\left[\int_0^T R(x)\, dx\right] &= E\left[\int_0^\infty R(x)I(x)\, dx\right] \\ &= \int_0^\infty E[R(x)I(x)]\, dx \\ &= \int_0^\infty E[R(x)]E[I(x)]\, dx \qquad \text{독립성에 의해} \\ &= \int_0^\infty E[R(x)]P\{T \geqslant x\}\, dx \\ &= \int_0^\infty e^{-\alpha x} E[R(x)]\, dx \end{aligned}$$

따라서 할인된 총보상액의 기댓값은, 할인율과 동일한 발생률의 지수분포를 따르는 시간 동안 벌어들인 (할인되지 않은) 총보상액의 기댓값과 동일하다. ■

5.2.2 지수분포의 성질

확률변수 X가 다음 식

$$P\{X > s + t \mid X > t\} = P\{X > s\}, \qquad s, t \geqslant 0 \tag{5.2}$$

을 만족하면 무기억 또는 **망각**(memoryless) 성질을 갖는다고 말한다. X가 어떤 장비의 수명이라고 생각한다면 식 (5.2)는, 그 장비가 t 시간 동안 작동했다는 조건하에서, $s + t$ 시간 이상 작동할 확률은 그 장비가 처음 s 시간 이상 작동할 확률과 같다는 것을 의미한다. 바꿔 말하면, 장비가 시점 t에 작동중이면, 그 장비의 잔여 수명의 분포는 원래의 수명 분포와 동일하다는 것이다. 즉 그 장비는 t 시간 동안 작동했다는 것을 기억하지 못한다는 것이다.

식 (5.2)의 조건부 확률은

$$\frac{P\{X > s + t,\ X > t\}}{P\{X > t\}} = P\{X > s\}$$

와 같이 바꿔 쓸 수 있고 따라서 다음 식이 성립한다.

$$P\{X > s + t\} = P\{X > s\}P\{X > t\} \tag{5.3}$$

식 (5.3)은 X가 지수분포를 따를 때 만족하므로($e^{-\lambda(s+t)} = e^{-\lambda s}e^{-\lambda t}$), 지수분포를 따르는 확률변수는 망각성을 갖는다.

예제 5.2 고객이 은행에 머무는 시간이 평균이 10분, $\lambda = \frac{1}{10}$인 지수분포를 따른다고 하자. 어떤 고객이 은행에서 15분 이상 머물 확률은 얼마인가? 어떤 고객이 은행에서 10분간 머물렀다는 조건하에서 15분 이상 머물 확률은 얼마인가?

풀이 X가 고객이 은행에 머무는 시간을 나타낸다면, 첫 번째 확률은 다음과 같다.

$$P\{X > 15\} = e^{-15\lambda} = e^{-3/2} \approx 0.220$$

두 번째 질문은, 은행에서 10분간 머문 고객이 추가로 5분 이상을 더 머물 확률을 묻고 있다. 그런데, 지수분포는 은행에서 이미 10분을 머물렀다는 것을 "기억하지 못하기 때문에" 이 확률은 은행에 막 들어온 고객이 5분 이상 머물 확률과 같다. 따라서 구하려는 확률 값은 다음과 같다.

$$P\{X > 5\} = e^{-5\lambda} = e^{-1/2} \approx 0.604$$

■

예제 5.3 두 명의 직원이 근무하는 우체국을 고려해 보자. 스미스가 들어갔더니 존스가 한 명의 직원에게서 서비스를 받고 있고 브라운도 다른 직원에게서 서비스를 받고 있다고 가정하자. 존스 또는 브라운이 나가는 즉시 스미스에 대한 서비스가 시작된다. 직원의 서비스 시간은 평균이 $1/\lambda$인 지수분포를 따른다고 할 때, 세 명의 고객 중에서 스미스가 가장 늦게 우체국을 나설 확률은 얼마인가?

풀이 다음과 같은 추론에 의해 답을 구할 수 있다. 둘 중 먼저 서비스가 끝나는 시점을 살펴보자. 이 시점에 존스 혹은 브라운이 떠나가고 다른 한 명은 여전히 서비스를 받고 있을 것이다. 하지만 지수분포의 망각성으로 인하여, 그 한 명(존스건 브라운이건)이 우체국에서 더 머물러야 할 시간은 평균이 $1/\lambda$인 지수분포를 따른다. 즉, 이 시점에서 자신의 서비스를 새로 시작하는 것과 동일하다. 따라서 그의 서비스가 스미스보다 먼저 끝날 확률은 $\frac{1}{2}$이다. ■

예제 5.4 교통사고에서 손해액은 평균이 1000인 지수분포를 따른다. 이 중에서 보험회사는 (공제액인) 400을 초과하는 금액만 지급한다. 이 보험회사가 교통사고 당 지불할 금액의 평균과 표준편차를 구하라.

풀이 X가 사고에 따른 손해액이라면, 보험회사의 지급액은 $(X - 400)^+$이다(여기서 a^+는, a가 양수일 때는 a이고 0 또는 음수일 때는 0으로 정의된다). $(X - 400)^+$의 기댓값과 분산을 구해야 하지만 X가 400을 초과하는지에 따라 구분하는 것이 편리하므로 다음을 정의하자.

$$I = \begin{cases} 1, & X > 400\text{일 때} \\ 0, & X \leqslant 400\text{일 때} \end{cases}$$

$Y = (X - 400)^+$을 지급액이라 하자. 망각성에 따라, 손해액이 400을 넘으면 초과하는 금액은 평균이 1000인 지수분포를 따른다. 따라서

$$\begin{aligned} E[Y|I = 1] &= 1000 \\ E[Y|I = 0] &= 0 \\ \text{Var}(Y|I = 1) &= (1000)^2 \\ \text{Var}(Y|I = 0) &= 0 \end{aligned}$$

을 얻고, 이는 다음과 같이 바꿔 적을 수 있다.

$$E[Y|I] = 10^3 I, \qquad \text{Var}(Y|I) = 10^6 I$$

I는 확률 $e^{-0.4}$로 1의 값을 갖는 베르누이 확률변수이므로, 다음 식을 얻을 수 있다.

$$E[Y] = E\big[E[Y|I]\big] = 10^3 E[I] = 10^3 e^{-0.4} \approx 670.32$$

또한 조건부 분산 공식을 이용하면,

$$\begin{aligned}\text{Var}(Y) &= E\big[\text{Var}(Y|I)\big] + \text{Var}\big(E[Y|I]\big) \\ &= 10^6 e^{-0.4} + 10^6 e^{-0.4}(1 - e^{-0.4})\end{aligned}$$

를 얻는다. 마지막 등식은 모수 p인 베르누이 확률변수의 분산은 $p(1-p)$라는 사실을 이용하였다. 결국 다음을 얻는다.

$$\sqrt{\text{Var}(Y)} \approx 944.09$$ ■

지수분포는 "망각성"을 가질 뿐 아니라, 사실은 이러한 성질을 갖는 유일한 분포이다. 이를 보이기 위해, X가 망각성을 갖는다고 가정하자. 그러면 식 (5.3)에 의해 다음 식을 얻을 수 있다.

$$\bar{F}(s+t) = \bar{F}(s)\bar{F}(t)$$

즉, $\bar{F}(x)$는 다음 함수방정식을 만족한다.

$$g(s+t) = g(s)g(t)$$

그런데, 이 함수방정식의 유일한 우연속(right-continuous) 해는 다음과 같음을 보일 수 있다.

$$g(x) = e^{-\lambda x}*$$

그리고 분포함수는 항상 우연속이므로 다음 식을 얻을 수 있다.

$$\bar{F}(x) = e^{-\lambda x}$$

따라서

$$F(x) = P\{X \leqslant x\} = 1 - e^{-\lambda x}$$

이고 이는 X가 지수분포를 따른다는 것을 보여준다.

예제 5.5 상점에서는 다음 달의 수요를 맞추기 위해 어느 상품을 얼마나 주문할지 결정해야 한다. 여기에서 수요량은 평균이 $1/\lambda$인 지수분포를 따른다고 가정하자. 상품을 사려면 파운드당 c가 들고 파운드당 $s\ (> c)$에 판매한다면, 상점의 예상 이익을 최대로 하려면 얼마나 주문을 해야 할까? 월말에 재고로 남은 것은 아무 가치가 없고 수요를 못 맞추더라도 불이익은 없다고 가정한다.

풀이▶ X를 수요량이라 하자. 상점에서 t라는 양을 주문하면 이익 P는 다음과 같다.

$$P = s\min(X, t) - ct$$

다음 관계식

$$\min(X, t) = X - (X - t)^+$$

을 이용하고 $X > t$ 여부에 따라 조건을 주고 지수분포의 망각성을 이용하면 다음을 얻는다.

---

*이는 다음과 같이 증명이 된다: 만약 $g(s+t) = g(s)g(t)$이면, 다음 식이 얻어진다.

$$g\left(\frac{2}{n}\right) = g\left(\frac{1}{n} + \frac{1}{n}\right) = g^2\left(\frac{1}{n}\right)$$

반복하면 $g(m/n) = g^m(1/n)$이 얻어진다. 또한 다음이 성립한다.

$$g(1) = g\left(\frac{1}{n} + \frac{1}{n} + \cdots + \frac{1}{n}\right) = g^n\left(\frac{1}{n}\right) \qquad \text{즉,} \qquad g\left(\frac{1}{n}\right) = (g(1))^{1/n}$$

따라서 $g(m/n) = (g(1))^{m/n}$이 성립하고 이는, g가 우연속이므로, $g(x) = (g(1))^x$임을 의미한다. $(g(\frac{1}{2}))^2 \geqslant 0$이므로, $g(x) = e^{-\lambda x}$(단, $\lambda = -\log(g(1))$를 얻을 수 있다.

$$\begin{aligned} E[(X-t)^+] &= E[(X-t)^+|X>t]P(X>t) \\ &\quad + E[(X-t)^+|X\leqslant t]P(X\leqslant t) \\ &= E[(X-t)^+|X>t]e^{-\lambda t} \\ &= \frac{1}{\lambda}e^{-\lambda t} \end{aligned}$$

위에서 마지막 식은 지수분포의 망각성을 이용한 것으로, X가 t보다 큰 지에 따라 조건을 주고 그 초과분은 평균 $1/\lambda$인 지수분포를 따름을 이용한 것이다. 따라서

$$E[\min(X,t)] = \frac{1}{\lambda} - \frac{1}{\lambda}e^{-\lambda t}$$

이 되어 다음 식을 얻을 수 있다.

$$E[P] = \frac{s}{\lambda} - \frac{s}{\lambda}e^{-\lambda t} - ct$$

미분을 하면, $se^{-\lambda t} - c = 0$일 때 즉,

$$t = \frac{1}{\lambda}\log(s/c)$$

일 때 이익이 최대가 됨을 알 수 있다;

이제, 팔리지 않은 재고에 대해 파운드당 $r < \min(s, c)$ 만큼 환불이 가능하고 수요를 못 맞춘 경우 파운드당 p 만큼 손해가 발생한다고 하자. 이 경우, 앞서 유도한 $E[P]$에 대한 표현을 이용하면 다음 식을 얻는다.

$$E[P] = \frac{s}{\lambda} - \frac{s}{\lambda}e^{-\lambda t} - ct + rE[(t-X)^+] - pE[(X-t)^+]$$

다음 관계식

$$\min(X,t) = t - (t-X)^+$$

을 이용하면 아래와 같은 결과를 얻을 수 있다.

$$E[(t-X)^+] = t - E[\min(X,t)] = t - \frac{1}{\lambda} + \frac{1}{\lambda}e^{-\lambda t}$$

따라서

$$\begin{aligned} E[P] &= \frac{s}{\lambda} - \frac{s}{\lambda}e^{-\lambda t} - ct + rt - \frac{r}{\lambda} + \frac{r}{\lambda}e^{-\lambda t} - \frac{p}{\lambda}e^{-\lambda t} \\ &= \frac{s-r}{\lambda} + \frac{r-s-p}{\lambda}e^{-\lambda t} - (c-r)t \end{aligned}$$

이고, 계산을 통해 최적의 주문량은 다음과 같음을 알 수 있다.

$$t = \frac{1}{\lambda}\log\left(\frac{s+p-r}{c-r}\right)$$

s, p, r이 증가하면 최적 주문량도 증가하며 λ, c가 증가하면 최적 주문량은 감소하는 것에 주목하기 바란다. (이러한 단조성은 직관과 합치하는가?) ■

망각성은 지수분포의 고장(또는 위험)률 함수에 의해 추가적인 설명이 가능하다.

양수인 연속 확률변수 X가 분포함수 F와 밀도함수 f를 갖는다고 하자. **고장률**(failure rate) 또는 **위험률**(hazard rate) 함수 $r(t)$는 다음과 같이 정의된다.

$$r(t) = \frac{f(t)}{1 - F(t)} \tag{5.4}$$

$r(t)$의 의미를 알기 위해, 수명이 X인 장비가 t 시간까지 작동중이라고 가정하고 추가적인 dt 시간 동안 고장 날 확률을 구해보자. 즉, $P\{X \in (t, t + dt)|X > t\}$는

$$\begin{aligned} P\{X \in (t, t + dt)|X > t\} &= \frac{P\{X \in (t, t + dt), X > t\}}{P\{X > t\}} \\ &= \frac{P\{X \in (t, t + dt)\}}{P\{X > t\}} \\ &\approx \frac{f(t)\, dt}{1 - F(t)} = r(t)\, dt \end{aligned}$$

이다. 즉, $r(t)$는 t 시간된 장비가 고장 날 확률을 나타내는 조건부 확률밀도함수라고 할 수 있다.

이제 수명분포가 지수분포라고 가정해 보자. 그러면, 망각성에 의해, t 시간된 장비의 잔여수명 분포는 새 장비의 수명 분포와 동일하다. 따라서 $r(t)$는 상수이어야 한다. 다음 식에 의해 이를 확인할 수 있다.

$$\begin{aligned} r(t) &= \frac{f(t)}{1 - F(t)} \\ &= \frac{\lambda e^{-\lambda t}}{e^{-\lambda t}} = \lambda \end{aligned}$$

따라서 지수분포의 고장률 함수는 상수이다. 모수 λ를 **발생률**(rate)이라고도 한다. (발생률은 평균의 역수이고 그 반대도 성립함을 알 수 있다.)

고장률 함수 $r(t)$를 알면 그에 대응되는 유일한 분포함수 F를 알 수 있다. 이를 증명해 보자. 식 (5.4)에 따르면

$$r(t) = \frac{\frac{d}{dt} F(t)}{1 - F(t)}$$

이고, 양 변을 적분하면 다음 식을 얻는다.

$$\log(1 - F(t)) = -\int_0^t r(t)\, dt + k$$

즉,

$$1 - F(t) = e^k \exp\left\{-\int_0^t r(t)\, dt\right\}$$

이고, $t = 0$이면 $k = 0$이므로 다음 식을 얻는다.

$$F(t) = 1 - \exp\left\{-\int_0^t r(t)\, dt\right\}$$

앞서의 식은 지수분포가 망각성을 갖는 유일한 분포라는 것을 보이는 데에도 이용 가능하다. X가 망각성을 가지면 고장률 함수는 상수이어야 하므로, 앞서의 식에 $r(t) = c$를 대입하면

$$1 - F(t) = e^{-ct}$$

가 되어 확률변수가 지수분포를 따른다는 것을 보여준다.

예제 5.6 $X_1, \ldots, X_n$을 각각 발생률 $\lambda_1, \ldots, \lambda_n$($i \neq j$이면 $\lambda_i \neq \lambda_j$)의 지수분포를 따르는 독립인 확률변수라 하자. T는 이들 확률변수와 독립이며

$$\sum_{j=1}^{n} P_j = 1, \text{ 여기서 } P_j = P\{T = j\}$$

라고 가정하자. 확률변수 X_T를 **초지수**(hyperexponential) 확률변수라고 한다. 이 확률변수가 어떻게 생겨났는지 알아보기 위해 n개의 서로 다른 유형의 배터리가 들어있는 통이 있다고 하자. 유형 j 배터리의 수명은 발생률 λ_j의 지수분포를 따른다($j = 1, \ldots, n$). 또한 p_j는 통에 있는 유형 j 배터리의 비율이라 하자($j = 1, \ldots, n$). 무작위로 하나의 배터리를 뽑았을 경우, 통에 있는 배터리 중 어느 하나가 뽑힐 확률은 같아야 하므로 뽑힌 배터리의 수명은 앞서 정의한 초지수분포를 따를 것이다.

$X = X_T$의 분포함수 F를 구하기 위해 T에 조건을 주면 다음을 얻는다.

$$\begin{aligned} 1 - F(t) &= P\{X > t\} \\ &= \sum_{i=1}^{n} P\{X > t | T = i\} P\{T = i\} \\ &= \sum_{i=1}^{n} P_i e^{-\lambda_i t} \end{aligned}$$

미분을 통해 X의 밀도함수 f를 다음과 같이 얻는다.

$$f(t) = \sum_{i=1}^{n} \lambda_i P_i e^{-\lambda_i t}$$

따라서 초지수 확률변수의 고장률 함수는 다음과 같다.

$$r(t) = \frac{\sum_{j=1}^{n} P_j \lambda_j e^{-\lambda_j t}}{\sum_{i=1}^{n} P_i e^{-\lambda_i t}}$$

이제

$$\begin{aligned} P\{T = j | X > t\} &= \frac{P\{X > t | T = j\} P\{T = j\}}{P\{X > t\}} \\ &= \frac{P_j e^{-\lambda_j t}}{\sum_{i=1}^{n} P_i e^{-\lambda_i t}} \end{aligned}$$

임을 관찰하면 고장률 함수 $r(t)$를 다음과 같이 바꿔 적을 수 있다.

$$r(t) = \sum_{j=1}^{n} \lambda_j P\{T = j | X > t\}$$

1보다 큰 모든 i에 대하여 $\lambda_1 < \lambda_i$을 만족할 경우,

$$\begin{aligned} P\{T = 1 | X > t\} &= \frac{P_1 e^{-\lambda_1 t}}{P_1 e^{-\lambda_1 t} + \sum_{i=2}^{n} P_i e^{-\lambda_i t}} \\ &= \frac{P_1}{P_1 + \sum_{i=2}^{n} P_i e^{-(\lambda_i - \lambda_1) t}} \\ &\to 1 \qquad t \to \infty \text{일 때} \end{aligned}$$

가 되고, 비슷하게, $i \neq 1$이면 $P\{T = i | X > t\} \to 0$이므로 다음을 얻을 수 있다.

$$\lim_{t \to \infty} r(t) = \min_i \lambda_i$$

즉, 무작위로 선택된 배터리가 오래 유지될수록 그 배터리의 고장률은 가장 작은 고장률을 갖는 배터리의 지수분포 고장률로 수렴하게 된다. 배터리가 더 오래 유지될수록 가장 작은 고장률을 갖는 배터리일 가능성이 더 커지므로, 이러한 사실은 직관과 일치한다. ■

5.2.3 지수분포의 기타 성질

$X_1, \ldots, X_n$을 평균이 $1/\lambda$인 동일한 지수분포를 따르는 독립적인 확률변수라 하자. 예제 2.39의 결과로부터 $X_1 + \cdots + X_n$는 모수가 n과 λ인 감마분포를 따른다는 것을 알 수 있다. 여기에서는 수학적 귀납법을 이용해서 동일한 결과를 증명해 보자. $n = 1$일 때는 당연히 성립하므로 $X_1 + \cdots + X_{n-1}$의 밀도함수가 다음과 같다는 가정 하에서 시작해보자.

$$f_{X_1+\cdots+X_{n-1}}(t) = \lambda e^{-\lambda t}\frac{(\lambda t)^{n-2}}{(n-2)!}$$

그러면

$$\begin{aligned}
f_{X_1+\cdots+X_{n-1}+X_n}(t) &= \int_0^\infty f_{X_n}(t-s) f_{X_1+\cdots+X_{n-1}}(s)\,ds \\
&= \int_0^t \lambda e^{-\lambda(t-s)}\lambda e^{-\lambda s}\frac{(\lambda s)^{n-2}}{(n-2)!}\,ds \\
&= \lambda e^{-\lambda t}\frac{(\lambda t)^{n-1}}{(n-1)!}
\end{aligned}$$

가 되어 증명이 완결된다.

또 다른 유용한 결과는 어떤 지수 확률변수가 다른 지수 확률변수보다 작을 확률에 대한 것이다. X_1, X_2를 각각 평균이 $1/\lambda_1$, $1/\lambda_2$인 지수분포를 따르는 독립적인 확률변수라 할 때, $P\{X_1 < X_2\}$를 구해보자. X_1에 대한 조건부 확률을 이용하면 다음 결과를 얻을 수 있다.

$$\begin{aligned}
P\{X_1 < X_2\} &= \int_0^\infty P\{X_1 < X_2 | X_1 = x\}\lambda_1 e^{-\lambda_1 x}\,dx \\
&= \int_0^\infty P\{x < X_2\}\lambda_1 e^{-\lambda_1 x}\,dx \\
&= \int_0^\infty e^{-\lambda_2 x}\lambda_1 e^{-\lambda_1 x}\,dx \\
&= \int_0^\infty \lambda_1 e^{-(\lambda_1+\lambda_2)x}\,dx \\
&= \frac{\lambda_1}{\lambda_1+\lambda_2} \qquad (5.5)
\end{aligned}$$

$X_1, X_2, \ldots, X_n$을 각각 발생률 μ_i, $i = 1, \ldots, n$인 지수분포를 따르는 독립인 확률변수라 하자. 그러면 X_i 중 가장 작은 것은 μ_i의 합을 발생률로 갖는 지수분포를 따르게 된다. 이 성질은 아래와 같이 증명된다.

$$\begin{aligned}
P[\min(X_1, \ldots, X_n) > x] &= P\,[\text{각각의 } i = 1, \ldots, n\text{에 대하여 } X_i > x] \\
&= \prod_{i=1}^{n} P\{X_i > x\} \quad (\text{독립성에 의해}) \\
&= \prod_{i=1}^{n} e^{-\mu_i x}
\end{aligned}$$

$$= \exp\left\{-\left(\sum_{i=1}^{n}\mu_i\right)x\right\} \tag{5.6}$$

예제 5.7 [할당문제에서 탐욕(greedy) 알고리즘의 분석] n명의 사람을 각각 하나씩 n개 작업에 할당해야 한다. 사람 i를 작업 j에 할당할 경우 비용 $C(i, j)$가 발생한다($i, j = 1, \ldots, n$). 고전적인 할당문제는 n개 비용의 합을 최소로 하는 할당을 결정하는 것이다.

최적의 결정을 시도하기에 앞서, 이 문제를 풀기 위한 두 가지 발견적인(heuristic) 방법을 살펴보자. 첫 번째 방법은 다음과 같다. 사람 1을 가장 비용이 적은 작업에 배정한다. 즉, 사람 1을 $C(1, j_1) = \min_j C(1, j)$인 작업 j_1에 배정한다. 이제 그 작업을 지우고 사람 2를 가장 비용이 적은 작업에 배정한다. 즉, 사람 2을 $C(2, j_2) = \min_{j \neq j_1} C(2, j)$인 작업 j_2에 배정한다. 이러한 과정을 모든 사람이 배정될 때까지 계속하는 것이다. 이러한 과정은 각 과정에서 작업 배정 대상인 사람에게는 항상 최적의 작업을 배정해준다. 이러한 방법을 탐욕 알고리즘 A라고 하자.

탐욕 알고리즘 B라고 부르는, 두 번째 방법은 첫 번째 방법의 보다 "포괄적인" 버전이다. n^2개의 모든 비용을 고려하여 $C(i, j)$를 최소로 하는 i_1, j_1을 선택하여 사람 i_1을 작업 j_1에 할당한다. 그리고 사람 i_1 또는 작업 j_1에 관련된 모든 비용을 삭제한 다음[이제 $(n - 1)^2$개의 비용만 남는다.] 같은 과정을 반복한다. 즉, 각 단계에서 가능한 모든 배정 중에서 비용이 가장 적은 사람과 작업을 선택하는 것이다.

n^2개의 $C(i, j)$가 독립이고 평균이 1인 지수분포를 따른다고 할 때, 두 알고리즘 중 총 비용의 기댓값이 더 작은 것은 어느 것인가?

풀이▶ 먼저 탐욕 알고리즘 A를 고려해보자. C_i를 사람 i에 관련된 비용이라 하자($i = 1, \ldots, n$). 이제 C_1을 n개의 발생률 1인 지수 확률변수 중 최소인 것이라 하자. 식 (5.6)에 의해 C_1은 발생률 n인 지수분포를 따를 것이다. 마찬가지로, C_2는 $(n - 1)$개의 발생률 1인 지수 확률변수 중 최소인 것이고 따라서 발생률 $(n - 1)$인 지수분포를 따른다. 따라서 C_i는 발생률 $(n - i + 1)$인 지수분포를 따른다($i = 1, \ldots, n$). 결국 탐욕 알고리즘 A를 이용할 경우 총비용의 기댓값은 다음과 같다.

$$\begin{aligned} E_A[\text{총 비용}] &= E[C_1 + \cdots + C_n] \\ &= \sum_{i=1}^{n} 1/i \end{aligned}$$

이제 탐욕 알고리즘 B를 고려해보자. C_i를 i번째 배정에서 선택된 사람-작업 조합이라 하자. C_1은 n^2개의 C_{ij} 중 최소인 것이므로 식 (5.6)에 의해 발생률 n^2인 지수 확률변수이다. 그런데 지수분포의 망각성에 의해 C_1을 초과하는, $(n - 1)^2$개 C_{ij}의 초과분은 여전히 발생률 1인 지수분포를 따를 것이다. 따라서 C_2는 C_1에 $(n - 1)^2$개의 발생률 1인 지수 확률변수 중 최소인 것을 더한 것과 같다. 마찬가지로, C_3는 C_2에 $(n - 2)^2$개의 발생률 1인 지수 확률변수 중 최소인 것을 더한 것과 같다. 따라서 다음 식이 얻어진다.

$$\begin{aligned} E[C_1] &= 1/n^2, \\ E[C_2] &= E[C_1] + 1/(n-1)^2, \\ E[C_3] &= E[C_2] + 1/(n-2)^2, \\ &\vdots \\ E[C_j] &= E[C_{j-1}] + 1/(n-j+1)^2, \\ &\vdots \\ E[C_n] &= E[C_{n-1}] + 1 \end{aligned}$$

결국

$$\begin{aligned}E[C_1] &= 1/n^2,\\ E[C_2] &= 1/n^2 + 1/(n-1)^2,\\ E[C_3] &= 1/n^2 + 1/(n-1)^2 + 1/(n-2)^2,\\ &\vdots\\ E[C_n] &= 1/n^2 + 1/(n-1)^2 + 1/(n-2)^2 + \cdots + 1\end{aligned}$$

이고, 모든 $E(C_i)$를 더하면 다음이 얻어진다.

$$\begin{aligned}E_B\,[\text{총 비용}] &= n/n^2 + (n-1)/(n-1)^2 + (n-2)/(n-2)^2 + \cdots + 1\\ &= \sum_{i=1}^{n} \frac{1}{i}\end{aligned}$$

결국 두 탐욕 알고리즘의 기대 비용은 동일하다. ■

$X_1, \ldots, X_n$을 각각 발생률 $\lambda_1, \ldots, \lambda_n$의 지수분포를 따르는 독립인 확률변수라 하자. 식 (5.5)를 일반화한 유용한 결과는 X_i가 이들 중 최소일 확률은 $\lambda_i / \sum_j \lambda_j$라는 것이다. 이 결과는 다음과 같이 보일 수 있다.

$$\begin{aligned}P\left\{X_i = \min_j X_j\right\} &= P\left\{X_i < \min_{j\neq i} X_j\right\}\\ &= \frac{\lambda_i}{\sum_{j=1}^{n} \lambda_j}\end{aligned}$$

여기서 마지막 등식은 식 (5.5)와 $\min_{j\neq i} X_j$가 발생률 $\sum_{j\neq i} \lambda_j$인 지수분포를 따른다는 것을 이용하였다.

또 하나의 중요한 사실은 $\min_i X_i$와 X_i의 크기순위(rank ordering)는 독립이라는 것이다. 어째서 독립인지를 보이기 위해, 최솟값이 t보다 크다는 조건하에서 $X_{i_1} < X_{i_2} < \cdots < X_{i_n}$일 조건부 확률을 고려해보자. $\min_i X_i > t$는 모든 X_i가 t보다 크다는 것을 의미하므로, 지수분포의 망각성에 의해 t 이후 그들의 잔여 수명은 여전히 본래 발생률을 갖는 독립적인 지수분포들을 따른다. 결국 다음 식이 성립한다.

$$\begin{aligned}P\left\{X_{i_1} < \cdots < X_{i_n} \,\middle|\, \min_i X_i > t\right\} &= P\left\{X_{i_1} - t < \cdots < X_{i_n} - t \,\middle|\, \min_i X_i > t\right\}\\ &= P\{X_{i_1} < \cdots < X_{i_n}\}\end{aligned}$$

즉, 다음 명제를 얻을 수 있다.

명제 $X_1, \ldots, X_n$을 각각 발생률 $\lambda_1, \ldots, \lambda_n$의 지수분포를 따르는 독립인 확률변수라 하면 $\min_i X_i$는 발생률 $\sum_{i=1}^{n} \lambda_i$의 지수분포를 따른다. 또한 $\min_i X_i$와 $X_1, \ldots, X_n$의 크기순위는 독립이다.

예제 5.8 두 명의 직원이 있는 우체국에 고객이 도착했을 때 두 명이 모두 서비스 중이고 기다리는 사람은 없다고 가정하자. 둘 중 하나의 서비스가 끝나면 당신이 서비스를 받는다. 직원 i의 서비스 시간은 서비스율이 λ_i인 지수분포를 따른다고 할 때($i = 1, 2$), $E(T)$를 구하라. T는 당신이 우체국에 머무는 시간이다.

풀이 R_i를 서비스 중인 고객에 대한 점원 i의 잔여 서비스 시간이라 하자($i = 1, 2$). 망각성에 의해, R_1, R_2는 각각 서비스율이 λ_1, λ_2인 독립적인 지수분포를 따른다. R_1, R_2 중 어느 것이 작은지에 조건을 주면 다음 식을 얻을 수 있다.

$$E[T] = E[T|R_1 < R_2]P\{R_1 < R_2\} + E[T|R_2 \leqslant R_1]P\{R_2 \leqslant R_1\}$$
$$= E[T|R_1 < R_2]\frac{\lambda_1}{\lambda_1 + \lambda_2} + E[T|R_2 \leqslant R_1]\frac{\lambda_2}{\lambda_1 + \lambda_2}$$

이제 S를 당신의 서비스 시간이라 하면 다음 식이 성립한다.

$$\begin{aligned} E[T|R_1 < R_2] &= E[R_1 + S|R_1 < R_2] \\ &= E[R_1|R_1 < R_2] + E[S|R_1 < R_2] \\ &= E[R_1|R_1 < R_2] + \frac{1}{\lambda_1} \\ &= \frac{1}{\lambda_1 + \lambda_2} + \frac{1}{\lambda_1} \end{aligned}$$

마지막 식은, $R_1 < R_2$인 경우 R_1, R_2 중 R_1이 최소가 되며 따라서 서비스율 $(\lambda_1 + \lambda_2)$인 지수분포를 따른다는 것, 그리고 이 경우 당신은 점원 1의 서비스를 받는다는 것을 이용한 것이다.

비슷하게 다음 식이 성립함을 보일 수 있다.

$$E[T|R_2 \leqslant R_1] = \frac{1}{\lambda_1 + \lambda_2} + \frac{1}{\lambda_2}$$

따라서 다음 식을 얻는다.

$$E[T] = \frac{3}{\lambda_1 + \lambda_2}$$

$E(T)$를 구하는 또 다른 방법은, 다음과 같이 T를 합으로 표시하여 기댓값을 취하고 필요한 부분에 조건을 주어 계산하는 것이다.

$$\begin{aligned} E[T] &= E[\min(R_1, R_2) + S] \\ &= E[\min(R_1, R_2)] + E[S] \\ &= \frac{1}{\lambda_1 + \lambda_2} + E[S] \end{aligned}$$

R_1, R_2 중 어느 것이 작은지에 조건을 주면 다음과 같이 $E(S)$도 구할 수 있다.

$$\begin{aligned} E[S] &= E[S|R_1 < R_2]\frac{\lambda_1}{\lambda_1 + \lambda_2} + E[S|R_2 \leqslant R_1]\frac{\lambda_2}{\lambda_1 + \lambda_2} \\ &= \frac{2}{\lambda_1 + \lambda_2} \end{aligned}$$

■

예제 5.9 몸 안에 n개의 세포가 있는데 이 중 세포 $1, \ldots, k$를 고려하자. 세포 i의 무게는 w_i이다$(i = 1, \ldots, n)$. 세포는 한 번에 하나씩 무작위 순서로 파괴된다. S는 현재 살아있는 세포들의 집합이며 다음 파괴될 세포가 i일 확률은 $w_i / \sum_{j \in S} w_j$이고$(i \in S)$ 세포들이 지금까지 파괴된 순서와는 독립적이다. 다시 말하면, 어느 특정 살아있는 세포가 다음에 파괴될 확률은, 그 세포의 무게를 모든 살아있는 세포들의 무게 합으로 나눈 것과 같다는 것이다. A를 세포 $1, \ldots, k$가 모두 파괴되는 순간에 아직 살아있는 세포들의 총 수라고 할 때 $E(A)$를 구하라.

풀이▶ 이 문제를 조합이론을 이용해서 풀기는 매우 어렵지만, 파괴되는 세포의 순서를 독립적인 지수확률변수의 순위와 연관지어 보면 쉽게 풀 수 있다. 이를 위해, $X_1, \ldots, X_n$을 지수분포를 따르는 독립인 확률변수라 하자. X_i의 발생률은 w_i이다$(i = 1, \ldots, n)$. X_i가 이들 중 최솟값일 확률은 $w_i / \sum_j w_j$이다. 또한 X_i가 최솟값이라는 조건하에서 X_r이 그 다음 가장 작은 값을 가질 확률은 $w_r / \sum_{j \neq i} w_j$이고, X_s가 그 다음으로 가장 작은 값을 가질 확률은 $w_s / \sum_{j \neq i,r} w_j$이고, 이와 같이 계속된다. 결국 I_j를 X_1,

$\ldots, X_n$ 중 j번째로 작은 값의 지표(index)라고 하면(즉, $X_{I_1} < X_{I_2} < \cdots < X_{I_n}$), 세포가 파괴되는 순서는 $I_1, \ldots, I_n$과 같은 분포를 갖는다. 따라서 세포가 파괴되는 순서는 $X_1, \ldots, X_n$에 대한 배열로 결정된다고 가정할 수 있다. [마찬가지로, 모든 세포는 결국 파괴되며 세포 i는 시간 X_i에 파괴된다고 가정할 수 있다$(i = 1, \ldots, n)$]

세포 $1, \ldots, k$가 모두 파괴되는 순간에 세포 j가 아직 살아있으면 A_j가 1이고, 그렇지 않으면 A_j가 0이라고 놓으면, 다음 관계가 성립한다.

$$A = \sum_{j=k+1}^{n} A_j$$

만약 X_j가 모든 $X_1, \ldots, X_k$보다 크면 세포 $1, \ldots, k$가 모두 파괴되는 순간에도 세포 j가 아직 살아있을 것이므로 $j > k$인 경우에 대해 다음을 얻을 수 있다.

$$\begin{aligned}
E[A_j] &= P\{A_j = 1\} \\
&= P\{X_j > \max_{i=1,\ldots,k} X_i\} \\
&= \int_0^\infty P\left\{X_j > \max_{i=1,\ldots,k} X_i | X_j = x\right\} w_j e^{-w_j x}\, dx \\
&= \int_0^\infty P\{X_i < x \text{ for all } i = 1, \ldots, k\} w_j e^{-w_j x}\, dx \\
&= \int_0^\infty \prod_{i=1}^{k} (1 - e^{-w_i x})\, w_j e^{-w_j x}\, dx \\
&= \int_0^1 \prod_{i=1}^{k} (1 - y^{w_i/w_j})\, dy
\end{aligned}$$

여기서 마지막 식은 $y = e^{-w_j x}$로 치환하여 얻은 것이다. 최종적으로 다음 결과를 얻을 수 있다.

$$E[A] = \sum_{j=k+1}^{n} \int_0^1 \prod_{i=1}^{k} (1 - y^{w_i/w_j})\, dy = \int_0^1 \sum_{j=k+1}^{n} \prod_{i=1}^{k} (1 - y^{w_i/w_j})\, dy \qquad \blacksquare$$

예제 5.10 고객들이 서비스를 받기위해 줄을 서서 기다리고 있다고 가정하자. 서버는 한 명으로, 한 명의 고객에 대한 서비스가 끝나면 다음 고객이 서비스 구역으로 들어온다. 그런데 대기 중인 각 고객은 평균이 $1/\theta$인 지수분포를 따르는 시간 동안만 기다린다. 즉, 이 시간까지 서비스가 시작되지 않으면 즉시 이 시스템을 떠난다. 지수분포를 따르는 이 시간은 각 고객별로 독립적이다. 또한, 서비스 시간은 서비스율이 μ인 독립적인 지수분포를 따른다. 현재 서버가 서비스 중이고 어떤 사람이 줄에서 n번째로 기다리고 있다고 가정하자.

(a) 이 고객이 결국 서비스 받을 확률 P_n을 구하라.

(b) 이 고객이 결국 서비스 받는다는 조건하에서 줄에서 기다린 시간의 조건부 기댓값 W_n을 구하라.

풀이▶ 현재 서비스 중인 사람의 잔여 서비스 시간과 줄의 앞쪽에 서있는 n명에 대한 평균 $1/\theta$인 지수분포 이탈시간으로 구성되는 $(n + 1)$개의 확률변수를 고려해보자.

(a) $(n + 1)$개의 독립적인 지수 확률변수 중 최솟값이 줄에 서 있는 n번째 사람의 이탈시간이라는 조건하에서는, 이 사람이 서비스 받을 확률은 0이다. 반면에 이 사람의 이탈시간이 최소가 아니라면, 이 사람이 서비스 받을 확률은 이 사람이 줄에서 $(n - 1)$번째에 서 있을 경우와 동일하다. 이 사람의 이탈시간이 $(n + 1)$개의 지수 확률변수 중 최솟값일 확률은 $\theta/(n\theta + \mu)$이므로, 다음 식을 얻을 수 있다.

$$P_n = \frac{(n-1)\theta + \mu}{n\theta + \mu} P_{n-1}$$

n에 대한 이러한 논증을 $(n - 1)$에 대하여 적용하면 다음 식을 얻을 수 있다.

$$P_n = \frac{(n-1)\theta + \mu}{n\theta + \mu} \frac{(n-2)\theta + \mu}{(n-1)\theta + \mu} P_{n-2} = \frac{(n-2)\theta + \mu}{n\theta + \mu} P_{n-2}$$

이런 방식으로 계속하면 다음과 같이 원하는 결과를 얻을 수 있다.

$$P_n = \frac{\theta + \mu}{n\theta + \mu} P_1 = \frac{\mu}{n\theta + \mu}$$

(b) W_n에 대한 식을 구하기 위해, 독립적인 지수 확률변수의 최솟값은, 그들의 순위결정과는 무관하게, 그들의 발생률의 합을 발생률로 갖는 지수분포를 따른다는 것을 이용한다. 줄의 n번째 사람이 서비스 받으러 들어갈 때까지의 시간은 이러한 $(n + 1)$개 확률변수의 최솟값에 그 이후의 추가적인 시간을 더한 것과 같으므로, 지수 확률변수의 망각성을 이용하면 다음을 얻을 수 있다.

$$W_n = \frac{1}{n\theta + \mu} + W_{n-1}$$

n보다 작은 값들에 대하여 이러한 논증을 반복하면 다음과 같이 원하는 결과를 얻을 수 있다.

$$W_n = \sum_{i=1}^{n} \frac{1}{i\theta + \mu}$$ ■

5.2.4 지수 확률변수의 합성곱

X_i를 각각 발생률 λ_i인 지수 확률변수라 하고($i = 1, \ldots, n$) $i \neq j$이면 $\lambda_i \neq \lambda_j$라 가정하자. $\sum_{i=1}^{n} X_i$를 **하이포지수**(hypoexponential) 확률변수라고 부른다. 이것의 확률밀도함수를 구하기 위해, $n = 2$인 경우부터 시작해보자.

$$\begin{aligned}
f_{X_1+X_2}(t) &= \int_0^t f_{X_1}(s) f_{X_2}(t-s)\, ds \\
&= \int_0^t \lambda_1 e^{-\lambda_1 s} \lambda_2 e^{-\lambda_2 (t-s)}\, ds \\
&= \lambda_1 \lambda_2 e^{-\lambda_2 t} \int_0^t e^{-(\lambda_1 - \lambda_2)s}\, ds \\
&= \frac{\lambda_1}{\lambda_1 - \lambda_2} \lambda_2 e^{-\lambda_2 t} (1 - e^{-(\lambda_1 - \lambda_2)t}) \\
&= \frac{\lambda_1}{\lambda_1 - \lambda_2} \lambda_2 e^{-\lambda_2 t} + \frac{\lambda_2}{\lambda_2 - \lambda_1} \lambda_1 e^{-\lambda_1 t}
\end{aligned}$$

$n = 3$인 경우에 대하여 위와 비슷한 계산을 진행하면 다음을 얻는다.

$$f_{X_1+X_2+X_3}(t) = \sum_{i=1}^{3} \lambda_i e^{-\lambda_i t} \left(\prod_{j \neq i} \frac{\lambda_j}{\lambda_j - \lambda_i} \right)$$

일반적으로

$$f_{X_1+\cdots+X_n}(t) = \sum_{i=1}^{n} C_{i,n} \lambda_i e^{-\lambda_i t}$$

를 얻는다. 여기서

$$C_{i,n} = \prod_{j \neq i} \frac{\lambda_j}{\lambda_j - \lambda_i}$$

이다. 이제 위의 결과를 n에 대한 귀납법으로 증명해보자. $n = 2$에 대해서는 이미 보였으므로, n에 대해 성립한다는 가정 하에서 서로 다른 발생률 λ_i를 갖는 $(n + 1)$개의 지수 확률변수 X_i를 고려해보자 $(i = 1, \ldots, n + 1)$. 필요하면, $\lambda_{n+1} < \lambda_1$이 성립하게 X_1과 X_{n+1}을 정의하자. 그러면,

$$\begin{aligned}
f_{X_1+\cdots+X_{n+1}}(t) &= \int_0^t f_{X_1+\cdots+X_n}(s)\lambda_{n+1}e^{-\lambda_{n+1}(t-s)}\,ds \\
&= \sum_{i=1}^n C_{i,n} \int_0^t \lambda_i e^{-\lambda_i s}\lambda_{n+1}e^{-\lambda_{n+1}(t-s)}\,ds \\
&= \sum_{i=1}^n C_{i,n}\left(\frac{\lambda_i}{\lambda_i - \lambda_{n+1}}\lambda_{n+1}e^{-\lambda_{n+1}t} + \frac{\lambda_{n+1}}{\lambda_{n+1} - \lambda_i}\lambda_i e^{-\lambda_i t}\right) \\
&= K_{n+1}\lambda_{n+1}e^{-\lambda_{n+1}t} + \sum_{i=1}^n C_{i,n+1}\lambda_i e^{-\lambda_i t} \qquad (5.7)
\end{aligned}$$

를 얻는다. 위에서 $K_{n+1} = \sum_{i=1}^n C_{i,n}\lambda_i/(\lambda_i - \lambda_{n+1})$은 t에 무관한 상수이다. 그런데 다음 식 또한 성립한다.

$$f_{X_1+\cdots+X_{n+1}}(t) = \int_0^t f_{X_2+\cdots+X_{n+1}}(s)\lambda_1 e^{-\lambda_1(t-s)}\,ds$$

이를 이용하면, 식 (5.7)를 구할 때와 마찬가지 과정으로, 상수 K_1에 대하여 다음 식을 얻을 수 있다.

$$f_{X_1+\cdots+X_{n+1}}(t) = K_1\lambda_1 e^{-\lambda_1 t} + \sum_{i=2}^{n+1} C_{i,n+1}\lambda_i e^{-\lambda_i t}$$

이 두 식을 같다고 놓으면 다음이 얻어진다.

$$K_{n+1}\lambda_{n+1}e^{-\lambda_{n+1}t} + C_{1,n+1}\lambda_1 e^{-\lambda_1 t} = K_1\lambda_1 e^{-\lambda_1 t} + C_{n+1,n+1}\lambda_{n+1}e^{-\lambda_{n+1}t}$$

양 변에 $e^{\lambda_{n+1}t}$을 곱하고 $t \to \infty$를 취하면 ($t \to \infty$이면 $e^{-(\lambda_1 - \lambda_{n+1})t} \to 0$이므로)

$$K_{n+1} = C_{n+1,n+1}$$

이 얻어지고, 식 (5.7)을 이용하면 귀납법에 의한 증명이 완료된다. 따라서 $S = \sum_{i=1}^n X_i$이면

$$f_S(t) = \sum_{i=1}^n C_{i,n}\lambda_i e^{-\lambda_i t} \qquad (5.8)$$

임이 증명되었다. 여기서

$$C_{i,n} = \prod_{j \neq i} \frac{\lambda_j}{\lambda_j - \lambda_i}$$

이다. f_S에 대한 식의 양 변을 t부터 ∞까지 적분하면 다음과 같이 S에 대한 **꼬리분포함수**(tail distribution function)를 구할 수 있다.

$$P\{S > t\} = \sum_{i=1}^n C_{i,n}e^{-\lambda_i t} \qquad (5.9)$$

따라서 식 (5.8)과 (5.9)로부터 S의 고장률 함수 $r_S(t)$를 다음과 같이 구할 수 있다:

$$r_S(t) = \frac{\sum_{i=1}^{n} C_{i,n}\lambda_i e^{-\lambda_i t}}{\sum_{i=1}^{n} C_{i,n} e^{-\lambda_i t}}$$

$\lambda_j = \min(\lambda_1, \ldots, \lambda_n)$이라 하면, $r_S(t)$의 분자와 분모에 각각 $e^{\lambda_j t}$를 곱하여 다음 식을 얻을 수 있다.

$$\lim_{t\to\infty} r_S(t) = \lambda_j$$

이상의 과정을 통하여, t까지 작동 중인 하이포지수 분포를 따르는 장비의 잔여 수명은, 확률변수들의 합이 하이포지수 분포를 구성하는 확률변수들의 발생률 중 최솟값을 발생률로 갖는 지수 확률분포에서의 잔여 수명과 유사하다고 결론지을 수 있다.

참고:

$$1 = \int_0^\infty f_S(t)\,dt = \sum_{i=1}^{n} C_{i,n} = \sum_{i=1}^{n} \prod_{j\neq i} \frac{\lambda_j}{\lambda_j - \lambda_i}$$

이 성립하지만 $C_{i,n}$이 확률이라고 생각해서는 안 된다($i = 1, \ldots, n$). 그들 중 일부가 음수일 수도 있기 때문이다. 결국, 하이포지수 분포의 밀도함수의 형태는 초지수분포의 밀도함수와 비슷해 보이지만(예제 5.6 참고) 이들 두 확률변수는 매우 다르다.

예제 5.11 $X_1, \ldots, X_m$를 발생률 $\lambda_1, \ldots, \lambda_m$을 갖는 독립인 지수 확률변수라 하고 $i \neq j$이면 $\lambda_i \neq \lambda_j$라 가정하자. N은 이들 확률변수와는 독립적이고, $P_n = P\{N = n\}$이고 $\sum_{n=1}^{m} P_n = 1$이라 하자. 다음 확률변수

$$Y = \sum_{j=1}^{N} X_j$$

를 **콕시안**(Coxian) 확률변수라 한다. N에 조건을 주면 다음 밀도함수를 얻을 수 있다.

$$\begin{aligned}
f_Y(t) &= \sum_{n=1}^{m} f_Y(t|N = n)P_n \\
&= \sum_{n=1}^{m} f_{X_1+\cdots+X_n}(t|N = n)P_n \\
&= \sum_{n=1}^{m} f_{X_1+\cdots+X_n}(t)P_n \\
&= \sum_{n=1}^{m} P_n \sum_{i=1}^{n} C_{i,n}\lambda_i e^{-\lambda_i t}
\end{aligned}$$

이제 다음을 정의하자.

$$r(n) = P\{N = n|N \geqslant n\}$$

N을 이산적인 시간으로 표현된 수명으로 해석한다면, $r(n)$은 장비가 그 시점까지 작동중이라는 조건 하에서 n번째 기간 동안에 수명이 다할 확률을 나타낸다. $r(n)$은 고장률 함수 $r(t)$의 이산시간 값이며 따라서 이를 이산시간 **고장**(또는 **위험**)**률** 함수라고 부른다.

콕시안 확률변수는 종종 다음과 같은 경우에 발생한다. 어떤 제품이 m 단계의 처치를 받아야한다고 가정하자. 또한 각 단계 후 이러한 프로그램을 중단할 확률이 존재한다고 하자. 제품이 연속적인 단계를

통과하기 위해 필요한 시간들이 독립적인 지수 확률변수이고 단계 n을 마친 직후 프로그램을 중단할 확률은 (n 단계를 통과하는 데에 소요된 시간과는 독립적으로) $r(n)$이라면, 이 프로그램에서 제품이 거친 총 시간은 콕시안 확률변수이다. ■

5.3 푸아송 과정

5.3.1 계수과정

$N(t)$가 시간 t까지 발생한 "사건들"의 총 수를 나타낼 때 확률과정 $\{N(t), t \geqslant 0\}$를 **계수과정**(counting process)이라고 한다. 계수과정의 몇 가지 예를 들면 다음과 같다:

(a) $N(t)$를 시간 t에 또는 시간 t까지 특정 상점에 들어간 사람의 수라고 하면 $\{N(t), t \geqslant 0\}$는, 한 사람이 상점에 들어가는 사건에 해당하는 계수과정이다. 만약 $N(t)$를 시간 t에 이 상점 안에 있는 사람의 수라고 하면 $\{N(t), t \geqslant 0\}$는 계수과정이 아니다(왜 그런가?).

(b) 아이가 태어날 때마다 하나의 사건이 발생한 것이라고 말할 수 있다면 $\{N(t), t \geqslant 0\}$는 계수과정이고 $N(t)$는 시간 t까지 태어난 사람의 총 수와 같다. [$N(t)$에 시간 t까지 사망한 사람은 포함될까? 왜 그런지 이유를 설명하라.]

(c) $N(t)$를 시간 t까지 특정 축구선수가 기록한 골의 수라고 하면 $\{N(t), t \geqslant 0\}$는 계수과정이다. 이 경우 사건은 그 축구선수가 득점을 기록할 때마다 발생한다.

이러한 정의로부터 계수과정 $N(t)$는 다음 성질을 만족해야 함을 알 수 있다:

(i) $N(t) \geqslant 0$

(ii) $N(t)$는 정수 값을 갖는다.

(iii) $s < t$이면, $N(s) \leqslant N(t)$이다.

(iv) $s < t$일 경우, $N(t) - N(s)$는 간격 $(s, t]$ 동안 발생한 사건의 수와 같다.

계수과정에서, 겹치지 않는 기간 동안 발생한 사건의 수가 독립이면 **독립증분**(independent increment) 성질을 갖는다고 말한다. 예를 들면, 이 성질은 시간 10까지 발생한 사건의 수[즉, $N(10)$]는 시간 10과 15 사이에 발생한 사건의 수[즉, $N(15) - N(10)$]와 독립이어야 함을 의미한다.

독립증분에 대한 가정은 위의 예 (a)의 경우에는 타당해보이지만, 예 (b)의 경우에는 타당해 보이지 않는다. 그 이유는, 예 (b)에서 $N(t)$가 매우 크면 시간 t에 많은 사람이 살아 있어서 시간 t와 시간 $t + s$ 사이에 새로운 출생이 증가할 것으로 보이기 때문이다. [즉, $N(t)$와 $N(t + s) - N(t]$이 독립이라고 보기 어려우며 따라서 예 (b)의 경우 $\{N(t), t \geqslant 0\}$가 독립증분을 갖는다고 보기 어렵다.] 예 (c)에 대한 독립증분 가정은, 그 축구선수의 득점 능력이 그 날의 컨디션에 따라 변하지 않는다고 볼 수 있다면 타당해 보인다. 반면에 좋은 컨디션인지 슬럼프인지에 따라 다르다고 본다면 독립증분 가정은 타당하지 않을 것이다.

계수과정에서, 어떤 시간 간격 동안 발생한 사건의 수가 단지 그 시간간격의 길이에만 관련이 있으면 **정상증분**(stationary increment)이라는 성질을 갖는다고 말한다. 바꿔 말하면, $(s, s + t)$ 동안 발생한 사건의 수가 모든 s에 대하여 동일한 분포이면 해당 계수과정은 정상증분을 갖는다.

예 (a)의 경우, 하루 중 특정 시간대에 상점에 가려는 경향이 없다면 정상증분을 가질 것이다. 예를 들어 고객이 몰리는 시간이 있다면(예를 들어 정오부터 오후 1시) 정상증분을 만족하지 않을 것이다. 예

(b)의 경우, 세계 인구가 기본적으로 일정하다고 믿는다면(대부분의 과학자들은 이렇게 보지 않는다.) 정상증분이 만족될 것이다. 예 (c)의 경우에는, 대부분의 사람들이 축구선수의 득점 능력은 35~40살 기간보다는 25~30살 기간 동안에 더 나을 것이라고 보기 때문에 정상증분을 만족한다고 볼 수 없다. 하지만 일 년 정도의 단기간에는 정상증분이 만족할 수도 있다.

5.3.2 푸아송 과정의 정의

푸아송 과정은 계수과정 중 가장 중요한 것 중 하나이다. 푸아송 과정을 정의하기 전에 다음을 정의하자.

정의 5.1 다음 식을 만족하면 함수 $f(\cdot)$는 $o(h)$라고 한다.

$$\lim_{h\to 0} \frac{f(h)}{h} = 0$$

예제 5.12

(a) $f(x) = x^2$은 $o(h)$이다. 왜냐하면

$$\lim_{h\to 0} \frac{f(h)}{h} = \lim_{h\to 0} \frac{h^2}{h} = \lim_{h\to 0} h = 0$$

(b) $f(x) = x$는 $o(h)$가 아니다. 왜냐하면

$$\lim_{h\to 0} \frac{f(h)}{h} = \lim_{h\to 0} \frac{h}{h} = \lim_{h\to 0} 1 = 1 \neq 0$$

(c) $f(\cdot)$는 $o(h)$이고 $g(\cdot)$는 $o(h)$라면, $f(\cdot) + g(\cdot)$이다. 왜냐하면

$$\lim_{h\to 0} \frac{f(h) + g(h)}{h} = \lim_{h\to 0} \frac{f(h)}{h} + \lim_{h\to 0} \frac{g(h)}{h} = 0 + 0 = 0$$

(d) $f(\cdot)$가 $o(h)$라면, $g(\cdot) = cf(\cdot)$이다. 왜냐하면

$$\lim_{h\to 0} \frac{cf(h)}{h} = c \lim \frac{f(h)}{h} = c \cdot 0 = 0$$

(e) 앞의 (c)와 (d)로부터 각각이 $o(h)$인 함수들의 어떤 유한 선형결합도 $o(h)$이다. ■

함수 $f(\cdot)$가 $o(h)$이려면 $f(h)/h$는 h가 0으로 감에 따라 0으로 가야 한다. 그런데 h가 0으로 갈 경우, $f(h)/h$가 0으로 가는 유일한 방법은 $f(h)$가 h보다 빨리 0으로 가는 것 뿐이다. 즉, 작은 h에 대해서 $f(h)$는 더 작은 값을 가져야한다.

$o(h)$라는 기호를 쓰면 표현을 보다 깔끔하게 할 수 있다. 예를 들어, 밀도함수 f, 고장률 함수 $\lambda(t)$인 연속 확률변수 X에 대한 다음 근사식

$$P(t < X < t + h) \approx f(t)\, h$$
$$P(t < X < t + h | X > t) \approx \lambda(t)\, h$$

은 보다 정확하게 다음과 같이 쓸 수 있다.

$$P(t < X < t + h) = f(t)\, h + o(h)$$
$$P(t < X < t + h | X > t) = \lambda(t)\, h + o(h)$$

이제 푸아송 과정을 정의해보자.

정의 5.2 다음 공리들을 만족하면, 계수과정 $\{N(t), t \geqslant 0\}$은 발생률 $\lambda > 0$인 푸아송 과정이라고 한다.

(i) $N(0) = 0$

(ii) $\{N(t), t \geqslant 0\}$가 독립증분이다.

(iii) $P(N(t+h) - N(t) = 1) = \lambda h + o(h)$

(iv) $P(N(t+h) - N(t) \geqslant 2) = o(h)$

아래의 중요한 정리를 통하여 알 수 있듯이, 위의 계수과정에서 시간 t 동안에 발생하는 사건의 수는 평균이 λt인 푸아송 분포를 따르기 때문에, 이를 푸아송 과정이라고 부른다.

정리 5.1 $\{N(t), t \geqslant 0\}$가 발생률 $\lambda(> 0)$인 푸아송 과정이면, 모든 $s(> 0)$, $t(> 0)$에 대하여 $N(s+t) - N(s)$는 평균이 λt인 푸아송 확률변수이다. 즉, 시간 t 동안에 발생하는 사건의 수는 평균이 λt인 푸아송 확률변수이다.

증명▶ 먼저 $N(t)$의 라플라스 변환 $E[e^{-\mu N(t)}]$을 구하는 것부터 시작하자. $u\ (> 0)$에 대하여 다음을 정의하자.

$$g(t) = E[e^{-uN(t)}]$$

다음과 같이 미분방정식을 유도해서 $g(t)$를 구해보자.

$$\begin{aligned} g(t+h) &= E[e^{-uN(t+h)}] \\ &= E[e^{-u(N(t)+N(t+h)-N(t)}] \\ &= E[e^{-uN(t)}\ e^{-u(N(t+h)-N(t))}] \\ &= E[e^{-uN(t)}]\ E[e^{-u(N(t+h)-N(t))}] \text{ (독립증분에 의해)} \\ &= g(t)\ E[e^{-u(N(t+h)-N(t))}] \end{aligned} \tag{5.10}$$

이제 공리 (iii)과 (iv)를 이용하면

$$\begin{aligned} &P\{N(t+h) - N(t) = 0\} = 1 - \lambda h + o(h) \\ &P\{N(t+h) - N(t) = 1\} = \lambda h + o(h) \\ &P\{N(t+h) - N(t) \geqslant 2\} = o(h) \end{aligned}$$

이 된다. 가능한 세 가지 경우에 대하여 조건을 주면 다음이 얻어진다.

$$\begin{aligned} E[e^{-u[N(t+h)-N(t)]}] &= 1 - \lambda h + o(h) + e^{-u}(\lambda h + o(h)) + o(h) \\ &= 1 - \lambda h + e^{-u}\lambda h + o(h) \end{aligned} \tag{5.11}$$

따라서 식 (5.10)과 (5.11)로부터

$$g(t+h) = g(t)(1 + \lambda h(e^{-u} - 1) + o(h))$$

가 얻어지고 이는 다음과 같이 쓸 수 있다.

$$\frac{g(t+h) - g(t)}{h} = g(t)\lambda(e^{-u} - 1) + \frac{o(h)}{h}$$

$h \to 0$을 취하면 다음 미분방정식이 얻어진다.

$$g'(t) = g(t)\,\lambda(e^{-u} - 1)$$

즉,

$$\frac{g'(t)}{g(t)} = \lambda(e^{-u} - 1)$$

이다. 위 식의 좌변은 $\log(g(t))$의 도함수이므로 적분을 하면 다음이 얻어진다.

$$\log(g(t)) = \lambda(e^{-u} - 1)t + C$$

$g(0) = E[e^{-\mu N(0)}]$이므로 $C = 0$이고 결국 $N(t)$의 라플라스 변환은 다음과 같다.

$$E[e^{-uN(t)}] = g(t) = e^{\lambda t(e^{-u}-1)}$$

그런데, X가 평균이 λt인 푸아송 확률변수라면 라플라스 변환은 다음과 같다.

$$\begin{aligned} E[e^{-uX}] &= \sum_i e^{-ui} e^{-\lambda t}(\lambda t)^i/i! \\ &= e^{-\lambda t}\sum_i (\lambda t e^{-u})^i/i! = e^{-\lambda t}e^{\lambda t e^{-u}} = e^{\lambda t(e^{-u}-1)} \end{aligned}$$

라플라스 변환에 대응되는 분포는 유일하므로, $N(t)$는 평균이 λt인 푸아송 확률변수라고 결론지을 수 있다.

$N(s + t) - N(s)$ 또한 평균이 λt인 푸아송 확률변수임을 보이기 위해, s를 고정시키고 $N_s(t) = N(s + t) - N(t)$를 시점 s에 사건의 수를 세기 시작하여 처음 t 시간 동안 발생하는 사건의 수라고 하자. 계수과정 $\{N_s(t), t \geqslant 0\}$이 발생률 λ인 푸아송 과정의 모든 공리들을 만족한다는 것을 확인하는 것은 간단하다. 결국, 위의 결과로부터 $N_s(t)$는 평균이 λt인 푸아송 확률변수라고 결론지을 수 있다. ■

참고:

(i) $N(t)$ 또는 보다 일반적으로 $N(s + t) - N(s)$가 푸아송 분포를 따른다는 것는 이항분포의 푸아송 근사화의 결과이다(2.2.4절 참고). 이를 살펴보기 위해, 구간 $[0, t]$을 k개의 동일 간격으로 쪼개보자(여기서 k는 매우 큰 수이다. 그림 5.1 참조). 정의 5.2의 공리 (iv)를 이용하면, k가 ∞로 커질수록 k개의 매우 작은 구간 동안 둘 이상의 사건이 발생할 확률은 0에 근접한다. 따라서 $N(t)$는 사건이 하나 발생한 소구간의 수와 같아진다(확률 1로). 그런데, 정상증분과 독립증분 성질에 따라 이 숫자는, 모수가 k와 $p = \lambda\, t/k + o(t/k)$인 이항분포를 따르게 된다. 따라서 이항분포의 푸아송 근사화에 따라 k가 ∞로 커지게 함으로써 $N(t)$는 평균이 다음과 같은 푸아송분포를 따름을 알 수 있다.

$$\begin{aligned} \lim_{k\to\infty} k\left[\lambda\frac{t}{k} + o\left(\frac{t}{k}\right)\right] &= \lambda t + \lim_{k\to\infty}\frac{t o(t/k)}{t/k} \\ &= \lambda t \end{aligned}$$

여기서 $o(h)$의 정의와 $k \to \infty$이면 $t/k \to 0$임을 이용하였다.

(ii) $N(s + t) - N(s)$의 분포는 모든 s에 대해 동일하므로, 푸아송 과정은 정상증분의 성질을 갖는다.

그림 5.1

5.3.3 도착간격과 대기시간 분포

푸아송 과정에서 첫 번째 사건의 발생시간을 T_1이라 하자. 또한 $n > 1$에 대해서 T_n은 $(n - 1)$번째와 n번째 사건 간의 소요시간이라 하자. $\{T_n, n = 1, 2, \ldots\}$을 **도착간격 열**(sequence of interarrival time)이라 하자. 예를 들어, $T_1 = 5$이고 $T_2 = 10$이면 푸아송 과정의 첫 번째 사건은 시점 5에 발생하고 두 번째 사건은 시점 15에 발생했다는 것이다.

이제 T_n의 분포를 구해보자. 먼저 사건 $\{T_1 - t\}$는 $[0, t]$ 동안 사건이 발생하지 않을 경우에만 성립한다는 것에 주목하면 다음 식이 얻어진다.

$$P\{T_1 > t\} = P\{N(t) = 0\} = e^{-\lambda t}$$

따라서 T_1은 평균이 $1/\lambda$인 지수분포를 따른다. 이제 다음 값을 구해보자.

$$P\{T_2 > t\} = E[P\{T_2 > t|T_1\}]$$

그런데

$$\begin{aligned} P\{T_2 > t \mid T_1 = s\} &= P\{(s, s + t]\text{에 사건 수 } 0 \mid T_1 = s\} \\ &= P\{(s, s + t]\text{에 사건 수 } 0\} \\ &= e^{-\lambda t} \end{aligned} \tag{5.12}$$

이다. 여기서 마지막 두 식은 독립증분과 정상증분 성질에 의한 것이다. 결국, 식 (5.12)로부터 T_2도 평균이 $1/\lambda$인 지수 확률변수이며 게다가 T_2가 T_1과 독립적임을 알 수 있다. 이러한 과정을 반복하면 다음 결과를 얻을 수 있다.

명제 5.1 $T_n, n = 1, 2, \ldots$은 독립이고 평균이 $1/\lambda$인 동일한 지수 확률분포를 따른다.

참고: 위 명제는 그리 놀랍지 않다. 정상증분과 독립증분의 가정은, 이 과정이 어떤 시점에서든 확률적으로 다시 시작된다는 것을 주장하는 것이기 때문이다. 즉, 이 과정은 어느 시점에서든 과거에 발생한 모든 사건들과 독립이며(독립증분에 의해), 원래의 분포와 동일한 분포를 따른다는 것이다(정상증분에 의해). 바꿔 말하면, 이 확률과정은 과거에 대한 *기억이 없으며* 따라서 발생간격이 지수분포를 따른다고 예상할 수 있다. ■

또 하나의 흥미로운 값은 S_n이다. 이는 n번째 사건의 도착 시점으로, n번째 사건이 발생할 때까지의 *대기시간*(waiting time)이라 불린다. 다음 식을 쉽게 얻을 수 있다.

$$S_n = \sum_{i=1}^{n} T_i, \qquad n \geqslant 1$$

명제 5.1과 2.2절의 결과에 의해 S_n은, 모수가 n과 λ인 감마분포를 따른다는 것을 알 수 있다. 즉, S_n에 대한 밀도함수는 다음과 같다.

$$f_{S_n}(t) = \lambda e^{-\lambda t}\frac{(\lambda t)^{n-1}}{(n-1)!}, \qquad t \geqslant 0 \tag{5.13}$$

또한 식 (5.13)은 n번째 사건이 시점 t나 그 이전에 일어나는 것과 시점 t까지 발생한 사건의 수가 적어도 n이라는 것은 동등하다는 사실을 관찰해서 구할 수도 있다. 즉,

$$N(t) \geqslant n \quad \Leftrightarrow \quad S_n \leqslant t$$

이고, 따라서

$$F_{S_n}(t) = P\{S_n \leqslant t\} = P\{N(t) \geqslant n\} = \sum_{j=n}^{\infty} e^{-\lambda t}\frac{(\lambda t)^j}{j!}$$

이고, 이를 미분하여 다음을 얻는다.

$$\begin{aligned} f_{S_n}(t) &= -\sum_{j=n}^{\infty} \lambda e^{-\lambda t}\frac{(\lambda t)^j}{j!} + \sum_{j=n}^{\infty} \lambda e^{-\lambda t}\frac{(\lambda t)^{j-1}}{(j-1)!} \\ &= \lambda e^{-\lambda t}\frac{(\lambda t)^{n-1}}{(n-1)!} + \sum_{j=n+1}^{\infty} \lambda e^{-\lambda t}\frac{(\lambda t)^{j-1}}{(j-1)!} - \sum_{j=n}^{\infty} \lambda e^{-\lambda t}\frac{(\lambda t)^j}{j!} \\ &= \lambda e^{-\lambda t}\frac{(\lambda t)^{n-1}}{(n-1)!} \end{aligned}$$

예제 5.13 매일 발생률 $\lambda = 1$인 푸아송에 따라 사람들이 어떤 지역으로 이주해 들어온다고 하자.

(a) 10명의 이주자가 발생할 때까지의 시간의 기댓값은 얼마인가?

(b) 열 번째와 열한 번째 이주자 간의 소요시간이 이틀을 초과할 확률은 얼마인가?

풀이

(a) $E[S_{10}] = 10/\lambda = 10$일

(b) $P\{T_{11} > 2\} = e^{-2\lambda} = e^{-2} \approx 0.133.$ ■

명제 5.1은 푸아송 과정에 대한 또 다른 정의를 제공한다. 평균이 $1/\lambda$인 독립이고 동일하게 분포하는 지수 확률변수들의 열 $\{T_n, n \geqslant 1\}$을 가정하자. 그 과정의 n번째 사건이 다음과 같은 시점에 발생하는 계수과정을 정의하자.

$$S_n \equiv T_1 + T_2 + \cdots + T_n$$

최종적인 계수과정 $\{N(t), t \geqslant 0\}$*은 발생률 λ인 푸아송 과정이 될 것이다.

참고: S_n의 밀도함수를 구하는 또 하나의 방법은, S_n은 n번째 사건의 발생시점이므로 다음을 관찰하여 얻어진다.

$$\begin{aligned} P\{t < S_n < t+h\} &= P\{N(t) = n-1, (t, t+h)\text{에 사건 하나 발생}\} + o(h) \\ &= P\{N(t) = n-1\}\, P\{(t, t+h)\text{에 사건 하나 발생}\} + o(h) \\ &= e^{-\lambda t}\frac{(\lambda t)^{n-1}}{(n-1)!}[\lambda h + o(h)] + o(h) \\ &= \lambda e^{-\lambda t}\frac{(\lambda t)^{n-1}}{(n-1)!}h + o(h) \end{aligned}$$

여기서 첫 번째 식은 $(t, t+h)$ 동안 둘 이상의 사건이 일어날 확률은 $o(h)$라는 사실을 이용한 것이다. 이제 양변을 h로 나누고 $h \to 0$을 취하면 다음을 얻을 수 있다.

$$f_{S_n}(t) = \lambda e^{-\lambda t}\frac{(\lambda t)^{n-1}}{(n-1)!}$$

*$N(t)$의 정식 정의는 다음과 같다: $N(t) \equiv \max\{n: S_n \leqslant t\}$, 단, $S_0 \equiv 0$

5.3.4 푸아송 과정의 기타 성질

발생률 λ인 푸아송 과정 $\{N(t),\ t \geqslant 0\}$을 고려하자. 사건이 발생하는 시점마다 그 사건이 유형 I인지 혹은 유형 II인지 분류를 한다. 모든 다른 사건들과는 독립적으로, 어떤 사건이 유형 I일 확률은 p, 유형 II일 확률은 $(1 - p)$라고 하자. 예를 들어, 발생률 λ인 푸아송 과정에 따라 고객이 상점에 도착한다고 할 때 각각의 도착이 남자일 확률이 $\frac{1}{2}$이고 여자일 확률이 $\frac{1}{2}$이라고 가정하자. 그러면 유형 I 도착은 남자의 도착, 유형 II 도착은 여자의 도착이 된다.

$N_1(t)$과 $N_2(t)$가 각각 $[0, t]$ 동안 발생한 유형 I과 유형 II 사건의 수라고 하자. $N(t) = N_1(t) + N_2(t)$이 성립함에 주목하자.

명제 5.2 $\{N_1(t),\ t \geqslant 0\}$과 $\{N_2(t),\ t \geqslant 0\}$은 각각 발생률 λp과 $\lambda(1 - p)$인 푸아송 과정이다. 또한 두 과정은 독립이다.

증명 정의 5.3을 만족한다는 것을 보이면 되므로, $\{N_1(t),\ t \geqslant 0\}$이 발생률 λp인 푸아송 과정이라는 것을 보이기는 쉽다.

- $N(0) = 0$이므로 $N_1(0) = 0$이다.
- $\{N_1(t),\ t \geqslant 0\}$가 $\{N(t),\ t \geqslant 0\}$이 가진 정상증분과 독립증분 성질을 가진다는 것을 보이기는 쉽다. 이들 성질은, 어느 기간 동안 발생한 유형 I 사건 수의 분포는, 그 기간 동안 발생한 사건의 수에 조건을 주면 얻을 수 있고, 후자의 분포는 그 기간의 길이에만 종속되고 겹치지 않는 기간 동안 발생한 것들과는 독립임을 이용하면 얻어진다.
- $$\begin{aligned} P\{N_1(h) = 1\} &= P\{N_1(h) = 1 \mid N(h) = 1\}P\{N(h) = 1\} \\ &\quad + P\{N_1(h) = 1 \mid N(h) \geqslant 2\}P\{N(h) \geqslant 2\} \\ &= p(\lambda h + o(h)) + o(h) \\ &= \lambda p h + o(h) \end{aligned}$$
- $P\{N_1(h) \geqslant 2\} \leqslant P\{N(h) \geqslant 2\} = o(h)$

따라서 $\{N_1(t),\ t \geqslant 0\}$은 발생률이 λp인 푸아송 과정이며, 비슷하게 $\{N_2(t),\ t \geqslant 0\}$도 발생률 $\lambda(1 - p)$인 푸아송 과정임을 보일 수 있다. 유형 I 사건이 t에서 $(t + h)$까지의 기간에 발생할 확률은 $(t,\ t + h)$과 겹치지 않는 기간에 발생한 모든 사건들과 독립이므로, 유형 II 사건이 언제 발생할지에 대한 정보와 독립이고 결국 두 푸아송 과정은 독립임을 알 수 있다. (독립성에 대한 또 다른 증명은 예제 3.23을 참고하라.) ■

예제 5.14 주당 열 명의 푸아송 발생률로 이민자가 A 지역으로 도착한다. 잉글랜드 혈통의 이민자일 확률이 $\frac{1}{12}$일 경우, 2월 한 달간 A 지역으로 이주한 잉글랜드 혈통의 이민자가 하나도 없을 확률은 얼마인가?

풀이 앞의 명제에 따르면 2월 한 달간 A 지역으로의 잉글랜드 이민자 수는 평균이 $4 \cdot 10 \cdot \frac{1}{12} = \frac{10}{3}$인 푸아송분포를 따른다. 따라서 구하려는 값은 $e^{-10/3}$이다. ■

예제 5.15 팔고자 하는 물건이 하나 있다. 구입 제안이 발생률 λ인 푸아송 과정에 따라 도착하는데 제안 가격은 밀도함수 $f(x)$를 갖는 연속 확률변수라고 가정하자. 제안이 도착하면 제안을 수락하거나 혹은 거절하고 다음 제안을 기다린다. 물건을 팔 때까지 단위시간당 c의 비용이 발생하는데, 목표는 순 수익을 최대화하는 것이라고 하자. 이 때 순 수익은 수락한 제안 가격에서 총 비용을 뺀 것이다. 이제 특정 값 y보다 큰 최초의 제안을 수락한다는 전략을 채택한다고 가정하자. (이러한 전략을 y-전략이라고 부를 텐데, 이 전략이 최적임을 보일 수 있다.) 최적의 y 값은 얼마인가? 최대 기대 순 수익은 얼마인가?

풀이▶ y-전략을 이용할 경우의 순 수익의 기댓값을 계산하고, 그 다음 이 기댓값을 최대로 하는 y 값을 구해보자. X가 무작위의 제안 값을 나타내며, $\bar{F}(x) = P\{X > x\} = \int_x^\infty f(u)\,du$는 X의 꼬리 분포함수라고 하자. 각 제안 값은 $\bar{F}(y)$의 확률로 y보다 클 것이므로, 제안 값들은 발생률이 $\lambda\bar{F}(y)$인 푸아송 과정에 따라 발생한다. 따라서 하나의 제안이 수락될 때까지의 시간은 발생률 $\lambda\bar{F}(y)$인 지수 확률변수이다. $R(y)$를, y보다 큰 최초의 제안을 수락하는 전략 하에서의 순 수익이라 하면 다음 식이 얻어진다.

$$
\begin{aligned}
E[R(y)] &= E[\text{수락된 제안 값}] - cE[\text{수락될 때까지의 시간}] \\
&= E[X|X > y] - \frac{c}{\lambda\bar{F}(y)} \\
&= \int_0^\infty x f_{X|X>y}(x)\,dx - \frac{c}{\lambda\bar{F}(y)} \\
&= \int_y^\infty x\frac{f(x)}{\bar{F}(y)}\,dx - \frac{c}{\lambda\bar{F}(y)} \\
&= \frac{\int_y^\infty xf(x)\,dx - c/\lambda}{\bar{F}(y)}
\end{aligned}
\tag{5.14}
$$

미분하면

$$\frac{d}{dy}E[R(y)] = 0 \Leftrightarrow -\bar{F}(y)yf(y) + \left(\int_y^\infty xf(x)\,dx - \frac{c}{\lambda}\right)f(y) = 0$$

이 얻어지고, 따라서 y의 최적 값은 다음 식을 만족한다.

$$y\bar{F}(y) = \int_y^\infty xf(x)\,dx - \frac{c}{\lambda}$$

즉

$$y\int_y^\infty f(x)\,dx = \int_y^\infty xf(x)\,dx - \frac{c}{\lambda}$$

이고, 따라서

$$\int_y^\infty (x-y)f(x)\,dx = \frac{c}{\lambda}$$

이다. 이 식을 만족하는 유일한 y가 존재한다는 것을 보이는 것은 어렵지 않다. 따라서 최적의 정책은 y^*보다 큰 값을 갖는 최초의 제안을 수락하는 것인데, 이때 y^*는 다음 식을 만족하는 값이다.

$$\int_{y^*}^\infty (x-y^*)\,f(x)\,dx = c/\lambda$$

식 (5.14)에 $y = y^*$를 넣으면 최대 기대 순 수익은

$$
\begin{aligned}
E[R(y^*)] &= \frac{1}{\bar{F}(y^*)}\left(\int_{y^*}^\infty (x-y^*+y^*)\,f(x)\,dx - c/\lambda\right) \\
&= \frac{1}{\bar{F}(y^*)}\left(\int_{y^*}^\infty (x-y^*)\,f(x)\,dx + y^*\int_{y^*}^\infty f(x)\,dx - c/\lambda\right) \\
&= \frac{1}{\bar{F}(y^*)}(c/\lambda + y^*\bar{F}(y^*) - c/\lambda) \\
&= y^*
\end{aligned}
$$

과 같이 된다. 즉, 최적의 임계값이 최대 기대 순 수익이기도 하다. 왜 그런지 이해하기 위해, m을 최대 기대 순 수익이라 하자. 어떤 제안이 거절되면 이 문제가 기본적으로 새로 시작되며 따라서 그 때부터 최대 기대 추가 순 수익이 m이 된다는 점에 주목하자. 이는 어떤 제안이 최소한 m보다는 클 때 수락하는 것이 최적이라는 것을 의미하고 따라서 m은 최적의 임계값이라는 것을 알 수 있다. ■

명제 5.2로부터 푸아송 개수의 개체들이 각 개체마다 각각 확률 p와 $1 - p$로 두 개의 집단으로 독립적으로 나뉘면, 각 집단의 개체들의 수는 독립인 푸아송 확률변수들이 됨을 알 수 있다. 이 결과는 r개의 집단으로 분류되는 경우로 쉽게 일반화 될 수 있기 때문에, 다음과 같이 조직 내에서 이동하는 고용인의 모형에 응용할 수 있다.

예제 5.16 어느 시점이든 시스템 내에서 개인의 상태가 r가지 중의 하나로 분류될 수 있다고 가정하자. 상태 변화는 전이확률 P_{ij}를 갖는 마코프체인에 따라 이루어진다고 하자($i, j = 1, \ldots, r$). 즉, 어느 시간 간격 동안 상태 i에 있던 개인이 다음 시간 간격 동안 상태 j에 있게 될 확률은, 이전의 상태들과 독립적으로 P_{ij}로 주어진다. 각 개인은 서로 독립적으로 상태 이동을 한다고 가정한다. 초기에 상태 $1, 2, \ldots, r$에 있는 사람의 수를 각각 평균 $\lambda_1, \lambda_2, \ldots, \lambda_r$인 독립인 푸아송 확률변수라고 가정하자. 어떤 시점 n에 상태 $1, 2, \ldots, r$에 있는 개인들의 수의 결합분포를 결정하고자 한다.

풀이▶ 고정된 i에 대하여, $N_j(i)$를 초기에 상태 i에 있다가 시점 n에 상태 j에 있을 개인들의 수라고 하자($j = 1, \ldots, r$). 처음에 상태 i에 있던 (푸아송분포를 따르는) 사람들 각 개인이 시점 n에 상태 j에 있게 될 확률은 P_{ij}^n로 주어지며 서로 독립이다. 여기서 P_{ij}^n는 전이확률 P_{ij}인 마코프체인의 n단계 전이확률이다. 따라서 $N_j(i)$는 각각 평균이 $\lambda_i P_{ij}^n$인 독립인 푸아송 확률변수이다($j = 1, \ldots, r$). 독립인 푸아송 확률변수들의 합은 그 또한 푸아송 확률변수이므로 시점 n에 상태 j에 있는 개인들의 수 $\sum_{i=1}^r N_j(i)$는 각각 평균이 $\sum_i \lambda_i P_{ij}^n$인 독립인 푸아송 확률변수라고 할 수 있다($j = 1, \ldots, r$). ■

예제 5.17 (쿠폰 수집 문제) m가지 다른 유형의 쿠폰을 고려하자. 어떤 사람이 하나의 쿠폰을 수집할 때 그 쿠폰이 유형 j 쿠폰일 확률은 이전과는 독립적으로 P_j로 주어진다($\sum_{j=1}^m p_j = 1$). N을, 각 유형을 적어도 하나씩 포함하는 완전한 수집을 얻기 위해 필요한 쿠폰의 수라고 하자. $E(N)$을 구하라.

풀이▶ N_j를 유형 j의 쿠폰을 얻기 위해 수집해야할 쿠폰 수라 하면, N을 다음과 같이 표현할 수 있다.

$$N = \max_{1 \leqslant j \leqslant m} N_j$$

그러나 각 N_j가 모수 P_j인 기하분포를 따름에도 불구하고, 앞의 N에 대한 식은 별로 쓸모가 없다. N_j가 서로 독립적이지 않기 때문이다.

그런데 이 문제를 독립적인 확률변수들의 최댓값을 결정하는 문제로 바꿀 수 있다. 이를 위해 쿠폰들이 발생률 $\lambda = 1$인 푸아송 과정을 따르는 시점에 수집된다고 가정하자. 어느 시점에 얻은 쿠폰이 유형 j 쿠폰이면, 이 푸아송 과정의 사건은 유형 j라고 하자($1 \leqslant j \leqslant m$). 이제 $N_j(t)$를 시간 t까지 수집한 유형 j 쿠폰의 수라고 하면, 명제 5.2에 의해 $\{N_j(t), t \geqslant 0\}$는 각각 발생률 $\lambda p_j = p_j$인 독립적인 푸아송 과정이 된다($j = 1, \ldots, m$). X_j가 j번째 과정의 첫 번째 사건이 발생한 시점을 나타낸다고 하고

$$X = \max_{1 \leqslant j \leqslant m} X_j$$

은 하나의 완전한 수집이 이루어진 시간을 나타낸다고 하자. X_j는 각 발생률이 p_j인 독립인 지수 확률변수이므로 다음을 얻을 수 있다.

$$\begin{aligned} P\{X < t\} &= P\{\max_{1 \leqslant j \leqslant m} X_j < t\} \\ &= P\{X_j < t, \text{ for } j = 1, \ldots, m\} \end{aligned}$$

$$= \prod_{j=1}^{m} (1 - e^{-p_j t})$$

따라서 다음을 얻는다.

$$E[X] = \int_0^\infty P\{X > t\}\, dt$$
$$= \int_0^\infty \left\{ 1 - \prod_{j=1}^{m} (1 - e^{-p_j t}) \right\} dt \tag{5.15}$$

이제 위에서 구한, 하나의 완전한 세트를 얻을 때까지의 시간의 기댓값 $E(X)$를, 하나의 완전한 세트를 얻기 위해 필요한 쿠폰의 수 $E(N)$과 연관지어 보자. 획득한 쿠폰의 수를 세는 푸아송 과정의 i번째 도착 간격 시간을 T_i라고 하면 다음 식이 쉽게 얻어진다.

$$X = \sum_{i=1}^{N} T_i$$

T_i는 발생률 1인 독립적인 지수분포를 따르고 N은 T_i와 독립이므로

$$E[X|N] = NE[T_i] = N$$

를 얻고 따라서

$$E[X] = E[N]$$

이 되어 $E[N]$는 식 (5.15)와 같게 된다.

이제 완전한 수집에서 오직 한 번만 나타나는 유형들의 수의 기댓값을 계산해보자. 최종 세트에 유형 i 쿠폰이 한 개뿐이면 I_i가 1이고 그렇지 않으면 0이라고 정의하면, 원하는 값은 다음과 같다.

$$E\left[\sum_{i=1}^{m} I_i\right] = \sum_{i=1}^{m} E[I_i]$$
$$= \sum_{i=1}^{m} P\{I_i = 1\}$$

유형 i 쿠폰을 두 번째로 얻기 전에 모든 유형의 쿠폰이 나타난다면, 최종 세트에 유형 i 쿠폰은 한 장뿐일 것이다. 따라서 S_i를 유형 i 쿠폰이 두 번째로 얻어지는 시점이라고 하면 다음이 성립한다.

$P\{I_i = 1\} = P\{X_j < S_i$, 모든 $j \neq i$에 대해$\}$

이제 S_i는 모수가 $(2, p_i)$인 감마분포임을 이용하면

$$P\{I_i = 1\} = \int_0^\infty P\{X_j < S_i, \text{ 모든 } j \neq i\text{에 대해} \mid S_i = x\} p_i e^{-p_i x} p_i x dx$$
$$= \int_0^\infty P\{X_j < x, \text{ 모든 } j \neq i\text{에 대해}\}\, p_i^2 x^{-p_i x}\, dx$$
$$= \int_0^\infty \prod_{j \neq i} (1 - e^{-p_j x}) p_i^2 x e^{-p_i x}\, dx$$

를 얻고, 따라서 다음 결과를 얻는다.

$$E\left[\sum_{i=1}^{m} I_i\right] = \int_0^\infty \sum_{i=1}^{m} \prod_{j \neq i} (1 - e^{-p_j x}) p_i^2 x e^{-p_i x}\, dx$$
$$= \int_0^\infty x \prod_{j=1}^{m} (1 - e^{-p_j x}) \sum_{i=1}^{m} p_i^2 \frac{e^{-p_i x}}{1 - e^{-p_i x}}\, dx \qquad \blacksquare$$

푸아송 과정과 관련하여 구해야할 다음 확률은, 그것과는 독립인 두 번째 푸아송 과정에서 m개의 사건이 일어나기 전에, 어떤 푸아송 과정에서 n개의 사건이 일어날 확률이다. 수학적 표현을 위해 $\{N_1(t), t \geqslant 0\}$와 $\{N_2(t), t \geqslant 0\}$이 각각 발생률 λ_1와 λ_2인 두 개의 독립인 푸아송 과정을 나타낸다고 하자. 또한 S_n^1는 첫 번째 과정에서 n번째 사건이 발생한 시점을 나타내고 S_m^2는 두 번째 과정에서 m번째 사건이 발생한 시점을 나타낸다고 하자. 이제 다음 값을 구하려고 한다.

$$P\left\{S_n^1 < S_m^2\right\}$$

일반적인 n과 m에 대해 이 값을 구하기에 앞서, $n = m = 1$인 특별한 경우를 고려해보자. $N_1(t)$ 과정의 첫 번째 사건이 발생한 시점 S_1^1과 $N_2(t)$ 과정의 첫 번째 사건이 발생한 시점 S_1^2는 각각 평균이 $1/\lambda_1$과 $1/\lambda_2$이고 독립인 지수 확률변수이므로(명제 5.1에 의해), 5.2.3절로부터 다음 식이 얻어진다.

$$P\left\{S_1^1 < S_1^2\right\} = \frac{\lambda_1}{\lambda_1 + \lambda_2} \tag{5.16}$$

이제 $N_2(t)$ 과정에서 첫 번째 사건이 발생하기 전에 $N_1(t)$ 과정에서 두 개의 사건이 일어날 확률을 고려해보자. 즉, $P\{S_2^1 < S_1^2\}$을 구해보자. 이 값을 구하기 위해 다음과 같이 추론해보자. $N_2(t)$ 과정에서 첫 번째 사건이 발생하기 전에 $N_1(t)$ 과정에서 두 개의 사건이 일어나려면, 우선 첫 번째 사건은 $N_1(t)$ 과정에서 일어나야 한다[그리고 식 (5.16)에 의해, 해당 확률은 $\lambda_1/(\lambda_1 + \lambda_2)$이다]. 이제, 첫 번째 사건이 $N_1(t)$ 과정에서 일어났다는 조건하에서, $S_2^1 < S_1^2$을 만족하려면 두 번째 사건도 $N_1(t)$ 과정에서 발생해야 한다. 그런데, 첫 번째 사건이 일어났을 때 두 과정 모두 새로 시작하므로(푸아송 과정의 망각성에 의해) 이 조건부 확률 역시 $\lambda_1/(\lambda_1 + \lambda_2)$이 된다. 따라서 구하려는 값은 다음과 같다.

$$P\left\{S_2^1 < S_1^2\right\} = \left(\frac{\lambda_1}{\lambda_1 + \lambda_2}\right)^2$$

실제로, 이러한 추론과정을 통하여, **이전에 발생한 사건들과는 독립적으로, 발생하는 각 사건이 $N_1(t)$ 과정의 사건일 확률은 $\lambda_1/(\lambda_1 + \lambda_2)$이고 $N_2(t)$ 과정의 사건일 확률은 $\lambda_2/(\lambda_1 + \lambda_2)$이라는 것**을 알 수 있다. 바꿔 말하면, $N_2(t)$ 과정이 m에 도달하기 전에 $N_1(t)$ 과정이 n에 도달할 확률은, 앞면이 나올 확률이 $p = \lambda_1/(\lambda_1 + \lambda_2)$인 동전을 던질 때 m번 뒷면이 나오기 전에 n번 앞면이 나올 확률과 같다. 그런데 이러한 사건은 처음 $(n + m - 1)$번의 시행에서 n번 이상 앞면이 나올 경우에만 가능하므로 구하려는 확률은 다음과 같다.

$$P\left\{S_n^1 < S_m^2\right\} = \sum_{k=n}^{n+m-1} \binom{n+m-1}{k} \left(\frac{\lambda_1}{\lambda_1 + \lambda_2}\right)^k \left(\frac{\lambda_2}{\lambda_1 + \lambda_2}\right)^{n+m-1-k}$$

5.3.5 도착시간의 조건부 분포

푸아송 과정에서 시간 t까지 사건이 정확히 한 번 발생했다고 하자. 이 경우 그 사건이 발생한 시간의 분포를 알아보자. 푸아송 과정은 정상증분과 독립증분의 성질을 가지므로 $[0, t]$내 동일한 길이의 각 구간에 그 사건이 포함될 확률은 동일하다. 바꿔 말하면, 그 사건이 일어난 시점은 $[0, t]$에서의 균등분포를 따라야 한다. 이는 $s \leqslant t$에 대해 얻어지는 다음 식을 통해 쉽게 확인할 수 있다.

$$\begin{aligned} P\{T_1 < s | N(t) = 1\} &= \frac{P\{T_1 < s, N(t) = 1\}}{P\{N(t) = 1\}} \\ &= \frac{P\{[0, s)\text{에서 } 1 \text{ 사건}, [s, t]\text{에서 } 0 \text{ 사건}\}}{P\{N(t) = 1\}} \\ &= \frac{\{P\{[0, s)\text{에서 } 1 \text{ 사건}\}\, P\{[s, t]\text{에서 } 0 \text{ 사건}\}}{P\{N(t) = 1\}} \\ &= \frac{\lambda s e^{-\lambda s} e^{-\lambda(t-s)}}{\lambda t e^{-\lambda t}} \\ &= \frac{s}{t} \end{aligned}$$

이 결과를 일반화하기 전에, 먼저 순서통계량의 개념을 도입할 필요가 있다.

$Y_1, Y_2, \ldots, Y_n$를 n개의 확률변수라 하자. $Y_{(k)}$가 $Y_1, \ldots, Y_n$ 중에서 k번째로 작은 값을 나타낸다고 할 때$(k = 1, 2, \ldots, n)$, $Y_{(1)}, Y_{(2)}, \ldots, Y_{(n)}$을 $Y_1, Y_2, \ldots, Y_n$의 **순서통계량**(order statistics)이라 한다. 예를 들어, $n = 3$이고 $Y_1 = 4, Y_2 = 5, Y_3 = 1$이라면, $Y_{(1)} = 1, Y_{(2)} = 4, Y_{(3)} = 5$이다. $Y_i, i = 1, 2, \ldots, n$가 동일한 확률밀도함수 f를 갖는 독립인 연속 확률변수라면 순서통계량 $Y_{(1)}, Y_{(2)}, \ldots, Y_{(n)}$의 결합 밀도함수는 다음과 같다.

$$f(y_1, y_2, \ldots, y_n) = n! \prod_{i=1}^{n} f(y_i), \qquad y_1 < y_2 < \cdots < y_n$$

위 식은 다음의 관찰로부터 구해진다.

(i) $(Y_1, Y_2, \ldots, Y_n)$이 $(y_1, y_2, \ldots, y_n)$의 $n!$개 순열 중 어느 하나와 동일하면 $(Y_{(1)}, Y_{(2)}, \ldots, Y_{(n)})$는 $(y_1, y_2, \ldots, y_n)$과 같다.

(ii) $(Y_1, Y_2, \ldots, Y_n)$이 $y_{i_1}, \ldots, y_{i_n}$와 같을 확률밀도함수는 $\prod_{j=1}^{n} f(y_{i_j}) = \prod_{j=1}^{n} f(y_j)$이다. 여기서 $i_1, \ldots, i_n$는 $1, 2, \ldots, n$의 순열이다.

만약 $Y_i, i = 1, 2, \ldots, n$이 $(0, t)$에서의 균등분포를 따른다면, 위의 결과로부터 순서통계량 $Y_{(1)}, Y_{(2)}, \ldots, Y_{(n)}$의 결합 밀도함수는 다음과 같다.

$$f(y_1, y_2, \ldots, y_n) = \frac{n!}{t^n}, \qquad 0 < y_1 < y_2 < \cdots < y_n < t$$

이제 다음과 같은 유용한 정리를 살펴보자.

정리 5.2 $N(t) = n$인 조건하에서, n개의 도착 시점 $S_1, \ldots, S_n$는 $(0, t)$에서의 균등분포를 따르는 n개의 독립인 확률변수에 대응하는 순서통계량과 동일한 분포를 갖는다.

증명▶ $N(t) = n$인 조건하에서 $S_1, \ldots, S_n$의 조건부 밀도함수를 구하기 위해, $0 < s_1 < \cdots < s_n < t$에 대해 $S_1 = s_1, S_2 = s_2, \ldots, S_n = s_n$일 사건은, 처음 $(n + 1)$개의 도착간격들이 $T_1 = s_1, T_2 = s_2 - s_1, \ldots, T_n = s_n - s_{n-1}, T_{n+1} > t - s_n$를 만족할 사건과 동등하다는 것에 주목하자. 따라서 명제 5.1을 이용하면, $N(t) = n$일 경우, $S_1, \ldots, S_n$의 조건부 결합 밀도함수는 다음과 같다:

$$f(s_1, \ldots, s_n \mid n) = \frac{f(s_1, \ldots, s_n, n)}{P\{N(t) = n\}}$$

$$= \frac{\lambda e^{-\lambda s_1} \lambda e^{-\lambda(s_2-s_1)} \cdots \lambda e^{-\lambda(s_n-s_{n-1})} e^{-\lambda(t-s_n)}}{e^{-\lambda t}(\lambda t)^n/n!}$$
$$= \frac{n!}{t^n}, \qquad 0 < s_1 < \cdots < s_n < t$$

따라서 증명이 완료된다. ■

참고: 앞의 결과는 종종 다음과 같이 바꿔서 표현 된다. (0, t) 동안에 n개의 사건이 발생했다는 조건하에서 사건들이 발생한 시점들 $S_1, \ldots, S_n$은, 순서를 매기지 않은(unordered) 확률변수들로 간주하면, 독립이며 (0, t)에서의 균등분포를 따른다.

정리 5.2의 응용 (푸아송 과정의 샘플링) 명제 5.2에서 푸아송 과정의 각 사건이 p의 확률로 유형 I, $(1-p)$의 확률로 유형 II로 독립적으로 분류될 수 있다면 유형 I과 유형 II 사건에 대한 계수과정은 각각 발생률 λp와 $\lambda(1-p)$인 독립인 푸아송 과정임을 보인 바 있다. 이제 사건의 유형이 k개이고 유형 i 사건으로 분류될 확률은($i = 1, 2, \ldots, k$) 그 사건이 발생하는 시점에 종속된다고 하자. 구체적으로, 어떤 사건이 시점 y에 발생하면 이전에 발생한 사건들과는 독립적으로 $P_i(y)$의 확률로 유형 i 사건으로 분류된다고 하자($i = 1, 2, \ldots, k$, $\sum_{i=1}^{k} P_i(y) = 1$). 정리 5.2를 이용하면 다음과 같은 유용한 명제를 얻을 수 있다.

명제 5.3 $N_i(t)$, $i = 1, 2, \ldots, k$가 시간 t까지 발생한 유형 i 사건의 수를 나타낸다고 하면, $N_i(t)$, $i = 1, 2, \ldots, k$는 독립인 푸아송 확률변수이며 평균은 다음과 같다.

$$E[N_i(t)] = \lambda \int_0^t P_i(s)\, ds$$

증명에 앞서, 이 정리의 쓰임새를 살펴보자.

예제 5.18 (무한 서버 대기행렬) 고객들이 발생률 λ인 푸아송 과정에 따라 서비스 센터에 도착한다고 하자. 도착하면 고객은 바로 무수히 많은 서버 중 하나로부터 즉시 서비스를 받는다. 서비스 시간은 공통의 분포 G를 따른다고 하자. 시간 t까지 서비스가 완료된 고객의 수 $X(t)$의 분포를 구하라.

위의 질문에 대답하기 위해, 도착한 고객이 시간 t까지 서비스가 완료되었으면 유형 I, 아니면 유형 II 고객이라고 하자. 만약 고객이 $s \leqslant t$인 시점 s에 도착하였고 그의 서비스 시간이 $(t - s)$보다 작다면 그는 유형 I 고객일 것이다. 서비스 시간의 분포는 G를 따르므로, 위의 확률은 $G(t - s)$가 될 것이다. 마찬가지로, $s \leqslant t$인 시점 s에 도착한 고객이 유형 II 고객일 확률은 $\bar{G}(t-s) = 1 - G(t-s)$이 될 것이다. 따라서, 명제 5.3으로부터, 시간 t까지 서비스가 완료된 고객의 수 $X(t)$의 분포는 푸아송분포이며 평균은 다음과 같다.

$$E[X(t)] = \lambda \int_0^t G(t-s)\, ds = \lambda \int_0^t G(y)\, dy \tag{5.17}$$

마찬가지로, 시점 t에 서비스 중인 고객의 수 $Y(t)$의 분포는 푸아송이며 평균은 다음과 같다.

$$E[Y(t)] = \lambda \int_0^t \bar{G}(t-s)\, ds = \lambda \int_0^t \bar{G}(y)\, dy \tag{5.18}$$

또한 $X(t)$와 $Y(t)$는 서로 독립이다.

이제 $Y(t)$와 $Y(t + s)$, 즉, 시점 t와 시점 $(t + s)$에 시스템에 있는 고객수의 결합분포를 계산해보자. 이를 구하기 위해 도착의 유형을 다음과 같이 나누어보자.

유형 1: 시점 t 이전에 도착해서 t와 $(t+s)$ 사이에 서비스가 끝난 경우

유형 2: 시점 t 이전에 도착해서 $(t+s)$ 이후에 서비스가 끝난 경우

유형 3: 시점 t와 $(t+s)$ 사이에 도착해서 $(t+s)$ 이후에 서비스가 끝난 경우

유형 4: 그 외 다른 경우

따라서, 시점 y에 도착한 고객은 다음의 확률 $P_i(y)$로 유형 i가 될 것이다.

$$P_1(y) = \begin{cases} G(t+s-y) - G(t-y), & y < t\text{일 때} \\ 0, & \text{그 외의 경우} \end{cases}$$

$$P_2(y) = \begin{cases} \bar{G}(t+s-y), & y < t\text{일 때} \\ 0, & \text{그 외의 경우} \end{cases}$$

$$P_3(y) = \begin{cases} \bar{G}(t+s-y), & t < y < t+s\text{일 때} \\ 0, & \text{그 외의 경우} \end{cases}$$

$$P_4(y) = 1 - P_1(y) - P_2(y) - P_3(y)$$

따라서 만약 $N_i = N_i(s+t)$, $i = 1, 2, 3$이 발생한 유형 i 사건의 수를 나타낸다고 하면, 명제 5.3으로부터, N_i, $i = 1, 2, 3$은 독립인 푸아송 확률변수이며 평균은 다음과 같다.

$$E[N_i] = \lambda \int_0^{t+s} P_i(y)\,dy, \qquad i = 1, 2, 3$$

이제

$$\begin{aligned} Y(t) &= N_1 + N_2, \\ Y(t+s) &= N_2 + N_3 \end{aligned}$$

이므로 $Y(t)$와 $Y(t+s)$의 결합분포를 쉽게 계산할 수 있다. 예를 들어,

$$\begin{aligned} &\text{Cov}[Y(t), Y(t+s)] \\ &\quad = \text{Cov}(N_1 + N_2, N_2 + N_3) \\ &\quad = \text{Cov}(N_2, N_2) \quad N_1, N_2, N_3\text{가 독립이므로} \\ &\quad = \text{Var}(N_2) \\ &\quad = \lambda \int_0^t \bar{G}(t+s-y)\,dy = \lambda \int_0^t \bar{G}(u+s)\,du \end{aligned}$$

가 된다. 여기서 마지막 식은 푸아송 확률변수의 분산은 평균과 같다는 것과 $u = t - y$의 치환으로부터 얻어진 것이다. 또한 $Y(t)$와 $Y(t+s)$의 결합분포는 다음과 같다.

$$\begin{aligned} P\{Y(t) = i, Y(t+s) = j\} &= P\{N_1 + N_2 = i, N_2 + N_3 = j\} \\ &= \sum_{l=0}^{\min(i,j)} P\{N_2 = l, N_1 = i - l, N_3 = j - l\} \\ &= \sum_{l=0}^{\min(i,j)} P\{N_2 = l\} P\{N_1 = i - l\} P\{N_3 = j - l\} \end{aligned}$$

■

예제 5.19 (추월 불가능한 일차선 도로) 하나의 입구와 하나의 출구만 있는, 길이가 L인 일차선 도로를 가정하자(그림 5.2 참고). 이 도로에 발생률 λ인 푸아송 과정에 따라 차가 도착한다. 각각의 차들은 무작위의 속도 V로 이 도로를 주행하며 자신보다 느린 속도의 차를 만나면 그 느린 속도로 자신의 속도를 줄여야만 한다. i번째 차의 속도를 나타내는 V_i는 독립이고 동일한 분포를 따르며($i \geqslant 1$) 도로에 진입하는 차들의 계수과정과는 독립이라 하자. 시점 0에 도로에 차가 없다고 가정하고 다음 값들을 구해보자.

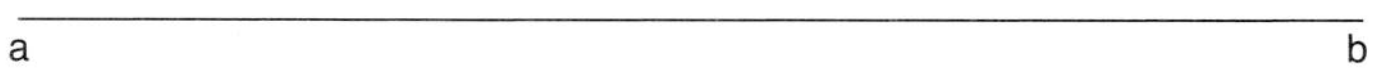

그림 5.2 차들은 a에서 진입해서 b에서 벗어난다.

(a) 시점 t에 도로에 있는 차의 수 $R(t)$의 이산 확률밀도함수를 구하라.
(b) 시점 y에 도로에 진입한 차의 도로 주파 시간의 분포를 구하라.

풀이▶ $T_i = L/V_i$를 차 i가 도착했을 때 도로가 비어있는 경우의 도로 주파 시간을 나타낸다고 하자. 이러한 T_i를 차 i의 자유주파시간이라고 하자. $T_1, T_2, \ldots$는 독립이며 다음 분포함수를 갖는다는 점에 주목하자.

$$G(x) = P(T_i \leqslant x) = P(L/V_i \leqslant x) = P(V_i \geqslant L/x)$$

차가 도로에 진입할 때마다 사건이 발생하는 것으로 볼 수 있다. 고정된 값 t를 설정하고, 시점 s에 발생한 사건에 대하여, $s \leqslant t$이고 시점 s에 진입한 차의 자유주파시간이 $(t - s)$를 초과하면, 유형 I 사건이라 하자. 바꿔 말하면, 도로에 진입한 차는 시점 t에 도로 위에 있으면 진입 당시에 도로가 비어 있었더라도 유형 I 사건이 된다. 시점 s보다 앞선 모든 사건과 독립적으로, 시점 s에 발생한 사건이 유형 I 사건일 확률은 다음과 같다.

$$P(s) = \begin{cases} \bar{G}(t-s), & s \leqslant t \text{ 일 때} \\ 0, & s > t \text{ 일 때} \end{cases}$$

$N_1(y)$가 시점 y까지 발생한 유형 I 사건의 수를 나타낸다고 하면, 명제 5.3으로부터 $y \leqslant t$인 $N_1(y)$는 푸아송 확률변수이며 평균은 다음과 같다.

$$E[N_1(y)] = \lambda \int_0^y \bar{G}(t-s)\,ds, \quad y \leqslant t$$

시점 t에 도로 위에 차가 없다는 것과 $N_1(t) = 0$은 필요충분조건이므로 다음이 성립한다.

$$P(R(t) = 0) = P(N_1(t) = 0) = e^{-\lambda \int_0^t \bar{G}(t-s)\,ds} = e^{-\lambda \int_0^t \bar{G}(u)\,du}$$

$n > 0$일 때 $P(R(t) = n)$을 구하기 위하여 유형 I 사건의 발생 시점에 조건을 주도록 하자. 유형 I 사건의 첫 발생시간을 X라고 하면(유형 I 사건이 없으면 ∞),

$$X \leqslant y \Leftrightarrow N_1(y) > 0$$

을 관찰하여 분포함수를 다음과 같이 구할 수 있다.

$$F_X(y) = P(X \leqslant y) = P(N_1(y) > 0) = 1 - e^{-\lambda \int_0^y \bar{G}(t-s)\,ds}, \quad y \leqslant t$$

이를 미분하면 X의 밀도함수가 얻어진다.

$$f_X(y) = \lambda \bar{G}(t-y)\, e^{-\lambda \int_0^y \bar{G}(t-s)\,ds}, \quad y \leqslant t$$

이제 다음 등식을 이용하자.

$$P(R(t) = n) = \int_0^t P(R(t) = n | X = y)\, f_X(y)\,dy \tag{5.19}$$

먼저, $X = y \leqslant t$이면 시점 y에 진입한 차는 시점 t에도 도로 위에 있음을 관찰하자. y와 t 사이에 도착한 다른 모든 차들도 시점 t에 도로 위에 있으므로, $X = y$에 따라 조건을 주면 시점 t에 도로에 있는 차의 수는 1에 평균 $\lambda(t - y)$인 푸아송 확률변수를 더한 것의 분포를 따르게 된다. 따라서 $n > 0$에 대하여 다음이 성립한다.

$$P(R(t)=n|X=y)=\begin{cases} e^{-\lambda(t-y)}\frac{(\lambda(t-y))^{n-1}}{(n-1)!}, & y \leqslant t \text{ 일 때} \\ 0, & y=\infty \text{ 일 때} \end{cases}$$

이를 식 (5.19)에 대입하면 다음 결과를 얻을 수 있다.

$$P(R(t)=n)=\int_0^t e^{-\lambda(t-y)}\frac{(\lambda(t-y))^{n-1}}{(n-1)!}\lambda\bar{G}(t-y)\, e^{-\lambda\int_0^y \bar{G}(t-s)\,ds}\,dy$$

(b) T는 시간 y에 도로에 진입한 차의 자유주파시간을 나타내고 $A(y)$는 그 차의 실제 주파시간을 나타낸다고 하자. $P(A(y) < x)$를 구하기 위해, $t = y + x$라 하고 $A(y)$가 x보다 작을 필요충분조건은 $T < x$이고 동시에 시간 y 이전에 발생한 유형 I 사건들이 없어야 하는 것임을 관찰하자. 즉,

$$A(y) < x \;\Leftrightarrow\; T < x,\ N_1(y)=0$$

이다. T는 시점 y 이전에 발생한 것들과 독립이므로 위로부터 다음을 얻을 수 있다.

$$\begin{aligned} P(A(y)<x) &= P(T<x)P(N_1(y)=0) \\ &= G(x)e^{-\lambda\int_0^y \bar{G}(y+x-s)\,ds} \\ &= G(x)e^{-\lambda\int_x^{y+x}\bar{G}(u)\,du} \end{aligned}$$

■

예제 5.20 (HIV 감염자 수 추적) AIDS를 유발하는 HIV 바이러스에 감염되면 증상이 나타날 때까지 매우 긴 잠복기가 존재한다. 그 결과, 특정 시점에 감염자 수가 얼마인지 담당 공무원이 정확히 알기가 어렵다. 이러한 현상에 대한 근사적인 모형을 제시하려고 한다. 이 모형을 이용하면 감염자의 수를 대강이라도 추정할 수 있다.

사람들이 미지의(unknown) 발생률 λ인 푸아송 과정에 따라 HIV 바이러스에 감염된다고 하자. 감염이 된 후 증상이 나타날 때까지의 시간은 알려진(known) 분포 G를 따르는 확률변수라고 하자. 또한 감염자들의 잠복 기간은 독립이라고 하자.

$N_1(t)$는 시간 t까지 증상이 나타난 사람들의 수를 나타낸다고 하자. 또한 $N_2(t)$는 HIV는 있지만 시간 t까지 증상은 아직 없는 사람의 수를 나타낸다고 하자. 시간 s에 바이러스에 감염된 사람이 시간 t까지 증상이 나타날 확률은 $G(t - s)$, 증상이 없을 확률은 $\bar{G}(t-s)$이므로, 명제 5.3으로부터 $N_1(t)$과 $N_2(t)$는 독립인 푸아송 확률변수이며 평균은 각각 다음과 같다.

$$E[N_1(t)]=\lambda\int_0^t G(t-s)\,ds=\lambda\int_0^t G(y)\,dy$$

$$E[N_2(t)]=\lambda\int_0^t \bar{G}(t-s)\,ds=\lambda\int_0^t \bar{G}(y)\,dy$$

만약 λ를 안다면 그 값을 이용하여, 감염은 되었으나 시간 t에 외부 증상은 없는 사람의 수 $N_2(t)$를 평균값 $E[N_2(t)]$로부터 추정할 수 있다.

하지만 λ는 모르는 값이므로 그 값을 추정해야만 한다. 이제 $N_1(t)$의 값을 대략적으로라도 안다면 그것을 평균 $E[N_1(t)]$의 추정값으로 이용할 수 있을 것이다. 즉, 시간 t까지 증상이 나타난 사람의 수를 n_1이라 하면, 다음과 같이 추정할 수 있다.

$$n_1 \approx E[N_1(t)]=\lambda\int_0^t G(y)\,dy$$

따라서 다음 식으로 표현되는 $\hat{\lambda}$를 이용하여 λ를 추정할 수 있다.

$$\hat{\lambda} = n_1 \Big/ \int_0^t G(y)\,dy$$

λ에 대한 이 추정값을 이용하면, 감염은 되었으나 시간 t에 증상은 없는 사람의 수를 다음과 같이 추정할 수 있다.

$$\begin{aligned} N_2(t)\text{의 추정치} &= \hat{\lambda} \int_0^t \bar{G}(y)\,dy \\ &= \frac{n_1 \int_0^t \bar{G}(y)\,dy}{\int_0^t G(y)\,dy} \end{aligned}$$

예를 들어, G가 평균이 μ인 지수분포라 하자. 그러면 $\bar{G}(y) = e^{-y/\mu}$가 성립하고 적분하면 다음 식이 얻어진다.

$$N_2(t)\text{의 추정치} = \frac{n_1\mu(1 - e^{-t/\mu})}{t - \mu(1 - e^{-t/\mu})}$$

만약 $t = 16$년, $n_1 = 220,000$명이라면, 16년의 시점에 감염되었으나 증상은 없는 사람의 수에 대한 추정치는 다음과 같다.

$$\text{추정치} = \frac{2,200(1 - e^{-1.6})}{16 - 10(1 - e^{-1.6})} = 218.96$$

즉, 이 모형이 대강이라도 들어맞는다면(상수값을 갖는 감염률 λ를 가정한 것은 이 모형의 명백한 약점일 수도 있다), 또한 잠복기가 평균이 10년인 지수분포를 따르고 진행 기간의 처음 16년간 AIDS 증상을 보인 사람의 총 수가 220, 000명이라면, 16년의 시점에 대략 219,000명이 증상은 없지만 HIV 환자라고 예상할 수 있다. ■

명제 5.3의 증명▶ 결합확률 $P\{N_i(t) = n_i,\ i = 1, \ldots, k\}$을 계산해보자. 먼저 n_i개의 유형 i 사건이 발생하려면($i = 1, 2, \ldots, k$), 총 $\sum_{i=1}^{k} n_i$개의 사건이 발생해야만 한다. 따라서 $N(t)$에 조건을 주면 다음을 얻을 수 있다.

$$\begin{aligned} &P\{N_1(t) = n_1, \ldots, N_k(t) = n_k\} \\ &\quad = P\left\{N_1(t) = n_1, \ldots, N_k(t) = n_k \,\middle|\, N(t) = \sum_{i=1}^{k} n_i\right\} \\ &\quad\quad \times P\left\{N(t) = \sum_{i=1}^{k} n_i\right\} \end{aligned}$$

이제 $[0, t]$ 기간 동안 발생한 임의의 사건을 고려하자. 이 사건이 시간 s에 발생한 것이라면, 이 사건이 유형 i 사건일 확률은 $P_i(s)$일 것이다. 정리 5.2에 따르면 이 사건은 $[0, t]$에서의 균등분포를 따르는 어느 시점에 발생할 것이므로, 이 사건이 유형 i 사건일 확률은 다른 사건과는 독립적으로 다음과 같다.

$$P_i = \frac{1}{t} \int_0^t P_i(s)\,ds$$

따라서

$$P\left\{N_i(t) = n_i,\, i = 1, \ldots, k \,\middle|\, N(t) = \sum_{i=1}^{k} n_i\right\}$$

는 각 시행이 확률 P_i로 유형 i의 결과로 되는 $\sum_{i=1}^{k} n_i$번의 독립시행 중, 유형 i 결과가 n_i, $i = 1, 2, \ldots, k$개씩 발생하는 다항분포 확률과 동일하게 된다. 즉,

$$P\left\{N_1(t) = n_1, \ldots, N_k(t) = n_k \mid N(t) = \sum_{i=1}^{k} n_i\right\} = \frac{\left(\sum_{i=1}^{k} n_i\right)!}{n_1! \cdots n_k!} P_1^{n_1} \cdots P_k^{n_k}$$

이 된다. 결국

$$\begin{aligned} P\{N_1(t) = n_1, \ldots, N_k(t) = n_k\} &= \frac{\left(\sum_i n_i\right)!}{n_1! \cdots n_k!} P_1^{n_1} \cdots P_k^{n_k} e^{-\lambda t} \frac{(\lambda t)^{\sum_i n_i}}{\left(\sum_i n_i\right)!} \\ &= \prod_{i=1}^{k} e^{-\lambda t P_i} (\lambda t P_i)^{n_i} / n_i! \end{aligned}$$

가 되어 증명이 완료된다. ■

정리 5.2의 유용성을 보여주는 몇 가지 추가적인 예제를 살펴보자.

예제 5.21 발생률 λ인 푸아송 과정에 따라 보험금 청구가 발생한다고 하자. 보험금 청구액은 평균 μ인 분포 G를 따르는 독립적인 확률변수이고, 청구 시점과는 독립이다. S_i와 C_i가 각각 i번째 청구의 시점과 금액이라 하자. 시간 t까지의 모든 청구에 대한 할인 비용 $D(t)$는 다음과 같이 정의된다.

$$D(t) = \sum_{i=1}^{N(t)} e^{-\alpha S_i} C_i$$

여기서 α는 할인율, $N(t)$는 시간 t까지의 청구 횟수이다. $D(t)$의 기댓값을 구하기 위해 $N(t)$에 조건을 주면 다음 식이 얻어진다.

$$E[D(t)] = \sum_{n=0}^{\infty} E[D(t) | N(t) = n] e^{-\lambda t} \frac{(\lambda t)^n}{n!}$$

이제, $N(t) = n$의 조건하에서, 청구 시점들 $S_1, \ldots, S_n$은 $(0, t)$에서 정의되는 n개의 독립적인 균등 확률변수 $U_1, \ldots, U_n$에 대한 순서통계량 $U_{(1)}, \ldots, U_{(n)}$으로 분포되므로 다음이 얻어진다.

$$\begin{aligned} E[D(t) | N(t) = n] &= E\left[\sum_{i=1}^{n} C_i e^{-\alpha U_{(i)}}\right] \\ &= \sum_{i=1}^{n} E[C_i e^{-\alpha U_{(i)}}] \\ &= \sum_{i=1}^{n} E[C_i] E[e^{-\alpha U_{(i)}}] \end{aligned}$$

여기서 마지막 식은 청구액과 청구 시점의 독립성을 이용한 것이다. $E[C_i] = \mu$이므로

$$\begin{aligned} E[D(t) | N(t) = n] &= \mu \sum_{i=1}^{n} E[e^{-\alpha U_{(i)}}] \\ &= \mu E\left[\sum_{i=1}^{n} e^{-\alpha U_{(i)}}\right] \\ &= \mu E\left[\sum_{i=1}^{n} e^{-\alpha U_i}\right] \end{aligned}$$

가 된다. 여기서 $U_{(1)}, \ldots, U_{(n)}$은 $U_1, \ldots, U_n$을 오름차순으로 나타낸 것이므로 $\sum_{i=1}^n e^{-\alpha U_{(i)}} = \sum_{i=1}^n e^{-\alpha U_i}$이 되어 위의 마지막 식이 얻어진다. 계산을 진행하면

$$\begin{aligned}E[D(t)|N(t)=n] &= n\mu E[e^{-\alpha U}] \\ &= n\frac{\mu}{t}\int_0^t e^{-\alpha x}\,dx \\ &= n\frac{\mu}{\alpha t}(1-e^{-\alpha t})\end{aligned}$$

을 얻고, 따라서

$$E[D(t)|N(t)] = N(t)\frac{\mu}{\alpha t}(1-e^{-\alpha t})$$

가 된다. 이제, 기댓값을 취하면 다음 결과를 얻는다.

$$E[D(t)] = \frac{\lambda\mu}{\alpha}(1-e^{-\alpha t})$$

■

예제 5.22 (최적화 예제) 발생률 λ인 푸아송 과정에 따라 물품들이 제조공장에 도착한다. 특정 시점 T에, 모든 물품들이 시스템에서 출하된다. 전체 물품들의 총 기대 대기시간을 최소로 하는 중간 출하시간 $t \in (0, T)$를 결정하라.

시간 t에 출하한다면($0 < t < T$), 대기시간의 기댓값은 다음과 같다.

$$\frac{\lambda t^2}{2} + \frac{\lambda(T-t)^2}{2}$$

왜 그런지 알아보자. $(0, t)$ 동안 도착한 품목의 수는 λt이며, 각 도착은 $(0, t)$에서 정의되는 균등분포를 따르므로 대기시간의 기댓값은 $t/2$이다. 따라서 $(0, t)$ 동안 도착한 품목의 총 대기시간의 기댓값은 $\lambda t^2/2$이다. (t, T) 동안 도착한 경우에 대해서도 비슷하게 추론하여 위의 값을 얻을 수 있다. 위 값을 최소로 하기 위해 t에 대해 미분하면 다음 식이 얻어진다.

$$\frac{d}{dt}\left[\lambda\frac{t^2}{2} + \lambda\frac{(T-t)^2}{2}\right] = \lambda t - \lambda(T-t)$$

위 식을 0과 같다고 놓고 풀면, 총 대기시간의 기댓값을 최소로 하는 출하시간은 $t = T/2$가 된다. ■

이 절의 마지막 내용으로, 정리 5.2와 매우 유사한 결과를 다루어보자. n번째 사건의 발생 시점 S_n이 주어진 상태에서, 처음 $(n-1)$개 사건의 발생 시점은 $(0, S_n)$에서 정의되는 $(n-1)$개의 균등 확률변수들의 순서통계량과 같은 분포를 갖는다는 것이다.

명제 5.4 $S_n = t$가 주어진 경우, 집합 $S_1, \ldots, S_{n-1}$은 $(0, t)$에서 정의되는 $n-1$개의 독립인 균등 확률변수들의 집합의 분포를 따른다.

증명▶ 정리 5.2와 같은 방법으로 증명이 가능하지만 좀 더 간단하게 다음 식을 이용해 보자.

$$\begin{aligned}S_1, \ldots, S_{n-1} \mid S_n = t &\sim S_1, \ldots, S_{n-1} \mid S_n = t,\ N(t^-) = n-1 \\ &\sim S_1, \ldots, S_{n-1} \mid N(t^-) = n-1\end{aligned}$$

여기서 $\sim$는 "와 동일한 분포를 갖는다"는 의미이며 t^-는 t보다 미세하게 더 작다(infinitesimally smaller)는 것이다. 정리 5.2를 이용하면 증명이 완료된다. ■

5.3.6 소프트웨어 신뢰도의 추정

컴퓨터 소프트웨어 패키지를 개발할 때, 검사 과정이 패키지의 오류나 버그를 없애는 데 효과적이다. 일반적인 절차는 오류가 발생하는지 살펴보기 위해 잘 알려진 문제들에 대해 실행해보는 것이다. 발생한 모든 오류들을 기록하며, 정해진 시간 동안 검사가 진행된다. 검사가 끝나면 발생한 오류들을 유발하는 버그를 찾아내기 위해 패키지를 주의 깊게 점검한다. 그런 다음 이러한 버그들을 제거하기 위해 패키지를 수정한다. 하지만, 모든 버그를 제거했다고 확신할 수 없기 때문에 수정된 소프트웨어 패키지의 오류율에 대한 추정은 매우 중요한 문제이다.

이러한 과정을 모형화하기 위해, 처음에 패키지에 미지의 수 m개만큼 버그가 있다고 가정하고 이들을 버그 1, 버그 2, . . . , 버그 m이라 하자. 또한 버그 i는 미지의 발생률 λ_i를 갖는 푸아송 과정에 따라 오류를 유발한다고 하자($i = 1, 2, \ldots, m$). 그러면, 예를 들어, 임의의 작동시간 s 동안 버그 i에 의해 발생하는 오류의 수는 평균이 $\lambda_i s$인 푸아송분포를 따른다. 또한 버그 i에 의해 발생하는 이러한 푸아송 과정들은 독립이라고 가정하자($i = 1, 2, \ldots, m$). 그리고 발생한 모든 오류들을 기록하며 t 시간 동안 패키지를 작동시킨다고 가정하자. 작동시간 종료 후 오류를 유발하는 구체적인 버그를 집어내기 위해 패키지를 주의 깊게 점검한다(즉, 디버깅을 한다). 이런 버그들을 제거하면 이제 다음 문제는 수정된 패키지의 오류율을 결정하는 것이다.

만약

$$\psi_i(t) = \begin{cases} 1, & \text{버그 } i\text{가 } t\text{까지 오류를 유발하지 않았을 경우} \\ 0, & \text{그 외의 경우} \end{cases}$$

와 같이 정의하면 추정하려는 값은 다음과 같다.

$$\Lambda(t) = \sum_i \lambda_i \psi_i(t)$$

즉, 이것이 최종 패키지의 오류율이다. 우선, 다음을 관찰하자.

$$\begin{aligned} E[\Lambda(t)] &= \sum_i \lambda_i E[\psi_i(t)] \\ &= \sum_i \lambda_i e^{-\lambda_i t} \end{aligned} \tag{5.20}$$

이제 발견된 각 버그는 몇 개의 오류를 유발할 것이다. $M_j(t)$를 j개의 오류를 유발할 버그의 수라고 하자($j \geqslant 1$). 즉, $M_1(t)$는 정확히 한 개의 오류를 유발하는 버그의 수, $M_2(t)$는 두 개의 오류를 유발하는 버그의 수이고 $\sum_j jM_j(t)$는 발생되는 오류의 총 수가 된다. $E[M_1(t)]$를 계산하기 위해, 지시 변수(indicator variable) $I_i(t)$를 다음과 같이 정의하자($i \geqslant 1$).

$$I_i(t) = \begin{cases} 1, & \text{버그 } i\text{가 단 1개의 오류를 유발할 경우} \\ 0, & \text{그 외의 경우} \end{cases}$$

그러면

$$M_1(t) = \sum_i I_i(t)$$

이 되고 따라서 다음을 얻는다.

$$E[M_1(t)] = \sum_i E[I_i(t)] = \sum_i \lambda_i t e^{-\lambda_i t} \tag{5.21}$$

이제, 식 (5.20)과 (5.21)로부터 다음과 같은 아주 흥미로운 결과를 얻게 된다.

$$E\left[\Lambda(t) - \frac{M_1(t)}{t}\right] = 0 \tag{5.22}$$

이는 $M_1(t)/t$를 $\Lambda(t)$의 추정치로 이용할 수 있다는 것을 보여준다. $M_1(t)/t$가 $\Lambda(t)$에 대한 "좋은" 추정치인지 아닌지를 결정하기 위해서 이들 두 값이 얼마나 차이가 나려는 경향이 있는지를 살펴보아야 한다. 즉, 다음 값을 계산해야 한다.

$$\begin{aligned} E\left[\left(\Lambda(t) - \frac{M_1(t)}{t}\right)^2\right] &= \mathrm{Var}\left(\Lambda(t) - \frac{M_1(t)}{t}\right) \quad \text{(5.22)로부터} \\ &= \mathrm{Var}(\Lambda(t)) - \frac{2}{t}\mathrm{Cov}(\Lambda(t), M_1(t)) + \frac{1}{t^2}\mathrm{Var}(M_1(t)) \end{aligned}$$

이제,

$$\begin{aligned} \mathrm{Var}(\Lambda(t)) &= \sum_i \lambda_i^2 \mathrm{Var}(\psi_i(t)) = \sum_i \lambda_i^2 e^{-\lambda_i t}(1 - e^{-\lambda_i t}), \\ \mathrm{Var}(M_1(t)) &= \sum_i \mathrm{Var}(I_i(t)) = \sum_i \lambda_i t e^{-\lambda_i t}(1 - \lambda_i t e^{-\lambda_i t}), \\ \mathrm{Cov}(\Lambda(t), M_1(t)) &= \mathrm{Cov}\left(\sum_i \lambda_i \psi_i(t), \sum_j I_j(t)\right) \\ &= \sum_i \sum_j \mathrm{Cov}(\lambda_i \psi_i(t), I_j(t)) \\ &= \sum_i \lambda_i \mathrm{Cov}(\psi_i(t), I_i(t)) \\ &= -\sum_i \lambda_i e^{-\lambda_i t} \lambda_i t e^{-\lambda_i t} \end{aligned}$$

여기서 마지막 두 식은, $\psi_i(t)$와 $I_j(t)$가 서로 다른 푸아송 과정에 관여하고 $\psi_i(t)I_i(t) = 0$이므로 $i \neq j$일 때 서로 독립이기 때문에 성립한다. 이제, 다음을 얻는다.

$$\begin{aligned} E\left[\left(\Lambda(t) - \frac{M_1(t)}{t}\right)^2\right] &= \sum_i \lambda_i^2 e^{-\lambda_i t} + \frac{1}{t}\sum_i \lambda_i e^{-\lambda_i t} \\ &= \frac{E[M_1(t) + 2M_2(t)]}{t^2} \end{aligned}$$

여기서 마지막 식은 식 (5.21)과 다음 등식(증명은 연습 문제로 남긴다)을 이용하여 얻어진다.

$$E[M_2(t)] = \frac{1}{2}\sum_i (\lambda_i t)^2 e^{-\lambda_i t}$$

따라서, $\Lambda(t)$와 $M_1(t)/t$ 간의 차이 제곱의 평균값의 추정에, $M_1(t) + 2M_2(t)$의 관측치를 t^2로 나눈 값을 이용할 수 있다.

예제 5.23 100 단위의 작동시간 동안 20개의 버그가 발견되었다. 그 중 두 개의 버그가 정확히 하나의 오류를 유발하고 세 개의 버그가 두 개의 오류를 유발하였다. 그러면 $\Lambda(100)$는, 평균이 $1/50$이고 분산이 $8/10{,}000$인 확률변수의 값과 유사하다고 추정할 수 있다. ■

5.4 푸아송 과정의 일반화

5.4.1 비동질 푸아송 과정

이 절에서는 푸아송 과정에 대한 두 가지의 일반화를 다룬다. 첫 번째는 비동질(nonhomogeneous) 푸아송 과정 또는 비정상(nonstationary) 푸아송 과정으로 부르는 과정인데, 다음과 같이 도착률이 시간 t의 함수로 표현되는 경우를 말한다.

정의 5.3 다음 조건을 만족하는 계수과정$\{N(t),\ t \geqslant 0\}$을 **강도함수**(intensity function) $\lambda(t)$를 갖는 $(t \geqslant 0)$ **비동질 푸아송 과정**이라 부른다.

(i) $N(0) = 0$.
(ii) $\{N(t),\ t \geqslant 0\}$이 독립증분이다.
(iii) $P\{N(t+h) - N(t) \geqslant 2\} = o(h)$.
(iv) $P\{N(t+h) - N(t) = 1\} = \lambda(t)h + o(h)$.

다음 식

$$m(t) = \int_0^t \lambda(y)\,dy$$

과 같이 정의되는 $m(t)$를 비동질 푸아송 과정의 **평균값 함수**(mean value function)라 하는데, 다음의 중요한 정리가 성립한다.

정리 5.3 $\{N(t),\ t \geqslant 0\}$가 강도함수 $\lambda(t)$를 갖는$(t \geqslant 0)$ 비정상 푸아송 과정이면, $N(t+s) - N(s)$는 평균이 $m(t+s) - m(s) = \int_s^{t+s} \lambda(y)\,dy$인 푸아송 확률변수이다.

증명▶ 정상 푸아송 과정에 대한 정리 5.1의 증명과 비슷하게 $N(t)$는 평균이 $m(t)$인 푸아송임을 보이자. $g(t) = E[e^{-\mu N(t)}]$라 하고 정리 5.1 증명의 각 단계를 수행하면 다음 식이 얻어진다.

$$g(t+h) = g(t)\,E[e^{-uN_t(h)}]$$

여기서 $N_t(h) = N(t+h) - N(t)$이다. $P(N_t(h) = 0) = 1 - \lambda(t)h + o(h)$을 이용하여, $N_t(h)$가 0, 1, 또는 2 이상인 경우로 조건을 주면 공리 (iii)과 (iv)에서 다음을 얻는다.

$$g(t+h) = g(t)(1 - \lambda(t)h + e^{-u}\lambda(t)h + o(h))$$

따라서

$$g(t+h) - g(t) = g(t)\lambda(t)(e^{-u} - 1)h + o(h)$$

를 얻고 h로 나누어 $h \to 0$을 취하면 다음 미분방정식이 얻어진다.

$$g'(t) = g(t)\lambda(t)(e^{-u} - 1)$$

바꿔 쓰면

$$\frac{g'(t)}{g(t)} = \lambda(t)(e^{-u} - 1)$$

이 되고 양 변을 0부터 t까지 적분하면

$$\log(g(t)) - \log(g(0)) = (e^{-u} - 1)\int_0^t \lambda(t)\,dt$$

가 되는데 $g(0) = 1$와 $\int_0^t \lambda(t)dt = m(t)$를 이용하면 다음을 얻는다.

$$g(t) = \exp\{m(t)(e^{-u} - 1)\}$$

따라서 $N(t)$의 라플라스 변환 $E[e^{-\mu N(t)}]$은 $\exp\{m(t)(e^{-\mu} - 1)\}$이다. 식의 뒷부분은 평균이 $m(t)$인 푸아송 확률변수의 라플라스 변환이므로, $N(t)$는 평균이 $m(t)$인 푸아송이다. $N_s(t) = N(s + t) - N(s)$라 하면, 계수과정$\{N_s(t), t \geqslant 0\}$은 강도함수 $\lambda_s(t) = \lambda(s + t), t > 0$를 갖는 비정상 푸아송 과정이므로 명제가 성립하게 된다. 결국, $N_s(t)$는 평균

$$\int_0^t \lambda_s(y)\,dy = \int_0^t \lambda(s+y)\,dy = \int_s^{s+t} \lambda(x)\,dx$$

을 갖는 푸아송이 되어 증명이 끝난다. ■

참고: $N(s + t) - N(s)$이 $\int_s^{s+t} \lambda(y)\,dy$를 평균으로 갖는 푸아송 분포를 따르는 것은 독립적인 베르누이 확률변수들의 합에 대한 푸아송 극한의 결과이다(예제 2.47 참고). 그 이유를 알기 위해, 구간 $[s, s + t]$를 길이가 t/n인 n개의 소구간으로 나누어보자. 소구간 i는 $s + (i - 1)\frac{t}{n}$부터 $s + i\frac{t}{n}$ 까지이다($i = 1, 2, \ldots, n$). $N_i = N(s + i\frac{t}{n}) - N(s + (i - 1)\frac{t}{n})$을 소구간 i에서 발생하는 사건의 수라 하고 다음을 주목하자.

$$\begin{aligned} P\{\text{어떤 소구간에서 2개 이상의 사건}\} &= P\left(\bigcup_{i=1}^{n}\{N_i \geqslant 2\}\right) \\ &\leqslant \sum_{i=1}^{n} P\{N_i \geqslant 2\} \\ &= no(t/n) \quad \text{공리 (iii)에 의해} \end{aligned}$$

이제

$$\lim_{n\to\infty} no(t/n) = \lim_{n\to\infty} t\frac{o(t/n)}{t/n} = 0$$

이므로 n이 ∞로 증가해가면 n개의 소구간 중 어디에서나 두 개 이상의 사건이 발생할 확률은 0이 된다. 결과적으로, 확률 1로 $N(t)$는 하나의 사건이 일어날 소구간의 수와 같다. 소구간 i에서 하나의 사건이 일어날 확률은 $\lambda(s + i\frac{t}{n})\frac{t}{n} + o(\frac{t}{n})$이므로, n이 큰 값을 가질 때 하나의 사건을 포함하는 소구간의 개수는 근사적으로 푸아송 확률변수가 되며 평균은 다음과 같다.

$$\sum_{i=1}^{n} \lambda\left(s + i\frac{t}{n}\right)\frac{t}{n} + no(t/n)$$

그런데

$$\lim_{n\to\infty} \sum_{i=1}^{n} \lambda\left(s + i\frac{t}{n}\right)\frac{t}{n} + no(t/n) = \int_s^{s+t} \lambda(y)\,dy$$

이므로 결국 최종 결과가 얻어진다. ■

보통의 푸아송 과정에 대한 시간 표본추출(sampling)은 비동질 푸아송 과정을 형성한다. 즉, $\{N(t), t \geqslant 0\}$을 발생률 λ인 푸아송 과정이라 하고, 시점 t에 발생한 사건은 t 이전에 일어난 것들과는 무관하게, 확률 $p(t)$로 세어진다고(counted) 하자. $N_c(t)$가 시간 t까지 세어진 사건의 수라고 하면, 계수과정$\{N_c(t), t \geqslant 0\}$는 강도함수 $\lambda(t) = \lambda p(t)$를 갖는 비동질 푸아송 과정이다. 이는, $\{N_c(t), t \geqslant 0\}$가 비동질 푸아송

과정의 공리들을 만족시킨다는 것을 통해 확인할 수 있다.

1. $N_c(0) = 0$.
2. $(s, s+t)$ 동안 발생한 사건의 수는 오로지 $(s, s+t)$ 동안의 푸아송 과정에 의한 사건의 수에만 종속하며, s 이전에 일어난 것들과는 무관하다. 결과적으로, $(s, s+t)$ 동안의 사건 수는 s 이전에 일어난 사건들과 독립이며, 따라서 독립증분의 성질을 만족한다.
3. $N(t, t+h)$와 유사하게 $N_c(t, t+h) = N_c(t+h) - N_c(t)$라고 하면,

$$P\{N_c(t, t+h) \geqslant 2\} \leqslant P\{N(t, t+h) \geqslant 2\} = o(h)$$

4. $P\{N_c(t, t+h) = 1\}$를 계산하기 위해, $N(t, t+h)$에 조건을 주면

$$\begin{aligned}
&P\{N_c(t, t+h) = 1\} \\
&\quad = P\{N_c(t, t+h) = 1 | N(t, t+h) = 1\} P\{N(t, t+h) = 1\} \\
&\qquad + P\{N_c(t, t+h) = 1 | N(t, t+h) \geqslant 2\} P\{N(t, t+h) \geqslant 2\} \\
&\quad = P\{N_c(t, t+h) = 1 | N(t, t+h) = 1\} \lambda h + o(h) \\
&\quad = p(t) \lambda h + o(h)
\end{aligned}$$

비동질 푸아송 과정에서는 더 이상 정상증분의 조건이 필요하지 않다는 사실이 중요하다. 이제 어떤 시간대에는 다른 시간대에 비해 더 많은 사건이 발생하는 것이 가능하다.

예제 5.24 지크베르트는 오전 8시에 문을 여는 핫도그 가게를 운영한다. 오전 8시부터 오전 11시까지는 고객들이 점차 증가하는 경향이 있다. 오전 8시에 시간당 5명의 초기 도착률로 시작하여 오전 11시에 시간당 20명의 최대 도착률에 도달한다. 오전 11시에서 오후 1시까지는 시간당 20명의 일정한 도착률을 유지한다. 하지만 오후 1시부터 폐점시간인 오후 5시까지는 점차 고객이 감소하여 오후 5시에는 시간당 12명의 도착률을 갖는다. 겹치지 않는 기간동안 이 가게에 도착하는 고객의 수들이 독립이라고 가정할 때, 적절한 확률모형은 어떤 것인가? 오전 8시 반에서 9시 반 사이에 고객이 한 명도 도착하지 않을 확률은 얼마인가? 이 기간 동안 도착하는 고객의 수의 기댓값은 얼마인가?

풀이 위 상황에 대한 적절한 모형은, 고객의 도착을 강도함수 $\lambda(t)$이 다음과 같은 비동질 푸아송 과정으로 가정하는 것이다.

$$\lambda(t) = \begin{cases} 5 + 5t, & 0 \leqslant t \leqslant 3 \\ 20, & 3 \leqslant t \leqslant 5 \\ 20 - 2(t-5), & 5 \leqslant t \leqslant 9 \end{cases}$$

$$\lambda(t) = \lambda(t-9) \qquad t > 9\text{에 대해}$$

$N(t)$는, 가게가 문을 여는 t 시간 동안에 도착한 고객 수를 나타낸다는 점에 주목하자. 즉, 오후 5시부터 오전 8시까지는 고려하지 않는다. 만약 가게가 문을 열지 않는 시간까지 포함해서 t 시간 동안에 도착한 고객 수를 나타내고 싶다면, 자정에 시작되는 것을 가정해서 다음 식을 얻을 수 있다.

$$\lambda(t) = \begin{cases} 0, & 0 \leqslant t \leqslant 8 \\ 5 + 5(t-8), & 8 \leqslant t \leqslant 11 \\ 20, & 11 \leqslant t \leqslant 13 \\ 20 - 2(t-13), & 13 \leqslant t \leqslant 17 \\ 0, & 17 < t \leqslant 24 \end{cases}$$

$$\lambda(t) = \lambda(t-24) \qquad t > 24\text{일 경우}$$

8시 반부터 9시 반 사이에 도착하는 고객 수는 첫 번째 식에 따르면 평균이 $m(\frac{3}{2}) - m(\frac{1}{2})$인 푸아송을

따르므로(두 번째 식에 따르면 $m(\frac{19}{2}) - m(\frac{17}{2})$, 이 값이 0일 확률은

$$\exp\left\{-\int_{1/2}^{3/2}(5+5t)\,dt\right\} = e^{-10}$$

이고 평균 고객 수는 다음과 같다.

$$\int_{1/2}^{3/2}(5+5t)\,dt = 10$$

■

사건이 발생률 λ인 푸아송 과정에 따라 발생한다고 하고, 이전에 발생한 것들과는 무관하게, 시간 s에 사건이 유형 1일 확률은 $P_1(s)$, 유형 2일 확률은 $P_2(s) = 1 - P_1(s)$라고 하자. 만약 $N_i(t)$, $t \geqslant 0$를 시간 t까지 유형 i 사건의 수라고 하면, 정의 5.3에 의해 $\{N_1(t), t \geqslant 0\}$과 $\{N_2(t), t \geqslant 0\}$는 각각 강도함수가 $\lambda_i(t) = \lambda P_i(t)$인($i = 1, 2$) 독립적인 비동질 푸아송 과정이 된다. (증명은 명제 5.2와 유사하다.) 이러한 결과는, $N_1(t)$와 $N_2(t)$가 $E[N_i(t)] = \lambda\int_0^t P_i(s)\,ds, i = 1, 2$을 평균으로 갖는 독립적인 푸아송 확률변수라는 명제 5.3의 표본추출 푸아송 과정을 이해(증명)할 수 있는 또 하나의 방법을 제공한다.

예제 5.25 (무한 서버 푸아송 대기행렬에 대한 출력 과정) $M/G/\infty$ 대기행렬, 즉 푸아송 도착과 일반 서비스 분포 G를 갖는 무한 서버 대기행렬의 출력과정(output process)은 강도함수 $\lambda(t) = \lambda G(t)$를 갖는 비동질 푸아송 과정이라는 것이 알려져 있다. 이 사실을 확인하기 위해, 우선 이탈과정(departure process)이 독립증분을 갖는지 파악해보자. 겹치지 않는 구간 $O_1, \ldots, O_k$을 고려하자. 이제 구간 O_i에서 이탈하면 해당 도착은 유형 i라고 하자($i = 1, 2, \ldots, k$). 명제 5.3에 의해, 이러한 구간에서의 이탈 수는 서로 독립이며 따라서 독립증분을 갖는다. 이제, t와 $t + h$ 사이에 이탈이 발생하면 해당 도착의 수가 "세어진다"(counted)고 하자. 시간 s의($s < t + h$) 도착은 확률

$$P(s) = \begin{cases} G(t+h-s) - G(t-s), & s < t\text{일 때} \\ G(t+h-s), & t < s < t+h\text{일 때} \end{cases}$$

로 세어지므로 명제 5.3으로부터 $(t, t + h)$ 동안의 이탈 수는 평균이 다음과 같은 푸아송 확률변수가 된다.

$$\begin{aligned} \lambda\int_0^{t+h} P(s)ds &= \lambda\int_0^{t+h} G(t+h-s)ds - \lambda\int_0^t G(t-s)ds \\ &= \lambda\int_0^{t+h} G(y)dy - \lambda\int_0^t G(y)dy \\ &= \lambda\int_t^{t+h} G(y)dy \\ &= \lambda G(t)h + o(h) \end{aligned}$$

따라서

$$P\{(t, t+h)\text{ 동안 하나 이탈}\} = \lambda G(t)h\,e^{-\lambda G(t)h} + o(h) = \lambda G(t)h + o(h)$$

이고

$$P\{(t, t+h)\text{ 동안 둘 이상 이탈}\} = o(h)$$

■

이므로, 결국 확인이 완결된다.

S_n가 비동질 푸아송 과정의 n번째 사건을 나타낸다고 하면, 다음 식을 얻을 수 있다:

$$\begin{aligned} P\{t \leqslant S_n \leqslant t+h\} &= P\{N(t) = n-1, (t, t+h) \text{ 동안 하나의 사건}\} + o(h) \\ &= P\{N(t) = n-1\}\, P\{(t, t+h) \text{ 동안 하나의 사건}\} + o(h) \\ &= e^{-m(t)} \frac{[m(t)]^{n-1}}{(n-1)!} [\lambda(t)h + o(h)] + o(h) \\ &= \lambda(t) e^{-m(t)} \frac{[m(t)]^{n-1}}{(n-1)!} h + o(h) \end{aligned}$$

이는 다음을 의미한다.

$$f_{S_n}(t) = \lambda(t) e^{-m(t)} \frac{[m(t)]^{n-1}}{(n-1)!}$$

여기서

$$m(t) = \int_0^t \lambda(s)\, ds$$

5.4.2 복합 푸아송 과정

확률과정 $\{X(t), t \geqslant 0\}$에서 다음 관계가 성립하면 **복합 푸아송 과정**(compound Poisson process)이라고 한다.

$$X(t) = \sum_{i=1}^{N(t)} Y_i, \qquad t \geqslant 0 \tag{5.23}$$

여기에서 $\{N_2(t), t \geqslant 0\}$는 푸아송 과정이고 $\{Y_i, i \geqslant 1\}$는 독립이고 동일한 분포를 갖는 확률변수들로 $\{N_2(t), t \geqslant 0\}$와도 독립이다. 3장에서 언급하였듯이, $X(t)$를 복합 푸아송 확률변수라고 한다.

복합 푸아송 과정의 예

(i) $Y_i \equiv 1$일 경우, $X(t) = N(t)$이고 보통의 푸아송 과정에 해당한다.

(ii) 스포츠 행사장에 푸아송 과정에 따라 버스가 도착한다고 하자. 또한 각 버스에 탑승한 관객들의 수는 독립이고 동일한 분포를 갖는다고 하자. 그러면 $\{X(t), t \geqslant 0\}$는 복합 푸아송 과정이며 이 때 $X(t)$는 시간 t까지 도착한 관객의 수를 나타낸다. 식 (5.23)에서 Y_i는 i번째 버스에 탑승한 관객의 수를 나타낸다.

(iii) 슈퍼마켓에 푸아송 과정에 따라 고객들이 도착한다고 하자. i번째 고객의 구매액, Y_i가$(i = 1, 2, \ldots)$ 독립이고 동일한 분포를 갖는다면, $\{X(t), t \geqslant 0\}$는 복합 푸아송 과정이고 $X(t)$는 시간 t까지 구매한 액수를 나타낸다. ■

$X(t)$는 푸아송 모수가 λt인 복합 푸아송 확률변수이므로, 예제 3.10과 3.17로부터 다음 결과를 얻을 수 있다.

$$E[X(t)] = \lambda t E[Y_1] \tag{5.24}$$

$$\text{Var}(X(t)) = \lambda t E\left[Y_1^2\right] \tag{5.25}$$

예제 5.26 사람들이 가족 단위로 주당 $\lambda = 2$의 발생률로 어느 지역으로 이주한다고 하자. 각 가족 내 구성원의 수는 독립이고 1, 2, 3, 4명일 확률은 각각 $\frac{1}{6}, \frac{1}{3}, \frac{1}{3}, \frac{1}{6}$이라고 하면 특정 5주 동안 이 지역으로 이주하는 사람의 수에 대한 평균과 분산은 얼마인가?

풀이▶ Y_i가 i번째 가족의 구성원 수를 나타낸다고 하면, 다음 식이 얻어진다.

$$E[Y_i] = 1 \cdot \tfrac{1}{6} + 2 \cdot \tfrac{1}{3} + 3 \cdot \tfrac{1}{3} + 4 \cdot \tfrac{1}{6} = \tfrac{5}{2},$$
$$E\left[Y_i^2\right] = 1^2 \cdot \tfrac{1}{6} + 2^2 \cdot \tfrac{1}{3} + 3^2 \cdot \tfrac{1}{3} + 4^2 \cdot \tfrac{1}{6} = \tfrac{43}{6}$$

따라서 $X(5)$가 5주 동안 이주자들의 수를 나타낸다면, 식 (5.24)와 (5.25)로부터 원하는 값을 구할 수 있다.

$$E[X(5)] = 2 \cdot 5 \cdot \tfrac{5}{2} = 25$$
$$\text{Var}[X(5)] = 2 \cdot 5 \cdot \tfrac{43}{6} = \tfrac{215}{3}$$

■

예제 5.27 (단일-서버 푸아송 도착 대기행렬의 바쁜 기간) 고객이 도착률 λ인 푸아송 과정에 따라 도착하는 단일-서버 서비스센터를 고려하자. 서버가 쉬고 있으면 도착한 고객은 즉시 서비스를 받는다; 서버가 서비스 중이면 줄에서 기다린다(즉, 대기행렬에 합류한다). 각 서비스 시간은 독립이며 공통의 분포를 따른다.

이러한 시스템에서는 시스템 내에 고객이 없어서 서버가 쉬는 유휴 기간과 시스템 내에 고객이 있어서 서버가 서비스를 제공하는 바쁜 기간이 번갈아가며 나타난다. 고객이 없는 시스템에 고객이 도착하면 바쁜 기간이 시작되며, 푸아송 도착의 망각성 때문에 바쁜 기간의 길이에 대한 분포는 각 기간별로 동일하다. B가 바쁜 기간의 길이를 나타낸다고 하자.

바쁜 기간의 첫 번째 고객의 서비스 시간을 S라고 하고 그 서비스 시간 동안 도착한 고객의 수를 $N(S)$라고 하자. 만약 $N(S) = 0$이면, 첫 고객의 서비스가 끝나면 바쁜 기간도 끝나게 된다. 이제 첫 고객의 서비스 시간 동안 한 명의 고객이 도착한다고 가정하자. 그러면 시간 S에 시스템에는 시스템으로 막 들어온 고객 한 명이 있게 된다. 시간 S부터 이후의 고객 도착도 여전히 도착률 λ인 푸아송 과정이므로 S부터 시스템이 비게 될 때까지의 추가적인 시간도 바쁜 기간과 동일한 분포를 갖게 된다. 즉, $N(S) = 1$이면

$$B = S + B_1$$

이 성립하며 여기서 B_1는 S와는 독립이고 B와 동일한 분포를 갖는다.

이제, $N(S) = n$인 일반적인 경우, 즉 서버가 첫 고객의 서비스를 마쳤을 때 n명의 고객이 대기 중인 경우를 살펴보자. 남은 바쁜 기간의 분포를 구하기 위해 고객들의 서비스 순서는 남은 시간에 영향을 주지 않는다는 점에 주목하자. 이에 따라 첫 고객의 서비스 동안 도착한 n명의 고객, $C_1, \ldots, C_n$이 다음과 같이 서비스 받는다고 가정하자. 고객 C_1이 먼저 서비스 받지만, C_2는 시스템에 있는 고객이 $C_2, \ldots, C_n$일 때만 서비스를 받는다고 하자. 예를 들어, C_1의 서비스 동안 도착한 고객이 있으면 이들이 C_2보다 먼저 서비스 받는다. 마찬가지로, C_3는 시스템에 있는 고객이 $C_3, \ldots, C_n$일 경우에만 서비스를 받는다. 좀 더 생각해 보면 고객 C_i의 서비스 시작 시간부터 C_{i+1}의 서비스 시작 시간까지의 시간과 ($i = 1, 2, \ldots, n-1$) C_n의 서비스 시작 시간부터 시스템이 비게 될 때까지의 시간은 독립인 확률변수이며 각각 바쁜 시간과 같은 분포를 갖는다는 것을 알 수 있다.

따라서 $B_1, B_2, \ldots$를 각각 바쁜 시간의 분포를 갖는 독립적인 확률변수 열이라고 하면 B는 다음과 같이 표현될 수 있다.

$$B = S + \sum_{i=1}^{N(S)} B_i$$

따라서

$$E[B|S] = S + E\left[\sum_{i=1}^{N(S)} B_i|S\right]$$

이고

$$\text{Var}(B|S) = \text{Var}\left(\sum_{i=1}^{N(S)} B_i|S\right)$$

이다. 그런데, S가 주어진 경우, $\sum_{i=1}^{N(S)} B_i$는 복합 푸아송 확률변수이므로 식 (5.24)와 (5.25)로부터 다음을 얻을 수 있다.

$$E[B|S] = S + \lambda S E[B] = (1 + \lambda E[B])S$$
$$\text{Var}(B|S) = \lambda S E[B^2]$$

따라서

$$E[B] = E[E[B|S]] = (1 + \lambda E[B])E[S]$$

가 되는데 이는 $\lambda E[S] < 1$일 경우, 다음을 의미한다.

$$E[B] = \frac{E[S]}{1 - \lambda E[S]}$$

또한, 조건부 분산 공식에 의해

$$\begin{aligned}\text{Var}(B) &= \text{Var}(E[B|S]) + E[\text{Var}(B|S)]\\ &= (1 + \lambda E[B])^2\text{Var}(S) + \lambda E[S]E[B^2]\\ &= (1 + \lambda E[B])^2\text{Var}(S) + \lambda E[S](\text{Var}(B) + E^2[B])\end{aligned}$$

를 얻고 이를 정리하면

$$\text{Var}(B) = \frac{\text{Var}(S)(1 + \lambda E[B])^2 + \lambda E[S]E^2[B]}{1 - \lambda E[S]}$$

을 준다. 이제 $E[B] = E[S]/(1 - \lambda E[S])$을 이용하여 다음을 얻는다.

$$\text{Var}(B) = \frac{\text{Var}(S) + \lambda E^3[S]}{(1 - \lambda E[S])^3}$$ ■

Y_i 값들의 집합이 유한하거나 가산(countably infinite)이면 복합 푸아송 과정에 대한 깔끔한 표현이 가능하다. 이를 위해 다음을 만족하는 수 α_j, $j \geqslant 1$가 있다고 하자.

$$P\{Y_i = \alpha_j\} = p_j, \quad \sum_j p_j = 1$$

이제, 푸아송 과정에 따라 사건들이 발생하고 각 사건의 결과로 무작위의 값 Y가 생성되어 누적 합에 더해져서 복합 푸아송 과정이 발생한다고 하자. 푸아송 과정의 i번째 사건은, $Y_i = \alpha_j$이면 j 유형의 사건이 된다고 하자($j \geqslant 1$). $N_j(t)$가 j 유형 사건의 수를 나타낸다고 하면, 명제 5.2에 의해 확률변수 $N_j(t)$, $j \geqslant 1$는 각각의 평균이 아래와 같은 독립인 푸아송 확률변수가 된다.

$$E[N_j(t)] = \lambda p_j t$$

각 j에 대해서, α_j의 양이 시간 t까지 총 $N_j(t)$번 누적 합에 더해지므로 시간 t에서 누적 합은 다음과 같이 표현될 수 있다.

$$X(t) = \sum_j \alpha_j N_j(t) \tag{5.26}$$

식 (5.26)을 확인하기 위해, 이 식을 이용해서 $X(t)$의 평균과 분산을 구해보면 우선,

$$\begin{aligned} E[X(t)] &= E\left[\sum_j \alpha_j N_j(t)\right] \\ &= \sum_j \alpha_j E[N_j(t)] \\ &= \sum_j \alpha_j \lambda p_j t \\ &= \lambda t\, E[Y_1] \end{aligned}$$

이고 또한,

$$\begin{aligned} \text{Var}[X(t)] &= \text{Var}\left[\sum_j \alpha_j N_j(t)\right] \\ &= \sum_j \alpha_j^2 \text{Var}[N_j(t)] \qquad N_j(t),\, j \geqslant 1\text{이 독립이기 때문에} \\ &= \sum_j \alpha_j^2 \lambda p_j t \\ &= \lambda t E[Y_1^2] \end{aligned}$$

이 얻어진다. 여기서 끝에서 두 번째 식은 푸아송 확률변수 $N_j(t)$의 분산이 평균과 같다는 것을 이용한 것이다.

결국, 식 (5.26)을 이용하여 앞에서 유도한 $X(t)$의 평균 및 분산과 동일한 결과를 얻을 수 있다.

식 (5.26)의 유용성 중 하나는, t가 커지면 $X(t)$의 분포가 정규분포에 수렴한다는 것을 보일 수 있다는 것이다. 그 이유를 알기 위해, 중심극한정리에 의해 푸아송 확률변수는 평균이 증가함에 따라 정규분포로 수렴한다는 것을 관찰하자(왜 그런가?). 따라서 $N_j(t)$ 각각은 t가 커지면 정규분포에 수렴한다. 이들은 독립이고, 독립인 정규 확률변수들의 합도 역시 정규분포를 따르므로 t가 커지면 $X(t)$도 정규분포로 수렴하게 된다.

예제 5.28 예제 5.26에서, 다음 50주 이내에 그 지역으로 최소한 240명이 이주할 근사 확률을 구하라.

풀이▶ $\lambda = 2$, $E[Y_i] = 5/2$, $E[Y_i^2] = 43/6$이므로 다음을 얻을 수 있다.

$$E[X(50)] = 250, \qquad \text{Var}[X(50)] = 4300/6$$

결국 원하는 확률은 다음과 같다.

$$\begin{aligned} P\{X(50) \geqslant 240\} &= P\{X(50) \geqslant 239.5\} \\ &= P\left\{\frac{X(50) - 250}{\sqrt{4300/6}} \geqslant \frac{239.5 - 250}{\sqrt{4300/6}}\right\} \\ &= 1 - \phi(-0.3922) \\ &= \phi(0.3922) \\ &= 0.6525 \end{aligned}$$

여기서, 표 2.3을 이용하여 ϕ (0.3922), 즉 표준 정규분포 확률변수가 0.3922 이하일 확률을 구하였다. ■

또 하나의 유용한 결과는, $\{X(t),\ t \geqslant 0\}$과 $\{Y(t),\ t \geqslant 0\}$이 각각의 푸아송 모수와 분포가 λ_1, F_1 및

λ_2, F_2인 독립적인 복합 푸아송 과정이면, $\{X(t) + Y(t),\ t \geqslant 0\}$도 복합 푸아송 과정이라는 것이다. 이렇게 결합할 경우, 사건들이 발생률 $\lambda_1 + \lambda_2$인 푸아송 과정에 따라 발생하고, 각 사건은 독립적으로 확률 $\lambda_1/(\lambda_1 + \lambda_2)$로 첫 번째 복합 푸아송 과정의 사건이 되기 때문에, 결과적으로 결합 과정은 푸아송 모수가 $\lambda_1 + \lambda_2$이고 분포함수는 다음 식으로 주어지는 복합 푸아송 과정이 된다.

$$F(x) = \frac{\lambda_1}{\lambda_1 + \lambda_2} F_1(x) + \frac{\lambda_2}{\lambda_1 + \lambda_2} F_2(x)$$

5.4.3 조건부 또는 혼합 푸아송 과정

$\{N(t),\ t \geqslant 0\}$을 계수과정이라고 하자. 양의 확률변수 L에 대하여, $L = \lambda$로 주어지면 이 계수과정이 발생률이 λ인 푸아송 과정이 될 때, 이 계수과정을 *조건부*(conditional) 또는 *혼합*(mixed) 푸아송 과정이라고 한다.

L이 밀도함수 g를 갖는 연속 확률변수라고 가정하자. 그러면

$$\begin{aligned}P\{N(t+s) - N(s) = n\} &= \int_0^\infty P\{N(t+s) - N(s) = n \mid L = \lambda\} g(\lambda)\, d\lambda \\ &= \int_0^\infty e^{-\lambda t} \frac{(\lambda t)^n}{n!} g(\lambda)\, d\lambda \qquad (5.27)\end{aligned}$$

이 되어 조건부 푸아송 과정은 정상증분을 만족함을 알 수 있다. 하지만, 어느 기간 동안 얼마나 많은 사건이 일어나는지 안다는 것은 가능한 L 값에 대한 정보를 제공하는 것이고 이는 다른 기간의 사건 수 분포에 영향을 미치므로, 조건부 푸아송 과정은 독립증분을 만족하지 않는다. 결과적으로, 조건부 푸아송 과정은 일반적으로 푸아송 과정이 아니다.

예제 5.29 g가 모수 m과 θ를 갖는 감마분포라면,

$$g(\lambda) = \theta e^{-\theta\lambda} \frac{(\theta\lambda)^{m-1}}{(m-1)!}, \qquad \lambda > 0$$

이고,

$$\begin{aligned}P\{N(t) = n\} &= \int_0^\infty e^{-\lambda t} \frac{(\lambda t)^n}{n!} \theta e^{-\theta\lambda} \frac{(\theta\lambda)^{m-1}}{(m-1)!}\, d\lambda \\ &= \frac{t^n \theta^m}{n!(m-1)!} \int_0^\infty e^{-(t+\theta)\lambda} \lambda^{n+m-1}\, d\lambda\end{aligned}$$

이 된다. $\frac{(n+m-1)!}{(t+\theta)^{n+m}}$를 곱하고 나누면 다음 식을 얻는다.

$$P\{N(t) = n\} = \frac{t^n \theta^m (n+m-1)!}{n!(m-1)!(t+\theta)^{n+m}} \int_0^\infty (t+\theta) e^{-(t+\theta)\lambda} \frac{((t+\theta)\lambda)^{n+m-1}}{(n+m-1)!}\, d\lambda$$

$(t+\theta)e^{-(t+\theta)\lambda}((t+\theta)\lambda)^{n+m-1}/(n+m-1)!$는 모수가 $(n+m,\ t+\theta)$인 감마 확률변수의 밀도함수이어서 적분 값은 1이 되므로 다음 결과를 얻을 수 있다.

$$P\{N(t) = n\} = \binom{n+m-1}{n} \left(\frac{\theta}{t+\theta}\right)^m \left(\frac{t}{t+\theta}\right)^n$$

따라서 기간 t 동안의 사건 수는, 매 시행의 성공확률이 $\frac{\theta}{t+\theta}$인 독립시행에서 m번의 성공이 발생하기 전에 발생하는 실패 횟수와 동일한 분포를 따른다. ■

$N(t)$의 평균과 분산을 구하기 위해, L 값에 조건을 주도록 하자. L에 조건을 주면, $N(t)$는 평균이 Lt인 푸아송이므로 다음이 얻어진다.

$$E[N(t)|L] = Lt$$
$$\mathrm{Var}(N(t)|L) = Lt$$

여기서 마지막 식은 푸아송 확률변수의 분산은 평균과 같다는 것을 이용한 것이다. 따라서 조건부 분산 공식에 따라 다음 식을 얻는다.

$$\begin{aligned}\mathrm{Var}(N(t)) &= E[Lt] + \mathrm{Var}(Lt)\\ &= tE[L] + t^2\mathrm{Var}(L)\end{aligned}$$

$N(t) = n$인 조건하에서, L에 대한 조건부 분포함수는 다음과 같이 계산할 수 있다.

$$\begin{aligned}P\{L \leqslant x|N(t) = n\} &= \frac{P\{L \leqslant x,\ N(t) = n\}}{P\{N(t) = n\}}\\ &= \frac{\int_0^\infty P\{L \leqslant x,\ N(t) = n|L = \lambda\}g(\lambda)\,d\lambda}{P\{N(t) = n\}}\\ &= \frac{\int_0^x P\{N(t) = n|L = \lambda\}g(\lambda)\,d\lambda}{P\{N(t) = n\}}\\ &= \frac{\int_0^x e^{-\lambda t}(\lambda t)^n g(\lambda)\,d\lambda}{\int_0^\infty e^{-\lambda t}(\lambda t)^n g(\lambda)\,d\lambda}\end{aligned}$$

여기서 마지막 식은 식 (5.27)을 이용한 것이다. 즉, $N(t) = n$인 조건하에서, L의 조건부 밀도함수는 다음과 같이 얻어진다.

$$f_{L|N(t)}(\lambda \mid n) = \frac{e^{-\lambda t}\lambda^n g(\lambda)}{\int_0^\infty e^{-\lambda t}\lambda^n g(\lambda)\,d\lambda}, \quad \lambda \geqslant 0 \tag{5.28}$$

예제 5.30 보험회사에서는 각 계약자들이 연간 청구율 λ인 푸아송 과정에 따라 보험금 청구를 한다고 파악하고 있다. 이러한 청구율은 계약자마다 다르며 새로운 계약자의 λ 값은 (0, 1)에서의 균등분포를 따른다고 한다. 어떤 계약자가 처음 t년 간 n번의 청구를 했다는 조건하에서, 이 계약자의 다음 청구까지의 시간(연 단위)에 대한 조건부 확률은 얼마인가?

풀이▶ 다음 청구까지의 시간을 T라고 하고 $P[T > x|N(t) = n]$를 구해 보자. 식 (5.28)을 이용하여 계약자의 청구율에 조건을 주면 다음을 얻는다.

$$\begin{aligned}P\{T > x \mid N(t) = n\} &= \int_0^\infty P\{T > x \mid L = \lambda,\ N(t) = n\}\\ &\quad \times f_{L|N(t)}(\lambda \mid n)\,d\lambda\\ &= \frac{\int_0^1 e^{-\lambda x}e^{-\lambda t}\lambda^n\,d\lambda}{\int_0^1 e^{-\lambda t}\lambda^n\,d\lambda}\end{aligned}$$ ■

기간 t 동안 발생하는 사건 수가 n보다 클 확률을 정확한 식으로 구할 수 있다. 먼저 다음 등식을 이해해야 한다.

$$\sum_{j=n+1}^\infty e^{-\lambda t}\frac{(\lambda t)^j}{j!} = \int_0^t \lambda e^{-\lambda x}\frac{(\lambda x)^n}{n!}\,dx \tag{5.29}$$

위 식은, 발생률 λ인 푸아송 과정에서 시간 t까지 발생한 사건의 수가 n보다 클 확률은, [모수가 (n + 1,

λ)인 감마분포에서] $(n+1)$번째 사건의 발생 시점이 t보다 작을 확률과 같다는 것을 이용한 것이다. 식 (5.29)에서 λ와 t를 바꾸면 다음과 같이 동등한 등식이 얻어진다.

$$\sum_{j=n+1}^{\infty} e^{-\lambda t}\frac{(\lambda t)^j}{j!} = \int_0^{\lambda} te^{-tx}\frac{(tx)^n}{n!}\,dx \tag{5.30}$$

이제 식 (5.27)을 이용하면 다음이 얻어진다.

$$\begin{aligned}
P\{N(t) > n\} &= \sum_{j=n+1}^{\infty}\int_0^{\infty} e^{-\lambda t}\frac{(\lambda t)^j}{j!}g(\lambda)\,d\lambda \\
&= \int_0^{\infty}\sum_{j=n+1}^{\infty} e^{-\lambda t}\frac{(\lambda t)^j}{j!}g(\lambda)\,d && \text{교환에 의해} \\
&= \int_0^{\infty}\int_0^{\lambda} te^{-tx}\frac{(tx)^n}{n!}\,dxg(\lambda)\,d && \text{식 (5.30)을 사용하여} \\
&= \int_0^{\infty}\int_x^{\infty} g(\lambda)\,d\lambda te^{-tx}\frac{(tx)^n}{n!}\,dx && \text{교환에 의해} \\
&= \int_0^{\infty}\bar{G}(x)te^{-tx}\frac{(tx)^n}{n!}\,dx
\end{aligned}$$

5.5 무작위 강도함수와 호크스 과정

비동질 푸아송 과정의 강도함수 $\lambda(t)$는 확정된 함수(deterministic function)인 데 반하여, 시간 t에서의 강도함수 값 $R(t)$가 시간 t까지의 과정의 이력에 영향을 받는 확률변수가 되는 계수과정 $\{N(t), t \geqslant 0\}$이 존재한다. 즉, 시간 t까지 확률과정의 "이력(history)"을 $\mathcal{H}_t$라 하면, 시간 t에서의 강도함수 $R(t)$는 $\mathcal{H}_t$에 의해 값이 결정되는 확률변수이고 다음을 만족한다.

$$P(N(t+h) - N(t) = 1|\mathcal{H}_t) = R(t)h + o(h)$$
$$P(N(t+h) - N(t) \geqslant 2|\mathcal{H}_t) = o(h)$$

호크스 과정(Hawkes process)은 무작위 강도함수를 갖는 계수과정의 한 예이다. 이 계수과정은, 우선 기본 강도 값 $\lambda(>0)$가 존재하고, 각 사건과 관련되어 흔적(mark)이라 불리는 비음의 확률변수가 있다고 가정한다. 흔적은 이전에 발생한 모든 것들과는 독립이고 분포 F를 따른다. 사건이 발생할 때마다, 무작위 강도함수의 현재 값은 그 사건의 흔적만큼 증가하는데 이 증가분은 지수 비율 α로 시간에 따라 줄어든다고 가정한다. 보다 구체적으로, 시간 t까지 사건의 발생 시점이 $S_1 < S_2 < \cdots < S_{N(t)}$이고 사건 i의 흔적이 M_i, $i = 1, \ldots, N(t)$인 총 $N(t)$개의 사건이 발생했다면, 다음과 같이 된다.

$$R(t) = \lambda + \sum_{i=1}^{N(t)} M_i e^{-\alpha(t-S_i)}$$

달리 말하면, 호크스 과정은 다음을 만족하는 계수과정이다.

1. $R(0) = \lambda$
2. 사건이 발생할 때마다, 무작위 강도는 사건의 흔적 값만큼 증가한다.
3. s와 $s+t$ 사이에 사건이 발생하지 않으면, $R(s+t) = \lambda + (R(s) - \lambda)e^{-\alpha t}$이다.

사건이 발생할 때마다 강도가 증가하므로, 호크스과정을 **자기-흥분**(self-exciting) 과정이라고도 한다.

시간 t까지 발생한 호크스과정에서 사건의 기대 횟수 $E[N(t)]$를 유도하자. 이를 위해, 모든 계수과정에 대해 유효한 다음 보조정리가 필요하다.

보조정리 $N(0) = 0$을 갖는 계수과정 $\{N(t), t \geqslant 0\}$의 무작위 강도함수를 $R(t), t \geqslant 0$이라 하자. 그러면, $m(t) = E[N(t)]$에 대해, 다음이 성립한다.

$$m(t) = \int_0^t E[R(s)]\,ds$$

증명▶

$$E[N(t+h)|N(t), R(t)] = N(t) + R(t)h + o(h)$$

에 대해 기댓값을 취하면 다음을 얻는다.

$$E[N(t+h)] = E[N(t)] + E[R(t)]h + o(h)$$

즉,

$$m(t+h) = m(t) + hE[R(t)] + o(h)$$

이 되고, 이는

$$\frac{m(t+h) - m(t)}{h} = E[R(t)] + \frac{o(h)}{h}$$

이 된다. h를 0으로 보내면 .

$$m'(t) = E[R(t)]$$

을 얻고, 양 변을 0부터 t까지 적분하면 다음 결과가 얻어진다.

$$m(t) = \int_0^t E[R(s)]\,ds$$ ■

위 결과를 이용하면 다음 명제를 증명할 수 있다.

명제 5.5 호크스과정에서 흔적의 기댓값을 μ라 하면, 다음이 성립한다.

$$E[N(t)] = \lambda t + \frac{\lambda\mu}{(\mu-\alpha)^2}(e^{(\mu-\alpha)t} - 1 - (\mu-\alpha)t)$$

증명▶ 평균값 함수 $m(t)$를 결정하려면, 앞의 보조정리에 의해, $E[R(t)]$를 결정하면 된다. 이는 미분방정식을 유도하여 풀면 해결된다. 우선, t와 $t + h$ 사이에 발생한 모든 사건들의 흔적의 합을 $Mt(h)$라 하면 다음 식이 성립함에 주목하자.

$$R(t+h) = \lambda + (R(t) - \lambda)e^{-\alpha h} + M_t(h) + o(h)$$

$g(t) = E[R(t)]$라 하고 위 식에 기댓값을 취하면 다음이 얻어진다.

$$g(t+h) = \lambda + (g(t) - \lambda)e^{-\alpha h} + E[M_t(h)] + o(h)$$

등식 $e^{-\alpha h} = 1 - \alpha h + o(h)$을 이용하면

$$\begin{aligned} g(t+h) &= \lambda + (g(t) - \lambda)(1 - \alpha h) + E[M_t(h)] + o(h) \\ &= g(t) - \alpha h g(t) + \lambda\alpha h + E[M_t(h)] + o(h) \end{aligned} \tag{5.31}$$

이 된다. 이제, $R(t)$가 주어진 조건하에서, t와 $t + h$ 사이에 1번의 사건이 발생할 확률은 $R(t)h + o(h)$

이고 2개 이상이 발생할 확률은 $o(h)$이다. 따라서 t와 $t+h$ 사이에 발생한 사건 수에 조건을 주고 μ는 흔적의 기댓값임을 이용하면

$$E[M_t(h)|R(t)] = \mu R(t)h + o(h)$$

이 되고, 양 변에 기댓값을 취하면

$$E[M_t(h)] = \mu g(t)h + o(h)$$

을 준다. 이것을 식 (5.31)에 대입하면

$$g(t+h) = g(t) - \alpha h g(t) + \lambda\alpha h + \mu g(t)h + o(h)$$

이 된다. 또는 동등하게

$$\frac{g(t+h) - g(t)}{h} = (\mu - \alpha)g(t) + \lambda\alpha + \frac{o(h)}{h}$$

이 되는데 h를 0으로 보내면

$$g'(t) = (\mu - \alpha)g(t) + \lambda\alpha$$

를 얻는다. 이는 $f(t) = (\mu - \alpha)g(t) + \lambda\alpha$라 하면

$$\frac{f'(t)}{\mu - \alpha} = f(t)$$

또는

$$\frac{f'(t)}{f(t)} = \mu - \alpha$$

로 쓸 수 있고 적분하면 다음이 얻어진다.

$$\log(f(t)) = (\mu - \alpha)t + C$$

이제, $g(0) = E[R(0)] = \lambda$이고 따라서 $f(0) = \mu\lambda$이므로 $C = \log(\mu\lambda)$가 되어 다음 결과를 얻는다.

$$f(t) = \mu\lambda e^{(\mu-\alpha)t}$$

$g(t) = \frac{f(t)-\lambda\alpha}{\mu-\alpha} = \frac{f(t)}{\mu-\alpha} + \lambda - \frac{\lambda\mu}{\mu-\alpha}$를 이용하면

$$g(t) = \lambda + \frac{\lambda\mu}{\mu - \alpha}(e^{(\mu-\alpha)t} - 1)$$

이 되고 따라서 앞의 보조정리로부터,

$$\begin{aligned} E[N(t)] &= \lambda t + \int_0^t \frac{\lambda\mu}{\mu - \alpha}(e^{(\mu-\alpha)s} - 1)\,ds \\ &= \lambda t + \frac{\lambda\mu}{(\mu - \alpha)^2}(e^{(\mu-\alpha)t} - 1 - (\mu - \alpha)t) \end{aligned}$$

를 얻어 증명이 완료된다. ■

연습 문제

1. 기계를 수리하는 데 필요한 시간 T는 평균이 $\frac{1}{2}$ 시간인 지수분포를 따른다.

(a) 수리시간이 $\frac{1}{2}$ 시간을 넘을 확률은 얼마인가?
(b) 수리시간이 12시간을 넘었다는 조건하에서 최소한 $12\frac{1}{2}$시간이 걸릴 확률은 얼마인가?

2. 한 명의 직원만 있는 은행 점포에 도착해보니 은행 안에 5명의 고객이 있다. 1명은 서비스 중이고 4명은 줄에서 기다리고 있기에 줄의 맨 뒤에 섰다. 모든 서비스시간이 평균이 $1/\mu$인 지수분포를 따를 때 내가 은행에 머물 시간의 기댓값은 얼마인가?

3. X는 지수 확률변수이다. 계산 과정 없이 다음 중 맞는 것을 고르고 그 이유를 설명하라.
(a) $E[X^2|X > 1] = E[(X + 1)^2]$
(b) $E[X^2|X > 1] = E[X^2] + 1$
(c) $E[X^2|X > 1] = (1 + E[X])^2$

4. 2명의 직원이 있는 우체국을 고려하자. 세 사람 A, B, C가 동시에 들어왔다. A와 B는 직원에게 바로 갔고 C는 A 혹은 B가 떠나기를 기다린다. 다음 각 경우에 다른 두 사람이 떠난 후에도 A가 여전히 우체국에 머물 확률은 얼마인가?
(a) 두 직원의 서비스 시간이 항상 정확히 10분일 경우
(b) 서비스시간이 각각 $\frac{1}{3}$의 확률로 i일 경우($i = 1, 2, 3$)
(c) 서비스시간이 평균이 $1/\mu$인 지수분포를 따를 경우

5. X가 발생률이 λ인 지수분포를 따를 때, $Y = [X] + 1$은 모수가 $p = 1 - e^{-\lambda}$인 기하분포를 따름을 보여라. 단, $[x]$는 x를 넘지 않는 최대 정수를 나타낸다.

6. 예제 5.3에서, 서버 i는 서비스율 λ_i인 지수분포에 따라 서비스한다면($i = 1, 2$), 다음 식이 만족함을 보여라.

$$P\{\text{ 스미스가 마지막이 아님 }\} = \left(\frac{\lambda_1}{\lambda_1 + \lambda_2}\right)^2 + \left(\frac{\lambda_2}{\lambda_1 + \lambda_2}\right)^2$$

***7.** X_1과 X_2가 독립이고 비음인 연속 확률변수일 때, 다음 식이 만족함을 보여라.

$$P\{X_1 < X_2 | \min(X_1, X_2) = t\} = \frac{r_1(t)}{r_1(t) + r_2(t)}$$

여기에서 $r_i(t)$는 X_i의 고장률 함수이다.

8. X와 Y가 각각 발생률 λ와 μ를 갖는 독립인 지수 확률변수일 때, $X < Y$인 조건하에서 X의 조건부 분포를 구하라.

9. 기계 1은 현재 작동 중이다. 기계 2는 지금부터 t시간 후 사용할 예정이다. 기계 i의 수명은 평균이 $1/\lambda_i$인 지수분포를 따를 때($i = 1, 2$), 기계 1이 먼저 고장 날 확률을 구하라.

***10.** X와 Y는 각각 발생률 λ와 μ를 갖는 독립인 지수 확률변수이다. $M = \min(X, Y)$라고 하자. 다음 값을 구하라.
(a) $E[MX|M = X]$
(b) $E[MX|M = Y]$
(c) $\text{Cov}(X, M)$

11. $X, Y_1, \ldots, Y_n$는 독립인 지수 확률변수들인데, X의 발생률은 λ이고 Y_i의 발생률은 μ이다. A_j는, 이들 $(n + 1)$ 확률변수 중 j번째로 작은 값이 Y_i 중 하나일 사건을 나타낸다. 아래의 등식을 이용해서 $p = P\{X > \max_i Y_i\}$을 구하라.

$$p = P(A_1 \cdots A_n) = P(A_1)P(A_2|A_1) \cdots P(A_n|A_1 \cdots A_{n-1})$$

X에 조건을 주어 p를 구함으로써 $n = 2$인 경우에 대해 구한 답이 맞는지를 확인하라.

12. X_i가 발생률 λ_i를 갖는 독립적인 지수 확률변수일 때($i = 1, 2, 3$), 다음을 구하라.

(a) $P\{X_1 < X_2 < X_3\}$

(b) $P\{X_1 < X_2 \max(X_1, X_2, X_3) = X_3\}$

(c) $E[\max X_i | X_1 < X_2 < X_3]$

(d) $E[\max X_i]$

13. 예제 5.10에서, 줄에서 n번째에 서 있던 사람이 줄을 떠날(서비스를 받으러 가거나 서비스를 받지 않고 떠나거나) 때까지의 시간의 기댓값을 구하라.

14. 내 집에 오기로 한 두 친구를 기다리고 있다. A가 도착할 때까지의 시간은 발생률이 λ_a인 지수분포를 따르고, B가 도착할 때까지의 시간은 발생률이 λ_b인 지수분포를 따른다. 친구들이 도착하면, 두 사람은 각각 발생률 μ_a와 μ_b인 지수분포 시간 동안 내 집에 머무른다. 4가지 지수 확률변수들은 서로 독립이다.

(a) A가 B보다 먼저 도착해서 나중에 떠날 확률은 얼마인가?

(b) 마지막으로 집을 떠날 때까지의 시간의 기댓값은 얼마인가?

15. 100개의 물품이 동시에 수명검사에 들어간다. 각 물품의 수명은 평균이 200시간인 독립적인 지수 확률변수이다. 5개의 고장이 발생하면 수명검사를 종료한다. T가 검사를 종료하는 시간이라고 할 때, $E[T]$와 $\text{Var}(T)$를 구하라.

16. 처리해야 할 세 가지 작업이 있다. 작업 i의 처리시간은 발생률이 μ_i인 지수분포를 따른다. 두 개의 프로세서가 구해져서 두 가지 작업은 즉시 시작할 수 있다. 마지막 작업은 두 작업 중 하나가 끝나면 시작된다.

(a) T_i는 작업 i의 처리가 끝나는 시간이라 하자. $E[T_1 + T_2 + T_3]$를 최소화하는 것이 목적이라면, $\mu_1 < \mu_2 < \mu_3$일 경우 어느 작업 둘을 먼저 처리해야 하는가?

(b) M을 세 작업이 모두 처리될 때까지의 시간이라 하자[이를 총 소요시간(makespan)이라 한다]. S가 하나의 프로세서만 작동하는 시간일 때, 다음을 보여라.

$$2E[M] = E[S] + \sum_{i=1}^{3} 1/\mu_i$$

나머지 문제에 대해서는 $\mu_1 = \mu_2 = \mu$, $\mu_3 = \lambda$를 가정하자. 또한 마지막 작업이 작업 1 또는 작업 2일 확률을 $P(\mu)$이라 하고, 마지막 작업이 작업 3일 확률을 $P(\lambda) = 1 - P(\mu)$라 하자.

(c) $P(\mu)$와 $P(\lambda)$를 이용하여 $E[S]$를 나타내라.

i와 j가 초기에 시작된 작업들일 때의 $P(\mu)$의 값을 $P_{i,j}(\mu)$라 하자.

(d) $P_{1,2}(\mu) \leqslant P_{1,3}(\mu)$임을 보여라.

(e) $\mu - \lambda$이면 작업 3이 초기에 시작된 작업들 중 하나일 때 $E[M]$이 최소가 됨을 보여라.

(f) $\mu < \lambda$이면 작업 1과 2가 초기에 시작된 작업들일 때 $E[M]$이 최소가 됨을 보여라.

17. n개의 도시를 통신 선로로 연결하려 한다. 도시 i와 j 간 선로를 설치하는 비용은 C_{ij}이다($i \neq j$). 모든 도시들 간에 연결하는 경로가 있도록 충분한 선로가 설치되어야 하는데, 결론적으로 $n - 1$개의 선로만 설치하면 된다는 것이 알려져 있다. 이 문제를 풀기 위한 최소비용 알고리즘(minimal spanning tree algorithm으로 알려져 있다)에 따르면 모든 $\binom{n}{2}$ 선로 중 가장 비용이 적게 드는 선로를 먼저 설치한다. 그 다음의 매 단계에서, 아직 선로가 전혀 없는 도시를 선로가 있는 도시와 연결하는 선로들 중 가장 비용이 적게 드는 선로를 선택하면 된다. 즉, 만약 첫 번째 선로가 도시 1과 2 간의 선로라면, 두 번째 선로는 1과 도시 3, . . . , n 중 하나, 또는 2와 도시 3, . . . , n 중의 하나를 연결하는 선로가 선택될 수 있다. 모든 $\binom{n}{2}$개 선로의 비용 C_{ij}가 평균이 1인 독립적인 지수 확률변수라고 하자. 다음 각 경우에 위 알고리즘을 통해 얻어지는 비용의 기댓값을 구하라.

(a) $n = 3$

(b) $n = 4$

***18.** X_1와 X_2가 발생률 μ인 독립인 지수 확률변수라 하고, 다음과 같이 순서통계량을 정의하자.

$$X_{(1)} = \text{minimum}(X_1, X_2)\text{이고} \quad X_{(2)} = \text{maximum}(X_1, X_2)$$

다음을 구하라.

(a) $E[X_{(1)}]$

(b) $\text{Var}[X_{(1)}]$

(c) $E[X_{(2)}]$

(d) $\text{Var}[X_{(2)}]$

19. A, B 간의 자동차 경주에서 A, B가 코스를 완주하는 데 걸리는 시간은 각각 발생률이 λ_a, λ_b인 지수 확률변수이고 서로 독립이다. 먼저 도달하는 사람이 승자가 되어 $Re^{-\alpha t}$의 상금을 받는다. 여기서 t는 도달시간이고 R과 α는 상수이다. 패자에게는 상금이 없다면 A가 받을 기대 상금을 구하라.

20. 고객이 먼저 서버 1에게 서비스 받고 이어서 서버 2에게 서비스 받은 후 시스템을 떠나는 2-서버 시스템을 고려하자. 서버 i의 서비스 시간은 서비스율이 μ_i이고 독립인 지수 확률변수이다($i = 1, 2$). 내가 도착했을 때, 서버 1은 쉬고 있고 서버 2에게 두 명의 고객(고객 A는 서비스 중이고 고객 B는 대기 중)이 있다고 하자.

(a) 내가 서버 2로 갔을 때, A가 여전히 서비스 중일 확률, P_A를 구하라.

(b) 내가 서버 2로 갔을 때, B가 여전히 시스템 안에 있을 확률, P_B를 구하라.

(c) T가 내가 시스템에 머문 시간을 나타낼 때, $E[T]$를 구하라.

힌트: 다음 관계를 이용하라.

$$T = S_1 + S_2 + W_A + W_B$$

여기서 S_i는 서버 i에서의 내 서비스시간, W_A는 A가 서비스 받는 동안 내가 대기행렬에서 기다리는 시간, 그리고 W_B는 B가 서비스 받는 동안 내가 대기행렬에서 기다리는 시간이다.

21. 고객이 도착하면 먼저 서버 1, 그 다음에 서버 2에서 서비스 받는 시스템이 있다고 하자. 서버 i의 서비스 시간은 서비스율이 μ_i인 지수 확률변수이다($i = 1, 2$). 도착 고객은 서버 1이 서비스 중이면 줄에서 기다린다. 서버 1에서의 서비스가 끝나면, 서버 2가 쉬고 있으면 서비스를 받고 서버 2가 서비스 중이면 서비스가 끝날 때까지 서버 1에 머무른다(이 경우 다른 고객이 서비스를 받을 수 없다). 고객은 서버 2에서의 서비스가 끝나면 시스템을 떠난다. 내가 이 시스템에 도착했을 때 시스템에는 1명의 고객만 있고 이 고객은 서버 1에서 서비스 중이었다면, 내가 이 시스템에 머무는 시간의 기댓값은 얼마인가?

22. 연습 문제 21에서, 내가 이 시스템에 도착했을 때 시스템에 두 명의 고객이 있는데 한 명은 서버 1, 다른 한 명은 서버 2에서 서비스 중이었다면, 내가 이 시스템에 머무는 시간의 기댓값은 얼마인가?

서버 2가 서비스를 끝내기 전에 서버 1이 서비스를 끝내면 서버 1의 고객은 서버 2의 서비스가 끝날 때까지 그 곳에 머무른다는(따라서 내가 서버 1에 들어갈 수 없다) 점에 주의하라.

***23.** 회중전등이 작동하려면 2개의 건전지가 필요하다. n개의 건전지, 즉 건전지 1, 건전지 2, ..., 건전지 n이 있다고 가정하자. 먼저 건전지 1과 2를 장착한다. 건전지 중 하나라도 고장 나면, 번호가 가장 작은 건전지로 즉시 교체한다. 각 건전지의 수명은 발생률이 μ인 독립적인 지수 확률변수라고 가정한다. 무작위 시점 T에 건전지 하나가 고장 나고 더 이상 보유 중인 건전지도 없다고 하자. 그 시점에 정확히 하나의 건전지만(건전지 X라 하자) 아직 고장 나지 않은 상황이 된다.

(a) $P\{X = n\}$를 구하라.

(b) $P\{X = 1\}$를 구하라.

(c) $P\{X = i\}$를 구하라.

(d) $E[T]$를 구하라.

(e) T의 분포를 구하라.

24. n개의 작업을 처리할 두 명의 서버가 있다. 초기에 각 서버가 작업을 하나씩 처리한다. 각 서버는 작업을 처리한 후 (아직 처리할 작업이 있다면) 다음 작업을 처리한다. 모든 작업이 처리될 때까지의 시간을 T라고 하자. 서버 i가 작업을 처리하는 시간은 발생률이 μ_i인 지수분포를 따른다고 할 때($i = 1, 2$), $E[T]$와 $\text{Var}(T)$를 구하라.

25. 3명의 서버 중 누구나 고객을 서비스할 수 있고, 서버 i의 서비스 시간은 발생률이 μ_i인 지수분포를 따른다고 하자($i = 1, 2, 3$). 각 서버의 서비스가 끝날 때마다 가장 오래 기다린 고객이 그 서버에 가서 서비스를 받는다고 하자.

(a) 내가 이 시스템에 도착했을 때 3명의 서버 모두가 서비스 중이고 대기 중인 고객은 없었다면, 내가 시스템을 떠날 때까지의 시간의 기댓값을 구하라.

(b) 내가 이 시스템에 도착했을 때 3명의 서버 모두가 서비스 중이고 1명이 대기 중이라면, 내가 시스템을 떠날 때까지의 시간의 기댓값을 구하라.

26. 고객이 도착하면 먼저 서버 1, 그 다음에 서버 2, 마지막으로 서버 3에서 서비스 받는 경우를 고려하자. 서버 i의 서비스 시간은 발생률이 μ_i인 지수분포를 따른다고 하자($i = 1, 2, 3$). 내가 이 시스템에 도착했을 때 시스템에는 1명의 고객만 있고 이 고객은 서버 3에서 서비스를 받는 중이라고 하자.

(a) 내가 서버 2로 이동할 때 서버 3이 여전히 서비스 중일 확률을 구하라.

(b) 내가 서버 3으로 이동할 때 서버 3이 여전히 서비스 중일 확률을 구하라.

(c) 내가 시스템에 머무는 시간의 기댓값을 구하라(서비스 중인 서버를 만날 때마다 기다렸다가 서비스를 받아야 한다).

(d) 내가 이 시스템에 도착했을 때 시스템에는 1명의 고객만 있고 이 고객은 서버 2에서 서비스 중이라고 하자. 내가 시스템에 머무는 시간의 기댓값을 구하라.

27. 예제 5.7에서 총 비용의 분포는 두 알고리즘이 동일함을 보여라.

28. 독립적인 수명을 갖는 n개의 부품을 고려하자. 부품 i의 작동 시간은 발생률이 λ_i인 지수분포를 따른다. 처음에 모든 부품을 가동하여 고장 날 때까지 사용한다.

(a) 부품 1이 두 번째로 고장 날 확률을 구하라.

(b) 두 번째 고장 시간의 기댓값을 구하라.

힌트: (a)를 이용하지 마라.

29. X, Y는 각각 발생률 λ, μ를 갖는($\lambda > \mu$) 독립인 지수 확률변수이다. $c > 0$이라 하자.

(a) $X + Y = c$라는 조건하에서, X의 조건부 밀도함수는 다음과 같음을 보여라.

$$f_{X|X+Y}(x|c) = \frac{(\lambda - \mu)e^{-(\lambda-\mu)x}}{1 - e^{-(\lambda-\mu)c}}, \qquad 0 < x < c$$

(b) (a)를 이용해서 $E[X|X + Y = c]$를 구하라.

(c) $E[Y|X + Y = c]$를 구하라.

30. A가 기르는 개와 고양이의 수명은 각각 발생률 λ_d, λ_c를 갖는 독립인 지수 확률변수이다. 둘 중 하나가 사망했다. 남은 애완동물의 추가적인 수명의 기댓값을 구하라.

31. 의사에게 두 건의 진료 예약이 있다. 하나는 오후 1시, 다른 하나는 1시 30분이다. 진료 시간은 평균이 30분인 독립적인 지수분포를 따른다. 두 명의 환자가 모두 제 시간에 온다고 할 때, 1시 30분에 예약한 환자가 병원에 머무는 시간의 기댓값을 구하라.

32. X는 (0, 1)에서의 균등 확률변수이다. 사건들이 시점 $X + i$에 발생하는 계수과정을 고려하자($i = 1, 2, \ldots$).

(a) 이 계수과정은 독립증분의 성질을 갖는가?

(b) 이 계수과정은 정상증분의 성질을 갖는가?

33. X, Y는 각각 발생률 λ, μ를 갖는 독립인 지수 확률변수이다.

(a) $X - Y$인 조건하에서, 확률변수 $\min(X, Y)$와 $X - Y$가 독립인지 판정하라.

(b) (a)를 이용해서, 어떤 양의 상수 c에 대해서도 다음 식이 성립함을 보여라.

$$\begin{aligned} E[\min(X, Y)|X > Y + c] &= E[\min(X, Y)|X > Y] \\ &= E[\min(X, Y)] = \frac{1}{\lambda + \mu} \end{aligned}$$

(c) 왜 $\min(X, Y)$와 $X - Y$가 (무조건) 독립인지 말로 설명하라.

34. A, B 둘 다 신장 이식이 필요하다. A, B가 신장 이식을 받지 못하면 각각 발생률 μ_A, μ_B를 갖는 지수분포 시간 후에 사망한다. 이식 가능한 신장은 발생률 λ를 갖는 푸아송분포에 따라 도착한다. 첫 신장은 A에게 이식되고(또는 A가 사망하고 B가 살아있으면 B에게 간다) 다음 신장이 B에게 이식되기로(아직 살아있으면) 되어 있다.

(a) A가 새 신장을 얻을 확률을 구하라.

(b) B가 새 신장을 얻을 확률을 구하라.

(c) A, B 둘 다 새 신장을 얻지 못할 확률을 구하라.

(d) A, B 둘 다 새 신장을 얻을 확률을 구하라.

35. $\{N(t), t \geqslant 0\}$는 발생률 λ인 푸아송 과정이다. $N_s(t) = N(s + t) - N(s)$일 때, $\{N_s(t), t \geqslant 0\}$가 발생률 λ인 푸아송 과정이기 위한 공리들을 만족하는지 보여라.

***36.** $S(t)$는 시간 t의 방범 비용이다. 확률과정 $\{S(t), t \geqslant 0\}$에 대한 일반적 모형은 "사고"가 발생하기 전에는 비용이 그대로라는 것이다. 사고가 발생하면 비용이 무작위 인수(random factor)를 곱한 값으로 증가한다. 시간 t까지 발생한 사고 횟수를 $N(t)$라 하고, i번째 곱해지는 무작위 인수를 X_i라 하면, 이 모형은 다음과 같이 표현이 된다.

$$S(t) = S(0) \prod_{i=1}^{N(t)} X_i$$

여기서 $N(t) = 0$이면 $\prod_{i=1}^{N(t)} X_i$는 1이 된다. X_i는 발생률이 μ인 지수 확률변수이고, $\{N(t), t \geqslant 0\}$는 발생률 λ인 푸아송 과정이며, $\{N(t), t \geqslant 0\}$는 X_i와는 독립이고, $S(0) = s$라고 하자.

(a) $E[S(t)]$를 구하라.

(b) $E[S^2(t)]$를 구하라.

37. 기계가 발생률 μ인 지수분포 시간 동안 작동 후 고장이 난다. 수리 기사는 발생률 λ인 푸아송 과정을 따르는 시간마다 기계를 점검하고, 고장 난 것을 알게 되면 즉시 교체한다. 기계의 교체 간격의 기댓값을 구하라.

38. $\{M_i(t), t \geqslant 0\}$, $i = 1, 2, 3$이 각각 발생률 λ_i를 갖는 독립적인 푸아송 과정이라 할 때,

$$N_1(t) = M_1(t) + M_2(t), \quad N_2(t) = M_2(t) + M_3(t)$$

로 설정하자. 확률과정 $\{N_1(t), N_2(t), t \geqslant 0\}$을 이변량(bivariate) 푸아송 과정이라 한다.

(a) $P\{N_1(t) = n, N_2(t) = m\}$를 구하라.

(b) $\mathrm{Cov}(N_1(t), N_2(t))$를 구하라.

39. 연 2.5회의 발생률을 갖는 푸아송 과정에 따라 세포분열에서 오류가 발생하며 그러한 오류가 196회 발생하면 사람은 사망에 이른다는 과학이론이 있다고 하자. 이 이론에 따라, 다음 값을 구하라.

(a) 사람의 평균 수명

(b) 사람의 수명의 분산

또한 다음의 근사값을 구하라.

(c) 어떤 사람이 67.2살 이전에 사망할 확률

(d) 어떤 사람이 90살까지 살 확률

(e) 어떤 사람이 100살까지 살 확률

***40.** $\{N_i(t), t \geqslant 0\}$, $i = 1, 2$가 각각 발생률 λ_i인 독립적인 푸아송 과정이면, $\{N(t), t \geqslant 0\}$는 발생률 $\lambda_1 + \lambda_2$인 푸아송 과정임을 보여라. 단, $N(t) = N_1(t) + N_2(t)$이다.

41. 연습 문제 40에서, 결합 과정의 첫 번째 사건이 N_1 과정에서 발생할 확률은 얼마인가?

42. $\{N(t), t \geqslant 0\}$를 발생률 λ인 푸아송 과정이라 하자. S_n는 n번째 사건의 발생 시점을 나타낸다. 다음 값을 구하라.

(a) $E[S_4]$

(b) $E[S_4|N(1) = 2]$

(c) $E[N(4) - N(2)|N(1) = 3]$

43. 고객들이 2-서버 서비스 시스템에 도착률 λ인 푸아송 과정에 따라 도착한다고 하자. 새 고객이 도착할 때마다, 시스템에 있던 고객들은 즉시 시스템을 떠난다. 새 고객은 서버 1에서 서비스 받은 후 서버 2에서 서비스 받는다. 서비스 시간이 각각 서비스율 μ_1과 μ_2인 독립적인 지수분포를 따른다면, 도착한 고객 중 서버 2에서의 서비스까지 받고 떠나는 고객의 비율은 얼마인가?

44. 자동차들이 도로의 특정 위치에 도착률 λ인 푸아송 과정에 따라 도착한다. 도로를 건너려는 어느 여성이 다음 T시간 동안 자동차가 오지 않을 것을 볼 때까지 기다리려고 한다.

(a) 기다리는 시간이 0일 확률을 구하라.

(b) 기다리는 시간의 기댓값을 구하라.

힌트: 첫 번째 차의 도착시간에 따라 조건을 나누어보라.

45. $\{N_i(t),\ t \geqslant 0\}$은 발생률 λ인 푸아송 과정으로, 평균이 μ이고 분산이 μ^2인 비음의 확률변수 T와 독립이라고 가정하자. 다음을 구하라.

(a) $\mathrm{Cov}(T, N(T))$,

(b) $\mathrm{Var}(N(T))$

46. $\{N(t),\ t \geqslant 0\}$은 발생률 λ인 푸아송 과정으로, 평균이 μ이고 분산이 μ^2인, 독립이고 동일한 분포를 갖는 확률변수들 $X_1, X_2, \ldots$ 와 독립이라고 하자. 다음을 구하라.

$$\mathrm{Cov}\left(N(t), \sum_{i=1}^{N(t)} X_i\right)$$

47. 고객들이 도착률 λ인 푸아송 과정에 따라 도착하고 서비스 시간은 서비스율 μ인 지수분포를 따르는, 2-서버 병렬 대기 시스템을 고려하자. 또한, 고객이 도착했을 때 두 서버가 모두 서비스 중이면 서비스를 받지 않고 즉시 떠난다고 하자(이러한 경우 고객을 잃었다고 표현한다). 반면에 쉬고 있는 서버가 있으면 즉시 서비스를 받고 서비스가 끝나면 시스템을 떠난다.

(a) 현재 두 서버가 모두 서비스 중일 경우, 다음 고객이 시스템에 들어올 때까지의 시간의 기댓값을 구하라.

(b) 시스템이 비어있는 상태에서 시작해서, 두 서버가 모두 서비스 중일 때까지의 시간의 기댓값을 구하라.

(c) 연속적인 두 명의 잃어버린 고객의 발생 간격의 기댓값을 구하라.

48. 고객들이 도착률 λ인 푸아송 과정에 따라 도착하고 서비스 시간은 서비스율 μ인 지수분포를 따르는, n-서버 병렬 대기 시스템을 고려하자. 또한, 고객이 도착했을 때 모든 서버가 서비스 중이면 아무 서비스도 받지 않고 즉시 떠난다고 하자. 고객이 도착했을 때 모든 서버가 서비스 중이라는 조건하에서 다음 값을 구하라.

(a) 다음 고객이 도착했을 때 서비스 중인 서버의 수의 기댓값

(b) 다음 고객이 도착했을 때 모든 서버가 쉬고 있을 확률

(c) 다음 고객이 도착했을 때 정확히 i명의 서버가 쉬고 있을 확률

49. 사건이 발생률 λ인 푸아송 과정에 따라 발생한다. 사건이 발생할 때마다, 이 사건이 정해진 시간 T ($T > 1/\lambda$) 이전에 발생한 마지막 사건인지를 판단해서 사건 발생을 더 지켜볼 지 아니면 여기서 중지할 지를 결정해야 한다. 즉, 어떤 사건이 시점 t, $0 \leqslant t \leqslant T$에 발생한 상태에서 내가 중지하기로 했다면, T까지 사건이 추가로 발생하지 않으면 내가 이기고, 추가로 발생하면 내가 진다. 사건이 일어났을 때 내가 중지하지 않은 상태에서 T까지 사건이 추가로 발생하지 않으면 역시 내가 진다. 또한 T까지 사건이 전혀 발생하지 않아도 내가 진다. 어떤 고정된 시간 s 이후에 발생하는($0 \leqslant s \leqslant T$) 첫 번째 사건에서 중지하는 전략을 고려해보자.

(a) 이 전략을 사용할 경우, 이길 확률은 얼마인가?

(b) 이길 확률을 최대로 해주는 s 값은 얼마인가?

(c) (b)에서 구한 s 값을 이용할 경우 이길 확률은 $1/e$임을 보여라.

50. 어느 역에 연속하여 도착하는 두 기차의 도착간격은 (0, 1)에서의 균등분포를 따른다. 고객들은 도착률이 시간 당 7명인 푸아송 과정에 따라 도착한다. 방금 기차가 떠났다고 가정하자. 다음 기차에 탑승할 고객의 수를 X라고 할 때 다음을 구하라.

(a) $E[X]$

(b) $\mathrm{Var}(X)$

51. 이전에 자동차 사고가 없었던 사람이 다음 h 시간 동안 사고가 있을 확률은 $\beta h + o(h)$이다. 반면에, 이전에 자동차 사고가 있었던 사람의 해당 확률은 $\alpha h + o(h)$이다. 어떤 사람의 t시점까지의 사고 횟수의 기댓값을 구하라.

52. 팀 1과 2가 경기를 치른다. 각 팀은 각각 발생률 λ_1과 λ_2인 독립적인 푸아송 과정에 따라 점수를 얻는다. 어느 팀의 점수가 다른 팀의 점수보다 k만큼 커지면 경기가 끝난다고 할 경우, 팀 1이 이길 확률을 구하라.

힌트: 도박사의 파산 문제와 연관을 지어라.

53. 어느 저수지의 저수량은 매일 1000톤씩 일정하게 고갈되고 있고, 무작위 시점에 내리는 비에 의해 저수지가 채워진다. 하루 0.2회의 발생률을 갖는 푸아송 과정에 따라 비가 내린다고 하자. 한 번의 비에 의해 채워지는 물의 양은 0.8의 확률로 5000톤이고 0.2의 확률로 8000톤이다. 현재의 저수량은 5000톤에 약간 못 미친다.

(a) 5일 후에 저수지가 비어있을 확률은 얼마인가?

(b) 10일 이내 어느 시점에 저수지가 비게 될 확률은 얼마인가?

54. 길이 1인 어느 바이러스의 선형 DNA 분자는 특정 “표시점”을 포함하고 있다고 알려져 있다. 하지만 정확한 위치는 알 수 없다. 이 표시점의 위치를 알아내는 방법은, 해당 선형 분자를 잘게 자르고 발생률 λ의 푸아송 과정에 따라 (길이 1인 선형 분자 내의) 지점을 선택하여 조사하는 것이다. 그러면 선형 분자에서 표시점이 있는 위치를 결정할 수 있다. 예를 들어, m이 (길이 1인 선형 분자 내의) 표시점의 위치를 나타낸다고 할 경우, m 이전에 발생한 마지막 푸아송 사건의 지점을 L_1($[0, m]$ 동안 푸아송 사건이 없다면 0)이라 하고, m 이후에 발생한 첫 번째 푸아송 사건의 지점을 R_1($[m, 1]$ 동안 푸아송 사건이 없다면 1)이라 하면, 표시점은 L_1과 R_1 사이에 있음을 알 수 있다. 다음을 구하라.

(a) $P\{L_1 = 0\}$,

(b) $P\{L_1 < x\}, 0 < x < m$,

(c) $P\{R_1 = 1\}$,

(d) $P\{R_1 - x\}, m < x < 1$

동일한 DNA 분자의 복사본에 대해 이 과정을 반복하면, 표시점의 위치를 보다 정확하게 알 수 있다. n개의 분자 복사본에 대해 절단을 진행해서 L_i, R_i가 얻어지면($i = 1, \ldots, n$) 표시점은 다음과 같이 정의되는 L과 R 사이에 위치하게 된다.

$$L = \max_i L_i, \quad R = \min_i R_i$$

(e) $E[R - L]$를 구하고, 그 과정에서 $E[R - L] \sim \frac{2}{n\lambda}$임을 보여라.

55. 고객들이 도착률 λ인 푸아송 과정에 따라 도착하고 서비스 시간은 서비스율 μ인 지수분포를 따르며 도착한 순서대로 서비스가 진행되는 단일 서버 대기 시스템을 고려하자. 내가 도착했을 때 시스템에 $n - 1$명의 고객이 있다고 하자. 내가 이 시스템을 떠날 때 시스템에 있는 고객의 수를 X라고 할 때, X의 확률 질량함수를 구하라.

56. 어떤 사건이 매일 독립적으로 확률 p로 발생한다. 처음 n일 동안 발생한 사건의 총 수를 $N(n)$라고 하고, r번째 사건이 일어나는 날을 T_r이라 하자.

(a) $N(n)$의 분포를 구하라.

(b) T_1의 분포를 구하라.

(c) T_r의 분포를 구하라.

(d) $N(n) = r$인 조건하에서, 사건이 발생한 r일을 원소로 갖는 집합은 $1, 2, \ldots, n$ 중에서 r개를 무작위로 선택하는 것과 동일한 분포를 가짐을 보여라.

***57.** 사건이 시간당 $\lambda = 2$인 푸아송 과정에 따라 발생한다.

(a) 8시부터 9시 사이에 사건이 발생하지 않을 확률은 얼마인가?

(b) 정오부터 시작해서, 4번째 사건이 발생할 시간의 기댓값은 얼마인가?

(c) 6시부터 8시 사이에 둘 이상의 사건이 발생할 확률은 얼마인가?

58. 어떤 대회에 참가한 참가자가 각 라운드에서 성공할 확률은 p, 실패할 확률은 $1 - p$이다. 성공일 경우, 발생률 λ의 지수분포를 따르는 상금이 주어진다. 실패일 경우, 그 시점까지 획득한 모든 상금을 잃고 더 이상 라운드에 나갈 수 없다. 성공한 라운드 후에 참가자는 경연을 그만두고 그때까지 획득한 것을 가져갈지 아니면 다음 라운드로 진출할지 결정해야 한다. 총 상금이 t를 초과하거나 라운드에서 실패할 때까지 진행한다고 할 때 다음에 답하라.

(a) 상금이 t를 초과하기 위해 필요한 성공 라운드의 수, N의 분포를 구하라.

(b) t 이상의 상금을 얻게 될 확률은 얼마인가?

(c) 참가자가 t 이상의 상금을 얻게 되었다는 조건하에서, 기대 상금액을 구하라.

(d) 참가자의 기대 상금액은 얼마인가?

59. 어떤 보험회사에서 두 가지 유형의 청구를 다룬다. 시간 t까지 발생한 유형 i 청구의 수를 $N_i(t)$라 하고 $\{N_1(t), t \geqslant 0\}$와 $\{N_2(t), t \geqslant 0\}$는 발생률이 $\lambda_1 = 10$와 $\lambda_2 = 1$인 독립적인 푸아송 과정이라 하자. 연이은 유형 1의 청구액은 평균이 1000 달러인 독립적인 지수 확률변수이고 유형 2의 청구액은 평균이 5000 달러인 독립적인 지수 확률변수이다. 4000 달러짜리 청구가 접수되었다면 이것이 유형 1 청구일 확률은 얼마인가?

***60.** 은행에 고객이 도착률 λ인 푸아송 과정에 따라 도착한다. 처음 한 시간 동안 두 명의 고객이 도착하였다고 하자. 다음 각 경우의 확률을 구하라.

(a) 두 명 모두 처음 20분 동안에 도착한다.

(b) 적어도 한 명은 처음 20분 동안에 도착한다.

61. 어떤 시스템이 가진 결점의 수는 평균이 c인 푸아송분포를 따른다고 하자. 각 결점은 서로 독립이며 분포 G를 따르는 무작위 시점에 시스템의 고장을 유발한다. 시스템이 고장났을 때, 고장을 유발한 결점은 즉시 발견되어 수리된다.

(a) 시간 t까지 발생한 고장 수의 분포를 구하라.

(b) 시간 t에 시스템에 남아있는 결점의 수의 분포를 구하라.

(c) (a)와 (b)의 확률변수들은 독립인가?

62. 새 교재에서 오타의 수는 평균이 λ인 푸아송분포를 따른다. 2명의 교정자가 독립적으로 교재를 검토한다. 각 오타가 교정자 i에 의해 발견될 확률은 p_i라고 하자($i = 1, 2$). 교정자 1은 발견했으나 교정자 2는 발견하지 못한 오타의 수를 X_1라 하자. 교정자 2는 발견했으나 교정자 1은 발견하지 못한 오타의 수를 X_2라 하자. 2명의 교정자가 모두 발견한 오타의 수를 X_3라 하자. 2명의 교정자가 모두 발견하지 못한 오타의 수를 X_4라 하자.

(a) X_1, X_2, X_3, X_4의 결합 확률분포를 적어라.

(b) 다음을 보여라.

$$\frac{E[X_1]}{E[X_3]} = \frac{1 - p_2}{p_2} \quad \text{와} \quad \frac{E[X_2]}{E[X_3]} = \frac{1 - p_1}{p_1}$$

이제 λ, p_1, p_2 를 모두 미지의 값이라고 하자.

(c) $E[X_i]$에 대한 추정량으로 X_i를 사용해서($i = 1, 2, 3$), p_1, p_2, λ에 대한 추정량을 제시하라.

(d) 두 명의 교정자가 모두 발견하지 못한 오타의 수, X_4에 대한 추정량을 제시하라.

63. 고객들이 도착률 λ인 푸아송 과정에 따라 도착하고 서비스 시간은 서비스율 μ인 지수분포를 따르는 무한 서버 대기행렬 시스템을 고려하자. 시간 t에 시스템 내 고객의 수를 $X(t)$라 할 때, 다음을 구하라.

(a) $E[X(t+s)\ X(s)=n]$

(b) $\text{Var}[X(t+s)\ X(s)=n]$

힌트: 시간 $t+s$에 시스템 내 고객을 두 그룹, "기존" 고객과 "새" 고객으로 나누어 보라.

(c) 현재 시스템 내에 1명의 고객만 있다면, 그 고객이 시스템을 떠나면 시스템에 아무도 없을 확률을 구하라.

***64.** 버스정류장에 사람들이 도착률 λ인 푸아송 과정에 따라 도착한다. 시간 t에 버스가 출발한다. 시간 t에 버스에 올라탄 사람들의 대기 시간의 총 합을 X라 하자. $\text{Var}(X)$을 구하고자 한다. 시간 t까지 도착한 사람의 수를 $N(t)$라 하자.

(a) $E[X|N(t)]$를 구하라.

(b) $\text{Var}[X|N(t)] = N(t)t^2/12$임을 논증하라.

(c) $\text{Var}(X)$를 구하라.

65. 매년 평균 500명이 캘리포니아 사법시험에 합격한다. 캘리포니아의 변호사들은 평균 30년 일을 한다. 이 숫자들이 유지된다고 가정할 때, 2050년 캘리포니아 변호사는 몇 명이겠는가?

66. 어느 보험회사의 계약자들이 발생률 λ인 푸아송 과정에 따라 사고를 당한다고 하자. 사고가 나서 보험금 청구를 할 때까지의 시간은 분포 G를 따른다.

(a) 시간 t에, 사고가 발생했으나 아직 보험금 청구가 이루어지지 않은 사건이 정확히 n건일 확률을 구하라.

(b) 각 보험 청구액은 분포 F를 따르고, 청구까지 걸리는 시간과는 독립이라고 하자. 시간 t에, 사고가 발생했으나 아직 청구되지 않은 금액의 총 합의 기댓값을 구하라.

67. 발생률 λ인 푸아송 과정에 따라 위성이 우주공간으로 발사된다고 하자. 각 위성이 우주공간에서 머무는 시간(분포 G를 따른다)은 서로 독립이다. 시간 s 이전에 발사된 위성이 시간 t에($s < t$) 우주공간에 하나도 남아있지 않을 확률을 구하라.

68. 발생률 λ인 푸아송 과정 $\{N(t),\ t \geqslant 0\}$에 따라 무작위 진폭을 갖는 전기충격이 발생한다. 연속적인 충격의 진폭은 다른 진폭들 및 충격의 발생 시간과는 독립이며 진폭은 평균이 μ인 분포 F를 따른다고 하자. 또한 충격의 진폭은 지수 감소율 α로 시간에 따라 감소한다. 즉, 최초의 진폭 A는 x시간이 경과한 후에는 $Ae^{-\alpha x}$가 된다. 시간 t의 모든 진폭의 합을 $A(t)$라 하자. 즉

$$A(t) = \sum_{i=1}^{N(t)} A_i e^{-\alpha(t-S_i)}$$

여기에서 A_i와 S_i는 충격 i의 최초 진폭과 발생 시간이다.

(a) $N(t)$에 조건을 주어 $E[A(t)]$를 구하라.

(b) 계산 없이, $A(t)$가 예제 5.21의 $D(t)$와 동일한 분포를 갖는 이유를 설명하라.

69. 예제 5.19에서, 속도를 그대로 유지한 채 속도가 더 느린 차를 추월할 수 있다고 하자. 시간 s에 도로에 진입한 차가 t_0의 자유 주파시간을 갖는다고 하자. 이 차가 도로상에서 만나는(추월을 하건 추월을 당하건) 차의 총 수의 분포를 구하라.

70. 푸아송 도착과 일반 서비스 분포를 갖는 무한 서버 대기행렬 시스템을 고려하자.

(a) 처음 도착한 고객이 떠나는 것도 첫 번째일 확률을 구하라

시간 t에 시스템에 있는 모든 고객들의 잔여 서비스 시간의 합을 $S(t)$라 하자.

(b) $S(t)$가 복합 푸아송 확률변수인지 설명하라.

(c) $E[S(t)]$를 구하라.

(d) $\text{Var}(S(t))$를 구하라.

71. 발생률 λ를 갖는 푸아송 과정 $\{N(t),\ t \geqslant 0\}$에서 n번째 사건의 발생 시간을 S_n이라 하자. 임의의 함수 g에 대하여, 확률변수 $\sum_{i=1}^{N(t)} g(S_i)$가 복합 푸아송 확률변수 $\sum_{i=1}^{N(t)} g(U_i)$와 동일한 분포를 따름을 보여라. 여기서 $U_1, U_2, \ldots$는 $(0, t)$에서 정의되는 독립인 균등 확률변수 열로, 평균이 λt인 푸아송 확률변수 N과 독립이다. 결과적으로 다음을 보여라.

$$E\left[\sum_{i=1}^{N(t)} g(S_i)\right] = \lambda \int_0^t g(x)\,dx \quad \text{Var}\left(\sum_{i=1}^{N(t)} g(S_i)\right) = \lambda \int_0^t g^2(x)\,dx$$

72. 케이블카가 n명의 탑승자를 태우고 출발한다. 케이블카의 정차 간격은 발생률이 λ인 독립적인 지수확률변수이다. 정차 때마다 한 명이 내린다. 여기에 소요되는 시간은 없으며 새로 타는 사람도 없다. 케이블카에서 내린 사람은 집까지 걸어간다. 집까지 걸어가는 시간은 발생률 μ인 지수분포를 따른다.

(a) 마지막 사람이 케이블카에서 내리는 시간의 분포를 구하라.

(b) 마지막 사람이 시간 t에 케이블카에서 내렸다고 하자. 그 시간에 나머지 모든 다른 탑승자들이 집에 도착해 있을 확률은 얼마인가?

73. 발생률 λ인 푸아송 과정에 따라 충격이 발생하며 각 충격은 독립적으로 p의 확률로 시스템에 고장을 유발한다고 하자. 시스템이 고장나는 시간을 T라 하고 고장날 때까지 발생한 충격의 수를 N이라 하자.

(a) $N = n$이라는 조건하에서, T의 조건부 분포를 구하라.

(b) $T = t$라는 조건하에서, N의 조건부 분포를 계산하라. 그리고 이것은 평균이 $\lambda(1 - p)t$인 푸아송 확률변수에 1을 더한 것과 같은 분포를 따름에 주목하라.

(c) 계산 절차 없이 어떻게 (b)와 같은 결과가 얻어질 수 있는지에 대해 설명하라.

74. 어떤 지역에서 물건을 분실하는 횟수는 평균이 λ인 푸아송 확률변수이다. 이 지역에서 물건을 찾을 때, 각 물건은 발생률이 μ인 지수 시간 후에 독립적으로 발견된다. 각 물건이 발견되면 R의 보상금이 지급되며 시간당 C원의 탐색 비용이 발생한다. 고정된 t시간 동안 물건을 찾고 중단한다고 하자.

(a) 보상금 총액의 기댓값을 구하라.

(b) 보상금 총액의 기댓값을 최대로 해주는 t 값을 구하라.

(c) 일정 시간 동안만 탐색하는 것은 고정 정책이다. 매 t시간마다 그때까지 이미 찾아낸 물건의 수에 따라 중단할지 더 진행할지 결정하는 동적인 정책이 더 이익일까?

힌트: 시간 t까지 발견이 안 된 물건의 수의 분포는 그 시간까지 발견된 물건 수에 따라 어떻게 될까?

75. 단일-서버 시스템에 도착하는 고객들의 간격은 공통의 분포 F를 갖는 독립적인 확률변수이다. 도착한 고객은, 서버가 쉬고 있으면 즉시 서비스를 받지만 다른 고객을 서비스 중이면 줄의 맨 뒤에서 대

기한다. 서버가 어느 고객에 대해 서비스를 완료하면 그 고객은 시스템을 떠나고 대기 중인 다음 고객이 서비스를 받는다. n번째 도착 직전에 시스템 내 고객의 수를 X_n이라 하고, n번째 고객이 떠난 후 시스템에 남은 고객의 수를 Y_n이라 하자. 고객에 대한 서비스시간은 공통의 분포 G를 갖는 독립적인 확률변수이다(고객의 도착간격과도 독립이다).

(a) F가 도착률이 λ인 지수분포이면, $\{X_n\}$, $\{Y_n\}$ 중 어느 것이, 만약 있다면, 마코프체인인가?

(b) G가 도착률이 μ인 지수분포이면, $\{X_n\}$, $\{Y_n\}$ 중 어느 것이, 만약 있다면, 마코프체인인가?

(c) (a)와 (b)에서 마코프체인이 있으면 전이확률을 구하라.

76. 예제 5.27의 모형에 대하여, 바쁜 기간에 서비스를 받는 고객의 수의 평균과 분산을 구하라.

77. 도착률 λ인 푸아송 과정에 따라 고객들이 도착한다고 하자. 무수히 많은 서버가 있어서 고객이 도착하면 바로 서비스된다. 서비스 시간은 서비스율이 λ인 독립적인 지수 확률변수이다. 서비스가 끝난 고객은 시스템을 떠난다. 처음으로 고객이 시스템을 떠나기 전에 도착하는 고객의 수를 N라 하자.

(a) $P(N = 1)$를 구하라.

(b) $P(N = 2)$를 구하라.

(c) $P(N = j)$를 구하라.

(d) 처음 도착한 고객이 처음으로 떠날 확률을 구하라.

(e) 처음으로 떠나는 시간의 기댓값을 구하라.

78. 상점이 오전 8시에 문을 연다. 오전 8시부터 오전 10시까지는 고객들이 시간당 4명의 도착률을 갖는 푸아송분포에 따라 도착한다. 오전 10시부터 정오까지는 시간당 8명의 도착률을 갖는 푸아송분포에 따라 도착한다. 정오부터 오후 2시까지는 정오에 시간당 8명에서 오후 2시에는 시간당 10명으로 일정하게 증가한다. 오후 2시부터 오후 5시까지는 오후 2시에 시간당 10명에서 오후 5시에는 시간당 4명으로 일정하게 감소한다. 어느 날 상점에 들어온 고객의 수의 확률분포를 결정하라.

***79.** 사건들이 강도함수 $\lambda(t)$를 갖는($t > 0$) 비동질 푸아송 과정에 따라 발생한다고 하자. 또한, 시간 s에 발생하는 사건이 유형 1 사건일 확률은 $p(s)$라고 하자($s > 0$). 시간 t까지 발생한 유형 1 사건의 수를 $N_1(t)$라 할 때, $\{N_1(t), t \geqslant 0\}$는 어떤 유형의 확률과정인가?

80. $T_1, T_2, \ldots$가 강도함수 $\lambda(t)$를 갖는 비동질 푸아송 과정에서 사건들의 도착 간격이라 하자.

(a) T_i는 독립인가?

(b) T_i는 동일한 분포를 따르는가?

(c) T_1의 분포를 구하라.

81. (a) $\{N(t), t \geqslant 0\}$는, 평균값 함수 $m(t)$를 갖는 비동질 푸아송 과정이다. $N(t) = n$인 조건하에서, 도착시간의 순서없는(unordered) 집합은, 다음 분포함수를 갖는 n개의 독립이고 동일한 분포를 갖는 확률변수와 동일한 분포를 가짐을 보여라.

$$F(x) = \begin{cases} \frac{m(x)}{m(t)}, & x \leqslant t \\ 1, & x \geqslant t \end{cases}$$

(b) 작업자가 평균값 함수 $m(t)$를 갖는 비동질 푸아송 과정에 따라 사고를 당한다고 하자. 또한 사고를 당한 작업자는 분포 F를 따르는 무작위 시간 동안 작업에 참여할 수 없다고 하자. 시간 t에 작업에 참여할 수 없는 작업자의 수를 $X(t)$라 하자. (a)를 이용하여 $E[X(t)]$를 구하라.

82. $X_1, X_2, \ldots$를 공통의 밀도함수 f를 갖는 독립이며 양인 연속 확률변수라 하자. 이들은 평균 λ인 푸아송 확률변수 N과 독립이다. 다음을 정의하자.

$N(t) = X_i \leqslant t$인 $i \leqslant N$의 개수

$\{N(t),\ t \geqslant 0\}$는 강도함수 $\lambda(t) = \lambda f(t)$를 갖는 비동질 푸아송 과정임을 보여라.

83. $\{N_0(t),\ t \geqslant 0\}$가 발생률 $\lambda = 1$인 푸아송 과정이라고 하자. $\lambda(t)$는 t에 대한 비음인 함수이고

$$m(t) = \int_0^t \lambda(s)\, ds$$

라고 하자. $N(t)$를 다음과 같이 정의하자.

$$N(t) = N_0(m(t))$$

$\{N(t),\ t \geqslant 0\}$가 강도함수 $\lambda(t),\ t \geqslant 0$을 갖는 비동질 푸아송 과정인가?

힌트: 다음 등식을 이용하라.

$$m(t+h) - m(t) = m'(t)h + o(h)$$

***84.** $X_1, X_2, \ldots$는 밀도함수 $f(x)$를 갖는, 독립이고 동일한 분포를 갖는 비음인 연속 확률변수이다. X_n이 이전의 값들 $X_1, \ldots, X_{n-1}$보다 크면 시간 n에 기록(record)이 발생했다고 말한다(당연히 시간 1에는 기록이 발생한다). 시간 n에 기록이 발생하면 그 때의 값을 기록값(record value)이라고 한다. 즉, 새로운 최고치에 도달할 때마다 기록이 발생하며, 그 새 최고치를 기록값이라 한다. t 이하인 기록값의 수를 $N(t)$라 하자. 다음의 경우에, 확률과정$\{N(t),\ t \geqslant 0\}$의 특성을 설명하라.

(a) f가 임의의 연속적인 밀도함수일 경우

(b) $f(x) = \lambda e^{-\lambda x}$일 경우

힌트: 다음 문장을 완성하라. t보다 큰 X_i가 (   ) 사이에 있을 경우에는 t와 $t + dt$ 사이의 값을 갖는 기록이 발생한다.

85. 어느 보험회사가 주당 발생률 $\lambda = 5$를 갖는 푸아송 과정에 따라 생명보험 청구를 지급한다고 하자. 각 청구에 지급되는 보험금은 평균이 2000달러인 지수분포를 따른다면, 회사가 4주 동안 지급하는 보험금의 평균과 분산을 구하라.

86. 풍년인 해에는 단위시간당 3건의 발생률을 갖는 푸아송 과정에 따라 폭풍이 발생하고 다른 해에는 단위시간당 5건의 발생률을 갖는 푸아송 과정에 따라 폭풍이 발생한다고 하자. 내년이 풍년인 해일 확률이 0.3이라고 하자. 내년의 처음 t시간 동안 발생할 폭풍의 수를 $N(t)$라 하자.

(a) $P\{N(t) = n\}$를 구하라.

(b) $\{N(t)\}$는 푸아송 과정인가?

(c) $\{N(t)\}$는 정상증분의 성질을 갖는가? 이유는 무엇인가?

(d) $\{N(t)\}$는 독립증분의 성질을 갖는가? 이유는 무엇인가?

(e) 내년 $t = 1$까지 3번의 폭풍이 발생한다면, 풍년인 해일 확률은 얼마인가?

87. $\{X(t),\ t \geqslant 0\}$이 복합 푸아송 과정일 때 다음 값을 구하라.

$$\text{Cov}[X(t), X(t+s)]$$

88. 시간당 12명이 푸아송 과정에 따라 도착하는 현금인출기를 고려하자. 각 고객의 인출액은 평균이 30달러이고 표준편차가 50달러인 확률변수이다. (음수인 인출액은 입금액을 뜻한다.) 하루에 15시간 가동한다고 할 경우, 하루 동안의 총 인출액이 6000달러보다 작을 확률에 대한 근사값을 구하라.

89. 2-부품 시스템의 부품들은 충격을 받으면 고장이 난다. 3가지 유형의 충격이 독립적인 푸아송 과정

에 따라 발생한다. 첫 번째 유형의 충격은 발생률 λ_1인 푸아송에 따라 발생하고 첫 번째 부품에 고장을 일으킨다. 두 번째 유형의 충격은 발생률 λ_2인 푸아송에 따라 발생하고 두 번째 부품에 고장을 일으킨다. 세 번째 유형의 충격은 발생률 λ_3인 푸아송에 따라 발생하고 두 부품 모두에 고장을 일으킨다. 두 부품의 수명을 X_1와 X_2라 하자. X_1과 X_2의 결합분포가 다음과 같음을 보여라.

$$P\{X_1 > s, X_1 > t\} = \exp\{-\lambda_1 s - \lambda_2 t - \lambda_3 \max(s, t)\}$$

이 분포를 이변량(bivariate) 지수분포라 한다.

90. 연습 문제 89에서, X_1와 X_2 둘 다 지수분포를 따름을 보여라.

***91.** $X_1, X_2, \ldots, X_n$가 독립이고 동일한 분포를 갖는 지수 확률변수라고 하자. 이들 중 최댓값이 나머지들의 합보다 클 확률은 $n/2^{n-1}$임을 보여라. 즉, 만약

$$M = \max_j X_j$$

이면 다음 식이 만족함을 보여라.

$$P\left\{M > \sum_{i=1}^{n} X_i - M\right\} = \frac{n}{2^{n-1}}$$

힌트: $P\{X_1 > \sum_{i=2}^{n} X_i\}$을 구해보라.

92. 식 (5.22)를 증명하라.

93. 다음을 증명하라.

(a) $\max(X_1, X_2) = X_1 + X_2 - \min(X_1, X_2)$

(b) $$\max(X_1, \ldots, X_n) = \sum_{1}^{n} X_i - \sum\sum_{i<j} \min(X_i, X_j) + \sum\sum\sum_{i<j<k} \min(X_i, X_j, X_k) + \cdots + (-1)^{n-1} \min(X_i, X_j, \ldots, X_n)$$

(c) 적절한 확률변수 X_i, $i = 1, \ldots, n$를 정의하고, (b)의 기댓값을 취하여 다음의 잘 알려진 공식을 유도하라.

$$P\left(\bigcup_{1}^{n} A_i\right) = \sum_i P(A_i) - \sum\sum_{i<j} P(A_i A_j) + \cdots + (-1)^{n-1} P(A_1 \cdots A_n)$$

(d) i번째 과정의 발생률이 λ_i인 n개의 독립적인 푸아송 과정을 고려하자. n개의 모든 과정에서 하나의 사건이 발생할 때까지의 시간의 기댓값을 식으로 표현하라.

94. 2차원 푸아송 과정은 다음과 같은 공간에서 사건들이 발생하는 과정이다.

(i) 면적이 A인 지역에서 발생하는 사건의 수는 평균이 λA인 푸아송분포를 따르고

(ii) 겹치지 않는 지역에서의 사건 수들은 독립이다.

이러한 계수과정에서, 임의의 지점을 선택하여 거기서 가장 가까운 사건 발생지점까지의 거리를 X라 하자(여기에서 거리는 통상적인 유클리드 기하학에 따라 구해진다). 다음을 보여라.

(a) $P\{X > t\} = e^{-\lambda\pi t^2}$,

(b) $E[X] = \frac{1}{2\sqrt{\lambda}}$.

95. $\{N(t),\ t \geqslant 0\}$가 무작위 발생률 L을 갖는 조건부 푸아송 과정이라 하자.

(a) $E[L|N(t) = n]$에 대한 식을 유도하라.

(b) $s > t$에 대하여, $E[N(s)|N(t) = n]$을 구하라.

(c) $s < t$에 대하여, $E[N(s)|N(t) = n]$을 구하라.

96. 조건부 푸아송 과정에 대하여 $m_1 = E[L]$와 $m_2 = E[L^2]$라고 하자. m_1와 m_2을 써서, $s \leqslant t$일 때 $\mathrm{Cov}(N(s), N(t))$을 구하라.

97. 예제 5.29에서처럼, 발생률 L가 모수 m과 p를 갖는 감마분포를 따르는 조건부 푸아송 과정을 고려하자. $N(t) = n$인 조건하에서, L의 조건부 밀도함수를 구하라.

98. 예제 5.21에서, $M(t) = E[D(t)]$이라 하자.

(a) 다음을 보여라.

$$M(t+h) = M(t) + e^{-\alpha t}\lambda h\mu + o(h)$$

(b) (a)를 이용하여 다음을 보여라.

$$M'(t) = \lambda\mu e^{-\alpha t}$$

(c) 다음을 보여라.

$$M(t) = \frac{\lambda\mu}{\alpha}(1 - e^{-\alpha t})$$

99. X가 흔적(mark) 분포 F를 갖는 호크스(Hawkes) 과정에서 첫 번째와 두 번째 사건 사이의 시간이라 하자. $P(X > t)$를 구하라.

참고 문헌

[1] H. Cramer and M. Leadbetter, "Stationary and Related Stochastic Processes," John Wiley, New York, 1966.

[2] S. Ross, "Stochastic Processes, " Second Edition, John Wiley, New York, 1966.

[3] S. Ross, "Probability Models for Computer Science, " Academic Press, 2002.

INTRODUCTION TO **PROBABILITY MODELS**

연속시간 마코프체인

Continuous-Time Markov Chains

6.1 서론

이 장에서는 현실 세계에서 광범위하게 응용되는 확률모형을 다룰 것이다. 이는 4장에서 다룬 마코프체인의 연속시간 버전으로, 현재 상태가 주어진 경우, 미래는 과거와는 독립이라는 마코프 성질을 여전히 만족한다.

연속시간 마코프체인에 대한 예는 이미 제시된 바가 있다. 5장의 푸아송과정이 그것이다. 시간 t까지의 도착 수 $N(t)$를 해당 계수과정의 시간 t에서의 상태라 하면, 이 푸아송과정은 상태 0, 1, 2, . . . 를 가지며 항상 상태 n에서 상태 $n + 1$로만 진행하는($n \geq 0$) 연속시간 마코프체인이 된다. 이 경우, 전이가 일어나면 항상 시스템의 상태가 1만큼 증가하므로 **순수생성모형**(pure birth process)이라 한다. 보다 일반적으로, 전이가 일어나면 상태 n에서 상태 $n - 1$이나 상태 $n + 1$로만 갈 수 있는 지수 모형은 **생성소멸모형**(birth and death model)이라 한다. 이 경우, 상태 n에서 상태 $n + 1$으로의 전이를 생성, 상태 $n - 1$로의 전이를 소멸이라 한다. 생성소멸모형은 생물학적 시스템이나 대기행렬 시스템의 연구에 폭넓게 활용된다. 이런 모형은 이 장에서 폭넓게 다루어질 것이다.

6.2절에서 연속시간 마코프체인을 정의하고, 4장의 이산시간 마코프체인과 연관 지어 설명한다. 6.3절에서 생성소멸과정을 다루고 6.4절에서 시스템의 확률을 표현하는 두 종류의 미분방정식, 전진방정식과 후진방정식을 유도한다. 6.5절에서는 연속시간 마코프체인의 극한(또는 안정상태) 확률을 다룬다. 6.6절에서는 시간가역성(time reversibility)을 다룬다. 모든 생성소멸과정은 시간가역성을 가짐을 보이고 대기행렬 시스템에서 이 성질의 중요성에 대해 설명한다. 마지막 절에서 마코프체인을 어떻게 균등화하는지(uniformize) 보이고 수치 계산에 유용한 기법을 소개한다.

6.2 연속시간 마코프체인

비음의 정수 집합에서 값을 취하는 연속시간 확률과정 $\{X(t),\ t \geq 0\}$을 가정하자. 4장의 이산시간 마코프체인의 정의와 유사하게, 모든 $s, t \geq 0$와 비음의 정수 i, j 및 $x(u),\ 0 \leq u < s$에 대하여, 다음 조건을 만족하면 확률과정 $\{X(t),\ t \geq 0\}$을 **연속시간 마코프체인**(continuous-time Markov chain)이라 한다.

$$
\begin{aligned}
&P\{X(t+s) = j \mid X(s) = i,\ X(u) = x(u),\ 0 \leqslant u < s\} \\
&\quad = P\{X(t+s) = j \mid X(s) = i\}
\end{aligned}
$$

즉, 연속시간 마코프체인은, 현재 상태 $X(s)$와 과거 상태 $X(u),\ 0 \leq u < s$가 주어질 때, 미래 상태 $X(t + s)$의 조건부 분포는 현재 상태에만 종속되며 과거 상태와는 독립이라는 마코프 성질을 갖는 확률과

정이다. 추가하여, 만약

$$P\{X(t+s)=j|X(s)=i\}$$

이 s와 독립이면, 이 연속시간 마코프체인은 정상 혹은 동질 전이확률을 갖는다고 말한다.

이 책에서 다루는 모든 마코프체인은 정상 전이확률을 갖는다고 가정한다.

어느 시점에, 예를 들어 시간 0에, 연속시간 마코프체인이 상태 i에 진입하고 다음 10분간 그 상태 i에 머물고 있다(즉 전이가 일어나지 않는다)고 가정하자. 이 경우 상태 i에 추가적으로 5분간 더 머물 확률은 얼마인가? 시점 10에 이 시스템은 상태 i에 머물고 있으므로, 마코프 성질에 따르면 [10,15] 동안에 그 상태에 머물 확률은 단순히 상태 i에서 5분간 머물 (아무 조건이 없는) 확률과 동일하다. 즉, 다른 상태로 전이하기 전에 상태 i에 머무는 시간을 T_i라 하면

$$P\{T_i > 15|T_i > 10\} = P\{T_i > 5\}$$

이 성립하며 보다 일반적으로는 모든 $s,\, t \geq 0$에 대해 다음이 성립한다.

$$P\{T_i > s+t|T_i > s\} = P\{T_i > t\}$$

따라서 확률변수 T_i은 **망각**(memoryless) 성질을 가지며 따라서 필연적으로 **지수**(exponential) 분포를 따르게 된다(5.2.2절 참고).

이러한 사실은 연속시간 마코프체인에 대한 또 다른 정의를 가능하게 한다. 즉, 연속시간 마코프체인은 상태 i에 진입할 때마다 다음 성질을 만족하는 확률과정이다.

(i) 다른 상태로 전이할 때까지 현재 상태 i에 머무는 시간은 평균이 $1/v_i$인 지수분포를 따른다.

(ii) 상태 i를 떠날 때, 상태 j로 전이할 확률은 P_{ij}이다. P_{ij}는 당연히 다음 식을 만족한다.

$$\text{모든 } i\text{에 대하여, } P_{ii} = 0$$

$$\text{모든 } i\text{에 대하여, } \sum_j P_{ij} = 1$$

즉, 연속시간 마코프체인은 (이산시간) 마코프체인에 따라 상태에서 상태로 이동하지만, 다른 상태로 가기 전에 각 상태에서 머무는 시간은 지수분포를 따르는 확률과정이다. 또한, 상태 i에 머무는 시간 T_i와 다음에 방문할 상태 j는 서로 독립이어야만 한다. 다음 방문할 상태가 T_i에 종속된다면, 상태 i에 얼마나 머물렀는지에 대한 정보가 다음 상태 j의 예측에 영향을 미치는데 이는 마코프 성질을 갖는다는 가정에 어긋나는 것이다.

예제 6.1 (구두닦이 방) 2개의 의자(의자 1과 의자 2)가 있는 구두 닦이 방을 고려하자. 도착한 고객은 먼저 의자 1에서 구두를 닦고 광약을 바른다. 그 다음 의자 2로 옮겨 천으로 광을 낸다. 두 의자에서의 서비스시간은 각 서비스율이 μ_1과 μ_2인 독립적인 지수 확률변수이다. 고객들은 도착률이 λ인 푸아송과정에 따라 도착하며 두 의자가 모두 비어있을 때만 가게에 들어올 수 있다.

이 경우, 연속시간 마코프체인으로 분석이 가능하다. 하지만 우선 적절한 상태공간을 정의해야 한다. 시스템에 고객이 없을 때만 새 고객이 들어올 수 있으므로, 시스템에는 0 또는 1명의 고객만 있을 수 있다. 하지만 시스템에 1명의 고객이 있다면 그 고객이 어느 의자에 있는지를 알 필요가 있다. 따라서, 적절한 상태공간은 다음과 같이 정의되는 0, 1, 2의 3가지 상태로 구성될 것이다.

상태	정의
0	시스템이 비어있는 경우

1 고객이 의자 1에 있는 경우

2 고객이 의자 2에 있는 경우

다음이 얻어지는 것은 각자 확인하기 바란다.

$$v_0 = \lambda, \quad v_1 = \mu_1, \quad v_2 = \mu_2,$$
$$P_{01} = P_{12} = P_{20} = 1$$

■

6.3 생성소멸과정

어떤 시점에 시스템의 상태가 그 시점에 시스템에 있는 사람의 수로 정의되는 시스템을 고려해보자. 시스템에 n명이 있다면 (i) 도착률 λ_n의 지수분포에 따라 새로운 도착이 발생하고, (ii) 이탈률 μ_n의 지수분포를 따라 시스템에서의 이탈이 발생한다. 즉, 시스템에 n명이 있을 경우, 다음 도착까지의 시간은 평균이 $1/\lambda_n$인 지수분포를 따르고, 이는 평균이 $1/\mu_n$인 지수분포를 따르는 다음 이탈까지의 시간과는 독립이다. 이러한 시스템을 생성소멸과정이라 한다. 모수 $\{\lambda_n\}_{n=1}^{\infty}$와 $\{\mu_n\}_{n=1}^{\infty}$를 각각 도착(또는 생성)률, 이탈(또는 소멸)률이라 한다.

결국 생성소멸과정은, 상태가 $\{0, 1, \ldots\}$이고 상태 n에서 상태 $n-1$이나 상태 $n+1$으로만 전이가 가능한 연속시간 마코프체인이다. 생성률과 소멸률 간의 관계와 상태전이확률은 다음과 같다.

$$
\begin{aligned}
v_0 &= \lambda_0, \\
v_i &= \lambda_i + \mu_i, \qquad i > 0 \\
P_{01} &= 1, \\
P_{i,i+1} &= \frac{\lambda_i}{\lambda_i + \mu_i}, \qquad i > 0 \\
P_{i,i-1} &= \frac{\mu_i}{\lambda_i + \mu_i}, \qquad i > 0
\end{aligned}
$$

위의 결과는, 시스템에 i명이 있을 경우, 소멸 전에 생성이 먼저 발생하면 다음 상태가 $i+1$이 된다는 것과 생성률 λ_i인 지수 확률변수가 (독립적인) 소멸률 μ_i인 지수 확률변수보다 일찍 발생할 확률은 $\lambda_i/(\lambda_i + \mu_i)$이라는 것을 이용한 것이다. 또한 생성 혹은 소멸이 발생할 때까지의 시간은 발생률 $\lambda_i + \mu_i$인(따라서 $v_i = \lambda_i + \mu_i$) 지수분포를 따른다.

예제 6.2 (푸아송과정) 다음과 같은 생성소멸과정을 고려하자.

$$
\begin{aligned}
\mu_n &= 0, \qquad n \geqslant 0 \\
\lambda_n &= \lambda, \qquad n \geqslant 0
\end{aligned}
$$

이는 소멸은 없고 생성간격은 평균이 $1/\lambda$인 지수분포를 따르는 확률과정이다. 결국 푸아송과정임을 알 수 있다. ■

모든 n에 대해 $\mu_n = 0$인 생성소멸과정을 순수생성과정이라고 한다. 또 다른 순수생성과정을 아래 예제에서 소개한다.

예제 6.3 (선형 생성률을 갖는 생성과정) 각 구성원들이 새 구성원을 낳기는 하지만 소멸은 없는 집단을 가정하자. 각 구성원이 다른 구성원과는 독립적으로 평균이 $1/\lambda$인 지수분포를 따르는 시간 경과 후에 출산을 한다면, 시간 t에서 집단의 크기 $X(t)$의 과정 $\{X(t),\ t \geq 0\}$는 $\lambda_n = n\lambda$인$(n \geq 0)$ 순수생성과정이 된다. 이러한 결과는, 구성원이 n명인 상태에서 각 구성원이 생성률 λ인 지수분포로 출산을 한다면 총 생성률은 $n\lambda$이 된다는 사실로부터 얻어진다. 진화의 수학적 이론에서 이 모델을 사용한 G. Yule의 이름을 따서, 이 순수생성과정을 율 과정(Yule process)이라 부른다. ■

예제 6.4 (이민이 있는 선형성장 모형) 다음을 갖는 모형을 **이민이 있는 선형성장 모형**(linear growth process with immigration)이라 한다.

$$\mu_n = n\mu, \qquad n \geqslant 1$$
$$\lambda_n = n\lambda + \theta, \quad n \geqslant 0$$

이런 과정은 생물학적 번식이나 인구 성장에 대한 연구에서 자연스럽게 등장한다. 집단의 각 구성원은 발생률 λ인 지수분포에 따라 출산을 한다. 또한 이민과 같은 외부 요인에 의해 θ의 발생률을 갖는 지수분포를 따라 구성원 수가 증가한다. 따라서 시스템에 n명이 있는 경우의 총 생성률은 $n\lambda + \theta$이 된다. 소멸은 각 구성원별로 소멸률 μ인 지수분포에 따라 발생한다고 가정하며 따라서 $\mu_n = n\mu$이 된다.

시간 t에 집단의 크기를 $X(t)$라 하자. $X(0) = i$라 하고 다음을 정의하자.

$$M(t) = E[X(t)]$$

$M(t)$을 구하기 위해 미분방정식을 유도하여 풀려고 한다.

$X(t)$에 조건을 주어 $M(t + h)$에 대한 방정식을 유도하는 것부터 시작해보자. 즉,

$$\begin{aligned} M(t+h) &= E[X(t+h)] \\ &= E[E[X(t+h)|X(t)]] \end{aligned}$$

을 얻는다. 이제 시간 t에 집단의 크기가 주어진 상태에서, 확률값이 $o(h)$인 사건들은 무시하면, 시간 $t + h$에 집단의 크기는, $(t, t + h)$ 동안 생성이나 이민이 하나 발생하면 1이 증가하고, 그 기간 동안 소멸이 하나 발생하면 1이 감소하며, 그 밖의 경우에는 변동이 없다. 즉, $X(t)$이 주어지면

$$X(t+h) = \begin{cases} X(t)+1, & [\theta + X(t)\lambda]h + o(h) \text{ 의 확률로} \\ X(t)-1, & X(t)\mu h + o(h) \text{ 의 확률로} \\ X(t), & 1 - [\theta + X(t)\lambda + X(t)\mu]\,h + o(h) \text{ 의 확률로} \end{cases}$$

이 되고, 따라서

$$E[X(t+h)|X(t)] = X(t) + [\theta + X(t)\lambda - X(t)\mu]h + o(h)$$

을 얻는다. 기댓값을 취하면

$$M(t+h) = M(t) + (\lambda - \mu)M(t)h + \theta h + o(h)$$

또는 다음이 얻어진다.

$$\frac{M(t+h) - M(t)}{h} = (\lambda - \mu)M(t) + \theta + \frac{o(h)}{h}$$

$h \to 0$을 취하여 극한값을 구하면 미분방정식

$$M'(t) = (\lambda - \mu)M(t) + \theta \tag{6.1}$$

을 얻는다. 이제 함수 $h(t)$를

$$h(t) = (\lambda - \mu)M(t) + \theta$$

로 정의하면

$$h'(t) = (\lambda - \mu)M'(t)$$

가 된다. 따라서 미분방정식 (6.1)을 다음과 같이 바꾸어 적을 수 있다.

$$\frac{h'(t)}{\lambda - \mu} = h(t)$$

즉,

$$\frac{h'(t)}{h(t)} = \lambda - \mu$$

이 되고 적분을 하면

$$\log[h(t)] = (\lambda - \mu)t + c$$

즉,

$$h(t) = Ke^{(\lambda-\mu)t}$$

를 얻을 수 있다. 이를 $M(t)$로 표현하면

$$\theta + (\lambda - \mu)M(t) = Ke^{(\lambda-\mu)t}$$

이 된다. 상수 K를 구하기 위해, $M(0) = i$과 $t = 0$라는 사실을 이용하면 다음이 얻어진다.

$$\theta + (\lambda - \mu)i = K$$

이를 앞서의 $M(t)$에 대한 식에 대입하면 다음과 같이 $M(t)$에 대한 해가 구해진다.

$$M(t) = \frac{\theta}{\lambda - \mu}[e^{(\lambda-\mu)t} - 1] + ie^{(\lambda-\mu)t}$$

암묵적으로 $\lambda \neq \mu$라고 가정하였음에 주목하라. 만약 $\lambda = \mu$라면, 미분방정식 (6.1)은 다음과 같이 축소된다.

$$M'(t) = \theta \tag{6.2}$$

이를 적분하여 $M(0) = i$를 이용하면 다음 해가 구해진다.

$$M(t) = \theta t + i$$

■

예제 6.5 (*M/M/1* 대기행렬시스템) 고객들이 도착률 λ인 푸아송과정에 따라 단일-서버 서비스 시스템에 도착한다고 가정하자. 즉, 도착간격 시간은 평균이 $1/\lambda$인 독립적인 지수 확률변수이다. 도착한 고객은, 서버가 쉬고 있으면 바로 서비스를 받고, 그렇지 않으면 대기행렬에서 기다린다(즉, 줄에서 기다린다). 서버의 서비스가 끝나면 고객은 시스템을 떠나고 줄에 있던(있을 경우에) 다른 고객이 서비스를 받는다. 서비스시간은 평균이 $1/\mu$인 독립적인 지수 확률변수라고 가정하자.

위와 같은 시스템을 *M/M/*1 대기행렬시스템이라 한다. 첫 번째 *M*은 도착간격 과정이 마코프 성질을 갖는다는(즉, 푸아송과정이라는) 것을 나타내고 두 번째는 서비스시간이 지수분포를 따른다는(따라서 마코프 성질을 갖는다는) 것을 나타낸다. 1은 서버의 수가 1임을 나타낸다.

시간 t에 시스템 내 고객의 수를 $X(t)$라 하면, $\{X(t), t \geq 0\}$는 다음 발생률을 갖는 생성소멸과정이다.

$$\mu_n = \mu, \quad n \geqslant 1$$
$$\lambda_n = \lambda, \quad n \geqslant 0$$

■

예제 6.6 (복수 서버 지수 대기행렬 시스템) 서비스율이 μ인 s명의 서버가 있는 지수 대기행렬 시스템을 고려하자. 도착한 고객은 줄에서 기다리다가 서비스가 끝나는 첫 서버에게 간다. 이는 다음의 발생률을 갖는 생성소멸과정이다.

$$\mu_n = \begin{cases} n\mu, & 1 \leqslant n \leqslant s \\ s\mu, & n > s \end{cases}$$
$$\lambda_n = \lambda, \qquad n \geqslant 0$$

그 이유는 다음과 같다: 시스템에 n명의 고객이 있고 $n \leqslant s$이면, n명의 서버가 서비스를 한다. 이들은 서비스율 μ로 서비스하므로, 고객의 총 이탈률은 $n\mu$이 된다. 반면에 시스템에 s명의 고객이 있고 $n > s$이면, s명의 모든 서버가 서비스를 하므로 고객의 총 이탈률은 $s\mu$이 된다. 이러한 경우를 $M/M/s$ 대기 행렬시스템이라 한다. ■

이제 생성률 $\{\lambda_n\}$, 소멸률 $\{\mu_n\}$, $\mu_0 = 0$인 일반적인 생성소멸과정을 고려하자. 상태 i에서 시작하여 $(i \geqslant 0)$ 상태 $i + 1$로 진입할 때까지의 시간을 T_i라 하자. $i = 0$에서 시작하여 $E(T_i)$, $i \geqslant 0$을 되돌림식을 이용해서 계산해보자. T_0는 발생률 λ_0인 지수분포를 따르므로,

$$E[T_0] = \frac{1}{\lambda_0}$$

이 된다. $i > 0$에 대해, 첫 번째 전이가 상태 $i - 1$로 갈지 아니면 $i + 1$로 갈지에 따라 조건을 주도록 하자. 즉, 다음을 정의하자.

$$I_i = \begin{cases} 1, & \text{첫번째 전이가 } i\text{에서 } i+1\text{일 때} \\ 0, & \text{첫번째 전이가 } i\text{에서 } i-1\text{일 때} \end{cases}$$

그리고 다음을 관찰하자.

$$\begin{aligned} E[T_i|I_i = 1] &= \frac{1}{\lambda_i + \mu_i}, \\ E[T_i|I_i = 0] &= \frac{1}{\lambda_i + \mu_i} + E[T_{i-1}] + E[T_i] \end{aligned} \tag{6.3}$$

위 식은, 첫 번째 전이가 생성 때문인지 혹은 소멸 때문인지와 독립적으로, 첫 번째 전이까지의 시간은 발생률 $\lambda_i + \mu_i$인 지수 확률변수라는 사실로부터 얻어진다. 만약 첫 번째 전이가 생성 때문이라면 집단의 크기는 $i + 1$이 되어 추가적인 시간은 필요가 없다. 반면에 첫 번째 전이가 소멸 때문이라면 집단의 크기는 $i - 1$이 되어 $i + 1$에 도달할 추가 시간이 필요한데, 이는 상태 i로 되돌아오는 데 걸리는 시간(평균은 $E[T_{i-1}]$)에 $i + 1$에 도달하는 데 걸리는 추가 시간(평균은 $E[T_i]$)을 합한 것이다. 따라서 첫 번째 전이가 생성일 확률은 $\lambda_i/(\lambda_i + \mu_i)$이므로, 다음을 얻는다.

$$E[T_i] = \frac{1}{\lambda_i + \mu_i} + \frac{\mu_i}{\lambda_i + \mu_i}(E[T_{i-1}] + E[T_i])$$

이를 정리하면

$$E[T_i] = \frac{1}{\lambda_i} + \frac{\mu_i}{\lambda_i}E[T_{i-1}], \qquad i \geqslant 1$$

이 되어, $E[T_0] = 1/\lambda_0$에서 시작하면, $E[T_1]$, $E[T_2]$ 등을 연이어 효율적으로 계산할 수 있다.

이제 상태 i에서 상태 j로$(i < j)$ 가는 시간의 기댓값을 구해보자. 이 값은 $E[T_i] + E[T_{i+1}] + \cdots + E[T_{j-1}]$으로 표현되므로 앞의 결과를 이용하면 쉽게 구할 수 있다.

예제 6.7 모수가 $\lambda_i \equiv \lambda$, $\mu_i \equiv \mu$인 생성소멸과정에 대하여 다음을 얻는다.

$$\begin{aligned} E[T_i] &= \frac{1}{\lambda} + \frac{\mu}{\lambda}E[T_{i-1}] \\ &= \frac{1}{\lambda}(1 + \mu E[T_{i-1}]) \end{aligned}$$

$E[T_0] = 1/\lambda$로 시작하면,

$$E[T_1] = \frac{1}{\lambda}\left(1 + \frac{\mu}{\lambda}\right),$$
$$E[T_2] = \frac{1}{\lambda}\left[1 + \frac{\mu}{\lambda} + \left(\frac{\mu}{\lambda}\right)^2\right]$$

이 되어, 일반적으로는 다음을 얻는다.

$$\begin{aligned} E[T_i] &= \frac{1}{\lambda}\left[1 + \frac{\mu}{\lambda} + \left(\frac{\mu}{\lambda}\right)^2 + \cdots + \left(\frac{\mu}{\lambda}\right)^i\right] \\ &= \frac{1 - (\mu/\lambda)^{i+1}}{\lambda - \mu}, \qquad i \geqslant 0 \end{aligned}$$

이제, 상태 k에서 시작하여 상태 j에($k < j$) 도달하기까지의 평균 시간은 다음과 같이 표현된다.

$$\begin{aligned} E[k\text{에서 } j\text{로 갈 때까지의 시간}] &= \sum_{i=k}^{j-1} E[T_i] \\ &= \frac{j-k}{\lambda - \mu} - \frac{(\mu/\lambda)^{k+1}}{\lambda - \mu}\frac{\left[1 - (\mu/\lambda)^{j-k}\right]}{1 - \mu/\lambda} \end{aligned}$$

이 식은 $\lambda \neq \mu$을 가정한 것이다. 만약 $\lambda = \mu$이라면, 다음이 얻어진다.

$$\begin{aligned} E[T_i] &= \frac{i+1}{\lambda}, \\ E[\text{k에서 } j\text{로 갈 때까지의 시간}] &= \frac{j(j+1) - k(k+1)}{2\lambda} \end{aligned}$$

또한, 조건부 분산 공식을 이용하면 상태 0에서 상태 $i + 1$까지 가는 시간의 분산도 구할 수 있다. 먼저 식 (6.3)을 다음과 같이 적을 수 있음에 주목하자.

$$E[T_i|I_i] = \frac{1}{\lambda_i + \mu_i} + (1 - I_i)(E[T_{i-1}] + E[T_i])$$

따라서, 다음을 얻는다.

$$\begin{aligned} \text{Var}(E[T_i|I_i]) &= (E[T_{i-1}] + E[T_i])^2\, \text{Var}(I_i) \\ &= (E[T_{i-1}] + E[T_i])^2 \frac{\mu_i \lambda_i}{(\mu_i + \lambda_i)^2} \end{aligned} \tag{6.4}$$

여기서 $\text{Var}(I_i)$는 I_i가 모수 $p = \lambda_i/(\lambda_i + \mu_i)$인 베르누이 확률변수인 것을 이용하여 구해진다. 또한, 상태 i에서 전이가 일어날 때까지의 시간을 X_i라 하면 다음이 얻어짐에 주목하라.

$$\begin{aligned} \text{Var}(T_i|I_i = 1) &= \text{Var}(X_i|I_i = 1) \\ &= \text{Var}(X_i) \\ &= \frac{1}{(\lambda_i + \mu_i)^2} \end{aligned} \tag{6.5}$$

여기서 전이까지의 시간은 다음에 진입할 상태와는 독립이라는 사실을 이용하였다. 또한,

$$\begin{aligned} \text{Var}(T_i|I_i = 0) &= \text{Var}(X_i + i\text{로 되돌아오기까지의 시간} + \text{그 다음 } (i+1)\text{로 갈 때까지의 시간}) \\ &= \text{Var}(X_i) + \text{Var}(T_{i-1}) + \text{Var}(T_i) \end{aligned} \tag{6.6}$$

이 된다. 위에서 3개의 확률변수들이 독립임을 이용하였다. 식 (6.5)와 (6.6)을 다음과 같이 정리하여 나타낼 수 있다.

$$\text{Var}(T_i|I_i) = \text{Var}(X_i) + (1 - I_i)[\text{Var}(T_{i-1}) + \text{Var}(T_i)]$$

따라서 다음 식이 얻어진다.

$$E[\text{Var}(T_i|I_i)] = \frac{1}{(\mu_i + \lambda_i)^2} + \frac{\mu_i}{\mu_i + \lambda_i}[\text{Var}(T_{i-1}) + \text{Var}(T_i)] \tag{6.7}$$

결국, Var(T_i)이 식 (6.7)과 (6.4)의 합이라는 조건부 분산 공식을 이용하면, 다음이 얻어진다.

$$\begin{aligned}\text{Var}(T_i) = &\frac{1}{(\mu_i + \lambda_i)^2} + \frac{\mu_i}{\mu_i + \lambda_i}[\text{Var}(T_{i-1}) + \text{Var}(T_i)] \\ &+ \frac{\mu_i \lambda_i}{(\mu_i + \lambda_i)^2}(E[T_{i-1}] + E[T_i])^2\end{aligned}$$

정리하면

$$\text{Var}(T_i) = \frac{1}{\lambda_i(\lambda_i + \mu_i)} + \frac{\mu_i}{\lambda_i}\text{Var}(T_{i-1}) + \frac{\mu_i}{\mu_i + \lambda_i}(E[T_{i-1}] + E[T_i])^2$$

을 얻는다. Var(T_0) = $1/\lambda_0^2$에서 시작하고 기댓값을 얻기 위해 이전의 순환식을 이용하면, Var(T_i)를 되돌림 방식으로 계산할 수 있다. 또한, 상태 k에서 시작하여, 상태 j에($k < j$) 도달할 때까지의 시간의 분산을 구하고 싶다면, 이 시간이 상태 k에서 $k + 1$로 갈 때까지의 시간에 상태 $k + 1$에 $k + 2$로 가기까지의 추가 시간을 더하는 과정을 반복하여 표현가능하다는 사실을 이용한다. 마코프성질에 따라 이 연이은 확률변수들은 독립이고, 따라서 다음이 얻어진다.

$$\text{Var}(k\text{에서 } j\text{로 갈 때까지의 시간}) = \sum_{i=k}^{j-1} \text{Var}(T_i)$$

6.4 전이확률함수 $P_{ij}(t)$

현재 상태 i에 있는 확률과정이 t시간 후에 상태 j에 있을 확률을 다음과 같이 나타내자.

$$P_{ij}(t) = P\{X(t + s) = j|X(s) = i\}$$

이 값을 연속시간 마코프체인의 **전이확률 함수**라고 한다.

모두 다른 생성률을 갖는 순수생성과정에 대해 $P_{ij}(t)$를 구해보자. 상태 $k + 1$로 전이가 일어날 때까지 상태 k에 머무는($k \geqslant 1$) 시간을 X_k라 하자. 현재 상태 i에 머물고 있고 $j > i$라 하자. 그러면, 상태 $i + 1$로 전이가 일어날 때까지 상태 i에 머무는 시간은 X_i, 상태 $i + 2$로 전이가 일어날 때까지 상태 $i + 1$에 머무는 시간은 X_{i+1} 등으로 표시되므로, 상태 j로 이동할 때까지의 시간은 $\sum_{k=i}^{j-1} X_k$이 된다. 이제, 시간 t까지 아직 상태 j에 진입하지 못했다면, 시간 t의 상태는 j보다 작은 값을 갖게 되며 그 역도 성립한다. 즉, 다음 성질이 성립한다.

$$X(t) < j \Leftrightarrow X_i + \cdots + X_{j-1} > t$$

따라서, $i < j$일 경우 순수생성과정에 대한 다음 결과를 얻을 수 있다.

$$P\{X(t) < j|X(0) = i\} = P\left\{\sum_{k=i}^{j-1} X_k > t\right\}$$

그러나, $X_i, \ldots, X_{j-1}$는 각각 발생률 $\lambda_i, \ldots, \lambda_{j-1}$인 독립적인 지수 확률변수이므로, 앞서의 결과와 $\sum_{k=i}^{j-1} X_k$의 꼬리분포함수의 식 (5.9)로부터 다음을 얻을 수 있다.

$$P\{X(t) < j|X(0) = i\} = \sum_{k=i}^{j-1} e^{-\lambda_k t} \prod_{r\neq k,\ r=i}^{j-1} \frac{\lambda_r}{\lambda_r - \lambda_k}$$

j를 $j+1$로 대체하면 다음이 얻어진다.

$$P\{X(t) < j+1|X(0) = i\} = \sum_{k=i}^{j} e^{-\lambda_k t} \prod_{r\neq k,\ r=i}^{j} \frac{\lambda_r}{\lambda_r - \lambda_k}$$

그리고

$$P\{X(t) = j|X(0) = i\} = P\{X(t) < j+1|X(0) = i\} - P\{X(t) < j|X(0) = i\}$$

이 성립하고 $P_{ii}(t) = P\{X_i > t\} = e^{-\lambda_i t}$이므로 다음 결과를 얻는다.

명제 6.1 $i \neq j$이면 $\lambda_i \neq \lambda_j$인 순수생성과정에 대하여, 다음이 성립한다..

$$P_{ij}(t) = \sum_{k=i}^{j} e^{-\lambda_k t} \prod_{r\neq k,\ r=i}^{j} \frac{\lambda_r}{\lambda_r - \lambda_k} - \sum_{k=i}^{j-1} e^{-\lambda_k t} \prod_{r\neq k,\ r=i}^{j-1} \frac{\lambda_r}{\lambda_r - \lambda_k}, \qquad i < j$$

$$P_{ii}(t) = e^{-\lambda_i t}$$

예제 6.8 각 개인이 독립적으로 발생률 λ로 출산을 하고 그 결과로 $\lambda_n = n\lambda$, $n \geqslant 1$가 되는 순수생성과정, 즉 율 과정을 고려하자. $i = 1$이면, 명제 6.1로부터 다음 결과가 얻어진다.

$$\begin{aligned}
P_{1j}(t) &= \sum_{k=1}^{j} e^{-k\lambda t} \prod_{r\neq k,\ r=1}^{j} \frac{r}{r-k} - \sum_{k=1}^{j-1} e^{-k\lambda t} \prod_{r\neq k,\ r=1}^{j-1} \frac{r}{r-k} \\
&= e^{-j\lambda t} \prod_{r=1}^{j-1} \frac{r}{r-j} + \sum_{k=1}^{j-1} e^{-k\lambda t} \left(\prod_{r\neq k,\ r=1}^{j} \frac{r}{r-k} - \prod_{r\neq k,\ r=1}^{j-1} \frac{r}{r-k} \right) \\
&= e^{-j\lambda t}(-1)^{j-1} + \sum_{k=1}^{j-1} e^{-k\lambda t} \left(\frac{j}{j-k} - 1 \right) \prod_{r\neq k,\ r=1}^{j-1} \frac{r}{r-k}
\end{aligned}$$

이제

$$\begin{aligned}
\frac{k}{j-k} \prod_{r\neq k,\ r=1}^{j-1} \frac{r}{r-k} &= \frac{(j-1)!}{(1-k)(2-k)\cdots(k-1-k)(j-k)!} \\
&= (-1)^{k-1} \binom{j-1}{k-1}
\end{aligned}$$

이므로

$$\begin{aligned}
P_{1j}(t) &= \sum_{k=1}^{j} \binom{j-1}{k-1} e^{-k\lambda t}(-1)^{k-1} \\
&= e^{-\lambda t} \sum_{i=0}^{j-1} \binom{j-1}{i} e^{-i\lambda t}(-1)^{i} \\
&= e^{-\lambda t}(1 - e^{-\lambda t})^{j-1}
\end{aligned}$$

이 된다. 따라서 1명에서 시작할 경우, 시간 t에 집단의 크기는 평균이 $e^{\lambda t}$인 기하분포를 따른다. 만약 i명에서 시작한다면, 이들 각각이 독립적인 율 과정을 진행하는 것으로 간주할 수 있고 따라서 시간 t

에 집단의 크기는 모수가 $e^{-\lambda t}$인 i개의 독립이고 동일한 분포를 갖는 기하 확률변수의 합이 된다. 이는, $X(0) = i$인 조건하에서 $X(t)$의 조건부 분포는, 앞면이 나올 확률이 $e^{-\lambda t}$인 동전을 던져 총 i번 앞면이 나올 때까지의 시행 횟수의 분포와 동일하다는 것을 의미한다. 따라서 시간 t에 집단의 크기는 모수가 i와 $e^{-\lambda t}$인 음이항분포를 따르며 결국

$$P_{ij}(t) = \binom{j-1}{i-1} e^{-i\lambda t}(1 - e^{-\lambda t})^{j-i}, \qquad j \geqslant i \geqslant 1$$

이 얻어진다. (물론 $P_{1j}(t)$를 구하는 데에만 명제 6.1을 이용하는 대신, 명제 6.1을 이용하여 $P_{ij}(t)$에 대한 식을 즉시 구할 수도 있다. 하지만 그 경우 최종 결과가 위의 결과와 같다는 것을 보이는 과정이 번거롭다.) ■

이제, 일반적인 연속시간 마코프체인에서 전이확률 $P_{ij}(t)$가 만족하는 연립 미분방정식을 유도해보자. 하지만 먼저 하나의 정의와 2개의 보조정리가 필요하다.

임의의 상태 i와 j 쌍에 대하여, 다음을 정의하자.

$$q_{ij} = v_i P_{ij}$$

v_i는 상태 i에 있을 때 전이가 일어날 발생률이고, P_{ij}는 그 전이가 상태 j로 갈 확률이므로, q_{ij}는 상태 i에 있을 때 상태 j로의 전이가 일어날 발생률이 된다. 이 값 q_{ij}를 **순간전이율**(instantaneous transition rate)이라 한다. 그런데

$$v_i = \sum_j v_i P_{ij} = \sum_j q_{ij}$$

이고 또한

$$P_{ij} = \frac{q_{ij}}{v_i} = \frac{q_{ij}}{\sum_j q_{ij}}$$

이므로, 순간전이율을 규정한다는 것은 연속시간 마코프체인의 모수들을 결정하는 것임을 알 수 있다.

보조정리 6.2

(a) $$\lim_{h\to 0}\frac{1 - P_{ii}(h)}{h} = v_i$$

(b) $$\lim_{h\to 0}\frac{P_{ij}(h)}{h} = q_{ij} \qquad i \neq j \text{ 일 경우}$$

증명 우선 전이가 일어날 때까지의 시간은 지수분포를 따르므로 시간 h 동안 둘 이상의 전이가 발생할 확률은 $o(h)$임을 주목하자. 따라서, 시간 0에 상태 i인 확률과정이 시간 h에 상태 i에 머물지 않을 확률, $1 - P_{ii}(h)$은 시간 h 이내에 전이가 일어날 확률에 h에 비해 작은 값을 더한 것과 동일하다. 따라서

$$1 - P_{ii}(h) = v_i h + o(h)$$

가 되므로 (a)가 증명된다. (b)를 증명하기 위해, 시간 h 동안 상태 i에서 상태 j로 갈 확률은 이 시간 동안 전이가 일어날 확률에 이 전이가 상태 j로 갈 확률을 곱한 값에 h에 비해 적은 값을 더한 것과 동일함에 주목하자. 즉,

$$P_{ij}(h) = hv_i P_{ij} + o(h)$$

가 되므로 (b)가 증명된다. ■

보조정리 6.3 $s \geqslant 0, t \geqslant 0$에 대하여 다음이 성립한다.

$$P_{ij}(t+s) = \sum_{k=0}^{\infty} P_{ik}(t)P_{kj}(s) \tag{6.8}$$

증명▶ 시간 $t+s$ 동안 상태 i에서 상태 j로 가려면, 시간 t에 어딘가에 있어야 하므로

$$\begin{aligned}
P_{ij}(t+s) &= P\{X(t+s)=j|X(0)=i\} \\
&= \sum_{k=0}^{\infty} P\{X(t+s)=j, X(t)=k|X(0)=i\} \\
&= \sum_{k=0}^{\infty} P\{X(t+s)=j|X(t)=k, X(0)=i\} \cdot P\{X(t)=k|X(0)=i\} \\
&= \sum_{k=0}^{\infty} P\{X(t+s)=j|X(t)=k\} \cdot P\{X(t)=k|X(0)=i\} \\
&= \sum_{k=0}^{\infty} P_{kj}(s)P_{ik}(t)
\end{aligned}$$

따라서 증명이 완료된다. ■

식 (6.8)을 **채프먼-콜모고로프 방정식**(Chapman-Kolmogorov equation)이라 한다. 보조정리 6.3으로부터 다음을 얻을 수 있다.

$$\begin{aligned}
P_{ij}(h+t) - P_{ij}(t) &= \sum_{k=0}^{\infty} P_{ik}(h)P_{kj}(t) - P_{ij}(t) \\
&= \sum_{k \neq i} P_{ik}(h)P_{kj}(t) - [1 - P_{ii}(h)]P_{ij}(t)
\end{aligned}$$

따라서

$$\lim_{h \to 0} \frac{P_{ij}(t+h) - P_{ij}(t)}{h} = \lim_{h \to 0} \left\{ \sum_{k \neq i} \frac{P_{ik}(h)}{h} P_{kj}(t) - \left[\frac{1 - P_{ii}(h)}{h} \right] P_{ij}(t) \right\}$$

를 얻는다. 이제, 위 식에서 극한과 합의 순서를 교환할 수 있다고 가정하고 보조정리 6.2를 적용하면

$$P'_{ij}(t) = \sum_{k \neq i} q_{ik} P_{kj}(t) - v_i P_{ij}(t)$$

을 얻는다. 이 교환은 실제로 정당화가 가능하고, 따라서 다음 정리를 얻는다.

정리 6.1 (콜모고로프의 후진방정식) 모든 상태 i, j와 시간 $t \geq 0$에 대하여,

$$P'_{ij}(t) = \sum_{k \neq i} q_{ik} P_{kj}(t) - v_i P_{ij}(t)$$

예제 6.9 순수생성과정에 대한 후진방정식은 다음과 같다.

$$P'_{ij}(t) = \lambda_i P_{i+1,j}(t) - \lambda_i P_{ij}(t)$$

■

예제 6.10 생성소멸과정에 대한 후진방정식은 다음과 같다.

$$P'_{0j}(t) = \lambda_0 P_{1j}(t) - \lambda_0 P_{0j}(t),$$
$$P'_{ij}(t) = (\lambda_i + \mu_i)\left[\frac{\lambda_i}{\lambda_i + \mu_i} P_{i+1,j}(t) + \frac{\mu_i}{\lambda_i + \mu_i} P_{i-1,j}(t)\right] - (\lambda_i + \mu_i) P_{ij}(t)$$

정리하면 다음이 얻어진다.

$$P'_{0j}(t) = \lambda_0 [P_{1j}(t) - P_{0j}(t)],$$
$$P'_{ij}(t) = \lambda_i P_{i+1,j}(t) + \mu_i P_{i-1,j}(t) - (\lambda_i + \mu_i) P_{ij}(t), \qquad i > 0 \tag{6.9}$$

■

예제 6.11 (두 개의 상태로 구성된 연속시간 마코프체인) 고장 나기 전까지 평균이 $1/\lambda$인 지수분포를 따르는 시간 동안 작동하는 기계를 가정하자. 고장 난 기계의 수리 시간은 평균이 $1/\mu$인 지수분포를 따른다. 시간 0에 기계가 작동 중이라면 시간 10에도 작동 중일 확률은 얼마인가?

이 문제에 답하기 위해, 이 확률과정은 다음 모수를 갖는 생성소멸과정임에 주목하자(상태 0은 작동 중인 상태이고 상태 1은 수리 중인 상태를 나타낸다고 하자).

$$\lambda_0 = \lambda, \qquad \mu_1 = \mu,$$
$$\lambda_i = 0, \quad i \neq 0, \quad \mu_i = 0, \quad i \neq 1$$

예제 6.10에 주어진 미분방정식을 풀어서 구하려는 값 $P_{00}(10)$를 구해보자. 식 (6.9)로부터 다음 식을 얻을 수 있다.

$$P'_{00}(t) = \lambda [P_{10}(t) - P_{00}(t)], \tag{6.10}$$

$$P'_{10}(t) = \mu P_{00}(t) - \mu P_{10}(t) \tag{6.11}$$

식 (6.10)에는 μ, 식 (6.11)에는 λ를 곱한 후 두 식을 더하면

$$\mu P'_{00}(t) + \lambda P'_{10}(t) = 0$$

이 얻어지고, 적분을 하면 다음을 얻는다.

$$\mu P_{00}(t) + \lambda P_{10}(t) = c$$

그런데, $P_{00}(0) = 1$이고 $P_{10}(0) = 0$이므로 $c = \mu$를 얻을 수 있고 따라서

$$\mu P_{00}(t) + \lambda P_{10}(t) = \mu \tag{6.12}$$

이 되고, 정리하면

$$\lambda P_{10}(t) = \mu [1 - P_{00}(t)]$$

을 얻는다. 이 결과를 식 (6.10)에 대입하면 다음을 얻는다.

$$P'_{00}(t) = \mu [1 - P_{00}(t)] - \lambda P_{00}(t)$$
$$= \mu - (\mu + \lambda) P_{00}(t)$$

이제

$$h(t) = P_{00}(t) - \frac{\mu}{\mu + \lambda}$$

라 하면

$$h'(t) = \mu - (\mu+\lambda)\left[h(t) + \frac{\mu}{\mu+\lambda}\right]$$
$$= -(\mu+\lambda)h(t)$$

을 얻고 따라서

$$\frac{h'(t)}{h(t)} = -(\mu+\lambda)$$

을 얻는다. 양변을 적분하면

$$\log h(t) = -(\mu+\lambda)t + c$$

또는

$$h(t) = Ke^{-(\mu+\lambda)t}$$

을 얻을 수 있고, 따라서

$$P_{00}(t) = Ke^{-(\mu+\lambda)t} + \frac{\mu}{\mu+\lambda}$$

이 된다. 이제 $P_{00}(0) = 1$을 이용하면 최종 결과

$$P_{00}(t) = \frac{\lambda}{\mu+\lambda}e^{-(\mu+\lambda)t} + \frac{\mu}{\mu+\lambda}$$

를 얻는다. 이것은 식 (6.12)로부터

$$P_{10}(t) = \frac{\mu}{\mu+\lambda} - \frac{\mu}{\mu+\lambda}e^{-(\mu+\lambda)t}$$

를 의미하고 원하는 확률은 다음과 같다:

$$P_{00}(10) = \frac{\lambda}{\mu+\lambda}e^{-10(\mu+\lambda)} + \frac{\mu}{\mu+\lambda}$$ ■

후진방정식과는 다른, 또 다른 연립 미분방정식을 유도하는 것이 가능할 수도 있다. **콜모고로프 전진 방정식**(Kolmogorov's forward equation)으로 알려진 이 방정식은 다음과 같이 구해진다. 채프먼-콜모고로프 방정식으로부터(보조정리 6.3), 다음 식이 성립한다.

$$P_{ij}(t+h) - P_{ij}(t) = \sum_{k=0}^{\infty} P_{ik}(t)P_{kj}(h) - P_{ij}(t)$$
$$= \sum_{k\neq j} P_{ik}(t)P_{kj}(h) - [1 - P_{jj}(h)]P_{ij}(t)$$

따라서

$$\lim_{h\to 0}\frac{P_{ij}(t+h) - P_{ij}(t)}{h} = \lim_{h\to 0}\left\{\sum_{k\neq j} P_{ik}(t)\frac{P_{kj}(h)}{h} - \left[\frac{1-P_{jj}(h)}{h}\right]P_{ij}(t)\right\}$$

를 얻고, 극한과 합의 계산 순서를 바꿀 수 있다고 가정하면, 보조정리 6.2로부터 다음을 얻는다.

$$P'_{ij}(t) = \sum_{k\neq j} q_{kj}P_{ik}(t) - v_jP_{ij}(t)$$

안타깝게도 극한과 합의 순서를 바꾸는 것이 항상 정당화 되지 않아서 않으며 따라서 위의 식이 항상

성립하지는 않는다. 하지만, 모든 생성소멸과정과 유한 상태 모형을 포함한 대부분의 경우에 위 식이 성립한다. 따라서 다음 정리를 얻을 수 있다.

정리 6.2 (콜모고로프 전진방정식) 적절한 조건하에서 다음이 성립한다.

$$P'_{ij}(t) = \sum_{k \neq j} q_{kj} P_{ik}(t) - v_j P_{ij}(t) \tag{6.13}$$

이제 순수생성과정에 대한 전진방정식을 구하여 풀어보자. 이 경우 식 (6.13)은 다음과 같이 축소된다.

$$P'_{ij}(t) = \lambda_{j-1} P_{i,j-1}(t) - \lambda_j P_{ij}(t)$$

그런데 $j < i$이면 항상 $P_{ij}(t) = 0$이므로(소멸이 발생하지 않으므로), 위 방정식을 다음과 같이 다시 쓸 수 있다.

$$\begin{aligned} P'_{ii}(t) &= -\lambda_i P_{ii}(t), \\ P'_{ij}(t) &= \lambda_{j-1} P_{i,j-1}(t) - \lambda_j P_{ij}(t), \qquad j \geqslant i+1 \end{aligned} \tag{6.14}$$

명제 6.4 순수생성과정에 대하여 다음이 성립한다.

$$\begin{aligned} P_{ii}(t) &= e^{-\lambda_i t}, & i \geqslant 0 \\ P_{ij}(t) &= \lambda_{j-1} e^{-\lambda_j t} \int_0^t e^{\lambda_j s} P_{i,j-1}(s)\, ds, & j \geqslant i+1 \end{aligned}$$

증명 $P_{ii}(t) = e^{-\lambda_i t}$라는 사실은 식 (6.14)를 적분하고 $P_{ii}(0) = 1$임을 이용하면 증명이 된다. $P_{ij}(t)$에 대한 결과를 증명하기 위해서 식 (6.14)를 다음과 같이 다시 쓰자.

$$e^{\lambda_j t}\left[P'_{ij}(t) + \lambda_j P_{ij}(t)\right] = e^{\lambda_j t} \lambda_{j-1} P_{i,j-1}(t)$$

이는

$$\frac{d}{dt}\left[e^{\lambda_j t} P_{ij}(t)\right] = \lambda_{j-1} e^{\lambda_j t} P_{i,j-1}(t)$$

이 되고, $P_{ij}(0) = 0$이므로 원하는 결과를 얻는다. ■

예제 6.12 (생성소멸과정에 대한 전진방정식) 일반적인 생성소멸과정에 대한 전진방정식 식 (6.13)은 다음과 같다.

$$\begin{aligned} P'_{i0}(t) &= \sum_{k \neq 0} q_{k0} P_{ik}(t) - \lambda_0 P_{i0}(t) \\ &= \mu_1 P_{i1}(t) - \lambda_0 P_{i0}(t) \end{aligned} \tag{6.15}$$

$$\begin{aligned} P'_{ij}(t) &= \sum_{k \neq j} q_{kj} P_{ik}(t) - (\lambda_j + \mu_j) P_{ij}(t) \\ &= \lambda_{j-1} P_{i,j-1}(t) + \mu_{j+1} P_{i,j+1}(t) - (\lambda_j + \mu_j) P_{ij}(t) \end{aligned} \tag{6.16}$$

■

6.5 극한 확률

이산시간 마코프체인에서의 결과와 비슷하게, 연속시간 마코프체인이 시간 t에 상태 j에 있을 확률은 자주 초기 상태와는 독립적인 극한값에 수렴한다. 이 값을 P_j라 하면 다음 식이 얻어진다.

$$P_j \equiv \lim_{t\to\infty} P_{ij}(t)$$

위 식은 구하려는 극한값이 존재하며 초기 상태 i와는 독립이라는 가정 하에서 얻어진 것이다.

P_j에 대한 방정식 집합을 유도하기 위해 우선 전진방정식 집합을 고려하자.

$$P'_{ij}(t) = \sum_{k\neq j} q_{kj} P_{ik}(t) - v_j P_{ij}(t) \tag{6.17}$$

이제, t가 ∞로 접근할 경우, 극한과 합의 순서를 바꿀 수 있다고 가정하면 다음이 얻어진다.

$$\begin{aligned}\lim_{t\to\infty} P'_{ij}(t) &= \lim_{t\to\infty}\left[\sum_{k\neq j} q_{kj} P_{ik}(t) - v_j P_{ij}(t)\right]\\ &= \sum_{k\neq j} q_{kj} P_k - v_j P_j\end{aligned}$$

그런데 $P_{ij}(t)$은 유계함수(bounded function)이므로(확률은 항상 0과 1 사이의 값을 갖는다), $P'_{ij}(t)$가 수렴한다면 0으로 수렴할 수밖에 없다(왜 그런가?) 따라서

$$0 = \sum_{k\neq j} q_{kj} P_k - v_j P_j$$

이 되어야 하고, 정리하면

$$v_j P_j = \sum_{k\neq j} q_{kj} P_k, \qquad \text{모든 상태 } j\text{에 대해} \tag{6.18}$$

을 얻는다. 위의 연립 방정식과 함께

$$\sum_j P_j = 1 \tag{6.19}$$

를 풀어 극한 확률을 구할 수 있다.

참고:

(i) 앞에서 극한 확률 P_j가 존재한다고 가정하였다. 이에 대한 충분조건은 다음과 같다.

(a) 마코프체인의 모든 상태가 소통한다(communicate). 즉, 모든 i, j에 대하여 상태 i를 출발하여 언젠가 상태 j에 있을 양의 확률이 존재한다.

(b) 마코프체인이 양 재발적(positive recurrent)이다. 즉, 어떤 상태에서 출발하더라도 그 상태로 되돌아올 때까지의 평균 시간은 유한하다.

조건 (a)와 (b)를 만족하면 극한 확률이 존재하며 식 (6.18)과 (6.19)를 만족한다. 또한, P_j는 해당 확률과정이 상태 j에 있을 장기 비율로 해석될 수 있다.

(ii) 식 (6.18)과 (6.19)는 적절한 해석이 가능하다: 임의의 간격 $(0, t)$ 동안, 상태 j로 들어오는 전이횟수는 상태 j에서 나가는 전이횟수와 1개 이하의 차이만 나야 한다(왜 그런가?). 따라서 장기적으로 상태 j로 들어오는 전이의 발생률은 상태 j에서 나가는 전이의 발생률과 같다. 상태 j에 있을 경우, 발생률 v_j로 그 상태를 벗어나며 P_j는 상태 j에 있는 시간의 비율을 나타내므로 다음 식이 성립한다.

$$v_j P_j = \text{과정이 상태 } j\text{를 떠나는 비율}$$

비슷하게, 상태 k에 있을 경우, 발생률 q_{kj}로 상태 j로 진입한다. 따라서 P_k는 상태 k에 있는 시간의 비율을 나타내므로 상태 k에서 상태 j로의 전이의 발생율은 $q_{kj}\ P_k$임을 알 수 있다. 따라서 다음 식이 성립한다.

$$\sum_{k \neq j} q_{kj} P_k = \text{과정이 상태 } j\text{로 들어오는 비율}$$

따라서, 식 (6.18)은 과정이 상태 j로 들어오고 나가는 비율에 대한 등식을 나타낸다. 이러한 비율이 균형을 이루므로(즉, 등식이 성립하므로), 식 (6.18)을 "균형방정식"이라고도 한다.

(iii) 극한 확률 P_j가 존재하면, 해당 체인을 **에르고딕**(ergodic)이라 한다. P_j는 때로는 정상확률이라 일컬어지는데, 그 이유는 (이산시간의 경우와 마찬가지로) 초기상태가 분포 $\{P_j\}$에 따라서 선택되면, 모든 t에 대하여 시간 t에 상태 j에 있을 확률은 P_j이기 때문이다.

이제 생성소멸과정에 대한 극한 확률을 구해보자. 식 (6.18)로부터 또는 어느 상태를 떠나는 비율과 그 상태로 들어오는 비율을 같게 놓음으로써, 다음이 얻어진다.

상태	떠나는 비율 = 들어오는 비율
0	$\lambda_0 P_0 = \mu_1 P_1$
1	$(\lambda_1 + \mu_1) P_1 = \mu_2 P_2 + \lambda_0 P_0$
2	$(\lambda_2 + \mu_2) P_2 = \mu_3 P_3 + \lambda_1 P_1$
$n, n \geqslant 1$	$(\lambda_n + \mu_n) P_n = \mu_{n+1} P_{n+1} + \lambda_{n-1} P_{n-1}$

각 등식에 앞의 등식을 더하여 다음을 얻는다.

$$\begin{aligned}
\lambda_0 P_0 &= \mu_1 P_1, \\
\lambda_1 P_1 &= \mu_2 P_2, \\
\lambda_2 P_2 &= \mu_3 P_3, \\
&\ \vdots \\
\lambda_n P_n &= \mu_{n+1} P_{n+1}, \qquad n \geqslant 0
\end{aligned}$$

P_0의 항으로 풀면

$$\begin{aligned}
P_1 &= \frac{\lambda_0}{\mu_1} P_0, \\
P_2 &= \frac{\lambda_1}{\mu_2} P_1 = \frac{\lambda_1 \lambda_0}{\mu_2 \mu_1} P_0, \\
P_3 &= \frac{\lambda_2}{\mu_3} P_2 = \frac{\lambda_2 \lambda_1 \lambda_0}{\mu_3 \mu_2 \mu_1} P_0, \\
&\ \vdots \\
P_n &= \frac{\lambda_{n-1}}{\mu_n} P_{n-1} = \frac{\lambda_{n-1} \lambda_{n-2} \cdots \lambda_1 \lambda_0}{\mu_n \mu_{n-1} \cdots \mu_2 \mu_1} P_0
\end{aligned}$$

이 되고, 이제 $\sum_{n=0}^{\infty} P_n = 1$을 이용하면

$$1 = P_0 + P_0 \sum_{n=1}^{\infty} \frac{\lambda_{n-1} \cdots \lambda_1 \lambda_0}{\mu_n \cdots \mu_2 \mu_1}$$

또는

$$P_0 = \frac{1}{1 + \sum_{n=1}^{\infty} \frac{\lambda_0 \lambda_1 \cdots \lambda_{n-1}}{\mu_1 \mu_2 \cdots \mu_n}}$$

이 되어

$$P_n = \frac{\lambda_0 \lambda_1 \cdots \lambda_{n-1}}{\mu_1 \mu_2 \cdots \mu_n \left(1 + \sum_{n=1}^{\infty} \frac{\lambda_0 \lambda_1 \cdots \lambda_{n-1}}{\mu_1 \mu_2 \cdots \mu_n}\right)}, \qquad n \geqslant 1 \tag{6.20}$$

을 얻는다. 이 식은 극한 확률이 존재하려면 어떤 조건이 필요한지를 보여준다. 즉, 다음 조건이 필요하다.

$$\sum_{n=1}^{\infty} \frac{\lambda_0\lambda_1\cdots\lambda_{n-1}}{\mu_1\mu_2\cdots\mu_n} < \infty \tag{6.21}$$

이 조건은 또한 충분조건임을 보일 수 있다.

복수 서버 지수 대기행렬 시스템에서(예제 6.6), 조건 (6.21)은 다음과 같이 축소된다.

$$\sum_{n=s+1}^{\infty} \frac{\lambda^n}{(s\mu)^n} < \infty$$

이는 $\lambda/s\mu < 1$와 동등하다.

이민이 있는 선형 성장모형에 대하여(예제 6.4), 조건 (6.21)은 다음과 같이 축소된다.

$$\sum_{n=1}^{\infty} \frac{\theta(\theta+\lambda)\cdots(\theta+(n-1)\lambda)}{n!\mu^n} < \infty$$

비검정(ratio test)을 이용하여 위 식이 다음의 경우에 수렴함을 보일 수 있다.

$$\begin{aligned}\lim_{n\to\infty} \frac{\theta(\theta+\lambda)\cdots(\theta+n\lambda)}{(n+1)!\mu^{n+1}} \frac{n!\mu^n}{\theta(\theta+\lambda)\cdots(\theta+(n-1)\lambda)} &= \lim_{n\to\infty} \frac{\theta+n\lambda}{(n+1)\mu} \\ &= \frac{\lambda}{\mu} < 1\end{aligned}$$

즉, $\lambda < \mu$일 경우에 조건이 만족한다. $\lambda \geqslant \mu$일 경우에는 조건 (6.21)이 만족하지 않음을 쉽게 보일 수 있다.

예제 6.13 (기계 수리 모형) M대의 기계와 1명의 기사로 구성된 작업대를 고려하자. 고장날 때까지의 작동시간은 평균이 $1/\lambda$인 지수분포를 따르고, 고장난 기계를 수리하는 데에 걸리는 시간은 평균이 $1/\mu$인 지수분포를 따른다고 하자. 다음 질문에 대답해보자. (a) 작동 중이 아닌 기계는 평균 몇 대인가? (b) 각 기계가 작동 중인 시간의 비율은 얼마인가?

풀이▶ n대의 기계가 작동 중이 아니면 시스템은 상태 n에 있다고 정의하자. 그러면 위의 경우는 모수가 다음과 같은 생성소멸과정이 된다.

$$\begin{aligned}\mu_n &= \mu \qquad\qquad n \geqslant 1 \\ \lambda_n &= \begin{cases}(M-n)\lambda, & n \leqslant M \\ 0, & n > M\end{cases}\end{aligned}$$

이는, 고장 난 기계는 생성으로 간주하고 수리된 기계는 소멸로 간주한 것이다. 어느 기계건 고장이 나면, 기사의 서비스율은 μ이므로 $\mu_n = \mu$이 된다. 반면에, n대의 기계가 작동 중이 아니면, 작동 중인 $M-n$대의 기계가 각각 고장률 λ로 고장이 나므로 $\lambda_n = (M-n)\lambda$이 된다. 식 (6.20)으로부터 n대의 기계가 작동 중이 아닐 확률 P_n은 다음과 같이 구해진다.

$$\begin{aligned}P_0 &= \frac{1}{1+\sum_{n=1}^{M} [M\lambda(M-1)\lambda\cdots(M-n+1)\lambda/\mu^n]} \\ &= \frac{1}{1+\sum_{n=1}^{M} (\lambda/\mu)^n M!/(M-n)!}, \\ P_n &= \frac{(\lambda/\mu)^n M!/(M-n)!}{1+\sum_{n=1}^{M} (\lambda/\mu)^n M!/(M-n)!}, \qquad n = 0, 1, \ldots, M\end{aligned}$$

따라서, 작동 중이 아닌 기계의 평균 수는 다음과 같다.

$$\sum_{n=0}^{M} nP_n = \frac{\sum_{n=0}^{M} n(\lambda/\mu)^n M!/(M-n)!}{1+\sum_{n=1}^{M} (\lambda/\mu)^n M!/(M-n)!} \tag{6.22}$$

기계가 작동하는 시간에 대한 장기 비율을 알기 위해 기계가 작동할 극한 확률을 계산하면 된다. 이를 위해 작동하지 않는 기계의 수에 조건을 주어 다음을 얻는다.

$$\begin{aligned} P\{\text{기계가 작동}\} &= \sum_{n=0}^{M} P\{\text{기계가 작동}|n\text{대가 작동하지 않음}\}\, P_n \\ &= \sum_{n=0}^{M} \frac{M-n}{M} P_n \quad n\text{대가 작동하지 않으면 } M-n\text{대가 작동하므로} \\ &= 1-\sum_{0}^{M} \frac{nP_n}{M} \end{aligned}$$

위에서 $\sum_0^M nP_n$는 식 (6.22)에 의해 주어진다. ■

예제 6.14 (M/M/1 대기행렬) $M/M/1$ 대기행렬에서는, $\lambda_n = \lambda$, $\mu_n = \mu$이고 따라서 식 (6.20)으로부터 다음 식을 얻을 수 있다.

$$\begin{aligned} P_n &= \frac{(\lambda/\mu)^n}{1+\sum_{n=1}^{\infty} (\lambda/\mu)^n} \\ &= (\lambda/\mu)^n (1-\lambda/\mu), \qquad n \geqslant 0 \end{aligned}$$

위 식은 $\lambda/\mu < 1$일 때 성립한다. 극한 확률이 존재하려면 λ이 μ보다 적어야 한다는 것은 직관적으로 이해가 가능하다. 도착률 λ로 고객이 도착하고 서비스율 μ로 서비스를 받을 경우, $\lambda > \mu$라면 서비스 받을 수 있는 것보다 도착이 더 많이 일어난다는 것이므로 기다리는 고객은 무한대로 늘어나게 된다. $\lambda = \mu$인 경우는 4.3절의 대칭인 랜덤보행과 마찬가지로 영 재발적이 되어 극한 확률을 가질 수 없다. ■

예제 6.15 예제 6.1의 구두닦이 가게를 다시 고려하자. 각 상태 0, 1, 2에 있는 시간의 비율을 결정해 보자. 이 경우는 생성소멸과정이 아니므로(상태 2에서 상태 0으로 갈 수 있다), 극한 확률에 대한 균형 방정식을 먼저 구해보자.

상태	상태에서 나가는 비율 = 상태로 들어오는 비율
0	$\lambda P_0 = \mu_2 P_2$
1	$\mu_1 P_1 = \lambda P_0$
2	$\mu_2 P_2 = \mu_1 P_1$

P_0의 항으로 정리하면

$$P_2 = \frac{\lambda}{\mu_2} P_0, \qquad P_1 = \frac{\lambda}{\mu_1} P_0$$

이 얻어지고 $P_0 + P_1 + P_2 = 1$이므로

$$P_0\left[1+\frac{\lambda}{\mu_2}+\frac{\lambda}{\mu_1}\right] = 1$$

이 되어

$$P_0 = \frac{\mu_1\mu_2}{\mu_1\mu_2 + \lambda(\mu_1+\mu_2)}$$

를 얻고 또한 다음을 얻는다.

$$P_1 = \frac{\lambda\mu_2}{\mu_1\mu_2 + \lambda(\mu_1+\mu_2)},$$
$$P_2 = \frac{\lambda\mu_1}{\mu_1\mu_2 + \lambda(\mu_1+\mu_2)}$$ ■

예제 6.16 n개의 부품과 1명의 수리기사로 이루어진 시스템을 고려하자. 부품 i는 고장률 λ_i인 지수분포에 따라 작동하다가 고장 난다. 부품 i를 수리하는 데에 걸리는 시간은 수리율 μ_i인($i = 1, \ldots, n$) 지수분포를 따른다. 두 개 이상의 부품이 고장나면 수리기사는 가장 최근에 고장난 부품을 수리한다고 가정하자. 예를 들어, 현재 두 개의 부품, 부품 1과 2가 고장나고 이 중 부품 1이 가장 최근에 고장났다면, 수리기사는 부품 1을 수리한다. 하지만 부품 1의 수리가 끝나기 전에 부품 3이 고장난다면 수리기사는 부품 1의 수리를 즉시 멈추고 부품 3을 수리하기 시작한다[즉 새로 고장난 부품이 서비스를 선점한다 (preempt)].

이 경우를 연속시간 마코프체인으로 분석하기 위해서는 고장 난 부품의 순서가 상태로 표현되어야 한다. 즉, 상태가 $i_1, i_2, \ldots, i_k$라면, 이는 k개의 부품이 고장나고(나머지 $n-k$개는 작동 중) i_1은 가장 최근에 고장난 부품(그래서 현재 수리 중인 부품), i_2는 두 번째로 최근에 고장 난 부품이라는 것을 의미한다. k개의 고장난 부품에 대해서 $k!$가지의 배열이 가능하고 그러한 경우는 $\binom{n}{k}$가지가 발생가능하므로 가능한 상태의 수는

$$\sum_{k=0}^{n}\binom{n}{k}k! = \sum_{k=0}^{n}\frac{n!}{(n-k)!} = n!\sum_{i=0}^{n}\frac{1}{i!}$$

이 된다.

극한 확률에 대한 균형방정식은 다음과 같다.

$$\left(\mu_{i_1} + \sum_{\substack{i\neq i_j\\ j=1,\ldots,k}}\lambda_i\right)P(i_1,\ldots,i_k) = \sum_{\substack{i\neq i_j\\ j=1,\ldots,k}}P(i,i_1,\ldots,i_k)\mu_i + P(i_2,\ldots,i_k)\lambda_{i_1},$$

$$\sum_{i=1}^{n}\lambda_i P(\phi) = \sum_{i=1}^{n}P(i)\mu_i \tag{6.23}$$

여기서 ϕ는 모든 부품이 작동 중인 상태이다. 위의 식은 상태 $i_1, \ldots, i_k$에서 추가로 어느 하나의 부품이 고장나거나 부품 i_1의 수리가 완료되면 그 상태를 벗어나게 된다는 것을 이용한 것이다. 또한, 상태 $i, i_1, \ldots, i_k$에서 부품 i의 수리가 완료되거나 상태 $i_2, \ldots, i_k$에서 부품 i_1가 고장나면 상태 $i_1, \ldots, i_k$로 진입하게 된다.

그런데, 다음 $P(i_1, \ldots, i_k)$가 식 (6.23)을 만족한다는 것을 쉽게 보일 수 있다.

$$P(i_1,\ldots,i_k) = \frac{\lambda_{i_1}\lambda_{i_2}\cdots\lambda_{i_k}}{\mu_{i_1}\mu_{i_2}\cdots\mu_{i_k}}P(\phi) \tag{6.24}$$

유일성에 의해, 이 식은 극한확률이 되어야 하며 다음과 같이 전체 확률의 합이 1이 되게 하는 $P(\phi)$를 구하여 대입하면 극한 확률을 확정할 수 있다.

$$P(\phi) = \left[1 + \sum_{i_1,\ldots,i_k}\frac{\lambda_{i_1}\cdots\lambda_{i_k}}{\mu_{i_1}\cdots\mu_{i_k}}\right]^{-1}$$

이해를 돕기 위해 $n = 2$인 경우를 살펴보면, 5가지의 상태, ϕ, 1, 2, 12, 21이 가능하다. 위의 결과로부터

$$P(\phi) = \left[1 + \frac{\lambda_1}{\mu_1} + \frac{\lambda_2}{\mu_2} + \frac{2\lambda_1\lambda_2}{\mu_1\mu_2}\right]^{-1},$$

$$P(1) = \frac{\lambda_1}{\mu_1} P(\phi),$$

$$P(2) = \frac{\lambda_2}{\mu_2} P(\phi),$$

$$P(1, 2) = P(2, 1) = \frac{\lambda_1\lambda_2}{\mu_1\mu_2} P(\phi)$$

를 얻는다. 흥미롭게도, 식 (6.24)에서 보면, 고장난 부품의 집합이 주어질 때 이들 부품의 가능한 배열들 모두가 동일한 가능성을 가지고 있음을 관찰할 수 있다. ■

6.6 시간가역성

에르고딕(ergodic) 연속시간 마코프체인을 고려하는데, 이전과는 다른 관점에서 극한 확률을 살펴보자. 연이어 방문한 상태들의 열을 고려할 경우, 방문한 상태에서 머무는 시간을 무시하면, 이 상태 열은 전이확률 P_{ij}를 갖는 이산시간 마코프체인을 형성한다. 내재된 체인(embedded chain)이라고 불리는 이 이산시간 마코프체인이 에르고딕이라 가정하고, 그것의 극한 확률을 π_i로 나타내자. 즉, π_i는 다음 식을 만족하는 유일한 해이다.

$$\pi_i = \sum_j \pi_j P_{ji}, \qquad \text{모든 } i\text{에 대해}$$

$$\sum_i \pi_i = 1$$

이제, π_i는 상태 i로의 전이가 차지하는 비율을 나타내고 $1/v_i$는 1번의 방문 동안 상태 i에 머무는 평균 시간이므로, 직관적으로 볼 때 상태 i에 머무는 시간의 비율 P_i는 π_i의 가중 평균이어야 할 것이고 이때 π_i는 $1/v_i$에 비례하여 가중치를 가질 것이다. 즉, 직관적으로 다음이 되어야 한다.

$$P_i = \frac{\pi_i / v_i}{\sum_j \pi_j / v_j} \tag{6.25}$$

위 식을 확인하기 위해, 극한 확률 P_i는 반드시 다음을 만족해야 함을 상기하자.

$$v_i P_i = \sum_{j \neq i} P_j q_{ji}, \qquad \text{모든 } i\text{에 대해}$$

또는 $P_{ii} = 0$이므로 다음을 만족해야 한다.

$$v_i P_i = \sum_j P_j v_j P_{ji}, \qquad \text{모든 } i\text{에 대해}$$

따라서, 식 (6.25)로 주어진 P_i들에 대해, 다음이 만족되어야 한다.

$$\pi_i = \sum_j \pi_j P_{ji}, \qquad \text{모든 } i\text{에 대해}$$

그런데 이는 π_i들을 정의하는 식이기 때문에 당연히 성립한다.

이제 연속시간 마코프체인이 오랜 시간 동안 작동했다고 가정하자. 또한 어느 (긴) 시간 T에서 시작하여, 해당 확률과정을 시간을 거꾸로 하여 추적한다고 가정하자. 이러한 역방향 과정의 확률 구조를 알

아내기 위해, 어떤 시간, 이를테면 t에 상태 i에 있다는 조건하에서 s보다 오래 이 상태에 머물 확률은 $e^{-v_i s}$라는 것을 우선 관찰하자. 그 이유는

$$\begin{aligned} &P\{[t-s, t] \text{ 동안 계속 상태 } i\text{에 머뭄} \mid X(t)=i\} \\ &= \frac{P\{[t-s, t] \text{ 동안 계속 상태 } i\text{에 머뭄}}{P\{X(t)=i\}} \\ &= \frac{P\{X(t-s)=i\}e^{-v_i s}}{P\{X(t)=i\}} \\ &= e^{-v_i s} \end{aligned}$$

이기 때문이다. 마지막 식은 큰 t에 대해서 $P\{X(t-s)=i\} = P\{X(t)=i\} = P_i$에서 얻어진다.

달리 말하면, 시간을 거꾸로 돌릴 경우에도, 상태 i에 머무는 시간은 발생률 v_i인 지수분포를 따른다. 또한, 4.8절에서 보였듯이, 역방향 과정에서 방문하는 상태 열은 다음과 같이 주어지는 전이확률을 갖는 이산시간 마코프체인을 구성한다.

$$Q_{ij} = \frac{\pi_j P_{ji}}{\pi_i}$$

따라서, 역방향 과정은 순방향 과정과 동일한 전이율을 갖고 또 한 단계 전이확률 Q_{ij}를 갖는 연속시간 마코프체인임을 알 수 있다. 결국, 역방향 과정의 확률구조가 원래의 확률과정과 동일하다는 점에서 볼 때, 내재된 체인이 시간가역(time reversible)이면 연속시간 마코프체인도 시간가역이다. 즉, 다음 식이 성립한다.

$$\pi_i P_{ij} = \pi_j P_{ji}, \qquad \text{모든 } i, j\text{에 대해}$$

이제, $P_i = (\pi_i/v_i)/\left(\sum_j \pi_j/v_j\right)$를 이용하면, 앞의 조건은 다음과 동등함을 알 수 있다.

$$P_i q_{ij} = P_j q_{ji}, \qquad \text{모든 } i, j\text{에 대해} \tag{6.26}$$

P_i는 상태 i에 머문 시간의 비율이고 q_{ij}는 상태 i에 있을 때 상태 j로 갈 발생률이므로, 시간가역성에 대한 조건은 **과정에서 상태 i에서 상태 j로 직접 가는 전이율이 상태 j에서 상태 i로 직접 가는 전이율과 같다**는 것이다. 이 조건은 에르고딕(ergodic) 이산시간 마코프체인이 시간가역이기 위해 필요한 조건과 꼭 같음을 주목해야 한다(4.8절 참조).

이러한 시간가역성을 생성소멸과정에 적용하면 다음 명제를 얻을 수 있다.

명제 6.5 에르고딕(ergodic) 생성소멸과정은 시간가역이다.

증명▶ 생성소멸과정에서 상태 i에서 $i+1$로 가는 발생률이 상태 $i+1$에서 i로 가는 발생률과 같음을 보여야만 한다. 임의의 시간 t 동안, i에서 $i+1$로 전이하는 수는 $i+1$에서 i로 전이하는 수와 1 이하의 차이가 나야 한다(그 이유는 i에서 $i+1$로 가는 전이 사이마다 과정은 i로 되돌아가야만 하며 이는 $i+1$를 거쳐야만 발생 가능하고, 또한 그 역도 마찬가지이기 때문이다). 따라서 $t \to \infty$가 되어 그러한 전이의 수가 무한대가 되면 i에서 $i+1$로의 전이의 발생율은 $i+1$에서 i로의 전이의 발생율과 같게 된다. ■

명제 6.5를 이용하여 $M/M/s$ 대기행렬의 출력 과정이 푸아송과정이라는 중요한 결과를 증명할 수 있다. 이를 다음의 따름정리로 나타내었다.

따름정리 6.6 고객들이 도착률 λ인 푸아송과정에 따라 도착하고 s명의 서버 중 하나에게서 서비스 받는 $M/M/s$ 대기행렬을 고려하자. 각 서버의 서비스시간은 서비스율 μ를 갖는 지수분포를 따른다. 만약

$\lambda < s\mu$이면, 고객이 이탈하는 출력 과정은, 긴 시간 동안 작동한 후에, 발생률 λ인 푸아송과정이다.

증명▶ 시간 t에 고객의 수를 $X(t)$라 하자. $M/M/s$의 확률과정은 생성소멸과정이므로 명제 6.5로부터 $\{X(t),\ t \geq 0\}$는 시간가역이다. 시간에 따라 앞으로 진행할 경우, $X(t)$가 1만큼 증가하는 시점들은, 도착시간들에 해당되므로, 푸아송과정을 구성한다. 따라서, 시간에 거꾸로 진행하는 경우에도 시간가역성에 따라 $X(t)$이 1만큼 증가하는 시점들도 푸아송과정을 구성한다. 그런데, 후자의 시점들은 정확히 고객들이 이탈하는 시점에 해당한다(그림 6.1 참조). 따라서 이탈 시점들은 발생률 λ인 푸아송과정을 구성한다. ■

예제 6.17 안정상태에 있는, 도착률 λ, 서비스율 μ인($\lambda < \mu$) 선입선출(first come first serve) $M/M/1$ 대기행렬을 고려하자. 고객 C가 시스템에 총 t 시간 동안 머문다는 조건하에서, C가 도착했을 때 존재했던 다른 고객들의 수의 조건부 분포는 어떻게 표현되는가?

풀이▶ C가 시간 s에 도착하였고 시간 $s + t$에 떠난다고 가정해보자. 신입선출에 따라 서비스하므로, C가 도착했을 때 시스템에 있는 고객의 수는 시간 s 이후부터 시간 $s + t$ 이전까지 발생하는 다른 고객의 이탈 수와 같고, 이는 역방향 과정에서 그 시간 동안의 도착 수와 같다. 이제, 역방향 과정에서는 C가 시간 $s + t$에 도착하여 시간 s에 떠날 것이다. 역방향 과정도 $M/M/1$ 대기행렬시스템이므로, 시간 t 동안의 도착 수는 평균이 λt인 푸아송분포를 따른다(이 결과에 대한 보다 직접적인 결과는 8.3.1절을 참고하라). ■

이절의 연속시간 마코프과정이 시간가역일 필요충분조건은 다음과 같음을 보인 바 있다.

$$P_i q_{ij} = P_j q_{ji},\ \text{모든 } i \neq j\text{에 대해}$$

이산시간 마코프체인에서와 비슷하게, 위의 조건을 만족하는 확률벡터 $\mathbf{P}$를 찾아낼 수 있다면, 해당 마코프체인은 시간가역이고 P_i는 장기 확률이 된다. 즉, 다음 명제를 얻을 수 있다.

명제 6.7 집합$\{P_i\}$에 대하여, 만약

$$\sum_i P_i = 1, \qquad P_i \geqslant 0$$

과

$$P_i\, q_{ij} = P_j\, q_{ji},\ \text{모든 } i \neq j\text{에 대해} \tag{6.27}$$

이 성립한다면, 연속시간 마코프체인은 시간가역이고 P_i는 상태 i에 있을 극한 확률을 나타낸다.

증명▶ 고정된 i에 대하여 식 (6.27)을 $j,\ j \neq i$에 대하여 합하면 다음 식이 얻어진다.

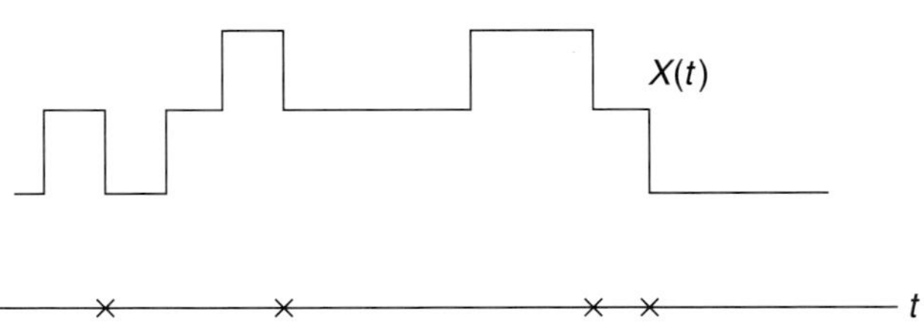

x = 시간이 거꾸로 진행할 때 $X(t)$가 증가하는 시점들
= 시간에 따라 진행할 때 $X(t)$가 감소하는 시점들

그림 6.1 시스템내의 고객 수.

$$\sum_{j \neq i} P_i q_{ij} = \sum_{j \neq i} P_j q_{ji}$$

즉, $\sum_{j \neq i} q_{ij} = v_i$이므로, 다음 식이 얻어진다.

$$v_i P_i = \sum_{j \neq i} P_j q_{ji}$$

따라서 P_i들은 균형방정식을 만족하며 극한 확률을 나타낸다. 식 (6.27)이 성립하므로 해당 체인은 시간가역이다. ■

예제 6.18 n대의 기계 집합과 그것들을 수리하기 위한 하나의 수리장비를 고려하자. 기계 i가 고장나면($i = 1, \ldots, n$) 수리율 μ_i인 지수분포를 따르는 수리시간이 필요하다. 수리장비는 고장난 장비들 모두에게 동일하게 시간을 배분한다. 즉, k대의 기계가 고장난 경우($1 \leqslant k \leqslant n$) 각각의 기계는 단위시간당 $1/k$의 비율로 수리된다. 마지막으로, 기계 i가 수리되면 고장률 λ_i인 지수분포를 따르는 시간 동안 작동한다.

위 경우는, 어느 시점에서의 상태를 그 시점에서의 고장 난 기계들의 집합으로 정의하면 2^n개의 상태를 갖는 연속시간 마코프체인으로 분석이 가능하다. 예를 들면, 기계 $i_1, \ldots, i_k$가 고장이고 나머지는 작동이면 상태는 $(i_1, i_2, \ldots, i_k)$이 된다. 이 경우 순간전이율은 다음과 같다.

$$q_{(i_1,\ldots,i_{k-1}),(i_1,\ldots,i_k)} = \lambda_{i_k},$$
$$q_{(i_1,\ldots,i_k),(i_1,\ldots,i_{k-1})} = \mu_{i_k}/k$$

여기서 $i_1, \ldots, i_k$는 모두 다른 값이다. 기계 i_k의 고장률은 항상 λ_{ik}이고 k대의 기계가 고장일 경우 기계 i_k의 수리율은 N_{ik}/k이기 때문에 위 식이 가능하다.
따라서, 식 (6.27)의 시간가역 방정식은 다음과 같다.

$$P(i_1, \ldots, i_k)\mu_{i_k}/k = P(i_1, \ldots, i_{k-1})\lambda_{i_k}$$

정리하면

$$\begin{aligned} P(i_1, \ldots, i_k) &= \frac{k\lambda_{i_k}}{\mu_{i_k}} P(i_1, \ldots, i_{k-1}) \\ &= \frac{k\lambda_{i_k}}{\mu_{i_k}} \frac{(k-1)\lambda_{i_{k-1}}}{\mu_{i_{k-1}}} P(i_1, \ldots, i_{k-2}) \qquad \text{반복하여} \\ &= \\ &\vdots \\ &= k! \prod_{j=1}^{k} (\lambda_{i_j}/\mu_{i_j}) P(\phi) \end{aligned}$$

을 얻는다. 여기서 ϕ는 모든 기계가 작동인 상태이다. 그런데

$$P(\phi) + \sum P(i_1, \ldots, i_k) = 1$$

이므로

$$P(\phi) = \left[1 + \sum_{i_1,\ldots,i_k} k! \prod_{j=1}^{k} (\lambda_{i_j}/\mu_{i_j}) \right]^{-1} \tag{6.28}$$

이 된다. 여기서 합은{1, 2, . . . , n}에 대한 $2^n - 1$가지의 공집합이 아닌 부분집합들 $\{i_1, \ldots, i_k\}$을 대상으로 한 것이다. 따라서, 위의 확률벡터가 시간가역 방정식을 만족하므로 명제 6.7로부터 해당 체인은 시간가역이고

$$P(i_1, \ldots, i_k) = k! \prod_{j=1}^{k} (\lambda_{i_j}/\mu_{i_j}) P(\phi)$$

이 된다. 여기서 $P(\phi)$는 식 (6.28)로 주어진다.

예를 들어, 두 대의 기계가 있다고 하자. 그러면, 앞의 결과로부터 다음을 얻는다.

$$\begin{aligned}
P(\phi) &= \frac{1}{1 + \lambda_1/\mu_1 + \lambda_2/\mu_2 + 2\lambda_1\lambda_2/\mu_1\mu_2}, \\
P(1) &= \frac{\lambda_1/\mu_1}{1 + \lambda_1/\mu_1 + \lambda_2/\mu_2 + 2\lambda_1\lambda_2/\mu_1\mu_2}, \\
P(2) &= \frac{\lambda_2/\mu_2}{1 + \lambda_1/\mu_1 + \lambda_2/\mu_2 + 2\lambda_1\lambda_2/\mu_1\mu_2}, \\
P(1, 2) &= \frac{2\lambda_1\lambda_2}{\mu_1\mu_2[1 + \lambda_1/\mu_1 + \lambda_2/\mu_2 + 2\lambda_1\lambda_2/\mu_1\mu_2]}
\end{aligned}$$

■

상태공간이 S인 연속시간 마코프체인을 고려하자. 만약 모든 $i \in A$, $j \notin A$에 대하여 q_{ij}이 0으로 바뀌면 마코프체인이 집합 $A \subset S$로 절단되었다(truncated)고 한다. 이는 A의 외부로 나가는 전이가 더 이상 허용되지 않는 반면에 A 내의 전이는 이전과 동일한 발생률로 일어난다는 의미이다. 다음 명제에서 체인이 시간가역이면 절단된 체인도 시간가역이라는 유용한 결과를 얻을 수 있다.

명제 6.8 극한 확률 P_j, $j \in S$을 갖는 시간가역 마코프체인이 집합 $A \subset S$로 절단되고 기약이 유지되면, 이 절단된 체인 역시 시간가역이고 다음과 같은 극한 확률 P_j^A를 갖는다.

$$P_j^A = \frac{P_j}{\sum_{i \in A} P_i}, \quad j \in A\text{에 대해}$$

증명 명제 6.7에 의해 P_j^A이

$$P_i^A q_{ij} = P_j^A q_{ji} \quad i \in A, j \in A\text{에 대해}$$

또는 이와 동등하게

$$P_i q_{ij} = P_j q_{ji} \qquad i \in A,\ j \in A\text{에 대해}$$

를 만족함을 보이면 된다. 그런데 이는, 원래의 체인이 시간가역이므로 바로 증명이 된다. ■

예제 6.19 시스템에 이미 N명의 고객이 있으면 입장할 수 없는 $M/M/1$ 대기행렬을 고려하자. 이 유한용량 시스템은 $M/M/1$ 대기행렬의 상태집합 $A = \{0, 1, \ldots, N\}$로의 절단으로 간주될 수 있다. $M/M/1$ 대기행렬의 시스템 내의 고객 수는 시간가역이고 극한 확률 $P_j = (\lambda/\mu)^j(1 - \lambda/\mu)$을 가지므로, 명제 6.8로부터 유한용량 모형 또한 시간가역이며 다음의 극한 확률을 가짐을 알 수 있다.

$$P_j = \frac{(\lambda/\mu)^j}{\sum_{i=0}^{N} (\lambda/\mu)^i}, \qquad j = 0, 1, \ldots, N$$

■

또 하나의 유용한 결과를 다음 명제에서 볼 수 있다. 증명은 연습 문제로 남긴다.

명제 6.9 $i = 1, \ldots, n$에 대하여, $\{X_i(t), t \geq 0\}$이 독립적이고 시간가역인 연속시간 마코프체인이라면, 벡터 확률과정 $\{(X_i(t), \ldots, X_n(t)), t \geq 0\}$ 또한 시간가역인 연속시간 마코프체인이다.

예제 6.20 부품 $i, i = 1, \ldots, n$의 작동시간이 고장률 λ_i인 지수분포를 따르고 고장 났을 경우의 수리 시간은 수리율 μ_i인 지수분포를 따르는 n개의 부품으로 이루어진 시스템을 고려하자. 수리가 끝난 부품은 새 것과 동일하다. 부품들은 독립적이지만, 작동중인 부품이 하나뿐일 경우에는 수리 하나가 끝날 때까지 시스템의 작동이 잠정적으로 중지되었다가, 작동하는 부품이 두 개가 되면 시스템이 다시 작동을 시작한다.

(a) 시스템이 작동을 멈추는 시간의 비율을 구하라.

(b) 수리중인 부품의 (극한) 평균 수는 얼마인가?

풀이▶ 우선 하나의 부품만 작동중이면 시스템의 작동이 멈춘다는 제약이 없는 경우를 고려해보자. 시간 t에 부품 i가 작동이면 $X_i(t)$는 1, 고장이면 0으로 정의하면($i = 1, \ldots, n$), $\{X_i(t), t \geq 0\}, i = 1, \ldots, n$는 독립적인 생성소멸과정이다. 생성소멸과정은 시간가역이므로, 명제 6.9에 따라 확률과정$\{(X_1(t), \ldots, X_n(t)), t \geq 0\}$도 시간가역이다. 이제,

$$P_i(j) = \lim_{t\to\infty} P\{X_i(t) = j\}, \qquad j = 0, 1$$

라고 하면,

$$P_i(1) = \frac{\mu_i}{\mu_i + \lambda_i}, \qquad P_i(0) = \frac{\lambda_i}{\mu_i + \lambda_i}$$

가 된다. 또한,

$$P(j_1, \ldots, j_n) = \lim_{t\to\infty} P\{X_i(t) = j_i, i = 1, \ldots, n\}$$

라고 하면 독립성에 의해, 다음을 얻는다.

$$P(j_1, \ldots, j_n) = \prod_{i=1}^{n} P_i(j_i), \qquad j_i = 0, 1,\ i = 1, \ldots, n$$

이제, 단 하나의 부품이 작동중이면 시스템의 작동이 멈추는 경우는, 위의 무제약 시스템을 모든 부품이 고장나는 하나의 상태를 제외한 나머지 모든 상태들로 구성된 집합으로 절단하는 것과 동등하다는 점에 주목하자. 따라서 절단된 시스템에 대한 확률을 P_T로 나타내면, 명제 6.8에 의해

$$P_T(j_1, \ldots, j_n) = \frac{P(j_1, \ldots, j_n)}{1 - C}, \qquad \sum_{i=1}^{n} j_i > 0$$

를 얻는다. 여기서 C는 다음과 같다.

$$C = P(0, \ldots, 0) = \prod_{j=1}^{n} \lambda_j/(\mu_j + \lambda_j)$$

따라서, i번째 자리만 1이고 나머지는 0으로 구성된 n개 원소의 벡터를 $(\mathbf{0}, 1_i) = (0, \ldots, 0, 1, 0, \ldots, 0)$로 나타내면, 다음을 얻는다.

$$\begin{aligned} P_T\,(\text{시스템 고장}) &= \sum_{i=1}^{n} P_T(\mathbf{0}, 1_i) \\ &= \frac{1}{1-C} \sum_{i=1}^{n} \left(\frac{\mu_i}{\mu_i + \lambda_i}\right) \prod_{j \neq i} \left(\frac{\lambda_j}{\mu_j + \lambda_j}\right) \\ &= \frac{C \sum_{i=1}^{n} \mu_i/\lambda_i}{1 - C} \end{aligned}$$

수리중인 부품의 수를 R이라 하자. 그러면, 부품 i가 수리중이면 1, 그렇지 않으면 0의 값을 갖도록 I_i를 정의하면, 절단이 없는 시스템에 대하여 다음 식이 성립한다.

$$E[R] = E\left[\sum_{i=1}^{n} I_i\right] = \sum_{i=1}^{n} P_i(0) = \sum_{i=1}^{n} \lambda_i/(\mu_i + \lambda_i)$$

그런데, 또한

$$\begin{aligned} E[R] &= E[R \mid \text{모든 부품이 수리중인 사건}]C \\ &\quad + E[R \mid \text{모든 부품이 수리중은 아닌 사건}](1 - C) \\ &= nC + E_T[R](1 - C) \end{aligned}$$

이므로 결국 다음 결과를 얻을 수 있다.

$$E_T[R] = \frac{\sum_{i=1}^{n} \lambda_i/(\mu_i + \lambda_i) - nC}{1 - C}$$ ■

6.7 역방향 체인

상태공간이 S이고 순간전이율 q_{ij}와 극한 확률 P_i를($i \in S$) 갖는 에르고딕 연속시간 마코프체인을 고려하고 긴 시간(이론상, 무한 시간) 동안 작동하였다고 가정하자. 그러면, 앞 절의 결과에 따라, 시간이 거꾸로 진행될 경우의 상태들에 대한 확률과정도 연속시간 마코프체인이며 다음 식을 만족하는 순간전이율을 갖는다.

$$P_i q_{ij}^* = P_j q_{ji}, \quad i \neq j$$

역방향 체인은 순방향 체인과 다른 경우(즉, 체인이 시간가역이 아닌 경우)에도 매우 유용한 개념이다.

우선, 역방향 체인이 한 번의 방문 동안 상태 i에 머무는 시간은 발생률 $v_i^* \equiv \sum_{j \neq i} q_{ij}^*$인 지수분포를 따른다는 점에 주목하자. 확률과정이 한 번의 방문에서 상태 i에 머무는 시간은 체인이 시간의 순방향으로 관찰되건 혹은 역방향으로 관찰되건 동일하므로, 역방향 체인이 한 번의 방문에서 상태 i에 머무는 시간의 분포는 순방향 체인이 한 번의 방문에서 상태 i에 머무는 시간의 분포와 동일하다. 즉, 다음 식이 성립한다.

$$v_i^* = v_i$$

게다가, 상태 i에 머무르는 시간의 비율은 체인을 시간의 순방향으로 관찰하건 혹은 역방향으로 거꾸로 관찰하건 동일하므로, 직관적으로 두 체인은 동일한 극한 확률을 가져야한다.

명제 6.10 순간전이율 q_{ij}와 극한 확률 P_i를($i \in S$) 갖는 에르고딕 연속시간 마코프체인을 고려하자. 또한 역방향 체인의 순간전이율을 q_{ij}^*라 하자. 그러면, $v_i^* = \sum_{j \neq i} q_{ij}^*$와 $v_i = \sum_{j \neq i} q_{ij}$라고 할 때

$$v_i^* = v_i$$

가 된다. 게다가, P_i는($i \in S$) 역방향 체인의 극한 확률이기도 하다.

증명 $P_i q_{ij}^* = P_j q_{ji}$을 이용하면 다음 식을 얻을 수 있다.

$$\sum_{j \neq i} q_{ij}^* = \sum_{j \neq i} P_j q_{ji}/P_i = v_i P_i/P_i = v_i$$

위에서, 식 (6.18)으로부터 $\sum_{j \neq i} P_j q_{ji} = v_i P_i$임을 이용하였다.

P_j가 역방향 체인에 대한 다음 균형방정식을 만족한다는 것을 보임으로써, 역방향 체인이 순방향 체인과 동일한 극한 확률을 가진다는 것을 증명할 수 있다.

$$v_j^* P_j = \sum_{k \neq j} P_k q_{kj}^*, \quad j \in S$$

이제, $v_j^* = v_j$이고 $P_k q k_j^* = P_j q_{jk}$이므로, 위 식은 다음과 동등하다.

$$v_j P_j = \sum_{k \neq j} P_j q_{jk}, \quad j \in S$$

이는 순방향 체인에 대한 균형방정식이며, 이미 P_j가 만족하고 있다. ■

역방향 체인에서의 장기 비율이 순방향 체인에서의 그것과 동일하다는 사실을 이용하면 다음 식을 쉽게 이해할 수 있다.

$$P_i q_{ij}^* = P_j q_{ji}, \quad i \neq j$$

역방향 체인이 상태 i에 머무르는 시간의 비율이 P_i이고, 상태 i에 있을 때 상태 j로의 전이가 일어날 발생률이 q_{ij}^*이므로, $P_i q_{ij}^*$는 역방향 체인에서 i에서 j로 가는 전이의 발생률이다. 비슷하게, $P_j q_j$는 순방향 체인에서 j에서 i로 가는 전이의 발생률이다. (순방향) 마코프체인에서 j에서 i로의 전이는 시간을 거꾸로 보는 사람에게는 상태 i에서 j로의 전이로 보일 것이므로, 명백하게 $P_i q_{ij}^* = P_j q_{ji}$가 성립한다.

다음 명제는, 역방향 체인 방정식의 해를 구할 수 있다면 그 해는 유일하며 극한 확률을 준다는 것을 보여준다.

명제 6.11 기약 연속시간 마코프체인의 전이율을 q_{ij}라 하자. 아래 식

$$P_i q_{ij}^* = P_j q_{ji}, \quad i \neq j \tag{6.29}$$

와

$$\sum_{j \neq i} q_{ij}^* = \sum_{j \neq i} q_{ij}, \quad i \in S \tag{6.30}$$

를 만족하는 q_{ij}^* 값과 합이 1이 되는 양수 P_i들을 찾을 수 있다면, q_{ij}^*는 역방향 체인의 전이율이고 P_i는 (두 체인의) 극한 확률이다.

증명▶ P_i가 균형방정식 (6.18)을 만족한다는 것을 보임으로써 P_i가 극한 확률임을 보이자. 이를 위해, 식 (6.29)를 모든 j, $j \neq i$에 대해 합하면 다음을 얻을 수 있다.

$$P_i \sum_{j \neq i} q_{ij}^* = \sum_{j \neq i} P_j q_{ji}, \quad i \in S$$

이제 식 (6.30)을 이용하면

$$P_i \sum_{j \neq i} q_{ij} = \sum_{j \neq i} P_j q_{ji}$$

가 된다. $\sum_i P_i = 1$이므로 P_i가 균형방정식을 만족하며 따라서 극한 확률임을 알 수 있다. 또한, $P_i q_{ij}^* = P_j q_{ji}$이 성립하므로 q_{ij}^*가 역방향 체인의 순간전이율임을 알 수 있다. ■

이제 연속시간 마코프체인의 구조가 역방향 체인의 전이율에 대한 추측을 가능하게 해 준다고 가정해보자. 이 추측이 명제 6.11의 식 (6.30)을 만족한다면, 식 (6.29)를 만족하는 확률값이 존재하는지를 살펴봄으로써 추측의 옳고 그름을 검증할 수 있다. 식 (6.29)를 만족하는 확률값이 존재하면 제대로 추

순방향 전이: $N \to N-1 \to \cdots \to 2 \to 1 \to 0$

역방향 전이: $0 \to 1 \to 2 \to \ldots \to N-1 \to N$

그림 6.2 순방향 및 역방향 전이.

측한 것이며 극한 확률도 알아낼 수 있다. 그러한 확률값이 없다면 그 추정은 틀린 것이다.

예제 6.21 상태가 비음의 정수인 연속시간 마코프체인을 고려하자. 상태 0에서는 확률 α_i로 상태 i로 전이한다($\sum_{i=1}^{\infty} \alpha_i = 1$). 상태 $i > 0$는 항상 상태 $i-1$로 전이한다. 즉, 이 체인의 순간전이율은 다음과 같다.

$$q_{0i} = v_0 \alpha_i$$
$$q_{i,i-1} = v_i$$

상태 0 다음의 상태를 나타내는 확률변수를 N이라 하자. 즉, $P(N = i) = \alpha_i,\ i > 0$이다. 또한, 이 체인이 상태 0에 갈 때마다 한 순환(cycle)이 시작된다고 하자. 순방향 체인은 0에서 N으로 간 다음 0에 도달할 때까지 계속하여 한 단계씩 0에 가깝게 이동하므로, 역방향 체인의 상태는 N에 도달할 때까지 계속하여 1씩 증가하며 N에 도달하면 상태 0으로 되돌아간다(그림 6.2를 보라).

만약 이 체인이 현재 상태 i에 있다면 해당 순환에서 N의 값은 최소한 i이어야 한다. 따라서 역방향 체인의 다음 상태는 확률

$$P(N = i | N \geqslant i) = \frac{P(N = i)}{P(N \geqslant i)} = \frac{\alpha_i}{P(N \geqslant i)}$$

로 0이 되고 확률

$$1 - P(N = i | N \geqslant i) = P(N \geqslant i+1 | N \geqslant i) = \frac{P(N \geqslant i+1)}{P(N \geqslant i)}$$

로 $i + 1$이 될 것이다. 역방향 체인이 각 방문 동안 한 상태에 머무는 시간은 순방향 체인과 동일하므로, 역방향 체인의 순간전이율은 다음과 같을 것이다.

$$q^*_{i,0} = v_i \frac{\alpha_i}{P(N \geqslant i)}, \quad i > 0$$
$$q^*_{i,i+1} = v_i \frac{P(N \geqslant i+1)}{P(N \geqslant i)}, \quad i \geqslant 0$$

위의 추측에 따라, 방정식 $P_0\, q_{0i} = P_i\, q^*_{i0}$과 $P_i\, q_{i,\,i-1} = P_{i-1}\, q^*_{i-1,i}$는 다음과 같이 된다..

$$P_0\, v_0\, \alpha_i = P_i\, v_i \frac{\alpha_i}{P(N \geqslant i)}, \quad i \geqslant 1 \tag{6.31}$$

$$P_i\, v_i = P_{i-1}\, v_{i-1} \frac{P(N \geqslant i)}{P(N \geqslant i-1)}, \quad i \geqslant 1 \tag{6.32}$$

방정식 (6.31)에서

$$P_i = P_0\, v_0\, P(N \geqslant i)/v_i, \quad i \geqslant 1$$

을 얻는데, 이 식은 $i = 0$일 때도 성립하므로($P(N \geq 0) = 1$이므로), 모든 i에 대하여 합하면

$$1 = \sum_i P_i = P_0\, v_0 \sum_{i=0}^{\infty} P(N \geqslant i)/v_i$$

이 되고 따라서 다음 결과를 얻을 수 있다.

$$P_i = \frac{P(N \geqslant i)/v_i}{\sum_{i=0}^{\infty} P(N \geqslant i)/v_i}, \quad i \geqslant 0$$

위의 P_i 값들이 식 (6.32)도 만족한다는 것을 보이기 위해, $C = 1/\sum_{i=0}^{\infty} P(N \geqslant i)/v_i$로 놓으면 다음 식이 성립함을 관찰하자.

$$\frac{v_i P_i}{P(N \geqslant i)} = C = \frac{v_{i-1} P_{i-1}}{P(N \geqslant i-1)}$$

이는 식 (6.32)도 만족한다는 것을 바로 보여준다. 역방향 체인에서 각 방문 동안 상태 i에 머무르는 시간이 순방향 체인의 경우와 동일하도록 역방향 체인의 순간전이율을 선택했으므로, 명제 6.11의 조건 (6.30)을 확인할 필요는 없다. 따라서 정상 확률은 위에서 얻은 결과와 같다. ■

예제 6.22 (직렬 대기행렬시스템) 고객들이 도착률 λ인 푸아송과정에 따라 서버 1로 도착하는 2-서버 대기행렬시스템을 고려하자. 서버 1에 도착한 고객은 서버 1이 쉬고 있으면 서비스에 들어가고 이미 서비스 중이면 대기행렬에서 대기한다. 서버 1에서의 서비스가 끝나면 서버 2로 이동하며, 서버 2가 쉬고 있으면 서비스에 들어가고 이미 서비스 중이면 대기행렬에서 기다린다. 서버 2에서 서비스가 끝나면 고객은 시스템을 떠난다. 서버 1과 2의 서비스시간은 각각 서비스율 μ_1과 μ_2인 지수분포를 따른다. 모든 서비스시간들은 독립이며 도착과정과도 독립이다.

위의 모형은, 서버 1에 n명의 고객이 있고 서버 2에 m명의 고객이 있는 경우를 상태 (n, m)으로 갖는 연속시간 마코프체인으로 분석이 가능하다. 이에 대한 순간전이율은 다음과 같다.

$$\begin{aligned} q_{(n-1,m),(n,m)} &= \lambda, \quad n > 0 \\ q_{(n+1,m-1),(n,m)} &= \mu_1, \quad m > 0 \\ q_{(n,m+1),(n,m)} &= \mu_2 \end{aligned}$$

극한 확률을 구하기 위해 시간이 거꾸로 진행되는 체인을 먼저 고려해보자. 정상적인 시간 진행에서는 고객이 서버 2를 떠나는 시점에 시스템 내 총 고객 수가 감소하므로, 시간을 거꾸로 하여 시스템 내 총 고객 수를 바라보면 그 시점에 서버 2에 있는 고객은 한 명 증가하게 된다. 비슷하게, 정상적인 시간 진행에서는 고객이 서버 1에 도착하면 고객 수가 증가하는 반면, 역방향 과정에서는 그 시점에 서버 1에 있는 고객은 한 명 감소하게 된다. 서버 i에서의 서비스시간은 시간 흐름이 순방향이건, 역방향이건 동일할 것이므로, 역방향 과정은 서버 2에 고객이 먼저 도착하고 그 다음 서버 1을 거쳐 시스템을 떠나는 2-서버 시스템이 될 것이며 서버 i에서의 서비스시간은 서비스율이 μ_i인$(i = 1, 2)$ 지수분포를 따르게 된다. 이제 역방향 과정에서 서버 2로의 도착률은 순방향 과정에서 시스템을 떠나는 이탈률과 동일하고 이는 순방향 과정의 도착률 λ와 동일해야만 한다. (만약 순방향 과정의 이탈률이 도착률보다 작으면 대기행렬은 무한대로 커질 것이고 극한 확률은 존재하지 않는다.) 역방향 과정에서 서버 2로 도착하는 고객들에 대한 도착 과정이 푸아송과정인지는 명확하지 않지만, 그렇다고 추측하고 우리의 추측이 맞는지 명제 6.11을 이용하여 알아보자.

역방향 과정이, 고객들이 도착률 λ인 푸아송과정에 따라 서버 2에 도착하여 서비스를 받은 후 서버 1로 이동하고 서비스를 받으면 시스템을 떠나는 직렬대기행렬이라고 추측해보자. 또한, 서버 i에서의 서비스시간은 서비스율 μ_i인$(i = 1, 2)$ 지수분포를 따른다고 하자. 이제, 이 추측이 맞다면 역방향 과정의 순간전이율은 다음 식을 만족할 것이다.

$$\begin{aligned} q^*_{(n,m),(n-1,m)} &= \mu_1, \quad n > 0 \\ q^*_{(n,m),(n+1,m-1)} &= \mu_2, \quad m > 0 \\ q^*_{(n,m),(n,m+1)} &= \lambda \end{aligned}$$

상태 (n, m)로부터 나가는 전이율은 다음과 같다.

$$q^*_{(n,m),(n-1,m)}+q^*_{(n,m),(n+1,m-1)}+q^*_{(n,m),(n,m+1)} = \mu_1 I\{n > 0\}+\mu_2 I\{m > 0\}+\lambda$$

여기서 $I\{k>0\}$는, $k > 0$일 때 1이고 다른 경우에는 0이다. 위의 식은 순방향 과정에서 상태 (n, m)로부터의 이탈률이기도 하므로, 명제 6.11의 조건 (6.30)이 만족된다.

위에서 추측한 역방향 과정의 전이율을 이용하면 역방향 방정식은 다음과 같다.

$$P_{n-1,m}\lambda = P_{n,m}\mu_1, \quad n > 0 \tag{6.33}$$

$$P_{n+1,m-1}\mu_1 = P_{n,m}\mu_2, \quad m > 0 \tag{6.34}$$

$$P_{n,m+1}\mu_2 = P_{n,m}\lambda \tag{6.35}$$

식 (6.33)을 $P_{n,m} = (\lambda/\mu_1)P_{n-1,m}$로 바꾸고 반복적용하면 다음을 얻는다.

$$P_{n,m} = (\lambda/\mu_1)^2 P_{n-2,m} = \cdots = (\lambda/\mu_1)^n P_{0,m}$$

식 (6.35)에서 $n = 0$, $m = m - 1$이라 하면 $P_{0,m} = (\lambda/\mu_2)P_{0,m-1}$이 얻어지고 반복적용하여

$$P_{0,m} = (\lambda/\mu_2)^2 P_{0,m-2} = \cdots = (\lambda/\mu_2)^m P_{0,0}$$

를 얻는다. 따라서, 추측한 역방향 방정식은 다음 결과를 제공해준다.

$$P_{n,m} = (\lambda/\mu_1)^n (\lambda/\mu_2)^m P_{0,0}$$

$\sum_n \sum_m P_{n,m} = 1$를 이용하면 다음 결과를 얻을 수 있다.

$$P_{n,m} = (\lambda/\mu_1)^n (1 - \lambda/\mu_1)(\lambda/\mu_2)^m (1 - \lambda/\mu_2)$$

추측한 역방향 방정식 (6.33), (6.34), (6.35) 모두가 위의 $P_{n,m}$에 대하여 만족되는 것을 쉽게 보일 수 있으므로, 이 값들이 극한 확률이라고 할 수 있다. 결국, 안정 상태에서 두 서버에 있는 고객 수는 독립이며, 서버 i에 있는 고객 수는, 도착률 λ인 푸아송 도착과 서비스율 μ_i, $i = 1, 2$인 지수 서비스시간을 갖는 $M/M/1$ 대기행렬에서 시스템 내 고객 수와 같은 분포를 갖는 것이(예제 6.14를 보라) 증명되었다.

6.8 균등화

어떤 상태에 머무는 평균 시간이 모든 상태에 대하여 동일한 연속시간 마코프체인을 고려해보자. 즉, 모든 상태 i에 대하여 $v_i = v$이라고 가정해보자. 이 경우, 한 번의 방문 동안 각 상태에서 머무는 시간은 발생률 v인 지수분포를 따르므로, 시간 t에 상태 전이 횟수를 $N(t)$라 하면, $\{N(t), t \geq 0\}$는 발생률 v인 푸아송과정이 된다.

전이확률 함수 $P_{ij}(t)$를 구하기 위해, $N(t)$ 값에 따라 조건을 주면

$$\begin{aligned} P_{ij}(t) &= P\{X(t) = j | X(0) = i\} \\ &= \sum_{n=0}^{\infty} P\{X(t) = j | X(0) = i,\ N(t) = n\} P\{N(t) = n | X(0) = i\} \\ &= \sum_{n=0}^{\infty} P\{X(t) = j | X(0) = i,\ N(t) = n\} e^{-vt}\frac{(vt)^n}{n!} \end{aligned}$$

이 된다. 이제, 시간 t까지 n번의 전이가 발생했다는 사실은 처음 방문한 n개의 상태 각각에서 머무른 시간에 대한 무엇인가를 말해주지만, 각 상태에서 머무른 시간의 분포가 모든 상태에 대하여 동일하므로 $N(t) = n$을 안다는 것으로는 어느 상태를 방문했는지에 대해서는 알 수가 없다. 따라서, 다음이 성립한다.

$$P\{X(t) = j \mid X(0) = i,\ N(t) = n\} = P_{ij}^n$$

여기서 P_{ij}^n는 전이확률이 P_{ij}인 이산시간 마코프체인의 n-단계 전이확률이다. 따라서 $v_i \equiv v$일 때 다음이 성립한다.

$$P_{ij}(t) = \sum_{n=0}^{\infty} P_{ij}^n e^{-vt} \frac{(vt)^n}{n!} \tag{6.36}$$

식 (6.36)은 부분합을 취한 다음 필요한 n 단계 확률 P_{ij}^n들을 (전이확률행렬의 행렬곱을 이용하여) 계산함으로써 $P_{ij}(t)$의 근사값을 구할 수 있도록 해 주기 때문에 계산의 관점에서 종종 유용하다.

$v_i \equiv v$를 가정하기 때문에 식 (6.36)의 활용성이 매우 제한적인 것으로 보이지만, 대부분의 마코프체인은 각 상태에 대해 자기 자신에게로의 가상의 전이를 허용하는 기법를 써서 그러한 형태로 표현될 수 있다. 이 과정을 보여주기 위해 v_i가 유계인 마코프체인을 고려하고 v를

$$\text{모든 } i\text{에 대하여, } v_i \leqslant v \tag{6.37}$$

를 만족하는 임의의 수라고 놓자. 상태 i에 있을 때 실제로는 발생률 v_i로 현재 상태를 떠나게 된다. 그런데 이것은, 발생률 v로 전이가 발생하여 그 중 v_i/v 부분만 실제 전이가 되고(따라서 발생률 v_i로 전이가 발생한다) 나머지 $1 - v_i/v$ 부분은 상태 i에 그대로 머무는, 가상의 전이를 가정하는 것과 동일하다. 바꾸어 말하면, 조건 (6.37)을 만족하는 마코프체인은, 상태 i에서 발생률 v인 지수분포를 따르는 시간 동안 머물다가 아래 식으로 주어지는 확률 P_{ij}^*에 따라 상태 j로 전이가 일어나는 확률과정이라고 생각할 수 있다.

$$P_{ij}^* = \begin{cases} 1 - \frac{v_i}{v}, & j = i \\ \frac{v_i}{v} P_{ij}, & j \neq i \end{cases} \tag{6.38}$$

따라서 식 (6.36)에 의해 전이확률을 다음과 같이 계산할 수 있다.

$$P_{ij}(t) = \sum_{n=0}^{\infty} P_{ij}^{*n} e^{-vt} \frac{(vt)^n}{n!}$$

여기서 P_{ij}^*는 식 (6.38)에 대응되는 n단계 전이확률이다. 이와 같이 어떤 상태에서 자기 자신으로의 전이를 도입함으로써 각 상태에서 전이가 일어나는 발생률을 균등하게 만드는 기법을 **균등화 기법**(uniformization)이라고 한다.

예제 6.23 예제 6.11을 다시 고려하자. 예제 6.11에서는 기계의 작동 여부를 반영하여 다음 값을 갖는 2상태 연속시간 마코프체인으로 모형화하였다.

$$P_{01} = P_{10} = 1,$$
$$v_0 = \lambda, \qquad v_1 = \mu$$

$v = \lambda + \mu$라 하면, 위 예제에 대하여 균등화 기법을 적용하는 것은 다음을 만족하는 연속시간 마코프체인을 고려하는 것과 같다.

$$P_{00} = \frac{\mu}{\lambda + \mu} = 1 - P_{01},$$
$$P_{10} = \frac{\mu}{\lambda + \mu} = 1 - P_{11},$$
$$v_i = \lambda + \mu, \qquad i = 1, 2$$

$P_{00} = P_{10}$이므로 현재 상태가 무엇이든 상태 0으로의 전이확률은 $\mu/(\lambda + \mu)$와 같다. 상태 1에 대해서도 비슷한 결과가 얻어지므로, n-단계 전이확률은 다음과 같다.

$$P_{i0}^n = \frac{\mu}{\lambda + \mu}, \qquad n \geqslant 1,\ i = 0, 1$$
$$P_{i1}^n = \frac{\lambda}{\lambda + \mu}, \qquad n \geqslant 1,\ i = 0, 1$$

따라서

$$\begin{aligned} P_{00}(t) &= \sum_{n=0}^{\infty} P_{00}^n e^{-(\lambda+\mu)t} \frac{[(\lambda + \mu)t]^n}{n!} \\ &= e^{-(\lambda+\mu)t} + \sum_{n=1}^{\infty} \left(\frac{\mu}{\lambda + \mu}\right) e^{-(\lambda+\mu)t} \frac{[(\lambda + \mu)t]^n}{n!} \\ &= e^{-(\lambda+\mu)t} + [1 - e^{-(\lambda+\mu)t}] \frac{\mu}{\lambda + \mu} \\ &= \frac{\mu}{\lambda + \mu} + \frac{\lambda}{\lambda + \mu} e^{-(\lambda+\mu)t} \end{aligned}$$

가 되고 비슷하게

$$\begin{aligned} P_{11}(t) &= \sum_{n=0}^{\infty} P_{11}^n e^{-(\lambda+\mu)t} \frac{[(\lambda + \mu)t]^n}{n!} \\ &= e^{-(\lambda+\mu)t} + [1 - e^{-(\lambda+\mu)t}] \frac{\lambda}{\lambda + \mu} \\ &= \frac{\lambda}{\lambda + \mu} + \frac{\mu}{\lambda + \mu} e^{-(\lambda+\mu)t} \end{aligned}$$

을 얻는다. 나머지 확률값을 구하면 다음과 같다.

$$P_{01}(t) = 1 - P_{00}(t) = \frac{\lambda}{\lambda + \mu}[1 - e^{-(\lambda+\mu)t}],$$
$$P_{10}(t) = 1 - P_{11}(t) = \frac{\mu}{\lambda + \mu}[1 - e^{-(\lambda+\mu)t}]$$

■

예제 6.24 예제 6.23의 2-상태 마코프체인을 고려하자. 또한 초기 상태가 상태 0이라 하자. $(0, t)$ 동안 상태 0에 있는 총 시간을 $O(t)$라 하자. 확률변수 $O(t)$를 종종 **점유시간**(occupation time)이라고 한다. $O(t)$의 평균을 구하려 한다.

먼저 다음을 정의하자.

$$I(s) = \begin{cases} 1, & X(s) = 0\text{인 경우} \\ 0, & X(s) = 1\text{인 경우} \end{cases}$$

그러면 점유시간은 다음과 같이 표현된다.

$$O(t) = \int_0^t I(s)\, ds$$

기댓값을 취하고 적분기호 안에서 기댓값을 취할 수 있다(적분은 기본적으로 합산하는 것이므로)는 사실을 이용하면, 다음 결과가 얻어진다.

$$\begin{aligned} E[O(t)] &= \int_0^t E[I(s)]\,ds \\ &= \int_0^t P\{X(s)=0\}\,ds \\ &= \int_0^t P_{00}(s)\,ds \\ &= \frac{\mu}{\lambda+\mu}t + \frac{\lambda}{(\lambda+\mu)^2}\{1-e^{-(\lambda+\mu)t}\} \end{aligned}$$

여기서 마지막 등식은 다음을 적분하여 얻어진 것이다.

$$P_{00}(s) = \frac{\mu}{\lambda+\mu} + \frac{\lambda}{\lambda+\mu}e^{-(\lambda+\mu)s}$$

($E[O(t)]$에 대한 다른 유도 방법이 연습 문제 45에 있다.) ■

6.9 전이확률의 계산

어떤 한 쌍의 상태 i와 j에 대하여, 다음을 정의하자.

$$r_{ij} = \begin{cases} q_{ij}, & i \neq j\text{인 경우} \\ -v_i, & i = j\text{인 경우} \end{cases}$$

이 기호를 이용하여, 콜모고로프 후진방정식

$$P'_{ij}(t) = \sum_{k\neq i} q_{ik}P_{kj}(t) - v_iP_{ij}(t)$$

와 전진방정식

$$P'_{ij}(t) = \sum_{k\neq j} q_{kj}P_{ik}(t) - v_jP_{ij}(t)$$

를 다음과 같이 다시 쓸 수 있다:

$$P'_{ij}(t) = \sum_k r_{ik}P_{kj}(t) \qquad (\text{후진})$$

$$P'_{ij}(t) = \sum_k r_{kj}P_{ik}(t) \qquad (\text{전진})$$

이 표현은 행렬기호를 도입하면 특히 유용하다. 행렬 $\mathbf{R}$, $\mathbf{P}(t)$, $\mathbf{P}'(t)$을 정의하고 이 행렬들의 i행, j열의 원소를 각각 r_{ij}, $P_{ij}(t)$, $P'_{ij}(t)$이라 하자. 후진방정식은, 행렬 $\mathbf{P}'(t)$의 i행, j열의 원소는 행렬 $\mathbf{R}$의 i번째 행에 $\mathbf{P}(t)$의 j번째 열을 곱하여 얻을 수 있다고 말하고 있으므로, 다음의 행렬방정식과 동등하다.

$$\mathbf{P}'(t) = \mathbf{R}\mathbf{P}(t) \tag{6.39}$$

비슷하게, 전진방정식도 다음 식으로 표현된다.

$$\mathbf{P}'(t) = \mathbf{P}(t)\mathbf{R} \tag{6.40}$$

이제, 다음 스칼라 미분방정식

$$f'(t) = cf(t)$$

[또는 $f'(t) = f(t)c$]의 해가

$$f(t) = f(0)e^{ct}$$

인 것처럼, 행렬 미분방정식 (6.39)와 (6.40)의 해는 다음과 같음을 보일 수 있다.

$$\mathbf{P}(t) = \mathbf{P}(0)e^{\mathbf{R}t}$$

$\mathbf{P}(0) = \mathbf{I}$(단위행렬)이므로, 다음을 얻는다.

$$\mathbf{P}(t) = e^{\mathbf{R}t} \tag{6.41}$$

여기서 행렬 $e^{\mathbf{R}t}$는 다음과 같이 정의된다.

$$e^{\mathbf{R}t} = \sum_{n=0}^{\infty} \mathbf{R}^n \frac{t^n}{n!} \tag{6.42}$$

이때 $\mathbf{R}^n$은 $\mathbf{R}$을 자신과 n번 곱하여 얻은 (행렬) 곱을 나타낸다.

식 (6.42)을 이용하여 직접 $\mathbf{P}(t)$를 계산하는 것은 두가지 측면에서 매우 비효율적인 것으로 드러난다. 첫째, 행렬 $\mathbf{R}$은 양과 음의 원소를 모두 포함하고 있으므로(대각선을 벗어난 원소들은 q_{ij}이고 i번째 대각선의 원소는 $-v_i$임을 기억하라), $\mathbf{R}$의 거듭제곱(power)을 계산할 경우 컴퓨터의 반올림오차에 대한 문제가 발생한다. 둘째, 식 (6.42)의 무한개의 항에 대한 합에서 좋은 근사값을 얻으려면 종종 매우 많은 항들을 계산해야만 한다. 하지만, 식 (6.41)을 변형하여 효율적으로 행렬 $\mathbf{P}(t)$에 대한 근사값을 구할 수 있는 간접적인 방법들이 존재한다.

근사화 방법 1. $e^{\mathbf{R}t}$을 계산하기 위하여 식 (6.42) 대신에

$$e^x = \lim_{n\to\infty}\left(1 + \frac{x}{n}\right)^n$$

와 동등한 행렬의 식

$$e^{\mathbf{R}t} = \lim_{n\to\infty}\left(\mathbf{I} + \mathbf{R}\frac{t}{n}\right)^n$$

을 이용하는 방법이 있다. 따라서, n을 2의 거듭제곱(예를 들면, $n = 2^k$이라 하자)이라 하면, 행렬 $\mathbf{M} = \mathbf{I} + \mathbf{R}t/n$을 n번째 거듭제곱까지 구함으로써 $\mathbf{P}(t)$에 대한 근사값을 얻을 수 있다. 이 경우 k번의 행렬 곱만 수행되면 된다($\mathbf{M}$에 $\mathbf{M}$을 곱하여 $\mathbf{M}^2$을 구하고, $\mathbf{M}^2$끼리 곱하여 $\mathbf{M}^4$를 구하는 과정을 반복하면 된다). 또한, $\mathbf{R}$의 대각선에 있는 원소만 음수이므로(그리고 단위행렬 $\mathbf{I}$의 대각선에 있는 원소는 1이다), 충분히 큰 n을 선택함으로써 행렬 $\mathbf{I} + \mathbf{R}t/n$의 모든 원소가 비음이 되게 할 수 있다.

근사화 방법 2. $e^{\mathbf{R}t}$를 근사화하는 두 번째 방법은 다음 등식을 이용하는 것이다.

$$\begin{aligned} e^{-\mathbf{R}t} &= \lim_{n\to\infty}\left(\mathbf{I} - \mathbf{R}\frac{t}{n}\right)^n \\ &\approx \left(\mathbf{I} - \mathbf{R}\frac{t}{n}\right)^n \quad n\text{이 클 때} \end{aligned}$$

위 식으로부터 다음이 얻어진다.

$$\begin{aligned} \mathbf{P}(t) = e^{\mathbf{R}t} &\approx \left(\mathbf{I} - \mathbf{R}\frac{t}{n}\right)^{-n} \\ &= \left[\left(\mathbf{I} - \mathbf{R}\frac{t}{n}\right)^{-1}\right]^n \end{aligned}$$

따라서, n을 2의 거듭제곱(예를 들면, $n = 2^k$이라 하자)이라 하면, 행렬 $\mathbf{P}(t)$의 역행렬을 계산하여 n번째 거듭제곱까지 구함으로써(k번의 행렬 곱만 수행하면 된다) $\mathbf{I} - \mathbf{R}t/n$에 대한 근사값을 얻을 수 있다. 행렬 $(\mathbf{I} - \mathbf{R}t/n)^{-1}$는 비음인 원소만 갖는다는 것을 보일 수 있다.

참고: $\mathbf{P}(t)$에 대한 근사값을 구하기 위한 위의 방법 둘 다 확률적인 해석이 가능하다(연습 문제 41과 42를 보라).

연습 문제

1. 어느 생물 집단이 수컷과 암컷으로 구성되어 있다. 어느 작은 집단에서 특정 수컷이 h시간 동안 암컷과 짝짓기를 할 확률은 $\lambda h + o(h)$로 주어진다. 짝짓기 후 바로 새끼가 태어나며 새끼가 수컷 혹은 암컷일 확률은 같다고 가정하자. 시간 t에 이 집단 내 수컷과 암컷의 수를 각각 $N_1(t)$과 $N_2(t)$라고 하자. 연속시간 마코프체인$\{N_1(t), N_2(t)\}$의 모수들, 즉 6.2절의 v_i, P_{ij}를 유도하라

***2.** 어느 단세포 미생물이 두 가지 상태, A 또는 B에 속한다고 가정하자. 상태 A에 속한 미생물은 발생률 α인 지수분포에 따라 상태 B로 변할 수 있다. 상태 B에 속한 미생물은 발생률 β인 지수분포에 따라 상태 A에 속하는 두 마리의 미생물로 분열된다고 하자. 이러한 미생물 집단에 대하여 적절한 연속시간 마코프체인을 정의하고 이 모형에 대한 적절한 모수를 결정하라.

3. 1명의 수리기사가 담당하는 2대의 기계를 고려하자. 기계 i는 고장나기까지 고장률 μ_i인 지수분포를 따르는 시간동안 작동한다($i = 1, 2$). (하나의 기계에 대한) 수리시간은 수리율 μ인 지수분포를 따른다. 이 경우를 생성소멸과정으로 분석할 수 있는가? 만약 그렇다면, 모수를 구하라. 그렇지 않다면, 어떻게 분석할 수 있는가?

***4.** 단일 서버 시스템에 고객들이 도착률 λ인 푸아송과정에 따라 도착한다. 하지만, 시스템에 이미 n명의 고객이 있을 경우 도착한 고객이 시스템에 진입할 확률은 α_n이다. 서비스율이 μ인 지수분포를 따른다고 할 때, 이 경우를 생성소멸과정으로 모형화하고 생성률과 소멸률을 구하라.

5. N명으로 구성된 집단에서 일부 구성원이 다음과 같이 퍼지는 전염병을 가지고 있다고 하자. 두 구성원간의 접촉은 발생률 λ인 푸아송과정에 따라 발생한다. 접촉이 발생할 때, $\binom{N}{2}$쌍 중 어느 쌍에 대해서도 동일한 가능성으로 발생한다. 감염자와 비감염자 간에 한 번의 접촉이 발생한다면, 비감염자가 감염자가 될 확률은 p라고 하자. 한 번 감염되면, 끝까지 감염자로 남는다. 시간 t에 이 집단의 감염자 수를 $X(t)$라 하자.

(a) $\{X(t), t \geq 0\}$는 연속시간 마코프체인인가?

(b) 체인의 유형을 구체적으로 말하라.

(c) 1명의 감염자에서 시작할 경우, 모든 구성원이 감염될 때까지의 시간을 구하라.

6. 생성률이 $\lambda_i = (i + 1)\,\lambda$이고 소멸률이 $\mu_i = i\mu$인 생성소멸과정을 고려하자($i \geq 0$).

(a) 상태 0에서 4로 갈 때까지의 시간의 기댓값을 구하라.

(b) 상태 2에서 5로 갈 때까지의 시간의 기댓값을 구하라.

(c) (a)와 (b)의 분산을 구하라.

***7.** 사람들이 발생률 λ인 푸아송과정에 따라 어느 모임에 가입한다. 새 구성원이 정회원이 되려면 연이은 k개 단계를 통과해야한다. 각 단계를 통과하는 데에 걸리는 시간은 발생률 μ인 지수분포를 따른

다. 시간 t에 정확하게 i 단계를 통과한($i = 1, \ldots, k-1$) 구성원 수를 $N_i(t)$라 하자. 또한 $\mathbf{N}(t) = (N_1(t), N_2(t), \ldots, N_{k-1}(t))$라 하자.

(a) $\mathbf{N}(t)$, $t \geq 0$은 연속시간 마코프체인인가?

(b) 연속시간 마코프체인이라면, 전이율을 구하라. 즉, 상태 $\mathbf{n} = (n_1, \ldots, n_{k-1})$에 대하여 가능한 다음 단계와 순간전이율을 구하라.

8. 평균이 $1/\lambda$인 지수분포를 따르는 수명시간을 갖는 2대의 기계를 고려하자. 수리율 μ인 지수분포를 따르는 서비스시간에 따라 기계를 수리하는 1명의 수리기사가 있다. 콜모고로프 후진방정식을 적어라; 풀 필요는 없다.

9. 모수 $\lambda_n = 0$과 $\mu_n = \mu$를 갖는($n > 0$) 생성소멸과정을 순수소멸과정이라 한다. $P_{ij}(t)$를 구하라.

10. 2대의 기계를 고려하자. 기계 i는 고장률 λ_i인 지수분포를 따르는 시간 동안 작동하다가 고장이 난다. 수리시간은 수리율 μ_i인 지수분포를 따르고($i = 1, 2$), 기계는 서로 독립적으로 거동한다. 두 기계의 상황을 함께 기술할 수 있는, 4개의 상태를 갖는 연속시간 마코프체인을 정의하라. 독립성 가정 하에서 이 체인에 대한 전이확률을 계산하고 이 전이확률이 전진방정식과 후진방정식을 만족하는지 검증하라.

***11.** 하나의 개체로 시작하는(즉, $X(0) = 1$을 가정) 율(Yule) 과정을 고려하자. 집단의 크기가 i에서 $i + 1$ 중의 하나가 될 때까지 걸리는 시간을 T_i라 하자.

(a) T_i는($i = 1, \ldots, j$) 각 발생률이 $i\lambda$인 지수분포를 따르는가?

(b) 부품 i의 수명을 X_i라 하고, X_i는 각 발생률이 λ인 독립적인 지수 확률변수라 하자. $\max(X_1, \ldots, X_j)$는 다음과 같이 표현될 수 있는가?

$$\max(X_1, \ldots, X_j) = \varepsilon_1 + \varepsilon_2 + \cdots + \varepsilon_j$$

여기서 $\varepsilon_1, \varepsilon_2, \ldots, \varepsilon_j$는 각 발생률이 $j\lambda, (j-1)\lambda, \ldots, \lambda$인 지수 확률변수이다.

힌트: ε_i를 $i - 1$번째 고장과 i번째 고장의 발생 간격으로 해석하라.

(c) (a)와 (b)를 이용하여 다음을 논증하라.

$$P\{T_1 + \cdots + T_j \leqslant t\} = (1 - e^{-\lambda t})^j$$

(d) (c)를 이용하여 다음 식을 구하라.

$$P_{1j}(t) = (1 - e^{-\lambda t})^{j-1} - (1 - e^{-\lambda t})^j = e^{-\lambda t}(1 - e^{-\lambda t})^{j-1}$$

그 결과, $X(0) = 1$인 조건하에서 $X(t)$는 모수가 $p = e^{-\lambda t}$인 기하분포를 따른다.

(e) 이제 다음 결과를 구하라.

$$P_{ij}(t) = \binom{j-1}{i-1} e^{-\lambda t i}(1 - e^{-\lambda t})^{j-i}$$

12. 어느 생물집단에서 각 구성원은 생성률 λ인 지수분포에 따라 생성을 하고 소멸률 μ인 지수분포에 따라 소멸한다고 가정하자. 또한, 외부에서의 유입이 유입률 θ인 지수분포에 따라 발생한다. 하지만, 집단의 크기가 N보다 커지면 더 이상 유입이 허용되지 않는다.

(a) 이 경우를 생성소멸모형으로 모형화하라.

(b) $N = 3$, $1 = \theta = \lambda$, $\mu = 2$일 경우, 외부에서의 유입이 제한되는 시간의 비율을 구하라.

13. 한 명의 이발사가 운영하는 작은 이발소를 고려하자. 최대 두 명까지만 수용할 수 있다. 고객은 시간당 세명의 도착률을 갖는 푸아송과정에 따라 도착하며 각 서비스시간은 독립이고 평균이 $\frac{1}{4}$시간인 지

수분포를 따른다.

(a) 이발소 내 평균 고객 수를 구하라.

(b) 이발소에 들어오는 고객의 비율을 구하라.

(c) 두 배로 빠르게 일할 수 있다면 얼마나 더 많은 사람에게 서비스하게 되는가?

14. 주유기가 하나인 주유소에 시간당 20대의 도착률을 갖는 푸아송과정에 따라 차(고객)가 도착한다. 하지만, 주유소에 차가 2대 이하일 경우에만(현재 주유 중인 차를 포함하여) 입장할 수 있다. 종업원이 주유해 주는 시간은 평균이 5분인 지수분포를 따른다고 하자.

(a) 종업원의 (근무)시간 중 주유시간이 차지하는 비율을 구하라.

(b) 전체 고객 중 입장하지 못하는 고객의 비율을 구하라.

15. 두 명의 서버가 각각 시간당 2명의 서비스율을 갖는 지수분포에 따라 서비스하는 서비스센터를 고려하자. 고객은 시간당 3명의 도착률을 갖는 푸아송과정에 따라 도착하고 센터에서는 최대 3명까지 고객을 수용할 수 있다고 가정하자.

(a) 전체 고객 중 입장하는 고객의 비율을 구하라.

(b) 서버가 하나이고 서비스율은 2배로 빠르다면(즉, $\mu = 4$), (a)의 값은 어떻게 되는가?

***16** 분자생물학에서 다음과 같은 문제가 발생한다. 세균의 표면은, 외부 분자들(어떤 것은 수용 가능하고 어떤 것은 수용 불가능하다)이 부착되는 여러 부분들로 구성된다. 이 중 특정 부분을 고려하자. 분자들은 모수가 λ인 푸아송과정에 따라 도착한다. 이 분자들 중 수용 가능한 비율은 α이다. 수용 불가능한 분자들은 모수가 μ_1인 지수분포를 따르는 시간 동안 머물고 수용 가능한 분자들은 모수가 μ_2인 지수분포를 따르는 시간 동안 머문다. 도착한 분자는 다른 분자들이 없을 경우에만 해당 부분에 부착된다. 수용 가능한(수용 불가능한) 분자가 차지하는 시간의 비율은 얼마인가?

17. 수리된 기계는 고장률이 λ인 지수분포를 따르는 시간 동안 작동한다. 고장이 날 경우, 고장의 유형은 두 가지이다. 유형 1 고장일 경우, 수리시간은 수리율 μ_1인 지수분포를 따른다; 유형 2 고장일 경우, 수리시간은 수리율 μ_2인 지수분포를 따른다. 고장까지의 시간과는 독립적으로, 각 고장이 유형 1 고장일 확률은 p, 유형 2 고장일 확률은 $1 - p$이다. 유형 1 고장에 의해 고장난 상태인 시간의 비율은 얼마인가? 유형 2 고장에 의해 고장난 상태인 시간의 비율은 얼마인가? 작동중인 시간의 비율은 얼마인가?

18. 수리된 기계는 고장률이 λ인 지수분포를 따르는 시간 동안 작동한다. 고장이 나면 수리가 시작된다. 수리과정은 연속적인 k 단계를 거쳐 수행된다. 단계 1 수리가 먼저 수행되고 다음으로 단계 2 수리가 진행되는 식이다. 각 단계에서의 수리시간은 독립이고 수리율 μ_i인($i = 1, \ldots, k$) 지수분포를 따른다.

(a) 단계 i 수리를 받는 시간의 비율은 얼마인가?

(b) 작동중인 시간의 비율은 얼마인가?

***19.** 1명의 수리기사가 기계 1과 2를 담당한다. 수리가 끝나면, 기계 i는 발생률 λ_i인($i = 1, 2$) 지수분포를 따르는 시간 동안 작동한다. 기계 i가 고장날 경우, 기계 i의 수리시간은 수리율 μ_i인($i = 1, 2$) 지수분포를 따른다. 기계 1이 고장나면 수리기사는 기계 1을 먼저 수리해야 한다. 예를 들어, 기계 2를 수리하던 중 기계 1이 고장나면, 즉시 기계 2의 수리를 멈추고 기계 1을 수리해야 한다. 기계 2가 고장인 시간의 비율을 구하라.

20. 두 대의 기계가 있는데 이 중 하나는 예비용(spare) 기계이다. 기계는 발생률 λ의 지수분포를 따르는 시간 동안 작동한다. 고장이 나고, 다른 기계로 교체가 가능하면 즉시 다른 기계로 교체되고 고장난

기계는 수리 센터로 간다. 수리 센터에서는 1명의 수리기사가 수리율 μ인 지수분포에 따라 고장난 기계를 수리한다. 수리기사가 쉬고 있으면 새로 고장난 기계는 바로 수리가 시작된다. 기사가 서비스 중이면 기다린다. 서비스 중인 기계가 수리되면 새로 수리받는 기계가 서비스에 들어가 수리가 시작된다. 두 기계 모두 작동중인 상태에서 시작하여 다음 값을 구하라.

(a) 둘 다 수리 센터에 있게 될 때까지의 시간의 기댓값

(b) 둘 다 수리 센터에 있게 될 때까지의 시간의 분산

(c) 긴 시간에 걸쳐, 작동하는 기계가 있는 시간의 비율

21. 연습 문제 20에서 두 대의 기계가 모두 고장나면 2번째 수리기사가 새로 고장난 기계를 수리한다고 가정하자. 모든 수리시간은 수리율 μ인 지수분포를 따른다. 최소한 하나의 기계는 작동중일 시간의 비율을 구하고 연습 문제 20에서 구한 값과 비교하라.

22. 단일-서버 대기행렬에 고객이 도착률 λ의 푸아송과정에 따라 도착한다. 하지만, 시스템에 이미 n명의 고객이 있으면 도착한 고객은 $1/(n+1)$의 확률로 시스템에 들어간다. 이 시스템의 고객 수에 대한 극한 확률은 평균이 $n/(n+1)$인 푸아송분포임을 보여라.

23. 세 대의 기계와 두 명의 수리기사로 구성된 작업공간이 있다. 기계가 고장날 때까지 작동하는 시간은 평균이 10인 지수분포를 따른다. 한 명의 수리기사가 하나의 기계를 수리하는 데에 걸리는 시간이 평균이 8인 지수분포를 따른다면,

(a) 사용하지 않는 기계는 평균 몇 대인가?

(b) 두 수리기사가 모두 바쁜 시간의 비율은 얼마인가?

***24.** 택시와 승객이 각각 분당 1과 2의 발생률을 갖는 푸아송과정에 따라 도착하는 택시정류장을 고려하자. 도착한 택시는 아무리 택시가 많더라도 승객을 기다린다. 하지만, 도착한 승객은 택시가 없으면 그냥 떠나간다. 다음을 구하라.

(a) 승객을 기다리는 택시의 평균 수

(b) 도착한 승객 중 택시를 타는 승객의 비율

25. 서비스율 μ_1인 지수분포에 따라 서비스하는 한 명의 서버가 관리하는 서비스 시스템에, 고객들이 도착률 λ인 푸아송과정에 따라 도착한다. 서비스가 끝나면 고객은 두 번째 시스템으로 간다. 그곳에서는 서버가 서비스율 μ_2인 지수분포에 따라 서비스한다. 이러한 시스템을 직렬(tandem) 또는 연속(sequential) 대기행렬시스템이라고 한다. $\lambda < \mu_i$를$(i = 1, 2)$ 가정하고 극한 확률을 구하라.

힌트: $P_{n,m} = C\alpha^n\beta^m$ 형식의 해를 시도하고, C, α, β를 구하라.

26. 안정 상태에서의(즉, 긴 시간 후에) 에르고딕 $M/M/s$ 대기행렬을 고려하자. 현재 시스템에 있는 고객의 수는, 이전에 고객이 떠나간 일련의 시간들과 독립인지에 대해 말하라. 즉, 예를 들어, 떠나간 시간이 2, 3, 5, 10시간 전이라는 것을 알고 있다는 것이 현재 시스템에 있는 고객의 수에 영향을 미치지 않는가?

27. $M/M/s$ 대기행렬에서 서비스율이 시스템 내 고객 수에 따라 달라진다면(단, 에르고딕 성질은 유지된다), 이탈 과정에 대해 어떻게 말할 수 있는가? 서비스율 μ는 변함없이 유지되는데 $\lambda > s\mu$라면 어떤가?

***28.** $\{X(t)\}$와 $\{Y(t)\}$가 독립인 연속시간 마코프체인이고 둘 다 시간가역이라면, $\{X(t), Y(t)\}$도 시간가역인 마코프체인임을 보여라.

29. n대의 기계와 이 기계들을 서비스할 하나의 수리설비를 고려하자. 기계 i가$(i = 1, \ldots, n)$ 고장났을

경우 필요한 수리시간은 서비스율 μ_i인 지수분포를 따른다. 수리설비는 모든 고장난 기계들에게 서비스시간을 동일하게 배분한다. 즉, k대의 고장난 기계가 있을 경우 각 기계는 단위시간당 $1/k$의 비율로 서비스를 받는다. (기계 i를 포함하여) 총 r대의 작동중인 기계가 있을 경우 i는 순간고장률 λ_i/r로 고장이 난다.

(a) 위의 시스템을 연속시간 마코프체인으로 분석 가능하도록 적절한 상태공간을 정의하라.

(b) 순간전이율을 구하라(즉, q_{ij}을 구하라).

(c) 시간가역 방정식을 써라.

(d) 극한 확률을 구하고 확률과정이 시간가역임을 보여라.

30. 노드 1, 2, . . . , n와 $\binom{n}{2}$개의 아크 (i, j), $i \neq j$, $i, j = 1, \ldots, n$을 갖는 그래프를 고려하자. (적절한 정의는 3.6.2절을 보라.) 입자가 이 그래프를 따라 다음과 같이 이동한다. 발생률 λ_{ij}인 푸아송과정에 따라 사건이 아크 (i, j)를 따라 발생한다. 아크 (i, j)에서의 사건은 그 아크를 자극한다. 그 순간 입자가 노드 i에 있으면 (i, j)는 자극을 받고, 입자는 순간적으로 노드 j로 이동한다$(i, j = 1, \ldots, n)$. 입자가 노드 j에 있을 시간의 비율을 P_j라 하자. 다음을 보여라.

$$P_j = \frac{1}{n}$$

힌트: 시간가역성을 이용하라.

31. 총 N명의 고객이 r명의 서버 사이를 다음과 같이 이동한다. 고객이 서버 i에 의해 서비스 받으면, $1/(r-1)$의 확률로 서버 j에게로 간다($j \neq$ i). 도착한 곳의 서버가 쉬고 있으면 서비스를 받고, 그렇지 않으면 대기행렬에서 기다린다. 서비스시간은 모두 독립이며 서버 i에서의 서비스시간은 서비스율이 μ인($i = 1, \ldots, r$) 지수분포를 따른다. 어느 시점의 상태를 $(n_1, \ldots, n_r)$라고 하자. 여기에서 n_i, $i = 1, \ldots, r$은 서버 i에 있는 고객의 수로 $i = 1, \ldots, r$, $\sum_i n_i = N$를 만족한다.

(a) 시간 t의 상태를 $X(t)$라 하면, $\{X(t), t \geq 0\}$는 연속시간 마코프체인인가?

(b) 이 체인의 순간전이율을 제시하라.

(c) 이 체인이 시간가역임을 보이고, 극한 확률을 구하라.

32. 2-서버 시스템에 고객들이 도착률 λ인 푸아송과정에 따라 도착한다. 서버가 서비스를 마치면, 줄에서 대기 중인 첫 번째 사람이 서비스를 받기위해 입장한다. 서버 i에서의 서비스시간은 서비스율이 μ_i인($i = 1, \ldots, r$) 지수분포를 따르며 $\mu_1 + \mu_2 > \lambda$를 만족한다. 두 서버가 모두 쉬고 있을 때 도착한 고객은 동일한 확률로 서버를 선택한다. 이 모형에 대한 적절한 연속시간 마코프체인을 정의하고, 시간가역임을 보여라, 또한 극한 확률을 구하라.

***33.** 각 모수가 λ_i, μ_i인($i = 1, 2$) 두 개의 $M/M/1$ 대기행렬을 고려하자. 이들이 공통의 대기실을 운영하는데 최대 3명까지 수용할 수 있다고 하자. 즉, 고객이 도착했을 때 해당 서버가 서비스중이고 대기실에 이미 3명이 있으면 그는 시스템을 떠나야 한다. 시스템에 n명의 대기행렬 1 고객과 m명의 대기행렬 2 고객이 있을 극한 확률을 구하라.

힌트: 연습 문제 28의 결과와 절단(truncation)의 개념을 함께 이용하라.

34. 4명의 작업자가 4대의 전화기가 있는 사무실을 공유한다. 어느 시점이건 작업자는 "작업중" 또는 "통화중"이라고 가정하자. 작업자 i의 각 "작업중" 기간은 발생률 λ_i인 지수분포를 따르고, "통화중" 기간은 발생률 μ_i인 지수분포를 따른다($i = 1, 2, 3, 4$).

(a) 모든 작업자가 "작업중"인 시간의 비율은 얼마인가?

시간 t에 작업자 i가 작업중이면 1, 그렇지 않으면 0의 값을 갖는 $X_i(t)$를 정의하고, $\mathbf{X}(t) = (X_1(t), X_2(t), X_3(t), X_4(t))$라 하자.

(b) $\mathbf{X}(t),\ t \geqslant 0$는 연속시간 마코프체인인가? 순간전이율을 제시하라.

(c) $\mathbf{X}(t)$는 시간가역인가? 그 이유는?

이제 전화기 중 하나가 고장났다고 가정하자. 전화기를 사용하려던 작업자가 모든 전화기가 사용 중임을 알게되면 새로 "작업중" 상태로 진입한다고 가정하자.

(d) 모든 작업자가 "작업중"인 시간의 비율은 얼마인가?

35. 순간전이율 q_{ij}와 극한 확률 P_i를 갖는 시간가역인 연속시간 마코프체인을 고려하자. 이 체인의 일부 상태들의 집합을 A라 하고, 전이율 q^*_{ij}가 다음과 같이 주어지는 새로운 연속시간 마코프체인을 고려해보자.

$$q^*_{ij} = \begin{cases} cq_{ij}, & i \in A,\ j \notin \mathrm{A}\text{인 경우} \\ q_{ij}, & \text{그 밖의 경우} \end{cases}$$

위에서 c는 임의의 양수이다. 이 체인이 시간가역임을 보이고 극한 확률을 구하라.

36. n개의 부품으로 이루어진 시스템을 고려하자. 부품 i의 작동시간은 발생률 λ_i인$(i = 1, \ldots, n)$ 지수분포를 따른다. 그런데, 부품이 고장났을 때 부품 i의 수리율은 다른 부품이 얼마나 많이 고장났는가에 따라 달라진다. 구체적으로, 총 k개의 부품이 고장났을 때, 부품 i의 수리율은 $\alpha^k\mu_i$라고$(i = 1, \ldots, n)$ 가정하자.

(a) 연속시간 마코프체인으로 위 경우를 어떻게 분석할 수 있는지 설명하라. 상태를 정의하고 체인의 모수를 제시하라.

(b) 안정상태에서 체인이 시간가역임을 보이고 극한 확률을 구하라.

37. 병원에서는 k가지 다른 유형의 환자를 수용할 수 있다. 유형 i 환자는 도착률 λ_i인 푸아송과정에 따라 도착하며, k개의 푸아송과정은 독립이다. 유형 i 환자는 발생률 μ_i인$(i = 1, \ldots, k)$ 지수분포 시간 동안 병원에 머문다. 병원에서는 유형 i 환자 한 명당 w_i 단위의 자원이 필요하다. 그런데, 어느 환자를 받아들일 경우 그로 인하여 모든 환자의 자원의 합이 C를 초과하게 되면 해당 환자는 수용하지 않는다. 결국, 병원에서 n_1명의 유형 1 환자, n_2명의 유형 2 환자, $\ldots$, n_k명의 유형 k 환자를 수용하기 위한 필요충분조건은 다음과 같다.

$$\sum_{i=1}^{k} n_i w_i \leqslant C$$

(a) 위 경우를 분석하기 위한 연속시간 마코프체인을 정의하라.

아래의 (b), (c), (d)에 대해서는 $C = \infty$를 가정하자.

(b) 시간 t에 유형 i 고객의 수를 $N_i(t)$라 하면, $\{N_i(t),\ t \geqslant 0\}$는 어떤 유형의 확률과정인가? 이는 시간가역인가?

(c) 벡터 확률과정$\{(N_1(t), \ldots, N_k(t))\ t \geq 0\}$에 대해 무엇을 말할 수 있는가?

(d) (c)의 과정에 대해 극한 확률을 구하라.

아래의 문항에 대해서는 $C < \infty$를 가정하자.

(e) (a)의 과정에 대해 극한 확률을 구하라.

(f) 유형 i 환자가 수용되는 수용률을 구하라.

(g) 환자가 수용되는 비율은 얼마인가?

38. n 서버 시스템을 고려하자. 서버 i의 서비스시간은 서비스율 μ_i인($i = 1, \ldots, n$) 지수분포를 따른다. 고객들은 도착률 λ인 푸아송과정에 따라 도착하며, 모든 서버가 서비스중일 때 도착한 고객은 기다리지 않고 시스템을 떠난다. 고객이 도착했을 때 적어도 하나의 서버가 쉬고 있으면 그 고객은 쉬고 있는 서버들 중 무작위로 선택된 한 서버로부터 서비스를 받는다. 즉, k명의 서버가 쉬고 있을 때 도착한 고객이 이들 k명의 서버 중 어느 한 서버에게서 서비스를 받을 확률은 동일하다.

(a) 위 경우를 연속시간 마코프체인으로 분석하기 위해서 상태를 정의하라.

(b) 이 체인은 시간가역임을 보여라.

(c) 극한 확률을 구하라.

39. 문제 38에서 시스템에 들어온 고객이, 가장 짧은 시간 동안 쉰 서버에 의해 서비스된다고 가정하자.

(a) 위 경우를 연속시간 마코프체인으로 분석하기 위해서 상태를 정의하라.

(b) 이 체인은 시간가역임을 보여라.

(c) 극한 확률을 구하라.

40. 상태가 $1, \ldots, n$인 연속시간 마코프체인을 고려하자. 각 방문 때마다 발생률 v_i인 지수분포 시간 동안 상태 i에 머문 후 나머지 $n-1$개의 상태 중 하나를 동일한 확률로 선택하여 떠난다.

(a) 시간가역인가?

(b) 상태에서 머무는 시간의 장기 비율을 구하라.

41. 예제 6.22에서 극한 확률이 식 (6.33), (6.34), (6.35)를 만족함을 보여라.

42. 예제 6.22에서, 분석하기 전에 이미 서버 i에 고객이 j명 있을 극한 확률이 $(\lambda/\mu_i)^j\,(1-\lambda/\mu_i)$, $i = 1, 2$, $j \geqslant 0$라는 것을 알 수 있는 이유를 설명해보라. (확실하지 않은 것은 안정 상태에서 두 서버의 고객수가 독립인지의 여부이다.)

43. 세 개의 서버를 갖는 직렬 대기모형을 고려하자. 도착률 λ인 푸아송과정에 따라 서버 1로 고객이 도착한다. 서버 1에서 서비스가 끝나면, 고객은 서버 2로 이동한다. 서버 2에서 서비스가 끝나면, 고객은 서버 3으로 이동한다. 서버 3에서 서비스가 끝나면, 고객은 시스템을 떠난다. 서버 i에서의 서비스시간은 서비스율이 μ_i인($i = 1, 2, 3$) 지수분포를 따른다고 할 때, 역방향 체인을 추정하고 이러한 추정이 맞는지를 검증하여 이 시스템의 극한 확률을 구하라.

44. 연습 문제 3의 연속시간 마코프체인에 대하여 균등화 기법이 적용된 형태를 제시하라.

45. 예제 6.20에서, 2-상태 연속시간 마코프체인에 대하여, 상태 0에서 시작할 경우, 시간 t까지 상태 0의 점유시간에 대한 기댓값, $m(t) = E[O(t)]$를 구하였다. 이 값을 구하는 또 다른 방법은 관련 미분방정식을 유도하는 것이다.

(a) 다음을 보여라.

$$m(t+h) = m(t) + P_{00}(t)h + o(h)$$

(b) 다음을 보여라.

$$m'(t) = \frac{\mu}{\lambda+\mu} + \frac{\lambda}{\lambda+\mu}e^{-(\lambda+\mu)t}$$

(c) $m(t)$에 대해 풀어라.

46. 2-상태 연속시간 마코프체인에서 상태 0에 대한 점유시간을 $O(t)$라 하자. $E[O(t) \mid X(0) = 1]$를 구하라.

47. 2-상태 연속시간 마코프체인을 고려하자. 상태 0에서 시작할 경우, $\mathrm{Cov}[X(s), X(t)]$를 구하라.

48. Y는 발생률 λ인 지수 확률변수로 연속시간 마코프체인 $\{X(t)\}$와 독립이다. 또한 다음을 정의하자.

$$\bar{P}_{ij} = P\{X(Y) = j | X(0) = i\}$$

(a) 다음을 보여라.

$$\bar{P}_{ij} = \frac{1}{v_i + \lambda} \sum_k q_{ik} \bar{P}_{kj} + \frac{\lambda}{v_i + \lambda} \delta_{ij}$$

여기서 δ_{ij}는 $i = j$일 때는 1이고 $i \neq j$이면 0이다.

(b) 위 방정식의 해가 다음과 같음을 보여라.

$$\bar{\mathbf{P}} = (\mathbf{I} - \mathbf{R}/\lambda)^{-1}$$

위에서 $\bar{\mathbf{P}}$는 원소 $\bar{P}_{ij}$로 구성된 행렬, $\mathbf{I}$는 단위행렬, $\mathbf{R}$은 6.9절에서 규정한 행렬이다.

(c) 이제 $Y_1, \ldots, Y_n$이 발생률 λ인 독립인 지수 확률변수들로 연속시간 마코프체인 $\{X(t)\}$와 독립이라고 하자. 다음 식은 행렬 $\bar{\mathbf{P}}^n$의 i번째 행, j번째 열의 원소와 동일함을 보여라.

$$P\{X(Y_1 + \cdots + Y_n) = j | X(0) = i\}$$

(d) 위 식과 6.9절의 근사화 방법 2의 관계를 설명해보라.

***49.** (a) 6.9절의 근사화 방법 1은 $vt = n$인 v를 갖는 연속시간 마코프체인을 균등화한 후 $P_{ij}(t)$의 근사값으로 P_{ij}^{*n}를 이용하는 것과 동일함을 보여라.

(b) 위 방법이 왜 좋은 근사화 방법인지 이유를 설명해보라.

힌트: 평균 n인 푸아송 확률변수의 표준편차는 무엇인가?

참고 문헌

[1] D. R. Cox and H. D. Miller, "The Theory of Stochastic Processes," Methuen, London, 1965.

[2] A. W. Drake, "Fundamentals of Applied Probability Theory," McGraw&Hill, New York, 1967.

[3] S. Karlin and H. Taylor, "A First Course in Stochastic Processes," Second Edition, Academic Press, New York, 1975.

[4] E. Parzen, "Stochastic Processes," Holden&Day, San Francisco, California, 1962.

[5] S. Ross, "Stochastic Processes," Second Edition, John Wiley, New York, 1996.

INTRODUCTION TO **PROBABILITY MODELS**

재생이론과 응용

Renewal Theory and Its Applications

7.1 서론

앞에서 살펴보았듯이, 푸아송과정은 연이은 사건들 사이의 간격들이 독립이고 동일한 지수분포를 갖는 확률변수가 되는 계수과정이다. 7장에서는 보다 일반화된 경우로 연이은 사건들의 발생간격이 독립이고 동일한 일반 분포를 갖는 확률변수인 계수과정을 다루고자 한다. 이러한 계수과정을 **재생과정** (renewal process)라고 부른다.

$\{N(t), t \geq 0\}$을 계수과정이라 하고 $n-1$번째 사건과 n번째 사건의 발생간격을 X_n이라 하자($n \geq 1$).

정의 7.1 비음인 확률변수 열 $\{X_1, X_2, \ldots\}$이 독립이고 동일한 분포를 갖는다면, 계수과정 $\{N(t), t \geq 0\}$을 **재생과정**이라고 한다.

따라서, 재생과정은 처음 사건이 발생할 때까지의 시간이 분포 F를 따르고, 첫 번째와 두 번째 사건 사이의 발생간격은 첫 번째 사건의 발생시간과는 독립이며 동일한 분포 F를 따르는 방식으로 연이은 사건들이 발생하는 계수과정이다. 재생과정에서 사건이 일어나면 재생(renewal)이 발생했다고 말한다.

재생과정의 예로서, 독립이고 동일한 분포의 수명을 갖는 전구가 충분히 있다고 하자. 어느 시점에 전구를 사용하고 있다고 하자. 전구가 고장나면 즉시 새 것으로 교체한다. 이 경우, 시간 $N(t)$까지 고장난 전구의 수를 $N(t)$라 하면, $\{N(t), t \geq 0\}$는 재생과정이다.

도착간격 $X_1, X_2, \ldots$을 갖는 재생과정에 대해서 다음을 정의하자.

$$S_0 = 0, \quad S_n = \sum_{i=1}^{n} X_i, \quad n \geqslant 1$$

즉, $S_1 = X_1$는 첫 번째 재생 발생시간, $S_2 = X_1 + X_2$는 첫 번째 재생 발생시간 더하기 첫 번째와 두 번째 재생의 발생간격, 즉 S_2는 두 번째 재생의 발생시간이다. 일반적으로, n번째 재생의 발생시간을 S_n으로 나타낸다(그림 7.1을 보라).

발생간격의 분포를 F로 나타내기로 하고 $F(0) = P\{X_n = 0\} < 1$이라고 가정하자. 또한 연속된 재

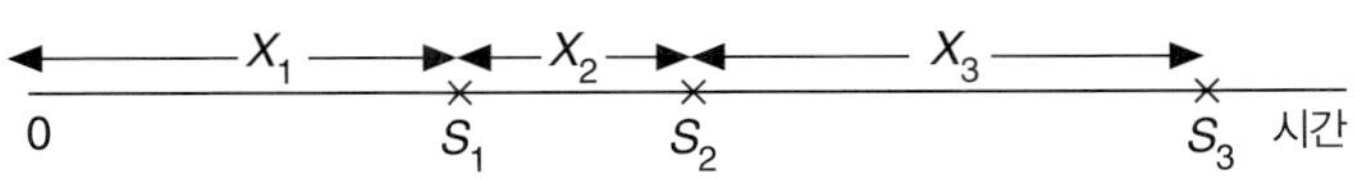

그림 7.1 재생과 발생간격.

생의 평균 발생간격을 다음과 같이 정의하자.

$$\mu = E[X_n], \quad n \geqslant 1$$

X_n은 비음이고 전부 0은 아니므로 $\mu > 0$이다.

첫 번째 질문으로 유한한 시간 동안 무한개의 사건이 일어날 수 있는지에 대해 알아보자. 즉, 어떤 (유한한) 시간 t 동안에 $N(t)$가 무한대의 값을 가질 수 있는지 살펴보자. 이러한 경우는 발생할 수 없다는 것을 보이기 위해, S_n이 n번째 재생의 발생시간이므로 $N(t)$를 다음과 같이 나타낼 수 있다는 것에 주목하자.

$$N(t) = \max\{n: S_n \leqslant t\} \tag{7.1}$$

식 (7.1)이 맞다는 것을 이해하기 위해, 예를 들어, $S_4 \leq t$이지만 $S_5 > t$인 경우를 가정하자. 즉, 시간 t까지 4번째 재생은 발생했지만 5번째 재생은 시간 t가 지나서 발생하는 경우이다. 바꿔 말하면, 시간 t까지 발생한 재생의 수 $N(t)$는 4가 되어야만 한다. 이제 큰 수의 강법칙에 의해, 확률 1로 다음이 성립한다.

$$\frac{S_n}{n} \to \mu \qquad n \to \infty \text{ 일 때}$$

그런데 $\mu > 0$이므로 n이 무한대로 가면 S_n도 무한대로 가야만 한다. 따라서 유한한 n에 대해서만 S_n은 t보다 작거나 같을 수 있고, 결국 식 (7.1)에 의해 $N(t)$는 유한해야만 한다.

그런데, 모든 t에 대해 $N(t) < \infty$임에도 불구하고, 확률 1로 다음이 성립한다.

$$N(\infty) \equiv \lim_{t\to\infty} N(t) = \infty$$

결국 발생할 수 있는 재생의 총 수 $N(\infty)$가 유한한 값을 가질 수 있는 유일한 경우는 도착간격 중 하나가 무한대의 값을 갖는 경우임을 알 수 있다.

따라서, 다음을 얻는다.

$$\begin{aligned} P\{N(\infty) < \infty\} &= P\{\text{어떤 } n\text{에 대해서 } X_n = \infty\} \\ &= P\left\{\bigcup_{n=1}^{\infty}\{X_n = \infty\}\right\} \\ &\leqslant \sum_{n=1}^{\infty} P\{X_n = \infty\} \\ &= 0 \end{aligned}$$

7.2 $N(t)$의 분포

시간 t까지 발생한 재생의 수가 n 이상일 필요충분조건은 n번째 재생이 시간 t보다 먼저 일어나는 것이다라는 중요한 관계에 주목하면, 최소한 이론상으로는 $N(t)$의 분포를 구할 수 있다. 즉,

$$N(t) \geqslant n \Leftrightarrow S_n \leqslant t \tag{7.2}$$

이 성립하므로

$$\begin{aligned} P\{N(t) = n\} &= P\{N(t) \geqslant n\} - P\{N(t) \geqslant n+1\} \\ &= P\{S_n \leqslant t\} - P\{S_{n+1} \leqslant t\} \end{aligned} \tag{7.3}$$

를 얻는다. 이제, 확률변수 X_i는$(i \geq 1)$ 독립이고 공통의 분포 F를 가지므로, $S_n = \sum_{i=1}^{n} X_i$는 F의 자

기 자신과의 n 중 합성곱(n-fold convolution) F_n을 따른다(2.5절). 따라서, 식 (7.3)에 의해 다음을 얻는다.

$$P\{N(t)=n\}=F_n(t)-F_{n+1}(t)$$

예제 7.1 $P\{X_n=i\}=p(1-p)^{i-1}, i\geqslant 1$을 가정하자. 즉, 도착간격 분포가 기하분포인 경우를 가정하자. 이제 $S_1=X_1$는 각각의 시행이 독립이고 성공 확률은 p인 독립시행에서 처음으로 성공할 때까지의 시행횟수로 해석될 수 있다. 비슷하게, S_n은 n번의 성공에 도달할 때까지의 시행 횟수로 해석될 수 있고, 따라서 다음과 같은 음이항분포(negative binomial distribution)를 따른다.

$$P\{S_n=k\}=\begin{cases}\binom{k-1}{n-1}p^n(1-p)^{k-n}, & k\geqslant n\\ 0, & k<n\end{cases}$$

따라서, 식 (7.3)에 의해 다음을 얻는다.

$$\begin{aligned}P\{N(t)=n\}&=\sum_{k=n}^{[t]}\binom{k-1}{n-1}p^n(1-p)^{k-n}\\&\quad-\sum_{k=n+1}^{[t]}\binom{k-1}{n}p^{n+1}(1-p)^{k-n-1}\end{aligned}$$

또한, 사건은 p의 확률로 각각의 시간 1, 2, ... 에 독립적으로 발생하므로 다음과 같이 표현될수 있다.

$$P\{N(t)=n\}=\binom{[t]}{n}p^n(1-p)^{[t]-n}$$ ■

S_n에 조건을 주어, $P(N(t)=n)$에 대한 또 하나의 식을 다음과 같이 얻을 수 있다.

$$P\left(N(t)=n\right)=\int_0^\infty P\left(N(t)=n|S_n=y\right)f_{S_n}(y)dy$$

이제, 시간 $y>t$에 n번째 사건이 발생했다면, 시간 t까지는 n보다 적은 수의 사건이 발생했을 것이다. 반면에 시간 $y\leqslant t$에 n번째 사건이 발생했다면, 다음 도착간격이 $t-y$를 초과하지 않는다면 시간 t까지 정확히 n번의 사건이 발생했을 것이다. 결과적으로 다음이 얻어진다.

$$\begin{aligned}P\left(N(t)=n\right)&=\int_0^t P\left(X_{n+1}>t-y|S_n=y\right)f_{S_n}(y)dy\\&=\int_0^t \bar{F}(t-y)f_{S_n}(y)dy\end{aligned}$$

여기서 $\bar{F}=1-F$이다.

예제 7.2 만약 $F(x)=1-e^{\lambda x}$이라면, 발생률이 λ인 n개의 독립적인 지수 확률변수의 합 S_n은 모수 (n, λ)인 감마분포를 따르게 된다. 따라서 위 식을 이용하면 다음이 얻어진다.

$$\begin{aligned}P\left(N(t)=n\right)&=\int_0^t e^{-\lambda(t-y)}\frac{\lambda e^{-\lambda y}\left(\lambda y\right)^{n-1}}{(n-1)!}dy\\&=\frac{\lambda^n e^{-\lambda t}}{(n-1)!}\int_0^t y^{n-1}dy\\&=e^{-\lambda t}\frac{(\lambda t)^n}{n!}\end{aligned}$$ ■

식 (7.2)를 이용하면, $N(t)$의 평균값 함수 $m(t)$를 다음과 같이 계산할 수 있다.

$$\begin{aligned} m(t) &= E[N(t)] \\ &= \sum_{n=1}^{\infty} P\{N(t) \geqslant n\} \\ &= \sum_{n=1}^{\infty} P\{S_n \leqslant t\} \\ &= \sum_{n=1}^{\infty} F_n(t) \end{aligned}$$

여기서 X가 비음인 정수 값을 갖는다면 다음이 성립하는 것을 이용하였다.

$$\begin{aligned} E[X] &= \sum_{k=1}^{\infty} kP\{X=k\} = \sum_{k=1}^{\infty}\sum_{n=1}^{k} P\{X=k\} \\ &= \sum_{n=1}^{\infty}\sum_{k=n}^{\infty} P\{X=k\} = \sum_{n=1}^{\infty} P\{X \geqslant n\} \end{aligned}$$

함수 $m(t)$를 **평균값**(mean value) 또는 **재생함수**(renewal function)이라 한다.

평균값 함수 $m(t)$이 재생과정을 유일하게 결정하는 것을 증명할 수 있다. 즉, 도착간격 분포 F와 평균값 함수 $m(t)$ 사이에 일대일 대응이 성립한다.

또 하나의 흥미로운 결과는 다음과 같다. 증명은 생략한다.

모든 $t < \infty$ 에 대하여 $m(t) < \infty$

참고:

(i) $m(t)$는 도착간격 분포를 일대일로 결정하므로, 푸아송과정은 선형의 평균값 함수를 갖는 유일한 재생과정임을 알 수 있다.

(ii) 확률 1로 $N(t)$는 유한하므로, $m(t)$가 유한한 값을 갖는다고 생각할 수도 있다. 하지만 그러한 생각은 잘못된 것이다. 다음을 살펴보자. Y가 다음과 같은 확률분포를 갖는 확률변수라 하자.

$n \geqslant 1$일 때, $\left(\frac{1}{2}\right)^n$의 확률로 $Y = 2^n$

이제, 다음 결과를 얻을 수 있다.

$$P\{Y < \infty\} = \sum_{n=1}^{\infty} P\{Y = 2^n\} = \sum_{n=1}^{\infty} \left(\tfrac{1}{2}\right)^n = 1$$

그런데

$$E[Y] = \sum_{n=1}^{\infty} 2^n P\{Y = 2^n\} = \sum_{n=1}^{\infty} 2^n \left(\tfrac{1}{2}\right)^n = \infty$$

이다. 결국, Y가 유한하더라도 $E[Y] = \infty$일 수가 있다. ■

첫 번째 재생 시간에 조건을 주어 재생함수가 만족하는 적분방정식을 얻을 수 있다. 도착간격 분포 F가 연속이고 밀도함수가 f라고 가정하면 다음을 얻을 수 있다.

$$m(t) = E[N(t)] = \int_0^{\infty} E[N(t)|X_1 = x]f(x)dx \tag{7.4}$$

이제 시간 t보다 작은 시간 x에 첫 번째 재생이 발생했다고 하자. 그러면 재생이 발생할 때 재생과정이 확률적으로 새로 시작된다는 사실을 이용하면, 시간 t까지의 재생 수는, 처음 $(t-x)$ 시간 동안의 재생 수 + 1과 같은 분포를 갖는다는 것을 알 수 있다. 따라서

$$E[N(t)|X_1 = x] = 1 + E[N(t-x)] \quad x < t\text{일 때}$$

이 성립한다. 명백하게

$$E[N(t)|X_1 = x] = 0 \quad x > t\text{일 때}$$

이므로, 식 (7.4)로부터 다음 결과를 얻을 수 있다.

$$\begin{aligned} m(t) &= \int_0^t [1 + m(t-x)]f(x)dx \\ &= F(t) + \int_0^t m(t-x)f(x)dx \end{aligned} \tag{7.5}$$

식 (7.5)를 **재생방정식**(renewal equation)이라 부르며 때로는 이 식을 풀 수 있어 이를 통해 재생함수를 구할 수 있다.

예제 7.3 재생방정식을 풀 수 있는 한 가지 경우는 도착간격 분포가 균등분포, 예를 들면 (0, 1)에서 일정한 경우이다. 이러한 경우 $t \leqslant 1$일 때의 해를 구해보자. 이러한 t에 대해 재생함수는 다음과 같다.

$$\begin{aligned} m(t) &= t + \int_0^t m(t-x)dx \\ &= t + \int_0^t m(y)dy \quad y = t - x\text{로 치환하여} \end{aligned}$$

위 식을 미분하면 다음을 얻는다.

$$m'(t) = 1 + m(t)$$

$h(t) = 1 + m(t)$라 하면

$$h'(t) = h(t)$$

즉

$$\log h(t) = t + C$$

이 되고 따라서

$$h(t) = Ke^t$$

또는

$$m(t) = Ke^t - 1$$

을 얻는다. $m(0) = 0$이므로, $K = 1$이 되어 다음 결과가 얻어진다.

$$m(t) = e^t - 1, \quad 0 \leqslant t \leqslant 1$$

■

7.3 극한정리와 그 응용

앞에서, 확률 1로 t가 무한대로 가면 $N(t)$도 무한대로 간다는 것을 보였다. 그런데, $N(t)$가 무한대로 가는 속도(rate)를 알 수 있다면 매우 유용할 것이다. 즉, $\lim_{t\to\infty} N(t)/t$에 대해서 알아보려고 한다.

$N(t)$가 커지는 속도를 알기 위한 전 단계로써, 확률변수 $S_{N(t)}$를 먼저 다루어보자. 먼저, 이 확률변수가 무엇을 나타내는지 알아보자. 예를 들어 $N(t) = 3$을 가정하면, $S_{N(t)} = S_3$는 3번째 사건의 발생시간을 나타낸다. 시간 t까지 단지 3개 사건만 발생했기 때문에 S_3는 시간 t 이전에 마지막 사건이 발생한 시점을 역시 나타낸다. 즉, 사실상 $S_{N(t)}$이 나타내는 것은 시간 **t와 그 이전에 발생한** 마지막 재생의 시점이다. 비슷한 추론을 통하여 $S_{N(t+1)}$은 **시간 t 이후에 발생한**(그림 7.2를 보라) 첫 번째 재생의 시간이다. 이제 다음을 증명할 수 있다.

명제 7.1 확률 1로 다음이 성립한다.

$$\frac{N(t)}{t} \to \frac{1}{\mu} \qquad t \to \infty \text{ 일 때}$$

증명 $S_{N(t)}$는 시간 t와 그 이전에 발생한 마지막 재생의 발생시점이고, $S_{N(t+1)}$는 시간 t를 지나서 발생한 첫 번째 재생의 발생시점이므로,

$$S_{N(t)} \leqslant t < S_{N(t)+1}$$

이 된다. 즉,

$$\frac{S_{N(t)}}{N(t)} \leqslant \frac{t}{N(t)} < \frac{S_{N(t)+1}}{N(t)} \tag{7.6}$$

이 된다. 그런데, $S_{N(t)}/N(t) = \sum_{i=1}^{N(t)} X_i/N(t)$는 $N(t)$개의 독립이고 동일한 분포를 갖는 확률변수들의 산술평균이므로, 큰 수의 강법칙에 따라 $N(t) \to \infty$이면 $S_{N(t)}/N(t) \to \mu$가 된다. 그런데 $t \to \infty$이면 $N(t) \to \infty$이므로 다음이 얻어진다.

$$\frac{S_{N(t)}}{N(t)} \to \mu \qquad t \to \infty \text{ 일 때}$$

또한

$$\frac{S_{N(t)+1}}{N(t)} = \left(\frac{S_{N(t)+1}}{N(t)+1}\right)\left(\frac{N(t)+1}{N(t)}\right)$$

로 쓰면, 위와 동일한 추론에 의해 $S_{N(t+1)}/(N(t)+1) \to \mu$임를 알 수 있고

$$\frac{N(t)+1}{N(t)} \to 1 \qquad t \to \infty \text{ 일 때}$$

이므로

$$\frac{S_{N(t)+1}}{N(t)} \to \mu \qquad t \to \infty \text{ 일 때}$$

가 된다. 식 (7.6)에 의해 $t/N(t)$는 두 확률변수의 사이에 있고 각각은 $t \to \infty$일 때 μ로 수렴하므로, 증명이 완료된다. ■

참고:

(i) 앞의 명제는 재생 간격의 평균 μ가 무한대일 경우에도 성립한다. 이 경우 $1/\mu$은 0이라고 해석한다.

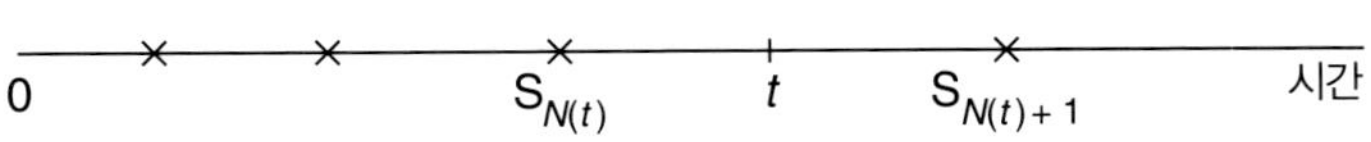

그림 7.2

(iii) 재생 간격의 평균이 μ이므로, 재생이 일어나는 평균 발생률은 μ 시간 단위 당 1번임을 직관적으로 알 수 있다. ■

예제 7.4 베벌리는 하나의 전지로 작동하는 라디오를 가지고 있다. 사용 중인 전지가 고장나면 새 것으로 즉시 교체한다. 전지의 수명(시간)이 (30, 60) 구간에 균등하게 분포한다면, 전지를 교체하는 교체율은 어떻게 될까?

풀이▶ 시간 t까지 고장난 전지의 수를 $N(t)$라 하면, 명제 7.1에 의해 베벌리는 다음 교체율에 따라 전지를 교체한다.

$$\lim_{t\to\infty}\frac{N(t)}{t}=\frac{1}{\mu}=\frac{1}{45}$$

즉, 장기적으로 보아 베벌리는 매 45시간마다 전지를 교체하게 된다. ■

예제 7.5 예제 7.4에서 여분의 전지가 없어서 고장이 날 때마다 새 전지를 사러 외출을 해야 한다고 가정하자. 새로운 전지를 사오는 데에 걸리는 시간이 (0, 1) 구간에 균등하게 분포한다면, 베벌리가 전지를 교체하는 평균 교체율은 얼마인가?

풀이▶ 이 경우 재생 간격의 평균시간은 다음과 같다.

$$\mu=E[U_1]+E[U_2]$$

여기서 U_1은 (30, 60) 구간에 걸쳐 균등하며 U_2는 (0, 1) 구간에 걸쳐 균등하다. 따라서

$$\mu=45+\tfrac{1}{2}=45\tfrac{1}{2}$$

이 되어, 장기적으로 베벌리는 $\frac{2}{91}$의 교체율로 새 전지로 교체하게 된다. 바꿔 말하면, 91시간마다 2개의 전지를 교체하게 된다. ■

예제 7.6 단일-서버 은행에 도착률 λ인 푸아송과정에 따라 고객이 도착한다고 가정하자. 그런데 고객이 도착했을 때 서버가 쉬고 있어야만 고객은 은행으로 입장한다고 가정하자. 즉, 은행에 이미 다른 고객이 있으면, 은행에 들어가지 않고 집으로 되돌아간다. 은행에 입장한 고객이 은행에 머무르는 시간은 분포 G를 갖는 확률변수라 할 때, 다음을 구하라.

(a) 고객이 은행에 입장하는 입장률은 얼마인가?

(b) 도착한 고객 중 은행에 입장하는 고객의 비율은 얼마인가?

풀이▶ 질문에 답하기 위해, 시간 0에 한 명의 고객이 은행에 들어갔다고 가정하자. (즉, 첫 번째 고객이 은행에 들어가면서 해당 과정이 시작되는 것으로 정의하자.) 평균 서비스시간을 μ_G라 하면, 푸아송과정의 망각성에 의해, 입장하는 고객 사이의 평균 간격은 다음과 같다.

$$\mu=\mu_G+\frac{1}{\lambda}$$

따라서, 고객이 은행에 입장하는 입장률은 다음과 같다.

$$\frac{1}{\mu}=\frac{\lambda}{1+\lambda\mu_G}$$

반면에 고객의 도착률이 λ이므로 은행에 입장하는 비율은 다음과 같다.

$$\frac{\lambda/(1+\lambda\mu_G)}{\lambda}=\frac{1}{1+\lambda\mu_G}$$

특별히 $\lambda=2$이고 $\mu_G=2$라면, 5명 중 1명의 비율로 시스템에 입장한다. ■

명제 7.1을 다소 기발하게 응용하는 예를 다음 예제에서 소개한다.

예제 7.7 P_i의 확률로 결과 i가($i = 1, \ldots, n$, $\sum_{i=1}^{n} P_i = 1$) 나올 수 있는 연이은 독립 시행을, 같은 결과가 연달아 k번 나올 때까지 관찰한다. 그런 후 그 결과가 게임의 승자가 된다고 하자. 예를 들어, $k = 2$이고 연이은 결과가 1, 2, 4, 3, 5, 2, 1, 3, 3으로 나왔다면 9번째 시행에서 멈추고 3이 승자가 된다. i가($i = 1, \ldots, n$) 승자가 될 확률을 구하라. 또한 시행 횟수의 기댓값을 구하라.

풀이▶ 동전던지기에서 각 시행이 독립이고 앞면이 나올 확률이 p일 때 k번 연달아 앞면이 나올 때까지 시행 횟수의 기댓값 $E[T]$를 먼저 계산해보자. 처음 뒷면이 나올 때까지의 시행 횟수에 조건을 주면 다음이 얻어진다.

$$E[T] = \sum_{j=1}^{k} (1-p)p^{j-1}(j + E[T]) + kp^k$$

$E[T]$에 대해 풀면 다음이 얻어진다.

$$E[T] = k + \frac{(1-p)}{p^k} \sum_{j=1}^{k} jp^{j-1}$$

정리하면 다음을 얻을 수 있다.

$$\begin{aligned} E[T] &= \frac{1 + p + \cdots + p^{k-1}}{p^k} \\ &= \frac{1-p^k}{p^k(1-p)} \end{aligned} \tag{7.7}$$

이제 원래 예제로 돌아가서, 승자가 결정되면 바로 다시 게임을 시작하는 방식으로 게임을 반복한다고 가정하자. 각 i에 대하여 i가 이기는 경우의 발생률을 구해보자. 이제 i가 이길 때마다, 모든 것이 다시 시작되며 따라서 i가 이기는 것을 재생으로 간주할 수 있다. 따라서, 명제 7.1에 의해, 다음 관계를 얻을 수 있다.

$$i\text{가 이기는 사건의 발생률} = \frac{1}{E[N_i]}$$

여기서 N_i는 i의 연속된 승리 사이의 시행 횟수를 나타낸다. 따라서 식 (7.7)로부터 다음을 얻을 수 있다.

$$i\text{가 이기는 사건의 발생률} = \frac{P_i^k(1-P_i)}{1-P_i^k} \tag{7.8}$$

따라서 장기간에 걸쳐 숫자 i가 이기는 비율은 다음과 같다.

$$\begin{aligned} i\text{가 이기는 비율} &= \frac{i\text{가 이기는 사건의 발생률}}{\sum_{j=1}^{n} \text{가 이기는 사건의 발생률}} \\ &= \frac{P_i^k(1-P_i)/(1-P_i^k)}{\sum_{j=1}^{n} (P_j^k(1-P_j)/(1-P_j^k))} \end{aligned}$$

그런데 큰 수의 강법칙에 의해 장기간에 걸쳐 얻은 i가 이기는 비율은, 확률 1로 어떤 게임에서 i가 이길 확률과 같다. 따라서 다음이 얻어진다.

$$P\{i\text{ 승리}\} = \frac{P_i^k(1-P_i)/(1-P_i^k)}{\sum_{j=1}^n (P_j^k(1-P_j)/(1-P_j^k))}$$

게임의 평균 시행횟수를 구하기 위해 먼저

$$\begin{aligned}\text{게임이 끝나는 사건의 발생률} &= \sum_{i=1}^n i\text{가 이기는 사건의 발생률}\\ &= \sum_{i=1}^n \frac{P_i^k(1-P_i)}{1-P_i^k} \quad [\text{식 (7.8)에 의해}]\end{aligned}$$

임을 관찰하자. 한 번 게임이 끝나면 모든 것이 다시 시작하므로, 명제 7.1에 의해 게임이 끝나는 경우의 발생률은 게임의 평균시간의 역수와 같다. 따라서 다음을 얻는다.

$$\begin{aligned}E[\text{게임 시간}] &= \frac{1}{\text{게임이 끝나는 사건의 발생률}}\\ &= \frac{1}{\sum_{i=1}^n (P_i^k(1-P_i)/(1-P_i^k))}\end{aligned}$$

■

명제 7.1은 시간 t까지의 평균 재생률은 $t \to \infty$일 경우 확률 1로 $1/\mu$로 수렴한다는 것을 말해준다. 평균 재생률의 기댓값은 어떨까? $m(t)/t$도 $1/\mu$로 수렴할까? 이에 대한 결과는 **기본재생정리** (elementary renewal theorem)로 알려져 있다.

정리 7.1 (기본재생정리)

$$\frac{m(t)}{t} \to \frac{1}{\mu} \qquad t \to \infty \text{ 일 때}$$

앞에서와 같이 $\mu = \infty$일 경우 $1/\mu$은 0으로 해석된다.

참고: 얼핏 보기에는 기본재생정리는 명제 7.1에 의해 간단히 얻어지는 결과로 보일 수 있다. 즉, 평균 재생률은 확률 1로 $1/\mu$로 수렴하므로, 평균 재생률의 기댓값도 $1/\mu$로 수렴한다고 할 수는 없는 것일까? 다음 예제를 살펴보자.

예제 7.8 U는 (0, 1)에서의 균등 확률변수이다. Y_n, $n \geq 1$을 다음과 같이 정의하자.

$$Y_n = \begin{cases} 0, & U > 1/n\text{인 경우} \\ n, & U \leqslant 1/n\text{인 경우} \end{cases}$$

이제 U는 확률 1로 0보다 크므로 충분히 큰 n에 대해서 Y_n는 0이 될 것이다. 즉, $1/n < U$를 만족하는 충분히 큰 모든 n에 대해서 Y_n은 0이 될 것이다. 따라서 확률 1로, 다음이 성립한다.

$$Y_n \to 0 \qquad n \to \infty \text{ 일 때}$$

그런데,

$$E[Y_n] = nP\left\{U \leqslant \frac{1}{n}\right\} = n\frac{1}{n} = 1$$

이다. 결국, 확률변수열 Y_n은 0으로 수렴하지만, Y_n의 기댓값은 항상 1임을 알 수 있다. ■

기본재생정리를 증명하기 위해 월드(Wald)의 등식으로 알려진 식을 이용할 것이다. 이 식을 살펴보기 전에 먼저 확률변수 열에 대하여 정지시간(stopping time)이라는 개념을 도입할 필요가 있다.

정의 독립적인 확률변수열 $X_1, X_2, \ldots$ 에서 모든 $n = 1, 2, \ldots$ 에 대하여 $\{N = n\}$인 사건이 $X_{n+1}, X_{n+2}, \ldots$ 과 독립이면, 비음의 정수값을 갖는 확률변수 N을 그 확률변수열의 **정지시간**(stopping time)이라고 한다.

정지시간에 대한 개념을 이해하기 위해, 처음에 X_1, 다음에 X_2, 등으로 계속 관찰하다가 관찰을 정지하기 전에 관찰한 개수를 N으로 나타낸다고 생각하면 될 것이다. $X_1, \ldots, X_n$을 관찰한 후 관찰을 정지하는 사건은 이 n개의 값들에만 관련될 뿐 미래의 관찰되지 않은 값들과는 무관하므로, 이 사건은 미래의 값들과는 독립적이어야만 한다.

예제 7.9 $X_1, X_2, \ldots$ 는 아래의 분포를 가진, 독립이고 동일한 분포를 갖는 확률변수열이다.

$$P(X_i = 1) = p = 1 - P(X_i = 0)$$

여기서 $p > 0$이다. 다음을 정의하자.

$$N = \min(n : X_1 + \cdots + X_n = r)$$

그러면 N은 이 확률변수열의 정지시간이다. 독립 시행이 계속하여 수행되고 있고 $X_i = 1$이 i번째 시행에서 성공인 경우를 나타낸다고 하면, N은 성공 확률이 p인 독립 시행에서 r번 성공할 때까지의 시행 횟수가 된다. ■

예제 7.10 $X_1, X_2, \ldots$ 는 아래 분포를 가진 독립이고 동일한 분포를 갖는 확률변수열이다.

$$P(X_i = 1) = 1/2 = 1 - P(X_i = -1)$$

다음을 정의하자.

$$N = \min(n : X_1 + \cdots + X_n = 1)$$

그러면 N은 이 수열의 정지시간이다. N은, 각 도박판에서 이길 확률과 질 확률이 동일한 도박사가 처음으로 돈이 원래보다 늘어나게 되면 판을 멈추는 경우에 대한 정지시간으로 간주될 수 있다. [도박사의 상태 전이는 대칭인 랜덤보행이고 이는 재발(recurrent) 마코프체인임을 4장에서 보였으므로, $P(N < \infty) = 1$이 성립한다.] ■

이제 월드의 등식을 살펴보자.

정리 7.2 (월드의 등식) $X_1, X_2, \ldots$ 이 유한한 기댓값 $E[X]$을 갖는 독립이고 동일한 분포를 갖는 확률변수열이고, N이 이 수열에 대한 정지시간이고 $E(N) < \infty$이면 다음이 성립한다.

$$E\left[\sum_{n=1}^{N} X_n\right] = E[N]E[X]$$

증명 $n = 1, 2, \ldots$ 에 대하여 다음을 정의하자.

$$I_n = \begin{cases} 1, & n \le N\text{인 경우} \\ 0, & n > N\text{인 경우} \end{cases}$$

그리고

$$\sum_{n=1}^{N} X_n = \sum_{n=1}^{\infty} X_n I_n$$

임을 관찰하자. 기댓값을 취하면

$$E\left[\sum_{n=1}^{N} X_n\right] = E\left[\sum_{n=1}^{\infty} X_n I_n\right] = \sum_{n=1}^{\infty} E[X_n I_n]$$

을 준다. $N \geqslant n$이면 $I_n = 1$이므로, $X_1, \ldots, X_{n-1}$을 관찰한 후 멈추지 않는다면 $I_n = 1$임을 알 수 있다. 그런데 이는 I_n의 값이 X_n을 관찰하기 전에 결정되며 따라서 X_n은 I_n과 독립이라는 것을 의미한다. 결과적으로

$$E[X_n I_n] = E[X_n]E[I_n] = E[X]E[I_n]$$

이 되고 따라서 다음이 성립한다.

$$\begin{aligned} E\left[\sum_{n=1}^{N} X_n\right] &= E[X]\sum_{n=1}^{\infty} E[I_n] \\ &= E[X]E\left[\sum_{n=1}^{\infty} I_n\right] \\ &= E[X]E[N] \end{aligned}$$

■

월드의 등식을 재생이론에 적용하기 위해, $X_1, X_2, \ldots$를 재생과정의 연이은 도착간격이라 하자. 만약 어느 시간까지 이들을 관찰하다가 시간 t를 지나 발생한 첫 번째 재생에서 정지했다면, 이는 $X_1, \ldots, X_{N(t)+1}$을 관찰한 후 정지한 것이고 $N(t) + 1$은 도착간격 열에 대한 정지시간이 된다. $N(t) + 1$이 도착간격 열에 대한 정지시간이라는 것에 대한 보다 엄밀한 표현을 위해, $N(t) = n - 1$이기 위한 필요충분조건은 시간 t까지 $(n - 1)$번째 재생이 발생하고 시간 t를 지나 n번째 재생이 발생하는 것이다. 즉, 다음 관계가 성립한다.

$$N(t) + 1 = n \Leftrightarrow N(t) = n - 1 \Leftrightarrow X_1 + \cdots + X_{n-1} \leqslant t, X_1 + \cdots + X_n > t$$

이는 $N(t) + 1 = n$이라는 사건은 $X_1, \ldots, X_n$의 값에만 종속된다는 것을 보여준다.

결국 월드의 등식의 따름명제로 다음을 얻을 수 있다.

명제 7.2 $X_1, X_2, \ldots$가 재생과정의 도착간격들이라면 다음이 성립한다.

$$E[X_1 + \cdots + X_{N(t)+1}] = E[X]E[N(t) + 1]$$

즉, 다음이 성립한다.

$$E[S_{N(t)+1}] = \mu[m(t) + 1]$$

이제 기본재생정리를 증명할 수 있다.

기본재생정리의 증명 $S_{N(t)+1}$는 시간 t를 지나서 첫 번째 재생의 발생시간이므로, 다음을 얻는다.

$$S_{N(t)+1} = t + Y(t)$$

여기서 $Y(t)$는 시간 t에서의 **잔여수명**(excess)이라고 하는데, t부터 다음 재생까지의 시간으로 정의된다. 위 식에 기댓값을 취하여 명제 7.2를 이용하면 다음을 얻는다.

$$\mu(m(t) + 1) = t + E[Y(t)] \tag{7.9}$$

이는 다음과 같이 정리된다.

$$\frac{m(t)}{t} = \frac{1}{\mu} + \frac{E[Y(t)]}{t\mu} - \frac{1}{t}$$

$Y(t) \geqslant 0$이므로, 위 식에서 $\frac{m(t)}{t} \geqslant \frac{1}{\mu} - \frac{1}{t}$이 성립하고 따라서 다음을 얻는다.

$$\lim_{t\to\infty} \frac{m(t)}{t} \geqslant \frac{1}{\mu}$$

$\lim_{t\to\infty} \frac{m(t)}{t} \leqslant \frac{1}{\mu}$를 보이기 위해 $P(X_i < M) = 1$를 만족하는 값 $M < \infty$이 존재한다고 가정하자. 이는 $Y(t)$가 M보다 작아야한다는 것을 의미하므로 $E[Y(t)] < M$이 얻어지고 따라서

$$\frac{m(t)}{t} \leqslant \frac{1}{\mu} + \frac{M}{t\mu} - \frac{1}{t}$$

이 성립하고 따라서 다음을 얻는다.

$$\lim_{t\to\infty} \frac{m(t)}{t} \leqslant \frac{1}{\mu}$$

따라서 도착간격이 유계(bounded)인 경우에 대하여 기본재생정리에 대한 증명이 완료된다. 도착간격 $X_1, X_2, \ldots$에 한계가 없는 경우, $M > 0$을 고정하고, $N_{M(t)}$를 도착간격이 $\min(X_i, M)$, $i \geq 1$인 재생과정이라 하자. 모든 i에 대해 $\min(X_i, M) \leq X_i$이므로, 모든 t에 대해 $N_{M(t)} \geq N(t)$가 성립한다. [즉, $N_{M(t)}$의 각 도착간격은 그에 대응되는 $N(t)$의 도착간격보다 작으므로, $N_{M(t)}$는 최소한 시간 t까지의 재생 횟수만큼은 된다.] 결과적으로 $E[N(t)] \leqslant E[N_{M(t)}]$가 되어 다음을 얻을 수 있다.

$$\lim_{t\to\infty} \frac{E[N(t)]}{t} \leqslant \lim_{t\to\infty} \frac{E[N_M(t)]}{t} = \frac{1}{E[\min(X_i, M)]}$$

여기서 등식은 $N_{M(t)}$의 도착간격이 유계이기 때문에 성립하는 것이다. $\lim_{M\to\infty} E[\min(X_i, M)] = E[X_i] = \mu$를 이용하면, 위 식에 $M \to \infty$를 취하여

$$\lim_{t\to\infty} \frac{m(t)}{t} \leqslant \frac{1}{\mu}$$

를 얻고, 따라서 증명이 완료된다. ■

식 (7.9)는, 시간 t에서의 평균 잔여수명 $E[Y(t)]$를 구할 수 있으면, $m(t)$를 계산할 수 있다는 것과 그 역도 성립한다는 것을 보여준다.

예제 7.11 도착간격이 두 지수 확률변수의 합성곱인 재생과정을 고려하자. 즉, 다음 경우를 고려하자.

$$F = F_1 * F_2, \text{ 여기서 } F_i(t) = 1 - e^{-\mu_i t},\ i = 1, 2$$

먼저 $E[Y(t)]$를 구하여 재생함수를 결정하자. 시간 t에서의 평균 잔여수명을 구하기 위해, 각각의 재생이 새 기계의 가동에 대응된다고 생각하고, 각 기계는 두 개의 부품을 갖는다고 가정하자. 처음 부품 1이 장착되어 고장률 μ_1인 지수 시간 동안 지속되고, 이어서 고장률 μ_2인 지수 시간 동안 작동하는 부품 2가 장착된다. 부품 2가 고장 나면, 새 기계를 가동한다(즉, 재생이 발생한다). 이제 확률과정 $\{X(t), t \geq 0\}$를 고려하자. 여기서 시간 t에 유형 i 부품이 작동중이면 $X(t)$는 i이다. $\{X(t), t \geq 0\}$가 2-상태 연속시간 마코프체인임은 쉽게 알 수 있고, 따라서 예제 6.11의 결과를 이용하면 전이확률은 다음과 같다.

$$P_{11}(t) = \frac{\mu_1}{\mu_1 + \mu_2} e^{-(\mu_1+\mu_2)t} + \frac{\mu_2}{\mu_1 + \mu_2}$$

시간 t에 가동 중인 기계의 잔여수명의 기댓값을 계산하기 위하여. 기계가 첫 번째 혹은 두 번째 부품을 사용하는지에 조건을 주도록 하자. 기계가 아직 첫 번째 부품을 사용 중이면 기계의 기대 잔여수명은 $1/\mu_1 + 1/\mu_2$이고, 반면에 만약 기계가 두 번째 부품을 사용 중이면 기계의 기대 잔여수명은 $1/\mu_2$이다. 따라서 시간 t에 가동 중인 기계가 첫 번째 부품을 사용하고 있을 확률을 $p(t)$라 하면, 다음을 얻는다.

$$E[Y(t)] = \left(\frac{1}{\mu_1} + \frac{1}{\mu_2}\right) p(t) + \frac{1 - p(t)}{\mu_2}$$
$$= \frac{1}{\mu_2} + \frac{p(t)}{\mu_1}$$

그런데, 시간 0에는 첫 번째 기계가 첫 번째 부품을 사용하고 있을 것이므로, $p(t) = P_{11}(t)$가 성립하고 따라서 $P_{11}(t)$에 대한 위의 표현을 이용하면, 다음을 얻는다.

$$E[Y(t)] = \frac{1}{\mu_2} + \frac{1}{\mu_1 + \mu_2} e^{-(\mu_1+\mu_2)t} + \frac{\mu_2}{\mu_1(\mu_1 + \mu_2)} \tag{7.10}$$

이제 식 (7.9)에 의해 다음을 얻을 수 있다.

$$m(t) + 1 = \frac{t}{u} + \frac{E[Y(t)]}{\mu} \tag{7.11}$$

여기서 평균 도착간격 μ는 다음과 같이 구해진다.

$$\mu = \frac{1}{\mu_1} + \frac{1}{\mu_2} = \frac{\mu_1 + \mu_2}{\mu_1 \mu_2}$$

식 (7.10)과 위 식을 (7.11)에 대입하여 정리하면 다음 결과가 얻어진다.

$$m(t) = \frac{\mu_1 \mu_2}{\mu_1 + \mu_2} t - \frac{\mu_1 \mu_2}{(\mu_1 + \mu_2)^2} [1 - e^{-(\mu_1+\mu_2)t}]$$ ■

참고: 식 (7.11)의 관계와 2-상태 연속시간 마코프체인에 대한 결과를 이용하면, 예제 7.11에서와 같은 방식으로 다음과 같은 도착간격 분포에 대한 재생함수를 구할 수 있다.

$$F(t) = pF_1(t) + (1 - p)F_2(t)$$

$$F(t) = pF_1(t) + (1 - p)(F_1 * F_2)(t)$$

여기서 $F_i(t) = 1 - e^{-\mu_i t}$, $t > 0$, $i = 1, 2$이다. ■

재생과정의 도착간격이 모두 양의 정수값을 갖는다고 가정하고, 다음을 정의하자.

$$I_i = \begin{cases} 1, & \text{시간 } i\text{에 재생이 발생한 경우} \\ 0, & \text{그 밖의 경우} \end{cases}$$

또한 시간 n까지 재생 횟수 $N(n)$은 다음과 같이 표현될 수 있음에 주목하자.

$$N(n) = \sum_{i=1}^{n} I_i$$

위 식의 양변에 기댓값을 취하면 다음을 얻는다.

$$m(n) = E\left[N(n)\right] = \sum_{i=1}^{n} P(\text{시간 } i\text{에 재생 발생})$$

따라서 기본재생정리에 따라 다음식이 얻어진다.

$$\frac{\sum_{i=1}^{n} P(\text{시간 } i\text{에 재생 발생})}{n} \to \frac{1}{E[\text{재생간격}]}$$

이제, 수열 $a_1, a_2, \ldots$에 대하여, 다음 관계가 성립함을 보일 수 있다.

$$\lim_{n\to\infty} a_n = a \quad \Rightarrow \quad \lim_{n\to\infty} \frac{\sum_{i=1}^{n} a_i}{n} = a$$

따라서 $\lim_{n\to\infty} P$(시간 n에 재생 발생)이 존재한다면 극한은 $\dfrac{1}{E[\text{재생간격}]}$ 과 같아야 한다.

예제 7.12 X_i, $i \geq 1$는 독립이고 동일한 분포를 갖는 확률변수이다. 다음을 정의하자.

$$S_0 = 0, \quad S_n = \sum_{i=1}^{n} X_i, \; n > 0$$

이 확률과정$\{S_n, n \geq 0\}$을 **랜덤보행과정**(random walk process)이라 한다. $E[X_i] < 0$라 가정하자. 큰 수의 강법칙에 의해 다음을 얻는다.

$$\lim_{n\to\infty} \frac{S_n}{n} \to E\left[X_i\right]$$

그런데 S_n을 n으로 나눈 값이 음수로 수렴한다면, S_n은 음의 무한대로 가게 될 것이다. 처음 이동 이후 랜덤보행이 항상 음수일 확률을 α라 하자. 즉, 다음과 같이 정의하자.

$$\alpha = P(\text{모든 } n \geq 1\text{에 대하여 } S_n < 0)$$

α을 구하기 위해 $S(n) < \min(0, S_1, \ldots, S_{n-1})$이면 시간 n에 사건이 일어났다고 표현되는 계수과정을 정의하자. 즉, 이 계수과정에서는 랜덤보행과정이 새로운 최저치에 도달할 때마다 사건이 발생한다. 이제 시점 n에 사건이 발생했다면, 다음 사건은 아래 조건을 만족할 경우 k 시간단위 뒤에 발생한다.

$$X_{n+1} \geqslant 0, X_{n+1} + X_{n+2} \geqslant 0, \ldots, X_{n+1} + \cdots + X_{n+k-1} \geqslant 0,$$
$$X_{n+1} + \cdots + X_{n+k} < 0$$

X_i, $i \geq 1$은 독립이고 동일한 분포를 가지므로 위 사건은 $X_1, \ldots, X_n$의 값들과는 독립이고 그 발생확률은 n과 무관하다. 결과적으로 연속적인 사건들의 발생간격은 독립이고 동일한 분포를 가지며 따라서 이 계수과정은 재생과정이다. 이제 다음 식을 고려하자.

$$\begin{aligned} P(n\text{에 재생 발생}) &= P\left(S_n < 0, S_n < S_1, S_n < S_2, \ldots, S_n < S_{n-1}\right) \\ &= P(X_1 + \cdots + X_n < 0, X_2 + \cdots + X_n < 0, \\ &\quad X_3 + \cdots + X_n < 0, \ldots, X_n < 0) \end{aligned}$$

$X_n, X_{n-1}, \ldots, X_1$은 $X_1, X_2, \ldots, X_n$와 결합분포를 가지므로, X_1이 X_n, X_2가 X_{n-1}, X_3가 X_{n-2} 등으로 바뀌어도, 위 확률값은 변동이 없다. 결국 다음을 얻는다.

$$\begin{aligned} P(n\text{에 재생 발생}) &= P\big(X_n + \cdots + X_1 < 0, X_{n-1} + \cdots + X_1 < 0, \\ &\quad X_{n-2} + \cdots + X_1 < 0, X_1 < 0\big) \\ &= P\big(S_n < 0, S_{n-1} < 0, S_{n-2} < 0, \ldots, S_1 < 0\big) \end{aligned}$$

따라서

$$\lim_{n\to\infty} \{P(n\text{에 재생 발생})\} = P\big(S_n < 0\,,\, n \geqslant 1\text{에 의하여}\big) = \alpha$$

이다. 그런데 기본재생정리에 의해, 다음을 얻는다.

$$\alpha = 1/E[T]$$

여기서 T는 평균 재생 간격이다. 즉,

$$T = \min\{n : S_n < 0\}$$

이다. 예를 들어, 왼쪽 건너뜀 없는(left skip free) 랜덤보행의 경우(즉, $\sum_{j=-1}^{\infty} P(X_i = j) = 1$)인 경우), 3.6.6절에서 $E[X_i] < 0$일 경우 $E[T] = -1/E[X_i]$임을 보였으므로, 음수인 평균값을 갖는 건너뜀 없는 랜덤보행에 대하여 다음을 얻을 수 있다.

$$P\,(\text{모든 } n\text{에 대해 } S_n < 0) = -E[X_i]$$

이는 3.6.6절에서 얻은 결과를 확인시켜준다. ■

중요한 극한정리로 재생과정에 대한 중심극한정리가 있다. 큰 t에 대하여, $N(t)$는 근사적으로 평균이 t/μ이고 분산이 $t\sigma^2/\mu^3$인 정규분포를 따른다는 것이다. 여기서 μ와 σ^2는 도착간격의 평균과 분산이다. 이를 구체적으로 쓰면 다음과 같다. 증명은 생략한다.

정리 7.3 (재생과정에 대한 중심극한정리)

$$\lim_{t\to\infty} P\left\{\frac{N(t) - t/\mu}{\sqrt{t\sigma^2/\mu^3}} < x\right\} = \frac{1}{\sqrt{2\pi}}\int_{-\infty}^{x} e^{-x^2/2}dx$$

추가적으로, 재생과정에 대한 중심극한정리로부터 예상할 수 있듯이, $\text{Var}(N(t))/t$는 σ^2/μ^3으로 수렴한다. 즉, 다음 결과를 얻을 수 있다.

$$\lim_{t\to\infty}\frac{\text{Var}(N(t))}{t} = \sigma^2/\mu^3 \tag{7.12}$$

예제 7.13 두 대의 기계가 끝없이 밀려드는 작업을 계속하여 처리한다. 기계 1에서 하나의 작업을 처리하는 데에 걸리는 시간은 모수가 $n = 4$와 $\lambda = 2$인 감마 확률변수이며 기계 2에서 하나의 작업을 처리하는 데에 걸리는 시간은 (0, 4) 구간에 걸쳐 균등하게 분포한다. 두 대의 기계가 시간 $t = 100$까지 적어도 90개의 작업을 처리할 확률에 대한 근사값을 구하라.

풀이▶ 시간 t까지 기계 i가 처리할 수 있는 작업의 수를 $N_i(t)$라 하면 $\{N_1(t),\ t \geq 0\}$와 $\{N_2(t),\ t \geq 0\}$는 독립적인 재생과정이다. 첫 번째 재생과정의 도착간격 분포는 모수가 $n = 4$, $\lambda = 2$인 감마분포이므로, 평균은 2, 분산은 1의 값을 갖는다. 이에 대응하여, 두 번째 재생과정의 도착간격 분포는 (0, 4) 구간에서의 균등분포이므로, 평균은 2, 분산은 16/12의 값을 갖는다.

따라서, $N_1(100)$는 근사적으로 평균 50, 분산 100/8인 정규분포를 따른다. 또한 $N_2(100)$는 근사적으로 평균 50, 분산 100/6인 정규분포를 따른다. 그러므로, $N_1(100) + N_2(100)$는 근사적으로 평균 100, 분산 175/6인 정규분포를 따른다. 따라서, Φ가 표준정규분포를 나타낸다고 하면, 다음 결과를 얻을 수 있다.

$$\begin{aligned}
P\{N_1(100)+N_2(100) > 89.5\} &= P\left\{\frac{N_1(100)+N_2(100)-100}{\sqrt{175/6}} > \frac{89.5-100}{\sqrt{175/6}}\right\}\\
&\approx 1 - \Phi\left(\frac{-10.5}{\sqrt{175/6}}\right)\\
&\approx \Phi\left(\frac{10.5}{\sqrt{175/6}}\right)\\
&\approx \Phi(1.944)\\
&\approx 0.9741
\end{aligned}$$

■

7.4 재생보상과정

많은 수의 확률모형들이 다음과 같은 모형의 특수한 경우에 해당된다. 도착간격 X_n, $n \geq 1$를 갖는 재생과정 $\{N(t), t \geq 0\}$를 고려하자. 또한 재생이 발생할 때마다 보상을 해준다고 가정하자. n번째 재생 발생에서 벌어들인 보상을 R_n이라 하자. R_n, $n \geq 1$은 독립이고 동일한 분포를 갖는다고 가정한다. 하지만, R_n이 n번째 재생 간격 X_n에 종속될 가능성도 있다고 가정하자. 이제

$$R(t) = \sum_{n=1}^{N(t)} R_n$$

라고 하면, $R(t)$는 시간 t까지 벌어들인 총 보상을 나타낸다. 또,

$$E[R] = E[R_n], \quad E[X] = E[X_n]$$

라고 놓자.

명제 7.3 만약 $E[R] < \infty$이고 $E[X] < \infty$이면, 다음이 성립한다.

(a) 확률 1로, $\lim_{t \to \infty} \frac{R(t)}{t} = \frac{E[R]}{E[X]}$

(b) $\lim_{t \to \infty} \frac{E[R(t)]}{t} = \frac{E[R]}{E[X]}$

증명▶ (a)만 증명해보자. 증명을 위해, 다음과 같이 쓰자.

$$\frac{R(t)}{t} = \frac{\sum_{n=1}^{N(t)} R_n}{t} = \left(\frac{\sum_{n=1}^{N(t)} R_n}{N(t)}\right)\left(\frac{N(t)}{t}\right)$$

큰 수의 강법칙에 의해

$$\frac{\sum_{n=1}^{N(t)} R_n}{N(t)} \to E[R] \qquad t \to \infty \text{ 일 때}$$

를 얻고 명제 7.1에 의해 다음을 얻는다.

$$\frac{N(t)}{t} \to \frac{1}{E[X]} \qquad t \to \infty \text{ 일 때}$$

그러면 원하는 결과가 얻어진다. ■

참고:

(i) 한 번 재생이 발생할 때마다 한 번의 주기(cycle)가 끝났다라고 말한다면, 명제 7.3은 장기간에 걸친 단위시간당 평균 보상이 한 주기 동안 벌어들인 보상의 기댓값을 한 주기의 평균 길이로 나눈 값과 같다는 것을 의미한다. 예를 들어 예제 7.6에서 연속적인 고객들의 예금액이 공통의 분포 H를 따르는 독립인 확률변수라면, 예금액의 증가율, $\lim_{t\to\infty}$ (시간 t까지의 총 예금액)$/t$은 다음 식으로 주어진다.

$$\frac{E\,[\text{한 주기 동안의 예금액}]}{E\,[\text{한 주기의 길이}]} = \frac{\mu_H}{\mu_G + 1/\lambda}$$

여기서 $\mu_G + 1/\lambda$는 한 주기의 평균 시간이고 μ_H는 분포 H의 평균이다.

(ii) 재생 시점에 보상을 해준다고 가정했지만, 재생 주기 전체에 걸쳐 점진적으로 보상을 해주더라도 앞서의 결과는 유효하다.

예제 7.14 (차 구매 모형) 차의 수명은 분포 H와 확률밀도함수 h를 갖는 연속 확률변수이다. 브라운은 자신의 차가 고장나거나 고장없이 T년에 도달하면 바로 새 차로 교체한다고 하자. 새 차 구입비용은 C_1이고 차가 고장날 때마다 C_2의 추가 비용이 든다고 하자. 사용하던 차는 전혀 가격을 쳐주지 않는다는 가정 하에서, 브라운의 장기 평균 비용을 구하라.

브라운이 새 차를 구매할 때마다 한 번의 주기가 끝나는 것이라면, 명제 7.3에 의해(비용이 보상을 대체하는 경우이다) 장기 평균 비용은 다음과 같다.

$$\frac{E[\text{한 주기 동안의 비용}]}{E[\text{한 주기의 길이}]}$$

이제 임의의 한 주기 동안 차의 수명을 X라 하면, 해당 주기 동안 발생하는 비용은 다음과 같다.

$$\begin{array}{ll} C_1, & X > T\text{인 경우} \\ C_1 + C_2, & X \leqslant T\text{인 경우} \end{array}$$

따라서 한 주기 동안 발생하는 평균 비용은 다음과 같다.

$$C_1 P\{X > T\} + (C_1 + C_2) P\{X \leqslant T\} = C_1 + C_2 H(T)$$

또한, 한 주기의 길이는 다음과 같다.

$$\begin{array}{ll} X, & X \leqslant T\text{인 경우} \\ T, & X > T\text{인 경우} \end{array}$$

한 주기의 길이의 기댓값은 다음과 같다.

$$\int_0^T xh(x)dx + \int_T^\infty Th(x)dx = \int_0^T xh(x)dx + T[1 - H(T)]$$

따라서 브라운의 장기 평균 비용은 다음과 같다.

$$\frac{C_1 + C_2 H(T)}{\int_0^T xh(x)dx + T[1 - H(T)]} \tag{7.13}$$

이제, 차의 수명(년)이 (0, 10) 구간에 균등하게 분포하며 C_1은 3(천)달러 C_2는 $\frac{1}{2}$(천)달러라고 가정하자. 브라운의 장기 평균 비용을 최소로 하는 T를 구하라.

만약 브라운이 차를 T, $T \leqslant 10$ 년 사용한다면, 식 (7.13)에 의해 장기 평균 비용은 다음과 같다.

$$\begin{aligned} \frac{3 + \frac{1}{2}(T/10)}{\int_0^T (x/10)dx + T(1 - T/10)} &= \frac{3 + T/20}{T^2/20 + (10T - T^2)/10} \\ &= \frac{60 + T}{20T - T^2} \end{aligned}$$

미적분학을 이용하여 위 식을 최소화하자.

$$g(T) = \frac{60 + T}{20T - T^2}$$

라고 하면

$$g'(T) = \frac{(20T - T^2) - (60 + T)(20 - 2T)}{(20T - T^2)^2}$$

을 얻고 이를 0으로 놓으면

$$20T - T^2 = (60 + T)(20 - 2T)$$

즉

$$T^2 + 120T - 1200 = 0$$

이 되어 다음의 해를 구할 수 있다.

$$T \approx 9.25 \quad \text{그리고} \quad T \approx -129.25$$

$T \leq 10$이므로, 자신의 차가 9.25년에 도달할 때마다 새 차를 구입하는 것이 최적의 전략이 된다. ■

예제 7.15 (기차의 배차) 고객들이 평균 도착간격 μ인 재생과정에 따라 기차역에 도착한다. 역에서 기다라는 사람이 N명이 될 때마다 기차가 출발한다. n명의 고객이 기다리고 있으면 기차역에 단위시간당 nc 달러의 비용이 발생한다면, 기차역에 발생하는 평균 비용을 구하라.

기차가 출발할 때마다 한 번의 주기가 끝난다고 보면, 위의 경우는 재생과정이 된다. 한 주기의 길이의 기댓값은 N명의 고객이 도착하기까지의 시간의 기댓값이 되고 평균 도착간격이 μ이므로 다음이 성립한다.

$$E[\text{한 주기의 길이}] = N\mu$$

한 주기 내에서 n번째 도착과 $(n+1)$번째 도착의 시간간격을 T_n이라 하면, 한 주기 동안의 비용의 기댓값은 다음과 같이 표현될 수 있다.

$$E[\text{한 주기 동안의 비용}] = E[cT_1 + 2cT_2 + \cdots + (N-1)cT_{N-1}]$$

$E[T_n] = \mu$이므로 정리하면

$$c\mu\frac{N}{2}(N-1)$$

을 얻고 따라서 기차역에 발생하는 평균 비용은 다음과 같다.

$$\frac{c\mu N(N-1)}{2N\mu} = \frac{c(N-1)}{2}$$

이제 기차가 출발할 때마다, 기차역에 6달러의 비용이 발생한다고 가정하자. $c = 2$, $\mu = 1$일 때 기차역의 장기 평균 비용을 최소로 하는 N을 구하라.

이 경우, 단위시간당 평균 비용은 다음과 같다.

$$\frac{6 + c\mu N(N-1)/2}{N\mu} = N - 1 + \frac{6}{N}$$

이를 N에 대한 연속 함수로 보고 미분을 이용하면 평균 비용을 최소로 하는 N을 다음과 같이 얻을 수 있다.

$$N = \sqrt{6} \approx 2.45$$

따라서 N의 최적값은 2 또는 3이 된다(두 경우의 평균 비용은 4로 동일하다). 결국 $N = 2$ 또는 $N = 3$이 기차역의 평균 비용을 최소화한다. ■

예제 7.16 단일-서버 시스템에 고객들이 도착률 λ인 푸아송과정에 따라 도착한다. 도착한 고객이 서버에게 가려면 문을 통과해야만 한다. 그런데, 누군가 문을 통과할 때마다 다음 t 시간단위 동안 문이 잠긴다. 문이 잠겼을 때 도착한 고객은 시스템을 떠나고, 시스템에 c의 비용이 발생한다. 문이 잠겨있지 않을 때 도착한 고객은 서버에게 간다. 서버가 쉬고 있으면, 서비스를 받는다. 서버가 서비스 중이면, 고객은 서비스를 받지 않고 시스템을 떠나며 시스템에 K의 비용이 발생한다. 서비스시간이 서비스율 μ인 지수분포를 따를 때, 시스템에 발생하는 단위시간당 평균 비용을 구하라.

풀이▶ 위의 경우는 문이 잠겨있지 않을 때 고객이 도착하면 새로운 주기가 시작되는 재생과정으로 볼 수 있다. 고객이 도착했을 때 서버가 쉬고 있건 서비스 중이건, 문은 다음 t 시간단위 동안 잠기게 되고 서버는 서비스율 μ인 지수분포에 따라 시간 X 동안 서비스를 할 것이기 때문이다. (서버가 쉬고 있다면, X는 막 입장한 고객의 서비스시간이고, 서버가 서비스 중이면, X는 서비스 중인 고객의 잔여 서비스시간이다.) 시간 t가 지난 후 첫 번째 도착이 발생하는 시점에 다음 주기가 시작되므로,

$$E[\text{한 주기의 길이}] = t + 1/\lambda$$

을 얻는다. 한 번의 주기 동안 문이 잠겨있을 때 도착하는 고객들로 인해 발생하는 비용을 C_1이라 하자. 그러면, 한 주기의 처음 t 시간단위 동안의 각 도착은 c의 비용을 발생시키므로 다음을 얻는다.

$$E[C_1] = \lambda t c$$

또한, 한 번의 주기 동안 문이 안 잠겨있을 때 도착하지만 서버가 서비스 중이어서 떠나는 고객들로 인해 발생하는 비용을 C_2라 하자. 그러면 주기가 시작된 후 시간 t에 서버가 여전히 서비스 중이고, 추가로, 그 시간이 지나서 서비스 완료 전에 다음 도착이 발생하면 K의 비용이 발생하므로,

$$E[C_2] = Ke^{-\mu t}\frac{\lambda}{\lambda + \mu}$$

를 얻고, 결국 다음 결과를 얻는다.

$$\text{단위 시간당 평균 비용} = \frac{\lambda t c + \lambda K e^{-\mu t}/(\lambda + \mu)}{t + 1/\lambda}$$ ■

예제 7.17 제품을 계속하여 생산하는 제조과정을 고려하자. 생산된 제품은 불량일 수도 양호한 상태일 수도 있다. 불량품을 찾아내어 제거하기 위해 다음과 같은 표본검사방법을 채택한다. 각 제품을 검사해서 연달아 k개의 양호한 제품이 나타날 때까지 계속 진행한다. 이 시점에서 전수검사(100% inspection)는 중단하고 각 제품을 α의 확률로 독립적으로 검사한다. 이런 부분검사를 불량품이 나올 때까지 진행하고 그 시점부터 다시 전수검사를 진행한다. 만약 각 제품이 불량일 확률이 독립적으로 q라면,

(a) 검사받는 제품의 비율을 구하라.

(b) 불량이 감지된 제품을 제거한다면, 남은 제품의 불량 비율은 얼마인가?

참고: 분석에 앞서, 위와 같은 검사방법은 불량품의 비율이 시간에 따라 변하는 상황을 대상으로 설계된 것임에 주목하자. 불량률이 높은 시간에는 전수검사, 불량률이 낮은 시간에는 부분검사가 바람직하다. 그러나, 불량률이 일정한 상황에서 이러한 방법을 어떻게 운영할 것인지는 여전히 중요하다.

풀이▶ 먼저 위의 경우를 전수검사가 시작될 때마다 새로운 주기가 시작되는 재생보상과정으로 접근하자. 그러면 다음을 얻는다.

$$\text{검사받은 제품의 비율} = \frac{E\,[\text{한 주기 동안 검사받은 제품 수}]}{E\,[\text{한 주기 동안 생산된 제품 수}]}$$

연달아 k개의 양호한 제품이 나타날 때까지 검사한 제품의 수를 N_k라 하자. 부분검사가 시작되면(즉, N_k개의 제품이 생산된 후) 검사받은 제품이 불량일 확률은 q이므로, 하나의 불량이 나타나기까지 검사할 제품 수의 기댓값은 $1/q$이다. 따라서 다음을 얻는다.

$$E\,[\text{한 주기 동안 검사받은 제품 수}] = E[N_k] + \frac{1}{q}$$

또한, 부분검사 시 각 제품이 검사를 받고 불량 판정까지 받을 확률은 αq이므로, 하나의 제품이 검사를 받고 불량 판정까지 받을 때까지 생산되는 제품의 수는 $1/\alpha q$이며 따라서 다음을 얻는다.

$$E\,[\text{한 주기 동안 생산된 제품 수}] = E[N_k] + \frac{1}{\alpha q}$$

또한, $E[N_k]$는 각 제품이 양호한 상태일 확률이 $p = 1 - q$일 때 연속으로 k개의 양호한 제품을 만나기 위해 필요한 시행 횟수의 기댓값이므로, 예제 3.14에 의해

$$E[N_k] = \frac{1}{p} + \frac{1}{p^2} + \cdots + \frac{1}{p^k} = \frac{(1/p)^k - 1}{q}$$

을 얻고, 따라서 다음 결과를 얻는다.

$$P_I \equiv \text{검사받은 제품의 비율} = \frac{(1/p)^k}{(1/p)^k - 1 + 1/\alpha}$$

(b)의 답을 구하기 위해 우선 생산된 제품이 불량일 확률은 q이므로 검사를 받고 불량 판정까지 받는 제품의 비율은 qP_I임에 주목하자. 따라서 큰 N에 대하여 처음 생산된 N개 제품 중에서 (근사적으로) Nq개가 불량 판정을 받아 제거될 것이다. 처음 N개 제품에 (근사적으로) Nq개의 불량품이 포함되어 있을 것이므로, $Nq - Nq\,P_I$개의 불량은 발견되지 않을 것이다. 따라서 다음을 얻는다.

$$\text{불량품 중 제거되지 않은 제품의 비율} \approx \frac{Nq(1 - P_I)}{N(1 - qP_I)}$$

$N \to \infty$이면 이 근사식은 정확한 값을 제공하므로 다음을 얻는다.

$$\text{불량품 중 제거되지 않은 제품의 비율} = \frac{q(1 - P_I)}{(1 - qP_I)}$$

■

예제 7.18 (재생과정의 평균 나이) 도착간격 분포 F를 갖는 재생과정을 고려하자. t가 주어질 때 마지막 재생 이후 시간을 $A(t)$로 정의하자. 만약 오래된 제품이 고장나서 새 제품으로 교체하는 것을 재생으로 나타낸다면, $A(t)$는 시간 t에 사용 중인 제품의 나이를 나타낸다. $S_{N(t)}$는 시간 t 이전에 발생한 마지막 사건의 발생시간이므로, 다음을 얻는다.

$$A(t) = t - S_{N(t)}$$

이제 나이의 평균값을 알고 싶다. 즉, 다음 값에 관심이 있다.

$$\lim_{s\to\infty} \frac{\int_0^s A(t)dt}{s}$$

이 값을 구하기 위해, 다음과 같은 방법으로 재생보상이론을 이용하자. 어느 시간에서건 그 시간에서의 재생과정의 나이와 동일한 발생률로 돈을 지불한다고 가정하자. 즉, 시간 t에는 발생률 $A(t)$로 지불되고, 따라서 $\int_0^s A(t)dt$는 시간 s까지의 총 수입을 나타낸다. 재생이 발생하면 모든 것이 새로 시작하므로 다음 관계가 성립한다.

$$\frac{\int_0^s A(t)dt}{s} \to \frac{E\,[\text{재생 주기 동안의 보상}]}{E\,[\text{재생 주기 시간}]}$$

이제 재생 주기 내에서 시간 t에 재생과정의 나이는 t이므로, 다음 식을 얻는다.

$$\text{재생 주기 동안의 보상} = \int_0^X t\,dt = \frac{X^2}{2}$$

여기서 X는 재생 주기의 길이이다. 따라서 다음을 얻는다.

$$\text{나이의 평균값} \equiv \lim_{s\to\infty} \frac{\int_0^s A(t)dt}{s} = \frac{E[X^2]}{2E[X]} \tag{7.14}$$

여기서 X는 분포함수 F를 갖는 도착간격이다. ■

예제 7.19 (재생과정의 평균 잔여수명) 재생과정에 관련된 또 하나의 값으로 시간 t에서의 **잔여수명** (residual time) $Y(t)$이 있다. $Y(t)$는 시간 t부터 다음 재생까지의 시간으로 정의되며, 시간 t에 사용 중인 제품의 남아있는(잔여) 수명을 나타낸다. 잔여수명의 평균값, 즉 다음 값은 재생보상이론에 의해 쉽게 구할 수 있다.

$$\lim_{s\to\infty} \frac{\int_0^s Y(t)dt}{s}$$

위 값을 구하기 위해 시간 t에 $Y(t)$와 동일한 발생률로 돈을 지불한다고 가정하자. 그러면 단위시간당 평균보상은 재생보상이론에 의해 다음과 같다.

$$\text{잔여수명의 평균값} \equiv \lim_{s\to\infty} \frac{\int_0^s Y(t)dt}{s} = \frac{E[\text{주기 동안의 보상}]}{E[\text{주기의 길이}]}$$

이제, 재생주기의 길이를 X라 하면, 다음을 얻는다.

$$\text{한 주기 동안의 보상} = \int_0^X (X-t)dt = \frac{X^2}{2}$$

따라서 잔여수명의 평균값은 다음과 같다.

$$\text{잔여수명의 평균값} = \frac{E[X^2]}{2E[X]}$$

이는 재생과정의 나이에 대해 얻은 결과와 동일하다. ■

예제 7.20 버스정류장에 승객들이 도착률 λ인 푸아송과정에 따라 도착한다. 버스들은 분포함수 F인 재생과정에 따라 도착하며 도착한 버스는 기다리던 승객을 모두 태우고 출발한다. 승객의 도착에 대한 푸아송과정과 버스의 도착에 대한 재생과정은 독립적이다. 다음을 구하라.

(a) 모든 시간에 걸쳐 버스를 기다리는 사람의 평균 수

(b) 모든 승객에 대해 기다리는 승객의 평균 기다린 시간

풀이▶ 재생보상과정을 이용하여 풀어보자. 새로운 주기는 버스가 도착할 때마다 시작된다. 한 주기의 길이를 T라 하고, T는 분포함수 F를 가짐에 주목하자. 각 승객이 버스를 기다리는 동안 단위시간당 1의

비율로 돈을 지불한다면, 어느 시간이건 보상률은 그 시간에 기다리는 고객의 수이고 따라서 단위시간 당 평균 보상은 버스를 기다리는 사람들의 평균 수이다. 한 주기 동안 벌어들인 보상을 R이라 하면, 재생보상정리로부터 다음을 얻는다.

$$\text{기다리는 사람의 평균 수} = \frac{E[R]}{E[T]}$$

한 주기 동안의 도착 수를 N이라 하자. $E[R]$을 결정하기 위해 T와 N의 값 모두에 대해 조건을 주면, 다음을 얻는다.

$$E[R|T = t, N = n] = nt/2$$

여기서, 시간 t까지 n번의 도착이 있다는 조건하에서, 도착시간의 집합은 $(0, t)$ 구간에 균등하게 분포하는 n개의 독립인 확률변수들처럼 분포하고 따라서 승객 당 평균 지불액은 $t/2$라는 것을 이용하였다. 결국, 다음을 얻는다.

$$E[R|T, N] = NT/2$$

기댓값을 취하면 다음을 얻는다.

$$E[R] = \frac{1}{2}E[NT]$$

$E[NT]$를 계산하기 위해, T에 대해 조건을 주면 다음을 얻는다.

$$E[NT|T] = TE[N|T] = \lambda T^2$$

위 식은 버스가 도착할 때까지의 시간 T가 주어지면 기다리는 사람의 수는 평균이 λT인 푸아송분포를 따른다는 것을 이용하였다. 따라서 기댓값을 취하면,

$$E[R] = \frac{1}{2}E[NT] = \lambda E[T^2]/2$$

이 되고 이로부터 다음 결과가 얻어진다.

$$\text{기다리는 사람의 평균 수} = \frac{\lambda E[T^2]}{2E[T]}$$

여기서 T는 도착간격 분포 F를 갖는다.

한 명의 승객이 기다리는 평균 시간을 구하기 위해 각 승객은 버스를 기다리는 동안 단위시간당 1을 지불하므로, 한 명의 승객이 지불하는 금액은 그 승객이 기다리는 시간과 같다는 점에 주목하자. R은 한 주기 동안 벌어들인 총 보상이므로, 승객 i의 기다리는 시간을 W_i라 하면 다음을 얻는다.

$$R = W_1 + \cdots + W_N$$

이제, 연달아 도착한 승객들로부터 벌어들인 보상들, $W_1, W_2, \ldots$ 을 고려하여 시간 i에 보상 W_i를 벌어들였다고 할 수 있다면, 이러한 연이은 보상들은 새 주기가 시간 $N + 1$에 시작되는 이산시간 재생보상과정을 형성하게 된다. 결과적으로, 재생보상과정 이론과 위의 등식으로부터 다음을 얻는다.

$$\lim_{n\to\infty} \frac{W_1 + \cdots + W_n}{n} = \frac{E[W_1 + \cdots + W_N]}{E[N]} = \frac{E[R]}{E[N]}$$

이제

$$E[N] = E[E[N|T]] = E[\lambda T] = \lambda E[T]$$

와 앞서 얻은 결과 $E[R] = \lambda E[T^2]/2$를 이용하면 다음을 얻는다.

$$\lim_{n\to\infty}\frac{W_1+\cdots+W_n}{n}=\frac{E[T^2]}{2E[T]}$$

$\frac{E[T^2]}{2E[T]}$는 도착 버스의 재생과정에 대한 잔여수명의 평균값이므로, 앞의 등식은 승객의 평균 대기시간이 모든 시간에 대해 평균을 구할 경우, 다음 버스가 도착할 때까지의 평균 시간과 동일하다는 것을 말해준다. 승객들은 푸아송과정에 따라 도착하므로 이러한 결과는 PASTA 원리라고 부르는 일반적인 결과의 특별한 경우에 해당된다. 8장에서 다룰 PASTA 원리란, 포아송 도착이 본 시스템은 모든 시간에 걸쳐 평균을 낸 시스템과 동일하다는 것이다. (우리 예제에서 시스템은 다음 버스까지의 시간을 가리킨다.) ■

7.5 재생성과정

상태공간 0, 1, 2, ... 인 확률과정 $\{X(t),\ t\geq 0\}$를 고려하자. 이 확률과정에는 그 자체를 (확률적으로) 다시 시작하는 시점들이 존재한다. 즉, 확률 1로, T_1이후의 확률과정이 0에서 시작하는 전체 확률과정과 확률적으로 동일한 시간 T_1이 존재한다. 이러한 성질은, T_1과 동일한 성질을 갖는 추가적인 시점 $T_2, T_3, \ldots$이 존재한다는 것을 의미한다는 점에 주목하라. 이러한 확률과정을 **재생성과정**(regenerative process)이라 한다.

위 성질로부터 $T_1, T_2, \ldots$가 재생과정에서의 도착시간을 구성하는 것을 알 수 있다. 재생이 발생할 때마다 한 번의 주기가 끝난다고 말할 수 있다.

예제▸

(1) 재생과정은 재생성과정이고, T_1은 첫 번째 재생의 발생시점을 나타낸다.
(2) 재발 마코프체인은 재생성과정이고, T_1은 초기 상태로 처음 전이하는 시간을 나타낸다.

이제 재생성과정이 상태 j에 머무는 시간의 장기 비율을 결정해보자. 이 값을 얻기 위해, 상태 j에 있을 때는 단위시간당 1의 보상률로 보상을 받고 다른 상태에서는 보상률이 0이라고 가정하자. 즉, 시간 s에 받는 보상률을 $I(s)$라 하면

$$I(s)=\begin{cases}1, & X(s)=j\text{인 경우}\\ 0, & X(s)\neq j\text{인 경우}\end{cases}$$

이 되고

$$t\text{까지 벌어들인 보상액}=\int_0^t I(s)\,ds$$

이 된다. 위 경우는 명백하게 주기 시간 T_1에 새로 시작하는 재생보상과정이므로, 명제 7.3에 의해 다음을 얻는다.

$$\text{단위시간당 평균 보상액}=\frac{E[\text{시간 }T_1\text{까지의 보상}]}{E[T_1]}$$

그런데, 단위시간당 평균 보상은 상태 j에 머물 시간의 비율과 정확히 같다. 즉, 다음 결과를 얻을 수 있다.

명제 7.4 재생성과정에서 상태 j에 머무는 시간의 장기 비율은 다음과 같다.

$$\text{상태 }j\text{에 있는 시간의 비율}=\frac{E[\text{한 주기 동안 }j\text{에 있는 시간}]}{E[\text{한 주기}]}$$

참고: 주기 시간 T_1이 연속 확률변수이면, "핵심(key) 재생정리"라 불리는 고급 정리를 이용해서 위 값이, 시간 t에 상태 j에 있을 극한 확률과도 같다는 것을 보일 수 있다. 즉, 만약 T_1이 연속이면, 다음을

얻는다.

$$\lim_{t\to\infty} P\{X(t) = j\} = \frac{E[\text{한 주기 동안 } j\text{에 있는 시간}]}{E[\text{한 주기}]}$$

예제 7.21 처음 상태 i에 있는 양 재발(positive recurrent) 연속시간 마코프체인을 고려하자. 마코프 성질에 의해 상태 i에 재진입할 때마다 확률과정은 다시 시작된다. 따라서 상태 i로의 복귀는 재생이고 새로운 주기의 시각이 된다. 명제 7.4에 의해, 상태 i에서의 시간에 대한 장기 비율은 다음과 같다.

$$\text{상태 } j\text{에 있는 시간의 비율} = \frac{E[i - i \text{ 주기 동안 } j\text{에 있는 시간}]}{\mu_{ii}}$$

여기서 μ_{ii}는 상태 i로 복귀할 때까지의 평균 시간을 나타낸다. j를 i와 같게 잡으면, 다음을 얻는다.

$$\text{상태 } i\text{에 있는 시간의 비율} = \frac{1/v_i}{\mu_{ii}}$$ ■

예제 7.22 (재생 도착을 갖는 대기행렬시스템) 고객이 임의의 재생과정에 따라 도착하고 임의의 서비스분포를 갖는 단일 서버에 의해 서비스 받는 대기행렬시스템을 고려하자. $X(t)$가 시간 t에 시스템에 있는 고객의 수를 나타낸다고 하면, 시간 0에 첫 번째 고객이 도착한다고 가정할 때, $\{X(t), t \geq 0\}$는 재생성과정이다. 이 확률과정은 서버가 쉬고 있는 상태에서 고객이 도착할 때마다 재생성된다. ■

예제 7.23 한 대의 기계만 가동하지만, 예비로 다른 한 대의 기계도 보유하고 있는 시스템을 가정하자. 가동 중인 기계는 밀도함수 f를 갖는 무작위 시간 동안 작동하다가 고장이 난다. 기계가 고장나고 다른 한 대가 정상적으로 작동가능하면 후자를 가동하면서 동시에 방금 고장난 기계를 수리한다. 다른 한 대가 수리중일 때 기계가 고장나면, 새로 고장난 기계는 수리가 끝날 때까지 기다린다. 수리가 끝나면 수리한 기계를 가동하면서 동시에 최근에 고장난 기계를 수리하기 시작한다. 모든 수리시간은 밀도함수 g를 갖는다. P_0, P_1, P_2를 구하라. 이 때 P_i는 정확히 i대의 기계가 정상적으로 작동가능한 시간의 장기 비율이다.

풀이▶ i대의($i = 0, 1, 2$) 기계가 정상적으로 작동가능하면 시스템은 상태 i에 있다고 하자. 시스템이 상태 1에 진입하면 시스템이 확률적으로 다시 시작한다는 것을 쉽게 알 수 있다. 즉, 시스템은 한 대의 기계를 가동하면서 동시에 다른 한 대의 수리를 시작할 때마다 새로 시작된다. 시스템이 상태 1에 진입할 때마다 주기가 시작된다고 하자. 주기가 시작될 때 가동되는 기계의 작동 시간을 X라 하고 다른 기계의 수리시간을 R이라 하면, 주기의 길이 T_c는 다음과 같이 표현될 수 있다.

$$T_c = \max(X, R)$$

$X \leqslant R$일 경우, 사용 중인 기계가 다른 기계가 수리되기 전에 고장나므로 수리가 끝나면 새로운 주기가 시작된다. 비슷하게, $R < X$일 경우, 수리가 먼저 끝나므로 사용 중인 기계가 고장나면 새로운 주기가 시작된다. 또한 한 번의 주기 동안 시스템이 상태 i에 있을 시간을 T_i($i = 0, 1, 2$)라 하자. 그러면 한 주기 동안에 두 기계 모두 작동하지 않는 시간은 $R - X$가 양수일 때는 $R - X$, 아닐 때는 0이므로, 다음을 얻는다.

$$T_0 = (R - X)^+$$

비슷하게, 한 주기 동안 한 대의 기계만 작동하는 시간은 $\min(X, R)$이므로, 다음을 얻는다.

$$T_1 = \min(X, R)$$

최종적으로 한 주기 동안 두 대의 기계가 모두 작동하는 시간은 $X - R$이 양수일 때는 $X - R$, 아닐 때는 0이므로, 다음을 얻는다.

$$T_2 = (X - R)^+$$

따라서 다음을 얻는다.

$$P_0 = \frac{E[(R-X)^+]}{E[\max(X, R)]}$$

$$P_1 = \frac{E[\min(X, R)]}{E[\max(X, R)]}$$

$$P_2 = \frac{E[(X-R)^+]}{E[\max(X, R)]}$$

쉽게 확인 가능한 다음 등식으로부터 $P_0 + P_1 + P_2 = 1$을 알 수 있다.

$$\max(x, r) = \min(x, r) + (x - r)^+ + (r - x)^+$$

위의 기댓값들은 다음과 같이 계산된다.

$$\begin{aligned}
E[\max(X, R)] &= \int_0^\infty \int_0^\infty \max(x, r) f(x) g(r) dx\, dr \\
&= \int_0^\infty \int_0^r r f(x) g(r) dx\, dr + \int_0^\infty \int_r^\infty x f(x) g(r) dx\, dr \\
E[(R-X)^+] &= \int_0^\infty \int_0^\infty (r-x)^+ f(x) g(r) dx\, dr \\
&= \int_0^\infty \int_0^r (r-x) f(x) g(r) dx\, dr \\
E[\min(X, R)] &= \int_0^\infty \int_0^\infty \min(x, r) f(x) g(r) dx\, dr \\
&= \int_0^\infty \int_0^r x f(x) g(r) dx\, dr + \int_0^\infty \int_r^\infty r f(x) g(r) dx\, dr \\
E[(X-R)^+] &= \int_0^\infty \int_0^x (x-r) f(x) g(r) dr\, dx
\end{aligned}$$

■

7.5.1 교대 재생과정

재생성과정에 대한 또 하나의 예로 **교대 재생과정**(alternating renewal process)으로 알려진 경우를 들 수 있다. 두 개의 상태 **온**(on, 켜짐)과 **오프**(off, 꺼짐) 중 하나에 머물 수 있는 시스템을 고려하자. 처음 온에서 시작하여 시간 Z_1 동안 온에 머물고, 그 다음, 오프에 가서 시간 Y_1 동안 오프에 머물로, 그리고 다시 온에 가서 시간 Z_2 동안 온에 머물고, 그 다음, 오프에 가서 시간 Y_2 동안 오프에 머물고, 이렇게 반복한다.

무작위 벡터 (Z_n, Y_n), $n \geq 1$은 독립이고 동일한 분포를 갖는다고 가정하자. 즉, 확률변수열 $\{Z_n\}$과 $\{Y_n\}$ 모두 독립이고 동일한 분포를 갖는다. 하지만 Z_n과 Y_n은 종속일 수 있다. 바꿔 말하면, 시스템이 온에 갈 때마다, 모든 것이 다시 시작되지만 오프에 가면, 오프 시간의 길이는 이전의 온 시간에 종속될 수 있다.

$E[Z] = E[Z_n]$와 $E[Y] = E[Y_n]$는 각각 온 기간과 오프 기간의 평균 길이를 나타낸다고 하자.

이제, 시스템이 온인 시간의 장기 비율 P_{on}을 구해보자. 우선

$$X_n = Y_n + Z_n, \quad n \geqslant 1$$

라고 하자. 그러면 시간 X_1에 확률과정이 다시 시작된다. 즉, 이 확률과정은 한 번의 온과 한 번의 오프 기간으로 구성되는 한 주기 후에 다시 시작이 된다. 바꿔 말하면, 주기가 끝날 때마다 재생이 발생한다. 따라서, 명제 7.4에 의해 다음을 얻는다.

$$P_{\text{on}} = \frac{E[Z]}{E[Y]+E[Z]} = \frac{E[\text{온}]}{E[\text{온}]+E[\text{오프}]} \tag{7.15}$$

또한, 시스템이 오프인 시간의 장기 비율을 P_{off}라 하면 다음을 얻는다.

$$P_{\text{off}} = 1 - P_{\text{on}} = \frac{E[\text{오프}]}{E[\text{온}]+E[\text{오프}]} \tag{7.16}$$

예제 7.24 (생산 과정) 교대 재생과정의 한 예로, 시간 Z_1 동안 작동하다가 고장이 나서 수리를 하고 (시간 Y_1이 걸린다) 다시 시간 Z_2 동안 작동하다가 시간 Y_2 동안 수리하는 과정이 반복되는 생산과정(또는 기계)을 들 수 있다. 이 확률과정이 각 수리 후에 이전과 똑같은 상태로 복구가 된다면(as good as new), 이는 교대 재생과정이다. 이 예제에서, 수리시간이 고장 전에 작동한 시간에 종속된다고 가정하는 것이 어느 정도 타당하다는 점에 주목하라. ■

예제 7.25 보험회사가 계약자들에게 적용하는 요율이 r_1과 r_0 두 가지이다. 새 계약자들은 단위시간당 r_1의 요율로 보험료가 산정된다. r_1의 요율로 보험료를 지불한 계약자가 최근 s 시간단위 동안 보험회사에 보험료를 청구하지 않으면, 요율은 단위시간당 r_0가 된다. 이 요율은 보험료 청구를 할 때까지 유지되며, 보험료 청구시 r_1로 전환된다. 계약자들이 영구적으로 계약을 유지하며 발생률 λ인 푸아송과정에 따라 보험료 청구를 한다고 할 때, 다음을 구하라.

(a) 계약자가 요율 r_i로 보험료를 지불하는 시간의 비율 P_i, $i = 0, 1$

(b) 단위시간당 장기 평균 보험료

풀이▶ 계약자의 요율이 r_1인 경우를 "온", 계약자의 요율이 r_0인 경우를 "오프"라고 하면, 이 온-오프 시스템은 보험료 청구가 발생할 때마다 새 주기가 시작되는 교대 재생과정이다. 연속적인 보험료 청구 간격을 X라 하면, 한 주기 내에서 온인 시간은 s와 X보다는 작다. ($X < s$이면, 한 주기 내에서 오프인 시간은 0임에 주목하라.) X는 발생률 λ인 지수 확률변수이므로, 다음을 얻는다.

$$\begin{aligned} E[\text{한 주기 동안의 온 시간}] &= E[\min(X, s)] \\ &= \int_0^s x\lambda e^{-\lambda x}\,dx + se^{-\lambda s} \\ &= \frac{1}{\lambda}(1 - e^{-\lambda s}) \end{aligned}$$

$E[X] = 1/\lambda$이므로,

$$P_1 = \frac{E[\text{한 주기 동안의 온 시간}]}{E[X]} = 1 - e^{-\lambda s}$$

이 되고 또한

$$P_0 = 1 - P_1 = e^{-\lambda s}$$

이다. 따라서 단위시간당 장기 평균 보험료는 다음과 같다.

$$r_0P_0 + r_1P_1 = r_1 - (r_1 - r_0)e^{-\lambda s}$$

■

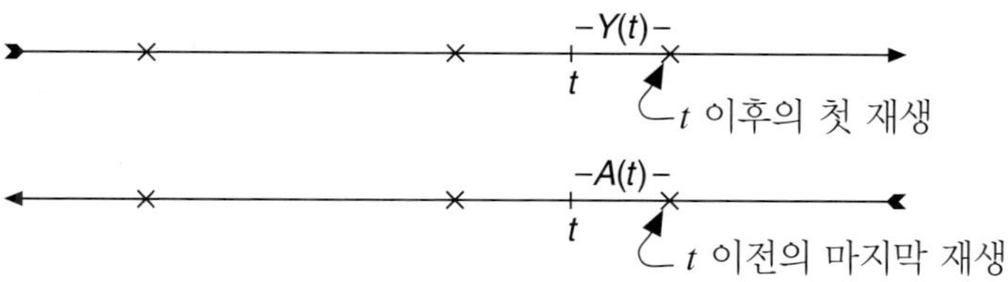

그림 7.3 화살표의 머리는 시간의 방향을 가리킨다.

예제 7.26 (재생과정의 나이) 재생과정의 나이가 상수 c보다 작은 시간의 비율을 구해보자. 이를 위해, 주기를 재생 간격으로 대응시키고, 시간 t에 나이가 c 이하이면 시스템이 "온", 시간 t에 나이가 c보다 크면 시스템은 "오프"라고 놓자. 달리 말하면, 재생 간격의 처음 c 시간단위에서 시스템이 "온"이고 나머지 시간은 "오프"이다. 따라서, X가 재생 간격을 나타낸다면, 식 (7.15)에 의해 다음을 얻는다.

$$\begin{aligned}\text{나이가 } c\text{보다 작은 시간의 비율} &= \frac{E[\min(X, c)]}{E[X]} \\ &= \frac{\int_0^\infty P\{\min(X, c) > x\}dx}{E[X]} \\ &= \frac{\int_0^c P\{X > x\}dx}{E[X]} \\ &= \frac{\int_0^c (1 - F(x))dx}{E[X]} \qquad (7.17)\end{aligned}$$

여기서 F는 X의 분포함수이고, 비음의 확률변수 Y에 대한 다음 등식이 이용되었다.

$$E[Y] = \int_0^\infty P\{Y > x\}dx$$

■

예제 7.27 (재생과정의 잔여수명) 이제 재생과정의 잔여수명이 상수 c보다 작은 시간의 장기 비율을 구해보자. 이 값을 구하기 위해, 주기를 재생 간격에 대응시키고, 시간 t에 잔여수명이 c 이상이면 그 시점에 시스템은 "온", 그렇지 않으면 시스템은 "오프"라고 하자. 달리 말하면, 재생이 발생하면 "온"이 되어, "오프"로 바뀌는 (재생 간격의) 마지막 c 시간단위까지 머문다. 이는 명백하게 교대 재생과정이며, 식 (7.16)에 따라 다음을 얻는다.

$$\text{잔여수명이 } c\text{보다 작을 장기 비율} = \frac{E[\text{주기에서 오프인 시간}]}{E[\text{주기}]}$$

X가 재생 간격의 길이라면, 이 기간 동안 마지막 c 시간단위 동안 시스템은 오프이므로, 주기내 오프 시간은 min (X, c)과 같다. 따라서, 다음을 얻는다.

$$\begin{aligned}\text{잔여수명이 } c\text{보다 작을 장기 비율} &= \frac{E[\min(X, c)]}{E[X]} \\ &= \frac{\int_0^c (1 - F(x))dx}{E[X]}\end{aligned}$$

여기서 마지막 등식은 식 (7.17)을 이용한 것이다. 따라서, 예제 7.23의 결과로부터 잔여수명이 상수 c보다 작은 시간의 장기 비율은 나이가 상수 c보다 작은 시간의 장기 비율과 같음을 알 수 있다. 이러한 동등 관계를 이해하기 위한 한 가지 방법은, 오랜 시간 작동한 재생과정을 고려하고 시간이 거꾸로 진행되도록 하여 그것을 관찰하는 것이다. 이렇게 하면, 연속적인 사건들의 간격이 분포 F를 갖는 독립적인 확률변수인 계수과정을 관찰하게 된다. 즉, 시간이 거꾸로 진행되는 재생과정을 관찰하면, 원래의 것과 동일한 확률구조를 갖는 재생과정을 다시 보게 된다는 것이다. 역방향 과정에 대한 임의 시점의 잔여수명(나이)은 원래의 재생과정에 대한 그 시점의 나이(잔여수명)에 대응되므로(그림 7.3을 보라), 나이와 잔여수명에 대한 모든 장기 비율은 같다. ■

만약 평균 도착간격이 μ라면, 분포함수 F_e는 다음과 같이 정의된다.

$$F_e(x) = \int_0^x \frac{1 - F(y)}{\mu} dy$$

이를 F의 **평형 분포**(equilibrium distribution)라 한다. 앞서의 결과로부터, $F_e(x)$는 재생과정의 나이, 또는 잔여수명이 x 이하일 장기 비율을 나타낸다는 것을 알 수 있다.

예제 7.28 ($M/G/\infty$ 대기행렬의 바쁜 기간) 고객들이 도착률 λ인 푸아송과정에 따라 도착하고, 일반적인 서비스분포 G를 갖는, 무한 서버 대기행렬시스템을 5.3절에서 다룬 바 있다. 5.3절에서 시간 t에 시스템 내 고객의 수는 평균이 $\lambda \int_0^t \bar{G}(y)dy$인 푸아송분포를 따름을 알 수 있었다. 시스템에 한 명 이상의 고객이 있으면 시스템이 바쁘다(busy)고 하고 시스템이 비어있으면 쉬고 있다(idle)고 할 때, 바쁜 기간의 길이의 기댓값 $E[B]$을 구하라.

풀이 시스템에 한 명 이상의 고객이 있으면 시스템이 온, 시스템이 비어있으면 시스템이 오프라고 하면, 이는 교대 재생과정이다. 서비스분포 G의 평균이 $E[S]$일 때 $\int_0^\infty \bar{G}(t)dt = E[S]$이 성립하므로, 5.3절의 결과에 의해 다음을 얻는다.

$$\lim_{t\to\infty} P\{\text{시간 } t\text{에 오프}\} = e^{-\lambda E[S]}$$

결과적으로, 교대 재생과정 이론에 의해, 다음을 얻는다.

$$e^{-\lambda E[S]} = \frac{E[\text{주기 동안의 오프 시간}]}{E[\text{한 주기의 길이}]}$$

그런데, 시스템이 오프로 가면 다음 도착까지만 오프를 유지하므로,

$$E[\text{주기 동안의 오프 시간}] = 1/\lambda$$

을 얻고

$$E[\text{주기 동안의 온 시간}] = E[B]$$

이므로 다음을 얻는다.

$$e^{-\lambda E[S]} = \frac{1/\lambda}{1/\lambda + E[B]}$$

따라서 결과를 얻는다..

$$E[B] = \frac{1}{\lambda}\left(e^{\lambda E[S]} - 1\right)$$

■

예제 7.29 (재고관리의 예) 어느 상점에 고객들이 도착간격 분포 F를 갖는 재생과정에 따라 도착한다고 가정하자. 이 상점은 한 가지 유형의 제품만을 비축하고 있으며 각 고객의 구매량은 공통의 분포 G를 갖는 독립적인 확률변수이다. 점포에서는 다음과 같은 (s, S) 주문전략을 채택하고 있다. 재고수준이 s 아래로 떨어지면 충분한 양을 주문하여 S에 이르게 한다. 즉, 어느 고객의 구매 후 재고수준이 x이면, 주문량은 다음과 같다.

$$\begin{matrix} S-x, & x < s\text{인 경우} \\ 0, & x \geqslant s\text{인 경우} \end{matrix}$$

주문량은 즉시 채워진다고 가정하자.

고정된 값 y에 대하여($s \leqslant y \leqslant S$), 보유한 재고가 최소한 y일 시간에 대한 장기 비율을 구해보자. 이 값을 구하기 위해, 재고수준이 y이상 일 때 시스템은 온이 되고 그렇지 않으면 오프가 된다고 하자. 이렇게 정의하면, 상점이 재고수준을 S로 만드는 주문을 하게 만드는 고객의 수요가 발생할 때마다 시스템은 온이 된다. 이러한 경우가 발생할 때마다 바로 그 시점에 고객이 도착해야만 하므로 이후 이어지는 고객들의 도착 시간은 도착간격 분포 F를 갖는 재생과정을 형성한다. 즉, 과정은 시스템이 온으로 되돌아올 때마다 새로 시작한다. 따라서 이렇게 정의된 온과 오프 기간은 교대 재생과정을 형성하고, 식 (7.15)에 의해 다음을 얻는다.

$$\text{재고가 } y \text{ 이상인 시간의 장기 비율} = \frac{E[\text{주기 동안의 온 시간}]}{E[\text{한 주기의 길이}]} \tag{7.18}$$

이제, 연속적인 고객의 수요량을 $D_1, D_2, \ldots$ 라 하고 다음을 정의하자.

$$N_x = \min(n : D_1 + \cdots + D_n > S - x) \tag{7.19}$$

그러면 N_y 명의 고객은 재고수준을 y 아래로 떨어지게 하고, N_s 명의 고객은 주기가 끝나도록 한다. 따라서, 고객의 도착간격을 X_i라($i \geqslant 1$) 하면, 다음을 얻는다.

$$\text{주기 동안의 온 시간} = \sum_{i=1}^{N_y} X_i \tag{7.20}$$

$$\text{한 주기의 길이} = \sum_{i=1}^{N_s} X_i \tag{7.21}$$

도착간격이 연속적인 수요량들과는 독립이라고 가정하면, 다음을 얻는다.

$$\begin{aligned} E\left[\sum_{i=1}^{N_y} X_i\right] &= E\left[E\left[\sum_{i=1}^{N_y} X_i | N_y\right]\right] \\ &= E[N_y E[X]] \\ &= E[X]E[N_y] \end{aligned}$$

비슷하게,

$$E\left[\sum_{i=1}^{N_s} X_i\right] = E[X]E[N_s]$$

가 되고, 따라서 식 (7.18), (7.20), (7.21)에 의해, 다음 결과가 얻어진다.

$$\text{재고가 } y \text{ 이상인 시간의 장기 비율} = \frac{E[N_y]}{E[N_s]} \tag{7.22}$$

그런데, D_i($i \geqslant 1$)는 독립이고 동일한 분포 G를 갖는 비음인 확률변수이므로, 식 (7.19)에 의해 N_x는 도착간격 분포 G를 갖는 재생과정에서 시간 $S - x$가 지나서 발생한 첫 번째 사건의 번호(index)와 동일한 분포를 갖는다. 즉, $N_x - 1$는 이 과정에서 시간 $S - x$까지의 재생 수가 된다. 따라서, 다음을 얻는다.

$$E[N_y] = m(S - y) + 1,$$
$$E[N_s] = m(S - s) + 1$$

여기서 $m(t)$는 다음과 같다.

$$m(t) = \sum_{n=1}^{\infty} G_n(t)$$

이제 식 (7.22)에 의해 다음 결과를 얻을 수 있다.

$$\text{재고가 } y \text{ 이상인 시간의 장기 비율} = \frac{m(S-y)+1}{m(S-s)+1}, \quad s \leqslant y \leqslant S$$

예를 들어, 고객의 수요량이 평균이 $1/\mu$인 지수분포를 따른다면, 다음을 얻는다.

$$\text{재고가 } y \text{ 이상인 시간의 장기 비율} = \frac{\mu(S-y)+1}{\mu(S-s)+1}, \quad s \leqslant y \leqslant S$$

■

7.6 준마코프 과정

머물 수 있는 상태가 1, 2, 3인 확률과정을 고려하자. 처음에 상태 1에서 평균이 μ_1인 무작위 시간 동안 머물다가, 상태 2로 가서 평균이 μ_2인 무작위 시간 동안 머물고, 상태 3으로 가서 평균이 μ_3인 무작위 시간 동안 머문 후, 상태 1로 되돌아가는 과정을 되풀이한다. 이 경우 상태 1, 2, 3에 머무는 시간의 비율은 어떻게 될까?

상태 1에 되돌아올 때마다 한 주기가 끝난다고 보면, 그리고 그 주기 동안 상태 i에서 머문 시간을 보상으로 간주한다면, 이는 재생보상과정이 된다. 따라서, 명제 7.3에 의해, 상태 i에 머무는 시간의 비율은 다음과 같다.

$$P_i = \frac{\mu_i}{\mu_1 + \mu_2 + \mu_3}, \quad i = 1, 2, 3$$

비슷하게, 머물 수 있는 상태가 1, 2, ..., N인 확률과정에서 $1 \to 2 \to 3 \to \cdots N-1 \to N \to 1$의 이동을 되풀이한다면, 상태 i에 머무는 시간의 장기 비율은 다음과 같다.

$$P_i = \frac{\mu_i}{\mu_1 + \mu_2 + \cdots + \mu_N}, \quad i = 1, 2, \ldots, N$$

여기서 μ_i는 각 방문 동안 상태 i에 머무는 시간의 기댓값이다.

이제 위의 경우를 다음과 같이 일반화하자. 머물 수 있는 상태가 1, 2, ..., N인 확률과정에서 상태 i에 진입하면 평균이 μ_i인 무작위 시간 동안 머문 후, P_{ij}의 확률로 상태 j로 이동한다고 하자. 이러한 확률과정을 **준마코프과정**(semi-Markov process)이라 한다. 각 상태에서 다음 상태로 전이하기까지 머무는 시간이 동일하게 1이라면, 이러한 준마코프과정은 마코프체인이 된다.

준마코프과정에 대해서 P_i를 구해보자. 우선, 상태 i로의 전이 비율 π_i을 고려해보자. n번째 전이 후의 상태를 X_n라 하면, $\{X_n, n \geq 0\}$는 전이확률이 P_{ij}, $i, j = 1, 2, \ldots, N$인 마코프체인이다. 따라서, π_i는 이 마코프체인에 대한 극한(또는 정상) 확률이 된다(4.4절). 즉, π_i는 다음 식을 만족하는 유일한 비음인 해이다*.

* 식 (7.23)의 해가 존재한다고 가정한다. 즉, 마코프체인의 모든 상태가 소통한다(communicate)고 가정한다.

$$\sum_{i=1}^{N} \pi_i = 1,$$

$$\pi_i = \sum_{j=1}^{N} \pi_j P_{ji}, \quad i = 1, 2, \ldots, N \tag{7.23}$$

이제, 이 확률과정은 상태 i에 진입할 때마다 기대 시간 μ_i 동안 머물게 되므로, P_i는 π_i가 μ_i에 비례하도록 계산되는 π_i의 가중평균이어야 함을 직관적으로 알 수 있다. 즉, 다음을 얻는다.

$$P_i = \frac{\pi_i \mu_i}{\sum_{j=1}^{N} \pi_j \mu_j}, \quad i = 1, 2, \ldots, N \tag{7.24}$$

여기서 π_i는 식 (7.23)의 해이다.

예제 7.30 양호한 상태(1), 그저 그런 상태(2), 고장난 상태(3), 3가지 상태를 가질 수 있는 기계를 고려하자. 처음에 상태 1에서 평균이 μ_1인 무작위 시간 동안 머물다가, 상태 2 또는 상태 3으로 갈 확률은 각각 $\frac{3}{4}$과 $\frac{1}{4}$이다. 상태 2에서는 평균이 μ_2인 무작위 시간 동안 머물다가 상태 3이 된다. 고장 난 기계(상태 3)는 평균이 μ_3인 시간 동안 수리를 받는다. 수리 후에 상태 1 또는 상태 2로 갈 확률은 각각 $\frac{2}{3}$과 $\frac{1}{3}$이다. 기계가 각 상태에 머무는 시간의 비율을 구하라.

풀이▶ 각 상태를 1, 2, 3으로 나타내면, 식 (7.23)에 의해 다음을 얻는다.

$$\pi_1 + \pi_2 + \pi_3 = 1,$$
$$\pi_1 = \frac{2}{3}\pi_3,$$
$$\pi_2 = \frac{3}{4}\pi_1 + \frac{1}{3}\pi_3,$$
$$\pi_3 = \frac{1}{4}\pi_1 + \pi_2$$

해는 다음과 같다.

$$\pi_1 = \frac{4}{15}, \quad \pi_2 = \frac{1}{3}, \quad \pi_3 = \frac{2}{5}$$

따라서, 식 (7.24)에 의해 상태 i에 머무는 시간의 비율 P_i를 다음과 같이 구할 수 있다.

$$P_1 = \frac{4\mu_1}{4\mu_1 + 5\mu_2 + 6\mu_3},$$

$$P_2 = \frac{5\mu_2}{4\mu_1 + 5\mu_2 + 6\mu_3},$$

$$P_3 = \frac{6\mu_3}{4\mu_1 + 5\mu_2 + 6\mu_3}$$

예를 들어, $\mu_1 = 5$, $\mu_2 = 2$, $\mu_3 = 1$이라면, 이 기계는 양호한 상태(1)에 $\frac{5}{9}$, 그저 그런 상태(2)에 $\frac{5}{18}$, 고장난 상태(3)에 $\frac{1}{6}$의 비율로 머물게 된다. ■

참고: 한 번의 방문 동안 각 상태에 머무는 시간의 분포가 연속이면, P_i는 상태 i에 있을 극한 확률이다.

예제 7.31 도착간격 분포가 이산이고 다음과 같이 주어진 재생과정을 고려하자.

$$P\{X = i\} = p_i, \quad i \geqslant 1$$

여기서 X는 도착간격 확률변수이다. 시점 t를 포함하는 재생간격의 길이를 $L(t)$라 하자(즉, 시간 t까지의 재생 횟수가 $N(t)$이고 n번째 도착간격이 X_n이면, $L(t) = X_{N(t)+1}$이 성립한다). 각 재생이 전구의 고장에 대응된다면(이 경우, 새 전구로 교체하면 다음 기간이 시작되는 것이다), 시간 t에 사용 중인 전구가 i번째 사용 기간에 고장나면 $L(t)$는 i가 될 것이다.

어렵지 않게 $L(t)$가 준마코프과정임을 알 수 있다. $L(t) = j$인 시간의 비율을 구하기 위해, 전이가 일어날 때마다, 즉, 재생이 발생할 때마다, p_j의 확률로 다음 상태는 j가 된다는 점에 주목하자. 즉, 내재된(embedded) 마코프체인의 전이확률은 $P_{ij} = p_j$이다. 따라서 이 경우 내재된 마코프체인의 극한 확률은 다음과 같다.

$$\pi_j = p_j$$

또한, 준마코프과정에서 전이가 발생하기 전에 상태 j에 머무는 평균 시간은 j이므로, 상태가 j인 시간의 장기 비율은 다음과 같다.

$$P_j = \frac{jp_j}{\sum_i ip_i} \qquad \blacksquare$$

7.7 검사 역설

어떤 장비의 부품, 예를 들어, 전지가 장착되어 고장날 때까지 작동하는 경우를 고려해보자. 고장이 나면 즉시 새 전지로 교체되어 중단 없이 장비가 작동된다. 시간 t까지 고장난 전지의 수를 $N(t)$로 나타내면, $\{N(t), t \geq 0\}$는 재생과정임을 알 수 있다.

추가로, 전지의 수명에 대한 분포 F는 알 수 없고 다음과 같은 표본검사에 의해 추정된다고 가정하자. 시간 t를 고정시키고 그 시점에 사용 중인 전지의 총 수명을 관찰한다. F는 모든 전지의 수명에 대한 분포이므로, F는 이 남아있는 전지에 대한 수명 분포이어야 할 것으로 보인다. 하지만, 여기에는 **검사 역설**(inspection paradox)이 관여한다. 왜냐하면, **시간 t에 사용 중인 전지는 일반적인 전지보다 더 긴 수명을 갖는 경향이 있다**는 것으로 판명되기 때문이다.

이러한 역설을 이해하기 위해, 다음과 같이 생각해보자. 재생이론적 용어로 우리가 알고자 하는 것은, 시점 t가 포함된 재생 간격의 길이이다. 즉, $X_{N(t)+1} = S_{N(t)+1} - S_{N(t)}$에 관심이 있다(그림 7.2를 보라). $X_{N(t)+1}$의 분포를 구하기 위해, 시간 t 이전에 발생한 마지막 재생의 시점에 조건을 주어

$$P\{X_{N(t)+1} > x\} = E[P\{X_{N(t)+1} > x | S_{N(t)} = t - s\}]$$

를 얻는다. 여기서 $S_{N(t)}$은 t 이전에 발생한 마지막 재생의 시간임을 상기하라(그림 7.2). $t - s$와 t 사이에는 재생이 없으므로, $s > x$라면 $X_{N(t)+1}$는 x보다 커야 한다. 즉, 다음을 얻는다.

$$P\{X_{N(t)+1} > x | S_{N(t)} = t - s\} = 1 \qquad s > x \text{ 인 경우} \tag{7.25}$$

반면에, $s \leqslant x$를 가정해보자. 앞서와 마찬가지로, 시간 $t - s$에 재생이 발생하고 $t - s$와 t 사이에는 추가적인 재생이 없음을 알 수 있다. 그런데 추가적인 시간 $x - s$ 동안에도 재생이 없을 확률은 어떻게 될까? 즉, 도착간격이 s보다 크다는 조건하에서, x보다도 클 확률을 구하고자 한다. 결국, $s \leqslant x$인 경우, 다음을 얻는다.

$$\begin{aligned}
&P\{X_{N(t)+1} > x | S_{N(t)} = t - s\} \\
&\quad = P\{\text{도착간격} > x \,|\, \text{도착간격} > s\} \\
&\quad = P\{\text{도착간격} > x\}/P\{\text{도착간격} > s\}
\end{aligned}$$

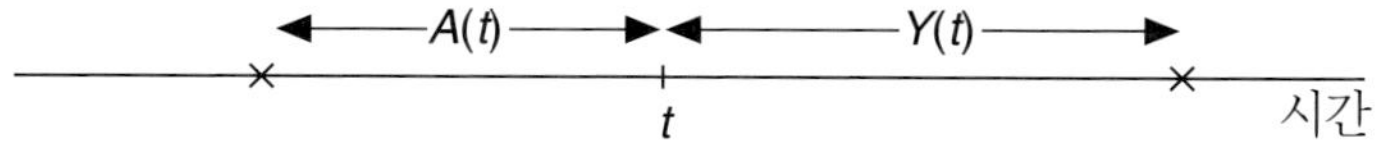

그림 7.4

$$
\begin{aligned}
&= \frac{1 - F(x)}{1 - F(s)} \\
&\geqslant 1 - F(x) \qquad (7.26)
\end{aligned}
$$

따라서 식 (7.25)와 (7.26)에 의해, 모든 s에 대하여 다음을 얻는다.

$$P\{X_{N(t)+1} > x | S_{N(t)} = t - s\} \geqslant 1 - F(x)$$

양 변에 기댓값을 취하면 다음을 얻는다.

$$P\{X_{N(t)+1} > x\} \geqslant 1 - F(x) \qquad (7.27)$$

그런데, $1 - F(x)$는 일반적인 재생 간격이 x보다 클 확률이므로, $1 - F(x) = P\{X_n > x\}$이고 따라서 식 (7.27)은 시간 t를 포함하는 재생 간격의 길이는 일반적인 재생 간격보다 큰 값을 갖는다는 검사 역설을 나타내고 있다.

참고: 소위 검사 역설에 대한 직관적 이해를 위해, 재생간격들로 구성되는 전체 시간을 생각해보자. 그러한 재생간격 중 하나는 시점 t를 포함한다. 짧은 간격보다는 길이가 더 긴 간격이 시점 t를 포함할 가능성이 높지 않을까?

재생과정이 푸아송과정일 경우, $X_{N(t)+1}$의 분포를 명확하게 계산할 수 있다. (일반적인 경우, $1 - F(x)$보다 크다는 것을 보이기 위해 $P\{X_{N(t)+1} > x\}$를 계산할 필요는 없다는 점에 주목하라.) 계산을 위해 다음 식을 살펴보자.

$$X_{N(t)+1} = A(t) + Y(t)$$

여기서 $A(t)$는 마지막 재생에서 시간 t까지의 시간을, $Y(t)$는 t부터 다음 재생까지의 시간을 나타낸다(그림 7.4를 보라). $A(t)$는 시간 t에서의 나이이고(전지의 예에서는 시간 t에 사용중인 전지에 대한 시간 t에서의 나이가 된다), $Y(t)$는 시간 t에서의 잔여수명이다(전지의 예에서는 시간 t부터 전지가 고장 날 때까지의 시간이다). 물론, $A(t) = t - S_{N(t)}$와 $Y(t) = S_{N(t)+1} - t$가 성립한다.

$X_{N(t)+1}$의 분포를 계산하기 위해, $A(t)$와 $Y(t)$는 독립이라는 푸아송과정의 중요한 성질에 주목하자. 그러면 푸아송과정의 망각성에 의해, 시간 t부터 다음 재생까지의 시간은 지수분포를 따르고 (특별히 $A(t)$를 포함하여) 이전에 발생한 모든 재생사건들과는 독립이다. 따라서 만약 $\{N(t), t \geq 0\}$이 발생률 λ인 푸아송과정이면

$$P\{Y(t) \leqslant x\} = 1 - e^{-\lambda x} \qquad (7.28)$$

이 되고 $A(t)$의 분포는 다음과 같이 얻어진다.

$$
\begin{aligned}
P\{A(t) > x\} &= \begin{cases} \text{P}\{[t - x, t] \text{ 동안에 0개의 재생} & x \leqslant t\text{인 경우} \\ 0, & x > t\text{인 경우} \end{cases} \\
&= \begin{cases} e^{-\lambda x}, & x \leqslant t\text{인 경우} \\ 0, & x > t\text{인 경우} \end{cases}
\end{aligned}
$$

또는

$$P\{A(t) \leqslant x\} = \begin{cases} 1 - e^{-\lambda x}, & x \leqslant t \\ 1, & x > t \end{cases} \tag{7.29}$$

가 된다. 따라서 $Y(t)$와 $A(t)$의 독립성에 의해, $X_{N(t)+1}$의 분포는 식 (7.28)의 지수분포와 식 (7.29)의 분포의 합성곱(convolution)이 된다. 큰 t에 대해서는, $A(t)$가 근사적으로 지수분포를 따른다는 점은 흥미롭다. 결국, 큰 t에 대해서는, $X_{N(t)+1}$는 동일한 두 지수 확률변수에 대한 합성곱의 분포, 즉 모수 $(2, \lambda)$를 갖는 감마분포를 따른다(5.2.3절). 특별히 큰 t에 대해서는, 시점 t를 포함하는 재생 간격의 평균 길이는 대략 일반적인 재생 간격에 대한 평균 길이의 2배가 된다.

나이와 잔여수명의 평균값을 다룬 예제 7.18과 7.19에서 얻은 결과를 이용하면, 등식

$$X_{N(t)+1} = A(t) + Y(t)$$

에 의해 특정 시점을 포함하는 재생 간격의 평균 길이는 다음과 같다.

$$\lim_{s \to \infty} \frac{\int_0^s X_{N(t)+1}\, dt}{s} = \frac{E[X^2]}{E[X]}$$

여기서 X는 도착간격 분포를 따른다. X가 상수일 경우만 빼면, $E[X^2] > (E[X])^2$이 성립하므로, 이 평균값은, 검사 역설을 통해 예상한 것처럼, 일반적인 재생간격의 평균값보다 큰 값을 갖는다.

$X_{N(t)+1}$이 c보다 큰 시간의 장기 비율을 구하기 위해 교대재생과정을 이용할 수 있다. 이를 위해, 재생 간격을 한 번의 주기로 간주하고, t를 포함한 재생간격이 c보다 크면(즉, $X_{N(t)+1} > c$이면) 시간 t에 시스템이 온이라 하고 그렇지 않으면 오프라 하자. 바꿔 말하면, 주기가 c를 초과하면 그 주기 동안 시스템은 항상 온이고, 주기가 c보다 작으면 그 주기 동안 시스템은 항상 오프이다. 따라서 X가 주기의 길이를 나타낸다면,

$$\text{주기 동안의 온 시간} = \begin{cases} X, & X > c\text{인 경우} \\ 0, & X \leqslant c\text{인 경우} \end{cases}$$

이 되어 교대재생과정 이론에 의해 다음을 얻는다.

$$\begin{aligned} X_{N(t)+1} > c \text{ 인 시간의 장기 비율} &= \frac{E[\text{주기 동안의 온 시간}]}{E[\text{한 주기의 길이}]} \\ &= \frac{\int_c^\infty x f(x)\, dx}{\mu} \end{aligned}$$

여기서 f는 도착간격의 밀도함수이다.

7.8 재생함수의 계산

재생함수를 구하기 위해

$$m(t) = \sum_{n=1}^{\infty} F_n(t)$$

을 이용한다면 $F_n(t) = P\{X_1 + \cdots + X_n \leq t\}$을 구하기 위해 n중 적분이 필요하다는 난점이 있다. 이제부터, 단지 1차원의 적분만 필요한 효과적인 방법을 제시한다.

발생률 λ인 지수 확률변수를 Y라 하고, Y는 재생과정 $\{N(t), t \geq 0\}$과는 독립이라 하자. 먼저 무작위 시간 Y에 재생 횟수의 기댓값 $E[N(Y)]$를 구해보자. 이를 위해, 첫 번째 재생의 발생시간 X_1에 조건을 주면 다음을 얻는다.

$$E[N(Y)] = \int_0^\infty E[N(Y)|X_1 = x] f(x)\,dx \tag{7.30}$$

여기서 f는 도착간격의 밀도함수이다. $E[N(Y)|X_1 = x]$를 구하기 위해, Y가 x를 초과하는지 여부에 조건을 주도록 하자. 만약 $Y < x$이면 첫 번째 재생이 시간 x에 발생하고, 시간 Y까지의 재생 수는 0이 된다. 반면에, $x < Y$이면 시간 Y까지의 재생 수는 1(x에 한 번) + x와 Y 사이에 발생한 추가적인 재생 횟수가 된다. 그런데 지수 확률변수의 망각성에 의해, $Y > x$인 경우 x를 초과하는 부분도 발생률 λ인 지수분포를 따르고 따라서 $Y > x$인 경우에는 x와 Y 사이에 발생한 재생 횟수는 $N(Y)$와 동일한 분포를 따른다. 따라서

$$E[N(Y)|X_1 = x,\ Y < x] = 0,$$
$$E[N(Y)|X_1 = x,\ Y > x] = 1 + E[N(Y)]$$

이 되고 따라서

$$\begin{aligned}
E[N(Y)|X_1 = x] &= E[N(Y)|X_1 = x,\ Y < x]P\{Y < x|X_1 = x\} \\
&\quad + E[N(Y)|X_1 = x,\ Y > x]P\{Y > x|X_1 = x\} \\
&= E[N(Y)|X_1 = x,\ Y > x]P\{Y > x\} \\
&\qquad Y\text{와 } X_1 \text{ 은 독립이므로} \\
&= (1 + E[N(Y)])e^{-\lambda x}
\end{aligned}$$

를 얻는다. 위 결과를 식 (7.30)에 대입하면

$$E[N(Y)] = (1 + E[N(Y)]) \int_0^\infty e^{-\lambda x} f(x)\,dx$$

가 되고 정리하면 다음을 얻는다.

$$E[N(Y)] = \frac{E[e^{-\lambda X}]}{1 - E[e^{-\lambda X}]} \tag{7.31}$$

여기서 X는 재생간격 분포이다.

만약 $\lambda = 1/t$라 하면, 식 (7.31)은 (시간 t까지가 아니라) 평균 t인 지수분포를 따르는 시간까지의 재생 횟수의 기댓값에 대한 표현이 된다. 그런데, 이러한 확률변수가 항상 평균에 가깝지는 않을 것이므로 (분산은 t^2이다), 식 (7.31)도 $m(t)$에 가깝지 않을 수가 있다. 보다 정확한 근사값을 구하기 위해 $Y_1, Y_2, \ldots, Y_n$는 발생률 λ인 지수분포를 따르며 재생과정과는 독립이라고 가정하자. $r = 1, \ldots, n$에 대하여 다음을 정의하자.

$$m_r = E[N(Y_1 + \cdots + Y_r)]$$

m_r에 대한 표현을 얻기 위해 다시 첫 번째 재생의 발생시간 X_1에 조건을 주도록 하자.

$$m_r = \int_0^\infty E[N(Y_1 + \cdots + Y_r)|X_1 = x] f(x)\,dx \tag{7.32}$$

위의 조건부 기댓값을 구하기 위해 x보다 작은 부분합 $\sum_{i=1}^{j} Y_i,\ j = 1, \ldots, r$의 수에 조건을 주도록 하자. 만약 r개의 모든 부분합이 x보다 작다면, 즉 만약 $\sum_{i=1}^{r} Y_i < x$이면, 시간 $\sum_{i=1}^{r} Y_i$까지의 재생 수는 명백하게 0이다. 반면에, k개의($k < r$) 부분 합이 x보다 작다면, 지수분포의 망각성에 의해 시간 $\sum_{i=1}^{r} Y_i$까지의 재생 수는 $1 + N(Y_{k+1} + \cdots + Y_r)$와 같은 분포를 따를 것이다. 따라서 다음을 얻는다.

$$E[N(Y_1 + \cdots + Y_r) \mid X_1 = x, \text{합} \sum_{i=1}^{j} Y_i \text{ 중 } k\text{개가 } x\text{보다 작다}]$$

$$= \begin{cases} 0, & k = r \text{ 인 경우} \\ 1 + m_{r-k}, & k < r \text{ 인 경우} \end{cases} \tag{7.33}$$

x보다 작은 부분합의 수에 대한 분포를 구하기 위해, 이러한 부분합 $\sum_{i=1}^{j} Y_i,\ j = 1, \ldots, r$의 연속적인 값들이 (각각의 연속적인 부분합은 이전의 합 + 발생률 λ인 독립적인 지수 확률변수이므로) 발생률 λ인 푸아송과정의 처음 r개 사건의 발생시간과 동일한 분포를 따름에 주목하자. 따라서, $k < r$에 대하여 다음을 얻는다.

$$P\left\{\text{부분합} \sum_{i=1}^{j} Y_i\text{중 } k\text{개가 } x\text{보다 작다} \mid X_1 = x\right\}$$
$$= \frac{e^{-\lambda x}(\lambda x)^k}{k!} \tag{7.34}$$

식 (7.33)과 (7.34)를 식 (7.32)에 대입하면

$$m_r = \int_0^\infty \sum_{k=0}^{r-1} (1 + m_{r-k}) \frac{e^{-\lambda x}(\lambda x)^k}{k!} f(x)\, dx$$

을 얻고 정리하면 다음을 얻는다.

$$m_r = \frac{\sum_{k=1}^{r-1} (1 + m_{r-k}) E\left[X^k e^{-\lambda X}\right] (\lambda^k/k!) + E\left[e^{-\lambda X}\right]}{1 - E\left[e^{-\lambda X}\right]} \tag{7.35}$$

$\lambda = n/t$라 하면, 식 (7.31)에 주어진 m_1에서 시작하여 식 (7.35)를 이용하여 $m_2, \ldots, m_n$를 되돌림 식을 이용하여 계산한다. $m(t) = E[N(t)]$에 대한 근사값은 $m_n = E[N(Y_1 + \cdots + Y_n)]$으로 구해진다. $Y_1 + \cdots + Y_n$는 평균이 t/n인 n개의 독립적인 확률변수들의 합이므로, 평균은 t, 분산은 $nt^2/n^2 = t^2/n$인 (감마)분포가 된다. 따라서, n을 크게 잡으면 $\sum_{i=1}^{r} Y_i$는 t 주변에 대부분의 확률이 집중되는 확률변수가 되어 $E[N(\sum_{i=1}^{r} Y_i)]$는 $E[N(t)]$에 매우 근접하게 된다. (실제로, 만약 $m(t)$가 t에서 연속이면, n이 무한대로 커짐에 따라 이 근사값이 $m(t)$에 수렴함을 보일 수 있다.)

표 7.1 $m(t)$의 근사값

F_i		참값	근사값				
i	t	$m(t)$	$n = 1$	$n = 3$	$n = 10$	$n = 25$	$n = 50$
1	1	0.2838	0.3333	0.3040	0.2903	0.2865	0.2852
1	2	0.7546	0.8000	0.7697	0.7586	0.7561	0.7553
1	5	2.250	2.273	2.253	2.250	2.250	2.250
1	10	4.75	4.762	4.751	4.750	4.750	4.750
2	0.1	0.1733	0.1681	0.1687	0.1689	0.1690	—
2	0.3	0.5111	0.4964	0.4997	0.5010	0.5014	—
2	0.5	0.8404	0.8182	0.8245	0.8273	0.8281	0.8283
2	1	1.6400	1.6087	1.6205	1.6261	1.6277	1.6283
2	3	4.7389	4.7143	4.7294	4.7350	4.7363	4.7367
2	10	15.5089	15.5000	15.5081	15.5089	15.5089	15.5089
3	0.1	0.2819	0.2692	0.2772	0.2804	0.2813	—
3	0.3	0.7638	0.7105	0.7421	0.7567	0.7609	—
3	1	2.0890	2.0000	2.0556	2.0789	2.0850	2.0870
3	3	5.4444	5.4000	5.4375	5.4437	5.4442	5.4443

예제 7.32 표 7.1에 밀도함수 f_i, $i = 1, 2, 3$가 아래와 같은 경우의 분포 F_i에 대해 재생함수의 참값과 근사값을 비교하여 나타내었다.

$$\begin{aligned} f_1(x) &= xe^{-x}, \\ 1 - F_2(x) &= 0.3e^{-x} + 0.7e^{-2x}, \\ 1 - F_3(x) &= 0.5e^{-x} + 0.5e^{-5x} \end{aligned}$$

■

7.9 패턴에의 적용

독립적인 도착간격 $X_1, X_2, \ldots$을 가진 계수과정에 대해서, X_1이 동일한 분포의 확률변수 $X_2, X_3, \ldots$와는 다른 분포를 따르면, 이를 **지체**(delayed) 또는 **일반**(general) 재생과정이라 한다. 즉, 지체 재생과정은 첫 번째 도착간격 시간이 다른 것들과는 다른 분포를 따르는 재생과정이다. 실생활에서 지체 재생과정이 종종 나타나며 시간 t까지의 사건 수 $N(t)$에 대한 모든 극한정리가 여전히 유효하다는 점에 주목할 필요가 있다. 예를 들어, 여전히 아래 식이 성립한다.

$$\frac{E[N(t)]}{t} \to \frac{1}{\mu} \quad \text{그리고} \quad \frac{\text{Var}(N(t))}{t} \to \sigma^2/\mu^3 \qquad t \to \infty \text{ 일 때}$$

여기서 μ와 σ^2는 도착간격 X_i, $i > 1$의 기댓값과 분산이다.

7.9.1 이산 확률변수의 패턴

$X_1, X_2, \ldots$가 독립이고 $P\{X_i = j\} = p(j)$, $j \geqslant 0$이고, T는 패턴 $x_1, \ldots, x_r$가 발생한 첫 번째 시간이라 하자. $(X_{n-r+1}, \ldots, X_n) = (x_1, \ldots, x_r)$일 경우 시간 n, $n \geq r$에 재생이 발생했다고 한다면, $N(n)$, $n \geqslant 1$은 지체 재생과정이며, 이 때 $N(n)$은 시간 n까지의 재생 횟수를 나타낸다. 그러면 다음이 성립한다.

$$\frac{E[N(n)]}{n} \to \frac{1}{\mu} \qquad n \to \infty \text{일 때} \tag{7.36}$$

$$\frac{\text{Var}(N(n))}{n} \to \frac{\sigma^2}{\mu^3} \qquad n \to \infty \text{일 때} \tag{7.37}$$

여기서 μ와 σ는 각각 연속적인 재생간격의 평균과 표준편차이다. 3.6.4절에서, T의 기댓값을 구하는 방법을 살펴보았는데, 여기서는 T의 평균과 분산을 구하기 위해 재생이론의 결과를 이용하는 방법을 살펴보려고 한다.

먼저, $I(i)$는 시간 i, $i \geqslant r$에 재생이 있으면 1, 그렇지 않으면 0의 값을 갖는다고 하자. 또한 $p = \prod_{i=1}^{r} p(x_i)$이라 하자.

$$P\{I(i) = 1\} = P\{X_{i-r+1} = i_1, \ldots, X_i = i_r\} = p$$

이 성립하므로 $I(i)(i \geqslant r)$는 모수가 p인 베르누이 확률변수이다. 이제

$$N(n) = \sum_{i=r}^{n} I(i)$$

이므로

$$E[N(n)] = \sum_{i=r}^{n} E[I(i)] = (n - r + 1)p$$

이 된다. n으로 나눈 후 $n \to \infty$을 취하면, 식 (7.36)에 의해 다음을 얻는다.

$$\mu = 1/p \tag{7.38}$$

즉, 패턴의 연속적인 발생간격의 평균은 $1/p$과 같다. 또한

$$\begin{aligned}\frac{\mathrm{Var}(N(n))}{n} &= \frac{1}{n}\sum_{i=r}^{n}\mathrm{Var}(I(i)) + \frac{2}{n}\sum_{i=r}^{n-1}\sum_{n\geqslant j>i}\mathrm{Cov}(I(i), I(j)) \\ &= \frac{n-r+1}{n}p(1-p) + \frac{2}{n}\sum_{i=r}^{n-1}\sum_{i<j\leqslant \min(i+r-1,n)}\mathrm{Cov}(I(i), I(j))\end{aligned}$$

이다. 여기서 마지막 등식은 $|i - j| \geqslant r$일 경우 $I(i)$와 $I(j)$가 독립이고 따라서 공분산이 0임을 이용하였다. $n \to \infty$을 취하고 $\mathrm{Cov}(I(i), I(j))$이 $|j - i|$를 통해서만 i와 j에 종속된다는 사실을 이용하면 다음을 얻는다.

$$\frac{\mathrm{Var}(N(n))}{n} \to p(1-p) + 2\sum_{j=1}^{r-1}\mathrm{Cov}(I(r), I(r+j))$$

따라서, 식 (7.37)과 (7.38)에 의해, 다음을 얻을 수 있다.

$$\sigma^2 = p^{-2}(1-p) + 2p^{-3}\sum_{j=1}^{r-1}\mathrm{Cov}(I(r), I(r+j)) \tag{7.39}$$

이제 패턴 내에서 "중복(overlap)"의 크기에 대해 살펴보자. 어느 패턴의 종료 시 다음 패턴의 시작 부분으로 사용가능한 값의 수, 즉 중복은 다음 식을 만족할 경우 크기가 $k(k > 0)$라고 말한다.

$$k = \max\{j < r : (i_{r-j+1}, \ldots, i_r) = (i_1, \ldots, i_j)\}$$

만약 모든 $k = 1, \ldots, r - 1$에 대해 $(i_{r-k+1}, \ldots, i_r) \neq (i_1, \ldots, i_k)$이 성립하면 크기는 0이다. 따라서, 예를 들어, 패턴 0, 0, 1, 1은 0의 중복을 갖고 반면에 패턴 0, 0, 1, 0, 0은 2의 중복을 갖는다. 두 가지 경우를 고려해보자.

경우 1 (0의 중복을 갖는 패턴). 이 경우, $N(n)$, $n \geqslant 1$은 일반적인 재생과정이고 T는 평균 μ과 분산 σ^2를 갖는 도착간격의 분포를 따른다. 따라서 식 (7.38)에 의해 다음을 얻는다.

$$E[T] = \mu = \frac{1}{p} \tag{7.40}$$

또한, 두 패턴은 서로의 거리가 r보다 작게 발생할 수 없으므로, $1 \leqslant j \leqslant r - 1$일 경우 $I(r)I(r + j) = 0$이 성립한다. 따라서

$$\mathrm{Cov}(I(r), I(r+j)) = -E[I(r)]E[I(r+j)] = -p^2, \quad \text{if } 1 \leqslant j \leqslant r-1$$

이고 따라서 식 (7.39)에 의해 다음을 얻는다.

$$\mathrm{Var}(T) = \sigma^2 = p^{-2}(1-p) - 2p^{-3}(r-1)p^2 = p^{-2} - (2r-1)p^{-1} \tag{7.41}$$

참고: "희귀한(rare)" 패턴의 경우에는, 어느 시간 n까지 그 패턴이 발생하지 않았다면, 막 시작한 경우에 비하여 남은 시간이 훨씬 더 작을 것이라고 믿을 이유가 없어 보인다. 즉, 분포가 근사적으로 망각성을 가지며 따라서 근사적으로 지수분포라고 할 수 있다. 따라서, 지수분포의 분산은 평균의 제곱과 같으므로, σ가 클 경우에는 $\mathrm{Var}(T) \approx E^2[T]$을 예상할 수 있는데, 이는 $\mathrm{Var}(T) = E^2[T] - (2r - 1)E[T]$임

을 보여주는 앞서의 결과에서 확인할 수 있다.

예제 7.33 동전던지기에서 h, h, t, h, t가 발생하기까지의 시행횟수를 살펴보자. 이 패턴의 경우, $r = 5$, $p = \frac{1}{32}$이고 중복은 0이다. 따라서, 식 (7.40)과 (7.41)에 의해,

$$E[T] = 32, \quad \mathrm{Var}(T) = 32^2 - 9 \times 32 = 736,$$

이고 또한

$$\mathrm{Var}(T)/E^2[T] = 0.71875$$

이다. 반면에, 만약 $p(i) = i/10$이고($i = 1, 2, 3, 4$) 패턴이 1, 2, 1, 4, 1, 3, 2라면, $r = 7$, $p = 3/625,000$이고 중복은 0이다. 따라서 다시 식 (7.40)과 (7.41)에 의해 다음을 얻는다.

$$E[T] = 208{,}333.33, \quad \mathrm{Var}(T) = 4.34 \times 10^{10},$$
$$\mathrm{Var}(T)/E^2[T] = 0.99994$$

■

경우 2 (크기 k인 중복). 이 경우,

$$T = T_{i_1,\ldots,i_k} + T^*$$

이다. 여기서 $T_{i1}, \ldots, i_k$는 패턴 $i_1, \ldots, i_k$이 나타날 때까지의 시간이고, 재생과정의 도착간격과 같은 분포를 따르는 T^*는 $i_1, \ldots, i_k$에서 시작했을 때 패턴 $i_1, \ldots, i_r$이 나타날 때까지의 추가적인 시간이다. 이 확률변수들은 독립이므로, 다음을 얻는다.

$$E[T] = E[T_{i_1,\ldots,i_k}] + E[T^*] \tag{7.42}$$

$$\mathrm{Var}(T) = \mathrm{Var}(T_{i_1,\ldots,i_k}) + \mathrm{Var}(T^*) \tag{7.43}$$

이제, 식 (7.38)에 의해

$$E[T^*] = \mu = p^{-1} \tag{7.44}$$

이 된다. 또한, 두 패턴은 서로의 거리가 $r - k - 1$보다 작게 발생할 수 없으므로, $1 \leqslant j \leqslant r - k - 1$일 경우 $I(r)I(r + j) = 0$이 성립한다. 따라서 식 (7.39)에 의해 다음을 얻는다.

$$\begin{aligned}\mathrm{Var}(T^*) = \sigma^2 &= p^{-2}(1-p) + 2p^{-3}\left(\sum_{j=r-k}^{r-1} E[I(r)I(r+j)] - (r-1)p^2\right)\\ &= p^{-2} - (2r-1)p^{-1} + 2p^{-3}\sum_{j=r-k}^{r-1} E[I(r)I(r+j)]\end{aligned} \tag{7.45}$$

식 (7.45)에서 $E[I(r)I(r + j)]$는 특정 패턴을 고려하면 계산할 수 있다. 동일한 방법을 반복함으로써 $T\{i_1, \ldots, i_k\}$의 평균과 분산을 계산하면 T의 처음 두 모멘트를 계산할 수 있다.

예제 7.34 동전던지기에서 h, h, t, h, h가 발생하기까지의 시행횟수를 구해보자. 이 패턴의 경우, $r = 5$, $p = \frac{1}{32}$이고 중복 모수는 $k = 2$이다. 따라서 다음 값이 얻어진다.

$$E[I(5)I(8)] = P\{h, h, t, h, h, t, h, h\} = \tfrac{1}{256},$$
$$E[I(5)I(9)] = P\{h, h, t, h, h, h, t, h, h\} = \tfrac{1}{512}$$

식 (7.44)과 (7.45)에 의해, 다음 값이 얻어진다.

$$E[T^*] = 32,$$
$$\mathrm{Var}(T^*) = (32)^2 - 9(32) + 2(32)^3\left(\tfrac{1}{256} + \tfrac{1}{512}\right) = 1120$$

따라서, 식 (7.42)와 (7.43)에 의해, 다음을 얻는다.

$$E[T] = E[T_{h,h}] + 32, \quad \text{Var}(T) = \text{Var}(T_{h,h}) + 1120$$

이제 패턴 h, h을 고려하자. 이 패턴의 경우, $r = 2$, $p = \frac{1}{4}$이고 중복 모수는 1이다. 이 패턴의 경우 $E[I(2)I(3)] = \frac{1}{8}$이므로 앞에서처럼

$$E[T_{h,h}] = E[T_h] + 4,$$
$$\text{Var}(T_{h,h}) = \text{Var}(T_h) + 16 - 3(4) + 2\left(\frac{64}{8}\right) = \text{Var}(T_h) + 20$$

을 얻는다. 마지막으로, 패턴 h의 경우, $r = 1$, $p = \frac{1}{2}$이고, 식 (7.40)과 (7.41)에 의해, 다음 값이 얻어진다.

$$E[T_h] = 2, \quad \text{Var}(T_h) = 2$$

이상의 값을 모두 대입하면 다음을 얻을 수 있다.

$$E[T] = 38, \quad \text{Var}(T) = 1142, \quad \text{Var}(T)/E^2[T] = 0.79086$$

예제 7.35 $P\{X_n = i\} = p_i$를 가정하고 패턴 0, 1, 2, 0, 1, 3, 0, 1을 고려하자. 그러면 $p = p_0^3 p_1^3 p_2 p_3$ $r = 8$이고 중복 모수는 $k = 2$이다. 따라서 다음 값이 얻어진다.

$$E[I(8)I(14)] = p_0^5 p_1^5 p_2^2 p_3^2,$$
$$E[I(8)I(15)] = 0$$

식 (7.42)와 (7.44)에 의해, 다음을 얻는다.

$$E[T] = E[T_{0,1}] + p^{-1}$$

그리고 식 (7.43)과 (7.45)에 의해, 다음을 얻는다.

$$\text{Var}(T) = \text{Var}(T_{0,1}) + p^{-2} - 15p^{-1} + 2p^{-1}(p_0 p_1)^{-1}$$

이제, 패턴 0, 1의 r과 p 값은 각각 $r(0, 1) = 2$, $p(0, 1) = p_0\, p_1$이고 중복은 0이므로, 식 (7.40)과 (7.41)에 의해 다음을 얻는다.

$$E[T_{0,1}] = (p_0 p_1)^{-1}, \quad \text{Var}(T_{0,1}) = (p_0 p_1)^{-2} - 3(p_0 p_1)^{-1}$$

예를 들어, 만약 $p_i = 0.2$라면($i = 0, 1, 2, 3$), 다음과 같이 된다.

$$E[T] = 25 + 5^8 = 390{,}650$$
$$\text{Var}(T) = 625 - 75 + 5^{16} + 35 \times 5^8 = 1.526 \times 10^{11}$$
$$\text{Var}(T)/E^2[T] = 0.99996$$

■

참고: T는 어느 시간 n까지 패턴이 아직 안 나타나면 그 패턴이 나타날 때까지의 추가적인 시간은 그 시점에서 완전히 새로 시작할 경우 그 패턴이 나타날 때까지의 시간보다 작은 값을 갖는 경향이 있다는 것을 의미하는 **NBU**(new better than used)라고 알려진 이산 확률변수의 한 유형임을 보일 수 있다. 이러한 확률변수는 다음 식을 만족한다고 알려져 있다(참고 문헌 [4]의 명제 9.6.1을 보라).

$$\text{Var}(T) \leqslant E^2[T] - E[T] \leqslant E^2[T]$$

■

이제, s개의 패턴 $A(1), \ldots, A(s)$이 있다고 하자. 이 중 하나의 패턴이 나타나기까지의 평균 시간과 처음 나타나는 패턴에 대한 확률질량함수를 구해보자. 어느 패턴도 다른 것들을 포함하지 않는다고 가정하자. (즉, $A(1) = h, h$, $A(2) = h, h, t$와 같이 자명한 경우는 제외한다.) 원하는 값을 구하기 위

해, 패턴 $A(i)$가($i = 1, \ldots, s$) 나타나기까지의 시간을 $T(i)$라 하고 패턴 $A(i)$의 발생에서 시작하여 패턴 $A(j)$가($i \neq j$) 발생할 때까지의 추가적인 시간 $T(i, j)$라 하자. 먼저 이 확률변수들의 기댓값을 계산해보자. 이미 $E[T(i)]$를($i = 1, \ldots, s$) 구하는 방법은 살펴보았다. $E[T(i, j)]$를 계산하기 위해, 동일한 접근방법을 이용한다. 즉, $A(i)$의 끝부분과 $A(j)$의 시작 부분 간에 "중복"을 고려하는 것이다. 예를 들어, $A(1) = 0, 0, 1, 2, 0, 3$, $A(2) = 2, 0, 3, 2, 0$을 가정하자. 그러면 다음이 얻어진다.

$$T(2) = T_{2,0,3} + T(1, 2)$$

여기서 $T_{2,0,3}$는 패턴 2, 0, 3이 나타날 때까지의 시간이다. 따라서

$$\begin{aligned} E[T(1,2)] &= E[T(2)] - E[T_{2,0,3}] \\ &= \left(p_2^2 p_0^2 p_3\right)^{-1} + (p_0 p_2)^{-1} - (p_2 p_0 p_3)^{-1} \end{aligned}$$

이 된다. 이제 $E[T(i)]$와 $E[T(i, j)]$가 모두 계산되었다고 하고

$$M = \min_i T(i)$$

라 하고 또

$$P(i) = P\{M = T(i)\}, \quad i = 1, \ldots, s$$

라고 하자. 즉, $P(i)$는 $A(i)$가 처음으로 나타난 패턴일 확률이다. 이제, 각 j에 대하여 $E[T(j)]$가 만족할 방정식을 다음과 같이 유도할 수 있다.

$$\begin{aligned} E[T(j)] &= E[M] + E[T(j) - M] \\ &= E[M] + \sum_{i:i \neq j} E[T(i,j)]P(i), \quad j = 1, \ldots, s \end{aligned} \tag{7.46}$$

여기서 마지막 등식은 어떤 패턴이 처음 나타나는지에 조건을 주어 얻은 것이다. 그런데 식 (7.46)은 다음 식과 함께 $s + 1$개의 미지수 $E[M]$, $P(i)$에($i = 1, \ldots, s$) 대한 $s + 1$개의 방정식을 구성한다.

$$\sum_{i=1}^{s} P(i) = 1$$

이들을 풀면 원하는 값이 구해진다.

예제 7.36 동전을 계속하여 던진다고 가정하자. $A(1) = h, t, t, h, h$, $A(2) = h, h, t, h, t$라면, 다음 값을 얻을 수 있다.

$$\begin{aligned} E[T(1)] &= 32 + E[T_h] = 34, \\ E[T(2)] &= 32, \\ E[T(1,2)] &= E[T(2)] - E[T_{h,h}] = 32 - (4 + E[T_h]) = 26, \\ E[T(2,1)] &= E[T(1)] - E[T_{h,t}] = 34 - 4 = 30 \end{aligned}$$

따라서 방정식

$$\begin{aligned} 34 &= E[M] + 30P(2), \\ 32 &= E[M] + 26P(1), \\ 1 &= P(1) + P(2) \end{aligned}$$

을 얻고, 이를 풀면 다음을 얻는다.

$$P(1) = P(2) = \tfrac{1}{2}, \quad E[M] = 19$$

패턴 $A(2)$에 대한 평균 시간은 $A(1)$에 대한 평균 시간보다 작지만, 각각이 먼저 나타날 확률은 동일함에 주목하라. ■

식 (7.46)은 어느 패턴에도 중복이 없을 경우에는 쉽게 풀린다. 이 경우 모든 $i \neq j$에 대하여,

$$E[T(i, j)] = E[T(j)]$$

이 되도 따라서 식 (7.46)은 다음과 같이 축소된다.

$$E[T(j)] = E[M] + (1 - P(j))E[T(j)]$$

이로부터

$$P(j) = E[M]/E[T(j)]$$

을 얻고 위 식을 모든 j에 대하여 합하면 다음을 얻는다.

$$E[M] = \frac{1}{\sum_{j=1}^{s} 1/E[T(j)]}, \tag{7.47}$$

$$P(j) = \frac{1/E[T(j)]}{\sum_{j=1}^{s} 1/E[T(j)]} \tag{7.48}$$

다음 예제에서 위 결과를 이용하여 예제 7.7의 모형을 새로 분석해보자.

예제 7.37 어느 게임의 각 시행에서 참가자 i가 승리할 확률은 p_i이고($i = 1, \ldots, s$), 이전 시행과는 독립이라 하자. 또한, 특정 값 $n(1), \ldots, n(s)$이 정해져 있어서 참가자 i가 $n(i)$번의 연속된 시행에서 승리한 첫 번째 참가자이면 이 게임의 승자가 된다고 하자. 승자가 나오기까지 시행의 평균 횟수와 승자가 i, $i = 1, \ldots, s$일 확률을 구하라.

풀이 $i = 1, \ldots, s$에 대하여 $A(i)$가 n_i번 연달아 i가 나타내는 패턴을 나타낸다고 하면, 패턴 $A(i)$가 처음으로 나타날 확률 $P(i)$와 $E[M]$을 구하면 된다. 이제

$$E[T(i)] = (1/p_i)^{n(i)} + (1/p_i)^{n(i)-1} + \cdots + 1/p_i = \frac{1 - p_i^{n(i)}}{p_i^{n(i)}(1 - p_i)}$$

이므로 식 (7.47)과 (7.48)로부터 원하는 식이 얻어진다.

$$E[M] = \frac{1}{\sum_{j=1}^{s}\left[p_j^{n(j)}(1 - p_j)/\left(1 - p_j^{n(j)}\right)\right]},$$

$$P(i) = \frac{p_i^{n(i)}(1 - p_i)/\left(1 - p_i^{n(i)}\right)}{\sum_{j=1}^{s}\left[p_j^{n(j)}(1 - p_j)/\left(1 - p_j^{n(j)}\right)\right]}$$

■

7.9.2 연속해서 모두 다른 값들이 나오는 기간의 평균길이

X_i, $i \geq 1$는 $1, 2, \ldots, m$ 중 하나의 값을 동일한 가능성으로 갖는, 독립이고 동일한 분포를 갖는 확률변수들이다. 이러한 확률변수를 연이어 관찰한다고 하고, 처음으로 모든 $1, 2, \ldots, m$ 값을 포함하는 m 개의 연속된 값이 나오는 시점을 T라고 하자. 즉, 다음을 정의하자.

$$T = \min\{n : X_{n-m+1}, \ldots, X_n \text{ 이 모두 다른 값}\}$$

$E[T]$를 계산하기 위해 시간 T에 첫 번째 재생이 발생하는 재생과정을 정의하자. 이 시점에서 새로 시작

되고, T까지의 값들과는 관계없이, 또 다시 m 개의 연속된 시행이 서로 다른 값을 가질 때 다음 재생이 발생하고, 이렇게 계속한다. 예들 들어, $m = 3$이고 시행의 결과가 다음과 같다고 하자.

$$1, 3, 3, 2, 1, 2, 3, 2, 1, 3, \ldots, \tag{7.49}$$

그러면 10번째 시행까지 2번의 재생이 있고, 재생은 5번째와 9번째 시행에서 발생한다. 이와 같이 재생을 형성하는 m개의 서로 다른 값의 배열을 재생열(renewal run)이라 부르자

이제 $X_{n-m+1}, \ldots, X_n$이 서로 다른 값이면 시간 n에($n \geqslant m$) 1이라는 보상을 받는다고 가정함으로써 재생과정을 지체 재생보상과정으로 변환해보자. 즉, 앞의 m개 값이 서로 다른 값일 때마다 보상을 받는다. 예를 들어, $m = 3$이고 (7.49)의 데이터를 얻었다면 시간 5, 7, 9, 10에 1의 보상을 받는다. 시간 i에 받는 보상을 R_i라 하면 명제 7.3에 의해 다음을 얻는다.

$$\lim_n \frac{E\left[\sum_{i=1}^n R_i\right]}{n} = \frac{E[R]}{E[T]} \tag{7.50}$$

여기서 R은 재생간격 동안 받은 보상이다. 이제, 재생열의 처음 i개 값을 A_i, 이 재생열에 이어지는 처음 i개 값을 B_i라 하면 다음이 성립한다.

$$\begin{aligned}
E[R] &= 1 + \sum_{i=1}^{m-1} E[\text{재생 후 시간 } i\text{에 받은 보상}] \\
&= 1 + \sum_{i=1}^{m-1} P\{A_i = B_i\} \\
&= 1 + \sum_{i=1}^{m-1} \frac{i!}{m^i} \\
&= \sum_{i=0}^{m-1} \frac{i!}{m^i}
\end{aligned} \tag{7.51}$$

따라서 $i \geqslant m$에 대하여 다음을 얻는다.

$$E[R_i] = P\{X_{i-m+1}, \ldots, X_i \text{ 가 모두 다른 값}\} = \frac{m!}{m^m}$$

식 (7.50)에 의해

$$\frac{m!}{m^m} = \frac{E[R]}{E[T]}$$

이 되므로 식 (7.51)로부터 다음 결과를 얻는다.

$$E[T] = \frac{m^m}{m!} \sum_{i=0}^{m-1} i!/m^i$$

위의 지체 재생보상과정을 이용한 접근은, 특정 패턴이 나타나기까지의 평균 시간을 계산하는 또 다른 방법을 제시하고 있다. 다음 예제를 살펴보자.

예제 7.38 동전의 앞면이 나올 확률이 p이고 뒷면이 나올 확률이 $q = 1 - p$일 경우, 패턴 h, h, h, t, h, h, h이 나타날 때까지의 평균 시간 $E[T]$를 계산해보자.

풀이 해당 패턴이 처음 나왔을 때 첫 번째 재생이 발생한 것으로 간주하고 그 시점에 다시 시작하는 재생과정을 정의하자. 또한, 해당 패턴이 나타날 때마다 1이라는 보상을 받는다고 하자. 재생간격 동안

받은 보상을 R이라 하면, 다음을 얻는다.

$$\begin{aligned}E[R] &= 1 + \sum_{i=1}^{6} E[\text{재생 후 시간 } i\text{에 받은 보상}] \\ &= 1 + 0 + 0 + 0 + p^3q + p^3qp + p^3qp^2\end{aligned}$$

따라서 시간 i에 받은 평균 보상은 $E[R_i] = p^6q$이므로, 재생보상정리에 의해 다음을 얻는다.

$$\frac{1 + qp^3 + qp^4 + qp^5}{E[T]} = qp^6$$

이로부터 다음을 얻는다

$$E[T] = q^{-1}p^{-6} + p^{-3} + p^{-2} + p^{-1}$$ ■

7.9.3 연속 확률변수의 연속해서 증가하는 기간

$X_1, X_2, \ldots$은 독립이고 동일한 분포를 갖는 연속 확률변수 열이다. 연속하여 증가하는 r개의 값이 처음으로 나타나는 시간을 T라 하자. 즉, 다음을 정의하자.

$$T = \min\{n \geqslant r : X_{n-r+1} < X_{n-r+2} < \cdots < X_n\}$$

$E[T]$를 구하기 위해 다음과 같이 재생과정을 정의하자. T에 처음 재생이 발생한다. 그 다음 T 이후의 값들만을 이용해서 연속하여 증가하는 r개의 값이 다시 나타나면 다음 재생이 발생했다고 한다. 이런 식으로 계속 진행한다. 예를 들어, $r = 3$이고 처음 15개의 값들이

12, 20, 22, 28, 43, 18, 24, 33, 60, 4, 16, 8, 12, 15, 18

이라면 시간 15까지 3번의 재생이 시간 3, 8, 14에 발생한 것이다. 시간 n까지 재생의 수를 $N(n)$이라 하면, 기본재생정리에 의해 다음이 성립한다.

$$\frac{E[N(n)]}{n} \to \frac{1}{E[T]}$$

$E[N(n)]$를 구하기 위해 시간 k의 상태 S_k가 시간 k에 연속하여 증가한 값의 갯수인 확률과정을 정의하자. 즉, $1 \leqslant j \leqslant k$에 대하여, 다음을 정의하자.

$$X_{k-j} > X_{k-j+1} < \cdots < X_{k-1} < X_k\text{이면, } S_k = j$$

여기서 $X_0 = \infty$이다. 시간 k에 재생이 발생할 필요충분조건은 어떤 $i \geq 1$에 대하여 $S_k = ir$가 성립하는 것이다. 예를 들어, $r = 3$이고

$$X_5 > X_6 < X_7 < X_8 < X_9 < X_{10} < X_{11}$$

이라면 다음과 같이 된다.

$$S_6 = 1, \quad S_7 = 2, \quad S_8 = 3, \quad S_9 = 4, \quad S_{10} = 5, \quad S_{11} = 6$$

그리고 시간 8과 11에 재생이 발생한다. 이제, $k > j$에 대하여 다음을 얻는다.

$$\begin{aligned}P\{S_k = j\} &= P\{X_{k-j} > X_{k-j+1} < \cdots < X_{k-1} < X_k\} \\ &= P\{X_{k-j+1} < \cdots < X_{k-1} < X_k\} \\ &\quad - P\{X_{k-j} < X_{k-j+1} < \cdots < X_{k-1} < X_k\} \\ &= \frac{1}{j!} - \frac{1}{(j+1)!}\end{aligned}$$

$$= \frac{j}{(j+1)!}$$

여기서 끝에서 두 번째 식은 확률변수들의 순서배열은 모두 같은 확률로 발생한다는 것을 이용한 것이다.

위 식에서 다음을 얻는다.

$$\lim_{k\to\infty} P\{\text{시간 } k\text{에 재생 발생}\} = \lim_{k\to\infty}\sum_{i=1}^{\infty} P\{S_k = ir\} = \sum_{i=1}^{\infty}\frac{ir}{(ir+1)!}$$

그런데, 다음 관계가 성립한다.

$$E[N(n)] = \sum_{k=1}^{n} P\{\text{시간 } k\text{에 재생 발생}\}$$

$\lim_{k\to\infty} a_k$이 존재하는 임의의 a_k, $k \geqslant 1$에 대해

$$\lim_{n\to\infty}\frac{\sum_{k=1}^{n} a_k}{n} = \lim_{k\to\infty} a_k$$

이 성립함을 보일 수 있으므로 앞의 결과와 기본재생정리를 이용하여 다음을 얻는다.

$$E[T] = \frac{1}{\sum_{i=1}^{\infty} ir/(ir+1)!}$$

7.10 보험 파산 문제

발생률 λ인 푸아송과정에 따라 보험 청구가 발생하는 보험회사를 고려하자. 연속적인 청구액 Y_1, Y_2, ...는 밀도함수 f와 분포함수 F를 갖는 독립적인 확률변수이다. 청구액은 청구 발생 시간과는 독립이다. 따라서 시간 t까지 처리된 청구 건수를 $M(t)$라 하면 $\sum_{i=1}^{M(t)} Y_i$는 시간 t까지 지급된 금액이 된다. 이 회사의 초기 자본금은 x이고 단위시간당 c의 일정한 발생률로 보험료를 납부한다고 하자. 회사의 순자본(net capital)이 음수가 될 확률, 즉 다음 값을 구해보자.

$$R(x) = P\left\{\text{어떤 } t \geq 0\text{에 대해, } \sum_{i=1}^{M(t)} Y_i > x + ct\right\}$$

만약 회사의 순자본이 음수가 되면, 회사는 파산하는 것이므로 $R(x)$는 초기 자본이 x인 회사가 파산할 확률이 된다.

평균 청구액을 $\mu = E[Y_i]$이라 하고 $\rho = \lambda\mu/c$이라 하자. 보험 청구는 발생률 λ로 발생하므로, 지급되는 금액의 지급률은 $\lambda\mu$이 된다. (재생보상과정에 따라 설명해보자. 청구가 발생하면 새 주기가 시작된다. 해당 주기에 대한 비용은 청구액이고, 장기 평균 비용은, 한 주기 동안의 기대 비용 μ를 평균 주기 시간 $1/\lambda$로 나눈 값이 된다.) 납부할 보험료의 발생률은 c이므로, $\rho > 1$일 경우 $R(x) = 1$임은 명백하다. $\rho = 1$일 경우 $R(x) = 1$인 것도 보일 수 있으므로(대칭형 랜덤보행의 재발성(recurrence)을 생각해보라), $\rho < 1$로 가정하자.

$R(x)$를 구하기 위해, 먼저 미분방정식을 유도해보자. 우선, h가 작을 때, 처음 h 시간단위 동안 어떤 일이 일어날 수 있는지 살펴보자. $1 - \lambda h + o(h)$의 확률로 청구가 발생하지 않으며 따라서 시간 h에 회사의 자본은 $x + ch$이 된다. $\lambda h + o(h)$의 확률로 정확히 1건의 청구가 발생하며 따라서 시간 h에 회사의 자본은 $x + ch - Y_1$이 된다. $o(h)$의 확률로 2건 이상의 청구가 발생한다. 결국, 처음 h 시간단위

동안 어떤 일이 일어나는지에 조건을 주면 다음을 얻는다.

$$R(x) = (1 - \lambda h)R(x + ch) + \lambda h E[R(x + ch - Y_1)] + o(h)$$

정리하면 다음과 같다.

$$R(x + ch) - R(x) = \lambda h R(x + ch) - \lambda h E[R(x + ch - Y_1)] + o(h)$$

ch로 나누면 다음을 얻는다.

$$\frac{R(x + ch) - R(x)}{ch} = \frac{\lambda}{c} R(x + ch) - \frac{\lambda}{c} E[R(x + ch - Y_1)] + \frac{1}{c}\frac{o(h)}{h}$$

h를 0으로 가게 하면 다음 미분방정식이 얻어진다.

$$R'(x) = \frac{\lambda}{c} R(x) - \frac{\lambda}{c} E[R(x - Y_1)]$$

$u < 0$일 경우 $R(u) = 1$이므로, 위 식을 다음과 같이 적을 수 있다.

$$R'(x) = \frac{\lambda}{c} R(x) - \frac{\lambda}{c} \int_0^x R(x - y) f(y)\, dy - \frac{\lambda}{c} \int_x^\infty f(y)\, dy$$

이는 다음과 같다.

$$R'(x) = \frac{\lambda}{c} R(x) - \frac{\lambda}{c} \int_0^x R(x - y) f(y)\, dy - \frac{\lambda}{c} \bar{F}(x) \tag{7.52}$$

여기서 $\bar{F}(x) = 1 - F(x)$이다.
이제 위의 방정식을 이용해서 $R(x)$가 다음 방정식을 만족시킨다는 것을 보일 것이다.

$$R(x) = R(0) + \frac{\lambda}{c} \int_0^x R(x - y)\bar{F}(y)\, dy - \frac{\lambda}{c} \int_0^x \bar{F}(y)\, dy, \quad x \geqslant 0 \tag{7.53}$$

식 (7.53)을 검증하기 위해 이 식의 양 변을 미분하면 식 (7.52)이 된다는 것을 보이자. [식 (7.52)와 (7.53) 둘 다 유일한 해를 갖는다는 것을 보일 수 있다.] 이를 위해 다음 보조정리가 필요하다. 이 보조정리의 증명은 본 절의 끝부분에 있다.

보조정리 7.5 함수 k와 미분가능한 함수 t에 대하여 다음이 성립한다.

$$\frac{d}{dx} \int_0^x t(x - y)k(y)\, dy = t(0)k(x) + \int_0^x t'(x - y)k(y)\, dy$$

식 (7.53)의 양변을 미분하면 위의 보조정리에 의해 다음을 얻는다.

$$R'(x) = \frac{\lambda}{c}\left[R(0)\bar{F}(x) + \int_0^x R'(x - y)\bar{F}(y)\, dy - \bar{F}(x)\right] \tag{7.54}$$

부분적분을 수행하면[$u = \bar{F}(y), dv = R'(x - y)\, dy$], 다음을 얻는다.

$$\begin{aligned}\int_0^x R'(x - y)\bar{F}(y)\, dy &= -\bar{F}(y)R(x - y)|_0^x - \int_0^x R(x - y) f(y)\, dy \\ &= -\bar{F}(x)R(0) + R(x) - \int_0^x R(x - y) f(y)\, dy\end{aligned}$$

이 결과를 식 (7.54)에 대입하면 식 (7.52)가 얻어진다. 따라서 식 (7.53)이 만족한다.

$R(x)$에 대한 보다 유용한 표현을 얻기 위해, 도착간격 $X_1, X_2, \ldots$ 이 F의 평형분포를 따르는 재생과

정을 고려해보자. 즉, X_i의 밀도함수는 다음과 같다.

$$f_e(x) = F_e'(x) = \frac{\bar{F}(x)}{\mu}$$

시간 t까지의 재생 수를 $N(t)$라 하고,

$$q(x) = E\left[\rho^{N(x)+1}\right]$$

의 표현을 유도해보자. 우선, X_1에 조건을 주면 다음을 얻는다.

$$q(x) = \int_0^\infty E\left[\rho^{N(x)+1}|X_1 = y\right]\frac{\bar{F}(y)}{\mu}dy$$

$X_1 = y$라는 조건하에서 시간 x까지의 재생 수는, $y \leqslant x$일 경우에는 $1 + N(x - y)$이고 $y - x$일 경우에는 0이므로, 다음을 얻는다.

$$E[\rho^{N(x)+1}|X_1 = y] = \begin{cases} \rho E\left[\rho^{N(x-y)+1}\right], & y \leqslant x\text{인 경우} \\ \rho, & y > x\text{인 경우} \end{cases}$$

따라서 $q(x)$는 다음을 만족한다.

$$\begin{aligned} q(x) &= \int_0^x \rho q(x-y)\frac{\bar{F}(y)}{\mu}dy + \rho\int_x^\infty \frac{\bar{F}(y)}{\mu}dy \\ &= \frac{\lambda}{c}\int_0^x q(x-y)\bar{F}(y)\,dy + \frac{\lambda}{c}\left[\int_0^\infty \bar{F}(y)\,dy - \int_0^x \bar{F}(y)\,dy\right] \\ &= \frac{\lambda}{c}\int_0^x q(x-y)\bar{F}(y)\,dy + \rho - \frac{\lambda}{c}\int_0^x \bar{F}(y)\,dy \end{aligned}$$

$q(0) = \rho$이므로, $R(x)$가 만족한 식 (7.53)과 정확히 같은 식이다. 결국, 식 (7.53)의 해는 유일하므로, 다음 결과를 얻을 수 있다.

명제 7.6

$$R(x) = q(x) = E\left[\rho^{N(x)+1}\right]$$

예제 7.39 회사가 초기 자본 없이 시작한다고 가정하자. 그러면, $N(0) = 0$이므로, 회사가 파산할 확률은 $R(0) = \rho$이다. ■

예제 7.40 청구액 분포 F가 평균 μ인 지수분포라면, F_e도 지수분포가 된다. 따라서 $N(x)$는 평균이 x/μ인 포아송이 되어 다음을 얻는다.

$$\begin{aligned} R(x) = E\left[\rho^{N(x)+1}\right] &= \sum_{n=0}^\infty \rho^{n+1}e^{-x/\mu}(x/\mu)^n/n! \\ &= \rho\, e^{-x/\mu}\sum_{n=0}^\infty (\rho x/\mu)^n/n! \\ &= \rho\, e^{-x(1-\rho)/\mu} \end{aligned}$$

■

파산확률에 대한 몇 가지 직관적인 결과들을 살펴보기 위해 T가 도착간격 분포 F_e를 갖는 재생과정의 도착간격 X_i와는 독립이고, 다음과 같은 확률질량함수를 갖는다고 하자.

$$P\{T = n\} = \rho^n(1-\rho), \quad n = 0, 1, \ldots$$

이제 처음 T개의 X_i들의 합이 x를 초과할 확률 $P\left\{\sum_{i=1}^{T} X_i > x\right\}$을 살펴보자. $N(x) + 1$는 시간 x를 지나서 발생한 첫 번째 재생이므로, 다음을 얻는다.

$$N(x) + 1 = \min\left\{n : \sum_{i=1}^{n} X_i > x\right\}$$

따라서, 시간 x까지의 재생 수에 조건을 주면 다음을 얻는다.

$$\begin{aligned}
P\left\{\sum_{i=1}^{T} X_i > x\right\} &= \sum_{j=0}^{\infty} P\left\{\sum_{i=1}^{T} X_i > x \middle| N(x) = j\right\} P\{N(x) = j\} \\
&= \sum_{j=0}^{\infty} P\{T \geqslant j + 1 | N(x) = j\} P\{N(x) = j\} \\
&= \sum_{j=0}^{\infty} P\{T \geqslant j + 1\} P\{N(x) = j\} \\
&= \sum_{j=0}^{\infty} \rho^{j+1} P\{N(x) = j\} \\
&= E\left[\rho^{N(x)+1}\right]
\end{aligned}$$

결국, $P\left\{\sum_{i=1}^{T} X_i > x\right\}$는 파산확률과 같다. 예제 7.36에서 보인 것처럼, 초기 자본 없이 시작한 회사의 파산확률은 ρ이다. 이제, 초기 자본 x로 시작하는 회사를 가정하자. 또한 자본이 음수가 되어도 회사가 지속된다고 가정하자. 회사의 자산이 초기 자본 x 아래로 떨어질 확률은 초기 자본 없이 시작한 회사의 자산이 0 아래로 떨어질 확률과 같으므로, 이 역시 ρ이다. 따라서, 회사의 자산이 이전에 경험한 상태보다 낮아지면 최저치(low)가 발생했다고 표현한다면, 최저치가 발생할 확률은 ρ이다. 이제, 최저치가 발생했다면, 또 한 번의 최저치가 발생할 확률은 회사의 자산이 이전의 최저치 아래로 떨어질 확률이므로, 이 역시 ρ가 된다. 따라서, 각각의 새로운 최저치가 마지막 값일 확률은 $1 - \rho$이다. 결과적으로, 발생한 최저치의 총 개수는 T와 동일한 분포를 따른다. 또한, i번째 최저치와 직전 최저치 사이의 차이를 W_i라 하면, $W_1, W_2, \ldots$는 독립이고 동일한 분포를 가지며 최저치의 횟수와는 독립임을 쉽게 보일 수 있다. 자본의 최솟값은 $x - \sum_{i=1}^{T} W_i$이므로(자본이 음수가 되어도 회사가 지속될 경우), 초기 자본 x로 시작한 회사의 파산확률은 다음과 같다.

$$R(x) = P\left\{\sum_{i=1}^{T} W_i > x\right\}$$

이제

$$R(x) = E\left[\rho^{N(x)+1}\right] = P\left\{\sum_{i=1}^{T} X_i > x\right\}$$

이므로 W_i를 X_i로 식별할 수 있다. 즉, 각 최저치가 직전 최저치와 얼마나 차이가 나는지에 대한 분포는 청구액의 평형분포와 같다는 것을 알 수 있다.

참고: 보험료 납입은 일정한 발생률 c로 발생하는 반면 연속적인 청구간격은 평균이 $1/\lambda$인 독립적인 지

수 확률변수이므로, 연속적인 청구간격 동안 회사가 수납한 보험료는 평균이 c/λ인 독립적인 지수 확률변수이다. 청구가 발생할 때만 파산이 발생 가능하므로, 파산확률 $R(x)$에 대한 명제 7.6에서의 표현은, 청구간격 동안 수납한 보험료가 평균 c/λ인 독립적인 지수 확률변수이고 연속적인 청구액은 분포함수 F를 갖는 독립적인 확률변수이며 이 두 확률과정이 독립인 어느 모형에 대해서도 유효하다.

이제 고객이 임의의 시간에 보험에 가입하는 보험 모형을 가정해보자. 각 고객은 단위시간당 c의 고정된 발생률로 보험료를 납부한다. 고객이 보험금을 청구할 때까지의 시간은 발생률 λ인 지수분포를 따르고, 각 청구액은 분포 F를 따른다. 보험회사가 청구간격 동안 수납하는 금액을 살펴보자. 특별히, 보험 청구가 막 발생했다고 가정하고, 또 하나의 청구가 발생하기 전에 회사가 수납할 금액을 X라 하자. 이 금액은 다음 청구가 발생할 때가지 시간에 따라 계속 증가한다는 점에 주목하자. 직전 청구 이후 현재 시점까지 금액 t를 수납했다고 가정하자. h가 작을 때, 추가적인 금액 h만큼 금액의 증가가 이루어지기 전에 다음 청구가 발생할 확률을 구해보자. 이 확률을 구하기 위해, 현재 시점에 회사는 k명의 고객을 보유하고 있다고 하자. 이러한 k명의 고객이 각각 발생률 c에 따라 보험료를 납부하므로, 다음 청구가 발생하기 전에 회사가 수납하는 보험료의 추가적인 금액이 h보다 작을 필요충분조건은 다음 청구가 다음 $\frac{h}{kc}$ 시간단위 이내에 발생하는 것이다. k명의 고객이 각각 발생률 λ인 지수분포에 따라 청구를 할 것이므로, 이들 중 한 명이 보험 청구를 할 때까지의 시간은 발생률 $k\lambda$인 지수분포를 따른다. 이러한 확률변수를 $E_{k\lambda}$라 하면, 추가적인 수납 금액이 h보다 작을 확률은 다음과 같다.

$$\begin{aligned} P(\text{추가적인 수납액} < h|k\text{명의 고객}) &= P\left(E_{k\lambda} < \frac{h}{kc}\right) \\ &= 1 - e^{-\lambda h/c} \\ &= \frac{\lambda}{c}h + o(h) \end{aligned}$$

따라서

$$P\big(X < t + h|X > t\big) = \frac{\lambda}{c}h + o(h)$$

이고 이는 X의 고장률 함수가 $\frac{\lambda}{c}$임을 보여준다. 그런데, 이는 청구간격 동안 수납한 금액은 평균이 $\frac{\lambda}{c}$인 지수분포임을 의미한다. 각 청구액은 분포함수 F를 따르므로, 이러한 보험 모형에서 회사의 파산확률은 앞서 분석한 전통적인 모형과 정확히 동일하다는 결론을 내릴 수 있다. ■

이제 보조정리 7.5를 증명하자.

보조정리 7.5의 증명 $G(x) = \int_0^x t(x-y)k(y)\,dy$라 하자. 그러면 다음을 얻는다.

$$\begin{aligned} G(x+h) - G(x) &= G(x+h) - \int_0^x t(x+h-y)k(y)\,dy \\ &\quad + \int_0^x t(x+h-y)k(y)\,dy - G(x) \\ &= \int_x^{x+h} t(x+h-y)k(y)\,dy \\ &\quad + \int_0^x [t(x+h-y) - t(x-y)]k(y)\,dy \end{aligned}$$

h로 나누면 다음을 얻는다.

$$\frac{G(x+h)-G(x)}{h} = \frac{1}{h}\int_x^{x+h} t(x+h-y)k(y)\,dy + \int_0^x \frac{t(x+h-y)-t(x-y)}{h}k(y)\,dy$$

$h \to 0$을 취하면 다음 결과를 얻을 수 있다.

$$G'(x) = t(0)\,k(x) + \int_0^x t'(x-y)\,k(y)\,dy$$ ■

연습 문제

1. 다음은 참인가?

(a) $N(t) < n$일 필요충분조건은 $S_n > t$이다.

(b) $N(t) \le n$일 필요충분조건은 $S_n \geqslant t$이다.

(c) $N(t) > n$일 필요충분조건은 $S_n < t$이다.

2. 재생과정에 대한 도착간격 분포가 평균 μ인 푸아송과정이라 하자. 즉, 다음을 가정하자.

$$P\{X_n = k\} = e^{-\mu}\frac{\mu^k}{k!}, \quad k = 0, 1, \ldots$$

(a) S_n의 분포를 구하라.

(b) $P\{N(t) = n\}$를 계산하라.

***3.** 도착간격 분포 F를 갖는 재생과정 $\{N(t), t \ge 0\}$에서 n번째 사건의 발생 시간을 S_n라 하자.

(a) $P(N(t) = n | S_n = y)$를 구하라.

(b) 다음 식

$$P(N(t) = n) = \int_0^\infty P(N(t) = n | S_n = y) f_{S_n}(y)\,dy$$

에서 시작해서 발생률 λ인 n개의 지수 확률변수의 합은 모수가 (n, λ)인 감마분포임을 이용하여, $F(y) = 1 - e^{-\lambda y}$일 경우 $P(N(t) = n)$를 유도하라.

4. $\{N_1(t), t \ge 0\}$와 $\{N_2(t), t \ge 0\}$은 독립인 재생과정이다. $N(t) = N_1(t) + N_2(t)$라 하자.

(a) $\{N(t), t \geqslant 0\}$의 도착간격들은 독립인가?

(b) 이들은 같은 분포를 따르는가?

(c) $\{N(t), t \geqslant 0\}$은 재생과정인가?

5. $U_1, U_2, \ldots$은 (0, 1) 구간에서의 균등 확률변수이다. 다음을 정의하자.

$$N = \min\{n : U_1 + U_2 + \cdots + U_n > 1\}$$

$E[N]$을 구하라.

***6.** 도착간격이 모수가 (r, λ)인 감마분포를 따르는 재생과정 $\{N(t), t \ge 0\}$을 고려하자. 즉, 도착간격에 대한 밀도함수는 다음과 같다.

$$f(x) = \frac{\lambda e^{-\lambda x}(\lambda x)^{r-1}}{(r-1)!}, \quad x > 0$$

(a) 다음을 증명하라.

$$P\{N(t) \geqslant n\} = \sum_{i=nr}^{\infty} \frac{e^{-\lambda t}(\lambda t)^i}{i!}$$

(b) 다음을 증명하라.

$$m(t) = \sum_{i=r}^{\infty} \left[\frac{i}{r}\right] \frac{e^{-\lambda t}(\lambda t)^i}{i!}$$

여기서 $[i/r]$는 i/r를 넘지 않는 최대 정수를 나타낸다.

힌트: 모수가 (r, λ)인 감마분포와 발생률 λ인 r개의 독립적인 지수 확률변수의 합 사이의 관계를 이용하여 발생률 λ인 푸아송과정으로 $N(t)$를 정의하라.

7. 스미스는 작업 요청이 있을 때만 근무하는 임시직 직원이다. 평균 작업 기간은 3개월이다. 작업과 작업 사이에 쉬는 날은 평균이 2인 지수분포를 따른다면, 스미스는 얼마의 발생률로 새 작업을 요청받는가?

***8.** 사용 중인 기계는 고장이 나거나 사용연수가 T년이 되면 새 것으로 교체한다. 연속적인 기계들의 수명은 독립이며 밀도함수 f를 갖는 공통의 분포 F를 갖는다고 할 때, 다음을 보여라.

(a) 장기적으로 기계의 교체율은 다음과 같다.

$$\left[\int_0^T xf(x)\,dx + T(1 - F(T))\right]^{-1}$$

(b) 장기적으로 사용 중인 기계가 고장나는 비율은 다음과 같다.

$$\frac{F(T)}{\int_0^T xf(x)\,dx + T[1 - F(T)]}$$

9. 작업자가 계속하여 작업을 한다. 하나의 작업이 끝날 때마다 새 작업을 시작한다. 각 작업은, 독립적으로, 분포 F를 따르는 무작위 시간 동안 진행된 후 완료된다. 그런데 이와는 독립적으로 발생률 λ인 푸아송과정에 따라 충격이 발생한다. 충격이 발생할 때마다 작업자는 진행하던 작업을 중단하고 새로운 작업을 시작한다. 장기적으로 작업이 완료되는 완료율을 구하라.

10. 평균 도착간격 μ인 재생과정을 고려하자. 이 확률과정의 각 사건은 독립적으로 p의 확률로 계산이 된다. 시간 t까지($t > 0$) 계산된 사건의 수를 $N_C(t)$라 하자.

(a) $N_C(t)(t \geq 0)$는 재생과정인가?

(b) $\lim_{t \to \infty} N_C(t)/t$를 구하라.

11. 첫 번째 재생까지의 시간이 나머지 도착간격들과는 다른 분포를 따르는 재생과정을 **지체**(delayed) 또는 **일반**(general) 재생과정이라 한다. 지체보상과정에 대해서도 명제 7.1이 여전히 성립함을 증명하라. (일반적으로, 첫 번째 재생까지의 시간이 유한하면 재생과정에 대한 모든 극한정리가 지체 재생과정에 대해서도 여전히 성립함을 보일 수 있다.)

12. 발생률 λ인 푸아송과정에 따라 사건이 발생한다. 직전 사건으로부터 시간 d 이내에 발생한 사건을 d-사건이라 하자. 예를 들어, $d = 1$이고 사건들이 시간 2, 2.8, 4, 6, 6.6, ... 에 발생했다면, 시간 2.8과 6.6에 발생한 사건은 d-사건이다.

(a) d-사건이 발생하는 발생률을 구하라.

(b) 전체 사건 중 d-사건의 비율을 구하라.

13. 각 게임에서 참가자가 이기거나 질 확률은 동일하자. 첫 번째 게임에서 이기면 즉시 게임을 그만두고, 첫 번째 게임에서 지면 두 번의 게임 후 게임을 그만둘 경우, 이긴 횟수를 X라 하자.

(a) 월드(Wald)의 등식을 이용하여 $E[X]$를 구하라.

(b) X의 확률질량함수를 구하고 이를 이용하여 $E[X]$를 구하라.

14. 각 판에서 p의 확률로 1을 따고 $1-p$의 확률로 1을 잃는, 도박사의 파산 문제를 고려하자. 도박사는 이긴 횟수가 $N-i$ 또는 $-i$가 될 때까지 판을 진행한다. (즉, i에서 시작해서 자신의 돈이 N 또는 0이 되면 중지한다.) 도박사가 그만둘 때까지 진행한 판의 수를 T라 하자. 도박사의 돈이 $N-i$가 될 확률과 함께 월드의 등식을 이용하여 $E[X]$를 구하라.

힌트: j번째 판에서($j \geqslant 1$) 도박사가 딴 돈을 X_j라 하자. $\sum_{j=1}^{T} X_j$는 어떤 값을 가질 수 있는가? $E\left[\sum_{j=1}^{T} X_j\right]$는 어떻게 되는가?

15. 3개의 문이 있는 방에 갇힌 사람을 고려하자. 문 1로 가면 2일간의 이동 후 자유를 찾는다. 문 2로 가면 4일간의 이동 후 본래 방으로 돌아온다. 문 3으로 가면 6일간의 이동 후 본래 방으로 돌아온다. 3개의 문 중 하나를 선택할 확률은 동일하다고 하고, 자유를 찾을 때까지의 시간을 T로 나타내자.

(a) 다음 식을 만족하는, 독립이고 동일한 분포를 갖는 일련의 확률변수들 $X_1, X_2, \ldots$과 정지시간 N을 정의하라.

$$T = \sum_{i=1}^{N} X_i$$

힌트: 안전해진 이후에도 계속하여 무작위로 문을 선택한다고 상상하라.

(b) 월드의 등식을 이용하여 $E[T]$를 구하라.

(c) $E\left[\sum_{i=1}^{N} X_i | N=n\right]$를 구하고 $E[\sum_{i=1}^{n} X_i]$와는 다름에 주목하라.

(d) (c)를 이용해서 $E[T]$를 다시 유도하라.

16. 52장의 카드를 섞은 후 한 장씩 앞면이 보이게 뒤집는다. X_i, $i=1, \ldots, 52$는 i번째 카드가 에이스이면 1이고 그렇지 않으면 0으로 정의된다. 또한 4장의 에이스가 모두 나올 때까지 뒤집어야하는 카드의 수를 N이라 하자. 즉, 마지막 에이스는 N번째로 뒤집은 카드에서 나타난다. 다음이 성립하는가?

$$E\left[\sum_{i=1}^{N} X_i\right] = E[N]E[X_i]$$

성립하지 않는다면, 왜 월드(Wald)의 등식을 적용할 수 없는가?

17. 예제 7.6에서 고객이 도착간격 F를 갖는 재생과정에 따라 도착한다고 하자. 다음과 같은 경우 시간 t까지의 사건 수가 재생과정(혹은 지체 재생과정)을 형성하는가?

(a) 고객이 은행에 입장하는 것이 사건에 해당하는 경우

(b) 고객이 은행을 떠나는 것이 사건에 해당하는 경우

***18.** 도착간격 F가 다음과 같을 때 재생함수를 구하라.

$$1 - F(t) = pe^{-\mu_1 t} + (1-p)e^{-\mu_2 t}$$

19. 도착간격이 (0, 1)에서의 균등분포인 재생과정에 대하여, $t=1$부터 다음 재생까지의 시간의 기댓값을 구하라.

20. 보상 재생과정에 대하여 다음을 고려하자.

$$W_n = \frac{R_1 + R_2 + \cdots + R_n}{X_1 + X_2 + \cdots + X_n}$$

여기서 W_n은 처음 n 주기 동안에 받은 평균 보상을 나타낸다. $n \to \infty$일 경우 $W_n \to E[R]/E[X]$임을 보여라.

21. 발생률 λ인 푸아송과정에 따라 고객이 도착하는 단일 서버 은행을 고려하자. 도착한 고객은 서버가 쉬고 있을 때만 은행에 입장하며, 고객의 서비스시간은 분포 G를 따른다고 할 때, 서버가 바쁜 시간의 비율을 구하라.

***22.** J가 차를 구매하는 방법은 다음과 같다. 새 차를 산 후 처음 T 시간단위 동안의 고장에는 차를 수리하다가, T에 도달한 이후에 발생하는 첫 번째 고장에 차를 폐기하고 새 차를 구매한다. 새 차가 처음 고장날 때까지의 시간은 발생률 λ인 지수분포를 따르고, 수리 후 다음 고장까지의 시간은 발생률 μ인 지수분포를 따른다.

(a) J가 새 차를 사는 사건의 발생률을 구하라.

(b) 새 차의 구매비용은 C이고 고장 발생 시 수리비용은 r라고 할 때, J의 단위시간당 장기 평균 비용을 구하라.

23. A와 B가 서브로 시작하는 경기를 하는데, A가 서브를 넣은 경우 A가 이길 확률은 p_a, B가 이길 확률은 $q_a = 1 - p_a$이다. 반면에 B가 서브를 넣은 경우 A가 이길 확률은 p_b, B가 이길 확률은 $q_b = 1 - p_b$이다. 이기면 한 점을 얻고 서브도 가져온다.

(a) 장기적으로, A가 얻는 점수의 비율을 구하라.

(b) 번갈아가며 서브를 넣을 경우, 즉, A가 먼저 서브를 넣고 다음은 B가 서브를 넣고 그 다음은 A가 서브를 넣는 식으로 번갈아가며 서브를 넣을 경우, A가 얻는 점수의 비율을 구하라.

(c) 번갈아가며 서브를 넣는 경우보다 이긴 사람이 서브를 넣는 경우에 A가 더 많은 점수를 얻기 위한 조건을 제시하라.

24. 월드(Wald)의 등식은 보상재생과정을 이용해서도 증명이 가능하다. 독립이고 동일한 분포를 갖는 확률변수열 $X_i,\ i \geqslant 1$에 대한 정지시간을 N이라 하자.

(a) $N_1 = N$이라 하자. 확률변수열 $X_{N_1+1}, X_{N_1+2}, \ldots$가 $X_1, \ldots, X_N$과 독립이고, 그리고 원래의 확률변수열 $X_i,\ i \geqslant 1$과 동일한 분포를 가짐을 논증하라.

이제 $X_{N_1+1}, X_{N_1+2}, \ldots$를 새로운 확률변수열로 간주하고, 원래의 확률변수열에 대해 N_1이 정의된 것처럼, 새로운 확률변수열에 대해 정지시간 N_2를 정의하자. (예를 들어, 만약 $N_1 = \min\{n: X_n > 0$이면, $N_2 = \min\{n: X_{N_1+n} > 0\}$이다.) 비슷하게, 확률변수열 $X_{N_1+N_2+1}, X_{N_1+N_2+2} \ldots$에 대해 원래의 확률변수열에 대해 N_1이 정의된 것처럼 정지시간 N_3를 정의하자. 이런 식으로 반복한다.

(b) X_i가 기간 i 동안 받은 보상을 나타내는 보상과정은 보상 재생과정인가? 만약 그렇다면, 연이은 주기의 길이는 얼마인가?

(c) 단위시간당 평균 보상에 대한 식을 유도하라.

(d) 큰 수의 강법칙을 이용해서 단위시간당 평균 보상에 대한 두 번째 식을 유도하라.

(e) 월드(Wald)의 등식이 성립함을 보여라.

25. 예제 7.13에서 도착과정이 푸아송과정이고 기차를 매 t 시간단위마다 배정한다고 가정하자.

(a) 단위시간당 평균 비용을 구하라.

(b) 이러한 정책에 대한 단위시간당 최소 평균 비용은 근사적으로, 예제 7.13에서 다룬 최상의 정책에 대한 단위시간당 평균 비용에 $c/2$를 더한 값과 같음을 보여라.

26. 도착률이 λ인 푸아송과정에 따라 고객이 도착하는 기차역을 고려하자. 대기 중인 고객이 N이 될 때마다 기차가 배정되지만 그 기차가 역에 도착하기까지는 K 시간단위가 필요하다. 기차가 도착하면, 대기 중인 고객을 모두 태운다. 역에 n명의 고객이 있으면 단위시간당 nc의 발생률로 비용이 발생한다고 가정할 경우, 장기 평균 비용을 구하라.

27. 두 개의 부품으로 구성된 기계가 있다. 부품 i는 발생률 λ_i인 지수분포에 따라 작동한다. 이들 부품 중 적어도 하나가 작동중이면 기계는 작동한다. (즉, 두 부품이 모두 고장 나면 기계가 고장 난다.) 기계가 고장 나면, 부품이 모두 작동하는 새 기계를 이용한다. 기계가 고장날 때마다 비용 K가 발생하고, 작동중인 기계의 작동중인 부품이 i개이면($i = 1, 2$) 단위시간당 발생률 c_i의 운용비용이 발생한다. 단위시간당 장기 평균 비용을 구하라.

28. 예제 7.17에서, 불량품의 비율은 얼마인가?

29. 고객이 재생과정에 따라 도착하는 단일 서버 대기행렬시스템을 고려하자. 각 고객이 가져오는 작업의 양은 분포 G를 따르는 독립적인 확률변수이다. 서버는 한 번에 한 명씩 서비스한다. 그런데, 시스템에 i명의 고객이 있으면 단위시간당 i의 서비스율로 작업을 처리한다. 예를 들어, 다른 고객 3명이 대기 중인 상태에서 작업량이 8시간인 고객이 서비스를 받기 시작하면 2시간 만에 서비스가 끝난다. 이때 만약 1시간의 서비스 후에 다른 고객이 도착하고 더 이상의 도착이 없다면, 서비스 받던 고객은 총 1.8시간 만에 서비스가 끝난다.

고객 i가 시스템에 머무는 시간을 W_i라 하자. 또한 $E[W]$를 다음과 같이 정의하자.

$$E[W] = \lim_{n\to\infty} (W_1 + \cdots + W_n)/n$$

즉, $E[W]$는 고객이 시스템에 머무는 평균 시간이다. 또한, 바쁜 기간에 도착하는 고객의 수를 N이라 하자.

(a) 다음을 논증하라.

$$E[W] = E[W_1 + \cdots + W_N]/E[N]$$

고객 i가 가져온 작업의 양을 L_i라 하고 L_i, $i \geqslant 1$는 분포 G를 갖는 독립적인 확률변수라 하자.

(b) 무작위의 시간 t에 t 이전에 도착한 모든 고객이 시스템에 머문 시간들의 합이 시간 t까지 처리된 작업의 양과 동일함을 논증하라.

힌트: 서버가 작업을 처리하는 서비스율을 고려하라.

(c) 다음을 논증하라.

$$\sum_{i=1}^{N} W_i = \sum_{i=1}^{N} L_i$$

(d) 월드의 등식을 이용해서(연습 문제 13을 보라) 다음 결론을 이끌어내라.

$$E[W] = \mu$$

여기서 μ는 분포 G의 평균이다. 즉, 고객들이 시스템에 머문 평균 시간은 그들이 가져온 일의 양과 같다.

***30.** 재생과정에서 시간 t에서의 나이를 $A(t)$라 하자. $\mu < \infty$이면 확률 1로 다음이 성립함을 보여라.

$$\frac{A(t)}{t} \to 0 \qquad t \to \infty \text{ 일 때}$$

31. 도착간격 분포 F를 갖는 재생과정에 대하여, 시간 t에서의 나이와 잔여수명을 각각 $A(t)$와 $Y(t)$라 하자. 다음을 구하라.

$$P\{Y(t) > x | A(t) = s\}$$

32. $X_{N(t)+1} < c$인 시간의 장기 비율을 구하라.

33. 예제 7.14에서 서버가 바쁜 시간의 장기 비율을 구하라.

34. $M/G/\infty$ 대기행렬시스템이 고정된 시간 T, $2T$, $3T$, . . .마다 청소를 한다. 청소 시작 시점에 서비스 중인 모든 고객은 곧바로 떠나야 되며 각 고객 당 C_1의 비용이 발생한다. 청소하는 데에 $T/4$의 시간이 걸리는데, 이 동안 도착하는 모든 고객은 되돌아 가야하고 고객 당 C_2의 비용이 발생한다.

(a) 단위시간당 장기 평균 비용을 구하라.

(b) 시스템이 청소 중인 시간의 장기 비율을 구하라.

***35.** 발생률 λ인 푸아송과정에 따라 위성이 발사된다. 각 위성은 독립적으로 분포 F를 갖는 무작위 시간 동안 궤도를 순환한다. 시간 t에서의 궤도를 순환하는 위성의 수를 $X(t)$라 하자.

(a) $P\{X(t) = k\}$를 구하라.

힌트: 이 문제를 $M/G/\infty$ 대기행렬과 연관 지어라.

(b) 적어도 하나의 위성이 궤도를 순환하고 있으면, 메시지가 전송가능하며 이 경우 시스템이 작동중이라고 하자. 시간 $t = 0$에 첫 번째 위성이 궤도를 순환하고 있다면, 시스템이 작동중일 시간의 기댓값을 구하라.

힌트: (a)의 결과에서 $k = 0$인 경우를 이용하라.

36. n명의 스키어(skier)들 각각이 계속해서 독립적으로 언덕을 올라가 특정 경사면을 타고 내려온다. 스키어 i가 언덕을 올라가는 데에 걸리는 시간은 분포 F_i를 따르며, 분포 H_i를($i = 1, \ldots, n$) 따르는 하강 소요 시간과는 독립이다. 시간 t까지 이 그룹의 구성원들이 해당 경사면을 하강한 총 횟수를 $N(t)$라 하자. 또한, 시간 t에 언덕을 올라가고 있는 스키어들의 수를 $U(t)$라 하자.

(a) $\lim_{t\to\infty} N(t)/t$를 구하라.

(b) $\lim_{t\to\infty} E[U(t)]$를 구하라.

(c) 모든 F_i가 발생률 λ인 지수분포이고 모든 G_i가 발생률 μ인 지수분포일 경우, $P\{U(t) = k\}$를 구하라.

37. 3대의 기계를 고려하자. 시스템이 작동하려면 이들 모두가 필요하다. 기계 i는 고장나기 전에 발생률 λ_i, $i = 1, 2, 3$인 지수 시간 동안 작동한다. 어느 한 기계가 고장 나면 시스템은 정지되고 고장 난 기계에 대한 수리를 시작한다. 기계 1을 고치는 시간은 수리율 5인 지수분포를 따르고, 기계 2를 고치는 시간은 (0, 4)에서의 균등분포를 따르며, 기계 2을 고치는 시간은 모수가 $n = 3$와 $\lambda = 2$인 감마분포를 따른다. 수리가 끝난 기계는을 구하라.

(b) 기계 1이 수리중인 시간의 비율을 구하라.

(c) 기계 2가 대기 중인(즉, 작동 중 혹은 수리중인 아닌) 시간의 비율을 구하라.

38. 트럭 운전사가 정기적으로 A에서 B로 그리고 다시 A로 되돌아오는 운행을 한다. A에서 B로 운행할 때는 (40, 60)에서의 균등분포를 따르는 고정된 속도(시간당 마일)로 운행하고, B에서 A로 운행할 때는 동일한 가능성으로 40 또는 60이 되는 고정된 속도(시간당 마일)로 운행한다.

(a) 장기적으로, B로 갈 경우 걸리는 운행시간의 비율을 구하라.

(b) 장기적으로, 시간당 40마일로 운행하는 시간의 비율을 구하라.

39. 발생률 λ인 지수 시간 동안 작동하는 두 대의 독립적인 기계로 구성된 시스템을 고려하자. 수리기사는 한 명이다. 기계가 고장 났을 때 수리기사가 쉬고 있으면 바로 기계를 수리 한다; 기계가 고장 났을 때 수리기사가 다른 기계를 수리중이면 수리가 끝날 때까지 고장 난 기계는 기다려야 한다. 수리 시간은 분포함수 G를 갖는 독립적인 확률변수이며, 수리 후에는 새 것과 같아진다. 수리기사가 쉬고 있는 시간의 비율을 구하라.

40. 3명의 사수가 돌아가면서 표적에 사격을 한다. 사수 1은 표적을 못 맞출 때까지 사격을 하고, 그 다음 사수 2가 표적을 못 맞출 때까지 사격을 한다. 이어서 사수 3이 표적을 못 맞출 때까지 사격을 하고, 다시 사수 1이 표적을 못 맞출 때까지 사격을 하는 식으로 반복한다. 사수 i가 사격할 경우 이전 사격과는 독립적으로 $P_i(i = 1, 2, 3)$의 확률로 표적을 맞출 수 있다. 장기적으로 각 사수가 사격하는 시간의 비율을 구하라.

41. 기계가 고장 나면 동일한 유형의 새로운 기계로 대체된다고 하자. 기계의 수명 분포가 아래와 같을 경우, 장기적으로, 작동기간이 1년 이내인 기계의 작동시간이 차지하는 비율을 구하라.

(a) $(0, 2)$에서의 균등분포

(b) 평균 1인 지수분포

***42.** 평균이 μ인 도착간격 분포 F에 대하여, F의 평형분포 F_e를 다음과 같이 정의하자.

$$F_e(x) = \frac{1}{\mu}\int_0^x [1 - F(y)]\,dy$$

(a) F가 지수분포이면 $F = F_e$임을 보여라.

(b) 어떤 상수 c에 대해서 $F(x)$가

$$F(x) = \begin{cases} 0, & x < c \\ 1, & x \geqslant c \end{cases}$$

이면 F_e는 $(0, c)$ 구간에서의 균등분포임을 보여라. 즉, 도착간격이 c이면, 평형분포는 $(0, c)$ 구간에서의 균등분포이다.

(c) 버클리 시에서는 캘리포니아 대학에서 1마일 이내의 모든 지역에 2시간 주차를 허용하고 있다. 주차단속원이 정기적으로 도는데 2시간마다 동일한 장소를 지나간다. 단속원이 차를 발견하면 분필로 차에 표시를 한다. 2시간 후에 돌아왔을 때 같은 차가 그곳에 있으면 주차위반표를 발부한다. 이곳에 차를 주차하고 3시간 후에 돌아왔을 경우, 주차위반표가 붙어있을 확률은 얼마인가?

43. 다음을 만족하는 도착간격 분포 F를 갖는 재생과정을 고려하자.

$$\bar{F}(x) = \tfrac{1}{2}e^{-x} + \tfrac{1}{2}e^{-x/2}, \quad x > 0$$

즉, 도착간격은 같은 가능성으로 평균이 1이거나 또는 2인 지수분포를 따른다.

(a) 아무 계산도 하지 말고 평형분포 F_e를 예측하라.

(b) (a)에서의 예측을 검증하라.

***44.** 예제 7.20에서 버스가 도착할 때까지 기다린 시간이 x보다 작은 승객의 비율을 p_i라 하자. 즉, 승객 i의 대기시간을 W_i라 하고, 다음을 정의하면

$$X_i = \begin{cases} 1, & W_i < x\text{인 경우} \\ 0, & W_i \geqslant x\text{인 경우} \end{cases}$$

$\pi = \lim_{n\to\infty} \sum_{i=1}^{n} X_i/n$이 된다.

(a) 버스에 탄 승객의 수를 N이라 하고, 재생보상이론을 이용해서 다음 식을 설명하라.

$$\pi = \frac{E[X_1 + \cdots + X_N]}{E[N]}$$

(b) 연속적인 버스의 도착간격을 T라 할 때, $E[X_1 + \cdots + X_N | T = t]$를 구하라.

(c) $E[X_1 + \cdots + X_N] = \lambda E[\min(T, x)]$임을 보여라.

(d) 다음을 보여라.

$$\pi = \frac{\int_0^x P(T > t)\,dt}{E[T]} = F_e(x)$$

(e) F_e는 도착간격 분포 T를 갖는 재생과정에서 잔여수명이 x보다 작은 시간의 비율임을 이용하여, (d)의 결과를 "푸아송 도착은 시간으로 평균을 낸 시스템을 본다"는 PASTA 원리와 연결 지어 설명하라.

45. 상태 1 혹은 2 혹은 3에 있을 수 있는 시스템을 고려하자. 시스템이 상태 i에 들어가면 평균 μ_i를 갖는 무작위 시간 동안 머물다가 P_{ij}의 확률로 상태 j로 전이한다. 다음을 가정하자.

$$P_{12} = 1, \quad P_{21} = P_{23} = \tfrac{1}{2}, \quad P_{31} = 1$$

(a) 시스템이 상태 1로 들어가는 전이의 비율을 구하라.

(b) $\mu_1 = 1$, $\mu_2 = 2$, $\mu_3 = 3$이면, 시스템이 각 상태에서 머무는 시간의 비율은 얼마인가?

46. 확률과정에서 다른 상태로 전이하기까지 각 상태에 머무는 시간이 지수분포를 따르는 준마코프과정을 고려하자. 이는 어떤 종류의 확률과정인가?

47. 준마코프과정에서 다음 상태가 j라는 조건하에서 상태 i에 머무는 시간의 조건부 기댓값을 t_{ij}라 하자.

(a) μ_i를 t_{ij}와 연관 짓는 식을 제시하라.

(b) 상태 i에 있고 다음에 상태 j로 갈 시간의 비율은 $P_i P_{ij} t_{ij}/\mu_i$과 같음을 보여라.

힌트: 상태 i에 진입할 때마다 주기가 시작된다고 하자. 확률과정이 상태 i에 있고 상태 j로 갈 때마다 단위시간당 1의 발생률로 보상을 받는다고 생각해보라. 단위시간당 평균 보상은 무엇이겠는가?

48. 택시가 3개의 다른 지역을 번갈아가며 운행한다. 지역 i에 도착할 때마다 다른 손님을 태우기까지 평균이 t_i인($i = 1, 2, 3$) 무작위 시간만큼 머무른다. 지역 i에서 탑승한 승객은 j의 확률로 지역 P_{ij}로 간다. i에서 j로 가는 데 걸리는 시간은 평균이 m_{ij}인 확률변수이다. 다음 값들을 가정하자. $t_1 = 1$, $t_2 = 2$, $t_3 = 4$, $P_{12} = 1$, $P_{23} = 1$, $P_{31} = \frac{2}{3} = 1 - P_{32}$, $m_{12} = 10$, $m_{23} = 20$, $m_{31} = 15$, $m_{32} = 25$. 적절한 준마코프 과정을 정의하고 다음을 구하라.

(a) 택시가 지역 i에서 기다리는 시간의 비율

(b) 택시가 i에서 j로 가는 도로에 있는 시간의 비율($i, j = 1, 2, 3$)

***49.** 모수가 (n, λ)인 감마 도착과정 분포를 갖는 재생과정을 고려하자. t부터 다음 재생까지의 시간을 $Y(t)$라 하자. 준마코프과정 이론을 이용해서 다음이 성립함을 보여라.

$$\lim_{t\to\infty} P\{Y(t) < x\} = \frac{1}{n}\sum_{i=1}^{n} G_{i,\lambda}(x)$$

여기서 $G_{i,\lambda}(x)$는 모수가 (i, λ)인 감마 분포함수이다.

50. 식 (7.24)를 증명하기 위해 다음 기호를 정의하자.

$X_i^j \equiv$ 상태 i에 j번째 방문 시 머무는 시간

$N_i(m) \equiv$ 처음 m번의 전이에서 상태 i에 방문한 횟수

이러한 기호를 써서 다음을 표현해보라.

(a) 처음 m번의 전이 동안 확률과정이 상태 i에 머문 시간

(b) 처음 m번의 전이 동안 확률과정이 상태 i에 머문 시간의 비율

확률 1로 다음이 성립한다는 것을 설명하라.

(c) $m \to \infty$이면 $\sum_{j=1}^{N_i(m)} \frac{X_i^j}{N_i(m)} \to \mu_i$

(d) $m \to \infty$이면 $N_i(m)/m \to \pi_i$

(e) (a), (b), (c)와 (d)를 조합해서 식 (7.24)를 증명하라.

51. 1984년에 모로코에서는 관광객들이 그 나라에 머무는 평균 시간을 결정하기 위하여 두 가지의 서로 다른 표본조사를 시도하였다. 첫 번째는 그 나라를 떠나는 관광객들 중에서 무작위로 선택하여 조사를 하였고, 다른 하나는 호텔의 투숙객들 중에서 무작위로 선택하여 조사를 하였다. (모든 관광객은 호텔에 투숙한다.) 호텔에서 선택된 관광객 3,000명의 평균 체류시간은 17.8인 반면에 떠나는 시점에 선택된 관광객 12, 321명의 평균 체류시간은 9.0이었다. 이 차이에 대해 설명이 가능한가? 이러한 차이는 조사방법에 잘못이 있었다는 의미인가?

52. 예제 7.20에서,

(a) F가 발생률 μ인 지수분포라면 다음이 성립함을 보여라.

대기 중인 사람 수의 평균 $= E[N]$

즉, 버스가 푸아송과정에 따라 도착할 경우, 전 기간에 대하여 평균을 낸, 정류장에서 기다리는 사람의 수는 버스가 도착했을 때 기다리는 승객의 평균수와 같다. 이는 직관과는 어긋나 보인다. 왜냐하면 버스가 도착했을 때 기다리는 승객의 수는 최소한 그 주기 내의 임의의 시점에 기다리는 사람의 수만큼은 될 것이기 때문이다.

(b) 어떻게 위와 같은 결과가 가능한지 검사 역설과 같은 유형의 설명이 가능한가?

(c) PASTA 원리로부터 어떻게 이러한 결과가 얻어지는지 설명하라.

53. 앞면이 나올 확률이 p인 동전을 패턴 HTHTHTH가 나타날 때까지 계속하여 던진다. 앞면이 나타나는 횟수의 기댓값을 구하라.

54. X_i, $i \geqslant 1$는 독립인 확률변수들이다. $p_j = P\{X = j\}$, $j \geqslant 1$라 하자. $p_j = j/10$, $j = 1, 2, 3, 4$일 경우, 패턴 1, 2, 3, 1, 2가 나올 때까지 관찰해야 할 확률변수의 개수의 평균과 분산을 구하라.

55. 앞면이 나올 확률이 0.6인 동전을 계속하여 던진다. *thht* 또는 *ttt*가 나올 때까지의 시행횟수를 구하고 *ttt*가 먼저 나올 확률을 구하라.

56. 연속해서, 같은 확률로 숫자 0부터 9를 무작위로 선택하여 관찰하였다.

(a) 10개의 서로 다른 숫자가 나타날 때까지의 횟수의 기댓값을 구하라.

(b) 5개의 서로 다른 숫자가 나타날 때까지의 횟수의 기댓값을 구하라.

57. $X_1, X_2, \ldots$는 분포함수 F_e를 갖는 독립적인 확률변수이며, T는 X_i와 독립이고 확률질량함수 $P\{T = n\} = \rho^n (1 - \rho)$, $n \geqslant 0$을 갖는다고 할 때, $h(x) = P\{\sum_{i=1}^{T} X_i > x\}$라 하자. $h(x)$는 식 (7.53)을 만족함을 보여라.

힌트: $T = 0$인지 아니면 $T > 0$인지에 조건을 주어 시작하라.

참고 문헌

특수한 패턴이 나타날 때까지의 시간의 분산의 계산을 다룬 7.9.1절의 결과들은 새로운 것이며 7.9.2절의 결과들도 그러하다. 7.9.3절의 결과들은 [3]에서 인용한 것이다.

[1] D.R. Cox, "Renewal Theory," Methuen, London, 1962.

[2] W. Feller, "An Introduction to Probability Theory and Its Applications," Vol. II, JohnWiley, New York, 1966.

[3] F. Hwang and D. Trietsch, "A Simple Relation Between the Pattern Probability and the Rate of False Signals in Control Charts," *Probability in the Engineering and Informational Sciences*, 10, 315 – 323, 1996.

[4] S. Ross, "Stochastic Processes," Second Edition, John Wiley, New York, 1996.

[5] H.C. Tijms, "Stochastic Models, An Algorithmic Approach," JohnWiley, New York, 1994.

제 8 장 대기행렬 이론

Queueing Theory

8.1 서론

이 장에서는 고객이 서비스 시설에 무작위로 도착하는 모델들에 대해 공부한다. 고객은 도착하자마자 자신의 서비스 차례가 올 때까지 대기열에서 기다린다. 서비스를 받은 후 일반적으로 고객은 시스템을 떠난다고 가정한다. 이런 모델에 대해 시스템(또는 대기열) 안의 평균 고객 수, 고객이 시스템(또는 대기열) 안에서 보내는 평균 시간 등의 양에 관심이 있을 것이다.

8.2절에서는 대기행렬 모형 분석에 중요하게 이용되는 몇 가지 기본적인 대기행렬 상등관계들을 유도한다. 아울러 각각 도착고객, 출발고객, 외부 관찰자가 보는 세 가지 종류의 극한확률을 소개한다.

8.3절에서는 모든 확률분포가 지수분포로 가정되는 대기행렬 시스템을 다룬다. 예를 들어, 그런 모형 중 가장 단순한 것은, 고객이 푸아송과정에 따라 도착하고(따라서 도착간격은 지수분포를 따르고) 한 명의 서버에 의해 한 번에 한 명씩 서비스되며, 그 시간은 지수분포에 따른다고 가정한다. 이 지수 대기행렬 모형은 연속시간 마코프체인의 특수한 예이며, 6장에서와 같이 분석될 수 있다. 하지만, (아주) 약간 반복하는 비용을 치르는 대신, 독자들이 6장의 내용에 익숙하다고 가정하지 않고 필요한 내용을 다시 제시할 것이다. 특히, 극한 확률을 위한 공식들을 새롭게 (발견적 기법으로) 유도한다.

8.4절에서는 고객이 서버들의 망 안을 무작위로 이동하는 모형을 고려한다. 8.4.1절의 모형은 고객들이 시스템에 들어오고 나가는 것이 허용되는 열린 시스템이며, 반면 8.4.2절의 모형은 시스템 내부의 고객들이 항상 일정하다는 측면에서 닫힌 시스템이다.

8.5절에서는 푸아송도착을 가정하고 임의의 서비스시간 분포를 허용하는 M/G/1 모형을 연구한다. 이 모형을 분석하기 위해 먼저 8.5.1절에서 일(work)이라는 개념을 도입하고, 8.5.2절에서 시스템 분석을 돕기 위해 이 개념을 사용한다. 8.5.3절에서는 서버가 유휴기간들 사이에 바쁜 상태로 머무르는 평균 시간을 도출한다.

8.6절에서는 $M/G/1$ 모형의 변형들을 고려한다. 특히 8.6.1절에서는 고객을 태운 버스들이 푸아송 과정에 따라 도착하고 각 버스는 임의의 숫자의 승객을 태우고 있다고 가정한다. 8.6.2절에서는 서로 다른 두 유형의 고객이 있고 유형 1 고객이 유형 2 고객보다 서비스 우선순위를 가진다고 가정한다.

8.6.3절에서는 $M/G/1$ 최적화 예를 제시한다. 서버는 유휴상태가 될 때마다 휴식시간을 갖고, 비용에 대한 어떤 가정 하에, 서비스에 복귀하는 최적 시간을 결정한다.

8.7절에서는 서비스시간은 지수분포를 따르지만 고객 도착간격은 임의의 분포를 갖는 모형을 고려한다. 이 모형은 적절히 정의된 마코프체인을 사용하여 분석한다. 아울러 이 모형에서 바쁜 기간과 유휴기

간의 평균 길이를 도출한다.

8.8절에서는 도착과정이 유한 개수의 가능한 발생원으로부터 반복된 방문의 결과인 단일서버 시스템을 고려한다. 일반 서비스 분포 가정 하에 마코프체인이 이 시스템을 분석하기 위하여 어떻게 사용되는지 보인다.

이 장의 마지막 절에서는 복수서버 시스템에 대하여 이야기한다. 먼저 도착고객이 모든 서버가 바쁘면 시스템을 떠나기 때문에 시스템 측면에서는 손실이 되는 손실 시스템으로 시작한다. 이는 얼랑(Erlang) 손실공식으로 알려진 유명한 결과에 이르게 된다. 이 공식은 도착과정은 푸아송이고 서비스분포는 일반적인 모형에서, 바쁜 서버의 수를 구하기 위한 간단한 공식이다. 그리고 대기행렬이 허용되는 복수서버 시스템에 대하여 이야기한다. 하지만, 지수서비스 분포를 가정하는 경우를 제외하고, 이런 모형에 대해 알려진 명시적인 공식은 매우 적다. 마지막으로 서버 수가 k이고 푸아송도착과 일반 서비스 분포를 가정한 모형에서 대기열에서 고객이 기다리는 평균 시간에 대한 근사식을 제시한다.

8.2 예비지식

이 절에서는 대다수 대기행렬 모형에서 유효한 몇몇 상등관계들을 유도한다.

8.2.1 비용 방정식

대기행렬 모형에서 기본적 관심꺼리가 되는 양들은 다음과 같다.

L, 시스템 안에 있는 평균 고객 수
L_Q, 대기열에서 기다리는 평균 고객 수
W, 고객이 시스템 안에서 보내는 평균 시간
W_Q, 고객이 대기열에서 보내는 평균 시간

이 양들과 또 다른 관심 있는 양들 간에 많은 흥미롭고 유용한 관계들을 다음 발상을 이용하여 구할 수 있다. 즉, 들어오는 고객들이 (일정 규칙에 따라) 시스템에 돈을 지불해야한다고 상상한다. 그러면, 다음과 같은 기본 비용등식을 얻는다.

$$\text{시스템이 돈을 버는 평균 수입율} \\ = \lambda_a \times \text{들어오는 고객이 지불하는 평균 금액} \tag{8.1}$$

여기서 λ_a는 들어오는 고객의 평균 도착률로 정의된다. 즉, $N(t)$가 시간 t까지 도착한 고객 수이면,

$$\lambda_a = \lim_{t\to\infty} \frac{N(t)}{t}$$

이다. 이제 발견적 기법에 의한 식 (8.1)의 증명을 제시한다.

발견적 기법에 의한 식 (8.1). 증명 T가 어떤 고정된 큰 숫자라고 하자. 두 가지 방법으로 시간 T까지 시스템이 번 평균 금액을 계산하려고 한다. 한 방법은 시스템이 돈을 버는 평균 수입율에 시간길이 T를 곱하여 근사적으로 구한다. 다른 방법은 입장 고객이 지불하는 평균 금액에 시간 T까지 들어온 고객의 평균 수(이는 대략적으로 $\lambda_a T$가 된다)를 곱하여 근사적으로 계산한다. 그러므로 식 (8.1)의 양변에 T를 곱하면 시간 T까지 번 평균 금액과 대략 같게 된다. T를 무한대로 보내면 최종 결과가 얻어진다.*

*이 대기행렬이 7.7절의 의미에서 재생성적(regenerative)이라고 가정하면 엄격한 증명이 될 수 있다. 이 장의 모형들을 포함하여 대부분의 모형들이 이 조건을 만족한다.

적절한 비용 규칙을 선택하면 많은 유용한 공식들이 식 (8.1)의 특별한 경우로서 얻어진다. 예를 들면, 각각의 고객이 시스템 안에서 머무르는 동안 단위 시간당 1달러를 지불한다고 가정하면, 식 (8.1)은 다음과 같은 소위 리틀(Little)의 공식이 된다.

$$L = \lambda_a W \tag{8.2}$$

이는 이런 비용 규칙 하에서 시스템이 버는 수입율은 시스템 안의 고객 수와 같고 한 명의 고객이 지불하는 금액은 시스템 안에 머무르는 시간과 같기 때문이다.

유사하게, 각 고객이 대기행렬 안에 있는 동안 단위시간당 1달러를 지불한다고 가정하면, 식 (8.1)은 다음과 같이 된다.

$$L_Q = \lambda_a W_Q \tag{8.3}$$

각 고객이 서비스 중인 동안 1달러를 지불하는 비용 규칙을 가정하면 식 (8.1)으로부터 다음을 얻게 된다.

$$\text{서비스 중인 고객의 평균 수} = \lambda_a E[S] \tag{8.4}$$

여기서 $E[S]$는 고객이 서비스 받는 평균 시간으로 정의된다.

식 (8.1)부터 (8.4)까지의 결과는 도착과정, 서버 수, 대기행렬 규칙과 상관없이 거의 모든 대기행렬 모형에서 유효함을 강조하고 지나가자. ■

8.2.2 안정상태 확률

$X(t)$가 시간 t에 시스템 안에 있는 고객의 수라고 하고, 다음과 같이 P_n, $n \geqslant 0$을 정의한다.

$$P_n = \lim_{t\to\infty} P\{X(t) = n\}$$

위 식에서 극한이 존재한다고 가정한다. 다시 말하면, P_n은 시스템 안에 정확히 n명의 고객이 존재할 극한 또는 장기 확률이다. 이 확률은 때때로 시스템 안에 정확히 n명의 고객이 존재할 **안정상태 확률**(steady-state probability)이라고도 한다. 또한 P_n은 시스템이 정확히 n명의 고객을 포함하고 있는 시간의 (장기) 비율과 일반적으로 동일하게 된다. 예를 들어, $P_0 = 0.3$이면 장기간에 걸쳐 시스템은 30% 시간 동안 고객 없이 비어있게 될 것이다. 유사하게, $P_1 = 0.2$는 20%의 시간 동안 시스템은 정확히 한 명의 고객만을 포함한다는 것을 의미한다.*

다른 두 개의 극한확률 집합은 $\{a_n, n \geqslant 0\}$과 $\{d_n, n \geqslant 0\}$이다. 여기서

a_n = 도착할 때 시스템 안에 n명의 고객을 발견한 고객의 비율,
d_n = 떠날 때 시스템 안에 n명의 고객을 남겨둔 고객의 비율

이다. 즉, P_n은 시스템 안에 n명이 있는 시간의 비율이고, a_n은 n명의 고객을 발견한 도착의 비율, d_n은 n명의 뒤에 남겨둔 이탈의 비율이다. 이 수치들이 항상 같을 필요는 없다는 점이 다음 예제를 통해 설명된다.

예제 8.1 모든 고객이 1의 서비스시간을 갖고, 연이은 도착들 사이의 도착간격이 항상 1보다 큰 (예를 들면, 도착간격이 (1, 2) 구간에서 균등하게 분포함) 대기행렬 모형을 고려하자. 그러면, 모든 도착은 시스템이 비어있는 것을 발견하고 모든 이탈은 시스템을 비워둔 채 떠나므로

*P_n을 이중으로 해석하는 것이 유효하기 위한 충분조건은 대기행렬 과정이 재생성적인 것이다.

$$a_0 = d_0 = 1$$

이다. 그러나,

$$P_0 \neq 1$$

이다. 왜냐하면 시스템에 항상 고객이 없지는 않기 때문이다. ■

그러나, 위 예제에서 a_n과 d_n이 같은 것은 우연이 아니다. 다음 명제에서 보듯이 도착과 이탈이 항상 같은 수의 고객을 보는 것은 항상 참이다.

명제 8.1 고객이 한 번에 한 명씩 도착하고 한 번에 한 명씩 서비스되는 시스템에서는

$$n\text{명의 고객을 보는 도착율} = n\text{명의 고객을 남겨두는 이탈율}$$

이고

$$a_n = d_n$$

이다.

풀이 시스템 안에 고객 수가 n에서 $n+1$로 변할 때마다 도착고객은 시스템 안에 n명의 고객을 본다. 유사하게, 시스템 안에 고객수가 $n+1$에서 n으로 변할 때 이탈고객은 n명을 뒤에 남겨 놓는다. 시간 T까지의 어떤 구간에서도 n에서 $n+1$로의 전이 횟수는 $n+1$에서 n으로 전이 횟수와 동일하거나 1 만큼 차이 난다(두 번의 n에서 $n+1$로의 전이 사이에는 반드시 한 번의 $n+1$에서 n으로의 전이가 있어야 하며, 그 반대도 성립한다). 따라서, n에서 $n+1$로 전이율은 $n+1$에서 n으로 전이율과 같다. 동일한 의미로 도착고객이 n명의 고객을 발견하는 발생률과 이탈고객이 n명을 남겨두는 발생률은 같다. 이제 n명의 고객을 보는 도착비율 a_n은 다음과 같이 표현될 수 있다.

$$a_n = \frac{n\text{명을 발견하는 도착률}}{\text{전체 도착률}}$$

유사하게,

$$d_n = \frac{n\text{명을 남겨두는 이탈률}}{\text{전체 이탈률}}$$

이다. 따라서, 전체 도착률과 전체 이탈률이 같으면 위 결과는 $a_n = d_n$임을 보여준다. 그런데, 전체 도착률이 전체 이탈률을 초과하면 대기열의 길이는 무한대로 증가하게 되고, 이는 $a_n = d_n = 0$을 의미하게 된다. ■

그러므로 평균적으로 도착과 이탈은 항상 같은 수의 고객을 본다. 그러나 예제 8.1에서 예시하였듯이, 도착과 이탈은 일반적으로 시간 평균을 보지 않는다. 이것의 중요한 예외는 시간 평균을 보는 푸아송 도착의 경우이다.

명제 8.2 푸아송 도착은 항상 시간 평균을 본다. 특히, 푸아송 도착의 경우

$$P_n = a_n$$

이다.

왜 푸아송 도착이 시간 평균을 보는지 이해하기 위해 임의의 푸아송 도착을 고려해 보자. 만약 시간 t에 도착한 것을 안다면, 도착했을 때 본 고객 수의 조건부 분포는 시간 t에서 조건이 없는 시스템 상태 분포와 같을 것이다. 왜냐 하면 도착이 시간 t에 일어난 것을 아는 것은 t 이전에 어떤 일이 일어났는지

에 대한 아무런 정보를 주지 않기 때문이다. (푸아송과정은 독립 증분을 갖기 때문에 시간 t에 어떤 사건이 일어난 것을 아는 것은 t 이전에 일어난 것의 분포에 영향을 미치지 않는다.) 그러므로 도착고객은 단지 극한확률에 따라서 시스템을 볼 것이다.

앞서 설명한 내용을 시간 t에 도착이 발생한 것을 아는 것이 과거에 대한 많은 것을 알려주는 예제 8.1과 대비해 보자. 예제 8.1의 경우에는 시간 t에 도착이 발생한 것을 알면 $(t-1, t)$ 사이에는 도착이 없었음을 알 수 있다. 그래서, 이 경우에는 시간 t에 도착한 고객이 관찰한 것의 분포가 시간 t에서 시스템 상태 분포와 동일하다고 결론지을 수 없다.

왜 푸아송 도착이 시간 평균을 보는지에 대한 두 번째 입증을 위해, 시스템이 상태 n에 있는 총시간은 (대략) P_nT라는 점에 주목하자. 푸아송 도착은 시스템 상태와 상관없이 항상 λ의 비율로 도착하기 때문에, $[0, T]$ 구간에 도착한 고객 중 시스템이 상태 n에 있음을 발견한 고객은 (대략) λP_nT이다. 따라서, 장기간에 걸쳐 보았을 때 시스템이 상태 n에 있음을 발견하는 도착의 비율은 λP_n이고, λ는 전체 도착률이므로 $\lambda P_n/\lambda = P_n$이 시스템이 상태 n에 있음을 발견하는 도착의 비율이 된다.

푸아송 도착이 시간 평균을 본다는 결과를 **PASTA**(Poisson Arrivals See Time Averages) 원리라고 한다.

예제 8.2 사람들이 버스정류장에 발생률 λ인 푸아송 과정에 따라 도착한다. 버스는 정류장에 발생률 μ인 푸아송 과정에 따라 도착한다. 도착하는 버스는 현재 기다리는 사람들을 모두 태운다. W_Q가 정류장에서 버스를 기다리는 평균 시간이라고 하자. 기다리는 시간은 정류장에 도착한 시간부터 다음 버스가 올 때까지 시간이고, 이 시간은 발생률 μ인 지수분포를 따르므로 다음을 알 수 있다.

$$W_Q = 1/\mu$$

$L_Q = \lambda_a W_Q$를 사용하면 정류장에서 기다리는 평균 사람 수 L_Q가 모든 시간에 걸쳐 평균하면, 다음과 같음을 알 수 있다.

$$L_Q = \lambda/\mu$$

X_i를 i번째 버스에 탄 사람 수라고 하면, T_i가 $i-1$번째와 i번째 버스 도착간격일 때

$$E[X_i|T_i] = \lambda T_i$$

이다. 왜냐 하면, 어떤 구간에 도착한 사람 수는 평균이 λ과 그 시간구간 길이의 곱인 푸아송 확률변수이기 때문이다. T_i는 발생률 μ인 지수 확률변수이므로, 위 식의 양변에 기대값을 취하면 다음을 얻는다.

$$E[X_i] = \lambda E[T_i] = \lambda/\mu$$

따라서, 버스 한 대가 태우는 사람의 평균 수는 버스를 기다리는 사람 수의 시간평균과 같으며, PASTA 원리의 예시가 된다. 즉, 버스가 푸아송과정에 따라 도착하기 때문에, PASTA에 의해, 도착하는 버스가 보는 기다리는 사람 수의 평균은 모든 시간에 걸쳐 평균하였을 때 기다리는 사람 수의 평균과 같다. ■

8.3 지수 모형

8.3.1 단일서버 지수 대기행렬 시스템

고객들이 발생률이 λ인 푸아송 과정에 따라 단일서버 서비스 시스템에 도착한다고 가정한다. 즉, 연이은 도착간격은 서로 독립이고 평균 $1/\lambda$인 지수 확률변수이다. 각각의 고객은 서버가 자유로운 상태이

면 도착하자마자 바로 서비스에 들어가고, 그렇지 않으면 대기열로 들어간다. 서버가 고객 한 명의 서비스를 끝내면, 그 고객은 시스템을 떠나고 대기열에 고객이 있으면 다음 고객이 서비스에 들어간다. 연이은 서비스 시간들은 서로 독립이고 평균 $1/\mu$인 지수 확률변수라고 가정한다.

이를 *M*/*M*/1 대기행렬이라고 한다. 두 개의 *M*은 도착간격과 서비스의 분포가 지수(따라서 망각 또는 마코비안) 분포라는 사실을 나타내고, 1은 한 명의 서버가 있다는 사실을 나타낸다. 이 모형을 분석하기 위해 극한확률 P_n, $n = 0, 1, \ldots$ 을 구하는 것으로 시작한다. 이를 위해 다음과 같이 생각해 보자. 0, 1, 2, ... 같이 번호가 매겨진 무한개의 방이 있다고 가정하고, 시스템 안에 n명의 고객이 있을 때마다 어떤 사람에게 n번 방으로 들어가라고 지시한다. 즉, 그 사람은 시스템 안에 두 명의 고객이 있을 때면 2번 방에 있고, 또 다른 고객이 도착하면 2번 방에서 나와 3번 방으로 들어갈 것이다. 비슷하게 서비스가 끝나면 2번 방에서 나와 1번 방으로 들어간다(왜냐하면 이제 시스템 안에 고객이 단 한 명만 있기 때문에).

이제 장기간에 걸쳐 보았을 때 1번 방에 한 시간에 10번의 비율로 들어갔다고 가정하자. 그러면 그 사람은 얼마의 비율로 1번 방을 떠났을까? 당연히 똑같이 한 시간에 10번의 비율일 것이다. 왜냐하면 1번 방에 들어 간 전체 횟수는 1번 방을 떠난 총 횟수와 같거나 하나 더 많기 때문이다. 이런 식의 논리로 상태 확률을 결정할 수 있는 일반 원칙을 얻게 된다. 즉, 각 $n \geqslant 0$에 대하여 **이 과정이 상태 *n*에 들어가는 비율은 상태 n을 떠나는 비율과 같다**. 이제 이 비율을 결정해 보자. 먼저 상태 0을 고려한다. 시스템이 비었을 때는 당연히 이탈이 있을 수 없으므로 오직 도착에 의해서만 상태 0에서 벗어나게 된다. 도착률은 λ이고 상태 0에 있는 시간의 비율은 P_0이므로, 상태 0에서 벗어나는 비율은 λP_0이다. 반면에, 상태 0는 오직 상태 1로부터 이탈에 의해서만 도달할 수 있다. 즉, 시스템 안에 고객이 한 명 있고 그 고객이 서비스를 마치면 시스템은 비게 된다. 서비스율은 μ이고 시스템이 정확히 한 명의 고객을 갖는 시간의 비율은 P_1이므로, 상태 1로 들어오는 비율은 μP_1이다.

그러므로 비율-동일 원칙으로부터 다음과 같은 첫 번째 방정식을 얻게 된다.

$$\lambda P_0 = \mu P_1$$

이제 상태 1을 고려해 보자. 이 상태는 도착(λ의 비율로 발생) 또는 이탈(μ의 비율로 발생)에 의해서 벗어나게 된다. 그러므로, 상태 1에서는 $\lambda + \mu$의 비율로 벗어나게 된다.* 상태 1에 있는 시간의 비율은 P_1이므로, 상태 1을 벗어나는 비율은 $(\lambda + \mu)P_1$이다. 다른 한 편, 상태 1은 상태 0으로부터 도착에 의해 또는 상태 2로부터 이탈에 의해 들어갈 수 있다. 그러므로, 상태 1로 들어가는 비율은 $\lambda P_0 + \mu P_2$이다. 다른 상태들에 대해서도 유사한 방법으로 다음과 같은 방정식들을 얻게 된다.

상태	떠나는 비율 = 들어가는 비율
0	$\lambda P_0 = \mu P_1$
$n, n \geqslant 1$	$(\lambda + \mu) P_n = \lambda P_{n-1} + \mu P_{n+1}$

(8.5)

각각의 상태로 들어가는 비율과 떠나는 비율의 균형을 맞추는 식 (8.5)는 **균형 방정식**(balance equation)이라고 불린다.

식 (8.5)를 풀기 위해 다시 쓰면 다음과 같다.

$$P_1 = \frac{\lambda}{\mu} P_0,$$

---

*한 사건의 발생률이 λ이고 다른 사건의 발생률이 μ이면 두 사건 중 하나가 발생하는 비율은 $\lambda + \mu$이다. 한 사람이 시간당 2달러를 벌고 다른 사람이 시간당 3달러를 벌면, 분명히 그들은 함께 시간당 5달러를 번다.

$$P_{n+1} = \frac{\lambda}{\mu}P_n + \left(P_n - \frac{\lambda}{\mu}P_{n-1}\right), \qquad n \geqslant 1$$

P_0에 관하여 풀면 다음을 얻는다.

$$\begin{aligned}
P_0 &= P_0,\\
P_1 &= \frac{\lambda}{\mu}P_0,\\
P_2 &= \frac{\lambda}{\mu}P_1 + \left(P_1 - \frac{\lambda}{\mu}P_0\right) = \frac{\lambda}{\mu}P_1 = \left(\frac{\lambda}{\mu}\right)^2 P_0,\\
P_3 &= \frac{\lambda}{\mu}P_2 + \left(P_2 - \frac{\lambda}{\mu}P_1\right) = \frac{\lambda}{\mu}P_2 = \left(\frac{\lambda}{\mu}\right)^3 P_0,\\
P_4 &= \frac{\lambda}{\mu}P_3 + \left(P_3 - \frac{\lambda}{\mu}P_2\right) = \frac{\lambda}{\mu}P_3 = \left(\frac{\lambda}{\mu}\right)^4 P_0,\\
P_{n+1} &= \frac{\lambda}{\mu}P_n + \left(P_n - \frac{\lambda}{\mu}P_{n-1}\right) = \frac{\lambda}{\mu}P_n = \left(\frac{\lambda}{\mu}\right)^{n+1} P_0
\end{aligned}$$

P_0를 구하기 위해 P_n의 합은 1이어야 한다는 사실을 이용하면

$$1 = \sum_{n=0}^{\infty} P_n = \sum_{n=0}^{\infty}\left(\frac{\lambda}{\mu}\right)^n P_0 = \frac{P_0}{1-\lambda/\mu}$$

또는

$$\begin{aligned}
P_0 &= 1 - \frac{\lambda}{\mu},\\
P_n &= \left(\frac{\lambda}{\mu}\right)^n\left(1 - \frac{\lambda}{\mu}\right), \qquad n \geqslant 1
\end{aligned} \tag{8.6}$$

이다. 이 방정식이 의미를 갖기 위해서는 λ/μ이 1보다 작을 필요가 있다는 점에 주목한다. 그렇지 않으면 $\sum_{n=0}^{\infty}(\lambda/\mu)^n$이 무한대가 되어 모든 P_n 값이 0이 되기 때문이다. 그러므로, $\lambda/\mu < 1$이라는 가정을 한다. $\lambda > \mu$이면 극한확률이 존재하지 않는 것은 매우 직관적인 결과이다. 고객들은 푸아송 비율 λ로 도착하기 때문에 시간 t까지 도착한 모든 고객의 평균 수는 λt가 된다. 또 다른 한편으로 시간 t까지 서비스 받은 고객의 평균 수는 얼마인가? 항상 고객이 있다면, 서비스 받은 고객의 수는 발생률 μ인 푸아송과정이 될 것이다. 왜냐 하면 연이은 서비스 간의 시간은 서로 독립이고 평균 $1/\mu$인 지수 확률변수가 되기 때문이다. 그러므로, 시간 t까지 서비스 받은 고객의 평균 수는 μt보다 크지 않다. 그러므로, 시간 t에 시스템 안의 평균 고객 수는 최소한

$$\lambda t - \mu t = (\lambda - \mu)t$$

이다. 이 값은 $\lambda > \mu$이면 t가 커질수록 무한대로 접근하게 된다. 즉, $\lambda/\mu > 1$이면 대기열 길이는 무제한 증가하고 극한확률은 존재하지 않는다. $\lambda/\mu < 1$이라는 조건은 평균 서비스시간이 평균 도착간격보다 작다는 조건과 동일하다. 이 조건은 대부분 단일서버 대기행렬 시스템에서 극한확률이 존재하기 위하여 반드시 만족되어야 하는 일반적인 조건이다.

참고:

(i) $M/M/1$ 대기행렬에 대한 균형 방정식을 풀 때, 중간단계로서 다음 방정식을 얻는다.

$$\lambda P_n = \mu P_{n+1}, \qquad n \geqslant 0$$

이 방정식은 도착고객이 시스템 안에 n명의 고객을 발견하는 비율(즉, λP_n)은 이탈고객이 n명의 고객을 남겨두는 비율 (즉, μP_{n+1})과 같다는 일반적인 대기행렬 결과로부터 직접 주장될 수 있다.

(ii) 또한 대기행렬 비용 상등관계를 사용하여 $P_n = (\lambda/\mu)^n(1 - \lambda/\mu)$을 증명할 수 있다. 고정된 $n > 0$에 대해 시스템 안에 최소한 n명의 고객이 있을 때마다 n번째로 나이가 많은 고객(나이는 고객이 도착했을 때부터 측정된다)이 단위시간당 1을 지불한다고 가정한다. X가 안정상태에서 시스템 안에 있는 고객 수라고 하면, X가 최소한 n이면 시스템은 단위시간당 1을 벌기 때문에, 다음을 얻는다.

$$\text{시스템이 버는 평균 수입율} = P\{X \geqslant n\}$$

또한, 도착할 때 시스템 안에서 $n-1$명보다 적은 고객을 발견한 고객은 0을 지불하고, 최소한 $n-1$명을 발견한 고객은 발생률 μ인 지수분포를 따르는 시간 동안 단위시간당 1을 지불하기 때문에

$$\text{고객 한 명이 지불한 평균 금액} = \frac{1}{\mu}P\{X \geqslant n-1\}$$

이다. 그러므로, 대기행렬 비용 상등관계로 다음을 얻는다.

$$P\{X \geqslant n\} = (\lambda/\mu)P\{X \geqslant n-1\}, \qquad n > 0$$

이를 반복하면 다음을 얻는다.

$$\begin{aligned} P\{X \geqslant n\} &= (\lambda/\mu)P\{X \geqslant n-1\} \\ &= (\lambda/\mu)^2 P\{X \geqslant n-2\} \\ &= \cdots \\ &= (\lambda/\mu)^n P\{X \geqslant 0\} \\ &= (\lambda/\mu)^n \end{aligned}$$

그러므로,

$$P\{X = n\} = P\{X \geqslant n\} - P\{X \geqslant n+1\} = (\lambda/\mu)^n(1 - \lambda/\mu)$$

이다. ■

이제 L, L_Q, W, W_Q 수치를 극한확률 P_n으로 나타내 보자. P_n은 시스템이 정확히 고객 n명을 포함하는 장기 확률이므로, 시스템 안의 평균 고객 수는 분명히 다음과 같이 주어진다.

$$\begin{aligned} L &= \sum_{n=0}^{\infty} nP_n \\ &= \sum_{n=0}^{\infty} n\left(\frac{\lambda}{\mu}\right)^n\left(1-\frac{\lambda}{\mu}\right) \\ &= \frac{\lambda}{\mu-\lambda} \end{aligned} \tag{8.7}$$

여기서 마지막 등식은 다음 대수 상등관계를 적용하여 얻어졌다.

$$\sum_{n=0}^{\infty} nx^n = \frac{x}{(1-x)^2}$$

L, L_Q, W, W_Q는 이제 식 (8.2)와 (8.3)을 이용하여 얻을 수 있다. 즉, $\lambda_a = \lambda$이므로 식 (8.7)부터 다음을 얻는다.

$$\begin{aligned}
W &= \frac{L}{\lambda} \\
&= \frac{1}{\mu - \lambda}, \\
W_Q &= W - E[S] \\
&= W - \frac{1}{\mu} \\
&= \frac{\lambda}{\mu(\mu - \lambda)}, \\
L_Q &= \lambda W_Q \\
&= \frac{\lambda^2}{\mu(\mu - \lambda)}
\end{aligned} \tag{8.8}$$

예제 8.3 고객이 12분에 한 명의 푸아송 비율로 도착하고 서비스 시간은 8분당 한 명을 서비스하는 비율의 지수분포를 갖는다고 가정하자. 이 경우 L과 W는 얼마인가?

풀이 $\lambda = \frac{1}{12}$, $\mu = \frac{1}{8}$이므로,

$$L = 2, \qquad W = 24$$

이다. 그러므로 시스템 안의 평균 고객 수는 2이고, 한 명의 고객이 시스템에서 보내는 평균 시간은 24분이다.

이제 도착률이 20 퍼센트 증가하여 $\lambda = \frac{1}{10}$이라고 하자. L과 W에 어떤 변화가 발생하는가? 다시 한 번 식 (8.8)을 사용하면,

$$L = 4, \qquad W = 40$$

을 얻는다. 그러므로, 도착률이 20퍼센트 증가하면 시스템 안의 평균 고객 수는 배가된다.

이 점을 좀 더 잘 이해하기 위해 식 (8.8)을 다음과 같이 다시 써 보자.

$$\begin{aligned}
L &= \frac{\lambda/\mu}{1 - \lambda/\mu}, \\
W &= \frac{1/\mu}{1 - \lambda/\mu}
\end{aligned}$$

이 식들로부터 λ/μ가 1에 가까울 때, λ/μ의 작은 변화도 L과 W를 크게 증가시킴을 알 수 있다 ■

기술적 참고: 우리는 어떤 사건이 지수비율 λ로 발생하고, 또 다른 사건이 지수비율 μ로 발생하면, 두 사건을 합쳐서 지수비율 $\lambda + \mu$로 발생한다는 사실을 이용해 왔다. 이 점을 정식으로 확인하기 위해 T_1은 첫 번째 사건이 발생한 시간, T_2는 두 번째 사건이 발생한 시간이라고 하자. 그러면,

$$\begin{aligned}
P\{T_1 \leqslant t\} &= 1 - e^{-\lambda t}, \\
P\{T_2 \leqslant t\} &= 1 - e^{-\mu t}
\end{aligned}$$

이 된다. 이제 T_1 또는 T_2가 일어날 때까지 시간에 관심이 있다면, $T = \min(T_1, T_2)$에 관심이 있게 된다. 이제

$$\begin{aligned}
P\{T \leqslant t\} &= 1 - P\{T > t\} \\
&= 1 - P\{\min(T_1, T_2) > t\}
\end{aligned}$$

이다. 그러나, T_1와 T_2 모두 t보다 커야만 $\min(T_1, T_2) > t$ 이다. 그러므로

$$P\{T \leqslant t\} = 1 - P\{T_1 > t, T_2 > t\}$$

$$
\begin{aligned}
&= 1 - P\{T_1 > t\}P\{T_2 > t\} \\
&= 1 - e^{-\lambda t}e^{-\mu t} \\
&= 1 - e^{-(\lambda+\mu)t}
\end{aligned}
$$

이다. 따라서, T는 발생률 $\lambda + \mu$인 지수분포를 갖고, 발생율을 더하는 것이 정당화된다. ■

$M/M/1$ 안정상태의 고객(즉, 시스템이 오랜 시간 동작한 후에 도착한 고객)이 시스템 안에서 총 t 단위시간 동안 머물렀을 때, 이 고객이 도착했을 때 있었던 다른 고객 수 N의 조건부 분포를 구해보자. 즉, W^*이 고객이 시스템 안에서 머무른 시간이라고 하고, $P\{N = n|W^* = t\}$을 구한다. 이제

$$
\begin{aligned}
P\{N = n|W^* = t\} &= \frac{f_{N,W^*}(n,t)}{f^*_W(t)} \\
&= \frac{P\{N = n\}f_{W^*|N}(t|n)}{f^*_W(t)}
\end{aligned}
$$

N^*

이다. 여기서 $f^*_W|N^{(t\,|\,n)}$은 $N = n$이 주어졌을 때 W^*의 조건부 확률밀도함수이고, $f^*_W(t)$는 조건이 없는 W^*의 확률밀도함수이다. 이제 $N = n$이 주어졌을 때 고객이 시스템에서 머무르는 시간은 공통 발생률 μ를 갖는 $n + 1$개의 독립인 지수 확률변수들의 합과 동일한 분포를 갖는다. 이는 $N = n$이 주어졌을 때 W^*의 조건부 분포는 모수가 $n + 1$와 μ인 감마분포임을 의미한다. 그러므로 $C = 1/f^*_W(t)$라고 하면,

$$
\begin{aligned}
P\{N = n|W^* = t\} &= CP\{N = n\}\mu e^{-\mu t}\frac{(\mu t)^n}{n!} \\
&= C(\lambda/\mu)^n(1 - \lambda/\mu)\mu e^{-\mu t}\frac{(\mu t)^n}{n!} \quad \text{(PASTA에 의해)} \\
&= K\frac{(\lambda t)^n}{n!}
\end{aligned}
$$

이다. 여기서 $K = C(1 - \lambda/\mu)\mu e^{-\mu t}$는 n에 의존하지 않는다. n에 대해 합을 하면

$$
1 = \sum_{n=0}^{\infty} P\{N = n|W^* = t\} = K\sum_{n=0}^{\infty}\frac{(\lambda t)^n}{n!} = Ke^{\lambda t}
$$

이 된다. 따라서, $K = e^{-\lambda t}$이고 다음을 얻는다.

$$
P\{N = n|W^* = t\} = e^{-\lambda t}\frac{(\lambda t)^n}{n!}
$$

그러므로, 총 t 단위시간만큼을 시스템 안에서 보낸 고객이 도착할 때 본 고객 수의 조건부 분포는 평균 λt인 푸아송분포이다.

추가하여, 이 분석의 부산물로 다음을 얻는다.

$$
\begin{aligned}
f_{W^*}(t) &= 1/C \\
&= \frac{1}{K}(1 - \lambda/\mu)\mu e^{-\mu t} \\
&= (\mu - \lambda)e^{-(\mu-\lambda)t}
\end{aligned}
$$

다시 말하면 고객이 시스템 안에 머무르는 시간 W^*은 발생률이 $\mu - \lambda$인 지수 확률변수이다. (확인을 위해 $E[W^*] = 1/(\mu - \lambda)$임에 주목한다. $W = E[W^*]$이므로 이는 식 (8.8)과 일치한다.)

참고: W^*이 왜 발생률 $\mu - \lambda$인 지수 확률변수인지에 관한 또 다른 입증은 다음과 같다. N이 도착고객이 본 시스템 안의 고객 수라고 하면, 이 도착고객은 시스템을 떠나기 전에 $N + 1$개 서비스시간만큼

시스템 안에 머무를 것이다. 이제

$$P\{N+1=j\}=P\{N=j-1\}=(\lambda/\mu)^{j-1}(1-\lambda/\mu), \qquad j \geqslant 1$$

이다. 말로 설명하면, 방금 도착한 고객이 떠나기 전에 끝마쳐야할 서비스 횟수는 모수가 $1-\lambda/\mu$인 기하 확률변수이다. 그러므로 매 서비스 완료 후 이 고객이 떠나는 고객일 확률은 $1-\lambda/\mu$이다. 따라서, 이미 시스템 안에서 얼마나 머물렀는지와는 상관없이 다음 h 시간 단위동안 떠날 확률은 서비스가 그 시간 안에 끝날 확률 $\mu h+o(h)$를 $1-\lambda/\mu$로 곱한 값이다. 즉, 이 고객은 다음 h 시간단위 동안 $(\mu-\lambda)h+o(h)$의 확률로 떠나게 되며, 이는 W^*의 위험율 함수가 상수 $\mu-\lambda$임을 의미한다. 그러나, 오직 지수 확률변수만이 상수 위험률을 갖기 때문에 W^*는 발생률이 $\mu-\lambda$인 지수 확률변수라는 결론을 얻게 된다.

다음 예제는 검사역설의 예를 보여준다.

예제 8.4 안정상태에 있는 $M/M/1$ 대기행렬에서 다음 도착이 시스템 안에 n명이 있음을 발견할 확률은 얼마인가?

풀이▶ 비록 처음에는 PASTA 원리에 의해 이 확률이 $(\lambda/\mu)^n(1-\lambda/\mu)$와 같아 보이더라도 주의해야 한다. t가 현재시간이면 t부터 다음 도착까지 시간은 발생률 λ인 지수분포를 따르고, 직전 도착 이후 t까지 시간과 독립이다. 이 시간 역시 (t가 무한대로 가며서 극한적으로) 발생률 λ인 지수분포를 따른다. 따라서, 푸아송과정의 연속적인 도착간격이 발생률 λ인 지수분포를 따르지만, t 직전 도착과 t 이후 첫 도착 간의 시간은 두 개의 독립된 지수확률변수의 합과 같은 분포를 갖는다. (이는 어떤 명시된 시간을 포함하는 도착간격 길이는 보통 도착간격보다 긴 경향이 있기 때문에 발생하는 검사역설의 예시이다. 7.7 절 참조.)

N_a을 다음 도착에 의해 발견된 고객 수라고 하고 X를 현재 시스템 안에 있는 고객 수라고 하자. X에 대해 조건을 주면 다음을 얻는다.

$$\begin{aligned}P\{N_a=n\} &= \sum_{k=0}^{\infty} P\{N_a=n|X=k\}P\{X=k\} \\ &= \sum_{k=0}^{\infty} P\{N_a=n|X=k\}(\lambda/\mu)^k(1-\lambda/\mu) \\ &= \sum_{k=n}^{\infty} P\{N_a=n|X=k\}(\lambda/\mu)^k(1-\lambda/\mu) \\ &= \sum_{i=0}^{\infty} P\{N_a=n|X=n+i\}(\lambda/\mu)^{n+i}(1-\lambda/\mu)\end{aligned}$$

이제 $n>0$에 대해 현재 시스템 안에 $n+i$명이 있다고 주어졌을 때, 도착이 일어나기 전에 i번의 서비스가 일어나고 다음 서비스가 끝나기 전에 도착이 일어나면 이 도착은 n명을 보게 된다. 지수 도착간격 확률변수의 망각 성질에 의해, 다음을 얻는다.

$$P\{N_a=n|X=n+i\}=\left(\frac{\mu}{\lambda+\mu}\right)^i \frac{\lambda}{\lambda+\mu}, \qquad n>0$$

결론적으로, $n>0$에 대해

$$P\{N_a=n\}=\sum_{i=0}^{\infty}\left(\frac{\mu}{\lambda+\mu}\right)^i \frac{\lambda}{\lambda+\mu}\left(\frac{\lambda}{\mu}\right)^{n+i}(1-\lambda/\mu)$$

$$= (\lambda/\mu)^n(1-\lambda/\mu)\frac{\lambda}{\lambda+\mu}\sum_{i=0}^{\infty}\left(\frac{\lambda}{\lambda+\mu}\right)^i$$
$$= (\lambda/\mu)^{n+1}(1-\lambda/\mu)$$

이다. 다른 한편으로, 현재 시스템 안에 i명이 있을 때 다음 도착이 시스템이 빈 것을 발견할 확률은 다음 도착 전에 i번의 서비스가 있을 확률과 같다. 그러므로 $P\{N_a = 0|X = i\} = (\frac{\mu}{\lambda+\mu})^i$이고, 다음을 얻는다.

$$P\{N_a = 0\} = \sum_{i=0}^{\infty}\left(\frac{\mu}{\lambda+\mu}\right)^i\left(\frac{\lambda}{\mu}\right)^i(1-\lambda/\mu)$$
$$= (1-\lambda/\mu)\sum_{i=0}^{\infty}\left(\frac{\lambda}{\lambda+\mu}\right)^i$$
$$= (1+\lambda/\mu)(1-\lambda/\mu)$$

확인을 위하여 다음을 관찰하자.

$$\sum_{n=0}^{\infty}P\{N_a = n\} = (1-\lambda/\mu)\left[1+\lambda/\mu+\sum_{n=1}^{\infty}(\lambda/\mu)^{n+1}\right]$$
$$= (1-\lambda/\mu)\sum_{i=0}^{\infty}(\lambda/\mu)^i$$
$$= 1$$

$P\{N_a = 0\}$이 $P_0 = 1 - \lambda/\mu$보다 크다는 사실은 다음 도착이 평균적인 도착보다 빈 시스템을 발견할 가능성이 크다는 것을 보여주고, 따라서 다음 고객이 도착할 때 직전 도착 이후 그때까지 경과된 시간은, 발생률 λ이고 독립인 지수 확률변수 두 개의 합과 같은 분포를 갖는다는 검사역설을 예시한다. 또한, 검사역설 때문에 $E[N_a]$이 도착고객이 본 평균 고객 수 L보다 작을 것으로 예상된다. 이것이 사실임을 다음으로부터 알 수 있다.

$$E[N_a] = \sum_{n=1}^{\infty}n(\lambda/\mu)^{n+1}(1-\lambda/\mu) = \frac{\lambda}{\mu}L < L$$ ■

8.3.2 유한용량 단일서버 지수 대기행렬 시스템

이전 모형에서 동시에 시스템 안에 있는 고객 수에는 제한이 없다고 가정했다. 그러나, 현실에서는 어느 순간에도 시스템 안에 N보다 많은 고객은 있을 수 없다는 의미에서 유한한 시스템 용량 N이 존재한다. 이는, 만약 도착하는 고객이 이미 N명의 고객이 있는 것을 발견하면 시스템에 들어갈 수 없음을 의미한다.

앞서와 같이 P_n, $0 \leqslant n \leqslant N$을 시스템 안에 n명의 고객이 있을 극한 확률이라고 놓자. 비율-동일 원리는 다음과 같은 균형 방정식을 준다.

상태	떠나는 비율 = 들어오는 비율
0	$\lambda P_0 = \mu P_1$
$1 \leqslant n \leqslant N-1$	$(\lambda+\mu)P_n = \lambda P_{n-1} + \mu P_{n+1}$
N	$\mu P_N = \lambda P_{N-1}$

상태 0에 대한 논의는 정확히 앞서와 같다. 즉, 상태 0에 있을 때 시스템은 도착(λ의 비율로 발생)에 의해서만 벗어날 수 있고, 따라서 상태 0을 벗어나는 비율은 λP_0이다. 한편으로 상태 0으로는 상태 1로부터 이탈을 통해서만 들어갈 수 있으므로, 상태 0으로 들어가는 비율은 μP_1이다. 상태 n, $1 \leqslant n < N$

에 대한 방정식은 전과 동일하지만 상태 N에 대한 방정식은 다르다. 시스템이 상태 N에 있을 때 도착하는 고객은 시스템에 들어가지 않기 때문에, 이제 상태 N은 오직 이탈에 의해서만 벗어날 수 있다. 또한 상태 N은 이제는 오직 상태 $N-1$로부터 도착을 통해서만 들어갈 수 있다(이제 더 이상 상태 $N+1$은 존재하지 않기 때문이다).

이제 무한용량 모형을 위해서 한 것처럼 균형 방정식을 정확히 풀거나, 또는 이탈고객이 $n-1$명을 남겨두는 비율이 도착고객이 $n-1$을 발견하는 비율과 같다는 결과를 직접 사용하여 조금 단순한 과정으로 풀면 다음을 얻는다.

$$\mu P_n = \lambda P_{n-1}, \qquad n = 1, \ldots, N$$

이는 다음을 준다.

$$P_n = \frac{\lambda}{\mu} P_{n-1} = \left(\frac{\lambda}{\mu}\right)^2 P_{n-2} = \cdots = \left(\frac{\lambda}{\mu}\right)^n P_0, \qquad n = 1, \ldots, N$$

$\sum_{n=0}^{N} P_n = 1$이라는 사실을 이용하면 다음 결과를 얻는다.

$$\begin{aligned} 1 &= P_0 \sum_{n=0}^{N} \left(\frac{\lambda}{\mu}\right)^n \\ &= P_0 \left[\frac{1-(\lambda/\mu)^{N+1}}{1-\lambda/\mu}\right] \end{aligned}$$

또는

$$P_0 = \frac{(1-\lambda/\mu)}{1-(\lambda/\mu)^{N+1}}$$

이다. 이로부터 다음을 얻는다.

$$P_n = \frac{(\lambda/\mu)^n(1-\lambda/\mu)}{1-(\lambda/\mu)^{N+1}}, \qquad n = 0, 1, \ldots, N$$

이 경우 $\lambda/\mu < 1$이라는 조건을 부여할 필요가 없음에 주목하라. 정의에 의해 대기열 크기가 한계가 있기 때문에 무한대로 증가할 가능성은 없다.

앞서와 같이 L을 P_n에 관하여 표현하면 다음과 같다

$$\begin{aligned} L &= \sum_{n=0}^{N} n P_n \\ &= \frac{(1-\lambda/\mu)}{1-(\lambda/\mu)^{N+1}} \sum_{n=0}^{N} n \left(\frac{\lambda}{\mu}\right)^n \end{aligned}$$

이를 정리하면 다음을 얻는다.

$$L = \frac{\lambda[1 + N(\lambda/\mu)^{N+1} - (N+1)(\lambda/\mu)^N]}{(\mu-\lambda)(1-(\lambda/\mu)^{N+1})}$$

고객이 시스템 안에 머문 평균 시간 W을 유도할 때, "고객"이 무엇을 의미하는지 조심해야 한다. 도착했을 때 시스템이 꽉 차서 시스템 안에서 머물지 않는 고객도 포함해야 하는가? 혹은, 단지 실제 시스템에 들어간 고객이 시스템 안에서 보낸 평균 시간을 구하기 원하는가? 이 두 질문은 당연히 서로 다른 결과에 이르게 된다. 첫 번째 경우는 $\lambda_a = \lambda$이고, 반면 두 번째 경우는 실제 시스템에 들어간 도착 비

율이 $1 - P_N$이기 때문에, $\lambda_a = \lambda(1 - P_N)$이다. 일단 고객이 무엇을 의미하는지 명확히 한 후에 W는 다음 식으로부터 얻을 수 있다.

$$W = \frac{L}{\lambda_a}$$

예제 8.5 서비스를 μ의 서비스율로 제공하기 위한 비용은 시간당 $c\mu$라고 가정하자. 아울러 서비스한 고객 한 명당 A만큼 총이익이 발생한다고 가정한다. 시스템 용량이 N이라면, 총 이익을 최대화하는 서비스율 μ를 구하라.

풀이 이 예제를 풀기 위해, 서비스율 μ를 사용한다고 가정하자. 시간당 들어오는 금액을 구한 후 여기에서 시간당 나가는 돈을 빼기로 한다. 이렇게 하면 시간당 이익을 얻게 되고, 이를 최대화하는 μ를 선택할 수 있다.

이제, 잠재 고객이 λ의 도착률로 도착한다. 그러나, 이 중 일부 고객, 즉, 시스템 안에 이미 N명의 고객이 있을 때 도착한 고객은 시스템에 들어갈 수 없다. 그러므로, P_N이 시스템이 꽉찰 확률이므로, 시스템에 들어가는 고객은 $\lambda\,(1 - P_N)$의 도착률로 도착한다. 각각의 고객은 \$$A$를 지불하므로, 돈은 시간당 $\lambda(1 - P_N)A$의 비율로 들어온다. 시간당 $c\mu$의 비율로 돈이 나가므로, 시간 당 총 이익은 다음과 같이 주어진다.

$$\begin{aligned}\text{시간당 이익} &= \lambda(1 - P_N)A - c\mu \\ &= \lambda A\left[1 - \frac{(\lambda/\mu)^N(1-\lambda/\mu)}{1-(\lambda/\mu)^{N+1}}\right] - c\mu \\ &= \frac{\lambda A[1-(\lambda/\mu)^N]}{1-(\lambda/\mu)^{N+1}} - c\mu\end{aligned}$$

예를 들어 $N = 2,\ \lambda = 1,\ A = 10,\ c = 1$이면

$$\begin{aligned}\text{시간당 이익} &= \frac{10[1-(1/\mu)^2]}{1-(1/\mu)^3} - \mu \\ &= \frac{10(\mu^3-\mu)}{\mu^3-1} - \mu\end{aligned}$$

이다. 이익을 최대화하기 위해 미분하면 다음을 얻는다.

$$\frac{d}{d\mu}[\text{ 시간당 이익 }] = 10\frac{(2\mu^3 - 3\mu^2 + 1)}{(\mu^3-1)^2} - 1$$

이익을 최대화하는 μ값은 이 식을 0과 같다고 놓고 수치적으로 풀면 구할 수 있다. ■

대기행렬 시스템은 시스템 안에 고객이 없는 **유휴 기간**(idle period)과 시스템 안에 최소 한 명의 고객이 있는 **바쁜 기간**(busy period) 사이를 교대로 오가게 된다. 이 절을 마치기 전에 바쁜 기간 동안 손실된 고객 수의 평균값과 분산을 구해보자. 고객이 시스템이 최대 용량에 이르렀을 때 도착하면 그 고객은 손실된다(lost)고 한다.

우선, 도착고객이 n명의 다른 고객을 발견하면 시스템에 들어가지 못하는 유한용량 $M/M/1$ 대기행렬의 바쁜 기간에 손실된 고객 수를 L_n이라고 하자. $E[L_n]$과 $\text{Var}(L_n)$을 위한 수식을 유도하기 위해 바쁜 기간이 방금 시작했다고 가정하고, 다음 사건이 도착인지 이탈인지에 대해 조건을 준다. 이제 다음과 같이 정의하자.

$$I = \begin{cases}0, & \text{다음 도착 전에 서비스 완료가 일어날 경우}\\ 1, & \text{서비스 종료 전에 도착이 일어날 경우}\end{cases}$$

$I = 0$이면 바쁜 기간이 다음 도착 전에 종료하므로 이 바쁜 기간 동안 손실된 고객은 없음에 주목한다. 그 결과

$$E[L_n|I = 0] = \text{Var}(L_n|I = 0) = 0$$

이다. 이제 다음 도착이 첫 번째 서비스시간이 끝나기 전에 일어나고 따라서 $I = 1$이라고 가정하자. $n = 1$이면 이 도착고객은 손실되고 마치 바쁜 기간이 그 시점에서 새로 시작된 것과 같으므로 조건부 손실된 고객 수는 $1 + L_1$과 같은 분포를 갖는다. 한편으로, $n > 1$이면 도착 순간 시스템 안에는 서비스 중인 고객과 방금 도착한 "두 번째 고객", 두 명만 있게 된다. 바쁜 기간 동안 손실된 고객 수 분포는 고객이 서비스 받는 순서에 의존하지 않기 때문에 "두 번째 고객"은 이 고객이 유일하게 남아있는 고객일 때까지 서비스를 받지 못 한다고 가정하자. 그러면 이 "두 번째 고객"이 서비스 받기 시작할 때까지 손실된 고객 수는 시스템 용량이 $n - 1$일 때 바쁜 기간 동안 손실된 고객 수와 같은 분포를 가짐을 쉽게 알 수 있다. 더욱이 "두 번째 고객"의 서비스가 시작할 때 시작된 바쁜 기간 동안 추가로 손실된 고객 수는 시스템 용량이 n일 때 바쁜 기간 동안 손실된 고객 수와 같은 분포를 가진다. 결론적으로, $I = 1$이 주어졌을 때 L_n은 두 독립된 확률변수 합의 분포를 갖는다. 그 중 하나는 L_{n-1}과 같은 분포를 가지고 시스템 안에 다시 한 명의 고객이 있을 때까지 손실된 고객 수를 나타낸다. 나머지 하나는 L_n과 같은 분포를 가지고 다시 한 명의 고객만 있는 순간부터 바쁜 기간이 끝날 때까지 추가로 손실된 고객 수를 나타낸다. 그러므로,

$$E[L_n|I = 1] = \begin{cases} 1 + E[L_1], & n = 1\text{이면} \\ E[L_{n-1}] + E[L_n], & n > 1\text{이면} \end{cases}$$

이고

$$\text{Var}(L_n|I = 1) = \begin{cases} \text{Var}(L_1), & n = 1\text{이면} \\ \text{Var}(L_{n-1}) + \text{Var}(L_n), & n > 1\text{이면} \end{cases}$$

이다. 이제

$$m_n = E[L_n] \quad \text{and} \quad v_n = \text{Var}(L_n)$$

로 놓고 $m_0 = 1$, $v_0 = 1$이라고 하면, 이 식은 다음과 같이 다시 쓸 수 있다.

$$E[L_n|I] = I(m_{n-1} + m_n), \tag{8.9}$$

$$\text{Var}(L_n|I) = I(v_{n-1} + v_n) \tag{8.10}$$

$P(I = 1) = P(\text{서비스 전 도착}) = \frac{\lambda}{\lambda+\mu} = 1 - P(I = 0)$을 이용하여, 식 (8.9) 양변에 기댓값을 취하여 다음을 얻는다.

$$m_n = \frac{\lambda}{\lambda + \mu}[m_n + m_{n-1}]$$

또는

$$m_n = \frac{\lambda}{\mu} m_{n-1}$$

이다. $m_1 = \lambda/\mu$로 시작하여 다음 결과를 얻는다.

$$m_n = (\lambda/\mu)^n$$

v_n을 구하기 위해 조건부 분산 공식을 사용한다. 식 (8.9)와 (8.10)을 이용하면 다음을 얻는다.

$$\begin{aligned} v_n &= (v_n + v_{n-1})E[I] + (m_n + m_{n-1})^2 \text{Var}(I) \\ &= \frac{\lambda}{\lambda+\mu}(v_n + v_{n-1}) + [(\lambda/\mu)^n + (\lambda/\mu)^{n-1}]^2 \frac{\lambda}{\lambda+\mu}\frac{\mu}{\lambda+\mu} \\ &= \frac{\lambda}{\lambda+\mu}(v_n + v_{n-1}) + (\lambda/\mu)^{2n-2}\left(\frac{\lambda}{\mu}+1\right)^2 \frac{\lambda\mu}{(\lambda+\mu)^2} \\ &= \frac{\lambda}{\lambda+\mu}(v_n + v_{n-1}) + (\lambda/\mu)^{2n-1} \end{aligned}$$

그러므로,

$$\mu v_n = \lambda v_{n-1} + (\lambda+\mu)(\lambda/\mu)^{2n-1}$$

이고, 또는 $\rho = \lambda/\mu$라고 하면

$$v_n = \rho v_{n-1} + \rho^{2n-1} + \rho^{2n}$$

이다. 그러므로,

$$\begin{aligned} v_1 &= \rho + \rho^2, \\ v_2 &= \rho^2 + 2\rho^3 + \rho^4, \\ v_3 &= \rho^3 + 2\rho^4 + 2\rho^5 + \rho^6, \\ v_4 &= \rho^4 + 2\rho^5 + 2\rho^6 + 2\rho^7 + \rho^8 \end{aligned}$$

이고, 일반적으로

$$v_n = \rho^n + 2\sum_{j=n+1}^{2n-1} \rho^j + \rho^{2n}$$

이다.

8.3.3 생성소멸 대기행렬모형

도착률과 이탈률이 시스템 안 고객 수에 의존하는 지수 대기행렬시스템을 **생성소멸**(birth and death) 대기행렬모형이라고 부른다. 시스템 안에 고객이 n명 있을 때 도착률을 λ_n, 이탈률을 μ_n이라고 하자. 대략적으로 말하면, 시스템 안에 n명의 고객이 있을 때 다음 도착까지 시간은 발생률 λ_n인 지수 확률변수이고 다음 이탈까지 시간과 독립이다. 다음 이탈까지 시간은 발생률 μ_n인 지수 확률변수이다. 이것을 보다 형식을 갖춰 설명하면, 시스템 안에 n명의 고객이 있을 때마다 다음 도착이나 이탈이 일어날 때까지 시간은 발생률 $\lambda_n + \mu_n$인 지수 확률변수이다. 그때까지 걸린 시간과 독립적으로 다음 일어나는 것은 확률 $\frac{\lambda_n}{\lambda_n+\mu_n}$로 도착이다. 이제 생성소멸 대기행렬의 몇 가지 예를 제시한다.

(a) *M*/*M*/1 대기행렬시스템

도착률은 항상 λ이고 시스템이 비어 있지 않을 때 이탈률이 μ이기 때문에, 이 $M/M/1$은 다음을 갖는 생성소멸 모형이다.

$$\begin{aligned} \lambda_n &= \lambda, \quad n \geqslant 0 \\ \mu_n &= \mu, \quad n \geqslant 1 \end{aligned}$$

(b) 꺼림(balking)이 있는 *M*/*M*/1 대기행렬시스템

$M/M/1$ 시스템을 고려한다. 그러나 이제는 시스템 안에 n명의 다른 고객을 발견한 고객은 단지 확률 α_n

으로 시스템에 합류한다고 가정한다. (즉, 확률 $1 - \alpha_n$으로 시스템 합류를 꺼린다.) 그러면 이 시스템은 다음을 갖는 생성소멸 모형이다.

$$\lambda_n = \lambda\alpha_n, \quad n \geqslant 0$$
$$\mu_n = \mu, \quad n \geqslant 1$$

유한용량 N을 갖는 $M/M/1$은 다음과 같은 특별한 경우이다.

$$\alpha_n = \begin{cases} 1, & n < N\text{이면} \\ 0, & n \geqslant N\text{이면} \end{cases}$$

(c) *M/M/k* 대기행렬시스템

고객이 발생률 λ인 푸아송과정에 따라 도착하는 k개 서버가 있는 시스템을 고려한다. 도착하는 고객은 k개 서버 중 어떤 것이라도 한가하면 즉시 서비스에 들어간다. 모든 k개 서버가 바쁘면 도착고객은 대기열에 합류한다. 서버가 서비스를 마치면 서비스된 고객은 시스템을 떠나고 대기열에 어떤 고객이라도 있으면 가장 오래 기다린 고객이 이 서버의 서비스에 들어간다. 모든 서비스시간은 발생률 μ인 지수 확률변수이다. 고객은 항상 λ의 비율로 도착하기 때문에,

$$\lambda_n = \lambda, \quad n \geqslant 0$$

이다. 이제 시스템 안에 $n \leqslant k$ 명의 고객이 있을 때 모든 고객이 서비스를 받고 있으며 따라서 이탈까지 시간은 서로 독립이고 발생률 μ인 지수 확률변수 n개 중 최솟값이고, 그래서 발생률 $n\mu$인 지수 확률변수가 된다. 한편으로 시스템 안에 $n > k$ 명이 있으면 n명 중 k명만 서비스 중이고, 이 경우 이탈률은 $k\mu$이다. 그러므로, $M/M/k$는 도착률이 다음과 같은 생성소멸 대기행렬모형이다.

$$\lambda_n = \lambda, \quad n \geqslant 0$$

그리고 이탈률은 다음과 같다.

$$\mu_n = \begin{cases} n\mu, & n \leqslant k\text{이면} \\ k\mu, & n \geqslant k\text{이면} \end{cases}$$ ■

일반적인 생성소멸 대기행렬모형을 분석하기 위해 P_n을 시스템 안에 n명이 있는 시간의 장기 비율이라고 하자. 그러면 다음의 균형 방정식

상태	떠나는 비율 = 들어오는 비율
$n = 0$	$\lambda_0 P_0 = \mu_1 P_1$
$n \geqslant 1$	$(\lambda_n + \mu_n)P_n = \lambda_{n-1}P_{n-1} + \mu_{n+1}P_{n+1}$

을 풀거나 또는 시스템 안에 n명을 발견하는 도착률은 n명을 남겨두는 이탈률과 같다는 결과를 직접 이용하여 다음을 얻는다.

$$\lambda_n P_n = \mu_{n+1}P_{n+1}, \quad n \geqslant 0$$

또는,

$$P_{n+1} = \frac{\lambda_n}{\mu_{n+1}}P_n, \quad n \geqslant 0$$

가 된다. 따라서,

$$P_0 = P_0,$$

$$P_1 = \frac{\lambda_0}{\mu_1} P_0,$$
$$P_2 = \frac{\lambda_1}{\mu_2} P_1 = \frac{\lambda_1 \lambda_0}{\mu_2 \mu_1} P_0,$$
$$P_3 = \frac{\lambda_2}{\mu_3} P_2 = \frac{\lambda_2 \lambda_1 \lambda_0}{\mu_3 \mu_2 \mu_1} P_0$$

이고, 일반적으로

$$P_n = \frac{\lambda_0 \lambda_1 \cdots \lambda_{n-1}}{\mu_1 \mu_2 \cdots \mu_n} P_0, \quad n \geqslant 1$$

이다. $\sum_{n=0}^{\infty} P_n = 1$을 이용하여 다음을 얻는다.

$$1 = P_0 \left[1 + \sum_{n=1}^{\infty} \frac{\lambda_0 \lambda_1 \cdots \lambda_{n-1}}{\mu_1 \mu_2 \cdots \mu_n} \right]$$

그러므로,

$$P_0 = \frac{1}{1 + \sum_{n=1}^{\infty} \frac{\lambda_0 \lambda_1 \cdots \lambda_{n-1}}{\mu_1 \mu_2 \cdots \mu_n}}$$

이고

$$P_n = \frac{\frac{\lambda_0 \lambda_1 \cdots \lambda_{n-1}}{\mu_1 \mu_2 \cdots \mu_n}}{1 + \sum_{n=1}^{\infty} \frac{\lambda_0 \lambda_1 \cdots \lambda_{n-1}}{\mu_1 \mu_2 \cdots \mu_n}}, \quad n \geqslant 1$$

이다. 이 장기 확률이 존재할 필요충분조건은 위 식의 분모가 유한한 것이다. 즉, 다음이 성립해야 한다.

$$\sum_{n=1}^{\infty} \frac{\lambda_0 \lambda_1 \cdots \lambda_{n-1}}{\mu_1 \mu_2 \cdots \mu_n} < \infty$$

예제 8.6 *M/M/k* 시스템에 대해

$$\frac{\lambda_0 \lambda_1 \cdots \lambda_{n-1}}{\mu_1 \mu_2 \cdots \mu_n} = \begin{cases} \frac{(\lambda/\mu)^n}{n!}, & n \leqslant k\text{이면} \\ \frac{\lambda^n}{\mu^n k! k^{n-k}}, & n > k\text{이면} \end{cases}$$

이다. 그러므로, $\frac{\lambda^n}{\mu^n k! k^{n-k}} = (\lambda/k\mu)^n k^k/k!$을 이용하여 다음을 알 수 있다.

$$P_0 = \frac{1}{1 + \sum_{n=1}^{k} (\lambda/\mu)^n/n! + \sum_{n=k+1}^{\infty} (\lambda/k\mu)^n k^k/k!},$$
$$P_n = P_0 (\lambda/\mu)^n/n!, \qquad n \leqslant k\text{이면}$$
$$P_n = P_0 (\lambda/k\mu)^n k^k/k!, \quad n > k\text{이면}$$

이로부터 극한확률이 존재하기 위해 필요한 조건은 $\lambda < k\mu$가 된다. $k\mu$는 모든 서버가 바쁠 때 서비스율이기 때문에, 이는 극한확률이 존재하기 위해서는 시스템 안에 많은 고객이 있을 때 서비스율이 도착률보다 커야한다는 직관적인 조건이다. ■

예제 8.7 (참을성 없는 고객이 있는 *M/M/1* 대기행렬) 고객이 발생률 λ인 푸아송과정에 따라 도착하는 단일서버 대기행렬을 고려하자. 서비스 시간분포는 발생률 μ인 지수분포이다. 그러나, 이제는 각 고객이 시스템을 떠나기 전에 발생률 α인 지수시간 동안만 대기열에서 머무른다고 가정한다. 이 참을성 없는 시간은 다른 것들에 독립적이고, 서비스에 들어 간 고객은 항상 서비스가 완료될 때까지 남아있는다고 가정한다. 이 시스템은 다음과 같은 생성률과 소멸률을 갖는 생성소멸 과정으로 모형화될 수 있다.

$$\lambda_n = \lambda, \quad n \geqslant 0$$
$$\mu_n = \mu + (n-1)\alpha, \quad n \geqslant 1$$

앞에서 얻은 극한확률을 이용하면 이 시스템에 대한 다양한 질문에 답할 수 있다. 예를 들어, 서비스를 받는 도착 비율을 구하려고 한다. 이 값을 π_s라고 하면 λ_s를 고객이 서비스되는 평균 비율이라고 놓고 다음을 관찰하여 얻을 수 있다.

$$\pi_s = \frac{\lambda_s}{\lambda}$$

이 식을 확인하기 위해 $N_a(t)$와 $N_s(t)$를 각각 시간 t까지 도착 수와 서비스 수라고 하자. 그러면,

$$\pi_s = \lim_{t\to\infty} \frac{N_s(t)}{N_a(t)} = \lim_{t\to\infty} \frac{N_s(t)/t}{N_a(t)/t} = \frac{\lambda_s}{\lambda}$$

이다. 시스템이 비어 있을 때 서비스 이탈률은 0이고 시스템이 비어 있지 않을 때는 μ이기 때문에, $\lambda_s = \mu(1 - P_0)$이고 다음을 얻는다.

$$\pi_s = \frac{\mu(1-P_0)}{\lambda}$$ ■

고객이 시스템 안에서 보내는 평균 시간 W를 구하기 위해 생성소멸 대기행렬시스템에 대해 기본적인 대기행렬 상등관계 $L = \lambda_a W$를 사용한다. L은 시스템 안 고객의 평균 수이기 때문에

$$L = \sum_{n=0}^{\infty} nP_n$$

이다. 또한, 시스템 안에 n명이 있을 때 도착률은 λ_n이고 시스템 안에 n명이 있는 시간 비율은 P_n이기 때문에, 고객의 평균 도착률은 다음과 같음을 알 수 있다.

$$\lambda_a = \sum_{n=0}^{\infty} \lambda_n P_n$$

결론적으로,

$$W = \frac{\sum_{n=0}^{\infty} nP_n}{\sum_{n=0}^{\infty} \lambda_n P_n}$$

이다. 이제 시스템 안에 n명을 발견한 도착의 비율 a_n을 고려하자. 시스템 안에 n명이 있을 때 도착은 λ_n의 비율로 일어나므로, 도착이 시스템 안에 n명을 발견하는 비율은 $\lambda_n P_n$이다. 그러므로 오랜 시간 T 동안 대략 $\lambda_a T$개의 도착 중에 대략 $\lambda_n P_n T$개가 n명의 고객을 본다. T를 무한대로 보내면 시스템 안에 n명을 발견하는 장기 비율은

$$a_n = \frac{\lambda_n P_n}{\lambda_a}$$

이다.

이제 바쁜 기간의 평균 길이를 고려하자. 시스템은 고객이 없는 유휴기간과 고객이 최소한 한명은 있는 바쁜 기간 사이를 오간다고 한다. 이제, 유휴기간은 시스템이 비었을 때 시작하고 다음 고객이 도착

할 때 끝난다. 시스템이 비었을 때 도착률은 λ_0이기 때문에 앞서 일어난 모든 것과 독립적으로, 유휴기간 길이는 발생률 λ_0인 지수 확률변수가 된다. 바쁜 기간은 항상 시스템 안에 한 명이 있을 때 시작하고 시스템이 빌 때 끝나기 때문에, 연속적인 바쁜 기간의 길이는 독립이고 동일하게 분포됨을 쉽게 알 수 있다. I_j와 B_j를 각각 j번째 유휴기간과 j번째 바쁜 기간의 길이라고 하자($j \geqslant 1$). 이제, 처음 $\sum_{j=1}^{n}(I_j + B_j)$ 단위시간 중 $\sum_{j=1}^{n} I_j$ 동안 시스템은 비게 된다. 결론적으로, 시스템이 비어 있는 시간의 장기 비율 P_0는 다음과 같이 표현될 수 있다.

$$
\begin{aligned}
P_0 &= \text{비어 있는 시간의 장기 비율} \\
&= \lim_{n\to\infty} \frac{I_1 + \ldots + I_n}{I_1 + \ldots + I_n + B_1 + \ldots + B_n} \\
&= \lim_{n\to\infty} \frac{\left(I_1 + \ldots + I_n\right)/n}{\left(I_1 + \ldots + I_n\right)/n + \left(B_1 + \ldots + B_n\right)/n} \\
&= \frac{E[I]}{E[I] + E[B]} \qquad (8.11)
\end{aligned}
$$

여기서 I와 B는 각각 유휴기간과 바쁜 기간의 길이이다. 마지막 등식은 큰 수의 강법칙으로부터 얻어졌다. 그러므로, $E[I] = 1/\lambda_0$를 이용하여 다음을 알 수 있다.

$$
P_0 = \frac{1}{1 + \lambda_0 E[B]}
$$

또는

$$
E[B] = \frac{1 - P_0}{\lambda_0 P_0} \qquad (8.12)
$$

이다. 예를 들면, $M/M/1$ 대기행렬에서 이는 $E[B] = \frac{\lambda/\mu}{\lambda(1-\lambda/\mu)} = \frac{1}{\mu-\lambda}$이 된다.

관심 있는 또 다른 양은 바쁜 기간 중 시스템 안에 n명이 있는 시간의 길이 T_n이다. 그 평균을 구하기 위해, $E[T_n]$이 연이은 바쁜 기간 사이 동안 시스템 안에 n명이 있는 평균 시간임에 주목한다. 연이은 바쁜 기간의 평균 간격은 $E[B] + E[I]$이기 때문에, 다음을 얻는다.

$$
\begin{aligned}
P_n &= \text{시스템 안에 } n\text{명이 있는 시간의 장기 비율} \\
&= \frac{E[T_n]}{E[I] + E[B]} \\
&= \frac{E[T_n] P_0}{E[I]} \qquad \text{(8.11)로부터}
\end{aligned}
$$

그러므로,

$$
E[T_n] = \frac{P_n}{\lambda_0 P_0} = \frac{\lambda_1 \cdots \lambda_{n-1}}{\mu_1 \mu_2 \cdots \mu_n}
$$

이다. 확인을 위해 다음에 주목한다.

$$
B = \sum_{n=1}^{\infty} T_n
$$

이고 따라서

$$
E[B] = \sum_{n=1}^{\infty} E[T_n] = \frac{1}{\lambda_0 P_0} \sum_{n=1}^{\infty} P_n = \frac{1 - P_0}{\lambda_0 P_0}
$$

이고 (8.12)와 일치한다.

$M/M/1$ 시스템에 대해 이 식은 $E[T_n] = \lambda_{n-1}/\mu^n$를 준다.

지수 생성소멸 대기행렬모형들에서 시스템 상태는 시스템 안의 고객 수이지만, 좀 더 상세한 상태 공간이 필요한 다른 지수 모형들도 있다. 예시를 위해 몇 가지 예제들을 고려한다.

8.3.4 구두닦이방

의자 두 개가 있는 구두닦이방를 생각해 보자. 먼저 들어오는 고객은 1번 의자로 간다. 1번 의자에서 작업이 끝난 후 2번 의자가 비었으면 그리로 가고, 그렇지 않으면 1번 의자에서 2번 의자가 빌 때까지 기다린다. 잠재 고객은 1번 의자가 비어있는 한 가게에 들어온다고 가정한다 (즉, 잠재 고객은 2번 의자에 고객이 있더라도 들어올 수 있다).

잠재 고객은 발생률 λ인 푸아송 과정에 따라 도착하고 두 의자에서 서비스 시간은 독립이고 각각 발생률 μ_1과 μ_2를 갖는 지수 확률변수라고 가정할 때 다음을 구하라.

(a) 잠재 고객 중 시스템에 들어오는 비율

(b) 시스템 안의 평균 고객 수

(c) 들어온 고객이 시스템 안에서 머무르는 평균 시간

(d) 들어온 고객이 방해자가 되는 비율 π_b. 즉, 들어온 고객 중 서버 1에서 서비스를 마친 후 의자 2로 가기 전에 1번 의자에서 대기해야 하는 고객의 비율.

우선 적당한 상태 공간을 결정해야 한다. 시스템 상태는 단순히 시스템 안에 고객 수보다 더 많은 정보를 포함해야 하는 것은 분명하다. 예를 들어, 시스템 안에 한 명의 고객이 있다고 기술하는 것은 충분하지 않다. 왜냐 하면 그 고객이 어느 의자에 있는지 알아야하기 때문이다. 게다가, 단지 시스템 안에 두 명의 고객이 있는 것만 안다면, 1번 의자에 있는 고객이 서비스 중인지 혹은 2번 의자의 고객이 서비스 마치기를 기다리는 중인지 알 수 없다. 이런 점들을 반영하기 위해, (0, 0), (1, 0), (0, 1), (1, 1), (b, 1)의 다섯 상태로 구성 된 상태 공간을 사용하자. 이 상태들은 다음과 같은 의미를 갖는다.

상태	의미
(0, 0)	시스템 안에 고객이 없음
(1, 0)	시스템 안에 한 명의 고객이 있고, 그 고객은 1번 의자에 있음
(0, 1)	시스템 안에 한 명의 고객이 있고, 그 고객은 2번 의자에 있음
(1, 1)	시스템 안에 두 명의 고객이 있고, 두 명 모두 현재 서비스 중임
(b, 1)	시스템 안에 두 명의 고객이 있고, 1번 의자의 고객은 그 의자에서 서비스를 마치고 다음 의자가 비기를 기다리고 있음

시스템이 상태 (b, 1)에 있으면 1번 의자의 사람은 서비스 중이 아님에도 불구하고 잠재 고객이 시스템에 들어오는 것을 "방해하고" 있다.

균형 방정식을 작성하기에 앞서, 전이도(transition diagram)를 만들면 편리하다. 먼저 각 상태를 나타내는 원을 그리고 한 상태에서 다른 상태로 가는 전이율을 표기한 화살표를 그린다. 이절의 모형에 대한 전이도는 그림 8.1에 나타나 있다. 이 도식을 설명하면 다음과 같다. 상태 (0, 0)에서 (1, 0)으로 가는 λ라고 표기된 화살표는 시스템이 상태 (0, 0)에 있을 때, 즉 시스템이 비었을 때, 도착에 의해 상태 (1, 0)으로 λ의 비율로 들어간다. (0, 1)에서 (1, 1)로 가는 화살표도 유사하게 설명될 수 있다.

또한 상태 (1, 0)에 있을 때 1번 의자 고객의 서비스가 끝나면 상태 (0, 1)로 가며, 이 전이가 발생하

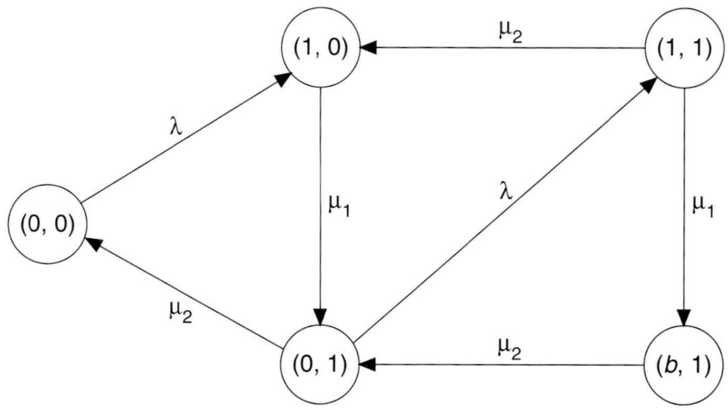

그림 8.1 전이도.

는 비율은 μ_1이다. 그래서 (1, 0)에서 (0, 1)로 가는 화살표에 μ_1이라고 표기되어 있다. (1, 1)에서 (*b*, 1)로 가는 화살표도 유사하게 설명될 수 있다.

상태 (*b*, 1)에 있을 때 2번 의자 고객이 서비스를 마치면(비율 μ_2로 발생) 상태 (0, 1)로 전이한다. 그래서 (*b*, 1)에서 (0, 1)로 가는 화살표에 μ_2라고 표기되어 있다. 또한 상태 (1, 1)에 있을 때 2번 의자 고객의 서비스가 끝나면 상태 (1, 0)으로 전이되고 (1, 1)에서 (1, 0)으로 가는 화살표에는 μ_2로 표기가 되어 있다. 마지막으로, 과정이 상태 (0, 1)에 있을 때 2번 의자 고객이 서비스를 종료하면 상태 (0, 0)으로 간다. 그러므로 (0, 1)에서 (0, 0)으로 가는 화살표에는 μ_2라고 표기되어 있다.

다른 가능한 전이는 없기 때문에 이로써 전이도가 완성된다.

균형 방정식을 작성하기 위해 어떤 상태로 들어가는 화살표들의 합(화살표의 시점이 되는 상태의 확률로 곱해서)을 그 상태에서 나가는 화살표들의 합(그 상태의 확률로 곱해서)과 같게 한다. 이렇게 하면 다음을 얻는다.

상태	떠나는 비율 = 들어오는 비율
(0, 0)	$\lambda P_{00} = \mu_2 P_{01}$
(1, 0)	$\mu_1 P_{10} = \lambda P_{00} + \mu_2 P_{11}$
(0, 1)	$(\lambda + \mu_2) P_{01} = \mu_1 P_{10} + \mu_2 P_{b1}$
(1, 1)	$(\mu_1 + \mu_2) P_{11} = \lambda P_{01}$
(*b*, 1)	$\mu_2 P_{b1} = \mu_1 P_{11}$

이 식들과 다음 등식을 같이 풀면 극한확률을 구할 수 있다.

$$P_{00} + P_{10} + P_{01} + P_{11} + P_{b1} = 1$$

이 방정식의 해를 구하는 것은 쉽지만, 그 해들이 꽤 복잡해서 명시적으로 제시하지는 않는다. 그러나, 앞의 질문들을 극한확률을 이용하여 답하는 것은 쉽다. 먼저, 잠재 고객은 시스템이 (0, 0)이나 (0, 1) 상태일 때 시스템에 들어갈 수 있기 때문에, 시스템에 들어가는 고객의 비율은 $P_{00} + P_{01}$이다. 두 번째로, 시스템 상태가 (0, 1)이나 (1, 0)일 때는 시스템 안에 한 명의 고객이 있고, 상태 (1, 1) 또는 (*b*, 1)일 때는 두 명의 고객이 있으므로, 시스템 안의 평균 고객 수는 다음과 같이 주어진다.

$$L = P_{01} + P_{10} + 2(P_{11} + P_{b1})$$

시스템에 들어가는 고객이 시스템 안에서 보내는 평균 시간을 유도하기 위해 $W = L/\lambda_a$ 관계를 사용한다. 잠재 고객은 시스템이 (0, 0)이나 (0, 1) 상태일 때 들어갈 수 있기 때문에, $\lambda_a = \lambda(P_{00} + P_{01})$이고

따라서

$$W = \frac{P_{01} + P_{10} + 2(P_{11} + P_{b1})}{\lambda(P_{00} + P_{01})}$$

이다.

들어오는 고객들 중에 방해자가 되는 고객의 비율을 구하는 한 방법은 고객이 보는 상태에 조건을 주는 것이다. 들어오는 고객이 보는 상태는 (0, 0) 또는 (0, 1)이기 때문에, 들어오는 고객이 시스템이 상태 (0, 1)에 있음을 발견하는 확률은 $P(01|00 \text{ 또는 } 01) = \frac{P_{01}}{P_{00}+P_{01}}$이다. 상태가 (0, 1)일 때 들어온 고객이 서버 2가 서비스를 끝내기 전에 의자 1에서 서비스를 마치면 방해자가 되므로 다음을 알 수 있다.

$$\pi_b = \frac{P_{01}}{P_{00} + P_{01}} \frac{\mu_1}{\mu_1 + \mu_2}$$

들어오는 고객이 방해자인 확률을 얻는 또 다른 방법은 λ_b를 고객이 방해자가 되는 비율이라 하고 들어오는 고객 중 방해자인 비율 λ_b/λ_a를 사용하는 것이다. 방해자는 상태가 (1, 1)이고 의자 1에서 서비스가 완료될 때 발생되기 때문에, $\lambda_b = \mu_1 P_{11}$이 되고 따라서

$$\pi_b = \frac{\mu_1 P_{11}}{\lambda(P_{00} + P_{01})}$$

이다. 상태 (1, 1)에 대한 균형 방정식으로부터 두 해가 일치하게 된다. ■

8.3.5 집단 서비스 대기행렬 시스템

이 모형에서는 서버가 동시에 두 명의 고객을 서비스할 수 있는 단일서버 지수 대기행렬시스템을 고려한다. 서버가 서비스를 마쳤을 때, 동시에 다음 두 고객을 서비스한다. 그러나, 대기열에 한 명의 고객만 있으면, 그 고객 한 명만 서비스 한다. 서비스 시간은 한 명을 서비스하든 두 명을 서비스하든 발생률 μ인 지수분포를 따른다고 가정한다. 다른 예에서와 같이 고객은 지수비율 λ로 도착한다고 가정한다. 이런 시스템의 예로는 최대 두 명의 승객을 태울 수 있는 승강기나 케이블카가 있다.

시스템 상태는 시스템 안에 몇 명의 고객이 있는지 뿐만 아니라 현재 한 명 또는 두 명의 고객이 서비스 중인지 또한 알려주어야 할 것이다. 그러나, 이 문제는 시스템 안에 있는 고객 수가 아니라 대기열 안에 있는 고객 수에 집중함으로써 좀 더 쉽게 풀 수 있게 된다. 그래서 시스템 상태를 대기열에서 기다리는 고객 수로 정의하고, **대기열** 안에 고객이 없을 때는 두 가지 상태를 정의한다. 즉, 상태 공간은 $0'$, $0, 1, 2, \ldots$ 으로 구성되고 다음 의미를 갖는다.

상태	의미
$0'$	서비스 중인 고객이 없음
0	서버는 서비스 중임, 대기 중인 고객은 없음
$n, n > 0$	n명의 고객이 대기 중임

전이도는 그림 8.2와 같고 균형 방정식은 다음과 같다.

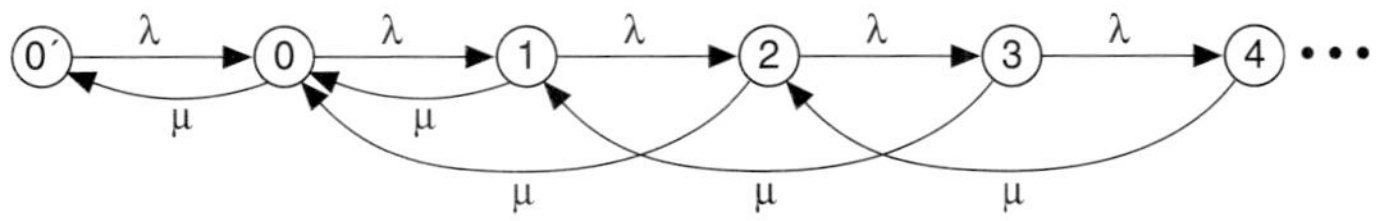

그림 8.2 전이도.

상태	떠나는 비율 = 들어오는 비율
$0'$	$\lambda P_{0'} = \mu P_0$
0	$(\lambda + \mu) P_0 = \lambda P_{0'} + \mu P_1 + \mu P_2$
$n, n \geqslant 1$	$(\lambda + \mu) P_n = \lambda P_{n-1} + \mu P_{n+2}$

이제 방정식

$$(\lambda + \mu) P_n = \lambda P_{n-1} + \mu P_{n+2}, \qquad n = 1, 2, \ldots \tag{8.13}$$

은 다음과 같은 형태의 해를 가진다.

$$P_n = \alpha^n P_0$$

이를 알아보기 위해, 위 식을 식 (8.13)에 대입하면 다음을 얻는다.

$$(\lambda + \mu)\alpha^n P_0 = \lambda \alpha^{n-1} P_0 + \mu \alpha^{n+2} P_0$$

또는

$$(\lambda + \mu)\alpha = \lambda + \mu \alpha^3$$

이다.

이를 α에 대해 풀면 다음과 같은 세 개의 근을 얻는다.

$$\alpha = 1, \qquad \alpha = \frac{-1 - \sqrt{1 + 4\lambda/\mu}}{2}, \qquad \alpha = \frac{-1 + \sqrt{1 + 4\lambda/\mu}}{2}$$

처음 두 개는 명확히 불가능한 해이므로, 다음 결과를 얻는다.

$$\alpha = \frac{\sqrt{1 + 4\lambda/\mu} - 1}{2}$$

그러므로

$$P_n = \alpha^n P_0,$$
$$P_{0'} = \frac{\mu}{\lambda} P_0$$

이다. 여기서, 맨 아래 등식은 첫 번째 균형 방정식으로부터 얻을 수 있다. (균형 방정식 중 하나는 항상 중복되므로, 두 번째 균형 방정식은 무시할 수 있다.) P_0를 얻기 위해 다음 식을 사용한다.

$$P_0 + P_{0'} + \sum_{n=1}^{\infty} P_n = 1$$

또는

$$P_0 \left[1 + \frac{\mu}{\lambda} + \sum_{n=1}^{\infty} \alpha^n \right] = 1$$

또는

$$P_0 \left[\frac{1}{1 - \alpha} + \frac{\mu}{\lambda} \right] = 1$$

또는

$$P_0 = \frac{\lambda(1 - \alpha)}{\lambda + \mu(1 - \alpha)}$$

이고, 따라서

$$P_n = \frac{\alpha^n \lambda(1-\alpha)}{\lambda + \mu(1-\alpha)}, \qquad n \geqslant 0$$

$$P_{0'} = \frac{\mu(1-\alpha)}{\lambda + \mu(1-\alpha)} \tag{8.14}$$

이다. 여기서

$$\alpha = \frac{\sqrt{1 + 4\lambda/\mu} - 1}{2}$$

이다. 위 결과가 유효하기 위해서 $\alpha < 1$, 또는 같은 의미로 $\lambda/\mu < 2$ 조건이 필요함에 주목한다. 이 조건은 직관적인데, 시스템에 과부하를 주지 않기 위해서는 최대 서비스율 2μ이 도착률 λ보다 커야 하기 때문이다.

모든 연관된 수치들을 이제 구할 수 있다. 예를 들면, 홀로 서비스 받는 고객의 비율을 구하기 위해 먼저 고객이 홀로 서비스 받는 율(rate)은 $\lambda P_{0'} + \mu P_1$임에 주목한다. 이는 시스템이 비었을 때 다음 도착 고객은 홀로 서비스 받고, 대기열에 고객이 한 명 있을 때 이 고객은 다음 서비스 완료 시에 홀로 서비스 받기 때문이다. 고객 도착률은 λ이기 때문에 다음 결과를 얻는다.

$$\text{홀로 서비스 받는 고객의 비율} = \frac{\lambda P_{0'} + \mu P_1}{\lambda} = P_{0'} + \frac{\mu}{\lambda} P_1$$

또한,

$$\begin{aligned} L_Q &= \sum_{n=1}^{\infty} n P_n \\ &= \frac{\lambda(1-\alpha)}{\lambda + \mu(1-\alpha)} \sum_{n=1}^{\infty} n\alpha^n \qquad \text{식 (8.14)로부터} \\ &= \frac{\lambda\alpha}{(1-\alpha)[\lambda + \mu(1-\alpha)]} \qquad \text{대수 상등관계 } \sum_{1}^{\infty} n\alpha^n = \frac{\alpha}{(1-\alpha)^2} \text{ 에 의해} \end{aligned}$$

이고,

$$W_Q = \frac{L_Q}{\lambda},$$

$$W = W_Q + \frac{1}{\mu},$$

$$L = \lambda W$$

이다.

8.4 대기행렬망

8.4.1 열린 시스템

두 명의 서버로 구성되어 있고 고객들이 서버 1에 푸아송 도착률 λ로 도착하는 시스템을 고려해 보자. 서버 1에 의해 서비스 받은 후 고객들은 서버 2 앞 대기열에 합류한다. 두 서버 모두에서 무한대의 대

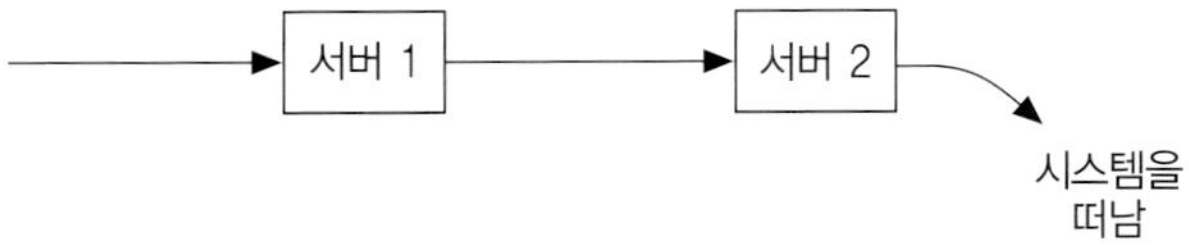

그림 8.3 탠덤 대기행렬.

기 공간이 있다고 가정한다. 각각의 서버는 한 번에 한 명의 고객만을 서비스하고 서버 i의 서비스시간은 발생률 μ_i, $i = 1, 2$인 지수분포를 따른다. 이런 시스템은 **탠덤**(tandem) 또는 **순차**(sequential) 시스템이라고 한다(그림 8.3 참조).

이 시스템을 분석하기 위해서는 서버 1과 서버 2에 있는 고객 수를 추적할 필요가 있다. 시스템 상태를 (n, m) 쌍으로 정의한다. 이는 서버 1에 n명, 서버 2에 m명이 있음을 의미한다. 균형 방정식은 다음과 같다.

$$
\begin{array}{ll}
\textit{상태} & \textit{이탈하는 비율} = \textit{진입하는 비율} \\
0, 0 & \lambda P_{0,0} = \mu_2 P_{0,1} \\
n, 0; n > 0 & (\lambda + \mu_1) P_{n,0} = \mu_2 P_{n,1} + \lambda P_{n-1,0} \\
0, m; m > 0 & (\lambda + \mu_2) P_{0,m} = \mu_2 P_{0,m+1} + \mu_1 P_{1,m-1} \\
n, m; nm > 0 & (\lambda + \mu_1 + \mu_2) P_{n,m} = \mu_2 P_{n,m+1} + \mu_1 P_{n+1,m-1} \\
 & \qquad + \lambda P_{n-1,m}
\end{array}
\tag{8.15}
$$

균형 방정식을 직접 풀기 보다는(등식 $\sum_{n,m} P_{n,m} = 1$과 함께), 해를 추측한 후 그 해가 균형 방정식을 만족함을 증명하기로 한다. 먼저 서버 1의 상황은 $M/M/1$ 모형과 같음을 알 수 있다. 6.6절에서 보인 것과 같이 $M/M/1$ 대기행렬의 이탈과정은 발생률 λ인 푸아송과정이기 때문에, 서버 2 또한 $M/M/1$ 대기행렬이 된다. 그러므로 서버 1에 n명의 고객이 있을 확률은

$$P\{\text{서버 1에 } n\text{명}\} = \left(\frac{\lambda}{\mu_1}\right)^n \left(1 - \frac{\lambda}{\mu_1}\right)$$

이고, 유사하게,

$$P\{\text{서버 2에 } n\text{명}\} = \left(\frac{\lambda}{\mu_2}\right)^m \left(1 - \frac{\lambda}{\mu_2}\right)$$

이다. 이제, 서버 1과 2의 고객 수가 서로 독립인 확률변수라면, 다음을 얻게 된다.

$$P_{n,m} = \left(\frac{\lambda}{\mu_1}\right)^n \left(1 - \frac{\lambda}{\mu_1}\right) \left(\frac{\lambda}{\mu_2}\right)^m \left(1 - \frac{\lambda}{\mu_2}\right) \tag{8.16}$$

$P_{n,m}$이 실제로 이와 같음(따라서 서버 1의 고객 수가 서버 2의 고객 수와 독립임)을 증명하기 위해서는 이것이 방정식 (8.15)을 만족함을 보이면 된다[방정식 (8.15) 유일한 해를 가짐을 알고 있기 때문에 이것으로 충분하다]. 예를 들어, 방정식 (8.15)의 첫 번째 식을 고려하면, 다음을 보여야 한다.

$$\lambda \left(1 - \frac{\lambda}{\mu_1}\right) \left(1 - \frac{\lambda}{\mu_2}\right) = \mu_2 \left(1 - \frac{\lambda}{\mu_1}\right) \left(\frac{\lambda}{\mu_2}\right) \left(1 - \frac{\lambda}{\mu_2}\right)$$

이는 쉽게 증명될 수 있다. 식 (8.16)에 주어진 $P_{n,m}$이 방정식 (8.15)의 모든 식을 만족하고 따라서 극한 확률임을 보이는 것은 연습 문제로 남긴다.

앞의 결과로부터 시스템 안의 평균 고객 수 L은

$$
\begin{aligned}
L &= \sum_{n,m} (n+m) P_{n,m} \\
&= \sum_n n \left(\frac{\lambda}{\mu_1}\right)^n \left(1 - \frac{\lambda}{\mu_1}\right) + \sum_m m \left(\frac{\lambda}{\mu_2}\right)^m \left(1 - \frac{\lambda}{\mu_2}\right) \\
&= \frac{\lambda}{\mu_1 - \lambda} + \frac{\lambda}{\mu_2 - \lambda}
\end{aligned}
$$

로 계산된다. 이로부터 시스템 안에서 고객이 머무르는 평균 시간이

$$W = \frac{L}{\lambda} = \frac{1}{\mu_1 - \lambda} + \frac{1}{\mu_2 - \lambda}$$

임을 알 수 있다.

참고:

(i) 이 결론식 (8.15)은 $M/M/1$ 모형의 시간 가역성의 직접적인 결과로서 얻어질 수도 있다(6.6절 참조). 시간 가역성이 서버 1의 출력이 푸아송과정임을 의미하기 때문만이 아니라, 시간 가역성이 또한 서버 1의 고객 수가 과거의 서버 1로부터 이탈시점들과 독립임을 의미하기 때문이다(6장 연습문제 26 참조). 서버 1의 이탈시점이 서버 2의 도착시점이 되기 때문에 두 시스템의 고객 수는 독립이 된다.

(ii) 푸아송 도착은 시간 평균을 보기 때문에, 탠덤 대기행렬에서 (서버 1로) 도착하는 고객이 보는 두 서버에 있는 고객 수는 서로 독립인 확률변수이다. 그러나, 이는 특정 고객이 두 서버 앞에서 기다리는 대기시간이 독립임을 의미하지는 않는다. 반례로 $\mu_1 = \mu_2$이고 λ는 상대적으로 매우 작은 값을 갖는다면, 거의 모든 고객의 두 서버 앞 대기열에서 대기시간은 0이 될 것이다. 그러나, 서버 1이 대기열에서 기다린 시간이 0이 아니라면, 그 고객이 서버 2에서 기다릴 확률은 최소한 $\frac{1}{2}$ 이상이다(왜?). 그러므로 대기열에서 대기시간은 독립이 아니다. 그러나, 도착고객이 두 서버에서 보내는 총 시간(서비스시간 더하기 대기시간)은 실제로 서로 독립인 확률변수이다.

위의 결과는 상당히 일반화될 수 있다. 이를 위해 서버가 k개인 시스템을 고려하자. 시스템 밖으로부터 고객이 서버 i, $i = 1, \ldots, k$에 서로 독립이고 발생률 r_i인 푸아송과정에 따라 도착한다. 고객들은 자기 서비스 차례가 올 때가지 대기열 i에서 기다린다. 서버 i에 의해 서비스를 받은 후에 서버 j 앞 대기열에 합류할 확률은 P_{ij}이다. 그러므로, $\sum_{j=1}^{k} P_{ij} \leqslant 1$이고 $1 - \sum_{j=1}^{k} P_{ij}$는 고객이 서버 i의 서비스 후 시스템을 떠날 확률이다.

λ_j가 서버 j에 도착하는 고객들의 총 도착률이라고 하면, λ_j는 다음의 해를 구하여 얻을 수 있다.

$$\lambda_j = r_j + \sum_{i=1}^{k} \lambda_i P_{ij}, \qquad i = 1, \ldots, k \tag{8.17}$$

식 (8.17)이 성립하는 이유는 r_i가 시스템 밖에서 서버 j로 도착하는 도착률이며, λ_i는 고객이 서버 i를 떠나는 율이므로(들어오는 율은 떠나는 율과 동일해야 한다), $\lambda_i P_{ij}$는 서버 i로부터 서버 j로 들어오는 도착률이기 때문이다.

각각의 서버에 있는 고객 수는 서로 독립이며 다음과 같은 확률을 갖게 된다.

$$P\{\text{서버 } j\text{에 고객 } n\text{명이 있음}\} = \left(\frac{\lambda_j}{\mu_j}\right)^n \left(1 - \frac{\lambda_j}{\mu_j}\right), \qquad n \geqslant 1$$

여기서 μ_j는 서버 j의 지수 서비스율이고 λ_j는 식 (8.17)의 해이다. 물론, 모든 j에 대해 $\lambda_j/\mu_j < 1$이 성립해야 한다. 위 결과를 증명하기 위해 우선 이것이, 극한확률 $P(n_1, n_2, \ldots, n_k) = P\{$서버 j에 고객 n_j 명이 있음, $j = 1, \ldots, k\}$이 다음과 같다고 말하는 것과 동등함에 주목하자

$$P(n_1, n_2, \ldots, n_k) = \prod_{j=1}^{k} \left(\frac{\lambda_j}{\mu_j}\right)^{n_j} \left(1 - \frac{\lambda_j}{\mu_j}\right) \tag{8.18}$$

그런데 이 사실은 이 식이 이 대기행렬 모형의 균형 방정식을 만족함을 보임으로써 확인될 수 있다.

이 시스템의 평균 고객 수는

$$\begin{aligned} L &= \sum_{j=1}^{k} \text{서버 } j\text{의 평균 고객 수} \\ &= \sum_{j=1}^{k} \frac{\lambda_j}{\mu_j - \lambda_j} \end{aligned}$$

이다. 고객이 시스템 안에서 머무르는 평균 시간은 $L = \lambda W$로부터 얻을 수 있다. 여기서 $\lambda = \sum_{j=1}^{k} r_j$이다. (왜 $\lambda = \sum_{j=1}^{k} \lambda_j$가 아닌가?) 그 결과는 다음과 같다.

$$W = \frac{\sum_{j=1}^{k} \lambda_j/(\mu_j - \lambda_j)}{\sum_{j=1}^{k} r_j}$$

참고: 식 (8.18)에 의해 드러난 결과는 다음과 같은 이유로 주목할 만하다. 우선, 이 식은 서버 i의 고객 수의 분포가 도착률 λ_i와 서비스율 μ_i를 갖는 $M/M/1$ 시스템과 동일함을 보이고 있다. 그런데 더 주목할 만한 점은 망모형에서 노드 i의 도착과정이 푸아송과정일 필요는 없다는 것이다. 한 고객이 한 서버를 한 번 이상 방문할 가능성이 있다면[**되먹임**(feedback)이라고 하는 상황], 도착과정은 푸아송이 아니다. 이를 보이는 손쉬운 예는 서비스율이 외부로부터 도착률에 비하여 매우 높은 단일서버 경우이다. 서비스 완료 후 시스템으로 다시 들어올 확률이 $p = 0.9$라고 가정하자. 그러므로 도착이 일어난 시간에 짧은 시간 후 또 다른 도착(되먹임 도착)이 발생할 확률이 크다. 반면에 임의의 시간에는 매우 적은 확률로 짧은 시간 내에 도착이 일어난다(λ가 매우 작기 때문에). 따라서 이 도착과정은 독립증분 성질을 갖지 못 하며, 따라서 푸아송과정이 될 수 없다.

따라서 되먹임이 허용되는 경우 어떤 작업장에서나 고객 수의 안정상태 확률은 비록 이 모형이 $M/M/1$은 아니지만 $M/M/1$ 모형에서와 같은 분포를 가진다. (아마도 다른 두 시점에서 고객 수의 결합 확률분포와 같은 양들은 $M/M/1$ 모형에서와 같지 않을 것이다)

예제 8.8 고객이 서버 1에 푸아송 도착률 4로 도착하고 서버 2에 푸아송 도착률 5로 도착하는, 두 개의 서버로 구성된 시스템을 고려한다. 서버 1과 2의 서비스율은 각각 8과 10이다. 서버 1에서 서비스를 마친 고객은 동일한 확률로 서버 2로 가거나 시스템을 떠난다(즉, $P_{11} = 0$, $P_{12} = \frac{1}{2}$). 반면에 서버 2로부터 떠나는 고객은 확률 25퍼센트로 서버 1로 가고, 그렇지 않은 경우 시스템을 떠난다(즉, $P_{21} = \frac{1}{4}$, $P_{22} = 0$). 극한 확률과 L, W를 구하시오.

풀이▶ 서버 1과 2의 총 도착률, λ_1과 λ_2는 식 (8.17)로부터 얻을 수 있다. 즉,

$$\begin{aligned} \lambda_1 &= 4 + \tfrac{1}{4}\lambda_2, \\ \lambda_2 &= 5 + \tfrac{1}{2}\lambda_1 \end{aligned}$$

이고, 이로부터

$$\lambda_1 = 6, \qquad \lambda_2 = 8$$

을 얻는다. 그러므로

$$\begin{aligned} P\{\text{서버 1에 } n\text{명, 서버 2에 } m\text{명}\} &= \left(\tfrac{3}{4}\right)^n \tfrac{1}{4} \left(\tfrac{4}{5}\right)^m \tfrac{1}{5} \\ &= \tfrac{1}{20} \left(\tfrac{3}{4}\right)^n \left(\tfrac{4}{5}\right)^m \end{aligned}$$

이고 나머지는 다음과 같다.

$$L = \frac{6}{8-6} + \frac{8}{10-8} = 7,$$
$$W = \frac{L}{9} = \frac{7}{9}$$

■

8.4.2 닫힌 시스템

8.4.1절에서 기술된 대기행렬 시스템은 고객들이 시스템에 들어오고 나갈 수 있기 때문에 **열린 시스템**(open systems)이라고 부른다. 새로운 고객이 들어올 수 없고 기존 고객은 떠날 수 없는 시스템을 **닫힌 시스템**(closed systems)이라고 한다.

서버가 k개인 시스템 안을 돌아다니는 m명의 고객들이 있다고 하자. 서버 i의 서비스 시간은 각각 서비스율 μ_i, $i = 1, \ldots, k$인 지수분포를 따른다. 서버 i에서 서비스를 마친 고객이 서버 j, $j = 1, \ldots, k$ 앞 대기열에 합류하는 확률은 P_{ij}이고 모든 i, $i = 1, \ldots, k$에 대해 $\sum_{j=1}^{k} P_{ij} = 1$이라고 가정한다. 즉, $\mathbf{P} = [P_{ij}]$는 마코프 전이확률행렬이며, 이 행렬은 기약이라고 가정한다. 이 마코프체인의 정상확률을 $\pi = (\pi_1, \ldots, \pi_k)$라고 하자. 즉, π는 다음의 유일해이다.

$$\pi_j = \sum_{i=1}^{k} \pi_i P_{ij},$$

$$\sum_{j=1}^{k} \pi_j = 1 \tag{8.19}$$

서버 j의 평균 도착률(평균 서비스 완료율과 동일)을 $\lambda_m(j)$, $j = 1, \ldots, k$라 하면, 식 (8.17)과 유사하게, $\lambda_m(j)$는 다음을 만족한다.

$$\lambda_m(j) = \sum_{i=1}^{k} \lambda_m(i) P_{ij}$$

그러므로 식 (8.19)로부터 다음과 같은 결론을 내릴 수 있다.

$$\lambda_m(j) = \lambda_m \pi_j, \qquad j = 1, 2, \ldots, k \tag{8.20}$$

여기서

$$\lambda_m = \sum_{j=1}^{k} \lambda_m(j) \tag{8.21}$$

이다.

식 (8.21)로부터 λ_m은 전체 시스템의 평균 서비스 완료율, 즉 시스템 **수율**(throughput rate)임을 알 수 있다.*

극한확률을 다음과 같이 $P_m(n_1, n_2, \ldots, n_k)$로 나타내자.

$$P_m(n_1, n_2, \ldots, n_k) = P\{\text{서버 } j\text{에 고객 } n_j \text{ 명이 있음}, j = 1, \ldots, k\}$$

이 확률들이 균형 방정식을 만족함을 증명함으로써 다음을 보일 수 있다.

$$P_m(n_1, n_2, \ldots, n_k) = \begin{cases} K_m \prod_{j=1}^{k} (\lambda_m(j)/\mu_j)^{n_j}, & \sum_{j=1}^{k} n_j = m \text{ 일 때} \\ 0, & \text{그 외의 경우} \end{cases}$$

그러나. 식 (8.20)로부터 다음을 얻는다.

$$P_m(n_1, n_2, \ldots, n_k) = \begin{cases} C_m \prod_{j=1}^{k} (\pi_j/\mu_j)^{n_j}, & \sum_{=1}^{k} n_j = m \text{ 일 때} \\ 0, & \text{그 외의 경우} \end{cases} \tag{8.22}$$

여기서

$$C_m = \left[\sum_{\substack{n_1,\ldots,n_k: \\ \sum n_j = m}} \prod_{j=1}^{k} (\pi_j/\mu_j)^{n_j} \right]^{-1} \tag{8.23}$$

이다. 식 (8.22)를 활용하기 위해서는 식 (8.23)에서 주어진 정규화 상수 C_m을 구해야 하는데, 이는 모든 가능한 벡터 $(n_1, \ldots, n_k)$: $\sum_{j=1}^{k} n_j = m$에 대해 $\Pi_{j=1}^{k}(\pi_j/\mu_j)^{n_j}$의 합을 구해야 하기 때문에 기대만큼 유용하지는 않다. 이런 벡터의 갯수는 $\binom{m+k-1}{m}$이기 때문에 m과 k값이 상대적으로 작은 경우에만 계산 가능하다.

다음으로 정규화 상수를 계산할 필요 없이 이 모델의 여러 흥미로운 값들을 되돌림 방식으로 결정할 수 있는 접근법을 제시하기로 한다. 우선 방금 서버 i를 떠나 서버 j로 가는 고객을 고려할 때 이 고객이 관찰하는 시스템의 확률에 대해 알아보자. 특히, 이 고객이 그 순간 서버 l, $l = 1, \ldots, k$, $\sum_{l=1}^{k} n_l = m - 1$에 n_l명의 고객이 있음을 관찰할 확률을 계산해보자. 이 계산은 다음과 같이 이루어진다.

$$\begin{aligned}
&P\{\text{고객이 서버 } l\text{에서 고객 } n_l \text{ 명이 있음을 봄}, l = 1, \ldots, k \mid \text{고객이 } i\text{에서 } j\text{로 감}\} \\
&= \frac{P\{\text{상태가 } (n_1, \ldots, n_i + 1, \ldots, n_j, \ldots, n_k), \text{ 고객이 } i\text{에서 } j\text{로 감}\}}{P\{\text{고객이 } i\text{에서 } j\text{로 감}\}} \\
&= \frac{P_m(n_1, \ldots, n_i + 1, \ldots, n_j, \ldots, n_k)\mu_i P_{ij}}{\sum_{n: \sum n_j = m-1} P_m(n_1, \ldots, n_i + 1, \ldots, n_k)\mu_i P_{ij}} \\
&= \frac{(\pi_i/\mu_i)\prod_{j=1}^{k}(\pi_j/\mu_j)^{n_j}}{K} \qquad \text{(8.22)로부터} \\
&= C \prod_{j=1}^{k} (\pi_j/\mu_j)^{n_j}
\end{aligned}$$

여기서 C는 $n_1, \ldots, n_k$에 의존하지 않다. 그러나, 위의 확률은 벡터집합 $(n_1, \ldots, n_k)$, $\sum_{j=1}^{k} n_j = m - 1$ 상의 확률밀도이기 때문에, 식 (8.22)로부터 이 확률은 $P_{m-1}(n_1, \ldots, n_k)$와 같아야 한다. 그러므로 다음을 얻는다.

$$P\{\text{고객이 서버 } l\text{에서 고객 } n_l\text{명이 있음을 봄}, l = 1, \ldots, k \mid \text{고객이 } i\text{에서 } j\text{로 감}\}$$

*닫힌 시스템에서 고객 수에 대한 의존성을 나타내기 위해 기호 $\lambda_m(j)$와 λ_m을 사용한다. 이 기호들은 앞으로 전개할 되돌림 관계에서 사용된다.

$$= P_{m-1}(n_1, \ldots, n_k), \qquad \sum_{i=1}^{k} n_i = m - 1 \tag{8.24}$$

식 (8.24)는 모든 i에 대해 참이기 때문에, 도착정리로 알려진 다음 명제를 증명한 것이 된다.

명제 8.3 [도착정리(Arrival Theorem)] 고객 수가 m인 닫힌 망 시스템에서 서버 j에 도착하는 고객에 의해 관찰되는 시스템은 고객 수가 $m - 1$인 동일한 시스템의 정상확률과 같은 분포를 갖는다.

$L_m(j)$와 $W_m(j)$를 망 안에 m명의 고객이 있을 때 서버 j의 평균 고객 수와 서버 j에서 머무르는 평균 시간이라 하자. 서버 j에 고객이 도착했을 때 그 서버에 있던 고객 수에 대해 조건을 주어 다음을 얻을 수 있다.

$$W_m(j) = \frac{1 + E_m\,[\text{도착고객이 본 서버 } j\text{에서 고객 수}]}{\mu_j}$$
$$= \frac{1 + L_{m-1}(j)}{\mu_j} \tag{8.25}$$

여기서 마지막 등식은 도착정리로부터 얻어졌다. 시스템 안에 $m - 1$명의 고객이 있을 때, 식 (8.20)에 의해, 서버 j의 평균 도착률 $\lambda_{m-1}(j)$는 다음 식을 만족하게 된다.

$$\lambda_{m-1}(j) = \lambda_{m-1}\pi_j$$

이제 기본 비용 상등관계 식(8.1)을, $m - 1$명의 고객이 있는 시스템에서 각각의 고객은 서버 j에 머무르는 단위시간 당 1만큼 지불한다는 비용 규칙과 함께 적용하면, 다음을 얻는다.

$$L_{m-1}(j) = \lambda_{m-1}\pi_j W_{m-1}(j) \tag{8.26}$$

식 (8.25)를 사용하여 다음을 얻는다.

$$W_m(j) = \frac{1 + \lambda_{m-1}\pi_j W_{m-1}(j)}{\mu_j} \tag{8.27}$$

또한 $\sum_{j=1}^{k} L_{m-1}(j) = m - 1$ 이라는 사실(왜?)을 이용하여, 식 (8.26)으로부터 다음을 얻는다.

$$m - 1 = \lambda_{m-1} \sum_{j=1}^{k} \pi_j W_{m-1}(j)$$

또는

$$\lambda_{m-1} = \frac{m - 1}{\sum_{i=1}^{k} \pi_i W_{m-1}(i)} \tag{8.28}$$

이다. 그러므로, 식 (8.27)로부터 다음 되돌림식을 얻는다.

$$W_m(j) = \frac{1}{\mu_j} + \frac{(m-1)\pi_j W_{m-1}(j)}{\mu_j \sum_{i=1}^{k} \pi_i W_{m-1}(i)} \tag{8.29}$$

정상확률 π_j, $j = 1, \ldots, k$와 $W_1(j) = 1/\mu_j$로 시작하여, 식 (8.29)를 이용하여 되돌림 방식으로 $W_2(j)$, $W_3(j), \ldots, W_m(j)$를 계산할 수 있다. 그 다음 식 (8.28)을 이용하여 수율 λ_m을 계산할 수 있고, 이는 식 (8.26)에 의해 $L_m(j)$를 결정하게 된다. 이러한 되돌림 접근법을 **평균값 분석**(mean value analysis)이라고 한다.

예제 8.9 고객들이 순환 순열에 따라 움직이는 서버가 k개인 망을 고려한다. 즉,

$$P_{i,i+1} = 1, \qquad i = 1, 2 \ldots, k-1, \qquad P_{k,1} = 1$$

이다. 시스템 안에 두 명의 고객이 있을 때 서버 j의 평균 고객 수를 구하자. 이 망에 대해

$$\pi_i = 1/k, \qquad i = 1, \ldots, k$$

이고

$$W_1(j) = \frac{1}{\mu_j}$$

이기 때문에 식 (8.29)로부터 다음을 얻는다.

$$\begin{aligned} W_2(j) &= \frac{1}{\mu_j} + \frac{(1/k)(1/\mu_j)}{\mu_j \sum_{i=1}^k (1/k)(1/\mu_i)} \\ &= \frac{1}{\mu_j} + \frac{1}{\mu_j^2 \sum_{i=1}^k 1/\mu_i} \end{aligned}$$

그러므로, 식 (8.28)로부터

$$\lambda_2 = \frac{2}{\displaystyle\sum_{l=1}^k \frac{1}{k} W_2(l)} = \frac{2k}{\displaystyle\sum_{l=1}^k \left(\frac{1}{\mu_l} + \frac{1}{\mu_l^2 \sum_{i=1}^k 1/\mu_i} \right)}$$

이고 최종적으로 식 (8.26)을 사용하여 다음을 얻는다.

$$L_2(j) = \lambda_2 \frac{1}{k} W_2(j) = \frac{2\left(\dfrac{1}{\mu_j} + \dfrac{1}{\mu_j^2 \sum_{i=1}^k 1/\mu_i} \right)}{\displaystyle\sum_{l=1}^k \left(\frac{1}{\mu_l} + \frac{1}{\mu_l^2 \sum_{i=1}^k 1/\mu_i} \right)} \qquad \blacksquare$$

식 (8.22)로 명시된 정상확률을 구하고 상수 C_m 계산의 어려움을 처리할 수 있는 또 다른 접근법은 4.9절의 깁스 샘플러를 이용하여 이 정상확률을 갖는 마코프체인을 만드는 것이다. 우선, 시스템 안에는 항상 총 m명의 고객이 있기 때문에, 식 (8.22)는 다음과 같이 각각의 서버 $1, \ldots, k-1$에 있는 고객 수의 결합 확률질량함수로 표현될 수 있다.

$$\begin{aligned} P_m(n_1, \ldots, n_{k-1}) &= C_m (\pi_k/\mu_k)^{m - \sum n_j} \prod_{j=1}^{k-1} (\pi_j/\mu_j)^{n_j} \\ &= K \prod_{j=1}^{k-1} (a_j)^{n_j}, \qquad \sum_{j=1}^{k-1} n_j \leqslant m \end{aligned}$$

여기서 $a_j = (\pi_j \mu_k)/(\pi_k \mu_j)$, $j = 1, \ldots, k-1$이다. 이제, $\mathbf{N} = (N_1, \ldots, N_{k-1})$이 이 결합 확률질량함수를 갖는다면 다음을 얻는다.

$$\begin{aligned} &P\{N_i = n | N_1 = n_1, \ldots, N_{i-1} = n_{i-1}, N_{i+1} = n_{i+1}, \ldots, N_{k-1} = n_{k-1}\} \\ &= \frac{P_m(n_1, \ldots, n_{i-1}, n, n_{i+1}, \ldots, n_{k-1})}{\sum_r P_m(n_1, \ldots, n_{i-1}, r, n_{i+1}, \ldots, n_{k-1})} \\ &= C a_i^n, \qquad n \leqslant m - \sum_{j \neq i} n_j \end{aligned}$$

이로부터 아래와 같이 깁스 샘플러를 이용하여 극한 확률질량함수가 $P_m\ (n_1, \ldots, n_{k-1})$인 마코프체인 값을 생성할 수 있게 된다.

1. $(n_1, \ldots, n_{k-1})$를 $\sum_{j=1}^{k-1} n_j \leqslant m$을 만족하는 임의의 음이 아닌 값을 갖는 정수들이라고 놓는다.
2. $1, \ldots, k-1$ 중 하나의 값을 가질 가능성이 동일한 확률변수 I를 생성한다.
3. $I = i$이면, $s = m - \sum_{j \neq i} n_j$로 설정하고, 다음과 같은 확률질량함수를 갖는 확률변수 X를 생성한다.

$$P\{X = n\} = Ca_i^n, \qquad n = 0, \ldots, s$$

4. $n_i = X$로 놓고, 단계 2로 간다.

상태벡터 $(n_1, \ldots, n_{k-1}, m - \sum_{j=1}^{k-1} n_j)$의 연이은 값들은 극한분포가 P_m인 마코프체인의 상태 열이 된다. 이로부터 관심이 있는 모든 값들을 추정할 수 있다. 예를 들면, 이 벡터의 j번째 좌표값의 평균은 서버 j의 평균 고객 수에 수렴하며, j번째 좌표가 r보다 작은 비율은 서버 j의 고객이 r보다 작을 극한 확률에 수렴한다.

다른 관심값들 또한 시뮬레이션으로 얻을 수 있다. 예를 들어, 고객이 서버 j에 방문할 때마다 머무르는 평균시간 W_j를 추정한다고 하자. 그러면, 앞서 살펴본 것처럼, 서버 j의 평균 고객 수 L_j를 추정할 수 있다. W_j를 추정하기 위해서 다음 상등관계를 사용한다.

$$L_j = \lambda_j W_j$$

여기서 λ_j는 고객이 서버 j에 도착하는 비율이다. 이 값을 서버 j의 서비스 완료율과 동일하게 놓으면

$$\lambda_j = P\{j\text{가 바쁨}\}\ \mu_j$$

임을 보이게 된다. 깁스 표본추출기 시뮬레이션을 이용하여 $P\{j$가 바쁨$\}$을 추정하면 W_j의 추정값을 얻게 된다.

8.5 M/G/1 시스템

8.5.1 예비지식: 일과 또 하나의 비용 상등관계

임의의 대기행렬 시스템에 대해, 어떤 시간 t에서 시스템 안의 일을 시간 t에 시스템 안에 있는 모든 고객들의 잔여 서비스 시간의 합으로 정의한다. 예를 들어, 시스템 안에 세 명의 고객이 있다고 가정하자. 서비스 중인 고객은 요구된 5 단위 서비스 시간 중에 3 단위 시간 동안 그 자리에 있었고, 대기열에 있는 두 고객의 서비스 시간은 6 단위시간이다. 그러면 이 때의 일은 $2 + 6 + 6 = 14$이다. 시스템 안의 (시간) 평균 일을 V로 나타내자.

이제 기본 비용식 (8.1)을 상기해 본다. 이 식은 다음과 같이 기술된다.

시스템이 버는 평균 수입률
$= \lambda_a \times$ 고객이 지불하는 평균 금액

그리고, 다음과 같은 비용 규칙을 고려한다. *각 고객은 잔여 서비스 시간이 y일 때 대기 중이거나 서비스 중에 상관없이 단위시간 당 y의 비율로 비용을 지불한다.* 그러므로 시스템이 버는 수입율은 시스템 안의 일이 된다. 따라서 기본 상등관계는 다음과 같이 된다

$$V = \lambda_a E[\text{고객이 지불하는 금액}]$$

이제, S와 W_Q^*를 각각 서비스 시간과 고객이 대기열 안에서 기다린 시간이라고 하자. 그러면, 그 고객은 대기열에서 기다리는 동안은 단위 시간 당 S의 일정한 비율로 지불하고, 서비스를 x시간만큼 받은 후에는 $S-\mathrm{x}$의 비율로 지불하므로

$$E[\text{고객이 지불하는 금액}] = E\left[SW_Q^* + \int_0^S (S-x)dx\right]$$

이고 따라서

$$V = \lambda_a E[SW_Q^*] + \frac{\lambda_a E[S^2]}{2} \tag{8.30}$$

이다. 이는 기본적인 대기행렬 상등관계이며[식 (8.2)~(8.4)처럼], 거의 모든 모형에서 유효하다. 추가하여, 고객의 서비스시간이 대기열에서 대기한 시간과 독립이면(일반적으로 그렇지만, 항상 그렇지는 않음)*, 식 (8.30)으로부터 다음을 얻는다.

$$V = \lambda_a E[S] W_Q + \frac{\lambda_a E[S^2]}{2} \tag{8.31}$$

8.5.2 일을 M/G/1에 적용하기

$M/G/1$ 모형은 (i) 발생률 λ인 푸아송 도착, (ii) 일반적인 서비스 분포, (iii) 단일서버를 가정한다. 추가로 모든 고객이 도착 순서대로 서비스 받는다고 가정하자.

이제, $M/G/1$ 시스템 안의 임의의 고객에 대해

$$\text{고객이 대기열에서 기다린 시간} = \text{그 고객이 도착했을 때 시스템의 일} \tag{8.32}$$

이다. 이는 서버가 하나만 있기 때문에 얻어진다(이에 대해 생각해 보라!). 식 (8.32) 양변의 기댓값을 구하면 다음을 얻는다.

$$W_Q = \text{도착고객이 본 평균 일}$$

그러나, 푸아송 도착이기 때문에, 도착하는 고객에게 보여지는 평균 일은 시스템 안의 시간 평균 일인 V와 동일하게 된다. 그러므로, $M/G/1$ 모형에 대해

$$W_Q = V$$

이 된다. 이를 다음 상등관계

$$V = \lambda E[S] W_Q + \frac{\lambda E[S^2]}{2}$$

와 결합하면 소위 **폴라첵-킨친 공식**(Pollaczek-Khintchine formula)을 얻는다.

$$W_Q = \frac{\lambda E[S^2]}{2(1-\lambda E[S])} \tag{8.33}$$

여기서 $E[S]$와 $E[S^2]$은 서비스 분포의 처음 두 모멘트이다.

식 (8.33)으로부터 L, L_Q, W를 다음과 같이 얻을 수 있다.

$$L_Q = \lambda W_Q = \frac{\lambda^2 E[S^2]}{2(1-\lambda E[S])},$$

*이것이 참이 아닌 예는 8.6.2절을 참조하라.

$$W = W_Q + E[S] = \frac{\lambda E[S^2]}{2(1-\lambda E[S])} + E[S],$$
$$L = \lambda W = \frac{\lambda^2 E[S^2]}{2(1-\lambda E[S])} + \lambda E[S] \tag{8.34}$$

참고:

(i) 앞의 값들이 유한하기 위해서는 $\lambda E[S] < 1$이어야 한다. 이 조건은 직관에 맞는데, 그 이유는 재생 이론으로부터 만약 서버가 항상 바쁘면 이탈률은 $1/E[S]$이고(7.3절 참조) 이 값이 유한성을 유지하기 위해서는 도착률 λ보다 커야하는 하는 것을 알기 때문이다.

(ii) $E[S^2] = \text{Var}(S) + (E[S])^2$이기 때문에 식 (8.33)과 (8.34)로부터, 고정된 평균 서비스 시간에 대해 서비스 분포의 분산이 증가하면 L, L_Q, W, W_Q는 모두 증가함을 알 수 있다.

(iii) W_Q를 구하기 위한 또 다른 방법은 연습 문제 38에 제시되어 있다.

8.5.3 바쁜 기간

시스템은 유휴기간(시스템 안에 고객이 없어서 서버가 유휴 상태일 때)과 바쁜 기간(시스템 안에 고객이 최소한 한 명이 있어서 서버가 바쁠 때) 사이를 오간다.

유휴기간과 바쁜 기간의 길이를 각각 I와 B로 나타낸다. I는 고객이 출발할 때 시스템이 비어있는 순간부터 다음 도착까지의 시간을 나타내기 때문에, 도착이 발생률 λ인 푸아송과정을 따르므로 I는 발생률 λ인 지수분포를 따른다. 따라서

$$E[I] = \frac{1}{\lambda} \tag{8.35}$$

이다. $E[B]$ 값을 구하기 위해, 8.3.3절에서와 같이 시스템이 비어 있을 장기 시간비율은 $E[I]$의 $E[I] + E[B]$에 대한 비율과 같음을 관찰하자. 즉, 다음과 같다.

$$P_0 = \frac{E[I]}{E[I] + E[B]} \tag{8.36}$$

P_0를 계산하기 위해, 식 (8.4)로부터(고객이 서비스 중일 때 단위시간당 1의 비율로 지불한다고 가정하여 기본 비용식으로부터 얻어짐) 다음에 주목한다.

$$\text{평균 바쁜 서버 수} = \lambda E[S]$$

그러나 이 좌변은 $1 - P_0$와 같으므로(왜?)

$$P_0 = 1 - \lambda E[S] \tag{8.37}$$

이고, 식 (8.35)~(8.37)로부터

$$1 - \lambda E[S] = \frac{1/\lambda}{1/\lambda + E[B]}$$

이고 이를 정리하여 다음을 얻는다.

$$E[B] = \frac{E[S]}{1 - \lambda E[S]}$$

우리가 관심을 갖는 또 다른 양는 바쁜 기간 동안 서비스 받는 고객 수 C이다. C의 평균은 다음 사실을 주목함으로써 계산할 수 있다. 평균적으로, 모든 $E[C]$ 도착고객 중에 정확히 하나만 시스템이 비

어 있음을 발견한다(즉, 바쁜 기간 동안의 첫 번째 도착고객만). 그러므로

$$a_0 = \frac{1}{E[C]}$$

이고, 푸아송 도착이기 때문에 $a_0 = P_0 = 1 - \lambda E[S]$이므로, 다음을 알 수 있다.

$$E[C] = \frac{1}{1 - \lambda E[S]}$$

8.6 M/G/1의 변형

8.6.1 무작위 규모의 집단도착 M/G/1

$M/G/1$처럼 도착이 발생률 λ인 푸아송과정에 따라 일어난다고 하자. 그러나, 이번에는 각각의 도착이 단일 고객이 아니라 무작위 숫자의 고객들로 구성되어 있다고 가정한다. 앞에서처럼 서버는 서비스시간 분포 G를 갖는 단일서버이다.

임의의 도착집단이 j명의 고객으로 구성될 확률을 α_j, $j \geqslant 1$라고 하고 N은 도착집단의 크기를 나타내는 확률변수라 하면 $P\{N = j\} = \alpha_j$이 된다. $\lambda_a = \lambda E[N]$이므로, 일에 대한 기본식(식 (8.31))은 다음이 된다.

$$V = \lambda E[N]\left[E[S]W_Q + \frac{E[S^2]}{2}\right] \tag{8.38}$$

V를 W_Q에 연관시키는 두 번째 식을 얻기 위하여, 평균적인 고객을 고려한다. 다음과 같은 사실을 알고 있다.

이 고객의 대기열에서 대기시간 = 이 고객이 도착했을 때 시스템 안의 일
+ 같은 도착집단에 있는 다른 고객으로 인한 대기시간

기댓값을 취하고 푸아송 도착은 시간 평균을 본다는 사실을 이용하여 다음 결과를 얻는다.

$$\begin{aligned} W_Q &= V + E[\text{같은 도착집단에 있는 다른 고객으로 인한 대기시간}] \\ &= V + E[W_B] \end{aligned} \tag{8.39}$$

이제, $E[W_B]$는 집단도착 고객 수에 조건을 주고 계산하여 얻을 수 있다. 하지만, 위에서 고려한 평균적인 고객이 크기 j인 도착집단에서 올 확률은 α_j가 아님을 유의할 필요가 있다. α_j는 크기가 j인 도착집단의 비율이므로, 고객을 임의로 선택하면, 그 고객은 작은 집단보다는 큰 집단에서부터 올 가능성이 크다. (예를 들어 $\alpha_1 = \alpha_{100} = \frac{1}{2}$이라고 가정하면 도착집단의 절반은 크기가 1이지만 고객들 중 100/101은 크기가 100인 도착집단에서 올 것이다!)

평균적인 고객이 크기가 j인 도착집단에서 올 확률을 결정하기 위하여 다음과 같이 추론한다. M이 큰 숫자라고 하면, 처음 M개의 도착집단 중에서 대략적으로 $M\alpha_j$개는 크기가 j, $j \geqslant 1$일 것이다. 그래서 크기가 j인 도착집단에서 온 고객은 대략적으로 $jM\alpha_j$명이다. 그러므로, 처음 M개 도착집단 중 크기 j인 도착집단으로부터 도착의 비율은 대략 $jM\alpha_j/\sum_j jM\alpha_j$이다 이 비율은 $M \to \infty$일수록 정확한 값이 되고, 따라서 다음을 알 수 있다.

$$\text{크기 } j\text{인 도착집단으로부터 온 고객 비율} = \frac{j\alpha_j}{\sum_j j\alpha_j}$$

$$= \frac{j\alpha_j}{E[N]}$$

이제 같은 도착집단 안의 다른 고객 때문에 대기열에서 기다리는 평균시간 $E[W_B]$를 계산할 준비가 되었다. 우선

$$E[W_B] = E[W_B] = \sum_j E[W_B \mid \text{도착집단 크기 } j] \frac{j\alpha_j}{E[N]} \tag{8.40}$$

이다. 도착집단 안에 j명의 고객이 있고, 그 중 i번째 위치에 있다면 $i-1$명이 서비스 받기를 기다려야 한다. 첫 번째, 두 번째, ..., j 번째 있을 가능성은 모두 동일하므로

$$\begin{aligned} E[W_B \mid \text{도착집단 크기 } j] &= \sum_{i=1}^{j} (i-1)E[S]\frac{1}{j} \\ &= \frac{j-1}{2}E[S] \end{aligned}$$

이다. 이를 식 (8.40)에 대입하면 다음을 얻는다.

$$\begin{aligned} E[W_B] &= \frac{E[S]}{2E[N]}\sum_j (j-1)j\alpha_j \\ &= \frac{E[S](E[N^2]-E[N])}{2E[N]} \end{aligned}$$

그리고, 식 (8.38)과 (8.39)로부터 다음을 얻는다.

$$W_Q = \frac{E[S](E[N^2]-E[N])/2E[N] + \lambda E[N]E[S^2]/2}{1-\lambda E[N]E[S]}$$

참고:

(i) W_Q가 유한하기 위한 조건은 다음과 같음에 주목한다.

$$\lambda E(N) < \frac{1}{E[S]}$$

이는 도착률은 반드시 서비스율(서버가 바쁠 때)보다 작아야 함을 다시 한 번 말해주고 있다.

(ii) 고정된 $E[N]$ 값에 대해 W_Q는 Var(N)이 클수록 증가한다. 이는 "단일서버 대기행렬은 변동성을 싫어한다"는 점을 다시 한 번 알려준다.

(iii) L, L_Q, W와 같은 값들은 다음 식을 이용하여 구할 수 있다.

$$\begin{aligned} W &= W_Q + E[S], \\ L &= \lambda_a W = \lambda E[N]W, \\ L_Q &= \lambda E[N]W_Q \end{aligned}$$

8.6.2 우선순위 대기행렬

우선순위 대기행렬 시스템에서는 고객들이 여러 유형으로 분류되고 유형에 따라서 서비스의 우선순위가 주어진다. 두 개의 고객 유형이 있고 도착은 λ_1과 λ_2를 갖는 독립적인 푸아송 과정에 따라 발생하고, 서비스시간 분포는 G_1과 G_2인 상황을 고려한다. 유형 1 고객에게 우선권이 주어져서, 유형 1 고객이 대기 중이면 유형 2 고객은 서비스를 받지 못한다고 가정하자. 그러나, 유형 2 고객이 서비스 중에 유형 1

고객이 도착하면, 유형 2 고객의 서비스는 마칠 때까지 지속된다고 가정한다. 즉, 일단 서비스가 시작되면 선취행위(preemption)는 일어나지 않는다.

대기열에서 기다리는 유형 i 고객, $i = 1, 2$의 평균 수를 W_Q^i로 나타내고, W_Q^i를 구해보자.

먼저, 어떤 우선순위 규칙이 적용되어도(시스템 안에 고객이 있을 때는 항상 서버가 바쁘기만 하면) 임의의 시간에서 시스템 안의 총 일의 양은 정확히 동일하다는 점에 주목한다. 이는 서버가 바쁠 때 일은 항상 단위시간 당 1의 속도로 감소하고(어떤 고객이 서비스 중인지 상관없이), 항상 도착고객의 서비스시간만큼 증가하기 때문이다. 그러므로, 시스템 안의 일은 우선순위 규칙 없이 선입선출(FIFO라고 함) 순서를 사용할 때와 정확히 같다. 그러나 FIFO 규칙 하에서는 이 모델은 다음을 갖는 단순한 $M/G/1$이 된다.

$$\lambda = \lambda_1 + \lambda_2,$$
$$G(x) = \frac{\lambda_1}{\lambda} G_1(x) + \frac{\lambda_2}{\lambda} G_2(x) \tag{8.41}$$

이는 두 독립적인 푸아송과정의 결합은 도착률이 각 독립 과정의 도착률의 합이 되는 푸아송과정이기 때문이다. 서비스 분포 G는 식 (8.41)에서처럼 도착고객이 어느 우선순위 유형에서 왔는지에 대해 조건을 주어 얻을 수 있다.

그러므로, 8.5절의 결과로부터 우선순위 대기행렬 시스템의 평균 일 V는 다음과 같이 주어진다.

$$\begin{aligned} V &= \frac{\lambda E[S^2]}{2(1 - \lambda E[S])} \\ &= \frac{\lambda((\lambda_1/\lambda)E[S_1^2] + (\lambda_2/\lambda)E[S_2^2])}{2[1 - \lambda((\lambda_1/\lambda)E[S_1] + (\lambda_2/\lambda)E[S_2])]} \\ &= \frac{\lambda_1 E[S_1^2] + \lambda_2 E[S_2^2]}{2(1 - \lambda_1 E[S_1] - \lambda_2 E[S_2])} \end{aligned} \tag{8.42}$$

여기서 S_i의 분포는 G_i, $i = 1, 2$이다.

W_Q^i를 구하기 위한 과정을 계속하여 임의의 고객의 서비스시간과 대기열에서 기다리는 시간, S와 W_Q^*는 우선순위 모형에서는 서로 독립이 아니다. 왜냐 하면 S에 대한 지식은 고객 유형에 대한 정보를 주고 이는 다시 W_Q^*에 대한 정보를 주기 때문이다. 이를 처리하기 위해 시스템 안의 유형 1과 유형 2의 일을 분리하여 계산한다. 유형 i 일을 V^i로 나타내면, 정확히 8.5.1절에서처럼, 다음 결과를 갖게 된다.

$$V^i = \lambda_i E[S_i] W_Q^i + \frac{\lambda_i E[S_i^2]}{2}, \qquad i = 1, 2 \tag{8.43}$$

이제

$$V_Q^i \equiv \lambda_i E[S_i] W_Q^i,$$
$$V_S^i \equiv \frac{\lambda_i E[S_i^2]}{2}$$

으로 정의하면 V_Q^i를 대기열 안에 있는 유형 i 고객의 평균 일의 양으로, V_S^i를 서비스 중인 유형 i 고객의 평균 일의 양으로 각각 해석할 수 있다(왜?).

이제 W_Q^1를 계산할 준비가 되었다. 이를 위하여, 임의의 유형 1 고객 도착을 고려한다. 그러면

$$\begin{aligned} \text{이 고객의 지연시간} = \ &\text{이 고객이 도착했을 때 시스템 안의 유형 1 일} \\ &+ \text{이 고객이 도착했을 때 시스템 안의 유형 2 일} \end{aligned}$$

이다. 평균을 취하고 푸아송 도착은 시간 평균을 본다는 사실을 이용하여 다음 결과를 얻는다.

$$\begin{aligned} W_Q^1 &= V^1 + V_S^2 \\ &= \lambda_1 E[S_1] W_Q^1 + \frac{\lambda_1 E[S_1^2]}{2} + \frac{\lambda_2 E[S_2^2]}{2} \end{aligned} \tag{8.44}$$

또는

$$W_Q^1 = \frac{\lambda_1 E[S_1^2] + \lambda_2 E[S_2^2]}{2(1 - \lambda_1 E[S_1])} \tag{8.45}$$

이다.

W_Q^2를 구하기 위하여 먼저 $V = V^1 + V^2$이므로 식 (8.42)와 (8.43)으로부터 다음을 얻게 됨에 주목한다.

$$\begin{aligned} \frac{\lambda_1 E[S_1^2] + \lambda_2 E[S_2^2]}{2(1 - \lambda_1 E[S_1] - \lambda_2 E[S_2])} &= \lambda_1 E[S_1] W_Q^1 + \lambda_2 E[S_2] W_Q^2 \\ &\quad + \frac{\lambda_1 E[S_1^2]}{2} + \frac{\lambda_2 E[S_2^2]}{2} \\ &= W_Q^1 + \lambda_2 E[S_2] W_Q^2 \qquad \text{식 (8.44)로부터} \end{aligned}$$

이제, 식 (8.45)를 이용하여, 다음 결과를 얻는다.

$$\lambda_2 E[S_2] W_Q^2 = \frac{\lambda_1 E[S_1^2] + \lambda_2 E[S_2^2]}{2} \left[\frac{1}{1 - \lambda_1 E[S_1] - \lambda_2 E[S_2]} - \frac{1}{1 - \lambda_1 E[S_1]} \right]$$

이로부터 다음을 얻는다.

$$W_Q^2 = \frac{\lambda_1 E[S_1^2] + \lambda_2 E[S_2^2]}{2(1 - \lambda_1 E[S_1] - \lambda_2 E[S_2])(1 - \lambda_1 E[S_1])} \tag{8.46}$$

이다.

참고:

(i) 식 (8.45)로부터 W_Q^1이 유한하기 위한 조건은 $\lambda_1 E[S_1] < 1$이고 이 조건은 유형 2의 모수들과 독립임에 주목하라. (이는 직관에 맞는가?) W_Q^2가 유한이기 위해서는 식 (8.46)으로부터 다음 조건이 필요하다.

$$\lambda_1 E[S_1] + \lambda_2 E[S_2] < 1$$

모든 고객의 도착률은 $\lambda = \lambda_1 + \lambda_2$이고 한 명의 고객의 평균 서비스시간은 $(\lambda_1/\lambda)E[S_1] + (\lambda_2/\lambda)E[S_2]$이기 때문에, 위의 조건은 단순히 평균 도착률은 평균 서비스율보다 작다가 된다.

(ii) n개의 고객 유형이 있으면, 유사한 방식으로 V^j, $j = 1, \ldots, N$에 대해 풀 수 있다. 먼저, 시스템 안의 유형 $1, \ldots, j$ 고객의 총 일의 양은 유형 $1, \ldots, j$에 연관된 내부의 우선순위 규칙과는 독립이고, 단지 유형 $j + 1, \ldots, n$ 고객보다 높은 우선순위가 주어진다는 사실에만 의존한다는 점에 주목한다. (왜 그런가? 추론해 보라!) 그러므로, $V^1 + \cdots + V^j$는 유형 $1, \ldots, j$를 단일 유형 I로 취급하고 유형 $j + 1, \ldots, n$을 단일 유형 II로 취급할 때와 동일하다. 이제 식 (8.43)부터 다음 결과를 얻는다.

$$V^{\text{I}} = \frac{\lambda_{\text{I}} E[S_{\text{I}}^2] + \lambda_{\text{I}} \lambda_{\text{II}} E[S_{\text{I}}] E[S_{\text{II}}^2]}{2(1 - \lambda_{\text{I}} E[S_{\text{I}}])}$$

여기서

$$\lambda_{\mathrm{I}} = \lambda_1 + \cdots + \lambda_j,$$
$$\lambda_{\mathrm{II}} = \lambda_{j+1} + \cdots + \lambda_n,$$
$$E[S_{\mathrm{I}}] = \sum_{i=1}^{j} \frac{\lambda_i}{\lambda_{\mathrm{I}}} E[S_i],$$
$$E[S_{\mathrm{I}}^2] = \sum_{i=1}^{j} \frac{\lambda_i}{\lambda_{\mathrm{I}}} E[S_i^2],$$
$$E[S_{\mathrm{II}}^2] = \sum_{i=j+1}^{n} \frac{\lambda_i}{\lambda_{\mathrm{II}}} E[S_i^2]$$

이다. 그러므로, $V^{\mathrm{I}} = V^1 + \cdots + V^j$이기 때문에 각각의 $j = 1, \ldots, n$에 대해 $V^1 + \cdots + V^j$에 대한 수식을 얻고 이를 풀어서 개별 V^1, V^2, $\ldots$, V^j에 대한 수식을 얻는다. 이제 식 (8.43)으로부터 W_Q^i를 얻는다. 이 모든 것의 결과는(연습 문제로 남김) 다음과 같다.

$$W_Q^i = \frac{\lambda_1 E[S_1^2] + \cdots + \lambda_n E[S_n^2]}{2\prod_{j=i-1}^{i}(1 - \lambda_1 E[S_1] - \cdots - \lambda_j E[S_j])}, \qquad i = 1, \ldots, n \tag{8.47}$$

8.6.3 M/G/1 최적화의 예

고객이 발생률 λ인 푸아송과정에 따라 도착하고 서비스시간이 서로 독립이고 분포함수 G를 갖는 단일 서버 시스템을 고려한다. $\rho = \lambda E[S]$라 하자. 여기서 S는 서비스시간 확률변수를 나타내고 $\rho < 1$이라고 가정한다. 바쁜 기간이 끝날 때마다 서버가 떠나서 n명의 대기고객이 있을 때까지 돌아오지 않는다고 가정한다. 서버가 돌아오면 다시 시스템이 빌 때까지 서비스를 계속한다. 시스템 설비가 시스템 안에 있는 고객 한 명이 머무르는 단위시간 당 c의 비율로 비용을 유발하고 아울러 서버가 돌아올 때마다 비용 K가 발생한다면, 이 시스템 설비에 의해 유발되는 단위시간당 비용의 장기 평균을 최소화하는 n, $n \geqslant 1$ 값은 무엇이며, 이 때 최소 비용은 얼마인가?

위 질문에 답하기 위해 먼저 n명의 대기고객이 있을 때마다 서버가 돌아오는 정책에 대한 평균 단위시간당 비용 $A(n)$을 구하자. 그러기 위해 서버가 돌아올 때마다 새로운 주기가 시작된다고 하자. 주기가 시작할 때 모든 것이 확률적으로 다시 시작한다는 것을 쉽게 알 수 있기 때문에, 재생보상과정 이론으로부터, $C(n)$이 한 주기 동안 유발된 비용이고 $T(n)$이 한 주기의 길이라면, 다음을 얻는다.

$$A(n) = \frac{E[C(n)]}{E[T(n)]}$$

$E[C(n)]$과 $E[T(n)]$을 구하기 위해, 한 주기 동안 시스템 안에 처음으로 총 i명 고객이 있는 시점부터 그 후 처음으로 $i - 1$명이 있는 시점까지의 구간의 길이 T_i를 고려해 본다. 이 경우, $\sum_{i=1}^{n} T_i$는 한 주기 동안 서버가 바쁜 시간이 된다. 시스템 안에 n명의 고객이 있을 때까지 유휴시간의 평균을 추가로 더하면 다음 결과를 얻는다.

$$E[T(n)] = \sum_{i=1}^{n} E[T_i] + n/\lambda$$

이제 서비스가 막 시작하려고 하고 대기열 안에 $i - 1$명 고객이 있는 순간의 시스템을 고려해 보자. 서비스 시간은 고객이 서비스 받는 순서에 의존하지 않으므로, 서비스 순서는 후입선출이라고 가정한다.

이는 현재 대기열 안에 있는 $i-1$명 고객에 대한 서비스는 시스템 안에 이 $i-1$명만 있을 때까지는 시작하지 않음을 의미한다. 그러므로, 시스템 안에 i명 고객이 있을 때부터 $i-1$명 고객이 있을 때까지 걸리는 시간은 $M/G/1$ 시스템이 한 명의 고객이 있을 때(방금 서비스 시작)부터 시스템이 빌 때까지 시간과 동일한 분포를 갖는다. 즉, 이 분포는 $M/G/1$ 시스템의 바쁜 기간 B의 분포와 동일하다. (본질적으로 같은 논거가 예제 5.25에서 이용되었다.) 그러므로,

$$E[T_i] = E[B] = \frac{E[S]}{1-\rho}$$

이고, 이는 다음을 의미한다.

$$E[T(n)] = \frac{nE[S]}{1-\lambda E[S]} + \frac{n}{\lambda} = \frac{n}{\lambda(1-\rho)} \tag{8.48}$$

$E[C(n)]$ 값을 구하기 위해, 대기열에 $i-1$명이 있고 서비스가 막 시작할 때부터 이 대기열 안의 $i-1$명만 시스템에 남을 때까지의 시간 T_i 동안 유발된 비용을 C_i이라 하자. 즉, $K+\sum_{i=1}^{n} C_i$는 주기 중 바쁜 기간 동안 유발된 총 비용을 나타낸다. 또한, 주기 중 유휴기간 동안 i, $i=1,\ldots,n-1$명 고객이 있는 시간은 발생률 λ인 지수시간이고, 그 결과 이 기간 동안 평균 비용은 $c\,(1+\cdots+n-1)/\lambda$이다. 결론적으로,

$$E[C(n)] = K + \sum_{i=1}^{n} E[C_i] + \frac{n(n-1)c}{2\lambda} \tag{8.49}$$

이다.

$E[C_i]$ 값을 찾기 위해 길이 T_i인 구간이 시작하는 순간을 고려한다. 이 구간이 끝나고 시스템 안에 $i-1$명 고객만 있을 때까지 도착한(그리고 서비스 받은) 모든 고객들이 시스템 안에서 보낸 시간의 합을 첫 서비스 시간과 더한 값을 W_i라 하자. 그러면,

$$C_i = (i-1)cT_i + cW_i$$

이다. 여기서 첫 번째 항은 길이 T_i의 구간 동안 대기열 안에 있는 $i-1$명의 고객 때문에 유발된 비용을 나타낸다. W_i는 $M/G/1$의 바쁜 기간 동안 도착한 모든 고객이 시스템 안에서 머무른 시간 W_b와 같은 분포를 가짐을 쉽게 알 수 있기 때문에, 다음을 얻는다.

$$E[C_i] = (i-1)c\frac{E[S]}{1-\rho} + cE[W_b] \tag{8.50}$$

식 (8.49)을 사용하면, 이는 다음을 준다.

$$\begin{aligned} E[C(n)] &= K + \frac{n(n-1)cE[S]}{2(1-\rho)} + ncE[W_b] + \frac{n(n-1)c}{2\lambda} \\ &= K + ncE[W_b] + \frac{n(n-1)c}{2\lambda}\left(\frac{\rho}{1-\rho}+1\right) \\ &= K + ncE[W_b] + \frac{n(n-1)c}{2\lambda(1-\rho)} \end{aligned}$$

이를 식 (8.48)과 함께 활용하면 다음이 얻어진다.

$$A(n) = \frac{K\lambda(1-\rho)}{n} + \lambda c(1-\rho)E[W_b] + \frac{c(n-1)}{2} \tag{8.51}$$

$E[W_b]$를 구하기 위해 다음과 같은 $M/G/1$ 시스템의 고객이 시스템 안에서 보낸 평균 시간에 관한 결

과를 사용한다.

$$W = W_Q + E[S] = \frac{\lambda E[S^2]}{2(1-\rho)} + E[S]$$

그런데 $j, j \geqslant 1$ 번째 날 $M/G/1$ 시스템에 j 번째 도착한 고객이 시스템 안에 머무른 총 시간과 같은 금액을 번다고 상상하면, 재생보상과정으로부터 다음 결과를 얻는다(바쁜 기간이 끝날 때 모든 것이 확률적으로 다시 시작하기 때문에).

$$W = \frac{E[W_b]}{E[N]}$$

여기서 N은 $M/G/1$ 바쁜 기간 동안 서비스 받은 고객 수이다. $E[N] = 1/(1-\rho)$이므로 다음을 알 수 있다.

$$(1-\rho)E[W_b] = W = \frac{\lambda E[S^2]}{2(1-\rho)} + E[S]$$

그러므로, 식 (8.51)을 사용하여, 다음을 얻는다.

$$A(n) = \frac{K\lambda(1-\rho)}{n} + \frac{c\lambda^2 E[S^2]}{2(1-\rho)} + c\rho + \frac{c(n-1)}{2}$$

n의 최적값을 구하기 위하여 n을 연속변수처럼 취급하고 위 식을 미분하면 다음 결과를 얻는다.

$$A'(n) = \frac{-K\lambda(1-\rho)}{n^2} + \frac{c}{2}$$

위 식이 0과 같다고 놓고 풀면 다음과 같은 n의 최적값을 얻는다.

$$n^* = \sqrt{\frac{2K\lambda(1-\rho)}{c}}$$

그리고, 단위시간당 최소 평균 비용은 다음과 같다.

$$A(n^*) = \sqrt{2\lambda K(1-\rho)c} + \frac{c\lambda^2 E[S^2]}{2(1-\rho)} + c\rho - \frac{c}{2}$$

다음과 같은 보다 단순한 정책을 사용했을 때 얼마나 최소 평균비용에 근접할 수 있는지 알아보자. 서버가 시스템에 고객이 없으면 떠났다가 고정된 시간 t 후에 돌아온다. 서버가 떠날 때마다 새로운 주기가 시작된다고 하자. 한 주기의 유휴기간과 바쁜 기간 동안 유발된 평균 비용은 서버가 없는 t 시간 동안 도착한 고객 수 $N(t)$에 조건을 주어 구한다. 한 주기 동안 유발된 비용을 $\bar{C}(t)$라고 할 때, 다음 결과를 얻는다.

$$\begin{aligned} E[\bar{C}(t) \mid N(t)] &= K + \sum_{i=1}^{N(t)} E[C_i] + cN(t)\frac{t}{2} \\ &= K + \frac{N(t)(N(t)-1)cE[S]}{2(1-\rho)} + N(t)cE[W_b] + cN(t)\frac{t}{2} \end{aligned}$$

첫 번째 등식의 마지막 항은 한 주기의 유휴기간 동안 비용의 조건부 기댓값이다. 이것은 t 동안의 도착고객 수가 주어졌을 때 도착시간들은 서로 독립이고 $(0, t)$ 구간 위에 균등하게 분포한다는 사실을 이용하여 얻어졌다. 두 번째 등식은 식 (8.50)을 사용했다. $N(t)$는 평균 λt인 푸아송 분포를 가지므로, $E[N(t)(N(t)-1)] = E[N^2(t)] - E[N(t)] = \lambda^2 t^2$이다. 그러므로 위 식에 평균값을 취하면 다음이 된다.

$$E[\bar{C}(t)] = K + \frac{\lambda^2 t^2 c E[S]}{2(1-\rho)} + \lambda t c E[W_b] + \frac{c\lambda t^2}{2}$$
$$= K + \frac{c\lambda t^2}{2(1-\rho)} + \lambda t c E[W_b]$$

유사하게, $\bar{T}(t)$가 한 주기시간이라면, 다음과 같다.

$$E[\bar{T}(t)] = E[E[\bar{T}(t)|N(t)]]$$
$$= E[t + N(t)E[B]]$$
$$= t + \frac{\rho t}{1-\rho}$$
$$= \frac{t}{1-\rho}$$

그러므로, 단위시간당 평균 비용 $\bar{A}(t)$는

$$\bar{A}(t) = \frac{E[\bar{C}(t)]}{E[\bar{T}(t)]}$$
$$= \frac{K(1-\rho)}{t} + \frac{c\lambda t}{2} + c\lambda(1-\rho)E[W_b]$$

이다. 따라서, 식 (8.51)로부터 다음을 알 수 있다.

$$\bar{A}(n/\lambda) - A(n) = c/2$$

이는 현재 시스템 안의 고객 수에 따라 서버가 돌아오는 것을 결정하는 것을 허용하면 평균 비용을 단지 $c/2$만큼만 줄일 수 있음을 보여준다. ■

8.6.4 서버 고장이 있는 M/G/1

고객들이 발생률 λ인 푸아송과정에 따라 도착하고 각 고객이 요구하는 서비스시간의 분포는 G인 단일 서버 시스템을 고려하자. 그러나, 작동 중일 때 서버는 α의 지수비율로 고장이 난다고 가정한다. 즉, 작동 중인 서버가 고장 없이 추가로 t 시간 작동할 확률은 $e^{-\alpha t}$이다. 서버가 고장 나면 즉시 수리시설로 보낸다. 수리시간은 분포 H를 갖는 확률변수이다. 고장이 발생했을 때 서비스 중이었던 고객은 서버가 돌아오면 고장이 일어났던 시점부터 서비스를 이어나간다고 가정한다(그러므로, 고객이 작동 중인 서버로부터 실제 서비스를 받는 총 시간은 분포 G를 갖는다.)

고객의 "서비스시간"이 고객이 서버가 수리를 받고 돌아오기 기다리는 시간을 포함하도록 하면, 앞서 설명한 시스템은 $M/G/1$이 된다. 고객이 처음 서비스 받기 시작하여 시스템을 떠날 때까지 시간을 T라 하면, T는 $M/G/1$ 대기행렬의 서비스시간 확률변수가 된다. 고객이 처음 서비스가 시작될 때까지 대기열에서 기다리는 평균 시간은 다음과 같다.

$$W_Q = \frac{\lambda E[T^2]}{2(1-\lambda E[T])}$$

$E[T]$와 $E[T^2]$을 계산하기 위해 S를 분포 G를 갖는 서비스 요구시간이라고 하고, N을 한 고객을 서비스 하는 동안 서버가 고장 나는 횟수라고 하며, $R_1, R_2, \ldots$를 서버가 수리시설을 방문할 때마다 보내는 시간이라고 하자. 그러면,

$$T = \sum_{i=1}^{N} R_i + S$$

이다. S에 대해 조건을 주어 다음을 얻는다.

$$E[T|S=s] = E\left[\sum_{i=1}^{N} R_i|S=s\right] + s,$$
$$Var(T|S=s) = \text{Var}\left(\sum_{i=1}^{N} R_i|S=s\right)$$

이제 작동 중인 서버는 항상 지수비율 α로 고장 나는 점을 고려해 보자. 이 경우, 고객이 s 단위시간만큼 서비스를 요청한다고 했을 때, 이 고객이 서비스 중인 동안 서버 고장 횟수는 평균 αs인 푸아송확률변수가 된다. 결론적으로, $S=s$라는 조건 하에서, 확률변수 $\sum_{i=1}^{N} R_i$는 푸아송 평균 αs를 갖는 복합 푸아송확률변수이다. 예제 3.10과 3.17의 결과를 이용하여 다음을 얻는다.

$$E\left[\sum_{i=1}^{N} R_i|S=s\right] = \alpha s E[R], \qquad \text{Var}\left(\sum_{i=1}^{N} R_i|S=s\right) = \alpha s E[R^2]$$

여기서 R은 수리시간 분포 H를 갖는다. 그러므로,

$$E[T|S] = \alpha S E[R] + S = S(1+\alpha E[R]),$$
$$\text{Var}(T|S) = \alpha S E[R^2]$$

이다. 따라서,

$$E[T] = E[E[T|S]] = E[S](1+\alpha E[R])$$

이고, 조건부 분산 공식에 의해

$$\begin{aligned}\text{Var}(T) &= E[\text{Var}(T|S)] + \text{Var}(E[T|S]) \\ &= \alpha E[S]E[R^2] + (1+\alpha E[R])^2 \text{Var}(S)\end{aligned}$$

이다. 그러므로,

$$\begin{aligned}E[T^2] &= \text{Var}(T) + (E[T])^2 \\ &= \alpha E[S]E[R^2] + (1+\alpha E[R])^2 E[S^2]\end{aligned}$$

이 된다. 결론적으로, $\lambda E[T] = \lambda E[S](1+\alpha E[R]) < 1$이라고 가정하면, 다음을 얻는다.

$$W_Q = \frac{\lambda\alpha E[S]E[R^2] + \lambda(1+\alpha E[R])^2 E[S^2]}{2(1-\lambda E[S](1+\alpha E[R]))}$$

이로부터, 이제 다음을 얻는다.

$$L_Q = \lambda W_Q,$$
$$W = W_Q + E[T],$$
$$L = \lambda W$$

관심을 가질만한 다른 수치들은

(i) P_w, 서버가 작동하는 시간 비율
(ii) P_r, 서버가 수리중인 시간 비율
(iii) P_I, 서버가 유휴상태인 시간 비율

이다. 이 수치들은 모두 대기행렬 상등관계를 이용하여 구할 수 있다. 예를 들어, 고객들이 실제 서비스를 받는 단위시간당 1만큼 지불한다고 가정하면

시스템이 버는 평균 비율 $= P_w$,
고객이 지불하는 평균 금액 $= E[S]$

이다. 그러므로, 상등관계로부터 다음을 얻는다.

$$P_w = \lambda E[S]$$

P_r을 구하기 위해 서비스가 중단된 고객이 서버가 수리되는 동안 단위시간당 1만큼 지불한다고 가정한다. 그러면,

시스템이 버는 평균 비율 $= P_r$,

고객이 지불하는 평균 금액 $= E\left[\sum_{i=1}^{N} R_i\right] = \alpha E[S]E[R]$

이 되고, 다음 결과를 얻는다.

$$P_r = \lambda\alpha E[S]E[R]$$

물론 P_I는 다음으로부터 얻을 수 있다.

$$P_I = 1 - P_w - P_r$$

참고: P_w와 P_r은 우선 $1 - P_0 = \lambda E[T]$이 서버가 작업 중이거나 수리 중인 시간의 비율임에 주목하여 얻을 수 있다. 즉,

$$P_w = \lambda E[T]\frac{E[S]}{E[T]} = \lambda E[S],$$
$$P_r = \lambda E[T]\frac{E[T] - E[S]}{E[T]} = \lambda E[S]\alpha E[R]$$

■

8.7 G/M/1 모형

$G/M/1$ 모형은 연이은 도착간격은 임의의 분포 G를 갖는다고 가정한다. 서비스시간은 발생률 μ인 지수분포를 따르며, 단일서버가 존재한다.

이 모형을 분석할 때 당면하는 어려움은 시스템 안의 고객 수가 상태 공간 역할을 할 만큼 충분한 정보를 제공하지 못 하는데 기인한다. 왜냐 하면 현재까지 발생한 일들을 요약할 때 시스템 안에 있는 고객 수뿐만 아니라 직전 도착 이후 경과한 시간도 알아야 하기 때문이다(G는 망각성질을 가지고 있지 않기 때문). (왜 서비스 중인 고객이 이미 서비스에 사용한 시간에 대해 관심을 둘 필요는 없는가?) 이 문제를 해결하기 위해 고객이 도착할 때만 시스템을 관찰하도록 한다. X_n, $n \geqslant 1$을 다음과 같이 정의한다.

$X_n \equiv n$번째 도착이 본 시스템 안의 고객 수

$\{X_n, n \geqslant 1\}$이 마코프체인임은 쉽게 알 수 있다. 이 마코프체인의 전이확률 P_{ij}를 계산하기 위해 먼저 서비스할 고객이 있기만 하면 t시간 동안 서비스 횟수는 평균 μt인 푸아송확률변수임을 주목한다. 연속된 서비스시간은 지수분포를 따르므로, 이는 서비스 횟수는 푸아송과정임을 의미한다. 그러므로,

$$P_{i,i+1-j} = \int_0^\infty e^{-\mu t}\frac{(\mu t)^j}{j!}\,dG(t), \qquad j = 0, 1, \ldots, i$$

이다. 이는 도착고객이 시스템 안에 i명의 고객을 발견하면 다음 도착 고객은 $i + 1$에서 서비스 받은 고객 수만큼을 제외한 고객을 보게 되고, j명이 서비스 받을 확률은 위 식의 우변과 같음(연이은 도착간격

에 조건을 주어)을 쉽게 알 수 있기 때문이다.

P_{i0}를 구하기 위한 공식은 조금 다르며(이 값은 최소한 $i+1$개 푸아송사건이 분포 G를 갖는 임의의 시간 동안 발생할 확률이다), 다음으로부터 얻을 수 있다.

$$P_{i0} = 1 - \sum_{j=0}^{i} P_{i,i+1-j}$$

극한 확률 π_k, $k = 0, 1, \ldots$, 은 다음 방정식의 유일해를 구해서 얻을 수 있다.

$$\pi_k = \sum_i \pi_i P_{ik}, \qquad k \geqslant 0,$$

$$\sum_i \pi_k = 1$$

이 식들은, 이 경우에는, 다음과 같이 줄일 수 있다.

$$\pi_k = \sum_{i=k-1}^{\infty} \pi_i \int_0^\infty e^{-\mu t} \frac{(\mu t)^{i+1-k}}{(i+1-k)!}\, dG(t), \qquad k \geqslant 1,$$

$$\sum_0^\infty \pi_k = 1 \tag{8.52}$$

(방정식 중 하나는 항상 중복이기 때문에 $\pi_0 = \sum \pi_i P_{i0}$는 포함하지 않았다.)

위 식을 풀기 위해 $\pi_k = c\beta^k$ 형태를 갖는 해를 시도해 보자. 식 (8.52)에 대입하면 다음으로 이어진다.

$$\begin{aligned} c\beta^k &= c \sum_{i=k-1}^{\infty} \beta^i \int_0^\infty e^{-\mu t} \frac{(\mu t)^{i+1-k}}{(i+1-k)!}\, dG(t) \\ &= c \int_0^\infty e^{-\mu t} \beta^{k-1} \sum_{i=k-1}^{\infty} \frac{(\beta\mu t)^{i+1-k}}{(i+1-k)!}\, dG(t) \end{aligned} \tag{8.53}$$

그러나,

$$\begin{aligned} \sum_{i=k-1}^{\infty} \frac{(\beta\mu t)^{i+1-k}}{(i+1-k)!} &= \sum_{j=0}^{\infty} \frac{(\beta\mu t)^j}{j!} \\ &= e^{\beta\mu t} \end{aligned}$$

이고, 따라서 식 (8.53)은 다음과 같이 줄일 수 있다.

$$\beta^k = \beta^{k-1} \int_0^\infty e^{-\mu t(1-\beta)} dG(t)$$

또는,

$$\beta = \int_0^\infty e^{-\mu t(1-\beta)} dG(t) \tag{8.54}$$

이다. 상수 c는 $\sum_k \pi_k = 1$로부터 얻을 수 있고, 이는 다음을 의미하게 된다.

$$c \sum_0^\infty \beta^k = 1$$

또는,

$$c = 1 - \beta$$

이다. (π_k)는 식 (8.52)의 유일한 해이기 때문에, 그리고 $\pi_k = (1 - \beta)\beta^k$가 그 방정식을 만족시키므로, 다음을 얻게 된다.

$$\pi_k = (1 - \beta)\beta^k, \qquad k = 0, 1, \ldots$$

여기서 β는 식 (8.54)의 해이다. (G의 평균이 평균 서비스시간 $1/\mu$보다 크면, 식 (8.54)를 만족하는 유일해 β가 0과 1 사이에 존재함을 보일 수 있다.) β의 정확한 값은 보통 수치적 방법으로 얻을 수 있다.

π_k는 도착고객이 k명의 고객을 볼 극한확률이므로, 이 값은 바로 8.2절에서 정의된 α_k이다. 그러므로,

$$\alpha_k = (1 - \beta)\beta^k, \qquad k \geqslant 0 \tag{8.55}$$

이다. W는 고객이 도착할 때 시스템 안에 있는 고객 수에 조건을 주어 구할 수 있다. 이로부터 다음을 얻는다.

$$\begin{aligned} W &= \sum_k E[\text{시스템 안에 있는 시간} \mid \text{도착할 때 } k\text{명을 봄}](1 - \beta)\beta^k \\ &= \sum_k \frac{k+1}{\mu}(1 - \beta)\beta^k \qquad \left(\begin{array}{l}\text{도착할 때 } k\text{명을 보면 } k+1\text{번 서비스기간 동안} \\ \text{시스템 안에 있기 때문에}\end{array}\right) \\ &= \frac{1}{\mu(1 - \beta)} \qquad \left(\sum_0^{\infty} kx^k = \frac{x}{(1 - x)^2} \text{ 을 사용하여}\right) \end{aligned}$$

그리고,

$$\begin{aligned} W_Q &= W - \frac{1}{\mu} = \frac{\beta}{\mu(1 - \beta)}, \\ L &= \lambda W = \frac{\lambda}{\mu(1 - \beta)}, \\ L_Q &= \lambda W_Q = \frac{\lambda\beta}{\mu(1 - \beta)} \end{aligned} \tag{8.56}$$

이다. 여기서 λ는 평균 도착간격의 역수이다. 즉,

$$\frac{1}{\lambda} = \int_0^{\infty} x\, dG(x)$$

실제로 8.3.1절과 연습 문제 4에서 $M/M/1$ 모형을 위해 보인 것과 정확히 같은 방법으로 다음을 보일 수 있다.

W^*은 발생률 $\mu(1 - \beta)$인 지수확률변수,

$$W_Q^* = \begin{cases} 0, & \text{확률 } 1 - \beta\text{로} \\ \text{발생률 } \mu(1 - \beta)\text{인 지수확률변수}, & \text{확률 } \beta \text{ 로} \end{cases}$$

여기서 W^*와 W_Q^*는 각각 고객이 시스템과 대기열에서 보낸 시간(확률변수)이다(평균은 W와 W_Q이다).

$a_k = (1 - \beta)\beta^k$는 도착고객이 시스템 안에 k명이 있는 것을 볼 확률인 반면에, 이 값은 시스템 안에 k명이 있는 시간의 비율과는 같지 않다(도착과정이 푸아송이 아니기 때문에). P_k를 얻기 위해 우선 시스템 안의 고객 수가 $k - 1$에서 k로 변화하는 비율은 k에서 $k - 1$로 변화하는 비율과 같아야 하는 점에 주목한다(왜?). 시스템 안의 고객 수가 $k - 1$에서 k로 변화하는 비율은 도착률 λ를 도착고객이 시스템 안에 $k - 1$명이 있는 것을 볼 확률로 곱한 값과 같다. 즉,

$$\text{시스템 안의 고객 수가 } k-1\text{에서 } k\text{로 변화하는 비율} = \lambda a_{k-1}$$

이다. 유사하게, 시스템 안의 고객 수가 k에서 $k-1$로 변화하는 비율은 시스템 안에 k명이 있는 시간의 비율에 (일정한) 서비스율을 곱한 값과 같다. 즉,

$$\text{시스템 안의 고객 수가 } k\text{에서 } k-1\text{로 변화하는 비율} = P_k\mu$$

이다. 이 비율들을 같다고 놓으면 다음을 얻는다.

$$P_k = \frac{\lambda}{\mu}a_{k-1}, \qquad k \geqslant 1$$

그래서, 식 (8.55)로부터

$$P_k = \frac{\lambda}{\mu}(1-\beta)\beta^{k-1}, \qquad k \geqslant 1$$

이고, $P_0 = 1 - \sum_{k=1}^{\infty} P_k$이므로, 다음을 얻는다.

$$P_0 = 1 - \frac{\lambda}{\mu}$$

참고: 앞에 나온 분석과정에서 $\pi_k = c\beta^k$ 형태를 갖는 마코프체인의 정상확률을 추측하고, 정상 방정식 (8.52)에 대입하여 확인하였다. 그러나, 마코프체인의 정상확률이 이런 형태를 갖는다고 직접적으로 주장할 수도 있었다. 이를 위해, β_i를 마코프체인에서 연이어 상태 i, $i \geqslant 0$를 방문하는 사이에 상태 $i+1$을 방문하는 평균 횟수로 정의한다. 이제 다음을 보이는 것은 어렵지 않다(독자 스스로 논증해보기 바람).

$$\beta_0 = \beta_1 = \beta_2 = \cdots = \beta$$

이제 재생보상과정을 이용하여 다음을 보일 수 있다.

$$\pi_{i+1} = \frac{E[i\text{–}i\text{ 주기 안에 상태 } i+1\text{을 방문하는 횟수}]}{E[i\text{–}i\text{주기 안의 전이 횟수}]} = \frac{\beta_i}{1/\pi_i}$$

그래서,

$$\pi_{i+1} = \beta_i\pi_i = \beta\pi_i, \qquad i \geqslant 0$$

이며, $\sum_0^{\infty} \pi_i = 1$이므로, 다음을 얻는다.

$$\pi_i = \beta^i(1-\beta), \qquad i \geqslant 0$$

8.7.1 G/M/1 바쁜 기간과 유휴기간

도착고객이 시스템이 비어 있음을 발견했고, 그래서 바쁜 기간이 시작되었다고 가정하자. 이 바쁜 기간 동안 서비스 된 고객 수를 N이라 하자. (바쁜 기간이 시작된 후) N번째 도착한 고객 역시 시스템이 비어 있음을 발견하게 되고, N은 (8.7절의) 마코프체인이 상태 0에서 상태 0으로 가는데 걸리는 전이 횟수가 된다. 그러므로, $1/E[N]$은 이 마코프체인을 상태 0으로 보내는 전이의 비율이다. 또는, 동일한 의미로, 이 숫자는 시스템이 비어 있음을 발견하는 도착고객의 비율이다. 그러므로,

$$E[N] = \frac{1}{a_0} = \frac{1}{1-\beta}$$

이다. 또한, 다음 바쁜 기간은 다음 N번째 도착 이후에 시작하므로 주기시간(즉, 바쁜 기간과 유휴기간의 합)은 이 N번째 도착까지 시간과 같다. 다시 말하면, 바쁜 기간과 유휴기간의 합은 N개 도착간격의 합으로 표현될 수 있다. 즉, T_i가 바쁜 기간 시작 후 i번째 도착간격이라면,

$$E[\text{바쁜기간}] + E[\text{유휴기간}] = E\left[\sum_{i=1}^{N} T_i\right]$$

$$= E[N]E[T] \qquad (\text{월드의 등식에 의해})$$

$$= \frac{1}{\lambda(1-\beta)} \tag{8.57}$$

이다. E[바쁜 기간]과 E[유휴기간] 사이의 두 번째 연관식을 위해, 8.5.3절에서와 같은 방법을 이용하여 다음과 같이 결론짓는다.

$$1 - P_0 = \frac{E[\text{바쁜 기간}]}{E[\text{유휴기간}] + E[\text{바쁜 기간}]}$$

그리고, $P_0 = 1 - \lambda/\mu$이므로 식 (8.57)을 함께 사용하여, 다음을 얻는다.

$$E[\text{바쁜기간}] = \frac{1}{\mu(1-\beta)},$$

$$E[\text{유휴기간}] = \frac{\mu - \lambda}{\lambda\mu(1-\beta)}$$

8.8 유한 발생원 모형

작업시간이 서로 독립이고 발생률 λ인 지수 확률변수인 m개의 기계로 이루어진 시스템을 고려한다. 고장이 발생하면 그 기계는 즉각 수리공이 한 명인 수리시설로 보내진다. 수리공이 유휴 상태이면 수리가 시작되고, 그렇지 않으면 고장 난 기계들이 기다리는 대기열에 합류한다. 기계가 수리되면 작동기계가 되고, 대기열에서 기다리던 고장 난 기계들 중 한 기계에 대해 수리가 시작된다 (대기열이 비어 있지 않다면). 연속적인 수리시간은 밀도함수 g를 갖는 서로 독립인 확률변수이다. 그 평균은 다음과 같다.

$$\mu_R = \int_0^\infty x g(x)\, dx$$

이 시스템을 분석하여 고장 난 기계의 평균 대수, 고장 상태로 있는 평균 시간과 같은 양을 계산하기 위해, 지수분포를 갖는 작업시간을 이용하여 마코프체인을 얻는다. 구체적으로, X_n을 n, $n \geqslant 1$번째 수리가 일어난 직후의 고장기계 대수라고 하자. $X_n = i > 0$이면, n번째 수리가 방금 완료되었을 때 상황은, 1대의 기계에 대한 기계수리가 막 시작하려고 하고 $i - 1$대의 기계가 수리를 위해 대기 중이며 $m - i$대의 작동 중인 기계는 발생률 λ인 지수분포 시간 동안 (독립적으로) 계속 작동할 것이다. 유사하게, $X_n = 0$이면 모든 m대 기계가 작동하고 발생률 λ인 지수분포 시간 동안 (독립적으로) 계속 작동할 것이다. 결론적으로, 시스템의 과거 상태에 관한 어떤 정보도 다음 수리 종료 순간 고장상태 기계 대수의 확률분포에 영향을 미치지 않는다. 그러므로, $\{X_n, n \geqslant 1\}$은 마코프체인이다. 전이확률 $P_{i,j}$를 결정하기 위해 우선 $i > 0$이라고 가정한다. 다음 번 수리시간 길이 R에 조건을 주고 $m - i$개 잔여 작동시간들의 독립성을 이용하면, $j \leqslant m - i$에 대해 다음을 얻는다.

$$P_{i,i-1+j} = P\{R \text{ 동안 } j\text{번 고장}\}$$

$$= \int_0^\infty P\{R \text{ 동안 } j\text{번 고장} | R = r\}\, g(r) dr$$

$$= \int_0^\infty \binom{m-i}{j} (1 - e^{-\lambda r})^j (e^{-\lambda r})^{m-i-j} g(r)\, dr$$

만약 $i = 0$이면, 다음 수리는 기계 중 한 대가 고장 날 때까지 시작하지 않기 때문에,

$$P_{0,j} = P_{1,j}, \qquad j \leqslant m-1$$

이다. 이 마코프체인의 정상확률을 π_j, $j = 0, \ldots, m-1$라 하자. 즉, π_j는 다음 방정식의 유일해이다.

$$\pi_j = \sum_i \pi_i P_{i,j},$$

$$\sum_{j=0}^{m-1} \pi_j = 1$$

그러므로, 전이확률을 명시적으로 구하고 앞의 방정식을 풀면, 수리 완료 후 모든 기계가 작동하고 있을 비율 π_0 값을 알 수 있다. 시스템이 모든 기계가 작동 중이면 "켜짐" 상태이고, 그렇지 않으면 "꺼짐" 상태라고 하자. (즉, 수리공이 유휴 상태일 때 시스템은 켜짐 상태이고 수리공이 바쁘면 꺼짐 상태이다.) 시스템이 켜짐 상태로 돌아가면 모든 기계가 작동 중이므로, 지수분포의 망각성으로부터, 시스템이 켜질 때 시스템은 확률적으로 다시 시작하게 된다. 그러므로 이 켜짐-꺼짐 시스템은 **교대재생과정**이다. 이 시스템이 방금 켜짐 상태가 되어, 새로운 주기를 시작했다고 가정하자. 이 순간부터 i번째 수리까지 시간을 R_i, $i \geqslant 1$라고 하자. 또한, N은 이 주기 중 꺼짐(바쁜) 기간 동안 수리 횟수를 나타낸다. 그러면, 꺼짐 기간의 길이 B는 다음 같이 표현될 수 있다.

$$B = \sum_{i=1}^{N} R_i$$

비록 N이 수열 $R_1, R_2, \ldots$와 독립은 아니지만, N이 이 수열의 정지시간임은 쉽게 확인할 수 있다. 그래서 월드의 등식(7장 연습 문제 13 참조)에 의해 다음을 얻는다.

$$E[B] = E[N]E[R] = E[N]\mu_R$$

또한, 켜짐 기간은 기계 중 한 대가 고장 날 때까지 지속되기 때문에, 그리고 독립인 지수확률변수들의 최솟값은 이 변수들의 발생률의 합과 같은 발생률을 갖는 지수분포를 따르기 때문에, 한 주기 동안 켜짐(유휴) 기간의 평균 $E[I]$는 다음과 같이 주어진다.

$$E[I] = 1/(m\lambda)$$

그러므로, 수리공이 바쁜 시간의 비율 P_B는 다음 식을 만족한다.

$$P_B = \frac{E[N]\mu_R}{E[N]\mu_R + 1/(m\lambda)}$$

그러나, 평균적으로 $E[N]$번 수리 완료마다 한 번은 모든 기계를 작동 상태로 만들므로, 다음을 얻게 된다.

$$\pi_0 = \frac{1}{E[N]}$$

결론적으로,

$$P_B = \frac{\mu_R}{\mu_R + \pi_0/(m\lambda)} \tag{8.58}$$

이다.

이제 기계들 중 한 대에 주의를 집중하고, 이 기계를 기계 1이라고 한다. $P_{1,R}$이 기계 1이 수리 중인 시간의 비율을 나타낸다고 하자. 수리공이 바쁜 시간 비율은 P_B이기 때문에, 그리고 모든 기계는 같은 속도로 고장 나고 같은 수리시간 분포를 갖기 때문에, 다음을 얻게 된다.

$$P_{1,R} = \frac{P_B}{m} = \frac{\mu_R}{m\mu_R + \pi_0/\lambda} \tag{8.59}$$

그러나, 기계 1은 작동 중인 기간, 대기열에서 기다리는 기간, 수리 중인 기간 사이를 오간다. W_i, Q_i, S_i가 각각 기계 1의 i번째 작동시간, i번째 대기시간, i번째 수리시간이라고 하자. 그러면, 기계 1이 처음 n번의 작동-대기-수리 주기 동안 수리 중인 시간 비율은 다음과 같다.

처음 n번 주기 동안 수리 중인 시간 비율

$$= \frac{\sum_{i=1}^n S_i}{\sum_{i=1}^n W_i + \sum_{i=1}^n Q_i + \sum_{i=1}^n S_i}$$
$$= \frac{\sum_{i=1}^n S_i/n}{\sum_{i=1}^n W_i/n + \sum_{i=1}^n Q_i/n + \sum_{i=1}^n S_i/n}$$

n을 무한대로 보내고, W_i와 S_i의 평균이 각각 $1/\lambda$와 μ_R로 수렴함을 알려주는 큰 수의 강법칙을 사용하여 다음을 얻는다.

$$P_{1,R} = \frac{\mu_R}{1/\lambda + \bar{Q} + \mu_R}$$

여기서 $\bar{Q}$는 기계 1이 고장 났을 때 대기열에서 보낸 시간의 평균이다. 식 (8.59)를 사용하면, 위 식은 다음과 같이 된다.

$$\frac{\mu_R}{m\mu_R + \pi_0/\lambda} = \frac{\mu_R}{1/\lambda + \bar{Q} + \mu_R}$$

이를 정리하면 다음을 얻는다.

$$\bar{Q} = (m-1)\mu_R - (1-\pi_0)/\lambda$$

게다가, 모든 기계는 확률적으로 동일하기 때문에 $\bar{Q}$는 고장 난 기계가 대기열에서 보낸 평균 시간 W_Q와 같다. 대기열 안의 평균 기계 대수를 구하기 위해 기본 대기행렬 상등관계를 사용하면 다음을 얻는다.

$$L_Q = \lambda_a W_Q = \lambda_a \bar{Q}$$

여기서 λ_a는 기계들이 고장 나는 평균 비율이다. λ_a를 구하기 위해 다시 기계 1에 주의를 집중하고 기계 1이 수리 중일 때마다 단위시간당 1씩 수익을 얻는다고 가정한다. 그러면 식 (8.1)의 기본 비용 상등관계로부터 다음을 얻는다.

$$P_{1,R} = r_1 \mu_R$$

여기서 r_1은 기계 1이 고장 나는 평균 비율이다. 그러므로 식 (8.59)로부터 다음을 얻는다.

$$r_1 = \frac{1}{m\mu_R + \pi_0/\lambda}$$

모든 m대 기계가 같은 비율로 고장 나기 때문에, 위 식은 다음을 의미한다.

$$\lambda_a = mr_1 = \frac{m}{m\mu_R + \pi_0/\lambda}$$

이는 대기열 안의 평균 기계 대수가 다음과 같음을 알게 해 준다.

$$L_Q = \frac{m(m-1)\mu_R - m(1-\pi_0)/\lambda}{m\mu_R + \pi_0/\lambda}$$

수리 중인 기계의 평균 대수는 P_B이므로, 위 결과는 식 (8.58)과 더불어 고장 상태인 기계의 평균 대수가 다음과 같음을 보여준다.

$$L = L_Q + P_B = \frac{m^2\mu_R - m(1-\pi_0)/\lambda}{m\mu_R + \pi_0/\lambda}$$

8.9 복수서버 대기행렬

대체로 하나보다 많은 서버를 가진 시스템은 단일서버 시스템보다 분석하기 어렵다. 8.9.1절에서 대기열이 허용되지 않는 푸아송 도착 시스템으로 먼저 시작하고, 8.9.2절에서 무한 용량을 가진 $M/M/k$ 시스템을 고려한다. 이 두 모형에 대해서는 극한확률을 제시할 수 있다. 8.9.3절에서는 $G/M/k$ 모형을 고려한다. 이 모형의 분석은, 적분방정식의 해로 주어졌던 단일값 β 대신에 k개 값이 있다는 점만 제외하고는 G/M/1 모형 분석(8.7절)과 유사하다. 끝으로 8.9.4절에서는 $M/G/k$ 모형을 고려한다. 불행히도 이 모형에 대해서는 앞서 W_Q를 유도하기 위해 사용한 기법을 쓸 수 없으며, 근사적 방법만 다룬다.

8.9.1 얼랑의 손실 시스템

손실 시스템은 모든 서버가 바쁜 것을 발견한 도착고객은 시스템에 들어가지 못하고, 시스템 측면에서 볼 때 손실이 되는 대기행렬 시스템이다. 가장 단순한 손실 시스템은, 고객이 발생률 λ인 푸아송과정에 따라 도착하고 k개 중 최소한 하나의 서버가 한가해야 시스템에 들어가며 발생률 μ인 지수시간만큼 서비스를 받는 $M/M/k$ 손실 시스템이다. 이 시스템의 균형 방정식은 다음과 같다.

상태	떠나는 비율 = 들어오는 비율
0	$\lambda P_0 = \mu P_1$
1	$(\lambda+\mu)P_1 = 2\mu P_2 + \lambda P_0$
2	$(\lambda+2\mu)P_2 = 3\mu P_3 + \lambda P_1$
$i, 0 < i < k$	$(\lambda+i\mu)P_i = (i+1)\mu P_{i+1} + \lambda P_{i-1}$
k	$k\mu P_k = \lambda P_{k-1}$

이 방정식을 다시 쓰면 다음과 같다.

$$\begin{aligned}
\lambda P_0 &= \mu P_1, \\
\lambda P_1 &= 2\mu P_2, \\
\lambda P_2 &= 3\mu P_3, \\
&\ \vdots \\
\lambda P_{k-1} &= k\mu P_k
\end{aligned}$$

또는,

$$\begin{aligned} P_1 &= \frac{\lambda}{\mu}P_0, \\ P_2 &= \frac{\lambda}{2\mu}P_1 = \frac{(\lambda/\mu)^2}{2}P_0, \\ P_3 &= \frac{\lambda}{3\mu}P_2 = \frac{(\lambda/\mu)^3}{3!}P_0, \\ &\vdots \\ P_k &= \frac{\lambda}{k\mu}P_{k-1} = \frac{(\lambda/\mu)^k}{k!}P_0 \end{aligned}$$

그리고, $\sum_0^k P_i = 1$을 이용하여 다음을 얻는다.

$$P_i = \frac{(\lambda/\mu)^i/i!}{\sum_{j=0}^k (\lambda/\mu)^j/j!}, \qquad i = 0, 1, \ldots, k$$

평균 서비스 시간이 $E[S]$일 때 $E[S] = 1/\mu$이므로, 앞의 식은 다음과 같이 쓸 수 있다.

$$P_i = \frac{(\lambda E[S])^i/i!}{\sum_{j=0}^k (\lambda E[S])^j/j!}, \qquad i = 0, 1, \ldots, k \tag{8.60}$$

이제 서비스 분포가 일반적인 점을 제외하고는 동일한 시스템을 고려하자. 즉, 대기열이 허용되지 않는 *M/G/k* 시스템을 고려한다. 이 모형은 때때로 얼랑 손실 공식 **얼랑 손실 시스템**(Erlang loss system)이라고 불린다. 식 (8.60)(**얼랑의 손실 공식**(Erlang's loss formula)이 보다 일반적인 이 시스템에 대해서도 유효하다는 것을 보일 수 있다(비록 증명이 고급 수준이지만).

참고: 식 (8.60)이 $k = 1$일 때 유효함은 쉽게 알 수 있다. 이 경우, $L = P_1$, $W = E[S]$이고 $\lambda_a = \lambda P_0$이다. $L = \lambda_a W$를 이용하여 다음을 얻는다.

$$P_1 = \lambda P_0 E[S]$$

이는, $P_0 + P_1 = 1$이기 때문에, 다음을 의미한다.

$$P_0 = \frac{1}{1+\lambda E[S]}, \qquad P_1 = \frac{\lambda E[S]}{1+\lambda E[S]}$$ ■

8.9.2 M/M/k 대기행렬

M/M/k 무한용량 대기행렬은 균형 방정식 기법을 이용하여 분석할 수 있다. 다음 증명은 독자에게 맡기도록 한다.

$$P_i = \begin{cases} \dfrac{\dfrac{(\lambda/\mu)^i}{i!}}{\displaystyle\sum_{i=0}^{k-1}\frac{(\lambda/\mu)^i}{i!} + \frac{(\lambda/\mu)^k}{k!}\frac{k\mu}{k\mu-\lambda}}, & i \leqslant k \\[2ex] \dfrac{(\lambda/k\mu)^i k^k}{k!}P_0, & i > k \end{cases}$$

이로부터 $\lambda < k\mu$ 조건을 부과할 필요가 있음을 알 수 있다.

8.9.3 G/M/k 대기행렬

이 모형에서 또 다시 k명의 서버가 있고 각각은 지수비율 μ로 서비스를 한다고 가정한다. 그러나, 이번에는 연이은 도착간격이 임의의 분포 G를 갖는 것을 허용한다. 안정상태 (즉, 극한)확률의 존재를 보장하기 위하여, $1/\mu_G < k\mu$ 조건을 가정한다. 여기서, μ_G는 G의 평균이다.*

이 모형의 분석은 $k = 1$인 경우 8.7절에서 제시되었던 방법과 유사하다. 즉, 직전 도착 이후 시간을 추적할 필요를 없애기 위하여, 오직 도착이 일어난 순간의 시스템을 살펴본다. 다시 말하면, X_n을 n번째 도착이 일어난 순간 시스템 안의 고객 수라고 하면, $\{X_n,\ n \geqslant 0\}$은 마코프체인이다.

이 마코프체인의 전이확률을 유도하기 위해 먼저 다음 관계에 주목하는 것이 도움이 된다.

$$X_{n+1} = X_n + 1 - Y_n, \qquad n \geqslant 0$$

여기서 Y_n은 n번째와 $(n + 1)$번째 도착 사이 동안 일어난 고객 이탈 횟수이다. 전이확률 P_{ij}는 다음과 같이 계산될 수 있다.

경우 1. $j > i + 1$.

이 경우는 쉽게 $P_{ij} = 0$을 얻는다.

경우 2. $j \leqslant i + 1 \leqslant k$.

이 경우는 도착고객이 시스템 안에 i명의 고객을 발견하면, $i < k$명의 새로운 도착고객들이 즉시 서비스에 들어갈 수 있다. 그러므로 $(i + 1)$명의 고객들 중 정확히 $i + 1 - j$명이 도착간격 동안 서비스를 종료하면, 다음 도착고객은 시스템 안에서 j명의 고객을 발견하게 된다. 도착간격 길이에 조건을 주면 다음을 얻는다.

$$\begin{aligned}
P_{ij} &= P\{i+1 \text{ 중 } i+1-j \text{ 서비스가 도착간격 기간 중 완료}\} \\
&= \int_0^\infty P\{i+1 \text{ 중 } i+1-j \text{ 서비스가 도착간격 기간 중 완료} \mid \text{도착간격이 } t\}\, dG(t) \\
&= \int_0^\infty \binom{i+1}{j} (i - e^{-\mu t})^{i+1-j} (e^{-\mu t})^j \, dG(t)
\end{aligned}$$

여기서 마지막 등식은 t 동안 서비스 종료 횟수는 이항분포를 따르기 때문에 얻어진다.

경우 3. $i + 1 \geqslant j \geqslant k$.

이 경우 P_{ij}를 평가하기 위해 먼저 모든 서버가 바쁠 때 이탈과정은 발생률 $k\mu$인 푸아송 과정임(왜?)에 주목한다. 그러므로 또 다시 도착간격에 조건을 주면 다음을 얻는다.

$$\begin{aligned}
P_{ij} &= P\{i+1-j \text{ 개 이탈}\} \\
&= \int_0^\infty P\{t \text{ 동안 } i+1-j \text{ 개 이탈}\}\, dG(t) \\
&= \int_0^\infty e^{-k\mu t} \frac{(k\mu t)^{i+1-j}}{(i+1-j)!}\, dG(t)
\end{aligned}$$

경우 4. $i + 1 \geqslant k \geqslant j$.

이 경우 모든 서버가 바쁠 때 이탈과정은 푸아송과정이므로, 시스템 안에 k명만 있을 때까지 시간의

---

*재생이론(명제 7.1)으로부터 고객들은 $1/\mu_G$의 비율로 도착하게 되고, 최대 서비스율이 $k\mu$이기 때문에 극한확률이 존재하기 위해서는 확실히 $1/\mu_G < k\mu$가 필요하다.

길이는 모수가 $i+1$과 $k\mu$인 감마분포를 갖는다 (발생률 $k\mu$인 푸아송과정에서 $i+1-k$개 사건이 발생할 때까지 시간은 모수가 $i+1$과 $k\mu$인 감마분포를 따른다). 먼저 도착간격에 조건을 주고, 그리고 시스템 안에 k명만 있을 때까지 시간에 조건을 주면(이 두 번째 확률변수를 T_k라 부른다) 다음을 얻는다.

$$P_{ij} = \int_0^\infty P\{t \text{ 동안 } i+1-j \text{ 개 이탈}\}\, dG(\mathrm{t})$$

$$= \int_0^\infty \int_0^t P\{t \text{ 동안 } i+1-j \text{ 개 이탈} | T_k = s\} k\mu e^{-k\mu s} \frac{(k\mu s)^{i-k}}{(i-k)!}\, ds\, dG(t)$$

$$= \int_0^\infty \int_0^t \binom{k}{j} \left(1 - e^{-\mu(t-s)}\right)^{k-j} \left(e^{-\mu(t-s)}\right)^j k\mu e^{-k\mu s} \frac{(k\mu s)^{i-k}}{(i-k)!}\, ds\, dG(t)$$

여기서 마지막 등식은 시간 s에 서비스 중이었던 k명 중에서 시간 t까지 서비스 종료된 수가 모수 k와 $1-e^{-\mu(t-s)}$를 갖는 이항확률변수이기 때문에 얻어진다.

이제 $\pi_j = \sum_i \pi_i P_{ij}$에 직접 대입하거나, 8.7절 끝에 있는 참고에서 제시된 것과 같은 논증을 통하여, 이 마코프체인의 극한확률이 다음과 같은 형태임을 증명할 수 있다.

$$\pi_{k-1+j} = c\beta^j, \qquad j = 0, 1, \ldots.$$

$j > k$일 때 $\pi_j = \sum_i \pi_i P_{ij}$ 중 어떤 식에 대입하여도 β가 다음의 해로서 주어짐을 알 수 있다.

$$\beta = \int_0^\infty e^{-k\mu t(1-\beta)}\, dG(t)$$

$\pi_0, \pi_1, \ldots, \pi_{k-2}$ 값은 안정상태 방정식의 첫 $k-1$개를 되돌림 방식으로 풀어 얻을 수 있고, c는 $\sum_0^\infty \pi_i = 1$을 사용하여 계산할 수 있다.

고객이 대기열에서 보내는 시간을 W_Q^*로 나타내면, $G/M/1$ 모형과 정확히 같은 방법으로 다음을 보일 수 있다.

$$W_Q^* = \begin{cases} 0, & \text{확률 } \sum_0^{k-1} \pi_i = 1 - \frac{c\beta}{1-\beta}\text{로} \\ \text{Exp}(k\mu(1-\beta)), & \text{확률 } \sum_k^\infty \pi_i = \frac{c\beta}{1-\beta}\text{로} \end{cases}$$

여기서 $\text{Exp}(k\mu(1-\beta))$는 발생률 $\mu(1-\beta)$인 지수 확률변수이다.

8.9.4 M/G/k 대기행렬

이 절에서는 고객들이 푸아송 비율 λ로 도착하고 서비스 분포 G를 갖는 k개 서버 중 임의의 서버에 의해 서비스 받는 $M/G/k$ 시스템을 고려한다. 8.5절에 제시된 $M/G/1$ 시스템 분석을 모방하려고 한다면, 기본 상등관계

$$V = \lambda E[S] W_Q + \lambda E[S^2]/2 \tag{8.61}$$

로 시작하여 V와 W_Q에 관련된 두 번째 등식을 유도하려고 시도할 것이다.

이제 임의의 도착고객을 고려하면 다음 상등관계를 얻게 된다.

$$\text{고객이 도착할 때 시스템 안의 일}$$
$$= k \times \text{고객이 대기열에서 머무르는 시간} + R \tag{8.62}$$

여기서 R은 도착고객이 서비스를 시작하는 순간 서비스 중인 다른 모든 고객들의 잔여 서비스 시간의 합이다.

앞의 결과는 도착고객이 대기열에서 기다리는 동안 일은 단위시간당 k의 속도로 처리되기 때문에 얻어진다(모든 서버가 바쁘므로). 즉, $k \times$ 대기열에서 기다린 시간만큼의 일이 도착고객이 대기열에서 있는 동안 처리된다. 이 모든 일은 고객이 도착할 때 시스템 안에 존재하고 게다가 이 고객이 서비스를 시작할 때 서비스 중인 고객의 남아있는 일 또한 이 고객이 도착할 때 시스템 안에 있었으므로, 식 (8.62)를 얻게 된다. 예를 들어 설명하면, 세 개의 서버가 있고 이 서버들이 모두 고객이 도착할 때 바빴다고 가정하자. 추가로 시스템 안에 다른 고객은 없으며 이 세 고객의 잔여 서비스시간은 3, 6, 7이라고 가정한다. 그러므로 도착고객이 본 작업은 $3 + 6 + 7 = 16$이다. 도착 고객은 대기열에서 3 단위시간만큼 머무를 것이고, 서비스를 시작하는 순간 다른 두 고객의 잔여시간은 $6 - 3 = 3$과 $7 - 3 = 4$이다. 그러므로 $R = 3 + 4 = 7$이고 $16 = 3 \times 3 + 7$임을 알 수 있어 식 (8.62)를 확인할 수 있다.

식 (8.62)에 기댓값을 취하고 푸아송 도착은 시간 평균을 본다는 사실을 이용하면, 다음을 얻는다.

$$V = kW_Q + E[R]$$

$E[R]$을 계산할 수 있으면 위 식과 식 (8.61)을 함께 이용하여 W_Q를 구할 수 있다. 그러나 $E[R]$을 계산하는 알려진 방법이 없으며, 실제로 W_Q를 위한 알려진 정확한 공식은 없다. 다음과 같은 W_Q를 위한 근사식은 앞의 접근법과 $E[R]$의 근사식을 이용하여 참고문헌 6에서 얻어졌다.

$$W_Q \approx \frac{\lambda^k E[S^2](E[S])^{k-1}}{2(k-1)!(k-\lambda E[S])^2 \left[\sum_{n=0}^{k-1} \frac{(\lambda E[S])^n}{n!} + \frac{(\lambda E[S])^k}{(k-1)!(k-\lambda E[S])}\right]} \tag{8.63}$$

이 근사식은 서비스분포가 감마일 때 W_Q에 매우 가깝다는 것이 증명되었다. 또한 G가 지수분포일 때는 정확하다.

연습 문제

1. $M/M/1$에 대하여 다음을 계산하라.

(a) 한 서비스 기간 동안 평균 도착 고객 수

(b) 한 서비스 기간 동안 고객이 도착하지 않을 확률

힌트: "조건"

***2.** 공장의 기계들이 시간당 6번의 지수비율로 고장 난다. 시간당 8대의 지수비율로 기계를 고치는 수리공이 한 명 있다. 기계가 서비스 불가능일 때 생산손실로 인해 유발되는 비용은 기계 한 대당 시간당 10달러이다. 고장 난 기계로 인한 평균 비용 발생률은?

3. 시장 관리인은 메리 또는 앨리스를 고용할 수 있다. 시간 당 20명의 지수비율로 서비스하는 메리는 시간당 3달러에 고용할 수 있고, 시간당 30명의 지수비율로 서비스하는 앨리스는 시간당 C달러에 고용할 수 있다. 관리인은 평균적으로 고객의 시간은 시간당 1달러의 가치가 있다고 추정하였고, 이 점이 모형 안에서 고려되어야 한다. 고객은 시간당 10의 푸아송비율로 도착한다고 가정한다.

(a) 메리가 고용된다면 시간당 평균 비용은? 앨리스가 고용된다면?

(b) 메리와 앨리스를 고용하는 경우 시간당 평균 비용이 동일할 때 C를 구하라.

4. $M/M/1$ 시스템의 고객이 서비스를 시작하기 전 대기열에서 $x > 0$만큼의 시간을 보낸다고 가정하자.

(a) 위의 조건하에서, 이 고객이 도착했을 때 시스템 안의 고객 수는 $1 + P$와 같이 분포되어 있음을

보여라. 여기서 P는 평균 λ인 푸아송 확률변수이다.

(b) W_Q^*가 $M/M/1$ 고객이 대기열 안에서 보낸 시간이라고 하자. (a) 분석의 부산물로서 다음을 보여라.

$$P\{W_Q^* \leqslant x\} = \begin{cases} 1 - \frac{\lambda}{\mu} & x = 0 \text{ 이면} \\ 1 - \frac{\lambda}{\mu} + \frac{\lambda}{\mu}(1 - e^{-(\mu-\lambda)x}) & x > 0 \text{ 이면} \end{cases}$$

5. 연습문제 4번으로부터 $M/M/1$ 모형에서 W_Q^*이 고객이 대기열에서 기다린 시간이면,

$$W_Q^* = \begin{cases} 0, & \text{확률 } 1 - \lambda/\mu \text{로} \\ \text{Exp}(k\mu(1-\beta)), & \text{확률 } \lambda/\mu \text{로} \end{cases}$$

이다. 여기서 $\text{Exp}(\mu - \lambda)$는 발생률 $\mu - \lambda$인 지수확률변수이다. 이를 이용하여 $\text{Var}(W_Q^*)$를 구하라.

***6.** 도착률이 λ이고 서비스율이 2μ인 $M/M/1$ 모형에서의 W가, 도착률이 λ이고 각 서버의 서비스율이 μ인 $M/M/2$ 모형에서의 W보다 작음을 보여라. 이 결과에 대하여 직관적인 설명을 할 수 있는가? 이 결과가 W_Q에 대해서도 성립하는가?

***7.** 예제 8.7에서 제시된 것처럼 고객이 참을성이 없는 $M/M/1$ 대기행렬을 고려한다. 극한확률 P_n, $n \geqslant 0$을 이용하여 답하라.

(a) 한 명의 고객이 대기열 안에서 보내는 시간의 평균은?

(b) e_n이 도착할 때 시스템 안에 n명의 다른 고객이 있음을 발견한 고객이 서비스 받을 확률일 때, e_n, $n \geqslant 0$을 구하라.

(c) 서비스 받은 고객이 도착했을 때 n명의 고객을 발견했을 조건부확률을 구하라. 즉, P(도착고객이 n명을 발견 | 도착고객이 서비스됨)을 구하라.

(d) 서비스 받은 고객이 대기열에서 보낸 시간의 평균을 구하라.

(e) 서비스 받기 전에 이탈한 고객이 대기열에 보낸 시간의 평균을 구하라.

8. 어떤 시설에서 발생률 λ의 푸아송 과정에 따라 물품을 생산한다. 그런데 오직 k개 물건만 저장할 수 있는 선반공간을 가지고 있어서 k개 물품이 존재할 때마다 생산을 중단한다. 고객은 발생률 μ인 푸아송과정에 따라 이 시설에 도착한다. 각 고객은 물품 한 개를 원하고 물건을 갖고 즉시 떠난다. 물품이 없으면 빈손으로 떠난다.

(a) 빈손으로 떠나는 고객 비율을 구하라.

(b) 물품이 선반에 있는 평균 시간을 구하라.

(c) 선반에 있는 물품의 평균 개수를 구하라.

9. n명의 고객들이 두 서버 사이를 돌아다닌다. 서비스 종료 시 고객은 다른 서버의 대기열에 합류한다(또는 서버가 한가하면 서비스를 받는다). 모든 서비스시간은 발생률 μ인 지수분포를 따른다. 서버 1에 j, $j = 0, \ldots, n$명의 고객이 있는 시간 비율을 구하라.

10. m명의 고객들이 다음 같은 방식으로 단일서버 작업장을 방문한다. 고객이 도착할 때 서버가 한가하면 서비스를 받고, 그렇지 않으면 대기열에 합류한다. 서비스가 끝나면 고객은 시스템을 떠난다. 그렇지만, 발생률 θ인 지수시간 후에 돌아온다. 모든 서비스시간은 발생률 μ인 지수분포를 갖는다.

(a) 고객이 작업장에 들어가는 평균 비율를 구하라.

(b) 고객이 방문할 때마다 작업장에서 머무르는 평균 시간을 구하라.

***11.** 가족들이 택시정류장에 발생률 λ인 푸아송과정에 따라 도착한다. 도착 가족은 다른 N 가족들이 택시를 기다리고 있는 것을 발견하면 기다리지 않는다. 택시는 정류장에 발생률 μ인 푸아송과정에 따라

도착한다. M대의 다른 택시가 기다리는 것을 발견한 택시는 기다리지 않는다. 다음 값들에 대한 수식을 유도하라.

(a) 기다리는 가족이 없는 시간 비율
(b) 기다리는 택시가 없는 시간 비율
(c) 가족이 기다리는 평균 시간
(d) 택시가 기다리는 평균 시간
(e) 택시를 타는 가족의 비율

위 문제를 다음과 같은 가정 하에서 다시 풀어라. $N = M = \infty$이고 가족은 다른 교통수단을 찾기 전에 발생률 α인 지수시간 동안만 기다린다. 택시는 승객 없이 떠나기 전에 발생률 β인 지수시간 동안만 기다린다.

***12.** 수퍼마켓에 두 개의 계산대가 있고, 각 계산대는 발생률 μ인 지수시간에 따라 운영된다. 도착은 발생률 λ인 푸아송이다. 계산대는 다음과 같이 운영된다.

(i) 두 계산대 앞의 대기열은 하나이다.
(ii) 한 계산대는 고정 계산원에 의해 운영되고, 다른 하나는 물품저장 담당 직원에 의해 운영된다. 물품저장 담당직원은 시스템 안에 두 명 이상의 고객이 있으면 즉시 계산을 시작한다. 서비스를 끝낸 후 시스템 안에 두 명 미만의 고객이 있으면 다시 물품저장 작업으로 돌아간다.

(a) 시스템 안에 n명의 고객이 있는 시간비율 P_n을 구하라.
(b) 시스템 안의 고객 수가 0에서 1로 증가하는 비율은? 2에서 1로 감소하는 비율은?
(c) 물품저장 담당 직원이 계산을 하는 시간의 비율은?

힌트: 시스템 안에 한 명의 고객이 있을 때 주의하라.

13. 두 명의 고객이 세 명의 서버 사이를 돌아다닌다. 서버 i에서 서비스 종료 후, 고객은 그 서버를 떠나서 나머지 둘 중 한가한 서버에서 서비스를 받는다. (그러므로, 항상 두 명의 바쁜 서버가 있다.) 서버 i에서 서비스 시간이 발생률 μ_i, $i = 1, 2, 3$인 지수분포를 따르면, 서버 i가 한가한 시간 비율은?

14. 두 명의 서버가 있고 대기열은 없는 대기행렬 시스템을 고려한다. 두 가지 유형의 고객이 있다. 유형 1 고객은 발생률 λ_1인 푸아송과정에 따라 도착하고, 어떤 서버라도 한가하면 시스템에 들어온다. 유형 2 고객은 발생률 λ_2인 푸아송과정에 따라 도착한다. 유형 2 고객은 두 서버를 동시에 사용한다. 그러므로, 유형 2 고객은 두 서버가 모두 한가해야만 시스템에 들어온다. (두 서버가) 유형 2 고객을 서비스하는 시간은 발생률 μ_2인 지수분포를 따른다. 고객 서비스가 종료하면, 고객은 시스템을 떠난다.

(a) 이 모형을 분석하기 위한 상태를 정의하라.
(b) 균형 방정식을 제시하라.

균형 방정식의 해를 이용하여, 다음을 구하라.

(c) 시스템 안에 들어 온 고객이 머무르는 평균 시간
(d) 서비스 받은 고객 중 유형 1 고객의 비율

15. 두 명의 서버 A, B로 구성된 순차 서비스 시스템을 고려한다. 도착고객은 서버 A가 한가할 때만 시스템에 들어온다. 고객이 시스템에 들어오면, 즉시 서버 A에 의해 서비스된다. 서버 A의 서비스가 끝나면 서버 B가 한가하면 서버 B로 간다. 서버 B가 바쁘면 시스템을 떠난다. 서버 B에서 서비스가 끝나면, 고객은 시스템을 떠난다. (푸아송) 도착률은 시간 당 두 명이고, 서버 A와 B는 각각 시간당 네 명과 두 명의 (지수) 속도로 서비스를 한다고 가정한다.

(a) 시스템에 들어오는 고객 비율은?
(b) 시스템에 들어온 고객 중 서버 B로부터 서비스를 받는 고객 비율은?
(c) 시스템 안의 평균 고객 수는?
(d) 시스템에 들어 온 고객이 머무르는 평균 시간은?

16. 고객이 두 명의 서버가 있는 시스템에 발생률 $\lambda = 5$를 갖는 푸아송과정에 따라 도착한다. 서버 1이 한가한 것을 발견한 도착고객은 그 서버로부터 서비스를 받는다. 서버 1은 바쁘고 서버 2는 한가한 것을 발견한 도착고객은 서버 2로부터 서비스를 받는다. 두 서버 모두 바쁜 것을 발견한 도착고객은 시스템을 떠난다. 어느 서버로부터든지 서비스를 받은 고객은 시스템을 떠난다. 서버 i의 서비스시간은 발생률 μ_i인 지수분포를 따르고, $\mu_1 = 4$, $\mu_2 = 2$이다.
(a) 시스템에 들어 온 고객이 머무르는 평균 시간은?
(b) 서버 2가 바쁜 시간의 비율은?

17. 두 명의 서버로 이루어진 작업장에 시간당 두 명의 발생률을 갖는 푸아송과정에 따라 고객이 도착한다. 서버 1이 한가한 것을 발견한 도착고객은 그 서버로부터 서비스를 받는다. 서버 1은 바쁘고 서버 2는 한가한 것을 발견한 도착고객은 서버 2로부터 서비스를 받는다. 두 서버 모두 바쁜 것을 발견한 도착고객은 시스템을 떠난다. 서버 1에서 서비스 받은 후 서버 2가 한가하면 서버 2에서 서비스를 받고, 서버 2가 바쁘면 시스템을 떠난다. 서버 2에서 서비스를 받은 고객은 시스템을 떠난다. 서버 1과 2에서 서비스 시간은 각각 시간당 4와 6의 발생률을 갖는 지수확률변수이다.
(a) 시스템에 들어가지 못 한 고객 비율은?
(b) 시스템에 들어 간 고객이 머무르는 평균 시간은?
(c) 시스템에 들어 간 고객 중 서버 1로부터 서비스 받은 고객 비율은?

18. 세 명의 서버로 구성된 시스템에 고객이 발생률 λ인 푸아송과정에 따라 도착한다. 서버 1이 한가한 것을 발견한 도착고객은 서버 1로부터 서비스를 받는다. 서버 1은 바쁘고 서버 2는 한가한 것을 발견한 도착고객은 서버 2로부터 서비스를 받는다. 두 서버 모두 바쁜 것을 발견한 도착고객은 시스템에 합류하지 않는다. 서버 1이나 2에서 서비스를 끝낸 고객은 서버 3이 한가하면 서버 3으로 가고, 서버 3이 바쁘면 시스템을 떠난다. 서버 3에서 서비스 받은 후 고객은 시스템을 떠난다. 서버 i에서 서비스시간은 각각 발생률 μ_i, $i = 1, 2, 3$인 지수 확률변수이다.
(a) 이 시스템을 분석하기 위한 상태를 정의하라.
(b) 균형 방정식을 제시하라.
(c) 균형 방정식의 해로 나타낼 때, 시스템 안에 들어 온 고객이 머무르는 평균 시간은?
(d) 시스템이 비어 있을 때 도착한 고객이 서버 3에 의해 서비스 받을 확률을 구하라.

19. 경제가 좋은 시기와 나쁜 시기를 반복한다. 좋은 시기에는 고객이 단일서버 대기행렬 시스템에 발생률 λ_1인 푸아송과정에 따라 도착하고, 나쁜 시기에는 발생률 λ_2인 푸아송과정에 따라 도착한다. 좋은 시기는 발생률 α_1인 지수시간 동안 지속되고, 나쁜 시기는 발생률 α_2인 지수시간 동안 지속된다. 도착고객은 서버가 한가해야만 시스템에 들어간다. 서버가 바쁜 것을 발견한 도착고객은 시스템을 떠난다. 모든 서비스 시간은 발생률 μ인 지수확률변수이다.
(a) 이 시스템을 분석할 수 있도록 상태를 정의하라.
(b) 그 해를 이용하여 시스템이 각 상태에 있는 장기 시간비율을 얻을 수 있는 선형방정식을 제시하라.
(b) 번 방정식의 해를 이용하여 나타낼 때

(c) 시스템이 비어있는 시간 비율은?

(d) 고객이 시스템에 들어가는 평균 비율은?

20. 두 가지 유형의 고객이 있다. 유형 1과 2 고객은 각각 발생률 λ_1과 λ_2인 독립적인 푸아송과정에 따라 도착한다. 시스템에는 서버 두 개가 있다. 유형 1 도착 고객은 서버 1이 한가하면 서버 1로부터 서비스를 받는다. 서버 1이 바쁘고 서버 2가 한가하면, 유형 1 도착고객은 서버 2로부터 서비스를 받는다. 두 서버 모두 바쁘면 유형 1 고객은 시스템을 떠난다. 유형 2 고객은 오직 서버 2로부터만 서비스를 받는다. 유형 2 고객이 도착했을 때 서버 2가 바쁘면, 그 고객은 시스템을 떠난다. 어느 한 서버에 의해 서비스를 받은 고객은 시스템을 떠난다. 서버 i의 서비스시간은 발생률 μ_i, $i = 1, 2$인 지수확률변수이다.

시스템 안의 평균 고객 수를 구하려고 한다고 하자.

(a) 상태를 정의하라.

(b) 균형 방정식을 제시하라. 이 방정식을 풀려고 하지는 마라.

다음을 장기 확률을 사용하여 나타내라.

(c) 시스템 안의 평균 고객 수

(d) 고객이 시스템 안에서 머무르는 평균 시간

***21.** 연습 문제 20번에서 서버 2에 유형 1 고객이 있는 시간의 비율을 구하려고 한다. 연습 문제 20번에서 주어진 장기 확률로 다음을 나타내라.

(a) 유형 1 고객이 서버 2로부터 서비스 받게 되는 비율

(b) 유형 2 고객이 서버 2로부터 서비스 받게 되는 비율

(c) 서버 2로부터 서비스 받은 고객 중 유형 1의 비율

(d) 서버 2에 유형 1 고객이 있는 시간 비율

22. 고객이 단일서버 작업장에 발생률 λ인 푸아송 과정에 따라 도착한다. 서버가 한가한 것을 발견한 도착고객은 즉시 서비스를 시작한다. 모든 서비스시간은 발생률 μ인 지수분포이다. 서버가 바쁜 것을 발견한 도착고객은 시스템을 떠나서 발생률 θ인 지수시간 동안 "궤도"를 돈다. 궤도에 있던 고객이 돌아올 때 서버가 바쁘면, 고객은 다시 돌아오기 전에 또 다시 발생률 θ인 지수시간 동안 궤도에 머무른다. 도착고객이 서버가 바쁘고 궤도에 N명의 다른 고객이 있는 것을 발견하면 시스템을 떠나서 돌아오지 않는다. 즉, N은 궤도에 머물 수 있는 최대 고객 수이다.

(a) 상태를 정의하라.

(b) 균형 방정식을 제시하라.

균형 방정식의 해로 다음을 나타내라.

(c) 최종적으로 서비스 되는 고객의 비율

(d) 서비스 받은 고객이 궤도에서 기다린 평균 시간

23. 고객이 λ의 비율로 도착하고 서버가 μ의 속도로 서비스하는 $M/M/1$ 시스템을 고려한다. 그런데, 서버가 바쁠 때 길이 h의 기간 동안 서버가 고장 날 확률이 $\alpha h + o(h)$만큼 있고, 고장이 발생하면 시스템이 닫힌다. 이때 시스템 안에 있던 모든 고객은 시스템을 떠나야하고, 고장의 수리가 끝날 때까지 추가로 도착한 고객이 시스템 안으로 들어오는 것이 허용되지 않는다. 고장 수리 시간은 발생률 β인 지수확률변수이다.

(a) 적절한 상태를 정의하라.

(b) 균형 방정식을 제시하라.

장기 확률로 다음을 나타내라.

(c) 시스템 안에 들어온 고객이 머무르는 평균 시간

(d) 들어온 고객이 서비스를 마치는 비율

(e) 고장기간 동안 도착하는 고객의 비율

***24.** 연습 문제 23번을 다시 고려한다. 그러나 이번에는 고장이 발생할 때 시스템 안에 있던 고객은 서버가 수리되는 동안 시스템 안에 머무른다고 가정한다. 또, 추가로 고장기간 동안 도착한 고객은 시스템 안으로 들어오는 것이 허용된다고 가정한다. 고객이 시스템 안에서 머무르는 평균 시간은?

25. 푸아송 (λ) 도착이 지수 서비스율 μ_A와 μ_B를 갖는 두 병렬 서버 A와 B 앞의 대기열에 합류한다(그림 8.4 참조). 시스템이 비었을 때, 도착고객은 확률 α로 서버 A로 가고 확률 $1 - \alpha$로 서버 B로 간다. 시스템이 비어 있지 않으면, 대기열 선두 고객이 처음으로 한가한 상태가 되는 서버를 차지한다.

(a) 상태를 정의하고 균형 방정식을 구성하라. 해를 구하지는 마라.

다음을 (a)의 확률로 나타내라.

(b) 시스템 안의 평균 고객 수와 한가한 서버의 평균 수

(c) 임의의 도착 고객이 서버 A에 의해 서비스될 확률

26. 대기공간에 제한이 없는 대기열에서, 고객 도착은 푸아송(모수 λ)이고 서비스시간은 지수분포를 따른다(모수 μ). 서버는 첫 고객 서비스를 시작하기 전에 K명의 고객이 존재할 때까지 기다린다. 그 후, 서버는 한 번에 한 명씩, 모든 K명의 고객과 그 이후 도착한 고객들을 서비스한다. 그리고 또다시 서버는 K명의 새로운 고객이 도착할 때까지 "유휴" 상태가 된다.

(a) 적절한 상태 공간을 정의하고, 전이도를 그리고, 균형 방정식을 수립하라.

(b) 극한확률로 표현할 때, 고객이 대기열에서 보낸 평균 시간은?

(c) λ와 μ에 대해 필요한 조건은?

27. 일반 고객들이 λ의 비율로 도착하고 서비스율이 μ인 단일서버 지수시스템을 고려하자. 그런데, 서비스율이 μ_1인 특별 고객이 한 명 존재한다. 특별 고객은 도착할 때마다 곧바로 서비스를 받는다(서비스 중인 다른 고객이 있으면, 이 다른 고객은 대기열로 되돌려 보내진다). 특별 고객이 서비스 중이 아닐 때는 시스템 밖에서 지수시간(평균은 $1/\theta$)만큼 머무른다.

(a) 특별 고객의 평균 도착률은?

(b) 적절한 상태 공간을 정의하고 균형 방정식을 수립하라.

(c) 어떤 일반 고객이 대기열로 n번 되돌아갈 확률을 구하라.

***28.** $\lambda < \mu$인 정상 $M/M/1$ 대기열에서 연이은 이탈간격 시간을 D로 나타내자. 이탈하는 고객이 시스템이 비었음을 발견하는 경우와 그렇지 않은 경우에 조건을 주어, D가 발생률 λ인 지수 확률변수임을 보여라.

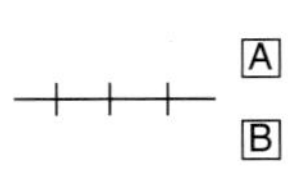

그림 8.4

힌트: 이탈하는 고객이 시스템이 비었음을 발견하는 경우와 그렇지 않은 경우에 조건을 주어 다음을 얻는다.

$$D = \begin{cases} \text{Exponential}(\mu), & \text{확률 } \lambda/\mu\text{로} \\ \text{Exponential}(\lambda) * \text{Exponential}(\mu), & \text{확률 } 1 - \lambda/\mu\text{로} \end{cases}$$

여기서 Exponential(λ)* Exponential(μ)는 발생률 λ와 μ를 갖는 독립적인 두 지수 확률변수의 합을 나타낸다. 적률생성함수(mgf)를 사용하여 D가 주어진 분포를 가짐을 보인다.

이 결과는 이탈과정이 푸아송임을 증명하지는 않음에 주의하라. 이 증명을 위해서는 이탈간격시간들이 모두 발생률 λ인 지수 확률변수일 뿐만 아니라 서로 독립임을 보여야 한다.

29. 잠재 고객들이 미용실에 발생률 λ인 푸아송과정에 따라 도착한다. 서버가 한가한 것을 발견한 잠재 고객은 시스템에 들어온다. 서버가 바쁜 것을 발견한 잠재 고객은 떠난다. 잠재 고객이 유형 i일 확률은 p_i이며, $p_1 + p_2 + p_3 = 1$이다. 유형 1 고객은 서버가 머리를 감겨준다. 유형 2 고객은 서버가 머리를 깎는다. 유형 3 고객은 서버가 머리를 감기고 나서 깎는다. 서버가 머리를 감기는데 걸리는 시간은 발생률 μ_1인 지수분포를 갖고, 머리를 깎는데 걸리는 시간은 발생률 μ_2인 지수분포를 갖는다.

(a) 이 시스템을 네 개의 상태를 이용하여 어떻게 분석할 수 있는지 설명하라.

(b) 시스템이 각 상태에 있는 시간 비율을 구할 수 있는 방정식을 제시하라.

다음을 (b)번의 해로 나타내라.

(c) 서버가 머리를 깎는 시간의 비율

(d) 입장한 고객의 평균 도착률

30. 탠덤 대기열 모형에서

$$P_{n,m} = (\lambda/\mu_1)^n(1 - \lambda/\mu_1)(\lambda/\mu_2)^m(1 - \lambda/\mu_2)$$

가 균형 방정식 (8.15)을 만족함을 검증하라.

31. 각 작업장에 서버가 한 명씩 있는 세 개의 작업장으로 구성된 대기행렬망을 고려한다. 고객은 작업장 1, 2, 3에 각각 발생률 5, 10, 15인 푸아송과정에 따라 도착한다. 세 작업장의 서비스시간은 각각 발생률 10, 50, 100인 지수확률변수이다. 작업장 1에서 서비스를 마친 고객은 동일한 확률로 (i) 작업장 2로 가거나, (ii) 작업장 3으로 가거나, (iii) 시스템을 떠난다. 작업장 2에서 서비스를 끝낸 고객은 항상 작업장 3으로 간다. 작업장 3에서 서비스를 끝낸 고객은 동일한 확률로 작업장 2로 가거나 시스템을 떠난다.

(a) 시스템(세 작업장으로 구성되어진) 안의 평균 고객 수는?

(b) 시스템 안에 고객이 머무르는 평균 시간은?

32. 두 명의 고객이 두 서버 사이를 돌아다니는 닫힌 대기행렬망을 고려한다. 서비스 종료 후 고객은 동일한 확률로 각 서버로 간다고 가정한다. 즉, $P_{1,2} = P_{2,1} = \frac{1}{2}$이다. 서버 i, $i = 1, 2$의 지수 서비스율을 μ_i로 나타내자.

(a) 각 서버의 평균 고객 수를 구하라.

(b) 각 서버의 서비스 완료율을 구하라.

33. 다음을 추정하기 위하여 어떻게 깁스 샘플러를 사용한 마코프체인 몬테칼로 시뮬레이션이 활용될 수 있는지 설명하라.

(a) 서버 j를 방문할 때 보낸 시간의 분포

힌트: 도착정리를 사용하라.

(b) 고객이 서버 j와 함께 있는 시간 비율(즉, 서버 j의 대기열 안에 있거나 서버 j에 의해 서비스 받은 시간)

34. 열린 대기행렬망에서

(a) 도착정리에 해당하는 것을 기술하고 증명하라.

(b) 고객이 대기열에서 기다리는 평균 시간의 수식을 유도하라.

35. 고객이 단일서버 작업장에 발생률 λ인 푸아송과정에 따라 도착한다. 각 고객은 가치를 갖는다. 연속적인 고객 가치는 서로 독립이고 (0, 1) 구간에서 균등분포를 따른다. 가치 x를 갖는 고객의 서비스 시간은 평균이 $3 + 4x$이고 분산이 5인 확률변수이다.

(a) 고객이 시스템 안에서 보내는 평균 시간은?

(b) 가치 x를 갖는 고객이 시스템 안에서 보내는 평균 시간은?

***36.** $M/G/1$ 시스템을 선입선출 대기규칙과 후입선출(예를 들면, 스택의 제일 위에서 서비스 대상이 선택됨) 대기규칙에 대해 비교하라. 대기열 길이, 대기시간, 바쁜 기간 분포가 다를 것이라고 생각하는가? 이 값들의 평균은? 대기규칙이 항상 기다리는 고객 중 임의로 선택하는 것이라면? 직관적으로, 대기시간 분포의 분산이 가장 작은 대기규칙은?

37. $M/G/1$ 대기행렬에서

(*a*) 이탈고객이 일 0을 남기는 비율은?

(*b*) 이탈고객이 본 시스템 안의 평균 일은?

38. $M/G/1$ 대기행렬에 대해, n번째 이탈고객이 시스템 안에 남기고 떠나는 고객 수를 X_n이라 하자.

(a) $$X_{n+1} = \begin{cases} X_n - 1 + Y_n, & X_n \geqslant 1\text{일 때} \\ Y_n, & X_n = 0\text{일 때} \end{cases}$$

이면, Y_n은 무엇을 나타내는가?

(b) 이 식을 다음과 같이 다시 쓴다.

$$X_{n+1} = X_n - 1 + Y_n + \delta_n \tag{8.64}$$

여기서

$$\delta_n = \begin{cases} 1, & X_n = 0\text{일 때} \\ 0, & X_n \geqslant 1\text{일 때} \end{cases}$$

이다. 식 (8.64)에서 기댓값을 취하고 n을 무한대로 보내어 다음을 얻어라.

$$E[\delta_\infty] = 1 - \lambda E[S]$$

(c) 식 (8.64)의 양변을 제곱하고 기댓값을 취한 후 n을 무한대로 보내어 다음을 얻어라.

$$E[X_\infty] = \frac{\lambda^2 E[S^2]}{2(1 - \lambda E[S])} + \lambda E[S]$$

(d) 이탈고객이 본 평균 고객 수 $E[X_\infty]$는 L과 같음을 논증하라.

***39.** 바쁜 기간의 첫 번째 고객은 서비스 분포 G_1을 갖고 다른 모든 고객은 G_2를 갖는 $M/G/1$ 시스템을 고려한다. 바쁜 기간 동안 고객 수를 C라고 하고, 임의로 선택한 고객의 서비스 시간을 S라고 한다. 다음을 논증하라.

(a) $a_0 = P_0 = 1 - \lambda E[S]$.

(b) $E[S] = a_0 E[S_1] + (1 - a_0)E[S_2]$. 여기서 S_i는 분포 G_i를 갖는다.

(c) (a)와 (b)를 사용하여 바쁜 기간의 평균 길이 $E[B]$는 다음과 같이 주어짐을 보여라.

$$E[B] = \frac{E[S_1]}{1 - \lambda E[S_2]}$$

(d) $E[C]$를 구하라.

40. $\lambda E[S] < 1$인 $M/G/1$ 시스템을 고려한다.

(a) 시스템 안에 n명의 고객이 있고 서비스가 이제 막 시작하려 한다고 가정하자.

(i) 시스템 안에 $n - 1$명의 고객만 있을 때까지의 추가시간은 바쁜 기간과 같은 분포를 가짐을 논증하라.

(ii) 시스템이 빌 때까지의 추가 시간의 평균은?

(b) 어느 순간 시스템 안의 일이 A라고 가정하자. 시스템이 빌 때까지 평균 추가시간 $E[T]$에 관심이 있다. A 시간 동안 도착고객 수를 N으로 나타내자.

(i) $E[T|N]$을 구하라.

(ii) $E[T]$를 구하라.

41. 고객들이 탑승한 차량이 한 시간당 4대의 발생률을 갖는 푸아송과정에 따라 단일서버 작업장에 도착한다. 서비스시간은 시간당 20의 발생률을 갖는 지수분포를 따른다. 각 차량에 승객이 1, 2, 3명 있을 확률이 각각 $\frac{1}{4}$, $\frac{1}{2}$, $\frac{1}{4}$일 때, 대기열에서 고객이 기다리는 평균시간을 구하라.

42. 8.6.2절의 두 고객등급을 가진 대기행렬 모형에서, W_Q는 얼마인가? $E[S_1] < E[S_2]$이면 W_Q가 FIFO인 경우보다 작고, $E[S_1] > E[S_2]$이면 FIFO인 경우보다 큼을 보여라.

43. 두 고객등급을 가진 대기행렬 모형에서 대기열 i, $i = 1, 2$에서 기다리는 유형 i 고객에게 단위시간당 C_i만큼 비용이 발생한다고 가정하자. 다음과 같으면 유형 1 고객에게 유형 2 고객보다 우선권이 주어져야함(그 반대가 아니라)을 보여라.

$$\frac{E[S_1]}{C_1} < \frac{E[S_2]}{C_2}$$

44. 8.6.2절의 우선순위 대기행렬 모형을 고려하자. 이번에는 유형 1 고객이 도착할 때 유형 2 고객이 서비스 중이면 유형 2 고객이 서비스에서 퇴출된다고 가정한다. 이를 선점(preemptive)한다고 한다. 쫓겨났던 고객이 다시 서비스 받을 때 서비스는 퇴출될 때 남았던 시점부터 시작한다고 가정하자.

(a) 임의의 시간에서 시스템 안의 일은 비선점(non-preemptive)의 경우와 동일함을 논증하라.

(b) W_Q^1을 유도하라.

힌트: 유형 2 고객들은 어떻게 유형 1 고객들에게 영향을 주는가?

(c) 다음은 왜 참이 아닌가?

$$V_Q^2 = \lambda_2 E[S_2] W_Q^2$$

(d) 유형 2 도착고객이 본 일은 비선점의 경우와 동일하고 다음이 성립함을 논증하라.

$$W_Q^2 = W_Q^2\,(\text{비선점}) + E[\text{추가 시간}]$$

여기서 추가시간은 고객이 서비스에서 퇴출될 수 있기 때문에 발생한다.

(e) 유형 2 고객이 서비스에서 퇴출되는 횟수를 N으로 나타내자. 다음이 성립하는 이유는?

$$E[\text{추가시간}|N] = \frac{NE[S_1]}{1-\lambda_1 E[S_1]}$$

힌트: 유형 2 고객이 서비스에서 퇴출될 때 다시 서비스 받을 때까지 걸리는 시간을 "바쁜 기간"과 연관시켜 보라.

(f) 유형 2 고객의 서비스시간을 S_2라 놓자. $E[N|S_2]$는?

(g) 위 결과를 결합하여 다음을 구하라.

$$W_Q^2 = W_Q^2\ (\text{비선점}) + \frac{\lambda_1 E[S_1]E[S_2]}{1-\lambda_1 E[S_1]}$$

***45.** 연습 문제 24에서 고객이 시스템 안에 머무르는 평균 시간을 (극한확률로 나타내지 말고) 명시적으로 계산하라.

46. $G/M/1$ 모형에서 G가 발생률 λ인 지수분포이면 $\beta = \lambda/\mu$임을 보여라.

47. k개 서버가 있는 얼랑 손실 모형에서 $\lambda = 1$, $E[S] = 4$라고 가정한다. $P_k = 0.2$일 때 L을 구하라.

48. $M/M/k$ 모형에서 P_i에 대한 공식을 검증하라.

49. 얼랑 손실 모형에서 푸아송 도착률이 $\lambda = 2$라고 가정하고, 세 명의 서버가 있으며 각 서버의 서비스 시간 분포는 (0, 2) 구간의 균등분포라고 가정한다. 잠재 고객 중 손실되는 고객의 비율은?

50. $M/M/k$ 시스템에서

(a) 고객이 대기열에서 기다려야 하는 확률은?

(b) L과 W를 구하라.

51. $G/M/k$ 모형에서 주어진 W_Q^* 분포에 대한 공식을 증명하라.

***52.** 도착간격이 임의의 분포 F를 가지고 서비스 분포가 G인 단일서버가 있는 시스템을 고려하자. n번째 고객이 대기열에서 기다리는 시간을 D_n으로 나타낸다. 다음과 같은 결과가 성립하는 S_n과 T_n의 의미를 해석하라.

$$D_{n+1} = \begin{cases} D_n + S_n - T_n, & D_n + S_n - T_n \geqslant 0\ \text{이면} \\ 0, & D_n + S_n - T_n < 0\ \text{이면} \end{cases}$$

53. 도착간격이 임의의 분포 F를 가지고 각 서비스 분포가 G인 k개 서버가 있는 시스템을 고려하자. 극한확률이 존재하기 위하여 F와 G에 대한 어떤 조건이 필요하다고 생각하는가?

참고 문헌

[1] J. Cohen, "The Single Server Queue," North-Holland, Amsterdam, 1969.

[2] R. B. Cooper, "Introduction to Queueing Theory," Second Edition, Macmillan, New York, 1984.

[3] D. R. Cox and W. L. Smith, "Queues," Wiley, New York, 1961.

[4] F. Kelly, "Reversibility and Stochastic Networks," Wiley, New York, 1979.

[5] L. Kleinrock, "Queueing Systems," Vol. I, Wiley, New York, 1975.

[6] S. Nozaki and S. Ross, "Approximations in Finite Capacity Multiserver Queues with Poisson Arrivals," *J. Appl. Prob.* **13**, 826–834 (1978).

[7] L. Takacs, "Introduction to the Theory of Queues," Oxford University Press, London and New York, 1962.

[8] H. Tijms, "Stochastic Models: An Algorithmic Approach," Wiley, New York, 1994.

[9] P. Whittle, "Systems in Stochastic Equilibrium," Wiley, New York, 1986.

[10] Wolff, "Stochastic Modeling and the Theory of Queues," Prentice Hall, New Jersey, 1989.

신뢰도 이론

Reliability Theory

9.1 서론

신뢰도 이론은 많은 부품으로 구성된 시스템이 기능할 확률을 결정하는 것과 관련이 있다. 시스템이 기능할지 안 할지 여부는 오로지 어느 부품이 기능하는지 아는 것으로부터 결정된다고 가정한다. 예를 들어, **직렬**(series) 시스템은 모든 부품이 기능해야만 기능하는 반면, **병렬**(parallel) 시스템은 최소한 한 개 부품이 기능하면 기능한다. 9.2절에서는 시스템의 작동이 부품의 작동에 의존하게 되는 가능한 방식들을 알아본다. 9.3절에서는 각 부품이 알려진 (서로 독립인) 확률로 기능한다고 가정하고 시스템이 기능할 확률을 어떻게 구하는지 보인다. 이 확률은 종종 명시적으로 계산하기 어렵기 때문에, 9.4절에서 유용한 상한과 하한을 제시한다. 9.5절에서는 각 부품이 처음에는 기능을 하다가 확률적 시간 후에 고장 난다고 가정하고, 시간에 따라 동적으로 변하는 시스템을 살펴본다. 그리고 부품 수명시간 분포와 시스템이 기능하는 시간 분포 사이의 관련성에 대해 토의한다. 특히, 부품이 기능하는 시간이 **평균적 증가 고장률**(IFRA: increasing failure rate on the average)을 가지면 시스템 수명시간 분포도 그렇게 된다는 것이 밝혀진다. 9.6절에서는 시스템의 평균 수명시간을 구하는 문제를 고려한다. 마지막 절에서는 고장 난 부품이 수리되는 시스템을 분석한다.

9.2 구조 함수

n개의 부품으로 이루어진 시스템을 고려하자. 각 부품은 기능하거나 고장 났다고 가정한다. i번째 부품이 기능하는지 안하는지를 나타내기 위해 지시변수 x_i를 다음과 같이 정의한다.

$$x_i = \begin{cases} 1, & i\text{번째 부품이 기능할 때} \\ 0, & i\text{번째 부품이 고장났을 때} \end{cases}$$

벡터 $\mathbf{x} = (x_1, \ldots, x_n)$을 **상태 벡터**(state vector)라고 한다. 이것은 어느 부품이 기능하고 어느 부품이 고장 났는지를 나타낸다.

시스템 전체가 기능하는지 안하는지는 전적으로 상태 벡터 $\mathbf{x}$에 의해 결정된다고 가정한다. 구체적으

그림 9.1 직렬 시스템.

로, 다음과 같은 함수 $\phi(\mathbf{x})$가 존재한다고 가정한다.

$$\phi(\mathbf{x}) = \begin{cases} 1, & \text{상태 벡터가 } \mathbf{x}\text{일 때 시스템이 기능하는 경우} \\ 0, & \text{상태 벡터가 } \mathbf{x}\text{일 때 시스템이 고장난 경우} \end{cases}$$

함수 $\phi(\mathbf{x})$를 시스템의 **구조 함수**(structure function)라고 한다.

예제 9.1 (직렬 구조) 직렬 시스템은 모든 부품이 기능할 때만 기능한다. 그러므로, 그 구조 함수는 다음과 같이 주어진다.

$$\phi(\mathbf{x}) = \min(x_1, \ldots, x_n) = \prod_{i=1}^{n} x_i$$

시스템 구조를 도표로 나타내면 유용하다. 직렬 구조 시스템의 도표는 그림 9.1과 같다. 도표의 왼쪽 끝에서 신호가 시작되면 오른쪽 끝에 성공적으로 도달하기 위해 모든 부품들을 통과해야 한다. 그러므로 부품들이 모두 기능해야 한다. ■

예제 9.2 (병렬 구조) 병렬 시스템은 부품들 중 최소한 하나가 기능해야만 기능한다. 그러므로, 그 구조 함수는 다음과 같이 주어진다.

$$\phi(\mathbf{x}) = \max(x_1, \ldots, x_n)$$

병렬 구조는 그림 9.2의 예를 이용하여 설명될 수 있다. 왼쪽 끝에서 시작된 신호는 적어도 한 개의 부품이 기능하는 한 오른쪽 끝에 성공적으로 도달할 수 있다. ■

예제 9.3 (n-중-k 구조) 직렬과 병렬 시스템은 모두 n-중-k 시스템의 특별한 경우다. n개 부품 중 적어도 k개가 기능하면 시스템이 기능한다. $\sum_{i=1}^{n} x_i$는 기능하는 부품 수와 같으므로 n-중-k 시스템의 구조 함수는 다음과 같이 주어진다.

$$\phi(\mathbf{x}) = \begin{cases} 1, & \sum_{i=1}^{n} x_i \geqslant k \text{ 인 경우} \\ 0, & \sum_{i=1}^{n} x_i < k \text{ 인 경우} \end{cases}$$

직렬과 병렬 시스템은 각각 n-중-n, n-중-1 시스템이다.

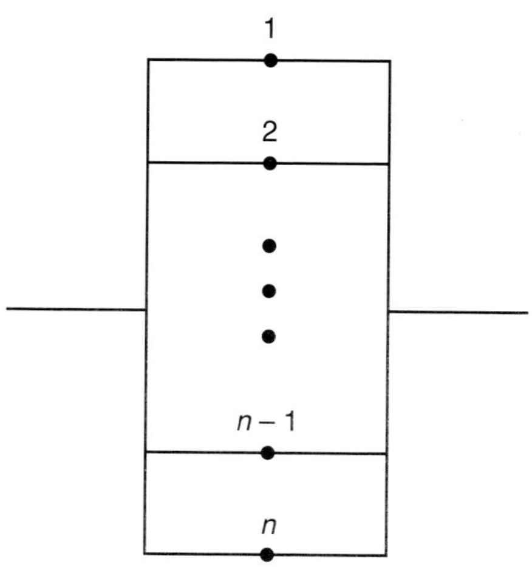

그림 9.2 병렬 시스템.

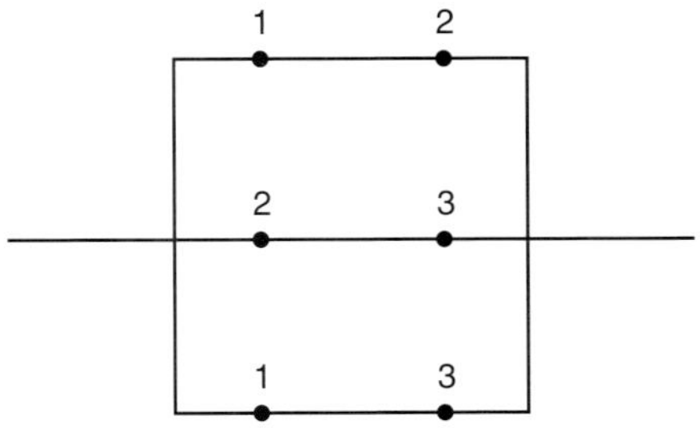

그림 9.3 셋-중-둘 시스템.

셋-중-둘 시스템은 그림 9.3과 같이 그려볼 수 있다. ■

예제 9.4 (네 개 부품 구조) 네 개의 부품으로 구성된 시스템을 고려하자. 부품 1과 2가 모두 기능하고 부품 3과 4 중에 적어도 한 개가 기능할 때 시스템이 기능한다고 가정하자. 구조 함수는 다음과 같이 주어진다.

$$\phi(\mathbf{x}) = x_1 x_2 \max(x_3, x_4)$$

이 시스템을 그림으로 표현하면 그림 9.4와 같다. 이진변수* x_i, $i = 1, \ldots, n$에 대해 다음의 항등식을 쉽게 확인할 수 있다.

$$\max(x_1, \ldots, x_n) = 1 - \prod_{i=1}^{n} (1 - x_i)$$

$n = 2$일 때 이 식은 다음과 같이 된다.

$$\max(x_1, x_2) = 1 - (1 - x_1)(1 - x_2) = x_1 + x_2 - x_1 x_2$$

그러므로 이 예제에서 구조 함수는 다음과 같이 표현될 수 있다.

$$\phi(\mathbf{x}) = x_1 x_2 (x_3 + x_4 - x_3 x_4)$$ ■

고장 난 부품을 기능하는 부품으로 교체하는 것이 결코 시스템 기능저하로 이어지지 않는다고 가정하는 것은 자연스럽다. 다시 말하면, 구조 함수 $\phi(\mathbf{x})$는 $\mathbf{x}$의 증가함수, 즉 $x_i \le y_i$, $i = 1, \ldots, n$이면 $\phi\backslash(\mathbf{x}) \le \phi(\mathbf{y})$라고 가정하는 것은 자연스럽다. 이 장에서는 이렇게 가정하고 이런 시스템을 **단조**(monotone) 시스템이라고 한다.

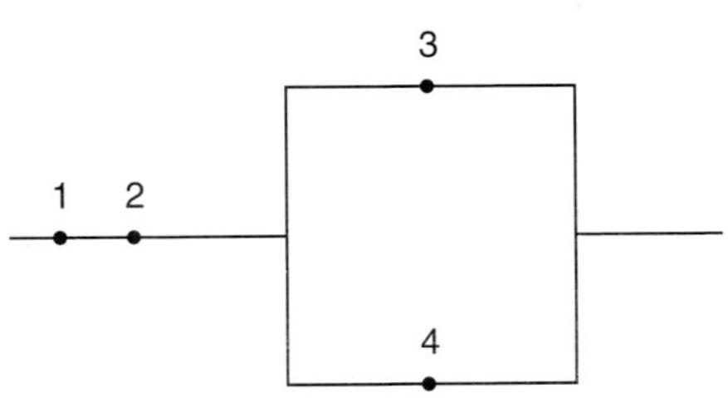

그림 9.4

* 이진변수는 0 또는 1 값을 갖는 변수이다.

9.2.1 최소 경로집합과 최소 단절집합

이 절에서는 임의의 시스템이 병렬 구조의 직렬 정렬과 직렬 구조의 병렬 정렬로 어떻게 표현될 수 있는지 보인다. 예비단계로서 다음 개념이 필요하다.

상태 벡터 $\mathbf{x}$가 $\phi(\mathbf{x}) = 1$이면 **경로벡터**(path vector)라고 한다. 여기에 덧붙여, 모든 $\mathbf{y} < \mathbf{x}$에 대해 $\phi(\mathbf{y}) = 0$이면 $\mathbf{x}$를 **최소 경로벡터**(minimal path vector)라고 한다.* $\mathbf{x}$가 최소 경로벡터이면 집합 $A = \{i : x_i = 1\}$를 **최소 경로집합**(minimal path set)이라고 한다. 다시 말하면, 최소 경로집합은 그 기능성이 시스템의 기능성을 보장하는 부품들의 최소 집합이다.

예제 9.5 그림 9.5와 같은 구조를 갖는 다섯 개 부품으로 구성된 시스템을 고려하자. 구조 함수는 다음과 같다.

$$\begin{aligned}\phi(\mathbf{x}) &= \max(x_1, x_2)\ \max(x_3x_4, x_5)\\ &= (x_1 + x_2 - x_1x_2)(x_3x_4 + x_5 - x_3x_4x_5)\end{aligned}$$

이 시스템에는 네 개의 최소 경로 집합, 즉 {1, 3, 4}, {2, 3, 4}, {1, 5}, {2, 5}가 있다. ■

예제 9.6 n-중-k 시스템에는 $\binom{n}{k}$개의 최소 경로집합이 있다. 즉, 이는 k개의 부품으로 구성되는 모든 집합이다.

주어진 시스템의 최소 경로집합을 $A_1, \ldots, A_s$라고 한다. j번째 최소 경로집합의 지시함수 $\alpha_j(\mathbf{x})$를 다음과 같이 정의한다.

$$\begin{aligned}\alpha_j(\mathbf{x}) &= \begin{cases} 1, & A_j\text{의 모든 부품이 기능하는 경우} \\ 0, & \text{그 외의 경우}\end{cases}\\ &= \prod_{i \in A_j} x_i\end{aligned}$$

정의에 의해 적어도 한 개 최소 경로집합 안의 모든 부품이 기능하면 즉, 어떤 j에 대해 $\alpha_j(\mathbf{x}) = 1$이면, 시스템은 기능한다. 반대로, 시스템이 기능하면, 기능하는 부품들의 집합은 반드시 최소 경로집합을 포함해야 한다. 그러므로 적어도 한 개 최소 경로집합 안의 모든 부품이 기능해야만 시스템이 기능한다. 그러므로

$$\phi(\mathbf{x}) = \begin{cases} 1, & \text{어떤 } j\text{에 대해 } \alpha_j(\mathbf{x}) = 1\text{일 경우} \\ 0, & \text{모든 } j\text{에 대해 } \alpha_j(\mathbf{x}) = 0\text{일 경우}\end{cases}$$

이고 또는, 동일하게

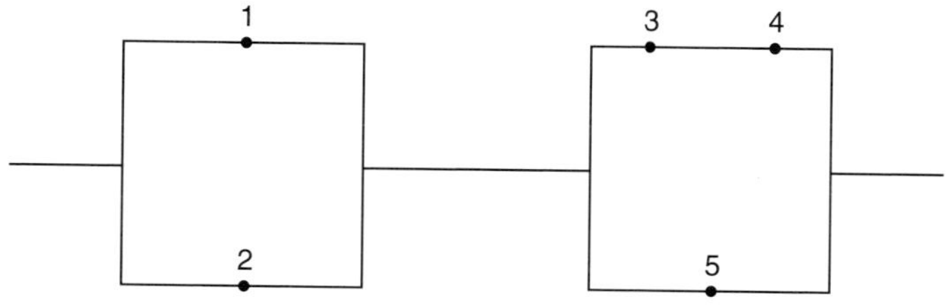

그림 9.5

* $y_i \le x_i$, $i = 1, \ldots, n$이고 어떤 i에 대해 $y_i < x_i$이면 $\mathbf{y} < \mathbf{x}$라고 한다.

$$\phi(\mathbf{x}) = \max_j \alpha_j(\mathbf{x})$$
$$= \max_j \prod_{i \in A_j} x_i \qquad (9.1)$$

이다.

$\alpha_j(\mathbf{x})$는 j번째 최소 경로집합 부품들의 직렬 구조 함수이기 때문에 식 (9.1)은 임의의 시스템을 직렬 시스템의 병렬 정렬로 표현한다.

예제 9.7 예제 9.5의 시스템을 고려하자. 이 시스템의 최소 경로집합은 $A_1 = \{1, 3, 4\}$, $A_2 = \{2, 3, 4\}$, $A_3 = \{1, 5\}$, $A_4 = \{2, 5\}$이기 때문에 식 (9.1)에 의해 다음을 얻는다.

$$\phi(\mathbf{x}) = \max\{x_1x_3x_4, x_2x_3x_4, x_1x_5, x_2x_5\}$$
$$= 1 - (1 - x_1x_3x_4)(1 - x_2x_3x_4)(1 - x_1x_5)(1 - x_2x_5)$$

이 결과가 예제 9.5에서 주어진 $\phi(\mathbf{x})$ 값과 같음을 확인해보라. (x_i는 0 또는 1이므로 $x_i^2 = x_i$라는 사실을 사용하라). 이는 그림 9.6에서와 같이 표현될 수 있다. ■

예제 9.8 그림 9.7에서 나타낸 것과 같은 구조를 갖는 시스템을 **다리 시스템**(bridge system)이라고 한다. 이 시스템의 최소 경로집합은 {1, 4}, {1, 3, 5}, {2, 5}, {2, 3, 4}이다. 그러므로 식 (9.1)에 의하여 구조 함수는 다음과 같이 표현된다.

$$\phi(\mathbf{x}) = \max\{x_1x_4, x_1x_3x_5, x_2x_5, x_2x_3x_4\}$$
$$= 1 - (1 - x_1x_4)(1 - x_1x_3x_5)(1 - x_2x_5)(1 - x_2x_3x_4)$$

이 $\phi(\mathbf{x})$는 그림 9.8처럼 도식화 할 수 있다. ■

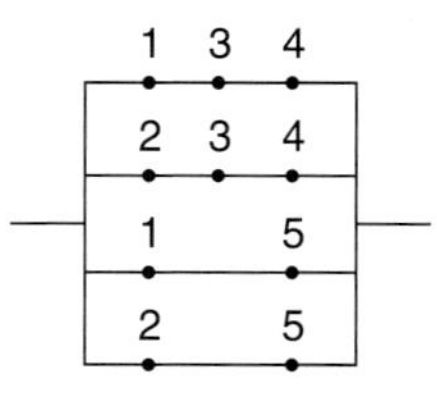

그림 9.6

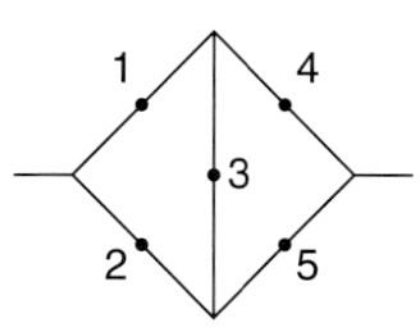

그림 9.7 다리 시스템.

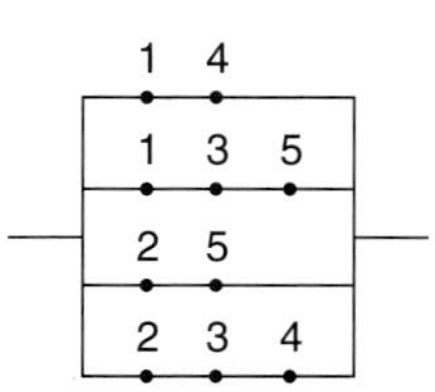

그림 9.8

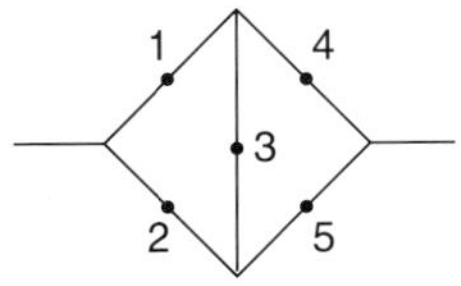

그림 9.9

상태벡터 $\mathbf{x}$는 $\phi(\mathbf{x}) = 0$이면 **단절벡터**(cut vector)라고 한다. 여기에 덧붙여, 모든 $\mathbf{y} > \mathbf{x}$에 대해 $\phi(\mathbf{y}) = 1$이면, $\mathbf{x}$는 **최소 단절벡터**(minimal cut vector)라고 한다. $\mathbf{x}$가 최소 단절벡터이면 집합 $C = \{i : x_i = 0\}$은 **최소 단절집합**(minimal cut set)이라고 한다. 다시 말하면, 최소 단절집합은 그것의 고장이 시스템의 고장을 보장하는 부품들의 최소 집합이다.

주어진 시스템의 최소 단절집합을 $C_1, \ldots, C_k$로 나타내자. j번째 최소 단절집합의 지시함수 $\beta_j(\mathbf{x})$를 다음과 같이 정의한다.

$$\beta_j(\mathbf{x}) = \begin{cases} 1, & j\text{번째 최소 단절집합 중 적어도 하나의 부품이 기능할 경우} \\ 0, & j\text{번째 최소 단절집합의 모든 부품이 기능하지 않을 경우} \end{cases}$$
$$= \max_{i \in C_j} x_i$$

적어도 한 개 최소 단절집합의 모든 부품이 기능하지 않아야만 시스템이 기능하지 않으므로,

$$\phi(\mathbf{x}) = \prod_{j=1}^{k} \beta_j(\mathbf{x}) = \prod_{j=1}^{k} \max_{i \in C_j} x_i \tag{9.2}$$

이다.

$\beta_j(\mathbf{x})$는 j번째 최소 단절집합 부품들의 병렬 구조 함수이므로, 식 (9.2)는 임의의 시스템을 병렬 시스템의 직렬 정렬로 나타낸다.

예제 9.9 그림 9.9에서 보인 다리 구조의 최소 단절집합은 $\{1, 2\}$, $\{1, 3, 5\}$, $\{2, 3, 4\}$, $\{4, 5\}$이다. 그러므로 식 (9.2)로부터, $\phi(\mathbf{x})$를 다음과 같이 표현할 수 있다.

$$\begin{aligned}\phi(\mathbf{x}) &= \max(x_1, x_2)\ \max(x_1, x_3, x_5)\ \max(x_2, x_3, x_4)\ \max(x_4, x_5) \\ &= [1-(1-x_1)(1-x_2)][1-(1-x_1)(1-x_3)(1-x_5)] \\ &\quad \times [1-(1-x_2)(1-x_3)(1-x_4)][1-(1-x_4)(1-x_5)]\end{aligned}$$

이 $\phi(\mathbf{x})$는 그림 9.10과 같이 표현할 수 있다. ■

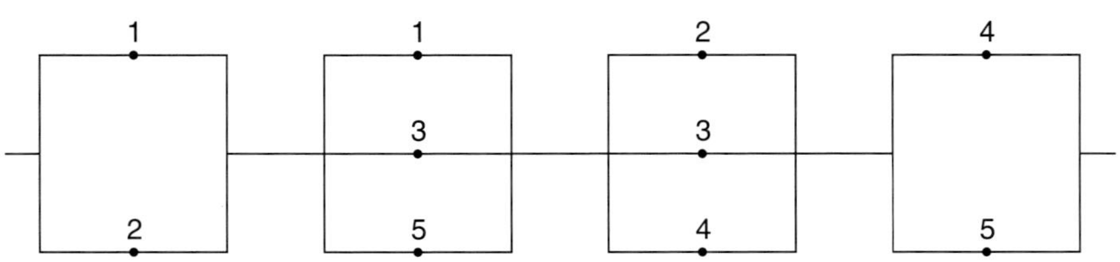

그림 9.10 다리 시스템의 최소 단절 집합 표현.

9.3 독립 부품으로 구성된 시스템의 신뢰도

이 절에서는 i번째 부품 상태 X_i가 다음과 같은 확률변수라고 가정한다.

$$P\{X_i = 1\} = p_i = 1 - P\{X_i = 0\}$$

i번째 부품이 기능할 확률 p_i 값을 i번째 **부품의 신뢰도**(reliability)라고 한다. r을

$$r = P\{\phi(\mathbf{X}) = 1\}, \quad \text{여기서 } \mathbf{X} = (X_1, \ldots, X_n)$$

과 같이 정의하면 r을 **시스템의 신뢰도**라고 한다. 부품들이 즉, 확률변수 X_i, $i = 1, \ldots, n$이 서로 독립일 때, r을 다음과 같이 부품 신뢰도의 함수로 표현할 수 있다.

$$r = r(\mathbf{p}), \text{ 여기서 } \mathbf{p} = (p_1, \ldots, p_n)$$

함수 $r(\mathbf{p})$는 **신뢰도 함수**(reliability function)라고 한다. 이 장 나머지 부분에서는 부품들이 서로 독립이라고 가정한다.

예제 9.10 (직렬 시스템) n개의 독립 부품으로 이루어진 직렬 시스템의 신뢰도 함수는 다음과 같이 주어진다.

$$\text{에 대해}\}\ r(\mathbf{p}) = P\{\phi(\mathbf{X}) = 1\}$$
$$= P\{X_i = 1, \text{ 모든 } i = 1, \ldots, n\text{에 대해}\}$$
$$= \prod_{i=1}^{n} p_i$$

■

예제 9.11 (병렬 시스템) n개의 독립 부품으로 이루어진 병렬 시스템의 신뢰도 함수는 다음과 같이 주어진다.

$$\begin{aligned} r(\mathbf{p}) &= P\{\phi(\mathbf{X}) = 1\} \\ &= P\{X_i = 1, \text{ 어떤 } i = 1, \ldots, n\text{에 대해}\} \\ &= 1 - P\{X_i = 0, \text{ 모든 } i = 1, \ldots, n\text{에 대해}\} \\ &= 1 - \prod_{i=1}^{n} (1 - p_i) \end{aligned}$$

■

예제 9.12 (동일 확률을 갖는 n-중-k 시스템) n-중-k 시스템을 고려한다. 모든 $i = 1, \ldots, n$에 대해 $p_i = p$이면, 신뢰도 함수는 다음과 같이 주어진다.

$$\begin{aligned} r(p, \ldots, p) &= P\{\phi(\mathbf{X}) = 1\} \\ &= P\left\{\sum_{i=1}^{n} X_i \geqslant k\right\} \\ &= \sum_{i=k}^{n} \binom{n}{i} p^i (1-p)^{n-i} \end{aligned}$$

■

예제 9.13 (셋-중-둘 시스템) 셋-중-둘 시스템의 신뢰도 함수는 다음과 같이 주어진다.

$$\begin{aligned} r(\mathbf{p}) &= P\{\phi(\mathbf{X}) = 1\} \\ &= P\{\mathbf{X} = (1, 1, 1)\} + P\{\mathbf{X} = (1, 1, 0)\} \\ &\quad + P\{\mathbf{X} = (1, 0, 1)\} + P\{\mathbf{X} = (0, 1, 1)\} \\ &= p_1 p_2 p_3 + p_1 p_2 (1 - p_3) + p_1 (1 - p_2) p_3 + (1 - p_1) p_2 p_3 \\ &= p_1 p_2 + p_1 p_3 + p_2 p_3 - 2 p_1 p_2 p_3 \end{aligned}$$

■

예제 9.14 (넷-중-셋 시스템) 넷-중-셋 시스템의 신뢰도 함수는 다음과 같이 주어진다.

$$\begin{aligned} r(\mathbf{p}) &= P\{\mathbf{X} = (1,1,1,1)\} + P\{\mathbf{X} = (1,1,1,0)\} + P\{\mathbf{X} = (1,1,0,1)\} \\ &\quad + P\{\mathbf{X} = (1,0,1,1)\} + P\{\mathbf{X} = (0,1,1,1)\} \\ &= p_1p_2p_3p_4 + p_1p_2p_3(1-p_4) + p_1p_2(1-p_3)p_4 \\ &\quad + p_1(1-p_2)p_3p_4 + (1-p_1)p_2p_3p_4 \\ &= p_1p_2p_3 + p_1p_2p_4 + p_1p_3p_4 + p_2p_3p_4 - 3p_1p_2p_3p_4 \end{aligned}$$

■

예제 9.15 (다섯 개 부품 시스템) 부품 1과 부품 2, 그리고 나머지 부품 중 적어도 하나가 기능해야만 기능하는 다섯 개 부품으로 이루어진 시스템을 고려하자. 이 시스템의 신뢰도 함수는 다음과 같이 주어진다.

$$\begin{aligned} r(\mathbf{p}) &= P\{X_1 = 1, X_2 = 1, \max(X_3, X_4, X_5) = 1\} \\ &= P\{X_1 = 1\}P\{X_2 = 1\}P\{\max(X_3, X_4, X_5) = 1\} \\ &= p_1p_2[1 - (1-p_3)(1-p_4)(1-p_5)] \end{aligned}$$

■

$\phi(\mathbf{x})$는 0−1 (즉, 베르누이) 확률변수이므로, 그 기댓값을 취하여 $r(\mathbf{p})$를 계산할 수 있다. 즉,

$$\begin{aligned} r(\mathbf{p}) &= P\{\phi(\mathbf{X}) = 1\} \\ &= E[\phi(\mathbf{X})] \end{aligned}$$

이다.

예제 9.16 (네 개 부품 시스템) 부품 1과 부품 4, 그리고 나머지 부품 중 적어도 하나가 기능해야만 기능하는 네 개 부품으로 이루어진 시스템을 고려하자. 이 시스템의 신뢰도 함수는 다음과 같이 주어진다.

$$\phi(\mathbf{x}) = x_1x_4 \max(x_2, x_3)$$

그러므로

$$\begin{aligned} r(\mathbf{p}) &= E[\phi(\mathbf{X})] \\ &= E[X_1X_4(1 - (1-X_2)(1-X_3))] \\ &= p_1p_4[1 - (1-p_2)(1-p_3)] \end{aligned}$$

■

이다.

신뢰도 함수 $r(\mathbf{p})$의 중요하고 직관적인 성질이 다음 명제에 의해 주어진다.

명제 9.1 $r(\mathbf{p})$가 독립적인 부품들로 이루어진 시스템의 신뢰도 함수라면, $r(\mathbf{p})$는 $\mathbf{p}$의 증가함수이다.

증명▶ X_i에 조건을 주고 부품들의 독립성을 이용하여 다음을 얻는다.

$$\begin{aligned} r(\mathbf{p}) &= E[\phi(\mathbf{X})] \\ &= p_iE[\phi(\mathbf{X}) \mid X_i = 1] + (1-p_i)E[\phi(\mathbf{X}) \mid X_i = 0] \\ &= p_iE[\phi(1_i, \mathbf{X})] + (1-p_i)E[\phi(0_i, \mathbf{X})] \end{aligned}$$

여기서,

$$\begin{aligned} (1_i, \mathbf{X}) &= (X_1, \ldots, X_{i-1}, 1, X_{i+1}, \ldots, X_n), \\ (0_i, \mathbf{X}) &= (X_1, \ldots, X_{i-1}, 0, X_{i+1}, \ldots, X_n) \end{aligned}$$

이다. 따라서

$$r(\mathbf{p}) = p_iE[\phi(1_i, \mathbf{X}) - \phi(0_i, \mathbf{X})] + E[\phi(0_i, \mathbf{X})]$$

이다. 그런데, ϕ는 증가함수이므로 다음을 얻게 된다.

$$E[\phi(1_i, \mathbf{X}) - \phi(0_i, \mathbf{X})] \geqslant 0$$

따라서 모든 i에 대해 앞의 함수는 p_i의 증가함수이다. 그러므로 명제가 증명된다. ■

이제 다음 상황을 고려하자. n개의 다른 부품으로 구성되는 시스템을 각 유형의 부품을 두 개씩만 갖고 있는 부품더미를 이용하여 만들려고 한다. 기능하는 시스템을 얻을 확률을 최대화하기 위하여 어떻게 이 부품더미를 이용해야 하는가? 특히, 별도의 두 개의 시스템을 만들어야 하는가? 이 경우 기능하는 시스템을 얻을 확률은 다음과 같을 것이다.

$$\begin{aligned} &P\{\text{두 시스템 중 최소한 하나가 기능함}\} \\ &\quad = 1 - P\{\text{어떤 시스템도 기능하지 않음}\} \\ &\quad = 1 - [(1 - r(\mathbf{p}))(1 - r(\mathbf{p}'))] \end{aligned}$$

여기서 $p_i(p'_i)$는 첫 번째(두 번째) 부품 i가 기능할 확률이다. 아니면, 둘 중 한 개라도 기능하면 부품 i가 기능하는 단일 시스템을 만들어야 하는가? 이 경우 시스템이 기능할 확률은 다음과 같다.

$$r[\mathbf{1} - (\mathbf{1} - \mathbf{p})(\mathbf{1} - \mathbf{p}')]$$

왜냐 하면 $1 - (1 - p_i)(1 - p'_i)$가 단일 시스템에서 부품 i가 기능할 확률이기 때문이다.* 이제 부품 단계에서 중복이 시스템 단계에서 중복보다 더 효과적임을 보이자.

정리 9.1 어떤 신뢰도 함수 r과 벡터 $\mathbf{p}$, $\mathbf{p}'$에 대해서도

$$r[\mathbf{1} - (\mathbf{1} - \mathbf{p})(\mathbf{1} - \mathbf{p}')] \geqslant 1 - [1 - r(\mathbf{p})][1 - r(\mathbf{p}')]$$

이다.

증명 $X_1, \ldots, X_n, X'_1, \ldots, X'_n$을 서로 독립인 0−1 확률변수이고 다음과 같은 확률을 갖는다고 하자.

$$p_i = P\{X_i = 1\}, \quad p'_i = P\{X'_i = 1\}$$

$P\{\max(X_i, X'_i) = 1\} = 1 - (1 - p_i)(1 - p'_i)$이므로 다음을 얻는다.

$$r[\mathbf{1} - (\mathbf{1} - \mathbf{p})(\mathbf{1} - \mathbf{p}')] = E(\phi[\max(\mathbf{X}, \mathbf{X}')])$$

그러나 ϕ의 단조성으로 인해 $\phi[\max(\mathbf{X}, \mathbf{X}')]$는 $\phi(\mathbf{X})$와 $\phi(\mathbf{X}')$보다 크거나 같고 최소한 $\max[\phi(\mathbf{X}), \phi(\mathbf{X}')]$만큼 크다. 그러므로 앞의 결과로부터 다음을 얻는다.

$$\begin{aligned} r[\mathbf{1} - (\mathbf{1} - \mathbf{p})(\mathbf{1} - \mathbf{p}')] &\geqslant E[\max(\phi(\mathbf{X}), \phi(\mathbf{X}'))] \\ &= P\{\max[\phi(\mathbf{X}), \phi(\mathbf{X}')] = 1\} \\ &= 1 - P\{\phi(\mathbf{X}) = 0, \phi(\mathbf{X}') = 0\} \\ &= 1 - [1 - r(\mathbf{p})][1 - r(\mathbf{p}')] \end{aligned}$$

여기서 처음 등식은 $\max[\phi(X), \phi(X')]$이 0−1 확률변수이고, 따라서 기댓값은 그 값이 1일 확률과 같다는 사실로부터 얻어졌다. ■

이 정리의 예로, 각 부품이 두 개씩 있는 부품더미로부터 직렬 시스템을 만든다고 가정해보자. 각 부품의 신뢰도는 $\frac{1}{2}$라고 가정한다. 별도의 두 시스템을 만든다면 작동하는 시스템을 얻을 확률은

$$1 - \left(\tfrac{3}{4}\right)^2 = \tfrac{7}{16}$$

---

* 표기법: $\mathbf{x} = (x_1, \ldots, x_n)$, $\mathbf{y} = (y_1, \ldots, y_n)$이면 $\mathbf{xy} = (x_1 y_1, \ldots, x_n y_n)$이다. 또한, $\max(\mathbf{x}, \mathbf{y}) = (\max(x_1, y_1), \ldots, \max(x_n, y_n))$이고 $\min(\mathbf{x}, \mathbf{y}) = (\min(x_1, y_1), \ldots, \min(x_n, y_n))$이다.

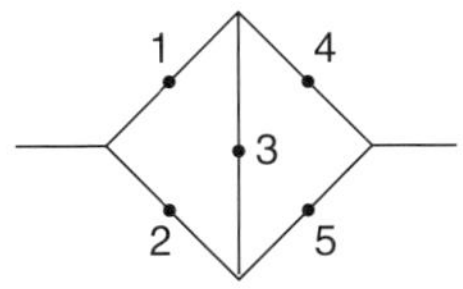

그림 9.11

이며, 부품들이 중복된 단일 시스템을 만든다면 작동하는 시스템을 얻을 확률은

$$\left(\tfrac{3}{4}\right)^2 = \tfrac{9}{16}$$

이다. 그러므로 부품 중복이 시스템 중복보다 높은 신뢰도로 이어진다(물론 정리 9.1에 의해 이것은 당연하다).

9.4 신뢰도 함수의 한계

그림 9.11에 표현된 예제 9.8의 다리 시스템을 고려하자. 최소경로 표현을 이용하여 다음을 얻는다.

$$\phi(\mathbf{x}) = 1 - (1 - x_1x_4)(1 - x_1x_3x_5)(1 - x_2x_5)(1 - x_2x_3x_4)$$

그러므로

$$r(\mathbf{p}) = 1 - E[(1 - X_1X_4)(1 - X_1X_3X_5)(1 - X_2X_5)(1 - X_2X_3X_4)]$$

이다. 그러나, 최소 경로집합이 중복되기 때문에(즉, 공통인 부품을 갖고 있다), 확률변수 $(1 - X_1 X_4)$, $(1 - X_1 X_3 X_5)$, $(1 - X_2 X_5)$, $(1 - X_2 X_3 X_4)$는 독립이 아니며 따라서 곱의 기댓값은 기댓값의 곱과 같지 않다. 그러므로 $r(\mathbf{p})$를 계산하기 위해 먼저 네 확률변수들을 곱한 후 기댓값을 취해야 한다. 그렇게 하면, $X_i^2 = X_i$를 이용하여, 다음을 얻는다.

$$\begin{aligned} r(\mathbf{p}) &= E[X_1X_4 + X_2X_5 + X_1X_3X_5 + X_2X_3X_4 - X_1X_2X_3X_4 \\ &\quad - X_1X_2X_3X_5 - X_1X_2X_4X_5 - X_1X_3X_4X_5 - X_2X_3X_4X_5 \\ &\quad + 2X_1X_2X_3X_4X_5] \\ &= p_1p_4 + p_2p_5 + p_1p_3p_5 + p_2p_3p_4 - p_1p_2p_3p_4 - p_1p_2p_3p_5 \\ &\quad - p_1p_2p_4p_5 - p_1p_3p_4p_5 - p_2p_3p_4p_5 + 2p_1p_2p_3p_4p_5 \end{aligned}$$

위 예에서 볼 수 있듯이, $r(\mathbf{p})$ 계산은 종종 꽤 지루한 일이다. 따라서 한계를 구하는 단순한 방법이 있다면 유용할 것이다. 이를 위한 두 가지 방법을 고려한다.

9.4.1 포함과 배제 방법

다음은 사건 $E_1, E_2, \ldots, E_n$의 합집합의 확률을 구하는 잘 알려진 공식이다.

$$\begin{aligned} P\left(\bigcup_{i=1}^{n} E_i\right) &= \sum_{i=1}^{n} P(E_i) - \sum_{i<j}\sum P(E_iE_j) + \sum_{i<j<k}\sum\sum P(E_iE_jE_k) \\ &\quad - \cdots + (-1)^{n+1}P(E_1E_2\cdots E_n) \end{aligned} \tag{9.3}$$

또한, 잘 알려지지는 않았지만, 다음과 같은 부등식들이 있다.

$$P\left(\bigcup_{1}^{n} E_i\right) \leqslant \sum_{i=1}^{n} P(E_i),$$

$$
\begin{aligned}
P\left(\bigcup_{1}^{n} E_i\right) &\geqslant \sum_i P(E_i) - \sum_{i<j} P(E_i E_j) \\
P\left(\bigcup_{1}^{n} E_i\right) &\leqslant \sum_i P(E_i) - \sum_{i<j}\sum P(E_i E_j) + \sum_{i<j<k}\sum\sum P(E_i E_j E_k), \\
&\geqslant \cdots \\
&\leqslant \cdots
\end{aligned}
\tag{9.4}
$$

여기서 부등식은 $(P(\bigcup_{i=1}^{n} E_i)$를 전개하는 항이 추가될 때마다 항상 방향이 바뀐다.

식 (9.3)은 대개 사건 수에 대한 귀납적인 방법으로 증명된다. 그러나 식 (9.3)을 증명할 뿐만 아니라 부등식 (9.4)도 규명하는 또 다른 접근법을 제시한다.

우선, 지시 변수 $I_j, j = 1, \ldots, n$을 다음과 같이 정의한다.

$$
I_j = \begin{cases} 1, & E_j\text{가 발생할 경우} \\ 0, & \text{그 외의 경우} \end{cases}
$$

또,

$$
N = \sum_{j=1}^{n} I_j
$$

로 놓자. N은 발생한 E_j, $1 \leq j \leq n$의 개수를 나타낸다. 또한, 다음과 같이 놓는다.

$$
I = \begin{cases} 1, & N > 0\text{일 때} \\ 0, & N = 0\text{일 때} \end{cases}
$$

그러면,

$$
1 - I = (1 - 1)^N
$$

이므로, 이항 정리를 적용하여 다음을 얻는다.

$$
1 - I = \sum_{i=0}^{N} \binom{N}{i} (-1)^i
$$

또는

$$
I = N - \binom{N}{2} + \binom{N}{3} - \cdots \pm \binom{N}{N} \tag{9.5}
$$

이다. 이제 다음 조합 항등식(i에 대한 귀납법으로 쉽게 규명됨)을 이용한다.

$$
\binom{n}{i} - \binom{n}{i+1} + \cdots \pm \binom{n}{n} = \binom{n-1}{i-1} \geqslant 0, \quad i \leqslant n
$$

이는 다음을 의미한다.

$$
\binom{N}{i} - \binom{N}{i+1} + \cdots \pm \binom{N}{N} \geqslant 0 \tag{9.6}
$$

식 (9.5)와 (9.6)으로부터 다음을 얻는다.

$$
\begin{aligned}
I &\leqslant N, && \text{식 (9.6)에서 } i = 2\text{로 놓아서} \\
I &\geqslant N - \binom{N}{2}, && \text{식 (9.6)에서 } i = 3\text{로 놓아서}
\end{aligned}
$$

$$I \leqslant N - \binom{N}{2} + \binom{N}{3}, \tag{9.7}$$

$$\vdots$$

이제, $N \leq n$이고 $i > m$일 때 $\binom{m}{i} = 0$이므로, 식 (9.5)를 다음과 같이 다시 쓸 수 있다.

$$I = \sum_{i=1}^{n} \binom{N}{i} (-1)^{i+1} \tag{9.8}$$

식 (9.3)과 부등식 (9.4)는 (9.8)에 기댓값을 취하여 얻게 된다. 이는 다음과 같은 이유에서 그렇다.

$$E[I] = P\{N > 0\} = P\{E_j \text{ 중 최소한 한 개 발생}\} = P\left(\bigcup_1^n E_j\right)$$

$$E[N] = E\left[\sum_{j=1}^{n} I_j\right] = \sum_{j=1}^{n} P(E_j)$$

또한,

$$E\left[\binom{N}{2}\right] = E[\text{발생한 } E_j \text{ 중 두 개를 조합하는 경우의 수}]$$
$$= E\left[\sum\sum_{i<j} I_i I_j\right]$$
$$= \sum\sum_{i<j} P(E_i E_j)$$

이고, 일반적으로

$$E\left[\binom{N}{i}\right] = E[\text{발생한 } E_j \text{ 중 } i\text{개로 이루어진 집합의 수}]$$
$$= E\left[\sum\sum_{j_1<j_2<\cdots<j_i} I_{j_1} I_{j_2} \cdots I_{j_i}\right]$$
$$= \sum\sum_{j_1<j_2<\cdots<j_i} P(E_{j_1} E_{j_2} \cdots E_{j_i})$$

이다.

식 (9.4)에서 표현된 한계는 보통 **포함-배제 한계**(inclusion-exclusion bounds)라고 한다. 이를 적용하여 신뢰도 함수의 한계를 얻기 위해, $A_1, A_2, \ldots, A_s$를 주어진 구조 ϕ의 최소 경로집합이라고 하고 사건 $E_1, E_2, \ldots, E_s$를 다음과 같이 정의한다.

$$E_i = \{A_i\text{의 모든 부품이 기능함}\}$$

이제, 시스템은 적어도 하나의 사건 E_i가 발생해야만 기능하므로, 다음을 얻는다.

$$r(\mathbf{p}) = P\left(\bigcup_1^s E_i\right)$$

식 (9.4)를 적용하면 원하던 $r(\mathbf{p})$에 대한 한계를 얻는다. 합산 안의 항들은 다음과 같이 계산된다.

$$P(E_i) = \prod_{l \in A_i} p_l,$$

$$P(E_i E_j) = \prod_{l \in A_i \cup A_j} p_l,$$
$$P(E_i E_j E_k) = \prod_{l \in A_i \cup A_j \cup A_k} p_l$$

세 개보다 많은 사건들의 교집합에 대해서도 유사한 결과가 이어진다. (이는, 예를 들어, 사건 $E_i\ E_j$가 발생하기 위해 A_i의 모든 부품과 A_j의 모든 부품이 기능해야 하기 때문에 다시 말하면, $A_i \cup A_j$의 모든 부품이 기능해야만 하기 때문에 얻어진다.)

p_i 값들이 작을 때 여러 사건 E_i들의 교집합 확률은 매우 작고, 수렴이 상대적으로 빨라진다.

예제 9.17 동일한 부품 확률을 갖는 다리 구조를 고려하자. 즉, 모든 i에 대하여 p_i가 p와 같다고 한다. $A_1 = \{1, 4\}$, $A_2 = \{1, 3, 5\}$, $A_3 = \{2, 5\}$, $A_4 = \{2, 3, 4\}$가 최소 경로집합이라면, 다음을 얻는다.

$$P(E_1) = P(E_3) = p^2,$$
$$P(E_2) = P(E_4) = p^3$$

또한, A_i와 A_j의 합집합 $6 = \binom{4}{2}$개 중 정확히 5개가 부품 4개를 포함하므로(예외는 부품 5개를 포함하는 $A_2 \cup A_4$이다), 다음을 얻는다.

$$P(E_1E_2) = P(E_1E_3) = P(E_1E_4) = P(E_2E_3) = P(E_3E_4) = p^4,$$
$$P(E_2E_4) = p^5$$

그러므로 처음 두 포함-배제 한계는 다음과 같다.

$$2(p^2 + p^3) - 5p^4 - p^5 \leqslant r(p) \leqslant 2(p^2 + p^3)$$

여기서 $r\,(p) = r\,(p, p, p, p, p)$이다. 예를 들어, $p = 0.2$일 때 다음을 얻는다.

$$0.08768 \leqslant r(0.2) \leqslant 0.09600$$

그리고 $p = 0.1$일 때는 다음을 얻는다.

$$0.02149 \leqslant r(0.1) \leqslant 0.02200$$

■

합집합이 시스템이 기능할 사건이 되는 최소 경로집합들로 사건들을 정의할 수 있듯이, 합집합이 시스템이 고장 나는 사건이 되는 최소 단절집합들로 사건들을 정의할 수도 있다. $C_1, C_2, \ldots, C_r$이 최소 단절집합이라고 하고, 사건 $F_1, \ldots, F_r$을 다음과 같이 정의한다.

$$F_i = \{C_i\text{의 모든 부품이 고장}\}$$

이제, 시스템이 고장 나려면 적어도 하나의 최소 단절집합 안의 모든 부품들이 고장 나야만 하기 때문에, 다음을 얻는다.

$$1 - r(\mathbf{p}) = P\left(\bigcup_1^r F_i\right),$$
$$1 - r(\mathbf{p}) \leqslant \sum_i P(F_i),$$
$$1 - r(\mathbf{p}) \geqslant \sum_i P(F_i) - \sum\sum_{i<j} P(F_iF_j),$$
$$1 - r(\mathbf{p}) \leqslant \sum_i P(F_i) - \sum\sum_{i<j} P(F_iF_j) + \sum\sum\sum_{i<j<k} P(F_iF_jF_k),$$

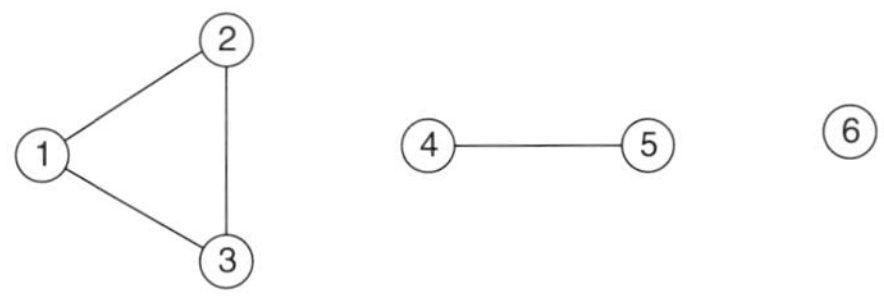

그림 9.12

그런데,

$$P(F_i) = \prod_{l \in C_i} (1 - p_l),$$
$$P(F_i F_j) = \prod_{l \in C_i \cup C_j} (1 - p_l),$$
$$P(F_i F_j F_k) = \prod_{l \in C_i \cup C_j \cup C_k} (1 - p_l)$$

이므로 p_i 값들이 클 때 수렴이 상대적으로 빨라진다.

예제 9.18 (랜덤그래프) 3.6.2절로부터 그래프는 노드들의 집합 N과 노드의 쌍인 아크들의 집합 A로 구성됨을 기억하자. 어떤 두 노드 i와 j에 대해 아크들의 순서 $(i, i_1), (i_1, i_2), \ldots, (i_k, j)$는 i–j 경로를 구성한다고 한다. 노드 i와 j, $i \neq j$에 대한 모든 $\binom{n}{2}$개의 쌍 사이에 i–j 경로가 있으면, 그 그래프는 연결되어 있다고 한다. 그래프의 노드는 지리적인 위치를 나타내고 아크는 노드들 간의 직접적인 통신연결을 나타낸다고 생각하면, 어떤 두 노드들도 서로 통신할 수 있으면(직접 통신할 수 없으면, 최소한 중간 노드들을 사용하여) 그래프는 연결되어 있다.

그래프는 항상 부품이라고 하는 겹치지 않은 부그래프들로 나누어질 수 있다. 예를 들면, 그림 9.12의 노드 $N = \{1, 2, 3, 4, 5, 6\}$과 아크 $A = \{(1, 2), (1, 3), (2, 3), (4, 5)\}$를 가진 그래프는 세 개의 부분으로 구성되어 있다(한 개의 노드로 구성된 그래프는 연결되어 있다고 간주한다).

이제 노드 $1, 2, \ldots, n$을 가진 랜덤그래프를 고려한다. 노드 i에서 노드 j로 가는 아크가 존재할 확률은 P_{ij}라고 한다. 이런 아크들의 존재는 독립적인 사건을 구성한다고 가정한다. 즉, $\binom{n}{2}$개 확률변수 X_{ij}는 독립이다. 여기서

$$X_{ij} = \begin{cases} 1, & (i, j)\text{가 아크일 때} \\ 0, & \text{그 외의 경우} \end{cases}$$

이다. 이 그래프가 연결되어 있을 확률에 관심이 있다.

이를 $\binom{n}{2}$개 부품으로 구성된 신뢰도 시스템이라고 생각한다. 각 부품은 잠재적인 아크에 해당한다. 해당 아크가 실제로 망의 아크이면 그 부품은 작동한다고 하고, 해당 그래프가 연결되어 있으면 시스템이 작동한다고 한다. 연결된 그래프에 아크를 추가하는 것은 그래프를 단절하지 않으므로, 이렇게 정의된 구조는 단조적이다.

최소 경로집합과 최소 단절집합을 구하는 것으로부터 시작한다. 그래프가 연결되어 있지 않을 필요충분조건은, 노드들의 집합이 X의 노드와 X^C의 노드를 연결하는 경로가 없는 두 개의 공집합이 아닌 부분집합 X와 X^C로 분할될 수 있는 것임은 쉽게 알 수 있다. 예를 들어, 여섯 개의 노드가 있고 노드 1, 2, 3, 4와 하나와 노드 5, 6 중 하나를 연결하는 아크가 존재하지 않으면, 이 그래프는 분명히 연결되어 있지 않다. 그래서 노드들을 두 개의 비지 않은 부분집합 X, X^C로 분할하는 것은 다음과 같이 정의된 최소 단절집합에 해당하는 것을 알게 된다.

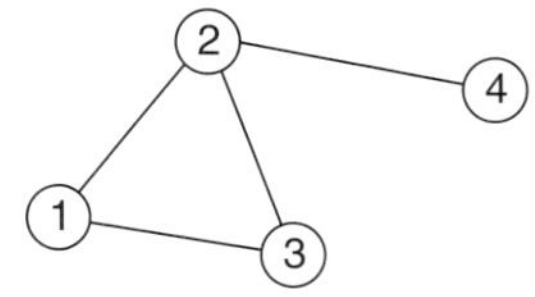

그림 9.13

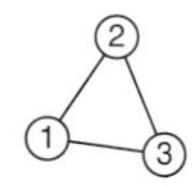

그림 9.14

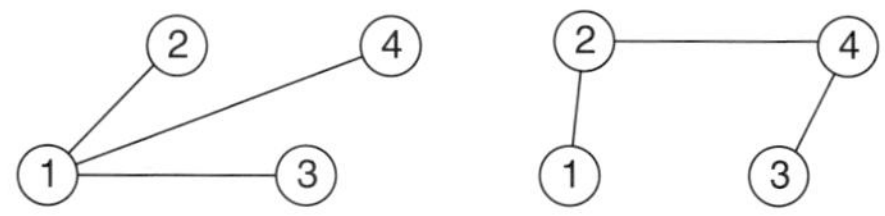

그림 9.15 n = 4일 때 두 개의 스패닝 트리(최소 경로집합).

$$\{(i, j): i \in X, j \in X^c\}$$

이런 분할은 $2^{n-1} - 1$개 있으므로(비지 않은 진부분집합 X를 선택하는 방법은 $2^n - 2$개 있고, X, X^C로 분할하는 것은 X^C, X로 분할하는 것과 동일하므로 2로 나누어야 한다) 이 수만큼 최소 단절집합이 있다.

최소 경로집합을 구하기 위해 연결된 그래프가 되는 아크들의 최소집합의 특성을 알아본다. 그림 9.13의 그래프는 연결되어 있지만 그림 9.14의 순환(cycle)으로부터 임의의 아크를 제거해도 여전히 연결되어 있다. 실제로, 연결되어 있지만 순환(순환은 한 노드에서 시작하여 자기 자신으로 돌아오는 경로)은 없는 그래프가 되는 아크들의 집합과 최소 경로집합은 정확히 동일하다는 것은 어렵지 않게 알 수 있다. 이런 아크들의 집합을 **스패닝 트리**(spanning tree)라고 한다(그림 9.15). 스패닝 트리가 정확히 $n - 1$개 아크를 포함하는 것은 쉽게 증명할 수 있으며, 이런 최소 경로집합은 정확히 n^{n-2}개가 있음은 그래프 이론에서 유명한 결과이다[케이리(Cayley)에 의함].

최소 경로집합과 최소 단절집합이 많기 때문에(각각 n^{n-2}개와 $2^{n-1} - 1$개) 추가 제약 없이 유용한 한계를 얻기는 어렵다. 그래서 모든 $P_{i,j}$가 동일한 값 p를 갖는다고 가정한다. 즉, 각각의 가능한 아크가 존재할 확률은, 독립적으로, 동일한 확률 p를 갖는다고 가정한다. 먼저 그래프가 연결되어 있을 확률을 구하기 위한 되돌림식을 유도한다. 이 식은 n이 매우 크지 않을 때는 계산 측면에서 유용하다. 다음으로, n이 클 때 이 확률의 점근 공식을 제시한다.

n개의 노드를 갖는 랜덤그래프가 연결되어 있을 확률을 P_n이라 한다. P_n을 위한 되돌림식을 유도하기 위해 먼저 한 노드에, 가령, 노드 1에 집중하고 노드 1이 크기 k인 부품의 일부일 확률을 구하자. $k - 1$개의 서로 다른 노드로 이루어진 집합이 주어졌을 때, 이 노드들과 노드 1은, 다음 조건이 만족되면, 함께 부품을 형성한다.

(i) 이 k개 노드들 중 하나와 나머지 $n - k$개 노드들 중 하나를 연결하는 아크가 없다.

(ii) 이 k개의 노드들[그리고 $\binom{k}{2}$개 잠재적 아크들, 각각은 확률 p로 독립적으로 발생함]로 제한된 랜덤그래프가 연결되어 있다.

(i)과 (ii) 둘 다 발생할 확률은

$$q^{k(n-k)}P_k$$

이다. 여기서 $q = 1 - p$이다. $k - 1$개 다른 노드들을 선택(점 1과 함께 크기 k인 부품을 형성하기 위해)하는 방법은 $\binom{n-1}{k-1}$개 있으므로 다음을 알게 된다.

$$P\{\text{점 1이 크기 } k\text{인 부품의 일부}\} = \binom{n-1}{k-1} q^{k(n-k)}P_k, \qquad k = 1, 2, \ldots, n$$

이제 k가 1부터 n까지 이 확률을 합하면 분명히 1과 같아야 하고, 노드 1이 크기 n인 부품의 일부이어야만 이 그래프가 연결되므로 다음을 알게 된다.

$$P_n = 1 - \sum_{k=1}^{n-1} \binom{n-1}{k-1} q^{k(n-k)}P_k, \qquad n = 2, 3, \ldots \tag{9.9}$$

$P_1 = 1$, $P_2 = p$로 시작하여, 식 (9.9)는 n이 크지 않을 때 P_n을 되돌림 방식으로 구하기 위해 사용될 수 있다. 이는 특히 수치 연산에 적합하다.

n이 클 때 P_n을 위한 점근 공식을 구하기 위해, 먼저 식 (9.9)로부터 $P_k \leq 1$이기 때문에 다음을 얻는다.

$$1 - P_n \leqslant \sum_{k=1}^{n-1} \binom{n-1}{k-1} q^{k(n-k)}$$

$q < 1$이고 n이 충분히 큰 경우 다음을 보일 수 있으므로,

$$\sum_{k=1}^{n-1} \binom{n-1}{k-1} q^{k(n-k)} \leqslant (n+1)q^{n-1}$$

큰 값 n에 대해 다음을 얻는다.

$$1 - P_n \leqslant (n+1)q^{n-1} \tag{9.10}$$

다른 방향에 대한 한계를 얻기 위해 특정 유형의 최소 단절집합, 즉 한 개의 노드를 그래프의 다른 모든 노드들로부터 분리하는 최소 단절집합에 집중한다. 구체적으로, 최소 단절집합 C_i를

$$C_i = \{(i, j) : j \neq i\}$$

로 정의하고 C_i의 모든 아크들이 동작하지 않는(그래서, 노드 i가 다른 노드들로부터 고립된) 사건을 F_i라고 정의한다. 이제

$$1 - P_n = (\text{그래프가 연결되지 않음}) \geqslant P\left(\bigcup_i F_i\right)$$

인데, 그 이유는 어떤 F_i라도 발생하면 이 그래프는 끊어지기 때문이다. 포함-배제 한계에 의하여 다음을 얻는다.

$$P\left(\bigcup_i F_i\right) \geqslant \sum_i P(F_i) - \sum_{i<j}\sum P(F_i F_j)$$

$P(F_i)$와 $P(F_i\,F_j)$는 각각 $n - 1$개 아크들의 집합과 $2n - 3$개 아크들의 집합이 그래프 안에 없을 확률이므로(왜?) 다음을 얻는다.

$$P(F_i) = q^{n-1},$$
$$P(F_i F_j) = q^{2n-3}, \quad i \neq j$$

그래서

$$1 - P_n \geqslant nq^{n-1} - \binom{n}{2} q^{2n-3}$$

이다. 이 결과를 식 (9.10)과 결합하여, 충분히 큰 n 값에 대해 다음을 얻는다.

$$nq^{n-1} - \binom{n}{2} q^{2n-3} \leqslant 1 - P_n \leqslant (n+1)q^{n-1}$$

그리고 n이 무한대로 갈 때

$$\binom{n}{2} \frac{q^{2n-3}}{nq^{n-1}} \to 0$$

이므로, 큰 값 n에 대해 다음을 얻는다.

$$1 - P_n \approx nq^{n-1}$$

따라서, 예를 들어 $n = 20$이고 $p = \frac{1}{2}$일 때 랜덤그래프가 연결되어 있을 확률은 근사적으로 다음과 같이 주어진다.

$$P_{20} \approx 1 - 20\left(\tfrac{1}{2}\right)^{19} = 0.99998$$ ■

9.4.2 r(p)의 한계를 구하는 두 번째 방법

$r(\mathbf{p})$의 한계를 구하기 위한 두 번째 방법은 구하려고 하는 확률을 사건들의 교집합의 확률로 표현하는 데 기반한다. 이를 위해, 앞에서와 같이 최소 경로집합을 $A_1, A_2, \ldots, A_s$로 나타내고, 사건 D_i, $i = 1, \ldots, s$를 다음과 같이 정의한다.

D_i = {A_i 부품 중 적어도 한 개가 고장}

이제 최소 경로집합에서 적어도 한 개 부품이 고장 나야만 시스템이 고장 나기 때문에 다음을 얻는다.

$$\begin{aligned} 1 - r(\mathbf{p}) &= P(D_1 D_2 \cdots D_s) \\ &= P(D_1)P(D_2 \mid D_1) \cdots P(D_s \mid D_1 D_2 \cdots D_{s-1}) \end{aligned} \tag{9.11}$$

이제 A_1 중 적어도 한 개의 부품이 고장 상태라는 정보는 A_2 중 적어도 한 개 부품이 고장일 확률을 증가시킬 수만 있다(또는, A_1과 A_2가 겹치지 않으면, 이 확률을 변화시키지 않는다)는 점은 매우 직관에 맞다. 그러므로 직관적으로 다음을 얻는다.

$$P(D_2 \mid D_1) \geqslant P(D_2)$$

이 부등식을 증명하기 위해, 다음과 같이 쓴다.

$$P(D_2) = P(D_2 \mid D_1)P(D_1) + P(D_2 \mid D_1^c)(1 - P(D_1)) \tag{9.12}$$

그리고 다음에 주목한다.

$$\begin{aligned} P(D_2 \mid D_1^c) &= P\{A_2 \text{ 중 적어도 한 개가 고장} \mid A_1 \text{ 모두 기능}\} \\ &= 1 - \prod_{\substack{j \in A_2 \\ j \notin A_1}} p_j \end{aligned}$$

$$\begin{aligned}&\leqslant 1-\prod_{j\in A_2} p_j\\&= P(D_2)\end{aligned}$$

그러므로 식 (9.12)로부터 다음을 알게 된다.

$$P(D_2) \leqslant P(D_2 \mid D_1)P(D_1) + P(D_2)(1 - P(D_1))$$

또는

$$P(D_2 \mid D_1) \geqslant P(D_2)$$

이다. 동일한 추론에 의해, 다음 결과도 얻는다.

$$P(D_i \mid D_1 \cdots D_{i-1}) \geqslant P(D_i)$$

그리고 식 (9.11)로부터 다음을 얻는다.

$$1 - r(\mathbf{p}) \geqslant \prod_i P(D_i)$$

또는, 동일한 의미로

$$r(\mathbf{p}) \leqslant 1 - \prod_i \left(1 - \prod_{j\in A_i} p_j\right)$$

이다.

나머지 방향에 대한 한계를 얻기 위해, $C_1, \ldots, C_r$이 최소 단절집합이라고 하고 다음과 같이 사건 $U_1, \ldots, U_r$을 정의한다.

$$U_i = \{C_i \text{ 중 적어도 한 개 부품이 기능}\}$$

그러면, 모든 사건 U_i가 발생해야만 시스템이 기능하므로, 다음을 얻는다.

$$\begin{aligned}r(\mathbf{p}) &= P(U_1U_2\cdots U_r)\\&= P(U_1)P(U_2 \mid U_1)\cdots P(U_r \mid U_1\cdots U_{r-1})\\&\geqslant \prod_i P(U_i)\end{aligned}$$

여기서 마지막 부등식은 D_i 경우와 정확히 동일한 방식으로 성립된다. 그러므로

$$r(\mathbf{p}) \geqslant \prod_i \left[1 - \prod_{j\in C_i}(1-p_j)\right]$$

이고, 신뢰도 함수에 대한 다음 한계를 얻게 된다.

$$\prod_i \left[1 - \prod_{j\in C_i}(1-p_j)\right] \leqslant r(\mathbf{p}) \leqslant 1 - \prod_i \left(1 - \prod_{j\in A_i} p_j\right) \tag{9.13}$$

최소 경로집합에 중복이 많지 않으면 상한값이 실제 $r(\mathbf{p})$ 값에 근사하고, 최소 단절집합에 중복이 많지 않으면 하한값이 실제 $r(\mathbf{p})$에 근사할 것이 예상된다.

예제 9.19 넷-중-셋 시스템에 대하여 최소 경로집합은 $A_1 = \{1, 2, 3\}$, $A_2 = \{1, 2, 4\}$, $A_3 = \{1, 3, 4\}$, $A_4 = \{2, 3, 4\}$이고, 최소 단절집합은 $C_1 = \{1, 2\}$, $C_2 = \{1, 3\}$, $C_3 = \{1, 4\}$, $C_4 = \{2, 3\}$, $C_5 = \{2, 4\}$, $C_6 = \{3, 4\}$ 이다. 그러므로 식 (9.13)에 의해 다음을 얻는다.

$$(1-q_1q_2)(1-q_1q_3)(1-q_1q_4)(1-q_2q_3)(1-q_2q_4)(1-q_3q_4)$$
$$\leqslant r(\mathbf{p}) \leqslant 1-(1-p_1p_2p_3)(1-p_1p_2p_4)(1-p_1p_3p_4)(1-p_2p_3p_4)$$

여기서 $q_i \equiv 1-p_i$이다. 예를 들어, 모든 i에 대해 $p_i = \frac{1}{2}$이면 위 식은 다음이 된다.

$$0.18 \leqslant r\left(\tfrac{1}{2}, \ldots, \tfrac{1}{2}\right) \leqslant 0.59$$

이 구조에 대한 정확한 값은 다음과 같이 쉽게 계산된다.

$$r\left(\tfrac{1}{2}, \ldots, \tfrac{1}{2}\right) = \tfrac{5}{16} = 0.31$$

■

9.5 부품 수명의 함수로서의 시스템 수명

분포함수 G를 갖는 확률변수에 대하여, $\bar{G}(a) \equiv 1-G(a)$을 확률변수가 a보다 클 확률이라고 정의한다.

i번째 부품이 분포 F_i를 갖는 임의의 시간 동안 기능한 후 고장 나는 시스템을 고려한다. 일단 고장이 나면 계속 그 상태에 머물러 있다. 개별 부품의 수명이 독립이라고 가정할 때, 어떻게 시스템 수명의 분포를 시스템 신뢰도 함수 $r(\mathbf{p})$와 개별 부품 수명분포 F_i, $i = 1, \ldots, n$으로 표현할 수 있을까?

이 질문에 답하기 위해 먼저 시스템이 시간 t에 여전히 기능한다면 t 시간 이상 기능한다는 점에 주목한다. 즉, F가 시스템 수명 분포를 나타낸다면, 다음을 얻는다.

$$\begin{aligned}\bar{F}(t) &= P\{\text{시스템 수명} > t\}\\ &= P\{\text{시스템이 시간 } t\text{에서 기능}\}\end{aligned}$$

그러나, $r(\mathbf{p})$의 정의에 의해, 다음을 얻는다.

$$P\{\text{시스템이 시간 } t\text{에서 기능}\} = r(P_1(t), \ldots, P_n(t))$$

여기서

$$\begin{aligned}P_i(t) &= P\{\text{부품 } i\text{가 시간 } t\text{에서 기능}\}\\ &= P\{i\text{의 수명} > t\}\\ &= \bar{F}_i(t)\end{aligned}$$

이다. 그러므로 다음을 알게 된다.

$$\bar{F}(t) = r(\bar{F}_1(t), \ldots, \bar{F}_n(t)) \tag{9.14}$$

예제 9.20 직렬 시스템에서 $r(\mathbf{p}) = \prod_1^n p_i$이고, 그래서 식 (9.14)로부터

$$\bar{F}(t) = \prod_1^n \bar{F}_i(t)$$

이며, 이는 직렬 시스템의 경우 시스템 수명이 최단 부품 수명과 동일하기 때문에 매우 당연한 결과이다. 모든 부품 수명이 t보다 길어야만 시스템 수명도 t보다 길다.

예제 9.21 병렬 시스템에서 $r(\mathbf{p}) = 1-\prod_1^n(1-p_i)$이고, 그래서

$$\bar{F}(t) = 1-\prod_1^n F_i(t)$$

이다. 이 또한 병렬 시스템의 경우 시스템 수명이 최장 부품 수명과 동일하다는 점에 유의하여 쉽게 유도될 수 있다.

■

연속분포 G에 대해, G의 **고장률 함수**(failure rate function) $\lambda(t)$를 다음과 같이 정의한다.

$$\lambda(t) = \frac{g(t)}{\bar{G}(t)}$$

여기서 $g(t) = d/dtG(t)$이다. 5.2.2절에서는 G가 어떤 물품의 수명분포이면, $\lambda(t)$는 t만큼 오래 된 부품이 고장 날 확률밀도를 나타낸다는 것을 보였다. $\lambda(t)$가 t의 증가함수이면 G를 증가 고장률(IFR, increasing failure rate) 분포라고 한다. 유사하게, $\lambda(t)$가 t의 감소함수이면 G를 감소 고장률(DFR, decreasing failure rate) 분포라고 한다.

예제 9.22 (와이블분포) 확률변수의 분포가 다음과 같이 주어지면 **와이블**(Weibull)분포를 갖는다고 한다. 일정한 $\lambda > 0, \alpha > 0$에 대해

$$G(t) = 1 - e^{-(\lambda t)^\alpha}, \qquad t \geqslant 0$$

와이블분포의 고장률 함수는 다음과 같다.

$$\lambda(t) = \frac{e^{-(\lambda t)^\alpha} \alpha (\lambda t)^{\alpha-1} \lambda}{e^{-(\lambda t)^\alpha}} = \alpha\lambda(\lambda t)^{\alpha-1}$$

따라서, 와이블분포는 $\alpha \geq 1$일 때 IFR이고, $0 < \alpha \leq 1$일 때 DFR이다. $\alpha = 1$일 때 $G(t) = 1 - e^{-\lambda t}$는 지수분포이고, 이 분포는 IFR이며 동시에 DFR이다. ■

예제 9.23 (감마분포) 확률변수의 밀도함수가 다음과 같이 주어지면 **감마**(Gamma)분포를 갖는다고 한다. 일정한 $\lambda > 0, \alpha > 0$에 대해

$$g(t) = \frac{\lambda e^{-\lambda t} (\lambda t)^{\alpha-1}}{\Gamma(\alpha)} \qquad t \geqslant 0 \text{에 대해}$$

여기서

$$\Gamma(\alpha) \equiv \int_0^\infty e^{-t} t^{\alpha-1}\, dt$$

이다. 감마분포에 대해

$$\frac{1}{\lambda(t)} = \frac{\bar{G}(t)}{g(t)} = \frac{\int_t^\infty \lambda e^{-\lambda x} (\lambda x)^{\alpha-1} dx}{\lambda e^{-\lambda t} (\lambda t)^{\alpha-1}}$$
$$= \int_t^\infty e^{-\lambda(x-t)} \left(\frac{x}{t}\right)^{\alpha-1} dx$$

이다. $u = x - t$로 변수변환을 하면 다음을 얻는다.

$$\frac{1}{\lambda(t)} = \int_0^\infty e^{-\lambda u}\left(1 + \frac{u}{t}\right)^{\alpha-1} du$$

그러므로 G는 $\alpha \geq 1$일 때 IFR이고 $0 < \alpha \leq 1$일 때 DFR이다. ■

단조 시스템에서 각 부품의 수명분포가 IFR이라고 가정하자. 이 가정은 시스템 수명 또한 IFR임을 의미하는가? 이 질문에 답하기 위하여, 우선 각 부품이 G로 표시되는 동일한 수명분포를 갖는다고 가정하자. 즉, $F_i(t) = G(t)$, $i = 1, \ldots, n$이다. 시스템 수명이 IFR인지 결정하기 위해서는 F의 고장률 함수 $\lambda_F(t)$를 계산해야 한다. 이제, 정의에 의해

$$\lambda_F(t) = \frac{(d/dt)F(t)}{\bar{F}(t)}$$

$$= \frac{(d/dt)[1 - r(\bar{G}(t))]}{r(\bar{G}(t))}$$

이다. 여기서

$$r(\bar{G}(t)) \equiv r(\bar{G}(t), \ldots, \bar{G}(t))$$

이다. 그러므로

$$\begin{aligned}\lambda_F(t) &= \frac{r'(\bar{G}(t))}{r(\bar{G}(t))} G'(t) \\ &= \frac{\bar{G}(t) r'(\bar{G}(t))}{r(\bar{G}(t))} \frac{G'(t)}{\bar{G}(t)} \\ &= \lambda_G(t) \frac{pr'(p)}{r(p)}\bigg|_{p=\bar{G}(t)}\end{aligned} \tag{9.15}$$

이다.

$\bar{G}(t)$는 t의 감소함수이므로, 식 (9.15)로부터 단조 시스템의 각 부품이 IFR 수명분포를 가지면, $pr'(p)/r(p)$가 p의 감소함수이면 시스템 수명분포는 IFR이다.

예제 9.24 (동일 부품을 갖는 n-중-k 시스템) k개 이상의 부품이 기능해야만 시스템이 기능하는 n-중-k 시스템을 고려하자. 각 부품이 동일한 기능할 확률 p를 가질 때 기능하는 부품 개수는 모수가 n과 p인 이항분포를 갖는다. 그러므로

$$r(p) = \sum_{i=k}^{n} \binom{n}{i} p^i (1-p)^{n-i}$$

이고, 연속적인 부분적분에 의해 다음을 보일 수 있다.

$$r(p) = \frac{n!}{(k-1)!(n-k)!} \int_0^p x^{k-1}(1-x)^{n-k} dx$$

미분하면 다음을 얻는다.

$$r'(p) = \frac{n!}{(k-1)!(n-k)!} p^{k-1}(1-p)^{n-k}$$

그러므로

$$\begin{aligned}\frac{pr'(p)}{r(p)} &= \left[\frac{r(p)}{pr'(p)}\right]^{-1} \\ &= \left[\frac{1}{p}\int_0^p \left(\frac{x}{p}\right)^{k-1} \left(\frac{1-x}{1-p}\right)^{n-k} dx\right]^{-1}\end{aligned}$$

이다. $y = x/p$라고 놓으면 다음이 된다.

$$\frac{pr'(p)}{r(p)} = \left[\int_0^1 y^{k-1} \left(\frac{1-yp}{1-p}\right)^{n-k} dy\right]^{-1}$$

$(1-yp)/(1-p)$는 p의 증가함수이므로, $pr'(p)/r(p)$는 p의 감소함수가 된다. 그래서, n-중-k 시스템이 증가 고장률을 갖는 독립적이고 동일한 부품으로 구성되면, 그 시스템은 증가 고장률을 갖는다. ■

그러나, n-중-k 시스템의 독립적인 부품들이 서로 다른 IFR 수명분포를 가지면, 시스템 수명은 반드시 IFR은 아니다. 다음 둘-중-둘(즉, 병렬) 시스템의 예를 고려해 보자.

예제 9.25 (IFR이 아닌 병렬 시스템) i번째 부품 수명이 평균 $1/i$, $i=1, 2$인 지수분포를 갖는 두 개의 독립적인 부품들로 구성된 병렬 시스템의 수명분포는 다음과 같이 주어진다.

$$\begin{aligned}\bar{F}(t) &= 1-(1-e^{-t})(1-e^{-2t}) \\ &= e^{-2t}+e^{-t}-e^{-3t}\end{aligned}$$

그러므로,

$$\begin{aligned}\lambda(t) &= \frac{f(t)}{\bar{F}(t)} \\ &= \frac{2e^{-2t}+e^{-t}-3e^{-3t}}{e^{-2t}+e^{-t}-e^{-3t}}\end{aligned}$$

이다. 미분을 하면 $\lambda'(t)$ 기호는 $e^{-5t}-e^{-3t}+3e^{-4t}$에 의해 결정되며 이 값은 t가 작으면 양수이고 크면 음수임을 쉽게 알 수 있다. 그러므로, $\lambda(t)$는 처음에는 순증가함수이고, 나중에는 순감소함수이다. 그러므로, F는 IFR이 아니다.

참고: 위 예제의 결과는 처음에는 꽤 놀랍게 보인다. 이에 대한 보다 나은 감을 얻기 위하여, 분포 함수의 혼합에 대한 개념이 필요하다. 일정한 p, $0<p<1$에 대해 다음을 만족하는 분포함수 G는 분포 G_1과 G_2의 **혼합**(mixture)이라 한다.

$$G(x) = pG_1(x)+(1-p)G_2(x) \tag{9.16}$$

혼합은 두 개의 구별된 집합으로 만들어진 모집단으로부터 표본을 추출할 때 발생한다. 예를 들어, 비율 p만큼은 유형 1이고 비율 $1-p$만큼은 유형 2인 물품더미를 가지고 있다고 하자. 유형 1 물품의 수명분포는 G_1이고 유형 2 물품은 G_2라고 가정한다. 물품더미로부터 임의로 하나의 물품을 선택하면, 그 물품의 수명분포는 식 (9.16)과 같이 주어진다.

이제 발생률이 λ_1과 λ_2이고 $\lambda_1<\lambda_2$인 두 지수분포의 혼합을 고려한다. 이 혼합분포의 IFR 여부를 결정하는 것에 관심이 있다. 이를 위해, 선택된 물품이 시간 t까지 생존하면, 잔여수명 분포도 여전히 두 지수분포의 혼합임에 주목한다. 이는 선택된 물품이 유형 1이면 잔여수명은 여전히 발생률 λ_1인 지수 확률변수이고, 유형 2이면 발생률 λ_2인 지수 확률변수이기 때문이다. 그러나 이 물품이 유형 1인 확률은 더 이상 (사전) 확률 p가 아니고, 이 물품이 시간 t까지 생존했다는 조건하에서의 조건부 확률이다. 실제로, 이 물품이 유형 1일 확률은

$$\begin{aligned}P\{\text{유형 }1\,|\,\text{수명}>t\} &= \frac{P\{\text{유형 }1,\ \text{수명}>t\}}{P\{\text{수명}>t\}} \\ &= \frac{pe^{-\lambda_1 t}}{pe^{-\lambda_1 t}+(1-p)e^{-\lambda_2 t}}\end{aligned}$$

이다. 이 확률은 t의 증가함수이므로, t가 클수록 사용된 물품이 유형 1 ($\lambda_1<\lambda_2$이므로 더 좋은 물품)일 가능성이 크다는 결과를 얻는다. 그러므로 물품이 더 오래 되었을수록 고장 날 가능성이 적고, 그러므로 지수분포의 혼합은 IFR과 거리가 멀며, 실제로는 DFR이다.

이제 각각 발생률 λ_1과 λ_2를 갖는 지수 부품으로 구성된 병렬 시스템으로 돌아가자. 이런 시스템의

수명은 두 독립 확률변수의 합으로 표현될 수 있다. 즉,

$$\text{시스템 수명} = \text{Exp}(\lambda_1+\lambda_2) + \begin{cases} \text{Exp}(\lambda_1), & \dfrac{\lambda_2}{\lambda_1+\lambda_2} \text{ 의 확률로} \\ \text{Exp}(\lambda_2), & \dfrac{\lambda_1}{\lambda_1+\lambda_2} \text{ 의 확률로} \end{cases}$$

이다. 발생률이 $\lambda_1 + \lambda_2$인 지수분포를 갖는 첫 번째 확률변수는 부품 중 하나가 고장 날 때까지 시간을 나타낸다. 지수분포의 혼합인 두 번째 확률변수는 나머지 부품이 고장 날 때까지 추가시간이다. (왜 이 두 확률변수는 독립인가?)

이제, 시스템이 시간 t까지 생존하고 있다는 조건을 줄 때, t가 클 때는 두 부품 모두 기능하는 것은 매우 가능성이 낮다. 대신에 부품 중 하나가 고장 났을 가능성은 매우 크다. 그러므로, t가 큰 경우, 잔여 수명 분포는 기본적으로 두 지수분포의 혼합이다. 그리고 t가 좀 더 커지면 고장률은 감소해야 한다(실제로 그렇다). ■

밀도함수 $(t) = F'(t)$를 갖는 분포 $F(t)$의 고장률 함수는 다음과 같이 정의됨을 기억하자.

$$\lambda(t) = \frac{f(t)}{1-F(t)}$$

양변을 적분하면 다음을 얻는다.

$$\begin{aligned}\int_0^t \lambda(s)\,ds &= \int_0^t \frac{f(s)}{1-F(s)} ds \\ &= -\log\, \bar{F}(t)\end{aligned}$$

그러므로,

$$\bar{F}(t) = e^{-\Lambda(t)} \tag{9.17}$$

이다. 여기서

$$\Lambda(t) = \int_0^t \lambda(s)\,ds$$

이다. 함수 $\Lambda(t)$는 분포 F의 **위험함수**(hazard function)라고 한다.

정의 9.1 분포 F는 다음을 만족하면 **평균적 증가 고장률**(IFRA, increasing failure rate on the average)을 갖는다고 한다. $t \geq 0$에 대해

$$\frac{\Lambda(t)}{t} = \frac{\int_0^t \lambda(s)\,ds}{t} \tag{9.18}$$

이 t의 증가함수이다.

다시 말하면, 식 (9.18)은 t가 증가할수록 시간 t까지 평균 고장률이 증가함을 말한다. F가 IFR이면 F는 IFRA임을 보이는 것은 어렵지 않다. 그러나 그 역은 반드시 참은 아니다.

$0 \leq s \leq t$일 때 $\Lambda(s)/s \leqslant \Lambda(t)/t$이면 F는 IFRA이다. 이는 다음과 동일하다.

$$\frac{\Lambda(\alpha t)}{\alpha t} \leqslant \frac{\Lambda(t)}{t}, \qquad 0 \leqslant \alpha \leqslant 1, \text{ 모든 } t \geq 0 \text{ 에 대해}$$

그러나, 식 (9.17)에 의해 $\Lambda(t) = -\log \bar{F}(t)$을 알 수 있고, 그래서 위 부등식은 다음과 같다.

$$-\log \bar{F}(\alpha t) \leqslant -\alpha \log \bar{F}(t)$$

또는 동등하게

$$\log \bar{F}(\alpha t) \geqslant \log \bar{F}^{\alpha}(t)$$

이고, $\log x$는 x의 단조함수이므로, F가 IFRA일 필요충분조건은 다음과 같다.

$$\bar{F}(\alpha t) \geqslant \bar{F}^{\alpha}(t) \qquad 0 \leqslant \alpha \leqslant 1,\ \text{모든 } t \geq 0 \text{ 에 대해} \tag{9.19}$$

벡터 $\mathbf{p} = (p_1, \ldots, p_n)$에 대해 $\mathbf{p}^{\alpha} = (p_1^{\alpha}, \ldots, p_n^{\alpha})$라고 정의한다. 우선 다음 명제가 필요하다.

명제 9.2 어떤 신뢰도 함수 $r(\mathbf{p})$도 다음을 만족한다.

$$r(\mathbf{p}^{\alpha}) \geqslant [r(\mathbf{p})]^{\alpha}, \qquad 0 \leqslant \alpha \leqslant 1$$

증명▶ 시스템의 부품 수 n에 대한 귀납법으로 증명한다. $n = 1$이면 $r(p) = 0,\ 1,$ 또는 $r(p) = p$이다. 그러므로 이 경우 이 명제가 성립한다.

명제 9.2가 $n - 1$개 부품으로 이루어진 모든 단조 시스템에서 유효하다고 가정하고, 구조 함수 ϕ를 갖는 n개 부품으로 이루어진 시스템을 고려한다. n번째 부품이 기능하는지 여부에 대해 조건을 주어 다음을 얻는다.

$$r(\mathbf{p}^{\alpha}) = p_n^{\alpha} r(1_n, \mathbf{p}^{\alpha}) + (1 - p_n^{\alpha}) r(0_n, \mathbf{p}^{\alpha}) \tag{9.20}$$

이제 부품 1부터 $n - 1$로 구성되고 구조 함수 $\phi_1(\mathbf{x}) = \phi(1_n, \mathbf{x})$를 갖는 시스템을 고려한다. 이 시스템의 신뢰도 함수는 $r_1(\mathbf{p}) = r(1_n, \mathbf{p})$와 같이 주어진다. 그러므로 귀납법 가정($n - 1$개 부품으로 이루어진 모든 단조 시스템에 대하여 유효)으로부터 다음을 얻는다.

$$r(1_n, \mathbf{p}^{\alpha}) \geqslant [r(1_n, \mathbf{p})]^{\alpha}$$

유사하게, 부품 1부터 $n - 1$로 구성되고 구조 함수 $\phi_0(\mathbf{x}) = \phi(0_n, \mathbf{x})$를 갖는 시스템을 고려하면, 다음을 얻는다.

$$r(0_n, \mathbf{p}^{\alpha}) \geqslant [r(0_n, \mathbf{p})]^{\alpha}$$

따라서 식 (9.20)으로부터 다음을 얻는다.

$$r(\mathbf{p}^{\alpha}) \geqslant p_n^{\alpha} [r(1_n, \mathbf{p})]^{\alpha} + (1 - p_n^{\alpha}) [r(0_n, \mathbf{p})]^{\alpha}$$

이는 아래 보조정리를 이용하면[$\lambda = p_n$, $x = r(1_n, \mathbf{p})$, $y = r(0_n, \mathbf{p})$라고 놓음] 다음을 의미하게 된다.

$$\begin{aligned} r(\mathbf{p}^{\alpha}) &\geqslant [p_n r(1_n, \mathbf{p}) + (1 - p_n) r(0_n, \mathbf{p})]^{\alpha} \\ &= [r(\mathbf{p})]^{\alpha} \end{aligned}$$

이는 이 명제의 결과를 증명한다. ■

보조정리 9.3 $0 \leq \alpha \leq 1,\ 0 \leq \lambda \leq 1$이면, 모든 $0 \leq y \leq x$ 에 대해

$$h(y) = \lambda^{\alpha} x^{\alpha} + (1 - \lambda^{\alpha}) y^{\alpha} - (\lambda x + (1 - \lambda) y)^{\alpha} \geqslant 0$$

이다.

증명▶ 증명은 연습 문제로 남겨 둔다. ■

이제 다음 중요한 정리를 증명할 준비가 되었다.

정리 9.2 독립적인 부품들로 이루어진 단조 시스템에 대해, 각 부품이 IFRA 수명분포를 가지면 시스템 수명분포 자체도 IFRA이다.

증명▶ 시스템 수명분포 F는 다음과 같이 주어진다.

$$\bar{F}(\alpha t) = r(\bar{F}_1(\alpha t), \ldots, \bar{F}_n(\alpha t))$$

그러므로 r이 단조함수이고 부품 분포 $\bar{F}_i$가 IFRA이므로, 식 (9.19)을 적용하여

$$\begin{aligned}\bar{F}(\alpha t) &\geqslant r(\bar{F}_1^{\alpha}(t), \ldots, \bar{F}_n^{\alpha}(t)) \\ &\geqslant [r(\bar{F}_1(t), \ldots, \bar{F}_n(t))]^{\alpha} \\ &= \bar{F}^{\alpha}(t)\end{aligned}$$

를 얻는다. 이는 식 (9.19)에 의해 이 정리를 증명하게 된다. 여기서 마지막 부등식은 당연히 명제 9.2로부터 얻어졌다. ■

9.6 시스템의 기대 수명

이 절에서는 신뢰도 함수 $r(\mathbf{p})$와 부품 수명 분포 F_i, $i = 1, \ldots, n$을 알고 있는 것으로부터 시스템의 평균 수명이 어떻게, 적어도 이론적으로는, 구해지는지 보인다.

시스템 수명은 시스템이 시간 t에 여전히 기능해야만 t 이상이 되므로, 다음을 얻는다.

$$P\{\text{시스템 수명} > t\} = r\left(\bar{\mathbf{F}}(t)\right)$$

여기서 $\bar{\mathbf{F}}(t) = (\bar{F}_1(t), \ldots, \bar{F}_n(t))$이다. 그러므로 임의의 음이 아닌 확률변수 X에 대해

$$E[X] = \int_0^{\infty} P\{X > x\}\, dx$$

라는 잘 알려진 공식에 의해 다음을 알게 된다.*

$$E[\text{시스템 수명}] = \int_0^{\infty} r\left(\bar{\mathbf{F}}(t)\right)\, dt \tag{9.21}$$

예제 9.26 (균등분포를 갖는 부품으로 이루어진 직렬 시스템) 각각 (0, 10) 구간의 균등분포(시 단위로 나타낼 때) 동안 기능하는 세 개의 독립적인 부품으로 이루어진 직렬 시스템을 고려하자. $r(\mathbf{p}) = p_1 p_2 p_3$이고

$$F_i(t) = \begin{cases} t/10, & 0 \leqslant t \leqslant 10 \\ 1, & t > 10 \end{cases} \qquad i = 1, 2, 3$$

이다. 그러므로

$$r\left(\bar{\mathbf{F}}(t)\right) = \begin{cases} \left(\dfrac{10 - t}{10}\right)^3, & 0 \leqslant t \leqslant 10 \\ 0, & t > 10 \end{cases}$$

이고, 식 (9.21)로부터 다음 결과를 얻는다.

---

* X가 밀도함수 f를 가질 때 $E[X] = \int_0^{\infty} P\{X > x\}\, dx$를 다음과 같이 보일 수 있다.

$$\int_0^{\infty} P\{X > x\}\, dx = \int_0^{\infty} \int_x^{\infty} f(y)\, dy\, dx = \int_0^{\infty} \int_0^{y} f(y)\, dx\, dy = \int_0^{\infty} y f(y)\, dy = E[X]$$

$$\begin{aligned} E[\text{시스템 수명}] &= \int_0^{10} \left(\frac{10-t}{10}\right)^3 dt \\ &= 10\int_0^1 y^3\,dy \\ &= \tfrac{5}{2} \end{aligned}$$

■

예제 9.27 (셋-중-둘 시스템) 각각의 수명이(개월로 나타낼 때) (0, 1) 구간의 균등분포를 갖는 독립적인 부품으로 이루어진 셋-중-둘 시스템을 고려하자. 예제 9.13에서 보인 것처럼 이런 시스템의 신뢰도는 다음과 같이 주어진다.

$$r(\mathbf{p}) = p_1p_2 + p_1p_3 + p_2p_3 - 2p_1p_2p_3$$

이제

$$F_i(t) = \begin{cases} t, & 0 \leqslant t \leqslant 1 \\ 1, & t > 1 \end{cases}$$

이므로, 식 (9.21)로부터 다음을 알게 된다.

$$\begin{aligned} E[\text{시스템 수명}] &= \int_0^1 [3(1-t)^2 - 2(1-t)^3]\,dt \\ &= \int_0^1 (3y^2 - 2y^3)\,dy \\ &= 1 - \tfrac{1}{2} \\ &= \tfrac{1}{2} \end{aligned}$$

■

예제 9.28 (네 개 부품으로 이루어진 시스템) 부품 1과 2가 기능하고 부품 3과 4 중 적어도 한 개가 기능할 때 시스템이 기능하는 네 개 부품으로 이루어진 시스템을 고려한다. 이 시스템의 구조 함수는 다음과 같이 주어진다.

$$\phi(\mathbf{x}) = x_1x_2(x_3 + x_4 - x_3x_4)$$

그리고 신뢰도 함수는 다음과 같다.

$$r(\mathbf{p}) = p_1p_2(p_3 + p_4 - p_3p_4)$$

i번째 부품 수명이 $(0, i)$, $i = 1, 2, 3, 4$ 구간의 균등분포를 가질 때 시스템 평균 수명을 계산한다. 이제

$$\bar{F}_1(t) = \begin{cases} 1-t, & 0 \leqslant t \leqslant 1 \\ 0, & t > 1 \end{cases}$$

$$\bar{F}_2(t) = \begin{cases} 1-t/2, & 0 \leqslant t \leqslant 2 \\ 0, & t > 2 \end{cases}$$

$$\bar{F}_3(t) = \begin{cases} 1-t/3, & 0 \leqslant t \leqslant 3 \\ 0, & t > 3 \end{cases}$$

$$\bar{F}_4(t) = \begin{cases} 1-t/4, & 0 \leqslant t \leqslant 4 \\ 0, & t > 4 \end{cases}$$

이므로

$$r\big(\bar{\mathbf{F}}(t)\big) = \begin{cases} (1-t)\left(\dfrac{2-t}{2}\right)\left[\dfrac{3-t}{3} + \dfrac{4-t}{4} - \dfrac{(3-t)(4-t)}{12}\right], & 0 \leqslant t \leqslant 1 \\ 0, & t > 1 \end{cases}$$

이다. 따라서,

$$\begin{aligned}E[\text{시스템 수명}] &= \frac{1}{24}\int_0^1 (1-t)(2-t)(12-t^2)\,dt \\ &= \frac{593}{(24)(60)} \\ &\approx 0.41\end{aligned}$$

이다. ■

독립적이고 동일하게 분포된 지수 부품들로 이루어진 n-중-k 시스템의 평균 수명을 구하는 것으로 이 절을 마무리한다. θ가 각 부품의 평균수명이면

$$\bar{F}_i(t) = e^{-t/\theta}$$

이다. n-중-k 시스템에 대해

$$r(p, p, \ldots, p) = \sum_{i=k}^{n} \binom{n}{i} p^i (1-p)^{n-i}$$

이므로 식 (9.21)로부터 다음을 얻는다.

$$E[\text{시스템 수명}] = \int_0^\infty \sum_{i=k}^{n} \binom{n}{i} (e^{-t/\theta})^i (1-e^{-t/\theta})^{n-i}\,dt$$

이제 치환

$$y = e^{-t/\theta}, \qquad dy = -\frac{1}{\theta}e^{-t/\theta}dt = -\frac{y}{\theta}dt$$

에 의해 다음을 얻는다.

$$E[\text{시스템 수명}] = \theta \sum_{i=k}^{n} \binom{n}{i} \int_0^1 y^{i-1}(1-y)^{n-i}\,dy$$

이제 다음을 보이는 것은 어렵지 않다.*

$$\int_0^1 y^n(1-y)^m\,dy = \frac{m!n!}{(m+n+1)!} \tag{9.22}$$

따라서, 이는 다음과 같다.

$$\begin{aligned}E[\text{시스템 수명}] &= \theta \sum_{i=k}^{n} \frac{n!}{(n-i)!i!}\frac{(i-1)!(n-i)!}{n!} \\ &= \theta \sum_{i=k}^{n} \frac{1}{i} \qquad (9.23)\end{aligned}$$

참고: 식 (9.23)은 지수분포의 특별한 성질을 이용하여 직접 증명될 수도 있다. 먼저 n-중-k 시스템의 수명은, T_i가 $i-1$번째와 i번째 고장 사이의 시간이면, $T_1 + \cdots + T_{n-k+1}$ 과 같이 쓸 수 있음에 주목

---

* $C(n,m) = \int_0^1 y^n(1-y)^m\,dy$ 라고 하라. 부분적분을 하면 $C(n, m) = [m/(n+1)]C(n+1, m-1)$이 된다. $C(n, 0) = 1/(n+1)$로 시작하여 수학적 귀납법에 의해 식 (9.22)를 얻게 된다.

한다. 왜냐하면 $T_1 + \cdots + T_{n-k+1}$이 $(n-k+1)$번째 부품이 고장 날 때 시간과 같기 때문이다. 이 시간은 기능하는 부품 수가 처음으로 k보다 작아지는 때이기도 하다. 이제 모든 n개 부품이 기능할 때 고장이 일어나는 비율은 n/θ이다. 즉, T_1은 평균이 θ/n인 지수분포를 따른다. 유사하게, T_i가 $n-(i-1)$개 부품이 기능할 때 다음 고장까지 시간을 나타내므로, T_i는 평균이 $\theta/(n-i+1)$인 지수분포를 따른다. 그러므로 시스템 평균수명은 다음과 같다.

$$E[T_1 + \cdots + T_{n-k+1}] = \theta\left[\frac{1}{n} + \cdots + \frac{1}{k}\right]$$

지수분포의 망각성질로부터 $T_i,\ i = 1, \ldots, n-k+1$는 서로 독립인 확률변수라는 결과가 얻어짐에 주목한다.

9.6.1 병렬 시스템 기대수명의 상한

n개 부품으로 이루어진 병렬 시스템을 고려하고, 부품 수명은 독립일 필요는 없다고 하자. 시스템 수명은 다음과 같이 표현될 수 있다.

$$\text{시스템 수명} = \max_i X_i$$

여기서 X_i는 부품 $i,\ i = 1, \ldots, n$의 수명이다. 다음 부등식을 이용하여 시스템 평균 수명에 대한 한계를 구할 수 있다. 즉, 임의의 상수 c에 대해

$$\max_i X_i \leqslant c + \sum_{i=1}^{n} (X_i - c)^+ \tag{9.24}$$

이다. 여기서 x의 양의 부분 x^+는 $x > 0$이면 x와 같고, $x \leq 0$이면 0이다. 부등식 (9.24)의 유효성은 $\max X_i < c$이면 좌변이 $\max X_i$와 같고 우변은 c와 같기 때문에 바로 알 수 있다. 반면 $X_{(n)} = \max X_i > c$이면 우변은 최소한 $c + (X_{(n)} - c) = X_{(n)}$만큼 크다. 부등식 (9.24)로부터, 기댓값을 취하여 다음을 얻는다.

$$E\big[\max_i X_i\big] \leqslant c + \sum_{i=1}^{n} E[(X_i - c)^+] \tag{9.25}$$

이제 $(X_i - c)^+$ 는 음이 아닌 확률변수이고 그래서

$$\begin{aligned} E[(X_i - c)^+] &= \int_0^\infty P\{(X_i - c)^+ > x\}\,dx \\ &= \int_0^\infty P\{X_i - c > x\}\,dx \\ &= \int_c^\infty P\{X_i > y\}\,dy \end{aligned}$$

이다. 따라서, 다음을 얻는다.

$$E\big[\max_i X_i\big] \leqslant c + \sum_{i=1}^{n} \int_c^\infty P\{X_i > y\}\,dy \tag{9.26}$$

이는 모든 c에 대해 참이므로, 이의 우변을 최소화하는 값과 c를 같게 하여 가장 좋은 한계를 얻을 수 있게 된다. 그 값을 구하기 위해, 이 우변을 미분한 결과를 0과 같게 놓으면 다음을 얻는다.

$$1 - \sum_{i=1}^{n} P\{X_i > c\} = 0$$

즉, 최소화하는 c값은 다음을 만족하는 값 c^*이다.

$$\sum_{i=1}^{n} P\{X_i > c^*\} = 1$$

$\sum_{i=1}^{n} P\{X_i > c\}$는 c의 감소함수이므로, c^* 값은 쉽게 근사될 수 있고 부등식 (9.26)에 활용될 수 있다. 또한 c^*보다 큰 X_i의 평균 개수는 1과 같다는 점이 흥미롭다(연습문제 32 참조). c의 최적값이 이런 성질을 가진다는 것은 흥미롭고, X_i 중 정확히 한 개가 c보다 클 때 부등식 (9.24)이 등식이 되는 만큼 다소 직관에 부합한다.

예제 9.29 부품 i 수명이 발생률 λ_i, $i = 1, \ldots, n$인 지수분포를 따른다고 하자. c의 최소값은 다음과 같다.

$$1 = \sum_{i=1}^{n} P\{X_i > c^*\} = \sum_{i=1}^{n} e^{-\lambda_i c^*}$$

그 결과 시스템 평균 수명에 대한 한계는 다음과 같다.

$$\begin{aligned} E\big[\max_i X_i\big] &\leqslant c^* + \sum_{i=1}^{n} E[(X_i - c^*)^+] \\ &= c^* + \sum_{i=1}^{n} \big(E[(X_i - c^*)^+ \mid X_i > c^*]P\{X_i > c^*] \\ &\quad + E[(X_i - c^*)^+ \mid X_i \leqslant c^*]\ P\{X_i \leqslant c^*]\big) \\ &= c^* + \sum_{i=1}^{n} \frac{1}{\lambda_i} e^{-\lambda_i c^*} \end{aligned}$$

모든 발생률이 동일한, 즉 $\lambda_i = \lambda$, $i = 1, \ldots, n$인 특수한 경우에는

$$1 = ne^{-\lambda c^*} \quad \text{즉} \quad c^* = \frac{1}{\lambda}\log(n)$$

이고, 한계는

$$E\big[\max_i X_i\big] \leqslant \frac{1}{\lambda}(\log(n) + 1)$$

이다. 즉, $X_1, \ldots, X_n$이 발생률 λ인 동일한 지수분포를 갖는 확률변수이면, 이는 이 확률변수들의 최댓값의 기댓값에 대한 한계를 알려준다. 이 확률변수들이 또한 독립인 특별한 경우에는, 식 (9.25)에 의해 구해진 다음의 정확한 값이 위의 상한보다 많이 작지는 않다.

$$E\big[\max_i X_i\big] = \frac{1}{\lambda}\sum_{i=1}^{n} 1/i \approx \frac{1}{\lambda}\int_1^n \frac{1}{x}\,dx \approx \frac{1}{\lambda}\log(n)$$ ■

9.7 수리가 되는 시스템

신뢰도 함수 $r(\mathbf{p})$를 갖는 n개 부품으로 이루어진 시스템을 고려하자. 부품 i는 발생률 λ_i인 지수분포 시간 동안 기능한 후 고장이 나며, 일단 고장이 나면 발생률 μ_i인 지수 수리시간이 걸린다고 가정한다

$(i = 1, \ldots, n)$.

모든 부품이 처음에는 작동하고 있다고 가정하고

$$A(t) = P\{\text{시스템이 시간 } t\text{에서 작동}\}$$

이라고 하자. $A(t)$는 시간 t에서 **가용성**(availability)이라고 한다. 부품들이 독립적으로 행동하므로, $A(t)$는 다음과 같이 신뢰도 함수로 나타낼 수 있다.

$$A(t) = r(A_1(t), \ldots, A_n(t)) \tag{9.27}$$

여기서

$$A_i(t) = P\{\text{부품 } i\text{가 시간 } t\text{에서 기능}\}$$

이다. 이제 부품 i의 상태(켜짐 또는 꺼짐)는 두 개의 상태를 가진 마코프체인에 따라 변한다. 그러므로 예제 6.12의 결과로부터 다음을 얻는다.

$$A_i(t) = P_{00}(t) = \frac{\mu_i}{\mu_i + \lambda_i} + \frac{\lambda_i}{\mu_i + \lambda_i} e^{-(\lambda_i + \mu_i)t}$$

따라서 다음을 얻는다.

$$A(t) = r\left(\frac{\boldsymbol{\mu}}{\boldsymbol{\mu} + \boldsymbol{\lambda}} + \frac{\boldsymbol{\lambda}}{\boldsymbol{\mu} + \boldsymbol{\lambda}} e^{-(\boldsymbol{\lambda} + \boldsymbol{\mu})t}\right)$$

t가 무한대에 접근하도록 하면, 다음과 같이 주어지는 극한 가용성(A라고 놓자)을 얻는다.

$$A = \lim_{t \to \infty} A(t) = r\left(\frac{\boldsymbol{\mu}}{\boldsymbol{\lambda} + \boldsymbol{\mu}}\right)$$

참고:

(i) 부품 i의 켜짐과 꺼짐 분포가 각각 평균 $1/\lambda_i$과 $1/\mu_i$, $i = 1, \ldots, n$을 갖는 임의의 연속 확률분포라면 교대 재생과정 이론(7.5.1절 참조)으로부터 다음을 얻는다.

$$A_i(t) \to \frac{1/\lambda_i}{1/\lambda_i + 1/\mu_i} = \frac{\mu_i}{\mu_i + \lambda_i}$$

따라서 신뢰도 함수의 연속성을 이용하여 식 (9.27)로부터 극한 가용성이 다음과 같음을 알게 된다.

$$A = \lim_{t \to \infty} A(t) = r\left(\frac{\boldsymbol{\mu}}{\boldsymbol{\mu} + \boldsymbol{\lambda}}\right)$$

그러므로 A는 켜짐과 꺼짐 분포에 평균을 통해서만 의존하다.

(ii) A는 항상 시스템이 기능하는 시간의 장기 비율과 같음을 보일 수 있다(7.5절에 제시된 재생성과정 이론을 이용하여).

예제 9.30 직렬 시스템에 대해 $r(\mathbf{p}) = \prod_{i=1}^{n} p_i$이고 따라서

$$A(t) = \prod_{i=1}^{n} \left[\frac{\mu_i}{\mu_i + \lambda_i} + \frac{\lambda_i}{\mu_i + \lambda_i} e^{-(\lambda_i + \mu_i)t}\right]$$

이며

$$A = \prod_{i=1}^{n} \frac{\mu_i}{\mu_i + \lambda_i}$$

이다. ■

예제 9.31 병렬 시스템에 대해 $r(\mathbf{p}) = 1 - \prod_{i=1}^{n}(1-p_i)$이고 따라서

$$A(t) = 1 - \prod_{i=1}^{n}\left[\frac{\lambda_i}{\mu_i+\lambda_i}(1-e^{-(\lambda_i+\mu_i)t})\right]$$

이며

$$A(t) = 1 - \prod_{i=1}^{n}\frac{\lambda_i}{\mu_i+\lambda_i}$$

이다. ■

이 시스템은 동작 중인 기간과 고장 중인 기간을 반복한다. U_i와 D_i, $i \geq 1$이 각각 i번째 동작기간과 고장기간의 길이를 나타낸다고 하자. 예를 들어, 셋-중-둘 시스템에서 U_1은 두 개 부품이 고장 날 때까지 시간, D_1은 두 부품이 동작할 때까지의 추가 시간, U_2는 부품 두 개가 고장 날 때까지 추가 시간 등등이다. 이제

$$\bar{U} = \lim_{n\to\infty}\frac{U_1+\cdots+U_n}{n},$$
$$\bar{D} = \lim_{n\to\infty}\frac{D_1+\cdots+D_n}{n}$$

로 놓으면, 이는 각각 동작기간과 고장기간의 평균 길이를 나타낸다.*

$\bar{U}$와 $\bar{D}$를 구하기 위해, 우선 처음 n번 동작-고장 주기 중(즉, $\sum_{i=1}^{n}(U_i+D_i)$ 시간 동안) 시스템은 $\sum_{i=1}^{n}U_i$ 시간 동안 동작함에 주목한다. 그러므로 처음 n번 동작-고장 주기 동안 시스템이 동작하는 시간의 비율은

$$\frac{U_1+\cdots+U_n}{U_1+\cdots+U_n+D_1+\cdots+D_n} = \frac{\sum_{i=1}^{n}U_i/n}{\sum_{i=1}^{n}U_i/n+\sum_{i=1}^{n}D_i/n}$$

이다. n이 무한대로 가면 이 값은 시스템이 동작하는 시간의 장기 비율 A에 수렴해야 한다. 그러므로

$$\frac{\bar{U}}{\bar{U}+\bar{D}} = A = r\left(\frac{\boldsymbol{\mu}}{\boldsymbol{\lambda}+\boldsymbol{\mu}}\right) \tag{9.28}$$

이다. 그러나, $\bar{U}$와 $\bar{D}$에 대해 풀기 위해서는 두 번째 등식이 필요하다. 이를 얻기 위해 시스템이 고장 나는 비율을 고려한다. $\sum_{i=1}^{n}(U_i+D_i)$ 시간 동안 n번 고장이 있으므로, 시스템이 고장 나는 비율은

$$\begin{aligned}\text{시스템이 고장 나는 비율} &= \lim_{n\to\infty}\frac{n}{\sum_i^n U_i+\sum_1^n D_i}\\ &= \lim_{n\to\infty}\frac{1}{\sum_1^n U_i/n+\sum_1^n D_i/n} = \frac{1}{\bar{U}+\bar{D}}\end{aligned} \tag{9.29}$$

이다. 즉, 이는 평균적으로 $\bar{U}+\bar{D}$ 시간마다 한 번 고장이 있다는 직관적인 결과에 이르게 된다. 이를 활용하기 위해 부품 i의 고장이 시스템을 동작에서 고장 상태로 이르게 하는 비율을 구해보자. 다른 부품들의 상태 $x_1, \ldots, x_{i-1}, x_{i+1}, \ldots, x_n$이 $\phi(1_i, \mathbf{x}) = 1$, $\phi(0_i, \mathbf{x}) = 0$가 되도록 하면, 부품 i가 고장 날 때 시스템은 동작에서 고장 상태로 간다. 즉, 다른 부품들의 상태는 반드시 다음을 만족해야 한다.

$$\phi(1_i, \mathbf{x}) - \phi(0_i, \mathbf{x}) = 1 \tag{9.30}$$

부품 i는 평균적으로 $1/\lambda_i+1/\mu_i$ 시간마다 한 번 고장 나기 때문에, 부품 i가 고장 나는 비율은 $(1/\lambda_i +$

* 재생성과정 이론을 이용하여 확률 1로 이 극한들이 존재하고 상수임을 보일 수 있다.

$1/\mu_i)^{-1} = \lambda_i\mu_i/(\lambda_i+\mu_i)$와 같다. 추가하여, 다른 부품들의 상태가 식 (9.30)이 성립하도록 하는 상태일 확률은

$$P\{\phi(1_i, X(\infty)) - \phi(0_i, X(\infty)) = 1\}$$
$$= E[\phi(1_i, X(\infty)) - \phi(0_i, X(\infty))] \quad \phi(1_i, X(\infty)) - \phi(0_i, X(\infty)) \text{가 베르누이 확률변수이므로}$$
$$= r\left(1_i, \frac{\boldsymbol{\mu}}{\boldsymbol{\lambda}+\boldsymbol{\mu}}\right) - r\left(0_i, \frac{\boldsymbol{\mu}}{\boldsymbol{\lambda}+\boldsymbol{\mu}}\right)$$

이다. 그러므로 위 결과들을 함께 모으면 다음을 알게 된다.

$$\text{부품 } i\text{가 시스템 고장을 일으키는 율(rate)} = \frac{\lambda_i\mu_i}{\lambda_i+\mu_i}\left[r\left(1_i, \frac{\boldsymbol{\mu}}{\boldsymbol{\lambda}+\boldsymbol{\mu}}\right) - r\left(0_i, \frac{\boldsymbol{\mu}}{\boldsymbol{\lambda}+\boldsymbol{\mu}}\right)\right]$$

이를 모든 부품 i에 대해 합하면 다음을 얻는다.

$$\text{시스템이 고장 나는 율} = \sum_i \frac{\lambda_i\mu_i}{\lambda_i+\mu_i}\left[r\left(1_i, \frac{\boldsymbol{\mu}}{\boldsymbol{\lambda}+\boldsymbol{\mu}}\right) - r\left(0_i, \frac{\boldsymbol{\mu}}{\boldsymbol{\lambda}+\boldsymbol{\mu}}\right)\right]$$

마지막으로, 이로부터 식 (9.29)와 함께 다음 결과에 얻는다.

$$\frac{1}{\bar{U}+\bar{D}} = \sum_i \frac{\lambda_i\mu_i}{\lambda_i+\mu_i}\left[r\left(1_i, \frac{\boldsymbol{\mu}}{\boldsymbol{\lambda}+\boldsymbol{\mu}}\right) - r\left(0_i, \frac{\boldsymbol{\mu}}{\boldsymbol{\lambda}+\boldsymbol{\mu}}\right)\right] \tag{9.31}$$

식 (9.28)과 (9.31)을 풀면, 다음을 얻는다.

$$\bar{U} = \frac{r\left(\frac{\boldsymbol{\mu}}{\boldsymbol{\lambda}+\boldsymbol{\mu}}\right)}{\sum_{i=1}^{n} \frac{\lambda_i\mu_i}{\lambda_i+\mu_i}\left[r\left(1_i, \frac{\boldsymbol{\mu}}{\boldsymbol{\lambda}+\boldsymbol{\mu}}\right) - r\left(0_i, \frac{\boldsymbol{\mu}}{\boldsymbol{\lambda}+\boldsymbol{\mu}}\right)\right]}, \tag{9.32}$$

$$\bar{D} = \frac{\left[1 - r\left(\frac{\boldsymbol{\mu}}{\boldsymbol{\lambda}+\boldsymbol{\mu}}\right)\right]\bar{U}}{r\left(\frac{\boldsymbol{\mu}}{\boldsymbol{\lambda}+\boldsymbol{\mu}}\right)} \tag{9.33}$$

또한 식 (9.31)로부터 시스템이 고장 나는 비율을 얻게 된다.

참고: $\bar{U}$와 $\bar{D}$를 위한 공식을 수립하기 위해 켜짐과 꺼짐 시간이 지수분포라는 가정을 사용하지 않았다. 실제로 $\bar{U}$와 $\bar{D}$가 잘 정의되면(충분조건은 모든 켜짐과 꺼짐 시간 분포가 연속함수인 것이다) 이 공식 유도는 유효하고 식 (9.32)와 (9.33)이 성립한다. λ_i와 μ_i, $i = 1, \ldots, n$ 값은 각각 평균 수명과 평균 수리시간의 역수를 나타낸다.

예제 9.32 직렬 시스템에 대해

$$\bar{U} = \frac{\prod_i \frac{\mu_i}{\mu_i+\lambda_i}}{\sum_i \frac{\lambda_i\mu_i}{\lambda_i+\mu_i}\prod_{j\neq i}\frac{\mu_j}{\mu_j+\lambda_j}} = \frac{1}{\sum_i \lambda_i},$$

$$\bar{D} = \frac{1 - \prod_i \frac{\mu_i}{\mu_i+\lambda_i}}{\prod_i \frac{\mu_i}{\mu_i+\lambda_i}} \times \frac{1}{\sum_i \lambda_i}$$

이다. 반면 병렬 시스템에 대해

$$\bar{U} = \frac{1-\prod_i \dfrac{\lambda_i}{\mu_i+\lambda_i}}{\sum_i \dfrac{\lambda_i\mu_i}{\lambda_i+\mu_i}\prod_{j\neq i}\dfrac{\lambda_j}{\mu_j+\lambda_j}} = \frac{1-\prod_i \dfrac{\lambda_i}{\mu_i+\lambda_i}}{\prod_j \dfrac{\lambda_j}{\mu_j+\lambda_j}} \times \frac{1}{\sum_i \mu_i},$$

$$\bar{D} = \frac{\prod_i \dfrac{\lambda_i}{\mu_i+\lambda_i}}{1-\prod_i \dfrac{\lambda_i}{\mu_i+\lambda_i}}\bar{U} = \frac{1}{\sum_i \mu_i}$$

이다. 이는 $1/\lambda_i$와 $1/\mu_i$이 각각 부품 i, $i = 1, \ldots, n$의 평균 동작시간과 평균 고장시간인 임의의 연속 동작시간과 고장시간 분포에 대해 성립한다. ■

9.7.1 활동중단형 직렬 시스템

n개 부품으로 이루어진 직렬 시스템을 고려하고, 부품이(따라서 시스템이) 고장 날 때마다 그 부품에 대한 수리가 시작되고 다른 부품들은 활동중단상태에 들어간다고 가정하자. 즉, 고장 난 부품이 수리된 직후 다른 부품들은 고장이 일어났을 때와 정확히 같은 상태에서 다시 작동한다. 두 개 이상 부품이 동시에 고장 나면, 그 중 한 개를 임의로 고장 난 부품으로 선택하고 수리를 시작한다. 동시에 고장 난 다른 부품은 활동중단상태에 있다고 여기고, 고장 난 부품 수리가 끝남과 동시에 고장이 난다. 부품 i가 기능하는 시간(활동중단상태에 있는 시간은 포함하지 않음) 분포는 평균 u_i인 F_i이고, 수리시간 분포는 평균 d_i인 G_i라고 가정한다($i = 1, \ldots, n$).

이 시스템이 동작하는 시간의 장기 비율을 구하기 위해, 다음과 같이 추론한다. 우선 그 때까지 시스템이 t 시간 동안 동작한 시간(T라고 놓자)을 고려한다. 이제 시스템이 동작할 때 부품 i의 고장시간은 평균 도착간격이 u_i인 재생과정이 된다. 그러므로 다음을 얻는다.

$$T \text{ 시간 동안 부품 } i\text{의 고장 횟수 } T \approx \frac{t}{u_i}$$

부품 i의 평균 수리시간이 d_i이므로, 이는 다음을 의미한다.

$$T \text{ 시간 동안 부품 } i\text{의 총 수리시간 } T \approx \frac{td_i}{u_i}$$

그러므로 시스템이 t 시간 동안 동작한 기간 중 총 시스템 고장시간은 대략적으로 다음과 같다.

$$t\sum_{i=1}^{n} d_i/u_i$$

그러므로 시스템이 동작한 시간의 비율은 대략적으로 다음과 같다.

$$\frac{t}{t + t\sum_{i=1}^{n} d_i/u_i}$$

이 근사값은 t가 커질수록 정확해지기 때문에, 다음을 얻는다.

$$\text{시스템이 동작한 시간의 비율} = \frac{1}{1+\sum_i d_i/u_i} \tag{9.34}$$

이는 또한 다음을 보인다.

$$\text{시스템이 고장 난 시간의 비율} = 1 - \text{시스템이 동작한 시간의 비율}$$
$$= \frac{\sum_i d_i/u_i}{1+\sum_i d_i/u_i}$$

게다가 0부터 T까지 기간 동안 부품 i 수리에 사용된 시간은 대략적으로

$$\frac{td_i/u_i}{\sum_i td_i/u_i}$$

이다. 따라서, 장기적으로

$$\text{부품 } i \text{ 때문에 고장 난 시간의 비율} = \frac{d_i/u_i}{\sum_i d_i/u_i}$$

이다. 여기에 시스템이 고장 난 시간의 비율을 곱하면 다음을 얻는다.

$$\text{부품 } i\text{가 수리되는 시간의 비율} = \frac{d_i/u_i}{1+\sum_i d_i/u_i}$$

또한, 부품 j는 어떤 다른 부품이 수리 중이면 활동중단상태에 있기 때문에, 다음을 알게 된다.

$$\text{부품 } j\text{가 활동중단상태에 있는 시간 비율} = \frac{\sum_{i\neq j} d_i/u_i}{1+\sum_i d_i/u_i}$$

또 다른 흥미있는 수치는 시스템이 고장 나는 장기 비율이다. 부품 i는 시스템이 동작할 때 $1/u_i$의 비율로 고장 나고 시스템이 고장 상태일 때는 고장 나지 않기 때문에, 다음을 얻는다.

$$\text{부품 } i\text{가 고장 나는 율(rate)} = \frac{\text{시스템이 동작하는 시간 비율}}{u_i}$$
$$= \frac{1/u_i}{1+\sum_i d_i/u_i}$$

어떤 부품이라도 고장이 날 때 시스템이 고장 나므로, 이는 다음으로 이어진다.

$$\text{시스템이 고장 나는 율} = \frac{\sum_i 1/u_i}{1+\sum_i d_i/u_i} \tag{9.35}$$

시간 축을 시스템이 동작하는 기간과 고장 난 기간으로 분리하면, 다음과 같이 동작하는 기간의 평균 길이를 구할 수 있다. $U(t)$가 $[0, t]$ 기간 동안 시스템이 동작한 총 시간이고 $N(t)$가 시간 t까지 고장횟수이면

$$\text{동작기간의 평균 길이} = \lim_{t\to\infty}\frac{U(t)}{N(t)}$$
$$= \lim_{t\to\infty}\frac{U(t)/t}{N(t)/t}$$
$$= \frac{1}{\sum_i 1/u_i}$$

이다. 마지막 등식에서 식 (9.34)와 (9.35)를 사용하였다. 또한 유사한 방법으로 다음을 보일 수 있다.

$$\text{고장기간의 평균 길이} = \frac{\sum_i d_i/u_i}{\sum_i 1/u_i} \tag{9.36}$$

연습 문제

1. 어떤 구조 함수 ϕ에 대해서도

$$\phi(\mathbf{x}) = x_i\phi(1_i, \mathbf{x}) + (1 - x_i)\phi(0_i, \mathbf{x})$$

임을 증명하라. 여기서

$$(1_i, \mathbf{x}) = (x_1, \ldots, x_{i-1}, 1, x_{i+1}, \ldots, x_n),$$
$$(0_i, \mathbf{x}) = (x_1, \ldots, x_{i-1}, 0, x_{i+1}, \ldots, x_n)$$

이다.

2. 다음을 보여라.

(a) $\phi(0, 0, \ldots, 0) = 0$이고 $\phi(1, 1, \ldots, 1) = 1$이면

$$\min x_i \leqslant \phi(\mathbf{x}) \leqslant \max x_i$$

(b) $\phi(\max(x, y)) \geq \max(\phi(x), \phi(y))$

(c) $\phi(\min(x, y)) \leq \min(\phi(x), \phi(y))$

3. 임의의 구조 함수에 대해 다음과 같이 쌍대 구조 ϕ^{D}를 정의한다.

$$\phi^{\mathrm{D}}(\mathbf{x}) = 1 - \phi(\mathbf{1} - \mathbf{x})$$

(a) 병렬(직렬) 시스템의 쌍대는 직렬(병렬) 시스템임을 보여라.

(b) 쌍대 구조의 쌍대는 원래 구조임을 보여라.

(c) n-중-k 구조의 쌍대는 무엇인가?

(d) 쌍대 시스템의 최소 경로(단절)집합은 원래 구조의 최소 단절(경로)집합임을 보여라.

***4.** 다음에 해당하는 구조 함수를 써라.

(a) 그림 9.16 참조

(b) 그림 9.17 참조

(c) 그림 9.18 참조

5. 다음 경우 최소 경로집합과 최소 단절집합을 찾아라.

(a) 그림 9.19 참조

(b) 그림 9.20 참조

***6.** 최소 경로집합이 {1, 2, 4}, {1, 3, 5}, {5, 6}이다. 최소 단절집합을 제시하라.

7. 최소 단절집합이 {1, 2, 3}, {2, 3, 4}, {3, 5}이다. 최소 경로집합은?

8. 그림 9.21에 주어진 구조에 대해 최소 경로집합과 최소 단절집합을 제시하라.

9. 부품 i는 어떤 상태 벡터 $\mathbf{x}$에 대해 다음이 성립하면 시스템에 **관련**(relevant)되어 있다고 한다.

$$\phi(1_i, \mathbf{x}) = 1, \qquad \phi(0_i, \mathbf{x}) = 0$$

그렇지 않으면, **무관**(irrelevant)하다고 한다.

(a) 부품이 무관하다는 것이 무엇을 의미하는지 말로 설명하라.

(b) $A_1, \ldots, A_s$가 시스템의 최소 경로집합이고, S는 부품들의 집합을 나타낸다고 하자. 모든 부품들이 관련되어 있어야만 $S = \bigcup_{i=1}^{s} A_i$임을 보여라.

(c) C_1 , . . . , C_k가 시스템의 최소 단절집합이라고 하자. 모든 부품들이 관련되어 있어야만 $S = \bigcup_{i=1}^{k} C_i$임을 보여라.

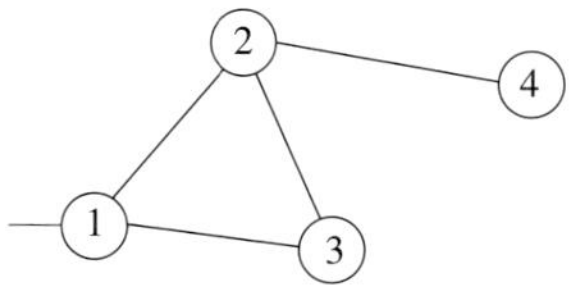

그림 9.16

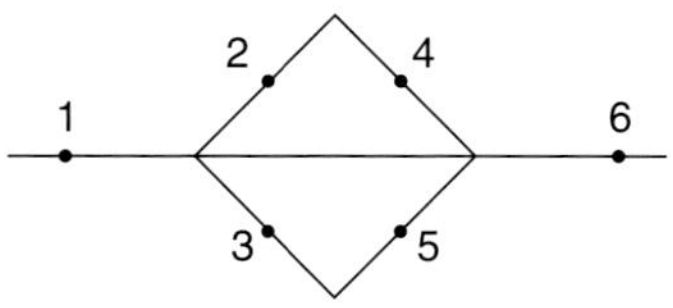

그림 9.17

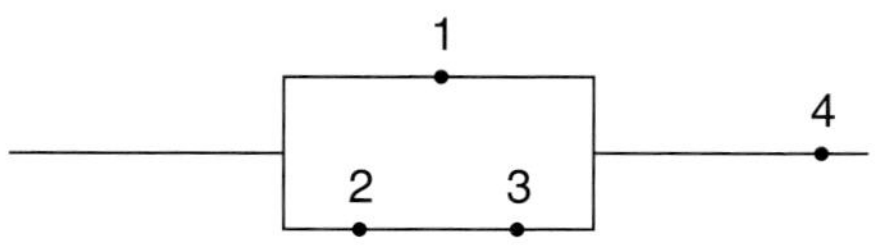

그림 9.18

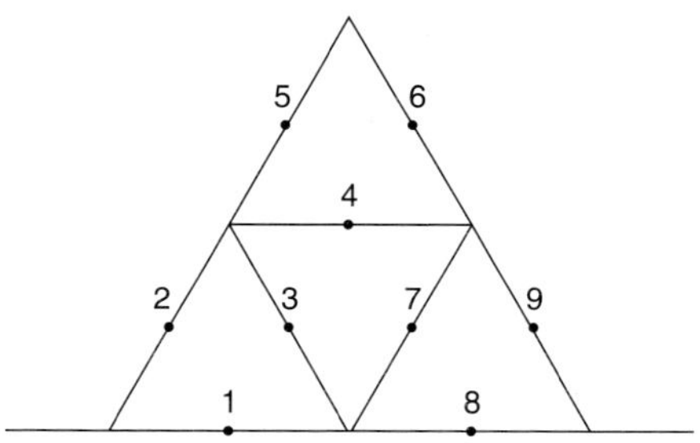

그림 9.19

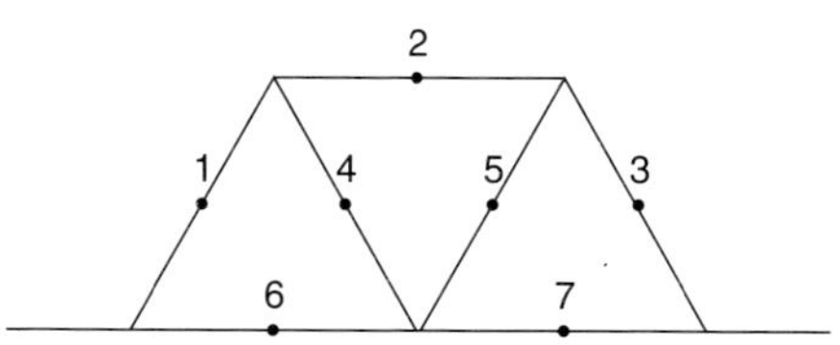

그림 9.20

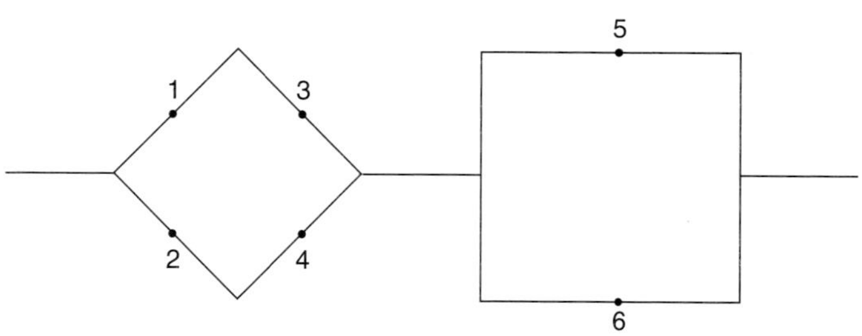

그림 9.21

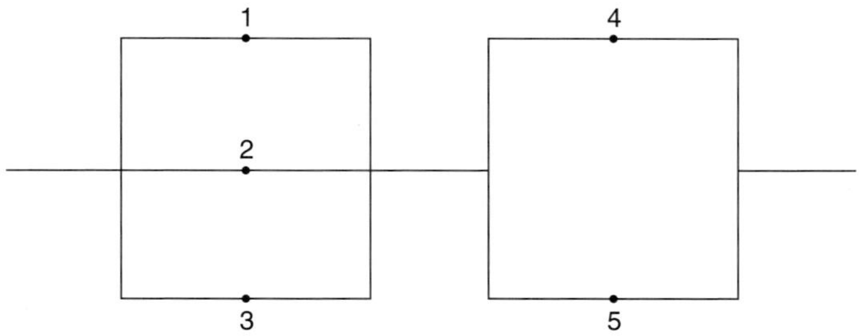

그림 9.22

10. t_i가 i번째 부품의 고장시간을 나타낸다고 하자. $\tau_\phi(t)$는 시스템 ϕ가 고장 날 때까지 시간을 벡터 $\mathbf{t} = (t_1, \ldots, t_n)$의 함수로 나타낸 것이다. 다음을 보여라.

$$\max_{1 \leqslant j \leqslant s} \min_{i \in A_j} t_i = \tau_\phi(\mathbf{t}) = \min_{1 \leqslant j \leqslant k} \max_{i \in C_j} t_i$$

여기서 $C_1, \ldots, C_k$는 최소 단절집합이고 $A_1, \ldots, A_s$는 최소 경로집합이다.

11. 연습 문제 8에서 주어진 구조의 신뢰도 함수를 제시하라.

***12.** 그림 9.22에 주어진 구조에 대한 최소 경로집합과 신뢰도 함수를 제시하라.

13. $r(\mathbf{p})$를 신뢰도 함수라고 하자. 다음을 보여라.

$$r(\mathbf{p}) = p_i r(1_i, \mathbf{p}) + (1 - p_i) r(0_i, \mathbf{p})$$

14. 다리 시스템(그림 9.11 참조)의 신뢰도 함수를 부품 3이 동작하는지 여부에 조건을 주어 계산하라.

15. 연습 문제 4에서 주어진 시스템에 대한 신뢰도 함수의 상한과 하한을 계산하고(방법 2를 사용), $p_i = \frac{1}{2}$일 때 이 값들을 정확한 값과 비교하라.

16. 다음 시스템에 대해 두 가지 방법 모두 사용하여 $r(\mathbf{p})$의 상한과 하한을 계산하라.

(a) 셋-중-둘 시스템

(b) 넷-중-둘 시스템

(c) 다음 각 경우에 이 한계들을 정확한 신뢰도 값과 비교하라.

(i) $p_i \equiv 0.5$
(ii) $p_i \equiv 0.8$
(iii) $p_i \equiv 0.2$

***17.** N은 음이 아닌 정수 값을 갖는 확률변수이다. 다음을 보여라.

$$P\{N > 0\} \geqslant \frac{(E[N])^2}{E[N^2]}$$

그리고, 이 부등식이 어떻게 신뢰도 함수에 대한 한계를 추가로 유도하기 위해 사용될 수 있는지 설명하라.

힌트: $E[N^2] = E[N^2 \mid N > 0] P\{N > 0\}$ (왜?)

$\geqslant (E[N \mid N > 0])^2 P\{N > 0\}$ (왜?)

이제 양변을 $P\{N > 0\}$으로 곱한다.

18. 최소 경로집합이 {1, 2, 3}, {3, 4, 5}인 구조를 고려한다.

(a) 최소 단절집합은?

(b) 부품 수명이 서로 독립이고 (0, 1) 구간의 균등분포를 갖는 확률변수이면, 시스템 수명이 $\frac{1}{2}$보다 짧을 확률을 구하라.

19. $X_1, X_2, \ldots, X_n$이 독립이고 동일하게 분포된 확률변수라고 하고, 순서 통계치 $X_{(1)}, \ldots, X_{(n)}$을 다음과 같이 정의한다.

$X_{(i)} \equiv X_1, \ldots, X_n$ 중 i번째로 작은값

X_j의 분포가 IFR이면 $X_{(i)}$의 분포도 그러함을 보여라.

힌트: 이 장의 예제 중 하나에 연관시켜라.

20. F를 연속분포함수라고 하자. 어떤 양수 α에 대해 다음과 같이 분포함수 G를 정의한다.

$$\bar{G}(t) = (\bar{F}(t))^{\alpha}$$

G와 F의 고장률 함수 $\lambda_G(t)$와 $\lambda_F(t)$ 간의 관계를 찾아라.

21. 다음 네 구조를 고려하자.

(i) 그림 9.23 참조

(ii) 그림 9.24 참조

(iii) 그림 9.25 참조

(iv) 그림 9.26 참조

F_1, F_2, F_3을 해당 부품의 고장분포라고 하자. 각각은 IFR이라고 가정한다. F를 시스템 고장분포라고 한다. 모든 부품들은 독립이다.

(a) $F_1 = F_2 = F_3$이면 어떤 구조에서 F는 필수적으로 IFR인가? 이유를 설명하라.

(b) $F_2 = F_3$이면 어떤 구조에서 F는 필수적으로 IFR인가? 이유를 설명하라.

(c) $F_1 \neq F_2 \neq F_3$이면 어떤 구조에서 F는 필수적으로 IFR인가? 이유를 설명하라.

***22.** X가 한 물품의 수명을 나타낸다고 하자. 이 물품이 나이 t가 되었다고 가정하자. X_t가 잔여수명을 나타낸다고 하고 다음과 같이 정의한다.

$$\bar{F}_t(a) = P\{X_t > a\}$$

말로 설명하면, $\bar{F}_t(a)$는 t만큼 오래된 물품이 추가 시간 a 동안 생존할 확률이다. 다음을 보여라.

(a) F가 X의 분포함수일 때 $\bar{F}_t(a) = \bar{F}(t+a)/\bar{F}(t)$이다.

(b) IFR를 정의하는 또 다른 방법은 모든 a에 대해 $\bar{F}_t(a)$가 t의 감소함수이면 F는 IFR이라고 정의하는 것이다. F가 밀도함수를 가질 때 이 정의가 본문에서 주어진 정의와 동일함을 보여라.

23. 다음 방법에 따라 직렬 시스템의 각 (독립적인) 부품이 IFR 분포를 가지면 시스템 수명 자체도 IFR임을 보여라.

(a) 다음을 보여라.

$$\lambda_F(t) = \sum_i \lambda_i(t)$$

여기서 $\lambda_F(t)$는 시스템의 고장률 함수이고 $\lambda_i(t)$는 부품 i 수명의 고장률 함수이다.

(b) 연습 문제 22에서 주어진 IFR의 정의를 사용하라.

24. F가 IFR이면 F는 또한 IFRA임을 보이고, 반례를 사용하여 그 역은 참이 아님을 보여라.

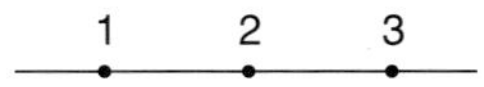

그림 9.23

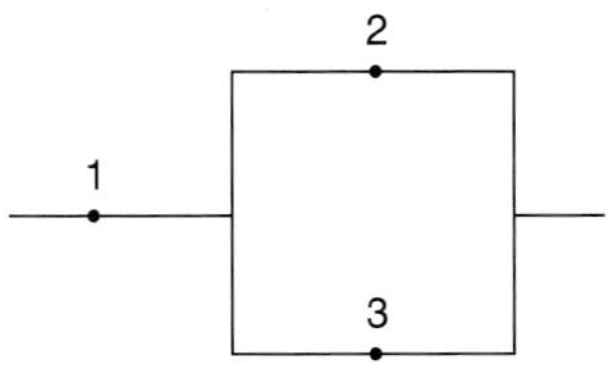

그림 9.24

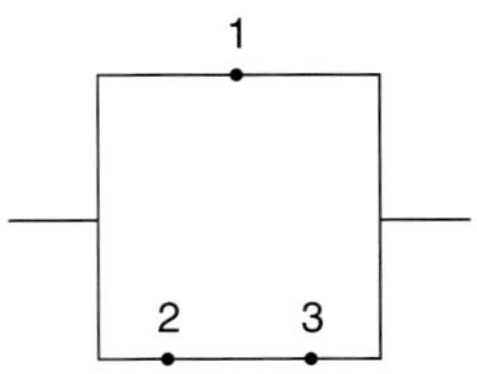

그림 9.25

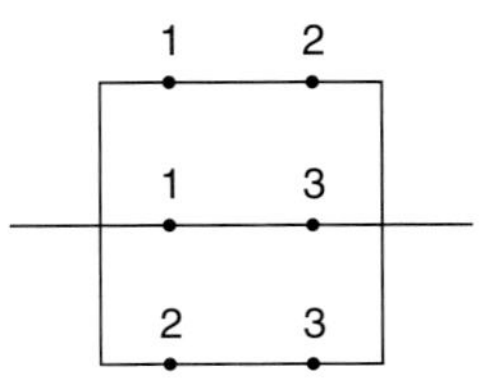

그림 9.26

***25.** $F(\zeta) = p$이면 ζ를 F의 p-백분위라고 한다. ζ가 IFRA인 분포 F의 p-백분위이면,

$$\bar{F}(x) \leqslant e^{-\theta x}, \quad x \geqslant \zeta$$
$$\bar{F}(x) \geqslant e^{-\theta x}, \quad x \leqslant \zeta$$

임을 보여라. 여기서

$$\theta = \frac{-\log(1-p)}{\zeta}$$

26. 보조정리 9.3을 증명하라.

힌트: $x = y + \delta$라고 한다. $0 \le \alpha \le 1$일 때 $f(t) = t^{\alpha}$는 오목(concave) 함수임에 유의하고, 오목함수에 대하여 $f(t) + h) - f(t)$는 t의 감소함수라는 사실을 이용하라.

27. $r(p) = r(p, p, \ldots, p)$라고 한다. $r(p_0) = p_0$이면,

$$r(p) \geqslant p, \qquad p \geqslant p_0\text{에 대해}$$
$$r(p) \leqslant p, \qquad p \leqslant p_0\text{에 대해}$$

임을 보여라.

힌트: 명제 9.2를 사용하라.

28. 수명이 각각 (0, 1) 구간의 균등분포와 (0, 2) 구간의 균등분포인 두 부품으로 이루어진 직렬 시스템의 평균 수명을 구하라. 병렬 시스템에 대해서도 동일한 값을 구하라.

29. 첫 번째 부품은 평균 $1/\mu_1$, 두 번째 부품은 평균 $1/\mu_2$인 지수분포 수명을 갖는 두 부품으로 이루어진 병렬 시스템의 평균 수명이

$$\frac{1}{\mu_1+\mu_2}+\frac{\mu_1}{(\mu_1+\mu_2)\mu_2}+\frac{\mu_2}{(\mu_1+\mu_2)\mu_1}$$

임을 보여라.

***30.** 두 부품의 수명은 각각 (0, 1) 구간의 균등분포이고, 나머지 두 부품의 수명은 (0, 2) 구간에서 균등분포인 넷-중-셋 시스템의 기대 수명을 계산하라.

31. 각 부품의 수명이 평균 θ인 지수분포를 따르는 n-중-k 시스템 수명의 분산이 다음과 같음을 보여라.

$$\theta^2 \sum_{i=k}^{n} \frac{1}{i^2}$$

32. 9.6.1절에서 c^*를 넘는 X_i의 평균 개수는 1임을 보여라.

33. X_i를 평균 $8 + 2i$, $i = 1, 2, 3$ 인 지수분포를 갖는 확률변수라고 하자. 9.6.1절의 결과를 이용하여 $E[\max X_i]$의 상한을 구하고, X_i가 독립일 때 정확한 결과값과 비교하라.

34. 9.7절의 모형에 대해 n-중-k 구조에 대한 다음 값들을 계산하라. (i) 평균 동작 시간, (ii) 평균 고장 시간, (iii) 시스템 고장률.

35. 다음 조합 항등식을 아래 방법들로 증명하라.

$$\binom{n-1}{i-1}=\binom{n}{i}-\binom{n}{i+1}+\cdots\pm\binom{n}{n}, \quad i\leqslant n$$

(a) i에 대한 귀납법

(b) i에 대한 역방향 귀납 논법. 즉, 먼저 $i = n$에 대해 증명하고, $i = k$에 대해 성립한다고 가정하면 이는 $i = k - 1$에 대하여 참임을 의미하다는 것을 보인다.

36. 식 (9.36)을 증명하라.

참고 문헌

[1] R. E. Barlow and F. Proschan, "Statistical Theory of Reliability and Life Testing," Holt, New York, 1975.

[2] H. Frank and I. Frisch, "Communication, Transmission, and Transportation Network," Addison-Wesley, Reading, Massachusetts, 1971.

[3] I. B. Gertsbakh, "Statistical Reliability Theory," Marcel Dekker, New York and Basel, 1989.

브라운운동과 정상과정

Brownian Motion and Stationary Processes

10.1 브라운운동

매 단위 시간마다 왼쪽 또는 오른쪽으로 한 단위 움직일 가능성이 동일한 대칭 랜덤보행을 고려하는 것으로 시작한다. 즉, 이것은 $P_{i,i+1} = \frac{1}{2} = \mathrm{P}_{i,i-1},\ i = 0, \pm 1, \ldots$ 인 마코프체인이다. 이제 시간 구간과 보폭을 점점 작게 줄여 이 과정의 속도를 높인다고 가정하자. 적절한 방식으로 극한까지 가면 얻게 되는 것이 브라운운동이다.

좀 더 정확히 말하면, Δt 시간단위마다 Δx만큼 동일한 확률로 왼쪽 또는 오른쪽으로 움직인다고 가정한다. $X(t)$가 시간 t에서 위치라면

$$X(t) = \Delta x(X_1 + \cdots + X_{[t/\Delta t]}) \tag{10.1}$$

이다. 여기서

$$X_i = \begin{cases} +1, & \Delta x\text{만큼의 } i\text{번째 움직임이 오른쪽 방향일 때} \\ -1, & \text{왼쪽 방향일 때} \end{cases}$$

이다. $[t/\Delta t]$는 $t/\Delta t$ 이하에서 가장 큰 정수이고, X_i는 독립이고

$$P\{X_i = 1\} = P\{X_i = -1\} = \frac{1}{2}$$

라고 가정한다. $E[X_i] = 0$, $\mathrm{Var}(X_i) = E[X^2] = 1$이므로, 식 (10.1)로부터 다음을 얻는다.

$$\begin{aligned} E[X(t)] &= 0, \\ \mathrm{Var}(X(t)) &= (\Delta x)^2 \left[\frac{t}{\Delta t}\right] \end{aligned} \tag{10.2}$$

이제 Δx와 Δt를 0으로 보낸다. 그러나, 이 때 얻어지는 극한과정이 자명한 결과가 되지 않도록 해야 한다(예를 들어, $\Delta x = \Delta t$라고 하고 Δt를 0으로 보내면, 앞서 결과로부터 $E[X(t)]$와 $\mathrm{Var}(X(t))$ 모두 0으로 수렴하고 결국 $X(t)$는 확률 1로 0이 된다). 어떤 양의 상수 σ에 대해 $\Delta x = \sigma\sqrt{\Delta t}$라고 하면, 식 (10.2)로부터 Δt가 0으로 감에 따라

$$\begin{aligned} E[X(t)] &= 0, \\ \mathrm{Var}(X(t)) &\to \sigma^2 t \end{aligned}$$

임을 알 수 있다.

$\Delta x = \sigma\sqrt{\Delta t}$라고 놓고 Δt를 0으로 보내서 얻게 되는 극한과정의 직관적인 성질을 나열해 보기로 한다. 식 (10.1)과 중심극한정리로부터 다음은 타당해 보인다.

(i) $X(t)$는 평균 0, 분산 $\sigma^2 t$를 갖는 정규 확률변수이다. 또한, 겹치지 않는 시간구간에서 랜덤보행 값의 변화는 독립이기 때문에,

(ii) $\{X(t), t \geq 0\}$는 독립 증분을 갖는다. 즉, 모든 $t_1 < t_2 < \ldots < t_n$에 대해

$$X(t_n) - X(t_{n-1}), X(t_{n-1}) - X(t_{n-2}), \ldots, X(t_2) - X(t_1), X(t_1)$$

은 독립이다. 마지막으로, 임의의 시간구간 동안 랜덤보행 위치의 변화 분포는 오직 그 시간구간 길이에만 의존하므로,

(iii) $\{X(t), t \geq 0\}$는 정상 증분을 갖는다. 즉, $X(t+s) - X(t)$의 분포는 t에 의존하지 않는다. 이제 다음과 같은 정식 정의를 위한 준비가 되었다.

정의 10.1 확률과정$\{X(t), t \geq 0\}$이 다음 조건을 만족하면 **브라운운동**(Brownian motion)이라고 한다.

(i) $X(0) = 0$.

(ii) $\{X(t), t \geq 0\}$는 정상 증분과 독립 증분을 갖는다.

(iii) 모든 $t > 0$에 대해, $X(t)$는 평균이 0, 분산이 $\sigma^2 t$인 정규분포를 따른다.

때때로 위너(Wiener)과정이라고 불리는 브라운운동 과정은 응용확률 이론 분야에서 가장 유용한 확률과정 중 하나이다. 이는 브라운운동을 묘사하기 위한 방법으로 물리학에서 기원하였다. 처음 발견한 영국의 식물학자 로버트 브라운(Robert Brown)의 이름을 따서 명명된 이 현상은 액체 또는 기체에 완전히 잠긴 작은 입자가 보이는 움직임이다. 그 이후로 이 과정은 적합도의 통계적 검정, 주식시장 가격 수준 분석, 양자역학 등의 분야에서 유용하게 사용되어 왔다.

브라운운동 현상은 아인슈타인(Einstein)에 의해 1905년 처음 설명되었다. 그는 브라운운동이 침잠된 입자가 연속적으로 주변 매체 분자들에 의해 충격을 받는다고 가정함으로써 설명될 수 있음을 보였다. 그러나 브라운운동의 기저를 이루는 확률과정에 대한 앞서와 같은 간결한 정의는 위너에 의해 1918년부터 시작된 일련의 논문들에서 주어졌다.

$\sigma = 1$일 때, 이 과정은 **표준 브라운운동**(standard Brownian motion)이라고 한다. 어떤 브라운운동도 $B(t) = X(t)/\sigma$라고 놓음으로써 표준 과정으로 변환될 수 있기 때문에, 특별히 언급하지 않으면, 이 장에서는 $\sigma = 1$이라고 가정한다.

브라운운동을 랜덤보행의 극한으로 해석(식 (10.1))하는 것은 $X(t)$가 t의 연속함수이어야 함을 의미하며, 이는 사실이다. 이를 증명하기 위해, 확률 1로

$$\lim_{h\to 0}(X(t+h) - X(t)) = 0$$

임을 보여야 한다. 이를 엄격하게 증명하는 것은 이 책의 범위를 벗어나지만, 타당성 있는 논증은 다음 사실에 주목함으로써 얻을 수 있다. 확률변수 $X(t+h) - X(t)$는 평균 0, 분산 h를 갖고, 따라서 h가 0으로 갈수록 평균 0, 분산 0을 갖는 확률 변수로 수렴할 것이다. 즉, $X(t+h) - X(t)$가 0으로 수렴하므로 $X(t)$가 연속함수임은 타당해 보인다.

비록 $X(t)$는 확률 1로 t의 연속함수이지만, 아무데서도 미분가능하지 않다는 흥미로운 성질을 갖는다. 왜 이런지 살펴보기 위해 $\frac{X(t+h)-X(t)}{h}$는 평균 0과 분산 $1/h$을 가짐에 주목한다. h가 0으로 갈수록 $\frac{X(t+h)-X(t)}{h}$의 분산은 무한대로 가기 때문에, 이 값이 수렴하지 않는 것은 놀랍지 않다.

$X(t)$는 평균 0, 분산 t인 정규분포를 따르기 때문에, 그 밀도함수는 다음과 같이 주어진다.

$$f_t(x) = \frac{1}{\sqrt{2\pi t}} e^{-x^2/2t}$$

$X(t_1), X(t_2), \ldots, X(t_n), t_1 < \ldots < t_n$의 결합 밀도함수를 구하기 위해, 먼저 다음 등식들의 집합

$$\begin{aligned} X(t_1) &= x_1, \\ X(t_2) &= x_2, \\ &\vdots \\ X(t_n) &= x_n \end{aligned}$$

은 다음과 동일함에 주목한다.

$$\begin{aligned} X(t_1) &= x_1, \\ X(t_2) - X(t_1) &= x_2 - x_1, \\ &\vdots \\ X(t_n) - X(t_{n-1}) &= x_n - x_{n-1} \end{aligned}$$

그런데, 독립증분 가정에 의해 $X(t_1), X(t_2) - X(t_1), \ldots, X(t_n) - X(t_{n-1})$은 독립이고, 정상증분 가정에 의해 $X(t_k) - X(t_{k-1})$는 평균 0이고 분산 $t_k - t_{k-1}$인 정규분포를 갖는다. 그러므로, $X(t_1), \ldots, X(t_n)$의 결합 밀도함수는 다음과 같이 주어진다.

$$\begin{aligned} f(x_1, x_2, \ldots, x_n) &= f_{t_1}(x_1) f_{t_2-t_1}(x_2 - x_1) \cdots f_{t_n-t_{n-1}}(x_n - x_{n-1}) \\ &= \frac{\exp\left\{-\frac{1}{2}\left[\frac{x_1^2}{t_1} + \frac{(x_2 - x_1)^2}{t_2 - t_1} + \cdots + \frac{(x_n - x_{n-1})^2}{t_n - t_{n-1}}\right]\right\}}{(2\pi)^{n/2}[t_1(t_2 - t_1)\cdots(t_n - t_{n-1})]^{1/2}} \end{aligned} \tag{10.3}$$

이 식으로부터 원칙적으로는 어떤 원하는 확률도 계산할 수 있다. 예를 들어, $s < t$일 때 $X(t) = B$라는 조건 하에서 $X(s)$의 조건부 분포를 원한다고 하자. 이 조건부 밀도함수는

$$\begin{aligned} f_{s|t}(x|B) &= \frac{f_s(x) f_{t-s}(B - x)}{f_t(B)} \\ &= K_1 \exp\{-x^2/2s - (B - x)^2/2(t - s)\} \\ &= K_2 \exp\left\{-x^2\left(\frac{1}{2s} + \frac{1}{2(t - s)}\right) + \frac{Bx}{t - s}\right\} \\ &= K_2 \exp\left\{-\frac{t}{2s(t - s)}\left(x^2 - 2\frac{sB}{t}x\right)\right\} \\ &= K_3 \exp\left\{-\frac{(x - Bs/t)^2}{2s(t - s)/t}\right\} \end{aligned}$$

이다. 여기서, K_1, K_2, K_3는 x에 의존하지 않는다. 이로부터 $s < t$에 대해 $X(t) = B$라는 조건 하의 $X(s)$의 조건부 분포는 평균과 분산이 다음과 같은 정규분포임을 알 수 있다.

$$\begin{aligned} E[X(s)|X(t) = B] &= \frac{s}{t}B, \\ \text{Var}[X(s)|X(t) = B] &= \frac{s}{t}(t - s) \end{aligned} \tag{10.4}$$

예제 10.1 두 경쟁자 간의 자전거 경주에서 $Y(t)$를 경주가 $100t$ 퍼센트 지났을 때 안쪽 위치에서 출발한 주자가 앞서 간 시간(초 단위)이라고 하고, $\{Y(t), 0 \le t \le 1\}$는 분산 모수가 σ^2인 브라운운동과정으로 효과적으로 표현될 수 있다고 가정하자.

(a) 경주 중간지점에서 안쪽 주자가 σ초 앞서 간다면, 이 주자가 승자가 될 확률은?

(b) 안쪽 주자가 σ초 차이로 경주에서 승리했다면, 중간지점에서 이 주자가 앞섰을 확률은?

풀이

(a)
$$\begin{aligned}
&P\{Y(1) > 0|Y(1/2) = \sigma\} \\
&= P\{Y(1) - Y(1/2) > -\sigma|Y(1/2) = \sigma\} \\
&= P\{Y(1) - Y(1/2) > -\sigma\} \quad \text{독립 증분에 의해} \\
&= P\{Y(1/2) > -\sigma\} \quad \text{정상 증분에 의해} \\
&= P\left\{\frac{Y(1/2)}{\sigma/\sqrt{2}} > -\sqrt{2}\right\} \\
&= \Phi(\sqrt{2}) \\
&\approx 0.9213
\end{aligned}$$

여기서 $\Phi(x) = P\{N(0, 1) \le x\}$는 표준 정규분포함수이다.

(b) $P\{Y(1/2) > 0|Y(1) = \sigma\}$를 계산해야하기 때문에, 먼저 $s < t$인 경우 $Y(t) = C$가 주어졌을 때 $Y(s)$의 조건부 분포를 구한다. $X(t) = Y(t)/\sigma$일 때 $\{X(t), t \ge 0\}$은 표준 브라운운동이므로, 식 (10.4)로부터 $X(t) = C/\sigma$가 주어졌을 때 $X(s)$의 조건부 분포는 평균 $sC/t\sigma$, 분산 $s(t-s)/t$인 정규분포임을 얻는다. 그러므로, $Y(t) = C$가 주어졌을 때 $Y(s) = \sigma X(s)$의 조건부 분포는 평균 sC/t, 분산 $\sigma^2 s(t-s)/t$인 정규분포이다. 따라서

$$\begin{aligned}
P\{Y(1/2) > 0|Y(1) = \sigma\} &= P\{N(\sigma/2, \sigma^2/4) > 0\} \\
&= \Phi(1) \\
&\approx 0.8413
\end{aligned}$$

10.2 충돌시간, 최대변수, 도박사의 파산 문제

T_a는 브라운운동이 a에 처음으로 충돌(또는, 도달)하는 시간이라고 하자. $a>0$일 때 $P\{X(t) \ge a\}$를 고려하고 $T_a \le t$인지 아닌지 조건을 주어 $P\{T_a \le t\}$를 계산한다.

$$\begin{aligned}
P\{X(t) \geqslant a\} = P\{X(t) \geqslant a|T_a \leqslant t\}P\{T_a \leqslant t\} \\
+ P\{X(t) \geqslant a|T_a > t\}P\{T_a > t\}
\end{aligned} \tag{10.5}$$

이제 $T_a \le t$이면 이 과정이 $[0, t]$ 중 a에 도달하고, 대칭성에 의해 t 시점에서 a 위 또는 a 아래에 있을 가능성은 동일하다. 즉,

$$P\{X(t) \geqslant a|T_a \leqslant t\} = \tfrac{1}{2}$$

이다.

식 (10.5) 우변의 두 번째 항이 0임은 자명하므로(연속성에 의해, a에 도달하지 않고 a보다 클 수는 없으므로), 다음을 알게 된다.

$$\begin{aligned} P\{T_a \leqslant t\} &= 2P\{X(t) \geqslant a\} \\ &= \frac{2}{\sqrt{2\pi t}} \int_a^\infty e^{-x^2/2t}\,dx \\ &= \frac{2}{\sqrt{2\pi}} \int_{a/\sqrt{t}}^\infty e^{-y^2/2}\,dy, \qquad a > 0 \end{aligned} \tag{10.6}$$

$a < 0$에 대해 T_a의 분포는, 대칭성에 의해, T_{-a}의 분포와 같다. 그러므로, 식 (10.6)으로부터 다음을 얻는다.

$$P\{T_a \leqslant t\} = \frac{2}{\sqrt{2\pi}} \int_{|a|/\sqrt{t}}^\infty e^{-y^2/2}\,dy \tag{10.7}$$

또 다른 흥미로운 확률변수는 $[0, t]$ 동안 브라운운동이 도달한 최댓값이다. 이 확률변수의 분포는 다음과 같이 얻어진다. $a < 0$에 대해

$$\begin{aligned} P\left\{\max_{0\leqslant s\leqslant t} X(s) \geqslant a\right\} &= P\{T_a \leqslant t\} \quad \text{연속성에 의해} \\ &= 2P\{X(t) \geqslant a\} \quad \text{(10.6)으로부터} \\ &= \frac{2}{\sqrt{2\pi}} \int_{a/\sqrt{t}}^\infty e^{-y^2/2}\,dy \end{aligned}$$

이제 $A > 0$, $B > 0$일 때 브라운운동이 $-B$에 도달하기 전에 A에 도달할 확률을 고려하자. 이 확률을 계산하기 위해 브라운운동은 대칭 랜덤보행의 극한이라는 해석을 이용한다. 도박사의 파산 문제(4.5.1절 참조) 결과로부터 대칭 랜덤보행에서 각 단계가 Δx만큼 올라가거나 내려갈 확률이 동일할 때, B 아래로 내려가기 전에 A 위로 올라갈 확률은[식 (4.14)에서 $N = (A + B)/\Delta x$, $i = B/\Delta x$라고 하여] $B\,\Delta x/(A + B)\Delta x = B/(A + B)$와 같음을 기억하자.

그러므로, Δx를 0으로 보내서 다음을 얻는다.

$$P\{B \text{ 아래로 가기 전에 } A \text{ 위로 감}\} = \frac{B}{A + B}$$

10.3 브라운운동의 변형

10.3.1 추이가 있는 브라운운동

$\{X(t), t \geq 0\}$가 다음 조건을 만족하면 추이(drift)계수 μ와 분산모수 σ^2을 갖는 브라운운동과정이라고 한다.

(i) $X(0) = 0$

(ii)$\{X(t), t \geq 0\}$은 정상적이고 독립적인 증분을 갖는다.

(ii) $X(t)$는 평균 μt, 분산 $t\sigma^2$인 정규분포를 따른다.

이와 동일한 정의는$\{B(t), t \geq 0\}$를 표준 브라운운동이라고 하고 다음과 같이 정의하는 것이다.

$$X(t) = \sigma B(t) + \mu t$$

이 표현으로부터 $X(t)$ 또한 t의 연속함수임을 얻게 된다.

10.3.2 기하 브라운운동

$\{Y(t),\ t \geq 0\}$이 추이계수 μ와 분산모수 σ^2을 갖는 브라운운동과정이면,

$$X(t) = e^{Y(t)}$$

로 정의된 과정 $\{X(t),\ t \geq 0\}$을 **기하 브라운운동**(geometric Brownian motion)이라고 한다.

기하 브라운운동 $\{X(t)\}$에 대해, 시간 s까지 이 과정의 과거가 주어졌을 때 시간 t에서 기댓값을 계산해 보자. 즉, $s < t$에 대해 $E[X(t)|X(u),\ 0 \leq u \leq s]$를 고려하자. 이제

$$\begin{aligned}
E[X(t)|X(u),\ 0 \leqslant u \leqslant s] &= E[e^{Y(t)}|Y(u),\ 0 \leqslant u \leqslant s] \\
&= E[e^{Y(s)+Y(t)-Y(s)}|Y(u),\ 0 \leqslant u \leqslant s] \\
&= e^{Y(s)}E[e^{Y(t)-Y(s)}|Y(u),\ 0 \leqslant u \leqslant s] \\
&= X(s)E[e^{Y(t)-Y(s)}]
\end{aligned}$$

이다. 여기서, 마지막에서 두 번째 등식은 $Y(s)$가 주어졌다는 사실에서부터 얻어지고, 마지막 등식은 브라운운동의 독립증분 성질로부터 얻어진다. 이제, 정규 확률변수 W의 모멘트 생성함수는 다음과 같이 주어진다.

$$E[e^{aW}] = e^{aE[W]+a^2\mathrm{Var}(W)/2}$$

이로부터, $Y(t)\ \ -Y(s)$는 평균 $\mu(t - s)$이고 분산 $(t - s)\sigma^2$인 정규분포를 따르므로, $a = 1$로 놓으면 다음을 얻는다.

$$E[e^{Y(t)-Y(s)}] = e^{\mu(t-s)+(t-s)\sigma\ \ /2}$$

그래서, 다음 결과를 얻는다.

$$E[X(t)|X(u),\ 0 \leqslant u \leqslant s] = X(s)e^{(t-s)(\mu+\sigma^2/2)} \tag{10.8}$$

기하 브라운운동은 퍼센트 변화가 독립적이고 동일하게 분포되어 있다고 느낄 때 시간에 따른 주식가격을 모형화하는데 유용하다. 예를 들어, X_n이 시간 n에서 주식가격이라고 가정하자.

그러면, $X_n/X_{n-1},\ n \geq 1$이 독립적이고 동일하게 분포되어 있다고 가정하는 것이 타당할 수 있다.

$$Y_n = X_n/X_{n-1}$$

라고 하면

$$X_n = Y_n X_{n-1}$$

이다. 이 등식을 반복하면 다음을 얻는다.

$$\begin{aligned}
X_n &= Y_n Y_{n-1} X_{n-2} \\
&= Y_n Y_{n-1} Y_{n-2} X_{n-3} \\
&\ \ \vdots \\
&= Y_n Y_{n-1} \cdots Y_1 X_0
\end{aligned}$$

따라서

$$\log(X_n) = \sum_{i=1} \log(Y_i) + \log(X_0)$$

이다. $\log(Y_i)$, $i \geq 1$은 독립이고 동일하게 분포되어 있으므로 $\{\log(X_n)\}$은, 적절히 정규화하면, 근사적으로 추이가 있는 브라운운동이 되고, $\{X_n\}$은 근사적으로 기하 브라운운동이 된다.

10.4 주식옵션의 가격결정

10.4.1 옵션 가격결정의 예

돈을 다른 시간에 받거나 지불하는 상황에서는 반드시 돈의 시간가치를 고려해야 한다. 즉, 미래 시간 t에서 받는 v만큼의 돈은 지금 즉시 받는 v와 같은 가치를 갖지 않는다. 그 이유는 지금 즉시 v만큼을 받는다면 이자를 받고 빌려주어 시간 t에서는 v보다 더 가치가 있을 것이기 때문이다. 이를 고려하기 위해, 시간 t에서 버는 금액 v의 시간 0에서의 가치[**현재가**(present value)라고도 함]를 $ve^{-\alpha t}$라고 가정한다. 숫자 α는 흔히 **할인요소**(discount factor)라고 한다. 경제 용어로 표현하면, 할인함수 $e^{-\alpha t}$의 가정은 단위시간당 100α 퍼센트의 연속복리 이율로 이자를 번다는 가정과 동일하다.

이제 미래에 고정된 가격으로 주식을 살 수 있는 옵션 가격을 결정하기 위해 간단한 모형을 고려한다.

주식의 현재가가 주당 100달러라고 가정하고, 한 시간단위 후 주식이 현재가로 200달러 또는 50달러일 것이라는 것을 안다고 하자(그림 10.1 참고). 시간 1에서 주가는 현재(시간 0) 가격이라는 점에 주의해야 한다. 즉, 할인요인이 α이면, 시간 1에서 실제 가능한 주가는 $200e^{\alpha}$ 또는 $50e^{\alpha}$다. 기호를 단순하게 하기 위해 모든 주가는 시간 0 가격으로 주어진다고 가정한다.

임의의 y에 대해 cy의 비용을 지불하고 시간 1에 주당 150달러의 (시간 0) 가격을 지불하고 y주만큼 주식을 살 수 있는 옵션을 구매할 수 있다고 가정하자. 만약 이 옵션을 구매하고 주식가격이 200달러으로 오르면, 시간 1에 옵션을 행사하여 구매한 y개 옵션 하나 당 $\$200 - 150 = 50$만큼 이익을 실현할 수 있다. 반면에, 시간 1에서 주가가 50달러이면, 이 옵션은 시간 1에서 가치가 없게 된다. 추가로, 시간 0에서 $100x$의 비용을 지불하고 x주만큼 주식을 구매할 수 있다면, 시간 1에서 $200x$ 또는 $50x$만큼의 가치가 있을 것이다.

x와 y 모두 양수 또는 음수(또는 0)일 수 있다고 가정하자. 즉, 주식과 옵션을 사거나 팔 수 있다. 예를 들어, x가 음수이면 주식 $-x$주를 팔아 $-100x$만큼 수익을 얻고, 시간 1에서 주당 200달러 또는 50달러의 비용으로 $-x$주를 살 책임이 있게 된다.

우리는 옵션의 단위당 비용 c의 적절한 값을 구하는 것에 관심이 있다. 특히, $c = 50/3$이 아니면, 항상 양의 이익을 얻는 구매 조합이 존재함을 보일 것이다.

이를 보이기 위해, 시간 0에 다음과 같은 구매를 한다고 가정하자.

주식 x주를 사고,
옵션 y개를 산다

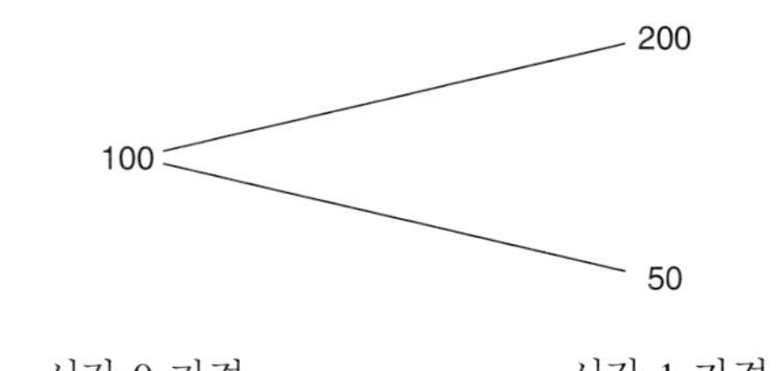

그림 10.1

여기서 x와 y(양수 또는 음수일 수 있음)는 결정할 값이다. 시간 1에서 소유하고 있는 것의 가치는 그 때 주식가격에 의존하고, 다음과 같이 주어진다.

$$\text{가치} = \begin{cases} 200x + 50y, & \text{주가가 200일 때} \\ 50x, & \text{주가가 50일 때} \end{cases}$$

이는 주가가 200이면 주식 x주는 $200x$만큼 가치가 있고, 주당 150에 주식을 살 수 있는 y개 옵션은 $(200 - 150)y$만큼 가치가 있기 때문이다. 반면 주가가 50이면, x주는 $50x$의 가치가 있고 옵션 y개는 가치가 없다. 이제, y값을 이 가치가 시간 1에서 주가와 상관없이 동일하도록 선택한다고 가정하자. 즉, y값을 다음이 되게끔 선택한다.

$$200x + 50y = 50x$$

즉,

$$y = -3x$$

(y는 x와 반대 기호를 가짐에 주목하자. x가 양수여서 시간 0에 x주 주식을 구매하면, $3x$개 옵션을 이 때 팔아야 한다. 유사하게, x가 음수이면, 시간 0에 $-x$주 주식을 팔고 $-3x$개 옵션을 구매한다.)

따라서, $y = -3x$일 때 시간 1에서 소유하고 있는 것의 가치는

$$\text{가치} = 50x$$

이다. x주 주식과 $-3x$개 옵션을 구매하는 원가는

$$\text{원가} = 100x - 3xc$$

이므로, 이 거래에서 얻는 이득은

$$\text{이득} = 50x - (100x - 3xc) = x(3c - 50)$$

이다. 그래서, $3c = 50$이면 이득 0이다. 반면에 $3c \neq 50$이면, $3c > 50$일 때는 x를 양수로 놓고, $3c < 50$일 때는 x를 음수로 놓음으로써 양의 이득을 보장할 수 있다(시간 1에서 주가와 상관없이).

예를 들어, 옵션의 단위당 비용이 $c = 20$이면, 주식 1주를 구매하고($x = 1$) 동시에 옵션 3개를 팔면 ($y = -3$) 원가 $100 - 60 = 40$이 발생한다. 그러나, 시간 1에 주가가 200으로 오르든 50으로 내리든 그 가치가 50이 된다. 그래서, 10만큼의 보장된 이익을 얻게 된다. 유사하게, 옵션의 개당 비용이 $c = 15$이면, 주식 1주를 팔고($x = -1$) 옵션 3개를 사서($y = 3$) 처음에 이득 $100 - 45 = 55$를 얻는다. 반면에, 시간 1에서 가치는 -50이 된다. 따라서, 5만큼의 보장된 이익을 얻는다.

반드시 이기는 내기방법을 **차익거래**(arbitrage)라고 한다. 즉, 방금 보았듯이, 차익거래를 발생시키지 않는 유일한 옵션 비용 c는 $c = 50/3$이다.

10.4.2 차익거래 정리

가능한 결과들의 집합이 $S = \{1, 2, \ldots, m\}$인 실험을 고려하자. n가지 경우에 돈을 걸 수 있다고 가정하자. x만큼의 돈을 i번째 경우에 걸고 실험결과가 j이면 $xr_i(j)$만큼을 돌려받는다고 하자. 다시 말하면, $r_i(\cdot)$는 i번째 경우에 1 단위만큼 돈을 걸었을 때 얻는 수익함수이다. 걸 수 있는 돈의 액수는 양수, 음수, 또는 0일 수 있다고 가정한다.

어떤 내기방법을 벡터 $\mathbf{x} = (x_1, \ldots, x_n)$라고 하면 이는 x_1만큼의 돈을 1번 경우에 걸었고, x_2만큼을

2번 경우에, . . . , x_n만큼을 n번 경우에 걸었음을 의미한다. 실험결과가 j이면, 내기방법 $\mathbf{x}$로부터 얻는 수익은 다음과 같다.

$$\mathbf{x}\text{로부터 수익} = \sum_{i=1}^{n} x_i r_i(j)$$

다음 정리는 각 내기경우(wager) 모두 기대수익이 0이 되게 하는, 실험의 가능한 결과 집합에 대한 확률벡터 $\mathbf{p} = (p_1, \ldots, p_m)$이 존재하든가 아니면 양의 수익을 보장하는 내기방법이 있음을 말하고 있다.

정리 10.1 (차익거래 정리) 다음 중 하나만 참이다.

(i) 다음이 성립하는 확률벡터 $\mathbf{p} = (p_1, \ldots, p_m)$이 존재한다.

$$\sum_{j=1}^{m} p_j r_i(j) = 0, \text{ 모든 } i = 1, \ldots, n\text{에 대해}$$

또는

(ii) 다음이 성립하는 내기방법 $\mathbf{x} = (x_1, \ldots, x_n)$이 존재한다.

$$\sum_{i=1}^{n} x_i r_i(j) > 0, \text{ 모든 } j = 1, \ldots, m\text{에 대해}$$

다른 말로 하면, X가 실험결과이면, 차익거래 정리는 X에 대하여 다음과 같은 확률벡터 $\mathbf{p}$가 존재하거나

$$E_{\mathbf{p}}[r_i(X)] = 0, \text{ 모든 } i = 1, \ldots, n\text{에 대해}$$

또는 확실히 이기는 내기방법이 존재한다고 말하고 있다.

참고: 이 정리는 분리 초평면(separating hyperplane)에 관한 (선형대수) 정리의 결과이다. 이 정리는 흔히 선형계획법의 쌍대 정리를 증명하는 방법으로 이용된다.

선형계획법 이론은 최대 수익을 보장하는 내기전략을 결정하기 위해 사용될 수 있다. 각 내기경우에 걸 수 있는 금액의 절댓값이 반드시 1 이하이어야 한다고 가정하자. 가장 큰 보장된 승리(승리 v라고 하자)를 얻을 수 있는 벡터 $\mathbf{x}$를 구하기 위해서는 다음 제약을 만족하고 v를 최대화하도록 $\mathbf{x}$와 v를 선택할 필요가 있다.

$$\sum_{i=1}^{n} x_i r_i(j) \geqslant v, \quad j = 1, \ldots, m\text{에 대해}$$

$$-1 \leqslant x_i \leqslant 1, \qquad i = 1, \ldots, n$$

이 최적화 문제는 선형계획법 문제이고 표준기법(단체법(simplex algorithm)과 같은)을 이용하여 풀 수 있다. 차익거래 정리에 의하면 모든 $i = 1, \ldots, n$에 대해 $\sum_{j=1}^{m} p_j r_i(j) = 0$인 확률벡터 $\mathbf{p}$가 존재하지 않으면 최적값 v는 양수가 된다.

예제 10.2 어떤 상황에서는 유일하게 허용되는 내기경우의 유형이 결과 i, $i = 1, \ldots, m$를 선택하고 i가 실험결과인 것에 돈을 거는 것이다. 이런 내기에서 수익은 흔히 "**배당률**(odds)"이라는 형태로 일컬어진다. 결과 i에 대한 배당률이 o_i이면(흔히 "o_i 대 1"로 표기), 한 단위를 걸 경우 실험결과가 i이면 o_i만큼 수익을 얻고 그렇지 않으면 수익이 -1이 된다. 즉,

$$r_i(j) = \begin{cases} o_i, & j = i\text{일 때} \\ -1, & \text{그 외의 경우} \end{cases}$$

이다. 배당률 $o_1, \ldots, o_m$이 발표되었다고 가정하자. 확실한 승리가 존재하지 않기 위해서는 다음을 만족하는 확률벡터 $\mathbf{p} = (p_1, \ldots, p_m)$이 있어야 한다.

$$0 \equiv E_{\mathbf{p}}[r_i(X)] = o_i p_i - (1 - p_i)$$

즉, 반드시

$$p_i = \frac{1}{1 + o_i}$$

이어야 한다. p_i를 합하면 1이 돼야 하므로, 이는 차익거래가 존재하지 않기 위한 조건은 다음과 같음을 의미한다.

$$\sum_{i=1}^{m} (1 + o_i)^{-1} = 1$$

따라서 발표된 배당률이 $\sum_i (1 + o_i)^{-1} \neq 1$을 충족하면 확실한 승리가 가능하다. 예를 들어, 세 개의 가능한 결과가 있고 배당률은 다음과 같다고 가정하자.

결과	배당률
1	1
2	2
3	3

즉, 결과 1의 배당률은 1 대 1, 결과 2의 배당률은 2 대 1, 결과 3의 배당률은 3 대 1인데,

$$\tfrac{1}{2} + \tfrac{1}{3} + \tfrac{1}{4} > 1$$

이므로, 확실한 승리가 가능하다. 한 가지 가능성은 결과 1에 −1을 걸고(결과가 1이 아니면 1을 받고, 결과가 1이면 1을 잃음) 결과 2에 −0.7, 결과 3에 −0.5를 거는 것이다. 실험결과가 1이면 $-1 + 0.7 + 0.5 = 0.2$만큼 받는다. 결과가 2이면 $1 - 1.4 + 0.5 = 0.1$을 받고, 결과가 3이면 $1 + 0.7 - 1.5 = 0.2$를 받는다. 그러므로 모든 경우에 0보다 큰 금액을 받는다.

참고: $\sum_i (1 + o_i)^{-1} \neq 1$이면 내기 방법

$$x_i = \frac{(1 + o_i)^{-1}}{1 - \sum_i (1 + o_i)^{-1}}, \qquad i = 1, \ldots, n$$

은 항상 정확히 1만큼 이득을 준다.

예제 10.3 앞 절의 옵션가격결정 예제를 다시 고려한다. 주식의 초기 가격은 100이고 시간 1에서 주식의 현재가는 200 또는 50이다. 시간 0에서 개당 c의 비용으로, 시간 1에 주식을 주당 현재가 150에 살 수 있는 옵션을 구매할 수 있다. 문제는 c 값을 확실한 승리가 가능하지 않도록 정하는 것이다.

이 절에서의 의미로, 시간 1에서 주식의 가치가 실험결과가 된다. 따라서, 두 가지 가능한 결과가 있다. 또한 두 개의 다른 내기경우가 있다. 주식을 사는(파는) 것과 옵션을 사는(파는) 것이다. 차익거래 정리에 의하면, 두 내기경우의 기대 수익을 0으로 만드는 확률벡터 $(p, 1 - p)$가 존재하면 확실한 승리는 존재하지 않는다.

이제, 주식 1주를 구매하여 얻는 수익은

$$\text{수익} = \begin{cases} 200 - 100 = 100, \text{ 시간 1에 주가가 200일 경우} \\ 50 - 100 = -50, \text{ 시간 1에 주가가 50일 경우} \end{cases}$$

이다. 그러므로 p가 시간 1에서 주가가 200일 확률이라면

$$E[\text{수익}] = 100p - 50(1 - p)$$

이다. 이를 0으로 놓으면 다음을 얻는다.

$$p = \tfrac{1}{3}$$

즉, 내기경우 1의 기대수익을 0으로 만드는 유일한 확률벡터 $(p, 1 - p)$는 $(\frac{1}{3}, \frac{2}{3})$이다.

이제, 옵션 한 개를 구매하여 얻는 수익은

$$\text{수익} = \begin{cases} 50 - c, & \text{주가가 200일 경우} \\ -c, & \text{주가가 50일 경우} \end{cases}$$

이다. 그러므로, $p = \frac{1}{3}$일 때 기대 이익은

$$E[\text{수익}] = (50 - c)\tfrac{1}{3} - c\tfrac{2}{3}$$
$$= \tfrac{50}{3} - c$$

이다. 따라서, 차익거래 정리로부터 확실한 승리가 없게 되는 유일한 c 값은 $c = \frac{50}{3}$이라는 결과를 얻고, 이는 10.4.1절의 결과를 확인한다.

10.4.3 블랙-숄스 옵션 가격결정 공식

주식의 현재가격이 $X(0) = x_0$라고 가정하고, $X(t)$가 시간 t에서 주식가격이라고 하자. 0에서 T까지 시간구간에서 이 주식에 관심이 있다고 가정한다. 할인요인이 α라고 가정하면(동일한 의미로 이자율이 복리 100α퍼센트가 된다), 시간 t에서 주식가격의 현재가치는 $e^{-\alpha t}X(t)$이다.

시간에 걸친 주식가격의 변화를 실험으로 간주할 수 있으며, 그러면 이 실험의 결과는 함수 $X(t)$, $0 \le t \le T$의 값이 된다. 가용한 내기경우의 유형은 임의의 $s < t$에 대하여 s 시간 동안 이 과정을 관측하고 $X(s)$ 가격에 주식을 사고(또는 팔고) 시간 t에 $X(t)$ 가격에 파는(또는 사는) 것이다. 추가로, 시간 0에 N개의 서로 다른 옵션 중 어떤 것도 구매할 수 있다고 가정한다. 옵션 i는, 개당 c_i의 비용에, 시간 t_i에서 주당 고정된 가격 K_i에 주식을 살 수 있는 선택권을 준다($i = 1, \ldots, N$).

확실한 승리를 가져오는 내기전략이 없도록 c_i 값을 결정하고자 한다. 차익거래 정리가 일반화될 수 있다고 가정하면(이처럼 실험 결과가 함수인 경우를 다루기 위해), 모든 내기경우의 기대수익이 0이 되는 실험결과 집합에 대한 확률측도가 존재하는 경우에만 확실한 승리는 존재하지 않게 된다. 결과 집합에 대한 확률측도를 **P**라고 하자. 먼저 s 시간 동안 주식을 관찰하고 시간 t에 팔(또는 살) 의도를 가지고 주식 1주를 사는(또는 파는) 내기경우를 고려하자, $0 \le s < t \le T$. 이 주식을 위해 지불하는 금액의 현재가치는 $e^{-\alpha s}X(s)$이고, 반면에 받게 되는 금액의 현재가치는 $e^{-\alpha t}X(t)$이다. 그러므로 **P**가 $X(t)$, $0 \le t \le T$에 대한 확률측도일 때, 이 내기경우의 기대 수익이 0이 되기 해서는 반드시 다음과 같아야 한다.

$$E_{\mathbf{P}}[e^{-\alpha t}X(t) | X(u), 0 \leqslant u \leqslant s] = e^{-\alpha s}X(s) \tag{10.9}$$

옵션을 구매하는 내기경우를 고려하자. 이 옵션은 시간 t에 K 가격으로 주식 한 주를 살 수 있는 권리를 부여한다고 가정한다. 시간 t에서 이 옵션의 가치는 다음과 같다.

$$\text{시간 } t\text{에서 옵션의 가치} = \begin{cases} X(t) - K, & X(t) \geq K\text{인 경우} \\ 0, & X(t) < K \text{ 인 경우} \end{cases}$$

즉, 이 옵션의 시간 t에서 가치는 $(X(t) - K)^+$이다. 그러므로 이 옵션 가치의 현재가치는 $e^{-\alpha t}(X(t) - K)^+$이다. c가 (시간 0에서) 옵션 비용이라면, 이 옵션을 구매하는 것이 기대 (현재가) 수익 0을 갖도록 하기 위해서는 반드시 다음과 같아야 한다.

$$E_{\mathbf{P}}[e^{-\alpha t}(X(t) - K)^+] = c \tag{10.10}$$

차익거래 정리에 의해, 식 (10.9)를 만족하는 결과 집합에 대한 확률측도 $\mathbf{P}$를 찾을 수 있으면, 시간 t에서 고정가격 K에 주식 한 주를 살 수 있는 옵션 비용 c가 식 (10.10)과 같이 주어지면 어떤 차익거래도 가능하지 않다. 반면에, 주어진 가격 c_i, $i = 1, \ldots, N$에 대해 식 (10.9)와 다음 등식을 모두 만족하는 확률측도 $\mathbf{P}$가 존재하지 않으면,

$$c_i = E_{\mathbf{P}}[e^{-\alpha t_i}(X(t_i) - K_i)^+], \qquad i = 1, \ldots, N$$

확실한 승리가 가능하다.

이제 식 (10.9)를 만족하는 결과 $X(t)$, $0 \leq t \leq T$에 대한 확률측도 $\mathbf{P}$를 구해보자.

다음과 같이 가정한다.

$$X(t) = x_0 e^{Y(t)}$$

여기서$\{Y(t), t \geq 0\}$는 추이계수 μ와 분산모수 σ^2을 갖는 브라운운동과정이다. 즉, $\{X(t), t \geq 0\}$는 기하브라운운동이다(10.3.2절 참조). 식 (10.8)로부터 $s < t$에 대해 다음 결과를 갖는다.

$$E[X(t)|X(u), 0 \leqslant u \leqslant s] = X(s)e^{(t-s)(\mu+\sigma^2/2)}$$

그러므로, μ와 σ^2을 다음과 같이 선택하면

$$\mu + \sigma^2/2 = \alpha$$

식 (10.9)는 만족된다. 즉, $\{Y(t)\}$가 추이계수 μ와 분산모수 σ^2을 갖는 브라운운동이고 $\mu + \sigma^2/2 = \alpha$일 때 확률과정 $\{x_0 e^{Y(t)}, 0 \leq t \leq T\}$를 지배하는 확률측도를 $\mathbf{P}$로 놓으면, 식 (10.9)는 만족된다.

이로부터 시간 t에 고정가격 K에 주식 한 주를 살 수 있는 옵션의 가격을

$$c = E_{\mathbf{P}}[e^{-\alpha t}(X(t) - K)^+]$$

와 같이 정하면 차익거래가 가능하지 않다는 결론에 이르게 된다. $X(t) = x_0 e^{Y(t)}$이고 $Y(t)$는 평균 μt, 분산 $t\sigma^2$인 정규분포를 따르므로, 다음을 알 수 있다.

$$\begin{aligned} ce^{\alpha t} &= \int_{-\infty}^{\infty} (x_0 e^y - K)^+ \frac{1}{\sqrt{2\pi t\sigma^2}} e^{-(y-\mu t)^2/2t\sigma^2}\, dy \\ &= \int_{\log(K/x_0)}^{\infty} (x_0 e^y - K) \frac{1}{\sqrt{2\pi t\sigma^2}} e^{-(y-\mu t)^2/2t\sigma^2}\, dy \end{aligned}$$

$w = (y - \mu t)/(\sigma t^{1/2})$으로 변수변환을 하면 다음을 얻는다.

$$ce^{\alpha t} = x_0 e^{\mu t} \frac{1}{\sqrt{2\pi}} \int_a^{\infty} e^{\sigma w\sqrt{t}} e^{-w^2/2}\, dw - K\frac{1}{\sqrt{2\pi}} \int_a^{\infty} e^{-w^2/2}\, dw \tag{10.11}$$

여기서

$$a = \frac{\log(K/x_0) - \mu t}{\sigma\sqrt{t}}$$

이다. 이제

$$\frac{1}{\sqrt{2\pi}}\int_a^\infty e^{\sigma w\sqrt{t}}e^{-w^2/2}\,dw = e^{t\sigma^2/2}\frac{1}{\sqrt{2\pi}}\int_a^\infty e^{-(w-\sigma\sqrt{t})^2/2}\,dw$$
$$= e^{t\sigma^2/2}P\{N(\sigma\sqrt{t},1)\geqslant a\}$$
$$= e^{t\sigma^2/2}P\{N(0,1)\geqslant a-\sigma\sqrt{t}\}$$
$$= e^{t\sigma^2/2}P\{N(0,1)\leqslant -(a-\sigma\sqrt{t})\}$$
$$= e^{t\sigma^2/2}\phi(\sigma\sqrt{t}-a)$$

이다. 여기서 $N(m, v)$는 평균 m, 분산 v인 정규 확률변수이고, ϕ는 표준정규 분포함수이다.

따라서 식 (10.11)로부터 다음을 알 수 있다.

$$ce^{\alpha t} = x_0e^{\mu t+\sigma^2 t/2}\phi(\sigma\sqrt{t}-a) - K\phi(-a)$$

이제

$$\mu + \sigma^2/2 = \alpha$$

를 이용하고 $b = -a$로 놓으면, 다음과 같이 쓸 수 있다.

$$c = x_0\phi(\sigma\sqrt{t}+b) - Ke^{-\alpha t}\phi(b) \tag{10.12}$$

여기서

$$b = \frac{\alpha t - \sigma^2 t/2 - \log(K/x_0)}{\sigma\sqrt{t}}$$

이다.

식 (10.12)와 같이 주어진 옵션가격 공식은 주식 초기가격 x_0, 옵션 행사시간 t, 옵션 행사가격 K, 할인요인(또는 이자율) α, 그리고 σ^2 값에 의존한다. 임의의 σ^2 값에 대해 옵션가격이 식 (10.12)에 따라 결정되면 차익거래가 가능하지 않음에 주목하라. 그러나, 많은 사람들이 주식가격이 실제로 기하 브라운운동을 따른다[즉, $Y(t)$가 모수 μ와 σ^2을 갖는 브라운운동일 때 $X(t) = x_0e^{Y(t)}$]고 믿기 때문에, 모수 σ^2을 기하 브라운운동 모형 가정 하의 분산모수 추정치와 같게 하고(다음 참고를 참조) 식 (10.12)의 공식에 따라 옵션가격을 결정하는 것이 자연스럽다고 제안되어 왔다. 이렇게 했을 때, 식 (10.12)는 블랙-숄스 옵션 가격결정(Black-Scholes option cost valuation) 공식으로 알려져 있다. 이 공식이 추이모수 μ에는 의존하지 않고 분산모수 σ^2에만 의존하는 것이 흥미롭다.

옵션 자체가 거래될 수 있으면, 식 (10.12)의 공식은 차익거래가 가능하지 않도록 옵션 가격을 정하기 위해 사용될 수 있다. 시간 s에서 주식가격이 $X(s) = x_s$이면, (t, K) 옵션, 즉, 시간 t에서 가격 K에 주식 한 주를 살 수 있는 옵션의 가격은 식 (10.12)에서 t를 $t-s$로, x_0을 x_s로 대체하여 결정돼야 한다.

참고: 분산모수가 σ^2인 브라운운동을 임의의 시간 구간 동안 관찰하면, 이론적으로는 원하는 만큼 정확한 σ^2 추정치를 얻을 수 있다. 이런 브라운운동 $\{Y(s)\}$를 t 시간 동안 관찰했다고 하자. 일정한 값 h에 대해 $N = [t/h]$라고 하고 다음과 같이 놓는다.

$$W_1 = Y(h) - Y(0),$$
$$W_2 = Y(2h) - Y(h),$$
$$\vdots$$
$$W_N = Y(Nh) - Y(Nh-h)$$

그러면 확률변수 $W_1, \ldots, W_N$은 분산 $h\sigma^2$를 갖는 독립이고 동일하게 분포된 정규 확률변수이다. 이제 $(N-1)S^2/(\sigma^2 h)$가 자유도 $N-1$인 카이제곱분포를 갖는 사실(3.6.4절 참조)을 이용하도록 한다. 여기서 S^2는 다음과 같이 정의되는 표본 분산이다.

$$S^2 = \sum_{i=1}^{N} (W_i - \bar{W})^2/(N-1)$$

자유도 k인 카이제곱 확률변수의 기댓값과 분산은 각각 k, $2k$이므로,

$$E[(N-1)S^2/(\sigma^2 h)] = N-1$$

이고

$$\text{Var}[(N-1)S^2/(\sigma^2 h)] = 2(N-1)$$

이다. 이로부터

$$E[S^2/h] = \sigma^2$$

이고

$$\text{Var}[S^2/h] = 2\sigma^4/(N-1)$$

임을 알 수 있다. 그러므로 h를 점점 작게 하면(따라서 $N = [t/h]$는 점점 커진다) σ^2의 불편(unbiased) 추정량의 분산을 원하는 만큼 작게 할 수 있다.

식 (10.12)는 차익거래가 가능하지 않도록 옵션 가격을 산정하는 유일한 방법은 아니다. $\{X(t), 0 \le t \le T\}$를 $s < t$에 대해 다음을 만족하는 임의의 확률과정이라고 하자.

$$E[e^{-\alpha t}X(t)|X(u),\ 0 \leqslant u \leqslant s] = e^{-\alpha s}X(s) \tag{10.13}$$

[즉, 식 (10.9)가 만족된다] 시간 t에, 가격 K에 주식 한 주를 살 수 있는 옵션의 비용 c를

$$c = E[e^{-\alpha t}(X(t) - K)^+] \tag{10.14}$$

로 설정하면 차익거래는 가능하지 않게 된다.

기하 브라운운동 이외에 식 (10.13)을 만족하는 또 다른 유형의 확률과정은 다음과 같이 얻어질 수 있다. $Y_1, Y_2, \ldots$를 동일한 평균 μ를 갖는 독립적인 확률변수 열이라고 하고, 이 과정이 발생률 λ인 푸아송과정 $\{N(t), t \ge 0\}$과 독립이라고 가정한다. 이제

$$X(t) = x_0 \prod_{i=1}^{N(t)} Y_i$$

라 하자. 항등관계

$$X(t) = x_0 \prod_{i=1}^{N(s)} Y_i \prod_{j=N(s)+1}^{N(t)} Y_j$$

와 푸아송과정의 독립 증분 가정을 이용하여 $s < t$에 대해 다음을 알 수 있다.

$$E[X(t)|X(u),\ 0 \leqslant u \leqslant s] = X(s)\, E\left[\prod_{j=N(s)+1}^{N(t)} Y_j\right]$$

s와 t 사이에 발생하는 사건 수에 조건을 주면

$$E\left[\prod_{j=N(s)+1}^{N(t)} Y_j\right] = \sum_{n=0}^{\infty} \mu^n e^{-\lambda(t-s)}[\lambda(t-s)]^n/n!$$
$$= e^{-\lambda(t-s)(1-\mu)}$$

를 얻는다. 그러므로

$$E[X(t)|X(u),\ 0 \leqslant u \leqslant s] = X(s)e^{-\lambda(t-s)(1-\mu)}$$

이다. 따라서 λ와 μ를

$$\lambda(1-\mu) = -\alpha$$

를 만족하게 선택하면 식 (10.13)이 만족된다. 그러므로, 임의의 λ 값에 대해 Y_i가 동일한 평균 $\mu = 1 + \alpha/\lambda$를 갖는 임의의 분포를 갖도록 하고 식 (10.14)에 따라 옵션가격을 결정하면, 차이거래는 가능하지 않다.

참고: $\{X(t),\ t \geq 0\}$이 식 (10.13)을 만족하면 $\{e^{\alpha t}X(t),\ t \geq 0\}$ 과정을 **마팅게일**(Martingale)이라고 한다. 따라서$\{e^{\alpha t}X(t)\}$이 마팅게일의 확률법칙을 따를 때 옵션의 기대 이득이 0이 되도록 하는 어떠한 옵션가격 결정도 차익거래 가능성을 없애게 된다.

즉, 임의의 마팅게일과정 $\{Z(t)\}$를 선택하고 (t, K) 옵션의 비용을 다음과 같이 놓으면

$$c = E[e^{-\alpha t}(e^{\alpha t}Z(t) - K)^+]$$
$$= E[(Z(t) - Ke^{-\alpha t})^+]$$

확실한 승리는 없게 된다.

또한, 비록 시간 s에 구입한 주식을 고정된 시간 t가 아니라 주식가격 움직임에 따라 어떤 랜덤 시간에 파는 내기경우 유형을 고려하지는 않았지만, 마팅게일에 관한 결과를 이용하여 그러한 내기경우의 기대 수익도 0임을 보일 수 있다.

참고: 차익거래 정리의 한 변형이 1937년 드 피네티(de Fienetti)에 의해 처음 알려졌다. 차익거래 정리가 특수한 경우로 되는 드 피네티 결과의 좀 더 일반화된 형태는 참고문헌 3에 주어져 있다.

10.5 추이가 있는 브라운운동의 최대값

추이계수가 μ, 분산모수가 σ^2인 브라운운동과정 $\{X(y),\ y \geq 0\}$에 대해

$$M(t) = \max_{0 \leqslant y \leqslant t} X(y)$$

을 시간 t까지 이 과정의 최댓값으로 정의한다.

$X(t)$ 값이 주어졌을 때 $M(t)$의 조건부 분포를 유도하여 $M(t)$의 분포를 구하도록 하자. 이를 위해, 먼저 $X(t)$ 값이 주어졌을 때 $X(y),\ 0 \leq y \leq t$의 조건부 분포는 μ에 의존하지 않음을 보인다. 즉, 시간 t에서 이 과정의 값이 주어졌을 때, 시간 t이전까지 과거의 분포는 μ에 의존하지 않는다.

다음 보조정리로 시작한다.

보조정리 10.1 $Y_1, \ldots, Y_n$이 평균 θ, 분산 v^2인 독립이고 동일하게 분포된 정규 확률변수이면, $\sum_{i=1}^n Y_i = x$가 주어졌을 때 $Y_1, \ldots, Y_n$의 조건부 분포는 θ에 의존하지 않는다.

증명 $\sum_{i=1}^n Y_i = x$가 주어졌을 때 Y_n 값은 $Y_1, \ldots, Y_{n-1}$에 대해 알고 있는 것들에 의해 결정되기 때문에, $\sum_{i=1}^n Y_i = x$가 주어졌을 때 $Y_1, \ldots, Y_{n-1}$의 조건부 밀도함수를 고려하는 것으로 충분하다. $X = \sum_{i=1}^n Y_i$로 놓으면, 이 밀도함수는 다음과 같이 얻어진다.

$$f_{Y_1,\ldots,Y_{n-1}|X}(y_1,\ldots,y_{n-1}|x) = \frac{f_{Y_1,\ldots,Y_{n-1},X}(y_1,\ldots,y_{n-1},x)}{f_X(x)}$$

이제,

$$Y_1 = y_1,\ldots,Y_{n-1} = y_{n-1}, X = x \Leftrightarrow Y_1 = y_1,\ldots,Y_{n-1} = y_{n-1}, Y_n = x - \sum_{i=1}^{n-1} y_i$$

이기 때문에 다음을 얻게 된다.

$$\begin{aligned} f_{Y_1,\ldots,Y_{n-1},X}(y_1,\ldots,y_{n-1},x) &= f_{Y_1,\ldots,Y_{n-1},Y_n}(y_1,\ldots,y_{n-1},x - \sum_{i=1}^{n-1} y_i) \\ &= f_{Y_1}(y_1)\cdots f_{Y_{n-1}}(y_{n-1}) f_{Y_n}(x - \sum_{i=1}^{n-1} y_i) \end{aligned}$$

여기서 마지막 등식은 $Y_1, \ldots, Y_n$이 서로 독립임을 이용했다. 그러므로 $X = \sum_{i=1}^n Y_i$가 평균 $n\theta$, 분산 nv^2인 정규분포를 가짐을 이용하여 다음을 얻는다.

$$\begin{aligned} f_{Y_1,\ldots,Y_{n-1}|X}(y_1,\ldots,y_{n-1}|x) &= \frac{f_{Y_n}(x - \sum_{i=1}^{n-1} y_i) f_{Y_1}(y_1)\cdots f_{Y_{n-1}}(y_{n-1})}{f_X(x)} \\ &= K \frac{e^{-(x-\sum_{i=1}^{n-1} y_i - \theta)^2/2v^2} \prod_{i=1}^{n-1} e^{-(y_i-\theta)^2/2v^2}}{e^{-(x-n\theta)^2/2nv^2}} \\ &= K \exp\{-\frac{1}{2v^2}[(x - \sum_{i=1}^{n-1} y_i - \theta)^2 \\ &\quad + \sum_{i=1}^{n-1}(y_i - \theta)^2 - (x - n\theta)^2/n]\} \end{aligned}$$

여기서 K는 θ에 의존하지 않는다. 위 식에서 제곱을 전개하고 θ에 의존하지 않는 모든 것들을 상수로 처리하면 다음을 얻는다.

$$\begin{aligned} &f_{Y_1,\ldots,Y_{n-1}|X}(y_1,\ldots,y_{n-1}|x) \\ &= K' \exp\{-\frac{1}{2v^2}[-2\theta(x - \sum_{i=1}^{n-1} y_i) + \theta^2 - 2\theta\sum_{i=1}^{n-1} y_i + (n-1)\theta^2 + 2\theta x - n\theta^2]\} \\ &= K' \end{aligned}$$

여기서 $K' = K'(v, y_1, \ldots, y_{n-1}, x)$는 θ에 의존하지 않는 함수이다. 따라서 보조정리가 증명된다.

참고: 확률변수 $Y_1, \ldots, Y_n$의 분포가 어떤 모수 θ에 의존한다고 가정하자. 아울러 $D(Y_1, \ldots, Y_n)$ 값이 주어진 조건하에서 $Y_1, \ldots, Y_n$의 조건부 분포가 θ에 의존하지 않는 함수 $D(Y_1, \ldots, Y_n)$이 존재한다고 가정한다. 그러면 통계 이론에서는 $D(Y_1, \ldots, Y_n)$을 θ에 대한 **충분통계량**(sufficient statistics)이라고 한다. θ 값을 추정하기 위해 $Y_1, \ldots, Y_n$ 데이터를 사용한다고 하자. $D(Y_1, \ldots, Y_n)$ 값이 주어졌을 때 $Y_1, \ldots, Y_n$ 데이터의 조건부 분포는 θ에 의존하지 않기 때문에, $D(Y_1, \ldots, Y_n)$ 값이 알려지면 모든 $Y_1, \ldots, Y_n$ 데이터 값을 알아도 θ에 대한 추가 정보를 얻을 수 없게 된다. 따라서 앞서의 보조정리는

독립이고 동일하게 분포된 정규 확률변수 데이터 값의 합이 평균에 대한 충분통계량임을 증명한다. (이 합의 값을 아는 것은 표본평균(sample mean) $\sum_{i=1}^{n} Y_i/n$을 아는 것과 동등하기 때문에, 통계학의 일반 용어로 표본평균은 정규 모집단의 평균을 위한 충분통계량이다.)

정리 10.2 $X(t)$, $t \geq 0$을 추이계수가 μ, 분산모수가 σ^2인 브라운운동과정이라고 하자. $X(t) = x$가 주어졌을 때, $X(y)$, $0 \leq y \leq t$의 조건부 분포는 μ의 모든 값에 대해 동일하다.

증명 n을 고정하고 $t_i = i\,t/n$, $i = 1, \ldots, n$이라고 하자. 이 정리를 증명하기 위해 임의의 n에 대해 $X(t)$ 값이 주어졌을 때 $X(t_1), \ldots, X(t_n)$의 조건부 분포는 μ에 의존하지 않음을 보인다. 이를 위해 $Y_1 = X(t_1)$, $Y_i = X(t_i) - X(t_{i-1})$, $i = 2, \ldots, n$이라고 놓고 $Y_1, \ldots, Y_n$이 평균 $\theta = \mu t/n$인 정규 확률변수임에 주목한다. $\sum_{i=1}^{n} Y_i = X(t)$이기 때문에 보조정리 10.1에 의해 $X(t)$가 주어졌을 때 $Y_1, \ldots, Y_n$의 조건부 분포는 μ에 의존하지 않는다. $Y_1, \ldots, Y_n$을 아는 것은 $X(t_1), \ldots, X(t_n)$을 아는 것과 동일하기 때문에, 이 정리의 결과를 얻게 된다. ■

정리 10.3 $y > x$에 대해 다음이 성립한다.

$$P(M(t) \geqslant y | X(t) = x) = e^{-2y(y-x)/t\sigma^2}, \quad y \geqslant 0$$

증명 $X(0) = 0$이기 때문에 $M(t) \geq 0$이고, 그래서 이 정리의 결과는 $y = 0$일 때 참이다(이 경우 양변 모두 1이 되므로). 그래서 $y > 0$이라고 가정하자. 정리 10.2로부터 $P(M(t) \geq y | X(t) = x)$는 μ에 의존하지 않기 때문에, $\mu = 0$이라고 가정한다. 이제, T_y가 이 브라운운동이 y 값에 처음 도달하는 시간이라고 하고, 브라운운동의 연속성으로부터 $M(t) \geq y$인 사건이 $T_y \leq t$인 사건과 같음에 주목한다. 그 이유는 브라운과정이 양수값 y를 넘기 위해서는 반드시, 연속성에 의해, 먼저 y 값을 통과해야 하기 때문이다. 이제 h를 $y > x + h$인 작은 양수라고 하자. 그러면

$$\begin{aligned} P(M(t) \geqslant y,\ x \leqslant X(t) \leqslant x+h) &= P(T_y \leqslant t,\ x \leqslant X(t) \leqslant x+h) \\ &= P(x \leqslant X(t) \leqslant x+h | T_y \leqslant t) P(T_y \leqslant t) \end{aligned}$$

이다. 이제, $T_y \leq t$가 주어졌을 때, $x \leq X(t) \leq x + h$인 사건은 브라운과정이 y에 다다른 후 T_y와 t 사이 구간에서 $y - x - h$에서 $y - x$ 사이의 값만큼 감소해야 발생할 수 있다. 그러나 $\mu = 0$이기 때문에, 임의의 시간구간에서 $y - x - h$와 $y - x$ 사이의 값만큼 증가하거나 감소할 가능성은 똑같다. 결과적으로

$$P(x \leqslant X(t) \leqslant x+h | T_y \leqslant t) = P(2y - x - h \leqslant X(t) \leqslant 2y - x | T_y \leqslant t)$$

이고, 이는 다음을 준다.

$$\begin{aligned} P(M(t) \geqslant y,\ x \leqslant X(t) \leqslant x+h) &= P(2y - x - h \leqslant X(t) \leqslant 2y - x | T_y \leqslant t) \\ &\quad \times P(T_y \leqslant t) \\ &= P(2y - x - h \leqslant X(t) \leqslant 2y - x,\ T_y \leqslant t) \\ &= P(2y - x - h \leqslant X(t) \leqslant 2y - x) \end{aligned}$$

여기서 마지막 등식은 $y > x + h$라는 가정이 $2y - x - h > y$를 의미하고, 브라운운동의 연속성에 의해, $2y - x - h \leq X(t)$이면 $T_y \leq t$이기 때문에 얻게 된다. 그러므로

$$\begin{aligned} P(M(t) \geqslant y | x \leqslant X(t) \leqslant x+h) &= \frac{P(2y - x - h \leqslant X(t) \leqslant 2y - x)}{P(x \leqslant X(t) \leqslant x+h)} \\ &= \frac{f_{X(t)}(2y - x)\,h + o(h)}{f_{X(t)}(x)\,h + o(h)} \\ &= \frac{f_{X(t)}(2y - x) + o(h)/h}{f_{X(t)}(x) + o(h)/h} \end{aligned}$$

이고, 여기서 $X(t)$의 밀도함수 $f_{X(t)}$는 평균이 0, 분산이 $t\sigma^2$인 정규 확률변수의 밀도함수이다. 위 식에서 h를 0으로 보내면 다음을 얻는다.

$$\begin{aligned} P(M(t) \geqslant y | X(t) = x) &= \frac{f_{X(t)}(2y - x)}{f_{X(t)}(x)} \\ &= \frac{e^{-(2y-x)^2/2t\sigma^2}}{e^{-x^2/2t\sigma^2}} \\ &= e^{-2y(y-x)/t\sigma^2} \end{aligned}$$

■

Z가 표준정규 확률변수이고 Φ가 그 분포함수일 때, 다음과 같이 놓는다.

$$\bar{\Phi}(x) = 1 - \Phi(x) = P(Z > x)$$

이제 다음과 같은 따름정리를 갖는다.

따름정리 10.1

$$P(M(t) \geqslant y) = e^{2y\mu/\sigma^2}\bar{\Phi}\left(\frac{\mu t + y}{\sigma\sqrt{t}}\right) + \bar{\Phi}\left(\frac{y - \mu t}{\sigma\sqrt{t}}\right)$$

증명 $X(t)$에 대해 조건을 주고 정리 10.3을 이용하면 다음을 얻는다.

$$\begin{aligned} P(M(t) \geqslant y) &= \int_{-\infty}^{\infty} P(M(t) \geqslant y | X(t) = x) f_{X(t)}(x) dx \\ &= \int_{-\infty}^{y} P(M(t) \geqslant y | X(t) = x) f_{X(t)}(x) dx + \int_{y}^{\infty} f_{X(t)}(x) dx \\ &= \int_{-\infty}^{y} e^{-2y(y-x)/t\sigma^2} \frac{1}{\sqrt{2\pi t\sigma^2}} e^{-(x-\mu t)^2/2t\sigma^2} dx + P(X(t) > y) \\ &= \frac{1}{\sqrt{2\pi t}\,\sigma} e^{-2y^2/t\sigma^2} e^{-\mu^2 t^2/2t\sigma^2} \int_{-\infty}^{y} \exp\left\{-\frac{1}{2t\sigma^2}(x^2 - 2\mu t x \right. \\ &\quad \left. - 4yx)\right\} dx + P(X(t) > y) \\ &= \frac{1}{\sqrt{2\pi t}\,\sigma} e^{-(4y^2+\mu^2 t^2)/2t\sigma^2} \\ &\quad \times \int_{-\infty}^{y} \exp\left\{-\frac{1}{2t\sigma^2}(x^2 - 2x(\mu t + 2y))\right\} dx + P(X(t) > y) \end{aligned}$$

이제

$$x^2 - 2x(\mu t + 2y) = (x - (\mu t + 2y))^2 - (\mu t + 2y)^2$$

이므로 다음을 얻는다.

$$\begin{aligned} P(M(t) \geqslant y) &= e^{-(4y^2+\mu^2 t^2-(\mu t+2y)^2)/2t\sigma^2} \frac{1}{\sqrt{2\pi t}\,\sigma} \int_{-\infty}^{y} e^{-(x-\mu t-2y)^2/2t\sigma^2} dx \\ &\quad + P(X(t) > y) \end{aligned}$$

변수변환

$$w = \frac{x - \mu t - 2y}{\sigma\sqrt{t}}, \qquad dx = \sigma\sqrt{t}\, dw$$

에 의해 다음을 얻는다.

$$
\begin{aligned}
P(M(t) \geqslant y) &= e^{2y\mu/\sigma^2} \frac{1}{\sqrt{2\pi}} \int_{-\infty}^{\frac{-\mu t - y}{\sigma\sqrt{t}}} e^{-w^2/2} dw + P(X(t) > y) \\
&= e^{2y\mu/\sigma^2} \Phi\left(\frac{-\mu t - y}{\sigma\sqrt{t}}\right) + P(X(t) > y) \\
&= e^{2y\mu/\sigma^2} \bar{\Phi}\left(\frac{\mu t + y}{\sigma\sqrt{t}}\right) + \bar{\Phi}\left(\frac{y - \mu t}{\sigma\sqrt{t}}\right)
\end{aligned}
$$

이로써 증명이 완성된다. ■

정리 10.3의 증명에서 T_y는 브라운운동이 처음으로 y와 같게 되는 시간을 나타냈다. 추가하여, 앞에서 언급되었듯이, 브라운운동의 연속성은 $y > 0$에 대해 이 브라운운동과정의 시간 t까지 최대값이 최소한 y이어야만 시간 t까지 y에 도달하게 됨을 의미한다. 결론적으로, $y > 0$에 대해

$$T_y \leqslant t \Leftrightarrow M(t) \geqslant y$$

이고, 이는 따름정리 10.1에 의해 다음을 알려 준다.

$$P(T_y \leqslant t) = e^{2y\mu/\sigma^2} \bar{\Phi}\left(\frac{y + \mu t}{\sigma\sqrt{t}}\right) + \bar{\Phi}\left(\frac{y - \mu t}{\sigma\sqrt{t}}\right), \quad y > 0$$

10.6 백색 잡음

$\{X(t),\ t \geq 0\}$이 표준 브라운운동 과정을 나타내고, f는 $[a, b]$ 구간에서 연속 도함수를 갖는 함수라고 하자. 확률적분 $\int_a^b f(t)\,dX(t)$는 다음과 같이 정의된다.

$$\int_a^b f(t)\,dX(t) \equiv \lim_{\substack{n\to\infty \\ \max(t_i - t_{i-1})\to 0}} \sum_{i=1}^{n} f(t_{i-1})[X(t_i) - X(t_{i-1})] \tag{10.15}$$

여기서 $a = t_0 < t_1 < \ldots < t_n = b$는 $[a, b]$ 구간의 분할이다. 다음의 항등식(합에 적용된 부분적분 공식)

$$
\begin{aligned}
&\sum_{i=1}^{n} f(t_{i-1})[X(t_i) - X(t_{i-1})] \\
&\quad = f(b)X(b) - f(a)X(a) - \sum_{i=1}^{n} X(t_i)[f(t_i) - f(t_{i-1})]
\end{aligned}
$$

을 이용하여 다음을 알 수 있다.

$$\int_a^b f(t)\,dX(t) = f(b)X(b) - f(a)X(a) - \int_a^b X(t)\,df(t) \tag{10.16}$$

식 (10.16)은 보통 $\int_a^b f(t)\,dX(t)$의 정의로 사용된다.

식 (10.16)의 우변을 이용하여, 기댓값과 극한의 상호교환 가능 가정 하에 다음을 얻는다.

$$E\left[\int_a^b f(t)\,dX(t)\right] = 0$$

또한,

$$
\begin{aligned}
\mathrm{Var}\left(\sum_{i=1}^{n} f(t_{i-1})[X(t_i) - X(t_{i-1})]\right) &= \sum_{i=1}^{n} f^2(t_{i-1})\mathrm{Var}[X(t_i) - X(t_{i-1})] \\
&= \sum_{i=1}^{n} f^2(t_{i-1})(t_i - t_{i-1})
\end{aligned}
$$

이다. 여기서 첫 번째 등식은 브라운운동의 독립 증분 성질로부터 얻어진다. 그러므로 위 식의 극한을 취하여 식 (10.15)로부터 다음을 얻는다.

$$\operatorname{Var}\left[\int_a^b f(t)\,dX(t)\right] = \int_a^b f^2(t)\,dt$$

참고: 이는 $\{dX(t),\ 0 \le t < \infty\}$를, 함수 f를 $\int_a^b f(t)\,dX(t)$ 값으로 바꾸는 연산자로 봄으로써 이 양에 연산적 의미를 준다. 이를 **백색잡음 변환**(white noise transformation)이라고 하고, 또는 좀 덜 엄밀하게 $\{dX(t),\ 0 \le t < \infty\}$를 **백색잡음**이라고 한다. 왜냐 하면 시간에 따라 변하는 함수 f가 백색잡음 매체를 통과하여 (시간 b에서) $\int_a^b f(t)\,dX(t)$라는 출력을 만들어낸다고 생각할 수 있기 때문이다.

예제 10.4 액체 속에 떠있는 단위 질량을 가진 입자를 생각하고, 액체 때문에 입자의 현재 속도에 비례한 비율로 입자의 속도를 늦추는 점성력이 존재한다고 가정하자. 추가하여, 백색잡음의 상수 배에 따라 입자의 속도가 순간적으로 변화한다고 가정한다. 즉, $V(t)$가 t에서 입자의 속도라면 다음과 같이 가정한다.

$$V'(t) = -\beta V(t) + \alpha X'(t)$$

여기서 $\{X(t),\ t \ge 0\}$는 표준 브라운운동이다. 이는 다음과 같이 쓸 수 있다.

$$e^{\beta t}[V'(t) + \beta V(t)] = \alpha e^{\beta t} X'(t)$$

또는

$$\frac{d}{dt}[e^{\beta t} V(t)] = \alpha e^{\beta t} X'(t)$$

이다. 그러므로 적분을 하여 다음을 얻는다.

$$e^{\beta t} V(t) = V(0) + \alpha \int_0^t e^{\beta s} X'(s)\,ds$$

또는

$$V(t) = V(0)e^{-\beta t} + \alpha \int_0^t e^{-\beta(t-s)}\,dX(s)$$

이다. 그러므로 식 (10.16)으로부터 다음을 얻는다.

$$V(t) = V(0)e^{-\beta t} + \alpha\left[X(t) - \int_0^t X(s)\beta e^{-\beta(t-s)}\,ds\right]$$

10.7 가우스과정

다음 정의로 시작한다.

정의 10.2 확률과정 $X(t),\ t \ge 0$은 모든 $t_1, \ldots, t_n$에 대해 $X(t_1), \ldots, X(t_n)$이 다변량 정규분포를 가지면 **가우스**(Gaussian)**과정** 또는 **정규**(normal)**과정**이라고 한다.

$\{X(t),\ t \ge 0\}$이 브라운운동 과정이면, $X(t_1), \ldots, X(t_n)$ 각각은 독립인 정규 확률변수 $X(t_1)$, $X(t_2) - X(t_1)$, $X(t_3) - X(t_2)$, $\ldots$, $X(t_n) - X(t_{n-1})$들의 선형 조합으로 표현될 수 있기 때문에, 브라운운동은 가우스과정이 된다.

다변량 정규분포는 주변(marginal) 평균값과 공분산값에 의해 전적으로 결정되기 때문에(2.6절 참조), 브라운운동은 $E[X(t)] = 0$이고 $s \le t$에 대해 다음을 만족하는 가우스과정으로도 정의될 수 있다.

$$\begin{aligned}
\mathrm{Cov}(X(s), X(t)) &= \mathrm{Cov}(X(s), X(s) + X(t) - X(s)) \\
&= \mathrm{Cov}(X(s), X(s)) + \mathrm{Cov}(X(s), X(t) - X(s)) \\
&= \mathrm{Cov}(X(s), X(s)) \qquad \text{독립 증분에 의해} \\
&= s \qquad \mathrm{Var}(X(s)) = s\text{이므로}
\end{aligned} \tag{10.17}$$

$\{X(t), t \ge 0\}$을 표준 브라운운동 과정이라고 하고 $X(1) = 0$이라는 조건 하에서 0과 1 사이의 브라운운동 과정 값을 고려하자. 즉, 조건부 확률과정 $\{X(t), 0 \le t \le 1 | X(1) = 0\}$을 고려한다. $X(t_1), \ldots, X(t_n)$의 조건부 분포가 다변량 정규분포이므로 **브라운 다리**(Brownian bridge)로 알려진(0과 1 양쪽에서 아래로 묶여져 있으므로) 이 조건부 과정은 가우스과정이다. 그 공분산 함수를 계산해 보자. 식 (10.4)로부터

$$E[X(s)|X(1) = 0] = 0, \qquad s < 1\text{에 대해}$$

이므로, $s < t < 1$에 대해 다음을 얻는다.

$$\begin{aligned}
&\mathrm{Cov}[(X(s), X(t))|X(1) = 0] \\
&\quad = E[X(s)X(t)|X(1) = 0] \\
&\quad = E[E[X(s)X(t)|X(t), X(1) = 0]|X(1) = 0] \\
&\quad = E[X(t)E[X(s)|X(t)]|X(1) = 0] \\
&\quad = E\left[X(t)\frac{s}{t}X(t)|X(1) = 0\right] \qquad (10.4)\text{에 의해} \\
&\quad = \frac{s}{t}E[X^2(t)|X(1) = 0] \\
&\quad = \frac{s}{t}t(1-t) \qquad (10.4)\text{에 의해} \\
&\quad = s(1-t)
\end{aligned}$$

따라서 브라운 다리는 평균값이 0이고 공분산 함수가 $s(1 - t)$, $s \le t$인 가우스과정으로 정의될 수 있다. 이는 이런 과정을 얻을 수 있는 다른 접근방법으로 이어진다.

명제 10.1 $\{X(t), t \ge 0\}$이 표준 브라운운동이면, $Z(t) = X(t) - t\,X(1)$일 때 $\{Z(t), 0 \le t \le 1\}$은 브라운 다리이다.

증명 $\{Z(t), t \ge 0\}$이 가우스과정임은 자명하므로, $E[Z(t)] = 0$과 $s \le t$일 때 $\mathrm{Cov}(Z(s), Z(t)) = s(1 - t)$만 증명하면 된다. 전자는 자명하고 후자는 다음으로부터 얻어진다.

$$\begin{aligned}
\mathrm{Cov}(Z(s), Z(t)) &= \mathrm{Cov}(X(s) - sX(1), X(t) - tX(1)) \\
&= \mathrm{Cov}(X(s), X(t)) - t\mathrm{Cov}(X(s), X(1)) \\
&\quad - s\,\mathrm{Cov}(X(1), X(t)) + st\,\mathrm{Cov}(X(1), X(1)) \\
&= s - st - st + st \\
&= s(1-t)
\end{aligned}$$

이로써 증명이 완성된다.

$\{X(t), t \ge 0\}$이 브라운운동이면,

$$Z(t) = \int_0^t X(s)\,ds \tag{10.18}$$

와 같이 정의된 $\{Z(t),\ t \geq 0\}$ 과정은 **적분 브라운운동**(integrated Brownian motion)이라고 한다. 실제 이런 과정이 어떻게 발생할 수 있는지에 대한 예시로서, 시간에 따른 상품가격의 모형화에 관심이 있다고 가정하자. $Z(t)$를 t 시점에서 가격이라고 할 때, $\{Z(t)\}$가 브라운운동[또는 $\log Z(t)$가 브라운운동]이라고 가정하는 대신에 $Z(t)$의 변화율이 브라운운동이라고 가정할 수 있다. 예를 들어, 상품가격 변화율이, 브라운운동에 따라 변화한다고 여겨지는 현재의 물가상승률이라고 가정할 수 있다. 즉,

$$\frac{d}{dt}Z(t) = X(t),$$

$$Z(t) = Z(0) + \int_0^t X(s)\,ds$$

이다.

브라운운동이 가우스과정이라는 사실로부터 $\{Z(t),\ t \geq 0\}$ 역시 가우스과정이 된다. 이를 증명하기 위해 먼저 다음과 같이 표현될 수 있으면 $W_1, \ldots, W_n$은 다변량 정규분포를 가진다고 함을 기억하자.

$$W_i = \sum_{j=1}^{m} a_{ij}U_j, \qquad i = 1, \ldots, n$$

여기서 $U_j,\ j = 1, \ldots m$은 서로 독립인 정규 확률변수이다. 이로부터 $W_1, \ldots, W_n$의 어떤 부분합도 결합 정규분포를 가지게 된다. 이제 $Z(t_1), \ldots, Z(t_n)$이 다변량 정규분포를 갖는다는 사실을 식 (10.18)에서 적분을 근사합의 극한으로 써서 보일 수 있다.

$\{Z(t),\ t \geq 0\}$은 가우스과정이기 때문에 그 분포는 평균값과 공분산 함수로 확정될 수 있다. 이제, $\{X(t),\ t \geq 0\}$이 표준 브라운운동일 때 이 값들을 계산해보자.

$$\begin{aligned} E[Z(t)] &= E\left[\int_0^t X(s)\,ds\right] \\ &= \int_0^t E[X(s)]\,ds \\ &= 0 \end{aligned}$$

$s \leq t$에 대해

$$\begin{aligned} \text{Cov}[Z(s), Z(t)] &= E[Z(s)Z(t)] \\ &= E\left[\int_0^t X(y)\,dy \int_0^s X(u)\,du\right] \\ &= E\left[\int_0^s \int_0^t X(y)X(u)\,dy\,du\right] \\ &= \int_0^s \int_0^t E[X(y)X(u)]\,dy\,du \\ &= \int_0^s \int_0^t \min(y, u)\,dy\,du \qquad \text{(10.17)에 의해} \\ &= \int_0^s \left(\int_0^u y\,dy + \int_u^t u\,dy\right) du = s^2\left(\frac{t}{2} - \frac{s}{6}\right) \end{aligned}$$

이다.

10.8 정상과정과 약한 정상과정

모든 n, s, $t_1, \ldots, t_n$에 대해 확률벡터 $X(t_1), \ldots, X(t_n)$과 $X(t_1 + s), \ldots, X(t_n + s)$가 동일한 결합분포를 가지면, 확률과정 $\{X(t), t \geq 0\}$을 **정상과정**(stationary process)이라고 한다. 다른 말로 하면, 임의의 고정점 s를 원점으로 선택하여 얻은 과정들이 동일한 확률법칙을 가지면 정상과정이다. 정상과정의 두 가지 예는 다음과 같다.

(i) 다음과 같은 에르고딕 연속시간 마코프체인 $\{X(t), t \geq 0\}$

$$P\{X(0) = j\} = P_j, \qquad j \geqslant 0$$

여기서 $\{P_j, j \geq 0\}$는 극한확률이다.

(ii) $X(t) = N(t + L) - N(t)$, $t \geq 0$일 때 $\{X(t), t \geq 0\}$. 여기서 $L > 0$은 고정된 상수이고 $\{N(t), t \geq 0\}$은 발생률이 λ인 푸아송과정이다.

이 중 첫 번째 과정이 정상과정인 이유는 다음과 같다. 이 과정은 초기 상태가 극한확률에 따라 선택된 마코프체인이고, 따라서 시간 ∞에서 관측을 시작한 에르고딕 마코프체인이라고 생각할 수 있다. 그러므로, 관측이 시작된지 s 시간 후에 이 과정의 연속과정은 바로 시간 $\infty + s$에서 시작한 체인의 연속과정이고, 이는 분명히 모든 s에 대하여 같은 확률을 갖는다. 두 번째 예($X(t)$는 t와 $t + L$ 사이에 발생한 푸아송과정의 사건 수)가 정상과정임은 푸아송과정의 정상 및 독립 증분 가정으로부터 얻게 된다. 이는 임의의 시간 s에서 푸아송과정의 연속과정은 여전히 푸아송과정임을 의미한다.

예제 10.5 (랜덤 전신신호 과정) $\{N(t), t \geq 0\}$이 푸아송과정을 나타내고, X_0는 이 과정과 독립이며 $P\{X_0 = 1\} = P\{X_0 = -1\} = \frac{1}{2}$이라고 하자. $X(t) = X_0(-1)^{N(t)}$라고 정의하면 $\{X(t), t \geq 0\}$는 **랜덤 전신신호**(random telegraph signal) 과정이라 한다. 이것이 정상과정임을 알아보기 위해, 우선 $N(t)$와는 상관없이 임의의 시간 t에서 시작해도, X_0가 양수 또는 음수 1일 가능성이 같기 때문에, $X(t)$가 양수 또는 음수 1일 가능성이 같게 된다는 점에 주목한다. 그러므로 임의의 시간 이후 푸아송과정의 연속과정은 여전히 푸아송과정이기 때문에, $\{X(t), t \geq 0\}$는 정상과정이다.

이 랜덤 전신신호의 평균과 공분산 함수를 계산하자.

$$\begin{aligned}
E[X(t)] &= E[X_0(-1)^{N(t)}] \\
&= E[X_0]E[(-1)^{N(t)}] \quad \text{독립성에 의해} \\
&= 0 \qquad\qquad\qquad\quad E[X_0] = 0\text{이므로} \\
\text{Cov}[X(t), X(t+s)] &= E[X(t)X(t+s)] \\
&= E[X_0^2(-1)^{N(t)+N(t+s)}] \\
&= E[(-1)^{2N(t)}(-1)^{N(t+s)-N(t)}] \\
&= E[(-1)^{N(t+s)-N(t)}] \\
&= E[(-1)^{N(s)}] \\
&= \sum_{i=0}^{\infty} (-1)^i e^{-\lambda s} \frac{(\lambda s)^i}{i!} \\
&= e^{-2\lambda s}
\end{aligned} \tag{10.19}$$

랜덤 전신신호의 응용으로 직선을 따라 일정한 단위 속도로 움직이는 입자를 고려하고, 이 입자가 연관된 충돌이 푸아송 발생률 λ로 일어난다고 하자. 또한 입자가 충돌할 때마다 방향이 바뀐다고 가정한다. 그러므로, X_0가 이 입자의 초기 속도라면, 시간 t에서 속도 $X(t)$는 $X(t) = X_0(-1)^{N(t)}$로 주어진다. 여기서 $N(t)$는 시간 t까지 이 입자가 연관된 충돌 횟수를 나타낸다. 그러므로, X_0가 양수 또는 음수 1일 가능성이 동일하고 $\{N(t),\ t \geq 0\}$과 독립이면, $\{X(t),\ t \geq 0\}$은 랜덤 전신신호 과정이다. 이제

$$D(t) = \int_0^t X(s)\, ds$$

로 놓으면 $D(t)$는 시간 t에 입자가 시간 0에서 위치로부터 얼마나 벗어나 있는지를 나타낸다. $D(t)$의 평균과 분산은 다음과 같이 얻어진다.

$$\begin{aligned}
E[D(t)] &= \int_0^t E[X(s)]\, ds = 0, \\
\mathrm{Var}[D(t)] &= E[D^2(t)] \\
&= E\left[\int_0^t X(y)\, dy \int_0^t X(u)\, du\right] \\
&= \int_0^t \int_0^t E[X(y)X(u)]\, dy\, du \\
&= 2 \iint_{0<y<u<t} E[X(y)X(u)]\, dy\, du \\
&= 2 \int_0^t \int_0^u e^{-2\lambda(u-y)} dy\, du \qquad \text{(10.19)에 의해} \\
&= \frac{1}{\lambda}\left(t - \frac{1}{2\lambda} + \frac{1}{2\lambda} e^{-2\lambda t}\right)
\end{aligned}$$

어떤 과정이 정상과정이기 위한 조건은 다소 엄격하다. 그래서 $E[X(t)] = c$이고 $\mathrm{Cov}(X(t),\ X(t+s))$가 t에 의존하지 않으면 $\{X(t),\ t \geq 0\}$을 **이차 정상**(second-order stationary) 과정 또는 **약한 정상**(weakly stationary) 과정이라고 한다. 즉, $X(t)$의 처음 두 모멘트가 모든 t에 대해 동일하고 $X(s)$와 $X(t)$ 간의 공분산이 $|t-s|$에만 의존하면 이차 정상과정이다. 이차 정상과정에 대해

$$R(s) = \mathrm{Cov}[X(t),\ X(t+s)]$$

라고 하자. 가우스과정의 유한 차원 분포(다변량 정규분포임)는 그 평균과 공분산에 의해 결정되기 때문에, 이차 정상 가우스과정은 정상과정이다.

예제 10.6 (온슈타인-월렌베크과정) $\{X(t),\ t \geq 0\}$을 표준 브라운운동과정이라고 하고, $\alpha > 0$에 대해 다음과 같이 정의한다.

$$V(t) = e^{-\alpha t/2} X(e^{\alpha t})$$

과정 $\{V(t),\ t \geq 0\}$을 **온슈타인-월렌베크 과정**(Ornstein-Uhlenbeck process)이라고 한다. 이 과정은 액체나 기체에 침잠된 입자의 속도를 기술하기 위한 모형으로 제안되었고, 통계역학에서 유용한 과정이다. 그 평균과 공분산 함수를 계산하자.

$$\begin{aligned}
E[V(t)] &= 0, \\
\mathrm{Cov}[V(t),\ V(t+s)] &= e^{-\alpha t/2} e^{-\alpha(t+s)/2} \\
\mathrm{Cov}[X(e^{\alpha t}),\ X(e^{\alpha(t+s)})] &= e^{-\alpha t} e^{-\alpha s/2} e^{\alpha t} \qquad \text{식 (10.17)에 의해} \\
&= e^{-\alpha s/2}
\end{aligned}$$

그러므로 $\{V(t),\ t \geq 0\}$는 약한 정상과정이고, 명백히 가우스과정이므로(브라운운동은 가우스과정이므로), 이 과정은 정상과정이라고 결론지을 수 있다. ($\alpha = 4\lambda$일 때) 이 과정이 랜덤 전신신호 과정과 동일한 평균과 공분산 함수를 갖는 점은 흥미롭다. 이는 두 개의 매우 다른 과정이 동일한 이차 성질을 가

질 수 있음을 보여준다. (물론, 두 가우스과정은 평균과 공분산 함수가 같으면 동일한 분포를 갖는다.)■

다음 예제에서 보듯이, 정상과정이 아닌 이차 정상과정의 유형들이 많이 존재한다.

예제 10.7 (자동회귀 과정) $Z_0, Z_1, Z_2, \ldots$을 $E[Zn] = 0$, $n \geq 0$인 비상관 확률변수라고 하고, 그 분산이 다음과 같다고 하자.

$$\text{Var}(Z_n) = \begin{cases} \sigma^2/(1-\lambda^2), & n = 0 \\ \sigma^2, & n \geqslant 1 \end{cases}$$

여기서 $\lambda^2 < 1$이다. 이제,

$$\begin{aligned} X_0 &= Z_0, \\ X_n &= \lambda X_{n-1} + Z_n, \qquad n \geqslant 1 \end{aligned} \tag{10.20}$$

과 같이 정의하면, 과정 $\{X_n, n \geq 0\}$을 **일차 자동회귀 과정**(first-order autoregressive process)이라고 한다. 시간 n에서 상태(즉, X_n)는 시간 $n-1$에서 상태의 상수배와 무작위 오차항 Z_n의 합이다.

식 (10.12)를 반복하여 다음을 얻는다.

$$\begin{aligned} X_n &= \lambda(\lambda X_{n-2} + Z_{n-1}) + Z_n \\ &= \lambda^2 X_{n-2} + \lambda Z_{n-1} + Z_n \\ &\;\vdots \\ &= \sum_{i=0}^{n} \lambda^{n-i} Z_i \end{aligned}$$

따라서

$$\begin{aligned} \text{Cov}(X_n, X_{n+m}) &= \text{Cov}\left(\sum_{i=0}^{n} \lambda^{n-i} Z_i, \sum_{i=0}^{n+m} \lambda^{n+m-i} Z_i\right) \\ &= \sum_{i=0}^{n} \lambda^{n-i}\lambda^{n+m-i}\text{Cov}(Z_i, Z_i) \\ &= \sigma^2\lambda^{2n+m}\left(\frac{1}{1-\lambda^2} + \sum_{i=1}^{n}\lambda^{-2i}\right) \\ &= \frac{\sigma^2\lambda^m}{1-\lambda^2} \end{aligned}$$

이다. 이는 $i \neq j$일 때 Z_i와 Z_j는 비상관이라는 사실을 이용하였다. $E[X_n] = 0$이기 때문에 $\{X_n, n \geq 0\}$은 약한 정상과정임을 알 수 있다(이산시간 과정에 대한 정의도 연속시간 과정에 대한 정의와 유사하다). ■

예제 10.8 랜덤 전신신호 과정에서 $P\{X_0 = 1\} = P\{X_0 = -1\} = \frac{1}{2}$라는 요건을 없애고 $E[X_0] = 0$이라는 요건만 남기면, $\{X(t), t \geq 0\}$ 과정은 더 이상 정상과정이 아니다. (X_0가 대칭분포를 가지면, 즉, X_0와 $-X_0$가 동일한 분포를 가지면 계속 정상과정이 된다.) 그러나, 다음에서 보듯이 이 과정은 약한 정상과정이다.

$$\begin{aligned} E[X(t)] &= E[X_0]E[(-1)^{N(t)}] = 0, \\ \text{Cov}[X(t), X(t+s)] &= E[X(t)X(t+s)] \\ &= E[X_0^2]E[(-1)^{N(t)+N(t+s)}] \\ &= E[X_0^2]e^{-2\lambda s} \qquad \text{(10.19)로부터} \end{aligned}$$

■

예제 10.9 W_0 , W_1, W_2, ...이 서로 비상관이라 하고 $E[W_n] = \mu$, $\mathrm{Var}(Wn) = \sigma^2$, $n \geq 0$이면, 일정한 양의 정수 k에 대해

$$X_n = \frac{W_n + W_{n-1} + \cdots + W_{n-k}}{k+1}, \qquad n \geqslant k$$

을 정의하자. W들의 가장 최근 $k+1$개 값의 산술평균을 추적하는 $\{X_n, n \geq \mathrm{k}\}$ 과정을 **이동평균 과정**(moving average process)이라고 한다. W_n, $n \geq 0$이 상관관계가 없다는 사실을 이용하여 다음을 알 수 있다.

$$\mathrm{Cov}(X_n, X_{n+m}) = \begin{cases} \frac{(k+1-m)\sigma^2}{(k+1)^2}, & 0 \leq m \leq k\text{일 때} \\ 0, & m > k\text{일 때} \end{cases}$$

그러므로 $\{X_n, n \geq k\}$는 이차 정상과정이다.

$\{X_n, n \geq 1\}$을 $E[X_k] = \mu$인 이차 정상과정이라고 하자. 중요한 질문은, 만약 수렴한다면, 언제 $\bar{X}_n \equiv \sum_{i=1}^{n} X_i/n$이 μ로 수렴하는가이다. 증명 없이 기술한 다음 명제는 $E[(\bar{X}_n - \mu)^2] \to 0$일 필요충분조건은 $\sum_{i=1}^{n} R(i)/n \to 0$임을 알려준다. 즉, $\bar{X}_n$과 μ의 차이 제곱의 기댓값이 0으로 수렴할 필요충분조건은 $R(i)$ 값의 극한 평균이 0으로 수렴하는 것이다.

명제 10.2 $\{X_n, n \geq 1\}$을 평균 μ, 공분산 함수 $R(i) = \mathrm{Cov}(X_n , X_{n+i})$를 갖는 이차 정상과정이라고 하고 $\bar{X}_n \equiv \sum_{i=1}^{n} X_i/n$이라고 하자. 그러면, $\lim_{n\to\infty} E[(\bar{X}_n - \mu)^2] = 0$일 필요충분조건은 $\lim_{n\to\infty} \sum_{i=1}^{n} R(i)/n = 0$이다.

10.9 약한 정상과정의 조화분석

확률과정 $\{X(t), -\infty < t < \infty\}$와 $\{Y(t), -\infty < t < \infty\}$이 다음과 같이 관련된다고 가정하자.

$$Y(t) = \int_{-\infty}^{\infty} X(t-s)h(s)\,ds \tag{10.21}$$

시간 t에서 값이 $X(t)$인 어떤 신호가 그 값을 왜곡하는 물리적 시스템을 통과해서, 시간 t에서 수신된 값 $Y(t)$가 식 (10.21)과 같이 주어졌다고 생각할 수 있다. 이 과정 $\{X(t)\}$와 $\{Y(t)\}$를 각각 입력과 출력과정이라고 하고, 함수 h를 **충격 반응**(impulse response) 함수라고 한다. 모든 $s < 0$에 대해 $h(\mathrm{s}) = 0$이면 h는 가중 함수라고도 한다. 왜냐 하면 $h(\mathrm{s})$가 s 시간 이전의 신호에 대한 가중치이면, 식 (10.21)은 시간 t에서 출력을 시간 t 이전의 모든 입력들의 가중 적분으로 표현하기 때문이다.

식 (10.12)에 표현된 관계는 시간불변 선형필터의 특수한 경우이다. 필터라고 부르는 이유는 입력과정 $\{X(t)\}$가 매체를 통과하여 필터를 거쳐 출력과정 $\{Y(t)\}$를 만든다고 생각할 수 있기 때문이다. 선형필터인 이유는 입력과정 $\{X_i(t)\}$, $i = 1, 2$의 결과가 출력과정 $\{Y_i(t)\}$이면, 즉, $Y_i(t) = \int_0^{\infty} X_i(t-s)h(s)\,ds$, $i = 1, 2$이면 입력과정 $\{aX_1(t) + bX_2(t)\}$에 해당하는 출력과정은 $\{aY_1(t) + b\,Y_2(t)\}$이기 때문이다. 시간불변이라고 하는 이유는 입력과정을 시간 τ만큼 늦추면, 즉, 새로운 입력과정 $\bar{X}(t) = X(t+\tau)$를 고려하면 다음에서 보듯 출력과정에서 τ만큼 지연이 일어나기 때문이다.

$$\int_0^{\infty} \bar{X}(t-s)h(s)\,ds = \int_0^{\infty} X(t+\tau-s)h(s)\,ds = Y(t+\tau)$$

이제 입력과정 $\{X(t), -\infty < t < \infty\}$이 $E[X(t)] = 0$이고 공분산 함수는 다음과 같은 약한 정상과정이라고 가정하자.

$$R_X(s) = \mathrm{Cov}[X(t), X(t+s)]$$

출력과정 $\{Y(t)\}$의 평균값과 공분산 함수를 계산하자.

기댓값과 적분 연산의 순서를 바꿀 수 있다고 가정하면(이를 위한 충분조건은 $\int |h(s)| < \infty$*이고, 모든 t에 대해 $E|X(t)| < M$이 되는 $M < \infty$가 존재하는 것이다), 다음을 얻는다.

$$E[Y(t)] = \int E[X(t-s)]h(s)\,ds = 0$$

유사하게

$$\begin{aligned} \mathrm{Cov}[Y(t_1), Y(t_2)] &= \mathrm{Cov}\left[\int X(t_1 - s_1)h(s_1)\,ds_1, \int X(t_2 - s_2)h(s_2)\,ds_2\right] \\ &= \iint \mathrm{Cov}[X(t_1 - s_1), X(t_2 - s_2)]h(s_1)h(s_2)\,ds_1\,ds_2 \\ &= \iint R_X(t_2 - s_2 - t_1 + s_1)h(s_1)h(s_2)\,ds_1\,ds_2 \end{aligned} \tag{10.22}$$

이다. 그러므로, $\mathrm{Cov}[Y(t_1), Y(t_2)]$는 $t_2 - t_1$을 통해서만 t_1, t_2에 의존한다. 따라서 $\{Y(t)\}$도 약한 정상과정이다.

$R_Y(t_2 - t_1) = \mathrm{Cov}[Y(t_1), Y(t_2)]$에 대한 앞선 수식은 R_X와 R_Y의 푸리에(Fourier) 변환을 이용하여 보다 간결하고 유용하게 표현된다. $i = \sqrt{-1}$일 때

$$\tilde{R}_X(w) = \int e^{-iws} R_X(s)\,ds$$

와

$$\tilde{R}_Y(w) = \int e^{-iws} R_Y(s)\,ds$$

는 각각 R_X와 R_Y의 푸리에 변환을 나타낸다. 함수 $\tilde{R}_X(w)$는 $\{X(t)\}$ 과정의 **파워 스펙트럼 밀도**(power spectrum density)라고도 한다. 또한,

$$\tilde{h}(w) = \int e^{-iws} h(s)\,ds$$

이 함수 h의 푸리에 변환을 나타낸다고 하자. 그러면, 식 (10.22)로부터

$$\begin{aligned} \tilde{R}_Y(w) &= \iiint e^{iws} R_X(s - s_2 + s_1)h(s_1)h(s_2)\,ds_1\,ds_2\,ds \\ &= \iiint e^{iw(s-s_2+s_1)} R_X(s - s_2 + s_1)\,ds e^{-iws_2} h(s_2)\,ds_2 e^{iws_1} h(s_1)\,ds_1 \\ &= \tilde{R}_X(w)\tilde{h}(w)\tilde{h}(-w) \end{aligned} \tag{10.23}$$

이다. 이제

$$\begin{aligned} e^{ix} &= \cos x + i \sin x, \\ e^{-ix} &= \cos(-x) + i \sin(-x) = \cos x - i \sin x \end{aligned}$$

을 이용하여 다음을 얻는다.

---

* 이 절에서 모든 적분의 구간은 $-\infty$부터 ∞이다.

$$
\begin{aligned}
\widetilde{h}(w)\widetilde{h}(-w) &= \left[\int h(s)\cos(ws)\,ds - i\int h(s)\sin(ws)\,ds\right] \\
&\quad \times \left[\int h(s)\cos(ws)\,ds + i\int h(s)\sin(ws)\,ds\right] \\
&= \left[\int h(s)\cos(ws)\,ds\right]^2 + \left[\int h(s)\sin(ws)\,ds\right]^2 \\
&= \left|\int h(s)e^{-iws}\,ds\right|^2 = |\widetilde{h}(w)|^2
\end{aligned}
$$

그러므로 식 (10.23)으로부터 다음을 얻는다.

$$\widetilde{R}_Y(w) = \widetilde{R}_X(w)|\widetilde{h}(w)|^2$$

말로 설명하면, 출력과정 공분산 함수의 푸리에 변환은 입력과정 공분산 함수의 푸리에 변환에 충격함수의 푸리에 변환의 진폭의 제곱을 곱한 것과 같다.

연습 문제

다음 연습문제에서 $\{B(t),\ t \geq 0\}$은 표준 브라운운동 과정이고 T_a는 이 과정이 a에 도달할 때까지 걸린 시간을 나타낸다.

***1.** $B(s) + B(t),\ s \leq t$의 분포를 구하라.

2. $B(t_1) = A,\ B(t_2) = B,\ 0 < t_1 < s < t_2$가 주어졌을 때 $B(s)$의 조건부 분포를 계산하라.

***3.** $t_1 < t_2 < t_3$에 대해 $E[B(t_1)B(t_2)B(t_3)]$를 계산하라.

4. 다음을 보여라.

$$P\{T_a < \infty\} = 1,$$
$$E[T_a] = \infty, \qquad a \neq 0$$

***5.** $P\{T_1 < T_{-1} < T_2\}$를 구하라.

6. 가격이 표준 브라운운동 과정에 따라 변하는 주식 한 주를 가지고 있다고 가정하자. 이 주식을 $b + c,\ c > 0$ 가격에 구매하였고, 현재 가격은 b라고 가정한다. 주가가 $b + c$이 되었을 때나 추가 시간 t가 경과했을 때(둘 중 어떤 것이라도 먼저 발생했을 때) 주식을 팔기로 결정했다. 구매 가격을 회수하지 못 할 확률은 얼마인가?

7. 다음에 대한 수식을 구하라.

$$P\left\{\max_{t_1 \leqslant s \leqslant t_2} B(s) > x\right\}$$

8. Δt 시간마다 $\sqrt{\Delta t}$ 만큼 올라가거나 내려갈 확률이 각각 p와 $1 - p$인 랜덤보행을 고려하자. 여기서 $p = \frac{1}{2}(1 + \mu\sqrt{\Delta t})$라고 한다.

(a) Δt가 0으로 갈수록 그 결과로 초래된 극한과정은 추이계수 μ인 브라운운동 과정임을 입증하라.

(b) (a)와 도박사의 파산 문제 결과(4.5.1절 참조)를 이용하여 추이계수 μ인 브라운운동과정이 B 아래로 내려가기 전에 A 위로 올라 갈 확률을 계산하라. 이때 $A > 0,\ B > 0$이다.

9. $\{X(t),\ t \geq 0\}$을 추이계수 μ, 분산모수 σ^2인 브라운운동 과정이라고 하자. $s < t$일 때 $X(s)$와 $X(t)$의 결합 밀도함수는?

***10.** $\{X(t),\ t \geq 0\}$을 추이계수 μ, 분산모수 σ^2인 브라운운동 과정이라고 하자. $X(s) = c$가 주어지고 다음과 같을 때 $X(t)$의 조건부 분포는?

(a) $s < t$

(b) $t < s$

11. 매 h 시간단위마다 그 값이 변하는 과정을 고려하자. 새로운 값은 이전 값에 확률 $p = \frac{1}{2}(1 + \frac{\mu}{\sigma}\sqrt{h})$로 $e^{\sigma\sqrt{h}}$를 곱하고 또는 확률 $1 - p$로 $e^{-\sigma\sqrt{h}}$를 곱해서 얻어진다. h가 0으로 감에 따라 이 과정이 추이계수 μ, 분산모수 σ^2인 기하 브라운운동으로 수렴함을 보여라.

12. 주식이 현재 주당 50달러의 가격에 팔리고 있다. 한 단위시간 이후 주가가 (현재가로) 150달러 또는 25달러가 된다. 시간 1에서 주식 y주를 사는 옵션을 cy비용을 주고 구매할 수 있다.

(a) 확실한 승리가 없도록 하기 위해 c 값은 얼마이어야 하는가?

(b) $c = 4$이면 어떻게 확실한 승리를 보장할 수 있는지 설명하라.

(c) $c = 10$이면 어떻게 확실한 승리를 보장할 수 있는지 설명하라.

(d) (a)에 대한 답을 증명하기 위해 차익거래 정리를 사용하라.

13. 예제 10.2 다음에 나오는 참고에서 기술된 내용을 증명하라.

14. 주식의 현재 가격이 100이다. 시간 1에 주가는 50, 100, 또는 200이다. 시간 1에 이 주식 y주를 (현재가치) ky에 살 수 있는 옵션의 비용이 cy이다.

(a) $k = 120$이면, $c > 80/3$이어야만 차익거래 기회가 발생함을 보여라.

(b) $k = 80$이면, $20 \leq c \leq 40$이어야만 차익거래 기회가 없음을 보여라.

15. 어떤 주식의 현재 가격이 100이다. 이 주식가격의 로그값이 추이계수 $\mu = 2$이고 분산모수 $\sigma^2 = 1$인 브라운운동 과정에 따라 변화한다고 가정한다. 이 주식을 시간 10에 다음 가격에 살 수 있는 옵션의 블랙-숄스 비용을 제시하라.

(a) 주당 100

(b) 주당 120

(c) 주당 80

연속복리 이자율은 5퍼센트라고 가정한다.

확률과정 $\{Y(t),\ t \geq 0\}$이 $s < t$에 대해 다음을 만족하면 **마팅게일**(Martingale) 과정이라고 한다.

$$E[Y(t)|Y(u),\ 0 \leqslant u \leqslant s] = Y(s)$$

16. $\{Y(t),\ t \geq 0\}$이 마팅게일일 때 다음을 보여라.

$$E[Y(t)] = E[Y(0)]$$

17. 표준 브라운운동은 마팅게일임을 보여라.

18. 다음을 만족할 때 $\{Y(t),\ t \geq 0\}$는 마팅게일임을 보여라.

$$Y(t) = B^2(t) - t$$

$E[Y(t)]$는 무엇인가?

힌트: 먼저 $E[Y(t)|B(u),\ 0 \leq u \leq s]$를 계산하라.

***19.** 다음을 만족할 때 $\{Y(t), t \geq 0\}$는 마팅게일임을 보여라.

$$Y(t) = \exp\{cB(t) - c^2t/2\}$$

여기서 c는 임의의 상수이다. $E[Y(t)]$는?

마팅게일의 중요한 성질은 이 과정을 계속 관찰하다가 어떤 시간 T에 멈추면, 어떤 기술적인 조건(여기에서 고려하는 문제들에서는 성립한다) 하에서

$$E[Y(T)] = E[Y(0)]$$

인 것이다. 시간 T는 보통 이 과정의 값들에 의존하며, **마팅게일의 정지시간**(stopping time)이라고 알려져 있다. 정지된 마팅게일의 기댓값이 고정된 시간에서 기댓값과 같다는 이 결과는 **마팅게일 정지정리**(Martingale stopping theorem)라고 알려져 있다.

***20.** 다음과 같이 놓자.

$$T = \text{Min}\{t : B(t) = 2 - 4t\}$$

즉, T는 표준 브라운운동이 $2 - 4t$ 선과 처음 만나는 시간이다. 마팅게일 정지정리를 사용하여 $E[T]$를 구하라.

21. $\{X(t), t \geq 0\}$이 추이계수 μ, 분산모수 σ^2인 브라운운동이라고 하자. 즉,

$$X(t) = \sigma B(t) + \mu t$$

이다. $\mu > 0$이라고 하고 양의 상수 x에 대해 다음과 같이 놓는다.

$$\begin{aligned} T &= \text{Min}\{t: X(t) = x\} \\ &= \text{Min}\left\{t: B(t) = \frac{x - \mu t}{\sigma}\right\} \end{aligned}$$

즉, T는 $\{X(t), t \geq 0\}$ 과정이 처음으로 x에 도달하는 시간이다. 마팅게일 정지정리를 사용하여 다음을 보여라.

$$E[T] = x/\mu$$

22. $X(t) = \sigma B(t) + \mu t$라고 하고 주어진 양의 상수 A와 B에 대해 $\{X(t), t \geq 0\}$이 $-B$에 도달하기 전에 A에 도달하는 확률을 p라고 하자.

(a) 이 과정이 A 또는 $-B$에 처음 도달하는 시간을 정지시간 T라고 정의한다. 이 정지시간과 연습 문제 19에서 정의된 마팅게일을 사용하여 다음을 보여라.

$$E[\exp\{c(X(T) - \mu T)/\sigma - c^2T/2\}] = 1$$

(b) $c = -2\mu/\sigma$라고 하고 다음을 보여라.

$$E[\exp\{-2\mu X(T)/\sigma\}] = 1$$

(c) (b)와 T의 정의를 사용하여 p를 구하라.

힌트: $\exp\{-2\mu X(T)/\sigma^2\}$가 가질 수 있는 값들은?

23. $X(t) = \sigma B(t) + \mu t$라고 하고, A와 B가 주어진 양수일 때 T를 이 과정이 A 또는 $-B$에 처음 도달하는 시간이라 정의한다. 마팅게일 정지정리와 연습 문제 22번의 (c)를 이용하여 $E[T]$를 구하라.

***24.** $\{X(t), t \geq 0\}$이 추이계수 μ, 분산모수 σ^2인 브라운운동이라고 하자. $\mu > 0$이라고 가정한다. $x > 0$이라고 하고 정지시간 T를 (연습 문제 21에서처럼) 다음과 같이 정의한다.

$$T = \text{Min}\{t: X(t) = x\}$$

연습 문제 18번에서 정의된 마팅게일을 연습문제 21번의 결과와 함께 사용하여 다음을 보여라.

$$\text{Var}(T) = x\sigma^2/\mu^3$$

연습 문제 25번부터 27번에서 $\{X(t),\ t \geq 0\}$는 추이계수 μ, 분산모수 σ^2인 브라운운동이다.

25. 매 Δt 시간단위마다 어떤 과정이 확률 p로 $\sigma\sqrt{\Delta}$ 만큼 증가하거나, 확률 $1 - p$로 $\sigma\sqrt{\Delta}$ 만큼 감소한다고 가정하자. 여기서

$$p = \frac{1}{2}(1 + \frac{\mu}{\sigma}\sqrt{\Delta}).$$

이다. Δ가 0으로 감에 따라, 이 과정은 추이계수 μ, 분산모수 σ^2인 브라운운동 과정으로 수렴함을 보여라.

26. T_y를 이 과정이 처음으로 y와 같게 되는 시간이라고 하자. $y > 0$에 대해 다음을 보여라.

$$P(T_y < \infty) = \begin{cases} 1, & \mu \geq 0\text{일 때} \\ e^{2y\mu/\sigma^2}, & \mu < 0\text{일 때} \end{cases}$$

$M = \max_{0 \leq t < \infty} X(t)$를 이 과정이 도달 가능한 최댓값이라고 하자. 왜 위의 결과가 $\mu < 0$일 때 M이 발생률 $-2\mu/\sigma^2$인 지수 확률변수임을 의미하는지 설명하라.

27. $\min_{0 \leq y \leq t} X(y)$의 분포함수를 구하라.

28. 다음의 평균과 분산을 계산하라.

(a) $\int_0^1 t\, dB(t)$
(b) $\int_0^1 t^2\, dB(t)$

29. $Y(t) = tB(1/t),\ t > 0$이고 $Y(0) = 0$이라고 하자.

(a) $Y(t)$의 분포는?
(b) $\text{Cov}(Y(s), Y(t))$를 계산하라.
(c) $\{Y(t),\ t \geq 0\}$이 표준 브라운운동 과정임을 입증하라.

30. $a > 0$에 대해 $Y(t) = B(a^2t)/a$라고 하자. $\{Y(t)\}$가 표준 브라운운동 과정임을 입증하라.

31. $s < t$에 대해 $B(s) - \frac{s}{t}B(t)$와 $B(t)$가 독립임을 입증하라.

32. $\{Z(t),\ t \geq 0\}$이 브라운 다리 과정이라 하자.

$$Y(t) = (t+1)Z(t/(t+1))$$

이면 $\{Y(t),\ t \geq 0\}$은 표준 브라운운동 과정임을 보여라.

33. $\{N(t),\ t \geq 0\}$이 발생률 λ인 푸아송과정일 때 $X(t) = N(t+1) - N(t)$라고 하자. 다음을 계산하라.

$$\text{Cov}[X(t), X(t+s)]$$

***34.** $\{N(t),\ t \geq 0\}$이 발생률 λ인 푸아송과정이라고 하고, $Y(t)$를 t부터 다음 푸아송 사건이 발생할 때까지 시간으로 정의한다.

(a) $\{Y(t),\ t \geq 0\}$이 정상과정임을 입증하라.
(b) $\text{Cov}[Y(t), Y(t+s)]$를 계산하라.

35. $\{X(t), -\infty < t < \infty\}$를 공분산 함수 $R_X(s) = \text{Cov}[X(t), X(t+s)]$를 갖는 약한 정상과정이라고 하자.

(a) 다음을 보여라.

$$\text{Var}(X(t+s) - X(t)) = 2R_X(0) - 2R_X(t)$$

(b) $Y(t) = X(t+1) - X(t)$이면, $\{Y(t), -\infty < t < \infty\}$가 다음을 만족하는 공분산 함수 $R_Y(s) = \text{Cov}[Y(t), Y(t+s)]$를 갖는 약한 정상과정임을 보여라.

$$R_Y(s) = 2R_X(s) - R_X(s-1) - R_X(s+1)$$

36. Y_1과 Y_2가 서로 독립인 단위 정규 확률변수라고 하고 어떤 상수 w에 대해 다음과 같이 놓는다.

$$X(t) = Y_1 \cos wt + Y_2 \sin wt, \qquad -\infty < t < \infty$$

(a) $\{X(t)\}$이 약한 정상과정임을 보여라.

(*b*) $\{X(t)\}$이 정상과정임을 입증하라.

37. $\{X(t), -\infty < t < \infty\}$를 공분산 함수 $R_X(s) = \text{Cov}[X(t), X(t+s)]$를 갖는 약한 정상과정이라고 하고 $\tilde{R}(w)$가 이 과정의 파워 스펙트럼 밀도를 나타낸다고 하자.

(i) $\tilde{R}(w) = \tilde{R}(-w)$임을 보여라. 다음을 보일 수 있다.

$$R(s) = \frac{1}{2\pi}\int_{-\infty}^{\infty} \tilde{R}(w)e^{iws}\,dw$$

(ii) 이를 이용하여 다음을 보여라.

$$\int_{-\infty}^{\infty} \tilde{R}(w)\,dw = 2\pi E[X^2(t)]$$

참고 문헌

[1] M.S. Bartlett, "An Introduction to Stochastic Processes," Cambridge University Press, London, 1954.

[2] U. Grenander and M. Rosenblatt, "Statistical Analysis of Stationary Time Series," John Wiley, New York, 1957.

[3] D. Heath and W. Sudderth, "On a Theorem of De Finetti, Oddsmaking, and Game Theory," *Ann. Math. Stat.* 43, 2072–2077 (1972).

[4] S. Karlin and H. Taylor, "A Second Course in Stochastic Processes," Academic Press, Orlando, FL, 1981.

[5] L.H. Koopmans, "The Spectral Analysis of Time Series," Academic Press, Orlando, FL, 1974.

[6] S. Ross, "Stochastic Processes," Second Edition, John Wiley, New York, 1996.

시뮬레이션

Simulation

11.1 서론

$\mathbf{X} = (X_1, \ldots, X_n)$을 주어진 밀도함수 $f(x_1, \ldots, x_n)$을 갖는 확률벡터라고 하고, 어떤 n차원 함수 g에 대해 다음을 계산하고 싶다고 하자.

$$E[g(\mathbf{X})] = \iint \cdots \int g(x_1, \ldots, x_n) f(x_1, \ldots, x_n)\, dx_1\, dx_2 \cdots dx_n$$

일예로, X가 처음 $[n/2]$개의 도착간격과 서비스시간을 나타낼 때 g는 처음 $[n/2]$명 고객의 대기열에서의 총 지연시간이 될 수 있다.* 많은 경우에 위의 다중적분을 정확히 계산하거나, 주어진 정확도 내에서 수치적으로 근사하는 것이 해석적으로 가능하지 않다. 남아있는 한 가지 가능성은 시뮬레이션으로 $E[g(\mathbf{X})]$의 근사값을 구하는 것이다.

$E[g(\mathbf{X})]$의 근사값을 구하기 위해, 먼저 결합 밀도함수 $f(x_1, \ldots, x_n)$을 갖는 확률벡터 $\mathbf{X}^{(1)} = \left(X_1^{(1)}, \ldots, X_n^{(1)}\right)$를 만들고 $Y^{(1)} = g\left(\mathbf{X}^{(1)}\right)$을 계산한다. 이제 두 번째 확률벡터(첫 번째와 독립인) $\mathbf{X}^{(2)}$을 만들고 $Y^{(2)} = g\left(\mathbf{X}^{(2)}\right)$를 계산한다. 고정된 숫자 r개의 독립이고 동일하게 분포된 확률변수 $Y^{(i)} = g\left(\mathbf{X}^{(i)}\right)$, $i = 1, \ldots, r$가 생성될 때까지 이를 반복한다. 이제 큰 수의 강법칙에 의해 다음을 알 수 있다.

$$\lim_{r\to\infty} \frac{Y^{(1)} + \cdots + Y^{(r)}}{r} = E[Y^{(i)}] = E[g(\mathbf{X})]$$

그래서 이렇게 생성된 Y의 평균을 $E[g(\mathbf{X})]$의 추정치로 사용할 수 있다. $E[g(\mathbf{X})]$를 추정하는 이러한 접근법을 **몬테칼로 시뮬레이션**(Monte Carlo simulation) 접근법이라고 한다.

분명히 특정 결합분포를 갖는 확률벡터를 어떻게 생성, 또는 **시뮬레이션**(simulation)하는가 하는 문제가 남는다. 이를 위한 첫 단계는 (0, 1) 구간의 균등분포로부터 확률변수를 생성하는 것이다. 이렇게 하는 한 가지 방법은 0, 1, ..., 9의 숫자가 적힌 10개의 동일한 종이를 모자 안에 넣고 n개의 종이를 연속적으로 고르는 것이다. 이 때 한 번 고른 종이는 다시 모자 안에 넣고 다음 번 종이를 고른다. 이렇게 얻는 숫자들의 열은 (맨 앞에 소수점을 놓고) 가장 가까운 $\left(\frac{1}{10}\right)^n$값으로 반올림된 균등(0, 1) 확률변수 값으로 생각할 수 있다. 예를 들어, 선택된 숫자의 순서가 3, 8, 7, 2, 1이라면 균등(0, 1) 확률변수 값은 0.38721(가장 가까운 0.00001까지)이다. 난수표라고 알려진 균등(0, 1) 확률변수 값의 표는 대규

* a 이하의 가장 큰 정수를 나타내기 위해 $[a]$를 사용한다.

모로 출간된 바 있다(예를 들면, The RAND Corporation의 A Million Random Digits with 100, 000 Normal Deviates (New York: The Free Press, 1955) 참조). 표 11.1은 그런 표 중의 하나이다.

그러나, 이는 디지털 컴퓨터가 균등(0, 1) 확률변수를 시뮬레이션 하는 방법이 아니다. 현실에서는 진정한 난수 대신에 유사(pseudo) 난수를 사용한다. 대부분의 난수 생성기는 씨앗이라고 불리는 초기값 X_0로부터 시작하여, 특정한 양의 정수 a, c, m에 대해 다음과 같이 놓아 되돌림 방식으로 값을 계산한다.

$$X_{n+1} = (aX_n + c) \quad \text{modulo}\, m, \quad n \geqslant 0$$

이는 $aX_n + c$를 m으로 나누고 그 나머지를 X_{n+1} 값으로 취한다는 의미이다. 따라서, 각각의 X_n은 0, 1, ..., $m - 1$ 중 하나이고 X_n/m 값은 균등(0, 1) 확률변수의 근사값으로 여겨진다. a, c, m을 적절히 선택하면 위 식이 독립인 균등(0, 1) 확률변수로부터 생성된 것처럼 보이는 일련의 숫자들을 만들어낸다는 것을 보일 수 있다.

임의의 분포를 갖는 확률변수의 시뮬레이션을 위한 시작점으로, 균등(0, 1) 분포로부터 숫자들을 시뮬레이션 할 수 있다고 가정한다. 그리고 "난수"라는 용어를 주어진 분포로부터 생성된 독립적인 확률변수를 의미하기 위해 사용하기로 한다. 11.2절과 11.3절에서는 연속 확률변수를 시뮬레이션하기 위한 일반적인 기법과 특수한 기법을 함께 제시한다. 11.4절에서는 이산 확률변수를 위한 기법을 제시한다. 11.5절에서는 결합적으로 분포된 확률변수들과 확률과정의 시뮬레이션에 대해 논의한다. 비동질 푸아송과정의 시뮬레이션에 대해 특히 관심을 기울이고 이를 위한 세 가지 서로 다른 접근법에 대해 논의한다. 이차원 푸아송과정의 시뮬레이션은 11.5.2절에서 논의한다. 11.6절에서는 분산을 줄여 시뮬레이션 추정치의 정확도를 높이기 위한 다양한 방법에 대해 논의한다. 11.7절에서는 원하는 정확도를 얻기 위해 필요한 시뮬레이션 수행 횟수를 선택하는 문제를 고려한다. 이러한 계획을 착수하기 전에, 순열조합 문제에 대한 시뮬레이션 응용 두 가지를 고려해보자.

예제 11.1 (무작위 순열 생성) 모든 가능한 $n!$ 경우가 동일한 가능성을 갖도록 숫자 1, 2, ..., n의 순열을 만드는데 관심이 있다고 하자. 다음과 같은 알고리즘으로 이를 달성할 수 있다. 먼저 1, 2, ..., n 중 하나의 숫자를 무작위로 고르고 그 숫자를 n번째 위치에 놓는다. 그 다음 남은 $n - 1$개 숫자 중 하나를 무작위로 골라 $n - 1$번째 위치에 놓는다. 다음 남은 $n - 2$개 숫자 중 하나를 무작위로 골라 $n - 2$번째 위치에 놓는다. 이와 같이 계속한다(숫자를 무작위로 고른다는 것은 남은 숫자들 모두가 동일한 선택 가능성을 가진다는 의미이다). 그러나 숫자들을 순서가 매겨진 목록에 넣고 숫자 그 자체보다는 숫자의 위치를 무작위로 고르는 것이 더 편리하고 효율적이다. 이렇게 하면 선택되고 남아 있는 숫자가 정확히 무엇인지 고려하지 않아도 된다. 먼저 임의의 초기 배열 $p_1, p_2, \ldots, p_n$으로부터 시작한다. 위치 1, 2, ..., n 중 하나를 무작위로 선택하고 그 위치에 있는 숫자를 n번째 위치에 있는 숫자와 바꾼다. 이제 위치 1, ..., $n - 1$ 중 하나를 무작위로 선택하고 그 위치에 있는 숫자를 $n - 1$번째 위치에 있는 숫자와 바꾼다. 이와 같이 계속한다.

이 알고리즘을 구현하기 위해 1, 2, ..., k 값 중 어떤 값도 동일한 가능성으로 갖는 확률변수를 생성할 수 있어야 한다. 이를 위해 U를 난수[즉, U는 (0, 1) 구간의 균등분포를 갖는다]라 하고, kU가 (0, k) 구간의 균등분포를 갖고 그래서

$$P\{i - 1 < kU < i\} = \frac{1}{k}, \quad i = 1, \ldots, k$$

임에 주목한다. 그러면 확률변수 $I = [kU] + 1$은

$$P\{I = i\} = P\{[kU] = i - 1\} = P\{i - 1 < kU < i\} = \frac{1}{k}$$

표 11.1 난수표

04839	96423	24878	82651	66566	14778	76797	14780	13300	87074
68086	26432	46901	20848	89768	81536	86645	12659	92259	57102
39064	66432	84673	40027	32832	61362	98947	96067	64760	64584
25669	26422	44407	44048	37937	63904	45766	66134	75470	66520
64117	94305	26766	25940	39972	22209	71500	64568	91402	42416
87917	77341	42206	35126	74087	99547	81817	42607	43808	76655
62797	56170	86324	88072	76222	36086	84637	93161	76038	65855
95876	55293	18988	27354	26575	08625	40801	59920	29841	80150
29888	88604	67917	48708	18912	82271	65424	69774	33611	54262
73577	12908	30883	18317	28290	35797	05998	41688	34952	37888
27958	30134	04024	86385	29880	99730	55536	84855	29080	09250
90999	49127	20044	59931	06115	20542	18059	02008	73708	83517
18845	49618	02304	51038	20655	58727	28168	15475	56942	53389
94824	78171	84610	82834	09922	25417	44137	48413	25555	21246
35605	81263	39667	47358	56873	56307	61607	49518	89356	20103
33362	64270	01638	92477	66969	98420	04880	45585	46565	04102
88720	82765	34476	17032	87589	40836	32427	70002	70663	88863
39475	46473	23219	53416	94970	25832	69975	94884	19661	72828
06990	67245	68350	82948	11398	42878	80287	88267	47363	46634
40980	07391	58745	25774	22987	80059	39911	96189	41151	14222
83974	29992	65381	38857	50490	83765	55657	14361	31720	57375
33339	31926	14883	24413	59744	92351	97473	89286	35931	04110
31662	25388	61642	34072	81249	35648	56891	69352	48373	45578
93526	70765	10592	04542	76463	54328	02349	17247	28865	14777
20492	38391	91132	21999	59516	81652	27195	48223	46751	22923
04153	53381	79401	21438	83035	92350	36693	31238	59649	91754
05520	91962	04739	13092	97662	24822	94730	06496	35090	04822
47498	87637	99016	71060	88824	71013	18735	20286	23153	72924
23167	49323	45021	33132	12544	41035	80780	45393	44812	12515
23792	14422	15059	45799	22716	19792	09983	74353	68668	30429
85900	98275	32388	52390	16815	69298	82732	38480	73817	32523
42559	78985	05300	22164	24369	54224	35083	19687	11062	91491
14349	82674	66523	44133	00697	35552	35970	19124	63318	29686
17403	53363	44167	64486	64758	75366	76554	31601	12614	33072
23632	27889	47914	02584	37680	20801	72152	39339	34806	08930

을 만족한다. 무작위 순열 생성을 위한 이 알고리즘은 다음과 같이 쓰일 수 있다.

단계 1: $p_1, p_2, \ldots, p_n$을 $1, 2, \ldots, n$의 임의의 순열이라고 한다(예를 들어, $p_j = j, j = 1, \ldots, n$로 선택할 수 있다).

단계 2: $k = n$이라고 한다.

단계 3: 난수 U를 생성하고 $I = [kU] + 1$이라고 한다.

단계 4: p_I와 p_k 값을 교환한다.

단계 5: $k = k - 1$이라고 놓고, $k > 1$이면 단계 3으로 간다.

단계 6: $p_1, p_2, \ldots, p_n$이 원하는 무작위 순열이다.

예를 들어, $n = 4$이고 처음 순열이 1, 2, 3, 4라고 가정하자. I의 첫 번째 값이(1, 2, 3, 4일 가능성이 똑같음) $I = 3$이면, 새로운 순열은 1, 2, 4, 3이 된다. I의 다음 값이 $I = 2$이면 새 순열은 1, 4, 2, 3이 된다. I의 마지막 값이 $I = 2$이면 최종 순열은 1, 4, 2, 3이고 이것이 무작위 순열이 된다.

이 알고리즘의 매우 중요한 특성은 정수 $1, 2, \ldots, n$의, 가령 크기 r인, 무작위 부분집합을 생성하기 위해서도 사용될 수 있다는 점이다. 즉, 이 알고리즘을 위치 $n, n-1, \ldots, n-r+1$이 채워질 때까지 수행한다. 이 위치에 있는 숫자들이 랜덤 부분집합을 구성한다. ■

예제 11.2 (큰 목록에서 서로 다른 항목의 개수 추정) n개의 항목으로 이루어진 목록을 고려하자. n은 매우 크고, 이 목록에서 서로 다른 요소들의 개수 d를 추정하는데 관심이 있다고 가정한다. m_i가 i번째 위치의 요소가 이 목록에서 등장하는 횟수를 나타낸다면, d를 다음과 같이 표현할 수 있다.

$$d = \sum_{i=1}^{n} \frac{1}{m_i}$$

d를 추정하기 위해, $1, 2, \ldots, n$일 가능성이 동일한 확률변수 X를 생성한다고 하고(즉, $X = [nU] + 1$이라고 함) $m(X)$를 X번째 위치의 요소가 이 목록에서 등장하는 횟수라고 한다. 그러면

$$E\left[\frac{1}{m(X)}\right] = \sum_{i=1}^{n} \frac{1}{m_i}\frac{1}{n} = \frac{d}{n}$$

이다. 그러므로, k개의 이런 확률변수 $X_1, \ldots, X_k$를 생성하면, d를 다음과 같이 추정할 수 있다.

$$d \approx \frac{n\sum_{i=1}^{k} 1/m(X_i)}{k}$$

이제 이 목록의 각 항목에 부여된 값이 있다고 가정하자[$v(i)$를 i번째 요소의 값이라 하자]. 서로 다른 항목 값들의 합(v라고 놓자)은 다음과 같이 표현될 수 있다.

$$v = \sum_{i=1}^{n} \frac{v(i)}{m(i)}$$

이제 U가 난수이고 $X = [nU] + 1$이면

$$E\left[\frac{v(X)}{m(X)}\right] = \sum_{i=1}^{n} \frac{v(i)}{m(i)}\frac{1}{n} = \frac{v}{n}$$

이다. 그러므로 $X_1, \ldots, X_k$를 생성하여 다음과 같이 v를 추정할 수 있다.

$$v \approx \frac{n}{k}\sum_{i=1}^{k} \frac{v(X_i)}{m(X_i)}$$

이의 중요한 응용을 위해, $A_i = \{a_{i,1}, \ldots, a_{i,n_i}\}$, $i = 1, \ldots, s$가 사건들을 나타내고 $P\left(\bigcup_{i=1}^{s} A_i\right)$를 추정하는데 관심이 있다고 가정하자. $m(a_{i,j})$가 $a_{i,j}$가 속하는 사건들의 개수일 때

$$P\left(\bigcup_{i=1}^{s} A_i\right) = \sum_{a \in \cup A_i} P(a) = \sum_{i=1}^{s}\sum_{j=1}^{n_i} \frac{P(a_{i,j})}{m(a_{i,j})}$$

이므로, 이 방법은 $P\left(\bigcup_{1}^{s} A_i\right)$을 추정하기 위해 사용될 수 있다.

v를 추정하기 위한 이 절차는 값들의 집합$\{v_1, \ldots, v_n\}$에 대한 사전지식 없이도 유효함에 주목하자. 즉, 특정한 위치에 있는 요소의 값과 그 요소가 목록에 등장하는 횟수만 알 수 있으면 충분하다. 값들의 집합이 사전에 알려져 있을 때 사용할 수 있는 또 다른 접근법이, 예제 11.11에서 보이는 것처럼 존재한다. ■

11.2 연속 확률변수를 시뮬레이션 하는 일반 기법

이 절에서는 연속 확률변수를 시뮬레이션 하는 세 가지 방법을 제시한다.

11.2.1 역변환법

연속분포를 갖는 확률변수를 시뮬레이션 하는 일반적인 방법인 **역변환법**(inverse transformation method)은 다음 명제에 기반한다.

명제 11.1 U를 균등(0, 1) 확률변수라고 하자. 임의의 연속 분포함수 F에 대해

$$X = F^{-1}(U)$$

와 같이 확률변수 X를 정의하면 확률변수 X는 분포함수 F를 갖는다. [$F^{-1}(u)$는 $F(x) = u$인 x와 같도록 정의된다.]

증명▶

$$\begin{aligned} F_X(a) &= P\{X \leqslant a\} \\ &= P\{F^{-1}(U) \leqslant a\} \end{aligned} \tag{11.1}$$

이제 $F(x)$는 단조함수이므로 $F^{-1}(U) \le a$일 필요충분조건은 $U \le F(a)$가 된다. 그러므로 식 (11.1)로부터 다음을 알 수 있다.

$$\begin{aligned} F_X(a) &= P\{U \leqslant F(a)\} \\ &= F(a) \end{aligned}$$

■

그러므로 F^{-1}을 계산할 수 있다면 먼저 난수 U를 시뮬레이션 하고 $X = F^{-1}(U)$라고 놓아서 연속분포 F를 갖는 확률변수 X를 시뮬레이션 할 수 있다.

예제 11.3 (지수 확률변수 시뮬레이션) $F(x) = 1 - e^{-x}$이면 $F^{-1}(u)$는

$$1 - e^{-x} = u$$

또는

$$x = -\log(1 - u)$$

를 만족하는 x 값을 갖는다. 그러므로 U가 균등(0, 1) 확률변수이면

$$F^{-1}(U) = -\log(1 - U)$$

는 평균 1인 지수분포를 갖는다. $1 - U$도 (0, 1) 구간의 균등분포를 가지므로, $-\log U$는 평균 1인 지수분포를 갖는다. X가 평균 1인 지수 확률변수일 때 cX는 평균 c인 지수 확률변수이므로, $-c \log U$는 평균 c인 지수 확률변수이다. ■

11.2.2 기각법

밀도함수 $g(x)$를 갖는 확률변수를 시뮬레이션 하는 방법을 알고 있다고 가정하자. 이를 밀도함수 $f(x)$를 갖는 연속분포로부터 시뮬레이션하기 위한 기초로 사용할 수 있다. 먼저 g로부터 Y를 시뮬레이션하고, 이 시뮬레이션 된 값을 $f(Y)/g(Y)$에 비례하는 확률로 채택하는 것이다.

구체적으로 c를 다음을 만족하는 상수라고 한다.

$$\frac{f(y)}{g(y)} \leqslant c \quad \text{모든 } y\text{에 대해}$$

그러면 다음과 같이 밀도함수 f를 갖는 확률변수를 시뮬레이션하기 위한 기법을 갖게 된다.

기각법(Rejection Method)

단계 1: 밀도함수 g를 갖는 Y를 시뮬레이션 하고, 난수 U를 시뮬레이션 한다.

단계 2: $U \le f(Y)/cg(Y)$이면 $X = Y$라고 한다. 그렇지 않으면 단계 1로 돌아간다.

명제 11.2 기각법에 의해 생성된 확률변수 X는 밀도함수 f를 갖는다.

증명▶ X를 이렇게 얻어진 값이라고 하고, N은 필요한 반복횟수라고 하자. 그러면

$$
\begin{aligned}
P\{X \leqslant x\} &= P\{Y_N \leqslant x\} \\
&= P\{Y \leqslant x | U \leqslant f(Y)/cg(Y)\} \\
&= \frac{P\{Y \leqslant x, U \leqslant f(Y)/cg(Y)\}}{K} \\
&= \frac{\int P\{Y \leqslant x, U \leqslant f(Y)/cg(Y) | Y = y\} g(y)\, dy}{K} \\
&= \frac{\int_{-\infty}^{x} (f(y)/cg(y)) g(y)\, dy}{K} \\
&= \frac{\int_{-\infty}^{x} f(y)\, dy}{Kc}
\end{aligned}
$$

이고, 여기서 $K = P\{U \le f(Y)/cg(Y)\}$이다. x를 무한대로 보내면 $K = 1/c$이 되고, 이로써 증명이 완성된다. ■

참고:

(i) 이 방법은 원래 폰 노이만(von Neumann)에 의해 g가 일정한 유한구간 (a, b)에서만 양이고 Y가 (a, b) 구간에서 균등분포를 갖는 특별한 경우(즉, $Y = a + (b - a)U$)에 대하여 제안되었다.

(ii) "확률 $f(Y)/c\ g(Y)$로 Y 값을 채택"하는 방법은 균등(0, 1) 확률변수 U를 생성한 후 $U \le f(Y)/c\ g(Y)$이면 Y를 채택하는 것임에 주의하자.

(iii) 이 방법에서 매회 반복할 때마다, 독립적으로, 확률 $P\{U \le f(Y)/cg(Y)\} = 1/c$로 채택된 값을 얻으므로, 반복횟수는 평균 c인 기하분포를 갖는다.

(iv) 실제로 채택을 할지 안 할지 결정할 때 새로운 균등 난수를 생성할 필요는 없다. 왜냐 하면, 추가 계산을 통해 매회 적절히 수정하여 한 개의 난수를 계속 사용할 수 있기 때문이다. 그 방법을 살펴보기 위해, U의 실제값이 사용되지 않고 $U < f(Y)/cg(Y)$인지 아닌지 결정하기 위해서만 사용되는 것에 주목하자. 그러므로 Y가 기각되면, 즉, $U > f(Y)/cg(Y)$이면, Y가 주어졌을 때

$$
\frac{U - f(Y)/cg(Y)}{1 - f(Y)/cg(Y)} = \frac{cUg(Y) - f(Y)}{cg(Y) - f(Y)}
$$

이 (0, 1) 구간의 균등분포를 갖는다는 사실을 이용할 수 있다. 그러므로 이 값을 다음 반복에서 균등 난수로 사용할 수 있다. 위와 같은 계산을 비용으로 하여 난수 발생이 절약되기 때문에, 최종적으로 절약이 되는지 아닌지 여부는 난수 생성을 위해 사용하는 방법에 크게 의존한다. ■

예제 11.4 다음 밀도함수를 갖는 확률변수를 생성하기 위해 기각법을 사용해보자.

$$
f(x) = 20x(1 - x)^3, \quad 0 < x < 1
$$

이 확률변수(모수가 2와 4인 베타 확률변수)는 (0, 1) 구간에 값이 집중되어 있으므로, 다음과 같은 함수를 갖는 기각법을 고려한다.

$$g(x) = 1, \quad 0 < x < 1$$

$f(x)/g(x) \leq c$를 만족하도록 상수 c를 정하기 위해 미적분학을 이용하여 다음 함수의 최댓값을 구한다.

$$\frac{f(x)}{g(x)} = 20x(1-x)^3$$

이를 미분하면 다음을 얻는다.

$$\frac{d}{dx}\left[\frac{f(x)}{g(x)}\right] = 20\Big[(1-x)^3 - 3x(1-x)^2\Big]$$

이 식이 0과 같다고 놓으면 $x = \frac{1}{4}$일 때 최댓값이 얻어지고, 따라서

$$\frac{f(x)}{g(x)} \leqslant 20\left(\frac{1}{4}\right)\left(\frac{3}{4}\right)^3 = \frac{135}{64} \equiv c$$

이다. 그러므로

$$\frac{f(x)}{cg(x)} = \frac{256}{27}x(1-x)^3$$

이고, 따라서 기각법 절차는 다음과 같이 된다.

단계 1: 난수 U_1과 U_2를 생성한다.

단계 2: $U_2 \leqslant \frac{256}{27}U_1(1-U_1)^3$이면 중지하고 $X = U_1$이라고 한다. 그렇지 않으면, 단계 1로 돌아간다.

단계 1을 수행하는 평균 횟수는 $c = \frac{135}{64}$이다. ■

예제 11.5 (정규 확률변수 시뮬레이션) 표준정규 확률변수(즉, 평균이 0이고 분산이 1인 정규 확률변수) Z를 시뮬레이션하기 위해 먼저 Z의 절댓값이 다음과 같은 밀도함수를 가짐에 주목한다.

$$f(x) = \frac{2}{\sqrt{2\pi}}e^{-x^2/2}, \quad 0 < x < \infty \tag{11.2}$$

다음 함수를 가지고 기각법을 사용하여 위의 밀도함수로부터 시뮬레이션을 하는 것으로 시작하자.

$$g(x) = e^{-x}, \quad 0 < x < \infty$$

이제 다음에 주목한다.

$$\frac{f(x)}{g(x)} = \sqrt{2e/\pi}\exp\{-(x-1)^2/2\} \leqslant \sqrt{2e/\pi}$$

그러므로 식 (11.2)로부터 다음과 같은 기각법을 사용하여 시뮬레이션 할 수 있다.

(a) 독립 확률변수 Y와 U를 생성한다. Y는 발생률 1인 지수분포를 갖고 U는 (0, 1) 구간의 균등분포를 갖는다.

(b) $U \leq \exp\{-(Y-1)^2/2\}$이면, 또는 이와 동등하게,

$$-\log U \geqslant (Y-1)^2/2$$

이면, $X = Y$라고 한다. 그렇지 않으면 단계 (a)로 돌아간다.

일단 밀도함수 (11.2)를 갖는 확률변수 X를 시뮬레이션 하면 Z가 동일한 가능성으로 X 또는 $-X$가 되게 하여 표준정규 확률변수 Z를 시뮬레이션 할 수 있다.

위의 방법을 개선하기 위해, 먼저 예제 11.3으로부터 $-\log U$도 발생률 1인 지수분포를 가짐에 주목한다. 그러므로 단계 (a)와 (b)는 다음과 동일하다.

(a′) 서로 독립이고 발생률이 1인 지수 확률변수 Y_1과 Y_2를 생성한다.
(b′) $Y_2 \geq (Y_1 - 1)^2/2$이면 $X = Y$라고 한다. 그렇지 않으면 단계 (a′)으로 돌아간다.

이제 단계 (b′)를 채택한다고 가정한다. 그러면 지수분포의 망각성질에 의해 Y_2가 $(Y_1 - 1)^2/2$을 초과하는 양도 역시 발생률 1인 지수분포를 갖는다. 정리하면, 발생률 1인 지수 확률변수와 독립인 표준정규 확률변수를 생성하는 다음 알고리즘을 갖게 된다.

단계 1: 비율 1인 지수 확률변수 Y_1을 생성한다.
단계 2: 비율 1인 지수 확률변수 Y_2를 생성한다.
단계 3: $Y_2 - (Y_1 - 1)^2/2 > 0$이면 $Y = Y_2 - (Y_1 - 1)^2/2$라고 하고 단계 4로 간다. 아니면 단계 1로 간다.
단계 4: 난수 U를 생성하고

$$Z = \begin{cases} Y_1, & U \leqslant \frac{1}{2} \text{ 이면} \\ -Y_1, & U > \frac{1}{2} \text{ 이면} \end{cases}$$

이라고 한다.
위에서 생성된 확률변수 Z와 Y는 독립이고 Z는 평균 0, 분산 1인 정규 확률변수이고 Y는 발생률 1인 지수 확률변수이다. (평균 μ, 분산 σ^2인 정규 확률변수를 원하면, $\mu + \sigma Z$을 사용한다.) ■

참고:

(i) $c = \sqrt{2e/\pi} \approx 1.32$이므로, 이 방법에서 필요로 하는 단계 2의 반복횟수는 평균 1.32인 기하분포를 갖는다.

(ii) 단계 4에서 사용된 마지막 난수는 별도로 시뮬레이션 할 필요 없이 이전에 사용된 난수의 첫째 자릿수로부터 얻을 수 있다. 즉, 지수 확률변수를 시뮬레이션 하기 위해 난수를 생성했다고 가정하면, 이 난수의 첫째 자릿수를 떼어 내고 나머지 자릿수들을(소수점을 오른쪽으로 한 자리 이동하여) 난수로 사용한다. 이 첫째 자릿수가 0, 1, 2, 3, 4 중 하나(또는 컴퓨터가 이진 자릿수를 생성하면 0)이면 Z의 부호를 양으로 하고 아니면 음으로 한다.

(iii) 연이어 표준정규 확률변수들을 생성하려면, 단계 3에서 얻은 지수 난수를 다음 번 정규 확률변수를 생성하기 위해 단계 1에서 필요한 첫 지수 난수로 사용할 수 있다. 그러므로 평균적으로, 1.64개 지수 확률변수를 생성하고 1.32번 제곱값을 계산하여 정규 확률변수를 시뮬레이션 할 수 있다.

11.2.3 위험율법

F를 $\bar{F}(0) = 1$인 연속분포함수라고 하자. F의 위험률 함수 $\lambda(t)$는 다음과 같이 정의됨을 기억하자.

$$\lambda(t) = \frac{f(t)}{\bar{F}(t)}, \quad t \geqslant 0$$

(여기서 $f(t) = F'(t)$는 밀도함수다). 또 $\lambda(t)$는 수명분포 F를 갖는 어떤 물품이 t까지 생존했을 때, t 시점에서 고장 날 순간 확률 강도를 나타냄을 기억하자.

이제 $\int_0^\infty \lambda(t)\,dt = \infty$인 유계 함수 $\lambda(t)$가 주어지고 위험률 함수로 $\lambda(t)$를 갖는 확률변수 S를 시뮬레이션 한다고 가정한다.

이를 위해 λ를 다음과 같이 놓는다.

$$\lambda(t) \leqslant \lambda \quad \text{모든 } t \geqslant 0\text{에 대해}$$

$\lambda(t),\ t \geq 0$로부터 시뮬레이션 하기 위해

(a) 발생률 λ인 푸아송과정을 시뮬레이션 한다. 그리고 이 푸아송사건의 일부만 "채택" 또는 "계수"한다. 구체적으로

(b) 다른 모든 것에 독립적으로, 확률 $\lambda(t)/\lambda$로 t 시점에 발생하는 사건을 계수한다.

이제 다음 명제를 갖는다.

명제 11.3 처음 계수된 사건의 시간(S라고 놓자)은 위험률 $\lambda(t),\ t \geq 0$을 갖는 확률변수이다.

증명▶

$$\begin{aligned} P\{t < S < t + dt | S > t\} &= P\{(t,\ t + dt)\text{에서 처음 계수됨} \mid t \text{ 전에 계수된 사건이 없음}\} \\ &= P\{(t,\ t + dt)\text{에서 푸아송사건이 발생하고 계수됨} \mid t \text{ 전에 계수된 사건이 없음}\} \\ &= P\{(t,\ t + dt)\text{에서 푸아송사건이 발생하고 계수됨}\} \end{aligned}$$

이는 증명을 완성한다. 마지막에서 두 번째 등식은 푸아송과정의 독립증분 성질로부터 얻어짐에 주목한다. ■

발생률 λ인 푸아송과정의 도착간격은 발생률 λ인 지수분포를 따르기 때문에, 예제 11.3과 앞의 명제로부터 다음 알고리즘이 위험률 함수 $\lambda(t),\ t \geq 0$를 갖는 확률변수를 생성하게 된다.

$\lambda_S(t) = \lambda(t)$인 S를 생성하기 위한 위험률법

모든 $t \geq 0$에 대해 $\lambda(t) \leq \lambda$라고 하자. X_i는 발생률 λ인 지수 확률변수이고 U_i는 균등(0, 1) 확률변수인 U_i 와 $X_i,\ i \geq 1$ 쌍을 생성하다가 다음에서 멈춘다.

$$N = \min\left\{n:\ U_n \leqslant \lambda\left(\sum_{i=1}^{n} X_i\right) \Big/ \lambda\right\}$$

다음과 같이 놓는다.

$$S = \sum_{i=1}^{N} X_i$$

■

$E[N]$을 계산하기 위해 월드의 등식(Wald's equation)으로 알려진 다음 결과를 필요로 한다. $X_1,\ X_2,\ \ldots$가 일정한 랜덤시간 N까지 순차적으로 관측된 독립이고 동일하게 분포된 확률변수들이라면

$$E\left[\sum_{i=1}^{N} X_i\right] = E[N]E[X]$$

이다. 좀 더 정확히 표현하면, $X_1,\ X_2,\ \ldots$가 일련의 독립 확률변수라고 하고 다음 정의를 고려한다.

정의 11.1 모든 $n = 1,\ 2,\ \ldots$에 대해 $\{N = n\}$인 사건이 $X_{n+1},\ X_{n+2},\ \ldots$에 독립이면, 정수값을 갖는 확률변수 N을 $X_1,\ X_2,\ \ldots$에 대한 **정지시간**(stopping time)이라고 한다.

직관적으로, X_n 값들을 차례로 관측하며 N은 정지하기 전에 관측한 횟수이다. 모든 $n = 1,\ 2,\ \ldots$에 대해 $N = n$이면 $X_1,\ \ldots,\ X_n$을 관측한 후 $X_{n+1},\ X_{n+2},\ \ldots$을 관측하기 전에 정지한 것이다.

예제 11.6 $X_n,\ n = 1,\ 2,\ \ldots$이 서로 독립이고 다음과 같다고 하자.

$$P\{X_n = 0\} = P\{X_n = 1\} = \tfrac{1}{2}, \quad n = 1, 2, \ldots$$

이제

$$N = \min\{n: X_1 + \cdots + X_n = 10\}$$

로 놓으면 N은 정지시간이다. N을 연속적으로 공평한 동전을 던지다가 앞면이 나온 횟수가 10이면 정지하는 실험의 정지시간으로 생각할 수 있다. ■

명제 11.4 (월드의 등식) $X_1, X_2, \ldots$가 유한한 기댓값을 갖는 독립이고 동일하게 분포된 확률변수이고, N이 $E[N] < \infty$인 $X_1, X_2, \ldots$에 대한 정지시간이면 다음이 성립한다.

$$E\left[\sum_1^N X_n\right] = E[N]E[X]$$

증명▶ 우선

$$I_n = \begin{cases} 1, & N \geq n\text{일 때} \\ 0, & N < n\text{일 때} \end{cases}$$

로 놓으면

$$\sum_{n=1}^{N} X_n = \sum_{n=1}^{\infty} X_n I_n$$

이 되고 그러므로,

$$E\left[\sum_{n=1}^{N} X_n\right] = E\left[\sum_{n=1}^{\infty} X_n I_n\right] = \sum_{n=1}^{\infty} E[X_n I_n] \tag{11.3}$$

이다. 그러나, 연이어 $X_1, \ldots, X_{n-1}$을 관측한 후에 정지하지 않았어야만 $I_n = 1$이 된다. 그러므로 I_n은 $X_1, \ldots, X_{n-1}$에 의해 결정되고 따라서 X_n에는 독립이다. 식 (11.3)으로부터 다음을 얻는다.

$$\begin{aligned} E\left[\sum_{n=1}^{N} X_n\right] &= \sum_{n=1}^{\infty} E[X_n]E[I_n] \\ &= E[X]\sum_{n=1}^{\infty} E[I_n] \\ &= E[X]E\left[\sum_{n=1}^{\infty} I_n\right] \\ &= E[X]E[N] \end{aligned}$$

■

위험률법으로 되돌아가서,

$$S = \sum_{i=1}^{N} X_i$$

이다. $N = \min\{n: U_n \leqslant \lambda\left(\sum_1^n X_i\right)/\lambda\}$이기 때문에, $N = n$인 사건은 $X_{n+1}, X_{n+2}, \ldots$에 독립이 된다. 그러므로 월드의 등식에 의해

$$\begin{aligned} E[S] &= E[N]E[X_i] \\ &= \frac{E[N]}{\lambda} \end{aligned}$$

또는

$$E[N] = \lambda E[S]$$

이다. 여기서 $E[S]$는 원하는 확률변수의 평균이다.

11.3 연속 확률변수를 시뮬레이션 하는 특수 기법

대부분의 일반적인 연속분포로부터 시뮬레이션하기 위한 특수 기법들이 고안되어 있다. 이제 그 중 일부를 제시한다.

11.3.1 정규분포

X와 Y를 서로 독립인 표준정규 확률변수라고 하면 다음과 같은 결합 밀도함수를 갖는다.

$$f(x, y) = \frac{1}{2\pi} e^{-(x^2+y^2)/2}, \quad -\infty < x < \infty, -\infty < y < \infty$$

이제 (X, Y)점의 극좌표를 고려한다. 그림 11.1에서 보인 것처럼

$$R^2 = X^2 + Y^2,$$
$$\Theta = \tan^{-1} Y/X$$

이다. R^2와 Θ의 결합 밀도함수를 구하기 위해 다음 변환을 고려한다.

$$d = x^2 + y^2, \quad \theta = \tan^{-1} y/x$$

이 변환의 야코비언은 다음과 같다.

$$J = \begin{vmatrix} \frac{\partial d}{\partial x} & \frac{\partial d}{\partial y} \\ \frac{\partial \theta}{\partial x} & \frac{\partial \theta}{\partial y} \end{vmatrix} = \begin{vmatrix} 2x & 2y \\ \frac{1}{1 + y^2/x^2}\left(\frac{-y}{x^2}\right) & \frac{1}{1 + y^2/x^2}\left(\frac{1}{x}\right) \end{vmatrix}$$

$$= 2\begin{vmatrix} x & y \\ -\frac{y}{x^2 + y^2} & \frac{x}{x^2 + y^2} \end{vmatrix} = 2$$

그러므로, 2.5.3절부터 R^2와 Θ의 결합 밀도함수는 다음과 같이 주어진다.

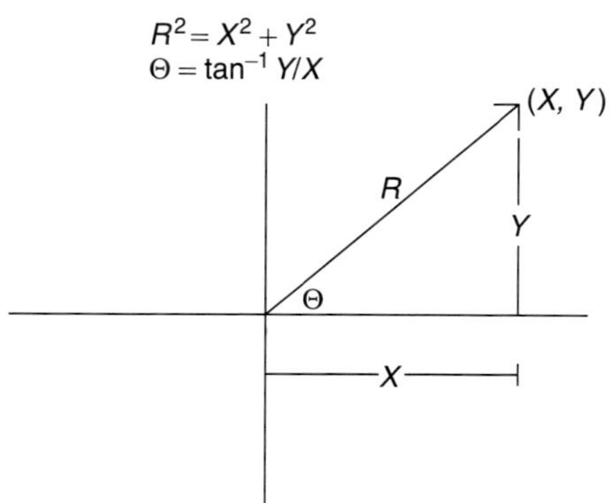

그림 11.1

$$
\begin{aligned}
f_{R^2,\Theta}(d,\theta) &= \frac{1}{2\pi}e^{-d/2}\frac{1}{2} \\
&= \frac{1}{2}e^{-d/2}\frac{1}{2\pi}, \quad 0 < d < \infty, 0 < \theta < 2\pi
\end{aligned}
$$

따라서, R^2와 Θ는 서로 독립이고, R^2는 발생률이 $\frac{1}{2}$인 지수분포를 갖고 Θ는 $(0,\ 2\pi)$ 구간의 균등분포를 갖는다.

이제 역으로 극좌표로부터 직교좌표로 가자. 위 결과로부터 발생률 $\frac{1}{2}$인 지수 확률변수 W(W는 R^2의 역할을 함)와, W와 독립이고 $(0,\ 2\pi)$ 구간의 균등분포를 갖는 V(V는 Θ의 역할을 함)를 가지고 시작한다. 그러면 $X = \sqrt{W}V$과 $Y = \sqrt{W}V$는 서로 독립인 표준정규 확률변수가 된다. 그러므로 예제 11.3 결과를 이용하여 U_1과 U_2가 서로 독립인 균등(0, 1) 확률변수이면

$$
\begin{aligned}
X &= (-2\log\ U_1)^{1/2}\cos(2\pi U_2), \\
Y &= (-2\log\ U_1)^{1/2}\sin(2\pi U_2)
\end{aligned} \tag{11.4}
$$

는 서로 독립인 표준정규 확률변수이다.

참고: $X^2 + Y^2$이 발생률이 $\frac{1}{2}$인 지수분포를 갖는 것은 매우 흥미롭다. 왜냐 하면 카이제곱분포 정의에 의해 $X^2 + Y^2$은 자유도 2인 카이제곱분포를 갖기 때문이다. 그러므로 이 두 분포는 동일하다.

표준정규 확률변수를 생성하기 위한 위의 접근법을 **박스-뮬러 접근법**(Box-Muller approach)이라고 한다. 이 접근법은 사인값과 코사인값을 계산해야 하기 때문에 효율성이 다소 감소된다. 그러나 이런 잠재적으로 시간소모적인 어려움을 우회하는 방법이 있다. 우선 U가 (0, 1) 구간의 균등분포를 가지면 $2U$는 (0, 2) 구간에서 균등분포를 갖는다. 그리고 $2U - 1$은 $(-1,\ 1)$ 구간에서 균등분포를 따른다. 따라서 난수 U_1, U_2를 생성하여 다음과 같이 놓으면

$$
\begin{aligned}
V_1 &= 2U_1 - 1, \\
V_2 &= 2U_2 - 1
\end{aligned}
$$

$(V_1,\ V_2)$는 중심이 (0, 0)인 면적 4인 정사각형 위에서 균등분포를 갖는다(그림 11.2 참조).

이제 $(V_1,\ V_2)$을 중심이 (0, 0)이고 반지름이 1인 원 안에 들어가는 값을 얻을 때까지, 즉, $V_1^2 + V_2^2 \leqslant 1$인 $(V_1,\ V_2)$를 얻을 때까지 생성한다고 가정하자. 이런 $(V_1,\ V_2)$는 이 원 위에서 균등분포를 갖게 된다. $\bar{R}$, $\bar{\Theta}$가 이 점의 극좌표이면, $\bar{R}$과 $\bar{\Theta}$는 서로 독립이고 $\bar{R}^2$은 (0, 1) 구간에서 균등분포를 갖고 $\bar{\Theta}$는 $(0,\ 2\pi)$에서 균등분포를 갖는 것을 쉽게 증명할 수 있다.

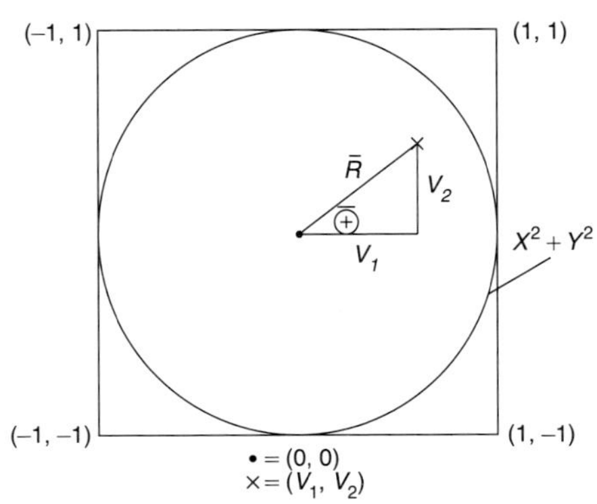

그림 11.2

$$\sin\bar{\Theta} = V_2/\bar{R} = \frac{V_2}{\sqrt{V_1^2 + V_2^2}},$$
$$\cos\bar{\Theta} = V_1/\bar{R} = \frac{V_1}{\sqrt{V_1^2 + V_2^2}}$$

이므로, 식 (11.4)로부터 서로 독립인 정규 확률변수 X와 Y를 생성할 수 있게 된다. 즉, 또 다른 난수 U를 생성하고

$$X = (-2\log U)^{1/2} V_1/\bar{R},$$
$$Y = (-2\log U)^{1/2} V_2/\bar{R}$$

라고 한다. 사실 ($V_1^2 + V_2^2 \leqslant 1$ 조건 하에서) $\bar{R}^2$은 (0, 1) 구간에서 균등분포를 갖고 $\bar{\Theta}$와 독립이므로, 새로운 난수 U를 생성하는 대신 $\bar{R}^2$을 사용할 수 있다. 따라서

$$X = (-2\log\bar{R}^2)^{1/2} V_1/\bar{R} = \sqrt{\frac{-2\log S}{S}} V_1,$$
$$Y = (-2\log\bar{R}^2)^{1/2} V_2/\bar{R} = \sqrt{\frac{-2\log S}{S}} V_2$$

는 서로 독립인 표준정규 확률변수임이 드러난다. 여기서

$$S = \bar{R}^2 = V_1^2 + V_2^2$$

이다.

정리하면 서로 독립인 표준정규 확률변수 쌍을 생성하기 위한 다음과 같은 접근법을 갖게 된다.

단계 1: 난수 U_1과 U_2를 생성한다.
단계 2: $V_1 = 2U_1 - 1,\ V_2 = 2U_2 - 1,\ S = V_1^2 + V_2^2$이라고 한다.
단계 3: $S > 1$이면 단계 1로 돌아간다.
단계 4: 다음과 같은 서로 독립인 단위 정규 확률변수를 얻는다.

$$X = \sqrt{\frac{-2\log S}{S}} V_1, \quad Y = \sqrt{\frac{-2\log S}{S}} V_2$$

이를 **극좌표법**(polar methed)이라고 한다. 정사각형 안의 임의의 점이 원 안에 있을 확률은 $\pi/4$(원 면적을 정사각형 면적으로 나눈 값)이므로, 평균적으로 극좌표법은 단계 1을 $4/\pi = 1.273$번 반복해야 한다. 그러므로, 2개의 서로 독립인 표준정규 확률변수를 생성하기 위해서 평균적으로 2.546개의 난수, 1번의 로그, 1번의 제곱근, 1번의 나눗셈, 그리고 4.546번의 곱셈 계산이 필요하다.

11.3.2 감마분포

모수가 (n, λ)(n은 정수)인 감마분포로부터 시뮬레이션 하기 위해 각각 발생률 λ를 갖는 n개의 서로 독립인 지수 확률변수의 합이 이 분포를 갖는다는 사실을 이용한다. 그러므로 $U_1, \ldots, U_n$이 균등(0, 1) 확률변수이면

$$X = \frac{1}{\lambda}\sum_{i=1}^{n} \log U_i = -\frac{1}{\lambda}\log\left(\prod_{i=1}^{n} U_i\right)$$

은 원하는 분포를 갖는다.

n이 클 때는 이렇게 많은 난수가 필요 없는 다른 기법들이 존재한다. 한 가지 방법은 기각법을 사용하는 것으로 $g(x)$를 평균 m/λ(이 값이 감마분포의 평균이므로)인 지수 확률변수의 밀도함수로 놓는다. n이 클 때 기각법 알고리즘의 평균 반복횟수는 $e\,[(n-1)/2\pi]^{1/2}$이다. 추가로, 연이은 감마 확률변수를 생성하기 원하면, 예제 11.4처럼 몇몇 조정을 통해 채택되었을 때 감마 확률변수뿐만 아니라 다음 감마 확률변수를 얻기 위해 사용할 수 있는 지수 확률변수를 그냥 얻을 수 있다(연습 문제 8 참조).

11.3.3 카이제곱분포

자유도 n인 카이제곱분포는 $\chi_n^2 = Z_1^2 + \cdots + Z_n^2$의 분포이다. 여기서 Z_i, $i = 1, \ldots, n$은 서로 독립인 표준정규 확률변수이다. 3.1절 끝부분의 참고에서 주목한 사실을 이용하여 $Z_1^2 + Z_2^2$이 발생률 $\frac{1}{2}$인 지수분포를 가짐을 알 수 있다. 그러므로 n이 짝수일 때($n = 2k$로 놓자) χ_{2k}^2는 모수 $\left(k, \frac{1}{2}\right)$인 감마분포를 갖는다. 그러므로, $-2\log(\prod_{i=1}^k U_i)$는 자유도 $2k$인 카이제곱분포를 갖는다. 자유도 $2k+1$인 카이제곱 확률변수의 경우, 먼저 표준정규 확률변수 Z를 시뮬레이션한 후에 Z^2을 위의 값에 더하여 시뮬레이션 할 수 있다. 즉,

$$\chi_{2k+1}^2 = Z^2 - 2\log\left(\prod_{i=1}^{k} U_i\right)$$

이다. 여기서 $Z, U_1, \ldots, U_n$은 서로 독립이고 Z는 표준정규 확률변수이고 나머지는 균등(0, 1) 확률변수이다.

11.3.4 베타(n, m) 분포

밀도함수가 다음과 같이 주어지면 확률변수 X는 모수가 n, m인 베타분포를 갖는다고 한다.

$$f(x) = \frac{(n+m-1)!}{(n-1)!(m-1)!} x^{n-1}(1-x)^{m-1}, \quad 0 < x < 1$$

이 분포로부터 시뮬레이션을 하기 위한 한 가지 접근법은 $U_1, \ldots, U_{n+m-1}$을 서로 독립인 균등(0, 1) 확률변수라고 하고 이 중 n번째로 작은 값($U_{(n)}$이라고 놓자)을 고려하는 것이다. 다음을 만족하면 $U_{(n)}$은 x 값을 갖는다. $n+m-1$개 변수들 중

(i) $n-1$개가 x보다 작고
(ii) 한 개가 x와 같으며
(iii) $m-1$개는 x보다 크다.

그러므로 $n+m-1$개 균등 확률변수들을 크기가 $n-1$, 1, $m-1$인 세 부분집합으로 분할할 때, 첫 번째 집합의 모든 변수들이 x보다 작고, 두 번째 집합의 변수는 x와 같고, 세 번째 집합의 모든 변수들은 x보다 클 확률(밀도)은 다음과 같다.

$$(P\{U < x\})^{n-1} f_U(x)(P\{U > x\})^{m-1} = x^{n-1}(1-x)^{m-1}$$

가능한 분할 경우의 수는 $(n+m-1)!/(n-1)!(m-1)!$이기 때문에 $U_{(n)}$은 모수 (n, m)인 베타분포를 갖게 된다.

따라서, 베타분포로부터 시뮬레이션 하는 한 방법은 $n+m-1$개 난수에서 n번째로 작은 값을 찾는 것이다. 그러나 n과 m이 크면, 이 절차가 특별히 효율적이라고 볼 수는 없다.

또 다른 접근법으로, 발생률 1인 푸아송과정을 고려하자. $(n+m)$번째 사건의 발생시간 S_{n+m}이 주

어졌을 때 처음 $n + m - 1$개 사건의 발생시간은 서로 독립적이고 $(0, S_{n+m})$ 구간에서 균등분포임을 기억하자. 그러므로, S_{n+m}이 주어졌을 때, 처음 $n + m - 1$개 사건 발생시간에서 n번째로 작은 시간, 즉, S_n은 $n + m - 1$개의 균등$(0, S_{n+m})$ 확률변수들 중에서 n번째로 작은 값과 같은 분포를 갖는다. 이로부터 S_n/S_{n+m}은 모수 (n, m)인 베타분포를 갖는다고 결론지을 수 있다. 그러므로, $U_1, \ldots, U_{n+m}$이 난수이면

$$\frac{-\log \prod_{i=1}^{n} U_i}{-\log \prod_{i=1}^{m+n} U_i} \text{ 은 모수 } (n, m)\text{인 베타확률변수이다.}$$

이를

$$\frac{-\log \prod_{i=1}^{n} U_i}{-\log \prod_{1}^{n} U_i - \log \prod_{n+1}^{n+m} U_i}$$

와 같이 쓰면 이것이 $X/(X + Y)$와 같은 분포를 가짐을 알 수 있다. 여기서 X와 Y는 서로 독립인 감마 확률변수이고 모수는 각각 $(n, 1)$과 $(m, 1)$이다. 그러므로 n과 m이 클 때 먼저 두 감마 확률변수를 시뮬레이션 해서 베타 확률변수를 효율적으로 시뮬레이션 할 수 있다.

11.3.5 지수분포 – 폰 노이만 알고리즘

앞에서 살펴보았듯이 발생률 1인 지수 확률변수는 난수의 로그값에 음수를 취하여 시뮬레이션 할 수 있다. 그러나, 로그값 계산을 위한 대부분의 컴퓨터 프로그램은 거듭제곱급수 전개를 포함하므로, 쉽게 계산할 수 있는 다른 방법이 있으면 유용할 것이다. 이제 폰 노이만이 제안한 방법을 제시하기로 한다.

우선 $U_1, U_2, \ldots$를 서로 독립인 균등$(0, 1)$ 확률변수라고 하고, $N, N \geq 2$을 다음과 같이 정의한다.

$$N = \min\{n: U_1 \geqslant U_2 \geqslant \cdots \geqslant U_{n-1} < U_n\}$$

즉, N은 처음으로 이전 것보다 큰 값을 갖는 난수의 번호이다. 이제 N과 U_1의 결합분포를 계산한다.

$$\begin{aligned} P\{N > n, U_1 \leqslant y\} &= \int_0^1 P\{N > n, U_1 \leqslant y | U_1 = x\}\, dx \\ &= \int_0^y P\{N > n | U_1 = x\}\, dx \end{aligned}$$

이제 $U_1 = x$가 주어졌을 때 $x \geq U_2 \geq \ldots \geq U_n$이면, 또는 이와 동등하게

(a) $U_i \leqslant x, \quad i = 2, \ldots, n$

이고

(b) $U_2 \geqslant \cdots \geqslant U_n$

이면 N은 n보다 크다. 이제, (a)는 발생확률이 x^{n-1}이고, (a)가 주어졌을 때 $U_2, \ldots, U_n$의 모든 $(n - 1)!$개의 순서가 동일한 가능성을 가지므로 (b)의 발생확률은 $1/(n - 1)!$이다. 그러므로,

$$P\{N > n | U_1 = x\} = \frac{x^{n-1}}{(n-1)!}$$

이고 따라서

$$P\{N > n, U_1 \leqslant y\} = \int_0^y \frac{x^{n-1}}{(n-1)!}\, dx = \frac{y^n}{n!}$$

이다. 이는 다음을 준다.

$$P\{N = n, U_1 \leqslant y\} = P\{N > n-1, U_1 \leqslant y\} - P\{N > n, U_1 \leqslant y\}$$
$$= \frac{y^{n-1}}{(n-1)!} - \frac{y^n}{n!}$$

모든 짝수에 대해 합하면, 다음을 얻는다.

$$P\{N\text{이 짝수}, U_1 \leqslant y\} = y - \frac{y^2}{2!} + \frac{y^3}{3!} - \frac{y^4}{4!} - \cdots \quad (11.5)$$
$$= 1 - e^{-y}$$

이제 발생률 1인 지수 확률변수 생성을 위한 다음 알고리즘을 위한 준비가 되었다.

단계 1: 난수 $U_1, U_2, \ldots$를 생성하다가 $N = \min\{n: U_1 \geq \cdots \geq U_{n-1} < U_n\}$에서 정지한다.

단계 2: N이 짝수이면 이번 시도를 채택하고 단계 3으로 간다. N이 홀수이면 이번 시도를 기각하고 단계 1로 되돌아간다.

단계 3: 기각된 시도의 개수에 채택된 시도의 첫 번째 난수를 더한 값을 X라고 한다.

X가 발생률 1인 지수 확률변수임을 보이기 위해 먼저 시도가 채택될 확률이, 식 (11.5)에서 $y = 1$로 놓아

$$P\{N\text{이 짝수}\} = 1 - e^{-1}$$

임에 주목한다. 이제, X가 x보다 크기 위해서는, 처음 $[x]$번의 시도가 모두 기각되어야 하고 다음 시도는 기각되거나 또는 채택된다면 $U_1 > x - [x]$이어야 한다($[x]$는 x 이하의 최대 정수).

$$P\{N\text{이 짝수}, U_1 > y\} = P\{N\text{이 짝수}\} - P\{N\text{이 짝수}, U_1 \leqslant y\}$$
$$= 1 - e^{-1} - (1 - e^{-y}) = e^{-y} - e^{-1}$$

이기 때문에

$$P\{X > x\} = e^{-[x]}[e^{-1} + e^{-(x-[x])} - e^{-1}] = e^{-x}$$

이 되어 원하는 결과를 얻게 된다.

T를 난수생성이 채택되기까지 시도 횟수라고 하자. 각 시도는 확률 $1 - e^{-1}$로 채택되므로, T는 평균 $1/(1 - e^{-1})$인 기하분포를 따른다. N_i가 i번째 시도에서 사용된 균등 확률변수의 개수이면 $T(= N_i$가 짝수인 첫 번째 난수생성 $i)$는 정지시간이다$(i \geq 1)$. 그러므로 월드의 등식에 의해 이 알고리즘에서 필요한 균등 확률변수의 평균 개수는 다음과 같다.

$$E\left[\sum_{i=1}^{T} N_i\right] = E[N]E[T]$$

이제

$$E[N] = \sum_{n=0}^{\infty} P\{N > n\}$$
$$= 1 + \sum_{n=1}^{\infty} P\{U_1 \geqslant \cdots \geqslant U_n\}$$
$$= 1 + \sum_{n=1}^{\infty} 1/n! = e$$

이고 따라서

$$E\left[\sum_{i=1}^{T} N_i\right] = \frac{e}{1-e^{-1}} \approx 4.3$$

이다. 그러므로 계산적인 측면에서 수행하기가 아주 쉬운 이 알고리즘은 평균적으로 4.3개의 난수를 생성해야 한다.

11.4 이산분포에 대한 시뮬레이션

연속분포로부터 시뮬레이션 하기 위한 모든 일반적인 방법은 이산분포 경우에 유사하게 적용될 수 있다. 예를 들어, 확률 질량함수

$$P\{X = x_j\} = P_j, \quad j = 1, 2, \ldots, \quad \sum_j P_j = 1$$

을 갖는 확률변수 X를 시뮬레이션 하기 원한다면 다음과 같은 이산시간을 위한 역변환 기법을 사용할 수 있다.

$P\{X = x_j\} = P_j$인 X의 시뮬레이션 하기 위해:
U를 (0, 1) 구간에서 균등분포를 갖는다고 하고, 다음과 같이 놓는다.

$$X = \begin{cases} x_1, & U < P_1 \text{ 이면} \\ x_2, & P_1 < U < P_1 + P_2 \text{ 이면} \\ \vdots & \\ x_j, & \sum_1^{j-1} P_i < U < \sum_i^{j} P_i \text{ 이면} \\ \vdots & \end{cases}$$

그러면

$$P\{X = x_j\} = P\left\{\sum_1^{j-1} P_i < U < \sum_1^{j} P_i\right\} = P_j$$

이므로 X가 원하는 분포를 가짐을 알 수 있다.

예제 11.7 (기하분포) 다음과 같은 X를 시뮬레이션 하기 원한다고 하자.

$$P\{X = i\} = p(1-p)^{i-1}, \quad i \geqslant 1$$

이는

$$\sum_{i=1}^{j-1} P\{X = i\} = 1 - P\{X > j-1\} = 1 - (1-p)^{j-1}$$

을 의미하므로, 난수 U를 생성하고 X를 다음과 같은 j 값으로 놓아서 원하는 확률변수를 시뮬레이션 할 수 있다.

$$1 - (1-p)^{j-1} < U < 1 - (1-p)^j$$

이는 다음과 동등하다.

$$(1-p)^j < 1-U < (1-p)^{j-1}$$

$1-U$는 U와 같은 분포를 갖기 때문에 X를 다음과 같이 정의할 수 있다.

$$X = \min\{j: (1-p)^j < U\} = \min\left\{j: j > \frac{\log U}{\log(1-p)}\right\}$$
$$= 1 + \left[\frac{\log U}{\log(1-p)}\right]$$

■

연속분포의 경우처럼 자주 쓰이는 이산분포에 대해 특수한 시뮬레이션 기법들이 개발되어있다. 이제 그 중 일부를 소개한다.

예제 11.8 (이항 확률변수의 시뮬레이션) 이항(n, p) 확률변수는 이 확률변수가 n개의 독립적인 베르누이 확률변수의 합으로 표현될 수 있음을 이용하여 가장 쉽게 시뮬레이션 할 수 있다. 즉, $U_1, \ldots, U_n$이 서로 독립인 균등(0, 1) 확률변수일 때,

$$X_i = \begin{cases} 1, & U_i < p\text{일 경우} \\ 0, & \text{그 외의 경우} \end{cases}$$

로 놓으면, $X \equiv \sum_{i=1}^n X_i$은 모수 n과 p를 갖는 이항 확률변수가 된다.

이 과정에서 한 가지 어려움은 n개의 난수를 생성해야 하는 점이다. 필요한 난수 개수를 어떻게 줄일 수 있는지 보이기 위해, 먼저 이 과정이 난수 U의 실제값은 사용하지 않고 단지 p보다 큰지 아닌지 여부만을 사용함에 주목한다. 이와 함께 $U < p$가 주어졌을 때 U의 조건부 분포는 $(0, p)$ 구간에서 균등분포이고, $U > p$가 주어졌을 때 U의 조건부 분포는 $(p, 1)$ 구간에서 균등분포임을 이용하여, 어떻게 한 개의 난수만을 사용하여 이항(n, p) 확률변수를 시뮬레이션 하는지 보인다.

단계 1: $\alpha = 1/p$, $\beta = 1/(1-p)$라고 놓는다.
단계 2: $k = 0$이라고 한다.
단계 3: 난수 U를 생성한다.
단계 4: $k = n$이면 정지한다. 아니면 k를 $k+1$로 재설정한다.
단계 5: $U \le p$이면 $X_k = 1$라고 하고 U는 αU로 재설정한다. $U > p$이면 $X_k = 0$으로 놓고 U는 $\beta(U-p)$로 재설정한다. 단계 4로 돌아간다.

이 절차는 $X_1, \ldots, X_n$을 생성하고 $X = \sum_{i=1}^n X_i$가 원하는 확률변수가 된다. 이 절차는 $U_k \le p$인지 $U_k > p$인지에 주의하며 동작한다. 전자의 경우 U_{k+1}을 U_k/p로 놓고, 후자의 경우 U_{k+1}을 $(U_k - p)/(1-p)$로 놓는다.*

■

예제 11.9 (푸아송 확률변수의 시뮬레이션) 평균이 λ인 푸아송확률변수를 시뮬레이션 하기 위해 서로 독립인 균등(0, 1) 확률변수 $U_1, U_2, \ldots$를 생성하고

$$N + 1 = \min\left\{n: \prod_{i=1}^n U_i < e^{-\lambda}\right\}$$

에서 정지한다. 확률변수 N이 원하는 분포를 가지는 것은 다음을 관찰함으로써 알 수 있다.

$$N = \max\left\{n: \sum_{i=1}^n -\log U_i < \lambda\right\}$$

---

* 컴퓨터의 반올림오차 때문에 n이 클 때는 하나의 난수를 연속해서 사용하지 않아야 한다.

그런데 $-\log U_i$는 발생률 1인 지수 확률분포를 따르므로 $-\log U_i$, $i \geq 1$을 발생률 1인 푸아송과정의 도착간격으로 해석하면, $N = N(\lambda)$는 시간 λ까지 발생한 사건 개수와 같다. 그러므로 N은 평균 λ인 푸아송 확률변수이다.

λ가 클 때, 앞의 $N(\lambda)$(발생률 1인 푸아송과정에서 시간 λ까지 사건 수)의 시뮬레이션에서 필요한 계산량을 줄일 수 있다. 먼저 정수 m을 선택하고 푸아송과정에서 m번째 사건이 발생할 때까지 시간 S_m을 시뮬레이션 한다. 그리고 S_m이 주어졌을 때 $N(\lambda)$의 조건부 분포에 따라 $N(\lambda)$를 시뮬레이션 한다. S_m이 주어졌을 때 $N(\lambda)$의 조건부 분포는 다음과 같다.

$$N(\lambda)|S_m = s \sim m + \text{Poisson}(\lambda - s), \quad s < \lambda \text{ 일 때}$$
$$N(\lambda)|S_m = s \sim \text{Binomial}\left(m - 1, \frac{\lambda}{s}\right), s > \lambda \text{ 일 때}$$

여기서 ~는 "다음 분포를 갖는다"라는 의미이다. 이렇게 되는 이유는, $s < \lambda$일 때 m번째 사건이 시간 s에서 발생하면, λ까지 발생한 사건 수는 (s, λ) 동안 일어난 사건 수 더하기 m이 되기 때문이다. 반면에, $S_m = s$가 주어졌을 때 처음 $m - 1$개 사건이 발생한 시간 집합은 $m - 1$개의 균등$(0, s)$ 확률변수들의 집합과 같은 분포를 갖는다(5.3.5절 참조). 그러므로 $\lambda < s$일 때, λ까지 발생한 사건 개수는 모수가 $m - 1$과 λ/s인 이항 확률변수이다. 그러므로 $N(\lambda)$를 다음과 같이 시뮬레이션 할 수 있다; 먼저 S_m을 시뮬레이션 한다. $S_m < \lambda$일 때는 평균이 $(\lambda - S_m)$인 푸아송 확률변수를 시뮬레이션 하고, $S_m > \lambda$일 때는 모수가 $m - 1$과 λ/s인 이항 확률변수를 시뮬레이션 한다. 그리고

$$N(\lambda) = \begin{cases} m + P(\lambda - S_m), & S_m < \lambda\text{일 때} \\ \text{Bin}(m - 1, \lambda/S_m), & S_m > \lambda\text{일 때} \end{cases}$$

이라고 한다. 이 때 m을 대략 $\frac{7}{8}\lambda$로 놓으면 계산이 효과적임이 알려졌다. 물론, S_m은 감마(m, λ) 확률분포에 대해 시뮬레이션 하여 얻을 수 있다. m이 클 때는 계산이 빠른 접근법을 사용할 수 있다(11.3.3절 참조). ■

이산분포에 대한 기각법과 위험률법도 있지만 그 개발방법은 연습문제로 남겨 둔다. 그러나, 유한한 이산 확률변수를 시뮬레이션 하기 위한 기법이 있는데 [**가명법**(alias method)이라고 함] 어느 정도 설정시간을 필요로 하지만 실행이 매우 빠르다.

11.4.1 가명법

다음에 나오는 $\mathbf{P}$, $\mathbf{P}^{(k)}$, $\mathbf{Q}^{(k)}$, $k \leq n - 1$은 정수 1, 2, .., n 값을 갖는 확률질량함수를 나타낸다. 즉, 음이 아닌 값을 갖고 그 합이 1인 n개의 요소로 이루어진 벡터이다. 추가로, 벡터 $\mathbf{P}^{(k)}$는 최대 k개의 0이 아닌 요소를 갖고 $\mathbf{Q}^{(k)}$는 최대 두 개의 0이 아닌 요소를 갖는다. 어떤 확률질량함수 $\mathbf{P}$도 $n - 1$개 확률질량함수 $\mathbf{Q}$(각각 최대 두 개의 0이 아닌 요소를 갖는)의 동일하게 가중된 합으로 표현할 수 있음을 보인다. 즉, 적절히 정의된 $\mathbf{Q}^{(1)}, \ldots, \mathbf{Q}^{(n-1)}$에 대해 $\mathbf{P}$는 다음과 같이 표현될 수 있음을 보인다.

$$\mathbf{P} = \frac{1}{n-1}\sum_{k=1}^{n-1}\mathbf{Q}^{(k)} \tag{11.6}$$

이렇게 하는 방법을 제시하기 전에 다음 간단한 보조정리가 필요하다. 그 증명은 연습 문제로 남겨둔다.

보조정리 11.5 $\mathbf{P} = \{P_i, i = 1, \ldots, n\}$가 확률질량함수를 나타낸다고 하면

(a) $P_i < 1/(n - 1)$인 i, $1 \leq i \leq n$가 존재하고,

(b) 이 i에 대해 $P_i + P_j \geq 1/(n - 1)$인 j, $j \neq i$가 존재한다.

식 (11.6)의 표현방법을 얻기 위한 일반적 기법을 제시하기 전에, 예를 하나 들어 보자.

예제 11.10 $P_1 = \frac{7}{16}, P_2 = \frac{1}{2}$, $P_3 = \frac{1}{16}$인 분포 **P**를 고려한다. 먼저 i와 j를 보조정리 11.5의 조건을 만족하도록 선택한다. $P_3 + P_2 > \frac{1}{2}$이고 $P_3 + P_2 > \frac{1}{2}$이기 때문에 $i = 3, j = 2$라고 할 수 있다. 이제 모든 질량을 3과 2에 두어 이점 질량함수 $\mathbf{Q}^{(1)}$를 정의하고, $\mathbf{Q}^{(1)}$과 두 번째 이점 질량함수 $\mathbf{Q}^{(2)}$에 동일한 가중치를 주고 합하여 **P**를 표현할 수 있도록 한다. 두 번째로, 3의 모든 질량이 $\mathbf{Q}^{(1)}$에 포함되도록 한다. 즉,

$$P_j = \frac{1}{2}(Q_j^{(1)} + Q_j^{(2)}), \quad j = 1, 2, 3 \tag{11.7}$$

이 되기 때문에 그리고 앞서 말한 것에 의해 $Q_3{}^{(2)}$는 0이라고 가정하므로 다음과 같이 취해야 한다.

$$Q_3^{(1)} = 2P_3 = \frac{1}{8}, \quad Q_2^{(1)} = 1 - Q_3^{(1)} = \frac{7}{8}, \quad Q_1^{(1)} = 0$$

식 (11.7)을 만족하기 위해 다음과 같이 놓아야 한다.

$$Q_3^{(2)} = 0, \quad Q_2^{(2)} = 2P_2 - \frac{7}{8} = \frac{1}{8}, \quad Q_1^{(2)} = 2P_1 = \frac{7}{8}$$

따라서 이 경우 원하는 표현을 갖는다. 이제 원래 분포가 다음과 같은 4점 질량함수라고 가정한다.

$$P_1 = \frac{7}{16}, \quad P_2 = \frac{1}{4}, \quad P_3 = \frac{1}{8}, \quad P_4 = \frac{3}{16}$$

이제, $P_3 < \frac{1}{3}$이고 $P_3 + P_1 > \frac{1}{3}$이다. 그러므로 첫 이점 질량함수 $\mathbf{Q}^{(1)}$은 3과 1에 집중되어 있다(2와 4에는 질량이 없음). 최종 표현방법은 $\mathbf{Q}^{(1)}$에 가중치 $\frac{1}{3}$을 주고 추가로 다른 $Q^{(j)}$, $j = 2, 3$은 3값에 질량을 부여하지 않기 때문에, 반드시 다음과 같아야 한다.

$$\frac{1}{3}Q_3^{(1)} = P_3 = \frac{1}{8}$$

그러므로,

$$Q_3^{(1)} = \frac{3}{8}, \quad Q_1^{(1)} = 1 - \frac{3}{8} = \frac{5}{8}$$

이다. 또한, 다음과 같이 쓸 수 있다.

$$\mathbf{P} = \frac{1}{3}\mathbf{Q}^{(1)} + \frac{2}{3}\mathbf{P}^{(3)}$$

여기서 $\mathbf{P}^{(3)}$는 위 식을 만족하기 위해 반드시 다음과 같은 벡터이어야 한다.

$$\begin{aligned}
\mathbf{P}_1^{(3)} &= \frac{3}{2}\left(P_1 - \frac{1}{3}Q_1^{(1)}\right) = \frac{1}{3}\frac{1}{2}, \\
\mathbf{P}_2^{(3)} &= \frac{3}{2}P_2 = \frac{3}{8}, \\
\mathbf{P}_3^{(3)} &= 0, \\
\mathbf{P}_4^{(3)} &= \frac{3}{2}P_4 = \frac{9}{32}
\end{aligned}$$

$\mathbf{P}^{(3)}$가 값 3에 질량을 부여하지 않음에 주목한다. 이제 질량함수 $\mathbf{P}^{(3)}$를 이점 질량함수 $\mathbf{Q}^{(2)}$와 $\mathbf{Q}^{(3)}$의 동일하게 가중된 합으로 표현할 수 있다.

$$\begin{aligned}\mathbf{P} &= \frac{1}{3}\mathbf{Q}^{(1)} + \frac{2}{3}\left(\frac{1}{2}\mathbf{Q}^{(2)} + \frac{1}{2}\mathbf{Q}^{(3)}\right)\\ &= \frac{1}{3}(\mathbf{Q}^{(1)} + \mathbf{Q}^{(2)} + \mathbf{Q}^{(3)})\end{aligned}$$

(상세한 사항은 연습 문제로 남겨 놓는다.) ■

이 예제는 n점 질량함수 $\mathbf{P}$를 식 (11.6)의 형태로 기술하기 위한 다음과 같은 일반 절차의 개요를 보여준다. 여기서 $\mathbf{Q}^{(i)}$는 모든 질량을 최대 두 점에만 부여하는 질량함수이다. 먼저 i와 j를 보조정리 11.5의 조건을 만족하도록 선택한다. 이제 점 i와 j에 집중되어 있고 점 i에 대한 모든 질량을 포함하는 질량함수 $\mathbf{Q}^{(1)}$을 정의한다. 식 (11.6)의 표현법에서 $k = 2, \ldots, n-1$에 대해 $\mathbf{Q}^{(k)} = 0$임은 다음을 의미함에 주목한다.

$$Q_i^{(1)} = (n-1)P_i \text{ 이고, 그래서 } \quad Q_j^{(1)} = 1-(n-1)P_i$$

이다. 이제

$$\mathbf{P} = \frac{1}{n-1}\mathbf{Q}^{(1)} + \frac{n-2}{n-1}\mathbf{P}^{(n-1)} \tag{11.8}$$

로 쓰면 다음을 알 수 있다. 여기서 $\mathbf{P}^{(n-1)}$은 남은 질량을 나타낸다.

$$\begin{aligned}P_i^{(n-1)} &= 0,\\ P_j^{(n-1)} &= \frac{n-1}{n-2}\left(P_j - \frac{1}{n-1}Q_j^{(1)}\right) = \frac{n-1}{n-2}\left(P_i + P_j - \frac{1}{n-1}\right),\\ P_k^{(n-1)} &= \frac{n-1}{n-2}P_k, \quad k \neq i \text{ 또는 } j\end{aligned}$$

이것이 실제로 확률질량함수임은 쉽게 확인된다. 예를 들어, $P_j^{(n-1)}$가 음수가 아님은 j가 $P_i + P_j \geq 1/(n-1)$이도록 선택되었음으로부터 알 수 있다.

앞서 말한 절차를 $(n-1)$점 확률질량함수 $\mathbf{P}^{(n-1)}$에 대해 반복하여 다음을 얻을 수 있다.

$$\mathbf{P}^{(n-1)} = \frac{1}{n-2}\mathbf{Q}^{(2)} + \frac{n-3}{n-2}\mathbf{P}^{(n-2)}$$

따라서 식 (11.8)로부터 다음을 얻는다.

$$\mathbf{P} = \frac{1}{n-1}\mathbf{Q}^{(1)} + \frac{1}{n-1}\mathbf{Q}^{(2)} + \frac{n-3}{n-1}\mathbf{P}^{(n-2)}$$

위 절차를 $\mathbf{P}^{(n-2)}$에 대해 반복하는 식으로 계속하여 최종적으로 다음을 얻는다.

$$\mathbf{P} = \frac{1}{n-1}(\mathbf{Q}^{(1)} + \cdots + \mathbf{Q}^{(n-1)})$$

이런 방법으로 $\mathbf{P}$를 $n-1$개 이점 확률함수들의 동일 가중치 합으로 표현할 수 있다. 이제 $\mathbf{P}$에 대해 쉽게 시뮬레이션 할 수 있다. 먼저 $1, 2, \ldots, n-1$ 중 한 값을 동일한 확률로 갖는 확률변수 N을 시뮬레이션 한다. 그 결과 $\mathbf{Q}^{(N)}$이 i_N과 j_N에만 양의 질량을 부여하게 된다면, 두 번째 난수가 $Q_{iN}^{(N)}$보다 작으면 X를 i_N과 같게 하고 아니면 j_N과 같게 한다. 이 확률변수 X는 확률질량함수 $\mathbf{P}$를 갖게 된다. 즉, $\mathbf{P}$로부터 시뮬레이션 하는 다음 절차를 갖게 된다.

단계 1: U_1을 생성하고 $N = 1 + [(n-1)\,U_1]$이라고 놓는다.
단계 2: U_2를 생성하고 다음과 같이 놓는다.

$$X = \begin{cases} i_N, & U_2 < Q_{i_N}^{(N)} \text{일 때} \\ j_N, & \text{그 외의 경우} \end{cases}$$

참고:

(i) 이 방법을 가명법이라고 하는 이유는 $\mathbf{Q}$의 번호를 다시 매겨서 각각의 k에 대해 $Q_k^{(k)} > 0$이 되도록 항상 조정할 수 있기 때문이다. (즉, k번째 이점 함수가 값 k에 양의 질량을 부여하도록 조정할 수 있다.) 그러므로, 이 방법은 $1, 2, \ldots, n-1$ 중 하나의 값을 동일한 확률로 갖는 N을 시뮬레이션 하여 $N = k$이면, k를 X의 값으로 채택하거나 또는 X의 값으로 k의 "가명"(즉, $\mathbf{Q}^{(k)}$가 양의 질량을 부여한 또 다른 값)을 채택한다.

(ii) 사실, 단계 2에서 새로운 난수를 생성할 필요는 없다. $N-1$이 $(n-1)\,U_1$의 정수부분이기 때문에, 나머지 $(n-1)U_1 - (N-1)$이 U_1에 독립이고 $(0, 1)$ 구간에 균등 분포되어 있다. 그러므로, 단계 2에서 새로운 난수 U_2를 생성하는 대신 $(n-1)U_1 - (N-1) = (n-1)U_1 - [(n-1)U_1]$을 사용할 수 있다.

예제 11.11 예제 11.2의 문제로 돌아가자. 이 문제는 n개 항목(서로 다를 필요는 없음)으로 이루어진 목록을 고려하고 있다. 각 항목은 값을 갖고[$v(i)$가 i번째 위치에 있는 항목의 값이다] 다음을 추정하는 데 관심이 있다.

$$v = \sum_{i=1}^{n} v(i)/m(i)$$

여기서 m(i)는 i번째 항목이 목록에서 등장한 횟수이다. 말로 설명하면, v는 목록에 있는 (서로 다른) 항목 값들의 합이다.

v를 추정하기 위해 X가

$$P\{X = i\} = v(i)\Big/\sum_{1}^{n} v(j), \quad i = 1, \ldots, n$$

인 확률변수이면 다음과 같음에 주목한다.

$$E[1/m(X)] = \frac{\sum_i v(i)/m(i)}{\sum_j v(j)} = v\Big/\sum_{j=1}^{n} v(j)$$

그러므로, X와 같은 분포를 갖는 서로 독립인 확률변수 $X_1, \ldots, X_k$를 생성하기 위해 가명법(또는 다른 방법)을 사용하고 다음과 같이 v를 추정한다.

$$v \approx \frac{1}{k}\sum_{j=1}^{n} v(j)\sum_{i=1}^{k} 1/m(X_i)$$ ■

11.5 확률과정

확률변수 열을 시뮬레이션 하여 확률과정을 쉽게 시뮬레이션 할 수 있다. 예를 들어, 도착간격 분포 F를 갖는 재생과정의 처음 t 시간단위를 시뮬레이션하기 위해, 분포 F를 갖는 서로 독립인 확률변수 X_1, $X_2, \ldots$를 생성하다가 다음 시점에 정지한다.

$$N = \min\{n: X_1 + \cdots + X_n > t\}$$

X_i, $i \geq 1$은 재생과정의 도착간격을 나타내고 이와 같은 시뮬레이션은 시간 t까지 $N - 1$개 사건을 만들어 낸다. 이 사건들은 시간 $X_1, X_1 + X_2, \ldots, X_1 + \cdots + X_{N-1}$에 발생한다.

사실 매우 효율적인 또 다른 푸아송과정 시뮬레이션 접근법이 있다. 발생률 λ인 푸아송과정의 처음 t 시간단위를 시뮬레이션 하고자 한다고 가정하자. 이를 위해, 먼저 t까지 사건 수 $N(t)$를 시뮬레이션 하고, $N(t)$ 값이 주어졌을 때 $N(t)$개 사건시간의 집합은 n개 균등(0, 1) 확률변수들의 집합과 동일한 분포를 갖는다는 사실을 이용한다. 즉, 평균 λt인 푸아송 확률변수 $N(t)$를 시뮬레이션 하는 것으로 시작한다(예제 11.9에서 주어진 방법 중 하나를 이용하여). $N(t) = n$이면 n개의 난수들, $U_1, \ldots, U_n$을 생성하면, $[tU_1, \ldots, tU_n]$이 $N(t)$개의 사건시간을 나타내게 된다. 여기서 끝낼 수 있다면 지수분포를 갖는 도착간격 시간을 시뮬레이션 하는 것보다 매우 효율적일 것이다. 그러나, 보통은 사건시간이 오름차순이기를 원한다. 예를 들어, $s < t$에 대해

$$N(s) = tU_i \leqslant S\text{인 } U_i \text{ 의 개수}$$

이라 할 때, 함수 $N(s)$, $s \leq t$ 계산을 위해서는 t로 곱하기 전에 먼저 U_i, $i = 1, \ldots, n$ 값을 순서대로 나열하는 것이 가장 좋다. 그러나, 이를 위해 빠른 정렬(예제 3.14 참조) 같은 범용 정렬 알고리즘을 사용하는 대신 정렬할 요소들이 균등(0, 1) 분포임을 고려한 알고리즘을 사용해야 한다. n개의 균등(0, 1) 변수들을 정렬하는 알고리즘은 다음과 같다. 정렬하려는 길이 n인 단일리스트 대신 임의의 크기를 갖는 정돈된, 또는 연결된, 리스트 n개를 고려한다. U값이 $(i - 1)/n$과 i/n 사이이면 i번째 목록에 넣는다. 즉, U를 $[nU] + 1$번째 목록에 넣는다. 그리고 개별 목록을 정렬하고 모든 목록을 연결하면 원하는 정렬이 된다. 거의 모든 n개의 목록이 상대적으로 작은 크기를 가지므로(예를 들어, $n = 1000$이면 4보다 큰 목록의 평균 개수는(이항 확률변수에 대한 푸아송 근사를 이용하면) 대략 $1000(1 - \frac{65}{24}e^{-1}) \simeq 4$이다) 개별 목록 정렬은 매우 빠를 것이고 이 알고리즘의 수행시간은 n(가장 좋은 범용 정렬 알고리즘의 경우 $n \log n$)에 비례할 것이다.

모형화에서 아주 중요하게 사용되는 계수과정이 비동질 푸아송과정이다. 이는 푸아송과정에서 정상증분 가정을 완화한 것이다. 따라서 도착률이 일정할 필요 없고 시간에 따라 변할 수 있도록 허용한다. 그러나, 비동질 푸아송 도착과정을 가정한 해석적인 연구는 적다. 이런 모형은 보통 수학적으로 분석하기 어렵기 때문이다. (예를 들어, 비동질 도착과정을 가정한 단일서버 지수 서비스분포 대기행렬 모형에서 평균 고객지연을 구하는 수식은 알려진 것이 없다.)* 분명히 이런 모형은 시뮬레이션 연구를 위한 유력한 후보이다.

11.5.1 비동질 푸아송과정 시뮬레이션

이제 강도함수 $\lambda(t)$, $0 \leq t < \infty$를 갖는 비동질 푸아송과정 시뮬레이션을 위한 세 가지 방법을 제시한다.

방법 1. 푸아송과정 표본추출

강도함수 $\lambda(t)$를 갖는 비동질 푸아송과정의 처음 T 시간단위를 시뮬레이션 하기 위해, λ를 다음과 같이 놓는다.

$$\lambda(t) \leq \lambda \quad \text{모든 } t \leqslant T\text{에 대해}$$

이제, 5장에서 보인 것처럼, 이런 비동질 푸아송과정은 발생률 λ인 푸아송과정의 사건시간을 무작위로

*비동질 푸아송 도착과정을 가정하는 대기행렬모형 중에서 해결 가능한 것으로 무한 서버 모형이 있다.

선택하여 생성할 수 있다. 즉, 시간 t에 일어난 발생률 λ인 푸아송과정의 사건이 $\lambda(t)/\lambda$의 확률로 계수된다면(먼저 발생한 것들과 독립적으로), 계수된 사건들의 과정은 강도함수가 $\lambda(t)$인 비동질 푸아송과정이다($0 \leq t < T$). 그러므로 푸아송과정을 시뮬레이션 하여 그것의 사건들을 무작위로 포함시킴으로써 원하는 비동질 푸아송과정을 시뮬레이션 할 수 있다. 따라서 다음 절차를 갖게 된다.

서로 독립인 확률변수 X_1, U_1, X_2, U_2, ...를 생성한다. 여기서 X_i는 발생률이 λ인 지수 확률변수이고 U_i는 난수이다. 확률변수 생성을 다음에서 정지한다.

$$N = \min\left\{n: \sum_{i=1}^{n} X_i > T\right\}$$

이제 $j = 1, \ldots, N - 1$에 대해 다음과 같이 정의한다.

$$I_j = \begin{cases} 1, & U_j \leqslant \lambda\left(\sum_{i=1}^{j} X_i\right)/\lambda\text{일 때} \\ 0, & \text{그 외의 경우} \end{cases}$$

그리고 다음과 같이 놓는다.

$$J = \{j: I_j = 1\}$$

이제, 시간집합 $\{\sum_{i=1}^{j} X_i: j \in J\}$에서 사건이 발생하는 계수과정이 원하는 과정이 된다.

솎음(thinning) 알고리즘이라 불리는(동질 푸아송 포인트들을 솎아내기 때문에) 앞서의 절차는, 모든 구간에 걸쳐 $\lambda(t)$가 λ와 비슷하다면, 기각된 사건이 가장 적다는 의미에서 명백히 가장 효율적일 것이다. 따라서, 자명한 개선방법은 구간을 부분 구간으로 나누고 각 부분 구간에서 이 절차를 사용하는 것이다. 즉, 다음과 같은 적당한 k, $0 < t_1 < t_2 < \cdots < t_k < T$, $\lambda_1, \ldots, \lambda_{k+1}$을 구한다.

$$\lambda(s) \leq \lambda_i, \quad t_{i-1} \leq s < t_i\text{일 때}, i = 1, \ldots, k + 1 \text{ (여기서 } t_0 = 0, t_{k+1} = T) \tag{11.9}$$

이제 (t_{i-1}, t_i) 구간에서 비동질 푸아송과정을 시뮬레이션 한다. 발생률 λ_i인 지수 확률변수를 생성하고 확률 $\lambda(s)/\lambda_i$로 시간 s, $s \in (t_{i-1}, T_i)$에 발생한 사건을 채택한다. 지수분포의 망각성질과 지수분포의 발생률은 상수를 곱하여 변경할 수 있다는 사실 때문에, 한 부분구간에서 다음 구간으로 갈 때 효율성 손실은 없다. 다시 말하면, $t \in [t_i - 1, t_i)$에서 발생률 λ_i인 지수 확률변수 X를 생성하여 $t + X > t_i$이면, $\lambda_i [X - (t_i - t)]/\lambda_{i+1}$을 발생률 λ_{i+1}인 다음 지수 확률변수로 사용할 수 있다. 따라서, 식 (11.9)의 관계가 만족될 때 $\lambda(s)$ 강도함수를 갖는 비동질 푸아송과정의 첫 t 시간을 생성하는 다음과 같은 알고리즘을 갖게 된다. 이 알고리즘에서 t는 현재 시간을, I는 현재 구간을 나타낸다(즉, $t_{i-1} \leq t < t_i$일 때 $I = i$).

단계 1: $t = 0$, $I = 1$.

단계 2: 발생률 λ_I를 갖는 지수 확률변수 X를 생성한다.

단계 3: $t + X < t_I$이면 $t = t + X$로 재설정하고, 난수 U를 생성하여 $U \leq \lambda(t)/\lambda_I$이면 이 사건시간을 채택한다. 단계 2로 돌아간다.

단계 4: ($t + X \geqslant t_I$이면 오는 단계). $I = k + 1$이면 정지한다. 아니면, $X = (X - t_I + t)\,\lambda_I/\lambda_{I+1}$로 재설정한다. 또한 $t = t_I$, $I = I + 1$로 재설정하고 단계 3으로 간다.

이제 어떤 부분구간 (t_{i-1}, t_i)에서 $\underline{\lambda}_i > 0$라고 가정한다. $\underline{\lambda}_i$는 다음과 같이 정의된다.

$$\underline{\lambda}_i \equiv \text{infimum}\,\{\lambda(s): t_{i-1} \leqslant s < t_i\}$$

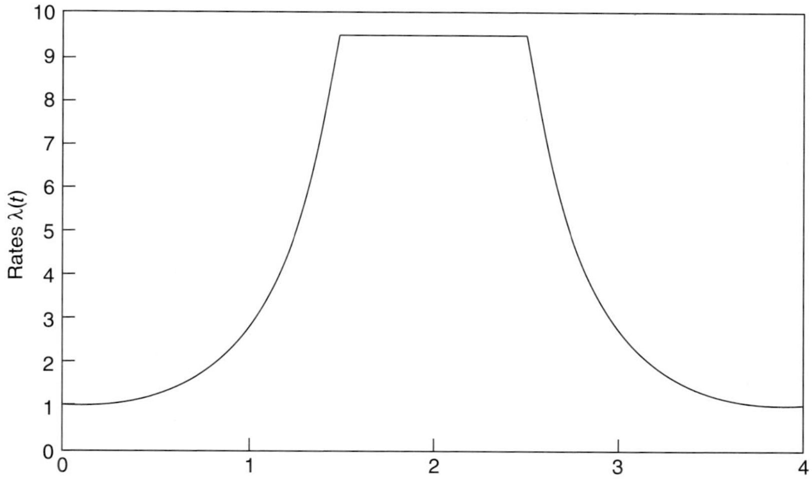

그림 11.3

이런 상황에서 솎음 알고리즘을 직접 사용하지 말고 먼저 발생률 λ_i인 푸아송과정을 주어진 구간에서 시뮬레이션한 후 $s \in (t_{i-1}, t_i)$일 때 강도함수가 $\lambda(s) - \lambda_i$인 비동질 푸아송과정을 시뮬레이션 한다. (이 푸아송과정을 위해 생성된 지수 확률변수 중에서 경계를 벗어나는 마지막 것은 버릴 필요 없이 적당히 변형하여 재사용될 수 있다.) 두 과정의 중첩(또는 병합)은 원하던 과정을 만들어 낸다. 이렇게 하는 이유는 평균 $\lambda_i (t_i - t_{i-1})$인 푸아송분포를 갖는 수만큼 균등 확률변수를 생성할 필요가 없어지기 때문이다. 예를 들어, 다음 경우를 고려하자.

$$\lambda(s) = 10 + s, \quad 0 < s < 1$$

$\lambda = 11$일 때 솎음법을 사용하면 평균 11개의 사건을 생성하게 되고 각각 채택 여부를 결정하기 위해 난수 하나씩을 필요로 한다. 반면에, 발생률 10인 푸아송과정을 생성하고, 여기에 발생률 $\lambda(s) = s$, $0 < s < 1$인 비동질 푸아송과정을 생성시켜 병합하면, 원래의 분포에 맞는 개수만큼 사건시간을 만들 수 있다. 그러나 채택을 결정하기 위한 검토 횟수는 평균 1이 된다.

좀 더 효율적으로 비동질 푸아송과정을 시뮬레이션 하는 방법은 중첩을 이용하는 것이다. 예를 들어, 강도함수가 다음과 같은 푸아송과정을 고려하자.

$$\lambda(t) = \begin{cases} \exp\{t^2\}, & 0 < t < 1.5 \\ \exp\{2.25\}, & 1.5 < t < 2.5 \\ \exp\{(4-t)^2\}, & 2.5 < t < 4 \end{cases}$$

이 강도함수는 그림 11.3과 같다. 시간 4까지 이 과정을 시뮬레이션 하는 한 방법은 먼저 이 구간에서 발생률 1인 푸아송과정을 생성한 후 발생률 $e - 1$인 푸아송과정을 생성하여, (1, 3) 구간의 모든 사건은 채택하고 (1, 3) 구간 밖 t에서 발생한 사건은 확률 $[\lambda(t) - 1]/(e - 1)$로 채택한다. 그리고 (1, 3) 구간에서 발생률 $e^{2.25} - e$인 푸아송과정을 생성하여 1.5와 2.5 사이 사건은 채택하고 이 구간 밖 t에서 발생한 사건은 확률 $[\lambda(t) - e]/(e^{2.25} - e)$로 채택한다. 이 과정들을 중첩하면 원하는 비동질 푸아송과정이 된다. 다시 말하면, $\lambda(t)$를 다음과 같이 비음의 부분들로 나눈다.

$$\lambda(t) = \lambda_1(t) + \lambda_2(t) + \lambda_3(t), \quad 0 < t < 4$$

여기서

$$\lambda_1(t) \equiv 1,$$

$$\lambda_2(t) = \begin{cases} \lambda(t) - 1, & 0 < t < 1 \\ e - 1, & 1 < t < 3 \\ \lambda(t) - 1, & 3 < t < 4 \end{cases}$$

$$\lambda_3(t) = \begin{cases} \lambda(t) - e, & 1 < t < 1.5 \\ e^{2.25} - e, & 1.5 < t < 2.5 \\ \lambda(t) - e, & 2.5 < t < 3 \\ 0, & 3 < t < 4 \end{cases}$$

이다. 그리고 솎음법을 사용하여(각기 단일 구간에서) 구성성분이 되는 비동질 과정들을 시뮬레이션한다.

방법 2. 도착시간의 조건부 분포

발생률이 λ인 푸아송과정에서 T까지 사건 수가 주어졌을 때 사건시간들은 서로 독립이고 동일한 균등 $(0, T)$ 분포를 갖는 확률변수들임을 기억하자. 이제 이 사건들을 각각 독립적으로 계수한다고 하자. 시간 t에 발생한 사건이 계수될 확률은 $\lambda(t)/\lambda$이다. 그러므로, 계수된 사건 수가 주어졌을 때, 계수된 사건시간들은 서로 독립이고 다음과 같은 공통의 분포 $F(s)$를 갖는다.

$$\begin{aligned} F(s) &= P\{\text{시간} \le s | \text{계수됨}\} \\ &= \frac{P\{\text{시간} \le s, \text{ 계수됨}\}}{P\{\text{계수됨}\}} \\ &= \frac{\int_0^T P\{\text{시간} \le s, \text{ 계수됨} | \text{시간} = x\}\, dx/T}{P\{\text{계수됨}\}} \\ &= \frac{\int_0^s \lambda(x)\, dx}{\int_0^T \lambda(x)\, dx} \end{aligned}$$

이 (다소 발견적인) 논증은 따라서 T까지 n개의 비동질 푸아송과정 사건이 주어졌을 때, 이 n개의 사건시간들이 서로 독립이고 다음과 같은 공통의 밀도함수를 가짐을 보여준다.

$$f(s) = \frac{\lambda(s)}{m(T)}, \quad 0 < s < T, \quad m(T) = \int_0^T \lambda(s)\, ds \tag{11.10}$$

T까지 사건 수 $N(T)$는 평균 $m(T)$인 푸아송분포를 따르므로, 비동질 푸아송과정을 다음과 같이 시뮬레이션 할 수 있다. 먼저 $N(T)$를 시뮬레이션 한 다음 (11.10)의 밀도함수로부터 $N(T)$개 확률변수를 시뮬레이션 한다.

예제 11.12 $\lambda(s) = cs$이면 비동질 푸아송과정의 처음 T 시간을 다음과 같이 시뮬레이션 할 수 있다. 먼저 평균 $m(T) = \int_0^T cs\, ds = CT^2/2$인 푸아송확률변수 $N(T)$를 시뮬레이션 하고 다음과 같은 분포를 갖는 $N(T)$개 확률변수를 시뮬레이션 한다.

$$F(s) = \frac{s^2}{T^2}, \quad 0 < s < T$$

이 분포를 갖는 확률변수는 역변환 방법이나($F^{-1}(U) = T\sqrt{U}$이므로), U_1, U_2가 서로 독립인 난수일 때 F가 $\max(TU_1, TU_2)$의 분포인 점에 주목하여 시뮬레이션 할 수 있다. ■

식 (11.10)의 분포함수가 쉽게 역변환될 수 없으면, 기각법을 이용하여 시뮬레이션 한 균등$(0, T)$ 확률변수를 채택 또는 기각함으로써 (11.10)으로부터 시뮬레이션 할 수 있다. 즉, $h(s) = 1/T$, $0 < s <$

T라고 한다. 그러면

$$\frac{f(s)}{h(s)} = \frac{T\lambda(s)}{m(T)} \leqslant \frac{\lambda T}{m(T)} \equiv C$$

이다. 여기서 λ는 $\lambda(s)$의 한계이다$(0 \leq s \leq T)$. 그러므로, 기각법은 난수 U_1과 U_2를 생성한 후 다음이 성립하면 TU_1을 채택한다.

$$U_2 \leqslant \frac{f(TU_1)}{Ch(TU_1)}$$

또는, 동등하게,

$$U_2 \leqslant \frac{\lambda(TU_1)}{\lambda}$$

방법 3. 사건시간 시뮬레이션

강도함수가 $\lambda(t)$, $t \geq 0$인 비동질 푸아송과정 시뮬레이션을 위한 세 번째 방법은 아마도 가장 기본적인 접근법이다. 바로, 연속적인 사건시간을 시뮬레이션 하는 방법이다. $X_1, X_2, \ldots$ 를 이 과정의 사건시간라고 한다. 이 확률변수들은 서로 종속적이므로 시뮬레이션을 위해 조건부 분포를 사용한다. 그러므로, $X_1, \ldots, X_{i-1}$이 주어졌을 때 X_i의 조건부 분포가 필요하다.

우선 시간 x에 사건이 발생하면, x 이전에 발생한 것과는 독립적으로 다음 사건까지 시간은 다음과 같이 주어지는 분포 F_x를 가짐에 주목한다.

$$\begin{aligned}\bar{F}_x(t) &= P\{(x, x+t)\text{에서 사건 수가 }0|x\text{에서 사건 발생}\}\\ &= P\{(x, x+t)\text{에서 사건 수가 }0\} \qquad \text{독립 증분에 의해}\\ &= \exp\left\{-\int_0^t \lambda(x+y)\,dy\right\}\end{aligned}$$

미분을 하면 다음과 같은 F_x의 밀도함수가 얻어 진다.

$$f_x(t) = \lambda(x+t)\exp\left\{-\int_0^t \lambda(x+y)\,dy\right\}$$

이는 F_x의 위험률 함수가 다음과 같음을 의미한다.

$$r_x(t) = \frac{f_x(t)}{\bar{F}_x(t)} = \lambda(x+t)$$

이제 사건시간 $X_1, X_2, \ldots$을 시뮬레이션 할 수 있다. 먼저 F_0로부터 X_1을 시뮬레이션 한 후 X_1 값이 x_1이면, x_1을 F_{x_1}로부터 생성한 값에 더하여 X_2를 시뮬레이션 한다. 그리고 그 합이 x_2이면, x_2를 F_{x_2}로부터 생성한 값에 더하여 X_3을 시뮬레이션 한다. 이런 식으로 계속한다. 이 방법은 물론 분포의 형태에 의존한다. $\lambda(t) \leq \lambda$이도록 λ를 놓고, 위험률 방법을 사용하여 시뮬레이션 하면 결국 방법 1이 되는 것은 흥미롭다(증명은 연습 문제로 남겨둔다). 때때로 분포 F_x는 쉽게 역변환될 수 있어서 역변환법이 적용될 수 있다.

예제 11.13 $\lambda(x) = 1/(x+a)$, $x \geq 0$라고 하자. 그러면,

$$\int_0^t \lambda(x+y)\,dy = \log\left(\frac{x+a+t}{x+a}\right)$$

이다. 그러므로

$$F_x(t) = 1 - \frac{x+a}{x+a+t} = \frac{t}{x+a+t}$$

이고 따라서

$$F_x^{-1}(u) = (x+a)\frac{u}{1-u}$$

이다. 그러므로 U_1 , $U_2, \ldots$를 생성하고 다음과 같이 놓아서 연속적인 사건시간 $X_1, X_2, \ldots$를 시뮬레이션할 수 있다.

$$X_1 = \frac{aU_1}{1-U_1},$$
$$X_2 = (X_1 + a)\frac{U_2}{1-U_2} + X_1$$

이고, 일반적으로

$$X_j = (X_{j-1} + a)\frac{U_j}{1-U_j} + X_{j-1}, \quad j \geqslant 2$$

11.5.2 이차원 푸아송과정의 시뮬레이션

평면에서 무작위로 발생하는 점들로 이루어진 **점과정**(point process)이 다음 조건을 만족하면 발생률 λ인 이차원 푸아송과정이라고 한다.

(a) 면적이 A인 임의의 영역 안에 있는 점의 개수가 평균 λA인 푸아송분포를 따르고,

(b) 겹치지 않는 영역 안에 있는 점의 개수는 서로 독립이다.

이제 평면 위에 고정된 점 **O**에 대해, **O**를 중심으로 반지름 r인 원 안에서 발생률 λ인 이차원 푸아송과정에 따라 발생하는 사건을 어떻게 시뮬레이션 하는지 보인다. R_i, $i \geq 1$이 **O**에서 i번째로 가까운 푸아송 점까지 거리라고 하고, $C(a)$는 **O**를 중심으로 반지름 a인 원을 나타낸다고 하자. 그러면

$$P\left\{\pi R_1^2 > b\right\} = P\left\{R_1 > \sqrt{\frac{b}{\pi}}\right\} = P\left\{C\left(\sqrt{b/\pi}\right) \text{ 안에 점이 없음}\right\} = e^{-\lambda b}$$

이다. 또한 $C(a_2) - C(a_1)$이 $C(a_2)$와 $C(a_1)$ 사이 영역을 나타내면

$$\begin{aligned}
&P\left\{\pi R_2^2 - \pi R_1^2 > b | R_1 = r\right\} \\
&= P\left\{R_2 > \sqrt{(b+\pi r^2)/\pi} | R_1 = r\right\} \\
&= P\left\{C\left(\sqrt{(b+\pi r^2)/\pi}\right) - C(r)\text{안에 점이 없음} | R_1 = r\right\} \\
&= P\left\{C\left(\sqrt{(b+\pi r^2)/\pi}\right) - C(r)\text{안에 점이 없음}\right\} \quad \text{(b)에 의해} \\
&= e^{-\lambda b}
\end{aligned}$$

이다. 이와 같은 방법을 반복하여 다음을 얻을 수 있다.

명제 11.6 $R_0 = 0$일 때

$$\pi R_i^2 - \pi R_{i-1}^2, \quad i \geqslant 1,$$

는 발생률이 λ이고 서로 독립인 지수 확률변수이다.

다시 말하면, 하나의 푸아송 점을 포함하기 위해 넓혀야 할 면적은 발생률이 λ인 지수확률분포를 따른다. 대칭성에 의해 푸아송 점들의 각도는 서로 독립이고 $(0, 2\pi)$ 구간에서 균등분포를 갖는다. 따라서 O를 중심으로 반지름 r인 원 안의 푸아송과정을 시뮬레이션 하기 위한 다음 알고리즘을 갖게 된다.

단계 1: 비율 1이고 서로 독립인 지수 확률변수 $X_1, X_2, \ldots$를 생성하고 다음 횟수에서 중지한다.

$$N = \min\left\{n\colon \frac{X_1 + \cdots + X_n}{\lambda\pi} > r^2\right\}$$

단계 2: $N = 1$이면 중지한다. 이 때 $C(r)$ 안에는 점이 없게 된다. 그렇지 않으면, $i = 1, \ldots, N-1$에 대해 다음과 같이 놓는다.

$$R_i = \sqrt{(X_1 + \cdots + X_i)/\lambda\pi}$$

단계 3: 서로 독립인 균등(0, 1) 확률변수 $U_1, \ldots, U_{N-1}$을 생성한다.
단계 4: 다음과 같은 극좌표를 갖는 $C(r)$ 안의 $N-1$개 푸아송 점들을 생성한다.

$$(R_i, 2\pi U_i), \quad i = 1, \ldots, N-1$$

이 알고리즘은 평균 $1 + \lambda\pi r^2$만큼의 지수 확률변수와, 같은 수의 난수를 필요로 한다. $C(r)$ 안의 점들을 시뮬레이션 하기 위한 또 다른 방법은 먼저 점의 개수 N을 시뮬레이션한 후, N이 주어졌을 때 점들은 $C(r)$상에서 균등하게 분포한다는 사실을 이용한다. 이 나중 방법은 평균 $\lambda\pi r^2$인 푸아송 확률변수 N을 시뮬레이션 해야 한다. 그리고, 분포 $F_R(a) = a^2/r^2$으로부터 R을, $(0, 2\pi)$ 구간의 균등분포로부터 θ를 시뮬레이션 하여(연습 문제 25 참조), $C(r)$ 상에 균등하게 분포하는 N개의 점들을 시뮬레이션 해야 한다. 그 후에 이 N개의 값들을 R의 오름차순으로 정리해야 한다. 처음 방법의 주요 장점은 이런 정렬을 할 필요가 없다는 것이다.

이 알고리즘은 중심이 **O**인 원을, 반지름을 0부터 r까지 연속적으로 늘리면서, 펼쳐나가는 것으로 생각할 수 있다. 푸아송 점을 포함해 나가는 연속적인 반지름들은 다음에 주목함으로써 시뮬레이션 할 수 있다. 푸아송 점을 포함하기 위해 필요한 추가 면적은 항상, 과거에 일어난 것들과 독립적으로, 발생률 λ인 지수분포를 갖는다. 이 기법은 원이 아닌 영역에서의 푸아송과정을 시뮬레이션 하기 위해 사용될 수 있다. 예를 들어, 음이 아닌 값을 갖는 함수 $g(x)$를 고려하자. x축과 $g(x)$ 사이의 영역에서 푸아송 과정을 시뮬레이션 하고자 한다(그림 11.4 참조). 이를 위해 먼저 왼쪽 끝에서 시작하여 오른쪽으로 가면서 면적 $\int_0^a g(x)\,dx$를 고려한다. $X_1 < X_2 < \ldots$가 푸아송 점들의 x축으로의 사영을 나타내면, 명제 11.6과 유사하게($X_0 = 0$ 일 때) $\lambda \int_{X_{i-1}}^{X_i} g(x)\,dx$, $i \geq 1$이 서로 독립이고 발생률이 1인 지수분포를 갖는다는 결론을 얻는다. 그러므로, 서로 독립이고 발생률이 1인 지수 확률변수 $\epsilon_1, \epsilon_2, \ldots$를 시뮬레이션 하고 다음 시점에 중지한다.

$$N = \min\left\{n\colon \epsilon_1 + \cdots + \epsilon_n > \lambda \int_0^T g(x)\,dx\right\}$$

그리고 다음과 같이 $X_1, \ldots, X_{N-1}$을 구한다.

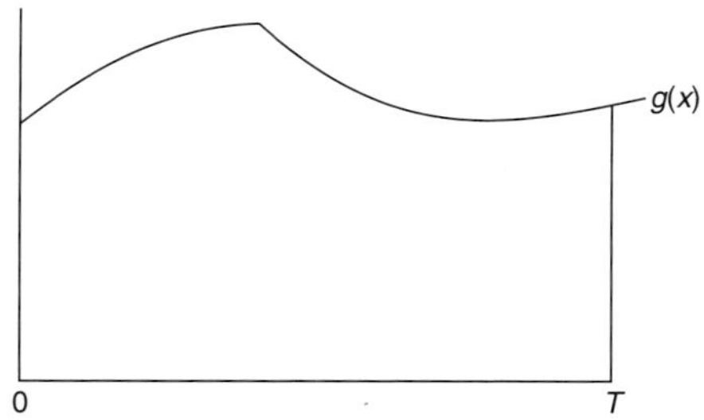

그림 11.4

$$\lambda \int_0^{X_1} g(x)\,dx = \epsilon_1,$$
$$\lambda \int_{X_1}^{X_2} g(x)\,dx = \epsilon_2,$$
$$\vdots$$
$$\lambda \int_{X_{N-2}}^{X_{N-1}} g(x)\,dx = \epsilon_{N-1}$$

이제 서로 독립이고 (0, 1) 구간에서 균등하게 분포된 난수 $U_1, \ldots, U_{N-1}$을 시뮬레이션 한다. x좌표가 X_i인 푸아송 점을 y축에 사영을 내리면 $(0, g(X_i))$ 구간에 균등하게 분포하므로, 이 구간에서 시뮬레이션 한 푸아송 점은 $(X_i, U_i g(X_i))$, $i = 1, \ldots, N-1$이 된다.

물론, 이 기법은 g가 앞서 나온 식을 X_i에 대해 풀 수 있는 정규함수일 때 가장 유용하다. 예를 들어, $g(x) = y$이면 (따라서 관심 영역이 직사각형)

$$X_i = \frac{\epsilon_1 + \cdots + \epsilon_i}{\lambda y}, \quad i = 1, \ldots, N-1$$

이고 푸아송 점들은 다음과 같다.

$$(X_i, yU_i), \quad i = 1, \ldots, N-1$$

11.6 분산감축 기법

$X_1, \ldots, X_n$이 주어진 결합분포를 가질 때 다음 값을 계산하고자 한다.

$$\theta \equiv E[g(X_1, \ldots, X_n)]$$

여기서 g는 어떤 특정한 함수이다. 이 값을 해석적으로 계산하는 것이 불가능한 경우가 종종 있다. 이 경우 θ를 추정하기 위해 시뮬레이션 사용을 시도할 수 있다. 이는 다음과 같이 이루어진다. $X_1, \ldots, X_n$과 같은 분포를 갖는 $X_1^{(1)}, \ldots, X_n^{(1)}$을 생성하고 다음과 같이 놓는다.

$$Y_1 = g\left(X_1^{(1)}, \ldots, X_n^{(1)}\right)$$

이제, $X_1^{(2)}, \ldots, X_n^{(2)}$의 분포를 갖는(첫 번째 확률변수 집합과 독립인) 두 번째 확률변수 집합을 시뮬레이션 하고 다음과 같이 놓는다.

$$Y_2 = g\left(X_1^{(2)}, \ldots, X_n^{(2)}\right)$$

이 과정을 k개 확률변수 집합을 생성할 때까지 계속하고, $Y_1, Y_2, \ldots, Y_k$도 계산한다. 이제, $Y_1, Y_2, \ldots, Y_k$는 서로 독립이고 동일하게 분포된 확률변수이고 각각 $g(X_1, \ldots, X_n)$과 동일한 분포를 갖는다. 따라서, 이 k개 확률변수들의 평균을 $\bar{Y}$라고 하면, 즉

$$\bar{Y} = \sum_{i=1}^{k} Y_i/k$$

이면 다음이 성립한다.

$$E[\bar{Y}] = \theta,$$
$$E\left[(\bar{Y} - \theta)^2\right] = \text{Var}(\bar{Y})$$

그러므로, $\bar{Y}$를 θ의 추정치로 사용할 수 있다. $\bar{Y}$와 θ 차이의 제곱의 평균은 $\bar{Y}$의 분산과 같으므로, 이 값이 가능한 작으면 좋을 것이다. 이런 상황에서 $\text{Var}(\bar{Y}) = \text{Var}(Y_i)/k$는 보통 미리 알 수 없고 생성된 값 $Y_1, \ldots, Y_n$으로부터 추정해야 한다. 이제 추정량의 분산을 감축하기 위한 세 가지 일반적인 기법을 제시한다.

11.6.1 대조변수의 사용

앞의 상황에서 평균이 θ이고 동일한 분포를 갖는 확률변수 Y_1, Y_2를 생성했다고 하자. 이제

$$\begin{aligned}\text{Var}\left(\frac{Y_1 + Y_2}{2}\right) &= \frac{1}{4}[\text{Var}(Y_1) + \text{Var}(Y_2) + 2\text{Cov}(Y_1, Y_2)] \\ &= \frac{\text{Var}(Y_1)}{2} + \frac{\text{Cov}(Y_1, Y_2)}{2}\end{aligned}$$

이다. 그러므로, Y_1과 Y_2가 독립이기보다 음의 상관관계를 갖는 것이(분산을 감축하는 의미에서) 유리하다. 이렇게 조정하는 방법을 알아보기 위해, 확률변수 $X_1, \ldots, X_n$이 서로 독립이라고 하고, 각각을 역변환 기법으로 시뮬레이션 한다고 하자. 즉, U_i가 난수이고 F_i가 X_i의 분포일 때 X_i를 $F_i^{-1}(U_i)$로부터 시뮬레이션 한다. 그러므로 Y_1은 다음과 같이 표현될 수 있다.

$$Y_1 = g\left(F_1^{-1}(U_1), \ldots, F_n^{-1}(U_n)\right)$$

이제, U가 난수일 때 $1 - U$ 또한 균등(0, 1) 분포를 가지므로(그리고 U와 음의 상관관계를 가지므로)

$$Y_2 = g\left(F_1^{-1}(1 - U_1), \ldots, F_n^{-1}(1 - U_n)\right)$$

과 같이 정의된 Y_2는 Y_1과 동일한 분포를 갖는다. 그러므로, Y_1과 Y_2가 음의 상관관계를 가지면, 이 방법으로 생성한 Y_2는 새로운 난수들을 이용해 생성한 것보다 작은 분산을 갖게 된다. (게다가 n개의 난수를 추가로 생성하는 대신 기존 n개 난수를 1에서 빼기만 하면 되므로 계산상의 이득도 있다.) 다음 정리는 **대조변수**(antithetic variables) 사용법이라고 불리는 이 기법이, g가 단조함수일 때면 항상 분산감축으로 이어짐을 보이는 열쇠가 된다.

정리 11.1 $X_1, \ldots, X_n$이 독립이면, n개 변수에 대한 임의의 증가함수 f와 g에 대해

$$E[f(\mathbf{X})g(\mathbf{X})] \geqslant E[f(\mathbf{X})]E[g(\mathbf{X})] \tag{11.11}$$

이다. 여기서 $\mathbf{X} = (X_1, \ldots, X_n)$이다.

증명▶ n에 대한 귀납법을 사용하여 증명한다. $n = 1$일 때 증명을 위해 f와 g를 단일변수에 대한 증가

함수라고 한다. 그러면, 임의의 x와 y에 대해

$$(f(x)-f(y))(g(x)-g(y))\geqslant 0$$

이다. 그 이유는 $x\geq y$ ($x\leq y$)이면 두 항 모두 음(양)이 아니기 때문이다. 그러므로, 임의의 확률변수 X와 Y에 대해

$$(f(X)-f(Y))(g(X)-g(Y))\geqslant 0$$

이고, 이는 다음을 의미한다.

$$E[(f(X)-f(Y))(g(X)-g(Y))]\geqslant 0$$

이로부터

$$E[f(X)g(X)]+E[f(Y)g(Y)]\geqslant E[f(X)g(Y)]+E[f(Y)g(X)]$$

이다. X와 Y가, 여기서처럼, 서로 독립이고 동일한 분포를 갖는다고 가정하면

$$\begin{aligned}&E[f(X)g(X)]=E[f(Y)g(Y)],\\&E[f(X)g(Y)]=E[f(Y)g(X)]=E[f(X)]E[g(X)]\end{aligned}$$

이고, 따라서 $n=1$일 때 원하는 결과를 얻는다.

이제 (11.11)이 $n-1$개 변수에 대해 성립한다고 가정하고 $X_1,\ldots,X_n$이 서로 독립이고 f와 g는 증가함수라고 가정하자. 그러면,

$$\begin{aligned}&E[f(\mathbf{X})g(\mathbf{X})|X_n=x_n]\\&\quad=E[f(X_1,\ldots,X_{n-1},x_n)g(X_1,\ldots,X_{n-1},x_n)|X_n=x]\\&\quad=E[f(X_1,\ldots,X_{n-1},x_n)g(X_1,\ldots,X_{n-1},x_n)] \qquad \text{독립성에 의해}\\&\quad\geqslant E[f(X_1,\ldots,X_{n-1},x_n)]E[g(X_1,\ldots,X_{n-1},x_n)] \qquad \text{귀납법 가설에 의해}\\&\quad=E[f(\mathbf{X})|X_n=x_n]E[g(\mathbf{X})|X_n=x_n]\end{aligned}$$

이다. 그러므로

$$E[f(\mathbf{X})g(\mathbf{X})|X_n]\geqslant E[f(\mathbf{X})|X_n]E[g(\mathbf{X})|X_n]$$

이고, 양변에 기댓값을 취하면

$$\begin{aligned}E[f(\mathbf{X})g(\mathbf{X})]&\geqslant E\big[E[f(\mathbf{X})|X_n]E[g(\mathbf{X})|X_n]\big]\\&\geqslant E[f(\mathbf{X})]E[g(\mathbf{X})]\end{aligned}$$

이다. 마지막 부등식은 $E[f(\mathbf{X})|X_n]$과 $E[g(\mathbf{X})|X_n]$ 모두 X_n의 증가함수이기 때문에 얻게 된다. 그러므로 $n-1$에 대한 결과에 의해 다음을 얻는다.

$$\begin{aligned}E\big[E[f(\mathbf{X})|X_n]E[g(\mathbf{X})|X_n]\big]&\geqslant E\big[E[f(\mathbf{X})|X_n]\big]\,E\big[E[g(\mathbf{X})|X_n]\big]\\&=E[f(\mathbf{X})]E[g(\mathbf{X})]\end{aligned}$$

■

따름정리 11.7 $U_1,\ldots,U_n$이 서로 독립이고 k가 증가 또는 감소함수이면,

$$\mathrm{Cov}\big(k(U_1,\ldots,U_n),k(1-U_1,\ldots,1-U_n)\big)\leqslant 0$$

이다.

증명 k가 증가함수라고 가정하자. $-k(1-U_1,\ldots,1-U_n)$은 $U_1,\ldots,U_n$의 증가함수이므로 정리 11.1로부터

$$\mathrm{Cov}\big(k(U_1,\ldots,U_n),-k(1-U_1,\ldots,1-U_n)\big)\geqslant 0$$

이다. k가 감소함수일 때는 k를 $-k$로 바꾼다. ■

$F_i^{-1}(U_i)$는 U_i의 증가함수이므로(분포함수 F_i가 증가함수이기 때문에), g가 단조함수일 때 $g(F_1^{-1}(U_1), \ldots, F_n^{-1}(U_n))$은 $U_1, \ldots, U_n$의 단조함수이다. 그러므로, g가 단조함수이면 난수 $U_1, \ldots, U_n$을 처음에 $g(F_1^{-1}(U_1), \ldots, F_n^{-1}(U_n))$의 계산을 위해, 그리고 $g(F_1^{-1}(U_1), \ldots, F_n^{-1}(1 - U_n))$의 계산을 위해 두 번 사용하는 대조변수법은 $E[g(X_1, \ldots, X_n)]$ 추정치의 분산을 감축할 것이다. 여기서 n개의 난수를 k번 생성하는 대신 $k/2$번만 생성해서 두 번씩 사용함을 기억하라.

예제 11.14 (신뢰도함수의 시뮬레이션) n개 부품으로 구성된 시스템을 고려하자. 여기서 부품 i는, 다른 부품들과 독립적으로, 확률 π로 작동한다($i = 1, \ldots, n$). 이제

$$X_i = \begin{cases} 1, & \text{부품 } i\text{가 작동할 때} \\ 0, & \text{그 외의 경우} \end{cases}$$

로 놓고 다음과 같은 단조 구조 함수 ϕ를 고려하자.

$$\phi(X_1, \ldots, X_n) = \begin{cases} 1, & X_1, \ldots, X_n \text{ 하에서 시스템이 작동하는 경우} \\ 0, & \text{그 외의 경우} \end{cases}$$

시뮬레이션을 이용하여 다음을 추정해보자.

$$r(p_1, \ldots, p_n) \equiv E[\phi(X_1, \ldots, X_n)] = P\{\phi(X_1, \ldots, X_n) = 1\}$$

이제, 난수 $U_1, \ldots, U_n$을 생성한 후

$$X_i = \begin{cases} 1, & U_i < p_i\text{일 경우} \\ 0, & \text{그 외의 경우} \end{cases}$$

와 같이 놓아서 X_i를 시뮬레이션 할 수 있다. 따라서 다음을 알 수 있다.

$$\phi(X_1, \ldots, X_n) = k(U_1, \ldots, U_n)$$

여기서 k는 $U_1, \ldots, U_n$의 감소함수이다. 그러므로

$$\text{Cov}(k(\mathbf{U}), k(\mathbf{1} - \mathbf{U})) \leqslant 0$$

이고 $U_1, \ldots, U_n$을 사용하여 $k(U_1, \ldots, U_n)$과 $k(1 - U_1, \ldots, 1 - U_n)$을 생성하는 대조변수법은 두 번째 k값을 생성하기 위해 독립된 난수들을 사용하는 것보다 분산을 작게 만든다. ■

예제 11.15 (대기행렬 시스템의 시뮬레이션) 어떤 주어진 대기행렬 시스템을 고려할 때, D_i를 i번째 도착고객의 대기열에서 지연시간라고 하고 다음을 추정하기 위해 이 시스템을 시뮬레이션 한다고 하자.

$$\theta = E[D_1 + \cdots + D_n]$$

$X_1, \ldots, X_n$이 처음 n개 도착간격이고 $S_1, \ldots, S_n$이 처음 n개 서비스시간이라 하고, 이 확률변수들이 서로 독립이라고 가정한다. 이제 대부분의 시스템에서 $D_1 + \cdots + D_n$은 $X_1, \ldots, X_n, S_1, \ldots, S_n$의 함수일 것이다. 즉,

$$D_1 + \cdots + D_n = g(X_1, \ldots, X_n, S_1, \ldots, S_n)$$

이다. 또한 g는 보통 S_i의 증가함수이고 X_i의 감소함수이다($i = 1, \ldots, n$). X_i와 S_i, $i = 1, \ldots, n$ 를 시뮬레이션 하기 위해 역변환법을 사용하면(가령, $U_1, \ldots, U_n, \bar{U}_1, \ldots, \bar{U}_n$이 서로 독립인 난수일 때 $X_i = F_i^{-1}(1 - U_i)$, $S_i = G_i^{-1}(\bar{U}_i)$ 다음과 같이 쓸 수 있다.

$$D_1 + \cdots + D_n = k(U_1, \ldots, U_n, \bar{U}_1, \ldots, \bar{U}_n)$$

여기서 k는 증가함수이다. 그러므로 대조변수법은 θ 추정치의 분산을 감축할 것이다. (따라서, U_1, $\bar{U}_i$, $i = 1, \ldots, n$을 생성하여 첫 번째는 $X_i = F_i^{-1}(1 - U_i)$, $Y_i = G_i^{-1}(\bar{U}_i)$라고 놓고 두 번째는 $X_i = F_i^{-1}(U_i)$, $Y_i = G_i^{-1}(1 - \bar{U}_i)$라고 놓는다.) 그러나, 모든 U_i와 $\bar{U}_i$는 서로 독립이므로, 첫 번째는 $X_i = F_i^{-1}(U_i)$, $Y_i = G_i^{-1}(\bar{U}_i)$라고 놓고 두 번째는 U_i 대신에 $1 - U_i$를, $\bar{U}_i$ 대신에 $1 - \bar{U}_i$를 사용해도 동일하다. ■

11.6.2 조건주기에 의한 분산감축

다음 조건부 분산 공식(명제 3.1 참조)을 기억하는 것으로 시작한다.

$$\mathrm{Var}(Y) = E[\mathrm{Var}(Y|Z)] + \mathrm{Var}(E[Y|Z]) \tag{11.12}$$

이제 $X = (X_1, \ldots, X_n)$을 시뮬레이션 하여 $Y = g(X_1, \ldots, X_n)$을 계산함으로써 $E[g(X_1, \ldots, X_n)]$을 추정하려고 한다. 어떤 확률변수 Z에 대해 $E[Y|Z]$를 계산할 수 있으면, $\mathrm{Var}(Y|Z) \geq 0$이므로 조건부 분산 공식으로부터

$$\mathrm{Var}(E[Y|Z]) \leqslant \mathrm{Var}(Y)$$

이 되는데, 이는 $E[E[Y|Z]] = E[Y]$이므로, $E[Y|Z]$가 Y보다 나은 $E[Y]$의 추정치임을 의미한다.

많은 경우에, 개선된 추정량를 얻기 위해 조건을 줄 수 있는 다양한 Z_i가 존재한다. 이런 추정치 $E[Y|Z_i]$는 평균 $E[Y]$를 갖고 원추정치 Y보다 작은 분산을 갖는다. 이제 $\lambda_i \geq 0$, $\sum_i \lambda_i = 1$인 임의의 λ_i에 대해 $\sum_i \lambda_i E[Y|Z_i]$도 Y보다 개선된 추정치임을 보이자.

명제 11.8 $\sum_{i=1}^{\infty} \lambda_i = 1$인 어떤 $\lambda_i \geq 0$에 대해서도

(a) $E\left[\sum_i \lambda_i E[Y|Z_i]\right] = E[Y]$이고,

(b) $\mathrm{Var}\left(\sum_i \lambda_i E[Y|Z_i]\right) \leqslant \mathrm{Var}\left(\mathrm{Y}\right)$이다.

증명▶ (a)는 자명하다. (b)를 증명하기 위해, 고려하고 있는 다른 모든 확률변수에 독립이고 정수값을 갖는 다음과 같은 확률변수 N을 사용한다.

$$P\{N = i\} = \lambda_i, \quad i \geqslant 1$$

조건부 분산 공식을 두 번 적용하면 다음을 얻는다.

$$\begin{aligned}\mathrm{Var}(Y) &\geqslant \mathrm{Var}(E[Y|N, Z_N]) \\ &\geqslant \mathrm{Var}\big(E[E[Y|N, Z_N]|Z_1, \ldots]\big) \\ &= \mathrm{Var}\sum_i \lambda_i E[Y|Z_i]\end{aligned}$$

■

예제 11.16 푸아송 도착을 갖는 대기행렬 시스템을 고려하고 이미 시스템에 N명의 다른 고객이 있을 때 도착한 고객은 손실된다고 가정한다. 시뮬레이션을 이용하여 시간 t까지 손실된 고객의 평균 수를 추정하려고 한다. 원래 시뮬레이션 접근법은 시간 t까지 시스템을 시뮬레이션 하여 실행하는 동안 손실된 고객 수 L을 구할 것이다. 그러나, $[0, t]$ 중 시스템이 최대용량에 이른 총시간에 조건을 주어 보다 좋은 추정치를 얻을 수 있다. T가 $[0, t]$ 중 시스템에 N명이 있는 시간을 나타내면,

$$E[L|T] = \lambda T$$

이다. 여기서 λ는 푸아송 도착률이다. 그러므로 모든 시뮬레이션 실행 동안 L의 평균값보다 더 좋은 $E[L]$의 추정치를, 시뮬레이션 실행 당 T의 평균값에 λ를 곱하여 얻을 수 있다. 도착과정이 비동질 푸아

송과정이면 시스템이 최대용량에 이른 시간을 추적하여 원추정치 L을 개선할 수 있다. $I_1, \ldots, I_C$이 $[0, t]$ 중 시스템 안에 N명이 있는 시간구간이라면

$$E[L|I_1, \ldots, I_C] = \sum_{i=1}^{C} \int_{I_i} \lambda(s)\, ds$$

이다. 여기서 $\lambda(s)$는 비동질 푸아송 도착과정의 강도함수이다. 위 식의 우변을 사용하여 원추정치 L보다 더 좋은 $E[L]$의 추정치를 얻게 된다. ■

예제 11.17 어떤 대기행렬 시스템에서 처음 n명의 고객이 시스템에 머무른 시간 합의 평균을 추정하려고 한다. 즉, W_i가 i번째 고객이 시스템에서 머무른 시간이라면, 다음을 추정하려고 한다.

$$\theta = E\left[\sum_{i=1}^{n} W_i\right]$$

Y_i를 i번째 고객이 도착한 순간 "시스템 상태"라고 하자. 광범위한 유형의 모형들에 대해 추정치 $\sum_{i=1}^{n} W_i\ E[W_i|Y_i]$가 추정치 $\sum_{i=1}^{n} W_i$보다 작은 분산(평균은 동일)을 가짐을 보일 수 있다.* ($E[W_i|Y_i]$가 W_i보다 분산이 작음은 바로 알 수 있지만, 공분산 항 때문에 $\sum_{i=1}^{n} E[W_i|Y_i]$가 $\sum_{i=1}^{n} W_i$보다 분산이 작은지는 바로 알기 어렵다.) 예를 들면, $G/M/1$ 모형에서

$$E[W_i|Y_i] = (N_i + 1)/\mu$$

이다. 여기서 N_i는 i번째 도착고객이 보는 시스템 안의 고객 수이고 $1/\mu$는 평균 서비스시간이다. 이 결과는 $\sum_{i=1}^{n} (N_i + 1)/\mu$가 원추정치 $\sum_{i=1}^{n} W_i$보다 처음 n명의 고객이 시스템에 머무른 총시간의 평균을 잘 추정할 수 있음을 의미한다. ■

예제 11.18 (시뮬레이션에 의한 재생함수의 추정) 매일 고객이 도착간격 분포 F를 갖는 재생과정에 따라 도착하는 대기행렬 모형을 고려하자. 어떤 고정된 시간 T에, 예를 들어 오후 5시에, 더 이상의 도착은 허용되지 않고 여전히 시스템에 있는 고객들은 서비스된다고 가정한다. 다음 날이 시작할 때 고객들이 다시 재생과정에 따라 도착한다. 고객이 시스템에서 머무르는 평균 시간을 구하고자 한다. 재생보상과정 이론을 사용하면(T 시간마다 시작하는 주기를 사용하여) 다음을 보일 수 있다.

고객이 시스템 안에서 머무르는 평균 시간

$$= \frac{E[(0, T)\text{에 도착한 고객이 시스템 안에 있는 시간의 합}]}{m(T)}$$

여기서 $m(T)$는 $(0, T)$ 동안 평균 재생횟수이다.

이 값을 시뮬레이션을 이용하여 추정하려고 하면, 한 번 시뮬레이션 실행은 하루 동안의 시뮬레이션으로 이루어지고 T까지 도착 수 $N(T)$를 관찰하게 된다. $E[N(T)] = m(T)$이므로 시뮬레이션을 이용한 $m(T)$의 자연스러운 추정치는(시뮬레이션을 한 모든 날 동안) 얻어진 $N(T)$ 값들의 평균일 것이다. 그러나, $\text{Var}(N(T))$는 T가 클 때 T에 비례하고(점근적으로 $T\sigma^2/\mu^3$ 형태를 가진다. 여기서 σ^2은 도착간격 분포 F의 분산이고 μ는 평균이다), 따라서 T가 클 때 이 추정치의 분산은 커지게 된다. 다음 공식을 이용하여(7.3절 참조) 상당한 개선을 얻을 수 있다.

$$m(T) = \frac{T}{\mu} - 1 + \frac{E[Y(T)]}{\mu} \tag{11.13}$$

---

* S. M. Ross, "Simulating Average Delay—Variance Reduction by Conditioning," *Probability in the Engineering and Informational Sciences* 2(3), (1988), pp. 309–312.

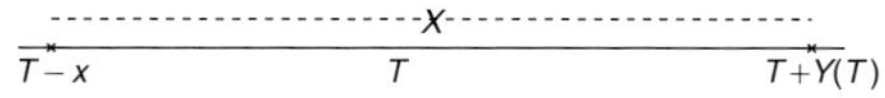

그림 11.5 $A(T) = x$.

여기서 $Y(T)$는 T부터 다음 재생까지 시간을 나타낸다. 즉, T에서의 잔여수명이다. $Y(T)$의 분산은 T에 따라 증가하지 않으므로(사실 F의 모멘트들이 유한하면 이 값은 유한한 어떤 값으로 수렴함), 큰 T 값에 대해, 시뮬레이션을 이용하여 $E[Y(T)]$를 추정한 후 식 (11.13)을 이용하여 $m(T)$를 추정함으로써 보다 나은 추정을 할 수 있다.

그러나, 조건주기를 이용함으로써 $m(T)$ 추정치를 보다 개선할 수 있다. 이를 위해 $A(T)$를 T에서 재생과정의 나이, 즉, 직전 재생이후 T까지 경과한 시간이라고 하자. 그러면 $Y(T)$ 값을 사용하는 대신 $E[Y(T)|A(T)]$를 고려하여 분산을 감축할 수 있다. 이제, T에서 나이가 x임을 아는 것은 $T - x$에서 재생이 있었고 다음 도착간격 X는 x보다 크다는 것을 아는 것과 동일하다. T에서 잔여시간은 $X - x$이므로 (그림 11.5 참조),

$$
\begin{aligned}
E[Y(T)|A(T) = x] &= E[X - x|X > x] \\
&= \int_0^\infty \frac{P\{X - x > t\}}{P\{X > x\}}\,dt \\
&= \int_0^\infty \frac{[1 - F(t + x)]}{1 - F(x)}\,dt
\end{aligned}
$$

이 된다. 이 식은 필요하면 수치적으로 계산할 수 있다.

이를 설명하기 위하여 다음에 주목한다. 재생과정이 발생률이 λ인 푸아송과정이면 시뮬레이션을 이용한 원 추정치 $N(T)$는 분산 $\lambda\, T$를 갖는다. $Y(T)$는 발생률이 λ인 지수분포를 따르므로, (11.13)에 근거한 추정치는 분산 λ^2 Var $[Y(T)] = 1$을 갖는다. 반면에, $Y(T)$는 $A(T)$와 독립이므로(그리고 $E[Y(T)|A(T)] = 1/\lambda$), 개선된 추정치 $E[Y(T)|A(T)]$의 분산은 0이다. 즉, T에서의 나이에 조건을 주면, 이 경우에는, 정확한 값을 얻게 된다. ■

예제 11.19 발생률이 λ인 푸아송과정에 따라 고객이 도착하는 $M/G/1$ 대기행렬 모형을 고려한다. 이 시스템의 단일서버는 평균 $E[S]$인 서비스 분포 G를 갖는다. 어떤 특정한 시간 t_0에 대해 처음으로 시스템이 비는 시간 $t \geq t_0$에서 서버가 휴식을 갖는다고 가정한다. 즉, $X(t)$가 시간 t에 시스템에 있는 고객 수이면, 서버는 다음 시간에 휴식을 취한다.

$$T = \min\{t \geqslant t_0 \colon X(t) = 0\}$$

시뮬레이션을 효율적으로 사용하여 $E[T]$를 추정하기 위해서 다음과 같이 시간 t_0까지 시스템을 생성한다. R을 시간 t_0에 서비스 중인 고객의 잔여 서비스시간이라고 하고 X_Q를 시간 t_0에 대기열에서 기다리는 고객 수라고 한다. ($X(t_0) = 0$이면 R은 0이고, $X_Q = (X(t_0) - 1)^+$ 임에 주목한다.) 이제 N이 잔여 서비스시간 R 동안 도착한 고객 수라고 하면, $N = n$이고 $X_Q = n_Q$이면 $t_0 + R$부터 서버가 휴식을 취할 때까지 추가 시간은 시스템이 $n + n_Q$명의 고객으로 시작하여 빌 때까지 걸리는 시간과 같다. 이 시간은 $n + n_Q$개 바쁜 기간의 합과 같기 때문에, 8.5.3절부터 다음을 얻게 된다.

$$E[T|R, N, X_Q] = t_0 + R + (N + X_Q)\frac{E[S]}{1 - \lambda E[S]}$$

결론적으로,

$$\begin{aligned}E[T|R, X_Q] &= E\big[E[T|R, N, X_Q]|R, X_Q\big]\\&= t_0 + R + (E[N|R, X_Q] + X_Q)\frac{E[S]}{1-\lambda E[S]}\\&= t_0 + R + (\lambda R + X_Q)\frac{E[S]}{1-\lambda E[S]}\end{aligned}$$

이다. 따라서 시뮬레이션에 의한 추정치로 생성된 값 T를 사용하는 대신 시뮬레이션을 시간 t_0에서 멈추고 추정치 $t_0 + (\lambda R + X_Q)\frac{E[S]}{1-\lambda E[S]}$를 사용하는 것이 더 좋다.

11.6.3 제어변량

다시 $\mathbf{X} = (X_1, \ldots, X_n)$일 때 $E[g(\mathbf{X})]$를 추정하기 위해 시뮬레이션을 사용한다고 하자. 그러나, 이제는 어떤 함수 f에 대하여 $f(\mathbf{X})$의 기댓값이 알려져 있다고 가정한다. 즉, $E[f(\mathbf{X})] = \mu$라고 하자. 그러면, 임의의 상수 a에 대해

$$W = g(\mathbf{X}) + a(f(\mathbf{X}) - \mu)$$

을 $E[g(\mathbf{X})]$의 추정치로 사용할 수 있다. 이제

$$\mathrm{Var}(W) = \mathrm{Var}(g(\mathbf{X})) + a^2\,\mathrm{Var}(f(\mathbf{X})) + 2a\,\mathrm{Cov}(g(\mathbf{X}), f(\mathbf{X}))$$

이다. 간단한 미적분을 통해 이는 다음과 같을 때 최소화됨을 보일 수 있다.

$$a = \frac{-\mathrm{Cov}(f(\mathbf{X}), g(\mathbf{X}))}{\mathrm{Var}(f(\mathbf{X}))}$$

그리고, 이 a 값에 대해

$$\mathrm{Var}(W) = \mathrm{Var}(g(\mathbf{X})) - \frac{[\mathrm{Cov}(f(\mathbf{X}), g(\mathbf{X}))]^2}{\mathrm{Var}(f(\mathbf{X}))}$$

이다. $\mathrm{Var}(f(\mathbf{X}))$와 $\mathrm{Cov}(f(\mathbf{X})), g(\mathbf{X}))$는 보통 알려져 있지 않기 때문에 이 값들을 추정하기 위해 시뮬레이션 데이터를 사용해야 한다.

이 식을 $\mathrm{Var}(g(\mathbf{X}))$로 나누면 다음과 같다.

$$\frac{\mathrm{Var}(W)}{\mathrm{Var}(g(\mathbf{X}))} = 1 - \mathrm{Corr}^2(f(\mathbf{X}), g(\mathbf{X}))$$

여기서 $\mathrm{Corr}(X, Y)$는 X와 Y 사이의 상관관계이다. 결론적으로, $f(\mathbf{X})$와 $g(\mathbf{X})$의 상관관계가 클 때 제어변량의 사용은 시뮬레이션 추정치의 분산을 상당히 축소할 수 있다.

예제 11.20 상태 i에 들어가면 다른 상태로 전환하기 전에 이 상태에서 발생률이 v_i인 지수시간만큼 머무는 연속시간 마코프체인을 고려한다. 상태 i에서 j로 전이하는 확률은 $P_{i,j}$, $i \geq 0$, $j \neq i$라고 한다. 이 체인이 상태 i, $i \geq 0$에 있을 때 단위시간당 $C(i) \geq 0$의 비율로 비용이 유발된다고 가정한다. $X(t)$가 시간 t에서 상태이고 α가 $0 < \alpha < 1$인 상수이면, 다음

$$W = \int_0^\infty e^{-\alpha t} C(X(t))\,dt$$

는 총 할인비용을 나타낸다. 주어진 시작상태에 대해 $E[W]$를 추정하기 위해 시뮬레이션을 사용한다고 하자. 처음에는 무한한 시간 동안 이 연속시간 마코프체인을 시뮬레이션(이는 명백히 불가능함) 하지 않고는 불편 추정량을 얻을 수 없을 것 같지만, 다음과 같은 $E[W]$에 대한 동일한 수식을 주는, 예제

5.1 결과를 사용할 수 있다.

$$E[W] = E\left[\int_0^T C(X(t))\,dt\right]$$

여기서 T는 이 연속시간 마코프체인과 독립이고 발생률 α인 지수 확률변수이다. 그러므로, 먼저 T 값을 생성하고 시간 T까지 이 연속시간 마코프체인의 상태들을 생성하여 불편 추정량 $\int_0^T C(X(t))\,dt$를 얻을 수 있다. 모든 비용 유발율이 음이 아니므로 이 추정치는 T와 강한 양의 상관관계가 있다. 따라서 효과적인 제어변량이 된다. ■

예제 11.21 (대기행렬 시스템) D_{n+1}을 대기행렬 시스템 안에 있는 $n+1$명 고객이 대기열에서 기다리는 시간이라 하자. 이 시스템의 도착간격은 독립이고 동일한 분포 F를 갖으며(i.i.d.: independent and identically distributed), F의 평균은 u_F이다. 도착간격은 서비스 시간과 독립이며, 서비스 시간은 i.i.d.이고 평균이 u_G인 분포 G를 갖는다. X_i가 i번째와 $i+1$번째 도착 사이의 시간이고 S_i가 i번째 고객 서비스 시간이면($i \geq 1$), 다음과 같이 쓸 수 있다.

$$D_{n+1} = g(X_1, \ldots, X_n, S_1, \ldots, S_n)$$

시뮬레이션 된 X_i, S_i가 우연히도 기대한 것과 매우 다를 가능성을 고려하기 위해 다음과 같이 놓을 수 있다.

$$f(X_1, \ldots, X_n, S_1, \ldots, S_n) = \sum_{i=1}^{n}(S_i - X_i)$$

$E[f(\mathbf{X}, \mathbf{S}\})] = n(\mu_G - \mu_F)$이므로

$$g(\mathbf{X}, \mathbf{S}) + a[f(\mathbf{X}, \mathbf{S}) - n(\mu_G - \mu_F)]$$

를 $E[D_{n+1}]$의 추정치로 사용할 수 있다. D_{n+1}과 f 모두 S_i, $-X_i$, $i = 1, \ldots, n$의 증가함수이므로 정리 11.1로부터 $f(\mathbf{X}, \mathbf{S})$와 D_{n+1}은 양의 상관관계를 갖게 된다. 그러므로 a의 시뮬레이션된 추정치는 음수이어야 한다.

처음 $N(T)$명 도착고객이 대기열에서 기다린 시간의 합의 평균을 추정하려면, $\sum_{i=1}^{N(T)} S_i$를 제어변수로 사용할 수 있다. 사실 도착과정은 보통 서비스 시간과 독립이라고 가정하므로,

$$E\left[\sum_{i=1}^{N(T)} S_i\right] = E[S]E[N(T)]$$

이 된다. 여기서 $E[N(T)]$는 7.8절에서 제안한 방법으로 계산하거나 예제 11.18에서처럼 시뮬레이션으로 추정할 수 있다. 이 제어변수는 도착과정이 발생률 $\lambda(t)$인 비동질 푸아송과정일 때도 사용될 수 있다. 이 경우

$$E[N(T)] = \int_0^T \lambda(t)\,dt$$

이다. ■

11.6.4 중요도 표본추출

$\mathbf{X} = (X_1, \ldots, X_n)$을 결합 밀도함수(또는 이산확률변수인 경우 결합 질량함수) $f(\mathbf{x}) = f(x_1, \ldots, x_n)$을

갖는 확률변수 벡터라고 하고 다음을 추정하려고 한다.

$$\theta = E[h(\mathbf{X})] = \int h(\mathbf{x}) f(\mathbf{x})\, d\mathbf{x}$$

이는 n차원 적분이다. (X_i가 이산확률변수이면 적분을 n번 중첩된 합으로 해석한다.)

$h(\mathbf{X})$를 계산하기 위한 확률벡터 $\mathbf{X}$를 직접 시뮬레이션 하는 것은 비효율적이라고 가정하자. 가능한 이유는 (a) 밀도함수 $f(\mathbf{x})$를 갖는 확률벡터 시뮬레이션이 어렵거나, (b) $h(\mathbf{X})$의 분산이 크거나, 또는 (c) (a)와 (b)의 조합이다.

시뮬레이션을 이용하여 θ를 추정하는 또 다른 방법은 다음에 주목하는 것이다. $g(\mathbf{x}) = 0$일 때 항상 $f(\mathbf{x}) = 0$인 확률밀도 함수 $g(\mathbf{x})$가 있으면 θ를 다음과 같이 표현할 수 있다.

$$\begin{aligned}\theta &= \int \frac{h(\mathbf{x}) f(\mathbf{x})}{g(\mathbf{x})} g(\mathbf{x})\, d\mathbf{x} \\ &= E_g\left[\frac{h(\mathbf{X}) f(\mathbf{X})}{g(\mathbf{X})}\right] \qquad (11.14)\end{aligned}$$

여기서 확률벡터 $\mathbf{X}$가 연합밀도함수 $g(\mathbf{x})$를 가지고 있음을 강조하기 위해 E_g라고 쓴다.

식 (11.14)로부터 θ를 다음과 같이 추정할 수 있다. 밀도함수 $g(\mathbf{x})$를 갖는 확률벡터 $\mathbf{X}$ 값을 연속적으로 생성하여 $h(\mathbf{X})f(\mathbf{X})/g(\mathbf{X})$ 값을 θ의 추정치로 사용한다. 확률변수 $h(\mathbf{X})f(\mathbf{X})/g(\mathbf{X})$가 작은 분산을 갖도록 밀도함수 $g(\mathbf{x})$를 선택할 수 있으면, 중요도 표본추출(importance sampling)이라고 부르는 이 방법은 θ의 효율적인 추정량을 준다.

이제 왜 중요도 표본추출이 유용한지 감을 얻어 보기로 한다. 우선, 벡터 $\mathbf{X}$가 각각 밀도함수 f와 g를 갖는 확률벡터일 때, $f(\mathbf{X})$와 $g(\mathbf{X})$를 각각 벡터 $\mathbf{X}$를 얻을 **가능도**(likelihood)를 나타낸다고 하자. 그러므로, $\mathbf{X}$가 g에 따라 분포되면, 보통 $f(\mathbf{X})$는 $g(\mathbf{X})$보다 상대적으로 작을 것이고 따라서 $\mathbf{X}$를 g에 따라 시뮬레이션 하면 **가능도 비율**(likelihood ratio) $f(\mathbf{X})/g(\mathbf{X})$는 1과 비교하여 일반적으로 작을 것이다. 그런데, 이 비율의 평균이 1임을 다음과 같이 쉽게 확인할 수 있다.

$$E_g\left[\frac{f(\mathbf{X})}{g(\mathbf{X})}\right] = \int \frac{f(\mathbf{x})}{g(\mathbf{x})} g(\mathbf{x})\, dx = \int f(\mathbf{x})\, d\mathbf{x} = 1$$

따라서 비록 $f(\mathbf{X})/g(\mathbf{X})$가 일반적으로 1보다 작더라도, 그 평균은 1임을 알 수 있다. 이 사실은 이 비율이 종종 큰 값을 가지며 그래서 큰 분산을 갖는 경향이 있음을 의미한다. 어떻게 $h(\mathbf{X})f(\mathbf{X})/g(\mathbf{X})$가 작은 분산을 갖도록 할 수 있을까? 해답은 $f(\mathbf{X})/g(\mathbf{X})$가 커지는 $\mathbf{x}$ 값이 바로 $h(\mathbf{x})$를 매우 작게 하는 값이 되도록 밀도함수 g를 선택하여 $h(\mathbf{X})f(\mathbf{X})/g(\mathbf{X})$가 항상 작도록 하는 것이다. 이 방법은 $h(\mathbf{x})$가 때때로 작은 값을 갖는 것을 요구하므로, 중요도 표본추출은 작은 확률을 추정할 때 가장 잘 동작할 것이다. 왜냐 하면 이 경우 함수 $h(\mathbf{x})$는 $\mathbf{x}$가 어떤 집합 안에 있으면 1이고, 그렇지 않으면 0이기 때문이다.

이제 어떻게 적절한 밀도함수 g를 선택하는지 고려한다. 소위 기울어진(tilted) 밀도함수가 유용함을 알게 될 것이다. $M(t) = E_f[e^{tX}] = \int e^{tx} f(x)\, dx$를 일차원 밀도함수 f에 대응하는 모멘트 생성함수라고 하자.

정의 11.2 f, $-\infty < t < \infty$에서의 밀도함수

$$f_t(x) = \frac{e^{tx} f(x)}{M(t)}$$

를 f의 **기울어진 밀도함수**(tilted density)라고 한다,

밀도함수 f_t를 갖는 확률변수는 밀도함수 f를 갖는 확률변수보다 $t > 0$일 때 큰 경향이 있고, $t < 0$일 때는 작은 경향이 있다.

어떤 경우에는 기울어진 분포 f_t가 f와 같은 모수 형태를 갖는다.

예제 11.22 f가 발생률이 λ인 지수 밀도함수이면

$$f_t(x) = Ce^{tx}\lambda e^{-\lambda x} = \lambda Ce^{-(\lambda-t)x}$$

이다. 여기서 $C = 1/M(t)$는 x에 의존하지 않는다. 그러므로, $t \leq \lambda$에 대해 f는 발생률이 $\lambda - t$인 지수 밀도함수이다.

f가 모수 p인 베르누이 확률질량함수이면

$$f(x) = p^x(1-p)^{1-x}, \quad x = 0, 1$$

이다. 그러므로, $M(t) = E_f[e^{tX}] = pe^t + 1 - p$이고

$$\begin{aligned} f_t(x) &= \frac{1}{M(t)}(pe^t)^x(1-p)^{1-x} \\ &= \left(\frac{pe^t}{pe^t+1-p}\right)^x \left(\frac{1-p}{pe^t+1-p}\right)^{1-x} \end{aligned} \tag{11.15}$$

이다. 즉, f_t는 모수가 다음과 같은 베르누이 확률변수의 확률질량함수이다.

$$p_t = \frac{pe^t}{pe^t+1-p}$$

f가 모수가 μ와 σ^2인 정규 밀도함수이면 f_t는 평균이 $\mu + \sigma^2 t$, 분산이 μ^2인 정규 밀도함수임을 보이는 것은 연습 문제로 남겨 둔다. ■

어떤 상황에서는 관심 있는 수치가, 서로 독립인 확률변수 $X_1, \ldots, X_n$의 합인 경우가 있다. 이 경우 결합 밀도함수 f는 일차원 밀도함수의 곱이다. 즉,

$$f(x_1, \ldots, x_n) = f_1(x_1)\cdots f_n(x_n)$$

이다. 여기서 f_i는 X_i의 밀도함수이다. 이 상황에서는 종종 공통의 t를 선택하여 기울어진 밀도함수에 따라 X_i를 생성하는 것이 유용하다.

예제 11.23 $X_1, \ldots, X_n$은 서로 독립이고 각각 확률밀도함수(또는 확률질량함수) f_i, $i = 1, \ldots, n$을 갖는 확률변수라고 하자. 이 변수들의 합이 최소한 a일 확률의 근사값을 구하려고 한다. 여기서 a는 합의 평균보다 훨씬 크다. 즉, 다음에 관심이 있다.

$$\theta = P\{S \geqslant a\}$$

여기서 $S = \sum_{i=1}^n X_i$이고 $a > \sum_{i=1}^n E[X_i]$이다. $S \geq a$이면 $I\{S \geq a\}$를 1이라고 하고 아니면 0이라고 놓으면, 다음을 얻는다.

$$\theta = E_{\mathbf{f}}[I\{S \geqslant a\}]$$

여기서 $\mathbf{f} = (f_1, \ldots, f_n)$이다. X_i를 기울어진 질량함수 $f_{i,t}$, $i = 1, \ldots, n$에 따라 시뮬레이션 한다고 가정하자. $t > 0$ 값은 나중에 결정하기로 한다. 중요도 표본추출에 의한 θ의 추정치는

$$\hat{\theta} = I\{S \geqslant a\}\prod \frac{f_i(X_i)}{f_{i,t}(X_i)}$$

이다. 이제

$$\frac{f_i(X_i)}{f_{i,t}(X_i)} = M_i(t)e^{-tX_i}$$

이고, 그래서

$$\hat{\theta} = I\{S \geqslant a\}M(t)e^{-tS}$$

이다. 여기서 $M(t) = \prod M_i(t)$는 S의 모멘트 생성함수이다. $t > 0$이고 $S < a$일 때 $I\{S \geq a\}$는 0이므로

$$I\{S \geqslant a\}e^{-tS} \leqslant e^{-ta}$$

이고, 그래서

$$\hat{\theta} \leqslant M(t)e^{-ta}$$

이다. 이 추정치의 한계를 가능한 작게 만들기 위해 $t > 0$를 $M(t)e^{-ta}$가 최소화되도록 선택한다. 이렇게 하여 매회 그 값이 0과 $\min_t M(t)e^{-ta}$ 사이에 있는 추정량을 얻게 된다. 최소화하는 t를 t^*라고 놓으면 다음과 같음을 보일 수 있다.

$$E_{t^*}[S] = E_{t^*}\left[\sum_{i=1}^{n} X_i\right] = a$$

여기서, X_i의 분포는 f_{i,t^*}, $i = 1, \ldots, n$라는 가정 하에서 기댓값이 취해졌다.
예를 들어, $X_1, \ldots, X_n$이 서로 독립이고 각각 모수 p_i, $i = 1, \ldots, n$를 갖는 베르누이 확률변수라고 하자. 그러면 X_i를 기울어진 확률질량함수 $p_{i,t}$, $i = 1, \ldots, m$에 따라 생성하면, 중요도 표본추출에 의한 $\theta = P\{S \geq a\}$의 추정치는

$$\hat{\theta} = I\{S \geqslant a\}e^{-tS}\prod_{i=1}^{n}\left(p_i e^t + 1 - p_i\right)$$

이다. $p_{i,t}$는 모수가 $p_i e^t/(p_i e^t + 1 - p_i)$인 베르누이 확률변수의 질량함수이므로

$$E_t\left[\sum_{i=1}^{n} X_i\right] = \sum_{i=1}^{n} \frac{p_i e^t}{p_i e^t + 1 - p_i}$$

이다. 이를 a와 같게 하는 t 값은 수치적으로 근사될 수 있고, 그 다음에 시뮬레이션에 활용될 수 있다.
예를 들어 설명하기 위해, $n = 20$, $p_i = 0.4$, $a = 16$이라고 하자. 그러면

$$E_t[S] = 20\frac{0.4e^t}{0.4e^t + 0.6}$$

이다. 이 값을 16과 같게 놓으면, 간단한 연산 후에 다음을 얻는다.

$$e^{t^*} = 6$$

따라서, 모수

$$\frac{0.4e^{t^*}}{0.4e^{t^*} + 0.6} = 0.8$$

를 이용하여 베르누이 확률변수를 생성하면

$$M(t^*) = (0.4e^{t^*} + 0.6)^{20} \quad \text{이고} \quad e^{-t^*S} = (1/6)^S$$

이기 때문에 중요도 표본추출에 의한 추정량은

$$\hat{\theta} = I\{S \geqslant 16\}(1/6)^S 3^{20}$$

임을 알 수 있다. 이로부터 다음을 얻게 된다.

$$\hat{\theta} \leqslant (1/6)^{16} 3^{20} = 81/2^{16} = 0.001236$$

즉, 매회 이 추정량의 값은 0과 0.001236 사이에 있다. 이 경우 θ는 모수가 20, 0.4인 이항 확률변수가 적어도 16인 확률이므로, 명확한 계산에 의해 $\theta = 0.000317$이라는 결과를 얻을 수 있다. 그러므로, 모수가 0.4인 베르누이 확률변수의 합이 16보다 작으면 0 값을 갖고 아니면 1 값을 갖는, 단순한 시뮬레이션에 의한 추정량 I는 다음의 분산을 갖는다.

$$\text{Var}(I) = \theta(1-\theta) = 3.169 \times 10^{-4}$$

반면에, $0 \leqslant \hat{\theta} \leqslant 0.001236$이라는 사실로부터 다음을 얻게 된다(연습문제 33 참조).

$$\text{Var}(\hat{\theta}) \leqslant 2.9131 \times 10^{-7}$$ ■

예제 11.24 연속된 고객도착 사이의 시간이 밀도함수 f를 갖고 서비스시간이 밀도함수 g를 갖는 단일 서버 대기행렬을 고려한다. D_n이 n번째 도착고객이 대기열에서 기다린 시간이라고 하고 a가 $E[D_n]$보다 상당히 클 때 $\alpha = P\{D_n \geq a\}$를 추정하려고 한다. 연속된 도착간격과 서비스시간을 각각 f와 g에 따라 생성하는 대신 f_{-t}와 g_t에 따라 생성한다. t는 추후 결정할 양수이다. f와 g 대신 이 함수들을 이용하면 도착간격이 작아지고($\mu t < 0$이므로) 서비스시간은 커짐에 주의한다. 중요도 표본추출에 의한 α의 추정량은 다음과 같다.

$$\hat{\alpha} = I\{D_n > a\} e^{t(S_n - Y_n)} [M_f(-t) M_g(t)]^n$$

여기서 S_n은 처음 n개 도착간격의 합, Y_n은 처음 n개 서비스시간의 합, M_f와 M_g는 각각 밀도함수 f와 g의 모멘트 생성함수이다. t값은 다양한 선택들을 실험하여 결정되어야 한다. ■

11.7 실험횟수의 결정

시뮬레이션을 이용하여 평균 μ, 분산 σ^2인 독립이고 동일하게 분포된 확률변수 $Y^{(1)}, \ldots, Y^{(r)}$을 시뮬레이션 하려고 한다. 그리고

$$\bar{Y}_r = \frac{Y^{(1)} + \cdots + Y^{(r)}}{r}$$

을 μ의 추정치로 사용하려고 한다. 이 추정치의 정확도는 다음과 같은 분산으로 측정할 수 있다.

$$\begin{aligned}\text{Var}(\bar{Y}_r) &= E[(\bar{Y}_r - \mu)^2] \\ &= \sigma^2/r\end{aligned}$$

그러므로, 필요한 수행횟수 r을 충분히 크게 선택하여 σ^2/r이 충분히 작아지기를 원할 것이다. 그러나, 문제는 σ^2이 미리 알려져 있지 않다는 점이다. 이를 우회하기 위해 먼저 시뮬레이션을 k번 실행하고 ($k \geq 30$), 시뮬레이션된 값 $Y^{(1)}, \ldots, Y^{(k)}$를 이용하여 σ^2을 다음과 같은 표본분산으로 추정한다.

$$\sum_{i=1}^{k} (Y^{(i)} - \bar{Y}_k)^2/(k-1)$$

이 σ^2의 추정치에 근거하여 원하는 수준의 정확도를 얻기 위한 r 값을 결정한 후에, 추가적으로 $r - k$ 번의 시뮬레이션 실행을 수행할 수 있다.

11.8 마코프체인의 정상분포로부터의 생성

11.8.1 과거와의 연결

상태가 $1, \ldots, m$이고 전이확률이 $P_{i,j}$인 기약 마코프체인을 고려하고, 이 마코프체인의 정상분포와 동일한 분포를 갖는 확률변수를 생성하려고 한다. 이 확률변수는 다음과 같이 **근사적**으로 생성할 수 있다. 임의로 초기 상태를 선택하고 고정된 오랜 시간 동안 해당 마코프체인을 시뮬레이션 한다. 그 후에 마지막 상태를 이 확률변수의 값으로 선택한다. 이제 그 분포가 **정확히** 마코프체인의 정상분포와 동일한 확률변수를 생성하는 절차를 제시한다.

이론적으로 시간 $-\infty$에 임의의 상태에서 시작하는 마코프체인을 생성하면 시간 0의 상태는 정상분포를 가진다. 그래서 그렇게 상상하고, 각 시간마다 서로 다른 사람이 다음 상태를 생성한다고 가정한다. 즉, $-n$에서 상태 $X(-n)$이 i이면 사람 $-n$이 확률 $P_{i,j}, j = 1, \ldots, m$으로 j값을 갖는 확률변수를 생성하고, 그 생성된 값이 시간 $-(n-1)$에서의 상태가 된다. 이제 사람 -1이 확률변수 생성을 일찍 하려고 한다고 하자. 시간 -1에서의 상태를 모르기 때문에, 확률변수 열 $N_{-1}(i), i = 1, \ldots, m$를 생성한다. 여기서 $X(-1) = i$일 때의 다음 상태 $N_{-1}(i)$는 확률 $P_{i,j}, j = 1, \ldots, m$으로 j와 같다. $X(-1) = i$인 결과가 나오면 사람 -1 은 시간 0에서 상태는 다음과 같다고 보고할 것이다.

$$S_{-1}(i) = N_{-1}(i), \quad i = 1, \ldots, m$$

(즉, 시간 1에서 시뮬레이션 된 상태가 i일 때, $S_{-1}(i)$는 시간 0의 시뮬레이션 된 상태이다.)

이제 사람 -2가, 사람 -1이 시뮬레이션을 일찍 한 것을 듣고, 같은 결심을 하고 일련의 확률변수 $N_{-2}(i), i = 1, \ldots, m$를 생성한다고 가정하자. $N_{-2}(i)$는 확률 $P_{i,j}, j = 1, \ldots, m$으로 j 와 같다. 결론적으로, $X(-2) = i$라는 보고를 받으면, $X(-1) = N_{-2}(i)$라고 보고할 것이다. 이를 앞서 사람 -1의 경우와 결합해 보면 $X(-2) = i$이면 시뮬레이션된 시간 0에서 상태는

$$S_{-2}(i) = S_{-1}(N_{-2}(i)), \quad i = 1, \ldots, m$$

이다.

위와 같은 방법으로 계속하여, 사람 -3이 일련의 확률변수 $N_{-3}(i), i = 1, \ldots, m$를 생성한다고 하자. 여기서 $N_{-3}(i)$는 $X(-3) = i$일 때 생성된 다음 상태 값이다. 결론적으로, $X(-3) = i$이면 시뮬레이션 된 시간 0에서 상태는

$$S_{-3}(i) = S_{-2}(N_{-3}(i)), \quad i = 1, \ldots, m$$

이다. 이제 이 과정을 계속한다고 하면 다음과 같은 시뮬레이션 된 함수들을 얻는다.

$$S_{-1}(i), S_{-2}(i), S_{-3}(i), \ldots, \quad i = 1, \ldots, m$$

이런 식으로 시간을 거슬러 가면, 어떤 시간에서, 가령 $-r$, 상수함수인 시뮬레이션 된 함수 $S_{-r}(i)$를 얻게 된다. 즉, 어떤 상태 j에 대해 $S_{-r}(i)$는 모든 상태 $i = 1, \ldots, m$에 대해 j가 된다. 그러나, 이는 시간 $-\infty$부터 $-r$까지 시뮬레이션 된 값이 무엇이든 시간 0에서 시뮬레이션된 값은 확실히 j임을 의미한다. 결론적으로, j 값을 마코프체인의 정상분포와 정확히 같은 분포를 갖는 확률변수의 값으로 취할 수 있다.

예제 11.25 상태 1, 2, 3을 갖는 마코프체인을 고려하고 시뮬레이션을 통해 다음 값들을 얻었다고 가정하자.

$$N_{-1}(i) = \begin{cases} 3, & i = 1\text{일 때} \\ 2, & i = 2\text{일 때} \\ 2, & i = 3\text{일 때} \end{cases}$$

이고

$$N_{-2}(i) = \begin{cases} 1, & i = 1\text{일 때} \\ 3, & i = 2\text{일 때} \\ 1, & i = 3\text{일 때} \end{cases}$$

이다. 그러면,

$$S_{-2}(i) = \begin{cases} 3, & i = 1\text{일 때} \\ 2, & i = 2\text{일 때} \\ 3, & i = 3\text{일 때} \end{cases}$$

이다. 만약

$$N_{-3}(i) = \begin{cases} 3, & i = 1\text{일 때} \\ 1, & i = 2\text{일 때} \\ 1, & i = 3\text{일 때} \end{cases}$$

이면

$$S_{-3}(i) = \begin{cases} 3, & i = 1\text{일 때} \\ 3, & i = 2\text{일 때} \\ 3, & i = 3\text{일 때} \end{cases}$$

이다. 그러므로 시간 −3에서 상태가 무엇이든지 시간 0에서 상태는 3이다. ■

참고: 이 절에서 마코프체인의 정상분포와 같은 분포를 갖는 확률변수를 생성하기 위해 개발된 절차를 **과거와의 연결**(coupling from the past)이라고 한다.

11.8.2 다른 접근법

상태공간이 음이 아닌 정수인 마코프체인을 고려하자. 이 체인이 정상확률을 갖는다고 가정하고 이 확률을 π_i, $i \geq 0$라고 하자. 이제 분포가 π_i, $i \geq 0$에 의해 주어지는 확률변수를 시뮬레이션 하는 또 다른 방법을 제시한다. 이 방법은 마코프체인이 다음 성질을 만족할 때 활용될 수 있다. 상태 0이라고 부를 어떤 상태와 어떤 양수 α에 대해

$$P_{i,0} \geqslant \alpha > 0$$

이다 (모든 상태 i에 대해). 즉, 현재 상태가 무엇이든지 다음 상태가 0일 확률이 최소한 양의 값 α이다. 정상확률에 따라 분포하는 확률변수를 시뮬레이션 하기 위해 먼저 자명한 방법으로 마코프체인을 시뮬레이션 한다. 즉, 이 체인이 상태 i에 있을 때면 확률 $P_{i,j}$, $j \geq 0$로 j가 되는 확률변수를 생성하여 다음 상태를 이 값으로 설정한다. 그러나, 상태 0로 전이가 발생하면 앞면이 나올 확률이 전이가 발생한 상태에 의존하는 동전을 던진다. 구체적으로, 상태 0으로 전이가 상태 i로부터 발생하면, 동전의 앞면이 나올 확률은 $\alpha/P_{i,0}$이다. 이런 동전을 i-동전이라고 한다($i \geq 0$). 동전의 앞면이 나오면 사건이 발생했다고

한다. 결론적으로, 마코프체인의 전이는 확률 α로 사건을 발생시키고, 이는 사건 발생률이 α임을 의미한다. 이제 어떤 사건이 상태 i로부터 전이의 결과로 발생했으면 i-사건이라고 한다. 즉, 어떤 사건이 i-동전을 던진 결과로 일어났으면 i-사건이다. π_i는 상태 i로부터 전이의 비율이고 이런 전이는 확률 α로 i-사건을 일으키므로, i-사건 발생률은 $\alpha\pi_i$이다. 그러므로 전체 사건 중 i-사건의 비율은 $\alpha\pi_i/\alpha = \pi_i$, $i \geq 0$이다.

이제, $X_0 = 0$이라고 가정하자. i를 고정하고 j번째 사건이 i-사건이면 I_j는 1이라고 하고 아니면 I_j는 0이라고 한다. 사건은 항상 이 체인이 상태 0이 되게 하므로 I_j, $j \geq 1$은 독립이고 동일한 분포를 갖는 확률변수이다. 1 값을 갖는 I_j의 비율은 π_i이기 때문에 다음을 알 수 있다.

$$
\begin{aligned}
\pi_i &= \lim_{n\to\infty} \frac{I_1 + \ldots + I_n}{n} \\
&= E[I_1] \\
&= P(I_1 = 1)
\end{aligned}
$$

여기서 두 번째 등식은 큰 수의 강법칙 으로부터 얻어진다. 그러므로,

$$T = \min\{n > 0\text{: 시간 } n\text{에 사건이 발생}\}$$

이 첫 번째 사건시간을 나타내면, 이로부터 다음을 얻는다.

$$\pi_i = P(I_1 = 1) = P(X_{T-1} = i)$$

이는 모든 상태 i에 대해 참이므로, 시간 $T - 1$에서 마코프체인의 상태 X_{T-1}은 정상분포를 갖게 된다.

연습 문제

*1. 분포 F_i, $i = 1, \ldots, n$으로부터의 시뮬레이션은 상대적으로 쉽다고 가정하자. n이 작으면 어떻게 다음 분포로부터 시뮬레이션 할 수 있는가?

$$F(x) = \sum_{i=1}^{n} P_i F_i(x), \quad P_i \geqslant 0, \qquad \sum_i P_i = 1$$

다음 분포로부터 시뮬레이션 하는 방법을 제시하라.

$$F(x) = \begin{cases} \dfrac{1 - e^{-2x} + 2x}{3}, & 0 < x < 1 \\ \dfrac{3 - e^{-2x}}{3}, & 1 < x < \infty \end{cases}$$

2. 음이항 확률변수를 시뮬레이션 하는 방법을 제시하라.

*3. 초기하 확률변수를 시뮬레이션 하는 방법을 제시하라.

4. 중심이 원점이고 반지름이 r인 원 안에 무작위로 위치하는 점을 시뮬레이션 하려고 한다. 즉, 다음과 같은 결합 밀도함수를 갖는 X, Y를 시뮬레이션 하려고 한다.

$$f(x, y) = \frac{1}{\pi r^2}, \quad x^2 + y^2 \leqslant r^2$$

(a) $R = \sqrt{X^2 + Y^2}$, $\theta = \tan^{-1} Y/X$가 극좌표를 나타낸다고 하자. R과 θ의 결합 밀도함수를 계산하고 이를 이용하여 시뮬레이션 방법을 제시하라. X, Y를 시뮬레이션 하는 또 다른 방법은 다음과 같다.

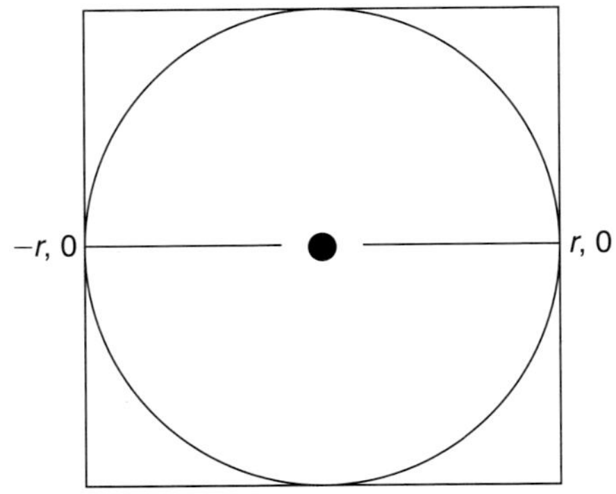

그림 11.6

단계 1: 서로 독립인 난수 U_1, U_2를 생성하여 $Z_1 = 2rU_1 - r$, $Z_2 = 2rU_2 - r$이라고 놓는다. 그러면 Z_1, Z_2는 변의 길이가 $2r$이고 반지름 r인 원을 포함하는 정사각형 위에서 균등하게 분포한다(그림 11.6 참조).

단계 2: (Z_1, Z_2)가 반지름 r인 원 안에 있으면, 즉, $Z_1^2+Z_2^2 \leqslant r^2$이면 $(X, Y) = (Z_1, Z_2)$라고 한다. 아니면 단계 1로 돌아간다.

(b) 이 방법이 작동함을 증명하고 필요한 난수 개수의 분포를 구하라.

5. 분포 F_i, $i = 1, \ldots, n$으로부터 시뮬레이션은 상대적으로 쉽다고 가정하자. 어떻게 다음 분포로부터 시뮬레이션 할 수 있는가?

(a) $F(x) = \prod_{i=1}^{n} F_i(x)$
(b) $F(x) = 1 - \prod_{i=1}^{n}(1 - F_i(x))$
(c) 분포 $F(x) = x^n$, $0 < x < 1$로부터 시뮬레이션 하는 두 가지 방법을 제시하라.

***6.** 예제 11.4에서 발생률 1인 지수 확률변수에 폰 노이만 기각법을 적용하여 표준정규 확률변수의 절대값을 시뮬레이션 하였다. 이는 다른 지수 밀도함수, 즉, 밀도함수 $g(x) = \lambda e^{-\lambda x}$를 사용하여 더 효율적인 알고리즘을 얻을 수 있는지에 대한 의문을 일으킨다. $\lambda = 1$일 때 기각법에서 필요한 반복횟수의 평균이 최소화됨을 보여라.

7. 다음 밀도함수를 갖는 확률변수를 시뮬레이션 하는 알고리즘을 제시하라.

$$f(x) = 30(x^2 - 2x^3 + x^4), \quad 0 < x < 1$$

8. 발생률이 λ/n인 지수 밀도함수 g를 이용한 기각법을 통해 감마(n, λ) 확률변수를 시뮬레이션 하는 기법을 고려한다.

(a) 감마 확률변수 생성을 위해 필요한 반복횟수의 평균이 $n^n e^{-1-n}/(n-1)!$임을 보여라.

(b) 스털링(Stirling)의 근사법을 이용하여 n이 클 때 (a)번 답이 근사적으로 $e[(n-1)/(2\pi)]^{1/2}$임을 보여라.

(c) 그 절차가 다음과 동일함을 보여라.

단계 1: 서로 독립이고 발생률 1인 지수 확률변수 Y_1, Y_2를 생성한다.
단계 2: $Y_1 < (n-1)[Y_2 - \log(Y_2) - 1]$이면 단계 1로 돌아간다.
단계 3: $X = nY_2/\lambda$라고 한다.

(d) 이 알고리즘으로부터 감마 확률변수와 함께 그와 독립인 지수 확률변수를 어떻게 얻을 수 있는

지 설명하라.

9. 모수 $n = 6, p = 0.4$를 갖는 이항 확률변수를 시뮬레이션 하기 위한 가명법을 설정하라.

10. 가명법에서 어떻게 $\mathbf{Q}^{(k)}$의 번호를 매기면 k가 $\mathbf{Q}^{(k)}$가 질량을 부여하는 두 점 중 하나가 될 수 있는지 설명하라.

힌트: 첫 $\mathbf{Q}$를 $\mathbf{Q}^{(1)}$ 대신 어떻게 부를 수 있을까?

11. 예제 11.10의 상세한 계산을 완성하라.

12. $X_1, \ldots, X_k$가 서로 독립이고 다음과 같다고 하자.

$$P\{X_i = j\} = \frac{1}{n}, \quad j = 1, \ldots, n, \ i = 1, \ldots, k$$

D가 $X_1, \ldots, X_k$ 중에서 서로 다른 값들의 개수이면, 다음을 보여라.

$$\begin{aligned} E[D] &= n\left[1 - \left(\frac{n-1}{n}\right)^k\right] \\ &\approx k - \frac{k^2}{2n} \qquad \frac{k^2}{n} \text{ 이 작을 때} \end{aligned}$$

13. 이산 기각법(Discrete Rejection Method): 확률질량함수 $P\{X = i\} = P_i, i = 1, \ldots, n$을 갖는 X를 시뮬레이션 하려고 한다. 확률질량함수 $Q_i, \sum_i Q_i = 1, Q_i \geqslant 0$로부터 쉽게 시뮬레이션 할 수 있다고 가정하자. C를 $P_i \leq CQ_i$, i $= 1, \ldots, m$가 되도록 한다. 다음 알고리즘이 원하는 확률변수를 생성함을 보여라.

단계 1: 확률질량함수 Q를 갖는 Y와 독립적인 난수 U를 생성한다.

단계 2: $U \leq P_Y/CQ_Y$이면 $X = Y$라고 한다. 아니면 단계 1로 돌아간다.

14. 이산 위험률법(Discrete Hazard Rate Method): X를 음이 아닌 정수값을 갖는 확률변수라고 한다. 함수 $\lambda(n) = P\{X = n|X \geq n\}, n \geq 0$을 **이산 위험률함수**(discrete hazard rate function)라고 한다.

(a) $P\{X = n\} = \lambda(n) \prod_{i=0}^{n-1} (1 - \lambda(i))$임을 보여라.

(b) 난수 $U_1, U_2, \ldots$를 생성하고 다음 시간에 정지하여 X를 시뮬레이션 할 수 있음을 보여라.

$$X = \min\{n\colon U_n \leqslant \lambda(n)\}$$

(c) 이 방법을 적용하여 기하 확률변수를 시뮬레이션 하라. 왜 이 방법이 작동하는지 직관적으로 설명하라.

(d) 모든 n에 대해 $\lambda(n) \leq p < 1$이라고 가정한다. X를 시뮬레이션 하기 위한 다음 알고리즘을 고려하고 이것이 왜 작동하는지 설명하라. $X_i, U_i, i \geqslant 1$을 시뮬레이션 한다. 여기서 X_i는 평균이 $1/p$인 기하확률변수이고 U_i는 난수이다. $S_k = X_1 + \cdots + X_k$라고 하고 다음과 같이 놓는다.

$$X = \min\{S_k\colon U_k \leqslant \lambda(S_k)/p\}$$

15. 평균이 μ, 분산이 σ^2인 정규 확률변수 X를 시뮬레이션 했다고 가정하자. 동일한 평균과 분산을 갖고 X와 음의 상관관계를 갖는 두 번째 정규 확률변수를 생성하는 쉬운 방법을 제시하라.

***16.** 무게 $w_1, w_2, \ldots, w_n$을 갖는 n개의 공이 항아리 안에 있다고 하자. 이 공들을 다음과 같이 연속적으로 꺼낸다. 항아리 안에 있는 공을 선택하는 확률은 그 공의 무게를 항아리 안에 남아있는 모든 공들 무게의 합으로 나눈 값이다. $I_1, I_2, \ldots, I_n$을 공을 꺼낸 순서라고 하자. 따라서, $I_1, \ldots, I_n$은 무게를 이용한 랜덤순열이다.

(a) $I_1, \ldots, I_n$을 시뮬레이션 하는 방법을 제시하라.

(b) X_i를 독립이고 발생률이 w_i인 지수 확률변수라고 하자, $i = 1, \ldots, n$. 어떻게 X_i를 활용하여 $I_1, \ldots, I_n$을 시뮬레이션 할 수 있는지 설명하라.

17. **순서통계량**(Order Statistics): $X_1, \ldots, X_n$을 연속분포 F로부터의 i.i.d.라고 하고, $X_{(i)}$를 $X_1, \ldots, X_n$ 중에서 i번째로 작은 값이라고 하자($i = 1, \ldots, n$). $X_{(1)} < X_{(2)} < \cdots < X_{(n)}$을 시뮬레이션 하려고 한다. 한 가지 방법은 F로부터 n개 값을 시뮬레이션한 후 순서대로 배치하는 것이다. 그러나, 이 순서배치, 또는 **정렬**(sorting)에는 n이 클 때 많은 시간을 소요한다.

(a) F의 위험률 함수 $\lambda(t)$가 유계라고 가정하자. 어떻게 위험률법을 적용하여 정렬이 필요 없도록 n개의 변수를 생성할 수 있는지 보여라.

이제 F^{-1}을 쉽게 계산할 수 있다고 가정하자.

(b) 다음과 같이 $X_{(1)}, \ldots, X_{(n)}$을 생성할 수 있음을 논증하라. 서로 독립인 난수 n개의 정렬된 값 $U_{(1)} < U_{(2)} < \cdots < U_{(n)}$을 시뮬레이션 하고 $X_{(i)} = F^{-1}(U_{(i)})$라고 놓는다. 왜 이것이 $X_{(i)}$가 $F^{-1}(\beta_i)$로부터 생성될 수 있음을 의미하는지 설명하라. 여기서 β_i는 모수가 $i, n + i + 1$인 베타 분포를 따른다.

(c) $U_{(1)}, \ldots, U_{(n)}$를, 정렬할 필요 없이, i.i.d.인 지수 확률변수 $Y_1, \ldots, Y_{n+1}$을 시뮬레이션 하여 다음과 같이 놓아서 생성할 수 있음을 논증하라.

$$U_{(i)} = \frac{Y_1 + \cdots + Y_i}{Y_1 + \cdots + Y_{n+1}}, \quad i = 1, \ldots, n$$

힌트: 푸아송과정의 $(n + 1)$번째 사건시간이 주어졌을 때, 처음 n개 사건시간들의 집합에 대해 무엇을 말할 수 있나?

(d) $U_{(n)} = y$이면 $U_{(1)}, \ldots, U_{(n-1)}$이 $n - 1$개의 균등$(0, y)$ 확률변수의 순서통계량과 동일한 결합분포를 가짐을 보여라.

(e) (d)를 사용하여 다음과 같이 $U_{(1)}, \ldots, U_{(n)}$을 생성할 수 있음을 보여라.

단계 1: 난수 $U_1, \ldots, U_n$을 생성한다.

단계 2: 다음과 같이 놓는다.

$$\begin{aligned} U_{(n)} &= U_1^{1/n}, \qquad U_{(n-1)} = U_{(n)}(U_2)^{1/(n-1)}, \\ U_{(j-1)} &= U_{(j)}(U_{n-j+2})^{1/(j-1)}, \quad j = 2, \ldots, n-1 \end{aligned}$$

18. $X_1, \ldots, X_n$을 서로 독립이고 발생률이 1인 지수 확률변수라고 하자. 다음과 같이 놓는다.

$$W_1 = X_1/n,$$

$$W_i = W_{i-1} + \frac{X_i}{n-i+1}, \quad i = 2, \ldots, n$$

왜 $W_1, \ldots, W_n$이 발생률 1인 n개 지수 확률변수 표본의 순서통계량과 동일한 결합분포를 갖는지 설명하라.

19. n이 클 때, 서로 독립이고 발생률이 1인 지수 확률변수, $X_1, \ldots, X_n$을 시뮬레이션 하려고 한다. 역변환법을 이용하려고 하면 각각의 지수 확률변수 생성을 위해 한 번의 로그 계산을 해야 한다. 이를 피하는 방법은 먼저 모수 $(n, 1)$인 감마확률변수 S_n을 시뮬레이션 한다(예를 들어 11.3.3절의 방법으로). 이제 S_n을 발생률이 1인 푸아송과정의 n번째 사건시간으로 해석한다. 그리고 S_n이 주어졌을 때 처음 $n - 1$개 사건시간은 $(n - 1)$개의 서로 독립인 균등$(0, S_n)$ 확률변수처럼 분포되어 있다는 결과

를 이용한다. 이에 근거하여 왜 다음 알고리즘이 n개의 서로 독립인 지수 확률변수를 시뮬레이션 하는지 설명하라.

단계 1: 모수 $(n, 1)$인 감마 확률변수 S_n을 생성한다.
단계 2: $n - 1$개 난수 $U_1, U_2, \ldots, U_{n-1}$을 생성한다.
단계 3: $U_i, i = 1, \ldots, n - 1$을 정렬하여 $U_{(1)} < U_{(2)} < \ldots < U_{(n-1)}$을 얻는다.
단계 4: $U_{(0)} = 0, U_{(n)} = 1$이라고 하고 $X_i = S_n (U_{(i)} - U_{(i-1)}), i = 1, \ldots, n$이라고 한다.

11.5절에 기술된 알고리즘에 따라 정렬(단계 3)이 이루어질 때, 위와 같은 방법은 n개 지수 확률변수가 동시에 요구될 때 시뮬레이션 하기 위한 효율적 방법이다. 그러나, 메모리 공간이 제한되어 있고, 사용한 것은 메모리에서 제거하면서 순차적으로 지수 확률변수를 채택할 수 있으면, 위의 방법은 적절하지 않다.

20. 숫자 $1, 2, \ldots, n$으로부터 크기 k인 부분집합을 임의로 고르는 다음 절차를 고려하자. p를 고정하고 도착간격이 평균 $1/p$인 기하분포인 재생과정의 처음 n 시간단위를 생성한다. 즉, $P\{$도착간격시간 $= k\} = p(1 - p)^{k-1}, k = 1, 2, \ldots$ 인 사건이 시점 $i_1 < i_2 < \cdots < i_M \leq n$에서 발생한다고 하자. $m = k$이면 중지한다. 그러면 $i_1, \ldots, i_m$은 원하는 집합이 된다. $m > k$이면 $i_1, \ldots, i_m$ 중에서 무작위로 크기 k인 부분집합을 (적당한 방법으로) 고르고 중지한다. $m < k$이면 $i_1, \ldots, i_m$을 크기 k인 부분집합의 일부로 채택하고, 집합 $\{1, 2, \ldots, n\} - \{i_1, \ldots, i_m\}$로부터 크기 $k - m$인 부분집합을 무작위로 선택한다(적당한 방법으로). 왜 이 알고리즘이 작동하는지 설명하라. $E[N(n)] = np$이므로 p의 합리적인 선택은 $p \approx k/n$이도록 하는 것이다. (이 접근법은 디에터(Dieter)에 의해 처음 제안되었다.)

21. $1, 2, \ldots, n$ 요소들의 랜덤순열을 생성하기 위한 다음 알고리즘을 고려한다. 이 알고리즘에서 $P(i)$는 i번째 위치의 요소라고 해석할 수 있다.

단계 1: $k = 1$이라 한다.
단계 2: $P(1) = 1$이라 한다.
단계 3: $k = n$이면 중지한다. 아니면 $k = k + 1$로 놓는다.
단계 4: 난수 U를 생성하여 다음과 같이 놓는다.

$$P(k) = P([kU] + 1),$$
$$P([kU] + 1) = k.$$

단계 3으로 간다.

(a) 이 알고리즘이 하는 일을 말로 설명하라.
(b) k번째 반복수행에서, 즉, $P(k)$값이 처음으로 설정될 때, $P(1), P(2), \ldots, P(k)$는 $1, 2, \ldots, k$의 랜덤순열임을 보여라.

힌트: 귀납법을 이용하여 다음과 같음을 논증하라.

$$\begin{aligned} &P_k\{i_1, i_2, \ldots, i_{j-1}, k, i_j, \ldots, i_{k-2}, i\} \\ &\quad = P_{k-1}\{i_1, i_2, \ldots, i_{j-1}, i, i_j, \ldots, i_{k-2}\}\frac{1}{k} \\ &\quad = \frac{1}{k!} \quad \text{귀납법 가설에 의해} \end{aligned}$$

이 알고리즘은 n이 처음에 알려져 있지 않아도 사용할 수 있다.

22. $\lambda(t) \leq \lambda$인 강도함수 $\lambda(t)$를 갖는 비동질 푸아송과정의 사건시간을 시뮬레이션 하기 위해 위험률법을 사용하면, 11.5절 방법 1에서 주어진 접근법으로 귀결됨을 증명하라.

***23.** $\int_0^\infty \lambda(t)\,dt = \infty$인 강도함수 $\lambda(t)$, $t \geq 0$를 갖는 비동질 푸아송과정에 대해, $X_1, X_2, \ldots$이 사건이 일어난 시간들의 수열이라고 하자.

(a) $\int_0^{X_1} \lambda(t)$이 발생률 1인 지수 확률변수임을 보여라.

(b) $X_0 = 1$일 때 $\int_{X_{i-1}}^{X_i} \lambda(t)\,dt, i \geqslant 1$이 서로 독립이고 발생률이 1인 지수 확률변수임을 보여라.

말로 설명하면, 과거와 독립적으로, 사건이 일어날 때까지 경험해야 하는 추가 위험량은 발생률이 1인 지수 확률변수이다.

24. 다음과 같은 밀도함수를 갖는 비동질 푸아송과정을 시뮬레이션 하기 위한 효율적인 방법을 제시하라.

$$\lambda(t) = b + \frac{1}{t+a}, \quad t \geqslant 0$$

25. (X, Y)가 원점을 중심으로 반지름 r인 원 안에 균등하게 분포한다고 하자. 즉, 결합 밀도함수가 다음과 같이 주어진다.

$$f(x, y) = \frac{1}{\pi r^2}, \quad 0 \leqslant x^2 + y^2 \leqslant r^2$$

$R = \sqrt{X^2 + Y^2}$과 $\theta = \arctan Y/X$가 극좌표를 나타낸다고 하자. R과 θ는 서로 독립이고 θ는 $(0, 2\pi)$ 구간의 균등분포를 갖고 $P\{R < a\} = a^2/r^2$, $0 < a < r$임을 보여라.

26. R을 이차원 평면 안의 한 영역이라고 하자. 이차원 푸아송과정에 대해, R 안에 n개의 점이 위치해 있음이 주어졌을 때, 그 점들이 서로 독립이고 R 안에 균등하게 분포되어 있음, (즉, c가 R 면적의 역수일 때 밀도함수는 $f(x, y) = c$, $(x, y) \in R$ 임)을 보여라.

27. $X_1, \ldots, X_n$을 $E[X_i] = \theta$, $\mathrm{Var}(X_i) = \sigma_i^2$, $i = 1, \ldots, n$이고 서로 독립인 확률변수라고 하고, $\sum_{i=1}^n \lambda_i X_i$형태를 갖는 θ의 추정치를 고려한다. 여기서 $\sum_{i=1}^n \lambda_i = 1$이다. 다음과 같을 때 $\left(\sum_{i=1}^n \lambda_i X_i\right)$이 최소화됨을 보여라.

$$\lambda_i = (1/\sigma_i^2) \Bigg/ \left(\sum_{j=1}^n 1/\sigma_j^2\right), \quad i = 1, \ldots, n.$$

가능한 힌트: 임의의 n에 대하여 보일 수 없으면, 먼저 $n = 2$에 대해 시도하라.

다음 두 문제는 $\int_0^1 g(x)\,dx = E[g(U)]$의 추정과 관련되어 있다. 여기서 U는 균등(0, 1) 확률변수이다.

28. **맞음-빗맞음법**(hit-miss method): g가 [0, 1]에서 한정되어 있다고 하자. 예를 들어, $0 \leq g(x) \leq b$, $x \in [0, 1]$이다. U_1, U_2를 서로 독립인 난수라고 하고 $X = U_1$, $Y = bU_2$라고 하자. 따라서 점 (X, Y)는 길이가 1이고 높이가 b인 직사각형 안에 균등하게 분포한다. 이제 다음과 같이 놓는다.

$$I = \begin{cases} 1, & Y < g(X)\text{일 때} \\ 0, & \text{그 외의 경우} \end{cases}$$

즉, 이 점이 그림 11.7의 빗금친 부분 안에 있으면 채택한다.

(a) $E[bI] = \int_0^1 g(x)\,dx$임을 보여라.

(b) $\mathrm{Var}(bI) \geq \mathrm{Var}(g(U))$임을 보여라. 따라서, 이 방법은 단순히 난수를 대입하여 g 값을 계산하는 것보다 큰 분산을 갖는다.

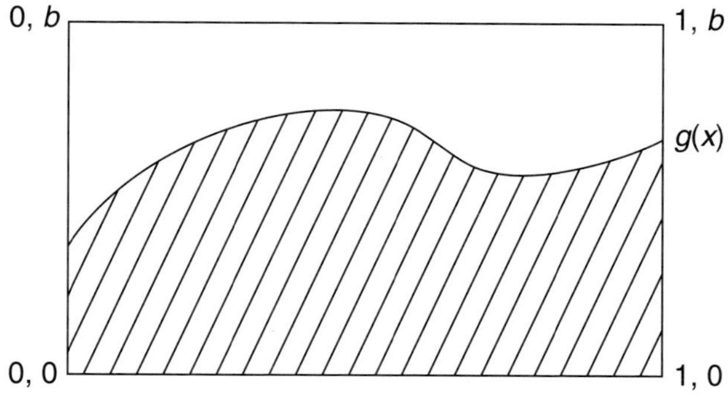

그림 11.7

29. **층화표본추출법**(stratified sampling): $U_1, \ldots, U_n$을 서로 독립인 난수라고 하고 $\bar{U}_i = (U_i + i - 1)/n$, $i = 1, \ldots, n$이라고 놓는다. 그러므로 $\bar{U}_i, i \geqslant 1$은 $((i-1)/n, i/n)$ 구간에서 균등 확률변수이다. $\sum_{i=1}^n g(\bar{U}_i)/n$을 층화표본추출법을 이용한 $\int_0^1 g(x)\,dx$의 추정량이라고 한다.

(a) $E[\sum_{i=1}^n g(\bar{U}_i)/n] = \int_0^1 g(x)\,dx$ 임을 보여라.

(b) $\text{Var}[\sum_{i=1}^n g(\bar{U}_i)/n] \leqslant \text{Var}[\sum_{i=1}^n g(U_i)/n]$ 임을 보여라.

힌트: U를 균등(0, 1) 확률변수라고 하고, N을 $(i-1)/n < U < i/n$이면 $N = i$라고 정의한다($i = 1, \ldots, n$). 조건부 분산공식을 이용하면 다음을 얻게 된다.

$$
\begin{aligned}
\text{Var}(g(U)) &= E[\text{Var}(g(U)|N)] + \text{Var}(E[g(U)|N]) \\
&\geqslant E[\text{Var}(g(U)|N)] \\
&= \sum_{i=1}^n \frac{\text{Var}(g(U)|N=i)}{n} = \sum_{i=1}^n \frac{\text{Var}[g(\bar{U}_i)]}{n}
\end{aligned}
$$

30. f가 평균이 μ, 분산이 σ^2인 정규 확률변수의 밀도함수이면, 기울어진 밀도함수 f_t는 평균이 $\mu + \sigma^2 t$, 분산이 σ^2인 정규 확률변수의 밀도함수임을 보여라.

31. 서비스시간이, 과거와 독립이고, 평균 μ를 갖는 대기행렬 시스템을 고려한다. W_n과 D_n이 각각 n번째 고객이 시스템과 대기열 안에서 머무른 시간을 나타낸다고 하자. 그러므로, S_n이 n번째 고객의 서비스시간이면 $D_n = W_n - S_n$이다. 그러므로,

$$E[D_n] = E[W_n] - \mu$$

이다. 시뮬레이션을 이용하여 $E[D_n]$을 추정하려면, 다음 중 어떤 방법을 사용해야 하는가?

(a) 시뮬레이션 된 데이터를 이용하여 D_n을 구하여 $E[D_n]$의 추정치로 사용한다.

(b) 시뮬레이션 된 데이터를 이용하여 W_n을 구하고 이 값에서 μ를 빼서 $E[D_n]$의 추정치로 사용한다.

$E[W_n]$을 추정하려고 할 때에 대해서 위 질문을 반복하라.

***32.** X와 Y가 같은 분포를 가지면

$$\text{Var}((X+Y)/2) \leqslant \text{Var}(X)$$

임을 보여라. 그러므로 대조변수 사용은 결코 분산을 증가시키지 않는다는 결론을 얻는다(그러나 독립된 난수 집합을 생성하는 것만큼 효율적이지는 않을 수 있다).

33. $0 \leq X \leq a$인 경우, 다음을 보여라.

(a) $E[X^2] \leqslant aE[X]$,
(b) $\mathrm{Var}(X) \leqslant E[X](a - E[X])$,
(c) $\mathrm{Var}(X) \leqslant a^2/4$.

34. 예제 11.19에서 t_0 이후 새로운 고객이 시스템 안으로 들어오는 것이 허용되지 않는다고 가정하자. t_0 이후 시스템이 빌 때까지 평균 추가시간의 추정치를 시뮬레이션 하는 효율적인 방법을 제시하라.

35. 서로 독립인 확률변수 X와 Y를 시뮬레이션 할 수 있다고 하자. X_i는 X와, Y_i는 Y와 같은 분포를 가질 때 $2k$개의 확률변수 $X_1, \ldots, X_k$와 $Y_1, \ldots, Y_k$를 시뮬레이션 하면, 어떻게 이 값들을 사용하여 $P(X < Y)$를 추정할 수 있는가?

36. U_1, U_2 , U_3가 서로 독립인 균등(0, 1) 확률변수일 때 $P\left(\prod_{i=1}^{3} U_i > 0.1\right)$ 을 구하라.
힌트: 구하려는 확률을 푸아송과정에 대한 확률과 연관시켜라.

참고 문헌

[1] J. Banks and J. Carson, "Discrete Event System Simulation," Prentice Hall, Englewood Cliffs, New Jersey, 1984.

[2] G. Fishman, "Principles of Discrete Event Simulation," John Wiley, New York, 1978.

[3] D. Knuth, "Semi Numerical Algorithms," Vol. 2 of *The Art of Computer Programming*, Second Edition, Addison-Wesley, Reading, Massachusetts, 1981.

[4] A. Law and W. Kelton, "Simulation Modelling and Analysis," Second Edition, McGraw-Hill, New York, 1992.

[5] J. Propp and D. Wilson, "Coupling From The Past: A User's Guide," Workshop on Microsurveys in Discrete Probability, Princeton, NJ, 1997.

[6] S. Ross, "Simulation," Fifth Edition, Academic Press, San Diego, 2013.

[7] R. Rubenstein, "Simulation and the Monte Carlo Method," John Wiley, New York, 1981.

INTRODUCTION TO **PROBABILITY MODELS**

별표 문제의 해답

Solutions to Starred Exercises

제1장

2. $S = \{(r, g), (r, b), (g, r), (g, b), (b, r), (b, g)\}$ 여기서, 예를 들어, (r, g)는 처음 뽑은 것이 빨간색이고 두 번째가 녹색임을 의미한다. 각 결과의 확률은 $\frac{1}{6}$이다.

5. $\frac{3}{4}$. 이길 경우 $1만 번다. 질 경우 $3을 잃는다.

9. $F = E \cup FE^c$이고, E와 FE^c는 배반이므로(disjoint), $P(F) = P(E) + P(FE^c)$이다.

17.

$$P(\text{종료}) = 1 - P(\text{진행})$$
$$= 1 - [P(H, H, H) + P(T, T, T)]$$

$$\text{공평한 동전: } P[\text{종료}] = 1 - \left[\frac{1}{2}\cdot\frac{1}{2}\cdot\frac{1}{2} + \frac{1}{2}\cdot\frac{1}{2}\cdot\frac{1}{2}\right] = \frac{3}{4}$$

$$\text{편중된(biased) 동전: } P[\text{종료}] = 1 - \left[\frac{1}{4}\cdot\frac{1}{4}\cdot\frac{1}{4} + \frac{3}{4}\cdot\frac{3}{4}\cdot\frac{3}{4}\right] = \frac{9}{16}$$

19.

$$E = \text{최소 한 번 6이 나올 사건}$$

$$P[E] = \frac{E\text{가 나올 가짓수}}{\text{모든 표본점의 수}} = \frac{11}{36}$$

$$D = \text{두 면이 다를 사건}$$

$$P(D) = 1 - P(\text{두 면이 동일}) = 1 - \frac{6}{36} = \frac{5}{6}$$

$$P(E|D) = \frac{P(ED)}{P(D)} = \frac{10/36}{5/6} = \frac{1}{3}$$

25. (a) $P(\text{페어}) = P(\text{두 번째 카드가 처음과 같은 한 벌에 서 나옴}) = \dfrac{3}{51}$

(b)
$$P(\text{페어}|\text{다른 모양}) = \frac{P(\text{페어, 다른 모양})}{P(\text{다른 모양})}$$
$$= \frac{P(\text{페어})}{P(\text{다른 모양})}$$
$$= \frac{3/51}{39/51} = \frac{1}{13}$$

27. $$P(E_1) = 1$$
$$P(E_2|E_1) = \frac{39}{51}$$

왜냐하면 12장의 카드는 스페이드 에이스 무더기에 속하고 39장은 그렇지 않기 때문이다.

$$P(E_3|E_1E_2) = \frac{26}{50}$$

왜냐하면 24장의 카드는 두 에이스 무더기에 속하고 26장은 그렇지 않기 때문이다.

$$P(E_4|E_1E_2E_3) = \frac{13}{49}$$

따라서 다음 결과를 얻는다.

$$P(\text{각 무더기에 하나씩 에이스}) = \left(\frac{39}{51}\right)\left(\frac{26}{50}\right)\left(\frac{13}{49}\right)$$

30. (a) $$P(\text{조지}|\text{정확히 1발 명중}) = \frac{P(\text{조지 명중, 빌 못 맞춤})}{P(\text{정확히 1발 명중})}$$
$$= \frac{P(\text{조지 명중, 빌 못 맞춤})}{P(\text{조지 명중, 빌 못 맞춤}) + P(\text{빌 명중, 조지 못 맞춤})}$$
$$= \frac{(0.4)(0.3)}{(0.4)(0.3) + (0.7)(0.6)}$$
$$= \frac{2}{9}$$

(b) $$P(\text{조지}|\text{명중}) = \frac{P(\text{조지, 명중})}{P(\text{명중})}$$
$$= \frac{P(\text{조지 명중})}{P(\text{명중})}$$
$$= \frac{0.4}{1 - (0.3)(0.6)} = \frac{20}{41}$$

32. $E_i = i$가 자신의 모자를 선택할 사건

$$P(\text{자신의 모자를 선택한 사람이 아무도 없음})$$
$$= 1 - P(E_1 \cup E_2 \cup \cdots \cup E_n)$$
$$= 1 - \left[\sum_{i_i} P(E_{i_1}) - \sum_{i_1<i_2} P(E_{i_1}E_{i_2}) + \cdots + (-1)^{n+1}P(E_1E_2\cdots E_n)\right]$$
$$= 1 - \sum_{i_1} P(E_{i_1}) + \sum_{i_1<i_2} P(E_{i_1}E_{i_2}) - \sum_{i_1<i_2<i_3} P(E_{i_1}E_{i_2}E_{i_3}) + \cdots$$
$$+ (-1)^n P(E_1E_2\cdots E_n)$$

$k \in \{1, 2, \ldots, n\}$라 하자. $P(E_{i_1}\ E_{i_2}\ E_{i_k})$ = 특정 k명이 자신의 모자를 선택할 방법의 수 ÷ 모자를 배열하는 방법의 총 수 = $(n-k)!/n!$. 합기호 $\sum_{i_1<i_2<\cdots<i_k}$에서 항의 수 = n개 변수에서 k개 변수를 선택하는 방법의 수 = $\binom{n}{k} = n!/k!(n-k)!$. 따라서

$$\sum_{i_1<\cdots<i_k} P(E_{i_1}E_{i_2}\cdots E_{i_k}) = \sum_{i_1<\cdots<i_k} \frac{(n-k)!}{n!} = \binom{n}{k}\frac{(n-k)!}{n!} = \frac{1}{k!}$$

$$\therefore P(\text{자신의 모자를 선택한 사람이 아무도 없음}) = 1 - \frac{1}{1!} + \frac{1}{2!} - \frac{1}{3!} + \cdots + (-1)^n\frac{1}{n!} = \frac{1}{2!} - \frac{1}{3!} + \cdots + (-1)^n\frac{1}{n!}$$

40. (a) F = 공정한 동전이 던져질 사건, U = 양쪽 모두 앞면인 동전이 던져질 확률

$$P(F|H) = \frac{P(H|F)P(F)}{P(H|F)P(F) + P(H|U)P(U)} = \frac{\frac{1}{2}\cdot\frac{1}{2}}{\frac{1}{2}\cdot\frac{1}{2} + 1\cdot\frac{1}{2}} = \frac{\frac{1}{4}}{\frac{3}{4}} = \frac{1}{3}$$

(b) $$P(F|HH) = \frac{P(HH|F)P(F)}{P(HH|F)P(F) + P(HH|U)P(U)} = \frac{\frac{1}{4}\cdot\frac{1}{2}}{\frac{1}{4}\cdot\frac{1}{2} + 1\cdot\frac{1}{2}} = \frac{\frac{1}{8}}{\frac{5}{8}} = \frac{1}{5}$$

(c) $$P(F|HHT) = \frac{P(HHT|F)P(F)}{P(HHT|F)P(F) + P(HHT|U)P(U)} = \frac{P(HHT|F)P(F)}{P(HHT|F)P(F) + 0} = 1$$

왜냐하면 공정한 동전만이 뒷면이 나타날 수 있기 때문이다.

43. 플로가 푸른 눈 유전자를 가질 사건을 B라 하자. 여자 조우와 남자 조 모두 하나의 푸른눈 유전자를 가졌음을 이용하면, 그들의 딸이 갖게 될 푸른 눈 유전자의 수를 X라 할 경우, 다음 식을 얻을 수 있다.

$$P(B) = P(X = 1|X < 2) = \frac{1/2}{3/4} = 2/3$$

따라서 플로의 딸이 푸른 눈일 사건을 C라 하면, 다음 결과를 얻는다.

$$P(C) = P(CB) = P(B)P(C|B) = 1/3$$

45. B_i = i번째 공이 검은 색일 사건, R_i = i번째 공이 붉은 색일 사건

$$P(B_1|R_2) = \frac{P(R_2|B_1)P(B_1)}{P(R_2|B_1)P(B_1) + P(R_2|R_1)P(R_1)} = \frac{\frac{r}{b+r+c}\cdot\frac{b}{b+r}}{\frac{r}{b+r+c}\cdot\frac{b}{b+r} + \frac{r+c}{b+r+c}\cdot\frac{r}{b+r}} = \frac{rb}{rb+(r+c)r} = \frac{b}{b+r+c}$$

48. 무작위로 선정한 가족이 차를 가지고 있을 사건을 C라 하고, 무작위로 선정한 가족이 집을 가지고 있을 사건을 H라 하자.

$$P(CH^c) = P(C) - P(CH) = 0.6 - 0.2 = 0.4$$

이고

$$P(C^c H) = P(H) - P(CH) = 0.3 - 0.2 = 0.1$$

이므로 다음 결과를 얻는다.

$$P(CH^c) + P(C^c H) = 0.5$$

제2장

4. (a) 1, 2, 3, 4, 5, 6.

(b) 1, 2, 3, 4, 5, 6.

(c) 2, 3, . . . , 11, 12

(d) −5, 4, . . . , 4, 5.

11. $\binom{4}{2}\left(\frac{1}{2}\right)^2\left(\frac{1}{2}\right)^2 = \frac{3}{8}$

16. $1 - (0.95)^{52} - 52(0.95)^{51}(0.05)$

18 (a) $$\begin{aligned} P(X_i = x_i, i = 1, \ldots, r-1 | X_r = j) &= \frac{P(X_i = x_i, i = 1, \ldots, r-1, X_r = j)}{P(X_r = j)} \\ &= \frac{\frac{n!}{x_1! \cdots x_{r-1}! j!} p_1^{x_1} \cdots p_{r-1}^{x_{r-1}} p_r^j}{\frac{n!}{j!(n-j)!} p_r^j (1 - p_r)^{n-j}} \\ &= \frac{(n-j)!}{x_1! \cdots x_{r-1}!} \prod_{i=1}^{r-1} \left(\frac{p_i}{1 - p_r}\right)^{x_i} \end{aligned}$$

(b) $X_r = j$인 조건하에서 $X_1, \ldots, X_{r-1}$의 조건부 분포는 모수가 $n - j$, $\frac{p_i}{1-p_r}$ $(i = 1, \ldots, r-1)$인 다항분포이다.

(c) 위 내용은 사실이다. 왜냐하면, $X_r = j$인 조건하에서 결과가 r이 아닌 나머지 $n - j$번의 시행 각각은 $\frac{p_i}{1-p_r}$의 확률로 결과 i가 나올 것이기 때문이다$(i = 1, \ldots, r-1)$.

23. X가 n이 되려면, 처음 $n - 1$번 던졌을 때 $r - 1$번 앞면이 나오고 n번째 던졌을 때 앞면이 나와야만 한다. 독립성에 의해, 구하려는 확률은 다음과 같다.

$$\binom{n-1}{r-1} p^{r-1}(1-p)^{n-r} \times p$$

27. $$\begin{aligned} P(\text{같은 수의 앞면}) &= \sum_i P\{A = i, B = i\} \\ &= \sum_i \binom{k}{i}\left(\frac{1}{2}\right)^k \binom{n-k}{i}\left(\frac{1}{2}\right)^{n-k} \end{aligned}$$

$$= \sum_i \binom{k}{i}\binom{n-k}{i}\left(\frac{1}{2}\right)^n$$
$$= \sum_i \binom{k}{k-i}\binom{n-k}{i}\left(\frac{1}{2}\right)^n$$
$$= \binom{n}{k}\left(\frac{1}{2}\right)^n$$

또 다른 풀이는 다음과 같다.

$P(A$의 앞면 횟수 $=$ B의 앞면 횟수$)$
$= P[A$의 뒷면 횟수 $=$ B의 앞면 횟수$]$ 공정한 동전이므로
$= P[k - A$의 앞면 횟수 $=$ B의 앞면 횟수$]$
$= P[k =$ 총 앞면 횟수$]$

38. $c = 2, \qquad P\{X > 2\} = \int_2^\infty 2e^{-2x}dx = e^{-4}$

47. X_i를 시행 i가 성공이면 1 아니면 0으로 정의하자.

(a) 가장 큰 값은 0.6이다. $X_1 = X_2 = X_3$이라면,

$$1.8 = E[X] = 3E[X_1] = 3P\{X_1 = 1\}$$

이고 따라서 $P\{X = 3\} = P\{X_1 = 1\} = 0.6$이다. 이것이 가장 큰 값이라는 것을 다음 마코프 부등식으로 보일 수 있다.

$$P\{X \geqslant 3\} \leqslant E[X]/3 = 0.6$$

(b) 최솟값은 0이다. $P\{X = 3\} = 0$에 대한 시나리오를 만들기 위해 (0, 1)에서의 균등 확률변수를 U라 하고 다음을 정의하자.

$$X_1 = \begin{cases} 1, & U \leqslant 0.6\text{인 경우} \\ 0, & \text{그 밖의 경우} \end{cases}$$
$$X_2 = \begin{cases} 1, & U \geqslant 0.4\text{인 경우} \\ 0, & \text{그 밖의 경우} \end{cases}$$
$$X_3 = \begin{cases} 1, & U \leqslant 0.3 \text{ 또는 } U \geqslant 0.7\text{인 경우} \\ 0, & \text{그 밖의 경우} \end{cases}$$

그러면 쉽게 다음을 보일 수 있다.

$$P\{X_1 = X_2 = X_3 = 1\} = 0$$

48. X가 비음의 확률변수이고, g는 $g(0) = 0$인 미분가능한 함수라면, 다음이 성립한다.

$$E[g(X)] = \int_0^\infty P(X > t)g'(t)dt$$

X의 확률밀도함수를 f라 하자. 증명을 위해 부분적분을 이용하면($dv = g'(t)dt$, $u = P(X > t)$) 다음이 얻어진다.

$$\int_0^\infty P(X > t)g'(t)dt = P(X > t)g(t)|_0^\infty + \int_0^\infty g(t)f(t)dt = E[g(X)]$$

또 하나의 방법은, $X > t$일 사건에 대한 지시 함수를 $I(t)$라 하는 것이다. 그러면, 다음이 얻어진다.

$$g(X) = \int_0^X g'(t)dt = \int_0^\infty I(t)g'(t)dt$$

양 변에 기댓값을 취하면 최종 결과를 얻을 수 있다.

49. $E[X^2] - (E[X])^2 = \text{Var}(X) = E[(X - E[X])^2] \geqslant 0$. $\text{Var}(X) = 0$일 때, 즉, X가 상수일 때, 등식이 성립한다.

64. 짝맞춤 문제에 대해 $X = X_1 + \cdots + X_N$라 하자. 이때

$$X_i = \begin{cases} 1, & i\text{번째 사람이 자신의 모자를 선택할 경우} \\ 0, & \text{그 밖의 경우} \end{cases}$$

다음을 구하자.

$$\text{Var}(X) = \sum_{i=1}^{N} \text{Var}(X_i) + 2\sum_{i<j}\sum \text{Cov}(X_i, X_j)$$

$P\{X_i = 1\} = 1/N$이므로, 다음이 얻어진다.

$$\text{Var}(X_i) = \frac{1}{N}\left(1 - \frac{1}{N}\right) = \frac{N-1}{N^2}$$

또한, 다음 식도 얻어진다.

$$\text{Cov}(X_i, X_j) = E[X_i X_j] - E[X_i]E[X_j]$$

이제,

$$X_i X_j = \begin{cases} 1, & i\text{번째와 } j\text{번째 사람이 모두 자신의 모자를 선택할 경우} \\ 0, & \text{그 밖의 경우} \end{cases}$$

이므로, 다음이 얻어진다.

$$\begin{aligned} E[X_i X_j] &= P\{X_i = 1, X_j = 1\} \\ &= P\{X_i = 1\}P\{X_j = 1 | X_i = 1\} \\ &= \frac{1}{N}\frac{1}{N-1} \end{aligned}$$

따라서

$$\text{Cov}(X_i, X_j) = \frac{1}{N(N-1)} - \left(\frac{1}{N}\right)^2 = \frac{1}{N^2(N-1)}$$

이고, 결국 아래 결과를 얻을 수 있다.

$$\begin{aligned} \text{Var}(X) &= \frac{N-1}{N} + 2\binom{N}{2}\frac{1}{N^2(N-1)} \\ &= \frac{N-1}{N} + \frac{1}{N} \\ &= 1 \end{aligned}$$

65. (a) $\binom{5}{3} p_2^3 (1 - p_2)^2$, $p^2 = e^{-2}2^2/2! = 2e^{-2}$

(b) $e^{-4}4^6/6!$

(c) $e^{-2}p$

66. $X_i \in A_i$일 사건을 B_i라 하면($i = 1, \ldots, n$), 다음이 얻어진다.

$$P(B_1 \cdots B_n) = P(B_1)\prod_{i=2}^{n} P(B_i|B_1 \cdots B_{i-1}) = P(B_1)\prod_{i=2}^{n} P(B_i)$$

71. 5장의 5.2.3절을 보라. 또 하나의 방법은 모멘트 생성함수를 이용하는 것이다. 발생률이 λ인 독립인 지수 확률변수 n개의 합의 모멘트 생성함수는 그 모멘트 생성함수들의 곱과 같다. 즉, $\dfrac{\lambda}{(\lambda - t)^n}$ 이 된다. 그런데 이것은 정확히 모수가 n와 λ인 감마분포의 모멘트 생성함수이다.

72. X_i ($i \geqslant 1$)를 평균 100, 분산 100인 독립인 정규 확률변수라고 하자.

(a) Z가 표준정규 확률변수일 때 $P(X_i < 115) = P(Z < 1.5) = 0.9332$이므로 구하려는 확률은 $1 - (0.9332)^5$이 된다.

(b) $S \equiv X_1 + \ldots + X_5$은 평균 500, 분산 500인 정규 확률변수이므로, 다음이 성립한다.

$$P(S > 530) = P\left(Z > \frac{30}{\sqrt{500}}\right)$$

73. (a) $P(S_{i,j}) = 1/365$

(b) 그렇다

(c) 그렇다

(d) 아니다

(e) 성공 횟수는 근사적으로 평균이 $\binom{n}{2}/365$인 푸아송이다. 결국 다음 값을 얻을 수 있다.

$$P(A) = P(0\text{ 번 성공}) \approx e^{-n(n-1)/730}$$

(f) $e^{-23 \times 22/730} \approx 0.5$

74. $E[e^{-uX}] = \sum_n e^{-un}e^{-\lambda}\lambda^n/n! = e^{-\lambda}\sum_n (\lambda e^{-u})^n/n! = e^{\lambda(e^{-u}-1)}$

80. X_i를 평균 1인 푸아송 확률변수라 하자. 그러면,

$$P\left\{\sum_1^n X_i \leqslant n\right\} = e^{-n}\sum_{k=0}^{n}\frac{n^k}{k!}$$

이다. 그런데 n이 크면 $\sum_1^n X_i - n$은 근사적으로 평균 0인 정규분포를 따르므로 원하는 결과를 얻을 수 있다.

85. (a) 합의 분산에 대한 공식과 $\mathrm{Var}\left(\frac{W}{\sigma_W}\right) = 1$를 이용하면 다음이 얻어진다.

$$2 + 2\frac{\mathrm{Cov}(X, Y)}{\sigma_X\sigma_Y} \geqslant 0$$

(b) $\mathrm{Var}\left(\frac{X}{\sigma_X} - \frac{Y}{\sigma_Y}\right) \geqslant 0$로 시작해서, (a)에서처럼 진행하라.

(c) 양 변을 제곱하면 다음 부등식이 된다.

$$\mathrm{Var}(X + Y) \leqslant \mathrm{Var}(X) + \mathrm{Var}(Y) + 2\sigma_X\sigma_Y$$

이제, 합의 분산에 대한 공식과 (b)에서 보인 다음 부등식을 이용한다.

$$\mathrm{Cov}(X, Y) \leqslant \sigma_X\sigma_Y$$

86. X_i를 책 i의 처리에 걸리는 시간이라 하자. Z는 표준정규 확률변수이다.

(a) $P\left(\sum_{i=1}^{40} X_i > 420\right) \approx P\left(Z > \frac{420-400}{\sqrt{9 \cdot 40}}\right)$

(b) $P\left(\sum_{i=1}^{25} X_i < 240\right) \approx P\left(Z < \frac{240-250}{\sqrt{9 \cdot 25}}\right) = P(Z > 2/3)$

87. (a)
$$\begin{aligned} P(Z^2 \leqslant x) &= P(-\sqrt{x} < Z < \sqrt{x}) \\ &= F_Z(\sqrt{x}) - F_Z(-\sqrt{x}) \end{aligned}$$

미분하면 다음을 얻는다.

$$f_{Z^2}(x) = \frac{1}{2}x^{-1/2}[f_Z(\sqrt{x}) + f_Z(-\sqrt{x})] = \frac{1}{\sqrt{2\pi}}x^{-1/2}e^{-x/2}$$

(b) 모수가 (1/2, 1/2)인 독립인 감마 확률변수 n개의 합은 모수가 $(n/2, 1/2)$인 감마이다.

제3장

2. 직관적으로, 첫 번째 앞면은 시행 $1, \ldots, n-1$ 중 어디에서나 동일하게 나타날 것으로 보인다. 즉, 직관적으로 다음 식을 얻을 수 있다.

$$P\{X_1 = i | X_1 + X_2 = n\} = \frac{1}{n-1}, \qquad i = 1, \ldots, n-1$$

보다 논리적인 전개는 다음과 같다.

$$\begin{aligned} P\{X_1 = i | X_1 + X_2 = n\} &= \frac{P\{X_1 = i, X_1 + X_2 = n\}}{P\{X_1 + X_2 = n\}} \\ &= \frac{P\{X_1 = i, X_2 = n - i\}}{P\{X_1 + X_2 = n\}} \\ &= \frac{p(1-p)^{i-1}p(1-p)^{n-i-1}}{\binom{n-1}{1}p(1-p)^{n-2}p} \\ &= \frac{1}{n-1} \end{aligned}$$

위에서, 끝에서 두 번째 식의 경우, 분모에서는 $X_1 + X_2$이 음이항분포를 따른다는 것, 그리고 분자에서는 X_1과 X_2의 독립성을 이용하였다.

6.
$$\begin{aligned} p_{X|Y}(1\,|\,3) &= \frac{P\{X = 1, Y = 3\}}{P\{Y = 3\}} \\ &= \frac{P[\text{1개의 흰색, 3개의 검은색, 3개의 빨간색}]}{P[\text{3개의 검은색}]} \\ &= \frac{\frac{6!}{1!3!2!}\left(\frac{3}{14}\right)^1\left(\frac{5}{14}\right)^3\left(\frac{6}{14}\right)^2}{\frac{6!}{3!3!}\left(\frac{5}{14}\right)^3\left(\frac{9}{14}\right)^3} \\ &= \frac{4}{9} \end{aligned}$$

$$p_{X|Y}(0\,|\,3) = \frac{8}{27}$$

$$p_{X|Y}(2\,|\,3) = \frac{2}{9}$$

$$p_{X|Y}(3\,|\,3) = \frac{1}{27}$$

$$E[X\,|\,Y = 1] = \frac{5}{3}$$

13. $X > 1$인 조건하에서 X의 조건부 확률밀도함수는 다음과 같다.

$$f_{X|X>1}(X) = \frac{f(x)}{P\{X > 1\}} = \frac{\lambda e^{-\lambda x}}{e^{-\lambda}} \qquad x > 1\text{인 경우}$$

$$E[X\,|\,X > 1] = e^{\lambda}\int_1^{\infty} x\lambda e^{-\lambda x}dx = 1 + 1/\lambda$$

위에서 부분적분을 이용하였다. 뒤의 결과는 지수분포의 망각성에 의해 바로 얻어질 수도 있다.

19.

$$\begin{aligned}\int E[X\,|\,Y = y]f_Y(y)\,dy &= \iint xf_{X|Y}(x|y)\,dx f_Y(y)\,dy \\ &= \iint x\frac{f(x,y)}{f_Y(y)}\,dx f_Y(y)\,dy \\ &= \int x\int f(x,y)\,dy\,dx \\ &= \int xf_X(x)\,dx \\ &= E[X]\end{aligned}$$

23. X를 앞면이 처음 나타날 때의 시행횟수라 하자. X 이후 이어지는 2번의 시행에 대한 조건을 주어 $E[N|X]$에 대한 식을 구해보자. 그러면 다음이 얻어진다.

$$\begin{aligned}E[N\,|\,X] = {} & E[N\,|\,X,h,h]p^2 + E[N\,|\,X,h,t]pq + E[N\,|\,X,t,h]pq \\ & + E[N\,|\,X,t,t]q^2\end{aligned}$$

위에서 $q = 1 - p$이다. 이제

$$E[N\,|\,X,h,h] = X + 1, \qquad E[N\,|\,X,h,t] = X + 1$$

$$E[N\,|\,X,t,h] = X + 2, \qquad E[N\,|\,X,t,t] = X + 2 + E[N]$$

이므로 대입하면 다음을 얻는다.

$$E[N|X] = (X + 1)(p^2 + pq) + (X + 2)pq + (X + 2 + E[N])\,q^2$$

기댓값을 취하고, X는 평균이 $1/p$인 기하분포임을 이용하면, 다음을 얻을 수 있다.

$$E[N] = 1 + p + q + 2pq + q^2/p + 2q^2 + q^2E[N]$$

$E[N]$에 대해 정리하면 다음 결과가 얻어진다.

$$E[N] = \frac{2 + 2q + q^2/p}{1 - q^2}$$

38. $E[X] = E[E[X|Y]] = E[Y/2] = 1/4$

$$\begin{aligned}\text{Var}(X) &= E[\text{Var}(X|Y)] + \text{Var}(E[X|Y]) \\ &= E[Y^2/12] + \text{Var}(Y/2) \\ &= 1/36 + 1/48 = 1/12\end{aligned}$$

Y가 (0, 1)에서의 균등분포를 따르며, $Y = y$인 조건하에서 X의 조건부 분포가 (0, y)에서의 균등분포를 따른다고 가정하고, $E[X]$와 Var(X)를 구하라.

41. 작업자 중 누군가는 적합한지 아닌지에 조건을 주고 대칭성을 이용하면 다음이 얻어진다.

$$P(1) = P(1|\text{누군가 적합})P(\text{누군가 적합}) = \frac{1}{n}[1-(1-p)^n]$$

42. (a) $$E[e^{tX^2}] = \frac{1}{\sqrt{2\pi}}\int_{-\infty}^{\infty} e^{tx^2}e^{-(x-\mu)^2/2}dx$$
$$= \frac{1}{\sqrt{2\pi}}\int_{-\infty}^{\infty} \exp\{-(x^2-2\mu x+\mu^2-2tx^2)/2\}dx$$
$$= \frac{1}{\sqrt{2\pi}}e^{-\mu^2/2}\int_{-\infty}^{\infty} \exp\{-(x^2(1-2t)-2\mu x)/2\}dx$$

따라서 $\sigma^2 = \frac{1}{1-2t}$로 놓으면 다음이 얻어진다.

$$E[e^{tX^2}] = \frac{1}{\sqrt{2\pi}}e^{-\mu^2/2}\int_{-\infty}^{\infty} \exp\{-(x^2-2\sigma^2\mu x)/2\sigma^2\}dx$$

다음 식

$$x^2-2\sigma^2\mu x = (x-\sigma^2\mu)^2-\mu^2\sigma^4$$

을 이용하면 다음 결과를 얻는다.

$$E[e^{tX^2}] = e^{-\mu^2/2+\mu^2\sigma^2/2}\frac{1}{\sqrt{2\pi}}\int_{-\infty}^{\infty} \exp\{-(x-\sigma^2\mu)^2/2\sigma^2\}dx$$
$$= e^{-(1-\sigma^2)\mu^2/2}\frac{1}{\sqrt{2\pi}}\int_{-\infty}^{\infty} \exp\{-y^2/2\sigma^2\}dy$$
$$= \sigma e^{-(1-\sigma^2)\mu^2/2}$$
$$= (1-2t)^{-1/2}\exp\left\{-\left(1-\frac{1}{1-2t}\right)\mu^2/2\right\}$$
$$= (1-2t)^{-1/2}e^{\frac{t\mu^2}{1-2t}}$$

(b) $$E\left[\exp\left\{t\sum_{i=1}^{n}X_i^2\right\}\right] = \prod_{i=1}^{n}E\left[e^{tX_i^2}\right]$$
$$= (1-2t)^{-n/2}\exp\left\{\frac{t}{1-2t}\sum_{i=1}^{n}\mu_i^2\right\}$$

(c) $$\frac{d}{dt}(1-2t)^{-n/2} = n(1-2t)^{-n/2-1}$$
$$\frac{d^2}{dt^2}(1-2t)^{-n/2} = 2n(n/2+1)(1-2t)^{-n/2-2}$$

따라서, 만약 χ_n^2이 자유도 n인 카이제곱 분포를 따른다면, 위 식에서 $t=0$의 값을 구하면 다음이 얻어진다.

$$E\left[\chi_n^2\right] = n \quad \text{Var}\left(\chi_n^2\right) = n^2+2n-n^2 = 2n$$

(d) K에 조건을 주면 다음이 얻어진다.

$$E\left[e^{tW}\right] = \sum_{k=0}^{\infty}E\left[e^{tW}|K=k\right]e^{-\theta/2}(\theta/2)^k/k!$$
$$= \sum_{k=0}^{\infty}(1-2t)^{-(n+2k)/2}e^{-\theta/2}(\theta/2)^k/k!$$
$$= (1-2t)^{-n/2}e^{-\theta/2}\sum(1-2t)^{-k}(\theta/2)^k/k!$$

$$= (1-2t)^{-n/2} e^{-\theta/2} \sum_{k=0}^{\infty} \left(\frac{\theta}{2(1-2t)} \right)^k \Big/ k!$$
$$= (1-2t)^{-n/2} \exp\left\{ -\frac{\theta}{2} + \frac{\theta}{2(1-2t)} \right\}$$
$$= (1-2t)^{-n/2} \exp\left\{ \frac{t\theta}{1-2t} \right\}$$

위 식은 모수가 n과 θ인 비중심(noncentral) 카이제곱 분포의 모멘트 생성함수이고, 모멘트 생성함수는 분포를 유일하게 결정해주므로, 증명이 완료된다.

(e) 위 결과로부터, 다음을 얻는다.

$$E[W|K=k] = E[\chi^2_{n+2k}] = n + 2k$$
$$\text{Var}(W|K=k) = \text{Var}(\chi^2_{n+2k}) = 2n + 4k$$

따라서

$$E[W] = E[E[W|K]] = E[n+2K] = n + 2E[K] = n + \theta$$

그리고 조건부 분산 공식을 이용하면 다음이 얻어진다.

$$\text{Var}(W) = E[2n+4K] + \text{Var}(n+2K) = 2n + 2\theta + 2\theta = 2n + 4\theta$$

43. $I = I\{Y \in A\}$로 놓으면 다음이 얻어진다.

$$E[XI] = E[XI|I=1]P(I=1) + E[XI|I=0]P(I=0) = E[X|I=1]P(I=1)$$

47. $E[X^2Y^2|X] = X^2E[Y^2|X]$
$$\geqslant X^2(E[Y|X])^2 = X^2$$

어느 확률변수 U에 대해서도 $E[U^2] \geqslant (E[U])^2$이 성립하고, 이는 어떤 다른 확률변수 X에 조건을 줄 때에도 여전히 성립하므로, 위의 부등식이 성립한다. 양 변에 기댓값을 취하면 다음이 얻어진다.

$$E[(XY)^2] \geqslant E[X^2]$$

다음 식이 성립하므로 최종 결과가 얻어진다.

$$E[XY] = E[E[XY|X]] = E[XE[Y|X]] = E[X]$$

53. $P\{X=n\} = \int_0^\infty P\{X=n|\lambda\}e^{-\lambda}d\lambda$
$$= \int_0^\infty \frac{e^{-\lambda}\lambda^n}{n!}e^{-\lambda}d\lambda$$
$$= \int_0^\infty e^{-2\lambda}\lambda^n \frac{d\lambda}{n!}$$
$$= \int_0^\infty e^{-t}t^n \frac{dt}{n!}\left(\frac{1}{2}\right)^{n+1}$$

$\int_0^\infty e^{-t}t^n dt = \Gamma(n+1) = n!$를 이용하면 최종 결과가 얻어진다.

54. (a) $P_k = p^{k-1}$. 이는 첫 번째 성공이 바로 추가적인 $k-1$번의 연속적인 성공으로 이어질 경우 $X = k$이기 때문이다.

(b) $n < k$이면 $P_n = 0$이다.

$$P_k = \sum_{i=1}^{k} p^{i-1}(1-p)P_{k-i+1} + p^k$$

$$P_n = \sum_{i=1}^{k} p^{i-1}(1-p)P_{n-i+1}, \quad n > k$$

(c) $P_k = p^0(1-p)P_k + p^k$

(d) $P_3 = 0.6^2 = 0.36$

$P_4 = 0.4P_4 + 0.24P_3 \Rightarrow P_4 = 0.144$

$P_5 = 0.4P_5 + 0.24P_4 + 0.144P_3 \Rightarrow P_5 = 0.144$

$P_6 = 0.4P_6 + 0.24P_5 + 0.144P_4 \Rightarrow P_6 = 0.64(0.144)$

$P_7 = 0.4P_7 + 0.24P_6 + 0.144P_5 \Rightarrow P_7 = 0.4(0.144)$

$P_8 = 0.4P_8 + 0.24P_7 + 0.144P_6 \Rightarrow P_8 = (1.96)(0.144)(0.16) = 0.0451584$

55. 연달아 $k-1$번의 성공이 처음 나타난 이후의 시행 결과에 조건을 주면 다음이 얻어진다.

$$M_k = M_{k-1} + p(1) + (1-p)M_k$$

따라서, $\alpha = 1/p$로 놓고 $M_k = 1 + \frac{1}{p}M_{k-1}$를 이용하면 다음이 얻어진다.

$$\begin{aligned} M_k &= 1 + \alpha(1 + \alpha M_{k-2}) \\ &= 1 + \alpha + \alpha^2 M_{k-2} \\ &= 1 + \alpha + \alpha^2 + \alpha^3 M_{k-3} \\ &= \sum_{i=0}^{k-1} \alpha^i \end{aligned}$$

58. (a) r/λ.

(b) $E[\text{Var}(N|Y)] + \text{Var}(E[N|Y]) = E[Y] + \text{Var}(Y) = \frac{r}{\lambda} + \frac{r}{\lambda^2}$

(c) $p = \frac{\lambda}{\lambda+1}$로 놓으면 다음이 얻어진다.

$$\begin{aligned} P(N=n) &= \int P(N=n|Y=y)f_Y(y)\,dy \\ &= \int e^{-y}\frac{y^n}{n!}\frac{\lambda e^{-\lambda y}(\lambda y)^{r-1}}{(r-1)!}\,dy \\ &= \frac{\lambda^r}{n!(r-1)!}\int e^{-(\lambda+1)y}y^{n+r-1}\,dy \\ &= \frac{\lambda^r}{n!(r-1)!(\lambda+1)^{n+r}}\int e^{-x}x^{n+r-1}\,dx \\ &= \frac{\lambda^r(n+r-1)!}{n!(r-1)!(\lambda+1)^{n+r}} \\ &= \binom{n+r-1}{r-1}p^r(1-p)^n \end{aligned}$$

(d) 각 시행의 성공 확률이 p일 때 r번째 성공 이전의 총 실패 횟수는 $X-r$로 표시되며, 여기서 X는 r번째 성공까지의 시행 횟수로 음이항분포를 따른다. 따라서, 다음이 얻어진다.

$$P(X-r=n) = P(X=n+r) = \binom{n+r-1}{r-1}p^r(1-p)^n$$

60. (a) 직관적으로 $f(p)$는 p에 대하여 증가함수이다. 왜냐하면 p가 클수록 먼저 던지는 이점이 커지기

때문이다.

(b) 1.

(c) 먼저 던지는 이점이 없어지기 때문에 $\frac{1}{2}$이다.

(d) 첫 번째 시행의 결과에 따라 조건을 주면 다음이 얻어진다.

$$\begin{aligned} f(p) &= P\{I \text{ wins} \mid h\}p + P\{I \text{ wins} \mid t\}(1-p) \\ &= p + [1 - f(p)](1-p) \end{aligned}$$

따라서

$$f(p) = \frac{1}{2-p}$$

67. 처음 n번의 시행 안에 j번 연달아 앞면이 나오는 것이 2가지 서로 배반적인 경우로 나뉘어 발생 가능하다는 것에 주목하면 (a)가 증명된다. 처음 $n-1$번의 시행 안에 j번 연달아 앞면이 나오거나 또는 처음 $n-j-1$ 시행 안에 j번 연달아 앞면이 나오지 않고, $n-j$번째도 앞면이 아니지만 $n-j+1$번째부터 n번째까지 모두 앞면이면 가능하다.

A를 처음 n번 안에($n \geqslant j$) j번 연달아 앞면이 나올 사건이라 하자. 처음으로 앞면이 아닐 때까지의 시행횟수 X에 조건을 주면 다음이 얻어진다.

$$\begin{aligned} P_j(n) &= \sum_k P(A|X=k)p^{k-1}(1-p) \\ &= \sum_{k=1}^{j} P(A|X=k)p^{k-1}(1-p) + \sum_{k=j+1}^{\infty} P(A|X=k)p^{k-1}(1-p) \\ &= \sum_{i=1}^{j} P_j(n-k)p^{k-1}(1-p) + \sum_{k=j+1}^{\infty} p^{k-1}(1-p) \\ &= \sum_{i=1}^{j} P_j(n-k)p^{k-1}(1-p) + p^j \end{aligned}$$

73. 100을 넘기 전의 합산 값에 조건을 주어 생각해보라. 모든 경우에 가장 가능성이 높은 합의 값은 101이다. (예를 들어, 이 합산값이 98이면 최종 합산 값은 101, 102, 103, 또는 104이다. 100을 넘기 전 합산 값이 95이면 최종 합산 값은 명백히 101이다.)

93. (a) 대칭성에 의해 $(T_1, \ldots, T_m)$의 어느 값에 대해서, 무작위 벡터 $(I_1, \ldots, I_m)$는 동일한 확률로 $m!$ 가지의 순열 중 하나가 된다.

(b)
$$\begin{aligned} E[N] &= \sum_{i=1}^{m} E[N|X=i]P\{X=i\} \\ &= \frac{1}{m}\sum_{i=1}^{m} E[N|X=i] \\ &= \frac{1}{m}\left(\sum_{i=1}^{m-1}\big(E[T_i] + E[N]\big) + E[T_{m-1}]\right) \end{aligned}$$

여기서 마지막 등식은 X와 T_i의 독립성을 이용한 것이다. 따라서,

$$E[N] = E[T_{m-1}] + \sum_{i=1}^{m-1} E[T_i]$$

(c) $E[T_i] = \sum_{j=1}^{i} \frac{m}{m+1-j}$

(d)
$$\begin{aligned} E[N] &= \sum_{j=1}^{m-1} \frac{m}{m+1-j} + \sum_{i=1}^{m-1}\sum_{j=1}^{i} \frac{m}{m+1-j} \\ &= \sum_{j=1}^{m-1} \frac{m}{m+1-j} + \sum_{j=1}^{m-1}\sum_{i=j}^{m-1} \frac{m}{m+1-j} \\ &= \sum_{j=1}^{m-1} \frac{m}{m+1-j} + \sum_{j=1}^{m-1} \frac{m(m-j)}{m+1-j} \\ &= \sum_{j=1}^{m-1} \left(\frac{m}{m+1-j} + \frac{m(m-j)}{m+1-j} \right) \\ &= m(m-1) \end{aligned}$$

97. X가 모수가 p인 기하분포를 따른다고 하자. Var(X)을 계산하기 위해 첫 번째 시행의 결과에 따라 조건을 주어 조건부 분산 공식을 이용할 것이다. I는, 첫 번째 시행이 성공이면 1 그렇지 않으면 0이라 하자. $I = 1$이면 $X = 1$이 성립하며 상수의 분산은 0이기 때문에 다음이 얻어진다.

$$\text{Var}(X|I=1) = 0$$

반면에, $I = 0$이면 $I = 0$인 조건하에서 X의 조건부 분포는 1(첫번째 시행) 더하기 모수 p인 기하 확률변수(성공을 위해 필요한 추가적인 시행횟수)의 조건 없는 분포와 동일하다. 따라서,

$$\text{Var}(X|I=0) = \text{Var}(X)$$

이 성립하고, 다음을 얻을 수 있다.

$$E[\text{Var}(X|I)] = \text{Var}(X|I=1)P(I=1) + \text{Var}(X|I=0)P(I=0) = (1-p)\text{Var}(X)$$

비슷하게,

$$E[X|I=1] = 1, \quad E[X|I=0] = 1 + E[X] = 1 + \frac{1}{p}$$

을 얻고 이는 다음과 같이 다시 쓸 수 있다.

$$E[X|I] = 1 + \frac{1}{p}(1-I)$$

결국 다음 결과가 얻어진다.

$$\text{Var}(E[X|I]) = \frac{1}{p^2}\text{Var}(I) = \frac{1}{p^2}p(1-p) = \frac{1-p}{p}$$

이제 조건부 분산 공식으로부터 다음이 얻어진다.

$$\begin{aligned} \text{Var}(X) &= E[\text{Var}(X|I)] + \text{Var}(E[X|I]) \\ &= (1-p)\text{Var}(X) + \frac{1-p}{p} \end{aligned}$$

즉,

$$\text{Var}(X) = \frac{1-p}{p^2}$$

98. $E[NS] = E[E[NS|N]] = E[NE[S|N]] = E[N^2E[X]] = E[X]E[N^2]$

따라서,

$$\text{Cov}(N, S) = E[X]E[N^2] - (E[N])^2E[X] = E[X]\text{Var}(N)$$

99. (a) P^k.

(b) $N = k + r$이려면, 처음 $r - 1$번의 시행에서 패턴이 나타나선 안되고, r번째 시행은 반드시 실패이어야 하며 시행 $r + 1, \ldots, r + k$는 모두 성공이여야만 한다.

(c) $1 - P(N = k) = \sum_{r=1}^{\infty} P(N = k+r) = \sum_{r=1}^{\infty} P(N > r - 1)qp^k = E[N]qp^k$

제4장

1. $P_{01} = 1,\ P_{10} = \frac{1}{9},\quad P_{21} = \frac{4}{9},\quad P_{32} = 1$

$P_{11} = \frac{4}{9},\quad P_{22} = \frac{4}{9}$

$P_{12} = \frac{4}{9},\quad P_{23} = \frac{1}{9}$

4. 상태공간을 $S = \{0, 1, 2, \bar{0}, \bar{1}, \bar{2}\}$라 하자. 여기서 상태 $i(\bar{i})$는 현재 값이 i이고 현재 일자가 짝수(홀수)임을 나타낸다.

9. $P^{10}_{0,3} = 0.5078$.

16. P_{ij}가 양수라면, 모든 n에 대하여 P^n_{ji}는 0이 된다(그렇지 않으면, i와 j는 소통가능하다). 그러면 이 확률과정은, i에서 출발할 경우 최소 P_{ij}의 i로 되돌아가지 못할 양의 확률 값을 갖게 된다. 이는 i의 재발성에 위배된다. 따라서 $P_{ij} = 0$이다.

21. 전이확률은 다음과 같다.

$$P_{i,j} = \begin{cases} 1 - 3\alpha, & \text{if } j = i \\ \alpha, & \text{if } j \neq i \end{cases}$$

대칭성에 따라,

$$P^n_{ij} = \frac{1}{3}(1 - P^n_{ii}), \qquad j \neq i$$

이제, 귀납법으로 다음을 증명하자.

$$P^n_{i,j} = \begin{cases} \frac{1}{4} + \frac{3}{4}(1 - 4\alpha)^n & j = i \text{ 일 때} \\ \frac{1}{4} - \frac{1}{4}(1 - 4\alpha)^n & j \neq i \text{ 일 때} \end{cases}$$

$n = 1$일 경우 위 식이 성립한다. n에 대해서 성립한다고 가정하면, 귀납법에 의한 증명을 위해서는 다음을 보여야만 한다.

$$P^{n+1}_{i,j} = \begin{cases} \frac{1}{4} + \frac{3}{4}(1 - 4\alpha)^{n+1} & j = i \text{ 일 때} \\ \frac{1}{4} - \frac{1}{4}(1 - 4\alpha)^{n+1} & j \neq i \text{ 일 때} \end{cases}$$

이제,

$$\begin{aligned}P_{i,i}^{n+1} &= P_{i,i}^{n} P_{i,i} + \sum_{j \neq i} P_{i,j}^{n} P_{j,i} \\ &= \left(\frac{1}{4} + \frac{3}{4}(1-4\alpha)^n\right)(1-3\alpha) + 3\left(\frac{1}{4} - \frac{1}{4}(1-4\alpha)^n\right)\alpha \\ &= \frac{1}{4} + \frac{3}{4}(1-4\alpha)^n(1-3\alpha-\alpha) \\ &= \frac{1}{4} + \frac{3}{4}(1-4\alpha)^{n+1}\end{aligned}$$

대칭성에 의해, $j \neq i$에 대해 다음 식이 성립한다.

$$P_{ij}^{n+1} = \frac{1}{3}(1 - P_{ii}^{n+1}) = \frac{1}{4} - \frac{1}{4}(1-4\alpha)^{n+1}$$

따라서 귀납법에 의한 증명이 완료된다.

위 식에 $n \to \infty$을 취하거나, 전이확률이 이중 확률적(doubly stochastic)임을 이용하면, 또는 대칭성을 이용하면, $\pi_i = 1/4$을 얻을 수 있다($i = 1, 2, 3, 4$).

27. (a) 마코프체인이다. 왜냐하면 다음 기간의 개인의 상태가 현재의 상태에만 종속되며 그보다 앞선 시간의 어떤 정보와도 무관하기 때문이다.

(b) N명 중 i명이 현재 활동 중이면, 다음 기간에 활동 중인 사람 수는 독립인 두 확률변수 R_i와 B_i의 합이다. 여기서 R_i는 i명의 현재 활동 중인 사람 중에서 다음 기간에도 활동 중인 상태를 유지하는 사람의 수이고, B_i는 $N - i$명의 현재 비활동 상태인 사람 중에서 다음 기간에 활동 중인 상태가 되는 수이다. R_i는 이항 (i, α), B_i는 이항 $(N - i, b)$, $b = 1 - \beta$ 분포를 따르므로, 다음이 얻어진다.

$$E[X_n|X_{n-1} = i] = i\alpha + (N-i)(1-\beta) = N(1-\beta) + (\alpha+\beta-1)i$$

따라서

$$E[X_n|X_{n-1}] = N(1-\beta) + (\alpha+\beta-1)X_{n-1}$$

이고 기댓값을 취하면 다음과 같다.

$$E[X_n] = N(1-\beta) + (\alpha+\beta-1)E[X_{n-1}]$$

$a = N(1 - \beta)$, $b = \alpha + \beta - 1$이라 하면, 위 식은

$$\begin{aligned}E[X_n] &= a + bE[X_{n-1}] \\ &= a + b(a + bE[X_{n-2}]) = a + ba + b^2E[X_{n-2}] \\ &= a + ba + b^2a + b^3E[X_{n-3}]\end{aligned}$$

이 되고, 계속 전개하면 다음에 도달할 수 있다.

$$E[X_n] = a\left(1 + b + \cdots + b^{n-1}\right) + b^n E\left[X_0\right]$$

따라서

$$E[X_n|X_0 = i] = a\left(1 + b + \cdots + b^{n-1}\right) + b^n i$$

이다. 다음에 주목하라.

$$\lim_{n\to\infty} E[X_n] = \frac{a}{1-b} = N\frac{1-\beta}{2-\alpha-\beta}$$

(c) 앞서 정의된 R_i, B_i를 사용하여 다음이 얻어진다.

$$
\begin{aligned}
P_{i,j} &= P(R_i + B_i = j) \\
&= \sum_k P(R_i + B_i = j | R_i = k) \binom{i}{k} \alpha^i (1-\alpha)^{i-k} \\
&= \sum_k \binom{N-i}{j-k} (1-\beta)^{j-k} \beta^{N-i-j+k} \binom{i}{k} \alpha^i (1-\alpha)^{i-k}
\end{aligned}
$$

여기서, $r < 0$ 또는 $r > m$일 경우 $\binom{m}{r} = 0$이다.

(d) $N = 1$이라 하자. 그러면, 1은 활동 중인 상태, 0은 비활동인 상태를 나타낸다고 하면, 극한 확률은 다음 방정식으로부터 구할 수 있다.

$$
\begin{aligned}
\pi_0 &= \pi_0 \beta + \pi_1 (1-\alpha) \\
\pi_1 &= \pi_0 (1-\beta) + \pi_1 \alpha \\
\pi_0 + \pi_1 &= 1
\end{aligned}
$$

해를 구하면 다음과 같다.

$$
\pi_1 = \frac{1-\beta}{2-\alpha-\beta}, \quad \pi_0 = \frac{1-\alpha}{2-\alpha-\beta}
$$

집단의 크기가 N인 경우를 고려해보자. 안정 상태에서 각 구성원들은 확률 π_1로 활동 중일 것이고, 각 구성원들은 다른 구성원과는 독립적으로 상태가 변하므로 활동 중인 구성원의 안정 상태 수는 모수 (N, π_1)인 이항분포를 따른다. 따라서, 정확히 j명이 활동 중일 장기 비율은 다음과 같다.

$$
\pi_j(N) = \binom{N}{j} \left(\frac{1-\beta}{2-\alpha-\beta}\right)^j \left(\frac{1-\alpha}{2-\alpha-\beta}\right)^{N-j}
$$

안정 상태에서 활동 중인 사람의 수의 기댓값은, (b)에서 파악한 것과 마찬가지로 $N\frac{1-\alpha}{2-\alpha-\beta}$임에 주목하라.

32. 켜짐 스위치의 수를 상태로 정의하면, 이는 3가지 상태를 갖는 마코프체인이다. 장기 비율에 대한 방정식은 다음과 같다.

$$
\begin{aligned}
\pi_0 &= \frac{9}{16}\pi_0 + \frac{1}{4}\pi_1 + \frac{1}{16}\pi_2, \\
\pi_1 &= \frac{3}{8}\pi_0 + \frac{1}{2}\pi_1 + \frac{3}{8}\pi_2, \\
\pi_0 &+ \pi_1 + \pi_2 = 1
\end{aligned}
$$

해를 구하면 다음과 같다.

$$
\pi_0 = \frac{2}{7}, \quad \pi_1 = \frac{3}{7}, \quad \pi_2 = \frac{2}{7}
$$

38. (a) $0.4p + 0.6p^2$

(b) $P^2_{2,1} + 2P^2_{2,2} = 0.32 + 1.36 = 1.68$

(c) $\pi_1 p + \pi_2 p^2 = (1/3)p + (2/3)p^2$

39. (a) 대칭성에 의해 성립한다. 왜냐하면 어느 상태에서든 무한개의 더 작은 상태와 무한개의 더 큰 상태가 있고 각 단계에서는 같은 확률로 그 다음으로 크거나 그 다음으로 작은 상태로 가기 때문이다.

(b) $\sum_i \pi_i = \sum_i \pi_1$는 $\pi_1 = 0$이면 0이고, $\pi_1 > 0$이면 ∞이다.

(c) $\sum_i \pi_i = 1$의 해는 없으므로, $p_{ii} = \pi_1 = 0$이 되어 이 마코프체인은 영 재발(null recurrent)이다.

40. 이 마코프체인은 이중 확률적(doubly stochastic)이고 따라서 $\pi_1 = 1/12$이다. 따라서 $1/\pi_i = 12$이다.

41. $$e_j = \sum_{i=0}^{j-1} P(i\text{에서 직접 } j\text{로 진입}) = \sum_{i=0}^{j-1} e_i P_{i,j}$$
$e_1 = 1/3$
$e_2 = 1/3 + 1/3(1/3) = 4/9$
$e_3 = 1/3 + 1/3(1/3) + 4/9(1/3) = 16/27$
$e_4 = 1/3(1/3) + 4/9(1/3) + 16/27(1/3) = 37/81$
$e_5 = 4/9(1/3) + 16/27(1/3) + 37/81(1/3) = 158/243$

47. $\{Y_n, n \geqslant 1\}$는 상태 (i, j)를 갖는 마코프체인이다.

$$P_{(i,j),(k,l)} = \begin{cases} 0, & j \neq k \text{ 일 때} \\ P_{jl}, & j = k \text{ 일 때} \end{cases}$$

여기서 P_{jl}는 $\{X_n\}$에 대한 전이확률이다.

$$\begin{aligned} \lim_{n\to\infty} P\{Y_n = (i, j)\} &= \lim_n P\{X_n = i, X_{n+1} = j\} \\ &= \lim_n [P\{X_n = i\} P_{ij}] \\ &= \pi_i P_{ij} \end{aligned}$$

60. (a) 초기상태가 i인 조건하에서($i = 1, 2$) 상태 4 이전에 상태 3에 진입할 확률을 P_i라 하자. 그러면, 다음이 얻어진다.

$P_1 = 0.4P_1 + 0.3P_2 + 0.2$
$P_2 = 0.2P_1 + 0.2P_2 + 0.2$

해를 구하면 $P_1 = 11/21$이 얻어진다.

(b) 상태 i에서 시작해서 상태 3 또는 상태 4에 진입할 때까지 평균 전이 횟수를 m_i라 하자. 그러면 다음이 얻어진다.

$m_1 = 1 + 0.4m_1 + 0.3m_2$
$m_2 = 1 + 0.2m_1 + 0.2m_2$

해를 구하면 $m_1 = 55/21$이 얻어진다.

62. 정상확률이 $\pi_i = \frac{1}{n+1}$임을 보이기는 쉽다. 따라서, 초기 위치로 되돌아오기까지의 평균 시간은 $n + 1$이다.

68. (a) $\sum_i \pi_i Q_{ij} = \sum_i \pi_j P_{ji} = \pi_j \sum_i P_{ji} = \pi_j$

(b) 순방향으로 상태들의 순서를 쫓아가건 역방향으로 쫓아가건, 상태 i에 있을 시간의 비율은 동일하다.

제5장

5. $P(Y = n) = P(n - 1 < X < n) = e^{-\lambda(n-1)} - e^{-\lambda n} = (e^{-\lambda})^{n-1}(1 - e^{-\lambda})$

7. $P\{X_1 < X_2 | \min(X_1, X_2) = t\}$

$$= \frac{P\{X_1 < X_2, \min(X_1, X_2) = t\}}{P\{\min(X_1, X_2) = t\}}$$

$$= \frac{P\{X_1 = t, X_2 > t\}}{P\{X_1 = t, X_2 > t\} + P\{X_2 = t, X_1 > t\}}$$

$$= \frac{f_1(t)[1 - F_2(t)]}{f_1(t)[1 - F_2(t)] + f_2(t)[1 - F_1(t)]}$$

$[1 - F_1(t)][1 - F_2(t)]$로 나누면 결과가 얻어진다. (물론, f_i와 F_i는 X_i의 확률밀도함수와 분포함수이다($i = 1, 2$)) 앞 식의 유도를 엄밀하게 하려면, 전체에 걸쳐 "$= t$"를 $\in (t, t + \varepsilon)$으로 대체하고 $\varepsilon \to 0$를 취해야 한다.

8. 발생률 $\lambda + \mu$인 지수분포

10. (a)
$$\begin{aligned} E[MX|M = X] &= E[M^2|M = X] \\ &= E[M^2] \\ &= \frac{2}{(\lambda + \mu)^2} \end{aligned}$$

(b) 지수분포의 망각성에 의해, $M = Y$인 조건하에서, X는 $M + X'$와 같은 분포를 따른다. 여기서 X'은 발생률이 λ인 지수분포를 따르며 M과는 독립이다. 따라서,

$$\begin{aligned} E[MX|M = Y] &= E[M(M + X')] \\ &= E[M^2] + E[M]E[X'] \\ &= \frac{2}{(\lambda + \mu)^2} + \frac{1}{\lambda(\lambda + \mu)} \end{aligned}$$

(c)
$$\begin{aligned} E[MX] &= E[MX|M = X]\frac{\lambda}{\lambda + \mu} + E[MX|M = Y]\frac{\mu}{\lambda + \mu} \\ &= \frac{2\lambda + \mu}{\lambda(\lambda + \mu)^2} \end{aligned}$$

따라서,

$$\text{Cov}(X, M) = \frac{\lambda}{\lambda(\lambda + \mu)^2}$$

14. (a) $\frac{\lambda_a}{\lambda_a+\lambda_b}\frac{\lambda_b}{\mu_a+\lambda_b}\frac{\mu_b}{\mu_a+\mu_b}$

(b) 첫 번째 이탈 시간을 F라 하자. $F = T + A$라 하자. 여기서 T는 첫 번째 도착 시간이고 A는 그때부터 첫 번째 이탈까지의 추가적인 시간이다. 기댓값을 취하고 누가 처음 도착하는지에 따라 조건을 주면 다음이 얻어진다.

$$E[F] = \frac{1}{\lambda_a + \lambda_b} + E[A|a]\frac{\lambda_a}{\lambda_a + \lambda_b} + E[A|b]\frac{\lambda_b}{\lambda_a + \lambda_b}$$

이제 다음 식을 이용하면 된다.

$$E[A|a] = \frac{1}{\mu_a + \lambda_b} + \frac{\lambda_b}{\mu_a + \lambda_b}\frac{1}{\mu_a + \mu_b}$$
$$E[A|b] = \frac{1}{\mu_b + \lambda_a} + \frac{\lambda_a}{\mu_b + \lambda_a}\frac{1}{\mu_a + \mu_b}$$

18. (a) $1/(2\mu)$.

(b) $1/(4\mu^2)$. 왜냐하면, 지수분포의 분산은 평균의 제곱이기 때문이다.

(c)와 (d) 지수분포의 망각성에 의해, $X_{(2)}$가 $X_{(1)}$을 초과하는 양 A는 발생률 μ인 지수분포를 따르며 $X_{(1)}$와는 독립이다. 따라서

$$E[X_{(2)}] = E[X_{(1)} + A] = \frac{1}{2\mu} + \frac{1}{\mu}$$
$$\text{Var}(X_{(2)}) = \text{Var}(X_{(1)} + A) = \frac{1}{4\mu^2} + \frac{1}{\mu^2} = \frac{5}{4\mu^2}$$

19. 승리 시간은 누가 이기는지와 무관하게 발생률 $r \equiv \lambda_a + \lambda_b$인 지수분포라는 사실을 이용하면, 주자 A가 받을 양을 X라 할 경우, 다음이 얻어진다.

$$E[X] = \frac{\lambda_a}{\lambda_a + \lambda_b} R \int e^{-\alpha t} r e^{-rt} dt = R \frac{\lambda_a}{\lambda_a + \lambda_b} \frac{r}{r + \alpha}$$

23. (a) $\frac{1}{2}$.

(b) $(\frac{1}{2})^{n-1}$. 전지 1이 사용중이고 하나가 고장날 때마다 고장난 것이 전지 1이 아닐 확률은 $\frac{1}{2}$이다.

(c) $(\frac{1}{2})^{n-i+1}$.

(d) T는 $n-1$개의 발생률 2μ인 독립적인 지수 확률변수의 합이다(왜냐하면 고장이 발생할 때마다 다음 고장까지의 시간은 발생률 2μ인 지수분포를 따르기 때문이다).

(e) 모수가 $n-1$과 2μ인 감마

34. (c) $\frac{\mu_A}{\lambda+\mu_A+\mu_B} \frac{\mu_B}{\lambda+\mu_B} + \frac{\mu_B}{\lambda+\mu_A+\mu_B} \frac{\mu_A}{\lambda+\mu_A}$

(d) $\frac{\lambda}{\lambda+\mu_A+\mu_B} \frac{\lambda}{\lambda+\mu_B}$

35. 이 명제는 즉시 확인된다. 예를 들면,

$$P(N_s(t+h) - N_s(t) = 1) = P(N(s+t+h) - N(s+t) = 1) = \lambda h + o(h)$$

36.
$$\begin{aligned} E[S(t)|N(t) = n] &= sE\left[\prod_{i=1}^{N(t)} X_i | N(t) = n\right] \\ &= sE\left[\prod_{i=1}^{n} X_i | N(t) = n\right] \\ &= sE\left[\prod_{i=1}^{n} X_i\right] \\ &= s(E[X])^n \\ &= s(1/\mu)^n \end{aligned}$$

따라서

$$\begin{aligned} E[S(t)] &= s \sum_n (1/\mu)^n e^{-\lambda t} (\lambda t)^n / n! \\ &= s e^{-\lambda t} \sum_n (\lambda t/\mu)^n / n! \\ &= s e^{-\lambda t + \lambda t/\mu} \end{aligned}$$

이고, 마찬가지로

$$E[S^2(t)|N(t) = n] = s^2 (E[X^2])^n = s^2 (2/\mu^2)^n$$

이 얻어지고 다음 최종 결과를 얻을 수 있다.

$$E[S^2(t)] = s^2 e^{-\lambda t + 2\lambda t/\mu^2}$$

40. 가장 쉬운 방법은 정의 5.3을 이용하는 것이다. $\{N(t),\ t \geqslant 0\}$이 정상증분과 독립증분 성질을 가짐을 보이기는 쉽다. 독립적인 두 푸아송 확률변수의 합은 역시 푸아송이므로 $N(t)$는 평균이 $(\lambda_1 + \lambda_2)t$

인 푸아송 확률변수이다.

57. (a) e^{-2}.

(b) 오후 2시.

(c) $1 - 5e^{-4}$.

58. (a) $N(t) + 1$의 분포를 따른다. 여기서 $N(t)$는 $(t > 0)$ 발생률 λ인 푸아송과정이다. 따라서, 1 더하기 평균 λt인 푸아송 확률변수와 같은 분포를 따른다.

(b) $E[p^N] = \sum_{n=0}^{\infty} p^{n+1}e^{-\lambda t}(\lambda t)^n/n! = pe^{-\lambda t(1-p)}$

(c) $t + \frac{1}{\lambda}$

(d) $pe^{-\lambda t(1-p)}(t + \frac{1}{\lambda})$

60. (a) $\frac{1}{9}$.

(b) $\frac{5}{9}$.

64. (a) $N(t)$가 주어진 경우 각 도착은 $(0, t)$에서의 균등분포를 따르므로, 다음이 얻어진다.

$$E[X|N(t)] = N(t)\int_0^t (t-s)\frac{ds}{t} = N(t)\frac{t}{2}$$

(b) $U_1, U_2, \ldots$는 $(0, t)$에서의 균등분포를 따른다고 하자. 그러면 다음이 얻어진다.

$$\begin{aligned}\mathrm{Var}(X|N(t) = n) &= \mathrm{Var}\left[\sum_{i=1}^{n}(t - U_i)\right] \\ &= n\,\mathrm{Var}(U_i) = n\frac{t^2}{12}\end{aligned}$$

(c) (a)와 (b) 그리고 조건부 분산 공식에 의해서 다음이 얻어진다.

$$\begin{aligned}\mathrm{Var}(X) &= \mathrm{Var}\left(\frac{N(t)t}{2}\right) + E\left[\frac{N(t)t^2}{12}\right] \\ &= \frac{\lambda t t^2}{4} + \frac{\lambda t t^2}{12} = \frac{\lambda t^3}{3}\end{aligned}$$

69. 평균이 $\lambda\int_{t_0}^{s+t_0}\bar{F}(y)dy + \lambda\int_0^{t_0}F(y)dy$인 푸아송

79. 강도함수 $p(t)\lambda(t)$인 $(t > 0)$ 비동질 푸아송과정

84. t보다 큰 첫 번째 X가 t와 $t + dt$ 사이에 위치하면, 값이 t와 $t + dt$에 있는 기록(record)이 존재한다. 이로부터, t보다 작은 모든 기록 값과 무관하게, $\lambda(t)$의 확률로 t와 $t + dt$ 사이에 하나가 있을 수 있다는 것을 알 수 있다. 여기서 $\lambda(t)$는 다음 식으로 주어지는 고장률 함수이다.

$$\lambda(t) = \frac{f(t)}{1 - F(t)}$$

기록 값에 대한 계수과정은 독립증분의 성질을 가지므로(X_i는 연속 확률변수라서 복수 개의 기록 값은 있을 수 없기 때문에) 이는 강도함수 $\lambda(t)$인 비동질 푸아송과정이라고 결론내릴 수 있다. f가 지수 밀도라면, $\lambda(t) = \lambda$가 되어 기록 값에 대한 계수과정은 발생률 λ인 보통의 푸아송과정이 된다.

91. 먼저, 다음을 주목하자.

$$P\left\{X_1 > \sum_2^n X_i\right\} = P\{X_1 > X_2\}P\{X_1 - X_2 > X_3|X_1 > X_2\}$$

$$\times P\{X_1 - X_2 - X_3 > X_4 | X_1 > X_2 + X_3\} \cdots$$
$$\times P\{X_1 - X_2 \cdots - X_{n-1} > X_n | X_1 > X_2 + \cdots + X_{n-1}\}$$
$$= \left(\frac{1}{2}\right)^{n-1} \quad \text{망각성에 의해}$$

따라서

$$P\left\{M > \sum_{i=1}^{n} X_i - M\right\} = \sum_{i=1}^{n} P\left\{X_i > \sum_{j \neq i} X_j\right\} = \frac{n}{2^{n-1}}$$

98. (a) 다음으로 시작하자.

$$D(t+h) = D(t) + D(t, t+h)$$

여기서 $D(t,\ t+h)$는 시간 t와 $t+h$ 사이에 발생한 할인된 청구값이다. 기댓값을 취하고 X에 따라 조건을 주면, 시간 t와 $t+h$ 사이의 청구 건수는 다음과 같이 얻어진다.

$$M(t+h) = M(t) + E[D(t, t+h) | X = 1]\lambda h + o(h)$$
$$= M(t) + \mu e^{-\alpha t}\lambda h + o(h)$$

(b) $\dfrac{M(t+h) - M(t)}{h} = \mu e^{-\alpha t}\lambda + \dfrac{o(h)}{h}$

그리고 h를 0으로 보내면 된다.

(c) 적분하면 바로 얻어진다.

99. $P(X > t | M_1 = y) = \exp\{-\int_0^t (\lambda + ye^{-\alpha s})ds\} = \exp\{-\lambda t - \frac{y}{\alpha}(1 - e^{-\alpha t})\}$

따라서,

$$P(X > t) = \int_0^\infty \exp\{-\lambda t - \frac{y}{\alpha}(1 - e^{-\alpha t})\} f(y)\, dy$$

여기서 f는 흔적(mark) 값의 밀도함수이다.

제6장

2. 상태 A에 속하는 미생물의 수를 $N_A(t)$, 상태 B에 속하는 미생물의 수를 $N_B(t)$라 하자. 그러면 $N_A(t)$, $N_B(t)$는 다음 값을 갖는 연속시간 마코프체인이다.

$$v_{\{n,m\}} = \alpha n + \beta m$$
$$P_{\{n,m\},\{n-1,m+1\}} = \frac{\alpha n}{\alpha n + \beta m}$$
$$P_{\{n,m\},\{n+2,m-1\}} = \frac{\beta m}{\alpha n + \beta m}$$

4. 시간 t에 시스템에 있는 고객의 수를 $N(t)$라 하자. 그러면 $\{N(t)\}$는 다음 값을 갖는 생성소멸과정이다.

$$\lambda_n = \lambda \alpha_n, \qquad \mu_n = \mu$$

7. (a) 그렇다!

(b) $\mathbf{n} = (n_1, \ldots, n_i, n_{i+1}, \ldots, n_{k-1})$에 대하여, 다음을 정의하자.

$$S_i(\mathbf{n}) = (n_1, \ldots, n_i - 1, n_{i+1} + 1, \ldots, n_{k-1}), \qquad i = 1, \ldots, k-2$$

$$S_{k-1}(\mathbf{n}) = (n_1, \ldots, n_i, n_{i+1}, \ldots, n_{k-1} - 1),$$
$$S_0(\mathbf{n}) = (n_1 + 1, \ldots, n_i, n_{i+1}, \ldots, n_{k-1}).$$

그러면, 다음이 성립한다.

$$q_{\mathbf{n}, S_i(\mathbf{n})} = n_i \mu, \qquad i = 1, \ldots, k-1$$
$$q_{\mathbf{n}, S_0(n)} = \lambda$$

11. (b) 망각 성질과 발생률 λ인 독립적인 $j-(i-1)$개 지수 확률변수의 최솟값인 ε_i가 발생률 $(j-i-1)\lambda$인 지수분포를 따름을 이용하라는 힌트로부터 결과가 얻어진다.

(c) (a)와 (b)로부터,

$$P\{T_1 + \cdots + T_j \leqslant t\} = P\left\{\max_{1 \leqslant i \leqslant j} X_i \leqslant t\right\} = (1 - e^{-\lambda t})^j$$

(d) $X(0) = 1$인 조건하에서 모든 확률을 고려하면 다음 식을 얻는다.

$$\begin{aligned} P_{1j}(t) &= P\{X(t) = j\} \\ &= P\{X(t) \geqslant j\} - P\{X(t) \geqslant j+1\} \\ &= P\{T_1 + \cdots + T_j \leqslant t\} - P\{T_1 + \cdots + T_{j+1} \leqslant t\} \end{aligned}$$

(e) 모수가 $p = e^{-\lambda t}$인 i개의 독립적인 기하 확률변수의 합은 모수가 i, p인 음이항분포를 따른다. 처음 개체 수 i로 시작한다는 것은, 각각 하나의 개체로 시작한 i개가 독립적인 율(Yule) 과정을 따른다는 것과 마찬가지라는 사실로부터 결과가 얻어진다.

16. 다음과 같이 상태를 정의하자.

2: 수용 가능한 분자가 부착된다.
0: 분자가 부착되지 않는다.
1: 수용 불가능한 분자가 부착된다.

그러면, 이는 다음과 같은 균형방정식을 갖는 생성소멸과정이다.

$$\mu_1 P_1 = \lambda(1-\alpha) P_0$$
$$\mu_2 P_2 = \lambda\alpha P_0$$

$\sum_0^2 P_i = 1$이므로, 다음이 얻어진다.

$$P_2 = \left[1 + \frac{\mu_2}{\lambda\alpha} + \frac{1-\alpha}{\alpha}\frac{\mu_2}{\mu_1}\right]^{-1} = \frac{\lambda\alpha\mu_1}{\lambda\alpha\mu_1 + \mu_1\mu_2 + \lambda(1-\alpha)\mu_2}$$

여기서 P_2는 수용 가능한 분자가 점유하는 시간의 확률이다. 수용 불가능한 분자가 점유하는 시간의 확률은 다음과 같다.

$$P_1 = \frac{1-\alpha}{\alpha}\frac{\mu_2}{\mu_1} P_1 = \frac{\lambda(1-\alpha)\mu_2}{\lambda\alpha\mu_1 + \mu_1\mu_2 + \lambda(1-\alpha)\mu_2}$$

19. 4개 상태를 정의하자. 상태 0은 아무 기계도 고장이 안 난 상태, 상태 1은 기계 1은 고장이고 기계 2는 작동인 상태, 상태 2는 기계 1은 작동이고 기계 2는 고장인 상태, 상태 3은 둘 다 고장 난 상태이다. 균형방정식은 다음과 같다.

$$\begin{aligned} (\lambda_1 + \lambda_2) P_0 &= \mu_1 P_1 + \mu_2 P_2 \\ (\mu_1 + \lambda_2) P_1 &= \lambda_1 P_0 \\ (\lambda_1 + \mu_2) P_2 &= \lambda_2 P_0 + \mu_1 P_3 \\ \mu_1 P_3 &= \lambda_2 P_1 + \lambda_1 P_2 \end{aligned}$$

$$P_0 + P_1 + P_2 + P_3 = 1$$

쉽게 해를 구할 수 있으며, 기계 2가 고장인 시간의 비율은 $P_2 + P_3$이다.

24. 대기 중인 택시의 수로 상태를 정의하자. 그러면, $\lambda_n = 1$, $\mu_n = 2$인 생성소멸과정을 얻는다. 이는 $M/M/1$이다. 따라서

(a) 대기 중인 택시의 평균 수 $= \dfrac{1}{\mu - \lambda} = \dfrac{1}{2-1} = 1$

(b) 도착한 승객이 바로 택시를 타는 비율은 도착한 승객이 하나 이상의 택시를 볼 비율이다. 그런 승객의 도착률은 $2(1 - P_0)$이다. 따라서 그런 승객의 비율은 다음과 같다.

$$\frac{2(1-P_0)}{2} = 1 - P_0 = 1 - \left(1 - \frac{\lambda}{\mu}\right) = \frac{\lambda}{\mu} = \frac{1}{2}$$

28. 연속시간 마코프체인 $X(t)$의 모수를 P_{ij}^x, v_i^x라 하고 연속시간 마코프체인 $Y(t)$의 모수를 P_{ij}^y, v_i^y라 하자. 또한 각각의 극한 확률을 P_i^x, P_i^y라 하자. 독립성에 의해, 마코프체인 $X(t)$, $Y(t)$에 대하여 다음 모수를 얻을 수 있다.

$$v_{(i,l)} = v_i^x + v_l^y,$$
$$P_{(i,l)(j,l)} = \frac{v_i^x}{v_i^x + v_l^y} P_{ij}^x,$$
$$P_{(i,l)(i,k)} = \frac{v_l^y}{v_i^x + v_l^y} P_{lk}^y,$$

또한 다음 식이 성립한다.

$$\lim_{t\to\infty} P\{(X(t), Y(t)) = (i, j)\} = P_i^x P_j^y$$

따라서 다음을 보여야 한다.

$$P_i^x P_l^y v_i^x P_{ij}^x = P_j^x P_l^y v_j^x P_{ji}^x$$

[즉, (i, l)에서 (j, l)로의 발생률은 (j, l)에서 (i, l)로의 발생률과 같다.] 그런데 이는 $X(t)$에서, i에서 j로의 발생률은 j에서 i로의 발생률과 같다는 사실로부터 얻어진다. 즉,

$$P_i^x v_i^x P_{ij}^x = P_j^x v_j^x P_{ji}^x$$

(i, l)와 (i, k) 쌍에 대해서도 비슷하게 분석할 수 있다.

33. 우선 대기실의 수용인원이 무한대라고 가정해보자. 서버 i로의 고객 수를 $X_i(t)$라 하자 $(i = 1, 2)$. 그러면, $M/M/1$ 과정의 각 $\{X(t)\}$는 시간가역이므로 문제 28로부터 벡터과정 $\{(X_1(t), (X_2(t)), t \geqslant 0\}$는 시간가역 마코프체인이다. 이제 이러한 벡터과정의 상태 A 집합으로의 절단(truncation)을 살펴보자. 여기서 A는 다음과 같다.

$$A = \{(0, m): m \leqslant 4\} \cup \{(n, 0): n \leqslant 4\} \cup \{(n, m): nm > 0, n + m \leqslant 5\}$$

따라서, n명의 서버 1 고객과 m명의 서버 2 고객이 있을 확률은 다음과 같다.

$$P_{n,m} = k\left(\frac{\lambda_1}{\mu_1}\right)^n \left(1 - \frac{\lambda_1}{\mu_1}\right)\left(\frac{\lambda_2}{\mu_2}\right)^m \left(1 - \frac{\lambda_2}{\mu_2}\right)$$
$$= C\left(\frac{\lambda_1}{\mu_1}\right)^n \left(\frac{\lambda_2}{\mu_2}\right)^m, \qquad (n, m) \in A$$

상수 C는 다음 조건으로부터 구해진다.

$$\sum P_{n,m} = 1$$

여기서 합산은 A의 모든 (n, m)에 대해 이루어진다.

37. (a) 모든 $i = 1, \ldots, k$에 대하여, 병원에 유형 i인 환자가 n_i명인 경우를 상태 $(n_1, \ldots, n_k)$로 정의한다.

(b) $M/M/\infty$ 생성소멸과정이고 따라서 시간가역이다.

(c) $i = 1, \ldots, k$에 대해서 $N_i(t)$는 독립적인 확률과정이므로 $(t \geqslant 0)$, 벡터과정은 시간가역 연속시간 마코프체인이다.

(d) $P(n_1, \ldots, n_k) = \prod_{i=1}^{k} e^{-\lambda_i/\mu_i}(\lambda_i/\mu_i)^{n_i}/n_i!$

(e) 시간가역 연속시간 마코프체인의 절단(truncation)이므로, 다음과 같은 정상확률을 갖는다.

$$P(n_1, \ldots, n_k) = K \prod_{i=1}^{k} e^{-\lambda_i/\mu_i}(\lambda_i/\mu_i)^{n_i}/n_i!, \quad (n_1, \ldots, n_k) \in A$$

여기서 $A = \{(n_1, \ldots, n_k)\colon \sum_{i=1}^{k} n_i w_i \leqslant C\}$이고 K는 다음 식을 만족한다.

$$K \sum_{(n_1,\ldots,n_k)\in A} \prod_{i=1}^{k} e^{-\lambda_i/\mu_i}(\lambda_i/\mu_i)^{n_i}/n_i! = 1$$

(f) 유형 i 환자가 수용되는 발생률을 r_i라 하면 다음 식이 성립한다.

$$r_i = \sum_{(n_1,\ldots,n_i+1,\ldots,n_k)\in A} \lambda_i P(n_1, \ldots, n_k)$$

(g) $\sum_{i=1}^{k} r_i/;\ \sum_{i=1}^{k} \lambda_i$

38. (a) 상태는 쉬는 서버 집합이다.

(b) $i \in S, j \notin S$에 대해서 마코프체인의 전이율은 다음과 같다.

$$q_{S,S-i} = \lambda/|S|, \quad q_{S,S+j} = \mu_j$$

여기서 $|S|$는 S의 원소 수이다. 시간가역 방정식은 다음과 같다.

$$P(S)\lambda/|S| = P(S-i)\mu_i$$

이의 해는 다음과 같다.

$$P(S) = P_0|S|!\prod_{k\in S}(\mu_k/\lambda)$$

여기서 쉬는 서버가 없을 확률 P_0는 다음 식에서 구해진다.

$$P_0[1 + \sum_{S}|S|!\prod_{k\in S}(\mu_k/\lambda)] = 1$$

여기서 합산은 $\{1, \ldots, n\}$의 공집합이 아닌 모든 부분집합에 대해 이루어진다.

39. (a) $\{i_1, \ldots, i_k\}$가 쉬는 서버 집합이고 i_1은 쉬는 시간이 가장 긴 서버이고 i_2는 그 다음으로 긴 서버 등으로 정의될 경우, 상태는 $(i_1, \ldots, i_k)$으로 표시된다.

(b)와 (c)

$j \notin \{i_1, \ldots, i_k\}$에 대하여, 전이율은 다음과 같다.

$$q_{(i_1,\ldots,i_k),(i_1,\ldots,i_{k-1})} = \lambda, \quad q_{(i_1,\ldots,i_k),(i_1,\ldots,i_k,j)} = \mu_j$$

시간가역 방정식은 다음과 같다.

$$P(i_1, \ldots, i_k)\lambda = P(i_1, \ldots, i_{k-1})\mu_{i_k}$$

이의 해는 다음과 같다.

$$P(i_1, \ldots, i_k) = \frac{\mu_{i_1} \cdots \mu_{i_k}}{\lambda^k} P(0)$$

여기서 $P(0)$는 쉬는 서버가 없을 확률이다.

40. 시간가역 방정식은 다음과 같다.

$$P(i)\frac{v_i}{n-1} = P(j)\frac{v_j}{n-1}$$

해는 다음과 같다.

$$P(j) = \frac{1/v_j}{\sum_{i=1}^{n} 1/v_i}$$

따라서, 마코프체인은 시간가역이고 장기 비율은 위 식으로 주어진다.

42. $M/M/1$ 시스템에서의 정상 이탈 과정은 푸아송과정이므로, 서버 2의 고객 수는 $M/M/1$ 시스템의 정상확률이 된다는 사실에서 그러한 결과가 얻어진다.

43. 역방향 마코프체인은 발생률 λ인 푸아송 도착이 서버 3에 발생해서 서버 2로 가고 다시 서버 1로 갔다가 시스템을 이탈하는 것만 빼고는, 동일한 유형의 시스템이라고 추정한다. $\mathbf{e}_k$는, 위치 k에는 1의 값을 갖고 다른 위치는 0의 값을 갖는 3-벡터라고 하자. 서버 j에 i_j명의 고객이 있으면($j = 1, 2, 3$), 상태가 $\mathbf{i} = (i_1, i_2, i_3)$으로 정의될 경우, 마코프체인의 순간 전이율은 다음과 같다.

$$\begin{aligned}
q_{(i,j,k),(i+1,j,k)} &= \lambda \\
q_{(i,j,k),(i-1,j+1,k)} &= \mu_1,\ i > 0 \\
q_{(i,j,k),(i,j-1,k+1)} &= \mu_2,\ j > 0 \\
q_{(i,j,k),(i,j,k-1)} &= \mu_3,\ k > 0
\end{aligned}$$

반면에 역방향 마코프체인의 순간 전이율 추정치는 다음과 같다.

$$\begin{aligned}
q^*_{(i,j,k),(i,j,k+1)} &= \lambda \\
q^*_{(i,j,k),(i,j+1,k-1)} &= \mu_3,\ k > 0 \\
q^*_{(i,j,k),(i+1,j-1,k)} &= \mu_2,\ j > 0 \\
q_{(i,j,k),(i-1,j,k)} &= \mu_1,\ i > 0
\end{aligned}$$

위 식이 역방향 마코프체인에 대한 순간 전이율일 때 시간가역 방정식을 만족하는 확률 $P(i, j, k)$를 구할 수 있다면, 이러한 추정은 제대로 된 것인데, 다음 값이 이를 만족함을 쉽게 확인할 수 있다.

$$P(i, j, k) = K\left(\frac{\lambda}{\mu_1}\right)^i \left(\frac{\lambda}{\mu_2}\right)^j \left(\frac{\lambda}{\mu_3}\right)^k$$

49. (a) 행렬 $\mathbf{P}^*$를 다음과 같이 쓸 수 있다.

$$\mathbf{P}^* = \mathbf{I} + \mathbf{R}/v$$

$(\mathbf{I} + \mathbf{R}/v)^n$의 i, j 요소를 택하면 P^{*n}_{ij}가 얻어지면, 이로부터 $v = n/t$일 때의 결과를 얻을 수 있다.

(b) 균등화(uniformization)는 $P_{ij}(t) = E[P^{*N}_{ij}]$임을 보여준다. 여기서 N은 전이확률 P^*_{ij}를 갖는 마코프체인과는 독립이며 평균이 vt인 푸아송을 따른다. 평균이 vt인 푸아송 확률변수의 표준편차는 $(vt)^{1/2}$이므로, 큰 값의 vt에 대해서는 vt에 가까워져야 한다. (예를 들어, 평균이 10^6인 푸아송 확률변수의 표준편차는 10^3이고 따라서, 높은 확률로, 10^6으로부터 3000 이내에 있게 된다. 따

라서, 고정된 i, j에 대해, P_{ij}^{*m}는 vt 주변의 m 값에 대해 크게 변하지 않아야 하므로, 큰 vt에 대해 $n = vt$라고 하면 다음 식이 성립한다.

$$E[P_{ij}^{*N}] \approx P_{ij}^{*n} \quad \text{여기서 } n = vt$$

제7장

3. (a) $P(N(t) = n|S_n = y) = \begin{cases} 1 - F(t-y), & \text{if } y \leqslant t \\ 0, & \text{if } y > t \end{cases}$

(b)
$$\begin{aligned} P(N(t) = n) &= \int_0^\infty P(N(t) = n|S_n = y) f_{S_n}(y)\, dy \\ &= \int_0^t e^{-\lambda(t-y)} \lambda e^{-\lambda y} (\lambda y)^{n-1}/(n-1)!\, dy \\ &= \frac{e^{-\lambda t}\lambda^n}{(n-1)!} \int_0^t y^{n-1}\, dy \\ &= \frac{e^{-\lambda t}(\lambda t)^n}{n!!} \end{aligned}$$

6. (a) 발생률 λ인 푸아송과정을 고려하자. 푸아송과정에서 r, $2r$, $3r$, ...로 번호가 매겨진 사건들 중 하나가 발생할 때마다 재생과정의 사건이 일어난다고 하자. 그러면

$$\begin{aligned} P\{N(t) \geqslant n\} &= P\{t\text{까지 } nr \text{ 이상의 푸아송 사건}\} \\ &= \sum_{i=nr}^{\infty} e^{-\lambda t}(\lambda t)^i/i! \end{aligned}$$

(b)
$$\begin{aligned} E[N(t)] &= \sum_{n=1}^{\infty} P\{N(t) \geqslant n\} = \sum_{n=1}^{\infty}\sum_{i=nr}^{\infty} e^{-\lambda t}(\lambda t)^i/i! \\ &= \sum_{i=r}^{\infty}\sum_{n=1}^{[i/r]} e^{-\lambda t}(\lambda t)^i/i! = \sum_{i=r}^{\infty}[i/r] e^{-\lambda t}(\lambda t)^i/i! \end{aligned}$$

8. (a) 시간 t까지 교체된 기계의 수는 재생과정을 형성한다. 새 기계의 수명이 T 이상이면 교체 간격은 T이고, 새 기계의 수명 x가 T보다 작으면 교체 간격은 x가 된다. 따라서,

$$E[\text{교체 간격}] = \int_0^T xf(x)\, dx + T[1 - F(T)]$$

그러면 명제 3.1에 의해 결과가 얻어진다.

(b) 시간 t까지 고장 난 기계의 수는 재생과정을 형성한다. 평균 사용 중 고장 간격 $E[F]$는 첫 기계의 수명에 따라 조건을 주어 $E[F] = E[E[\text{F}|\text{첫 기계의 수명}]]$으로 계산할 수 있다. 다음 식을 이용하면

$$E[F|\text{첫 기계의 수명이 } x\text{임}] = \begin{cases} x, & x \leqslant T \text{ 일 때} \\ T + E[F], & x > T \text{ 일 때} \end{cases}$$

아래 결과를 얻는다.

$$E[F] = \int_0^T xf(x)\, dx + (T + E[F])[1 - F(T)]$$

즉,

$$E[F] = \frac{\int_0^T xf(x)\,dx + T[1 - F(T)]}{F(T)}$$

그러면 명제 3.1에 의해 결과가 얻어진다.

13 게임 i에서의 승리횟수를 W_i라 하고($i \geqslant 1$), 진행한 게임 수를 N이라 하면 월드의 등식에 의해 다음이 얻어진다.

$$E[X] = E[N]E[W] = 0$$

$p_i = P(X = i)$, $p_1 = 1/2 + 1/8 = 5/8$, $p_{-1} = 1/4$, $p_{-3} = 1/8$을 써서 $E[X] = 0$을 확인하라.

18. 이 재생과정을, 새 기계를 사용할 때마다 그 수명 분포가 p의 확률로 발생률 μ_1인 지수분포를 따르거나 아니면 $1 - p$의 확률로 발생률 μ_2인 지수분포를 따르는 기계의 고장에 대응시킬 수 있다. 따라서 현재 사용 중인 기계의 지수 수명분포의 지표(index)로 상태를 정의하면, 이는 다음 전이율을 갖는 2-상태 연속시간 마코프체인이 된다.

$$q_{1,2} = \mu_1(1 - p), \qquad q_{2,1} = \mu_2 p$$

그러므로

$$\begin{aligned} P_{11}(t) = {} & \frac{\mu_1(1 - p)}{\mu_1(1 - p) + \mu_2 p} \exp\{-[\mu_1(1 - p) + \mu_2 p]t\} \\ & + \frac{\mu_2 p}{\mu_1(1 - p) + \mu_2 p} \end{aligned}$$

이 되고 다른 전이확률에 대해서도 비슷한 식이 얻어진다.[$P_{12}(t) = 1 - P_{11}(t)$, 그리고 $P_{22}(t)$는 $\mu_2 p$와 $\mu_1(1 - p)$의 위치를 바꾸면 된다]. 이제 첫 기계에 조건을 주면 다음이 얻어진다.

$$\begin{aligned} E[Y(t)] &= pE[Y(t)|X(0) = 1] + (1 - p)E[Y(t)|X(0) = 2] \\ &= p\left[\frac{P_{11}(t)}{\mu_1} + \frac{P_{12}(t)}{\mu_2}\right] + (1 - p)\left[\frac{P_{21}(t)}{\mu_1} + \frac{P_{22}(t)}{\mu_2}\right] \end{aligned}$$

결국, $m(t)$는 다음 식으로부터 얻을 수 있다.

$$\mu[m(t) + 1] = t + E[Y(t)]$$

여기서

$$\mu = p/\mu_1 + (1 - p)/\mu_2$$

는 평균 도착간격이다.

22. (a) J가 하나의 차를 보유하는 기간을 X라 하자. 시간 T까지 고장이 발생하면 1의 값을 갖고 아니면 0의 값을 갖는 I를 정의하자. 그러면, 다음이 성립한다.

$$\begin{aligned} E[X] &= E[X|I = 1](1 - e^{-\lambda T}) + E[X|I = 0]e^{-\lambda T} \\ &= \left(T + \frac{1}{\mu}\right)(1 - e^{-\lambda T}) + \left(T + \frac{1}{\lambda}\right)e^{-\lambda T} \\ &= T + \frac{1 - e^{-\lambda T}}{\mu} + \frac{e^{-\lambda T}}{\lambda} \end{aligned}$$

$1/E[X]$는 J가 단위시간당 새 차를 사는 횟수이다.

(b) 하나의 차를 구매하는 데에 관계된 총 비용을 W라 하자. 그러면, 처음 고장까지의 시간을 Y라 하면 다음이 얻어진다.

$$E[W] = \int_0^\infty E[W|Y = y]\lambda e^{-\lambda y} dy$$
$$= C + \int_0^T r(1 + \mu(T - y) + 1)\lambda e^{-\lambda y} dy + \int_T^\infty r\lambda e^{-\lambda y} dy$$
$$= C + r(2 - e^{-\lambda T}) + r\int_0^T \mu(T - y)\lambda e^{-\lambda y} dy$$

J의 장기 평균 비용은 $E[W]/E[X]$이 된다.

23. (a) A가 1점을 획득할 때마다 새로운 주기가 시작된다고 하자. 한 주기 동안의 점수를 N이라 하면 다음 식이 성립한다.

$$E[N] = 1 + q_a/p_b$$

여기서 B의 서브로 시작하여 A가 1점을 획득할 때까지 발생한 점수는 모수가 p_b인 기하분포를 따른다는 것을 이용하였다. 따라서 재생보상에 의해 A가 획득한 점수의 비율은 $1/E[N] = \frac{p_b}{p_b+q_a}$가 된다.

(b) $(p_a + p_b)/2$

(c) $\frac{p_b}{p_b+q_a} > (p_a + p_b)/2$는 $p_a q_a > p_b q_b$와 마찬가지이다.

30.
$$\frac{A(t)}{t} = \frac{t - S_{N(t)}}{t}$$
$$= 1 - \frac{S_{N(t)}}{t}$$
$$= 1 - \frac{S_{N(t)}}{N(t)}\frac{N(t)}{t}$$

$S_{N(t)}/N(t) \to \mu$ (큰 수의 강법칙에 의해)와 $N(t)/t \to 1/\mu$를 이용하면 결과가 얻어진다.

35. (a) 이는 $M/G/\infty$ 시스템으로 볼 수 있다. 이 때 위성발사는 도착에 해당하고 F는 서비스 분포이다. 따라서,

$$P\{X(t) = k\} = e^{-\lambda(t)}[\lambda(t)]^k/k!$$

여기서 $\lambda(t) = \lambda\int_0^t (1 - F(s))\, ds$이다.

(b) 시스템을 적어도 하나의 위성이 순환하고 있으면 온 상태인 교대재생과정으로 파악하면 다음이 얻어진다.

$$\lim P\{X(t) = 0\} = \frac{1/\lambda}{1/\lambda + E[T]}$$

여기서, T는 한 주기 동안 온 상태인 시간이다. (a)로부터,

$$\lim P\{X(t) = 0\} = e^{-\lambda\mu}$$

여기서 $\mu = \int_0^\infty (1 - F(s))\, ds$는 위성이 순환하는 평균 시간이다. 따라서,

$$e^{-\lambda\mu} = \frac{1/\lambda}{1/\lambda + E[T]}$$

즉

$$E[T] = \frac{1 - e^{-\lambda\mu}}{\lambda e^{-\lambda\mu}}$$

42. (a) $F_e(x) = \dfrac{1}{\mu}\displaystyle\int_0^x e^{-y/\mu}\,dy = 1 - e^{-x/\mu}.$

(b) $F_e(x) = \dfrac{1}{c}\displaystyle\int_0^x dy = \dfrac{x}{c}, \qquad 0 \leqslant x \leqslant c.$

(c) 주차 후 한 시간 이내에 단속원이 나타나면 티켓을 받게 된다. 예제 7.23으로부터 단속원이 나타날 때까지의 시간은 분포 F_e를 따르는데, (a)에 따르면 (0, 2)에서의 균등분포를 따른다. 따라서 구하려는 확률은 $\frac{1}{2}$이다.

44. (a) 버스 i에 탑승한 승객의 수를 N_i라 하자. X_i를 시간 i에 발생한 보상으로 해석한다면, i번째 주기의 길이는 N_i이고 보상은 $X_{N_1+\cdots+N_{i-1}+1} + \cdots + X_{N_1+\cdots+N_i}$인 재생보상과정이 가능해진다. 결국, 첫 주기에 대해서 N은 시간이고 $X_1 + \cdots + X_N$은 비용이기 때문에 (a)를 보일 수 있다.

(b) $N(t)$에 따라 조건을 주고, $N(t) = n$인 조건하에서 n개의 도착시간이 독립이며 $(0, t)$에서의 균등분포를 따른다는 것을 이용한다. $S \equiv X_1 + \cdots + X_N$는 이러한 n명의 승객 중 대기시간이 x보다 작은 승객의 수이므로, 다음이 얻어진다.

$$E[S|T = t, N(t) = n] = \begin{cases} nx/t, & \text{if } x < t \\ n, & \text{if } x > t \end{cases}$$

즉, $E[S|T = t, N(t)] = N(t)\min(x, t)/t$가 성립한다. 기댓값을 취하면 다음이 얻어진다.

$$E[S|T = t] = \lambda \min(x, t)$$

(c) (b)로부터 $E[S|T] = \lambda\min(x, T)$가 성립하고 기댓값을 취하면 (c)가 얻어진다.

(d) $E[N] = \lambda E[T]$와 아래 식을 이용하면 (a)와 (c)로부터 원하는 결과를 얻을 수 있다.

$$E[\min(x, T)] = \int_0^\infty P(\min(x, T) > t)dt = \int_0^x P(T > t)dt$$

(e) 도착하여 기다리는 시간은 다음 버스까지의 시간이므로, 앞서의 결과는 버스 도착에 대한 재생과정의 잔여수명이 x보다 작은 것을 보는 도착의 비율은, 그 잔여수명이 x보다 작은 시간의 비율과 같다는 PASTA를 설명해준다.

49. 각 도착간격이 n개의 독립적인 단계(각각은 발생률 λ 인 지수분포이다)로 구성되었다고 생각하고, 어느 시점의 상태가 현재 도착간격의 단계로 정의되는 준마코프과정을 고려하자. 따라서, 이 준마코프과정은 상태 1에서 2로, 3으로, . . . , n으로, 다시 1로, . . . 이와 같은 방식으로 움직인다. 또한 각 상태에서 머무는 시간은 동일한 분포를 따른다. 따라서, 명백하게 이 준마코프체인의 극한 확률은 $P_i = 1/n$이다$(i = 1, \ldots, n)$. $\lim P\{Y(t) < x\}$을 계산하기 위해, 시간 t에서의 단계에 따라 조건을 주고, 만약 단계가 $n - i + 1$이면(해당 확률은 $1/n$이다) 재생이 발생할 때까지의 시간은 i개의 지수분포를 따르는 단계들의 합, 즉 모수가 i와 λ인 감마분포를 갖는 것에 주목하라.

52. (a) T가 지수분포를 따르면, $E[T^2]/E[T] = 2E[T]$이다. 따라서, $\lambda\frac{E[T^2]}{2E[T]} = \lambda E[T] = E[N]$

(b) 모든 시간에 대해 평균을 구하므로, 긴 시간을 갖는 주기(버스 도착간격)에 보다 큰 가중치를 주게 된다.

(c) 푸아송과정에 따라 버스가 도착하므로, 버스가 본 대기중인 사람의 평균 수는 PASTA에 의해 모든 시간에 걸쳐 평균을 냈을 경우 대기중인 사람의 평균 수와 동일하다.

53. 시행 i에서 앞면이 나오면 $X_i = 1$, 뒷면이 나오면 0이라 하면, $E[\sum_{i=1}^N X_i]$을 구해야 한다. 여기서 N
$1 - p$
은 패턴이 나올 때까지의 시행 횟수이다. $q = 1 - p$일 때, 다음이 얻어진다.

$$E[N] = \frac{1}{p^4q^3} + E[N_{HTH}]$$
$$= \frac{1}{p^4q^3} + \frac{1}{p^2q} + E[N_H]$$
$$= \frac{1}{p^4q^3} + \frac{1}{p^2q} + \frac{1}{p}$$

확률변수열 X_i에 대해($i \geqslant 1$) N은 정지시간이므로, 월드의 등식에 의해 다음이 얻어진다.

$$E\left[\sum_{i=1}^{N} X_i\right] = E[N]p = \frac{1}{p^3q^3} + \frac{1}{pq} + 1$$

제8장

2. 이 문제는 $\lambda = 6$, $\mu = 8$인 $M/M/1$ 시스템으로 모형화가 가능하다. 평균 비용 발생률은 다음과 같이 구해진다.

기계 당 시간당 \$10 × 고장 난 기계의 평균 수

고장 난 기계의 평균수는 L이고, 식 (3.2)로부터 계산이 가능하다.

$$L = \frac{\lambda}{\mu - \lambda}$$
$$= \frac{6}{2} = 3$$

따라서, 평균 비용 발생률은 시간당 \$30이다.

6. $M/M/2$에 대해 W를 구하기 위해 균형방정식을 구하면 다음과 같다.

$$\lambda P_0 = \mu P_1 \qquad (\text{각 서버의 서비스율은 } \mu\text{이다})$$
$$(\lambda + \mu)P_1 = \lambda P_0 + 2\mu P_2$$
$$(\lambda + 2\mu)P_n = \lambda P_{n-1} + 2\mu P_{n+1}, \qquad n \geqslant 2$$

해를 구하면 $P_n = \frac{P^n}{2^{n-1}} P_0$와 같다. 여기서 $\rho = \lambda/\mu$ 이다. $\sum_{n=0}^{\infty} P_n = 1$을 이용하면 다음 값을 얻을 수 있다.

$$P_0 = \frac{1 - \rho/2}{1 + \rho/2} = \frac{(2-\rho)}{(2+\rho)}$$

이제 P_n를 얻을 수 있고 따라서 L이 계산 가능하며 $L = \lambda W$로부터 W도 계산 가능하다.

$$L = \sum_{n=0}^{\infty} nP_n = \rho P_0 \sum_{n=0}^{\infty} n\left(\frac{\rho}{2}\right)^{n-1}$$
$$= 2P_0 \sum_{n=0}^{\infty} n\left(\frac{\rho}{2}\right)^{n}$$
$$= 2\frac{(2-\rho)}{(2+\rho)}\frac{(\rho/2)}{(1-\rho/2)^2} \qquad [\text{식 (8.7)의 유도 과정을 보라}]$$
$$= \frac{4\rho}{(2+\rho)(2-\rho)}$$
$$= \frac{4\mu\lambda}{(2\mu+\lambda)(2\mu-\lambda)}$$

$L = \lambda W$로부터, 다음 결과를 얻을 수 있다.

$$W = W(M/M/2) = \frac{4\mu}{(2\mu+\lambda)(2\mu-\lambda)}$$

서비스율이 2μ인 $M/M/1$ 시스템의 경우는 식 (8.8)로부터 다음 결과가 얻어진다.

$$W(M/M/1) = \frac{1}{2\mu-\lambda}$$

$M/M/1$ 시스템에 대해 안정 상태를 갖도록 $2\mu > \lambda$를 가정하자. 그런데, 이 경우 $4\mu > 2\mu + \lambda$, 즉 $4\mu/(2\mu+\lambda) > 1$이 성립하는데, 이는 $W(M/M/2) > W(M/M/1)$을 의미한다. 직관적으로 설명하면, $M/M/2$의 경우 시스템이 비어 있을 때의 도착에 대해 두 서버를 갖는 것이 별 도움이 안 된다는 것이다. 보다 빠른 한 명의 서버가 나을 수 있다. 이제 $W_Q^1 = W_Q(M/M/1)$와 $W_Q^2 = W_Q(M/M/2)$라고 놓자. 그러면,

$$W_Q^1 = W(M/M/1) - 1/2\mu$$
$$W_Q^2 = W(M/M/2) - 1/\mu$$

이고 따라서

$$W_Q^1 = \frac{\lambda}{2\mu(2\mu-\lambda)} \qquad \text{식 (8.8)로부터}$$

와

$$W_Q^2 = \frac{\lambda^2}{\mu(2\mu-\lambda)(2\mu+\lambda)}$$

을 얻는다. 그러면 다음 관계식을 얻을 수 있다.

$$W_Q^1 > W_Q^2 \Leftrightarrow \frac{1}{2} > \frac{\lambda}{(2\mu+\lambda)}$$
$$\lambda < 2\mu$$

$M/M/1$의 경우 안정 상태를 얻기 위해 $\lambda < 2\mu$를 가정하였으므로, 항상 $W_Q^2 < W_Q^1$이 성립한다.

7. (a) $\sum_n nP_n/\lambda$

(b) $e_0 = 1, e_n = \prod_{i=0}^{n-1} \dfrac{\mu + i\alpha}{\mu + (i+1)\alpha}, n > 0$

(c) $P(n|\text{서비스 됨}) = \dfrac{e_n P_n}{\sum_n e_n P_n}$

(d) $\sum\limits_{n=1}^{\infty} P(n|\text{서비스 됨}) \sum\limits_{i=0}^{n-1} \dfrac{1}{\mu + (i+1)\alpha}$

(e) $W_Q(s)$와 $W_Q(n)$를 각각 서비스 받은 경우와 그렇지 못한 경우에 대기열에서 대기한 시간의 평균이라 하자. 그러면,

$$\sum_{n>0}(n-1)P_n/\lambda = W_Q = \sum_n e_n P_n W_Q(s) + \left(1 - \sum_n e_n P_n\right) W_Q(n)$$

이다. 여기서 $W_Q(s)$는 (d)에 주어져 있고 오른쪽 등식은 도착한 고객이 서비스를 받는지 여부에 조건을 주면 얻어진다.

11. n 가족과 m대의 대기 중인 택시가 있고 $nm = 0$인 상태를 (n, m)라 하자. 시간가역 방정식은 다음과 같다.

$$P_{n-1,0}\lambda = P_{n,0}\mu, \quad n = 1, \ldots, N$$
$$P_{0,m-1}\mu = P_{0,m}\lambda, \quad m = 1, \ldots, M$$

해를 구하면 다음과 같다.

$$P_{n,0} = (\lambda/\mu)^n P_{0,0}, \quad n = 0, 1, \ldots, N$$
$$P_{0,m} = (\mu/\lambda)^m P_{0,0}, \quad m = 0, 1, \ldots, M$$

여기서

$$\frac{1}{P_{0,0}} = \sum_{n=0}^{N} (\lambda/\mu)^n + \sum_{m=1}^{M} (\mu/\lambda)^m$$

(a) $\sum_{m=0}^{M} P_{0,m}$

(b) $\sum_{n=0}^{N} P_{n,0}$

(c) $\frac{\sum_{n=0}^{N} n P_{n,0}}{\lambda(1-P_{N,0})}$

(d) $\frac{\sum_{m=0}^{M} m P_{0,m}}{\mu(1-P_{0,M})}$

(e) $1 - P_{N,0}$. $N = M = \infty$일 때, 시간가역 방정식은 다음과 같다.

$$P_{n-1,0}\lambda = P_{n,0}(\mu + n\alpha), \quad n \geqslant 1$$
$$P_{0,m-1}\mu = P_{0,m}(\lambda + m\beta), \quad m \geqslant 1$$

이는 다음을 준다.

$$P_{n,0} = P_{0,0}\prod_{i=1}^{n} \frac{\lambda}{\mu + i\alpha}, \quad n \geqslant 1$$

$$P_{0,m} = P_{0,0}\prod_{i=1}^{m} \frac{\mu}{\lambda + i\beta}, \quad m \geqslant 1$$

나머지도 위의 경우와 비슷하다.

12. (a) $\lambda P_0 = \mu P_1$

$(\lambda + \mu)P_1 = \lambda P_0 + 2\mu P_2$

$(\lambda + 2\mu)P_n = \lambda P_{n-1} + 2\mu P_{n+1}, \quad n \geqslant 2$

이는 $M/M/2$ 시스템에 대한 균형방정식과 동일한 것으로 해는 다음과 같다.

$$P_0 = \left(\frac{2\mu - \lambda}{2\mu + \lambda}\right), \qquad P_n = \frac{\lambda^n}{2^{n-1}\mu^n} P_0$$

(b) 시스템은 상태 0에서 1로 다음 발생률로 전이한다.

$$\lambda P_0 = \frac{\lambda(2\mu - \lambda)}{(2\mu + \lambda)}$$

또한 상태 2에서 1로 다음 발생률로 전이한다.

$$2\mu P_2 = \frac{\lambda^2}{\mu}\frac{(2\mu - \lambda)}{(2\mu + \lambda)}$$

(c) 새로운 상태 cl을 도입하여 물품담당자가 직접 계산하는 것을 나타낸다고 하자. P_{cl}에 대한 균형방정식은 다음과 같다.

$$(\lambda + \mu)P_{cl} = \mu P_2$$

따라서

$$P_{cl} = \frac{\mu}{\lambda+\mu}P_2 = \frac{\lambda^2}{2\mu(\lambda+\mu)}\frac{(2\mu-\lambda)}{(2\mu+\lambda)}$$

이고, 결국, 물품담당자가 계산하는 시간의 비율은 다음과 같다.

$$P_{cl} + \sum_{n=2}^{\infty} P_n = P_{cl} + \frac{2\lambda^2}{\mu(2\mu-\lambda)}$$

21 (a) $\lambda_1 P_{10}$.
(b) $\lambda_2(P_0 + P_{10})$.
(c) $\lambda_1 P_{10}/[\lambda_1 P_{10} + \lambda_2(P_0 + P_{10})]$.
(d) 이는 서버 2의 고객 중 유형 1 고객의 비율에 서버 2가 바쁜 시간의 비율을 곱한 것과 같다. (서버 2가 고객에게 소비하는 시간의 양은 고객의 유형과 무관하기 때문이다.) (c)에 의해 답은 다음과 같이 구해진다.

$$\frac{(P_{01} + P_{11})\lambda_1 P_{10}}{\lambda_1 P_{10} + \lambda_2(P_0 + P_{10})}$$

24. 상태는 $n(n \geqslant 0)$와 $n'(n \geqslant 1)$이다. 여기서 시스템에 n명이 있고 고장이 없는 경우 상태는 n으로 정의되고, 시스템에 n명이 있고 고장이 발생한 경우 상태는 n'으로 정의된다. 균형방정식은 다음과 같다.

$$\begin{aligned} \lambda P_0 &= \mu P_1 \\ (\lambda+\mu+\alpha)P_n &= \lambda P_{n-1} + \mu P_{n+1} + \beta P_{n'}, \qquad n \geqslant 1 \\ (\beta+\lambda)P_{1'} &= \alpha P_1 \\ (\beta+\lambda)P_{n'} &= \alpha P_n + \lambda P_{(n-1)'}, \qquad n \geqslant 2 \end{aligned}$$

$$\sum_{n=0}^{\infty} P_n + \sum_{n=1}^{\infty} P_{n'} = 1$$

위 식의 해를 이용하여 다음이 얻어진다.

$$L = \sum_{n=1}^{\infty} n(P_n + P_{n'})$$

또한,

$$W = \frac{L}{\lambda_a} = \frac{L}{\lambda}$$

28. 시스템이 바쁜 상태에서 고객이 떠나면, 다음 이탈까지의 시간은 서비스시간과 같다. 시스템이 빈 상태에서 고객이 떠나면, 도착까지의 시간 더하기 서비스시간과 같다.

모멘트 생성함수를 이용하면 다음 식을 얻을 수 있다.

$$\begin{aligned} E\{e^{sD}\} &= \frac{\lambda}{\mu}E\{e^{sD}|\text{시스템이 바쁜 것을 봄}\} \\ &\quad + \left(1-\frac{\lambda}{\mu}\right)E\{e^{sD}|\text{시스템이 빈 것을 봄}\} \\ &= \left(\frac{\lambda}{\mu}\right)\left(\frac{\mu}{\mu-s}\right) + \left(1-\frac{\lambda}{\mu}\right)E\{e^{s(X+Y)}\} \end{aligned}$$

여기서 X는 도착간격의 분포를 따르고, Y는 서비스시간의 분포를 따르며, X와 Y는 독립이다. 그러면

$$
\begin{aligned}
E\left[e^{s(X+Y)}\right] &= E\left[e^{sX}e^{sY}\right] \\
&= E\left[e^{sX}\right]E\left[e^{sY}\right] \quad \text{독립성에 의해} \\
&= \left(\frac{\lambda}{\lambda-s}\right)\left(\frac{\mu}{\mu-s}\right)
\end{aligned}
$$

따라서,

$$
\begin{aligned}
E\{e^{sD}\} &= \left(\frac{\lambda}{\mu}\right)\left(\frac{\mu}{\mu-s}\right) + \left(1-\frac{\lambda}{\mu}\right)\left(\frac{\lambda}{\lambda-s}\right)\left(\frac{\mu}{\mu-s}\right) \\
&= \frac{\lambda}{(\lambda-s)}
\end{aligned}
$$

생성함수의 유일성에 의해, D는 모수가 λ인 지수분포를 따른다.

36. 3가지 규칙에 대하여 대기열의 길이와 바쁜 기간의 분포는 동일하다. 대기시간의 분포는 다르지만 평균은 같다. $W = L/\lambda$을 이용하면 모든 경우에 L은 동일하므로 이러한 사실을 보일 수 있다. 대기시간의 분산이 가장 작은 것은 선입선출이고 가장 큰 것은 후입선출 규칙이다.

39. (a) 푸아송 도착으로 인해 $a_0 = P_0$이 성립한다. 각 고객이 서비스 동안 시간당 1을 지불한다고 가정하면 식 (8.1)의 비용 등식은 다음을 나타낸다.

서비스 중인 평균 수 = $\lambda E[S]$

즉,

$$1 - P_0 = \lambda E[S]$$

(b) a_0는 서비스 분포 G_1을 갖는 도착의 비율이고 $1 - a_0$는 서비스 분포 G_2을 갖는 도착의 비율이므로 결과가 얻어진다.

(c) 다음 식이 성립한다.

$$P_0 = \frac{E[I]}{E[I] + E[B]}$$

$E[I] = 1/\lambda$이므로,

$$
\begin{aligned}
E[B] &= \frac{1 - P_0}{\lambda P_0} \\
&= \frac{E[S]}{1 - \lambda E[S]}
\end{aligned}
$$

이고 (a)와 (b)로부터 아래 식이 얻어진다.

$$E[S] = (1 - \lambda E[S])E[S_1] + \lambda E[S]E[S_2]$$

즉,

$$E[S] = \frac{E[S_1]}{1 + \lambda E[S_1] + \lambda E[S_2]}$$

$E[B] = E[S]/(1 - \lambda E[S])$를 대입하면 결과를 얻을 수 있다.

(d) $a_0 = 1/E[C]$로부터 다음 결과를 얻을 수 있다.

$$E[C] = \frac{E[S_1] + 1/\lambda - E[S_2]}{1/\lambda - E[S_2]}$$

45. 서비스 동안에 발생하는 어떤 고장도 그 서비스의 일부분으로 간주하면, 이것이 $M/G/1$ 모형임을 알

수 있다. 서비스시간의 처음 두 모멘트를 계산하자. 이제 서비스 시간은 (서비스 종료이건 혹은 고장이건) 사건 발생까지의 시간 T 더하기 추가적인 시간 A이 된다. 따라서,

$$\begin{aligned} E[S] &= E[T+A] \\ &= E[T] + E[A] \end{aligned}$$

$E[A]$를 계산하기 위해 사건 발생이 서비스인지 고장인지에 따라 조건을 주도록 하자. 그러면 다음이 얻어진다.

$$\begin{aligned} E[A] &= E[A|\text{서비스}]\frac{\mu}{\mu+\alpha} + E[A|\text{고장}]\frac{\alpha}{\mu+\alpha} \\ &= E[A|\text{고장}]\frac{\alpha}{\mu+\alpha} \\ &= \left(\frac{1}{\beta} + E[S]\right)\frac{\alpha}{\mu+\alpha} \end{aligned}$$

$E[T] = 1/(\alpha + \mu)$이므로 다음이 얻어진다.

$$E[S] = \frac{1}{\alpha+\mu} + \left(\frac{1}{\beta} + E[S]\right)\frac{\alpha}{\mu+\alpha}$$

즉

$$E[S] = \frac{1}{\mu} + \frac{\alpha}{\mu\beta}$$

이다. $E[S^2]$는 다음과 같이 구한다:

$$\begin{aligned} E[S^2] &= E[(T+A)^2] \\ &= E[T^2] + 2E[AT] + E[A^2] \\ &= E[T^2] + 2E[A]E[T] + E[A^2] \end{aligned}$$

A와 T는 독립이다. 왜냐하면 첫 번째 사건 발생 시간이 그 사건이 서비스인지 고장인지 여부와 독립이기 때문이다. 이제, 다음 식이 성립한다.

$$\begin{aligned} E[A^2] &= E[A^2|\text{고장}]\frac{\alpha}{\mu+\alpha} \\ &= \frac{\alpha}{\mu+\alpha}E[(\text{고장시간}+S^*)^2] \\ &= \frac{\alpha}{\mu+\alpha}\{E[\text{고장시간}^2] + 2E[\text{고장시간}]E[S] + E[S^2]\} \\ &= \frac{\alpha}{\mu+\alpha}\left\{\frac{2}{\beta^2} + \frac{2}{\beta}\left[\frac{1}{\mu} + \frac{\alpha}{\mu\beta}\right] + E[S^2]\right\} \end{aligned}$$

따라서,

$$\begin{aligned} E[S^2] = \frac{2}{(\mu+\beta)^2} &+ 2\left[\frac{\alpha}{\beta(\mu+\alpha)} + \frac{\alpha}{\mu+\alpha}\left(\frac{1}{\mu} + \frac{\alpha}{\mu\beta}\right)\right] \\ &+ \frac{\alpha}{\mu+\alpha}\left\{\frac{2}{\beta^2} + \frac{2}{\beta}\left[\frac{1}{\mu} + \frac{\alpha}{\mu\beta}\right] + E[S^2]\right\} \end{aligned}$$

이제 $E[S^2]$에 대해 풀어보자. 원하는 답은 다음과 같다.

$$W_Q = \frac{\lambda E[S^2]}{2(1-\lambda E[S])}$$

위에서, S^*는 고장이 끝난 후 필요한 추가적인 서비스이며 S^*는 S와 동일한 분포를 따른다. 위에서

는 또한 지수 확률변수의 제곱의 기댓값이 그 평균의 제곱을 2배한 것과 같다는 것을 이용하였다.

S의 모멘트를 계산하는 또 하나의 방법은 다음 식을 이용하는 것이다.

$$S = \sum_{i=1}^{N} (T_i + B_i) + T_{N+1}$$

여기서 N은 한 고객이 서비스 받는 동안의 고장의 수, T_i는 i번째 서비스 시작부터 사건이 발생하기까지의 시간, B_i는 i번째 고장의 길이이다. 이제, N이 주어졌을 때, 모든 확률변수들은 독립이고 지수분포를 따른다는 것, 즉 T_i는 발생률이 $\mu + \alpha$이고 B_i는 발생률이 β인 지수분포를 따른다는 것을 이용하자. 그러면 다음이 얻어진다.

$$E[S|N] = \frac{N+1}{\mu+\alpha} + \frac{N}{\beta},$$
$$\mathrm{Var}(S|N) = \frac{N+1}{(\mu+\alpha)^2} + \frac{N}{\beta^2}$$

이제, $1 + N$는 평균이 $(\mu + \alpha)/\mu$ [분산은 $\alpha\,(\alpha + \mu)/\mu^2$]인 기하분포를 따르므로

$$E[S] = \frac{1}{\mu} + \frac{\alpha}{\mu\beta}$$

을 얻고 조건부 분산 공식을 이용하면 다음을 얻는다.

$$\mathrm{Var}(S) = \left[\frac{1}{\mu+\alpha} + \frac{1}{\beta}\right]^2 \frac{\alpha(\alpha+\mu)}{\mu^2} + \frac{1}{\mu(\mu+\alpha)} + \frac{\alpha}{\mu\beta^2}$$

47. $L = \lambda_a W$을 이용하면 $L = 0.8 \times 4 = 3.2$을 얻을 수 있다.

52. S_n는 n번째 고객의 서비스시간이고, T_n는 n번째와 $n + 1$번째 고객의 도착간격이다.

제9장

4. (a) $\phi(x) = x_1 \max(x_2, x_3, x_4)x_5$.
(b) $\phi(x) = x_1 \max(x_2x_4, x_3x_5)x_6$.
(c) $\phi(x) = \max(x_1, x_2x_3)x_4$.

6. 최소 단절집합은 최소한 하나의 각 최소 경로집합의 부품을 포함해야한다. 6개의 최소 단절집합이 있다. {1, 5}, {1, 6}, {2, 5}, {2, 3, 6}, {3, 4, 6}, {4, 5}.

12. 최소 경로집합은 {1, 4}, {1, 5}, {2, 4}, {2, 5}, {3, 4}, {3, 5}이다. $q_i = 1 - p_i$라 하면, 신뢰도함수는 다음과 같다.

$$r(\mathbf{p}) = P\{1, 2, 3 \text{ 중 어느 것이라도 작동}\}P\{4, 5 \text{ 중 어느 것이라도 작동}\}$$
$$= (1 - q_1q_2q_3)(1 - q_4q_5)$$

17. $E[N^2] = E[N^2|N > 0]P\{N > 0\}$
$\geqslant (E[N|N > 0])^2 P\{N > 0\}$, $\quad E[X^2] \geqslant (E[X])^2$이므로

따라서

$$E[N^2]P\{N > 0\} \geqslant (E[N|N > 0]P(N > 0))^2$$
$$= (E[N])^2$$

이다. 모든 부품이 작동하는 최소 경로집합의 수를 N으로 나타내자. 그러면 $r(\mathbf{p}) = P\{N > 0\}$이다.

비슷하게, 모든 부품이 고장 난 최소 단절집합의 수를 N으로 나타내면, $1 - r(\mathbf{p}) = P\{N > 0\}$이다. 두 경우 모두 지시(즉, 베르누이) 확률변수의 합으로 N을 표현함으로써 $E[N]$와 $E[N^2]$에 대한 식을 구할 수 있다. 그러면 $r(\mathbf{p})$에 대한 한계치를 유도하기 위해 이 부등식을 이용할 수 있다.

22. (a) $\bar{F}_t(a) = P\{X > t + a | X > t\}$

$$= \frac{P\{X > t + a\}}{P\{X > t\}} = \frac{\bar{F}(t+a)}{\bar{F}(t)}$$

(b) $\lambda(t)$이 증가함수라고 가정하자. 다음을 상기하자.

$$\bar{F}(t) = e^{-\int_0^t \lambda(s)\,ds}$$

그러면,

$$\frac{\bar{F}(t+a)}{\bar{F}(t)} = \exp\left\{-\int_t^{t+a} \lambda(s)ds\right\}$$

이다. 이는, $\lambda(t)$이 증가함수이므로 t에 대한 감소함수이다. 이번에는 $\bar{F}(t+a)/\bar{F}(t)$가 t에 대한 감소함수라고 하자. a가 작을 경우,

$$\frac{\bar{F}(t+a)}{\bar{F}(t)} \approx e^{-a\lambda(t)}$$

따라서, $e^{-a\lambda(t)}$는 t에 대한 감소함수이어야 하고 따라서 $\lambda(t)$는 증가함수이다.

25. IFRA이므로 $x \geqslant \xi$에 대해서,

$$1 - p = \bar{F}(\xi) = \bar{F}(x(\xi/x)) \geqslant [\bar{F}(x)]^{\xi/x}$$

이다. 따라서 $\bar{F}(x) \leqslant (1-p)^{x/\xi} = e^{-\theta x}$가 성립한다.

또한 $x \leqslant \xi$에 대해서,

$$\bar{F}(x) = \bar{F}(\xi(x/\xi)) \geqslant [\bar{F}(\xi)]^{x/\xi}$$

이고, 따라서 $\bar{F}(x) \geqslant (1-p)^{x/\xi} = e^{-\theta x}$가 성립한다.

30. $r(\boldsymbol{p}) = p_1p_2p_3 + p_1p_2p_4 + p_1p_3p_4 + p_2p_3p_4 - 3p_1p_2p_3p_4$

$$r(\boldsymbol{1} - \boldsymbol{F}(t)) = \begin{cases} 2(1-t)^2(1-t/2) + 2(1-t)(1-t/2)^2 & \\ -3(1-t)^2(1-t/2)^2, & 0 \leqslant t \leqslant 1 \\ 0, & 1 \leqslant t \leqslant 2 \end{cases}$$

$$E[\text{수명}] = \int_0^1 \Big[2(1-t)^2(1-t/2) + 2(1-t)(1-t/2)^2 - 3(1-t)^2(1-t/2)^2\Big]\,dt = \frac{31}{60}$$

제10장

1. $B(s) + B(t) = 2B(s) + B(t) - B(s)$. 이제 $2B(s)$는 평균 0과 분산 $4s$인 정규분포, $B(t) - B(s)$는 평균 0과 분산 $t - s$인 정규분포를 따른다. $B(s)$와 $B(t) - B(s)$는 독립이므로, $B(s) + B(t)$는 평균 0과

분산 $4s + t - s = 3s + t$인 정규분포를 따른다.

3.
$$\begin{aligned} E[B(t_1)B(t_2)B(t_3)] &= E[E[B(t_1)B(t_2)B(t_3)|B(t_1), B(t_2)]] \\ &= E[B(t_1)B(t_2)E[B(t_3)|B(t_1), B(t_2)]] \\ &= E[B(t_1)B(t_2)B(t_2)] \\ &= E[E[B(t_1)B^2(t_2)|B(t_1)]] \\ &= E[B(t_1)E[B^2(t_2)|B(t_1)]] \\ &= E[B(t_1)\{(t_2 - t_1) + B^2(t_1)\}] \qquad (*) \\ &= E[B^3(t_1)] + (t_2 - t_1)E[B(t_1)] \\ &= 0 \end{aligned}$$

여기서 등식 (*)는 $B(t_1)$이 주어질 때, $B(t_2)$이 평균 $B(t_1)$과 분산 $t_2 - t_1$인 정규분포를 따르기 때문에 성립한다. 또한, $B(t)$는 평균이 0인 정규분포를 따르므로 $E[B^3(t)] = 0$이 성립한다.

5.
$$\begin{aligned} P(T_1 < T_{-1} < T_2) &= P(2\text{ 전에 } -1,\text{ 그 전에 } 1\text{ 도달}) \\ &= P(-1\text{ 전에 } 1\text{ 도달}) \times P(2\text{ 전에 } -1\text{ 도달 } | -1\text{ 전에 } 1\text{ 도달}) \\ &= \tfrac{1}{2} P(1\text{ 상승 전에 } 2\text{ 하강}) \\ &= \frac{1}{2}\frac{1}{3} = \frac{1}{6} \end{aligned}$$

끝에서 2번째 등식은 처음 1에 도달할 때 브라운운동을 관찰함으로써 얻어진다.

10. (a) $X(t) = X(s) + X(t) - X(s)$로 적고 독립증분을 이용하면, $X(s) = c$인 조건하에서 $X(t)$는 $c + X(t) - X(s)$의 분포와 같음을 알 수 있다. 정상증분에 의해 이는 $c + X(t - s)$의 분포와 동일하고, 따라서 평균이 $c + \mu(t - s)$이고 분산은 $(t - s)\sigma^2$인 정규분포가 된다.

(b) $\{B(t)\}$이 표준 브라운운동을 나타낼 때, 식 $X(t) = \sigma B(t) + \mu t$을 이용하자. 식 (10.4)를 이용하고 s와 t를 바꾸면, $B(s) = (c - \mu s)/\sigma$인 조건하에서 $B(t)$의 조건부 분포는 평균이 $t(c - \mu s)/(\sigma s)$이고 분산은 $t(s - t)/s$인 정규분포임을 알 수 있다. 따라서 $X(s) = c$인 조건하에서 $(s > t)$ $X(t)$의 조건부분포는 평균

$$\sigma\left[\frac{t(c - \mu s)}{\sigma s}\right] + \mu t = \frac{(c - \mu s)t}{s} + \mu t$$

와 다음의 분산을 갖는 정규분포가 된다.

$$\frac{\sigma^2 t(s - t)}{s}$$

19. $Y(t)$의 값을 아는 것은 $B(t)$을 아는 것과 동등하므로, 다음 식을 얻을 수 있다.

$$\begin{aligned} E[Y(t)|Y(u), 0 \leqslant u \leqslant s] &= e^{-c^2t/2}E[e^{cB(t)}|B(u), 0 \leqslant u \leqslant s] \\ &= e^{-c^2t/2}E[e^{cB(t)}|B(s)] \end{aligned}$$

이제 $B(s)$가 주어진 조건하에서 $B(t)$의 조건부 분포는 평균이 $B(s)$이고 분산은 $t - s$인 정규분포이다. 정규 확률변수의 모멘트 생성함수에 대한 공식을 이용하여 다음 식을 얻을 수 있다.

$$\begin{aligned} e^{-c^2t/2}E[e^{cB(t)}|B(s)] &= e^{-c^2t/2}e^{cB(s)+(t-s)c^2/2} \\ &= e^{-c^2s/2}e^{cB(s)} \\ &= Y(s) \end{aligned}$$

따라서 $\{Y(t)\}$는 마팅게일(Martingale)이고 다음과 같다.

$$E[Y(t)] = E[Y(0)] = 1$$

20. 마팅게일 정지정리에 의해

$$E[B(T)] = E[B(0)] = 0$$

이다. 그런데, $B(T) = 2 - 4T$이고 따라서 $2 - 4E(T) = 0$, 즉 $E[T] = \frac{1}{2}$이다.

24. 마팅게일 정지정리와 문제 18에 의해 다음 식을 얻을 수 있다.

$$E[B^2(T) - T] = 0$$

여기서 T는 이 문제에 주어진 정지시간이고

$$B(t) = \frac{X(t) - \mu t}{\sigma}$$

이다. 따라서

$$E\left[\frac{(X(T) - \mu T)^2}{\sigma^2} - T\right] = 0$$

이다. 그런데, $X(T) = x$이고 따라서 위의 식은 다음을 준다.

$$E[(x - \mu T)^2] = \sigma^2 E[T]$$

그런데, 문제 21에 의해, $E[T] = x/\mu$이고 따라서 위의 식은 다음 식과 동등하다.

$$\text{Var}(\mu T) = \sigma^2 \frac{x}{\mu} \quad \text{또는} \quad \text{Var}(T) = \sigma^2 \frac{x}{\mu^3}$$

25. 시간 t에 확률과정의 값을 $X_\Delta(t)$라 하자. i번째 변화가 증가일 경우 $I_i = 1$, 감소일 경우 1로 정의하면, 다음이 얻어진다.

$$X_\Delta(t) = \sigma\sqrt{\Delta} \sum_{i=1}^{[t/\Delta]} I_i$$

I_i는 독립이므로, 이 확률과정은 독립증분이고 ($\Delta \to 0$에 따른) 극한 과정은 정상증분을 갖는다. 또한 중심극한정리에 의해 $X_\Delta(t)$의 극한분포는 정규분포이다. 이제,

$$\begin{aligned} E[X_\Delta(t)] &= \sigma \sqrt{\Delta}\, [t/\Delta](2p - 1) \\ &= \mu\, \Delta\, [t/\Delta] \to \mu t \end{aligned}$$

이고

$$\begin{aligned} \text{Var}(X_\Delta(t)) &= \sigma^2 \Delta\, [t/\Delta](1 - (2p - 1)^2) \\ &\to \sigma^2 t \end{aligned}$$

이기 때문에 결과가 얻어진다. 여기서 $\Delta \to 0$이면 $p \to 1/2$임을 이용하였다.

26. $M(t) = M(t) = \max_{0 \leqslant y \leqslant t} X(y)$이라 하면 다음이 성립한다.

$$P(T_y < \infty) = \lim_t P(M(t) \geqslant y)$$

그리고 $\lim_{s\to\infty} \bar{\Phi}(s) = 0$이고 $\lim_{s\to\infty} \bar{\Phi}(-s) = 1$이므로 따름정리 10.1에 따라 결과를 얻을 수 있다. 따라서 $\mu < 0$에 대하여,

$$P(M \geqslant y) = \lim_t P(M(t) \geqslant y) = e^{2y\mu/\sigma^2}$$

27. $\{-X(y),\ y \geqslant 0\}$이 추이 모수 $-\mu$와 분산 모수 σ^2을 갖는 브라운운동임을 이용하여 따름정리 10.1로

부터 $s < 0$에 대하여 다음을 얻을 수 있다.

$$P\Big(\min_{0\leqslant y\leqslant t} X(y) \leqslant s\Big) = P\Big(\max_{0\leqslant y\leqslant t} -X(y) \geqslant -s\Big)$$
$$= e^{2s\mu/\sigma^2}\bar{\Phi}\left(\frac{-\mu t - s}{\sigma\sqrt{t}}\right) + \bar{\Phi}\left(\frac{-s+\mu t}{\sigma\sqrt{t}}\right)$$

30. $E[X(a^2t)/a] = (1/a)E[X(a^2t)] = 0$. $s < t$에 대하여

$$\mathrm{Cov}\big(Y(s), Y(t)\big) = \frac{1}{a^2}\mathrm{Cov}\big(X(a^2s), X(a^2t)\big)$$
$$= \frac{1}{a^2}a^2 s = s$$

$Y(t)$은 명백하게 가우스과정이므로 원하는 결과를 얻을 수 있다.

34. (a) 어느 시간 t에 시작하더라도 푸아송과정의 연속과정은 발생률이 λ 인 푸아송과정으로 남아있다.

(b) $$E[Y(t)Y(t+s)] = \int_0^\infty E[Y(t)Y(t+s)|Y(t)=y]\lambda e^{-\lambda y}\,dy$$
$$= \int_0^s yE[Y(t+s)|Y(t)=y]\lambda e^{-\lambda y}\,dy + \int_s^\infty y(y-s)\lambda e^{-\lambda y}\,dy$$
$$= \int_0^s y\frac{1}{\lambda}\lambda e^{-\lambda y}dy + \int_s^\infty y(y-s)\lambda e^{-\lambda y}\,dy$$

위에서 다음 식을 이용하였다.

$$E[Y(t)Y(t+s)|Y(t)=y] = \begin{cases} yE(Y(t+s)) = \dfrac{y}{\lambda}, & \text{if } y < s \\ y(y-s), & \text{if } y > s \end{cases}$$

따라서

$$\mathrm{Cov}(Y(t), Y(t+s)) = \int_0^s ye^{-\lambda y}\,dy + \int_s^\infty y(y-s)\lambda e^{-\lambda y}\,dy - \frac{1}{\lambda^2}$$

제11장

1. (a) U를 난수라 하자. $\sum_{j=1}^{i-1} P_j < U \leqslant \sum_{j=1}^{i} P_j$을 만족하면, F_i에 따라 시뮬레이션하면 된다. (위에서 $i=1$일 경우 $\sum_{j=1}^{i-1} P_j \equiv 0$이다.)

(b) 다음에 주목하자.

$$F(x) = \frac{1}{3}F_1(x) + \frac{2}{3}F_2(x)$$

여기서

$$F_1(x) = 1 - e^{2x}, \quad 0 < x < \infty$$
$$F_2(x) = \begin{cases} x, & 0 < x < 1 \\ 1, & 1 < x \end{cases}$$

이다. 따라서 (a)를 이용하고 U_1, U_2, U_3를 난수라 할 때 다음과 같이 설정한다.

$$X = \begin{cases} \dfrac{-\log U_2}{2}, & \text{if } U_1 < \frac{1}{3} \\ U_3, & \text{if } U_1 > \frac{1}{3} \end{cases}$$

위 식은, $-\log U_2/2$가 발생률 2인 지수 확률변수임을 이용하였다.

3. N개가 합격품인 $N + M$개 물품에서 크기 n인 무작위 표본을 뽑았다면, 표본 내 합격품 개수 X는 다음과 같다.

$$P\{X = k\} = \binom{N}{k}\binom{M}{n-k}\bigg/\binom{N+M}{k}$$

X를 시뮬레이션하기 위해 다음을 설정하자.

$$I_j = \begin{cases} 1, & j\text{번째 표본이 합격품인 경우} \\ 0, & \text{그 외의 경우} \end{cases}$$

그러면

$$P\{I_j = 1 | I_1, \ldots, I_{j-1}\} = \frac{N - \sum_1^{j-1} I_i}{N + M - (j-1)}$$

이다. 따라서 난수 $U_1, \ldots, U_n$를 발생시키고 다음과 같이 설정하면 $I_1, \ldots, I_n$을 시뮬레이션 할 수 있다.

$$I_j = \begin{cases} 1, & U_j < \dfrac{N - \sum_1^{j-1} I_i}{N + M - (j-1)}\text{인 경우} \\ 0, & \text{그 외의 경우} \end{cases}$$

이제 $X = \sum_{j=1}^{n} I_j$가 원하는 분포를 갖는다.

또 하나의 방법은 먼저

$$X_j = \begin{cases} 1, & \text{표본에 } j\text{번째 합격품이 포함될 경우} \\ 0, & \text{그 외의 경우} \end{cases}$$

을 정의하고, 이어서 난수 $U_1, \ldots, U_N$를 발생시키고 다음과 같이 설정하여 $X_1, \ldots, X_N$를 시뮬레이션 한다.

$$X_j = \begin{cases} 1, & U_j < \dfrac{n - \sum_{i=1}^{j-1} X_i}{N + M - (j-1)}\text{인 경우} \\ 0, & \text{그 외의 경우} \end{cases}$$

이제 $X = \sum_{j=1}^{N} X_j$가 원하는 분포를 갖는다.

앞의 방법은 $n \leqslant N$일 때, 뒤의 방법은 $N \leqslant n$일 때 선호된다.

6. 다음을 정의하자.

$$\begin{aligned} c(\lambda) &= \max_x \left\{\frac{f(x)}{\lambda e^{-\lambda x}}\right\} = \frac{2}{\lambda\sqrt{2\pi}} \max_x \left[\exp\left\{\frac{-x^2}{2} + \lambda x\right\}\right] \\ &= \frac{2}{\lambda\sqrt{2\pi}} \exp\left\{\frac{\lambda^2}{2}\right\} \end{aligned}$$

따라서

$$\frac{d}{d\lambda}c(\lambda) = \sqrt{2/\pi}\exp\left\{\frac{\lambda^2}{2}\right\}\left[1 - \frac{1}{\lambda^2}\right]$$

이고, $\lambda = 1$일 때 $(d/d\lambda)c(\lambda) = 0$이다. 이 때 $c(\lambda)$가 최솟값을 가짐을 쉽게 확인할 수 있다.

16. (a) 이들이 정의될 때와 동일한 순서를 좇아 시뮬레이션 될 수 있다. 즉, 먼저 다음을 만족하는 확률 변수 I_1의 값을 발생시킨다.

$$P\{I_1 = i\} = \frac{w_i}{\sum_{j=1}^{n} w_j}, \qquad i = 1, \ldots, n$$

그 다음 만약 $I_1 = k$이면, 다음을 만족하는 I_2의 값을 발생시킨다.

$$P\{I_2 = i\} = \frac{w_i}{\sum_{j \neq k} w_j}, \qquad i \neq k$$

이런 식으로 진행하면 된다. 그런데 (b)의 접근법이 보다 효율적이다.

(b) I_j를 j번째로 작은 X_i의 지표(index)로 놓는다.

23. $m(t) = \int_0^t \lambda(s)\,ds$라 하고 $m^{-1}(t)$를 역함수라 하자. 즉, $m(m^{-1}(t)) = t$이다.

(a)
$$\begin{aligned} P\{m(X_1) > x\} &= P\{X_1 > m^{-1}(x)\} \\ &= P\{N(m^{-1}(x)) = 0\} \\ &= e^{-m(m^{-1}(x))} \\ &= e^{-x} \end{aligned}$$

(b) $P\{m(X_i) - m(X_{i-1}) > x|m($여기서$\ldots, m(X_{i-1}) - m(X_{i-2})\}$

$$\begin{aligned} &= P\{m(X_i) - m(X_{i-1}) > x|X_1, \ldots, X_{i-1}\} \\ &= P\{m(X_i) - m(X_{i-1}) > x|X_{i-1}\} \\ &= P\{m(X_i) - m(X_{i-1}) > x|m(X_{i-1})\} \end{aligned}$$

이제,

$$\begin{aligned} &P\{m(X_i) - m(X_{i-1}) > x|X_{i-1} = y\} \\ &= P\left\{\int_y^{X_i} \lambda(t)dt > x|X_{i-1} = y\right\} \\ &= P\{X_i > c|X_{i-1} = y\} \qquad \text{where} \int_y^c \lambda(t)\,dt = x \\ &= P\{N(c) - N(y) = 0|X_{i-1} = y\} \\ &= P\{N(c) - N(y) = 0\} \\ &= \exp\left\{-\int_y^c \lambda(t)\,dt\right\} \\ &= e^{-x} \end{aligned}$$

32.
$$\begin{aligned} \text{Var}[(X+Y)/2] &= \tfrac{1}{4}[\text{Var}(X) + \text{Var}(Y) + 2\text{Cov}(X, Y)] \\ &= \frac{\text{Var}(X) + \text{Cov}(X, Y)}{2} \end{aligned}$$

그런데 다음이 항상 성립한다.

$$\frac{\text{Cov}(V, W)}{\sqrt{\text{Var}(V)\text{Var}(W)}} \leqslant 1$$

따라서 X와 Y가 같은 분포를 따르면 $\text{Cov}(X, Y) \leqslant \text{Var}(X)$이 성립한다.

찾아보기

ㄱ

ㄴ

ㄷ

ㄹ

ㅁ

ㅂ

ㅅ

ㅇ

ㅈ

ㅊ

ㅋ

ㅌ

ㅍ

ㅎ

기타

▶ 옮긴이 소개

윤복식: 서울대학교 산업공학과 학사 및 석사, 미국 U. C. Berkeley 대학 박사(OR, 확률모형) 취득 후 현재 홍익대학교 기초과학과 응용수학 분야 교수로 재직 중이다. 현재의 관심 분야는 응용확률론, 금융공학, 메타휴리스틱스, 시뮬레이션 등이다.

백장현: 서울대학교 산업공학과 학사, 석사, 박사. 한국전자통신연구원(ETRI) 선임연구원을 거쳐 현재 전북대학교 산업정보시스템공학과 교수로 재직 중이다. 관심 분야는 경영과학, 응용확률론, 통신시스템 설계, 성능분석 등이다.

최기석: 서울대학교 산업공학과 학사, KAIST 산업공학과 석사, 미국 Georgia Tech 산업시스템공학과 박사 취득 후 삼성SDS를 거쳐 현재 한국외국어대학교 산업경영공학과 교수로 재직 중이다. 관심 분야는 확률모형, 공급망 관리, 통신네트워크, 시뮬레이션 등이다.

로스의 **확률모형** 제11판

Introduction to Probability Models, 11th Edition

| 발행일 2015년 10월 5일 11판 1쇄 발행
2022년 9월 1일 11판 2쇄 발행

| 지은이 Sheldon M. Ross

| 옮긴이 윤복식, 백장현, 최기석

| 발행인 박 종 성

| 발행처 사이플러스 Science plus

| 주 소 (우) 07202 서울특별시 영등포구 양평로 30길 14
세종앤까뮤스퀘어 1106호

| 전 화 02-332-6171

| 팩 스 02-332-6185

| 등 록 2005.10.20. 제2005-000222호

| ISBN 978-89-92603-84-3 93430 값 45,000원